Rudolf Haller, Friedrich Barth
Berühmte Aufgaben der Stochastik
De Gruyter Studium

Weitere empfehlenswerte Titel

Elektrotechnik in der Praxis
Herbert Bernstein, 2016
ISBN 978-3-11-044098-0, e-ISBN 978-3-11-044100-0,
e-ISBN (EPUB) 978-3-11-043319-7

Bauelemente der Elektronik
Herbert Bernstein, 2015
ISBN 978-3-486-72127-0, e-ISBN 978-3-486-85608-8,
e-ISBN (EPUB) 978-3-11-039767-3, Set-ISBN 978-3-486-85609-5

Informations- und Kommunikationselektronik
Herbert Bernstein, 2015
ISBN 978-3-11-036029-5, e-ISBN (PDF) 978-3-11-029076-6,
e-ISBN (EPUB) 978-3-11-039672-0

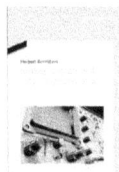

Analoge, digitale und virtuelle Messtechnik
Herbert Bernstein, 2013
ISBN 978-3-486-70949-0, e-ISBN 978-3-486-72001-3

Grundgebiete der Elektrotechnik 1, 12. Auflage
Ludwig Brabetz, Oliver Haas, Christian Spieker, 2015
ISBN 978-3-11-035087-6, e-ISBN 978-3-11-035152-1,
e-ISBN (EPUB) 978-3-11-039752-9

Grundgebiete der Elektrotechnik 2, 12. Auflage
Ludwig Brabetz, Oliver Haas, Christian Spieker, 2015
ISBN 978-3-11-035199-6, e-ISBN 978-3-11-035201-6,
e-ISBN (EPUB) 978-3-11-039726-6

Rudolf Haller, Friedrich Barth

Berühmte Aufgaben der Stochastik

—

Von den Anfängen bis heute

Zweite, verbesserte und
durch einen Nachtrag erweiterte Auflage

DE GRUYTER

Autoren

Rudolf Haller
Nederlinger Str. 32A
80638 München
rudolf.haller@arcor.de

Friedrich Barth
Abbachstr. 23
80992 München
e.f.barth@t-online.de

ISBN 978-3-11-048076-4
e-ISBN (PDF) 978-3-11-048077-1
e-ISBN (EPUB) 978-3-11-048090-0

Library of Congress Cataloging-in-Publication Data
A CIP catalog record for this book has been applied for at the Library of Congress.

Bibliographic information published by the Deutsche Nationalbibliothek
Die Deutsche Nationalbibliothek verzeichnet diese Publikation in der Deutschen National-
bibliografie; detaillierte bibliografische Daten sind im Internet über http://dnb.dnb.de abrufbar.

© 2017 Walter de Gruyter GmbH, Berlin/Boston
Bild auf dem Buchdeckel: Copyright © Patrimonio Nacional
Satz: metamedien | Werbung und Mediendienstleistungen, Burgau
Druck und Bindung: CPI books GmbH, Leck
♾ Gedruckt auf säurefreiem Papier
Printed in Germany

www.degruyter.com

Il faut, que
multi pertranseant ut augeatur scientia.

Es ist nötig, dass
viele forschen, damit die Wissenschaft wachse.

FERMAT an PASCAL
am 25. September 1654

FERMATs Worten liegt *Daniel* 12,4 zugrunde: *Multi pertransibunt et multiplex erit scientia.* FRANCIS BACON verändert diesen Spruch 1620 auf dem Kupfer der Titelseite seiner *Instauratio Magna* in *Multi pertransibunt et augebitur scientia.*

Das Bild auf dem Buchdeckel zeigt einen Ausschnitt aus der Miniatur von Blatt 65v aus dem *Schachzabelbuch* ALFONS' DES WEISEN von 1283/84.

Wiedergegeben ist die letzte Phase der Herstellung von Würfeln. Auf dem Tisch liegen sechs Dreierpasche von bereits fertigen Würfeln. Ein grüngewandeter Kapuzenträger mit elegantem Gürtel hält einen Rohling bereit. Ein rotgewandeter Kapuzenträger erzeugt mit Hilfe eines Drillbohrers die vertieften Augen des Würfels. Ein Gewohnheitsspieler in Kniehosen erhält von einer schlicht gekleideten Frau, die eine feste Haube trägt, einen fertigen Würfel. In der linken Hand hält sie weitere Würfel.

Vorwort zur 1. Auflage

Im Laufe der Jahrhunderte wurden in der Stochastik und in der in ihr verwendeten Kombinatorik eine Vielzahl von Problemen aufgeworfen und höchst geistreich gelöst.

Das vorliegende Buch bietet eine Auswahl der unserer Meinung nach interessantesten dieser Probleme in ihrer historischen Abfolge, angeordnet nach dem Jahr ihrer Publikation. Es war uns ein besonderes Anliegen, zusammen mit den Problemen auch die Originallösungen – soweit vorhanden – vorzustellen, wenn auch nicht wörtlich in der Sprache jener Zeit. Es ging uns vielmehr darum, in heutiger Ausdrucksweise zu zeigen, wie die Mathematiker mit den Hilfsmitteln ihrer Zeit diese Probleme lösten. Wir hoffen, auf diese Weise die alten Lösungsideen und -wege bewahrt, sie aber lesbarer und damit auch verständlicher gemacht zu haben.

Im Text werden die Fundstellen exakt angegeben. Zusammen mit einem umfangreichen Literaturverzeichnis hat der interessierte Leser somit die Möglichkeit, die historische Fassung in der Originalsprache aufzufinden.

Ergänzend geben wir auch Hinweise, wie man diese Probleme mit den heutigen Mitteln anpacken könnte. Dabei soll einerseits der Respekt vor der geistigen Leistung der damaligen Mathematiker geweckt werden, andererseits soll gezeigt werden, wie die heutigen Schreibweisen und Methoden vieles einfacher machen können. Gerade in der Mathematik gilt ja: Was einmal richtig war, bleibt immer richtig. Es gibt aber in den Methoden Fortschritte, die einerseits das mathematische Leben erleichtern, andererseits mathematisch gebildeten Laien oder interessierten Schülern einen Zugang zu Problemen öffnen, die vormals nur einem kleinen Kreis von Spezialisten verständlich waren. Fächerübergreifend werden auch wirtschaftswissenschaftliche, philosophische, ethische, psychologische und historische Aspekte angesprochen.

Viele der aufgeführten Probleme hatten großen Einfluss auf die weitere Entwicklung der Aufgabenkultur in der Stochastik. Bis heute lassen sich die Spuren in Aufgabenstellungen von Schul- und Hochschulbüchern finden. Dabei kann es sogar vorkommen, dass moderne Forschungen die „alten" Probleme aufgreifen und sie weiterentwickeln.

Schließlich danken wir noch unserem langjährigen Freund Herrn GERT KRUMBACHER für die Anfertigung von zwölf Zeichnungen. Aber auch LUCAS MEINHARDT vom Oldenbourg Wissenschaftsverlag gebührt unser aufrichtiger Dank. Hat er doch durch seinen akribischen und zeitaufwändigen Einsatz entscheidend zur Gestaltung dieses Buches beigetragen.

Vorwort zur 2. Auflage

Vorab gilt unser Dank den aufmerksamen Lesern der ersten Auflage für sachdienliche Hinweise, aber auch für Mitteilung von Druckfehlern. Wir haben sie in dieser Auflage berücksichtigt, sodass ein verbesserter Text vorliegt.

In einem Nachtrag haben wir noch Aufgaben vorgestellt, die es unserer Meinung nach verdient hätten, bereits in die erste Auflage aufgenommen zu werden.

Für ein tieferes Eindringen sei wieder auf die angegebene Literatur verwiesen.

Inhaltsverzeichnis

HUYGENS' Tractatus de Ratiociniis in Aleae Ludo von 1657   **97**

JAKOB BERNOULLIS Ars Conjectandi von 1713   199

MONTMORTS Essay d'Analyse sur les Jeux de Hazard von 1713   219

NIKOLAUS BERNOULLIS Petersburger Problem von 1713   239

Von den Anfängen bis zum Ende des Mittelalters

30 000 vor Chr. / Der Astragalos[1]

Eines der ältesten Geräte zur Durchführung von Zufallsexperimenten ist der Astragalos. Sprungbeine von Paarhufern wie Schaf und Ziege fand man schon in Gräbern aus prähistorischer Zeit (30 000–20 000 vor Chr.). Ab dem 3. Jt. vor Chr. tauchen sie in großer Verbreitung in Grabbeigaben in verschiedenen Kulturen Mittel- und Südosteuropas, Vorderasiens und Chinas auf. Sie dienten sowohl zum Spielen als auch zur Vorhersage bei Orakeln. Ein besonderer Reiz war dabei sicher,

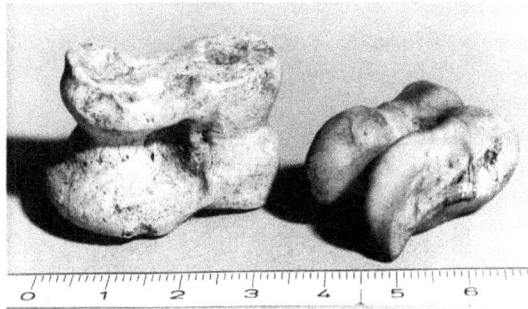

Astragaloi aus dem etruskischen Vulci
Staatliche Antikensammlungen und Glyptothek München

dass der Astragalos mit unterschiedlichen Wahrscheinlichkeiten auf jede seiner vier Seiten fällt. Üblicherweise wurden diesen Seiten die Werte 1, 3, 4 und 6 zugeordnet.

Die Beliebtheit des Astragalos bezeugen viele antike Quellen[2] und Kunstwerke, aber noch mehr die mitunter sehr hohe Anzahl von Astragaloi als Grabbeigaben. So fand man in Süd-

---

[1] ἀστράγαλος [astrágalos], Betonung auf der drittletzten Silbe. Der Astragalos ist das Sprungbein des Paarhufers; es ist der kleine, zwischen den Knöcheln des Schien- und Wadenbeins eingeklemmte Knochen, der die Verbindung mit dem Fuße herstellt. Der Astragalos des einen Beins lässt sich nicht mit dem des anderen zur Deckung bringen. Die Römer nannten ihn *talus* oder *taxillus*. Den bisher ältesten künstlich hergestellten Astragalos fand man 1972 zusammen mit einem polierten knöchernen Astragalos in Warna/Bulgarien in einem kupferzeitlichen Gräberfeld (um 4200 vor Chr.). Er ist aus Gold (33,17 g) und misst 1,9 cm×1,2 cm × 0,8 cm. In Ägypten tauchen Astragaloi erst in der 19. Dynastie (13. Jh. vor Chr.) auf. – Da die Rückenwirbel bestimmter Knochenfische fast wie Astragaloi aussehen, verwendete man auch diese als Spielgerät, wie Funde beweisen.

[2] So erzählt z. B. PATROKLOS in der *Ilias* (23, 88), dass er als Junge aus Zorn jemanden beim Spiel mit den »Knöcheln« getötet habe. – ASKLEPIADES widmet dem Schüler KONNAROS ein Epigramm, der achtzig Astragaloi als Preis in einem Schönschreibwettbewerb errang (Beckby 1966, **1**, VI, 308). – Die Kaiser AUGUSTUS und CLAUDIUS warfen gerne Astragaloi; letzterer schrieb sogar ein Buch über die Kunst des Würfelspiels (SUETON: *De vita Caesarum* – »Das Leben der Caesaren«, Aug. 71 und Cl. 33). – PTOLEMAIOS CHENNOS berichtet in Εἰς πολυμάθειαν καινὴ ἱστορία – »Neue Geschichten zu mannigfacher Belehrung« IV, 14 dass HELENA, nachdem sie von ALEXANDROS eine Tochter bekommen hatte, den Streit mit ihm über deren Namen mittels Astragaloi entschied. [HELENA (Ἑλένη) ist ein nicht-griechischer Name; ALEXANDROS (Ἀλέξανδρος = der seine Mannen verteidigt) ist die griechische Version des phrygischen PARIS (Πάρις = Kämpfer).] Überliefert hat uns dies der kirchengeschichtlich bedeutsame byzantinische Patriarch PHOTIOS, der in seiner Schrift Βιβλιοθήκη (Bibliothéke) Werke antiker Schriftsteller exzerpierte.

italien oft mehr als tausend Stück, teils als echte Knöchel, teils als Nachbildungen in Ton, Stein, Elfenbein oder Edelmetall.[3] Spielregeln sind erst aus Großgriechenland bekannt, deren Überlieferung aber leider sehr lückenhaft ist, da ja jeder die Spielregeln kannte und niemand sie aufschrieb. Mit der Christianisierung ging ihre Kenntnis verloren. Bei den Römern waren Astragaloi als Spielgerät nicht so stark verbreitet wie bei den Griechen. Bis in die Anfänge des 20. Jh.s waren Astragaloi noch in vielen Gegenden Europas, auch in Deutschland, ein beliebtes Kinderspielzeug. Heutzutage gibt es sogar schon welche aus Plastik! In vielen Gegenden Afrikas werden Astragaloi noch heute zur Zukunftsdeutung verwendet.

Ab dem 6. Jh. vor Chr. oder früher / Astragalomanteia

Überliefert ist uns die Verwendung von Astragaloi an Orakelstätten zur Weissagung (= $\mu\alpha\nu-\tau\varepsilon\iota\alpha$) ab dem 6. Jh. vor Chr.[4] Eine schöne Beschreibung eines im peloponesischen Achaia gelegenen Orakels liefert PAUSANIAS in seiner *Beschreibung Griechenlands* (VII 25,10):

> »Geht man von Bura zum Meer hinab, so ist da [...] ein nicht großer Herakles in einer Höhle. [...]
> Man kann dort mit einer Tafel und Astragaloi Orakelsprüche erhalten. Wer den Gott befragen will,
> betet vor der Statue und nimmt dann vier von den reichlich vor dem Herakles liegenden Astragaloi
> und lässt sie auf einen Tisch fallen. Zu jeder Konfiguration dieser vier Astragaloi ist auf einer Tafel[5]
> eine dazu passende Erklärung aufgeschrieben.« – Wie viele Orakelsprüche mussten von den Priestern erstellt werden, wenn zu jeder Konfiguration eine eigene Prophezeiung gehörte?

Lösung

Offensichtlich wurden die vier Astragaloi nicht unterschieden. Zur Bestimmung aller möglichen Konfigurationen zerlegen wir die Menge Ω der möglichen Ausfälle in fünf disjunkte Teilmengen, die wir mittels der Produktregel einzeln abzählen.

A_1 = »vier gleiche Werte, Typ »xxxx«; $|A_1| = 4$.

A_2 = »drei gleiche Werte, Typ »xxxy«; $|A_2| = 4 \cdot 3 = 12$, da es vier Möglichkeiten für x und drei für y gibt.

A_3 = »genau zwei gleiche Werte, Typ »xxyz«; $|A_3| = \dfrac{4 \cdot 3 \cdot 2}{2} = 12$, da es vier Möglichkeiten für x, drei für y und zwei für z gibt, y und z aber vertauscht werden können: Die Ausfälle

---

[3]   In Troia gefundene sind aus Blei, (Troia VII–IX, ca. 1300 vor Chr. bis 4. Jh. n. Chr., Größe z. B. 2,0 cm
       ×1,3 cm × 0,6 cm), die im Grab des TUT-ENCH-AMUN (reg. 1332–1323) gefundenen aus Elfenbein.

[4]   Über ein Astragalorakel berichtet SUETON in *De vita Caesarum* (Tib. 14). Demzufolge befragte TIBERIUS auf
       dem Weg nach Illyrien das Orakel des dreiköpfigen Gottes GERYONEUS bei Padua. Das von ihm gezogene Los
       forderte, vier goldene Astragaloi in die heiße Aponus-Schwefelquelle (heute Bad Abano) zu werfen, die dann
       die höchste Zahl zeigten. Welches Wurfergebnis damit gemeint ist, erschließt sich uns nicht, ebenso wenig,
       wann dies geschah. Tatsächlich zog Tiberius 11 vor Chr. und 6 n. Chr. nach Illyrien und errang dort Siege.
       Oder spielt die Szene im Jahr 14 n. Chr., als TIBERIUS, wieder auf dem Weg nach Illyrien, von Boten zurück-
       geholt wurde, damit er in Nola zur Stelle sei, wenn AUGUSTUS dort stürbe, um seine Nachfolge antreten zu
       können, was ja auch eintrat? Von welchem Ereignis SUETON auch spricht, das Orakel hätte jedes Mal das
       Glück richtig vorhergesagt.

[5]   Von den alten hölzernen Weissagetafeln, die *pinax* oder *grammateia* hießen, blieb nichts erhalten. Glücklicher-
       weise wurden die neueren in Stein gehauen.

$\langle 1; 1; 3; 4 \rangle$ und $\langle 1; 1; 4; 3 \rangle$ sind z. B. gleich.[6]

A_4 = »zweimal zwei gleiche Werte«, Typ »xxyy«; $|A_4| = \dfrac{4 \cdot 3}{2} = 6$, da es vier Möglich-keiten für x und drei für y gibt, x und y aber vertauscht werden können. So sind z. B. die Ausfälle $\langle 1; 1; 4; 4 \rangle$ und $\langle 4; 4; 1; 1 \rangle$ gleich.

A_5 = »alle Werte verschieden, Typ »xyzu«; $|A_5| = 1$.

Somit gibt es auf Grund der Summenregel $|\Omega| = 4 + 12 + 12 + 6 + 1 = 35$ Konfigurationen bei vier Astragaloi.

Die vier möglichen Lagen eines Astragalos. Angegeben sind die Werte der oben liegenden Flächen.

Kürzer: Schneller kommt man zum Ziel, wenn man die Formel für die *k*-Kombinationen mit Wiederholungen aus einer *n*-Menge anwendet: $\dbinom{k + n - 1}{k} = \dbinom{4 + 4 - 1}{4} = 35$

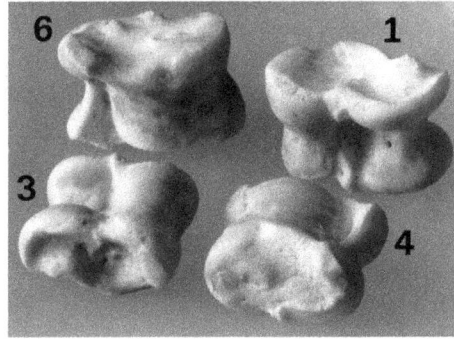

2. Jh. n. Chr. / Astragalomanteia in Kleinasien

Der Unsinn dieser Astragalorakel – vergleichbar mit den Horoskopen unserer Regenbogenpresse – erlebte im 2. Jh. n. Chr. in den alten Orakelheiligtümern des 6. Jh.s v. Chr. eine Renaissance und verbreitete sich über das unter römischer Herrschaft stehende südliche Kleinasien.[7]

Üblicherweise benützte man in Kleinasien und auch in einer bulgarischen Orakelstätte fünf Astragaloi zur »Erforschung der Zukunft«. Wie viele verschiedene Prophezeiungen mussten die Tafeln aufführen?

Lösung

Die Anzahl der Prophezeiungen ist gleich der Anzahl der 5-Kombinationen aus der 4-Menge $\{1, 3, 4, 6\}$, also gleich $\dbinom{5 + 4 - 1}{5} = 56$.

---

[6] Kombinatonen mit Wiederholungen sind zusammengesetzte Objekte, bei denen die Reihenfolge ihrer Elemente keine Rolle spielt und ein Element auch mehrmals auftreten kann. Wir kennzeichnen sie in diesem Buch durch spitze Klammern $\langle \rangle$, auch Winkelklammern genannt.

[7] Als Beispiel seien die Sprüche 50 und 52 der dort üblichen Orakelliste wiedergegeben. (Heinevetter 1912)

44466 24 Kronos, der Kinderfresser
Drei Vierer, zwei Sechser. Das ist der Rat der Gottheit: // Bleib zu Haus und geh nicht irgendwohin, // Damit nicht die reißende Bestie und die rächende Furie über Dich kommen; // Denn ich sehe, dass das Vorhaben weder gefahrlos noch sicher ist.

66661 25 Der lichtspendende Mondgott
Vier Sechser und der fünfte Wurf eine Eins. Das bedeutet: // Wo Wölfe über Lämmer herfallen und mächtige Löwen // Gehörnte Ochsen bezwingen, so wirst Du alles überwinden. // Mit Hilfe des Hermes, des Zeussohnes, werden Deine Wünsche erfüllt.

Astragalorakel gab es nicht nur in Heiligtümern, sondern auch auf öffentlichen Plätzen, wo jeder seine eigenen Astragaloi verwenden musste. In die Mauer neben dem Stadttor von Termessos (Pisidien) waren alle Prophezeiungen für sieben Astragaloi eingemeißelt. Wie viele waren es?

Lösung

Die Anzahl der Prophezeiungen ist gleich der Anzahl der 7-Kombinationen aus der 4-Menge $\{1, 3, 4, 6\}$, also gleich

$$\binom{7 + 4 - 1}{7} = 120.$$

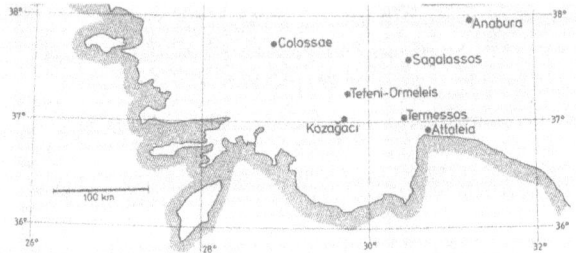

Fundstätten von Astragalorakeln in der südwestlichen Türkei. Anscheinend gab es im 2. Jh. n. Chr. in jeder Stadt des südlichen Kleinasiens ein Astragalorakel. An 16 Orten konnte man es bis jetzt nachweisen.

7. Jh. vor Chr. / Pāśaka-Orakel[8]

Im alten Indien benützte man nicht den Astragalos, um die Zukunft zu ergründen, sondern ein von Menschen gefertigtes Objekt, den *pāśaka*, dessen Mantelflächen meist die Zahlen 1 bis 4 trugen. Dabei wurden die Ergebnisse des Werfens verschieden ausgewertet.

1. Man warf entweder dreimal einen *pāśaka* und vernachlässigte dabei die Reihenfolge, oder man warf drei *pāśakas*, die man nicht unterschied.
2. Man warf entweder dreimal einen *pāśaka* und beachtete dabei die Reihenfolge, oder man warf drei *pāśakas*, die man durch die Glückssymbole Topf, Diskus und Elefant unterschied.
Wie viele Zukunftsdeutungen lieferte jeweils das Orakel?

Drei moderne pāśakas (1,8 × 1,8 × 8,8 cm) mit den Augenzahlen 1–2–6–5

Lösung

1. Vom Typ *xxx* gibt es vier Ausfälle, vom Typ *xxy* gibt es 4·3 = 12 Ausfälle und vom Typ *xyz* gibt $\frac{4\cdot 3\cdot 2}{3!} = 4$ Ausfälle, also insgesamt 20 mögliche Prophezeiungen.

---

[8]   sprich pāschaka. Der *pāśaka* ist ein sog. Stabwürfel, nämlich ein vierseitiges Prisma von ca. 7 cm Länge mit quadratischer Grundfläche der Seitenlänge ca. 1 cm. Solche Stabwürfel fand man im Industal in Mohendscho-Daro (Pakistan), dem Zentrum der Harappa-Kultur (Blütezeit um 2000 vor Chr.). Erstaunlicherweise fand man dort keine Astragaloi.

Kürzer: Man bestimmt die Anzahl der 3-Kombinationen mit Wiederholungen aus der 4-Menge $\{1, 2, 3, 4\}$ zu $\binom{3 + 4 - 1}{3} = 20$.

2. Für den ersten Wurf bzw. Stabwürfel gibt es vier Möglichkeiten, ebenso für den zweiten und auch für den dritten. Das ergibt $4^3 = 64$ Möglichkeiten. Das ist die Anzahl der 3-Tupel mit Wiederholungen aus der 4-Menge $\{1, 2, 3, 4\}$.

600 vor Chr. / Pleistobolinda, das Meistwurfspiel

Um bei Spielen, in denen den Seiten des Astragalos Werte zugeordnet werden, die Siegeschancen abschätzen zu können, muss man die Wahrscheinlichkeiten kennen, mit denen die einzelnen Seiten fallen. Relative Häufigkeiten liefern die in der Tabelle angegebenen Werte.

ω	1	3	4	6
$P(\{\omega\})$	0,10	0,35	0,48	0,07

Beim Meistwurfspiel werfen zwei Spieler ihre zwei Astragaloi. Wer die höhere Augensumme erzielt, erhält die Astragaloi des anderen Spielers. Die Augensumme 7 ist dabei die einzige, die auf zwei Arten zustande kommen kann, nämlich durch die häufig vorkommenden Werte 3 und 4 wie auch durch die seltener auftretenden Werte 1 und 6. Auf Grund eines in der antiken Literatur im Zusammenhang mit Astragalspielen häufig zitierten Sprichworts nimmt man an, dass dem Wurf $\langle 1, 6 \rangle$ der Summenwert 1 zugeordnet wurde. Bestimme unter dieser Annahme die Wahrscheinlichkeitsverteilung der Zufallsgröße S = »Augensumme zweier Astragaloi« und berechne ihren Erwartungswert und ihre Standardabweichung.

Die Knöchelspielerin. Ende 2. Jh. n. Chr., nach einem Vorbild aus hellenistischer Zeit. Marmor. Höhe 70 cm. Gefunden 1732 auf dem Caelius in Rom. – Das Mädchen spielt gegen jemand anderen das Meistwurfspiel ($\pi\lambda\varepsilon\iota\sigma\tau\sigma\beta\sigma\lambda\acute\iota\nu\delta\alpha$). Unter der linken Hand hält es die zwei gegnerischen Astragaloi (von linken Hinterbeinen), die 3 und 6 zeigen. Vor ihrer rechten Hand liegen ihre zwei Astragaloi (von rechten Hinterbeinen), die ebenfalls 3 und 6 zeigen. Das Spiel ist also unentschieden.

Zum Verständnis dieses Sprichworts müssen wir weit ausholen. ARISTOTELES beschreibt in seiner *Naturgeschichte der Tiere* (II 1 499b) sehr genau die Lage des Astragalos im Sprunggelenk. Von besonderem Interesse sind dabei die von ihm verwendeten Bezeichnungen, zu denen JULIUS POLLUX in seinem *Onomastikon* (VII 204, IX 99) Erklärungen bringt. Im Einzelnen gilt:
Liegt 1 oben, dann ist der Astragalos auf die Seite gefallen, die, wie man erstaunlicherweise schon in der Antike feststellte, die Gestalt der Insel Chios ($X\tilde\iota\sigma\varsigma$) hat. Man nannte diese Seite $\chi\tilde\iota\sigma\nu$, $\chi\iota\acute\alpha\varsigma$ oder $\dot\alpha\sigma\tau\rho\acute\alpha\gamma\alpha\lambda\sigma\varsigma$ $\chi\tilde\iota\sigma\varsigma$, den Wurf selbst Chios-Wurf ($\beta\acute\sigma\lambda\sigma\varsigma$ $X\tilde\iota\sigma\varsigma$). Liegt 6 oben, dann ist der Astragalos auf die Seite gefallen, die die Gestalt der Insel Kos ($K\tilde\omega\varsigma$) hat. Man nannte diese Seite $\dot\alpha\sigma\tau\rho\acute\alpha\gamma\alpha\lambda\sigma\varsigma$ $\kappa\tilde\omega\sigma\varsigma$, den Wurf selbst Koos-Wurf ($\beta\acute\sigma\lambda\sigma\varsigma$ $K\tilde\omega\sigma\varsigma$). – Etwas unübersichtlicher ist die Benennung der Würfe, wenn der Astragalos auf eine der Breitseiten fällt. Liegt die gehöhlte (= $\H\upsilon\pi\tau\iota\sigma\varsigma$ [hýptios]) Seite

oben, der man den Wert 3 gegeben hat und die einem menschlichen Rücken ähnelt, dann nannte man anscheinend die bauchartige Gegenseite ἀστράγαλος ὕπτιος und den Wurf Hyptios-Wurf. (Ob dies der Grund dafür ist, dass ARISTOTELES für den Bauch die Bezeichnung ὕπτιον verwendete?) Liegt schließlich die gewölbte (= πρανής [pranés]) Seite oben, der man den Wert 4 gegeben hat und die einem menschlichen Bauch ähnelt, dann nannte man die gehöhlte Gegenseite ἀστράγαλος πρανής und den Wurf Pranes-Wurf. (ARISTOTELES bezeichnete den Rücken durch das Substantiv πρανές.) – Nun aber zum Sprichwort: Χῖος παραστὰς Κῷον οὐκ ἐᾷ λέγειν [Chios parastás Kôon uk eâ legein] – »Wenn der Chier zum Koer tritt, lässt er diesen nicht zu Wort kommen« – wird so gedeutet: Fällt die Sechs des Koos-Wurfs, dann wird diese nicht gezählt; es bleibt bei der Eins des Chios-Wurfs.

Lösung

Weil X = »Augenzahl des einen Astragalos« und Y = »Augenzahl des anderen Astragalos« stochastisch unabhängig sind, erhält man die benötigten Wahrscheinlichkeiten als Produkte der Wahrscheinlichkeiten von X und Y; so ist z. B.

$P(X = 1 \land Y = 3) = P(X = 1) \cdot P(Y = 3)$

$= 0{,}10 \cdot 0{,}35 = 0{,}035 = 350 \cdot 10^{-4} = 3{,}5\%$.

Damit gewinnt man die folgenden Tabellen und schließlich die Wahrscheinlichkeitsverteilung W_S der Augensumme S.

x \ y	1	3	4	6
1	2	4	5	1
3	4	6	7	9
4	5	7	8	10
6	1	9	10	12

x \ y	1	3	4	6
1	100	350	480	70
3	350	1225	1680	245
4	480	1680	2304	336
6	70	245	336	49

mit der nachstehenden Wahrscheinlichkeitsbelegung, wobei die Tafelwerte noch mit 10^{-4} zu multiplizieren sind.

s	1	2	4	5	6	7	8	9	10	12	
$W_S(s)$ in %	1,4	1,0	7,0	9,6	12,25	33,6	23,04	4,9	6,72	0,49	$E(S) = \dfrac{862}{125} = 6{,}9$
s^2	1	4	16	25	36	49	64	81	100	144	$E(S^2) = \dfrac{252941}{5000}$

Aus $\mathrm{Var}(S) = E(S^2) - (E(S))^2 = \dfrac{252941}{5000} - \left(\dfrac{862}{125}\right)^2 = \dfrac{379173}{125000}$ erhält man $\sigma = \sqrt{\dfrac{379173}{125000}} = 1{,}74$.

500 vor Chr. / Morra[9]

Eroten beim Morraspiel – Lukanisch-rotfiguriger Volutenkrater aus Ruvo, Sisiphosmaler, um 420 vor Chr. Staatliche Antikensammlungen, München

Zwei Spieler schnellen jeweils gleichzeitig die rechte Hand vor und strecken dabei mindestens einen der fünf Finger aus. Gleichzeitig ruft jeder Spieler eine Zahl. Gewonnen hat derjenige, der dabei die richtige Anzahl Z der von beiden Spielern insgesamt ausgestreckten Finger gerufen hat. Meist wurden fünf Partien gespielt. Nach einer anderen Version griff der Gewinner einer Partie ab der Mitte eines Stabes eine festgelegte Spannweite ab. Sieger war, wer zuerst das Stabende erreichte. – Bestimme die Wahrscheinlichkeitsverteilung von Z unter der Annahme, dass jeder Spieler jede Anzahl von Fingern mit gleicher Wahrscheinlichkeit zeigt.

Lösung

Sei X die Zufallsgröße »Anzahl der Finger des A« und Y die Zufallsgröße »Anzahl der Finger des B«, so erhält man für die Zufallsgröße $Z = $ »Anzahl der von A und B ausgestreckten Finger« $= X + Y$ die folgende Tabelle.

---

[9] Von dem heute als Morra (auch Mora) in Italien verbreiteten Spiel berichtet PTOLEMAIOS CHENNOS in *Neue Geschichten zu mannigfacher Belehrung* IV, 1, »dass HELENA als Erste das Losen mit den Fingern ersann und dabei ALEXANDROS (= PARIS) besiegte.« Dies ist die einzige uns überlieferte Stelle aus der griechischen Antike, die das Morra-Spiel erwähnt; der griechische Name des Spiels ist unbekannt. (Siehe Fußnote 2.) – Wie sehr es bei diesem Spiel auf die Ehrlichkeit der Spieler ankommt, zeigt, wie 44 v. Chr. MARCUS TULLIUS CICERO in *De officiis* – »Vom pflichtgemäßen Handeln« – (3,77) schreibt, »ein vom Alter schon abgewetztes Sprichwort. Wenn sie nämlich jemandes Ehrlichkeit und Gutartigkeit loben, dann sagen sie, er sei's wert, mit ihm im Dunkeln Fingerzeigen zu spielen.« Bereits 45 v. Chr. hat er in *De finibus malorum et bonorum* – »Vom höchsten Gut und vom größten Übel« – (2, 52) von diesem Sprichwort gesprochen. Das Fingerzeigen – *micare digitis* – wurde bei den Römern so wie unser Knobeln benützt, um Entscheidungen herbeizuführen. (Siehe SUETON, *Aug.* 13 und CICERO, *De officiis* 3,90, wo es jedes Mal um Leben oder Tod geht.) – LUCA PACIOLI erwähnt bei der Behandlung des Aufteilungsproblems eine Morra mit zehn Fingern je Spieler.

$\frac{y}{x}$	1	2	3	4	5
1	2	3	4	5	6
2	3	4	5	6	7
3	4	5	6	7	8
4	5	6	7	8	9
5	6	7	8	9	10

Wegen der Unabhängigkeit von X und Y hat jedes Paar $(x; y)$ die Wahrscheinlichkeit $\frac{1}{5} \cdot \frac{1}{5} = \frac{1}{25}$. Durch Abzählen in der nebenstehenden Tabelle erhält man die Wahrscheinlichkeitsverteilung von Z.

z	2	3	4	5	6	7	8	9	10
$W(z)$	$\frac{1}{25}$	$\frac{2}{25}$	$\frac{3}{25}$	$\frac{4}{25}$	$\frac{5}{25}$	$\frac{4}{25}$	$\frac{3}{25}$	$\frac{2}{25}$	$\frac{1}{25}$

Die Verteilung ist, wie zu erwarten, symmetrisch zu $Z = 6$. Damit ist der Erwartungswert $E(Z) = 6$. Weil 6 zugleich der Modus der Verteilung ist, ist es sinnvoll, jedes Mal »Sechs« zu rufen, da man damit seine Gewinnwahrscheinlichkeit maximiert. Wenn sich beide Spieler daran hielten, wäre das Spiel leider sinnlos. Vermutlich trifft aber die Annahme der Gleichwahrscheinlichkeit nicht zu.

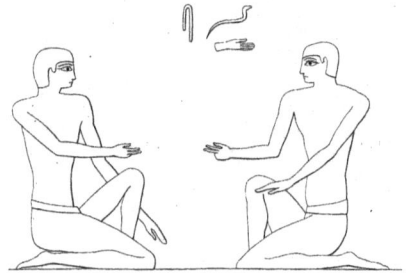

Morra-Darstellung (?) aus der Zeit um 1900 vor Chr. aus dem Grab Nr. 17 in Beni-Hassan, dem Grab des CHETI, der »Großes Oberhaupt des Gazellengaus« war. Die Hieroglyphen liest man »Sag es!«

Zwei Göttinnen losen mittels Morra über die Entscheidung des phrygisch gekleideten PARIS, erkenntlich am beigefügten A für ALEXANDROS.
Schwarzfiguriger Kantharos (= Trinknapf) aus dem Heiligtum der Kabiren[10] von Theben, Anfang 4. Jh. vor Chr.

---

[10]   Κάβιροι aus hebräisch *kabbirim* = die Großen. Daher hießen sie im Griechischen auch μεγάλοι θεοί [megáloi theoí] = große Götter. Es sind hilfreiche Naturdämonen.

> **Moderne Morra**. Im Gegensatz zur antiken Morra kann jeder Spieler auch eine Faust machen. Sie wird aber als ein Finger gewertet. Berechne den Erwartungswert der Zufallsgröße X = »Anzahl der von beiden Spielern insgesamt ausgestreckten Finger«, wenn jeder Spieler jede Anzahl von Fingern sowie die Faust mit gleicher Wahrscheinlichkeit zeigt.

Lösung

Die Faust werde mit 0 bezeichnet. $\langle 2; 3 \rangle$ bedeute, dass ein Spieler zwei Finger, der andere drei zeigt. Dafür gibt es zwei Möglichkeiten, für $\langle 1; 1 \rangle$ aber nur eine Möglichkeit.

Finger A / B									
	$\langle 0;0\rangle$	$\langle 0;2\rangle$	$\langle 0;3\rangle$	$\langle 0;4\rangle$	$\langle 0;5\rangle$	$\langle 2;5\rangle$	$\langle 3;5\rangle$	$\langle 4;5\rangle$	$\langle 5;5\rangle$
	$\langle 0;1\rangle$	$\langle 1;2\rangle$	$\langle 1;3\rangle$	$\langle 1;4\rangle$	$\langle 1;5\rangle$	$\langle 3;4\rangle$	$\langle 4;4\rangle$		
	$\langle 1;1\rangle$		$\langle 2;2\rangle$	$\langle 2;3\rangle$	$\langle 2;4\rangle$				
					$\langle 3;3\rangle$				

x	2	3	4	5	6	7	8	9	10
$W(x)$	$\frac{4}{36}$	$\frac{4}{36}$	$\frac{5}{36}$	$\frac{6}{36}$	$\frac{7}{36}$	$\frac{4}{36}$	$\frac{3}{36}$	$\frac{2}{36}$	$\frac{1}{36}$

$$E(X) = \frac{192}{36} = 5\frac{1}{3}$$

Der Erwartungswert ist gegenüber der klassischen Morra geringer geworden, der Modus ist weiterhin 6.

200 vor Chr. Piṅgala / *Chandrah-sutra*: Versfüße

> In den Veden[11] gibt es nur Verse mit 6, 8, 9, 11 und 12 Silben, die kurz oder lang sein können. Piṅgala bestimmte die Anzahl aller möglichen Versfüße kombinatorisch.
> **a)** Wie viele Versfüße gibt es jeweils und insgesamt?
> **b)** Wie viele elfsilbige Versfüße mit **1)** genau drei, **2)** genau fünf kurzen Silben sind darunter?

Lösung

a) Für jede Silbe gibt es zwei Möglichkeiten, kurz oder lang zu sein. Daher gilt

Anzahl der Silben	6	8	9	11	12	Summe
Anzahl der Versfüße	$2^6 = 64$	$2^8 = 256$	$2^9 = 512$	$2^{11} = 2048$	$2^{12} = 4096$	6976

b) Die k kurzen Silben müssen auf die elf Stellen verteilt werden. Das geht auf $\binom{11}{k}$ Arten.

1) $k = 3$: $\binom{11}{3} = 165$.   **2)** $k = 5$: $\binom{11}{5} = 462$.

---

[11]   Der Veda (sanskrit = *Wissen*), die heilige Schrift der Hindus, umfasst eine gewaltige Anzahl in Sanskrit abgefasster verschiedenartiger Werke aus der Zeit von 1200 v. Chr. oder noch früher bis 600 v. Chr.

1. Jahrhundert / *Maya-Kalender*: Heiratsprognosen

Heiratsprognosen aus dem aztekischen Codex Laud, *benannt nach dem letzten und zugleich einzigen bekannten persönlichen Besitzer* WILLIAM LAUD *(1573–1645), Erzbischof von Canterbury und Kanzler der Universität Oxford.*
Bild 1 + 1: Totensymbole, Unterweltrachen und Schwanz einer Korallenotter verkünden nichts Gutes.
Bild 13 + 13. Die Personen zeigen Würde und Anstand. Sie sind respektgebietend, was durch den Quetzalvogel
ausgedrückt wird; die rote Farbe des Mannes symbolisiert Vornehmheit.

Bei den Maya bestand jeder Tagesname des Tzolkin-Kalenders aus einer Zahl von 1 bis 13 und einer Glyphe[12]; so ist z. B. 🔲🔲 = 4 IMIX der 121. Tag des Jahres, das mit 1 IMIX begonnen hat.[13]
Für Heiratsprognosen wurden die Zahlen der Tagesnamen der Geburtstage der beiden Partner addiert und aus dem Summenwert erschlossen, ob die Ehe glücklich werden wird.

a) Jeder Summenwert wird in den Codices durch ein Bild dargestellt. Wie viele Bilder gibt es?

b) **1)** Nimm an, man hätte unterschieden, ob z. B. der Summenwert 7 aus 3♂ und 4♀ oder aus 3♀ und 4♂ entsteht. Wie viele verschiedene Zahlenpaare hätte man dann aus den Zahlen der Tagesnamen bilden können?

    2) Bestimme die relative Häufigkeit der Summenwerte 3 und 18.

    3) Welcher Summenwert kommt am häufigsten vor? Wie groß ist seine relative Häufigkeit?

c) Nimm an, man hätte nicht unterschieden, ob z. B. der Summenwert 7 aus 3♂ und 4♀ oder aus 3♀ und 4♂ entsteht. Wie viele verschiedene Kombinationsmöglichkeiten aus den Zahlen der Tagesnamen gäbe es dann?

---

[12]   von griechisch γλύφειν (glýphein) = *meißeln*. Die Zeichen der Maya- und Aztekenschrift werden Glyphen genannt, vermutlich deswegen, weil sie uns vor allem auf steinernen Stelen überliefert sind.

[13]   Dieser mindestens 2000 Jahre alte liturgische Maya-Kalender umfasst 260 Tage. Die Nummerierung läuft 20-mal von 1 bis 13. Parallel dazu läuft 13-mal ein fester Zyklus der zwanzig durch Glyphen dargestellten Namen IMIX, IK, AKBAL, KAN, CHICCHAN, CIMI, MANIK, LAMAT, MULUC, OC, CHUEN, EB, BEN, IX, MEN, CIB, CABAN, EZNAB, CAUAC und AHAU. Den Tagesnamen erhält man folgendermaßen: Man teilt die von 1 bis 260 laufende Kalender-Nummer des Tages durch 13; der Rest ist die Zahl des Tagesnamens, wobei Rest 0 die Tageszahl 13 liefert. Ferner teilt man die Nummer des Tages durch 20; der Rest zählt die Glyphen ab, wobei Rest 0 zur zwanzigsten Glyphe AHAU gehört. Demnach heißt z. B. der 91. Tag 13 CHUEN. Die Azteken übernahmen den Tzolkin-Kalender von den Maya als *tonalpohualli*, verwendeten aber ihre eigenen Namen für den 20er Zyklus.

Lösung

a) Es gibt 25 Bilder für die Summenwerte $2, 3, \ldots, 26$.

b) 1) Für jede Stelle des Paares gibt es 13 Möglichkeiten, also gibt es $13 \cdot 13 = 169$ Zahlenpaare.

2)

	1	2	3	4	5	6	7	8	9	10	11	12	13
1	2	3	4	5	6	7	8	9	10	11	12	13	14
2	3	4	5	6	7	8	9	10	11	12	13	14	15
3	4	5	6	7	8	9	10	11	12	13	14	15	16
4	5	6	7	8	9	10	11	12	13	14	15	16	17
5	6	7	8	9	10	11	12	13	14	15	16	17	18
6	7	8	9	10	11	12	13	14	15	16	17	18	19
7	8	9	10	11	12	13	14	15	16	17	18	19	20
8	9	10	11	12	13	14	15	16	17	18	19	20	21
9	10	11	12	13	14	15	16	17	18	19	20	21	22
10	11	12	13	14	15	16	17	18	19	20	21	22	23
11	12	13	14	15	16	17	18	19	20	21	22	23	24
12	13	14	15	16	17	18	19	20	21	22	23	24	25
13	14	15	16	17	18	19	20	21	22	23	24	25	26

$h_{169}(3)$
$= \dfrac{2}{169} = 1{,}2\,\%$

$h_{169}(18)$
$= \dfrac{9}{169} = 5{,}3\,\%$

3) Häufigster Wert ist 14 mit $h_{169}(14) = \dfrac{13}{169} = 7{,}7\%$.

c) Man bestimmt zunächst die Anzahl der Werte, die in der Übersicht über der Hauptdiagonale liegen. Dazu subtrahiert man von der Gesamtzahl 169 die 13 Werte der Hauptdiagonale, halbiert dann den Rest und addiert wieder die 13 Werte der Hauptdiagonale. Das ergibt die gesuchten $\dfrac{169 \; 13}{2} + 13 = 91$ Kombinationsmöglichkeiten.

Kürzer: Es gibt 13 Konfigurationen von Typ xx und $\dfrac{13 \cdot 12}{2}$ vom Typ xy, also insgesamt $13 + 6 \cdot 13 = 91$ Kombinationsmöglichkeiten.

EINSCHUB: Zerfällungen und Partitionen

In den folgenden Aufgaben wird immer wieder das Problem auftauchen, auf wie viele Arten sich eine natürliche Zahl in eine gewisse Anzahl von Summanden zerlegen lässt. Dabei sind jedoch verschiedene Arten der Zerlegung zu unterscheiden.

> Unter einer **k-gliedrigen Zerfällung** einer natürlichen Zahl n versteht man eine Darstellung von n als Summe aus k nicht-negativen ganzzahligen Summanden. Zwei Zerfällungen gelten als verschieden, wenn sie sich in der Reihenfolge der Summanden oder in den Summanden selbst unterscheiden. Es gilt: Eine natürliche Zahl n lässt sich auf $\binom{n+k-1}{k-1} = \binom{n+k-1}{n}$ Arten k-gliedrig zerfällen.
>
> Lässt man nur positive ganzzahlige Summanden zu, so gilt: Eine natürliche Zahl n lässt sich auf $\binom{n-1}{k-1}$ Arten k-gliedrig in positive ganzzahlige Summanden zerfällen.
>
> Spielt die Reihenfolge keine Rolle, dann spricht man von **Partition**.

Das deutsche Fachwort *Zerfällung* führte GOTTFRIED WILHELM LEIBNIZ 1666 in seiner *Dissertatio de Arte Combinatoria*. Statt Zerfällung sagt man auch *Zergliederung* oder *Komposition*.

Beweis

Zunächst zur Veranschaulichung: $4 + 0 + 1 + 5 + 0$ ist eine fünfgliedrige Zerfällung von 10.

Zum Beweis der Behauptung überlegen wir: Eine k-gliedrige Zerfällung der Zahl n besteht aus k Summanden a_i ($i = 1, 2, \ldots, k$) mit $\sum_{i=1}^{k} a_i = n$ und $k - 1$ Pluszeichen. Stellt man den Summanden a_i durch a_i Kringel ⊙ dar, dann entsteht eine Kette von n Kringeln und $k - 1$ Pluszeichen. Steht vor oder hinter einem Pluszeichen oder zwischen zwei Pluszeichen kein Kreuz, dann wird eine Null als Summand für die Zerfällung hinzugefügt. Eine bestimmte k-gliedrige Zerfällung erhalten wir nun dadurch, dass wir aus den $n + k - 1$ Plätzen der Kette diejenigen auswählen, auf denen die $k - 1$ Pluszeichen platziert werden. Dies geht auf $\binom{n + k - 1}{k - 1}$ Arten. Die restlichen Plätze sind durch die Kringel belegt. Man hätte aber ebenso gut zuerst die Plätze für die n Kringel auswählen können, was auf $\binom{n + k - 1}{n}$ Arten geht.

Beispiel: Die Zahl $n = 7$ kann auf $\binom{7 + 5 - 1}{5 - 1} = \binom{11}{4} = 330$ Arten fünfgliedrig zerfällt werden. So sind ⊙ + ⊙ ⊙ + ⊙ ⊙ ++ ⊙ ⊙ $= 1 + 2 + 2 + 0 + 2$ und + ⊙ ⊙ ⊙ + ⊙ ⊙ ⊙ ⊙ ++ $= 0 + 3 \ 4 + 0 + 0$ fünfgliedrige Zerfällungen von 7.

Falls man nur positive Summanden für die Zerfällung zulässt, dann darf zwischen je zwei der n Kringel höchstens ein Pluszeichen stehen. Die $k - 1$ Pluszeichen lassen sich auf $\binom{n - 1}{k - 1}$ Arten auf die $n - 1$ Zwischenräume zwischen je zwei Kringeln verteilen, da vor dem ersten und hinter dem letzten Kringel kein Pluszeichen stehen darf. Die Zahl $n = 7$ kann somit auf $\binom{7 - 1}{5 - 1} = \binom{6}{4} = 15$ Arten fünfgliedrig positiv zerfällt werden. Beispiele sind ⊙ + ⊙ ⊙ + ⊙ ⊙ + ⊙ + ⊙ $= 1 + 2 + 2 + 1 + 1$ und ⊙ + ⊙ + ⊙ + ⊙ ⊙ ⊙ + ⊙ $= 1 + 1 + 1 + 3 + 1$.

Verzichtet man bei einer Zerfällung auf die Angabe, wie viele Glieder die Zerfällung enthalten soll, dann ist es nicht sinnvoll, die Null als Summanden zuzulassen, da diese ja unendlich oft hinzugefügt werden könnte. Damit gilt:

Unter einer **Zerfällung** einer natürlichen Zahl n versteht man eine Darstellung von n als Summe aus natürlichen Summanden. Zwei Zerfällungen gelten als verschieden, wenn sie sich in der Reihenfolge der Summanden oder in den Summanden selbst unterscheiden. Es gilt:
Eine natürliche Zahl n lässt sich auf 2^{n-1} Arten in natürliche Summanden zerfällen. Rechnet man die Zahl selbst nicht als Zerfällung, dann gibt es $2^{n-1} - 1$ echte Zerfällungen in natürliche Summanden.

Beweis

Wir stellen n wieder durch n Kringel dar. In jedem der $n - 1$ Zwischenräume kann ein Pluszeichen stehen oder auch nicht. Das ergibt 2^{n-1} Möglichkeiten, Pluszeichen zu setzen.

Beispiel: $n = 4$ kann auf $2^{4-1} = 8$ Arten zerfällt werden, wovon sieben echte Zerfällungen sind:

0 Pluszeichen: ⊙ ⊙ ⊙ ⊙ $= 4$ (unechte Zerfällung);

1 Pluszeichen: ○ + ○ ○ ○ = 1 + 3,   ○ ○ + ○ ○ = 2 + 2,   ○ ○ ○ + ○ = 3 + 1;

2 Pluszeichen: ○ + ○ + ○ ○ = 1 + 1 + 2,   ○ + ○ ○ + ○ = 1 + 2 + 1,

  ○ ○ + ○ + ○ = 2 + 1 + 1;

3 Pluszeichen: ○ + ○ + ○ + ○ = 1 + 1 + 1 + 1.

Um 150 HIPPARCHOS / *Plutarch*: Zwei Zahlen

PLUTARCH berichtet in seinen »Tischgesprächen«, den *Quaestiones Convivales* ($\Sigma\upsilon\mu-\pi\sigma\sigma\iota\alpha\varkappa\acute{\alpha}$ VIII, 9, 3, 732 F) in den auf Griechisch verfassten *Moralia* (' $H\vartheta\iota\varkappa\acute{\alpha}$), und zwar in *De Stoicorum repugnantiis* (29, 1047 D):

Chrysippus sagt, dass die Anzahl aller zusammengesetzten Aussagen, die man aus zehn Aussagen bilden kann, eine Million übersteigt, obwohl er die Angelegenheit zu keiner Zeit weder selbst noch mit Hilfe von Experten untersucht hatte. [...] Seine Behauptung wurde von allen Mathematikern abgelehnt, unter ihnen Hipparchos, der nachweist, dass der Fehler gewaltig sei, da es nur 103049 seien und mit Negation 310952. – Hat Hipparchos recht?

Lösung

Bis gegen Ende des 20. Jh.s fanden die Mathematiker keinen Sinn hinter diesen von PLUTARCH überlieferten Zahlen. Generell war man der Überzeugung, dass die Griechen in der Kombinatorik nur äußerst einfache Probleme lösen konnten, wie wir sie bei PORPHYRIOS und PAPPOS finden (siehe unten).

Januar 1994 stellte DAVID HOUGH, ein Doktorand[14], fest, dass 103049 nichts anderes als die zehnte Schröderzahl ist. RICHARD P. STANLEY brachte dies 1997 der wissenschaftlichen Welt zur Kenntnis, bemerkte aber richtig, dass man eigentlich verstehen müsse, was HIPPARCHOS unter »zusammengesetzten Aussagen« versteht, wenn man HOUGHs Entdeckung würdigen wolle. Die zweite Zahl bleibe aber weiterhin ein »Rätsel«. Ein Jahr später stellten LAURENT HABSIEGER, MAXIM KAZARIAN und SERGEJ LANDO fest, dass die halbe Summe aus der zehnten und elften Schröderzahl den Wert 310954 ergebe, also fast genau die zweite Zahl HIPPARCHs. 2002 fand FABIO ACERBI durch Untersuchungen zur Logik der Stoiker eine Deutung für die »zusammengesetzten Aussagen« und konnte damit zeigen, dass das von HIPPARCHOS angesprochene Problem genau mit einem der »vier combinatorischen Probleme« übereinstimmt, die FRIEDRICH WILHELM KARL ERNST SCHRÖDER 1870 stellte und löste.

FABIO ACERBI deutet die »zusammengesetzten Aussagen« als eine Verbindung von UND-Aussagen, wobei gewisse Aussagen stärker miteinander gekoppelt sind als andere, z. B. als $(A\cup B)\cup C\cup(D\cup E)$ oder als $((A\cup B)\cup C)\cup(D\cup E)$ oder als $A\cup(B\cup(C\cup(D\cup E)))$, wie sie sich in der Logik der Stoiker auch finden. HIPPARCHOS zufolge lassen sich zehn Aussagen dann auf 103049 Arten klammern. Genau danach fragte aber SCHRÖDER allgemein und gab auch die Antwort in seinem 1870 erschienenen Artikel *Vier combinatorische Probleme*. Wir modernisieren seine Erkenntnisse etwas:

---

[14] HOUGH entschloss sich erst 1992 als 43-Jähriger zum Studium der Mathematik.

Eine Abfolge von n unterscheidbaren Elementen $xxx...x$ werde durch Klammern gegliedert. Dabei gelte: Ein einzelnes Element wird nicht geklammert, und um die Gesamtheit wird ebenfalls keine Klammer gesetzt. Dann gilt für die Anzahl $s(n)$ der möglichen Klammerungen:

$$s(n) = \sum_{i_1+i_2+...+i_k=n} s(i_1)s(i_2)...s(i_k) \text{ mit } s(1) := 1 \text{ und } i_m \in \mathbb{N} \text{ für } m = 1, 2, ..., k.$$

Die Zahl $s(n)$ heißt (kleine) Schröderzahl.

Die ersten elf Schröderzahlen lauten $1, 1, 3, 11, 45, 197, 4279, 20793, 103049, 518859$.

Offenbar erhält man $s(n)$ durch Summierung über alle positiven echten Zerfällungen von n.

Für $n = 4$ liefert dies $s(4) = \sum_{i_1+i_2+...+i_k=4} s(i_1)s(i_2)...s(i_k)$

$= s(1)\,s(1)\,s(1)\,s(1) + s(2)\,s(1)\,s(1) + s(1)s(2)\,s(1) + s(1)\,s(1)s(2) + s(3)\,s(1) + s(1)\,s(3)$
$+ s(2)\,s(2)$.

Dies entspricht den Klammerungen einer ersten Ebene, wo keine Mehrfachklammerungen auftreten, nämlich $xxxx$, $(xx)xx$, $x(xx)x$, $xx(xx)$, $(xxx)x$, $x(xxx)$ und $(xx)(xx)$, also den oben angegeben sieben echten positiven Zerfällungen von 4.

In der obigen Summe für $s(4)$ sind $s(3)$ und $s(2)$ durch $\sum_{i_1+i_2+...+i_k=3} s(i_1)s(i_2)...s(i_k)$ bzw.

$\sum_{i_1+i_2+...+i_k=2} s(i_1)s(i_2)...s(i_k)$ zu ersetzen. Für $s(3)$ erhält man

$s(3) = s(1)\,s(1)\,s(1) + s(2)\,s(1) + s(1)s(2)$, und für $s(2) = s(1)\,s(1)$.

$s(3)$ entspricht den Mehrfachklammerungen. Denn $(xxx)x$ lässt sich noch klammern zu $((xx)x)x$ und $(x(xx))x$ und $x(xxx)$ entsprechend zu $x((xx)x)$ und $x(x(xx))$.

Damit errechnet man $s(2) = 1 \cdot 1 = 1$, $s(3) = 1 \cdot 1 \cdot 1 + 1 + 1 = 3$ und schließlich

$s(4) = 1 \cdot 1 \cdot 1 \cdot 1 + 1 \cdot 1 \cdot 1 + 1 \cdot 1 \cdot 1 + 1 \cdot 1 \cdot 1 + 3 \cdot 1 + 1 \cdot 3 + 1 \cdot 1 = 11$.

Die elf Klammerungen lassen sich auch durch Bäume darstellen, an deren Astenden die vier Früchte $xxxx$ verteilt werden.

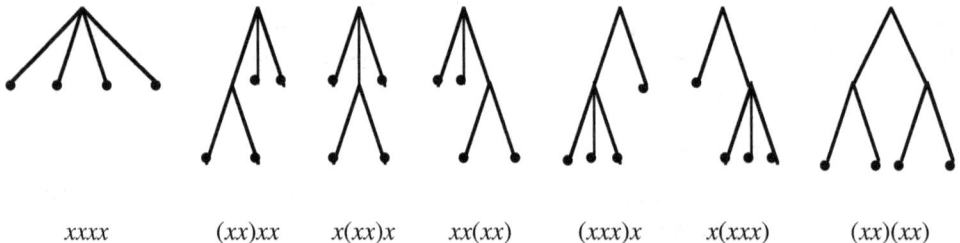

$xxxx$ $(xx)xx$ $x(xx)x$ $xx(xx)$ $(xxx)x$ $x(xxx)$ $(xx)(xx)$

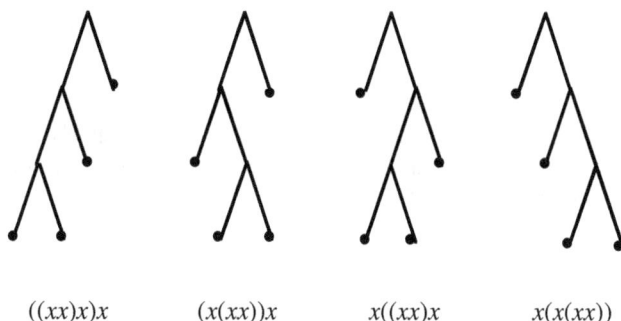

$$((xx)x)x \qquad (x(xx))x \qquad x((xx)x \qquad x(x(xx))$$

Neben den Bäumen gibt es noch viele andere Veranschaulichungen der Schröderzahlen.

Die Berechnung der Schröderzahlen ist offenbar mühsam. Wir fragen uns, konnte HIPPARCH den Wert für $s(10)$ auf diese Art errechnen? Gibt es für die Zahl 10 doch immerhin $2^{10-1} - 1$ = 511 Zerfällungen! Immerhin dürfte HIPPARCH gewusst haben, dass der Summand $s(i_1)s(i_2)\ldots s(i_k)$ mit $i_1 + i_2 + \ldots + i_k = 10$ öfters auftritt, und zwar genau $\frac{10!}{i_1! i_2! \ldots i_k!}$-mal, sodass nur 41 Ausdrücke dieser Art zu berechnen sind. ACERBI hat diese Erkenntnis benützt und die Werte von $s(1)$ bis $s(11)$ an einem Nachmittag nur mit Bleistift und Papier ohne jedes technische Hilfsmittel berechnen können. Er ist überzeugt, dass sich auch diese Werte in einigen Tagen ohne Verwendung dieser Reduktion errechnen lassen.

Was ist aber nun das Rätsel der zweiten HIPPARCH-Zahl 310952?

Die Negation NOT, dargestellt durch ¬, negiert genau die Aussage, vor der sie steht. HABSIEGER, KAZARIAN und LANDO betrachteten die Abfolge ¬$xx\ldots x$, die aus $n + 1$ Symbolen besteht, deren Reihenfolge festliegt. Diese $n + 1$ Symbole können auf $s(n + 1)$ Arten geklammert werden. Dabei liefern jedoch die Klammerungen $(\neg(\ldots))$ und $\neg(\ldots)$ dieselbe Negation. Klammerungen, bei denen ¬ vor der Gesamtheit der eventuell noch weiter geklammerten n Buchstaben x steht, haben keine zu ihnen äquivalente Negation. Von dieser Art gibt es aber $s(n)$ Klammerungen.

Wir zeigen dies für $n = 3$, d. h., wir betrachten alle möglichen Klammerungen der Abfolge ¬xxx. Für sie gibt es $s(4) = 11$ Klammerungen:
¬xxx, $(\neg x)xx$, ¬$(xx)x$, ¬$x(xx)$, $(\neg xx)x$, ¬(xxx), $(\neg x)(xx)$, $((\neg x)x)x$, $(\neg(xx))x$, ¬$((xx)x)$, ¬$(x(xx))$.
Darunter sind aber die folgenden vier Paare äquivalenter Aussagen:
¬xxx und $(\neg x)xx$, ¬$(xx)x$ und $(\neg(xx))x$, ¬$x(xx)$ und $(\neg x)(xx)$, $(\neg xx)x$ und $((\neg x)x)x$.
Übrig bleiben die $s(3) = 3$ Negationen ¬(xxx), ¬$((xx)x)$ und ¬$(x(xx))$.

Allgemein gilt also: Fügt man die $s(n)$ Negationen, zu denen es keine äquivalente Negation gibt, zur Gesamtheit der $s(n + 1)$ Aussagen, dann kommen alle Aussagen doppelt vor. Also gilt:

Die Negation der Konjunktion von n Aussagen ergibt $\frac{1}{2}(s(n + 1) + s(n))$ Konjunktionen,

je nachdem, wie man die Klammerung vornimmt.

Im Falle $n = 10$ erhält man also 310954 Konjunktionen, das sind zwei mehr, als HIPPARCH angibt. Man ist allgemein überzeugt, dass hier kein Rechenfehler HIPPARCHs, sondern ein Schreibfehler in der Überlieferung vorliegt. HIPPARCH hat also recht.

Um 280 Porphyrios / *Eisagoge*: Zweierbildung

Porphyrios will jeweils zwei der fünf philosophischen Grundbegriffe (= *Praedicabilia*) *genus, species, differentia, proprium* und *accidentia* miteinander vergleichen. Nicht durch Abzählen, sondern durch eine allgemeine Überlegung macht er seinen Lesern klar, wie viele Vergleiche er führen muss.[15] Wie viele sind es?

Lösung

Es gibt $\binom{5}{2}$ = 10 Möglichkeiten, zwei aus fünf Elementen auszuwählen.

Um 320 Pappos / *Synagoge*: Punkte und Gerade

Pappos von Alexandria behandelt in seiner $\Sigma v v \alpha \gamma \omega \gamma \grave{\eta} \ \mu \alpha \vartheta \eta \mu \alpha \tau \iota \kappa \acute{\eta}$ – »Mathematische Sammlung« – die heute verlorenen *Porismen* des Euklid. In der Einleitung zu Buch VII behauptet er ohne Begründung:

Wenn von *n* in einer Ebene liegenden Geraden sich je zwei schneiden und nicht mehr als zwei durch einen Punkt gehen, dann ist die Anzahl der Schnittpunkte eine Dreieckszahl.

Begründung

Weil Pappos keine Begründung gibt, können wir nur vermuten, wie er überlegt haben könnte.

1. Überlegung: Zwei Geraden erzeugen genau einen Punkt. Eine dritte Gerade erzeugt dann zwei weitere Punkte, eine vierte drei weitere Punkte usw. Also erzeugen *n* Geraden insgesamt $1 + 2 + 3 + \ldots + (n-1) = \frac{n(n-1)}{2} = \binom{n}{2}$ Punkte.[16]

---

[15]   In Kapitel 11 seiner $E i \sigma \alpha \gamma \omega \gamma \grave{\eta} \ \varepsilon \iota \varsigma \ \tau \grave{\alpha} \varsigma \ \kappa \alpha \tau \eta \gamma o \rho \iota \alpha \varsigma$ – »Einführung in die Kategorien« [des Aristoteles] –, die im Mittelalter auch *De quinque vocibus* – »Von den fünf Begriffen« – hieß. Die lateinischen *termini* stammen von Boethius (um 480–524?), der die *Einführung* 510 gleich zweimal ins Lateinische übertrug und kommentierte. Seine Interpretation lieferte im Mittelalter den äußeren Anlass für den Universalienstreit. Porphyrios bringt als Beispiel für *genus* (= Gattung) die mit Sinnen begabten Wesen, für *species* (= Art) Gottheit, Mensch, Pferd, Vogel. *Differentia* (= Unterschied) ist das, um was die Art reicher ist als die Gattung, z. B. »sterblich«, »vernünftig«, »krummnasig«. *Proprium* (= Eigentümlichkeit) gibt es in vier Typen, nämlich als das, was einer bestimmten Art als Ganzes zukommt (kann lachen), nicht als Ganzes (treibt Mathematik), ihr nicht allein (hat zwei Beine), ihr allein, aber nur zu einer bestimmten Zeit (hat graue Haare). *Accidentia* (= Zufallendes) ist schließlich das, was einem und demselben zukommen und nicht zukommen kann; dabei unterscheidet Porphyrios trennbare *Accidentia* wie »schlafen«, »bewegt sein« von den untrennbaren wie »schwarz sein«, was als Akzidenz sowohl dem Äthiopier wie dem Raben und auch der Kohle zukomme.

[16]   Wenn man in der obigen Summe die einzelnen Summanden etwa durch Steinchen, wie es die Griechen in der Frühzeit taten, untereinander anordnet, dann entstehen Dreiecke. Die Summenwerte heißen daher Dreieckszahlen.

2. *Überlegung:* Wenn sich jeweils zwei Geraden stets in genau einem Punkt schneiden, erhält man so viele Punkte, wie oft man zwei Geraden aus n Geraden auswählen kann, also

$$\binom{n}{2} = \frac{n(n-1)}{2}.$$

Um 320 PAPPOS / *Synagoge*: Berührungen

PAPPOS VON ALEXANDRIA schreibt in der Einleitung von Buch VII seiner $\Sigma \upsilon \nu \alpha \gamma \omega \gamma \grave{\eta}$ $\mu \alpha \vartheta \eta \mu \alpha \tau \iota \kappa \acute{\eta}$ – »Mathematische Sammlung« –, APOLLONIOS VON PERGE habe zwei (heute verlorene) Bücher *Über Berührungen* geschrieben, die sechzig Aufgaben enthielten. Er reduziert sie auf zehn verschiedene Aufgabentypen, die sich aus einer einzigen Fragestellung herleiten lassen, nämlich:

> Gegeben sind drei Figuren. Jede Figur kann ein Punkt, eine Gerade oder ein Kreis sein. Gesucht ist ein Kreis, der durch jeden der gegebenen Punkte geht (falls es Punkte gibt) und die gegebenen Geraden und Kreise berührt.

Herleitung

PAPPOS findet die Zahl 10, indem er die Auswahlmöglichkeiten für je drei Figuren aufzählt. Kürzer gewinnt man sie mit folgender Überlegung:

$A_1 =$ »drei gleiche Werte«, Typ »xxx«; $|A_1| = 3$.

$A_2 =$ »genau zwei gleiche Werte«, Typ »xxy«; $|A_2| = 3 \cdot 2 = 6$, da es drei Möglichkeiten für x und zwei für y gibt.

$A_3 =$ »Alle Werte verschieden«, Typ »xyz«; $|A_3| = 1$.

Somit gibt es auf Grund der Summenregel $3 + 6 + 1 = 10$ Auswahlmöglichkeiten.

Mit den heutigen Mitteln lässt sich die Anzahl 10 folgendermaßen herleiten.

Es seien p Punkte, g Geraden und k Kreise gegeben, und es gilt $p + g + k = 3$ mit $p, g, k \in \{0, 1, 2, 3\}$. Zur Abzählung aller möglichen Typen ersetzen wir die zwei Pluszeichen durch zwei Striche und setzen drei Kreuze beliebig in die dadurch entstandenen drei Bereiche. So bedeutet ×× | | × den Typ »zwei Punkte, keine Gerade, ein Kreis«. Es handelt sich also darum, die Anzahl aller Quintupel aus zwei Strichen und drei Kreuzen zu bestimmen. Dies kann auf mehrere Arten erfolgen:

1. Art: Anzahl der Quintupel mit festen Wiederholungen: $\frac{5!}{3! \cdot 2!} = 10$.

2. Art: Auswahl von zwei (oder) drei Stellen aus fünf Stellen: $\binom{5}{2} = \binom{5}{3} = 10$.

3. Art: Anzahl der 3-Kombinationen mit Wiederholungen aus der 3-Menge {Punkt, Gerade, Kreis}: $\binom{3 + 3 - 1}{3} = 10$.

4. Art: Anzahl der Zerfällungen der Zahl 3 in drei nicht-negative ganzzahlige Summanden: $\binom{3 + 3 - 1}{3} = 10$.

Anschließend an das obige Problem reduziert PAPPOS eine ganze Aufgabengruppe auf eine einzige Aussage, die sechs verschiedene Typen zulasse.

> Von drei Figuren kann jede ein Punkt, eine Gerade oder ein Kreis sein. Gegeben seien zwei von ihnen. Gesucht ist ein Kreis gegebenen Durchmessers, der durch jeden der gegebenen Punkte geht (falls es Punkte gibt) und jede der anderen Linien berührt.

Die Herleitung der Zahl 6 erfolgt analog zum vorhergehenden Problem.

971 WIBOLD / *Ludus regularis* – Kanonikerspiel[17]

Würfeln um beträchtliche Einsätze war im 10. Jh. dermaßen Teil des großspurigen Lebensstils von Adel und Klerus[18] geworden, dass am 7.8.952 in Augsburg König OTTO I. (DER GROßE) dem Klerus des Reichs das Würfeln bei Strafe der Absetzung verbot. Daher »erdachte« WIBOLD (†972) etwa 971

Mönch und Nonne würfeln

Ausschnitt aus der Herz-Zehn-Karte des von HANS LEONHARD SCHÄUFELEIN (um 1480/85–1538/40) entworfenen Kartenspiels, Holzschnitt um 1535 von WOLFGANG RÖSCH (1515–1537 in Nürnberg belegt)

> »auf kunstsinnige Weise für die den Würfel liebenden Kleriker das Kanonikerspiel. Durch Spielen in den Domschulen würden sie es schätzen lernen, sich dadurch daran gewöhnen, die Laster zu besiegen und so das weltliche, zu Streit führende Würfelspiel meiden.«

Kernstück dieses Würfelspiels, das durch seine sprachlichen und mathematischen Querverbindungen den geistigen und moralischen Anforderungen der kirchlichen Reformer aus Cluny nachkam, ist eine Tabelle christlicher Tugenden, die den Augenzahlkombinationen[19] dreier Würfel zugeordnet sind. Zusätzlich wird noch die jeweilige Augensumme angegeben. Jeder Spieler ist angehalten, sich in der nächsten Zeit um die erwürfelten Tugenden zu bemühen.

WIBOLDs Spiel liegt die folgende kombinatorische Aufgabe zugrunde.

---

[17]   »Die Vornehmsten von Cambrai forderten« 971 von Kaiser (seit 962) OTTO I. DEM GROßEN, dass er den »sowohl mit weltlichen wie auch kirchlichen Dingen voll vertrauten Archidiakon [WIBOLD] von Noyon als Bischof einsetze.« Die sommerliche Reise zu OTTO I. nach Rom zum Zwecke seiner Investitur hat WIBOLD so geschwächt, dass er starb, noch ehe er sein erstes Amtsjahr vollendet hatte. (Wibold 971) – GOTTFRIED WILHELM LEIBNIZ wies am 17.1.1716 PIERRE RÉMOND DE MONTMORT auf das »nur mit Mühe zu entziffernde« Spiel WIBOLDs hin, als er den Wunsch ausdrückte, dieser möge sich mit allen Spielen beschäftigen, die von Zahlen abhingen.

[18]   Bezeichnung für die Weltgeistlichen, d. h. die Diakone, Priester und Bischöfe. Das im 3. Jh. n. Chr. nachweisbare lateinische *clerus* leitet sich vom griechischen κλῆρος [klēros] = *Los, durch Erbschaft zugefallener Anteil* ab und bezeichnet den Stand, dem das Erbe Gottes zugefallen ist. Ab dem 4. Jh. entstanden um der besseren Disziplin willen Stifts- und Domkapitel, in denen die Kleriker ein gemeinschaftliches Leben nach bestimmten Regeln führten. Diese heißen daher Kanoniker von κανῶν [kanōn] = *regula* = *Regel*, woraus *canonicus* = *regularis* wurde.

[19]   Unter **Augenzahlkombination** verstehen wir Kombinationen von Augenzahlen mit Wiederholungen.

> Drei Würfel werden geworfen, und jeder Augenzahlkombination wird eine Tugend zugeordnet. Wie viele Tugenden braucht WIBOLD für seine Tabelle?

Lösung nach WIBOLD (971)

WIBOLD zählt einfach ab. Er ordnet zunächst die drei Augenzahlen eines Wurfs der Größe nach, also z. B. 2, 3, 5. Dann schreibt er diese Tripel lexikographisch auf und erhält schließlich 56 Ergebnisse. Jedem Ergebnis ordnet WIBOLD eine Tugend zu. Dabei ist eine Tugend umso wertvoller, je weiter sie oben steht. So beginnt seine Liste mit $\langle 1; 1; 1 \rangle$ = *Karitas*, $\langle 1; 1; 2 \rangle$ = *Fides* und $\langle 1; 1; 3 \rangle$ = *Spes*[20] und endet mit $\langle 5; 5; 6 \rangle$ = *Compassio [Mitleid]*, $\langle 5; 6; 6 \rangle$ = *Continentia [Selbstbeherrschung]* und $\langle 6; 6; 6 \rangle$ = *Humilitas [Demut]*.

WIBOLDs *ludus regularis* ist recht kompliziert. Er schreibt nämlich auf jede der 18 Würfelflächen in eindeutiger Weise eine Auswahl aus den fünf Vokalen. Dabei werden k Augen k Vokale zugeordnet:

> **I:** A I EI I OUA I EIOU I AEIOU I AEIOUA
>
> **II:** E I IO I UAE I IOUA I EIOUA I EIOUAE
>
> **III:** I I OU I AEI I OUAE I IOUAE I IOUAEI

Zusätzlich verwendet WIBOLD noch ein reguläres Tetraeder, auf dessen vier Seitenflächen er Konsonanten wie folgt schreibt: BCDF I GHKL I MNPR I STXZ. Würfel und Tetraeder werden miteinander geworfen. Der Würfelwurf bestimmt eine Tugend. Dabei ist der Wurf nur gültig, wenn sich Vokale der Tugend auf den oben liegenden Würfelflächen und Konsonanten der Tugend auf der unten liegenden Tetraederfläche finden lassen. Wie weit die Übereinstimmung gehen muss, geht aus WIBOLDs Text nicht klar hervor.

Lösung nach De Vetula (1222/1268)[21]

Zum ersten Mal in der Geschichte der Mathematik wird in Buch I des zwischen 1222 und 1268 entstandenen Versepos *De Vetula* – »Über die Alte« – die Anzahl 56 der beim Dreifachwurf auftretenden Augenzahlkombinationen zwar auch noch durch zeitraubendes Abzählen bestimmt, dann aber ihre Richtigkeit durch kombinatorische Überlegungen bewiesen. Der unbekannte Autor zerlegt dazu den Ergebnisraum Ω des Dreifachwurfs in disjunkte Teilmengen:

In Vers 425 ff. betrachtet er A_1 = »drei gleiche Augenzahlen«, also den Typ »*xxx*«, und erhält $|A_1| = 6$.

In Vers 430 ff. betrachtet er A_2 = »genau zwei gleiche Augenzahlen«, also den Typ »*xxy*«, und erhält $|A_2| = 6 \cdot 5 = 30$, da es sechs Möglichkeiten für x und fünf für y gibt.

In Vers 435 ff. betrachtet er A_3 = »lauter verschiedene Augenzahlen«, also den Typ »*xyz*«, und erhält recht kompliziert $|A_3| = 20$.[22] Wir argumentieren heute einfacher: $|A_3| = \dfrac{6 \cdot 5 \cdot 4}{3!} = 20$, weil die drei Werte für x, y und z vertauscht werden können.

---

[20] Vgl. PAULUS, 1. Kor 13,13: »Was bleibt, sind drei Dinge: Glaube, Hoffnung, Liebe. Das Größte aber ist die Liebe.«

[21] Das Werk wurde als Autobiographie des römischen Dichters OVID aufgefasst. Es war gewissermaßen ein mittelalterlicher Bestseller; denn nahezu sechzig mehr oder weniger vollständige Abschriften sind erhalten.

Auf Grund der Summenregel gibt es $|\Omega| = 6 + 30 + 20 = 56$ verschiedene Augenzahlkombinationen. Somit braucht WIBOLD 56 Tugenden.

Moderne Lösung

Schneller kommt man zum Ziel, wenn man die Formeln der Kombinatorik anwendet: Man bestimmt die Anzahl der 3-Kombinationen mit Wiederholungen aus der 6-Menge $\{1, \dots, 6\}$ zu $\binom{3 + 6 - 1}{3} = \binom{8}{3} = 56$.

WIBOLDs Vereinfachung

Am Ende seines Traktats schlägt WIBOLD eine einfachere Version seines Spiels vor, die seiner Meinung nach lieber gespielt werden wird:

> Drei Würfel werden geworfen, und es wird die Augensumme des Wurfs bestimmt. Der Spieler soll sich dann um die Tugenden bemühen, die zu dieser Augensumme gehören. Wie viele Tugenden sind dies?

WIBOLD selbst gibt keine Antwort auf diese Frage. Aus seiner umfangreichen Tabelle erkennt man aber, dass manche Augensummen mehr Tugenden liefern als manch andere. In *De Vetula* (I, Vers 443 ff.) hingegen findet man die systematische Lösung für das ungleiche Auftreten der von »Spielern üblicherweise verwendeten Augensummen« (Vers 456). Zum Typ *xxx* gibt es jeweils nur ein Tripel, zum Typ *xxy* aber drei, »weil die abweichende Augenzahl [im Tripel] auf jede Stelle gesetzt werden kann«, und zum Typ *xyz* schließlich sechs Tripel, weil es sechs Permutationen gibt. Unter stillschweigender Verwendung der obigen Mächtigkeiten ergeben sich 216 mögliche Tripel. In Tabelle III werden diese Vertauschungen den Augenzahlkombinationen zugeordnet. Für die

◄◙:o:◙►   19
Quinquaginta modis & fex diverfificantur
In punctaturis, punctaturæque ducentis
Atque bis octo cadendi fchematibus, quibus inter
Compofitos numeros, quibus eft luforibus ufus.
Divifis, prout inter eos funt diftribuendi,
Plenè cognosces, quantæ virtutis eorum
Quilibet effe poteft, feu quantæ debilitatis:
Quod fubfcripta poteft tibi declarare figura.

Tabula III.

Qvot Punctaturas, et qvot Cadentias habeat qvilibet numerorū compofitorum.

3	18	Punctatura	1	Cadentia	1
4	17	Punctatura	1	Cadentiæ	3
5	16	Punctaturæ	2	Cadentiæ	6
6	15	Punctaturæ	3	Cadentiæ	10
7	14	Punctaturæ	4	Cadentiæ	15
8	13	Punctaturæ	5	Cadentiæ	21
9	12	Punctaturæ	6	Cadentiæ	25
10	11	Punctaturæ	6	Cadentiæ	27

»Wie viele Augenzahlkombinationen (*punctaturae*) und wie viele Tripel (*cadentiae*) jede Augensumme [bei drei Würfeln] hat.« Vers 453–460 aus De Vetula, 1662 in Wolfenbüttel gedruckt. Ganz oben liest man Qinquaginta [...] & sex = 56 und ducentis atque bis octo = 216.

Augensummen 3 und 18 gibt es jeweils nur eine Augenzahlkombination (*punctatura*), also nur eine Tugend, für die Augensummen 10 und 11 aber jeweils sechs. Diese Anzahlen müssen für jede Augenzahlkombination durch explizites Abzählen bestimmt werden; für 10 sind es die sechs Augenzahlkombinationen $\langle 1; 3; 6 \rangle$, $\langle 1; 4; 5 \rangle$, $\langle 2; 2; 6 \rangle$, $\langle 2; 3; 5 \rangle$, $\langle 2; 4; 4 \rangle$ und $\langle 3; 3; 4 \rangle$.

---

22   Siehe hierzu Schneider (1989), Seite 6 ff.

Um 1150 ABRAHAM IBN EZRA / *ha-Olam*: Planeten

Seit um spätestens 600 v. Chr. die Babylonier Planetenkonjunktionen beobachtet haben, war man der Meinung, dass diese Konstellationen erhebliche Einflüsse auf das Geschick der Welt hätten. Eine Konjunktion liegt vor, wenn mindestens zwei Planeten und die Erde nahezu auf einer Gerade liegen.[23]

> Der aus Nordspanien stammende Rabbi ABRAHAM IBN EZRA berechnet in seinem *Sefer ha-Olam* – »Buch über die Welt« – die Anzahl aller möglichen Konjunktionen der sieben damals bekannten Planeten zu 120. Stimmt dies?

ABRAHAM IBN EZRA berechnet $\sum_{i=2}^{7}\binom{7}{i}$, d. i. die Summe der Zweier-, Dreier-, ..., Siebener-Kombinationen aus der 7-Menge der Planeten. Sein Vorgehen ist aus heutiger Sicht reichlich kompliziert. Dabei verwendet er – modern ausgedrückt – $\binom{n}{k} = \binom{n-1}{k-1} + \binom{n-1}{k}$. Auf den zweiten Summanden wendet er nun diese Formel wieder an, so dass sich schließlich ergibt $\binom{n}{k} = \sum_{m=k-1}^{n-1}\binom{m}{k-1}$. So errechnet er beispielsweise die 4-Kombination $\binom{7}{4}$ sukzessive:

$$\binom{7}{4} = \sum_{m=3}^{6}\binom{m}{3} = \binom{6}{3} + \binom{5}{3} + \binom{4}{3} + \binom{3}{3} =$$

$$= \left\{\binom{5}{2} + \binom{4}{2} + \binom{3}{2} + \binom{2}{2}\right\} + \left\{\binom{4}{2} + \binom{3}{2} + \binom{2}{2}\right\} + \left\{\binom{3}{2} + \binom{2}{2}\right\} + \binom{2}{2}.$$

Nun weiß ABRAHAM IBN EZRA, dass $\binom{n}{2} = \sum_{i=1}^{n-1} i$ ist. Letzteren Ausdruck wertet er in der Form $(n-1)\left(\frac{n-1}{2} + \frac{1}{2}\right)$ aus, so dass sich beispielsweise ergibt

$$\binom{7}{4} = \left\{4\cdot\left(\frac{4}{2} + \frac{1}{2}\right) + 3\cdot\left(\frac{3}{2} + \frac{1}{2}\right) + 2\cdot\left(\frac{2}{2} + \frac{1}{2}\right) + 1\cdot\left(\frac{1}{2} + \frac{1}{2}\right)\right\} +$$

$$+ \left\{3\cdot\left(\frac{3}{2} + \frac{1}{2}\right) + 2\cdot\left(\frac{2}{2} + \frac{1}{2}\right) + 1\cdot\left(\frac{1}{2} + \frac{1}{2}\right)\right\} +$$

$$+ \left\{2\cdot\left(\frac{2}{2} + \frac{1}{2}\right) + 1\cdot\left(\frac{1}{2} + \frac{1}{2}\right)\right\} + 1\cdot\left(\frac{1}{2} + \frac{1}{2}\right) = 35.$$

Die Summe all dieser Kombinationen liefert schließlich den Wert 120.

---

[23] Das Wort Planet leitet sich vom griechischen πλανήτης (planétes) = *umherirrend, ohne festen Wohnsitz* ab. – Die auf die sog. chaldäischen Astrologen zurückgehende aufsteigende Reihenfolge der Planeten, nämlich Mond–Merkur–Venus–Sonne–Mars–Jupiter–Saturn (vgl. MARCUS TULLIUS CICERO: *De Divinatione* II, 91 [44 v. Chr. verfasst]) hat sich gegenüber der ägyptischen Reihenfolge (vgl. CICERO: *De natura deorum* II, 52f. [44 v. Chr. verfasst]) und anderen Reihenfolgen durchgesetzt. Sie findet sich noch bei CHRISTOPHORUS CLAVIUS, der 1570 in seinem *In Sphaeram* dieselbe Konjunktions-Aufgabe behandelt, von dem sie dann viele Mathematiker übernehmen. Ob CLAVIUS die Aufgabenstellung aus Kapitel 51 der *Practica Arithmetice* von 1539 des GERONIMO CARDANO übernommen hat, wissen wir nicht.

Moderne Lösung

Aus $2^n = (1 + 1)^n = \sum\limits_{i=0}^{n} \binom{n}{i}$ erhält man sofort die gesuchte Summe der k-Kombinationen

für $k = 2, 3, \ldots, 7$ aus der 7-Menge der Planeten zu

$$\sum\limits_{i=2}^{7} \binom{7}{i} = 2^7 - \binom{7}{1} - \binom{7}{0} = 128 - 7 - 1 = 120.$$

Zusatz: Aus der obigen Lösung geht hervor, dass die Lage der Planeten zur Erde nicht berücksichtigt wurde. Andernfalls ergeben sich wesentlich mehr Fälle. Ihre Anzahl wird im Folgenden bestimmt.

Für zwei Planeten P und Q und die Erde E kann es die Lagen EPQ und PEQ geben, was zu $\binom{7}{2} \cdot 2 = 42$ möglichen Konjunktionen führt.

Für drei Planeten P, Q und R und die Erde E kann es die Lagen EPQR, PEQR, QEPR und REPQ geben, was zu $\binom{7}{3} \cdot 4 = 140$ Konjunktionen führt.

Für eine größere Auswahl aus den sieben Planeten ist das direkte Abzählen mühsam. Leichter geht es, wenn man nach der Anzahl der Planeten »links« von der Erde zählt. So ergeben sich bei vier Planeten die drei Fälle 0E4 mit $\binom{4}{0}$ Möglichkeiten, 1E3 mit $\binom{4}{1}$ Möglichkeiten und 2E2 mit $\frac{1}{2} \cdot \binom{4}{2}$ Möglichkeiten, da ja z. B. die Stellungen QPERS und SREPQ gleichwertig sind; also gibt es insgesamt $1 + 4 + \frac{1}{2} \cdot 6 = 8$ Möglichkeiten für jede Auswahl von vier aus den sieben Planeten. Das ergibt schließlich $\binom{7}{4} \cdot 8 = 280$ Konjunktionen. Bei fünf Planeten gibt es die Fälle 0E5 $\binom{5}{0}$-mal, 1E4 $\binom{5}{1}$-mal, 2E3 $\binom{5}{2}$-mal, was zu $\binom{7}{5} \cdot \left[\binom{5}{0} + \binom{5}{1} + \binom{5}{2} \right] = 336$ Konjunktionen führt. Bei sechs Planeten sind es dann $\binom{7}{6} \cdot \left[\binom{6}{0} + \binom{6}{1} + \binom{6}{2} + \frac{1}{2} \cdot \binom{6}{3} \right] = 224$ Konjunktionen und bei sieben Planeten schließlich $\binom{7}{7} \cdot \left[\binom{7}{0} + \binom{7}{1} + \binom{7}{2} + \binom{7}{3} \right] = 64$ Konjunktionen. Insgesamt sind somit

$42 + 140 + 280 + 336 + 224 + 64 = 1086$ Konjunktionen möglich.

Verallgemeinerung. Unter Beachtung der Stellung von n Planeten zur Erde gibt es

$$\sum\limits_{i=2}^{n} \left\{ \binom{n}{i} \cdot \left[\sum\limits_{k=0}^{\left[\frac{i}{2}\right]} \binom{i}{k} + \left(\frac{i}{2} - \left[\frac{i}{2}\right] - \frac{1}{2} \right) \binom{i}{\left[\frac{i}{2}\right]} \right] \right\} \text{ Konjunktionen.}$$

Um 1150 BHĀSKARA II / *Līlāvatī*: Tore

Der indische Mathematiker BHĀSKARA II löst in § 114 seines Werks *Līlāvatī* – »Die Schöne« – (siehe Colebrooke 1817) folgende Aufgabe über Tore im Kapitel über Kombinationen:

> »In einem angenehmen, geräumigen und eleganten Gebäude, das von einem kundigen Architekten als Palast für den Gebieter des Landes erbaut wurde, gibt es acht Tore. Sage mir, wie viele Möglichkeiten gibt es, im Palast genau ein Tor, genau zwei Tore, ..., alle acht Tore zu öffnen.«

Lösung von BHĀSKARA II

BHĀSKARA II schreibt zwei Zahlenreihen untereinander: $\begin{smallmatrix} 8 & 7 & 6 & 5 & 4 & 3 & 2 & 1 \\ 1 & 2 & 3 & 4 & 5 & 6 & 7 & 8 \end{smallmatrix}$. Dann sagt

er, die Anzahl der Möglichkeiten, genau ein Tor, genau zwei Tore, usw. zu öffnen, sei 8, 28, 56, 70, 56, 28, 8, 1. Vermutlich erhält BHĀSKARA II z. B. die Zahl 56 aus $\frac{8\cdot7\cdot6}{1\cdot2\cdot3}$; er berechnet

also für $k = 1, 2, \ldots, 8$ die Anzahl $\binom{8}{k}$ der k-Kombinationen aus der 8-Menge der Tore nach

der Regel, die in Europa erst 1634 durch den Basken PIERRE HÉRIGONE bekannt wurde:

$\binom{n}{k} = \frac{n\cdot(n-1)\cdot\ldots\cdot(n-(k-1))}{1\cdot2\cdot\ldots\cdot k}$. BHĀSKARA II fügt dann noch an, dass es also 255 verschiedene

Öffnungsmöglichkeiten gibt.

Diese Zahl kann man auch durch die folgende Überlegung direkt finden: Jedes Tor kann offen oder geschlossen sein; das ergibt 2^8 Zustände. Da der Fall, dass alle Tore geschlossen sind, die Aufgabe nicht löst, ergeben sich $2^8 - 1$ Öffnungsmöglichkeiten.

Um 1150 BHĀSKARA II / *Līlāvatī*: Götterbilder

Der indische Mathematiker BHĀSKARA II löst in § 269 seines Werks *Līlāvatī* – »Die Schöne« – (Colebrooke 1817) folgende Aufgabe über Götterbilder im Kapitel über Permutationen:

> Der vierarmige Gott HARI, »Entferner der Sünde«, ein freundlicher Aspekt von VIṢṆU, hält in jeder Hand eines seiner Attribute, nämlich Keule [links oben], Lotosblüte [links unten], Rad [rechts oben] und Schneckenhorn [rechts unten].[24] Auf wie viele verschiedene Arten kann der Gott dargestellt werden, wenn die Attribute vertauscht werden dürfen? [Je nachdem, in welcher Hand er welches Attribut hält, erhält er in den heiligen Schriften[25] sogar einen anderen Namen.]

Als erstes Beispiel hatte BHĀSKARA II die schwierigere Aufgabe gestellt:

> Auf wie viele Arten kann man den zehnarmigen ŚAMBHU (das ist ein freundlicher Aspekt des Gottes ŚIVA) mit seinen zehn Attributen Schlinge, Stachelstock, Kobra, sanduhrförmige Trommel, Totenschädel, Dreizack, Schädelkeule, Kurzschwert, Pfeil und Bogen darstellen?[26]

---

[24] KEULE (sanskrit *gadā*), eine Waffe, die den Gott schützt. – LOTOS (*padma* [Nelumbium speciosum Willd.]), oft falsch als Lotus bezeichnet, steht für Fruchtbarkeit; die offene Blüte für die Sonnenscheibe. – RAD (*cakra*) symbolisiert die Sonne und den Lebenszyklus, als Scheibe ist es eine Wurfwaffe. – SCHNECKENHORN (*śaṅkha*): das Gehäuse der Trompetenschnecke (*charonia tritonis*) dient als Kampftrompete.

[25] und zwar in den *Purāṇas*; diese wurden erst in nachchristlicher Zeit (nicht später als 900 n. Chr.) in metrischer Form abgefasst. Sie gelten den Anhängern des VIṢṆU und des ŚIVA als kanonische Bücher.

[26] Die SCHLINGE (*paśa*) fesselt die Bösen und Verblendeten. – STACHELSTOCK (*aṅkuśa*) zum Antreiben der Elefanten, bedeutet Aktivität und Unterscheidungsvermögen. – KOBRA (*nāga*), ewiger Kreislauf der Zeit und Fruchtbarkeit. – TROMMEL (*ḍamaru*) in Gestalt einer Sanduhr: Die beiden Teile stehen für Liṅga und Yoni, das männliche und weibliche Geschlechtsteil; der Trommelschlag steht für die Entstehung der Zeit. – TOTENSCHÄDEL, bedeutet Tod und Ende allen Lebens. – DREIZACK (*triśūla*): Waffe; die drei Spitzen stehen für ŚIVA als Schöpfer, Erhalter und Zerstörer. – SCHÄDELKEULE (*khatvāṅga*), eine mit dem Totenschädel gekrönte Keule. – KURZSCHWERT (*khaḍga*), ein Opfermesser, das Weisheit und den Sieg über die Ignoranz symbolisiert. – PFEIL (*bāṇa*), Waffe und männliche Energie. – BOGEN (*dhanu*), Waffe und weibliche Herrschaft.

Lösung von BHĀSKARA II

BHĀSKARA II weiß, dass die Anzahl der Möglichkeiten, n verschiedene Elemente auf n verschiedene Plätze zu setzen, gleich dem Produkt $1 \cdot 2 \cdot \ldots \cdot n$, also unser $n!$ ist. Im ersten Fall gibt es also $4! = 24$, im zweiten Fall $10! = 3\,628\,800$ mögliche Darstellungen.

Zusatz

> **1)** Wie viele Darstellungen gäbe es für VIṢṆU, wenn auch solche zugelassen würden, bei denen er in verschiedenen Händen auch gleiche Attribute halten darf, und wenn dabei die Reihenfolge der Hände
> **a)** eine Rolle, **b)** keine Rolle spielt?
>
> **2)** Und wie viele wären möglich, wenn man sogar leere Hände zuließe?

Lösung

1) a) Jede Hand kann jedes Attribut tragen, also gibt es $4^4 = 256$ mögliche Darstellungen.

1) b) Man stelle sich vor, dass die vier Attribute in vier getrennten Feldern liegen, aus denen vier Stück auszuwählen sind. Trennen wir die Felder durch Striche und kennzeichnen die getroffene Auswahl durch vier Kreuze, dann bedeutet ×× | | × | × die Auswahl von zwei Keulen,

VIṢṆU mit seinen beiden Frauen SARASVATĪ und LAKṢMĪ.[27] Bengalen, Ende 12. Jh., Schiefer, Höhe 64 cm; Sammlung Lamare Picquot

keiner Lotosblüte, einem Rad und einem Schneckenhorn. Jede Auswahl ist ein 7-Tupel aus drei Strichen und 4 Kreuzen. Davon gibt es $\binom{7}{3} = \binom{7}{4} = 35$. Das ist die Anzahl der 4-Kombinationen mit Wiederholungen aus einer 4-Menge, nämlich $\binom{4 + 4 - 1}{4 - 1}$.

2) Jetzt handelt es sich um fünf Attribute, da das Attribut »leer« noch hinzugekommen ist. Im Fall **a** ist also die Anzahl der 4-Tupel aus einer 5-Menge zu bestimmen, das ist $5^4 = 625$. Im Fall **b** sind fünf Felder durch vier Striche abzutrennen. Jede Auswahl ist ein 8-Tupel aus vier Strichen und 4 Kreuzen. Davon gibt es $\binom{8}{4} = 70$. Das ist aber die Anzahl der 4-Kombinationen mit Wiederholungen aus einer 5-Menge, nämlich $\binom{4 + 5 - 1}{5 - 1}$.

---

[27] SARASVATĪ [rechts], die Göttin der Wissenschaft und Kunst, spielt auf einer Stabzither (*vīnā*), LAKṢMĪ, die Göttin des Glücks, der Schönheit und des Reichtums, hält einen Lotos in der Hand. Unter ihr kniet ein Betender, rechts davon GARUḌA, das Reittier VIṢṆUs. Zwei fliegende Genien tragen Girlanden.

1283 ALFONS X. DER WEISE / *Schachzabelbuch*: Tanto en …

In den 1283/84 vollendeten *Libros de Acedrex, Dados e Tablas* (zu deutsch *Schachzabel-buch*[28]) werden Spiele mit drei Würfeln vorgestellt. Die Spiele werden u. a. nur kurz beschrieben, es werden aber keine Fragen gestellt, so auf fol. 65v:

> **»Tanto en uno como en dos«** – Bei einem [Würfel] so viel wie bei zweien
> Die Augenzahl eines Würfels ist gleich der Augensumme der beiden anderen Würfel.
> Diese Regel lässt zwei Deutungen zu:
> **1. Deutung:** A wettet gegen B, er könne nach dem Wurf dreier Würfel zwei davon so auswählen, dass deren Augensumme gleich der Augenzahl des dritten Würfels ist.
> **2. Deutung:** A wirft einen Würfel. B wettet, dass er mit zwei Würfeln eine Augensumme wirft, die gleich der Augenzahl des Wurfs von A ist.
> *Wir fragen:* Wie müssen sich die Einsätze jeweils verhalten, damit die Wetten fair sind?

Lösung

1. Deutung: Für A günstige Würfe werden allesamt angegeben. »Wenn man z. B. mit einem Würfel 6 wirft, muss man mit den beiden anderen 5 und 1 werfen, oder 4 und 2, oder zweimal 3. […]« Nicht angegeben werden die Anzahlen ihrer Möglichkeiten. Für sie ergibt sich:

$\langle 2,1,1\rangle$	$\langle 3,1,2\rangle$	$\langle 4,1,3\rangle$	$\langle 4,2,2\rangle$	$\langle 5,1,4\rangle$	$\langle 5,2,3\rangle$	$\langle 6,1,5\rangle$	$\langle 6,2,4\rangle$	$\langle 6,3,3\rangle$
3	6	6	3	6	6	6	6	3

Da 45 von den 216 möglichen Ergebnissen für A günstig sind, erhält man

Einsatz von A : Einsatz von B = $P(\text{»A hat Erfolg}) : P(\text{»A hat keinen Erfolg«}) =$

$$= \frac{45}{216} : \frac{171}{216} = 5 : 19.$$

2. Deutung:

A wirft		1		2		3		4		5		6	
Für B günstige Würfe	Anzahl der Möglichkeiten	–	0	$\langle 1,1\rangle$	1	$\langle 1,2\rangle$	2	$\langle 1,3\rangle$ $\langle 2,2\rangle$	2 1	$\langle 1,4\rangle$ $\langle 2,3\rangle$	2 2	$\langle 1,5\rangle$ $\langle 2,4\rangle$ $\langle 3,3\rangle$	2 2 1

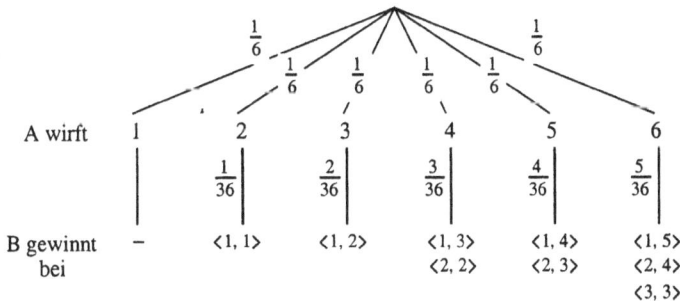

A wirft	1	2	3	4	5	6
		$\frac{1}{36}$	$\frac{2}{36}$	$\frac{3}{36}$	$\frac{4}{36}$	$\frac{5}{36}$
B gewinnt bei	–	$\langle 1,1\rangle$	$\langle 1,2\rangle$	$\langle 1,3\rangle$ $\langle 2,2\rangle$	$\langle 1,4\rangle$ $\langle 2,3\rangle$	$\langle 1,5\rangle$ $\langle 2,4\rangle$ $\langle 3,3\rangle$

---

[28] Zabel, bereits im Mittelhochdeutschen belegt, vom lateinischen *tabula*, bezeichnet das Brett, auf dem man würfelt oder spielt. Das *Schachzabelbuch* ist die älteste Sammlung von Schachendspielen; darüber hinaus gibt es Kunde von Würfelspielen und von weiteren Brettspielen.

Damit erhält man Einsatz von A : Einsatz von B =

= P(»B trifft Augenzahl von A nicht«) : P(»B trifft Augenzahl von A«)

= $\dfrac{201}{216} : \dfrac{15}{216} = 67 : 5$.

1283 ALFONS X. DER WEISE / *Schachzabelbuch*: Azar[29]

Auf fol. 67r der *Libros de Acedrex, Dados e Tablas* (zu deutsch *Schachzabelbuch*) finden wir folgendes Spiel beschrieben, das nicht sehr schnell zu durchschauen ist – andernfalls wäre es ja langweilig – , das beiden Spielern nahezu gleiche Chancen bietet – andernfalls würde es ja niemand spielen – , das aber nicht exakt gleiche Chancen bietet – andernfalls würde es ja auch niemand anbieten, weil er als Anbieter sonst nichts gewönne.

»El juego que llaman azar« – Das Spiel, das man Azar nennt

Zwei Spieler U und V werfen drei Würfel. Jeder Wurf, dessen Augensumme höchstens 6 oder mindestens 15 ist, heißt *azar*. Alle anderen Würfe heißen *suerte* (= Chance). U beginnt. Wirft er *azar*, so hat er gewonnen. Wirft er *suerte*, so gilt die erzielte Augensumme i als Chance des V, U muss aber einen dritten Wurf tun. Tritt wieder *azar* ein, ein sog. *reazar*, dann verliert U. Wirft er wieder die Augensumme i, so nennt man dies *encuentro* (= Begegnung), und das Spiel muss von vorne beginnen. Fällt aber *suerte* mit einer von i verschiedenen Augensumme j, dann gibt er die Würfel an V. Wirft dieser seine Chance i, so hat er gewonnen, wirft er aber j, so hat er verloren. Alle anderen Ergebnisse werden nicht beachtet. – Wir fragen: Haben U und V gleiche Chancen?

Lösung

Da das *Schachzabelbuch* keine Frage stellte, findet man dort auch keine Lösung. Wir müssen uns daher selbst die Mühe machen, die Frage zu beantworten.

Zum Spiel passt der Ergebnisraum $\Omega = \{i \mid 3 \le i \le 18\}$ mit $|\Omega| = 216$. *Azar* ist dann das Ereignis $A = \{3, 4, 5, 6, 15, 16, 17, 18\}$, *suerte* das Ereignis $S = \Omega \setminus A$.

Wir bestimmen die Anzahl $g(i)$ der für die jeweilige Augensumme i günstigen Fälle und erhalten die folgende Tabelle.

Man ermittelt aus ihr $P(A) = \dfrac{40}{216}$ und erkennt die Symmetrie $g(i) = g(21 - i)$.

Außerdem gilt für die Wahrscheinlichkeit $P(i)$, dass die Augensumme i fällt, $P(i) = \dfrac{g(i)}{216}$.

---

[29] Das spanische *azar* geht auf das arabische *asir = schwierig* zurück. Da die oben genannten Würfe seltener als die restlichen auftreten, nannte man sie »schwierig«. Bei einigen der elf Spiele werden sie gerade aus diesem Grunde nicht gewertet. Aus *asir* könnte das französische *hasard = gewagtes Spiel, Glücksspiel* entstanden sein, das andere vom arabischen *az-zahr = der Spielwürfel* herleiten. Auf *az-zahr* dürfte das *gioco della zara* zurückgehen aus dem 1. Vers des 6. Gesangs des *Purgatorio* aus DANTE ALIGHIERIs (1265–1321) *La Divina Commedia*. Man rief angeblich *zara* im Sinne von *zero = null und nichtig*, wenn eine der Summen 3, 4, 17 oder 18 fiel, »da diese sich nur auf eine Art (!) erzeugen ließen und damit das Spiel zu langweilig und zu zeitraubend würde« – so JACOPO DI GIOVANNI DELLA LANA in seinem zwischen 1324 und 1328 verfassten Kommentar (gedruckt Venedig 1477).

Augensumme i	Augenzahlkombinationen	Anzahl $g(i)$ der Möglichkeiten		Augensumme i	Augenzahlkombinationen	Anzahl $g(i)$ der Möglichkeiten	
3	$\langle 1,1,1\rangle$	1	1	18	$\langle 6,6,6,\rangle$	1	1
4	$\langle 1,1,2\rangle$	3	3	17	$\langle 6,6,5\rangle$	3	3
5	$\langle 1,1,3\rangle$	3	6	16	$\langle 6,6,4\rangle$	3	6
	$\langle 1,2,2\rangle$	3			$\langle 6,5,5\rangle$	3	
6	$\langle 1,1,4\rangle$	3	10	15	$\langle 6,6,3\rangle$	3	10
	$\langle 1,2,3\rangle$	6			$\langle 6,5,4\rangle$	6	
	$\langle 2,2,2\rangle$	1			$\langle 5,5,5\rangle$	1	
7	$\langle 1,1,5\rangle$	3	15	14	$\langle 6,6,5\rangle$	3	15
	$\langle 1,2,4\rangle$	6			$\langle 6,5,4\rangle$	6	
	$\langle 1,3,3\rangle$	3			$\langle 6,4,4\rangle$	3	
	$\langle 2,2,3\rangle$	3			$\langle 5,5,4\rangle$	3	
8	$\langle 1,1,6\rangle$	3	21	13	$\langle 6,6,1\rangle$	3	21
	$\langle 1,2,5\rangle$	6			$\langle 6,5,2\rangle$	6	
	$\langle 1,3,4\rangle$	6			$\langle 6,4,3\rangle$	6	
	$\langle 2,2,4\rangle$	3			$\langle 5,5,3\rangle$	3	
	$\langle 2,3,3\rangle$	3			$\langle 5,4,4\rangle$	3	
9	$\langle 1,2,6\rangle$	6	25	12	$\langle 6,5,1\rangle$	6	25
	$\langle 1,3,5\rangle$	6			$\langle 6,4,2\rangle$	6	
	$\langle 1,4,4\rangle$	3			$\langle 6,3,3\rangle$	3	
	$\langle 2,2,5\rangle$	3			$\langle 5,5,2\rangle$	3	
	$\langle 2,3,4\rangle$	6			$\langle 5,4,3\rangle$	6	
	$\langle 3,3,3\rangle$	1			$\langle 4,4,4\rangle$	1	
10	$\langle 1,3,6\rangle$	6	27	11	$\langle 6,4,1\rangle$	6	27
	$\langle 1,4,5\rangle$	6			$\langle 6,3,2\rangle$	6	
	$\langle 2,2,6\rangle$	3			$\langle 5,5,1\rangle$	3	
	$\langle 2,3,5\rangle$	6			$\langle 5,4,2\rangle$	6	
	$\langle 2,4,4\rangle$	3			$\langle 5,3,3\rangle$	3	
	$\langle 3,3,4\rangle$	3			$\langle 4,4,3\rangle$	3	

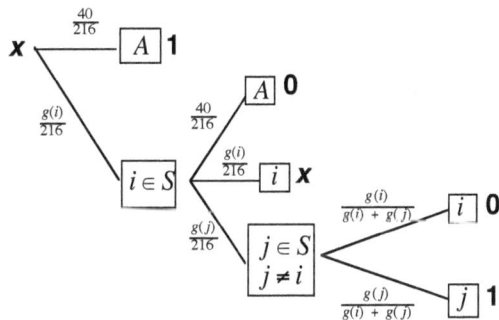

Sci x nun die Wahrscheinlichkeit, dass der Spieler U gewinnt. Der Spielablauf lässt sich durch den nebenstehenden Baum darstellen. Ihm entnimmt man

$$x = P(A)\cdot 1 + \sum_{i\in S}\left[P(i)\cdot\left(P(i)\cdot x + \sum_{\substack{j\in S\\ j\neq i}}P(j)\cdot\frac{g(j)}{g(j)+g(i)}\cdot 1\right)\right].$$

$$x\left(1 - \sum_{i\in S}\left(P(i)\right)^2\right) - P(A) = \sum_{i\in S}\left(P(i)\sum_{\substack{j\in S\\j\neq i}}P(j)\cdot\frac{g(j)}{g(j)+g(i)}\right)$$

$$x\left(1 - \frac{1}{216^2}\sum_{i=7}^{14}\left(g(i)\right)^2\right) - \frac{40}{216} = \frac{1}{216^2}\sum_{i=7}^{14}\left(g(i)\left(\sum_{j=7}^{14}\frac{(g(j))^2}{g(j)+g(i)} - \frac{(g(i))^2}{g(i)+g(i)}\right)\right)$$

$$x\left(1 - \frac{1}{216^2}\sum_{i=7}^{14}\left(g(i)\right)^2\right) - \frac{40}{216} = \frac{1}{216^2}\sum_{i=7}^{14}\left(g(i)\left(\sum_{j=7}^{14}\frac{(g(j))^2}{g(j)+g(i)} - \frac{g(i)}{2}\right)\right)$$

Auf der rechten Seite stehen 64 Summanden. Die Summation lässt sich wesentlich verkürzen, wenn man die Symmetrie der $g(i)$ verwendet. Zur weiteren Erleichterung stellt man sich die Summen $g(j) + g(i)$ in einer Tabelle bereit, in deren Eingängen die Augensummen von 7 bis 10 stehen, in den Feldern die Summen $g(j) + g(i)$.

$j \mid i$	7	8	9	10
7	30	36	40	42
8	36	42	46	48
9	40	46	50	52
10	42	48	52	54

$$x\left(1 - \frac{2}{216^2}\sum_{i=7}^{10}\left(g(i)\right)^2\right) - \frac{40}{216} = \frac{2}{216^2}\sum_{i=7}^{10}\left(g(i)\left(2\cdot\sum_{j=7}^{10}\frac{(g(j))^2}{g(j)+g(i)} - \frac{g(i)}{2}\right)\right)$$

Setzt man die Werte ein, so erhält man

$$\left[x\left(1 - \frac{2}{216^2}(225 + 441 + 625 + 729)\right) - \frac{40}{216}\right]\cdot\frac{216^2}{2} =$$

$$= \left(15\cdot\left[2\cdot\left(\frac{225}{30} + \frac{441}{36} + \frac{625}{40} + \frac{729}{42}\right) - \frac{15}{2}\right]\right) + \left(21\cdot\left[2\cdot\left(\frac{225}{36} + \frac{441}{42} + \frac{625}{46} + \frac{729}{48}\right) - \frac{21}{2}\right]\right)$$

$$+ \left(25\cdot\left[2\cdot\left(\frac{225}{40} + \frac{441}{46} + \frac{625}{50} + \frac{729}{52}\right) - \frac{25}{2}\right]\right) + \left(27\cdot\left[2\cdot\left(\frac{225}{42} + \frac{441}{48} + \frac{625}{52} + \frac{729}{54}\right) - \frac{27}{2}\right]\right)$$

$$\left[x\left(1 - \frac{2}{216^2}\cdot 2020\right) - \frac{40}{216}\right]\cdot\frac{216^2}{2} = \frac{41145}{28} + \frac{311241}{184} + \frac{2121775}{1196} + \frac{1309635}{728}$$

$$x\left(1 - \frac{4040}{216^2}\right) - \frac{40}{216} = \frac{2}{216^2}\cdot 6734$$

$$\frac{42616}{216^2}x = \frac{5527}{11664}$$

$$x = \frac{5527}{10654} = 51{,}8\ldots\%$$

Die Chance des U ist etwas größer als die des V. Die Chancen sind aber nahezu gleich, da sie sich ja nur um 3,6 Prozentpunkte unterscheiden.

Das *Libro de Dados* endet mit einem *Azar*-Spiel für zwei Würfel, dem *Guirguiesca*: Fällt eine der Augensummen 2, 3, 17 oder 18, so tritt *azar* ein, und U gewinnt. Beim *reazar* verliert er, beim *encuentro* gewinnt er. Andernfalls erhält V die Würfel und es geht weiter wie beim *Azar*-Spiel. Die Chance des U zu gewinnen ist beim *Guirguiesca* größer als beim *Azar*-Spiel, nämlich $\frac{367}{648} = 56{,}6\ldots\%$. Die Chancen der beiden Spieler unterscheiden sich hier um 13,2 Prozentpunkte. Die Nachweise überlassen wir dem Leser.

Das *Guirguiesca* breitete sich mit komplizierteren Regeln in Europa aus, aber unter dem handlicheren Namen des *Azar*. So bringt 1674 CHARLES COTTON in seinem *The Compleat Gamester* ein *Hazzard*, das

> »wie kein anderes Spiel Jung und Alt anzieht. [...] Es trägt seinen Namen zu Recht; denn ganz schnell wird man ein gemachter Mann oder ist ruiniert.« [Cotton 1674, Frontispiece bzw. S. 168]

Denselben Regeln wie bei COTTON gehorcht das *Hazard* bei PIERRE RÉMOND DE MONTMORT (1708, S. 141; 1713, S. 177). Bei DE MOIVRES *Hazard*, Problem XLVII in seiner *The Doctrine of Chances* von 1718, (S. 155), spielt man nach anderen Regeln. Auch das *Quinquenove*, das MONTMORT und JAKOB BERNOULLI behandeln, geht auf das *Guirguiesca* zurück. Wir bringen MONTMORTs Version auf Seite 170. Aus dem *Quinquenove* soll BERNARD XAVIER PHILIPPE DE MARIGNY DE MANDEVILLE 1813 in New Orleans das einfachere *Craps* oder *Seven Eleven* entwickelt haben.[30]

Würfelspieler aus dem Schachzabelbuch ALFONS' DES WEISEN, Blatt 66r

---

[30] Der Name *Craps* leitet sich vom englischen Wort *Crab*, dt. Krabbe, ab, womit schon im 16. Jahrhundert ein Einser-Pasch bezeichnet wurde. JOHN SCARNE zufolge war in der 2. Hälfte des letzten Jahrhunderts in den USA *Craps* das meistverbreitete Glücksspiel, bei dem eine größere Geldsumme eingesetzt wurde als in allen anderen Glücksspielen, Sportwetten ausgenommen. Rund 40 Millionen, darunter 5 Millionen Frauen, setzten damals pro Jahr etwa 70 Milliarden $ ein (Scarne 1974).

Allerlei Würfel

Drei Würfel aus Mohendscho-Daro (Pakistan)
Von links nach rechts:
2100 v. Chr., weißer Kalkstein, 2,55–2,66 cm; 1–3, 2–5, 4–leer.
2000–1800 v. Chr., Keramik, 3,1–3,2 cm; 1–2, 3–4, 5–6.
2250 v. Chr., grauer Stein, der genaueste Würfel, 2,9 cm; 1–2, 3–5, 4–6

Antike Würfel, lateinisch: tesserae.
Herkunft unbekannt

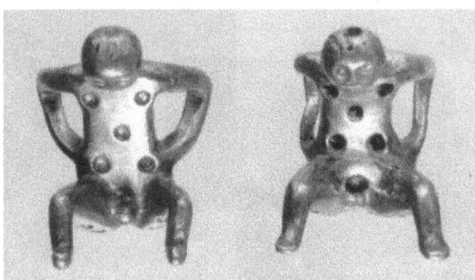

Mann und Frau hockend als Würfel, römische Antike,
Silber. Augenverteilung wie beim nächsten Paar.

Zwei hockende Frauen als Würfel, Deutschland, 17. Jh., Silber.
14 mm × 11 mm × 11 mm
Augenverteilung: 1 auf dem Kopf, 4 am Gesäß, 2 und 3 auf den
Schenkeln, 5 auf der Brust und 6 auf dem Rücken

Beginn der Neuzeit

1494 PACIOLI / *Summa*: Mahlzeiten

LUCA PACIOLI behandelt auf fol. 43v seiner *Summa de Arithmetica Geometria Proportioni et Proportionalita* das folgende Problem.

> Einer beherbergt zehn Personen und bereitet ihnen so viele Mahlzeiten wie es Möglichkeiten gibt, dass sie nebeneinander sitzen können, ohne dass sich eine Sitzordnung wiederholt. Für jede Mahlzeit verlangt er pro Person einen soldo[31]. Auf welchen Betrag summiert sich dies und auf wie viele Arten können sie sich setzen?

Lösung nach PACIOLI (1494)

Eine Person kann nur auf eine Art sitzen. Bei zwei Personen kann jede an der Stirnseite des Tisches sitzen; die andere sitzt daneben. Es gibt also zwei Möglichkeiten. Bei drei Personen kann jede an der Stirnseite sitzen; für die beiden anderen gibt es jeweils, wie gezeigt, zwei Möglichkeiten. Also gibt es sechs mögliche Sitzordnungen. Vier Personen können auf 24 Arten die Plätze tauschen. Denn: Sitzt die vierte an der Stirnseite, gibt es für die anderen drei Personen, wie gezeigt, sechs Möglichkeiten. Sitzt die dritte dort, gibt es für die anderen drei wieder sechs Möglichkeiten, also schon 12 Möglichkeiten. Sitzt die zweite dort, gibt es für die anderen drei wieder sechs Möglichkeiten, also schon 18 Möglichkeiten. Und sitzt die erste dort, gibt es für die anderen drei wieder sechs Möglichkeiten, also insgesamt 24 Möglichkeiten. Analog ermittelt PACIOLI, dass fünf Personen auf 120 Arten sitzen können. Multipliziert man diese Zahl mit 6, erhält man 720, die Anzahl der Anordnungen für 6 Personen. PACIOLI erhält so fortfahrend das Ergebnis, dass die zehn Personen auf 3 628 800 Arten Platz nehmen können, dass der Wirt genauso viele Mahlzeiten zubereiten muss, die genauso viele soldi kosten. Er errechnet dann noch den Wert für 11 Personen und sagt, das Verfahren lasse sich auf mehrere tausend Personen, ja wenn man wolle, in infinitum fortsetzen.

Modern gesprochen ist die Anzahl der möglichen Sitzordnungen der n Personen die Anzahl der **Permutationen**[32] von n Elementen, die man heute kurz als $n!$ schreibt. PACIOLIs Aufgabe

---

[31] italienische Silbermünze $= \frac{1}{20}$ Lira, entspricht dem mittelalterlichen Schilling

[32] Da »Vertauschung« auf lateinisch u. a. durch *permutatio* ausgedrückt werden kann, benützte es erstmals – wohl eher zufällig –, der deutsche Jesuit CHRISTOPHORUS CLAVIUS in der 2. Auflage seines *In Sphaeram Ioannis de Sacro Bosco Commentarius* (Rom 1581). 1656 entschied sich der belgische Jesuit ANDREAS TACQUET in seiner in Löwen erschienenen *Arithmeticae theoria et praxis*, mit diesem Wort als mathematischen Fachausdruck jedes Tupel zu bezeichnen, um es von den Kombinationen abzuheben. Verbreitung fand es in der Mathematik aber erst dadurch, dass JAKOB BERNOULLI es in seine 1713 postum erschienene *Ars conjectandi* übernahm. – Permutationen wurden schon vor PACIOLI berechnet. So findet man die Werte bis 7! in dem

wird von vielen Autoren immer wieder aufgegriffen. Um sie interessanter zu machen, wird nach der Zeit gefragt, die man braucht, um alle Permutationen zu realisieren. PACIOLI stellt diese Frage aber nicht! Ins Spiel bringen die Zeit als Erste zwei Jesuiten, wie die beiden nächsten Aufgaben zeigen.

1622 LEURECHON / *Selectae Propositiones*: Vierzehn Jahre

JEAN LEURECHON behauptet in Abschnitt *Propositiones Arithmeticae*, Nr. IV, seiner *Selectae Propositiones* ohne Nachweis:

> Wenn 14 Jahre lang sieben Männer sich täglich einmal auf einer Bank niederlassen, kann man es so einrichten, dass keine Sitzordnung wiederkehrt. Hat er recht?

Lösung

Es gibt 7! = 5040 verschiedene Anordnungen. Rechnen wir das Jahr zu 365 Tagen, dann sind 5040 Tage = 13 Jahre 295 Tage. LEURECHON hat nicht recht.

1641 GULDIN / *De Centro Gravitatis*: Kombinatorisches Problem

Der Schweizer PAUL GULDIN bringt in Buch IV seines Werks *De centro gravitatis* als Nummer IV des Kapitels *Problema arithmeticum. De rerum combinationibus* die folgende schöne Aufgabe.

> Irgendjemand hatte zwölf Leute zu einem üppigen und reichhaltigen Mahl eingeladen, das am ersten Tag des neuen Jahres gerichtet wurde. Als sie sich zu Tisch setzen wollten, entstand eine Weile lang unter ihnen ein ehrenvoller Streit, wie es so üblich ist, wenn jeder einzelne dem anderen den ersten Platz anbietet. Ungehalten über die Verzögerung versprach der Gastgeber, einem Einfall folgend, diesen Streit unter Freunden dadurch zu lösen, dass er sie so und so oft in diesem Jahr, und wenn es erforderlich sei, auch noch weiterhin, – die Reichweite dieses Versprechens ahnte er aber nicht – , zu einem Essen und einem Frühstück tagtäglich empfangen werde, sooft sie untereinander

zwischen dem 3. und 6. Jh. in Palästina entstandenen *Sefer Jezira* (ספר יצירה) – »Buch der Schöpfung«; dieses ist ein Teil der *Kabbala* und eines der ältesten und rätselhaftesten Werke der jüdischen Mystik. Der an der jüdischen Akademie im babylonischen Sura wirkende SAADJA BEN JOSEF errechnet in seinem auf Arabisch geschriebenen *Sefer Jezira*-Kommentar *Tafsīr kitāb al-mabādī* die Werte bis 11! und sagt, dass die Anzahl der Permutationen von *n* verschiedenen Elementen gleich dem Produkt der ersten *n* natürlichen Zahlen ist. In Strenge allgemein bewiesen hat diesen Sachverhalt als Erster 1321 LEVI BEN GERSON in seinem ספר מעשה חושב (*Sefer Maassei Choscheb*) – »Werk des denkenden Rechners«. Die hebräisch verfasste Abhandlung des provenzalischen Juden wurde nie gedruckt; in Abschriften ist sie bruchstückhaft bis in die 2. Hälfte des 16. Jh.s nachweisbar. Sie war wohl für ihre Zeit nicht elementar genug; denn schon durch den Titel drückt der hochgelehrte LEVI aus, der sich die Erfindung des Jakobsstabs zuschreibt und der die Lochkamera für astronomische Zwecke verwendet, dass er nicht mechanische Rechenfertigkeiten, sondern eine streng begründete Rechenkunst vermitteln will. Sorgfältig weist er für jede seiner gefundenen Formeln aus der Kombinatorik nach, dass er kein Element vergessen und keines mehrfach gezählt hat. Für seine Beweise benützt er schon Buchstaben und die vollständige Induktion. Welche Wirkung sein Werk hatte, lässt sich nur schwer abschätzen. Seinen Beweisgedanken findet man erst wieder 1494 bei PACIOLI und schließlich 1713 bei JAKOB BERNOULLI in Teil II, Kap. I der *Ars conjectandi*. – CHRISTIAN KRAMP hat im Brief vom 30.5.1796 an KARL FRIEDRICH HINDENBURG vorgeschlagen, ein solches Produkt **Fakultät** zu nennen. (*Archiv der reinen und angewandten Mathematik*, Heft 5 [1796]). 1808 kürzte KRAMP es in seinen *Élémens d'Arithmétique universelle* (Köln, Paris) mit dem Symbol *n*! ab.

ihren Sitzplatz variieren und ändern könnten, und zwar so, dass sie niemals in der gleichen Reihenfolge zu Tische säßen. Dieses Versprechen nahmen alle mit frohem und dankerfülltem Herzen auf, mit der einzigen Ausnahme des anwesenden Mathematikers, der frei heraus verkündete, dass keiner so lange leben werde. Die einen glaubten, er treibe mit diesen Worten nur sein Spiel, die anderen verspotteten ihn überdies. Es kam daher ganz ernst zu einer Berechnung, und es wurde durch diese wenigen Zahlen, unter Verwendung der Regeln der Kombinatorik, von dem Mathematiker gezeigt, dass, um das Versprechen zu erfüllen, ein Zeitraum von 65 598 Jahren nötig wäre; darüber hinaus seien es in der Tat 479 001 600 Mahlzeiten.

Lösung

Einen Nachweis für die Richtigkeit der Zahlen bleibt GULDIN schuldig. Die Anzahl der Mahlzeiten hat er aber richtig berechnet: Es gibt $12! = 479\,001\,600$ verschiedene Sitzordnungen. Bei zwei Mahlzeiten pro Tag ergeben sich $12! : 2 = 239\,500\,800$ Tage. Rechnet man das Jahr zu 365 Tagen, so erhält man 656 166 Jahre 210 Tage. Die von GULDIN angegebene Zahl von Jahren ist falsch. Dennoch hat der Mathematiker recht, dass niemand so lange leben wird.

1666 LEIBNIZ / *Dissertatio*: Zyklische Anordnung

Sowohl PACIOLI als auch seine Nachfolger gingen von der Vorstellung aus, dass die Gäste wie auf einer Geraden nebeneinander sitzen. Angeregt, wie er selbst sagt, durch DANIEL SCHWENTERS *Deliciae Physico-Mathematicae*[33] betrachtet GOTTFRIED WILHELM LEIBNIZ 1666 in Problem V seiner *Dissertatio de Arte Combinatoria* den Fall, dass vier Dinge nicht nur nebeneinander, sondern auch auf einem Kreis angeordnet werden können. In diesem Fall gelten die vier Anordnungen *ABCD*, *BCDA*, *CDAB* und *DABC* als eine. Man muss also die Anzahl 24 der linearen Anordnungen noch durch die Anzahl 4 der Dinge teilen, sodass es nur sechs verschiedene Anordnungen auf dem Kreis gibt. LEIBNIZens Problem V führt zur Frage:

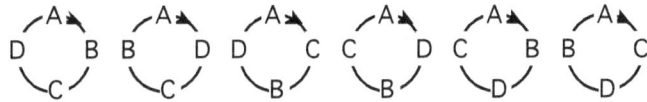
LEIBNIZens sechs Möglichkeiten, vier Personen zyklisch anzuordnen. LEIBNIZ hat dabei den Umlaufsinn berücksichtigt.

Auf wie viele Arten lassen sich *n* Dinge zyklisch, d. h. auf einem Kreis, anordnen?

Lösung

Die Frage ist nur sinnvoll, wenn $n \geq 3$ ist. Zwei Anordnungen gelten als verschieden, wenn mindestens ein Ding einen anderen Nachbarn hat. Zusätzlich kann man zwei Anordnungen als verschieden betrachten, wenn der Nachbar sich links oder rechts von ihm befindet, d. h., man berücksichtigt den Umlaufsinn.

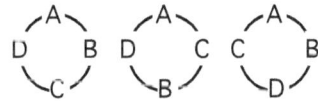
Die drei Möglichkeiten, vier Dinge zyklisch ohne Berücksichtigung des Umlaufsinns anzuordnen

---

[33] SCHWENTER fragt in Teil 7, 28. Aufgabe, seines 1636 postum erschienen Werks, auf welchen Platz eines Tisches man den Ehrengast neben drei weiteren Gästen setzen soll, wenn das kreisrunde Zimmer vier Zugänge hat.

Beginnen wir mit diesem Fall. Das erste Ding A werde an eine bestimmte Stelle gelegt. Die anderen $n - 1$ Dinge füllen den Kreis im Uhrzeigersinn auf. Dafür gibt es $(n - 1)!$ Möglichkeiten. LEIBNIZ hatte mit seinem $\frac{n!}{n}$ also recht.

Spielt der Umlaufsinn keine Rolle, dann sind jeweils zwei Anordnungen, die durch Achsenspiegelung an der Achse A–Kreismittelpunkt entstehen, gleich. Im obigen Bild entfallen also die zweite, vierte und sechste Anordnung, und es bleiben nur mehr die drei anderen übrig. Somit ist der obige Wert $(n - 1)!$ zu halbieren, und es ergibt sich als Antwort auf die gestellte Frage der Ausdruck $\frac{(n - 1)!}{2}$.

1685 WALLIS / *Algebra*: Schaltjahre

JOHN WALLIS liest die Aufgabe LEURECHONS bei dem Niederländer GERARDUS IOANNES VOSSIUS[34] und schreibt dann 1685 in *A Discourse of Combinations, Alternations, and Aliquot Parts,*[35] einem Anhang seines *Treatise of Algebra*:

> *Johannes Gerardus Vossius* (ein hochangesehener Mann) lehrt [...], dass, wenn ein Gastgeber sieben Gästen verspricht, sie solange zu bewirten, wie sie jeden Tag in verschiedener Anordnung sitzen können, dies bis zu vierzehn Jahre dauern kann. (Merke: *fast.*) Es sind nämlich 5040 Tage; das sind vierzehn Jahre weniger 73 oder 74 Tage, je nachdem, wie die Schaltjahre fallen.

Lösung

14 Jahre zu 365 Tagen ergeben 5110 Tage, also 70 Tage zuviel. Nun können aber während dieser 14 Jahre drei oder vier Schalttage stattgehabt haben, so dass die Antwort von WALLIS richtig ist: »14 Jahre weniger 73 oder 74 Tage, je nach der Anzahl der Schaltjahre«.

Zusatz: Gibt es aber unter den 14 Jahren ein nicht-schaltendes Säkularjahr, dann müsste noch ergänzt werden »oder 72 Tage«. WALLIS zog diese Lösung vermutlich nicht in Betracht, da er den Gregorianischen Kalender ablehnte.

---

[34]   in dessen 1650 in Amsterdam erschienenen *De Universae Matheseos Natura et Constitutione liber* (Seite 28). Man weiß, dass WALLIS die 2., unveränderte Auflage von 1660 besaß.

[35]   Einen Großteil davon hat er bereits gegen 1671/72 anlässlich seiner Vorlesungen in Oxford verfasst.

1494 PACIOLI / *Summa*: Aufteilungsproblem[36]

> *Üa brigata gioca apalla.a.60.el giuoco e.10.p caccia.e fano posta vnc.10.aca/ de p certi acideti che non possono fornire e luna pte a.50.e laltra.20.se dimanda che tocca p parte de la posta. Jn qsto caso o trouato diuerse opinioni si i vn lato com o in laltro e tutte mi parò fralsche certi loro argumenti ma la uerita e questa chio diro e la retta uia. Dico che pot sequire in.3. modi prima die cosiderare quante caccie al piu fra luna e laltra pte si possino fare.che siran.11.cioe quando sonno a.1ª.50.p vno. Üra*

Ausschnitt aus fol. 197r der Summa de Arithmetica Geometria Proportioni et Proportionalita

---

Eine Brigade spielt Ball auf 60 und 10 für das Einzelspiel. Sie setzen zehn Dukaten ein. Es geschieht durch gewisse Vorfälle, dass sie zu keiner Entscheidung gelangen können. Die eine trennt sich mit 50, die andere mit 20. Man fragt, welcher Anteil des Einsatzes jeder zufällt.

Sinngemäße Übertragung: Zwei Mannschaften spielen ein Ballspiel. Jede gewonnene Partie bringt 10 Punkte. Gewonnen hat diejenige Mannschaft, die 60 Punkte erreicht. Jede Mannschaft setzt fünf Dukaten ein. Der Sieger erhält den gesamten Einsatz. Durch gewisse Umstände wird das Spiel beim Stand 50 : 20 abgebrochen. Welcher Anteil des Einsatzes steht jeder Mannschaft zu?

»Die Antwort auf eine solche Frage,« nämlich nach der *gerechten* Aufteilung des gesamten Einsatzes bei vorzeitigem Abbruch einer Spielserie, »*è piu presto giudiciale, che per ragione* – ist eher juristisch als durch Vernunft zu finden – ; denn egal, wie man sich entscheidet, es wird immer Streit geben«

meint 1556 NICOLÒ TARTAGLIA in seinem *General trattato* (I, fol. 265v). LUCA PACIOLI sagt, er habe selbst schon unterschiedliche Lösungsvorschläge vorgefunden. So könnte man u. E. den Einsatz im Verhältnis der gewonnenen Partien teilen, was PACIOLI für richtig hält, oder im Verhältnis der Partien, die noch gewonnen werden müssen, oder man könnte gar der führenden Mannschaft den gesamten Einsatz zusprechen. Durchgesetzt hat sich aber die Auffassung, die PIERRE DE FERMAT und BLAISE PASCAL vertreten: Der Einsatz ist in dem Verhältnis aufzuteilen, indem – modern gesprochen – die Erwartungswerte der Gewinne der beiden Mannschaften zum Zeitpunkt des Spielabbruchs stehen.

Lösung nach PACIOLI (1494)

Das Ballspiel ist nach höchstens elf Partien zu Ende. Damit hat die erste Mannschaft Anspruch auf $\frac{5}{11}$ des Einsatzes, die andere auf $\frac{2}{11}$. Also ist der gesamte Einsatz im Verhältnis 5 : 2 zu teilen, d. h. im Verhältnis der bis zum Spielabbruch gewonnenen Partien.[37]

---

[36] auch »**Teilungsproblem**«, *problème des partis* und **problem of points** genannt. PIERRE RÉMOND DE MONTMORT gibt in seinem *Essay d'Analyse sur les Jeux de Hazard* (Paris 1708) dem Problem den französischen Namen, zurückgreifend auf BLAISE PASCAL, der 1654 in seinem *Traité du Triangle Arithmétique* schreibt: […] *et cette juste distribution s'appelle le parti* (»und diese gerechte Aufteilung heißt *le parti* [der Anteil, die Aufteilung]«). – Das Aufteilungsproblem ist vermutlich arabischen Ursprungs. Wegen des aus dem Koran (Sure II, 220 und V, 91 f.) abgeleiteten Glücksspielverbots sind keine arabischen Quellen überliefert. Die früheste uns bekannt gewordene Version – hier geht es um eine Serie von Schachspielen – wurde um 1400 in Florenz niedergeschrieben. In den frühen uns überlieferten Texten handelt es sich nicht um Glücksspiele. Denn sowohl ARISTOTELES' Ansicht, dass das Zufällige – und damit auch die Glücksspiele – sich jeder wissenschaftlichen Erkenntnis entzöge, als auch weltliche und kirchliche Glücksspielverbote zeigten ihre Wirkung. – PACIOLIs Text ist die erste im Druck erschienene Version dieses Problems.

Lösung nach CARDANO (1539)

GERONIMO CARDANO meint in seiner *Practica arithmetice*, PACIOLI habe sich so gewaltig geirrt, dass selbst ein Knabe dies erkenne (Caput ultimum, 5). Er ist nämlich überzeugt (Cap. LXI, 13, 14), dass es auf die Anzahl der noch zu gewinnenden Partien ankomme. Falls Mannschaft A noch a Partien zum Sieg fehlen und Mannschaft B noch b Partien, dann ist – nicht wie wir erwarteten, im Verhältnis $b : a$, sondern – im Verhältnis der »Progressionen« von b und a zu teilen. Im damaligen Sprachgebrauch bedeutet Progression von a die Summe aller natürlichen Zahlen von 1 bis a. CARDANO teilt den gesamten Einsatz also im Verhältnis $(1 + 2 + ... + b) : (1 + 2 + ... + a) = [b(b + 1)] : [a(a + 1)]$. In der Aufgabe PACIOLIs ergäbe sich das Verhältnis $[4{\cdot}(4 + 1)] : [1{\cdot}(1 + 1)] = 10 : 1$.
CARDANOs induktive Beweisführung ist nicht nachvollziehbar.

Lösung nach TARTAGLIA (1556)

NICOLÒ TARTAGLIA erscheint 1556 PACIOLIs Regel in seinem *General Trattato* I, fol. 265r, »weder schön noch gut. [...]. Am wenigsten wird es Streit geben«, wenn man wie folgt verfährt. Wird das Spiel, das auf n Partien gespielt wird, bei Gleichstand abgebrochen, so erhält jede Mannschaft ihren Einsatz $\frac{E}{2}$ zurück. Beim Spielstand $\alpha : \beta$ mit $\alpha \ge \beta$ hat Mannschaft A den Vorsprung $\alpha - \beta$ gegenüber B. Auf diesen Vorsprung kommt es nun an. Bei Abbruch erhält die führende Mannschaft $\frac{n}{n}$ des eigenen Einsatzes $\frac{E}{2}$ und $\frac{\alpha - \beta}{n}$ des gegnerischen Einsatzes $\frac{E}{2}$, also $\frac{n}{n} \cdot \frac{E}{2} + \frac{\alpha - \beta}{n} \cdot \frac{E}{2} = \frac{n + \alpha - \beta}{2n} E$. Für die andere Mannschaft verbleibt von ihrem Einsatz $\frac{E}{2}$ nur mehr der Rest $\frac{E}{2} - \frac{\alpha - \beta}{n} \cdot \frac{E}{2} = \frac{n + \beta - \alpha}{2n} E$. Der gesamte Einsatz ist also im Verhältnis $(n + \alpha - \beta) : (n + \beta - \alpha)$ aufzuteilen.[38] In der Aufgabe PACIOLIs ergäbe sich $(60 + 50 - 20) : (60 + 20 - 50) = 3 : 1$.

Lösung nach FERMAT (1654)[39]

Da der Mannschaft A noch a Partien und der Mannschaft B noch b Partien zum Sieg fehlen, ist das Spiel spätestens nach $a + b - 1$ Partien entschieden. Um gleichwertige Spielverläufe zu erhalten, lässt PIERRE DE FERMAT fiktiv alle $a + b - 1$ Partien spielen, unabhängig davon, ob schon vorher eine Entscheidung gefallen ist. Diese Partien stellt er sich als $(a + b - 1)$-Tupel aus {A; B} vor. Dabei bedeute A an der k-ten Stelle, dass Mannschaft A die k-te Partie dieser $a + b - 1$ Partien gewonnen hat. Veranschaulichen kann man diese $2^{a + b - 1}$ Tupel gut durch einen Baum[40]. Mannschaft A wird Sieger sein, wenn sie von den $a + b - 1$ Partien alle bis auf

---

[37] Kurioserweise warnt PACIOLI davor, den Mannschaften $\frac{5}{11}$ bzw. $\frac{2}{11}$ des Einsatzes zu geben, weil dann $\frac{4}{11}$ des Einsatzes übrig blieben. Diesen Anteil würde PACIOLI demjenigen geben, der auf die Kleider der Spieler aufpasst.

[38] TARTAGLIAs Vorschlag führt im Fall $\alpha = n$, d. h., das Spiel wird nicht abgebrochen, sondern zu Ende gespielt, zur Aufteilung $(2n - \beta) : \beta$. Das heißt aber: Die siegreiche Mannschaft erhält im Gegensatz zur Spielregel nicht den gesamten Einsatz E, sondern nur $\frac{2n - \beta}{2n} E$. Ist das »gerecht«?

[39] Im Brief vom 24.8.1654 rekapituliert PASCAL FERMATs Lösungsweg; denn er beginnt seine Ausführungen mit »Dies ist Ihr Vorgehen, wenn es zwei Spieler sind.«

[40] Einen solchen Baum – wohl der erste gedruckte wahrscheinlichkeitstheoretische Baum – bringt ABRAHAM DE MOIVRE in der 1. Auflage seiner *The Doctrine of Chances* (1718) und nur dort auf Seite 101 als Anhang zur Lösung von Problem XXXII, dem sehr komplizierten *problème de la poule* für vier Spieler. Sowohl er als auch

höchstens $b - 1$ Partien gewonnen hat. FERMAT bestimmt die Anzahl aller Tupel mit höchstens $b - 1$ Buchstaben B. Das sind

$\sum_{k=0}^{b-1} \binom{a + b - 1}{k}$. Für die Mannschaft B bleiben

$\sum_{k=b}^{a+b-1} \binom{a + b - 1}{k}$ Siegtupel. Der Einsatz ist im

Verhältnis dieser beiden Summen aufzuteilen. In der Aufgabe PACIOLIS ist das Spiel nach höchstens vier Partien entschieden; der Einsatz ist im Verhältnis $\sum_{k=0}^{3}\binom{4}{k} : \sum_{k=4}^{4}\binom{4}{4} = 15 : 1$ aufzuteilen, was man direkt aus dem Baum ablesen kann. FERMAT gibt keine allgemeine Formel an, sondern behandelt anscheinend nur den Fall $a = 2, b = 3$.

Lösung nach PASCAL (1654/1665)[41]

BLAISE PASCAL hält PIERRE DE FERMATs Methode, alle 2^{a+b-1} Tupel aufzuschreiben, um daraus die für A günstigen Spielverläufe zu bestimmen, für unhandlich, wenn $a + b - 1$ groß ist. Er hat erkannt, dass es nur darauf ankommt zu zählen, wie

Die 16 möglichen 4-Tupel der Spielverläufe beim Problem LUCA PACIOLIS

oft A bzw. B in den höchstens noch zu spielenden $a + b - 1$ Partien vorkommen, und daraus die Anzahl der für A günstigen Tupel zu ermitteln. In heutiger Sprechweise ist also die Anzahl der Treffer und Nieten bei $a + b - 1$ Versuchen zu bestimmen. Günstig für A sind all die Tupel, bei denen B 0-, 1-, ..., $(b - 1)$-mal siegt. PASCAL betrachtet jedoch nur konkrete Fälle – und das auch noch recht undurchsichtig. Im Laufe seines Briefwechsels mit FERMAT entwickelte PASCAL das sog. *Arithmetische Dreieck*, auch bekannt als *Pascal-Stifel'sches Dreieck*. Jeder Zelle eines quadratischen Gitters in einem Quadranten eines rechtwinkligen Koordinatensystems ordnet er einen Wert zu:
Alle Zellen der ersten Zeile und ersten Spalte erhalten den gleichen Wert, üblicherweise 1.

NIKOLAUS I BERNOULLI hatten unabhängig voneinander zwei gänzlich verschiedene Lösungswege gefunden, die beide in den *Philosophical Transactions* 29, No. 341 für Oktober–Dezember 1714 erschienen. Daraufhin schlug BROOK TAYLOR DE MOIVRE die überaus kurze Lösung mittels eines Baumes vor, wie DE MOIVRE in der *Doctrine* berichtet. DE MOIVRE hatte bei seiner Lösung die verschiedenen Stadien durch »Striche« gekennzeichnet, die somit im Jahre 1714 das Licht der mathematischen Welt erblickten.

41   Dass sich PASCAL schon länger mit dem Aufteilungsproblem beschäftigte, geht aus seiner *Adresse* hervor, die er zu Beginn des Frühjahrs 1654 an die »Erlauchte Pariser Akademie der Mathematik« richtete, in der er eine Untersuchung über *faire les partis des jeux* ankündigte. Im Briefwechsel mit PIERRE DE FERMAT des Jahres 1654 entwickelte er seine Gedanken, die schließlich ihren Niederschlag in mehreren noch 1654 verfassten Abhandlungen fanden. Man fand diese vollständig gedruckt in PASCALs Nachlass. PASCAL hatte seine Erkenntnisse sofort drucken lassen, so dass es von manchen Abhandlungen eine erste, lateinische und eine zweite, französische Version gibt. DE FERMAT erwähnt am 29.8.1654, dass er ein [französisches] Exemplar erhalten hat. Auf Grund einer »zweiten Bekehrung« in der Nacht vom 23. auf den 24. November 1654 zog sich PASCAL von der Welt und von der Beschäftigung mit der Mathematik zurück und kümmerte sich nicht mehr um die Publikation seiner Schriften. 1665 ließ in Paris der Buchhändler DEPREZ die ihm von PASCALs Erben übergebenen Drucke zusammenbinden und, versehen mit einem Vorwort, unter dem Titel *Traité du Triangle arithmétique, avec quelques autres petits traitez sur la mesme matière* erscheinen.

Jede andere Zelle erhält als Wert die Summe der Werte der unmittelbar links angrenzenden Zelle und der unmittelbar darunter liegenden Zelle (Additionsregel). Der Wert einer Zelle ist nach Konstruktion gleich der Anzahl der zulässigen Wege, die von der beim Ursprung gelegenen Startzelle zu dieser Zelle führen. (Zulässig sind nur Schritte nach rechts und nach oben.) Mit diesem Arithmetischen Dreieck löst PASCAL das Aufteilungsproblem. Dazu sucht er im Gitternetz das gleichschenklig-rechtwinklige Dreieck mit der Schenkellänge $a + b$. Die Basis dieses Dreiecks durchschneidet die $a + b$ Siegzellen diagonal. In diesem Dreieck werden von rechts unten beginnend die ersten b Zellen der Mannschaft A zugesprochen, die restlichen a Zellen der Mann-

Zeilennummer / Anzahl der Partien	Sieg für A				Sieg für B		
7 6	1	7	28	84	210	462	
6 5	1	6	21	56	126	252	378
5 4	1	5	15	35	70	126	210
4 3	1	4	10	20	35	56	84
3 2	1	3	6	10	15	21	28
2 1	1	2	3	4	5	6	7
1 0	1	1	1	1		1	1
Anzahl der Partien	0	1	2	3	4	5	6
Spaltennummer	1	2	3	4	5	6	7

Das Arithmetische Dreieck für PASCALs Beispiel mit a = 2 und b = 3

schaft B. In PASCALs Beispiel aus dem Brief vom 24.8.1654 mit $a = 2$ und $b = 3$ ergibt sich also die Aufteilung im Verhältnis $(1 + 4 + 6) : (4 + 1) = 11 : 5$ zugunsten von A. PASCAL gibt keine allgemeine Formel an, hat aber erkannt, dass die Zelleninhalte der n-ten Diagonale die Anzahl der Kombinationen von s aus $n - 1$ Elementen, also die Binomialkoeffizienten $\binom{n-1}{s}$ sind, wobei s von 0 bis $n - 1$ läuft.

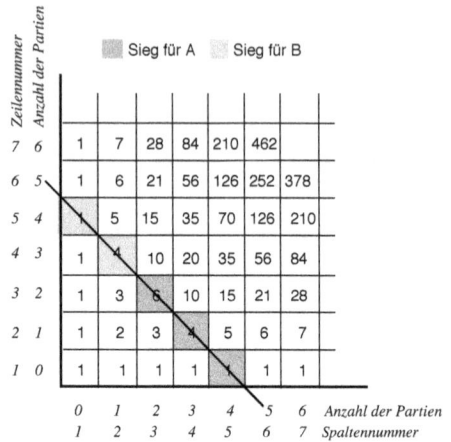

1. Lösung nach MONTMORT (1708)

PIERRE RÉMOND DE MONTMORT lässt, BLAISE PASCAL folgend, wegen der noch höchstens nötigen $a + b - 1$ Spielverläufe $a + b - 1$ mit A und B beschriftete »zweiseitige Würfel« werfen und bestimmt mit dem Multinomialsatz (siehe unten) alle für A günstigen Fälle und erhält damit $\dfrac{1}{2^{a + b - 1}} \sum_{k=0}^{b} \binom{a + b - 1}{k}$ für die Chance, dass A siegt.[42] (*Essay*, Seite 175)

Im Anschluss an diese Lösung behandelt MONTMORT das Aufteilungsproblem, wenn man, *en rabattant* spielend, das Spiel vorzeitig abbricht. Wir bringen dieses Problem auf Seite 123.

Lösung nach DE MOIVRE (1712)

ABRAHAM DE MOIVRE lässt in *Problem II* seiner *De Mensura Sortis* die Spieler A bzw. B – nach heutiger Sprechweise – eine Partie mit der Wahrscheinlichkeit p bzw. q gewinnen und verwendet die Binomialverteilung.[43] Treffer sei ein Sieg von A, Niete einer von B. Es müssen höchstens $a + b - 1$ Versuche ausgeführt werden. A gewinnt das Spiel, wenn mindestens a Treffer eintreten. Der Rest ist günstig für B. Also muss der Einsatz aufgeteilt werden im Verhältnis

---

[42]   JAKOB BERNOULLI bringt in seiner *Ars Conjectandi* (1713) einen sehr klaren Beweis für diese Formel (S. 110).

[43]   JOHANN I BERNOULLI macht im Brief vom 17.3.1710 PIERRE RÉMOND DE MONTMORT darauf aufmerksam, dass er das Problem verallgemeinere und es leichter lösen könne. Er betrachte ein »ungleiches« Spiel, in dem die Chancen der beiden Mannschaften, eine Partie zu gewinnen, ungleich sind, und gibt die allgemeine Lösung an, die, unabhängig von ihm, DE MOIVRE 1712 als erster veröffentlicht.

$$\sum_{k=a}^{a+b-1}\binom{a+b-1}{k}p^k q^{a+b-1-k} \quad : \quad \sum_{k=0}^{a-1}\binom{a+b-1}{k}p^k q^{a+b-1-k},$$

was er aber nur in Worten beschreibt. Für die numerische Auswertung empfiehlt sich die Verwendung der kumulativen Verteilungsfunktion, mit der sich das obige Verhältnis schreiben lässt als $\left[1 - F_p^{a+b-1}(a-1)\right] : F_p^{a+b-1}(a-1)$.

Für PACIOLIs Aufgabe ergibt sich mit $a = 1, b = 4, p = q = \frac{1}{2}$

$$\left[1 - F_{0,5}^4(0)\right] : F_{0,5}^4(0) = (1 - 0{,}0625) : 0{,}0625 = 9375 : 625 = 15 : 1.$$

2. Lösung nach MONTMORT (1713)

1713 bringt PIERRE RÉMOND DE MONTMORT in seinem *Essay* als Nr. 191 noch eine zweite, eigenständige Lösung. MONTMORTs neue Idee ist, das Spiel zu beenden, sobald der Sieger feststeht, und nicht, wie alle Vorgänger, fiktive Spielfortsetzungen zu betrachten. Mannschaft A, die eine Partie mit der Wahrscheinlichkeit p gewinnt (B gewinnt sie mit der Wahrscheinlichkeit q), kann auf b Weisen Sieger werden, und zwar

0) A gewinnt mit der a-ten Partie, B gewinnt also 0 Partien. Dieses Ereignis tritt mit der Wahrscheinlichkeit p^a ein.

1) A gewinnt mit der $(a + 1)$-ten Partie, B gewinnt also genau eine der a vorausgehenden Partien. Dieses Ereignis tritt mit der Wahrscheinlichkeit $p \cdot \binom{a+1-1}{1}p^{a-1}q^1$ ein.

...

k) A gewinnt mit der $(a + k)$-ten Partie, B gewinnt also genau k der $a + k - 1$ vorangehenden Partien. Dieses Ereignis tritt mit der Wahrscheinlichkeit $p \cdot \binom{a+k-1}{k}p^{a-1}q^k$ ein.

...

b – 1) A gewinnt mit der $(a + b - 1)$-ten Partie, B gewinnt also $b - 1$ der vorangehenden $a + b - 2$ Partien. Dieses Ereignis tritt mit der Wahrscheinlichkeit

$$p \cdot \binom{a+b-2}{b-1}p^{a-1}q^{b-1} \text{ ein.}$$

Da diese b Ereignisse disjunkt sind, erhält man die Wahrscheinlichkeit für einen Sieg von A als Summe dieser Wahrscheinlichkeiten zu $p^a \sum_{k=0}^{b-1}\binom{a+k-1}{k}q^k$. Analog erhält man die Wahrscheinlichkeit für einen Sieg von B, indem man p mit q und a mit b vertauscht. Somit ist der Einsatz zwischen A und B im Verhältnis

$$\left[p^a \sum_{k=0}^{b-1}\binom{a+k-1}{k}q^k\right] : \left[q^b \sum_{k=0}^{a-1}\binom{b+k-1}{k}p^k\right] \text{ zu teilen.}$$

MONTMORT hat das Verhältnis für mehrere Beispiele ausgerechnet, als zweites den Fall $a = 4, b = 6$, aber mit $p = q = \frac{1}{2}$, und sagt, dass man die Koeffizienten sofort aus dem Arithmetischen Dreieck ablesen könne, und zwar die sechs für A aus der 4. Spalte und die vier für B aus der 6. Zeile. Weil A genau vier Partien gewinnen muss, meint man, man müsse die Koeffizienten aus der 5. Spalte entnehmen. Die dortigen Binomialkoeffizienten zählen aber auch diejenigen Partien, die schon vorher beendet wurden, wenn A die nötigen vier Partien bereits früher gewonnen hat. Also sind nach MONTMORT von den fünf Partien die darunter stehende eine, von den 15 Partien dementsprechend fünf, von den 35 Partien 15, usw. abzuziehen. Auf Grund der Additionsregel stehen die Ergebnisse dieser Subtraktionen in der 4. Spalte. Analog geht man für B vor. Auf diese Weise errechnen sich die Gewinnwahrscheinlichkeit für A zu

$$\left(\tfrac{1}{2}\right)^4 \sum_{k=0}^{5} \binom{3+k}{k}\left(\tfrac{1}{2}\right)^k$$

$$=\left(\tfrac{1}{2}\right)^4\left[1\cdot\left(\tfrac{1}{2}\right)^0 + 4\cdot\left(\tfrac{1}{2}\right)^1 + 10\cdot\left(\tfrac{1}{2}\right)^2\right.$$

$$\left.+ 20\cdot\left(\tfrac{1}{2}\right)^3 + 35\cdot\left(\tfrac{1}{2}\right)^4 + 56\cdot\left(\tfrac{1}{2}\right)^5\right]$$

$$= \frac{1}{16}\cdot\frac{382}{32},$$

und die für B zu

$$\left(\tfrac{1}{2}\right)^6 \sum_{k=0}^{3} \binom{5+k}{k}\left(\tfrac{1}{2}\right)^k = \left(\tfrac{1}{2}\right)^6\left[1\cdot\left(\tfrac{1}{2}\right)^0 + 6\cdot\left(\tfrac{1}{2}\right)^1 + 21\cdot\left(\tfrac{1}{2}\right)^2 + 56\cdot\left(\tfrac{1}{2}\right)^3\right] = \frac{1}{64}\cdot\frac{176}{8},$$

woraus sich das Aufteilungsverhältnis $\left(\frac{1}{16}\cdot\frac{382}{32}\right) : \left(\frac{1}{64}\cdot\frac{176}{8}\right) = 191 : 65$ zugunsten von A ergibt.[44]

			Sieg für A		Sieg für B		
7 6	1	7	28	84	210	462	
6 5	1	6	21	56	126	252	378
5 4	1	5	15	35	70	126	210
4 3	1	4	10	20	35	56	84
3 2	1	3	6	10	15	21	28
2 1	1	2	3	4	5	6	7
1 0	1	1	1	1	1	1	1

Zeilennummer / Anzahl der Partien (Spalten links)

0 1 2 3 4 5 6   Anzahl der Partien
1 2 3 4 5 6 7   Spaltennummer

MONTMORTS Beispiel a = 4, b = 6 im Arithmetischen Dreieck

Bemerkung: Die Wahrscheinlichkeit, dass in einer Bernoullikette mit dem Parameter p der a-te Treffer genau an der $(a + k)$-ten Stelle auftritt, anders ausgedrückt, dass dem a-ten Treffer genau k Nieten vorausgehen, ist $f(a, k, p) = \binom{a+k-1}{k}p^a q^k$, $k = 0, 1, 2, \ldots, a-1$.

Begründung: Die Wahrscheinlichkeit, dass beim $(a + k)$-ten Versuch ein Treffer eintritt, ist p. Die Wahrscheinlichkeit, dass bei den vorangegangen $a + k - 1$ Versuchen genau $a - 1$ Treffer auftreten, ist $\binom{a+k-1}{a-1}p^{a-1}q^k = \binom{a+k-1}{k}p^{a-1}q^k$. Also ist wegen der stochastischen Unabhängigkeit der beiden Ereignisse die Wahrscheinlichkeit, dass beim $(a + k)$-ten Versuch der a-te Treffer eintritt, das Produkt dieser beiden Wahrscheinlichkeiten. Die Wahrscheinlichkeitsverteilung $f(a, k, p)$ heißt **negative Binomialverteilung**[45], aber auch **Pascalverteilung** und **binomiale Wartezeitverteilung**. Für $a = 1$ erhält man die geometrische Verteilung als Wartezeit auf den ersten Treffer.

---

[44]   JAKOB BERNOULLI warnt auf Seite 15 seiner *Ars Conjectandi* (1713) vor einem naheliegenden Irrtum: »Wenn die Rechnung nicht eines Besseren belehrte, so möchte vielleicht niemand glauben, dass nicht zwischen den Hoffnungen zweier Spieler das gleiche Verhältnis bestehen muss, wenn das Verhältnis der noch fehlenden Partien das gleiche ist.« Vergleicht man PASCALS Beispiel ($a = 2$, $b = 3$) mit dem MONTMORTS ($a = 4$, $b = 6$), so erkennt man, dass die noch fehlenden Partien verhältnisgleich sind; die Chancen von A und B verhalten sich bei PASCAL jedoch wie $11 : 5 = 2{,}2$, bei MONTMORT hingegen wie $191 : 65 = 2{,}9\ldots$

[45]   nach MAJOR GREENWOOD / GEORGE UDNY YULE: *An Inquiry to the Nature of Frequency Distributions* in: *Journal of the Royal Statistical Society*, **83** (1920), Seite 274

1654 PASCAL/FERMAT / Aufteilungsproblem für mehr als zwei Spieler

BLAISE PASCAL will im Brief vom 24.8.1654 an PIERRE DE FERMAT dessen Behauptung widerlegen, dass die Betrachtung aller fiktiven Spielverläufe auch bei mehr als zwei Spielern die gerechte Aufteilung des Einsatzes liefere. Dazu wählt er folgendes Spiel.

> Drei Spieler spielen ein Spiel, das aus mehreren Partien besteht. Sieger ist derjenige, der als erster drei Partien gewonnen hat. Das Spiel werde abgebrochen, wenn dem A noch eine Partie, dem B und C aber jeweils zwei Partien fehlen. Wie ist der Einsatz gerecht aufzuteilen?

Lösung nach PASCAL (1654)

Die längste bis zur Entscheidung noch nötige Spieldauer ergibt sich, wenn jedem Spieler noch genau eine Partie zum Sieg fehlt, da dann beim nächsten Spiel die Entscheidung fällt. Also ist das Spiel nach spätestens $(1 - 1) + (2 - 1) + (2 - 1) + 1 = 3$ Partien entschieden. Alle möglichen fiktiven Verläufe schreibt PASCAL als Permutationen mit Wiederholungen aus den Elementen a, b und c tabellarisch auf, wobei a einen Sieg von A bedeute, analog b und c. Das ergibt es $3^3 = 27$ Tripel. Neben jedes Tripel schreibt PASCAL die Spieler, die nach seiner Interpretation Sieger wären.[46]

a	a	a	A		
a	a	b	A		
a	a	c	A		
a	b	a	A		
a	b	b	A	B	
a	b	c	A		
a	c	a	A		
a	c	b	A		
a	c	c	A		C

b	a	a	A		
b	a	b	A	B	
b	a	c	A		
b	b	a	A	B	
b	b	b		B	
b	b	c		B	
b	c	a	A		
b	c	b		B	
b	c	c			C

c	a	a	A		
c	a	b	A		
c	a	c	A		C
c	b	a	A		
c	b	b		B	
c	b	c			C
c	c	a	A		C
c	c	b			C
c	c	c			C

Eine Aufteilung $19 : 7 : 7$ hält er aber für falsch. Daher will er Tripel mit zwei Siegern beiden Spielern je zur Hälfte zurechnen. Somit ergäbe sich folgende Aufteilung der 27 Tripel.
$(13 + 6 \cdot \frac{1}{2} + 8 \cdot 0) : (4 + 3 \cdot \frac{1}{2} + 20 \cdot 0) : (4 + 3 \cdot \frac{1}{2} + 20 \cdot 0) = 16 : 5\frac{1}{2} : 5\frac{1}{2}$.

Lösung nach FERMAT (1654)

FERMAT weist PASCAL am 25.9.1654 darauf hin, dass er bei dieser Zuordnung

> »anscheinend nicht mehr daran denke, dass, sobald einer der Spieler gewonnen hat, alles, was sich danach ereignet, nichts mehr nützt.«

Die Spieler, die demzufolge nicht gewinnen, sind in der obigen Tabelle grau unterlegt. Also ist $17 : 5 : 5$ aufzuteilen.

Lösung nach MONTMORT (1708)

PIERRE RÉMOND DE MONTMORT betrachtet 1708 (Seite 175) den Fall, dass dem A noch eine, dem B zwei und dem C drei Partien fehlen. Dieses Spiel ist nach spätestens $(1 - 1) + (2 - 1) + (3 - 1) + 1 = 4$ Partien entschieden. Als Zufallsexperiment betrachtet er – PASCAL folgend – den Wurf von vier »dreiseitigen Würfeln«, deren Seiten mit a, b und c beschriftet sind.

---

[46]   In unserer Darstellung haben wir PASCALs Zeilen und Spalten vertauscht.

PASCALs Tabelle würde jetzt $3^4 = 81$ Quadrupel enthalten! Um aber MONTMORTs Leistung mit der PASCALs vergleichen zu können, wenden wir MONTMORTs tabellarisches Vorgehen auf PASCALs einfacheres Beispiel an.

In der ersten Spalte von MONTMORTs Tabelle stehen die 3-Kombinationen mit Wiederholungen aus der 3-Menge $\{a, b, c\}$. Wir fügen dahinter eine Spalte mit der Anzahl der zugehörigen 3-Permutationen mit festen Wiederholungen ein.[47] MONTMORT führt in den folgenden drei Spalten jeweils die Anzahlen der Partien auf, die A, B oder C bei dieser 3-Kombination gewinnen.

Wir geben zusätzlich in der letzten Spalte die Wahrscheinlichkeit an, mit der die jeweilige 3-Permutation eintritt. Dabei sei p bzw. q bzw. r die Wahrscheinlichkeit, mit der A bzw. B bzw. C eine Partie gewinnt.[48]

Bei den 3-Kombinationen, bei denen es mehrere Sieger gibt, müssen die zugehörigen 3-Permutationen einzeln aufgeschrieben und dann den Spielern zugeordnet werden. So gehören zur Kombination $\langle a, b, b \rangle$ die drei Permutationen abb, bab, bba. Bei den ersten beiden siegt A, bei der dritten B.

Bei gleichen Chancen genügt es, die Anzahlen der Siege ins Verhältnis zu setzen, was auch hier 17 : 5 : 5 liefert. Bei ungleichen Chancen muss man die jeweiligen Anzahlen mit der zugehörigen Wahrscheinlichkeit multiplizieren, sodass sich

3-Kombinationen aus $\{a, b, c\}$	Anzahl der Permutationen	Anzahl der Siege für			Wahrscheinlichkeit einer Permutation
		A	B	C	
$\langle a, a, a \rangle$	$\frac{3!}{3!0!0!} = 1$	1	0	0	$p^3 q^0 r^0$
$\langle a, a, b \rangle$	$\frac{3!}{2!1!0!} = 3$	3	0	0	$p^2 q^1 r^0$
$\langle a, a, c \rangle$	$\frac{3!}{2!0!1!} = 3$	3	0	0	$p^2 q^0 r^1$
$\langle a, b, b \rangle$	$\frac{3!}{1!2!0!} = 3$	2	1	0	$p^1 q^2 r^0$
$\langle a, b, c \rangle$	$\frac{3!}{1!1!1!} = 6$	6	0	0	$p^1 q^1 r^1$
$\langle a, c, c \rangle$	$\frac{3!}{1!0!2!} = 3$	2	0	1	$p^1 q^0 r^2$
$\langle b, b, b \rangle$	$\frac{3!}{0!3!0!} = 1$	0	1	0	$p^0 q^3 r^0$
$\langle b, b, c \rangle$	$\frac{3!}{0!2!1!} = 3$	0	3	0	$p^0 q^2 r^1$
$\langle b, c, c \rangle$	$\frac{3!}{0!1!2!} = 3$	0	0	3	$p^0 q^1 r^2$
$\langle c, c, c \rangle$	$\frac{3!}{0!0!3!} = 1$	0	0	1	$p^0 q^0 r^3$

allgemein die folgende Aufteilung des Einsatzes ergäbe.

$$A : B : C = (p^3 + 3p^2q + 3p^2r + 2pq^2 + 6pqr + 2pr^2) : (pq^2 + q^3 + 3q^2r) : (pr^2 + 3qr^2 + r^3).$$

Lösung nach DE MOIVRE (1712)

Eine genauere Betrachtung der obigen Tabelle lässt uns ABRAHAM DE MOIVREs Lösungsweg leicht nachvollziehen, den er an MONTMORTs originalem Beispiel in *Problem VIII* exemplarisch vorführt. Offenbar erhält man die Wahrscheinlichkeiten der 3-Kombinationen, wenn man die dritte Potenz des Polynoms $(p + q + r)$ ausmultipliziert:

$$(p + q + r)^3 = p^3 + 3p^2q + 3p^2r + 3pq^2 + 6pqr + 3pr^2 + q^3 + 3q^2r + 3qr^2 + r^3.$$

Dabei bedeute $3p^2q$ die Wahrscheinlichkeit dafür, dass A zwei Partien, B eine Partie und C keine Partie gewinnen (vgl. die zweite Zeile der Tabelle).

Günstig für A sind zunächst alle Glieder, in denen p mindestens in der ersten Potenz, q und r höchstens in der ersten Potenz vorkommen. Das sind p^3, $3p^2q$, $3p^2r$ und $6pqr$.

---

[47] Der französische Minime MARIN MERSENNE hat als erster 1635 in seinen *Harmonicorum libri XII* solche Permutationen mit festen Wiederholungen untersucht und das Bildungsgesetz für die entsprechenden Anzahlen durch Beispiele angegeben (siehe Seite 67).

[48] ABRAHAM DE MOIVRE geht als Erster in Problem VIII seiner *De Mensura Sortis* (1712) grundsätzlich von ungleichen Chancen der Spieler aus.

Günstig für B sind zunächst alle Glieder, in denen p höchstens in der nullten Potenz, q mindestens in der zweiten Potenz und r höchstens in der ersten Potenz vorkommt. Das sind q^3 und $3q^2r$.

Günstig für C sind zunächst alle Glieder, in denen p höchstens in der nullten Potenz, q höchstens in der ersten Potenz und r mindestens in der zweiten Potenz vorkommt. Das sind $3qr^2$ und r^3. Übrig bleiben die Glieder, die für mehr als einen Spieler günstig sind, nämlich $3pq^2$ und $3pr^2$. Nun ist $3pq^2 = pqq + qpq + qqp$. Die ersten beiden Summanden sind dem A zuzurechnen, da A einmal siegt, ehe B seine zwei Partien gewinnt. Der letzte Summand ist dem B zuzurechnen, da B das Spiel zu seinen Gunsten entschieden hat, ehe A seine fehlende Partie gewinnen kann. Analog sind bei $3pr^2 = prr + rpr + rrp$ die ersten beiden Summanden dem A zuzurechnen, der letzte dem C.

DE MOIVRE und bereits 1708 MONTMORT weisen abschließend darauf hin, dass ihr Vorgehen auf n Spieler mit den Siegchancen $p_1, p_2, \ldots, p_n$ erweitert werden könne. Sei m gleich die Anzahl aller Partien, die diesen n Spielern noch insgesamt fehlen, dann ist das Spiel spätestens nach $z = m + 1 - n$ Partien entschieden. Mit Hilfe des Multinomial-, besser Polynomial-

satzes[49] $\left(p_1 + p_2 + \ldots p_n \right)^z = \sum_{\substack{z_1 + z_2 + \ldots + z_n = z \\ 0 \le z_i \le z,\, i = 1,\ldots,n}} \frac{z!}{z_1!\,z_2!\ldots z_n!}\, p_1^{z_1}\, p_2^{z_2}\ldots p_n^{z_n}$

stellt man $\left(p_1 + p_2 + \ldots p_n \right)^z$ als Summe dar und untersucht alle Summanden wie oben vorgeführt, sicher ein mühsames Vorgehen, wie MONTMORT betont.

1539 CARDANO / *Practica Arithmetice*: Dictiones

In Kapitel 51, Nr. 1 seiner *Practica arithmetice et mensurandi singularis* beschäftigt sich 1539 GERONIMO CARDANO u. a. mit der Bestimmung der Anzahl von möglichen Kombinationen aus einer gegebenen Menge. Er versteht dabei unter *combinatio* eine Auswahl von mindestens zwei Elementen, wobei keines mehrmals vorkommen darf.[50] Aus seiner Lösung erkennt man, dass auch die Reihenfolge bei der Auswahl keine Rolle spielt. Modern gesprochen bestimmt er die Anzahl aller mindestens 2-elementigen Teilmengen einer gegebenen Menge. Seine Rechnung führt er u. a. an den *dictiones* vor, Verbindungen von mindestens

---

[49] Aufgestellt und bewiesen hat das Multinomialtheorem 1695 ABRAHAM DE MOIVRE, veröffentlicht als *A Method of raising an infinite Multinomial to any given Power, or Extracting any given Root of the same* in den *Philosophical Transactions* **19**, Nr. 230, Juli 1697. DE MOIVRE legt seiner Abhandlung statt eines endlichen Polynoms $a + b + \ldots + z$ eine unendliche Potenzreihe $az + bz^2 + cz^3 + \ldots$ zugrunde, die er potenziert. Gefunden hatte das Multinomialtheorem schon einige Zeit vor ihm GOTTFRIED WILHELM LEIBNIZ, wie er am 16.5.1695 an JOHANN I BERNOULLI schreibt, ohne die Formel anzugeben! JOHANN fühlte sich herausgefordert, fand die Formel und teilte sie ihm am 18.6.1695 mit. LEIBNIZ selbst veröffentlichte eine Anwendung allerdings erst 1700 in den *Acta Eruditorum*.

[50] *Combinatio* bedeutete bei den Römern eine Verbindung von je zwei (= *bini*) Dingen. Als Erster scheint CARDANO 1539 das Wort *combinatio* auch für die Verbindung von mehr als zwei Dingen verwendet zu haben. 1560 lässt er in Buch 15 (S. 935) seiner *De Subtilitate libri XXI* (Basel) sogar einelementige »Verbindungen« zu. Die Möglichkeit, kein Element auszuwählen, scheint im Druck erstmals 1685 aufzutauchen, und zwar im *Discours of Combinations* von JOHN WALLIS. Eine solche Menge hat JAKOB BERNOULLI 1713 *nullio* genannt; der Ausdruck findet sich bereits 1666 in GOTTFRIED WILHELM LEIBNIZens *De Arte Combinatoria*, wobei dieser aber die Auswahl von null Elementen nicht betrachtet. Die Verwendung des Begriffs *combinatio* in seiner heutigen Bedeutung hat sich mit JAKOB BERNOULLIs *Ars Conjectandi* (1713) endgültig durchgesetzt.

zwei Buchstaben des 22-buchstabigen damaligen lateinischen Alphabets – es fehlen die Buchstaben J, K, U, W – ohne Wiederholung und ohne Beachtung der Reihenfolge. CARDANO behauptet:

> Die Anzahl aller möglichen *dictiones*, die man aus 22 Buchstaben bilden kann, ist 4 194 281.

Lösung nach CARDANO (1539)

Summiere alle Glieder *in dupla proportione* (gemeint sind die ersten 22 Glieder der geometrischen Reihe mit dem Quotienten 2), also $1, 2, 4, \ldots, 2^{21}$. Aus Kapitel 27, Nr. 23 weißt du, dass du den Wert dieser Summe erhältst, wenn du vom größten Glied das kleinste subtrahierst, das Ergebnis durch den um 1 verminderten Quotienten teilst und dann das größte

Aus Seite 374 aus den Exercitationum mathematicarum libri quinque (Leiden 1657) des FRANS VAN SCHOOTEN DES JÜNGEREN

Glied addierst, also $\frac{2^{21}-1}{2-1} + 2^{21} = 4\,194\,303$. Davon ziehst du noch 22 ab, was 4 194 281 liefert. Aus heutiger Sicht ist dieser Lösungsweg schwer verständlich. Wir geben eine mögliche Interpretation, basierend auf dem Schema, mit dessen Hilfe FRANS VAN SCHOOTEN 1657 diese Art der Berechnung vornimmt.

Sei $\{a, b, \ldots, z\}$ die zugrunde liegende Buchstabenmenge. VAN SCHOOTEN sortiert alle möglichen Buchstabenverbindungen ohne Wiederholung und unter Vernachlässigung der Reihenfolge, beginnend mit *a* und zeilenweise den nächsten Buchstaben hinzufügend. Dabei beginnt jede Zeile mit dem neuen Buchstaben; ihm folgen alle vorhergehenden Verbindungen, ergänzt um den neuen Buchstaben.

Anzahl der Buchstaben	Buchstabenverbindungen	Anzahl der Verbindungen
1	a	$1 = 2^0$
2	b ab	$2 = 2^1$
3	c ac bc abc	$4 = 2^2$
4	d ad bd cd abd acd bcd abcd	$8 = 2^3$
...	...	...
22	z az bz cz dz ... abcd...z	2^{21}

In jeder Zeile stehen doppelt so viele Verbindungen als in der vorhergehenden Zeile. Es gilt nämlich: Stehen in der *i*-ten Zeile 2^{i-1} Elemente, so erhält man auf Grund des Bildungsgesetzes in der $(i + 1)$-ten Zeile $1 + \sum_{k=0}^{i-1} 2^k = 1 + \frac{2^i - 1}{2 - 1} = 2^i = 2 \cdot 2^{i-1}$ Elemente. Die Anzahl aller Verbindungen ist offensichtlich $1 + 2 + 4 + \ldots + 2^{21}$. Die Summenformel aus Kapitel 27 für die geometrische Reihe $a + aq + aq^2 + \ldots aq^{n-1}$ schreibt sich formal $\frac{aq^{n-1} - a}{q - 1} + aq^{n-1}$.

Zusammengefasst ergäbe sich die heute übliche Form $\dfrac{a(q^n - 1)}{q - 1}$. Da einzelne Buchstaben bei CARDANO keine *dictiones* sind, muss von der Summe 4 194 303 noch 22 abgezogen werden.

1570 kommt CARDANO in Propositio 170 seines *Opus novum* nochmals auf die Berechnung der Kombinationen zurück – wobei er bereits einelementige Auswahlen zulässt und bemerkt, dass er obige Regel schon einmal gelehrt habe, könne aber die Stelle nicht mehr finden. Dann fährt er fort: »Obwohl dieses Verfahren wahr und anschaulich ist, ist es dennoch nicht leicht, insbesondere bei großen Zahlen. Ich habe daher diese [Regel] erfunden, die [...] äußerst bequem ist: Addiere 1 zur gegebenen Anzahl [von Dingen], finde dann die zu dieser Nummer gehörende Zahl in der mit 1 beginnenden Ordnung [gemeint ist die Verdoppelungsfolge], zieh 1 von ihr ab, und du hast die Anzahl der Kombinationen. [...]. Wenn also 11 Dinge gegeben sind, addiere 1, macht 12; die zwölfte Zahl in der Verdoppelungsproportion ist 2048 [$= 2^{11}$], zieh 1 ab, und du hast die 2047 Kombinationen aus den 11.« – Dieses Vorgehen nennt man $(2^n - 1)$-**Regel**.

Moderne Lösung

Die Anzahl $\binom{n}{r}$ aller r-elementigen *dictiones* ist die Anzahl aller möglichen r-Mengen, die man aus der n-Menge der Buchstaben auswählen kann, anders ausgedrückt, sie ist die Anzahl aller r-Kombinationen ohne Wiederholung und ohne Beachtung der Reihenfolge, die man aus der n-Menge bilden kann.[51] Die von CARDANO gesuchte Anzahl aller *dictiones* ist $\sum\limits_{r=2}^{22}\binom{22}{r}$. Wegen $2^{22} = (1 + 1)^{22} = \sum\limits_{r=0}^{22}\binom{22}{r}$ erhält man

$$\sum_{r=2}^{22}\binom{22}{r} = 2^{22} - \binom{22}{1} - \binom{22}{0} = 2^{22} - 22 - 1 = 4\,194\,304 - 22 - 1 = 4\,194\,281.$$

---

[51] Später nannte man r-Mengen auch n-Kombinationen zur r-ten Klasse. Als Erster führt PIERRE RÉMOND DE MONTMORT 1708 mit $\frac{n}{r}$ ein Symbol für die Anzahl dieser r-Mengen ein (S. 98), das aber niemand übernimmt. Im 19. Jh. entstand eine Vielzahl von z. T. recht komplizierten Zeichen. WILLIAM ALLEN WHITWORTH bildete C_r^n in *Choice and Chance* (S. 121 [Cambridge ^{4}1886]), EUGEN NETTO vertauschte die Indizes (*Encyclopédie des sciences mathématiques*, I,1 [Paris, Leipzig 1904]): C_n^r. Beide Symbole leben auf der Taste nCr der Taschenrechner weiter. Das 1826 von ANDREAS VON ETTINGSHAUSEN in *Die combinatorische Analysis* eingeführte $\binom{n}{r}$ lehnt sich an Symbole LEONHARD EULERS an. Dieser schreibt $\left(\frac{n}{k}\right)$ in der am 17.9.1778 vorgetragenen Arbeit *Demonstratio insignis theorematis numerici circa uncias potestatum binomialium*, die aber erst postum 1806 in den *Nova Acta Academiae Scientiarum Imperialis Petropolitanae* XV (ad annos 1799–1802) erschien. 1781 wandelt er es ab zu $\left[\frac{n}{k}\right]$ in *De mirabilibus proprietatibus unciarum, quae in evolutione binomii ad potestatem quamcunque evecti occurrunt*, erschienen 1784 in *Acta Academiae Scientiarum Imperialis Petropolitanae* V (pro anno 1781). Das Symbol $\binom{n}{r}$ heißt heute **Binomialkoeffizient**. Die früheste Belegstelle für dieses Wort, die wir entdecken konnten, sind die *Anfangsgründe der Mathematik* III, 1, S. 385 (Göttingen 1760) von ABRAHAM GOTTHELF KÄSTNER. WILLIAM OUGHTRED nannte es in dem als *Clavis mathematicae* (London 1631) zitierten Werk *uncia*, eine Bezeichnung, die auch LEONHARD EULER noch verwendet. Dieser Ausdruck findet sich erstmals bei FRANÇOIS VIÈTE in seinen *Zeteticorum libri quinque* – »Fünf Bücher Aufgaben« – (Tours 1593) in dem Sinne, dass ein Ganzes in verschieden große, also verschieden gewichtete Teile zerlegt werden soll. Tatsächlich gewichten ja die Binomialkoeffizienten die einzelnen Summanden des auspotenzierten Binoms $(a + b)^n$. CARDANO nannte sie *multiplicandi* (*Opus novum de proportionibus* [Basel 1570], Satz 137). Bei DE FERMAT und JAKOB BERNOULLI heißen sie Figurenzahlen (*numeri figurati*).

1539 CARDANO / *Practica Arithmetice*: Martingal

In Kapitel 61, Nr. 17 seiner *Practica arithmetice et mensurandi singularis* behandelt 1539 GERONIMO CARDANO das folgende Spiel.

> Ein Armer geht täglich ins Haus eines Reichen, um nach folgender Regel mit ihm zu spielen. Jeder hat gleiche Chancen und setzt eine Goldmünze ein; der Sieger erhält den gesamten Einsatz. Verliert der Arme, dann ist das Spiel zu Ende. Gewinnt er, dann spielen beide mit doppeltem Einsatz weiter. Es werden höchstens vier Partien gespielt. Wer ist auf lange Sicht im Vorteil?

CARDANO meint, dass der Reiche im Nachteil sei. Gewinnt nämlich der Arme alle vier Partien, so verliert der Reiche $1 + 2 + 4 + 8 = 15$ Goldmünzen, der Arme hingegen kann nur eine Goldmünze verlieren. CARDANO berücksichtigt bei seiner Schluss-folgerung offenbar nicht, dass die Verluste mit unterschiedlichen Wahrscheinlichkeiten eintreten. Diese kommen zum Zuge, wenn man den Erwartungswert des Gewinns G des Reichen berechnet. Auf Grund der Spielregel gilt: Da das Spiel immer dann zu Ende ist, wenn der Arme verliert, kann der Reiche nur *eine* Goldmünze gewinnen. Er kann aber nie eine, drei oder sieben Goldmünzen verlieren, da in diesem Fall das Spiel weitergeht, weil der Arme gewonnen hat. Verliert der Reiche alle vier Partien, dann verliert er 15 Goldmünzen. Da die Fälle, dass der Reiche eine Goldmünze gewinnt, disjunkt sind, gilt, wie man aus dem vorstehenden Baum erkennt:

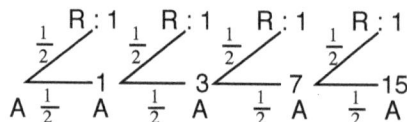

$$P(G = 1) = \tfrac{1}{2} + \tfrac{1}{4} + \tfrac{1}{8} + \tfrac{1}{16} = \tfrac{15}{16}$$ und entsprechend gilt $P(G = -15) = \tfrac{1}{16}$. Damit erhält man $E(G)$ aus der nachstehenden Tabelle. Man erkennt, dass das Spiel fair ist. Niemand ist im Nachteil. Tatsächlich ist aber die Wahrscheinlichkeit, dass der Arme verliert, 15-mal so groß als die, dass der Reiche verliert.

G	-15	1
$W_G(g)$	$\tfrac{1}{16}$	$\tfrac{15}{16}$

$$E(G) = (-15)\cdot\tfrac{1}{16} + 1\cdot\tfrac{15}{16} = 0$$

Der Reiche verfährt bei diesem Spiel nach der sog. **Martingal-Strategie**:

»Verdopple den Einsatz, wenn du verlierst, und spiele weiter bis zum erstmaligen Gewinn!«[52] Lässt man den Reichen mit der Wahrscheinlichkeit p die Goldmünze gewinnen, den Armen diese also mit p verlieren, und sei $q = 1 - p$, dann gilt

---

[52] Die Einwohner der 1232 gegründeten, weit abgelegenen Stadt Martigues standen im Rufe einer gewissen Einfältigkeit, sodass *à la martingale* (> provenzalisch *martegalo*) ab dem 16. Jh. den Sinn von *auf unbegreifliche, absurde Art* annahm, so u. a. bei FRANÇOIS RABELAIS in *Pantagruel* 7 und 12 (1532) und in *Gargantua* 20 (1534). Da es absurd erschien, immer das Doppelte dessen zu setzen, was man verloren hatte, sprach man von *faire la martingale* (so DENIS DIDEROT am 6.11.1760 an SOPHIE VOLLAND) oder von *jouer à la martingale*. Allgemein erklärt *La Grande Encyclopédie* von 1898 *martingales* als »mehr oder weniger einfallsreiche Strategien, mittels derer die Spieler hofften, sichere Gewinne einzuheimsen«. JACQUES LABLÉE beschreibt in seinem Roman *La Roulette ou Histoire d'un joueur*, und zwar vermutlich erst in der 4. Auflage von 1808 (Paris), ein Martingal mit Varianten. – Die mathematische Untersuchung des Verdoppel-Spielsystems geht zurück auf LOUIS BACHELIER, der 1900 in seiner *Théorie de la spéculation* (in *Annales Scientifiques de l'École Normale Supérieure* 17) die Preisschwankungen an der Effektenbörse mit der BROWN'schen Bewegung verglich und dabei, indem er die Zeit in die Wahrscheinlichkeitstheorie einführte, das allgemeine mathematische Modell eines fairen Spiels schuf. Daraus entwickelte PAUL LÉVY in seiner *Théorie de l'addition des variables aléatoires* (Paris 1937) u. a. die Theorie der Martingale, die heute zu den wichtigsten unendlichen stochastischen Prozessen zählen. Den Namen *martingale* gab ihnen JEAN VILLE in *Étude critique de la notion de collectif* (Paris

$$P(G = 1) = q + qp + q^2 p + \ldots = \frac{p}{1 - q} = 1,$$

d. h., der Reiche gewinnt auf lange Sicht die Goldmünze des Armen. Bricht der Reiche aber nach n Partien das Spiel ab, sei es, dass er keine Lust mehr hat oder dass ihm das Geld ausgegangen ist, dann erhält man für den Erwartungswert $E(G)$

g	$1 - 2^n$	1
$W_G(g)$	q^n	$1 - q^n$

$$E(G) = \left(1 - 2^n\right) \cdot q^n + 1 \cdot \left(1 - q^n\right) = 1 - 2^n q^n$$

Der Erwartungswert $E(G)$ ist nur dann null, wenn $q = \frac{1}{2}$ ist, wie im Spiel CARDANOS.

Mit der Martingalstrategie lässt sich in einer Spielbank allerdings kein sicherer Gewinn erzielen, weil nämlich einerseits die Einsätze bei den Spielbanken nach oben begrenzt sind, andererseits $\left|1 - 2^n q^n\right|$ das Vermögen des Spielers sicher übersteigt, wenn n genügend groß ist.

1544 STIFEL / *Arithmetica integra*: Produkte

Im Anhang zum ersten Buch seiner *Arithmetica integra* (fol. 101r) schreibt MICHAEL STIFEL:

> »Hieronymus Cardanus hat eine gewisse Regel über die Berechnung von [mindestens 2-elementigen] Kombinationen gegebener Dinge aufgestellt,[53] die mir in hohem Grade erfreulich erscheint.«

Als Beispiel hierfür behandelt er die folgende Aufgabe.

> Gegeben sind die Primzahlen 2, 3, 5 und 7. Wie viele Produkte lassen sich mit ihnen bilden?

Lösung nach STIFEL (1544)

Da es sich um vier Primzahlen handelt, bildet STIFEL, CARDANO folgend, die Summe der ersten vier Zweierpotenzen, also $2^0 + 2^1 + 2^2 + 2^3 = 2^4 - 1 = 15$. Davon zieht er 4 ab und gibt als Antwort auf seine Frage die elf möglichen Produkte 6, 10, 14, 15, 21, 35, 30, 42, 70, 105 und 210 an. Zum besseren Verständnis dieser Methode CARDANOS, der sog. $(2^n - n - 1)$-Regel, geben wir das ihr wohl zugrunde liegende Schema an, das FRANS VAN SCHOOTEN D. J. 1657 veröffentlicht. (Siehe Seite 44.)

Primzahl	Kombinationen	Anzahl der Kombinationen
2	2	$1 = 2^0$
3	3, 2·3	$2 = 2^1$
5	5, 2·5, 3·5, 2·3·5	$4 = 2^2$
7	7, 2·7, 3·7, 5·7, 2·3·7, 2·5·7, 3·5·7, 2·3·5·7	$8 = 2^3$

Die Summation der Anzahlen ergibt 15. Weil ein Produkt aber mindestens zwei Faktoren haben muss, muss davon noch die Anzahl 4 der gegebenen Primzahlen abgezogen werden.

1939), der Begriff »stochastischer Prozess« wurde von JOSEPH LEO DOOB durch sein Werk *Stochastic Processes* (New York 1953) eingeführt.

53   Siehe 1539 CARDANO *Practica Arithmetice*: Dictiones (siehe Seite 43).

Moderne Lösungen

1) Die Anzahl aller mindestens 2-elementigen Kombinationen aus einer 4-Menge erhält man

als $\sum_{r=2}^{4}\binom{4}{r} = 2^4 - \binom{4}{1} - \binom{4}{0} = 2^4 - 4 - 1 = 11$.

2) Für jede Primzahl kann man entscheiden, ob man sie zur Produktbildung heranzieht oder nicht. Das ergibt $2^4 = 16$ Möglichkeiten. Davon müssen die vier Fälle »Genau eine Primzahl wird ausgewählt« und der eine Fall »Keine Primzahl wird ausgewählt« abgezogen werden; man erhält also $16 - 4 - 1 = 11$ Produkte.

Zusatz: Allgemein gilt: Aus n verschiedenen Primzahlen lassen sich $2^n - n - 1$ Produkte bilden.

1544 STIFEL / *Arithmetica* integra: Partes aliquotae[54]

Als zweites Beispiel für CARDANOs Regel behandelt MICHAEL STIFEL in seiner *Arithmetica integra* auf fol. 101v die folgende Aufgabe.

> Gegeben ist die Zahl 210 als Produkt der Primzahlen 2, 3, 5 und 7. Wie viele echte Teiler hat 210?

Lösung nach STIFEL (1544)

Die Anzahl 15 der echten Teiler von 210 erhält er als Wert der Summe der ersten vier Zweierpotenzen, weil 210 das Produkt von vier verschiedenen Primzahlen ist. MICHAEL STIFEL führt die 15 echten Teiler auf; es sind 1, 2, 3, 5, 7, 6, 10, 14, 15, 21, 35, 30, 42, 70, 105. Wie kommt STIFEL zu diesem Ergebnis? Aus der vorigen Aufgabe weiß er, dass $2^4 - 4 - 1$ die Anzahl der aus den vier Primzahlen bildbaren Produkte ist. Da die Primzahlen selbst echte Teiler sind, muss er die 4 wieder addieren. Er erhält also als Anzahl $2^4 - 1 = 15$. Kommentarlos ersetzt er 210 durch den Teiler 1. Warum? Das Produkt 210 ist kein echter Teiler, die Zahl 1 jedoch schon; STIFEL muss also 1 von 15 subtrahieren und wieder addieren. Somit ist die Anzahl der echten Teiler von 210 gleich $2^4 - 1 = 15$.

Abschließend wendet er seine Regel auf die Zahl $2310 = 2 \cdot 3 \cdot 5 \cdot 7 \cdot 11$ an: Da die ersten fünf Zweierpotenzen die Summe 31 haben, gibt es 31 echte Teiler.

Moderne Lösung

Sei z das Produkt von n Primzahlen. Dann gilt: z hat 2^n Teiler, wovon $2^n - 1$ echte Teiler sind.

1685 WALLIS / *Algebra*: Anzahl der Teiler

STIFELs Überlegung ist nur richtig, wenn jeder Primfaktor höchstens einmal auftritt. FRANS VAN SCHOOTEN D. J. betrachtet 1657 in seinen *Exercitationum mathematicarum* (S. 377 ff.) auch Zahlen, bei denen Primfaktoren mehrfach vorkommen. Dabei sucht er zu einer vorgegebenen Anzahl echter Teiler alle möglichen zugehörigen Zahlen, die er als Produkte von

---

[54] Mit *aliquot parts*, lateinisch *partes aliquotae*, bezeichnet man die echten Teiler einer natürlichen Zahl, also alle Teiler, die kleiner als die Zahl selbst sind. (*aliquotus* [mittelalterlich-lateinisch] = *irgendein*).

Variablen schreibt. Seine Ergebnisse stellt er in umfangreichen Tabellen zusammen. So findet er z. B. zu vorgegebenen elf echten Teilern gehören die Zahlen a^{11}, a^5b, a^3b^2 und a^2bc.

JOHN WALLIS wird durch das Studium von SCHOOTENS Werk zum 3. Kapitel seines *A Discourse of Combinations, Alternations, and Aliquot Parts* (London 1685) angeregt, in dem er folgenden Satz aufstellt.

> Die Anzahl der Teiler einer natürlichen Zahl ist gleich dem Produkt der jeweils um 1 vermehrten Exponenten in der Primfaktorzerlegung der Zahl.

Begründung nach WALLIS (1685)

JOHN WALLIS stellt zunächst fest, dass eine Primzahlpotenz p^m genauso viele echte Teiler hat, wie der Exponent m angibt. So hat p^4 z. B. die vier echten Teiler $1, p, p^2$ und p^3. Zu den m echten Teilern kommt noch p^m als Teiler hinzu, so dass p^m schließlich $(m + 1)$ Teiler besitzt. Daraus erhält man sofort: Die Anzahl der Teiler des Produkts $p_1^{m_1} p_2^{m_2}$ ist $(m_1 + 1)(m_2 + 1)$. WALLIS zeigt dies an der Zahl $72 = 2^3 \cdot 3^2$, die also $(3 + 1)(2 + 1) = 12$ Teiler hat. Bei mehr als zwei Primfaktoren gilt dann: Die Anzahl der Teiler des Produkts $p_1^{m_1} p_2^{m_2} \dots p_k^{m_k}$ ist gleich $(m_1 + 1)(m_2 + 1) \cdot \dots \cdot (m_k + 1)$, die der echten Teiler um 1 kleiner, womit die Fragestellung umfassend gelöst ist.[55]

WALLIS' Regel lässt sich auch direkt einsehen: Für die Primfaktorzerlegung einer Zahl n gelte: $n = p_1^{m_1} p_2^{m_2} \dots p_k^{m_k}$. In den Teilern kann dann p_1 nullmal, einmal, ..., m_1-mal, also insgesamt $(m_1 + 1)$-mal, p_2 nullmal, einmal, ..., m_2-mal, also insgesamt $(m_2 + 1)$-mal,..., p_k schließlich nullmal, einmal, ..., m_k-mal, also insgesamt $(m_k + 1)$-mal auftreten. Nach der Produktregel erhält man damit das Theorem von WALLIS.

16. Jahrhundert Hoca

Im Prinzip ist das Hoca ein Vorläufer des Roulette. Das Spiel entstand im 16. Jh. in Katalonien, hieß dort auca und hatte ursprünglich 48 Felder. Zu seiner Blütezeit im 17. Jh.[56] nummerierte man dreißig Felder des Spielbretts und dreißig Zettel von 1 bis 30. Jeder Zettel wurde in genau eine Kugel gelegt und diese dann in einen Sack gesteckt. Setzte der Spieler auf genau eine Zahl, dann nannte man dies »plein«.[57] Nachdem die Kugeln so gut wie möglich gemischt und der Sack geschüttelt worden war, zog einer der Spieler eine Kugel aus dem

---

[55] WALLIS schreibt selbst: »*Which Theorem contains the main substance of the Doctrine of Aliquot parts.*«

[56] Verboten wurde es 1604 in Gerona, 1633 in Barcelona, durch Papst URBAN VIII. (*1568, reg. 1623–1644) und Papst INNOZENZ X. (*1574, reg. 1644–1655) als *occa* im Kirchenstaat, wobei zugleich alle Bankhalter des Landes verwiesen wurden, da es viel Unglück über die Bevölkerung gebracht hatte. GIULIO RAIMONDO MAZZARINO, bekannt als JULES Kardinal MAZARIN (1602–1661), brachte 1640 seine Landsleute und mit ihnen das Spiel nach Frankreich. NICOLAS DE LA MARE (1639–1723) nennt es in seinem *Traité de la Police* (Paris 1703, ^{2}1722) »*le plus pernicieux de jeux de hazard*«. Ihm zufolge waren es die Italiener PROMPTI, MAURE, RABBOSI und eine Signora ANNA, die die ersten Hoca-Salons (= *académies de jeux*) in Paris einrichteten. Das Parlament von Paris verbot es aber schon am 14.10.1658 zusammen mit allen anderen Glücksspielen. Mit dem Verbot vom 7.12.1717 verschwindet es aus Frankreich.

[57] Daneben gab es noch viele weitere Möglichkeiten, wie z. B. auf »gerade« usw.

Sack. Jeder Spieler, der *plein* auf die so gezogene Zahl gesetzt hatte, erhielt dann vom Bankhalter das 28fache seines Einsatzes ausbezahlt.

> Wie viel Prozent seines Einsatzes verliert ein Spieler, der auf *plein* setzt, im Mittel?

Lösung

Der Einsatz des Spielers sei e. Dann gilt der nebenstehende Gewinnplan.

Der Spieler verliert im Mittel 6,7 % seines Einsatzes.

Auszahlung a	0	28e
Gewinn g	$-e$	27e
$W(g)$	$\frac{29}{30}$	$\frac{1}{30}$

$$EG) = \frac{1}{30} \cdot 27e - \frac{29}{30}\, e$$
$$= -\frac{1}{15}\, e = -6,7\,\% \text{ von } e$$

1805 CONDORCET / *Élémens*: Biribi

Biribi ist das meistverbreitete Spiel des 18. Jh.s. Vermutlich ist es in Italien aus dem Hoca entstanden und wurde zunächst mit 42, dann mit 36 Feldern gespielt.[58] Am 28.7.1665 wurde es im Herzogtum Savoyen reglementiert und 1666 verboten.[59] In Frankreich wurde es mit 70 Feldern gespielt.[60] Setzt man auf genau eines dieser Felder, so spricht man von *plein*. Nachdem alle Spieler gesetzt haben, zieht der Bankhalter oder ein beliebiger Spieler auf gut Glück aus einer Tasche eines der 70 kleinen Etuis, auf die vorher die Zahlen von 1 bis 70 so verteilt wurden, dass in jedem Etui genau eine Zahl liegt. MARIE JEAN ANTOINE NICOLAS CARITAT, MARQUIS DE CONDORCET, bringt in seinen für den höheren Unterricht in den späten 1780ern geschriebenen *Élémens du calcul des probabilités* (postum Paris 1805 – An XIII)[61] zur Veranschaulichung des Begriffs »Erwartungswert« auf Seite 121 f. folgende Aufgabe:

Ein Feld aus dem Spieltuch des Zugh d'tutt i zugh – »Spiel aller Spiele« –, von GUISEPPE MARIA MITELLI (Bologna 1634?–4.2.1718 ebd.) erfunden und gestochen (Bologna 1702)

---

[58]   Daher heißt es auch *36er Spiel*. Andere Namen sind *Cavagnole* und *Lotto Reale*.

[59]   Aix-en-Savoie, das heutige Aix-les-Bains, war um die Mitte des 17. Jahrhunderts ein Spielerparadies für reiche Engländer und Italiener.

[60]   In einem Brief vom 3. 9. 1732 gesteht VOLTAIRE, dass er bei der Marquise DE FONTAINE-MARTEL, in deren Haus er logierte, 12 000 livres verspielt habe. – 1 livre war die Einheit der französischen Silberwährung und hatte nach 1724 den Wert von 5,4 g Silber. Zum Vergleich: 1724 betrugen VOLTAIREs jährliche Einkünfte 6500 livres, 1751 setzte ihm FRIEDRICH II. DER GROSSE in Berlin eine Jahrespension von 20000 livres aus, und 1755 kaufte er sich bei Genf für 87000 livres sein Haus »Les Délices«. – GIACOMO CASANOVA erzählt in seiner *Historie de ma vie*, dass 1763 die Damen der großen Genueser Gesellschaft für das streng verbotene Biribi schwärmten, ein »wahres Gaunerspiel«, das man mit 36 Feldern spielte, dem Gewinner aber nur den 32fachen Einsatz bezahlte.

[61]   Die *Élémens* sollten als vierter Band den drei Bänden der EULER'schen *Lettres à une princesse d'Allemagne* (1768) hinzugefügt werden, die SYLVESTRE-FRANÇOIS LACROIX zusammen mit CONDORCET in den Jahren 1787 bis 1789 neu herausgab.

> Jeder von mehreren Spielern setzt nach seinem Ermessen eine bestimmte Summe auf *plein*, aber nicht unbedingt auf dieselbe Zahl. Wer richtig gesetzt hat, erhält vom Bankhalter das 63fache seines Einsatzes ausbezahlt. Der mittlere Gewinn des Bankhalters ist bei diesem Spiel der 620te Teil seines maximal möglichen Verlustes. Stimmt dies?

Lösung nach CONDORCET (1805)[62]

Setzt ein Spieler e ein, dann erhält er mit der Wahrscheinlichkeit $\frac{69}{70}$ nichts oder mit der Wahrscheinlichkeit $\frac{1}{70}$ den Betrag $63e$ ausbezahlt. Sein Gewinn ist also entweder $-e$ oder $62e$. Der Erwartungswert seines Gewinns ist also $E(G) = -\frac{69}{70} \cdot e + \frac{1}{70} \cdot 62\,e = -\frac{1}{10}e$; der mittlere Gewinn des Bankhalters ist somit $\frac{1}{10}e$. Spielen nun mehrere Spieler, so sei H ihr gesamter Einsatz. Der mittlere Gewinn des Bankhalters ist also $\frac{1}{10}H$. Der maximale Verlust des Bankhalters tritt ein, wenn alle Spieler gewinnen. Er muss dann $63H$ auszahlen, hat also einen Verlust von $62H$. Weil $\frac{1}{10}H$ der 620te Teil von $62H$ ist, hat CONDORCET recht.

1556 TARTAGLIA / *General Trattato*: Augenzahlkombinationen

NICOLÒ TARTAGLIA beobachtete, wie er selbst 1556 in seinem *General trattato di numeri, et misure*, 2. Teil, fol. 17r, schreibt, am Faschingsdienstag des Jahres 1523 in Verona, dass das Publikum mit drei Würfeln und dem *Libro della Ventura* des LORENZO »SPIRITO« GUALTIERI einen Blick in die Zukunft werfen wollte.[63] Dabei sei ihm aufgefallen, dass auf allen Seiten stets 56 Augenzahlkombinationen angegeben waren. »Wie ein Rasender« habe er die ganze Nacht gearbeitet und schließlich am Aschermittwoch das Verfahren gefunden, mit dem man schrittweise, von einem Würfel ausgehend, eine Tafel der Augenzahlkombinationen für eine beliebige Anzahl von Würfeln, und seien es zehntausend, konstruieren könne, dessen genaue Erklärung aber ein eigenes Buch erforderte. In einer Tafel gibt er die Anzahlen für bis zu acht Würfel an, leider aber nicht eine Begründung seines Verfahrens.

Verallgemeinernd handelt es sich um die Lösung des Problems:

---

[62]   Abweichend von CONDORCET berichten alle anderen Quellen übereinstimmend, dass der Bankhalter das 64fache des Einsatzes ausbezahlt hat. CONDORCET hat vermutlich die Zahl 63 gewahlt, um in der Lösung glatte Zahlen zu erhalten.

[63]   Der *Libro delle Sorti o Libro della Ventura*, 1482 in Perugia erschienen, war ein epochemachendes Werk. Es erlebte viele Auflagen und kam, nachdem das Konzil von Trient (1545–1563) alle sich mit der Zukunft befassenden Spiele verboten hatte, auf den *Index der verbotenen Bücher*, sodass von der Erstauflage weltweit nur ein einziges Exemplar erhalten blieb, das in der Stadtbibliothek Ulm aufbewahrt wird. Auf dieselbe Art wie der *Libro delle Sorti* funktionierte auch das bereits auf dem Konzil von Vennes 465 verbotene Wahrsagebuch *Sortes Apostolorum* – »Orakel der Apostel« (Anspielung auf die Wahl des MATTHIAS durch Losentscheid als Ersatz für den Apostel JUDAS [*Apg* 1,26]). Papst GELASIUS I. (492–496) erwähnt es 494 auch im Verbot aller Weissagungsmethoden. Die älteste erhaltene Abschrift stammt aus dem 10. Jh. Nach dreitägigem Fasten und Absingen des *Officium sanctae Trinitatis* musste man ein Gebet sprechen und konnte dann drei Würfel werfen. Für jede der 56 Augenzahlkombinationen enthielt das Buch eine Deutung. – *Sortes* hießen die im altrömischen Orakel verwendeten Eichenstäbchen oder Bronzeplättchen.

> Es werden *n* ununterscheidbare »Würfel« geworfen, von denen jeder *f* unterscheidbare Seitenflächen besitzt. Gesucht ist die Anzahl der möglichen Ergebnisse.

Frühere Lösungen und Lösung nach TARTAGLIA (1556)

Im Fall $n = 3$ und $f = 3$ hat PAPPOS die Aufgabe – in anderer Verkleidung – durch geschicktes Zerlegen des Ergebnisraums bereits um 320 n. Chr. gelöst.[64] Für TARTAGLIAS Fall $n = 3$ und $f = 6$ liefert 971 WIBOLD die Lösung durch Abzählen (s. S. 18), wohingegen der Autor von *De Vetula* geschickt wie PAPPOS zerlegt (s. S. 19). Diese Art von Zerlegungen wird für großes n, d. h. für eine große Anzahl von Würfeln, sehr unhandlich. Es ist das Verdienst TARTAGLIAS, ein Verfahren ersonnen zu haben, das rein mechanisch funktioniert, sei die Anzahl der Würfel auch noch so groß. Aber auch es wird für großes n sehr zeitaufwändig.

per 1 dato	1	1	1	1	1	1
per 2 dati	1	2	3	4	5	6
per 3 dati	1	3	6	10	15	21
per 4 dati	1	4	10	20	35	56
per 5 dati	1	5	15	35	70	126
per 6 dati	1	6	21	56	126	252
per 7 dati	1	7	28	84	210	462
per 8 dati	1	8	36	120	330	792

TARTAGLIAS Tabelle aus dem General Trattato von 1556, 2. Teil fol. 17r

Darstellung der 56 Augenzahlkombinationen dreier Würfel aus dem Libro della Ventura *des LORENZO SPIRITO GUALTIERI von 1482 [links] und dem* Looßbůch *des Prämonstratensers[65] PAUL PAMBST von 1546, in dem, von unten nach oben gelesen, die Ergebnisse so gegliedert sind wie in der »Tartaglia«-Tabelle.*

---

[64] siehe Um 320 PAPPOS / *Synagoge*: Berührungen. S. 17.

[65] Kanonikerorden, 1120 von NORBERT VON XANTEN (1082[?]–1134) in Prémontré bei Laon gegründet.

EDWARDS (1987) folgend könnte TARTAGLIA die 56 Ergebnisse in SPIRITOs Buch als Tripel notiert haben und im Tripel die Augenzahlen fallend angeordnet haben. Die Tripel selbst könnte er dann zeilenweise so notiert haben, dass an der ersten Stelle die Augenzahl steht, die der Zeilennummer entspricht:

111				1
211	221 222			3
311	321 322	331 332 333		6
411	421 422	431 432 433	441 442 443 444	10
511	521 522	531 532 533	541 542 543 544 551 552 553 554 555	15
611	621 622	631 632 633	641 642 643 644 651 652 653 654 65 5661 662 663 664 665 666	21
Summe				56

In der rechten Spalte geben wir zusätzlich die Anzahl der Augenzahlkombinationen jeder Zeile und deren Summe an. Die Zahlen dieser Spalte stimmen mit denen der dritten Zeile aus TARTAGLIAS Tabelle überein. Er schreibt z. B.:»Drei Würfel können auf so viele Arten fallen wie die Summe der Folge 1, 3, 6, 10, 15, 21 angibt.« Bei näherer Betrachtung seiner Tabelle erkennt man: Die i-te Zahl der n-ten Zeile ist die Summe der ersten i Zahlen der $(n-1)$-ten Zeile. Die letzte Zahl jeder Zeile ist demnach die Summe aller Zahlen der darüber liegenden Zeile. (So erhält man 56, die Anzahl aller Augenzahlkombinationen dreier Würfel, als letztes Element der vierten Zeile.) Auf diese Weise lässt sich TARTAGLIAS Tabelle beliebig weit fortsetzen. Weitere Spalten liefern dann die Zahlen für »Würfel« mit mehr als sechs Flächen.

Begründung der Lösung TARTAGLIAS für n Würfel mit f Flächen

Man sortiert wie TARTAGLIA die möglichen Augenzahlkombinationen als n-Tupel, bei denen jeweils die größte Augenzahl an erster Stelle steht. K_i^n sei dann die Anzahl aller n-Tupel mit der Augenzahl i an erster Stelle. Es gilt:

$K_1^n = 1$, da es nur die eine Augenzahlkombination $111\ldots1$ gibt.

K_2^n erhält man folgendermaßen: Alle zugehörigen n-Tupel beginnen mit der Augenzahl 2, an die alle $(n-1)$-Tupel angehängt werden, die mit 1 oder 2 beginnen. Es gilt damit
$$K_2^n = K_1^{n-1} + K_2^{n-1}.$$

K_3^n erhält man folgendermaßen: Alle zugehörigen n-Tupel beginnen mit der Augenzahl 3, an die alle $(n-1)$-Tupel angehängt werden, die mit 1, 2 oder 3 beginnen. Es gilt damit
$$K_3^n = K_1^{n-1} + K_2^{n-1} + K_3^{n-1}.$$

Allgemein gilt: K_i^n erhält man folgendermaßen: Alle zugehörigen n-Tupel beginnen mit der Augenzahl i, an die alle $(n-1)$-Tupel angehängt werden, die mit 1, 2, ..., $i-1$ oder i beginnen. Es gilt damit
$$K_i^n = K_1^{n-1} + K_2^{n-1} + \ldots + K_{i-1}^{n-1} + K_i^{n-1} = \sum_{j=1}^{i} K_j^{n-1}.$$

Dieses Konstruktionsgesetz von TARTAGLIAS Tabelle offenbart, dass diese letztlich nichts anderes ist als ein Ausschnitt aus dem Arithmetischen Dreieck. TARTAGLIAS Zeilen sind in der Dreiecksdarstellung Diagonalen.

Nur drei Jahre nach TARTAGLIAS Veröffentlichung löst JEAN BORREL, alias IOANNES BUTEO in seiner *Logistica* (Buch IV, Problem 90) die Würfelfrage ebenso allgemein. Im Gegensatz zu TARTAGLIA verrät er wenigstens sein Verfahren und illustriert es, indem er für einen bis vier Würfel alle Augenzahlkombinationen systematisch erzeugt. Seine »Zeilen« sind die TARTAGLIAS, nur von hinten her gelesen, wobei die nächste durch Subtraktion aus der vorhergehenden entsteht. Weder TARTAGLIAS noch BUTEOs Lösungswege liefern einen geschlossenen Ausdruck für die Anzahl der Augenzahlkombinationen. Der findet sich samt Beweis erst 1713 bei JAKOB BERNOULLI (siehe Seite 204).

1559 BUTEO / *Logistica*: Kombinationsschloss

Kombinationsschlösser wurden in der Renaissance als technische Wunderwerke eingeschätzt. JEAN BORREL, der sich JOHANNES BUTEO nennt, beschreibt 1559 in seiner *Logistica*, Buch IV, Quaestio 92, die Funktionsweise solcher Schlösser – sie bestehen aus k zylindrischen Ringen, von denen jeder n Buchstaben trägt –, und fährt dann fort:

> Nimm an, jemand möchte ein vierzylindriges Schloss öffnen, bei dem jeder Ring sechs Buchstaben trägt, hat aber die Buchstabenkombination vergessen. Ich frage: Wie soll man methodisch vorgehen, um das Schloss nicht aufbrechen zu müssen?

Lösung nach BUTEO (1559)

Der Antoniter[66] BUTEO schreibt in etwa: Um die einzige Einstellung zu finden, bei der sich das Schloss öffnen lässt, muss man eine Tabelle erstellen, die alle Einstellungen enthält. Es wird sich zeigen, dass es 1296 Einstellungen gibt, so dass es nicht sinnvoll ist zu hoffen, die richtige Einstellung per Zufall finden zu können. Die Erstellung dieser Tabelle ist eine langwierige und komplizierte Aufgabe, der sich bisher noch niemand un-

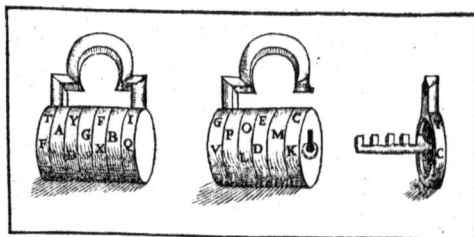

Kombinationsschloss
aus BUTEOs Logistica von 1559, Seite 313

terzogen hat – »*quod hucusque tetigit nemo*«. Zum besseren Verständnis geht man schrittweise vor und beginnt mit dem ersten Ring, fährt dann mit dem zweiten fort, usw. Ferner ersetzt man außerdem die sechs Buchstaben durch die Ziffern von 1 bis 6. Die erste Tabelle enthält sechs Ziffern. Für zwei Ringe wiederholt man diese Tabelle sechsmal, setzt bei der ersten Wiederholung links vor alle sechs Ziffern die Eins, bei der zweiten die Zwei usw. So erhält man 36 Paare. Geht man mit diesen genauso vor, dann erhält man 216 Tripel, aus denen schließlich 1296 Quadrupel entstehen. Diese vierte Tabelle enthält nun alle möglichen Einstellungen der vier Ringe. Die nachstehende Wiedergabe von Teilen der umfangreichen Tabellen veranschauliche BUTEOs Vorgehen.

BUTEO schreibt also alle 1-, 2-, 3- und 4-Tupel auf, die sich aus den Ziffern 1, 2, 3, 4, 5, und 6 bilden lassen. Dabei verwendet er die schon gefundenen Tupel und setzt links eine neue Stelle hinzu, die er dann systematisch mit den Ziffern von 1 bis 6 füllt. BUTEO fährt

---

[66] Nach dem Vorbild der Ritterorden ein zur Krankenpflege 1095 gegründeter französischer Orden, der 1777 mit den Maltesern vereinigt wird und 1803 erlischt.

Tabulæ sequuntur.

Tabula 3.

Tab,Tab. 1. 2.							
1	11	111	211	311	411	511	611
2	12	112	212	312	412	512	612
3	13	113	213	313	413	513	613
4	14	114	214	314	414	514	614
5	15	115	215	315	415	515	615
6	16	116	216	316	416	516	616
	21	121	221	321	421	521	621
	22	122	222	322	422	522	622
	23	123	223	323	423	523	623
	24	124	224	324	424	524	624
	25	125	225	325	425	525	625
	26	126	226	326	426	526	626

21

31	131	231	331	431	531	631
32	132	232	332	432	532	632
33	133	233	333	433	533	633
34	134	234	334	434	534	634
35	135	235	335	435	535	635
36	136	236	336	436	536	636
41	141	241	341	441	541	641
42	142	242	342	442	542	642
43	143	243	343	443	543	643
44	144	244	344	444	544	644
45	145	245	345	445	545	645
46	146	246	346	446	546	646
51	151	251	351	451	551	651
52	152	252	352	452	552	652
53	153	253	353	453	553	653
54	154	254	354	454	554	654
55	155	255	355	455	555	655
56	156	256	356	456	556	656
61	161	261	361	461	561	661
62	162	262	362	462	562	662
63	163	263	363	463	563	663
64	164	264	364	464	564	664
65	165	265	365	465	565	665
66	166	266	366	466	566	666

iiii

Tabula 4.

111	1111	1211	1311	1411	1511	1611
112	1112	1212	1312	1412	1512	1612
113	1113	1213	1313	1413	1513	1613
114	1114	1214	1314	1414	1514	1614
115	1115	1215	1315	1415	1515	1615
116	1116	1216	1316	1416	1516	1616
121	1121	1221	1321	1421	1521	1621
122	1122	1222	1322	1422	1522	1622
123	1123	1223	1323	1423	1523	1623
124	1124	1224	1324	1424	1524	1624
125	1125	1225	1325	1425	1525	1625
126	1126	1226	1326	1426	1526	1626
131	1131	1231	1331	1431	1531	1631
132	1132	1232	1332	1432	1532	1632
133	1133	1233	1333	1433	1533	1633
134	1134	1234	1334	1434	1534	1634
135	1135	1235	1335	1435	1535	1635
136	1136	1236	1336	1436	1536	1636
141	1141	1241	1341	1441	1541	1641
142	1142	1242	1342	1442	1542	1642
143	1143	1243	1343	1443	1543	1643
144	1144	1244	1344	1444	1544	1644
145	1145	1245	1345	1445	1545	1645
146	1146	1246	1346	1446	1546	1646

1151

fort, dass dieses Verfahren bei beliebig großen Tabellen auch zum Ziel führt. Für einen fünften Ring ergibt die Multiplikation mit 6 dann 7776 Einstellungen, woraus sich durch Multiplikation mit 6 für sechs Ringe 46 656 Einstellungen ergeben. BUTEOs Vorgehen nennt man *lexikographisch*[67]. BUTEO schließt:

»Wer das öffnende Wort nicht kennt, wird streng methodisch vorgehen, indem er jeden Ring gemäß Tafel 4 dreht« und so schließlich das Schloss öffnet. »*Logistices artificis arcanum ingenio superabit. – Der Rechner knackt das Geheimnis des Handwerkers durch Scharfsinn. – Das war zu zeigen«.[68]

Verallgemeinert man BUTEOs Vorgehen, so erhält man das folgende Ergebnis:

> Die Anzahl der **k-Tupel mit Wiederholungen** bzw. **k-Variationen mit Wiederholungen**, die man aus *n* verschiedenen Elementen bilden kann, ist n^k.

MARIN MERSENNE nennt 1635 diese *k*-Tupel mit Wiederholungen die »allgemeinsten Kombinationen von allen«, da sie Auswahl, Umstellungen und Wiederholungen von Elementen zulassen.[69] Den Beweis für die obige Formel liefert erst JAKOB BERNOULLI in Teil II, Kap. VIII seiner *Ars conjectandi* (1713):

Beweis nach JAKOB BERNOULLI (1713)

Aus den *n* Elementen *a*, *b*, *c*. … lassen sich *n* Unionen bilden. Die Binionen entstehen, wenn man vor jede Union eines der *n* Elemente setzt; das ergibt $n \cdot n = n^2$ Binionen. Die Ternionen entstehen, wenn man vor jede Binion eines der *n* Elemente setzt; das ergibt $n \cdot n^2 = n^3$ Ternionen. Schreitet man so fort, so erhält man für die Anzahl der *k*-ionen, also der *k*-Tupel mit Wiederholungen, den Wert n^k.

---

[67] Anordnung gemäß der Reihenfolge des Alphabets, hier der Ziffern. Aus λέξις (léxis) = das einzelne Wort; γράφειν (gráphein) = schreiben. Seit dem 17. Jh. ist das Fremdwort *Lexikon* = Wörterbuch nachweisbar, entlehnt aus λεξικὸν βιβλίον (lexikón biblíon) = das Wort betreffende Buch.

[68] GERONIMO CARDANO beschreibt zwar in der 1554 in Basel erschienenen Neuauflage seiner *De Subtilitate libri XXI* in Buch 17 ein Buchstabenschloss, das ein IANELLUS hergestellt hat, untersucht es aber nicht mathematisch.

[69] *Harmonicorum libri, Liber de Cantibus*, Satz 14. An Hand von *n* = 22 Noten zeigt er, wie viele Melodien mit *k* Noten möglich sind. Er errechnet dazu eine Tabelle der Werte 22^k von *k* = 1 bis 22.

1570 CLAVIUS / *Commentarius*: Dictiones und Wörter

Der deutsche Jesuit CHRISTOPHORUS CLAVIUS schiebt in seinem 1570 erschienenen Werk *In Sphaeram Ioannis de Sacro Bosco Commentarius* ein nur wenige Seiten umfassendes Kapitel ein, das er mit *DE NUMERO, ET ORDINE ELEMENTORUM* überschreibt und in dem er die grundlegenden Regeln zur Kombinatorik bringt. Es hat einen großen Einfluss auf die nachfolgende Mathematikergeneration ausgeübt. Wie CARDANO versteht er unter *combinatio* eine Auswahl von mindestens zwei Elementen, wobei keines mehrmals vorkommen darf.

Vermutlich unabhängig von CARDANOs Regel von 1570 (s. S. 45) begründet CHRISTOPHORUS CLAVIUS im gleichen Jahr mit demselben Gedanken über die Verdoppelungsfolge die sog. $(2^n - n - 1)$-Regel: Die Anzahl aller [mindestens zweielementigen] *combinationes* aus einer n-Menge ist $2^n - n - 1$. Nach mehreren Beispielen schreibt er auf Seite 48:

> Aus den 23 Buchstaben des Alphabets lassen sich 8 388 584 *dictiones*[70] bilden. Viel mehr sind es aber, wenn man die Buchstaben in jeder *Verbindung* noch miteinander vertauschen darf. In der 2. Auflage von 1581 heißt es dann, dass sich aus der 23-buchstabigen *dictio*, wenn kein Buchstabe mehrmals vorkommen darf, 25 852 016 738 778 716 640 000 *permutationes* bilden lassen, »*quod vix credibile est*« – was kaum zu glauben ist – . Hat CLAVIUS recht?

Lösung nach CLAVIUS (1570)

Das 23. Glied der Verdoppelungsfolge ist $[2^{22} =]$ 4 194 304, das verdoppelt 8 388 607 ergibt. Zieht man davon 23 und noch 1 ab, so erhält man 8 388 584. Denselben Wert erhält man modern gemäß $\sum_{k=2}^{23}\binom{23}{k} = 2^{23} - \binom{23}{1} - \binom{23}{0} = 2^{23} - 23 - 1$.

Berücksichtigt man bei den *dictiones* aber auch die Reihenfolge der Buchstaben, dann handelt es sich statt um k-Kombinationen ohne Wiederholung um k-Tupel, die wir in diesem Zusammenhang *Wörter* nennen wollen. CLAVIUS behauptet ohne Begründung, dass die Anzahl der Permutationen von n verschiedenen Dingen gleich dem Produkt der ersten n natürlichen Zahlen sei (also kurz $n!$), und illustriert dies für $n = 2, 3, 10$ und 11, indem er die richtigen Werte 2, 6, 3 628 800 und 39 916 800 angibt. Der 1581 angegebene Wert für 23! ist falsch. Richtig ist 25 852 016 738 884 976 640 000, was sich erst in der 3. Auflage von 1585 findet.

CLAVIUS fügt an, dass sich noch wesentlich mehr Wörter bilden lassen, wenn man zulässt, dass Buchstaben auch mehrfach vorkommen dürfen, man also Permutationen mit Wiederholung bildet.

Die Aufgabe, die Anzahl der Wörter zu bestimmen, die sich ohne Wiederholung aus allen Buchstaben eines Alphabets bilden lassen, wurde schon immer als Herausforderung begriffen. Sie führte zu großen Zahlen wie z. B. 23! = 25 852 016 738 884 976 640 000, die sich niemand vorstellen konnte.[71] Schon bei der noch viel kleineren Zahl 10!, die das Problem Mahl-

---

[70]   Dass CLAVIUS auch den Ausdruck *dictio* verwendet, lässt vermuten, dass er CARDANOs *Practica Arithmetice* kannte. Wie CARDANO versteht er unter *dictiones* nicht k-Tupel (d. h. Wörter), sondern k-Mengen aus der Buchstabenmenge des Alphabets.

[71]   PLUTARCH berichtet in *Moralia, Quaestiones convivales* (Buch 8, Problem 9, 733a), schon XENOKRATES, der ab 339 die Akademie leitete, habe die Anzahl aller aus den 24 Buchstaben des griechischen Alphabets bildba-

zeiten LUCA PACIOLIs von 1494 löste, brachten Jesuiten daher die Zeit ins Spiel (s. S. 32), um die Größe dieser Zahl anschaulicher zu machen. Genauso verfährt

1656 TACQUET / *Arithmeticae*: Schreiber

Der belgische Jesuit ANDREAS TACQUET behauptet 1656 in Buch 5, Kap. 8 seiner *Arithmeticae theoria et praxis*:

> Tausend Millionen Schreiber werden in tausend Millionen Jahren nicht alle Permutationen aufschreiben, die man mit den 24 Buchstaben des Alphabets bilden kann, gesetzt, dass jeder Schreiber pro Tag vierzig Seiten schreibt, von denen jede vierzig Permutationen enthält. Dabei werde das Jahr – großzügigerweise – zu 366 Tagen gerechnet. [Implizit wird außerdem angenommen, dass kein Buchstabe mehrfach vorkommen darf.] Hat TACQUET recht?

Lösung nach TAQUET (1656)

Weil ein Schreiber am Tag 40 Seiten schreibt, von denen jede 40 Permutationen aller 24 Buchstaben enthält, so hat er an einem Tag 1600, d. i. das Produkt von 40 mit 40, Permutationen geschrieben. In einem Jahr macht das 1600 mal 366, also 585 600 Permutationen. Tausend Millionen Schreiber schreiben dann in tausend Millionen Jahren 585 600 000 000 000 000 000 000 Permutationen, was kleiner ist als die Anzahl aller möglichen Permutationen aus den 24 Buchstaben, d. i. 620 448 401 733 239 439 360 000. [Aufgeschrieben sind bis dahin 94,4 % aller Permutationen.]

1685 WALLIS / *Algebra*: Glockenspiel

Auch JOHN WALLIS bemerkt 1685 im 2. Kapitel seines *A Discourse of Combinations, Alternations, and Aliquot Parts*, einem Anhang seines *Treatise of Algebra*, im Anschluss an seine zeitliche Veranschaulichung der Mahlzeitenaufgabe PACIOLIs (s. S. 34), dass »die Anzahl der Permutationen, abhängig von der Anzahl der verwendeten Elemente, zu einer Größe anwächst, die man auf den ersten Blick nicht erwartet.« Ein Beispiel sei:

---

ren Silben zu 1002 Billionen angegeben. Im *Sefer Jezira* (ספר יצירה) – »Buch der Schöpfung« – findet man die Werte bis 7!, und SAADJA BEN JOSEF errechnet die Werte bis 11!, da das längste in der Bibel vorkommende Wort elf Buchstaben habe (z. B. *Esther* 9, 3: השדרפימוהא [w'ha'achaschdarp'nim] = *und die Satrapen*, verballhornt aus dem persischen *chschatrapan*). Die Zahl 22! – das hebräische Alphabet hat 22 Buchstaben – hielt SCHABBETAI BEN ABRAHAM DONNOLO in seinem Kommentar zum *Sefer Jezira* (946) für »zu groß, als dass menschliche Natur sie berechnen könnte«. BLAISE DE VIGENÈRE aber lieferte 1586 in seinem *Traicte des chiffres ou secretes manieres d'escrire* (Paris) für diese kabbalistischen Permutationen eine Tabelle bis 22!, die ab 17! jedoch fehlerhaft ist.

Die 24 Buchstaben [des Alphabets] erlauben genauso viele Anordnungen durch Vertauschen der Buchstaben, wie wenn man genauso viele Glocken gemäß all dieser Anordnungen schlüge.[72] Hätte man zu Beginn der Welt damit begonnen, so wäre man heute damit noch nicht zu Ende gekommen (wie der gelehrte *John Gerard Vossius* zeigt). Ich füge noch hinzu: Das gilt auch, wenn man für jede Minute, die seitdem vergangen ist, *zehntausend tausend Jahre* vergehen lässt. Hat WALLIS recht?

Lösung nach WALLIS (1685)

Die Aufgabe ist unvollständig. Durch sukzessive Multiplikation ermittelt WALLIS zuerst 24! = 620 448 401 733 239 439 360 000. Um weiterrechnen zu können, schreibt er: »Es werde angenommen, dass seit Anfang der Welt 6000 Jahre verflossen sind und dass jedes Jahr aus $365\frac{1}{4}$ Tagen besteht (beide Annahmen sind die weitestgehenden).« Damit hat er: 1 Jahr hat $365\frac{1}{4} \cdot 24$ h = 8766 h = 525 960 min, 6000 Jahre haben 3 155 760 000 min. »Nehmen wir nun an, dass in jeder Minute fünf Anordnungen geschlagen werden, das sind wegen der 24 Glocken 120 aufeinander folgende Schläge (mehr geht nicht).« In 6000 Jahren werden also 15 778 800 000 Anordnungen geschlagen [das sind erst $2,5 \cdot 10^{-12}$ % aller Permutationen!]. Multipliziert man diese Zahl mit 525 960, der Anzahl der Minuten pro Jahr, und dann noch mit 10 000 000, dann erhält man 82 990 176 480 000 000 000 000 Anordnungen, was immer noch kleiner als 24! ist. [Immerhin sind es 13,3 % aller Permutationen.]

Offenbar gefallen WALLIS diese großen Zahlen nicht. Darum schließt er eine einfachere Aufgabe an:

Lassen wir nur 14 Glocken zu [was einem 14-buchstabigen Alphabet entspräche] und erlauben wir zehn Anordnungen (das sind 140 Schläge) pro Minute, dann werden alle Anordnungen in 8 717 829 120 Minuten geschlagen. Diese Zahl ist ein Zehntel der Anzahl aller Anordnungen und fast das Dreifache der Minuten der 6000 Jahre. Man bräuchte mehr als 16000 Jahre (fürwahr mehr als 16 575 Jahre), um alle zu schlagen. Hat WALLIS recht?

Lösung nach WALLIS (1685)

Beim schrittweisen Berechnen von 24! ergab sich oben auch der Wert von 14! = 87 178 291 200, die Anzahl aller möglichen Permutationen der 14 Buchstaben. Da pro Minute zehn Anordnungen geschlagen werden, braucht man also nur insgesamt 8 717 829 120 Minuten, was tatsächlich fast das Dreifache von 3 155 760 000 = 9 467 280 000 ist. Und diese 8 717 829 120 Minuten sind 16575 Jahre $29\frac{1}{4}$ Tage.

---

[72] WALLIS spielt hier wohl auf die in England entstandene und heute dort noch (und auch in anderen angelsächsischen Ländern) gepflegte Art des Glockenspiels an, das wissenschaftliche *change ringing*: Eine gewisse Anzahl von Glocken wird der Reihe nach angeschlagen, dann folgt eine nach bestimmten Regeln festgelegte Permutation usw. usf. 1950 führte eine Gruppe von Glockenspielern 21600 *changes* in 12 h 58 min aus. Auf dem Kontinent hat sich im Gegensatz zum *change ringing* das aus Flandern stammende melodiöse Glockenspiel, das Carillon, verbreitet. Zum Weltalter von 6000 Jahren siehe Fußnote 266.

1. Hälfte des 17. Jahrhunderts

1613/1623 GALILEI / *Considerazione*: Gleichwahrscheinlichkeit

Vermutlich hat der toskanische Großherzog COSIMO II. DE' MEDICI das folgende Problem, das beim Wurf dreier Würfel sich ergeben habe, GALILEO GALILEI vorgelegt.[73]

> Lange Beobachtungen haben Spieler zur Überzeugung gebracht, dass es vorteilhafter sei, beim Wurf dreier Würfel auf die Augensummen 10 oder 11 statt auf 9 oder 12 zu setzen, obwohl alle vier Augensummen auf sechs Arten zustande kämen. Ist die Meinung der Spieler richtig?
> Wir fragen: Wenn ja, könnte wirklich ein Unterschied wahrgenommen werden?

Lösung nach GALILEI (1718)

GALILEI klärt in seiner Schrift *Sopra le scoperti de i Dadi*, die erst 1718 als *Considerazione sopra il Giuoco de' Dadi* gedruckt wurde, den Fehlschluss auf. Er zeigt, dass bei unterscheidbar gedachten Würfeln, von denen jeder unterschiedslos auf jede seiner Seiten fallen kann, die Augensummen 9 (Ereignis A) und 10 (Ereignis B) zwar aus gleich viel Augenzahlkombinationen bestehen, diese jedoch auf verschieden viele Arten zustande kommen, wenn man die möglichen 216 Tripel betrachtet, die beim Wurf dreier Würfel entstehen:

In der Menge der Augenzahlkombinationen gilt für A und B:

$A = \{\langle 1; 2; 6\rangle, \langle 1; 3; 5\rangle, \langle 1; 4; 4\rangle, \langle 2; 2; 5\rangle, \langle 2; 3; 4\rangle, \langle 3; 3; 3\rangle\}; \quad |A| = 6$

$B = \{\langle 1; 3; 6\rangle, \langle 1; 4; 5\rangle, \langle 2; 2; 6\rangle, \langle 2; 3; 5\rangle, \langle 2; 4; 4\rangle, \langle 3; 3; 4\rangle\}; \quad |B| = 6$

In der Menge der Augenzahltripel gilt für A und B:

$A = \{126, 135, 144, 153, 162, 216, 225, 234, 243, 252, 261, 315, 324, 333, 342, 351, 414,$
$\quad\quad 423, 432, 441, 513, 522, 531, 612, 621\}; \quad\quad\quad\quad |A| = 25$

$B = \{136, 145, 154, 163, 226, 235, 244, 253, 262, 316, 325, 334, 343, 352, 361, 415,$
$\quad\quad 424, 433, 442, 451, 514, 523, 532, 541, 613, 622, 631\}; \quad\quad |B| = 27$

Die Meinung der Spieler ist also richtig.

A tritt mit der Wahrscheinlichkeit $P(A) = \frac{25}{216}$, B mit der Wahrscheinlichkeit $P(B) = \frac{27}{216}$ ein. Der Unterschied ist $\frac{2}{216} = 9{,}3\ ‰ \approx 1\ \%$, also recht klein.

---

[73] Im Grunde wurde das Problem schon in *De Vetula* gelöst, wie die Abbildung auf Seite 20 zeigt. Als Spiel *à trois dez* erwähnt es 1534 FRANÇOIS RABELAIS unter den 217 Spielen von Kapitel 22 in *La vie treshorrificque du grand Gargantua*.

Auf Grund der Erkenntnisse GALILEIs kann man sagen, dass die Ereignisse A oder B bei 1000 Würfen in $\frac{25+27}{216} \cdot 1000 = \frac{52000}{216}$ Fällen, d. h. etwa 240-mal auftreten. Kein Unterschied würde bemerkt, wenn A und B gleich oft, also in $\frac{26000}{216}$ Fällen, d. h. etwa 120-mal auftreten.

Wir fragen: Wie oft wird A bei 1000 Würfen weniger als 120-mal auftreten? Mit X = »Anzahl des Auftretens von A bei 1000 Würfen« berechnen wir

$$P(X < \frac{26000}{216}) \approx \Phi\left(\frac{\frac{26000}{216} - \frac{25}{216}\cdot 1000 + 0{,}5}{\sqrt{1000 \cdot \frac{25}{216} \cdot \frac{191}{216}}}\right) = \Phi\left(\frac{26000 \cdot 216 - 25000 \cdot 216 + 0{,}5 \cdot 216}{\sqrt{1000 \cdot 25 \cdot 191}}\right)$$

$$= \Phi\left(\frac{1108}{\sqrt{4775000}}\right) = \Phi(0{,}507) = 0{,}694 = 69{,}4\,\%.$$

Wenn A etwa in 70 % der Würfe seltener auftritt als zu erwarten wäre, dann sollte das einem versierten Spieler auffallen.

1625/35 MERSENNE / *Manuskript*: Nummerierte Permutationen

Zwischen 1625 und 1635 verfasst der französische Minime[74] MARIN MERSENNE ein 353-seitiges Manuskript, in dem er alle Tonfolgen niederschreibt, die sich aus acht Tönen bilden lassen, ohne dass dabei ein Ton mehrmals auftritt. Er will nicht nur die Anzahl dieser Folgen bestimmen, sondern die Melodien den Musikern vor Augen führen. Vermutlich hat er dabei als Erster lexikographisch angeordnete Permutationen ohne Wiederholungen, aber fester Länge, nummeriert[75] und dabei die folgenden Fragestellungen gelöst.[76]

Finde bei einer lexikographischen Anordnung zu einer gegebenen Permutation die zugehörige Nummer und umgekehrt, d. h., finde zu einer gegebenen Nummer die zugehörige Permutation.
MERSENNE notiert alle Permutationen der acht aufsteigenden unterscheidbaren Töne *ut, re, mi, fa, sol, re¹, mi¹, fa¹* und nummeriert sie. Dann beantwortet er die Fragen:
1) Wie viele Tonfolgen gibt es?
2) Welche Nummer hat die Tonfolge *mi mi¹ ut fa re sol fa¹ re¹*?
3) Welche Tonfolge hat die Nummer 2166?
Außerdem beantwortet er: Welche Folge aus zehn Tönen hat die Nummer 1203481?

Lösung nach MERSENNE (1625/35)

Frage 1: Es gibt 8! = 40 320 Permutationen.

Frage 2: Für das Folgende bezeichnen wir die Töne mit den Buchstaben A, B, C, D, E, F, G, und H, um die Lesbarkeit der Überlegungen zu erleichtern. Die Tonfolge *mi mi¹ ut fa re sol fa¹*

---

[74] Minimen, auch Minimiten, Mindeste Brüder, Paulianer, Ordo Minimorum, katholische Ordensgemeinschaft, 1454 von FRANZ VON PAULA (1416?/1436–1507) in Kalabrien gegründet

[75] Erstaunlicherweise benützt er aber 1635 diese lexikographische Anordnung nicht in seinen *Harmonicorum libri* zur Darstellung aller Tonfolgen aus sechs Tönen, sondern erst 1636 in seiner *Harmonie universelle*.

[76] BERNARD FRENICLE DE BESSY behandelt 1668 in seinem erst 1693 postum gedruckten *Abrégé des combinaisons* in etwa dieselben Fragestellungen, lässt aber auch Buchstabenwiederholungen zu.

re[1] entspricht der Permutation bzw. dem Wort CGADBEHF. Man erhält die Nummer des gegebenen Worts CGADBEHF, indem man die Anzahl all der Wörter bestimmt, die dem gegebenen Wort vorausgehen. Dazu halten wir fest:

Zu jedem ersten festen Buchstaben gibt es 7! = 5040 Permutationen für das 7-buchstabige Wortende. Jedem mit C beginnenden Wort gehen jeweils 5040 voraus, nämlich die, die mit A bzw. B beginnen, also 2·5040 = 10 080 Wörter. An zweiter Stelle steht G. Jedem mit CG beginnenden Wort gehen also all die mit A oder B beginnenden Wörter voraus, die an zweiter Stelle einen der Buchstaben B bzw. A, ferner D, E oder F haben. Das sind 5·6! = 3600. An dritter Stelle steht A. Da A der erste Buchstabe ist, gehen keine Wörter voraus. An vierter Stelle steht D. Jedem mit CGAD beginnenden Wort gehen also alle Wörter voraus, die an vierter

Ausschnitt aus der ersten und letzten Seite der möglichen Achttonfolgen aus MERSENNES Manuskript

Stelle den Buchstaben B haben. Das sind 4! = 24. An fünfter Stelle steht B. Da A bereits verbraucht ist, geht kein Wort voraus. An sechster Stelle steht E. Da alle Vorgängerbuchstaben bereits verbraucht sind, geht kein Wort voraus. An siebter Stelle steht H. Jedem mit CGADBEH beginnenden Wort gehen also all die Wörter voraus, die an siebter Stelle den Buchstaben F haben; an achter Stelle muss dann H stehen. Also geht ein Wort voraus. Somit gehen dem Wort CGADBEHF 10 080 + 3600 + 24 + 1 = 13 705 Wörter voraus. Das Wort CGADBEHF hat daher die Nummer 13 706.

Lösung der Frage 2 nach COUMET (1972)

ERNEST COUMET entwickelt eine allgemeine Regel. Zu diesem Zweck definiert er die »Restgruppe«: Jeder Buchstabe des Wortes bildet mit seinen Nachfolgern eine »Restgruppe«. Wir entwickeln die Regel an Hand des Wortes CGADBEHF.

An erster Stelle steht C. Dem Wort CGADBEHF gehen all die Wörter voraus, die mit A oder B beginnen; das sind jeweils 7! Wörter, insgesamt also 2·7! = 10 080. *Beachte*: Ordnet man die Restgruppe von C, d. h. C, G, A, D, B, E, H, alphabetisch, dann ist C der dritte Buchstabe.

An zweiter Stelle steht G. Dem Wort CGADBEHF gehen all die Wörter voraus, die an zweiter Stelle einen der Buchstaben A, B, D, E oder F haben. Das sind 5 · 6! = 3600. *Beachte*: Ordnet man die Restgruppe von G, d. h. G, A, D, B, E, H, F, alphabetisch, dann ist G der sechste Buchstabe.

An dritter Stelle steht A. Das Wort CGADBEHF gehört also zur CGA-Gruppe. Ihm gehen 0·5! Wörter voraus. *Beachte*: Ordnet man die Restgruppe von A, d. h. A, D, B, E, H, F, alphabetisch, dann ist A der erste Buchstabe.

An vierter Stelle steht D. Dem Wort CGADBEHF gehen also alle Wörter voraus, die an vierter Stelle den Buchstaben B haben. Das sind $1 \cdot 4! = 24$. *Beachte*: Ordnet man die Restgruppe von D, d. h. D, B, E, H, F, alphabetisch, dann ist D der zweite Buchstabe.

An fünfter Stelle steht B. Das Wort CGADBEHF gehört also zur CGADB-Gruppe, da kein Buchstabe dem B mehr vorausgehen kann. Ihm gehen also $0 \cdot 3!$ Wörter voraus. *Beachte*: Ordnet man die Restgruppe von B, d. h. B, E, H, F, alphabetisch, dann ist B der erste Buchstabe.

An sechster Stelle steht E. Das Wort CGADBEHF gehört also zur CGADBE-Gruppe, da alle dem E vorausgehenden Buchstaben bereits verbraucht sind. Ihm gehen also $0 \cdot 2!$ Wörter voraus. *Beachte*: Ordnet man die Restgruppe von E, d. h. E, H, F, alphabetisch, dann ist E der erste Buchstabe.

An siebter Stelle steht H. Dem Wort CGADBEHF gehen also alle Wörter voraus, die an siebter Stelle den Buchstaben F haben. Das sind $1 \cdot 1! = 1$. *Beachte*: Ordnet man die Restgruppe von H, d. h. H, F, alphabetisch, dann ist H der zweite Buchstabe.

Das Wort CGADBEHF hat also die Nummer

$$2 \cdot 7! + 5 \cdot 6! + 0 \cdot 5! + 1 \cdot 4! + 0 \cdot 3! + 0 \cdot 2! + 1 \cdot 1! + 1 = 13\,706.$$

Verallgemeinerung. Ordnet man die i-te Restgruppe alphabetisch, dann erhält der i-te Buchstabe des Wortes eine bestimmte Nummer. Diese Nummer nennt man den **relativen Rang** α_i des i-ten Buchstabens. Betrachtet man in der letzten Summe die »Koeffizienten« der Fakultäten, so erkennt man: Jeder Koeffizient ist um 1 kleiner als der relative Rang des i-ten Buchstabens. Damit gilt die

Regel: Ein n-stelliges Wort hat die Nummer $N = \sum_{i=1}^{n-1} (\alpha_i - 1)(n - i)! + 1$.

Nach dieser Regel findet man die Nummer von CGADBEHF sofort zu

$$(3 - 1) \cdot 7! + (6 - 1) \cdot 6! + (1 - 1) \cdot 5! + (2 - 1) \cdot 4! + (1 - 1) \cdot 3! + (1 - 1) \cdot 2! + (2 - 1) \cdot 1! + 1$$
$$= 13\,706.$$

MERSENNES Lösung von Frage 3

Zu jedem ersten festen Buchstaben gibt es 7! Permutationen für das 7-buchstabige Wortende. Da $2166 : 7! = 0$, Rest 2166 ist, sind nicht alle mit A beginnenden 8-Permutationen schon verbraucht. Also beginnt das Wort mit A. Für das Wortende bleiben noch die sieben Buchstaben B, C, D, E, F, G, H.

Zu jedem zweiten festen Buchstaben gibt es 6! Permutationen für das 6-buchstabige Wortende. Da $2166 : 6! = 3$, Rest 6 ist, gehen dem Wort alle 8-Permutationen, die mit AB, AC oder AD beginnen, voraus. Also steht an zweiter Stelle E. Für das Wortende bleiben noch die sechs Buchstaben B, C, D, F, G, H.

Zu jedem dritten festen Buchstaben gibt es 5! Permutationen für das 5-buchstabige Wortende. Da $6 : 5! = 0$, Rest 6 ist, wird keine 5-Permutation verbraucht. Also steht an dritter Stelle B. Für das Wortende bleiben noch die fünf Buchstaben C, D, F, G, H.

Zu jedem vierten festen Buchstaben gibt es 4! Permutationen für das 4-buchstabige Wortende. Da $6 : 4! = 0$, Rest 6 ist, wird keine 4-Permutation verbraucht. Also steht an vierter Stelle C. Für das Wortende bleiben noch die vier Buchstaben D, F, G, H.

Zu jedem fünften festen Buchstaben gibt es 3! Permutationen für das 3-buchstabige Wortende. Da $6 : 3! = 1$, Rest 0 ist, beginnt das 4-buchstabige Wortende mit dem ersten verfügbaren Buchstaben, das ist D. Wegen Rest 0 werden alle 3-Permutationen verbraucht. Auf D folgt also die letzte Permutation von F, G, H, das ist HFG.

Das Wort mit der Nummer 2166 lautet AEBCDHGF.

COUMETs Lösung von Frage 3

Mit Hilfe des Begriffs der Restgruppe und des relativen Rangs ergibt sich folgender Lösungsweg. Man setzt $\sum_{i=1}^{7}(\alpha_i - 1)(8 - i)! + 1 = 2166$ und sucht die maximalen α_i.

$$(\alpha_1 - 1)\cdot 7! + (\alpha_2 - 1)\cdot 6! + (\alpha_3 - 1)\cdot 5! + (\alpha_4 - 1)\cdot 4! + (\alpha_5 - 1)\cdot 3! + (\alpha_6 - 1)\cdot 2!$$
$$+ (\alpha_7 - 1)\cdot 1! = 2165$$

Man findet das maximale α_1, indem man 2165 durch 7! dividiert:

$2165 : 7! = 0$, Rest 2165, also $\alpha_1 - 1 = 0 \Rightarrow \alpha_1 = 1$. Unter A, B, C, D, E, F, G, H hat A den relativen Rang 1. $\Rightarrow$ Der erste Buchstabe ist A.

Man findet das maximale α_2, indem man den 2165 durch 6! dividiert:

$2165 : 6! = 3$, Rest 5, also $\alpha_2 - 1 = 3 \Rightarrow \alpha_2 = 4$. Unter B, C, D, E, F, G, H hat E den relativen Rang 4. $\Rightarrow$ Der zweite Buchstabe ist E. Usw,

Das Vorgehen kann man schematisch zusammenfassen zu

Divisionen	$\alpha_i - 1$	Rest	α_i	Restgruppe	Buchstabe
2165 : 7!	0	2165	1	A, B, C, D, E, F, G, H	A
2165 : 6!	3	5	4	B, C, D, E, F, G, H	E
5 : 5!	0	5	1	B, C, D, F, G, H	B
5 : 4!	0	5	1	C, D, F, G, H	C
5 : 3!	0	5	1	D, F, G, H	D
5 : 2!	2	1	3	F, G, H	H
1 : 1!	1	0	2	F, G	G

Das Wort mit der Nummer 2166 heißt AEBCDHGF.

Lösung der Zusatzfrage

Die Antwort findet man entweder nach dem Verfahren MERSENNES oder nach dem COUMETs. Es ergibt sich: Das Wort mit der Nummer 1 203 481 ist DCIHFABEGJ.

1647 FRENICLE / *Brief*: Melodien

BERNARD FRENICLE DE BESSY spricht im Brief vom 16.8.1647 an MARIN MERSENNE davon, dass es schwieriger sei, aus den 40 320 Melodien diejenigen herauszufinden, die z. B. eine, zwei oder drei Sexten enthielten, als sie nur zu ordnen. Er habe die Lösung des folgenden Problems gefunden:

Die acht Töne einer Oktave, sie heißen 1, 2, 3, ..., 8, werden in beliebiger Reihenfolge je einmal gespielt. Wie viele »Melodien« enthalten eine Oktave, d. h., 1 und 8 werden unmittelbar nacheinander gespielt, zwei Septimen, d. h., sowohl 1 und 7 werden unmittelbar nacheinander gespielt als auch 2 und 8; wie viele enthalten drei Sexten, vier Quinten?

Lösung nach FRENICLE (Mersenne 1983)

FRÉNICLE fasst die Oktave zunächst als einzigen Ton auf; es bleiben also noch sieben Töne, die auf 7! Arten permutiert werden können. Da aber sowohl 1–8 als auch 8–1 eine Oktave erzeugen, muss 7! verdoppelt werden. Damit gilt: Es gibt $2 \cdot 7! = 10080$ solcher Melodien. Beide Septimen fasst FRENICLE jeweils als einen Ton auf, so dass zunächst sechs Töne permutiert werden müssen. Insgesamt gibt es aber $2^2 = 4$ mögliche Septimen, nämlich 1–7, 2–8 | 1–7, 8–2 | 7–1, 2–8 | 7–1, 8–2. Also gibt es $4 \cdot 6! = 2880$ solcher Melodien. Analog muss man bei den Sexten 5! mit 8 multiplizieren, da es 2^3 mögliche Sexten gibt. Man erhält 960 Melodien. Und schließlich ist bei den Quinten 4! mit 2^4 zu multiplizieren, was 384 Melodien liefert.

1693 FRENICLE / *Abrégé*: Nummerierte Permutationen

BERNARD FRENICLE DE BESSY greift 1668 in seinem *Abrégé des combinaisons*[77] mehrere Fragestellungen MERSENNES auf, u. a. auch die von 1625/1635.

> Gegeben sei das übliche lateinische Alphabet, jedoch ohne die Buchstaben J, K, U und W. Aus diesen 22 Buchstaben lassen sich z. B. ein- bis vierbuchstabige Permutationen mit Wiederholungen bilden. Diese werden zunächst der Länge nach geordnet, die Permutationen gleicher Länge aber lexikographisch. **1)** Wie viele »Wörter« gibt es? **2)** An welcher Stelle stehen die Wörter *ASER*, *BAAL* und *LEVI*? **3)** Welche Wörter stehen an der Stelle mit der Nummer 234299 bzw. 21600?

Lösung nach FRENICLE (1693)

Zu 1) Es gibt $22^4 + 22^3 + 22^2 + 22^1 = 234\,256 + 10\,648 + 484 + 22 = 245\,410$ Wörter.

Zu 2) Dem Wort *ASER* gehen zunächst die 22 einbuchstabigen Wörter, dann die 484 zweibuchstabigen und schließlich noch die 10 648 dreibuchstabigen voraus. Weil bei den vierbuchstabigen Wörtern dem S die 16 Buchstaben A, ..., R vorausgehen und nach jedem von diesen alle 484 zweibuchstabigen Wörter möglich sind, gehen die $16 \cdot 484$ Wörter von *AAAA* bis *ARZZ* voraus; weiter die $4 \cdot 22$ Wörter von *ASAA* bis *ASDZ*; schließlich gibt es noch 15 Wörter von *ASEA* bis *ASEQ*. Das Wort *ASER* hat demnach die Nummer

$$22 + 484 + 10\,648 + 16 \cdot 484 + 4 \cdot 22 + 15 + 1 =$$
$$= 1 \cdot 22^3 + 17 \cdot 22^2 + 5 \cdot 22^1 + 16 \cdot 22^0 =$$
$$= 1 \cdot 10\,648 + 17 \cdot 484 + 5 \cdot 22 + 16 = 19\,002.$$

Man erkennt: Die Koeffizienten der Potenzen von 22 sind die Nummern der Buchstaben $A \triangleq 1, S \triangleq 17, E \triangleq 5$ und $R \triangleq 16$.

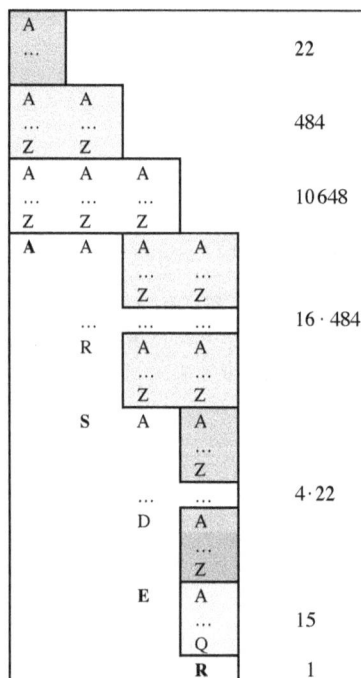

A ...				22
A ... Z	A ... Z			484
A ... Z	A ... Z	A ... Z		10 648
A	A ... R	A ... Z	A ... Z	$16 \cdot 484$
	S	A ... D	A ... Z	$4 \cdot 22$
		E	A ... Q	15
			R	1

---

[77] Der *Abrégé des combinaisons* wurde erst 1693 postum in *Divers Ouvrages de Mathématique et de Physique. Par Messieurs de l'Académie Royale des Sciences* veröffentlicht.

Analog erhält man

BAAL			*LEVI*		
B	$2 \cdot 22^3 = 121296$		L	$10 \cdot 22^3 = 106480$	
A	$1 \cdot 22^2 = 484$		E	$5 \cdot 22^2 = 2420$	
A	$1 \cdot 22^1 = 22$		V	$19 \cdot 22^1 = 418$	
L		10	I		9
	Nummer = 21812			Nummer = 109327	

Zusatz: Allgemein gilt: Die Nummer N eines n-buchstabigen Worts in einem 22-buchstabigen Alphabet ist

$$\sum_{i=1}^{n} a_i \cdot 22^{n-i} \text{ mit } 1 \le a_i \le 22, \text{ wobei}$$

a_i die Nummer des i-ten Buchstabens im Wort ist.

Zu 3) Bei der Suche nach dem Wort unbekannter Länge, das zu einer Nummer gehört, benützt man den im *Zusatz* gegebenen Ausdruck. FRENICLES Vorgehen, das er nur an zwei Beispielen illustriert, lässt sich in folgende Form bringen:

Man stellt die gegebene Nummer N dar in der Form $N = a_1 \cdot 22^{n-1} + a_2 \cdot 22^{n-2} + \ldots + a_n \cdot 22^0$. Die a_i erhält man durch fortgesetzte Division mit den Potenzen von 22, wobei $1 \le a_i \le 22$ gelten muss. Die Divisionen ergeben Gleichungen der Form $N : 22^k = Z + \text{Rest } R$, wobei man mit dem größtmöglichen Wert für k beginnt. Dabei ist jeweils nach den folgenden Regeln zu verfahren:

Regel 1: Ist $Z = 0$, dann ersetze k durch $k - 1$. Begründung: Es gibt keinen Buchstaben mit der Nummer 0.

Regel 2: Ist $Z = 1$ und $R \ge 22^{k-1}$, dann ist A der erste Buchstabe des Worts, und das Wort hat die Länge $k + 1$.

Regel 3: Ist $Z = 1$ und $R < 22^{k-1}$, dann ersetze k durch $k - 1$. Begründung: Weil der Rest R durch 22^{k-1} geteilt werden muss, ergäbe sich für den ersten Buchstaben die Nummer 0.

Regel 4: Ist $Z \ge 2$ und $R \ge 22^{k-1}$, dann ist Z die Nummer des ersten Buchstabens und das Wort hat die Länge $k + 1$.

Regel 5: Ist $Z \ge 2$ und $R < 22^{k-1}$, dann ersetze Z durch $Z - 1$ und R durch $R + 22^k$.

Regel 6: Die Divisionskette endet mit dem Divisor $22^0 = 1$ und dem Rest 0. Der Dividend ist die Nummer des letzten Buchstabens.

Beim Zutreffen der Regeln 2, 4 oder 5 ersetzt man für den nächsten Schritt N durch R und fährt entsprechend fort, um den nächsten Buchstaben zu erhalten. Wir zeigen es nun an den Beispielen FRENICLES.

Beispiel 1: $N = 234299$

Maximales k ist 4: $234299 : 22^4 = 234299 : 234256 = 1$ Rest 43. Weil $43 < 22^3$, ersetzt man nach Regel 3 die Potenz 22^4 durch 22^3 d. h., $k = 4$ durch $k - 1 = 3$, und das neue k ist 3. Man erhält:
$234299 : 22^3 = 234299 : 10648 = 21$ Rest 10691. Weil $10691 \ge 22^2$ ist, verfährt man nach Regel 4 und erkennt: Das Wort ist $(k + 1)$-buchstabig, also vierbuchstabig, der erste Buchstabe hat die Nummer 21, was Y liefert.
$10691 : 484 = 22$ Rest 43. Weil $43 \ge 22^1$, trifft wieder Regel 4 zu. Der zweite Buchstabe hat die Nummer 22, das ist Z.
$43 : 22 = 1$ Rest 21. Weil $21 \ge 22^0$, trifft wieder Regel 4 zu. Der dritte Buchstabe hat die Nummer 1, das ist A.
$21 : 1 = 21$ Rest 0. Nach Regel 6 hat der vierte Buchstabe die Nummer 21 $\triangleq$ Y. Das Wort heißt *YZAY*.

Beispiel 2: $N = 21\,600$

Maximales k ist 3: $21\,600 : 22^3 = 2$ Rest 304. Weil $304 < 22^2$, ist Regel 5 anzuwenden. Man ersetzt $Z = 2$ durch $Z - 1 = 1$ und R durch $R + 22^3 = 304 + 10\,648 = 10\,952$. Es gilt also: $21\,600 : 22^3 = 21\,600 : 10\,648 = 1$ Rest $10\,952$. Weil $10\,952 \geq 22^2$ ist, verfährt man nach Regel 2 und erkennt: Das Wort ist $(k + 1)$- buchstabig, also vierbuchstabig, der erste Buchstabe hat die Nummer 1, was A liefert.

$10\,952 : 484 = 22$ Rest 304. Weil $304 \geq 22^1$, trifft Regel 4 zu. Der zweite Buchstabe hat die Nummer 22, das ist Z.

$304 : 22 = 13$ Rest 18. Weil $18 \geq 22^0$, trifft wieder Regel 4 zu. Der dritte Buchstabe hat die Nummer 13, das ist O.

$18 : 1 = 18$ Rest 0. Nach Regel 6 hat der vierte Buchstabe die Nummer $18 \triangleq$ T. Das Wort heißt *AZOT*.

FRENICLE löst noch weitere Fragen über lexikographisch nach seinem Schema angeordnete Wörter:

---

1) Gegeben sei ein *n*-buchstabiges Wort. Gesucht ist seine Nummer bezüglich aller *n*-buchstabigen Wörter.

2) Gegeben ist die Nummer eines *n*-buchstabigen Worts bezüglich aller *n*-buchstabigen Wörter. Gesucht ist seine Nummer bezüglich aller höchstens *n*-buchstabigen Wörter und das Wort selbst.

3) Wie lässt sich das Wort aus **2** finden, wenn man nur die *n*-buchstabigen Wörter betrachtet?

Zu 1) FRENICLEs Vorgehen wollen wir am Schema des oben behandelten Worts *ASER* veranschaulichen. Es gibt insgesamt $22^4 = 234\,256$ vierbuchstabige Wörter. Dem Wort *AAAA* gehen $0 \cdot 22^3$ voraus. Dem Wort *ASAA* gehen $16 \cdot 484$ Wörter voraus. Dem Wort *ASEA* gehen $4 \cdot 22$ Wörter voraus, dem Wort *ASER* gehen 15 Wörter voraus. Das ergibt unter den vierbuchstabigen Wörtern die Nummer $\#(ASER) = 0 \cdot 22^3 + 16 \cdot 22^2 + 4 \cdot 22^1 + 15 \cdot 22^0 + 1 = 7848$. Man erkennt: Die Koeffizienten der Potenzen von 22 sind jeweils die um 1 verminderten Nummern der Buchstaben; da aber die Nummer eines Wortes um 1 größer ist als die Anzahl der Vorgänger, ist schließlich noch 1 zu addieren. – FRENICLEs Beispiele:

$\#(ASA) = 0 \cdot 22^2 + 16 \cdot 22^1 + 0 \cdot 22^0 + 1 = 343$;

$\#(VAZ) = 18 \cdot 22^2 + 0 \cdot 22^1 + 21 \cdot 22^0 + 1 = 8734$.

Zu 2) FRENICLEs Beispiel: #(3-buchstabiges Wort) = 155. Ihm gehen 484 Zweier-Wörter und 22 Einer-Wörter voraus, also ist N(3-buchstabiges Wort) = 661. Anwendung der Regeln 1 bis 6 liefert:

$661 : 484 = 1$ Rest 177; $\quad 177 : 22 = 8$ Rest 1; $\quad 1 : 1 = 1$ Rest 0. Das Wort heißt *AHA*.

Zu 3) Zur Begründung von FRENICLEs Vorgehen überlegen wir zunächst: Aus der Nummer

$N = \sum_{i=1}^{n} a_i \cdot 22^{n-i}$ eines n-buchstabigen Worts erhält man die Nummer unter seinen gleich-

buchstabigen Wörtern, indem man die Anzahl der Wörter mit weniger Buchstaben subtra-

hiert; also $N - 22^{n-1} - 22^{n-2} - \ldots - 22^1 = \sum_{i=1}^{n-1} (a_i - 1) \cdot 22^{n-i} + a_n$. Auf diese Zahl wendet

man die obige Divisionskette an, beachtet dabei aber, dass für die Koeffizienten $a_i - 1$ die Ungleichung $0 \leq a_i - 1 \leq 21$ gilt. Die Nummern der Buchstaben erhält man, indem man die gefundenen $a_i - 1$ um 1 erhöht, ausgenommen a_n. – FRENICLEs Beispiele:

#(3-buchstabiges Wort) = 587. Die sukzessiven Divisionen liefern

587 : 484 = **1** Rest 103;   103 : 22 = **4** Rest 15;   15 : 1 = **15** Rest 0.
Aus **1** + 1 = 2 $\triangleq$ B, **4** + 1 = 5 $\triangleq$ E und **15** $\triangleq$ Q erhält man das Wort *BEQ*.

Hätte es sich um ein 4-buchstabiges Wort mit der Nummer 587 gehandelt, dann hätte die erste Division 587 : 10648 = **0** Rest 587 ergeben; wegen **0** + 1 = 1 $\triangleq$ A lautete das Wort dann *ABEQ*.

FRENICLE beschließt seine Überlegungen mit dem 6-buchstabigen Wort der Nummer 5 157 999.

5157999 : 515362 = 1 R 4367	1 + 1 = 2 $\triangleq$ B
4367 : 234256 = 0 R 4367	0 + 1 = 1 $\triangleq$ A
4367 : 10648 = 0 R 4376	0 + 1 = 1 $\triangleq$ A
4367 : 484 = 9 R 11	9 + 1 = 10 $\triangleq$ L
11 : 22 = 0 R 11	0 + 1 = 1 $\triangleq$ A
11 : 1 = 11 R 0	11 $\triangleq$ M. Das Wort heißt *BAALAM*.

1635 MERSENNE / *Harmonicorum Libri*: Permutationen mit festen Wiederholungen

MARIN MERSENNE untersucht 1635 in Buch VII, Satz VIII seiner *Harmonicorum Libri*, wie viele Melodien sich aus vorgegebenen Tönen bilden lassen, wenn Töne mehrmals vorkommen dürfen. An Beispielen illustriert er, wie man die richtige Anzahl findet.

Aus sieben vorgegebenen Tönen könnte man 7! = 5040 Melodien komponieren. Sind aber drei der Töne gleich, so müsse man 7! noch durch 3! dividieren; es gibt also nur 840 verschiedene Melodien. Aus *ut, re, ut, re, fa* lassen sich entsprechend nur 5! : (2!)^2 = 30 Melodien bilden.

Die Verallgemeinerung dieses Gedankengangs führt zu folgendem Satz.

Gegeben sind *m* verschiedene Elemente $a_1, a_2, ..., a_m$. Aus ihnen werden *n*-Tupel gebildet, in denen jeweils das Element a_i genau n_i-mal vorkommt, wobei $n_1 + n_2 + ... + n_m = n$ gilt. Dann ist die Gesamtzahl dieser *n*-**Permutationen mit festen Wiederholungen** gleich $\dfrac{n!}{n_1! \cdot n_2! \cdot ... \cdot n_m!}$

Moderne Beweise

1. Art. Wir folgen einer Idee von JUAN CARAMUEL Y LOBKOWITZ. Es soll die Anzahl aller Wörter bestimmt werden, die man aus den drei Buchstaben *AAB* durch Umstellen bilden kann. CARAMUEL unterscheidet die beiden *A*, indem er das eine klein, das andere groß schreibt, also *a* und *A*.[78] Aus *aAB* lassen sich 3! = 6 Wörter bilden. Identifiziert man *a* und *A*

---

[78] im Band *Rhythmica* (Seite 150) seines *Primus Calamus* – »Erstes Schreibgerät« – von 1663. »Das ist das Buch, das ich in meiner Kindheit zu schreiben begann, in meiner Jugendzeit weiter verfolgte und es jetzt im hohen Alter ausfeile.«

wieder, so sind jeweils 2! Wörter gleich. Also gibt es nur $\frac{3!}{2!} = 3$ verschiedene Wörter.

Schrittweise lässt CARAMUEL immer mehr Buchstaben mehrmals vorkommen, gibt aber keine Formel für den allgemeinen Fall an. Eine Unterscheidung der vorhandenen A durch Indizierung z. B. führt aber weiter. Aus den n_i gleichen Elementen a_i werden so die n_i verschiedenen Elemente a_{i1}, a_{i2}, ..., a_{in_i}. Aus all diesen nun verschiedenen n Elementen lassen sich $n!$ Permutationen bilden. Identifiziert man die a_{in_k} wieder mit a_i, dann sind jeweils $n_i!$ Permutationen identisch.. Also muss man $n!$ durch $n_i!$ dividieren, q. e. d.

2. Art. Es gibt $\binom{n}{n_1}$ Möglichkeiten, die Plätze für a_1 aus den n Stellen des n-Tupels auszuwählen. Für a_2 gibt es dann $\binom{n-n_1}{n_2}$ Möglichkeiten, usw. Also gibt es für die m Elemente a_1, a_2, ..., a_m insgesamt $\binom{n}{n_1} \cdot \binom{n-n_1}{n_2} \cdot ... \cdot \binom{n - (n_1 + n_2 + ... + n_{m-1})}{n_m} =$

$$\frac{n!}{n_1!(n-n_1)!} \cdot \frac{(n-n_1)!}{n_2!(n-(n_1-n_2))!} \cdot ... = \frac{n!}{n_1! \cdot n_2! \cdot ... \cdot n_m!}$$ Möglichkeiten, q. e d.

1666 LEIBNIZ / *Dissertatio*: **Permutationen mit festen Wiederholungen**

GOTTFRIED WILHELM LEIBNIZ illustriert 1666 in Problem VI seiner *Dissertatio de Arte Combinatoria* an einem Beispiel seine Regel für die Anzahl der Permutationen mit festen Wiederholungen:

Regel: Gegeben sind m verschiedene Elemente a_1, a_2, ..., a_m. Aus ihnen werden n-Tupel gebildet, in denen jeweils das Element a_i genau n_i-mal vorkommt, wobei $n_1 + n_2 + ... + n_m = n$ gilt. Dann ist die Gesamtzahl dieser n-Permutationen mit festen Wiederholungen gleich $m \cdot (n-1)!$

Illustration am Beispiel der $n = 6$ Buchstaben a, b, c, c, d, e. Die beiden c werden identifiziert. Die $(n-1) = 5$ Elemente ergeben $5! = 120$ Permutationen. In jeder dieser 120 Permutationen kann man das eine c festlassen und das andere c auf $m = 5$ Plätze legen. Liegt z. B. das erste c auf Platz 2, d. h., hat man die Permutation • c • • •, dann kann man das andere c an eine der durch einen Pfeil markierten Stellen legen: ↓ • ↓ c • ↓ • ↓ • ↓. Das ergibt m · (n − 1)! = 5 ·5! = 600 Permutationen.

Wir fragen: Welcher Fehler steckt in dieser Überlegung?

Antwort

LEIBNIZ zählt bei seinem Vorgehen Permutationen mehrmals. An einem einfachen Beispiel wird dies klar: Aus den drei Buchstaben a, a, b – hier ist $n = 3$ und $m = 2$ – müssten sich nach LEIBNIZ $2 \cdot (3-1)! = 4$ Permutationen bilden lassen: Identifiziert man die beiden a, so entstehen ab und ba. Nun kann man das zweite a einschieben: Aus ab erhält man aab und aba; aus ba erhält man aba und baa. Die Permutation aba tritt also zweimal auf. Nach MERSENNE ist die richtige Anzahl $\frac{3!}{2!} = 3$.

Hätte LEIBNIZ noch versucht, seine Formel an einem Beispiel zu illustrieren, bei dem drei gleiche Buchstaben vorkommen, dann hätte er sofort eingesehen, dass sie falsch sein muss: Aus den vier Buchstaben a, a, a, b – hier ist $n = 4$ und $m = 2$ – müssten sich nach LEIBNIZ $2 \cdot (4-1)! = 12$ Permutationen bilden lassen: Identifiziert man die drei a, so entstehen ab und ba. Nun kann man das zweite a einschieben: Aus ab erhält man aab und aba; aus ba erhält man *aba* und *baa*. Das dritte *a* wird nun entsprechend eingeschoben. Man erhält also zunächst acht und nicht zwölf Permutationen, nämlich: *aaab, aaba; aaba, abaa; aaba, abaa; abaa, baaa.* Zwei Permutationen treten aber dabei dreimal auf. MERSENNE liefert wieder die richtige Anzahl $\frac{4!}{3!} = 4$.

1666 LEIBNIZ / *Dissertatio*: Melodienklassen

GOTTFRIED WILHELM LEIBNIZ löst 1666 in Problem VI seiner *Dissertatio de Arte Combinatoria* im Prinzip das folgende Problem:

> Aus den sechs Tönen *ut, re, mi, fa, sol, la* werden 6-tönige Melodien gebildet, in denen auch Töne mehrmals vorkommen dürfen. Je nachdem, wie oft Töne wiederholt auftreten, werden die Melodien in Klassen eingeteilt. Welche Klassen gibt es? Wie viele Melodien enthält jede Klasse? Wie viele Melodien gibt es insgesamt?

Lösung nach LEIBNIZ (1666)

Nach LEIBNIZ gibt es die Klassen 111111, 21111, 2211, 222, 321, 33, 411 und 42. Dabei bedeutet 321, dass ein Ton dreimal, ein anderer Ton zweimal und ein dritter einmal vorkommt. LEIBNIZ übersieht dabei die Klassen 51 und 6, d. h. ein Ton fünfmal und ein anderer einmal bzw. ein Ton sechsmal. Modern gesprochen handelt es sich darum, alle Zerfällungen der Zahl 6 zu finden.

An der Klasse 321 sei LEIBNIZens Vorgehen vorgeführt. Zunächst errechnet er die Anzahl der Permutationen im Typ *xxxyyz* nach seiner falschen Formel ($n = 6, m = 3$) zu $3 \cdot (6 - 1)! = 360$. Für die Auswahl von *x* aus den sechs Tönen *ut, re, mi, fa, sol, la* gibt es sechs Möglichkeiten, für die von *y* nur mehr fünf und für die von *z* schließlich nur mehr vier; Klasse 321 enthält also $360 \cdot 6 \cdot 5 \cdot 4 = 43200$ Melodien.

Im Prinzip hat LEIBNIZ das Problem richtig gelöst. Die richtigen Werte sehen jedoch folgendermaßen aus. LEIBNIZ hat für jede Klasse jeweils eine Melodie als Beispiel aufgeführt.

Klasse 111111. Alle Töne treten auf: *ut re mi fa sol la* $\hfill 6! = 720$

Klasse 211111. Genau ein Ton tritt genau zweimal auf: *ut ut re mi fa sol* $\hfill \binom{6}{1} \cdot \binom{5}{4} \cdot \frac{6!}{2!} = 10800$

Klasse 2211. Genau zwei Töne treten genau zweimal auf: *ut ut re re mi fa* $\hfill \binom{6}{2} \cdot \binom{4}{2} \cdot \frac{6!}{2!2!} = 16200$

Klasse 222. Genau drei Töne treten genau zweimal auf: *ut ut re re mi mi* $\hfill \binom{6}{3} \cdot \frac{6!}{2!2!2!} = 1800$

Klasse 3111. Genau ein Ton tritt genau dreimal auf: *ut ut ut re mi fa* $\hfill \binom{6}{1} \cdot \binom{5}{3} \cdot \frac{6!}{3!} = 7200$

Klasse 321. Genau ein Ton genau dreimal, ein anderer genau zweimal: *ut ut ut re re mi*
$\hfill \binom{6}{1} \cdot \binom{5}{1} \cdot \binom{4}{1} \cdot \frac{6!}{3!2!} = 7200$

Klasse 33. Genau zwei Töne treten genau dreimal auf: *ut ut ut re re re* $\hfill \binom{6}{2} \cdot \frac{6!}{3!3!} = 300$

Klasse 411. Genau ein Ton tritt genau viermal auf: *ut ut ut ut re mi* $\hfill \binom{6}{1} \cdot \binom{5}{2} \cdot \frac{6!}{4!} = 1800$

Klasse 42. Genau ein Ton genau viermal, ein anderer genau zweimal: *ut ut ut ut re re*
$\hfill \binom{6}{1} \cdot \binom{5}{1} \cdot \frac{6!}{4!2!} = 450$

Klasse 51. Genau ein Ton tritt genau fünfmal auf: *ut ut ut ut ut re* $\hfill \binom{6}{1} \cdot \binom{5}{1} \cdot \frac{6!}{5!} = 180$

Klasse 6. Genau ein Ton tritt genau sechsmal auf: *ut ut ut ut ut ut* $\qquad \binom{6}{1} \cdot \frac{6!}{6!} = 6$

Die Summation ergibt 46656 als Anzahl aller Melodien, was man als 6^6 sofort erhalten hätte.

EINSCHUB: Anagramme[79]

Für Wörter, die durch Permutation ihrer Buchstaben auseinander hervorgehen, gibt es seit alters her einen besonderen Namen. Man nennt solche Permutationen zwar seit 1571 Anagramme, findet diesen Terminus aber selten in der mathematischen Literatur. CHRISTOPHORUS CLAVIUS benützt 1570 in seinem *Commentarius* das Wort AVE, um Permutationen zu veranschaulichen.

1663 CARAMUEL; 1685 WALLIS: AMOR

JUAN CARAMUEL Y LOBKOWITZ bringt 1663 und nochmals 1670 alle möglichen Anagramme des Wortes AMOR,[80] was weite Verbreitung fand. JOHN WALLIS hebt darüber hinaus 1685 im 2. Kapitel seines *Discourse of Combinations* diejenigen kursiv hervor, die sinnvolle lateinische Wörter ergeben.[81] Außerdem illustriert er an Hand des Wortes MESSES die Methode, wie man die Anagramme findet, wenn Buchstaben im Wort mehrmals vorkommen.

> Wie viele Anagramme von *AMOR* gibt es? Wie lauten sie? Welche hat WALLIS kursiv hervorgehoben? Welche Bedeutung haben sie im Lateinischen? Wie viele Anagramme von MESSES gibt es?

Lösung nach WALLIS (1685)

Es gibt 4! = 24 Anagramme. WALLIS führt alle vor, beginnt aber mit ROMA und endet mit AMOR. Die lateinischen Wörter haben folgende Bedeutung:

ROMA   Die Stadt Rom
RAMO   Dativ oder Ablativ Singular von *ramus*: Ast, Zweig
ORAM   Akkusativ Singular von *ora*: a) Das Äußerste jeder Sache, Rand, Grenze, Küste
                                                   b) Tau, Schiffsseil
MORA Nominativ Singular: a) Verzögerung, Rast, Pause, Länge der Zeit
                                                   b) Abteilung des spartanischen Heeres (400 bis 900 Mann)

---

[79]   Obgleich als eigentliche Heimat des Anagramms der Orient gilt, wird als Erfinder LYKOPHRON ($\Lambda \nu \kappa \acute{o} \varphi \rho \omega \nu$) von Chalkis genannt, der dem Pharao PTOLEMAIOS II. ($\Pi \tau o \lambda \varepsilon \mu \alpha \tilde{\imath} o \varsigma$) durch das Anagramm *apo melítos* ($\dot{\alpha} \pi \grave{o}$ $\mu \varepsilon \lambda \acute{\iota} \tau o \varsigma$) = »von Honig« schmeichelte. Das Wort *Anagramm* selbst ist zum ersten Mal 1571 bei REMY BELLEAU belegt, als er in der Neufassung seiner *Commentaires sur le second livre des Amours de P. de Ronsard* von 1560 und 1567 (Paris) das dort verwendete *anagrammatisme* durch *anagramme* ersetzte (Vaganay (1913) S. 9). Das Wort $\dot{\alpha} \nu \alpha \gamma \rho \alpha \mu \mu \alpha \tau \iota \sigma \mu \acute{o} \varsigma$, gebildet aus $\dot{\alpha} \nu \acute{\alpha}$ (aná) = *hin, längs, durch* und $\gamma \rho \acute{\alpha} \mu \mu \alpha$ (grámma) = *Buchstabe*, ist belegt bei dem Schriftsteller ARTEMIDOROS ($\dot{A} \rho \tau \varepsilon \mu \acute{\iota} \delta \omega \rho o \varsigma$) von Daldis. – FRANÇOIS-MARIE AROUET LE JEUNE liebte seinen Familiennamen AROUET L. J. nicht. Seine Tragödie *Oedipe* ließ er 1719 in Paris unter dem Anagramm [M DE] VOLTAIRE erscheinen, wobei er I mit J und U mit V identifizierte. [JEAN] BA[P]TISTE LE ROND erzeugte aus seinem Namen das Anagramm DALENBERT, SOIT, woraus schließlich D'ALEMBERT wurde.

[80]   1663 im Band *Metametrica* (Kapitel 13 im Abschnitt *Apollo anagrammaticus*) seines *Primus Calamus* und 1670 in Band 2 (*Mathematica nova*, Seite 924) seiner *Mathesis biceps vetus et nova* – »Mathematik zweigeteilt, alt und neu«. – Die *Mathesis biceps* ist eine Art Enzyklopädie des damaligen mathematischen Wissens. 1663 verwendet er noch die Wörter Anagramm und Anagrammatismus.

[81]   WALLIS' Bücherverzeichnis zufolge kannte er die Werke CARAMUELs nicht.

MARO 1) Nominativ Singular: a) Familienname des Dichters PUBLIUS VERGILIUS MARO
                                                 b) Begleiter und Erzieher des jungen BACCHUS (= DIONYSOS)
       2) Dativ Singular von *Marus*: Fluss in Dazien
AMOR 1) Nominativ Singular: Der Gott der Liebe
       2) 1. Person Präsens Passiv von *amare*: ich werde geliebt
ARMO 1) 1. Person Präsens Aktiv von *armare*: ich rüste aus
       2) Dativ Singular von *armus*: das Schulterblatt, der Oberarm

Roma	orma	mroa	arom	meesss	emesss	esmsse	smeess	seesms	ssmsee
roam	*oram*	mrao	*armo*	mesess	emsess	esemss	smeses	seessm	ssemes
rmoa	omra	*mora*	aorm	*messes*	emsses	esesms	smesse	sesmes	ssemse
rmao	omar	moar	aomr	messse	emssse	esessm	smsees	sesmse	sseems
raom	oarm	*maro*	amro	mseess	eemsss	essmes	smsese	sesems	sseesm
ramo	oamr	maor	*amor*	mseses	eesmss	essmse	smssee	sesesm	ssesme
				msesse	eessms	essems	semess	sessme	ssesem
				mssees	eesssm	essesm	semses	sessem	sssmee
				msssee	esmess	essme	semsse	ssmees	ssseme
				msssee	esmses	esssem	seemss	ssmese	ssseem

*WALLIS' Darstellung der Anagramme
von AMOR und MESSES*

Um die Anzahl der Anagramme von MESSES zu bestimmen, geht WALLIS genauso vor wie CARAMUEL bei AHA. Er ersetzt die beiden E durch ε und η, sodass zwei Wörter entstehen, je nachdem, an welcher Stelle das ε steht. Also muss 6! durch 2 dividiert werden. Wegen der drei s muss analog durch 3! dividiert werden. Es gibt also $\frac{6!}{3! \cdot 2!} = 60$ Anagramme, wie die Regel von MERSENNE fordert.

1693 FRENICLE / *Abrégé*: Anagramme

BERNARD FRENICLE DE BESSY bringt 1668 in seinem *Abrégé des combinaisons*[82] neben vielen schönen Beispielen aus der Lehre der Kombinationen auch die folgende Aufgabe:

> Gegeben sind die Buchstaben A, B, C, D, E, I, O und S. Wie viele Wörter lassen sich aus diesen Buchstaben bilden, wenn die drei Buchstaben B, C, D nie nebeneinander stehen dürfen? Wie viele sind es, wenn man zusätzlich forderte, dass keine zwei der drei letztgenannten Konsonanten sich weder am Anfang noch am Ende befinden dürfen?

Lösung nach FRENICLE (1693)

Aus den acht Buchstaben lassen sich 8! = 40320 Anagramme bilden. Davon müssen 4320 Anagramme abgezogen werden. Die Begründung hierfür bleibt FRENICLE schuldig. Wir liefern sie: Fasse die Buchstaben B, C und D als einen Buchstaben α auf. Aus den 5 anderen Buchstaben und α lassen sich 6! = 720 Anagramme bilden. B, C und D lassen sich in α auf 3! = 6 Arten permutieren, sodass 6 ·720 = 4320 verbotene Anagramme entstehen. Möglich sind also 40320 – 4320 = 36000 Anagramme.

Lassen wir zwei der drei Konsonanten B, C und D am Anfang stehen, dann entstehen aus den restlichen sechs Buchstaben 6! = 720 Permutationen. Darunter sind 5! = 120, bei denen der dritte Konsonant an die beiden anderen anschließt. Diese 120 Fälle sind aber in den 4320 bereits ausgeschlossenen Fällen enthalten; sie müssen also von 720 abgezogen werden, so dass nur 600 Fälle bleiben. Diese Zahl ist mit 12 zu multiplizieren, da zwei der Konsonanten auf

---

[82] Der *Abrégé des combinaisons* wurde erst postum 1693 in *Divers Ouvrages de Mathématique et de Physique. Par Messieurs de l'Académie Royale des Sciences* veröffentlicht.

$\binom{3}{2}$ = 3 Arten ausgewählt, und diese zwei Buchstaben auf 2! = 2 Arten permutiert werden können. Da schließlich für das Ende genauso überlegt wird, ist nochmals mit 2 zu multiplizieren. Somit gibt es 36000 − 600 · 12 = 36000 − 7200 = 28800 Anagramme.

1610 GALILEI und KEPLER / Anagramme als Geheimbotschaften

Anagramme entstehen nicht nur durch die Permutation der Buchstaben eines Wortes, sondern auch durch die ganzer Sätze. Im 17. Jh. wurde auf diese Weise die Priorität einer Entdeckung festgehalten, ohne sie wirklich der wissenschaftlichen Welt mitzuteilen.

Berühmt sind die Anagramme GALILEO GALILEIs. Am 25.7.1610 meint GALILEI, zwei Saturnmonde entdeckt zu haben, was er am 30.7.1610 dem toskanischen Staatssekretär VINTA und vor dem 17.8.1610, als Anagramm *smaismrmilmepoetaleumibunenugttauiras* verschlüsselt, GIULIANO DE' MEDICI († 1636), dem toskanischen Gesandten am kaiserlichen Hof in Prag, und anderen mitteilt. GIULIANO bittet am 23.8.1610 um Aufklärung. JOHANNES KEPLER veröffentlicht seine »halbbarbarische« Auflösung *Salve umbistineum geminatum Martia proles*[83] – *Seid gegrüßt, doppelter Knauf, Kinder des Mars* – in der am 11.9.1610 verfassten *Narratio*, von der am 24.10.1610 ein Exemplar an GALILEI geht.[84] GALILEI sendet die Auflösung auf Drängen Kaiser RUDOLFs II. am 13.11.1610 an GIULIANO. Dieser möge sie u. a. an KEPLER weitergeben. KEPLER veröffentlicht die Auflösung *altissimum planetam tergeminum observavi* – *Den obersten Planeten beobachtete ich dreigestaltig*[85] – und seine »halbbarbarische« Auflösung zusammen mit dem Briefwechsel im Vorwort seiner *Dioptrice* 1611.

Am 11.12.1610 sendet GALILEI das Anagramm *Haec immatura a me jam frustra leguntur, o. y.* – *Diese Unreifen/Unzeitigen wurden von mir schon vergeblich gelesen, o. y.* – an GIULIANO. Die Auflösung erfolgt im Brief vom 1.1.1611: *Cynthiae figuras aemulatur mater amorum* – *Der Cynthia Gestalten ahmt die Mutter der Lieben nach.*[86] KEPLER sandte unterdessen am 9.1.1611 acht Auflösungsversuche an GALILEI.[87] [Kepler (1954) Brief 604]

---

[83] KEPLER glaubte, GALILEI habe zwei Marsmonde entdeckt, was in seine geometrischen Überlegungen Erde : Mars : Jupiter = 1 : 2 : 4 passte. *Umbistineum* ist wohl eine Erfindung KEPLERS, vielleicht angelehnt an *umbo* = *Schildknauf*, weil MARS als Kriegsgott einen Schild trägt (Mitteilung von GERHARD DUURSMA vom Thesaurus linguae Latinae). Die beiden Marsmonde wurden erst 1877 von ASEPH HALL entdeckt.

[84] Auf dem Titelblatt der *Narratio* steht das Jahr 1611, sie muss aber wohl schon im Oktober 1610 gedruckt worden sein.

[85] GALILEI schreibt, ohne Fernrohr sehe der Saturn wie eine Olive aus, mit Fernrohr meint er, je einen Stern links und rechts zu sehen. Erst CHRISTIAAN HUYGENS deutet in seiner Schrift *Systema Saturnium* (1659) auf Grund seiner Saturnbeobachtungen die Erscheinung richtig als Ring. Am 25.3.1655 entdeckte er den Saturnmond Titan, was er am 13.6. mittels Anagramm WALLIS mitteilt. Veröffentlicht hat er seine Entdeckung am 5.3.1656.

[86] D. h., »die Mutter der Lieben [= Venus] besitzt Phasen wie Cynthia [= der Mond]«. Neben dem Anagramm liegt also eine weitere Verschlüsselung vor, indem der Planet Venus als Liebesgöttin und der Mond als Cynthia angesprochen wird. Die zur Mondgöttin gewordene ARTEMIS wurde auf dem Berg Kynthos auf der Insel Delos geboren und erhielt so den Beinamen *Kynthia*.

[87] Nicht alle umfassen 35 Buchstaben: Nam Jovem gyrari macula hem rufa testatur / Maculam rufa gyrari notavi etc. / Macula rufa in Jove est, gyrato mathem : etc. / Solem gyrari etc. / Firmamentum maculas ha r et gyratur a Jove etc. / Saturnum et Martem gyro maculae etc. / Mercurium flamma haurit etc. / Theatrum celeri gyratur fons avium etc. Besonders interessant sind die zweite und dritte Auflösung, in der KEPLER von einem roten Fleck auf dem Jupiter spricht. Der Große Rote Fleck wurde aber erst 1665 von GIOVANNI DOMENICO CASSINI entdeckt.

Es ist schon erstaunlich, welch interessante Auflösungen KEPLER aus der ungeheueren Vielzahl der möglichen Auflösungen fand. Deshalb fragen wir:

Wie viele Anagramme lassen sich aus den beiden Anagrammen GALILEIS bilden?

Lösung

Aus *smaismrmilmepoetaleumibunenugttauiras*

lassen sich $\dfrac{37!}{5!(4!)^4(3!)^2(2!)^3} =$

$= \dfrac{13\,763\,753\,091\,226\,345\,046\,315\,979\,581\,580\,902\,400\,000\,000}{11\,466\,178\,560} =$

$= 1\,200\,378\,401\,505\,230\,444\,127\,671\,040\,000\,000 \approx$

$\approx 1{,}2$ Quintilliarden Anagramme bilden.

a 4	l 2	r 2
b 1	m 5	s 3
e 4	n 2	t 3
g 1	o 1	u 4
i 4	p 1	

Die im Anagramm vorkommenden Buchstaben und ihre Vielfachheit

Aus *haec immatura a me jam frustra leguntur o y*

lassen sich $\dfrac{35!}{6!(4!)^3(3!)^2 2!} =$

$= \dfrac{10\,333\,147\,966\,386\,144\,929\,666\,651\,337\,523\,200\,000\,000}{716\,636\,160} =$

$= 14\,418\,959\,777\,840\,605\,935\,467\,520\,000\,000 \approx$

$\approx 14{,}4$ Quintillionen Anagramme bilden.

a 6	h 1	o 1	y 1
c 1	i 2	r 4	
e 3	l 1	s 1	
f 1	m 4	t 3	
g 1	n 1	u 4	

Die im Anagramm vorkommenden Buchstaben und ihre Vielfachheit

1641 GULDIN / *De Centro Gravitatis*: **Bibliotheken**

GERONIMO CARDANO und CHRISTOPHORUS CLAVIUS haben sich 1539 bzw. 1570 (siehe Seite 43 bzw. Seite 56) mit *dictiones* beschäftigt, die aus den Buchstaben eines Alphabets gebildet werden können, wobei die Reihenfolge der Buchstaben keine Rolle spielte und auch kein Buchstabe mehrmals vorkommen durfte. Der Schweizer Jesuit PAUL GULDIN greift 1622 in seinem *Problema arithmeticum. De rerum combinationibus. Quo Numerus Dictionum seu Coniunctionum diversarum, quae ex viginti tribus Alphabeti litteris fieri possunt, indagatur*[88] unter Bezugnahme auf CLAVIUS das Problem auf, diesmal aber unter Berücksichtigung der Reihenfolge der Buchstaben, jedoch weiterhin ohne ein mehrmaliges Vorkommen von Buchstaben. Wir fassen GULDINs Text zusammen:

Aus den 23 Buchstaben eines Alphabets lassen sich $Z = 70\,273\,067\,330\,330\,098\,091\,155$ Wörter bilden. Diese bestehen aus insgesamt $Y = 1\,546\,007\,491\,267\,262\,147\,905\,433$ Buchstaben.
Da diese Zahl immens groß ist, will ich die Buchstaben in Kodizes schreiben. Wenn jeder Kodex 500 Blatt zu 100 Zeilen zu 60 Buchstaben enthält, dann füllen die Z Wörter $K = 257\,667\,915\,211\,210\,357$ Kodizes völlig aus, wobei 5 Millionen Buchstaben übrig bleiben.

---

[88] »Arithmetisches Problem. Über die Kombinationen von Dingen. Wodurch die Anzahl der verschiedenen Wörter oder Verbindungen erforscht wird, die aus den 23 Buchstaben des Alphabets gebildet werden können.« GULDIN weist aber darauf hin, dass seine Überlegungen für 23 Elemente beliebiger Art gelten, »die wir Buchstaben zu nennen pflegen.« Die Verbindungen benennt er mit den lateinischen Distributivzahlen *singulae, binae, ternae*, ... 1641 erscheint das *Arithmetische Problem* in Band 4 seines *De centro gravitatis*, wodurch es erst bekannt wurde.

Da auch diese Zahl noch unvorstellbar groß ist, will ich Bibliotheken bauen. Jeder Kodex sei $\frac{3}{4}$ Wiener Fuß breit und $1\frac{1}{2}$ Fuß hoch, der Rücken betrage $\frac{1}{4}$ Fuß. Für die K Kodizes werden würfelförmige Bibliotheken gebaut, deren Höhe nicht geringer ist als die des Turms von St. Stephan, das sind 432 Fuß. Die Dicke jeder Würfelfläche betrage 16 Fuß. Im Inneren werden an zwei gegenüberliegenden Wänden Regale angebracht. Die Bretter haben eine Tiefe von $\frac{3}{4}$ Fuß und einen Abstand von 2 Fuß. Der noch freie Raum wird mit Doppelregalen dieser Art ausgefüllt, jedoch so, dass zwischen den Regalen ein Gang von $6\frac{1}{2}$ Fuß frei bleibt, damit zwei Menschen bequem aneinander vorbeikommen. Da eine Bibliothek also 32 Millionen Kodizes fasst, benötigt man für die K Kodizes $B = 8\,052\,122\,350$ Bibliotheken.

Da ich zweifle, ob ich die leise Murmelnden damit völlig zufrieden stellen konnte, gehe ich einen Schritt weiter. Niemand leugnet, dass die Erdoberfläche zur Hälfte von Wasser bedeckt ist, sodass uns $1\,413\,716\,700$ Mio. Quadratfuß Festland bleiben, auf die höchstens $7\,575\,213\,798$ Bibliotheken gebaut werden können, sodass $476\,908\,500$ Bibliotheken keinen Platz finden. Wenn aber jemand die gesamte Erdoberfläche als fest annimmt und die K Kodizes ohne die obigen Zwischenräume einfach auf die Erde stellte, dann würden 17 Erden nicht reichen. Würde man die K Kodizes aber flach hinlegen, dann brauchte man mehr als 102 Erden.

Lösung nach GULDIN (1641)

Jeder der 23 Buchstaben kann für sich alleine genommen werden. Das ergibt die 23 *Singulae*. Die Anzahl aller *Binae*, d. h. zweibuchstabigen Wörter, erhält man, indem man 23 mit 22 multipliziert – macht 506 –, da A mit jedem der noch übrigen 22 Buchstaben B, C, ... verbunden werden kann; ebenso B mit jedem der noch übrigen 22 Buchstaben A, C, ..., usw. Alle *Ternae*, d. h. dreibuchstabigen Wörter, erhält man, indem man jede *Bina* mit jedem der noch übrigen 21 Buchstaben verbindet. Ihre Anzahl ergibt sich als das Produkt aus 506 und 21. Fährt man so fort, so entsteht die folgende Tabelle 1, die GULDIN aber nicht bringt. Durch Addition gewinnt man die Anzahl Z aller so bildbaren Wörter. Für ein k-buchstabiges Wort benötigt man k Buchstaben, also benötigt man für alle k-buchstabigen Wörter k-mal so viele Buchstaben, wie es Wörter gibt, d. h., ihre Anzahl wird mit k multipliziert. So entsteht unsere Tabelle 2. Die Addition liefert schließlich die Anzahl Y, die bei GULDIN falsch ist.[89]

Mit dem richtigen Wert von Y erhält man:

Da jeder Kodex 1000 Seiten umfasst, benötigt man für die Y Buchstaben $K = 1\,546\,007\,481\,267\,262\,158\,005\,433 : (1000 \cdot 100 \cdot 60) = 257\,667\,913\,544\,534\,693$ Kodizes, Rest 5433 Buchstaben.

GULDIN baut die Bibliotheken so hoch wie den Turm von St. Stephan. Dann ist die Bibliothek im Inneren 400 Fuß[90] hoch, breit und lang.

Ein Regal fasst 400 Fuß/Brett: $\frac{1}{4}$ Fuß/Kodex $\cdot$ 400 Fuß/(2 Fuß/Brett) = 320\,000 Kodizes.

Zwei gegenüberliegende Regale samt Gang benötigen 8 Fuß; somit gibt es 50 solcher Anordnungen, also 100 Regale. Diese fassen $32 \cdot 10^6$ Kodizes. Somit kann man, unter Verwendung

---

[89] Für seine Rechnungen benützte GULDIN das Tafelwerk JOHANN GEORG HERWARTH VON HOHENBURGS (1610), der auf 1000 Seiten die Produkte maximal dreistelliger Zahlen $abc \times uvw$ angibt.

[90] 1 Wiener Fuß entspricht 0,316 m. Für den Erdradius r erhält man damit aus $1\,413\,716\,700 \cdot 10^6 \cdot 2 = 4r^2\pi$ den Wert $r = 15\,000\,000{,}03$ Fuß = 4\,740 km.

des richtigen Wertes von K, $257\,667\,913\,544\,534\,693 : (32 \cdot 10^6) = 8\,052\,122\,298$ Bibliotheken vollständig füllen, wobei noch $8\,543\,693$ Kodizes übrig bleiben.

Damit können auf dem Festland untergebracht werden

$(1\,413\,716\,700 \cdot 10^6$ Quadratfuß$) : 432^2$ Quadratfuß $= 7\,575\,213\,798{,}8\ldots$, also $7\,575\,213\,798$ Bibliotheken, sodass für $476\,908\,500$ Bibliotheken kein Platz ist.

	Tabelle 1		*Tabelle 2*
k	Anzahl der k-buchstabigen Wörter		k-mal Anzahl der k-buchstabigen Wörter
1	23		23
2	506		1012
3	10626		31878
4	212520		850080
5	4037880		20189400
6	72681840		436091040
7	1235591280		8649138960
8	19769460480		158155683840
9	296541907200		2668877164800
10	4151586700800		41515867008000
11	53970627110400		593676898214400
12	647647525324800		7771770303897600
13	7124122778572800		92613596121446400
14	71241227785728000		997377189000192000
15	641171050071552000		9617565751073280000
16	5129368400572416000		82069894409158656000
17	35905578804006912000		610394839668117504000
18	215433472824041472000		3877802510832746496000
19	1077167364120207360000		20466179918283939840000
20	4308669456480829440000		86173389129616588800000
21	12926008369442488320000		271446175758292254720000
22	258520167388849766640000		568744368255469486080000
23	258520167388849766640000		594596384994354462720000
	70273067330330098091155		1546007481267262158005433
	$Z = 70273067330330098091155$		$Y = 1546007481267262158005433$

Wird ein Kodex aufgestellt, so benötigt er die Grundfläche $= \frac{3}{16}$ Quadratfuß. Für die K Kodizes braucht man somit

$257\,667\,913\,544\,534\,693\ \text{Kodex} \cdot \frac{3}{16}\ \frac{\text{Quadratfuß}}{\text{Kodex}} : (2 \cdot 1\,413\,716\,700 \cdot 10^6\ \frac{\text{Quadratfuß}}{\text{Erde}})$

$= 17{,}08\ldots$ Erde, also 18 Erden.

Beim Legen benötigt ein Kodex die Grundfläche $= \frac{9}{8}$ Quadratfuß. Für die K Kodizes braucht man somit

$257\,667\,913\,544\,534\,693\ \text{Kodex} \cdot \frac{9}{8}\ \frac{\text{Quadratfuß}}{\text{Kodex}} : (2 \cdot 1\,413\,716\,700 \cdot 10^6\ \frac{\text{Quadratfuß}}{\text{Erde}})$

$= 102{,}5\ldots$, also 103 Erden.

Im Verlaufe seiner Darstellung leitet GULDIN eine »universale Regel« her, die in der Literatur des 17. Jh.s als GULDINs Formel zitiert wird. Modern formuliert lautet sie:

> Für $k \leq n$ ist die Anzahl der **k-Tupel ohne Wiederholungen** bzw. der **k-Variationen ohne Wieder-**
> **holungen** aus einer n-Menge gleich $n \cdot (n - 1) \cdot \ldots \cdot [n - (k - 1)]$, oder kurz, gleich $\dfrac{n!}{(n - k)!}$.

Zu allem Überfluss gibt es noch einen dritten Fachausdruck für Tupel dieser Art, nämlich
k-Permutation ohne Wiederholungen. Dieser Ausdruck liegt der Taste nPr auf Taschen-
rechnern zugrunde, die die Anzahl der r-Permutationen ohne Wiederholungen aus einer
n-Menge liefert.[91]

1678 STRODE / *Treatise*: Wörter allgemein

MARIN MERSENNE missversteht GULDINs Text[92] und hält Y für die Gesamtzahl *aller* ein-,
zwei-, …, 23-buchstabigen »Wörter«, wenn Buchstaben auch mehrmals vorkommen dürfen
und die Reihenfolge eine Rolle spielt.[93]

1675 versucht JEAN PRESTET diese Anzahl für 24 Buchstaben zu bestimmen; seine ohne
Rechnung in den in Paris anonym erschienenen *Élémens des Mathématiques* angegebene
Zahl 1 391 721 658 311 264 960 263 919 398 102 100 ist aber falsch. THOMAS STRODE weist
1678 in A *Short Treatise of the Combinations, Elections, Permutations & Composition of
Quantities* auf diese falsche Zahl hin und moniert, dass der ihm unbekannte Autor auch nicht
angibt, wie er sie gefunden hat. Er hingegen tut dies.

> Aus den 24 Buchstaben des Alphabets lassen sich 1 391 724 288 887 252 999 425 128 493 402 200
> Wörter bilden, wenn sich Buchstaben wiederholen dürfen und ihre Reihenfolge eine Rolle spielt.

Beweis nach STRODE (1678)

Unter den gegebenen Voraussetzungen gibt es 24 einbuchstabige Wörter, 24^2 zweibuchsta-
bige, 24^3 dreibuchstabige, usw., und schließlich 24^{24} 24-buchstabige Wörter. Die Anzahl aller
so bildbaren Wörter erhält man durch Addition dieser Zahlen. Diese bilden eine geometrische Reihe mit dem Anfangsglied 24 und dem Quotienten 24, also gilt

$$24 + 24^2 + 24^3 + \ldots + 24^{24} = 24 \cdot \frac{24^{24} - 1}{24 - 1} = \frac{24^{25} - 24}{23}$$

$$= 1\,391\,724\,288\,887\,252\,999\,425\,128\,493\,402\,200.$$

---

[91] GOTTFRIED WILHELM LEIBNIZ verwendete 1666 in seiner *Dissertatio de Arte Combinatoria* das Wort **variatio**
      unterschiedslos für n- und für k-Permutationen.

[92] Dass MERSENNE GULDINs Werk gelesen hat, geht aus einer Randbemerkung in seinem Handexemplar der *Har-
      monie universelle* (Paris 1636) hervor, in der er GULDIN zitiert.

[93] MERSENNEs Behauptung steht in der an HENRY LOUIS HABERT DE MONTMOR (um 1600–1679) gerichteten
      Widmung der Auflage von 1648 seiner *Harmonicorum libri*, die jetzt *Harmonicorum libri XII* heißt.

1654 DE MÉRÉ / Verzicht auf einen Wurf

GEORGE BROSSIN, ANTOINE GOMBAUD, CHEVALIER (MARQUIS) DE MÉRÉ[94] hat BLAISE PAS-
CAL mehrere Probleme gestellt, darunter auch dieses.[95] Aus einem Brief PIERRE DE FERMATS
an PASCAL[96] rekonstruieren wir das Problem:

> Zwei Spieler A und B gehen eine Wette ein. A behauptet, mit einem Würfel in acht Würfen eine be-
> stimmte Augenzahl, z. B. eine Sechs, werfen zu können. Im Erfolgsfall erhält er den Einsatz E. Vor
> Spielbeginn bietet er an, auf den ersten Wurf zu verzichten, also nur siebenmal zu werfen, fordert
> dafür aber eine gerechte Entschädigung. Welcher Anteil von E steht ihm zu? Wie hoch müsste die
> Entschädigung sein, wenn er auch noch auf den zweiten, dritten, ..., achten Wurf verzichtet?

Lösung nach FERMAT (1894)

Die Wahrscheinlichkeit, beim ersten Wurf die Sechs zu werfen und damit E zu erhalten, ist
$\frac{1}{6}$, also ist der erste Wurf $\frac{1}{6}E$ wert. Damit stehen für das angebotene Siebenerspiel als Auszahlung nur mehr $\frac{5}{6}E$ zur Verfügung. Die Wahrscheinlichkeit, beim zweiten Wurf, d. h.
dem ersten Wurf des Siebenerspiels, eine Sechs zu werfen, ist wieder $\frac{1}{6}$. Damit hat der zweite Wurf den Wert $\frac{1}{6} \cdot \frac{5}{6} E = \frac{5}{36} E$, und die Auszahlung reduziert sich für das folgende Sech-
serangebot auf $E - \frac{1}{6}E - \frac{5}{36}E = \frac{25}{36}E = \left(\frac{5}{6}\right)^2 E$. Allgemein reduziert sich die Auszahlung
nach jedem Verzicht auf $\frac{5}{6}$ des vorherigen Werts. Verzichtet A zu Spielbeginn also auf alle
Würfe bis einschließlich des k-ten Wurfs, dann stehen ihm für den Verzicht auf den k-ten
Wurf $\frac{1}{6} \cdot \left(\frac{5}{6}\right)^{k-1} E = \frac{5^{k-1}}{6^k} E$ als Entschädigung zu.

PASCAL hat das Problem offensichtlich nicht richtig lösen können. Denn er war offenbar der
Meinung, dass der Anteil $\frac{5^{k-1}}{6^k} E$ dem A auch dann zustünde, wenn er die ersten $k-1$ Würfe erfolglos ausgeführt hätte und dann erst auf den k-ten Wurf verzichtete. In diesem Fall,
schreibt ihm FERMAT, ist ja noch der ganze Einsatz E im Spiel; also steht dem A, wenn er
$k-1$ Würfe erfolglos ausgeführt hat und nun auf seinen k-ten Wurf verzichtet, $\frac{1}{6}E$ zu.

Wir überlegen noch:

Hätte A zu Beginn des Spiels gleich auf alle acht Würfe verzichtet, dann stünden ihm
$\left(\frac{1}{6} + \frac{1}{6} \cdot \frac{5}{6} + \frac{1}{6} \cdot \left(\frac{5}{6}\right)^2 + ... + \frac{1}{6} \cdot \left(\frac{5}{6}\right)^7\right)E = \left(1 - \left(\frac{5}{6}\right)^8\right)E$ zu; das sind 76,7 % des Einsatzes E.

---

[94] Seit GEORGE BOOLE ihn »*a reputed gamster*« nannte (*An Investigation of the Laws of Thought* [London 1854,
   S. 243]), wird der in Frankreich sehr geschätzte Literat in der deutschen mathematischen Literatur und in fast
   allen mathematischen Beiträgen des Internets zu einem »gewohnheitsmäßigen Glücksspieler« degradiert.
   CHARLES-AUGUSTIN SAINTE-BEUVE (1804–1869) sah in ihm sogar die ideale Verkörperung des Leitbilds des
   17. Jh.s, nämlich des *honnête homme*, d. h. des allseitig gebildeten Weltmanns. LEIBNIZ nannte ihn »*homme
   d'esprit pénétrant et qui étoit joueur et philosophe*« – einen Mann scharfsinnigen Geistes, der auch Spieler und
   Philosoph war. (1765, IV, chap. 16)

[95] Brief PASCALs an FERMAT vom Mittwoch, dem 29. Juli 1654 [Fermat (1679), Pascal (1954)]

[96] Brief aus dem Jahre 1654, erstmals veröffentlicht in Pascal (1779)

Zusatz: Weder PASCAL noch FERMAT fragen nach den Einsätzen, die A bzw. B leisten müssen, damit die Wette fair ist. Die Antwort ist nicht schwer zu finden. B erhält nämlich den gesamten Einsatz E nur dann ausbezahlt, wenn A bei seinen acht Würfen keine Sechs wirft. Die Wahrscheinlichkeit dafür ist $\left(\frac{5}{6}\right)^8$. Also erhält A mit der Wahrscheinlichkeit $\left(1 - \left(\frac{5}{6}\right)^8\right)$ den Einsatz E ausbezahlt. Folglich muss sich, damit die Wette fair ist, der Einsatz des A zu dem des B wie $\left(1 - \left(\frac{5}{6}\right)^8\right) : \left(\frac{5}{6}\right)^8 = \frac{6^8 - 5^8}{5^8} = \frac{1\,288\,991}{390\,625} \approx 3{,}3 : 1$ verhalten.

Erweiterung des Problems

Es ist eigentlich unüblich, dass nur ein Partner spielt und der andere zuschaut. Aus diesem Grunde wollen wir das Spiel PASCALs so abändern, dass beide Partner aktiv spielen:

> A und B werfen abwechselnd achtmal einen Würfel. A beginnt. Wer als Erster eine Sechs wirft, erhält den gesamten Einsatz E. A bietet B an, auf seinen ersten Wurf zu verzichten, wenn B ihn dafür einen »gerechten« Anteil des Einsatzes nehmen lässt. Wie groß ist dieser Anteil? Was steht A zusätzlich zu, wenn er in dem Moment, wo er wieder an die Reihe kommt, auch noch auf seinen zweiten, seinen dritten, ... Wurf verzichtet?

Lösung, anlehnend an FERMAT (1894)

Die Wahrscheinlichkeit, beim ersten Wurf die Sechs zu werfen und damit E zu erhalten, beträgt $\frac{1}{6}$, also ist der erste Wurf $\frac{1}{6}E$ wert. Damit stehen für den weiteren Spielverlauf als Gewinn nur mehr $\frac{5}{6}E$ zur Verfügung. Die Wahrscheinlichkeit, dass A, nachdem B keine Sechs geworfen hat, bei seinem zweiten Wurf eine Sechs wirft und damit $\frac{5}{6}E$ erhält, ist wieder $\frac{1}{6}$, also ist A's zweiter Wurf $\frac{1}{6} \cdot \frac{5}{6}E = \frac{5}{36}E$ wert. Führt man diese Überlegungen weiter, so ergibt sich: Der k-te Wurf des A, nachdem B $(k-1)$-mal keine Sechs geworfen hat, ist $\frac{1}{6} \cdot \left(\frac{5}{6}\right)^{k-1}E = \frac{5^{k-1}}{6^k}E$ wert.

PASCAL war offenbar der Meinung, dass der Anteil $\frac{5^{k-1}}{6^k}E$ dem A auch dann zustünde, wenn er die ersten $k-1$ Würfe erfolglos ausgeführt hätte. In diesem Fall, schreibt FERMAT, ist ja noch der ganze Einsatz E im Spiel, also steht dem A, wenn er $k-1$ Würfe erfolglos ausgeführt hat und nun auf seinen k-ten Wurf verzichtet, $\frac{1}{6}E$ zu.

Bemerkung: Hätte A dem B zu Beginn des Spiels angeboten, auf seinen k-ten Wurf zu verzichten, so erhielte er FERMATs Gedanken zufolge $\left(\frac{5}{6}\right)^{2(k-1)} \cdot \frac{1}{6}E$ als gerechte Entschädigung.

Kritik an den Lösungen nach FERMAT

FERMAT berücksichtigt bei seinen Überlegungen nur den jeweils stattfindenden Wurf, nicht jedoch, dass das Spiel weitergeführt wird, bis eine Sechs fällt. Da die »acht« Würfe bei FERMAT keine Rolle spielen, gehen wir davon aus, dass das Spiel bis zur Entscheidung gespielt wird, was die Rechnung erleichtert. Mit $A_i = i$-ter Wurf des A ergibt sich folgende Darstellung des Spielverlaufs. Dabei ist unter A_i die Wahrscheinlichkeit für die erste Sechs bei diesem Wurf angegeben.

A₁   B₁   A₂   B₂   A₃   ...

$\frac{1}{6}$ $\frac{5}{6}\cdot\frac{1}{6}$ $\left(\frac{5}{6}\right)^2\cdot\frac{1}{6}$ $\left(\frac{5}{6}\right)^3\cdot\frac{1}{6}$ $\left(\frac{5}{6}\right)^4\cdot\frac{1}{6}$

... A_{k-1} B_{k-1} A_k B_k ...

$\left(\frac{5}{6}\right)^{2(k-2)}\cdot\frac{1}{6}$ $\left(\frac{5}{6}\right)^{2(k-2)+1}\cdot\frac{1}{6}$ $\left(\frac{5}{6}\right)^{2(k-1)}\cdot\frac{1}{6}$ $\left(\frac{5}{6}\right)^{2(k-1)+1}\cdot\frac{1}{6}$

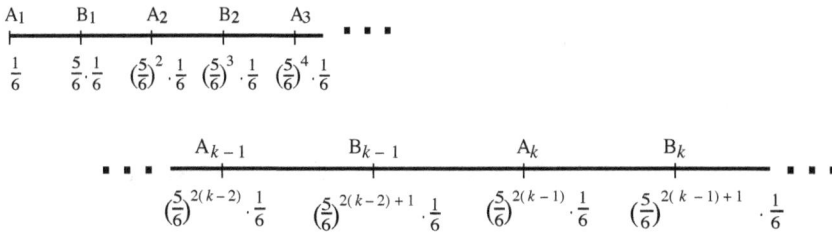

Der Erwartungswert des Gewinns von A ist

$$E(A) = \frac{1}{6}E + \left(\frac{5}{6}\right)^2\cdot\frac{1}{6}E + \left(\frac{5}{6}\right)^4\cdot\frac{1}{6}E + \ldots = \frac{6}{11}E.$$ Für B ergibt sich damit $E(B) = \frac{5}{11}E$.

Verzichtet A auf seinen ersten Wurf, dann übernimmt er die Rolle von B und erhält als Ersatz für seinen Verzicht die Differenz der Erwartungswerte, also $\frac{1}{11}E$. Das ist fast die Hälfte dessen, was FERMAT dem A zugesteht. Der Einsatz verringert sich dabei auf $\frac{10}{11}E$. Wirft nun B keine Sechs, so ist A wieder der erste Spieler, aber diesmal geht es nur mehr um den Einsatz $\frac{10}{11}E$. Verzichtet A nun erneut auf diesen, also seinen zweiten Wurf, dann steht ihm wieder $\frac{1}{11}$ des aktuellen Einsatzes $\frac{10}{11}E$ zu, also $\frac{1}{11}\cdot\frac{10}{11}E$. Der Einsatz reduziert sich dadurch auf $\left(\frac{10}{11}E\right) - \frac{1}{11}\cdot\left(\frac{10}{11}E\right) = \frac{10}{11}\cdot\left(\frac{10}{11}E\right) = \left(\frac{10}{11}\right)^2 E$. Führt man diese Überlegungen weiter, so erhält A, wenn er auf seinen k-ten Wurf verzichtet, $\frac{1}{11}\cdot\left(\frac{10}{11}\right)^{k-1}E$. Verzichtet er der Reihe nach auf alle seine Würfe, dann erhält er $\frac{1}{11}E + \frac{1}{11}\cdot\frac{10}{11}E + \frac{1}{11}\cdot\left(\frac{10}{11}\right)^2 E + \ldots = E$, was nicht überraschen sollte, da B ja jedes Mal keine Sechs wirft und damit nichts erhält.

Bemerkung: Hätte A dem B zu Beginn des Spiels angeboten, auf seinen k-ten Wurf zu verzichten, so erhielte er unserer Ansicht zufolge die Differenz der Erwartungswerte ohne Verzicht E_0 und mit Verzicht E_k beim k-ten Wurf. Dabei ist $E_0 = \frac{6}{11}E$, wie oben gezeigt.

E_k setzt sich aus zwei Summanden zusammen. Der erste ist der Erwartungswert für die ersten $k-1$ Würfe, die A ja machen will. Der zweite Summand ist der Erwartungswert für die restlichen Würfe, bei denen er durch seinen Verzicht die Rolle des B übernimmt.

$$E_k = \left[\frac{1}{6}E + \left(\frac{5}{6}\right)^2\cdot\frac{1}{6}E + \ldots + \left(\frac{5}{6}\right)^{2(k-2)}\cdot\frac{1}{6}E\right] + \left[\left(\frac{5}{6}\right)^{2k-1}\cdot\frac{1}{6}E + \left(\frac{5}{6}\right)^{2k+1}\cdot\frac{1}{6}E + \ldots\right] =$$

$$= \frac{1}{6}\cdot\frac{1 - \left[\left(\frac{5}{6}\right)^2\right]^{k-1}}{1 - \left(\frac{5}{6}\right)^2}E + \frac{1}{6}\cdot\left(\frac{5}{6}\right)^{2k-1}\cdot\frac{1}{1 - \left(\frac{5}{6}\right)^2}E = \frac{6^{2k-1} - 6\cdot5^{2k-2} + 5^{2k-1}}{11\cdot6^{2k-2}}E.$$

Dem A steht also bei Verzicht auf den k-ten Wurf vor Beginn des Spiels zu

$$\frac{6}{11}E - \frac{6^{2k-1} - 6\cdot5^{2k-2} + 5^{2k-1}}{11\cdot6^{2k-2}}E = \frac{1}{11}\cdot\left(\frac{5}{6}\right)^{2(k-1)}E.$$

Beachte: Dieses Ergebnis hätte man auch einfacher erhalten können: A's *k*-ter Wurf findet ja nur statt, wenn die ersten $2(k-1)$ Würfe keine Sechs geliefert haben. Mit A's *k*-tem Wurf beginnt das Spiel gewissermaßen von vorne. Sein Verzicht auf diesen »ersten« Wurf ist, wie oben gezeigt, $\frac{1}{11}E$ wert. Da dieser Fall aber nur mit der Wahrscheinlichkeit $\left(\frac{5}{6}\right)^{2(k-1)}$ eintritt, ist der Verzicht auf den *k*-ten Wurf bei Spielbeginn $\frac{1}{11}\cdot\left(\frac{5}{6}\right)^{2(k-1)}E$ wert.

1670 CARAMUEL / *Mathesis biceps*: Verzicht auf das Spiel

JUAN CARAMUEL Y LOBKOWITZ behandelt im Kapitel *Kybeia* in Band 2 (Seite 979) seiner *Mathesis biceps* das Aufteilungsproblem, ohne LUCA PACIOLI zu erwähnen. Er schließt mit einer Nota: *Von denen, die das Spiel aufgeben, ehe es begonnen hat.*

> Es kommt gelegentlich vor, dass ein Spiel gar nicht begonnen werden kann, nachdem man bereits festgelegt hat, wer beginnen darf. Wie soll der Einsatz nun aufgeteilt werden? Zu gleichen oder ungleichen Teilen, weil ja der in einer besseren Lage ist, der beginnen hätte dürfen?

Lösung nach CARAMUEL (1670)

In einem ersten Beispiel wird, wie bei DE MÉRÉ, mit einem Würfel gespielt, im zweiten Beispiel mit zweien. Da der Lösungsgedanke derselbe ist, beschränken wir uns auf das zweite Beispiel: Petrus und Paulus würfeln abwechselnd mit zwei Würfeln, wobei Petrus beginnt. Er gewinnt, wenn die Augensumme 6 fällt, Paulus, wenn die Augensumme 7 fällt. Der Einfachheit halber wählt CARAMUEL den Einsatz 36. Der Erwartungswert für den Gewinn des Petrus beim ersten Wurf ist $\frac{5}{36}$ von 36, also 5. Damit reduziert sich der Einsatz auf 31. Der Erwartungswert für den Gewinn des Paulus ist beim zweiten Wurf dann $\frac{6}{36}$ von 31, das ist $5\frac{1}{6}$, sodass sich der Einsatz für den nächsten Wurf auf $25\frac{5}{6}$ reduziert. Anstatt sein Verfahren weiter fortzusetzen – was zu einer unendlichen geometrischen Reihe führt – teilt CARAMUEL diesen Einsatz nun zu gleichen Teilen zwischen Paulus und Petrus auf, was falsch ist.

Richtig gelöst hatte diese Aufgabe aber bereits CHRISTIAAN HUYGENS 1657 als Aufgabe XIV seines *Tractatus de Ratiociniis in aleae ludo*. Die Lösung mittels geometrischer Reihe bringt dann JAKOB BERNOULLI 1713 in seiner *Ars Conjectandi* bei der Kommentierung des HUYGENS'schen *Tractatus*. (Siehe Seite 102.)

1654 DE MÉRÉ / Problème des dés – Würfelproblem

BLAISE PASCAL berichtet[97] am Mittwoch, dem 29. Juli 1654 PIERRE DE FERMAT über

> »eine Schwierigkeit, die M... sehr befremdete; denn er ist ein kluger Kopf, aber kein Mathematiker (das ist, wie Sie wissen, ein großer Mangel). Er sagte mir nämlich, dass er aus folgendem Grund einen Fehler in den Zahlen gefunden habe:

---

[97]   Brief PASCALs an FERMAT [Fermat (1679), Pascal (1954)]

> Wenn man versucht, eine Sechs mit einem Würfel zu erzielen, dann ist es von Vorteil, dies in 4 [Würfen] zu versuchen, [und zwar] wie 671 zu 625. Wenn man versucht, eine Doppelsechs mit zwei Würfeln zu erzielen, ist es von Nachteil, dies in 24 [Würfen] zu versuchen. Und dennoch verhält sich 24 zu 36 (was die Anzahl der Seiten von zwei Würfeln ist) wie 4 zu 6 (was die Anzahl der Seiten eines Würfels ist).

Hier haben Sie, woran er großen Anstoß nahm und was ihn ausrufen ließ, dass die Lehrsätze nicht sicher seien und – *que l'Arithmétique se dementoit* – dass die Arithmetik sich widerspreche.«[98]

DE MÉRÉ hat recht: Es ist wirklich vorteilhaft, bei vier Würfen eines L-Würfels auf das Erscheinen einer Sechs zu setzen (für eine faire Wette müssen sich die Einsätze wie 671 : 625 verhalten), und es ist wirklich von Nachteil ist, bei 24 Würfen zweier L-Würfel auf das Erscheinen einer Doppelsechs zu setzen (s. S. 82 ff: 1657 HUYGENS / *Tractatus*: Aufgaben X und XI). Worin lag also der »Widerspruch in der Arithmetik«? DE MÉRÉ spielte vermutlich auf eine damals als gültig angesehene Proportionalitätsregel für die kritischen Wurfzahlen an, ab denen es günstig ist, auf ein Wurfereignis zu wetten. Dieser »Regel« zufolge verhalten sich die kritischen Wurfzahlen wie die Anzahlen der Möglichkeiten, also wie $|\Omega_2| : |\Omega_1| = 36 : 6 = 6 : 1$. Man könnte auch folgendermaßen argumentieren: Die Wahrscheinlichkeit für eine Sechs ist $\frac{1}{6}$, für eine Doppelsechs $\frac{1}{36}$; das ist $\frac{1}{6}$ des Werts beim Wurf eines Würfels. Bei diesem haben sich vier Würfe für das Ereignis »Sechs« als günstig erwiesen, also ist es plausibel, dass beim Doppelwurf sechsmal so viele Würfe für das Ereignis »Doppelsechs« günstig sind, d. h. 24 Würfe. Weil die 24 Würfe aber nicht ausreichen, »widerspricht sich die Arithmetik«.

Das Problem DE MÉRÉs lässt sich folgendermaßen verallgemeinern: Beim Wurf von k L-Würfeln gibt es $N_k = 6^k$ mögliche k-Tupel als Ergebnisse. Man setzt auf das Ereignis $E =$ »Alle Würfel zeigen Sechs«, dessen Wahrscheinlichkeit $p = \frac{1}{N_k} = \frac{1}{6^k}$ ist. Gefragt ist: Wie oft muss man die k Würfel mindestens werfen, damit E mit einer Wahrscheinlichkeit von mindestens 50 % mindestens einmal eintritt. Es handelt sich um eine typische »Drei-mindestens-Aufgabe«.

Für das Ereignis $A_k =$ »Bei n_k Würfen tritt mindestens einmal das Ereignis E ein« soll gelten:

$P(A_k) \geq \frac{1}{2} \Leftrightarrow 1 - P(\overline{A}_k) \geq \frac{1}{2} \Leftrightarrow (1-p)^{n_k} \leq \frac{1}{2}$

$n_k \cdot \ln(1-p) \leq \ln\frac{1}{2}$ Weil ln echt monoton steigt, bleibt $\leq$ erhalten.

$n_k \geq \frac{-\ln 2}{\ln(1-p)}$ (*) Weil $\ln(1-p) < 0$, wird $\leq$ zu $\geq$.

Für kleine $|x|$ gilt: $\ln(1+x) \approx x$.

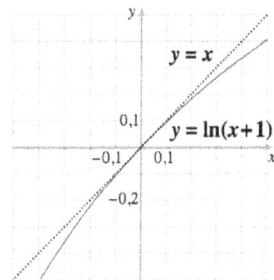

---

[98] JAKOB BERNOULLI bemerkt hierzu in seiner *Ars Conjectandi* (1899: Seite 32): »Denn wer in dieser [d. h. der Mathematik] bewandert ist, lässt sich durch einen derartigen scheinbaren Widerspruch nicht aufhalten, da er sehr wohl weiß, dass Unzähliges sich nach ausgeführter Rechnung ganz anders darstellt, als es vorher den Anschein hatte. Deshalb muss man sich sorgfältig hüten, unüberlegter Weise Analogieschlüsse zu machen, wie ich bereits öfter betont habe.«

Beweis

$$\ln(1+x) = \int_0^x \frac{1}{1+t} \, dt = \int_0^x \left(1 - t + t^2 - t^3 \pm \dots\right) dt$$

$$= \left[t - \frac{t^2}{2} + \frac{t^3}{3} \mp \dots\right]_0^x = x - \frac{x^2}{2} + \frac{x^3}{3} \mp \dots$$

Für $|x| \ll 1$ sind x^2 und alle höheren Potenzen von x klein gegen x und können daher vernachlässigt werden, sodass gilt:

$\ln(1+x) \approx x$ für $|x| \ll 1$.

Damit wird (*) zu

$$(**) \qquad n_k \geq \frac{-\ln 2}{\ln(1-p)} \approx \frac{-\ln 2}{-p} = N_k \cdot \ln 2 =: n_k^*.$$

Das ist aber genau die alte »Regel«, dass die Anzahl n_k der nötigen Würfe proportional zur Anzahl N_k aller möglichen Ergebnisse ist.

Aus (**) ergibt sich $\frac{n_{k+1}}{n_k} \approx \frac{N_{k+1}}{N_k} = \frac{6^{k+1} \ln 2}{6^k \ln 2}$ und daraus $n_{k+1} \approx 6 n_k$.

Diese Näherung lässt sich auf zwei Arten verwenden:

1) Man wählt als n_k den für k gefundenen gültigen Wert. Wir bezeichnen dieses so gefundene n_k als $\hat{n}_k$.

2) Man ersetzt sukzessive n_k durch n_{k-1} usw. und erhält schließlich $\tilde{n}_{k+1} = 6^k n_1$.

Die verschiedenen Ergebnisse lassen sich in einer Tabelle zusammenfassen.

k	p	$\dfrac{-\ln 2}{\ln(1-p)}$	n_k	$n_k^* = 6^k \ln 2$	$\hat{n}_k = 6 n_{k-1}$	$\tilde{n}_k = 6^{k-1} \cdot 4$
1	$\frac{1}{6}$	3,8...	4	4,15...	–	4
2	$\frac{1}{36}$	24,6...	25	24,95...	24	24
3	$\frac{1}{216}$	149,3...	150	149,71...	150	144
4	$\frac{1}{1296}$	897,9...	898	898,31...	900	864
5	$\frac{1}{7776}$	5389,5...	5390	5389,91...	5388	5184
6	$\frac{1}{46656}$	32339,1...	32340	32339,47...	32340	31104

1657 HUYGENS / *Tractatus*: Aufgabe X[99]

1657: Invenire, quot vicibus suscipere quis possit, ut unâ tessera 6 puncta jaciat.

1660: Te vinden van hoe veel reysen men kann neemen een 6 te werpen met eene steen.

1899: Es ist die Anzahl der Würfe zu bestimmen, mit welcher A es wagen kann, mit einem Würfel eine Sechs zu werfen.

---

[99] CHRISTIAAN HUYGENS verfasste seine Abhandlung auf Holländisch. Diesen *Tractaet handelende van Reeckening in Speelen van Geluck* übersetzte sein Lehrer FRANS VAN SCHOOTEN DER JÜNGERE ins Lateinische und nahm ihn als Anhang in seine *Exercitationum mathematicarum libri quinque* (Leiden 1657) auf. Die ursprüngliche holländische Fassung erschien erst 1660 in der holländischen Ausgabe des SCHOOTEN'schen Werks. Die Jahreszahl 1899 bezieht sich auf Bernoulli, Jakob (1899), da JAKOB BERNOULLI ja den *Tractatus* bearbeitet.

Heute: Wie oft muss jemand einen Würfel mindestens werfen, um mit einer Wahrscheinlichkeit von mindestens 50 % mindestens einmal eine Sechs zu werfen?

Lösung nach HUYGENS (1657)

CHRISTIAAN HUYGENS geht davon aus, dass zwei Spieler A und B um einen Gewinn a spielen. Dazu wird ein Würfel n-mal geworfen. Fällt dabei mindestens einmal die Sechs, dann erhält A den Gewinn, andernfalls B. HUYGENS berechnet dann der Reihe nach die Gewinnerwartungen von A.

$n = 1$: Ein günstiger und fünf ungünstige Fälle; Gewinnerwartung des A ist $\frac{1}{6}a$. Das Verhältnis der Gewinnchancen von A und B ist $1 : 5 < 1 : 2 < 1 : 1$.

$n = 2$: Wirft A beim ersten Wurf sofort eine Sechs, dann erhält er a. Weil dafür aber nur einer von sechs möglichen Fällen günstig ist, ist die Gewinnerwartung des ersten Wurfs wieder $\frac{1}{6}a$. Der zweite Wurf hat, für sich betrachtet auch die Gewinnerwartung $\frac{1}{6}a$. Da er aber nur in den fünf ungünstigen Fällen des ersten Wurfs ausgeführt wird, ist die tatsächliche Gewinnerwartung des zweiten Wurfs $\frac{5}{6} \cdot \frac{1}{6} a = \frac{5}{36} a$. Die gesamte Gewinnerwartung der beiden Würfe ist somit $\frac{1}{6}a + \frac{5}{36}a = \frac{11}{36}a$. Das Verhältnis der Gewinnchancen von A und B ist $11 : 25 < 1 : 2 < 1 : 1$.

$n = 3$: Die ersten beiden Würfe haben, wie gerade gezeigt, die Gewinnerwartung $\frac{11}{36}a$. In den 25 Fällen, in denen bei den ersten beiden Würfen keine Sechs gefallen ist, wird ein drittes Mal geworfen. Der dritte Wurf hat also die Gewinnerwartung $\frac{25}{36} \cdot \frac{1}{6} a = \frac{25}{216} a$. Damit haben die drei Würfe insgesamt die Gewinnerwartung $\frac{11}{36}a + \frac{25}{216}a = \frac{91}{216}a$. Das Verhältnis der Gewinnchancen von A und B ist $91 : 125 < 3 : 4 < 1 : 1$.

$n = 4$: Die ersten drei Würfe haben, wie gerade gezeigt, die Gewinnerwartung $\frac{91}{216}a$. In den 125 Fällen, in denen bei den ersten drei Würfen keine Sechs gefallen ist, wird ein viertes Mal geworfen. Der vierte Wurf hat also die Gewinnerwartung $\frac{125}{216} \cdot \frac{1}{6} a = \frac{125}{1296} a$. Damit haben die vier Würfe insgesamt die Gewinnerwartung $\frac{91}{216}a + \frac{125}{1296}a = \frac{671}{1296}a$. Das Verhältnis der Gewinnchancen von A und B ist somit ist $671 : 625 > 1 : 1$.

Das Spiel ist somit ab vier Würfen günstig für A. Mit vier Würfen kann A es also wagen.

Lösungen nach MONTMORT (1708) und JAKOB BERNOULLI (1713)

Beide Autoren verallgemeinern Aufgabe X bei der Lösung von Aufgabe XI (s. u.). Wir übertragen hier (in heutiger Schreibweise) ihre Verfahren auf Aufgabe X.[100]

Lösung der beiden Autoren. p sei die Wahrscheinlichkeit für das Eintreten eines Ereignisses, ferner sei $q = 1 - p$. Addiert man die Wahrscheinlichkeiten dafür, dass das Ereignis genau beim ersten Versuch, genau beim zweiten Versuch, genau beim n-ten Versuch eintritt, so erhält man $p + pq + pq^2 + \ldots + pq^{n-1} = p \cdot \frac{1 - q^n}{1 - q} = 1 - q^n$.

---

[100] *Essay* 1708, Aufgabe X: 1. Beispiel auf S. 182, Aufgabe XI in Bemerkung auf S. 184; *Ars Conjectandi* S. 25 bzw. S. 30

Für HUYGENS' Aufgabe X ergibt sich damit für die Gewinnchancen von A und B

$(1 - q^n) : q^n = \left(1 - \left(\frac{5}{6}\right)^n\right) : \left(\frac{5}{6}\right)^n = \frac{6^n - 5^n}{5^n}$. Setzt man der Reihe nach $n = 1, 2, \ldots$, so erhält

man für das Verhältnis der Gewinnchancen die Folge $\frac{1}{5}, \frac{11}{25}, \frac{91}{125}, \frac{671}{625}, \ldots$ wie bei HUY-

GENS.

BERNOULLIS 2. Lösung. Für ihn liegt einleitend »klar auf der Hand«, dass es keinen Unterschied macht, ob man einen Würfel n-mal wirft oder n Würfel auf einmal. Statt nämlich einen Würfel n-mal zu werfen, kann man bei jedem Wurf einen neuen Würfel benützen, was
darauf hinausläuft, dass man n verschiedene Würfel gleichzeitig wirft.

Zur Lösung von Aufgabe X überlegt er: Von den sechs Flächen des Würfels ist eine, die
Sechs, günstig, und fünf sind ungünstig. Bei n Würfen gibt es 6^n mögliche Ergebnisse. Da-
von zeigen 5^n keine Sechs, sind also ungünstig. Mindestens eine Sechs tritt somit in
$6^n - 5^n$ Fällen auf. Diese sind für A günstig, für B die übrigen 5^n Fälle. A kann das Spiel wa-
gen, wenn $6^n - 5^n \geq 5^n$, d. h. $6^n \geq 2 \cdot 5^n$ ist. Mit einer
Tabelle findet man das gewünschte n.
Ab $n = 4$ kann A es wagen.

n	1	2	3	4
6^n	6	36	216	1296
$2 \cdot 5^n$	10	50	250	1250

Sowohl MONTMORT als auch BERNOULLI zeigen, dass die Verwendung von Logarithmen die
Rechnung wesentlich abkürzt:

$6^n \geq 2 \cdot 5^n \Leftrightarrow n(\log 6 - \log 5) \geq \log 2 \Leftrightarrow n \geq \dfrac{\log 2}{\log 6 - \log 5}$

Moderne Lösung

Das wiederholt auszuführende Zufallsexperiment ist der einmalige Wurf eines L-Würfels,
bei dem man auf das Ereignis $S = $»Es fällt die Sechs« achtet. Die Wiederholung ergibt ein n-
stufiges Zufallsexperiment, dessen Ergebnisraum durch einen Baum dargestellt werden kann.
Das Ereignis $M_n = $»Bei genau n Würfen fällt mindestens einmal die Sechs« besteht aus all
den Pfaden, die mindestens ein S enthalten. Das sind alle Pfade außer demjenigen, der nur
aus lauter $\bar{S}$ besteht. Die Berechnung von $P(M_n)$ ist kürzer, wenn man das Gegenereignis
$\overline{M}_n = $»Keine Sechs bei genau n Würfen« verwendet. Gesucht ist das kleinste n, sodass

$P(M_n) \geq 0{,}50$

$1 - P(\overline{M}_n) \geq 0{,}50$

$P(\overline{M}_n) \leq 0{,}50$

$\left(\dfrac{5}{6}\right)^n \leq 0{,}5 \qquad (*)$

$\boxed{\text{Start}}\overset{\frac{5}{6}}{\rule{1.5cm}{0.4pt}}\bar{S}\overset{\frac{5}{6}}{\rule{1.5cm}{0.4pt}}\bar{S}\overset{\frac{5}{6}}{\rule{1.5cm}{0.4pt}}\bar{S}\ \cdots\ \overset{\frac{5}{6}}{\rule{1.5cm}{0.4pt}}\bar{S}$

Pfad für $\overline{M}_n = $ *»Keine Sechs bei n Würfen«*

$n \cdot \log \dfrac{5}{6} \leq \log 0{,}5 \qquad$ Weil log echt monoton steigt, bleibt $\leq$ erhalten.

$n \geq \dfrac{\log 0{,}5}{\log \frac{5}{6}} \qquad$ Weil $\log \dfrac{5}{6} < 0$, wird $\leq$ zu $\geq$.

$n \geq 3{,}8\ldots \Rightarrow n_{\min} = 4.$

Man muss einen L-Würfel also *mindestens* viermal werfen, um mit einer Sicherheit von *mindestens* 50 % *mindestens* einmal eine Sechs zu erhalten.

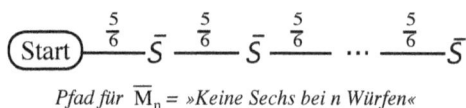

Zusatz: Verwendet man Logarithmen, so kann man leicht Fragen nach einer höheren Sicherheit s beantworten. Statt (*) erhält man dann die Ungleichung $\left(\frac{5}{6}\right)^n \le 1 - s$ und daraus $n \ge \frac{\log(1-s)}{\log\frac{5}{6}}$. So gilt

$s = 90\,\%$: $n \ge 12{,}6\ldots \Rightarrow n_{\min} = 13$　　　　$s = 95\,\%$: $n \ge 16{,}4\ldots \Rightarrow n_{\min} = 17$

$s = 99\,\%$: $n \ge 25{,}2\ldots \Rightarrow n_{\min} = 26$　　　　$s = 100\,\%$: $n = \infty$

1657 HUYGENS / *Tractatus*: Aufgabe XI

> 1657: Invenire, quot vicibus suscipere quis possit, ut duabus tesseris 12 puncta jaciat.
> 1899: Es ist zu bestimmen, mit wie viel Würfen A es wagen kann, mit zwei Würfeln zwölf Augen zu werfen.
> Heute: Wie oft muss jemand zwei Würfel mindestens werfen, um mit einer Wahrscheinlichkeit von mindestens 50 % mindestens einmal zwölf Augen zu werfen?

Lösung nach HUYGENS (1657)

CHRISTIAAN HUYGENS geht davon aus, dass zwei Spieler A und B um einen Gewinn a spielen. Dazu werden zwei Würfel n-mal geworfen. Fallen dabei mindestens einmal zwölf Augen, dann erhält A den Gewinn, andernfalls B. HUYGENS berechnet dann der Reihe nach die Gewinnerwartungen von A.

$\underline{n = 1}$: In einem von 36 Fällen gewinnt A. Seine Gewinnerwartung ist also $\frac{1}{36}a$, die von B daher $\frac{35}{36}a$.

$\underline{n = 2}$: Betrachtet man die Würfe unabhängig voneinander, so hat jeder für A die Gewinnerwartung $\frac{1}{36}a$. Der zweite Wurf findet aber nur in den 35 ungünstigen Fällen des ersten Wurfs statt. Also ist die Gewinnerwartung des zweiten Wurfs unter Berücksichtigung des ersten Wurfs $\frac{35}{36} \cdot \frac{1}{36}a = \frac{35}{1296}a$. Die gesamte Gewinnerwartung der beiden Würfe ist somit $\frac{1}{36}a + \frac{35}{1296}a = \frac{71}{1296}a$. Damit kommen $\frac{71}{1296}a$ dem A und $\frac{1225}{1296}a$ dem B zu.

$\underline{n = 3}$: Diesen Fall übergeht HUYGENS.

$\underline{n = 4}$: Bei den ersten beiden Würfen und bei den darauf folgenden zwei anderen Würfen ist die Gewinnerwartung des A jeweils $\frac{71}{1296}a$. Die zweiten zwei Würfe werden aber nur in den 1225 ungünstigen Fällen ausgeführt, in denen bei den ersten beiden Würfen keine zwölf Augen gefallen sind. Damit haben die vier Würfe für A die Gewinnerwartung $\frac{71}{1296}a + \frac{1225}{1296} \cdot \frac{71}{1296}a = \frac{178991}{1679616}a$. Das Verhältnis der Gewinnchancen von A und B ist somit $178991 : 1500625$.

Auf diese Weise, sagt HUYGENS, könne man für $n = 8$ und $n = 16$ und damit auch für $n = 24$ die Gewinnerwartungen berechnen, die er aber wegen der Größe der Zahlen nicht angibt.[101]

---

[101] Das ist verständlich. Man kann den immensen Rechenaufwand erahnen, wenn man die exakten Zahlen für das Verhältnis der Gewinnchancen von A und B betrachtet:
$\underline{n = 8}$: 569 234 516 831 : 2 821 109 907 456
$\underline{n = 16}$: 2 887 718 335 043 904 546 501 311 : 5 070 942 774 902 496 337 890 625　　　　weiter auf S. 86

»Ich habe auf diese Weise, wie nur erwähnt sein mag, gefunden, dass A mit 24 Würfen etwas im Nachteil, mit 25 Würfen es aber wagen kann.«

Moderne Lösung

Das wiederholt auszuführende Zufallsexperiment ist der einmalige Wurf zweier L-Würfel, bei dem man auf das Ereignis S = »Es fällt die Doppelsechs« achtet. Die Wiederholung ergibt ein n-stufiges Zufallsexperiment. Gesucht ist das kleinste n, bei dem die Wahrscheinlichkeit des Ereignisses M_n = »Bei genau n Würfen fällt mindestens einmal die Doppelsechs« mindestens 50 % beträgt. Also

$$P(M_n) \geq 0{,}5 \iff 1 - P(\overline{M}_n) \geq 0{,}5 \iff P(\overline{M}_n) \leq 0{,}5 \iff \left(\frac{35}{36}\right)^n \leq 0{,}5$$

$$n \cdot \log \frac{35}{36} \leq \log 0{,}5 \qquad \text{Weil log echt monoton steigt, bleibt} \leq \text{erhalten.}$$

$$n \geq \frac{\log 0{,}5}{\log \frac{35}{36}} \qquad \text{Weil } \log \frac{35}{36} < 0, \text{ wird} \leq \text{zu} \geq.$$

$$n \geq 24{,}6\dots \implies n_{\min} = 25.$$

Man muss zwei L-Würfel also mindestens 25-mal werfen, um mit einer Sicherheit von mindestens 50 % mindestens einmal eine Doppelsechs zu erhalten.

1656 DE FERMAT / Fünf Aufgaben

PIERRE DE FERMAT sendet fünf Aufgaben – zwei davon mit Lösung, aber ohne Lösungsweg – an PIERRE DE CARCAVI, die dieser CHRISTIAAN HUYGENS am 22.6.1656 zukommen lässt. Dabei teilt er diesem auch mit, dass er die nächsten Tage BLAISE PASCALs Lösungen erwarte. HUYGENS schreibt am 6.7.1656 an CLAUDE MYLON, dass er alle fünf Aufgaben schon nach dem Abendessen des Tags, an dem er sie erhalten hat, der Methode nach gelöst habe, nicht jedoch hinsichtlich der Rechnungen, die teils so langwierig seien, dass er sich damit nicht habe »amüsieren« wollen. Die Lösungen, zum Teil mit Lösungswegen, schickt er am gleichen Tag an CARCAVI, auch hier betonend, dass er nicht »genügend Geduld hatte«, die Rechnungen bis zum Endergebnis durchzuführen. Die erste und vierte dieser fünf Aufgaben nimmt HUYGENS als *Problem I* bzw. *III* samt Lösung in seinen *Traktat* auf, ohne jedoch mitzuteilen, wie man sie findet; die dritte wandelt er zu dem leichteren *Problem II* ab. Den Urheber FERMAT erwähnt er, wie seinerzeit üblich, überhaupt nicht.

Die **1. Aufgabe** behandeln wir im Abschnitt 1657 HUYGENS / *Tractatus*: Problem I (s. S. 103).

Die **2. Aufgabe** ist eine Variation der 1. Aufgabe. Siehe dazu 1657 HUYGENS / *Tractatus*: Problem I (s. S. 103).

---

3. Aufgabe: Wer von den drei Spielern A, B und C als Erster eine der 13 Herzkarten aus einem kompletten Spiel von 52 Karten zieht, ist Sieger. Gezogen wird der Reihe nach dem Schema ABCABCA... [Wie verhalten sich die Gewinnchancen?]

$\underline{n = 24}$: 11 033 126 465 283 976 852 912 127 963 392 284 191 :
                               11 419 131 242 070 580 387 175 083 160 400 390 625
$\underline{n = 25}$: 408 611 683 992 293 747 092 011 689 842 522 621 501 :
                               399 669 593 472 470 313 551 127 910 614 013 671 875

Lösung der 3. Aufgabe nach HUYGENS (1656/1888)

Den zu gewinnenden Einsatz d setzen wir zur Vereinfachung gleich
1. CHRISTIAAN HUYGENS beginnt
mit dem Fall, dass bei den ersten
39 Zügen keine Herzkarte gezogen

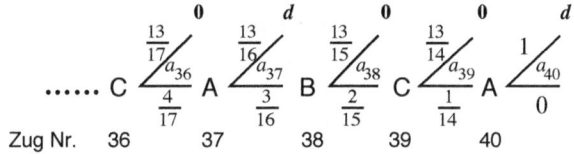

$$\cdots\cdots\; C\; \overset{0}{\underset{\frac{4}{17}}{\overset{\frac{13}{17}}{\diagup}}}_{a_{36}} A\; \overset{d}{\underset{\frac{3}{16}}{\overset{\frac{13}{16}}{\diagup}}}_{a_{37}} B\; \overset{0}{\underset{\frac{2}{15}}{\overset{\frac{13}{15}}{\diagup}}}_{a_{38}} C\; \overset{0}{\underset{\frac{1}{14}}{\overset{\frac{13}{14}}{\diagup}}}_{a_{39}} A\; \overset{d}{\underset{0}{\overset{1}{\diagup}}}_{a_{40}}$$

Zug Nr.   36   37   38   39   40

werde. Dann bestimmt er rekursiv die Gewinnerwartungen a_i des A. Offensichtlich ist a_{40} =
1, und das Spiel ist zu Ende.

$$a_{39} = \tfrac{1}{14}a_{40} = \tfrac{1}{14},\qquad a_{38} = \tfrac{2}{15}a_{39} = \tfrac{1}{105},\qquad\qquad a_{37} = \tfrac{13}{16} + \tfrac{3}{16}a_{38} = \tfrac{1368}{1680}.$$

Hier bricht HUYGENS ab und verzichtet auf die nun folgende gewaltige Rechenaufgabe, gibt
also ebenso wenig wie FERMAT eine Lösung an.

Moderne Lösung

In einer Urne liegen 13 Treffer und 39 Nieten. A, B und C ziehen in dieser Reihenfolge ohne
Zurücklegen jeweils eine Kugel. Wer als Erster einen Treffer zieht, ist Sieger.

A ist Sieger, wenn der erste Treffer beim 1., 4., 7., …, 40. Zug gezogen wird. Die Wahrscheinlichkeiten für die zugehörigen Ereignisse $T_1, T_4, \ldots, T_{40}$ seien $p_1, p_4, \ldots, p_{40}$. Es gibt
$\binom{52}{13}$ Möglichkeiten für die Verteilung der Treffer auf die 52 Züge. Wird der erste Treffer
beim i-ten Zug gezogen, dann verteilen sich die restlichen 12 Treffer auf die restlichen $52 - i$
Züge. Also ist $p_i = \dfrac{\binom{52-i}{12}}{\binom{52}{13}}$. Da die T_i disjunkt sind, dürfen die Wahrscheinlichkeiten p_i addiert
werden. Man erhält somit

$$P(\text{»A siegt«}) = p_1 + p_4 + \ldots + p_{37} + p_{40} = \frac{1}{\binom{52}{13}}\sum_{i=0}^{13}\binom{51-3i}{12}.$$ Analog ergibt sich

$$P(\text{»B siegt«}) = p_2 + p_5 + \ldots + p_{35} + p_{38} = \frac{1}{\binom{52}{13}}\sum_{i=0}^{12}\binom{50-3i}{12},\text{ und}$$

$$P(\text{»C siegt«}) = p_3 + p_6 + \ldots + p_{36} + p_{39} = \frac{1}{\binom{52}{13}}\sum_{i=0}^{12}\binom{49-3i}{12}.$$

Auswertung mit einem Computer liefert

$$P(\text{»A siegt«}) = \frac{8\,054\,830\,872}{18\,676\,869\,400} = 43{,}1\,\%,\quad P(\text{»B siegt«}) = \frac{6\,072\,680\,801}{18\,676\,869\,400} = 32{,}5\,\%\text{ und}$$

$$P(\text{»C siegt«}) = \frac{4\,549\,357\,727}{18\,676\,869\,400} = 24{,}4\,\%.$$

Zur Kontrolle berechnet man $P(\text{»A siegt«}) + P(\text{»B siegt«}) + P(\text{»C siegt«}) = 1$.

Zusatz. Die großen Zahlen machen den Lösungsweg unübersichtlich. Durchsichtiger wird er bei Verwendung kleinerer Zahlen. Das Spiel umfasse lediglich zwölf Karten, von denen drei Herzkarten sind.

Lösungsweg nach HUYGENS (1656)

Auch mit den kleinen Zahlen ist das Vorgehen nach HUYGENS noch recht mühsam.

$a_{10} = 1$, und das Spiel ist zu Ende.

$$a_9 = \tfrac{1}{4}a_{10} = \tfrac{1}{4},\; a_8 = \tfrac{2}{5}a_9 = \tfrac{1}{10},\; a_7 = \tfrac{3}{6} + \tfrac{3}{6}a_8 = \tfrac{11}{20},\quad a_6 = \tfrac{4}{7}a_7 = \tfrac{11}{35},\quad a_5 = \tfrac{5}{8}a_6 = \tfrac{11}{56},$$

$$a_4 = \frac{3}{9} + \frac{6}{9}a_5 = \frac{13}{28}, \quad a_3 = \frac{7}{10}a_4 = \frac{13}{40}, \quad a_2 = \frac{8}{11}a_3 = \frac{13}{55}, \quad a_1 = \frac{3}{12} + \frac{9}{12}a_2 = \frac{47}{110};$$

$$b_8 = \frac{3}{5}, \quad b_7 = \frac{3}{6}b_8 = \frac{3}{10}, \quad b_6 = \frac{4}{7}b_7 = \frac{6}{35}, \quad b_5 = \frac{3}{8} + \frac{5}{8}b_6 = \frac{27}{56}, \quad b_4 = \frac{6}{9}b_5 = \frac{9}{28},$$

$$b_3 = \frac{7}{10}b_4 = \frac{9}{40}, \quad b_2 = \frac{3}{11} + \frac{8}{11}b_3 = \frac{24}{55}, \quad b_1 = \frac{9}{12}b_2 = \frac{36}{110};$$

$$c_9 = \frac{3}{4}, \quad c_8 = \frac{2}{5}c_9 = \frac{3}{10}, \quad c_7 = \frac{3}{6} + \frac{3}{6}c_8 = \frac{3}{20}, \quad c_6 = \frac{4}{7}c_7 = \frac{18}{35}, \quad c_5 = \frac{5}{8}c_6 = \frac{9}{28},$$

$$c_4 = \frac{3}{9} + \frac{6}{9}c_5 = \frac{3}{14}, \quad c_3 = \frac{7}{10}c_4 = \frac{9}{20}, \quad c_2 = \frac{8}{11}c_3 = \frac{18}{55}, \quad c_1 = \frac{3}{12} + \frac{9}{12}c_2 = \frac{27}{110}.$$

Moderne Lösung

Analog zum obigen Vorgehen erhält man

$p_i = \dfrac{\binom{12-i}{2}}{\binom{12}{3}}$. Damit ergibt sich

$$P(\text{»A siegt«}) = p_1 + p_4 + p_7 + p_{10} = \frac{1}{\binom{12}{3}}\left(\binom{11}{2} + \binom{8}{2} + \binom{5}{2} + \binom{2}{2}\right) = \frac{1 + 10 + 28 + 55}{220} = \frac{94}{220} = \frac{47}{110}$$

$$P(\text{»B siegt«}) = p_2 + p_5 + p_8 = \frac{1}{\binom{12}{3}}\left(\binom{10}{2} + \binom{7}{2} + \binom{4}{2}\right) = \frac{6 + 21 + 45}{220} = \frac{72}{220} = \frac{36}{110}$$

$$P(\text{»C siegt«}) = p_3 + p_6 + p_9 = \frac{1}{\binom{12}{3}}\left(\binom{9}{2} + \binom{6}{2} + \binom{3}{2}\right) = \frac{3 + 15 + 36}{220} = \frac{54}{220} = \frac{27}{110}$$

Die **4. Aufgabe** behandeln wir im Abschnitt 1657 HUYGENS / *Tractatus*: Problem III (s. S. 112). Und damit kommen wir zur

---

5. Aufgabe: A erhält beim Piquet[102] zunächst zwölf Karten und setzt darauf, dass er dabei drei Asse erhalten hat. [Wie groß ist seine Gewinnchance?]

Die Aufgabenstellung ist nicht eindeutig, da nicht klar ist, ob A auf *mindestens* oder auf *genau* drei Asse setzt.

Lösung nach HUYGENS (1656)

Aus dem Lösungsweg erkennt man, dass CHRISTIAAN HUYGENS die Aufgabe im Sinne von *mindestens* löst. Zur Vereinfachung setzen wir den zu gewinnenden Einsatz d gleich 1. HUYGENS' Vorgehen ist rekursiv. Er startet mit der Situation, dass A nach dem elften Zug genau zwei Asse besitzt. Unter den 25 noch übrigen Karten gibt es also noch zwei Asse, sodass A in zwei von 25 Fällen sein drittes Ass erhalten wird und damit gewonnen hat.

Hat A nach dem zehnten Zug bereits genau zwei Asse, dann gewinnt er in zwei von 26 Fällen sofort, und in 24 von 26 Fällen ist seine Gewinnerwartung $\frac{2}{25}$. Seine Gewinnerwartung für diesen Fall ist also $\frac{2}{26} + \frac{24}{26} \cdot \frac{2}{25} = \frac{49}{325}$.

Es kann aber auch der Fall eintreten, dass A nach dem zehnten Zug erst genau ein Ass hat. Dann gewinnt er in drei von 26 Fällen $\frac{2}{25}$ und in den 23 anderen Fällen nichts. Für diesen

---

[102] *Piquet* (deutsch Pikett oder Rummelpikett) gilt als ein überaus interessantes und anspruchsvolles Kartenspiel für zwei Personen. Wahrscheinlich entstand es im frühen 16. Jahrhundert. Zur Zeit der Aufgabenstellung wurde es mit 36 Karten gespielt, darunter vier Asse.

Fall ist seine Gewinnerwartung also $\frac{3}{26} \cdot \frac{2}{25} = \frac{3}{325}$.

HUYGENS berechnet noch die Gewinnerwartungen für den neunten Zug und sagt, auf diese Weise könne man bis zum Spielanfang zurückgehen. Offensichtlich ist ihm die Rechnung zu aufwändig, sodass er auch keine Lösung angibt.[103] Sein rekursives Vorgehen lässt sich übersichtlich in einem Baum darstellen. Darin bedeute $\binom{x}{y}$: Unter den x bereits erhaltenen Karten sind genau y Asse. In den Zwickeln stehen die jeweiligen Gewinnerwartungen des A. Dabei sei $a_{m,n}$ die Gewinnerwartung für den Fall, dass A insgesamt m Karten gezogen und dabei genau n Asse erhalten hat.

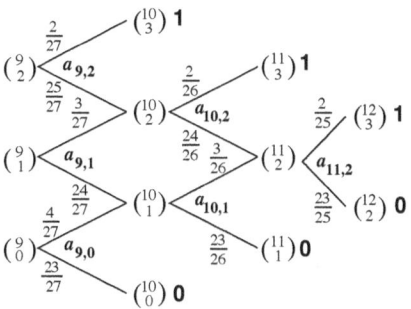

$$a_{11,2} = \frac{2}{25} \cdot 1$$

$$a_{10,2} = \frac{2}{26} \cdot 1 + \frac{24}{26} \cdot a_{11,2} = \frac{49}{325}$$

$$a_{10,1} = \frac{3}{26} \cdot a_{11,2} + \frac{23}{26} \cdot 0 = \frac{3}{325}$$

$$a_{9,2} = \frac{2}{27} \cdot 1 + \frac{25}{27} \cdot a_{10,2} = \frac{1875}{8775} = \frac{25}{117}$$

$$a_{9,1} = \frac{3}{27} \cdot a_{10,2} + \frac{24}{27} \cdot a_{10,1} = \frac{219}{8775} = \frac{73}{2925}$$

$$a_{9,0} = \frac{4}{27} \cdot a_{10,1} + \frac{23}{27} \cdot 0 = \frac{12}{8775} = \frac{4}{2925}$$

Den Wert $a_{0,0}$ hätte HUYGENS als Lösung eines Systems von 39 Gleichungen gefunden, nämlich $a_{0,0} = \frac{5}{51}$.[104]

Moderne Lösung

Aus einer Urne mit 36 Kugeln, von denen genau vier Treffer sind, wird zwölfmal ohne Zurücklegen gezogen. Man erhält

$$P(\text{»Genau 3 Treffer«}) = \frac{\binom{4}{3}\binom{32}{9}}{\binom{36}{12}} = \frac{1\,121\,952}{12\,516\,777}, \quad P(\text{»Genau 4 Treffer«}) = \frac{\binom{4}{4}\binom{32}{8}}{\binom{36}{12}} = \frac{105\,183}{12\,516\,777},$$

$$P(\text{»Mindestens 3 Treffer«}) = \frac{1\,121\,952}{12\,516\,777} + \frac{105\,183}{12\,516\,777} = \frac{1\,227\,135}{12\,516\,777} = \frac{5}{51} = 9,8\,\%.$$

Zusatz: Auch hier wird die Aufgabe durch ein Spiel mit weniger Karten durchsichtiger. Bereits HUYGENS hatte diesen Einfall. Denn sein Problem II ist eine einfachere Fassung von FERMATs Aufgabe. Wir bleiben aber im Gegensatz zu HUYGENS beim Kartenspiel und beschränken uns auf zwölf Karten, von denen weiterhin vier Karten Asse sind. A erhält vier Karten und setzt darauf, dass darunter drei Asse sein werden. Nach HUYGENS ergibt sich dann der nachstehende rekursive Baum.

---

[103] In einem dem Brief an PIERRE DE CARCAVI beigefügten Blatt formuliert HUYGENS die Aufgabe auch als »Urnen«-Aufgabe: *36 calculi quorum 32 nigri, 4 albi, caecus 12 capio, in quibus certo 3 albos esse.* Konkret führt er die Rechnung aus für den 12. bis 10. Zug und beschreibt den weiteren Lösungsweg mit Hilfe von Buchstaben an Hand der Gleichungen für den neunten, achten, dritten, zweiten und ersten Zug.

[104] Als weitere Zwischenwerte erhält man $a_{8,2} = \frac{17}{63}$, $a_{8,1} = \frac{37}{819}$, $a_{8,0} = \frac{97}{20475}$, $a_{7,2} = \frac{65}{203}$, $a_{7,1} = \frac{125}{1827}$, $a_{7,0} = \frac{35}{3393}$, $a_{6,2} = \frac{53}{145}$, $a_{6,1} = \frac{19}{203}$, $a_{6,0} = \frac{11}{609}$, $a_{5,2} = \frac{63}{155}$, $a_{5,1} = \frac{539}{4495}$, $a_{5,0} = \frac{25}{899}$, $a_{4,2} = \frac{55}{124}$, $a_{4,1} = \frac{91}{620}$, $a_{4,0} = \frac{707}{17980}$, $a_{3,2} = \frac{21}{44}$, $a_{3,1} = \frac{237}{1364}$, $a_{3,0} = \frac{357}{6820}$, $a_{2,2} = \frac{95}{187}$, $a_{2,1} = \frac{75}{374}$, $a_{2,0} = \frac{1545}{23188}$, $a_{1,1} = \frac{27}{119}$, $a_{1,0} = \frac{39}{476}$.

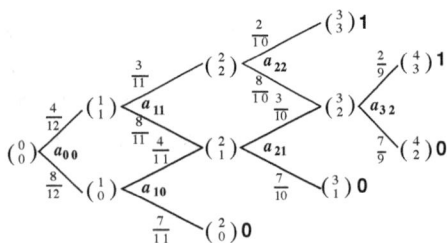

$$a_{32} = \frac{2}{9} \cdot 1 + \frac{7}{9} \cdot 0 = \frac{2}{9}$$

$$a_{22} = \frac{2}{10} \cdot 1 + \frac{8}{10} a_{32} = \frac{17}{45}$$

$$a_{21} = \frac{3}{10} a_{32} + \frac{7}{10} \cdot 0 = \frac{1}{15}$$

$$a_{11} = \frac{3}{11} a_{22} + \frac{8}{11} a_{21} = \frac{5}{33}$$

$$a_{10} = \frac{4}{11} a_{21} + \frac{7}{11} \cdot 0 = \frac{4}{165}$$

$$a_{00} = \frac{4}{12} a_{11} + \frac{8}{12} a_{10} = \frac{1}{15}$$

Wesentlich kürzer liefert eine **moderne Lösung** das Ergebnis.

$$P(\text{»Genau 3 Treffer«}) = \frac{\binom{4}{3}\binom{8}{1}}{\binom{12}{4}} = \frac{32}{495}, \quad P(\text{»Genau 4 Treffer«}) = \frac{\binom{4}{4}\binom{8}{0}}{\binom{12}{4}} = \frac{1}{495},$$

$$P(\text{»Mindestens 3 Treffer«}) = \frac{32}{495} + \frac{1}{495} = \frac{1}{15} = 6{,}7\ \%.$$

1656 PASCAL / Urfassung von HUYGENS' Problem V

PIERRE DE CARCAVI berichtet am 28.9.1656 CHRISTIAAN HUYGENS von einer Aufgabe, die PIERRE DE FERMAT von BLAISE PASCAL gestellt wurde (Huygens 1888, Band 14). PASCAL hat seine Aufgabe sehr umständlich formuliert. Wir bringen sie daher in folgender Gestalt.

> Eine Person wirft drei Würfel. A bzw. B darf sich einen Punkt gutschreiben, wenn die Augensumme 11 bzw. 14 zeigt. Sieger ist, wer zuerst 12 Punkte erreicht, wobei die Notation der Punkte nach folgender Regel erfolgt: Fällt eine Elf, dann gilt:
> 1) Hat B keinen Punkt, dann darf A einen Punkt notieren.
> 2) Hat B schon Punkte, dann muss B einen seiner Punkte löschen; der Punktestand des A bleibt unverändert.
> Fällt eine Vierzehn, dann gilt das Obige unter Vertauschung von A und B. Wie verhalten sich die Gewinnchancen von A und B?

Im Brief CARCAVIs an HUYGENS lesen wir:

> »Er [PASCAL] hält sie für unvergleichlich schwieriger als alle anderen [... sie] erschien Monsieur Pascal so schwierig, dass er zweifelte, ob Monsieur de Fermat damit zu Rande käme[105], der aber sandte mir unverzüglich diese Lösung: Der mit der Chance 11 kann gegen den mit der Chance 14 im Verhältnis 1156 : 1 wetten, aber nicht 1157 : 1. Und da das wahre Verhältnis dazwischen liegt, konnte Monsieur Pascal erkennen, dass Monsieur Fermat die von ihm gestellte Aufgabe doch hatte bewältigen können. Er gab mir die exakten Zahlen, um sie ihm zu schicken, auch als Zeugnis dafür, dass er nicht etwas gestellt habe, was er nicht vorher gelöst hätte. Hier sind sie: 129746337890625 : 150094635296999121.«

Der letzte Quotient hat den Wert 1156,8..., womit FERMAT bestätigt ist. HUYGENS fühlt sich durch die Einschätzung PASCALs herausgefordert, findet die Aufgabe, wie er am 12.10.1656

---

[105] Weil FERMAT bisher immer alle möglichen Spielabläufe abzählte, was aber bei dieser Aufgabe nicht möglich ist, da es unendlich viele Abläufe gibt.

an CARCAVI schreibt, zunächst »reichlich verzwickt, um bald zu erkennen, dass dem nicht so ist«, und fügt die »sehr einfache« gekürzte Lösung 282 429 536 481 : 244 140 625 dieser »überaus hübschen« Aufgabe bei, aber ohne Beweis, den er für sehr »langwierig« hält. Außerdem fügt er noch die Lösungen für zwei Varianten an:

1) Beide spielen um zehn Punkte, A setzt auf 10, B auf 13. Dann gilt P(»A siegt«) : P(»B siegt«) = 3 486 784 401 : 282 475 249.

2) Beide spielen um zwölf Punkte, A setzt auf 13, B auf 17. Dann gilt P(»A siegt«) : P(»B siegt«) = 13 841 287 201 : 1, »was auf den ersten Blick ziemlich seltsam erscheint.«

HUYGENS bringt 1657 in seinem Traktat die Aufgabe PASCALs in veränderter Form als *Problem V*. Siehe 1657 HUYGENS / *Tractatus:* Problem V auf Seite 117.

Die Regel hat PASCAL mittels einer Spielfolge veranschaulicht, was wir tabellarisch wiedergeben:

Wurffolge	zuerst 11-11-11- 11-11-11	dann 14-14-14	dann 14-14-14- 14-14-14	dann 14-14-14-14- 14-14-14-14	dann 11-11-11- 11	dann 14-14-14- 14-14
Punkte des A	6	3	0	0	0	0
Punkte des B	0	0	3	11	7	12

Lösung nach HUYGENS (1676/1888):

Die Augensumme 14 kann auf fünfzehn Arten entstehen, die Augensumme 11 auf 27 Arten. MONTMORT listet sie alle 1708 in seinem *Essay* auf Seite 162 in Worten auf.

Augensumme 11							Augensumme 14			
entsteht aus	6,4,1	6,3,2	5,5,1	5,4,2	5,3,3	4,4,3	6,6,2	6,5,3	6,4,4	5,5,4
Anzahl	6	6	3	6	3	3	3	6	3	3

Demnach verhalten sich die Chancen von 11 und 14 wie 27 : 15 = 9 : 5. Da um 12 Punkte gespielt wird, verhalten sich – so schreibt HUYGENS am 12.10.1656 an CARCAVI – die Chancen von A und B wie $9^{12} : 5^{12}$, also wie das oben angegebene 282 429 536 481 : 244 140 625. Im Manuskript vom August 1676 versucht HUYGENS schrittweise mit Hilfe von Bäumen[106] einen Beweis hierfür zu finden. Die Buchstaben auf den Ästen sind keine Wahrscheinlichkeiten, sondern die Anzahlen der für die Spieler günstigen Fälle. In den Zwickeln stehen die Gewinnerwartungen des A beim jeweiligen Spielstand. HUYGENS notierte jedoch die des B und rechnete mit Steinen. Gewonnen habe der Spieler, der zuerst D Punkte erreicht.

1. Fall: $D = 2$

Günstig für A sind c Fälle, für B d Fälle.

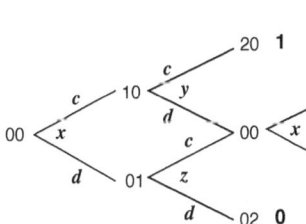

$$\left.\begin{array}{l} y = \frac{c+dx}{c+d} \\ z = \frac{cx}{c+d} \\ x = \frac{cy+dz}{c+d} \end{array}\right\} \Rightarrow x = \frac{c^2+2cdx}{c^2+2cd+d^2}, \text{ woraus sich ergibt}$$

$$\left(c^2 + 2cd + d^2\right)x = c^2 + 2cdx$$

$$\Rightarrow \quad x = \frac{c^2}{c^2 + d^2}$$

---

[106] Es handelt sich hier um das erste Auftreten eines Baumes in der Stochastik.

Die Gewinnerwartung des B ist dann $\dfrac{d^2}{c^2+d^2}$. Also verhalten sich die Chancen des A zu denen des B wie $c^2 : d^2$.

2. Fall: $D = 4$

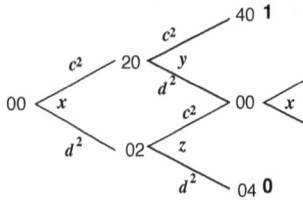

HUYGENS verwendet implizit, dass der Stand 40 nur auf dem Weg über 20 erreicht werden kann, und zeichnet dann den folgenden Baum. Günstig dafür, dass A den Stand 20 erreicht, sind c^2 Fälle; in d^2 Fällen erreicht B den Stand 02.

HUYGENS vergleicht diesen Baum mit dem des 1. Falls und sagt, man müsse in den dortigen Gleichungen lediglich c durch c^2 und d durch d^2 ersetzen und erhalte dann die Lö-

sung $x = \dfrac{c^4}{c^4+d^4}$ und damit als Verhältnis der Chancen $c^4 : d^4$. Mit derselben Überlegung erhielte man bei $D = 8$ den Wert $x = \dfrac{c^8}{c^8+d^8}$ und könne so immer wieder verdoppeln.

3. Fall: $D = 3$

HUYGENS zerlegt in eine Spielfolge mit $D = 1$ und $D = 2$.

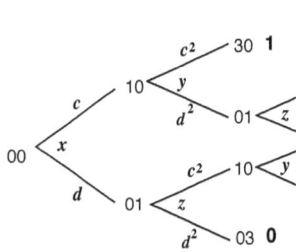

$$\left.\begin{array}{l} y = \dfrac{c^2+d^2z}{c^2+d^2} \\[2mm] z = \dfrac{c^2y}{c^2+d^2} \\[2mm] x = \dfrac{cy+dz}{c+d} \end{array}\right\} \Rightarrow \left\{\begin{array}{l} y = \dfrac{c^2\left(c^2+d^2+d^2y\right)}{\left(c^2+d^2\right)^2} \\[3mm] x = \dfrac{cy+\dfrac{c^2dy}{c^2+d^2}}{c+d} \end{array}\right. \Leftrightarrow y = \dfrac{c^2\left(c^2+d^2\right)}{c^4+c^2d^2+d^4}$$

Daraus erhält man

$$x = \dfrac{\dfrac{c^3\left(c^2+d^2\right)+c^4d}{c^4+c^2d^2+d^4}}{c+d} \Leftrightarrow x = \dfrac{c^5+c^3d^2+c^4d}{(c+d)\left(c^4+c^2d^2+d^4\right)}$$

Kürzt man hier mit $(c^2 + d^2 + cd)$, so ergibt sich $x = \dfrac{c^3}{(c+d)\left(c^2-cd+d^2\right)}$ und schließlich

$x = \dfrac{c^3}{c^3+d^3}$. Also verhalten sich die Chancen des A zu denen des B wie $c^3 : d^3$.

Für $D = 6$ ergibt sich nach HUYGENS das Verhältnis $c^6 : d^6$. (Zerlegung in zwei Spielfolgen mit jeweils $D = 3$.)

4. Fall: $D = 5$

HUYGENS behauptet, dass das Verhältnis der Chancen hier $c^5 : d^5$, die Rechnung jedoch etwas länger sei als im Fall $D = 3$. Er sähe aber zum jetzigen Zeitpunkt nicht, wie bewiesen werde könne, dass allgemein das Verhältnis der Chancen $c^n : d^n$ ist.

1656 TACQUET / *Arithmeticae*: Maximum der Binomialkoeffizienten

Der belgische Jesuit ANDREAS TACQUET löst 1656 in Buch 5, Kap. 8 seiner *Arithmeticae theoria et praxis* das folgende Problem:

> Aus n gegebenen Dingen werden k Dinge ausgewählt. Für welches k ist die Anzahl der Auswahlmöglichlichkeiten am größten?

Lösung nach TACQUET (1656)

TACQUET gibt zunächst explizit für $k = 2, 3$ und 4 alle möglichen Auswahlen aus acht Buchstaben an und schließt daran drei allgemein formulierte »Beobachtungen« an, führt also keinen Beweis. Wir verwenden im Folgenden, dass $\binom{n}{k}$ die Anzahl der Auswahlmöglichkeiten von k Dingen aus n Dingen angibt.

1) Es gibt gleich viele Möglichkeiten, k Dinge oder $n - k$ Dinge auszuwählen. TACQUET illustriert dies an $\binom{8}{1} = \binom{8}{7} = 8$, $\binom{8}{2} = \binom{8}{6} = 28$ und $\binom{8}{3} = \binom{8}{5} = 56$.

2) Die Anzahl der Auswahlmöglichkeiten wächst monoton bis zur »Mitte«, d. h. bis $\frac{n+1}{2}$. TACQUET illustriert dies an $\binom{8}{1} < \binom{8}{2}$, $\binom{8}{6} > \binom{8}{7}$, $\binom{8}{2} < \binom{8}{3}$ und $\binom{8}{5} > \binom{8}{6}$.

3) Wenn die Anzahl n der Dinge gerade ist, dann gibt es für $k = \frac{n}{2}$ die meisten Auswahlmöglichkeiten. Ist die Anzahl n der Dinge aber ungerade, dann gibt es zwei größte Auswahlmöglichkeiten, nämlich für die benachbarten Werte $k = \frac{n-1}{2}$ und für $k = \frac{n+1}{2}$. TACQUET sagt, dass man die meisten Auswahlmöglichkeiten bei acht Dingen hat, wenn man vier Dinge auswählt – aus seiner Tabelle ersieht man, dass $\binom{8}{4} = 70$ – , dass es bei neun Dingen aber die meisten Auswahlmöglichkeiten gibt, wenn man vier oder fünf Dinge auswählt. Den Wert von $\binom{9}{4} = \binom{9}{5} = 126$ gibt er aber nicht an.

Wir führen die Beweise vor.

zu 1): Wählt man k Dinge aus, so bleiben $n - k$ Dinge übrig. Es gibt also genauso viele Möglichkeiten, $n - k$ Dinge auszuwählen, wie k Dinge auszuwählen. Also ist $\binom{n}{k} = \binom{n}{n-k}$, was sich auch rechnerisch leicht verifizieren lässt:

$$\binom{n}{k} = \frac{n!}{k!(n-k)!} = \frac{n!}{(n-k)!(n-(n-k))!} = \binom{n}{n-k}.$$

zu 2): Aus der Regel von HÉRIGONE ergibt sich für den Übergang von $k - 1$ nach k:

$$\binom{n}{k} = \frac{n(n-1)\ldots(n-(k-2))(n-(k-1))}{1\cdot2\cdot3\cdot\ldots\cdot(k-1)\cdot k} = \binom{n}{k-1}\frac{n-(k-1)}{k}.$$

Die Werte wachsen, d. h., $\binom{n}{k} > \binom{n}{k-1}$, wenn $\frac{n-(k-1)}{k} > 1 \Leftrightarrow n + 1 > 2k \Leftrightarrow k < \frac{n+1}{2}$.

zu 3): Ist n gerade, dann wachsen, weil k ganzzahlig sein muss, die Binomialkoeffizienten

$\binom{n}{k}$ monoton bis $k = \frac{n}{2}$ und fallen dann wegen $\binom{n}{k} = \binom{n}{n-k}$ wieder monoton; ihren Maximalwert erreichen sie bei $k = \frac{n}{2}$. Ist n ungerade, dann wachsen die Binomialkoeffizienten monoton bis $k = \frac{n-1}{2}$ und fallen ab $k = \frac{n+1}{2}$ wieder monoton; sie haben zwei gleiche Maximalwerte, nämlich bei $k = \frac{n-1}{2}$ und bei $k = \frac{n+1}{2}$.

Antike Spielmarke mit den Inschriften

Casus Sortis = Wechselfälle des Glücks

und

QUI LUDIT ARRAM DET QUOD SATIS SIT = Wer spielt möge genügend einsetzen.

Die vier Astragaloi zeigen auf der Textseite der Spielmarke den Venuswurf.
Siehe das Bild auf Seite 3 und Fußnote 138.

Ἀνερρίφϑω κύβος – Hochgeworfen sei der Würfel

Mit diesem zum geflügelten Wort gewordenen Vers des griechischen Komödiendichters MENANDER soll GAIUS JULIUS CÄSAR am 10. Januar 49 v. Chr. seiner Lage Ausdruck verliehen haben. PLUTARCH berichtet uns in *Pompeius* 60: »Als er an den Rubikon kam, [...] verharrte er in Schweigen und zauderte, wobei er bei sich die Größe des Wagnisses bedachte. Dann jedoch [...] verschloss er die Augen vor der Gefahr und führte das Heer hinüber, nachdem er den Umstehenden auf Griechisch nur noch kurz ›Hochgeworfen sei der Würfel‹ zugerufen hatte.« Bei SUETON lesen wir in *De Vita Caesarum* (*Caes.* 32) stattdessen *iacta alea est*, was auf Deutsch meist mit »Der Würfel ist gefallen« zitiert wird. Dies drückt im Gegensatz zum griechischen Vers nicht die Situation aus, in der sich CÄSAR befand. Ist der Würfel nämlich gefallen, dann ist das Ergebnis des Handelns ja bekannt. Ist der Würfel aber noch hochgeworfen, dann kommt der Zufall ins Spiel: Der Ausgang der Unternehmung ist völlig offen, niemand weiß, zu welchem Ergebnis die Handlung führen wird. Darum übersetzte 1520 ULRICH VON HUTTEN seinen Wahlspruch von 1517:

»Iacta est alea« – Ich hab's gewagt

VTERE FELIX VIVAS – BENÜTZE IHN UND LEBE GLÜCKLICH!

liest man auf den beiden Seitenwänden und der Rückwand des 1983 in einer römischen Villa in Vettweiß-Froitzheim (Kreis Düren) gefundenen römischen Würfelturms (*turricula*) aus der 1. Hälfte des 4. Jh.s –21 cm hoch, Grundfläche 10 cm × 12 cm. Außer ihm ist nur noch ein hölzener aus Ägypten erhalten. Auf der Frontseite steht: PICTOS VICTOS HOSTIS DELETA LUDITE SECURI – *Die Pikten sind besiegt, der Feind vernichtet, spielt unbekümmert*. Mitgebracht hat ihn wahrscheinlich ein römischer Soldat aus der Provinz Britannia, deren Grenzwall, der Hadrianswall, im 4. Jh. mehrmals von den Pikten überrannt wurde. Besiegt wurden sie von den Römern 328/329 und 343. – Der Würfelturm verhinderte Betrügereien beim Würfelspiel, wie MARTIAL dichtete (*Epigrammata* XIV 16):

Quaerit compositos manus improba mittere talos / si per me misit, nil nisi vota facit.
Wirft des Tricksers Hand die Würfel, die er sich zurechtgelegt, / wirft er sie durch mich, bleibt es allein bei dem Wunsch.

HUYGENS' Tractatus de Ratiociniis in Aleae Ludo von 1657

CHRISTIAAN HUYGENS hört während seines Pariser Studienaufenthalts (Mitte Juli bis Ende November 1655) vom Briefwechsel zwischen BLAISE PASCAL und PIERRE DE FERMAT.

> »Diese hielten jede ihrer Methoden so sehr geheim, dass ich die gesamte Materie von den Anfangsgründen an selbst entwickeln musste.«[107]

So entstand der *Tractaet handelende van Reeckening in Speelen van Geluck* – »Abhandlung über das Rechnen in Glücksspielen«. Diesen übersetzte FRANS VAN SCHOOTEN DER JÜNGERE ins Lateinische und fügte ihn 1657 unter dem Titel *Tractatus de Ratiociniis in Aleae Ludo* als Anhang seinen *Exercitationum mathematicarum libri quinque* auf. Die ursprüngliche holländische Fassung erschien erst 1660 in der holländischen Ausgabe des SCHOOTEN'schen Werks. An Stelle einer Schlussvignette stellt CHRISTIAAN HUYGENS am Ende seines Traktats fünf Probleme[108], ohne die Lösungen mitzuteilen,

> »weil diese zu viel Arbeit erfordert hätten, wenn ich sie gründlich ausgeführt hätte, aber auch, damit diese unseren Lesern, so es welche geben wird, als Übung und (als Zeitvertreib)[109] dienen mögen.«

1657 HUYGENS / *Tractatus*: Aufgabe XII

> 1657: Invenire quot tesseris suscipere quis possit, ut primâ vice duos senarios jaciat.
>
> 1899: Mit wie viel Würfeln kann A es unternehmen, auf den ersten Wurf zwei Sechsen zu werfen.
>
> Heute: Wie viele Würfel muss jemand *mindestens* werfen, um mit einer Wahrscheinlichkeit von *mindestens* 50 % *mindestens* zwei Sechsen zu werfen?

Lösung nach HUYGENS (1657)

CHRISTIAAN HUYGENS bemerkt, dass es auf dasselbe hinausläuft, ob man mit n Würfeln einmal oder mit einem Würfel n-mal wirft.

$\underline{n = 2}$: Nach Aufgabe XI (siehe Seite 85) hat A die Gewinnerwartung $\frac{1}{36} a$.

$\underline{n = 3}$:

1. Fall: Beim ersten Wurf fällt keine Sechs. Dann müssen die beiden folgenden Würfe jeweils eine Sechs liefern, die zusammen, für sich genommen, die Gewinnerwartung $\frac{1}{36} a$ ha-

---

107 Brief HUYGENS' vom 27.4.1657 an seinen Lehrer FRANS VAN SCHOOTEN DEN JÜNGEREN

108 Zwei davon stammen von FERMAT, eines von PASCAL.

109 Diese Ergänzung findet sich erst 1660 in der holländischen Fassung.

ben. Die gesamte Gewinnerwartung dieses Falls ist also $\frac{5}{6} \cdot \frac{1}{36} a = \frac{5}{216} a$.

2. *Fall:* Beim ersten Wurf fällt eine Sechs. Dann genügt es, wenn in einem der beiden folgenden Würfe eine Sechs fällt. Nach *Aufgabe X* aus dem *Tractatus* (siehe Seite 82) haben diese beiden Würfe, für sich genommen, die Gewinnerwartung $\frac{11}{36} a$. Die gesamte Gewinnerwartung dieses Falls ist somit $\frac{1}{6} \cdot \frac{11}{36} a = \frac{11}{216} a$.

Da die beiden Fälle disjunkt sind, ergibt sich bei drei Würfen die Gewinnerwartung

$$\frac{5}{216} a + \frac{11}{216} a = \frac{16}{216} a = \frac{2}{27} a.$$

HUYGENS beendet seine Lösung mit dem Satz:

> »Fährt man auf diese Weise fort, indem man A immer einen weiteren Wurf hinzunehmen lässt, so findet man, dass A bei zehn Würfen mit einem Würfel oder bei einem Wurfe mit zehn Würfeln es mit Aussicht auf Gewinn unternehmen kann, zwei Sechsen werfen zu wollen.«

Zusatz: HUYGENS führt die Rechnungen für $n = 4$ bis $n = 10$ nicht vor und gibt keine Ergebnisse an. Sie sind nämlich sehr mühsam, was man schon beim Fall $n = 4$ erkennt. Wir übertragen HUYGENS' Vorgehen für $n = 3$ auf $n = 4$.

1. Fall. Bei den ersten drei Würfen fallen mindestens zwei Sechser, was, wie oben gezeigt, die Gewinnerwartung $\frac{16}{216} a$ hat.

2. Fall. Bei den ersten drei Würfen fällt genau einmal eine Sechs. Das sind die Wurffolgen $\overline{6}\overline{6}6$, $\overline{6}6\overline{6}$ und $6\overline{6}\overline{6}$. Jede dieser Folgen hat die Gewinnerwartung $\frac{1}{6} \cdot \frac{5}{6} \cdot \frac{5}{6} a = \frac{25}{216} a$, sodass die gesamte Gewinnerwartung dieser drei Würfe sich zu $3 \cdot \frac{25}{216} a = \frac{75}{216} a$ ergibt. Der vierte Wurf muss jetzt aber eine Sechs sein. Dafür ist einer von sechs Fällen günstig. Also ist die Gewinnerwartung dieses Falles $\frac{1}{6} \cdot \frac{75}{216} a = \frac{75}{1296} a$.

3. Fall. Bei den ersten drei Würfen fällt keine Sechs. Die Gewinnerwartung des A ist in diesem Fall 0, da beim letzten Wurf keine zwei Sechser fallen können.

Die gesamte Gewinnerwartung für $n = 4$ ist somit $\frac{16}{216} a + \frac{75}{1296} a = \frac{171}{1296} a$.

Lösung nach JAKOB BERNOULLI (1713)[110]

BERNOULLI löst Aufgabe XII allgemein. Anstelle von sechs möglichen Fällen betrachtet er ein Zufallsexperiment mit a möglichen Fällen, von denen b Fälle für A und c Fälle für B günstig sind, wobei $a = b + c$ gilt. Nennen wir den für A günstigen Fall »Treffer T« und den für B günstigen, also für A ungünstigen Fall »Niete N«, dann ist $P(T) = \frac{b}{a} =: p$ und $P(N) =$

$\frac{c}{a} =: q$. BERNOULLI berechnet die leichter zu bestimmende »Hoffnung von B«, also die Wahrscheinlichkeit $P(B)$ dafür, dass B gewinnt; das tritt ein, wenn bei n Versuchen sich weniger als zwei Treffer einstellen. Seine Überlegungen lassen sich durch Bäume veranschaulichen.

$\underline{n = 2:}$ B gewinnt, falls

- der erste Wurf eine Niete,

- oder der erste Wurf ein Treffer und der 2. Wurf eine Niete ist.

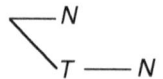

$$P(B) = q + pq = q(1 + p) = \frac{c}{a}\left(1 + \frac{b}{a}\right) = \frac{c(a+b)}{a^2} = \frac{c(c+2b)}{a^2} = \frac{c^2 + 2bc}{a^2}.$$

---

[110]   BERNOULLI bearbeitet in Teil I seiner *Ars Conjectandi* den *Tractatus* von HUYGENS. Wenn nicht anders angegeben, stammen auch im Folgenden die aufgeführten Lösungen aus diesem ersten Teil.

<u>$n = 3$</u>: B gewinnt, falls

- der erste Wurf ein Treffer ist, gefolgt von zwei Nieten,
- oder der erste Wurf eine Niete ist, gefolgt von mindestens einer Niete bei den folgenden zwei Würfen; das ist gerade der oben als $n = 2$ abgehandelte Fall.

$$P(B) = pq^2 + q[q(1 + p)] = pq^2 + q^2(1 + p) = q^2(1 + 2p)$$

$$= \frac{c^2}{a^2}\left(1 + \frac{2b}{a}\right) = \frac{c^2(a+2b)}{a^3} = \frac{c^2(c+3b)}{a^3} = \frac{c^3 + 3bc^2}{a^3}.$$

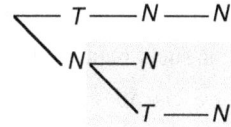

<u>$n = 4$</u>: B gewinnt, falls

- der erste Wurf ein Treffer ist, gefolgt von drei Nieten,
- oder der erste Wurf eine Niete ist, gefolgt von mindestens zwei Nieten bei den folgenden drei Würfen; das ist gerade der oben als $n = 3$ abgehandelte Fall.

$$P(B) = pq^3 + q[q^2(1 + 2p)] = pq^3 + q^3(1 + 2p) = q^3(1 + 3p)$$

$$= \frac{c^3}{a^3}\left(1 + \frac{3b}{a}\right) = \frac{c^3(a+3b)}{a^4} = \frac{c^3(c+4b)}{a^4} = \frac{c^4 + 4bc^3}{a^4}.$$

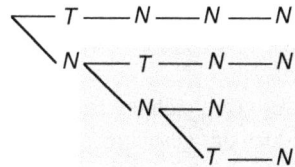

BERNOULLI fährt dann fort: »Auf ganz ähnliche Weise kann man die Hoffnungen von B berechnen, wenn A mit 4, 5, 6, … Würfen« zwei Treffer erzielen will. Bei n Würfen ergibt sich dann

$$P(B) = q^{n-1}[1 + (n - 1)p] = \frac{c^n + nbc^{n-1}}{a^n}.$$

Gesucht ist das kleinste n, für das gilt: $P(B) \leq 50\,\%$, d. h.

$$q^{n-1}[1 + (n - 1)p]) \leq 0,5 \quad \text{bzw.} \quad \frac{c^n + nbc^{n-1}}{a^n} \leq 0,5 \Leftrightarrow c^{n-1}(2c + 2nb) \leq a^n.$$

BERNOULLI formt letzteren Ausdruck um zu $a^n \geq c^{n-1}(2c + 2nb)$ und erstellt mit den für einen Würfel charakteristischen Werten $a = 6$ und $c = 5$ in etwa die folgende Tabelle. Dann stellt er fest:

n	1	3	9	10
$a^n = 6^n$	6	216	10 077 696	60 466 176
$c^{n-1} = 5^{n-1}$	1	25	390 625	1 953 125

Für $n = 9$ gilt
$$c^8(2c + 18b) = 28 \cdot 390\,625 = 10\,937\,500 > 10\,077\,696 = a^9,$$

für $n = 10$ gilt aber $c^9(2c + 20b) = 30 \cdot 1\,953\,125 = 58\,593\,750 < 60\,466\,176 = a^{10}$, d. h., dass also »A erst mit zehn Würfen eines Würfels es mit Aussicht auf Erfolg unternehmen kann, zwei Sechsen zu werfen.«

Anschließend bietet er noch eine graphische Lösung an, die wir unten in der Modernen Lösung vorführen.

Zusatz: BERNOULLI verallgemeinert HUYGENS' Aufgabe XII noch weiter. Er untersucht nämlich auch noch die Fälle, dass A mindestens drei, vier, … Treffer erzielen muss, um zu gewinnen. Tabellarisch bietet er die Wahrscheinlichkeiten für das Gegenereignis »B gewinnt« an und entwickelt dabei die allgemeine Formel für die Binomialverteilung:

$$P(\text{»B gewinnt, falls bei } n \text{ Versuchen weniger als } k \text{ Treffer fallen«}) = \sum_{i=0}^{k-1}\binom{n}{i}p^i q^{n-i}, \text{ was sich bei BER-}$$

NOULLI als $\left[c^n + \binom{n}{1} bc^{n-1} + \binom{n}{2} b^2 c^{n-2} + \ldots + \binom{n}{k-1} b^{k-1} c^{n-k+1} \right] : a^n$ liest.

Moderne Lösung

Das n-stufige Zufallsexperiment ist eine Bernoulli-Kette der Länge n mit dem Treffer »Es fällt eine Sechs« und der Trefferwahrscheinlichkeit $\frac{1}{6}$. Bezeichne k die Anzahl der Treffer, dann sucht man das kleinste n, sodass

$P(k \geq 2) \geq 50\,\%$.

$P(k \geq 2) = 1 - P(k = 0) - P(k = 1) \geq 0{,}5$

$P(k = 0) + P(k = 1) \leq 0{,}5$

$\left(\frac{5}{6} \right)^n + n \cdot \frac{1}{6} \cdot \left(\frac{5}{6} \right)^{n-1} \leq \frac{1}{2}$

$\left(\frac{6}{5} \right)^n \geq \frac{2n + 10}{5}$ $\qquad (*)$

Diese Ungleichung ist elementar nicht lösbar. Durch Probieren oder auch graphisch lässt sich jedoch das gesuchte $n_{\min}$ ermitteln.

1) Aufbereitung von $(*)$ für den Taschenrechner: $\dfrac{n + 5}{1{,}2^n} \leq 2{,}5$.

Wir berechnen zunächst die Werte der linken Seite (LS) für $n = 1, 5$ und 10, dann für 9 und erhalten so die nebenstehende Tabelle und damit $n_{\min} = 10$.

n	1	5	10	9
LS	5	4,0	2,4	2,7

2) Graphische Lösung nach JAKOB BERNOULLI (s. o.)

$(*)$ lässt sich schreiben als

$\frac{2}{5} n + 2 \leq 1{,}2^n$.

Aus dem Schnittpunkt der Graphen $y = \frac{2}{5} x + 2$ und

$y = 1{,}2^n$ erkennt man $n_{\min} = 10$.

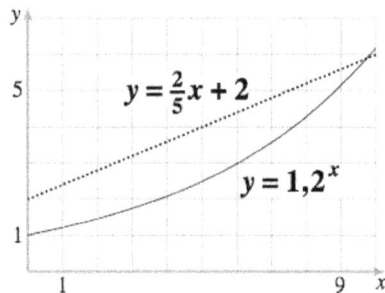

1657 HUYGENS / *Tractatus*: Aufgabe XIII

Ich spiele mit einem anderen unter folgender Bedingung: Einer wirft zwei Würfel in einem Wurf. Kommt die Sieben heraus, so gewinne ich; jener aber, wenn die Zehn erscheint; tritt jedoch irgendetwas anderes ein, dann teilen wir das, was eingesetzt worden ist, zu gleichen Teilen untereinander auf. Herauszubekommen ist, welcher Teil des Einsatzes jedem von uns bestimmt ist.

Lösung nach HUYGENS (1657)

Bei zwei Würfeln gibt es 36 gleichwahrscheinliche Ergebnisse, von denen sechs die Augensumme 7 und drei die Augensumme 10 liefern. In den restlichen 27 Fällen wird zu gleichen

Teilen geteilt; d. h. jeder erhält, die Hälfte des Einsatzes a, also $\frac{1}{2}a$. Tritt keiner dieser 27 Fälle ein, dann gewinne ich in sechs Fällen den Einsatz a, in den drei noch verbliebenen gewinne ich nichts. Meine Gewinnerwartung beträgt für diese neun Fälle $\frac{6 \cdot a + 3 \cdot 0}{6 + 3} = \frac{2}{3}a$. Ich habe also 27 Fälle für $\frac{1}{2}a$ und neun für $\frac{2}{3}a$, sodass meine gesamte Gewinnerwartung $\frac{9 \cdot \frac{2}{3}a + 27 \cdot \frac{1}{2}a}{9 + 27} = \frac{13}{24}a$ beträgt. Der andere kann $\frac{11}{24}a$ erwarten.

Lösung nach JAKOB BERNOULLI (1713)

JAKOB BERNOULLI fasst die beiden Schritte zusammen: In sechs Fällen erhalte ich a, in 27 Fällen $\frac{1}{2}a$ und in drei Fällen 0. Meine Gewinnerwartung ist also $\frac{6 \cdot a + 27 \cdot \frac{1}{2}a + 3 \cdot 0}{6 + 27 + 3} = \frac{13}{24}a$.

Zusatz: BERNOULLI bemerkt, dass man die Gewinnerwartung des anderen nur dann als Differenz zum Einsatz a erhält, wenn beide Spieler den ganzen Einsatz erhalten. Das ist nicht so, wenn im Falle, dass »irgendetwas anderes eintritt«, der Einsatz z. B. an die Armen geht. Dann erhalte ich $\frac{6 \cdot a + 30 \cdot 0}{6 + 30} = \frac{1}{6}a$, der andere $\frac{3 \cdot a + 33 \cdot 0}{3 + 33} = \frac{1}{12}a$, wohingegen den Armen $\frac{27 \cdot a + 9 \cdot 0}{27 + 9} = \frac{3}{4}a$ gehört.

Moderne Lösung

Sei Z die Zufallsgröße $Z := $ »Auszahlung, die ich erhalte«. Sie besitzt die Wahrscheinlichkeitsverteilung $W(z)$ und den Erwartungswert

z	a	$\frac{1}{2}a$	0
$36 \cdot W(z)$	6	27	3

$E(Z) = \frac{1}{36}(6a + 27 \cdot \frac{1}{2}a + 3 \cdot 0) = \frac{13}{24}a$. Ich erhalte also $\frac{13}{24}a$, der andere $\frac{11}{24}a$. Ein faires Spiel liegt vor, wenn sich mein Einsatz zu dem des anderen wie 13 : 11 verhält.

1657 HUYGENS / *Tractatus*: Aufgabe XIV[111]

> Wenn ich und ein anderer abwechselnd zwei Würfel werfen unter der Bedingung, dass ich gewinne, wenn ich sieben Augen werfe, er aber, wenn er sechs Augen wirft, und ich ihm den ersten Wurf lasse, wie verhalten sich dann die Gewinnchancen?

Man beachte den Unterschied zu Aufgabe XIII, bei der es keine Rolle spielt, wer den Wurf ausführt, wohl aber bei Aufgabe XIV. Hier kann immer nur der Werfende gewinnen.

---

[111] CHRISTIAAN HUYGENS schickt diese Aufgabe am 18.4.1656 aus Den Haag an GILLES PERSONNE DE ROBERVAL, um seine Lösung bestätigt zu bekommen. Da er nichts hört – ROBERVAL glaubt an keine »Mathematik des Zufälligen« –, wendet er sich Ende April an eine uns nicht bekannte Person und auch an den Juristen und Liebhaber der Mathematik CLAUDE MYLON. Dessen Lösung ist falsch. Aber immerhin veranlasst er PIERRE DE CARCAVI, die Aufgabe an PIERRE DE FERMAT nach Toulouse zu senden. Dieser schickt im Juni 1656 unter Beifügung von fünf Aufgaben seine Lösung, aber ohne Lösungsweg, an CARCAVI, der sie am 22.6.1656 an HUYGENS weiterleitet. Dabei teilt CARCAVI diesem mit, dass auch BLAISE PASCAL seine Aufgabe und die FERMATs gelöst habe und dass er die nächsten Tage dessen Lösungen erwarte. PASCAL nimmt nämlich plötzlich wieder an der Weiterentwicklung der Wahrscheinlichkeitsrechnung regen Anteil, obwohl er sich doch 1654 von der Welt und der Mathematik zurückgezogen hatte.

Lösung nach HUYGENS (1657)

Der mögliche Gewinn sei a. Wenn der andere wirft, sei meine Gewinnerwartung x; jedes Mal, wenn ich werfe, sei sie y. Wenn der erste Wurf des anderen keine Sechs und der meinige keine Sieben bringen, wiederholt sich die Ausgangssituation. HUYGENS' Überlegungen lassen sich am besten durch einen Baum illustrieren. In ihm schreiben wir die HUYGENS'sche Formulierung »5 von 36 Fällen« als $\frac{5}{36}$ etc.

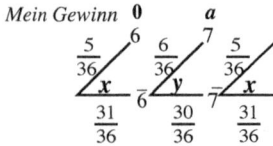

Der andere wirft: $x = \dfrac{5 \cdot 0 + 31 \cdot y}{5 + 31}$ $\left.\begin{array}{c}\\\\\end{array}\right\}$ $x = \dfrac{31}{61}a$

Ich werfe: $y = \dfrac{6 \cdot a + 30 \cdot x}{6 + 30}$ $\qquad y = \dfrac{36}{61}a$

Meine Gewinnerwartung zu Beginn des Spiels ist demnach $\frac{31}{61}a$, die des anderen $\frac{30}{61}a$, die Gewinnchancen verhalten sich also wie 31 : 30.

Zusatz: $y = \frac{36}{61}a$ sagt aus: Jedesmal wenn ich werfe, ist meine Gewinnerwartung $\frac{36}{61}a$. Das ist etwas mehr als das, was ich erwarten kann, wenn der andere wirft, worauf HUYGENS in seiner Lösung auch hinweist.

Lösung nach JAKOB BERNOULLI (1713)

JAKOB BERNOULLI führt zunächst unendlich viele Spieler ein und berechnet die Gewinnerwartung für jeden dieser Spieler unter Verwendung von Buchstaben, wobei er den Gewinn gleich 1 setzt.

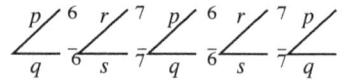

Spieler Nr.	1	2	3	4	5	6	...
Gewinnerwartung	p	qr	qsp	q^2sr	q^2s^2p	q^3s^2r	...

Dann ersetzt er alle geraden Spieler durch mich, alle ungeraden durch den anderen und addiert die jeweiligen Gewinnerwartungen. Dabei entstehen geometrische Reihen. Schließlich kehrt er zu den konkreten Werten zurück.
Meine Gewinnerwartung:

$$qr + q^2sr + q^3s^2r + \ldots = qr(1 + qs + q^2s^2 + \ldots) = qr \cdot \frac{1}{1-qs} = \frac{31}{36} \cdot \frac{6}{36} \cdot \frac{1}{1 - \frac{31}{36}\cdot\frac{30}{36}}$$

$$= \frac{31}{216} \cdot \frac{1}{1 - \frac{155}{216}} = \frac{31}{61}.$$

Die Gewinnerwartung des anderen:

$$p + qsp + q^2s^2p + \ldots = p(1 + qs + q^2s^2 + \ldots) = p \cdot \frac{1}{1-qs} = \frac{5}{36} \cdot \frac{1}{1 - \frac{31}{36}\cdot\frac{30}{36}} = \frac{30}{61}.$$

Also verhalten sich die Gewinnerwartungen wie 31 : 30 für mich.

Moderne Lösung

Man bestimmt nicht die Gewinnerwartungen, sondern die Gewinnwahrscheinlichkeiten der Spieler. Das läuft darauf hinaus, dass man $a = 1$ setzt und x und y meine Ge-

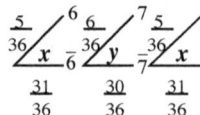

$x = \dfrac{5}{36} \cdot 0 + \dfrac{31}{36} \cdot y$ $\left.\begin{array}{c}\\\\\end{array}\right\}$ $\Rightarrow$ $\quad x = \dfrac{31}{61}a$

$y = \dfrac{6}{36} \cdot 1 + \dfrac{30}{36} \cdot x$ $\qquad\qquad y = \dfrac{36}{61}a$

winnwahrscheinlichkeiten bedeuten, und zwar wenn der andere bzw. wenn ich werfe. Der »Baum nach BERNOULLLI« liefert andererseits die geometrische Reihe für meine Gewinnwahrscheinlichkeit.

Zusatz: Mit Hilfe der Mittelwertsregel kann man auch den Erwartungswert für die Spieldauer berechnen. Sei t die mittlere Spieldauer zu Beginn des Spiels und s die mittlere Spieldauer nach dem ersten Wurf. Da sich nach dem zweiten Wurf wieder die Eingangssituation einstellt, ist die mittlere Spieldauer nach dem zweiten Wurf wieder t.

Der Erwartungswert der Spieldauer ist zu Beginn des Spiels $6\frac{36}{61}$ und nach dem ersten Wurf $6\frac{30}{61}$. Das Spiel

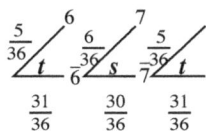

$$\left.\begin{array}{l} t = 1 + \dfrac{5}{36}\cdot 0 + \dfrac{31}{36}\cdot s \\[2mm] s = 1 + \dfrac{6}{36}\cdot 1 + \dfrac{30}{36}\cdot t \end{array}\right\} \Rightarrow \quad \begin{array}{l} t = \dfrac{402}{61} = 6\dfrac{36}{61} \\[2mm] s = \dfrac{396}{61} = 6\dfrac{30}{31} \end{array}$$

dauert also im Mittel eher sieben als sechs Spiele. Nach dem zweiten Wurf ist die mittlere Spieldauer etwas kürzer, aber fast genauso lang.

1657 HUYGENS / *Tractatus*: **Problem I**[112]

> A und B spielen mit zwei Würfeln unter der Bedingung, dass A gewinnt, wenn er sechs Augen wirft, B jedoch, wenn dieser sieben Augen wirft. A beginnt das Spiel mit einem Wurf, dann wirft B zweimal nacheinander, dann wieder A, jetzt aber zweimal, und so fort, bis schließlich einer gewinnt. Wie verhält sich die Hoffnung des A zu der des B? Antwort: Wie 10355 zu 12276.

Alle Bearbeiter haben das »und so fort« so verstanden, dass jeder Spieler immer nur zweimal wirft. Man könnte sich ja auch vorstellen, dass nach jeder Partie die Wurfzahl um 1 erhöht wird. (Siehe Seite 157.)

Lösung nach HUYGENS (1656)

Im Brief an CLAUDE MYLON führt CHRISTIAAN HUYGENS seine Lösung aus. Er betrachtet alle Würfe bis hin zu dem Wurf des A, bei dem sich die Ausgangssituation wiederholt. Zu diesem Zeitpunkt sei x die Gewinnerwartung des A. Ausgehend vom 4. Wurf berechnet er rekursiv die Gewinnerwartungen des A, bis er zum 1. Wurf kommt. Sei d der mögliche Gewinn, so erhält man:

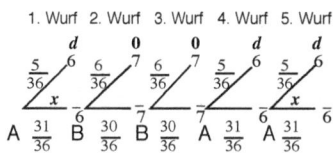

4. Wurf: Gewinnerwartung $= \dfrac{5}{36}d + \dfrac{31}{36}x = \dfrac{5d + 31x}{36}$,

3. Wurf: Gewinnerwartung $= \dfrac{6}{36}\cdot 0 + \dfrac{30}{36}\cdot \dfrac{5d + 31x}{36} = \dfrac{150d + 930x}{36^2}$,

2. Wurf: Gewinnerwartung $= \dfrac{6}{36}\cdot 0 + \dfrac{30}{36}\cdot \dfrac{150d + 930x}{36^2} = \dfrac{4500d + 2790x}{36^3}$,

---

[112] Problem I ist nichts anderes als FERMATs 1. Aufgabe. Näheres siehe Seite 86 und Fußnote 111.

1. Wurf: Gewinnerwartung $x = \frac{5}{36}d + \frac{31}{36} \cdot \frac{4500d + 2790x}{36^3} = \frac{372780d + 864900x}{36^4}$,

woraus sich $x = \frac{10355}{22631}d$ ergibt. Die Gewinnchance des A verhält sich also zu der des B wie

$10\,355 : 12\,276$.[113]

Lösung nach SPINOZA(1687)[114]

BARUCH SPINOZA zerlegt das Problem in zwei Teile. Die zwei Würfe des B und die zwei des A fasst er jeweils zu einem Ereignis zusammen. Dann unterdrückt er den ersten Wurf des A, lässt also B mit seinem Doppelwurf beginnen. Die Gewinnerwartung des A sei in diesem Moment x, die des B $a - x$, wenn a der mögliche Gewinn ist. Beim ersten Wurf gewinnt B in 6 von 36 Fällen; in den verbleibenden 30 Fällen wirft er wieder und kann wieder in 6 von 36 Fällen gewinnen. Für die insgesamt $36^2 = 1296$ Fälle des Doppelwurfs von B gilt: In den sechs Fällen, bei denen der erste Wurf eine Sieben bringt, sind alle 36 Fälle des zweiten Wurfs günstig für ihn. In den 30 Fällen, bei denen der erste Wurf keine Sieben bringt, sind nur die sechs Fälle des zweiten Wurfs, die eine Sieben bringen, günstig für ihn. Also sind $6 \cdot 36 + 30 \cdot 6 = 396$ Fälle günstig für B. In 900 Fällen kommt A zum Werfen, dessen Gewinnerwartung jetzt y sei. Damit ist

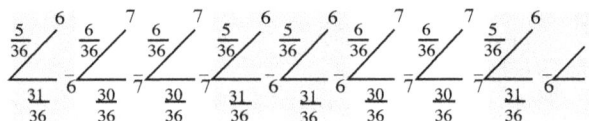

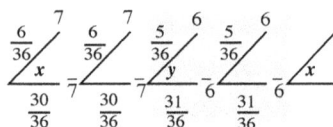

$x = \frac{396 \cdot 0 + 900 \cdot y}{1296} = \frac{25}{36}y$. Analog findet man:

In den 1296 Fällen des Doppelwurfs von A gewinnt A in $5 \cdot 36 + 31 \cdot 5 = 335$ Fällen, in 961 Fällen kommt wieder B zum Zug; die Ausgangssituation stellt sich also wieder ein. Damit ist $y = \frac{335 \cdot a + 961 \cdot x}{1296}$. Aus den beiden Gleichungen erhält man $x = \frac{8375}{22631}a$ und die Gewinnerwartung des B zu $\frac{14256}{22631}a$.

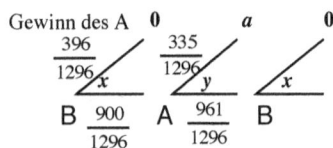

Nun kehrt SPINOZA zum eigentlichen Problem zurück. A hat zu Beginn fünf Möglichkeiten zu gewinnen und 31 zu verlieren. In diesen 31 Fällen ist er in der gerade behandelten Situation. Seine Gewinnerwartung zu Spielbeginn ist also $\frac{5}{36}a + \frac{31}{36} \cdot \frac{8375}{22631}a = \frac{372780}{814716}a$, die des

B daher $\frac{441936}{814716}a$. Damit verhält sich die Gewinnerwartung des A zu der des B wie $372\,780 :$

$441\,936$ oder wie $10\,355 : 12\,276$, wenn man mit 36 kürzt, q. e. d.

---

[113]   Die **zweite Aufgabe FERMATs** ist eine Variation der obigen ersten: »Zuerst wirft A zweimal, dann B dreimal, dann A wieder zweimal und B wieder dreimal usw. Die Gewinnchance des A verhält sich zu der des B wie $72\,360 : 87\,451$.« HUYGENS behauptet im Brief an CARCAVI, FERMATs Werte bestätigen zu können.

[114]   Die erste Publikation, die eines der fünf von HUYGENS gestellten Probleme löste, ist *Reeckening van kanssen* – »Berechnung der Chancen« –, die 1687 zusammen mit der *Stelkonstige Reeckening van den Regenboog* – »Algebraische Berechnung über den Regenbogen« – des Philosophen BARUCH SPINOZA in Den Haag postum erschien. Aus diesem und anderen Gründen schreibt man ihm auch die erste Arbeit zu. In ihr werden die fünf Probleme wiedergegeben und nur das erste gelöst.

Zusatz: Der Lösungsweg ist wegen der unhandlichen Zahlen etwas schwer zu durchschauen. Durchsichtiger wird es, wenn man Problem I so formuliert, dass sich kleinere Zahlen ergeben. Die Ausführung der Lösung überlassen wir dem Leser.

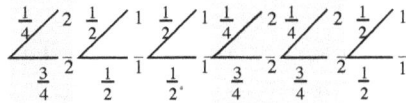

$$\frac{1}{4}\diagup 2 \;\; \frac{1}{2}\diagup 1 \;\; \frac{1}{2}\diagup 1 \;\; \frac{1}{4}\diagup 2 \;\; \frac{1}{4}\diagup 2 \;\; \frac{1}{2}\diagup 1$$

$$\frac{3}{4}\underset{2}{} \;\; \frac{1}{2}\underset{1}{} \;\; \frac{1}{2}\underset{1}{}, \;\; \frac{1}{4}\underset{1}{} \;\; \frac{3}{4}\underset{2}{} \;\; \frac{3}{4}\underset{2}{} \;\; \frac{1}{2}\underset{1}{}$$

> A und B spielen mit zwei Münzen (0; 1) unter der Bedingung, dass A gewinnt, wenn er die Summe 2 wirft, B jedoch, wenn dieser die Summe 1 wirft. A beginnt das Spiel mit einem Wurf, dann wirft B zweimal nacheinander, dann wieder A, jetzt aber zweimal, und so fort, bis schließlich einer gewinnt. Wie verhält sich die Hoffnung des A zu der des B? Antwort: Wie 19 zu 36.

Lösung nach ARBUTHNOT (1692)[115]

JOHN ARBUTHNOT gibt nur eine Lösungsskizze. Wie SPINOZA unterdrückt auch er zunächst den ersten Wurf des A, sodass sich die Gewinnerwartung des B nach der Methode von Aufgabe XIV berechnen lässt. Dann schreibt er:

> »after you have found the share due to B […] you must subtract from it $\frac{5}{36}$ of the Stake which is due to A for his Hazard of throwing Six at the first Throw.«

Interpretiert man das *it* als diese gesuchte Gewinnerwartung des B, dann erhält man für seine endgültige Gewinnerwartung den falschen Wert $\frac{14256}{22631}a - \frac{5}{36}a = \frac{400061}{814716}a$. Interpretiert man das *it* als den noch vorhandenen Einsatz nach dem Wurf von A, dann erhält man den richtigen Wert $\frac{14256}{22631}\left(a - \frac{5}{36}a\right) = \frac{441936}{814716}a$. Leider lässt sich nicht mehr klären, was ARBUTHNOT mit dem *it* wirklich gemeint hat.

Lösung nach MONTMORT (1708)[116] und JAKOB BERNOULLI (1713):

Nach dem 4. Wurf wiederholt sich die Ausgangssituation:

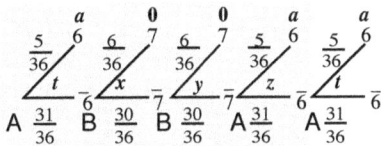

$$A\,\frac{5}{36}\diagup \frac{a}{6} \;\; \frac{6}{36}\diagup_{\!6} \frac{0}{7} \;\; B\,\frac{6}{36}\diagup \frac{0}{7} \;\; B\,\frac{5}{36}\diagup_{\!7} \frac{a}{6} \;\; A\,\frac{5}{36}\diagup \frac{a}{6}$$

$$A\,\frac{31}{36} \quad B\,\frac{30}{36} \quad B\,\frac{30}{36} \quad A\,\frac{31}{36} \quad A\,\frac{31}{36}$$

$$\left.\begin{array}{l} t = \dfrac{5a + 31x}{5 + 31} \\[4pt] x = \dfrac{6\cdot 0 + 30y}{6 + 30} \\[4pt] y = \dfrac{6\cdot 0 + 30z}{6 + 30} \\[4pt] z = \dfrac{5a + 31t}{5 + 31} \end{array}\right\} \Rightarrow t = \frac{10355}{22631}a$$

woraus folgt, dass sich die Gewinnerwartungen wie $10\,355 : 12\,276$ verhalten.

Daran anschließend bemerkt BERNOULLI, dass man auf *y* verzichten kann, wenn man Aufgabe XI heranzieht. Denn dort wurde gezeigt, dass die Gewinnerwartung dessen, der mit zwei Würfen [mindestens] einmal eine Sieben werfen muss, gleich $\frac{11}{36}a$ ist. Wenn dann A nach dem Doppelwurf des B keine Sechs wirft, stellt sich wieder die Ausgangssituation ein. Somit hat man nur die drei Gleichungen

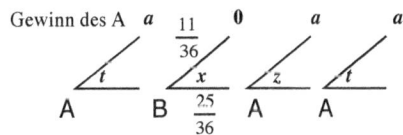

$$\text{Gewinn des A} \quad A\diagup \frac{a}{t} \;\; \frac{11}{36}\diagup_{B} \frac{0}{x} \;\; A\diagup \frac{a}{z} \;\; A\diagup \frac{a}{t}$$

$$B\,\frac{25}{36}$$

---

[115]   Das Werk *Of the Laws of Chance* erschien anonym und erfuhr vier Auflagen.

[116]   Montmort (1708) Seite 156, *Proposition XXXVII*

$$t = \frac{5a + 31x}{5 + 31} \;\wedge\; x = \frac{11 \cdot 0 + 25z}{11 + 25} \;\wedge\; z = \frac{5a + 31t}{5 + 31}\;,\text{ woraus man wieder } t = \frac{10355}{22631}a \text{ erhält.}$$

Lösung nach DE MOIVRE **(1712) und** JAKOB BERNOULLI **(1713)**[117]

Beide führen Buchstaben für die Anzahl der möglichen, der günstigen und der ungünstigen Fälle ein, was die Brüche für die jeweilige Gewinnerwartung unübersichtlich macht. Etwas moderner stellt sich der Spielablauf wie folgt dar.

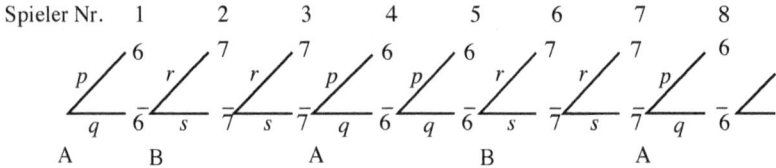

JAKOB BERNOULLI führt zunächst unendlich viele Spieler ein und berechnet deren Gewinnerwartungen:

$$p,\ qr,\ qsr,\ qs^2p,\ q^2s^2p,\ q^3s^2r,\ q^3s^3r,\ q^3s^4p,\ q^4s^4p,\ q^5s^4r,\ q^5s^5r,\ \ldots$$

Dann ersetzt der die Spieler 1, 4, 5, 8, 9, … durch A, die anderen durch B und addiert deren Gewinnerwartungen. DE MOIVRE berechnet sofort der Reihe nach die Gewinnerwartungen des A und die des B. Bei beiden ergibt sich für die Gewinnerwartung von A die unendliche Reihe

$$p + qs^2p + q^2s^2p + q^3s^4p + q^4s^4p + q^5s^6p + q^6s^6p + \ldots$$

Aus dieser entstehen durch Umordnung, nämlich durch Zusammenfassen aller ungeraden bzw. aller geraden Glieder zwei geometrische Reihen, nämlich

$$p + q^2s^2p + q^4s^4p + q^6s^6p + \ldots + qs^2p + q^3s^4p + q^5s^6p + \ldots =$$
$$= p(1 + q^2s^2 + q^4s^4 + q^6s^6 + \ldots) + qs^2p\,(1 + q^2s^2 + q^4s^4 + \ldots) =$$
$$= p \cdot \frac{1}{1 - q^2s^2} + pqs^2 \cdot \frac{1}{1 - q^2s^2} = \left(1 + qs^2\right) \cdot \frac{p}{1 - q^2s^2}.$$

Mit $p = \frac{5}{36}$, $q = \frac{31}{36}$, $r = \frac{6}{36}$ und $s = \frac{30}{36}$ erhält man als Wert der unendlichen Reihe $\frac{10355}{22631}$.

Analog wird die Gewinnerwartung des B ermittelt, die man leichter als $1 - \frac{10355}{22631} = \frac{12276}{22631}$

erhält, sodass sich die Gewinnerwartung des A zu der des B wie $10\,355 : 12\,776$ verhält.

1657 HUYGENS **/** *Tractatus***: Problem II**[118]

Drei Spieler A, B und C nehmen sich zwölf Steine, von denen vier weiß und acht schwarz sind, und spielen unter der Bedingung, dass siegt, wer als Erster mit verbundenen Augen einen weißen Stein

---

[117]   JAKOB BERNOULLI hat die Lösung in Teil I (S. 52) seiner erst 1713 postum erschienenen *Ars conjectandi* sicher lange vor ABRAHAM DE MOIVRE erarbeitet. Dessen bereits 1712 in *De Mensura Sortis* (Problem XIII, S. 233) erschienene Lösung wurde aber sicher durch BERNOULLIs Lösung der Probleme von 1685 und durch MONTMORTs diesbezügliche Ausführungen von 1708 angeregt (siehe 1685 BERNOULLI / *Journal de Sçavans*: Problème, Seite 155). Dennoch kommt DE MOIVRE die Priorität der Publikation dieser Lösungsart von *Problem I* zu.

[118]   Mit *Problem II* vereinfacht HUYGENS die 3. Aufgabe FERMATs. Siehe 1656 FERMAT / Fünf Aufgaben, S. 86.

ergreift. Dabei solle zuerst A, dann B und schließlich C ziehen, dann wieder A usw. Gefragt ist das Verhältnis ihrer Chancen.

Die Problemstellung ist nicht eindeutig, da nichts über das Zurücklegen gesagt wird![119]

Implizit nehmen die Lösenden im Falle »mit Zurücklegen« als gültig an, dass sich die Gewinnwartungen der drei Spieler zu 1 addieren. Das ist richtig; denn die Wahrscheinlichkeit, dass bis zum n-ten Zug mindestens ein weißer Stein gezogen wird, ist $p_n = 1 - \left(\frac{8}{12}\right)^n$. Weil $\lim_{n\to\infty} p_n = 1$, kann man davon ausgehen, dass das Spiel auf alle Fälle einen Sieger hat.

Lösung nach HUYGENS (1665)[120] und JAKOB BERNOULLI (1713)[121]

Wie JAKOB BERNOULLI setzen wir den Gewinn gleich 1. Bei Spielbeginn haben der erste, der zweite bzw. der dritte Spieler die Gewinnwartungen x, y bzw. z. Beginnt A zu spielen, so hat er vier Fälle für den Gewinn 1 und acht Fälle, in denen er seinen Vorrang verliert und an die dritte Stelle rückt, also die Gewinnwartung z erhält. Somit ist $x = \frac{4\cdot 1 + 8\cdot z}{12} = \frac{1+2z}{3}$ (I). Aus dem gleichen Grund hat B, wenn A das Spiel beginnt, vier Fälle für nichts und acht Fälle, an die erste Stelle zu kommen und damit die Gewinnwartung x zu erhalten. Folglich ist seine Gewinnwartung $y = \frac{4\cdot 0 + 8\cdot x}{12} = \frac{2}{3}x$ (II). Ebenso hat C, wenn A das Spiel beginnt, vier Fälle für nichts und acht Fälle, an die zweite Stelle zu kommen und damit die Gewinnerwartung y zu erhalten. Somit ist $z = \frac{4\cdot 0 + 8\cdot y}{12} = \frac{2}{3}y$ (III). Aus diesen drei Gleichungen erhält man $x = \frac{9}{19}, y = \frac{6}{19}, z = \frac{4}{19}$ und damit als Verhältnis der Gewinnwartungen $9:6:4$.

Lösung nach ARBUTHNOT (1692)[122]

Seien beim Ziehen mit Zurücklegen x, y bzw. z die Gewinnwartungen des A, B bzw. C, wenn dieser zieht, und a der Einsatz. Dann ist $x = \frac{4}{12}a + \frac{8}{12}y \Leftrightarrow y = \frac{12x-4a}{8}$ (*). Kommt B zum Zug, dann ist $y = \frac{4}{12}\cdot 0 + \frac{8}{12}z$, was unter Verwendung von (*) $z = \frac{9x-3a}{4}$ (**) ergibt. Kommt C zum Zug, dann ist $z = \frac{4}{12}\cdot 0 + \frac{8}{12}x$, was unter Verwendung von (**) $\frac{8}{12}x = \frac{9x-3a}{4} \Leftrightarrow x = \frac{9}{19}a$ liefert. JOHN ARBUTHNOT stellt sich nun vor, dass A seinen Anteil $\frac{9}{19}a$ erhält und ausscheidet, sodass B das Spiel um $\frac{10}{19}a$ beginnt. Wie vorhin könne man nun die Gewinnwartungen von B und C zu $\frac{6}{19}a$ bzw. zu $\frac{4}{19}a$ ermitteln,[123] sodass sich die Chancen

---

[119] JAKOB BERNOULLI stellte eine weitere Ungenauigkeit in der Problemstellung fest; siehe seine Lösung unten.

[120] Im Frühjahr 1665 schickt JAN HUDDE seine Lösung an CHRISTIAAN HUYGENS, der daraufhin erst sein Problem löst und zu einem anderen Ergebnis gelangt, das er am 4.4.1665 HUDDE zusendet. Am nächsten Tag teilt HUDDE den Grund für die Diskrepanz HUYGENS mit: Er habe *ohne*, HUYGENS *mit* Zurücklegen gerechnet. Später stellt er fest, dass er sich verrechnet hatte; die richtigen Werte, nämlich $P(A):P(B):P(C) = 77:53:35$, sendet er am 29.6.1665 an HUYGENS.

[121] Die Übereinstimmung der Lösung BERNOULLIs (*Ars Conjectandi* Seite 58) mit der nur als Manuskript überlieferten von HUYGENS ist überraschend.

[122] 1692 erschien erstmals im Druck in dem JOHN ARBUTHNOT zugeschriebenen *Of the Laws of Chance* eine Lösung von *Problem II*.

[123] Seien v bzw. w die Gewinnwartungen von B bzw. C, wenn B bzw. C zieht, dann ist $v = \frac{1}{3}\cdot\frac{10}{19}a + \frac{2}{3}w$ und

insgesamt wie $9:6:4$ verhielten. – Für das Ziehen ohne Zurücklegen behauptet ARBUTHNOT ohne Nachweis, dass der Anteil des A $\frac{55}{123}a$ sei, was falsch ist. (Siehe unten.)

Lösung nach MONTMORT (1708)[124]

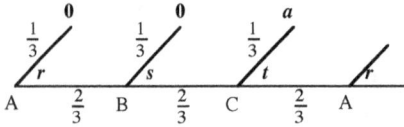

Gewinnerwartung des C sei r, wenn A zieht, sei s, wenn B zieht, und sei t, wenn er selbst zieht.

$$r = \tfrac{1}{3}\cdot 0 + \tfrac{2}{3}s, \quad s = \tfrac{1}{3}\cdot 0 + \tfrac{2}{3}t, \quad t = \tfrac{1}{3}\cdot a + \tfrac{2}{3}r;$$

$$\Rightarrow r = \tfrac{4}{19}a$$

Gewinnerwartung des A sei x, wenn er selbst zieht, sei y, wenn B zieht, und sei t, wenn C zieht.

$$x = \tfrac{1}{3}\cdot a + \tfrac{2}{3}y, \quad y = \tfrac{1}{3}\cdot 0 + \tfrac{2}{3}z, \quad z = \tfrac{1}{3}\cdot 0 + \tfrac{2}{3}x;$$

$$\Rightarrow x = \tfrac{9}{19}a$$

Die Gewinnerwartung des B ergibt sich [auf Grund der impliziten Voraussetzung] zu

$a - \tfrac{4}{19}a - \tfrac{9}{19}a = \tfrac{6}{19}a$. Gerechte Einsätze müssen sich wie $9:6:4$ verhalten.

1713 erwähnt PIERRE RÉMOND DE MONTMORT auf Seite 220, dass man auch »ohne Zurücklegen« ziehen könne, gibt aber lediglich die richtige Lösung $77:53:35$ an.

Lösung nach DE MOIVRE (1712)

ABRAHAM DE MOIVRE lässt beliebig viele Spieler aus n Steinen ziehen, von denen a weiß und b schwarz sind. Der Einsatz sei 1. In *Problem XI* von *De Mensura Sortis* (S. 229 f.) löst er zunächst den Fall ohne Zurücklegen. Dann ist nach $b + 1$ Zügen das Spiel entschieden.

A hat die Gewinnerwartung $\frac{a}{n}$. Somit bleibt für B nur mehr $\frac{b}{n}$ zu gewinnen. B hat also die Gewinnerwartung $\frac{a}{n-1}\cdot\frac{b}{n} = \frac{a}{n}\cdot\frac{b}{n-1}$. Für C bleibt nur mehr $\frac{b}{n}\cdot\frac{b-1}{n-1}$ zu gewinnen, C hat also die Gewinnerwartung $\frac{a}{n-2}\cdot\frac{b}{n}\cdot\frac{b-1}{n-1} = \frac{a}{n}\cdot\frac{b}{n-1}\cdot\frac{b-1}{n-2}$. Der verbleibende »Einsatz« ist dann $\frac{b}{n}\cdot\frac{b-1}{n-1}\cdot\frac{b-2}{n-2}$. A hat bei seinem zweiten Zug – das ist inzwischen der vierte Zug – die Gewinnerwartung $\frac{a}{n-3}\cdot\frac{b}{n}\cdot\frac{b-1}{n-1}\cdot\frac{b-2}{n-2} = \frac{a}{n}\cdot\frac{b}{n-1}\cdot\frac{b-1}{n-2}\cdot\frac{b-2}{n-3}$, usw. Die Gewinnerwartungen p_k beim k-ten Zug ($k \geq 1$) ergeben die Folge

$$\frac{a}{n}, \quad \frac{a}{n-1}\cdot\frac{b}{n}, \quad \frac{a}{n}\cdot\frac{b}{n-1}\cdot\frac{b-1}{n-2}, \quad \frac{a}{n}\cdot\frac{b}{n-1}\cdot\frac{b-1}{n-2}\cdot\frac{b-2}{n-3}, \ldots$$

kürzer $p_1 = \frac{a}{n}$, und $p_k = \frac{a}{n}\prod_{i=0}^{k-2}\frac{b-i}{n-(i+1)}$ für $k \geq 2$.

$w = \tfrac{1}{3}\cdot 0 + \tfrac{2}{3}v$, woraus $v = \tfrac{6}{19}a$ folgt. Für C bleibt somit nur mehr die Gewinnerwartung $\tfrac{4}{19}a$.

[124] Montmort (1708) Seite 158, *Proposition XXXVIII*

DE MOIVRE hat die Glieder der Folge p_k anders angeordnet, nämlich

$$\frac{a}{n}, \ \frac{b}{n-1}\left(\frac{a}{n}\right), \ \frac{b-1}{n-2}\left(\frac{a}{n}\cdot\frac{b}{n-1}\right), \ \frac{b-2}{n-3}\left(\frac{a}{n}\cdot\frac{b}{n-1}\cdot\frac{b-1}{n-2}\right), \ \dots$$

und dabei festgestellt, dass das in der Klammer stehende Produkt genau das jeweilige Vorgänger-Glied ist, dass also gilt

$p_1 = \dfrac{a}{n}$, und $p_k = \dfrac{b-k+2}{n-k+1}\cdot p_{k-1}$ für $k \geq 2$, sodass sich die Werte der Folge sukzessiv leicht

berechnen lassen. Mit $a = 4$, $b = 8$ und $n = 12$ ist das Spiel nach neun Schritten zu Ende, und man erhält

$$p_1 = \frac{4}{12} = \frac{1}{3},\ p_2 = \frac{8}{11}\cdot\frac{1}{3} = \frac{8}{33},\ p_3 = \frac{7}{10}\cdot\frac{8}{33} = \frac{28}{165},\ p_4 = \frac{6}{9}\cdot\frac{28}{165} = \frac{56}{495},$$

$$p_5 = \frac{5}{8}\cdot\frac{56}{495} = \frac{7}{99},\ p_6 = \frac{4}{7}\cdot\frac{7}{99} = \frac{4}{99},\ p_7 = \frac{3}{6}\cdot\frac{4}{99} = \frac{2}{99},\ p_8 = \frac{2}{5}\cdot\frac{2}{99} = \frac{4}{495},$$

$$p_9 = \frac{1}{4}\cdot\frac{4}{495} = \frac{1}{495}.$$

Damit ist, falls genau drei Spieler beteiligt sind,

$$\text{Gewinnerwartung von A} = p_1 + p_4 + p_7 = \frac{1}{3} + \frac{56}{495} + \frac{2}{99} = \frac{77}{165},$$

$$\text{Gewinnerwartung von B} = p_2 + p_5 + p_8 = \frac{8}{33} + \frac{7}{99} + \frac{4}{495} = \frac{53}{165},$$

$$\text{Gewinnerwartung von C} = p_3 + p_6 + p_9 = \frac{28}{165} + \frac{4}{99} + \frac{1}{495} = \frac{35}{165},$$

also verhalten sich die Chancen wie $77 : 53 : 35$.

In *Problem XII* behandelt DE MOIVRE den Fall mit Zurücklegen und veranschaulicht ihn durch den Wurf eines Dodekaeders mit $a = 4$ weißen und $b = 8$ schwarzen Flächen. Da sich die Anzahlen der Flächen beim Spiel nicht vermindern, sind in den obigen Formeln die Ausdrücke $b - i$ und $n - i$ durch b bzw. n zu ersetzen, sodass die Folge $p_k = \dfrac{a}{n}, \ \dfrac{ab}{n^2}, \ \dfrac{ab^2}{n^3}, \ \dots,$

$\dfrac{ab^{k-1}}{n^k}, \ \dots$ entsteht. Für die Gewinnerwartungen der drei Spieler erhält man drei geometrische

Reihen mit dem Quotienten $\dfrac{b^3}{n^3}$, nämlich

für A: $\dfrac{a}{n} + \dfrac{ab^3}{n^4} + \dfrac{ab^6}{n^7} + \dots = \dfrac{a}{n}\left(1 + \dfrac{b^3}{n^3} + \dfrac{b^6}{n^6} + \dots\right) = \dfrac{a}{n}\cdot\dfrac{1}{1-\frac{b^3}{n^3}} = \dfrac{a}{n}\cdot\dfrac{n^3}{n^3-b^3},$

für B: $\dfrac{ab}{n^2} + \dfrac{ab^4}{n^5} + \dfrac{ab^7}{n^8} + \dots = \dfrac{ab}{n^2}\left(1 + \dfrac{b^3}{n^3} + \dfrac{b^6}{n^6} + \dots\right) = \dfrac{ab}{n^2}\cdot\dfrac{1}{1-\frac{b^3}{n^3}} = \dfrac{ab}{n^2}\cdot\dfrac{n^3}{n^3-b^3}$ und

für C: $\dfrac{ab^2}{n^3} + \dfrac{ab^5}{n^6} + \dfrac{ab^8}{n9} + \dots = \dfrac{ab^2}{n^3}\left(1 + \dfrac{b^3}{n^3} + \dfrac{b^6}{n^6} + \dots\right) = \dfrac{ab^2}{n^3}\cdot\dfrac{1}{1-\frac{b^3}{n^3}} = \dfrac{ab^2}{n^3}\cdot\dfrac{n^3}{n^3-b^3}$, sodass

sich die Chancen wie $\dfrac{a}{n} : \dfrac{ab}{n^2} : \dfrac{ab^2}{n^3} = 1 : \dfrac{b}{n} : \dfrac{b^2}{n^2} = n^2 : bn : b^2$, also wie $9 : 6 : 4$ verhalten.

Lösungen nach JAKOB BERNOULLI (1713)[125]

1. Fall: »mit Zurücklegen«. JAKOB BERNOULLI geht auf Seite 58 zunächst genauso vor wie CHRISTIAAN HUYGENS (siehe oben.) Dann zeigt er »meine Methode«. Sie entspricht genau dem Vorgehen DE MOIVRES in dessen *Problem XII* (siehe oben.)

2. Fall: »ohne Zurücklegen«.[126]

1) BERNOULLI schlägt zunächst den Weg ein, den HUYGENS in seinem Traktat lehrt. Wir veranschaulichen BERNOULLIs rekursives Vorgehen an Hand eines Baums. Das Ziehen eines schwarzen Steins stellen wir horizontal dar, den eines weißen vertikal.

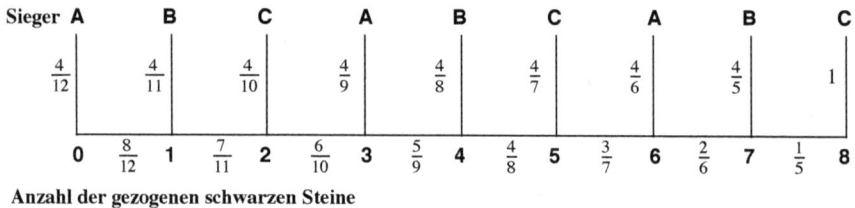

Anzahl der gezogenen schwarzen Steine

BERNOULLI startet mit der Situation, dass bereits sieben schwarze Steine gezogen wurden. Dann verhalten sich die Hoffnungen des A, des B und des C wie $0 : \frac{4}{5} : \frac{1}{5}$. Seien sechs schwarze Steine gezogen, dann hat A vier Chancen auf einen Gewinn, die beiden anderen ebenso viele für einen Verlust. Alle drei haben aber wegen der noch vorhandenen zwei schwarzen Steine zwei Fälle, in denen sie die eben errechneten Hoffnungen zurückerlangen. Also verhalten sich die Hoffnungen hier wie $\left(\frac{2}{6}\cdot 0 + \frac{4}{6}\right) : \left(\frac{2\cdot 4}{6\ 5}\right) : \left(\frac{2\cdot 1}{6\ 5}\right) = \frac{2}{3} : \frac{4}{15} : \frac{1}{15}$.

Seien nur fünf schwarze Steine gezogen, so hat C, welcher jetzt am Zuge ist, vier Fälle für Gewinn und vier für Verlust. Wegen der noch übrigen drei schwarzen Steine hat jeder drei Fälle für die zuletzt errechneten Hoffnungen, die sich also verhalten wie $\left(\frac{3\cdot 2}{7\ 3}\right) : \left(\frac{3\cdot 4}{7\ 15}\right)$ $: \left(\frac{3}{7}\cdot\frac{1}{15} + \frac{4}{7}\right) = \frac{2}{7} : \frac{4}{35} : \frac{3}{5}$. Fährt man so fort, so erhält man der Reihe nach die Verhältnisse $\frac{1}{7}\cdot\frac{39}{70}\cdot\frac{3}{10}$, $\frac{11}{21}\cdot\frac{13}{42}\cdot\frac{1}{6}$, $\frac{11}{35}\cdot\frac{13}{70}\cdot\frac{1}{2}$, $\frac{1}{5}:\frac{53}{110}:\frac{7}{22}$ und schließlich $\frac{7}{15}:\frac{53}{165}:\frac{7}{33} = 77 : 53 : 35$.

2) Dann führt er »meine Methode« vor, die er tabellarisch darstellt. Die Gewinnerwartung, wenn X einen weißen Stein zieht, sei mit $P(X)$ bezeichnet.

Mittels dieser Tabelle (siehe nächste Seite) bestimmt er dann

$$P(A) = \frac{4}{12} + \frac{8}{12}\cdot\frac{7}{11}\cdot\frac{6}{10}\cdot\frac{4}{9} + \frac{8}{12}\cdot\frac{7}{11}\cdot\frac{6}{10}\cdot\frac{5}{9}\cdot\frac{4}{8}\cdot\frac{3}{7}\cdot\frac{4}{6} = \frac{77}{165}$$

$$P(B) = \frac{8}{12}\cdot\frac{4}{11} + \frac{8}{12}\cdot\frac{7}{11}\cdot\frac{6}{10}\cdot\frac{5}{9}\cdot\frac{4}{8} + \frac{8}{12}\cdot\frac{7}{11}\cdot\frac{6}{10}\cdot\frac{5}{9}\cdot\frac{4}{8}\cdot\frac{3}{7}\cdot\frac{2}{6}\cdot\frac{4}{5} = \frac{53}{165}$$

---

[125] Bei BERNOULLIs Diskussion der verschiedenen Fälle erscheint übrigens u. E. erstmals das Wort **Urne** in der Mathematik, die damit zu einem mathematischen Gegenstand wird: In seinem Tagebuch, den *Meditationes*, steht noch – geschrieben vor dem 26.8.1685 – *electos calculos in loculum suum reponendos esse* (dass die Steine in ihr Gefäß zurückzulegen seien), in der *Ars Conjectandi* heißt es dann *calculos electos […] in urnam recondendos esse.*

[126] In anderer Einkleidung, nämlich als Kartenproblem, behandelt JAKOB BERNOULLLI diesen Fall nochmals in Teil III, Aufgabe VIII seiner *Ars Conjectandi* und löst es dort mit den in Teil II erarbeiteten kombinatorischen Verfahren. Siehe Seite 207 f.

$$P(C) = \frac{8}{12} \cdot \frac{7}{11} \cdot \frac{4}{10} \quad \frac{8}{12} \cdot \frac{7}{11} \cdot \frac{6}{10} \cdot \frac{5}{9} \cdot \frac{4}{8} \cdot \frac{4}{7} + \frac{8}{12} \cdot \frac{7}{11} \cdot \frac{6}{10} \cdot \frac{5}{9} \cdot \frac{4}{8} \cdot \frac{3}{7} \cdot \frac{2}{6} \cdot \frac{1}{5} \cdot \frac{4}{4} = \frac{35}{165}.$$

Spieler X zieht	Steine in der Urne			$P(X)$
	insges.	weiß	schwarz	
A	12	4	8	$\frac{4}{12}$
B	11	4	7	$\frac{8}{12} \cdot \frac{4}{11}$
C	10	4	6	$\frac{8}{12} \cdot \frac{7}{11} \cdot \frac{4}{10}$
A	9	4	5	$\frac{8}{12} \cdot \frac{7}{11} \cdot \frac{6}{10} \cdot \frac{4}{9}$
B	8	4	4	$\frac{8}{12} \cdot \frac{7}{11} \cdot \frac{6}{10} \cdot \frac{5}{9} \cdot \frac{4}{8}$
C	7	4	3	$\frac{8}{12} \cdot \frac{7}{11} \cdot \frac{6}{10} \cdot \frac{5}{9} \cdot \frac{4}{8} \cdot \frac{4}{7}$
A	6	4	2	$\frac{8}{12} \cdot \frac{7}{11} \cdot \frac{6}{10} \cdot \frac{5}{9} \cdot \frac{4}{8} \cdot \frac{3}{7} \cdot \frac{4}{6}$
B	5	4	1	$\frac{8}{12} \cdot \frac{7}{11} \cdot \frac{6}{10} \cdot \frac{5}{9} \cdot \frac{4}{8} \cdot \frac{3}{7} \cdot \frac{2}{6} \cdot \frac{4}{5}$
C	4	4	0	$\frac{8}{12} \cdot \frac{7}{11} \cdot \frac{6}{10} \cdot \frac{5}{9} \cdot \frac{4}{8} \cdot \frac{3}{7} \cdot \frac{2}{6} \cdot \frac{1}{5} \cdot \frac{4}{4}$

3. Fall: BERNOULLI deutet die Aufgabe in einem dritten Sinne: Es könnte sich jeder der drei Spieler zwölf Steine genommen haben; man hätte also drei Urnen. Der Unterfall des Ziehens mit Zurücklegen bringt nichts Neues, weil jeder immer aus der vollen Urne zieht. Den Unterfall des Ziehens ohne Zurücklegen behandelt BERNOULLI zunächst nach HUYGENS' Methode, stellt aber sehr schnell fest, dass die umfangreiche Rechnung »über alle Maßen langweilig sein würde« und schlägt einen kürzeren Weg ein, bei dem er nur die Fälle betrachtet, bei denen in allen drei Urnen die gleiche Anzahl schwarzer Steine liegt. Auch dieser Weg ist sehr aufwändig. BERNOULLI gelangt auf ihm zu dem Ergebnis: Die Hoffnungen des A, B und C verhalten sich wie 6476548 : 4231370 : 2768457.

Überraschenderweise führt er seine »eigene Methode« nicht aus und überlässt dies »der Kürze halber« dem Leser, was hiermit getan sei. Betrachten wir zuerst den Spieler A, dessen Gewinnerwartung beim ersten Zug $\frac{4}{12}$ ist. Beim 4. Zug kommt er wieder an die Reihe, wenn bei den ersten drei Zügen nur schwarze Steine gezogen wurden. Seine Gewinnerwartung ist jetzt $\frac{4}{12} + \left(\frac{8}{12}\right)^3 \cdot \frac{4}{11}$. Analog überlegt man beim 7., 11., ..., 27. Zug. Unter Verwendung der Tabelle für den 2. Fall ergibt sich die Gewinnerwartung des A

$$P(A) = \frac{4}{12} + \left(\frac{8}{12}\right)^3 \cdot \frac{4}{11} + \left(\frac{8}{12} \cdot \frac{7}{11}\right)^3 \cdot \frac{4}{10} + \left(\frac{8}{12} \cdot \frac{7}{11} \cdot \frac{6}{10}\right)^3 \cdot \frac{4}{9} + \left(\frac{8}{12} \cdot \frac{7}{11} \cdot \frac{6}{10} \cdot \frac{5}{9}\right)^3 \cdot \frac{4}{8}$$

$$+ \left(\frac{8}{12} \cdot \frac{7}{11} \cdot \frac{6}{10} \cdot \frac{5}{9} \cdot \frac{4}{8}\right)^3 \cdot \frac{4}{7} + \left(\frac{8}{12} \cdot \frac{7}{11} \cdot \frac{6}{10} \cdot \frac{5}{9} \cdot \frac{4}{8} \cdot \frac{3}{7}\right)^3 \cdot \frac{4}{6} + \left(\frac{8}{12} \cdot \frac{7}{11} \cdot \frac{6}{10} \cdot \frac{5}{9} \cdot \frac{4}{8} \cdot \frac{3}{7} \cdot \frac{2}{6}\right)^3 \cdot \frac{4}{5}$$

$$+ \left(\frac{8}{12} \cdot \frac{7}{11} \cdot \frac{6}{10} \cdot \frac{5}{9} \cdot \frac{4}{8} \cdot \frac{3}{7} \cdot \frac{2}{6} \cdot \frac{1}{5}\right)^3 \cdot \frac{4}{4} = 4 \cdot \sum_{k=0}^{8} \frac{1}{12-k} \left(\frac{\binom{8}{k}}{\binom{12}{k}}\right)^3 = \frac{58288932}{121287375}.$$

Ebenso erhält man für die Gewinnerwartungen der Spieler B und C

$$P(B) = \frac{8}{12} \cdot \frac{4}{12} + \left(\frac{8}{12}\right)^3 \cdot \frac{7}{11} \cdot \frac{4}{11} + \left(\frac{8 \cdot 7}{12 \cdot 11}\right)^3 \cdot \frac{6}{10} \cdot \frac{4}{10} + \left(\frac{8 \cdot 7 \cdot 6}{12 \cdot 11 \cdot 10}\right)^3 \cdot \frac{5}{9} \cdot \frac{4}{9} + \left(\frac{8 \cdot 7 \cdot 6 \cdot 5}{12 \cdot 11 \cdot 10 \cdot 9}\right)^3 \cdot \frac{4}{8} \cdot \frac{4}{8}$$

$$+ \left(\frac{8 \cdot 7 \cdot 6 \cdot 5 \cdot 4}{12 \cdot 11 \cdot 10 \cdot 9 \cdot 8}\right)^3 \cdot \frac{3}{7} \cdot \frac{4}{7} + \left(\frac{8 \cdot 7 \cdot 6 \cdot 5 \cdot 4 \cdot 3}{12 \cdot 11 \cdot 10 \cdot 9 \cdot 8 \cdot 7}\right)^3 \cdot \frac{2}{6} \cdot \frac{4}{6} + \left(\frac{8 \cdot 7 \cdot 6 \cdot 5 \cdot 4 \cdot 3 \cdot 2}{12 \cdot 11 \cdot 10 \cdot 9 \cdot 8 \cdot 7 \cdot 6}\right)^3 \cdot \frac{1}{5} \cdot \frac{4}{5}$$

$$= 4 \cdot \sum_{k=0}^{7} \frac{8-k}{(12-k)^2} \left(\frac{\binom{8}{k}}{\binom{12}{k}}\right)^3 = \frac{38082330}{121287375},$$

$$P(C) = \left(\frac{8}{12}\right)^2 \cdot \frac{4}{12} + \left(\frac{8}{12}\right)^3 \cdot \left(\frac{7}{11}\right)^2 \cdot \frac{4}{11} + \left(\frac{8 \cdot 7}{12 \cdot 11}\right)^3 \cdot \left(\frac{6}{10}\right)^2 \cdot \frac{4}{10} + \left(\frac{8 \cdot 7 \cdot 6}{12 \cdot 11 \cdot 10}\right)^3 \cdot \left(\frac{5}{9}\right)^2 \cdot \frac{4}{9}$$

$$+ \left(\frac{8 \cdot 7 \cdot 6 \cdot 5}{12 \cdot 11 \cdot 10 \cdot 9}\right)^3 \cdot \left(\frac{4}{8}\right)^2 \cdot \frac{4}{8} + \left(\frac{8 \cdot 7 \cdot 6 \cdot 5 \cdot 4}{12 \cdot 11 \cdot 10 \cdot 9 \cdot 8}\right)^3 \cdot \left(\frac{3}{7}\right)^2 \cdot \frac{4}{7} + \left(\frac{8 \cdot 7 \cdot 6 \cdot 5 \cdot 4 \cdot 3}{12 \cdot 11 \cdot 10 \cdot 9 \cdot 8 \cdot 7}\right)^3 \cdot \left(\frac{2}{6}\right)^2 \cdot \frac{4}{6}$$

$$+ \left(\frac{8 \cdot 7 \cdot 6 \cdot 5 \cdot 4 \cdot 3 \cdot 2}{12 \cdot 11 \cdot 10 \cdot 9 \cdot 8 \cdot 7 \cdot 6}\right)^3 \cdot \left(\frac{1}{5}\right)^2 \cdot \frac{4}{5} = 4 \cdot \sum_{k=0}^{7} \frac{(8-k)^2}{(12-k)^3} \left(\frac{\binom{8}{k}}{\binom{12}{k}}\right)^3 = 4 \cdot \left(\frac{2}{3}\right)^3 \sum_{k=0}^{7} \frac{1}{8-k} \left(\frac{\binom{7}{k}}{\binom{11}{k}}\right)^3$$

$$= \frac{24916113}{121287375}.$$

Da alle Zähler durch 9 teilbar sind, ergibt sich als Verhältnis der Gewinnerwartungen $P(A) : P(B) : P(C) = 6\,476\,548 : 4\,231\,370 : 2\,768\,457$.

1657 HUYGENS / *Tractatus*: Problem III

1656 stellte PIERRE DE FERMAT über den Mittelsmann PIERRE DE CARCAVI seinem Briefpartner BLAISE PASCAL fünf Aufgaben, die CARCAVI auch CHRISTIAAN HUYGENS zugänglich machte. Deren vierte bezog sich auf das Spiel *prime*[127]. Sie lautet wie folgt.

> »Si deux ioueurs iouent à prime auec 40 cartes, l'un entreprend de ramener prime dans les quatre premieres cartes qui luy seront bailles et l'autre parie que le premier ne reussira pas, qu'el est leur parti.«

CHRISTIAAN HUYGENS gibt im Brief vom 6.7.1656 an CARCAVI keinen Lösungsweg an, sondern teilt nur mit, dass sich die Einsätze von A und B wie 1000 : 8139 verhalten müssen. Er übernimmt diese Aufgabe aber fast wörtlich in seinen *Tractatus de Ratiociniis in Aleae Ludo* als *Problem III*.

> A wettet mit B, dass er aus vierzig Spielkarten, von denen je zehn von derselben Farbe sind, vier Karten verschiedener Farbe herausziehen wird, und zwar so, dass er von jeder Farbe eine haben wird. Man wird finden, dass sich die Gewinnchancen des A zu denen des B wie 1000 zu 8139 verhalten.

---

[127] *Prime* war vom Ausgang des Mittelalters bis ins 17. Jh. eines der verbreitetsten Kartenspiele. Jeder Spieler erhält vier Karten. Gewonnen hat, dessen Karten die vier Farben aufwiesen. Höhere Werte zählen mehr. – *bailler* = *donner*.

Lösung nach ARBUTHNOT (1692) und JAKOB BERNOULLI (1713)[128]

Das Problem ist gleichwertig mit der Aufgabe, aus 39 Karten drei verschiedenfarbige Karten zu erhalten, deren Farben von der Farbe der bereits gezogenen Karte verschieden sind. Angenommen, die ersten drei erhaltenen Karten sind verschiedenfarbig, dann gibt es für die vierte Karte 27 ungünstige Fälle und zehn günstige. Also ist die Gewinnerwartung des A gleich $\frac{10}{37}a$. Sind nun die ersten beiden erhaltenen Karten verschiedenfarbig, dann sind 18 Fälle ungünstig und 20 günstig für $\frac{10}{37}a$, sodass in diesem Fall die Gewinnerwartung des A $\frac{20}{38} \cdot \frac{10}{37}a$ = $\frac{100}{703}a$ ist. Ist schließlich erst eine Karte ausgeteilt, dann sind neun Fälle ungünstig und 30 günstig für $\frac{100}{703}a$, sodass in diesem Fall die Gewinnerwartung des A $\frac{30}{39} \cdot \frac{100}{703}a = \frac{1000}{9139}a$ ist.

Also verhalten sich die Chancen von A und B wie 1000 : 8139.

Lösung nach MONTMORT (1708) und JAKOB BERNOULLI (1713)[129]

PIERRE RÉMOND DE MONTMORT bezieht sich auf PASCALs Arithmetisches Dreieck, JAKOB BERNOULLI auf sein Kapitel IV über die Anzahl der Kombinationen ohne Wiederholung zu einer bestimmten Klasse, sodass deren Lösungen dem heutigen Vorgehen entsprechen. Sei A = »Die vier Karten sind verschiedenfarbig«, dann ist $P(A) = \frac{\binom{10}{1}\binom{10}{1}\binom{10}{1}\binom{10}{1}}{\binom{40}{4}} = \frac{1000}{9139}$, und damit

Chance von A : Chance von B = 1000 : 8139.

Zusatz 1. PIERRE RÉMOND DE MONTMORT bestimmt 1708 in seinem *Essay d'Analyse sur les Jeux de Hazard* (Seite 183, 2. Beispiel), wie oft A spielen muss, damit es günstig ist, auf den Erfolg von A zu setzen, und wie in diesem Fall sich dann die Einsätze verhalten müssen.[130]

P(»Bei n Versuchen zieht A mindestens einmal lauter verschiedene Farben«)

= $1 - P$(»Bei n Versuchen zieht A keinmal lauter verschiedene Farben«)

= $1 - \left(\frac{8139}{9139}\right)^n \geq 0,5 \Rightarrow n_{min} = 6$

Einsatz von A : Einsatz von B = $\frac{9139^6 - 8139^6}{9139^6} : \frac{8139^6}{9139^6} = \frac{9139^6 - 8139^6}{8139^6}$

$= \frac{582\,628\,954\,909\,994\,978\,159\,161 - 290\,687\,455\,845\,436\,454\,965\,161}{290\,687\,455\,845\,436\,454\,965\,161}$

= 291\,941\,499\,064\,558\,523\,194\,000 : 290\,687\,455\,845\,436\,454\,965\,161 = 1,004... : 1 ≈ 1:1

Zusatz 2. Der Erwartungswert für die Anzahl der Versuche bis zum ersten Erfolg von A ist $\frac{1}{P(A)}$ = $\frac{9139}{1000}$ = 9,139. A kann also im Mittel damit rechnen, dass er zwischen neun und zehn Versuche braucht.

---

[128]   *Ars Conjectandi* Seite 50
[129]   Montmort (1708) Seite 160, *Proposition XL*, Bernoulli (1713) *Ars Conjectandi* Seite 144
[130]   Die folgenden großen und dennoch genauen Zahlen stammen von PIERRE RÉMOND DE MONTMORT.

1657 HUYGENS / *Tractatus*: **Problem IV**

A wettet mit B, dass, wenn er mit verbundenen Augen aus zwölf Steinen, von denen vier weiß und acht schwarz sind, sieben herausnimmt, drei davon weiß sein werden. Gesucht ist das Verhältnis der Gewinnerwartungen der beiden Spieler.

Aus der Aufgabenstellung geht nicht hervor, ob *genau* oder *mindestens* drei weiße Steine zu ziehen sind. Naheliegenderweise zieht man ohne Zurücklegen.

Lösung nach HUYGENS (1665)[131]

Der Einfachheit halber setzen wir den zu gewinnenden Einsatz gleich 1, so wie CHRISTIAAN HUYGENS selbst im Verlauf seiner Rechung verfuhr. a_{ws} bedeute die Gewinnerwartung des A, wenn er w weiße und s schwarze Steine gezogen hat, was wir durch $\binom{w}{s}$ beschreiben.

HUYGENS' Vorgehen ist rekursiv. Er startet mit der Situation, dass A nach dem sechsten Zug entweder genau drei weiße oder genau zwei weiße Steine gezogen hat. Im ersten Fall gibt es eine Möglichkeit für nichts und fünf für den Gewinn 1. Im zweiten Fall gibt es vier Möglichkeiten für nichts und zwei für den Gewinn 1. Die Gewinnerwartungen sind also $a_{33} = \dfrac{1 \cdot 0 + 5 \cdot 1}{6}$ $= \dfrac{5}{6}$ bzw. $a_{24} = \dfrac{4 \cdot 0 + 2 \cdot 1}{6} = \dfrac{2}{6}$. Insgesamt 19 Gleichungen führen schließlich zu $a_{00} = \dfrac{35}{99}$, der Gewinnerwartung des A zu Spielbeginn, und damit zum Verhältnis $35 : 64$ der Gewinnerwartungen. Ein Baum verdeutlicht HUYGENS' Vorgehen.

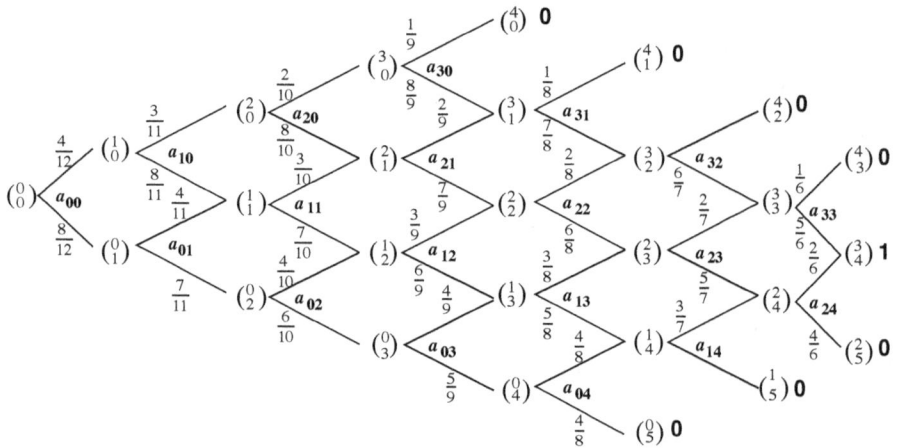

---

[131]   Im Frühjahr 1665 schickt JAN HUDDE seine Lösung an CHRISTIAAN HUYGENS, der sich daraufhin an die Lösung des Problems macht und zu einem anderen Ergebnis gelangt, das er am 4.4.1665 HUDDE zusendet. Am nächsten Tag teilt HUDDE den Grund für die Diskrepanz HUYGENS mit: Er hat unter »drei« *mindestens drei*, HUYGENS *genau drei* verstanden. Aus HUYGENS' Manuskript geht hervor, dass er daraufhin auch die HUDDE'-sche Interpretation durchrechnet.

Das Gleichungssystem

$$a_{33} = \frac{1}{6} \cdot 0 + \frac{5}{6} \cdot 1 \qquad a_{24} = \frac{2}{6} \cdot 1 + \frac{4}{6} \cdot 0 \qquad a_{32} = \frac{1}{7} \cdot 0 + \frac{6}{7} a_{33} \qquad a_{23} = \frac{2}{7} a_{33} + \frac{5}{7} a_{24}$$

$$a_{14} = \frac{3}{7} a_{24} + \frac{4}{7} \cdot 0 \qquad a_{31} = \frac{1}{8} \cdot 0 + \frac{7}{8} a_{32} \qquad a_{22} = \frac{2}{8} a_{32} + \frac{6}{8} a_{23} \qquad a_{13} = \frac{3}{8} a_{23} + \frac{5}{8} a_{14}$$

$$a_{04} = \frac{4}{8} a_{14} + \frac{4}{8} \cdot 0 \qquad a_{30} = \frac{1}{9} \cdot 0 + \frac{8}{9} a_{31} \qquad a_{21} = \frac{2}{9} a_{31} + \frac{7}{9} a_{22} \qquad a_{12} = \frac{3}{9} a_{22} + \frac{6}{9} a_{13}$$

$$a_{03} = \frac{4}{9} a_{13} + \frac{5}{9} a_{04} \qquad a_{20} = \frac{2}{10} a_{30} + \frac{8}{10} a_{21} \qquad a_{11} = \frac{3}{10} a_{21} + \frac{7}{10} a_{12} \qquad a_{02} = \frac{4}{10} a_{12} + \frac{6}{10} a_{03}$$

$$a_{10} = \frac{3}{11} a_{20} + \frac{8}{11} a_{11} \qquad a_{01} = \frac{4}{11} a_{11} + \frac{7}{11} a_{02} \qquad a_{00} = \frac{4}{12} a_{10} + \frac{8}{12} a_{01}$$

hat die folgenden Lösungen:

$$a_{33} = \frac{5}{6}, \ a_{24} = \frac{2}{6}, \ a_{32} = \frac{5}{7}, \ a_{23} = \frac{10}{21}, \ a_{14} = \frac{1}{7}, \ a_{31} = \frac{5}{8}, \ a_{22} = \frac{15}{28}, \ a_{13} = \frac{15}{56}, \ a_{04} = \frac{1}{14},$$

$$a_{30} = \frac{5}{9}, \ a_{21} = \frac{5}{9}, \ a_{12} = \frac{5}{14}, \ a_{03} = \frac{10}{63}, \ a_{20} = \frac{5}{9}, \ a_{11} = \frac{5}{12}, \ a_{02} = \frac{5}{21}, \ a_{10} = \frac{5}{11}, \ a_{01} = \frac{10}{33},$$

$$a_{00} = \frac{35}{99}.$$

Duales Problem: Anschließend bemerkt HUYGENS: Die Gewinnerwartung des A ist notwendigerweise genauso groß, wenn er aus zwölf Steinen fünf Steine zieht, von denen genau einer weiß ist. (Die ursprünglich gewünschte Verteilung bleibt dann nämlich in der Urne zurück.) Jetzt kommt man mit neun Gleichungen aus, wenn man genauso rekursiv vorgeht wie eben.

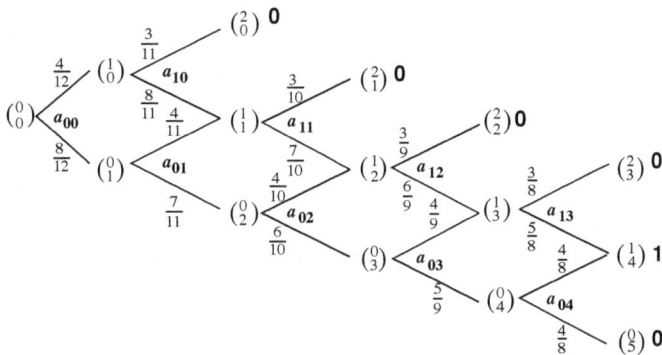

Die neun Gleichungen

$$a_{13} = \frac{3}{8} \cdot 0 + \frac{5}{8} \cdot 1 \qquad a_{04} = \frac{4}{8} \cdot 1 + \frac{4}{8} \cdot 0 \qquad a_{12} = \frac{3}{9} \cdot 0 + \frac{6}{9} a_{13} \qquad a_{03} = \frac{4}{9} a_{13} + \frac{5}{9} a_{04}$$

$$a_{11} = \frac{3}{10} \cdot 0 + \frac{7}{10} a_{12} \qquad a_{02} = \frac{4}{10} a_{12} + \frac{6}{10} a_{03} \qquad a_{10} = \frac{3}{11} \cdot 0 + \frac{8}{11} a_{11} \qquad a_{01} = \frac{4}{11} a_{11} + \frac{7}{11} a_{02}$$

$$a_{00} = \frac{4}{12} a_{10} + \frac{8}{12} a_{01}$$

haben die Lösungen

$$a_{13} = \frac{5}{8}, \ a_{04} = \frac{1}{2}, \ a_{12} = \frac{5}{12}, \ a_{03} = \frac{5}{9}, \ a_{11} = \frac{7}{24}, \ a_{02} = \frac{1}{2}, \ a_{10} = \frac{7}{33}, \ a_{01} = \frac{14}{33}, \ a_{00} = \frac{35}{99}.$$

Auf Grund von HUDDEs Mitteilung löst HUYGENS nach seiner Methode auch den Fall »mindestens drei weiße Steine«, aber nur in der dualen Form, wobei er statt »höchstens einen weißen Stein« die Gleichungen für »mindestens vier schwarze Steine« formuliert. Der Baum nimmt die folgende Gestalt an und liefert das folgende Gleichungssystem.

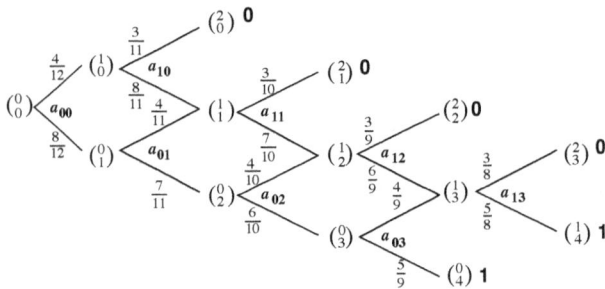

$$a_{13} = \frac{3}{8} \cdot 0 + \frac{5}{8} \cdot 1$$

$$a_{12} = \frac{3}{9} \cdot 0 + \frac{6}{9} a_{13}$$

$$a_{03} = \frac{4}{9} a_{13} + \frac{5}{9} \cdot 1$$

$$a_{11} = \frac{3}{10} \cdot 0 + \frac{7}{10} a_{12}$$

$$a_{02} = \frac{4}{10} a_{12} + \frac{6}{10} a_{03}$$

$$a_{10} = \frac{3}{11} \cdot 0 + \frac{8}{11} a_{11}$$

$$a_{01} = \frac{4}{11} a_{11} + \frac{7}{11} a_{02}$$

$$a_{00} = \frac{4}{12} a_{10} + \frac{8}{12} a_{01}$$

Dieses hat die Lösungen

$$a_{13} = \frac{5}{8}, \; a_{12} = \frac{5}{12}, \; a_{03} = \frac{5}{6}, \; a_{11} = \frac{7}{24}, \; a_{02} = \frac{2}{3}, \; a_{10} = \frac{7}{33}, \; a_{01} = \frac{35}{66}, \; a_{00} = \frac{14}{33},$$

was zum Verhältnis 14 : 19 der Gewinnerwartungen führt.

Lösung nach MONTMORT (1708) und JAKOB BERNOULLI (1713)[132]

Unter Verwendung des Arithmetischen Dreiecks PASCALs errechnet PIERRE RÉMOND DE MONTMORT die für A günstigen Fälle zu [modern geschrieben] $\binom{8}{4} \cdot \binom{4}{3} = 70 \cdot 4$ und die Anzahl der möglichen Auswahlen von sieben Steinen aus zwölfen zu $\binom{12}{7} = 792$, sodass die Gewinnerwartung des A $\frac{35}{99}$ und damit die des B $\frac{64}{99}$ ist, ihr Verhältnis also 35 : 64. Im »Mindestens-drei-Fall« sind für A noch $\binom{8}{3} \cdot \binom{4}{4} = 56$ weitere Fälle günstig, sodass seine Gewinnerwartung sich auf $\frac{14}{33}$ erhöht, was schließlich zum Verhältnis 14 : 19 führt. MONTMORTs kombinatorisches Vorgehen, das sowohl dem ABRAHAM DE MOIVREs von 1712 als auch dem JAKOB BERNOULLIs von 1713 mit den damals üblichen Formulierungen entspricht, ist nichts anderes als die

Moderne Lösung

Die Formel für das Ziehen ohne Zurücklegen (hypergeometrische Verteilung) liefert

$$P(\text{»A zieht genau drei weiße Steine bei sieben Zügen«}) = \frac{\binom{4}{3}\binom{8}{4}}{\binom{12}{7}} = \frac{35}{99} \text{ und}$$

---

[132] PIERRE RÉMOND DE MONTMORT löst 1708 auf Seite 159 f. unter *Proposition XXXIX* nur den Fall »genau drei«. Dabei verwechselt er in seinem *Essay* auch noch *Problem III* mit *Problem IV*, was JOHANN I BERNOULLI im Brief vom 17.3.1710 rügt. Außerdem weist dieser ihn darauf hin, dass die Aufgabe auch eine »mindestens drei«-Interpretation zulässt, die MONTMORT dann 1713 in der 2. Auflage seines *Essay* auf Seite 221 bringt. Kurz vorher erschien JAKOB BERNOULLIs *Ars Conjectandi*, in der er in Teil III (S. 145) beide Lösungen angibt. Im Druck erschienen die beiden Interpretationen aber bereits 1712 in ABRAHAM DE MOIVREs *De Mensura Sortis* (Problem XIV), denen er eine allgemeine Lösung für *n* Steine anfügt, von denen *a* weiß sind. DE MOIVRE verkehrte sehr viel in Spielerkreisen. Daher ist seine Bemerkung von Interesse:
»*Ex lege ludorum, ille qui in se suscipit ut effectum aliquem producat, etiamnum victore censetur, si effectum pluries produxerit quam in se susceperit, nisi contrarium expresse sit cautum.*« – By the rule of games, he who undertakes to produce any effect will still be considered the winner, if he shall have produced the effect more times than he shall have undertaken, unless the contrary should have been expressly ordered.«

$P(\text{»A zieht mindestens drei weiße Steine bei sieben Zügen«}) = \dfrac{\binom{4}{3}\binom{8}{4}}{\binom{12}{7}} + \dfrac{\binom{4}{4}\binom{8}{3}}{\binom{12}{7}} = \dfrac{14}{33}$.

Wendet man auf diese Ausdrücke das Symmetriegesetz für Binomialkoeffizienten, nämlich $\binom{n}{k} = \binom{n}{n-k}$, an, ergeben sich die Ausdrücke $\dfrac{\binom{4}{1}\binom{8}{4}}{\binom{12}{5}}$ bzw. $\dfrac{\binom{4}{1}\binom{8}{4}}{\binom{12}{5}} + \dfrac{\binom{4}{0}\binom{8}{5}}{\binom{12}{5}}$, die sich deuten lassen als $P(\text{»A zieht genau einen weißen Stein bei fünf Zügen«})$ bzw. $P(\text{»A zieht höchstens einen weißen Stein bei fünf Zügen«})$, also genau die Aussage des dualen Problems darstellen. Die letzte Summe lässt sich aber auch lesen als $P(\text{»A zieht mindestens vier schwarze Steine bei fünf Zügen«})$, was dem Vorgehen von CHRISTIAAN HUYGENS entspricht.

1657 HUYGENS / *Tractatus*: Problem V

CHRISTIAAN HUYGENS bringt als *Problem V* in veränderter Form eine Aufgabe, die BLAISE PASCAL 1656 PIERRE DE FERMAT stellte (siehe Seite 90).

> A und B nehmen jeder zwölf Münzen und spielen mit drei Würfeln unter dieser Bedingung, dass, wenn elf Augen geworfen werden, A dem B eine Münze gibt, dass aber, wenn vierzehn Augen geworfen werden, B dem A eine Münze gibt, und dass derjenige das Spiel gewinnt, der zuerst alle Münzen hat. Man findet das Verhältnis der Erwartung des A zur Erwartung des B als 244 140 625 zu 282 429 536 481.

Das Problem ist unter dem Namen »Ruin eines Spielers« bekannt, da am Ende einer der Spieler keine Münzen mehr besitzt. Dass BLAISE PASCALs Aufgabe von 1656 und das von CHRISTIAAN HUYGENS gestellte *Problem V* identisch sind, sieht man leicht, wenn man die zugehörigen Bäume zeichnet, was hier der Einfachheit halber für den Fall von drei statt zwölf Punkten bzw. Münzen geschehe. Es zeigt sich: $D^* = 2D$. Die Bäume sind also identisch, damit sind die Spielformulierungen gleichwertig.

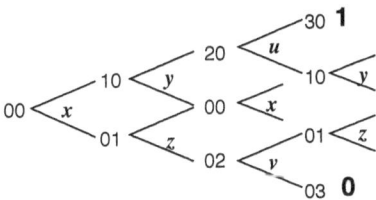

PASCAL: Eingetragen sind die additiv-subtraktiv errechneten Punktestände D von A und B. Sieger ist, wer zuerst drei Punkte erreicht.

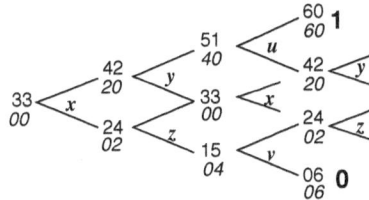

HUYGENS: Eingetragen sind die additiv errechneten Münzbesitze von A und B, darunter kursiv deren Differenzen D*. Sieger ist, wer zuerst alle sechs Münzen besitzt.

Interessanterweise schreibt HUYGENS 1676, dass sein Problem V auch noch anders formuliert werden könne, nämlich: A erhält einen Punkt, wenn 14 Augen fallen, B einen Punkt, wenn 11 Augen fallen. Sieger ist, dessen Punktezahl erstmals eine vorgegebene Punktedifferenz erreicht. Wir zeigen die Gleichwertigkeit der beiden Formulierungen an Hand der Punktedifferenz drei.

Man erkennt: Der nebenstehende Baum ist identisch mit dem PASCALs, wenn man die geraden Einträge durch die kursiven Einträge ersetzt. Also beschreiben die beiden Formulierungen von CHRISTIAAN HUYGENS dasselbe Problem.

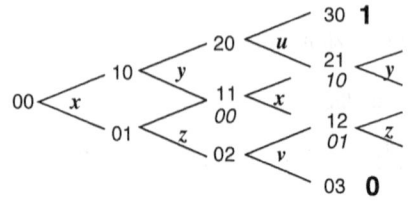

HUYGENS: Eingetragen sind die additiv errechneten Punktestände von A und B, darunter kursiv ggf. deren Differenzen D**. Sieger ist, wer zuerst drei Punkte mehr als der andere besitzt.

Lösung nach HUDDE (1665)

JAN HUDDE berechnet die Gewinnerwartung des B, falls A und B drei Münzen nehmen. Wir führen die Rechnung für A mittels des nachstehenden Baumes vor.

$$x = \frac{cy+dz}{c+d} \Leftrightarrow cx + dx = cy + dz \qquad (1)$$

dz bestimmt er wie folgt.

Wenn A nur zwei Münzen hat: $z = \frac{cx+dv}{c+d} \Leftrightarrow cz + dz = cx + dv$. $\qquad (2)$

Wenn A nur mehr eine Münze hat: $v = \frac{cz}{c+d}$ $\qquad (3)$

Nun rechnet er trickreich weiter. Er multipliziert (3) mit d, was $dv = \frac{cdz}{c+d}$ ergibt, und addiert dazu die Identität $cx = \frac{c^2x+cdx}{c+d}$. Das liefert

$$cx + dv = \frac{c^2x+cdx+cdz}{c+d} \text{ oder wegen (2)}$$

$$cz + dz = \frac{c^2x+cdx+cdz}{c+d}, \text{ woraus man schließlich}$$

$dz = \frac{c^2dx+cd^2x}{c^2+cd+d^2}$ (4) erhält. Analog bestimmt er cy

über den nach oben strebenden Ast zu $cy = \frac{c^3+c^2dx+cd^2x}{c^2+cd+d^2}$ (5). Setzt man (4) und (5) in (1) ein,

so ergibt sich schließlich $x = \frac{c^3}{c^3+d^3}$. Nun sagt er, für eine Münze ist $x = \frac{c}{c+d}$, für zwei Mün-

zen $x = \frac{c^2}{c^2+d^2}$, sodass er bei n Münzen allgemein auf $x = \frac{c^n}{c^n+d^n}$ schließe.

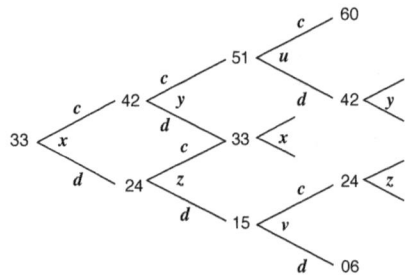

Lösung nach MONTMORT (1708)

PIERRE RÉMOND DE MONTMORT löst kurioserweise Problem V richtig, obwohl er es in seinem *Essay* auf Seite 162 als *Proposition XLI* so formuliert, dass ein völlig anderes Spiel entsteht.[133]

---

[133] MONTMORT sandte seinen *Essay* an JOHANN I BERNOULLI. Dieser macht ihn in seinem Brief vom 17.3.1710 auf die falsche Formulierung aufmerksam. Vermutlich habe er auch nicht erkannt, dass die richtige Lösung

Bekanntlich verhalten sich die Chancen des B zu denen des A wie 27 : 15 (Seite 91). Zur Lösung führt MONTMORT 23 Gewinnerwartungen des B ein, und zwar sei x die, wenn beide Spieler keine Münze haben, y die, wenn B eine und A keine Münze hat, bis schließlich o, wenn B elf Münzen und A keine hat; dann folgen die Gewinnerwartungen k bis w des B für die Fälle, dass B stets keine Münze, A aber eine, zwei, …, elf Münzen hat. Damit ergeben sich 23 Gleichungen. Für x gilt $x = \dfrac{27y + 15k + 174x}{216}$, da B in 27 von 216 Fällen eine Münze gewinnt, in 15 Fällen aber A. In 174 Fällen führt eine andere Augensumme zum Spielausgang zurück. Von der Form $14x = 9y + 5k$ sind alle weiteren Gleichungen[134], wobei MONTMORT verwendet, dass es nur auf die Differenz des Münzstands ankommt, wie der nebenstehende Baum verdeutlicht. Aus ihnen wird schließlich x richtig zu $\dfrac{282\,429\,536\,481}{282\,673\,677\,106}$ berechnet, woraus sich das gesuchte Verhältnis $244\,140\,625 : 282\,429\,536\,481$ ergibt.

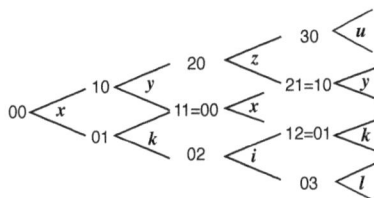

Lösung nach JAKOB BERNOULLI (1684 und 1713):

In seinem mathematischen Tagebuch, den *Meditationes*, löst 1684 JAKOB BERNOULLI das Problem wie MONTMORT. In der *Ars Conjectandi* (1713) gibt er drei Wege an. Zunächst geht er vor wie HUDDE, rechnet aber alle drei Fälle für eine, zwei und drei Münzen durch und schließt daraus bei zwölf Münzen auf $c^{12} : d^{12}$. Dann folgt eine Plausibilitätsbetrachtung: Fehlt dem A noch eine Münze zum Sieg, so hat er c Chancen zu gewinnen. Fehlen ihm zwei Münzen, so hat er c Chancen, um zum Zustand »Es fehlt eine Münze« zu gelangen, und damit c^2 Chancen zu siegen. Fehlen ihm schließlich 12 Münzen, dann hat er c^{12} Chancen zu siegen. Da B entsprechend d^{12} Chancen auf den Sieg hat, so ergibt sich wieder $c^{12} : d^{12}$. *Kritik:* Problematisch ist, dass BERNOULLI all die Fälle unterschlägt, die nicht direkt zum Sieg füh-

---

[134] nichts anderes als $5^{12} : 9^{12}$ ist, da ja allgemein $a^n : b^n$ gelte, wenn $a : b$ das Verhältnis der Gewinnchancen von A bzw. B ist. Dann löst er ebenso allgemein MONTMORTs Aufgabe von 1708:

1708 MONTMORT / *Essay*: Falsche Formulierung von HUYGENS' Problem V

> Jakob besitzt 24 Münzen und wirft drei Würfel. Fällt die Augensumme 11, erhält Peter [= B] eine Münze, fällt 14, erhält Paul [= A] eine Münze. Gewonnen hat, wer als Erster zwölf Münzen besitzt.

JOHANN BERNOULLI behauptet: Die Gewinnerwartungen von A und B verhalten sich wie die Summe der ersten n Glieder zur Summe der letzten n Glieder des auspotenzierten Binoms $(a + b)^{2n-1}$. Im konkreten Fall $a : b = 5 : 9$ und $n = 12$ »ergäben sich so große Zahlen, deren erste (meiner Vermutung zufolge) aus mindestens 25 Ziffern besteht – eine Arbeit, um Ihre Geduld zu üben.« – Wir beweisen BERNOULLIs Behauptung: Seien p bzw. q die Wahrscheinlichkeiten, dass A bzw. B bei einer Partie eine Münze erhält. Bei n Münzen muss höchstens $(2n - 1)$-mal gewürfelt werden, nämlich bis zum Besitzstand $n : (n - 1)$ bzw. umgekehrt.

$P(\text{»A siegt«}) = P(\text{»A gewinnt } 2n \text{ Partien«}) + P(\text{»A gewinnt } 2n - 1 \text{ Partien«}) + \ldots + P(\text{»A gewinnt } n \text{ Partien«})$

$$= \binom{2n-1}{2n-1}p^{2n-1}q^0 + \binom{2n-1}{2n-2}p^{2n-2}q^1 + \ldots + \binom{2n-1}{n}p^n q^{n-1} = \sum_{i=n}^{2n-1}\binom{2n-1}{i}p^i q^{2n-1-i}$$

$= 1 - F_p^{2n-1}(n-1)$. Vertauscht man p mit q, so erhält man $P(\text{»B siegt«}) = 1 - F_q^{2n-1}(n-1)$. Im Fall $p : q = 5 : 9$ und $n = 12$ errechnet der Computer $18\,033\,457\,870\,792\,683\,593\,750\,000 : 211\,552\,235\,016\,188\,811\,888\,470\,544 = 0,0852\ldots$ JOHANN BERNOULLIs Einschätzung war also sehr gut.

[134]
$14y = 9z + 5x, \quad 14z = 9y + 5x, \quad 14u = 9t + 5z, \quad 14t = 9r + 5u, \quad 14r = 9s + 5t, \quad 14s = 9q + 5r,$
$14q = 9p + 5s, \quad 14p = 9n + 5q, \quad 14y = 9z + 5x, \quad 14n = 9m + 5p, \quad 14o = 9 + 5m,$
$14k = 9x + 5i, \quad 14i = 9k + 5l, \quad 14l = 9i + 5h, \quad 14h = 9l + 5g, \quad 14g = 9h + 5f, \quad 14f = 9g + 5e,$
$14e = 9f + 5d, \quad 14d = 9e + 5c, \quad 14c = 9d + 5b, \quad 14b = 9c + 5w, \quad 14w = 9b.$

ren. Schon beim Stand (11|1) gibt es neben dem direkten Weg zu (12|0) noch viele andere Wege, z. B. (11|1)–(10|2)–(11|1)–(12|0). Schließlich bietet er denjenigen, die die beiden Arten »nicht als genügenden Beweis« ansehen, das abkürzende Verfahren an, das CHRISTIAAN HUYGENS zur Lösung der Aufgabe XI (siehe S. 85) einschlägt. »Mit Nichtberücksichtigung aller dazwischen liegenden Fälle« schließe man von drei Münzen auf sechs und von diesen auf zwölf.

Abschließend bemerkt er, dass das Verhältnis der Gewinnerwartungen für jeden Zwischenstand $(m|n)$ im Falle $c = d$ gleich $m : n$, ansonsten $[c^n (d^m - c^m)] : [d^m (d^n - c^n)]$ ist. Die »mühsamere Berechnung« überlässt er dem Leser.

Lösung nach DE MOIVRE (1712):

Die erste veröffentlichte Lösung von Problem V stammt von ABRAHAM DE MOIVRE und erschien im Jahre 1712. In seiner Schrift *De Mensura Sortis* ist es *Problem IX*. DE MOIVRE gibt sofort das richtige Verhältnis $5^{12} : 9^{12}$ an, führt aber den Beweis für einen verallgemeinerten Fall – wir vereinfachen seine Bezeichnungen: A besitze anfangs m von 1 bis m nummerierte Münzen, B n von $m + 1$ bis $m + n$ nummerierte Münzen. Sie mögen nebeneinander auf einer Geraden liegend angeordnet sein: $M_1, M_2, \ldots, M_m \parallel M_{m+1}, \ldots, M_{m+n}$; dabei trenne $\parallel$ die Münzen des A von denen des B. Gespielt wird um die beiden, links und rechts vom Trennstrich liegenden Münzen, d. h., beim Spielstand $M_1, \ldots, M_k \parallel M_{k+1}, \ldots, M_{m+n}$ legt A als Einsatz die Münze M_k, B die Münze M_{k+1} auf den Tisch. Nun wendet DE MOIVRE einen Trick an: Da das Spiel bei jedem Wurf fair sein soll, müssen sich die Einsätze M_k und M_{k+1} wie die Anzahlen der für A bzw. B günstigen Fälle a bzw. b verhalten. Jede Münze M_i muss also einen Wert $|M_i|$ haben, und es muss gelten $|M_k| : |M_{k+1}| = a : b$, d. h., $|M_{k+1}| = \frac{b}{a} \cdot |M_k|$. Die Münzwerte bilden also eine geometrische Folge mit dem Anfangsglied $|M_1|$ und dem Quotienten $\frac{b}{a}$. Der Wert $|M_1|$ ist frei wählbar. Wie man leicht nachrechnen kann, hängt das Endergebnis nicht von diesem Wert ab. Zweckmäßigerweise wählt man $|M_1| = \frac{b}{a}$, sodass $|M_k| = \left(\frac{b}{a}\right)^k$ wird.

Beim Stand $\ldots, M_k \parallel M_{k+1}, \ldots$ hat A a günstige Fälle, die Münze M_{k+1} von B zu erhalten, und b Fälle, seine Münze M_k an B zu verlieren. Bei diesem Wurf hat A also die Gewinnerwartung $g_k(A)$. Für sie gilt

$$g_k(A) = \frac{a \cdot |M_{k+1}| - b \cdot |M_k|}{a + b} = \frac{a\left(\frac{b}{a}\right)^{k+1} - b\left(\frac{b}{a}\right)^k}{a + b} = \frac{\frac{b^{k+1}}{a^k} - \frac{b^{k+1}}{a^k}}{a + b} = 0.$$ Damit ist auch die gesamte

Gewinnerwartung $G(A)$ des A null, d. h., das gesamte Spiel ist auch fair. Daraus folgt

$$\frac{\text{Gewinnwahrscheinlichkeit des A}}{\text{Gewinnwahrscheinlichkeit des B}} = \frac{\text{Gesamtgewinn des B}}{\text{Gesamtgewinn des A}} = \sum_{i=1}^{m}\left(\frac{b}{a}\right)^i : \sum_{i=m+1}^{m+n}\left(\frac{b}{a}\right)^i$$

$$= \left[\frac{b}{a} \cdot \frac{1 - \left(\frac{b}{a}\right)^m}{1 - \frac{b}{a}}\right] : \left[\left(\frac{b}{a}\right)^{m+1} \cdot \frac{1 - \left(\frac{b}{a}\right)^n}{1 - \frac{b}{a}}\right] = \left[a^n\left(a^m - b^m\right)\right] : \left[b^m\left(a^n - b^n\right)\right].$$

Das ist der oben von JAKOB BERNOULLI angegebene Wert (siehe vorstehenden Abschnitt). Abschließend weist DE MOIVRE darauf hin, dass die Bewertung der Münzen keinen Einfluss auf die Gewinnwahrscheinlichkeiten hat. Mit $a = 5$, $b = 9$ und $m = n = 12$ liefert der letzte Ausdruck

$$\left[5^{12}\left(5^{12} - 9^{12}\right)\right] : \left[9^{12}\left(5^{12} - 9^{12}\right)\right] = 5^{12} : 9^{12}.$$

Lösung nach STRUYCK (1716):

NICOLAAS STRUYCK löst das Problem allgemein (1912, S. 108 f.). Sein Vorgehen lässt sich

modern folgendermaßen interpretieren. Wenn A k
Münzen besitzt und a die Anzahl der für ihn günstigen
Fälle und b die der ungünstigen ist, dann ist die Ge-
winnerwartung e_k, dass er zum Sieg kommt, $e_k = \frac{ae_{k+1} + be_{k-1}}{a+b}$. Falls $a \neq b$ ist, bilden die Differenzen
$d_k = e_k - e_{k-1}$ eine geometrische Reihe:

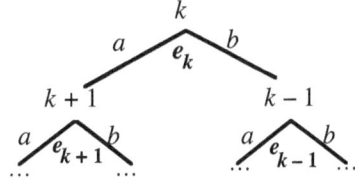

$$e_k = \frac{ae_{k+1} + be_{k-1}}{a+b} \Leftrightarrow (a+b)e_k = ae_{k+1} + be_{k-1} \Leftrightarrow a(e_{k+1} - e_k) = b(e_k - e_{k-1}),$$

also $ad_{k+1} = bd_k \quad \Leftrightarrow \quad \frac{d_{k+1}}{d_k} = \frac{b}{a} \quad \Leftrightarrow \quad d_k = \left(\frac{b}{a}\right)^{k-1} d_1.$

Offensichtlich ist $e_{m+n} = 1$ und $e_0 = 0$. Letzteres liefert wegen $d_1 = e_1 - e_0$ schließlich

$$d_k = \left(\frac{b}{a}\right)^{k-1} e_1 \text{ und } e_k = \sum_{i=1}^{k} d_i = \sum_{i=1}^{k} e_1 \left(\frac{b}{a}\right)^{i-1} \quad (1)$$

Falls $a \neq b$ ist, ergibt sich $e_k = e_1 \dfrac{1 - \left(\frac{b}{a}\right)^k}{1 - \left(\frac{b}{a}\right)} = e_1 \dfrac{a^k - b^k}{(a-b)a^{k-1}}.$

Den Wert von e_1 erhält man aus $1 = e_{m+n} = e_1 \dfrac{a^{m+n} - b^{m+n}}{(a-b)a^{m+n-1}}$ zu $e_1 = \dfrac{(a-b)a^{m+n-1}}{a^{m+n} - b^{m+n}}$. Damit ist

die Gewinnerwartung des A, wenn er m Münzen besitzt,

$$e_m = e_1 \frac{a^m - b^m}{(a-b)a^{m-1}} = \frac{(a-b)a^{m+n-1}}{a^{m+n} - b^{m+n}} \cdot \frac{a^m - b^m}{(a-b)a^{m-1}} = \frac{(a^m - b^m)a^n}{a^{m+n} - b^{m+n}}.$$

Vertauscht man in den obigen Überlegungen a und b, so erhält man für die Gewinnerwartung
des B, wenn er n Münzen besitzt, $\dfrac{(a^n - b^n)b^m}{a^{m+n} - b^{m+n}}$, und damit für das Verhältnis der Gewinn-

erwartungen des A und B schließlich $\dfrac{(a^m - b^m)b^n}{a^{m+n} - b^{m+n}}$. Für $m = n$ ergibt sich das Verhältnis $\dfrac{a^n}{b^n}$.

Für den noch ausstehenden Fall $a = b$ wird Gleichung (1) zu $e_k = \sum_{i=1}^{k} d_i = \sum_{i=1}^{k} e_1 = ke_1.$ (2)

Mit $e_{m+n} = 1$ erhält man $1 = (m+n)e_1 \Leftrightarrow e_1 = \dfrac{1}{m+n}.$

Aus (2) gewinnt man für die Gewinnerwartung des A, wenn er m Münzen besitzt, $e_m = \dfrac{m}{m+n}$,

und für die Gewinnerwartung des B, wenn er n Münzen besitzt, $e_n = \dfrac{n}{m+n}$. Damit verhält

sich die Gewinnerwartung des A zur Gewinnerwartung des B wie $m : n$, also wie die Kapital-
ausstattung der Spieler.

1962 behandelt WARREN WEAVER in seinem Buch *Lady Luck*[135] das Problem des Ruins des
Spielers und bemerkt dazu, die Glücksspieler hätten aus der Wahrscheinlichkeitstheorie
zweifellos eine Menge gelernt, aber die Hauptlehre aus ihr ignorierten sie: »Wer weiterspielt,

---

[135] Wir zitieren nach der deutschen Ausgabe, die 1964 unter dem Titel *Die Glücksgöttin* erschien.

verliert.« (S. 247) Letztlich liegt seinem Vorgehen das Verfahren von STRUYCK zugrunde. Im Gegensatz zu STRUYCK rechnet er nicht mit den Gewinnerwartungen e_m und e_n, sondern mit den Risiken $r_m = 1 - e_m$ und $r_n = 1 - e_n$, beim Besitz von m bzw. n Münzen ruiniert zu werden. Außerdem beginnt er mit dem Fall $a = b$, d. h. ja, dass die beiden Spieler A und B gleiche Chance haben und dass damit das Spiel fair ist. Da $r_m + r_n = (1 - e_m) + (1 - e_n) = 2 - \left(\frac{m}{m+n} + \frac{n}{m+n} \right) = 1$, stellt WEAVER fest, dass mit Sicherheit entweder A oder B ruiniert ist. Schließlich bestimmt WEAVER noch die Gewinnerwartung des Spielers A zu

$$E(\text{Gewinn von A}) = - m \cdot r_m + n \cdot (1 - r_m) = - m(1 - e_m) + ne_m = - m + e_m(m + n) = 0,$$

d. h., das Spiel ist fair, obwohl einer der Spieler ruiniert wird.

Eine moderne Lösung von HUYGENS' Problem V

Die Wahrscheinlichkeiten, dass A bzw. B eine Partie gewinnt, seien p bzw. q. Ferner bedeuten $A_k =$ »A siegt, obwohl B im Verlauf des Spiels k-mal eine Münze erhalten hat« ($k \in \mathbb{N}_0$), und $A =$ »A siegt«. Da die A_k disjunkt sind, ist $P(A) = \sum\limits_{k=0}^{\infty} P(A_k)$. Analog seien B_k und B definiert, und es gilt ebenso $P(B) = \sum\limits_{k=0}^{\infty} P(B_k)$. Das Eintreten des Ereignisses A_k kann auf vielerlei

Arten geschehen. Die möglichen Spielabläufe seien in einem Diagramm veranschaulicht. Man startet bei S. Erhält A eine Münze von B, so geht man einen Schritt nach rechts; verliert A eine Münze an B, so geht man einen Schritt nach oben. Erreicht man einen der Punkte A_k bzw. B_k, so ist das Spiel zu Ende, und A bzw. B ist Sieger. Die Anzahl der möglichen Spielabläufe von S bis A_k ist gleich der Anzahl w_k der Wege von S bis A_k. Dabei darf aber kein Weg über ein B_s ($s \in \mathbb{N}_0$) bzw. über ein A_r ($r < k$) führen. Zum Abzählen der Wege von S bis A_k beginnt man bei A_k und schreibt an die Gitterpunkte die Anzahl der Wege, die von ihnen nach A_k führen. Man erhält sie als Summe der Wege, die vom darüber liegenden Punkt bzw. vom davon rechts liegenden Punkt nach A_k führen, d. h., die Anzahl der Wege vom Punkt $(i \mid j)$ ist gleich der Summe der Anzahlen der Wege von $(i \mid j + 1)$ und $(i + 1 \mid j)$. Nehmen wir nun an, die beiden Spieler starten mit jeweils drei Münzen. Im Bild wird die Anzahl w_4 der Wege von S nach A_4 zu 81 ermittelt. Aus Symmetriegründen ist die Anzahl der Wege von S nach B_4 ebenfalls 81. Also ist $P(A_4) = 81 p^{4+3} q^4$ und $P(B_4) = 81 p^4 q^{4+3}$ und somit $P(A_4) : P(B_4) = p^3 : q^3$. Allgemein gilt $P(A_k) = w_k p^{k+3} q^k$ und $P(B_k) = w_k p^k q^{k+3}$ und damit

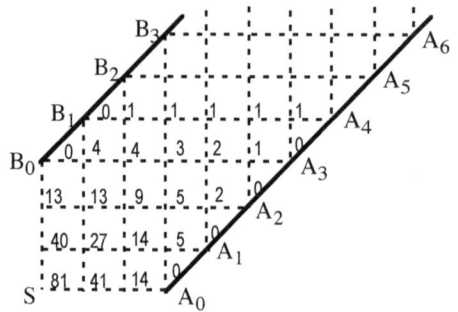

$$P(A) : P(B) = \sum_{k=0}^{\infty} P(A_k) : \sum_{k=0}^{\infty} P(B_k)$$

$$= p^3 \left(1 + pqw_1 + p^2 q^2 w_2 + \ldots \right) : q^3 \left(1 + pqw_1 + p^2 q^2 w_2 + \ldots \right) = p^3 : q^3.$$

Die Überlegung bleibt richtig, wenn man statt von drei Münzen von m Münzen ausgeht. Es ergibt sich dann $P(A) : P(B) = p^m : q^m$.

1708 MONTMORT / *Essay*: Spielabbruch bei festgelegtem Vorsprung[136]

PIERRE RÉMOND DE MONTMORT bringt 1708 in Bemerkung III auf Seite 178 seines *Essay* eine Art Verallgemeinerung des *Problems V* von HUYGENS, aber nur in einem Zahlenbeispiel. Sie erscheint nicht mehr in der 2. Auflage von 1713. Wir formulieren die Aufgabe allgemein.

> Zwei Spieler A und B spielen *en rabattant*, d. h., sie vereinbaren, dass derjenige den gesamten Einsatz bekommen soll, der einen Vorsprung von s gewonnenen Partien erreicht. Dabei sei vorausgesetzt, dass die Chancen, eine Partie zu gewinnen, für A und B gleich groß sind. Das Spiel wird abgebrochen, als A einen Vorsprung von v gewonnenen Partien hat. Wie ist der Einsatz gerecht aufzuteilen?

MONTMORT gibt ohne Herleitung für den Fall $s = 6$ folgende Tabelle an:

Vorsprung v des A	1	2	3	4	5
Aufteilung A : B	7 : 5	2 : 1	3 : 1	5 : 1	11 : 1

JOHANN I BERNOULLI erkennt das zugrunde liegende Bildungsgesetz, das er MONTMORT am 17.3.1710 brieflich mitteilt, und zwar ebenfalls mittels einer Tabelle für beliebiges s und ebenfalls ohne Herleitung, aber sein Erstaunen ausdrückend, dass MONTMORT die allgemeine Lösung nicht gefunden hat (Montmort (1713), Seite 295).

Vorsprung v des A	0	1	...	v	...	s
Aufteilung A : B	$(s+0):(s-0)$	$(s+1):(s-1)$	...	$(s+v):(s-v)$	...	$(s+s):(s-s)$

Diese Tabelle ergibt sich aus dem von JAKOB BERNOULLI angegebenen und von NICOLAAS STRUYCK hergeleiteten Spezialfall $a = b$ der Lösung von HUYGENS' Problem V, wenn man den Einsatz bei Spielabbruch aufteilt im Verhältnis der Gewinnerwartungen, die die beiden Spieler in diesem Augenblick haben. Besitze jeder Spieler zu Beginn des Spiels s Münzen, dann bedeutet ein Spielstand $(x + v) : x$ zugunsten von A, dass A in diesem Moment $m = s + v$ Münzen und B $n = s - v$ Münzen besitzen. Also ist der Einsatz im Verhältnis $m : n = (s + v) : (s - v)$ aufzuteilen.

---

[136] MONTMORT berichtet, er habe zwei Spieler beim *Piquet* beobachtet, die einen Vorsprung $s = 6$ festgelegt hatten und nach 40 Partien noch zu keiner Entscheidung gekommen waren. Sie trennten sich, als A den Vorsprung $v = 3$ hatte, und wollten dabei den Einsatz »gerecht« im Verhältnis 1 : 1 aufteilen, was MONTMORT zur Aufstellung seiner Tabelle anregte. Der Einsatz von acht *Louis[dor]* = 128 *livres* muss korrekterweise 96 *livres* : 32 *livres* aufgeteilt werden. Siehe Fußnote 186.

Der Zufall, eine Göttin

Sa sacrée Majesté le hasard décide de tout

VOLTAIRE an JAMES MARIOTT, Staatsanwalt am Berufungsgericht Englands, am 26.2.1767

FORTUNA

Plakettenmodell 4,5 cm × 6,9 cm. JOACHIM FORSTER zugeschrieben (?), Augsburg um 1530 bis 1540.

FORTUNA, die italische Göttin der Fruchtbarkeit, verschmolz in der Zeit des Hellenismus mit der griechischen Göttin TYCHE (Τύχη), einer Tochter des ZEUS, der Göttin des Schicksals, des Glücks im Guten und im Bösen. Beide Göttinnen hatten als Attribut ein Füllhorn. Gerne wird FORTUNA stehend auf einer schwebenden Kugel dargestellt, einem Sinnbild für Instabilität; sie aber bleibt stets im Gleichgewicht. Das geblähte Segel steht für Unberechenbarkeit; denn auf den Wind ist kein Verlass. Mit einem Steuerruder lenkt sie das Schicksal der Menschen. Oder dreht sie hier mit ihrem Fuß das Rad des Lebens?

V. S. G. deutete JÖRG RASMUSSEN 1975 als VIRTUS – SALUS – GLORIA

2. Hälfte des 17. Jahrhunderts

1663 CARDANO / *De ludo aleae*: Wette

GERONIMO CARDANO verfasste, wie aus verschiedenen Bemerkungen in seinen Werken hervorgeht, mehrere Bücher über das Glücksspiel. Einige sind verloren. Das um 1564 entstandene »Buch vom Glücksspiel« erscheint erst 1663 postum – und damit längst überholt – unter dem Titel *Liber de ludo aleae* in seinen *Opera omnia* im Druck. In Kapitel 15 berechnet er dort das Verhältnis von Wetteinsätzen.

> Man hat festgestellt, dass ein Spieler [bei einer fairen Wette] den 12. Teil dessen einsetzen muss, was sein Kontrahent einsetzen muss, wenn er darauf setzt, dass beim dreimaligen Werfen von drei Würfeln bei jedem Wurf mindestens einmal eine vorher festgesetzte Augenzahl fällt.

Lösung nach CARDANO (um 1564/1663)

CARDANO schreibt kurz, dass ix.cccxxiv.cxxv, d. h. 9 324 125 Ergebnisse für den Kontrahenten günstig sind. Er benützt dabei stillschweigend seine Überlegungen Kapitel aus 14. Drei Würfel können auf $6^3 = 216$ Arten fallen, davon sind $6^3 - 5^3 = 91$ Fälle für das Ereignis günstig. Werden die drei Würfel dreimal geworfen, dann gibt es 216^3 Ergebnisse, von denen 91^3 = 753 571 günstig sind. Für den Kontrahenten sind also $216^3 - 91^3$ = 9 324 125 Ausfälle günstig. Also müssen sich bei einer fairen Wette die Einsätze wie 9 324 125 : 753 571 ≈ 12 : 1 verhalten.

1663 CARDANO / *De ludo aleae*: Blinde Würfel

In Kapitel 32 seines um 1564 verfassten, postum erst 1663 – und damit längst überholt – im Druck erschienenen *Liber de ludo aleae* – »Buch vom Glücksspiel« – handelt GERONIMO CARDANO von Würfeln, »welche zwar die Gestalt gewöhnlicher Würfel, aber auf fünf Seitenflächen keine Augen haben. Auf der sechsten Seitenfläche trägt der erste Würfel ein Auge, der zweite zwei Augen, [...], der sechste sechs Augen, sodass die Summe aller Augen auf den sechs Würfeln gleich 21 ist« – so JAKOB BERNOULLI 1713, der sie »blinde Würfel« nennt (s. u.). Alle Seitenflächen fallen mit gleicher Wahrscheinlichkeit. CARDANO behauptet:

> Beim Wurf der sechs blinden Würfel erhält man im Mittel die Augensumme dreieinhalb. Aber in der Mehrzahl der Würfe wird die Augensumme kleiner als 3 sein.

Lösung der ersten Behauptung nach CARDANO (um 1564/1663)

Ohne weitere Erklärung dividiert CARDANO die größtmögliche Augensumme 21 durch die Anzahl 6 der Würfel und erhält als Mittelwert 3,5.

Lösung der ersten Behauptung nach JAKOB BERNOULLI (1713):

Stillschweigend setzt BERNOULLI (*Ars Conjectandi*, S. 200) voraus, dass die leeren Seitenflächen auf jedem Würfel unterscheidbar sind. Dann gibt es $6^6 = 46\,656$ verschiedene Ergebnisse. Bei der Bildung der Augensumme X der sechs Würfel werden die leeren Seitenflächen mit 0 bewertet. Die ersten drei Spalten der folgenden Tabelle stammen von BERNOULLI.

Augen-summe x_i	Zugehörige Ergebnisse als Sextupel (Nullen unterdrückt)					Anzahl n_i der Fälle	Berechnung dieser Anzahl n_i	$n_i \cdot x_i$
0						15625	5^6	0
1	1					3125	5^5	3125
2	2					3125	5^5	6250
3	3	12				3750	$5^5 + 5^4$	11250
4	4	13				3750	$5^5 + 5^4$	15000
5	5	14	23			4375	$5^5 + 2 \cdot 5^4$	21875
6	6	15	24	123		4500	$5^5 + 2 \cdot 5^4 + 5^3$	27000
7	16	25	34	124		2000	$3 \cdot 5^4 + 5^3$	14000
8	26	35	125	134		1500	$2 \cdot 5^4 + 2 \cdot 5^3$	12000
9	36	45	126	135	234	1625	$2 \cdot 5^4 + 3 \cdot 5^3$	14625
10	46	136	145	235	1234	1025	$5^4 + 3 \cdot 5^3 + 5^2$	10250
11	56	146	236	245	1235	1025	$5^4 + 3 \cdot 5^3 + 5^2$	11275
12	156	246	345	1236	1245	425	$3 \cdot 5^3 + 2 \cdot 5^2$	5100
13	256	346	1246	1345		300	$2 \cdot 5^3 + 2 \cdot 5^2$	3900
14	356	1256	1346	2345		200	$5^3 + 3 \cdot 5^2$	2800
15	456	1356	2346	12345		180	$5^3 + 2 \cdot 5^2 + 5$	2700
16	1456	2356	12346			55	$2 \cdot 5^2 + 5$	880
17	2456	12356				30	$5^2 + 5$	510
18	3456	12456				30	$5^2 + 5$	540
19	13456					5	5	95
20	23456					5	5	100
21	123456					1	1	21
					Summe	46656		163296

$$E(X) = \sum_{i=0}^{21} x_i \cdot \frac{n_i}{46656} = \frac{163\,296}{46656} = 3,5$$

Moderne Lösung der ersten Behauptung

Schneller und wesentlich weniger aufwändig gelangt man zu diesem Ergebnis unter Verwendung des Satzes, dass der Erwartungswert einer Summe von Zufallsgrößen gleich der Summe der Erwartungswerte dieser Zufallsgrößen ist. Mit X_i = Augenzahl des i-ten Würfels ist $E(X_i) = 0 \cdot \frac{5}{6} + i \cdot \frac{1}{6} = \frac{1}{6}i$, woraus sich der Erwartungswert $E(X)$ der Augensumme $X = \sum_{i=1}^{6} X_i$ berechnet zu $E(X) = E\left(\sum_{i=1}^{6} X_i\right) = \sum_{i=1}^{6} E(X_i) = \sum_{i=1}^{6} \frac{1}{6}i = \frac{1}{6} \cdot 21 = 3,5$.

Zur zweiten Behauptung: CARDANO weist lediglich darauf hin, dass man die zweite Feststellung durch Abzählen verifizieren muss. Wir tun es: Es gibt 21875 Würfe, deren Augensumme kleiner als 3 ist. Das ist allerdings weniger als die Hälfte von 46656. CARDANO hat also nicht Recht. Vielleicht meinte er aber wie bei der folgenden Aufgabe über die Astragaloi, dass die meisten aller Würfe unter dem *Mittelwert* 3,5 liegen. Dann hat er Recht. Denn dies sind 25625 Würfe. Heute würde man sagen, der Median 3 liegt unter dem Erwartungswert 3,5 der Verteilung.

1713 JAKOB BERNOULLI / *Ars Conjectandi*: Blinde Würfel

Interessanter als bei CARDANO ist die Aufgabe über das Spiel mit blinden Würfeln (*De alea tesserarum caecarum*), die JAKOB BERNOULLI in **Problem 23** des 3. Kapitels seiner *Ars Conjectandi* (1713 postum) behandelt.

> Auf unseren Jahrmärkten bieten Marktschreier, die Jahrmarktsbesucher prellen wollen, ein Spiel mit blinden Würfeln an. Dazu gibt der Schwindler auf einer Liste die Auszahlungen für alle Augensummen von 1 bis 21 an, wie dies die unten stehende Tafel zeigt. Wer nun sein Glück versuchen will, gibt dem Besitzer der Würfel eine Münze [z. B. einen Pfennig] und wirft dann die sechs Würfel auf das Spielbrett; fällt eine bestimmte Anzahl Augen, so erhält er die zugehörige Auszahlung, erscheint aber kein Auge, so ist der Einsatz verloren. Man berechne die Hoffnungen des Spielers.

Lösung nach JAKOB BERNOULLI (1713)

BERNOULLI gibt folgende Auszahlungstafel an

Augensumme	0	1 – 8	9 – 13	14 – 16	17	18	19	20	21
Auszahlung in Pf.	0	1	2	3	4	5	12	45	90

und erstellt dann die bereits auf Seite 126 angegebene Tabelle. Die ausführliche Berechnung des Erwartungswerts der Zufallsgröße Auszahlung A des Spielers überlässt er dem Leser, was hiermit nachgeholt werde.

a	0	1	2	3	4	5	12	45	90
$6^6 \cdot W(a)$	15625	26125	4400	435	30	30	5	5	1

$$E(A) = 6^{-6} \cdot (26125 + 8800 + 1305 + 120 + 150 + 60 + 225 + 90) = \frac{36875}{46656} \approx 0{,}79 \ [\text{Pf.}].$$

Weil der Spieler aber 1 Pf. eingesetzt hat, verliert er auf Dauer im Mittel $-\dfrac{9781}{46656}$ Pf. $\approx$ $-0{,}21$ Pf., also etwas mehr als mehr als $\frac{1}{5}$ Pf., den der Schwindler einstreicht.

BERNOULLI fährt mit **Problem 24** fort: Er habe einst auf einem Jahrmarkt einen Marktschreier gesehen, welcher, um die Umstehenden anzulocken, eine besondere Vergünstigung anbot:

> Es werde gespielt wie in Problem 23 mit der besonderen Regelung: Wirft der Spieler fünfmal hintereinander kein Auge, dann zahlt ihm der Marktschreier alle seine eingesetzten Pfennige zurück. Welche Hoffnung hat der Spieler jetzt?

Die Aufgabe ist so zu verstehen, dass der Spieler jeweils einen weiteren Pfennig einsetzt, wenn er 0 wirft. BERNOULLI hat eine solche Spielsituation allgemein in *Problem 22* behandelt, das wir nachstehend bringen. Dort leitet er her, dass der Erwartungswert des Gewinns des Spielers zu Beginn der ersten Partie den Wert

$$g_0 = \frac{m\left(a^n - c^n\right)}{a^n} - \left(\frac{a^n - c^n}{a^{n-1}b} - \frac{nc^n}{a^n}\right)$$

hat. Die Variablen haben bei *Problem 24* die Werte $a = 46\,656$, $b = 31\,031$, $c = 15\,625$ und $n = 5$. Die Auszahlung m, die der Spieler erhält, ist bei *Problem 24* von der Augensumme abhängig; ihr mittlerer Wert ergibt sich aus:

Augensumme	1 – 8	9 – 13	14 – 16	17	18	19	20	21
Anzahl der Fälle	26125	4400	435	30	30	5	5	1
Auszahlung in Pf.	1	2	3	4	5	12	45	90

$m = \frac{36\,875}{31\,031}$

Damit erhält man für die Gewinnerwartung des Spielers zu Beginn des Spiels

$$g_0 = \frac{36875}{31031} \cdot \frac{46656^5 - 15625^5}{46656^5} - \left(\frac{46656^5 - 46656^5}{46656 \cdot 31031} - \frac{5 \cdot 15625^5}{46656^5}\right) = -\frac{8\,091\,567\,257\,829\,728\,373\,097}{27\,634\,239\,965\,091\,669\,737\,472}$$

$= -0{,}2928\ldots$ [Pf.], was BERNOULLI logarithmisch errechnete.

BERNOULLI schreibt, dass die

> »Verlustbefürchtung des Spielers in der vorigen Aufgabe nur zwei Drittel der jetzt gefundenen beträgt. So ist klar ersichtlich, dass die Bedingung der Rückgabe des Einsatzes an den Spieler, welche der durchtriebene Gauner scheinbar zu dessen Gunsten hinzugefügt hat, nur zu dessen größerem Nachteile ist.«

JAKOB BERNOULLIs Irrtum

BERNOULLI fährt dann weiter: »Ich bemerke noch«:

> Wenn der Marktschreier sich verpflichtet, schon nach zwei erfolglosen Würfen den ganzen Einsatz zurückzugeben, so kann er einen noch größeren Gewinn erzielen [im Vergleich zu seinem Gewinn bei der angebotenen Rückzahlung nach fünf erfolglosen Würfen].

BERNOULLI gibt keine Lösung. Offenbar muss er sich aber verrechnet haben. Denn mit $n = 2$ erhält man jetzt

$$g_0 = \frac{36875}{31031} \cdot \frac{46656^2 - 15625^2}{46656^2} - \left(\frac{46656^2 - 15625^2}{46656 \cdot 31031} - \frac{2 \cdot 15625^2}{46656^2}\right) = -\frac{120889211}{2176782336} = 0{,}0555\ldots$$

[Pf.]. Der Spieler hat im Mittel also einen kleinen Verlust von nur ca. $\frac{1}{20}$ Pf., der Marktschreier gewinnt also nur etwa 19 % dessen, was er beim Fünferangebot gewonnen hätte.

Weiterführende Überlegung

Betrachtet man g_0 als Funktion von n zugestandenen Misserfolgen, so erhält man folgende Tabelle:

n	1	2	3	4	5	6	7	8	9	10
$g_0(n)$	0,125	– 0,056	– 0,191	– 0,261	– 0,293	– 0,306	– 0,312	– 0,314	– 0,315	– 0,315

Würde der Marktschreier sein Angebot bereits nach *einem* Misserfolg des Spielers machen, so verlöre er und der Spieler gewönne im Mittel 0,125 Pf. Auch für $n = 2$, 3 und 4 stellt sich der Spieler besser als im Falle $n = 5$. Erstaunlicherweise ist $g_0(n)$ ab $n = 7$ praktisch konstant, so dass Angebote ab $n = 7$ keine Änderung mehr bringen.

1713 JAKOB BERNOULLI / *Ars Conjectandi*: Glücksspiel mit Rückzahlung

JAKOB BERNOULLI sah auf einem Jahrmarkt das Spiel von Problem 24, was ihn veranlasste, die Situation in Problem 22 allgemein anzugehen.

> Ein Glücksspiel bestehe aus maximal n Partien. Bei jeder Partie bezeichne a die Anzahl aller Spielausgänge, b die Anzahl der Gewinnfälle und $c = a - b$ die Anzahl der Verlustfälle. Der Spieler setzt einen Pfennig ein. Gewinnt er eine Partie, so erhält er m Pf., und das Spiel ist zu Ende. Verliert er, so erhält er nichts und spielt eine neue Partie, wobei er wieder einen Pf. einsetzt. Wenn er alle n Partien verliert, dann erhält er seine n eingesetzten Pfennige zurück. Wie groß ist die Hoffnung des Spielers?

Lösung nach JAKOB BERNOULLI (1713)

JAKOB BERNOULLI löst das Problem rekursiv.

1) Der Spieler hat $n - 1$ Partien verloren. Gewinnt er die n-te Partie, so erhält er m Pf., gewinnt also $(m - n)$ Pf. Verliert er diese Partie, so erhält er seine n Pf. zurück, sein Gewinn ist 0. Die Gewinnerwartung bei dieser n-ten Partie ist $g_{n-1} = (m-n)\frac{b}{a} + 0 \cdot \frac{c}{a} = (m-n)\frac{b}{a}$.

2) Der Spieler hat $n - 2$ Partien verloren. Gewinnt er die $(n - 1)$-te Partie, so erhält er m Pf., gewinnt also $(m - (n - 1))$ Pf. $= (m - n + 1)$ Pf. Verliert er diese Partie, so erhält er nichts und das Spiel geht weiter; dabei hat er dann den Gewinn g_{n-1} zu erwarten. Die Gewinnerwartung bei dieser $(n - 1)$-ten Partie ist

$$g_{n-2} = (m-n+1)\frac{b}{a} + g_{n-1} \cdot \frac{c}{a} = \frac{b}{a^2}\big[(m-n+1)a + (m-n)c\big].$$

3) Der Spieler hat $n - 3$ Partien verloren. Gewinnt er die $(n - 2)$-te Partie, so erhält er m Pf., gewinnt also $(m - (n - 2))$ Pf. $= (m - n + 2)$ Pf. Verliert er diese Partie, so erhält er nichts und das Spiel geht weiter; dabei hat er dann den Gewinn g_{n-2} zu erwarten. Die Gewinnerwartung bei dieser $(n - 2)$-ten Partie ist

$$g_{n-3} = (m-n+2)\frac{b}{a} + g_{n-2} \cdot \frac{c}{a} = (m-n+2)\frac{b}{a} + \frac{b}{a^2}\big[(m-n+1)a + (m-n)c\big] \cdot \frac{c}{a}$$

$$= \frac{b}{a^3}\big[(m-n+2)a^2 + (m-n+1)ac + (m-n)c^2\big].$$

JAKOB BERNOULLI berechnet noch

$$g_{n-4} = \frac{b}{a^4}\big[(m-n+3)a^3 + (m-n+2)a^2c + (m-n+1)ac^2 + (m-n)c^3\big]$$

und sagt dann, dass nun das Bildungsgesetz der g_i leicht zu erkennen ist. Für die Gewinnerwartung des Spielers zu Beginn der ersten Partie gilt also

$$g_0 = \frac{b}{a^n}\big[(m-n+(n-1))a^{n-1} + (m-n+(n-2))a^{n-2}c + \ldots + (m-n)c^{n-1}\big]$$

$$= \frac{b}{a^n}\big[(m-1)a^{n-1} + (m-2)a^{n-2}c + \ldots + (m-n)c^{n-1}\big]$$

$$= \frac{b}{a}\left[(m-1) + (m-2)\frac{c}{a} + \ldots + (m-n)\left(\frac{c}{a}\right)^{n-1}\right]$$

$$= \frac{b}{a}\left[m\left\{1 + \frac{c}{a} + \ldots + \left(\frac{c}{a}\right)^{n-1}\right\} - \left\{1 + 2\cdot\frac{c}{a} + \ldots + n\left(\frac{c}{a}\right)^{n-1}\right\}\right]$$

$$\overset{137}{=} \frac{b}{a}\left[m\frac{1 - \left(\frac{c}{a}\right)^{n}}{1 - \frac{c}{a}} - \frac{1 - \left(\frac{c}{a}\right)^{n}(1+n) + n\left(\frac{c}{a}\right)^{n+1}}{\left(1 - \frac{c}{a}\right)^{2}}\right]$$

$$= \frac{bm}{a}\cdot\frac{a^{n} - c^{n}}{a - c}\cdot\frac{1}{a^{n-1}} - \frac{ba^{2}}{a}\cdot\frac{1 - \left(\frac{c}{a}\right)^{n}(1+n) + n\left(\frac{c}{a}\right)^{n+1}}{(a-c)^{2}}$$

$$= \frac{bm}{a^{n}}\cdot\frac{a^{n} - c^{n}}{b} - ab\cdot\frac{1 - \left(\frac{c}{a}\right)^{n} - n\left(\frac{c}{a}\right)^{n} + n\left(\frac{c}{a}\right)^{n+1}}{b^{2}}$$

$$= \frac{m\left(a^{n} - c^{n}\right)}{a^{n}} - \frac{a}{b}\cdot\frac{a^{n+1} - ac^{n} - nac^{n} + nc^{n+1}}{a^{n+1}}$$

$$= \frac{m\left(a^{n} - c^{n}\right)}{a^{n}} - \frac{1}{a^{n}b}\left(a^{n+1} - ac^{n} - nc^{n}(a - c)\right)$$

$$= \frac{m\left(a^{n} - c^{n}\right)}{a^{n}} - \left[\frac{a^{n} - c^{n}}{a^{n-1}b} - \frac{nc^{n}}{a^{n}}\right].$$

1663 CARDANO / *De ludo aleae*: Astragaloi und Würfel

Im Anschluss an die Aufgabe über die Blinden Würfel (s. S. 125) berechnet GERONIMO CARDANO in Kapitel 32 seines 1663 erschienenen *Liber de ludo aleae* Erwartungswerte.

Der Erwartungswert der Augensumme beim Wurf von vier Astragaloi ist 14, der beim Wurf von drei Würfeln ist zehneinhalb.

Lösung nach CARDANO (um 1564/1663)

CARDANO behauptet: Das arithmetische Mittel aus der größten und kleinsten Augensumme ist der Mittelwert. Für die drei Würfel erhält er damit $(18 + 3) : 2 = 10{,}5$. Für die vier Astragaloi, deren vier Seitenflächen die Werte 1, 3, 4 und 6 tragen, erhält er $(24 + 4) : 2 = 14$.

Kritik: Für die Würfel hat CARDANO recht, wie der folgende Beweis zeigt: Sei X_i die Augen-

---

[137] Den Wert s der geschweiften Klammer findet man unter Verwendung der Summenformel für die geometrische Reihe folgendermaßen:

$$\left.\begin{array}{l} s = 1 + 2q + 3q^{2} + \ldots + nq^{n-1} \\ qs = q + 2q^{2} + \ldots + (n-1)q^{n-1} + nq^{n} \end{array}\right\} \Rightarrow s(1-q) = 1 + q + q^{2} + \ldots + q^{n-1} - nq^{n} = \frac{1 - q^{n}}{1 - q} - nq^{n} \Rightarrow$$

$$s = \frac{1 - q^{n}(1 + n) + nq^{n+1}}{(1 - q)^{2}}$$

summe des i-ten Würfels, dann ist $E(X_i) = \sum_{i=1}^{6} \frac{1}{6}i = \frac{1}{6} \cdot 21 = 3{,}5$. Damit gilt für die Augen-

summe X der drei Würfel, $X = \sum_{i=1}^{3} X_i$, und damit $E(X) = E\left(\sum_{i=1}^{3} X_i\right) = \sum_{i=1}^{3} E(X_i) = 3{,}5 \cdot 3 =$ 10,5.

CARDANOs Überlegung liegt wohl zugrunde, dass bei einer symmetrischen Verteilung der Erwartungswert in der Mitte liegt, also $E(X) = \frac{x_{max} + x_{min}}{2}$.

Bei den Astragaloi ist CARDANOs Vorgehen falsch, da die Augensumme nicht symmetrisch verteilt ist; sein Wert ist aber erstaunlich gut! – Für die Augenzahl ω eines Astragalos gilt:

ω	1	3	4	6
$P(\{\omega\})$	0,10	0,35	0,48	0,07

Eine direkte Berechnung des Erwartungswerts der Augensumme der vier Astragaloi ist äußerst mühsam. Wesentlich schneller geht es mit dem schon mehrmals verwendeten Summensatz. Sei X_i die Augenzahl des i-ten Astragalos, dann ist $E(X_i) = 1 \cdot 0{,}10 + 3 \cdot 0{,}35 + 4 \cdot 0{,}48 + 6 \cdot 0{,}07 = 3{,}49$. Für die Augensumme X der vier Astragaloi erhält man $E(X) =$

$$E\left(\sum_{i=1}^{4} X_i\right) = \sum_{i=1}^{4} E(X_i) = 4 \cdot 3{,}49 = 13{,}96.$$

CARDANO war ein leidenschaftlicher Spieler und hat sicher den »Mittelwert« 14 sehr oft gesehen. Er erwähnt übrigens, dass alle Würfe mit mindestens zwei Einsen *Hund* hießen, da bei keinem dieser Würfe die Augensumme den »Mittelwert« 14 überschreiten könne. Das ist richtig, weil die größtmögliche Augensumme mit zwei Einsen der Wurf 1166 mit seiner Augensumme 14 ist.[138]

1669 Christiaan und Lodewijk Huygens / *Briefe*: Lebenserwartung

Sir ROBERT MORAY[139] schickt am 16. März 1662 (n. S.) CHRISTIAAN HUYGENS die erst im Januar 1662 in London erschienenen *Natural and Political Observations Mentioned in a following Index, and made upon the Bills of Mortality* des Tuchhändlers JOHN GRAUNT. Die

---

[138] In der Antike hieß lediglich 1111 *Hund* (lateinisch *canis*, griechisch κύων [kýon]), benannt nach den vier, ein Parallelogramm bildenden Sternen des Großen Hundes, dessen Hauptstern der Sirius, der hellste Fixstern des Himmels, ist. Von diesem schlechtesten Wurf soll, so heißt es im *Morgenblatt für gebildete Stände* (18.11.1819, Tübingen) unsere Redewendung »Auf den Hund kommen« herrühren. Der beste Wurf war nicht 6666, wie wir erwarten würden, sondern derjenige Wurf, bei dem alle vier Seiten fallen, also 1346. Er hieß *Wurf der Aphrodite* ('Αφροδίτης βόλος) bzw. lateinisch *Venuswurf* (*iactus Veneris*). – Unentschieden ist bis heute, ob der griechische oder der lateinische Ausdruck älter ist. Die älteste uns überkommene Belegstelle stammt aus dem 3. Jh. v. Chr.: der Ausruf *Hoc Venerium est* –»Dies ist ein Venuswurf« in der Komödie *Asinaria* (Zeile 905) des römischen Dichters TITUS MACC(I)US PLAUTUS.

[139] auch MURRAY, Gründungsmitglied und von März 1661 bis Juli 1662 Präsident der durch König KARL II. am 15.7.1662 anerkannten wissenschaftlichen Gesellschaft, die seit der 2. Charta vom April 1663, in der sich der König als »Gründer und Patron« erklärt, den Namen *Royal Society of London for Improving Natural Knowledge* führt. MORAY geriet im Dreißigjährigen Krieg 1645, auf französischer Seite mit seinem schottischen Regiment kämpfend, in bayerische Gefangenschaft.

darin enthaltene erste uns bekannte Absterbeordnung[140] machte größten Eindruck auf die Zeitgenossen, obwohl sie von der Wirklichkeit weit entfernt war, da GRAUNT sie mittels einer geometrischen Reihe konstruiert hatte.[141] CHRISTIAANS Interesse wird erst geweckt, als ihm sein jüngerer Bruder LODEWIJK die von ihm errechnete »*Table du temps qu'il reste à vivre à des personnes de toute sorte d'aages*«, also eine Tabelle der restlichen mittleren Lebenserwartung, am 22.8.1669 (Brief Nr. 1755) mit der Bemerkung zuschickt, die Rechnung sei nicht einfach gewesen, die aber sehr ansprechenden Ergebnisse könnten auch für die Berechnung von Leibrenten nützlich sein. Abschließend stellt er fest:

Viz. Of an hundred there die within the	
firſt fix years	86
The next ten years, or *Decad*	24
The ſecond *Decad*	15
The third *Decad*	9
The fourth	6
The next	4
The next	3
The next	2
The next	1

GRAUNTs Absterbeordnung
Seite 84 der Natural and Political Observations von 1662

»Meiner Rechnung zufolge werden Sie ungefähr 56 $\frac{1}{2}$ Jahre alt werden. Und ich 55.« – Geboren ist CHRISTIAAN am 14. April 1629 und LODEWIJK am 13. März 1631. Hat LODEWIJK richtig gerechnet?

Lösung nach LODEWIJK HUYGENS (1669/1895)[142]

CHRISTIAAN bittet in seiner kurzen Antwort vom 28.8.1669 (Nr. 1756) LODEWIJK um Zusendung der Berechnungsmethode. Am 30.10.1669 (Nr. 1771) schickt sie ihm LODEWIJK. Seine Berechnung beginnt folgendermaßen.

Die 36 Personen, die vor Erreichen des 6. Lebensjahres gestorben sind, haben im Mittel drei Jahre gelebt, zusammen also insgesamt 108 Jahre. Die 24 Personen, die zwischen dem 6. und 16. Lebensjahr starben, haben im Mittel elf Jahre gelebt, zusammen also insgesamt 264 Jahre. LODEWIJK fährt so fort und findet damit, dass die 100 Personen zusammen insgesamt 1822 Jahre gelebt haben. Teilt man nun diese 1822 Jahre auf die 100 Personen auf, so erhält man die mittlere Lebenserwartung einer Person zu 18 Jahren und etwa zwei Monaten. Um nun die restliche mittlere Lebenserwartung einer Person beliebigen Alters zu bekommen, subtrahiert er von 1822 Jahren die 108 Jahre der vor dem Erreichen des 6. Lebensjahres Verstorbenen. Die verbliebenen 64 Sechsjährigen haben also noch 1714 Lebensjahre. Im Mittel wird also ein Sechsjähriger 26 Jahre und ungefähr 10 Monate alt werden. Es bleiben ihm also noch 20 Jahre und 10 Monate zu leben. Auf diese Weise errechnet LODEWIJK die restliche

---

[140]   Heute spricht man meist von Sterbetafeln, die üblicherweise angeben, wie viele von 100 000 Lebendgeborenen jeweils ein bestimmtes Alter erreichen bzw. wie viele in einem bestimmten Alter sterben.

[141]   *A Table shewing of 100 quick conceptions how many die within six years, how many the next* Decad, *and so every* Decad *till 76.* GRAUNT rechnete ab der Empfängnis, da in den seit dem 29.12.1603 wöchentlich erscheinenden *Bills of Mortality* die Fehlgeburten mit erfasst wurden. Diese Totenzettel listeten die Anzahl der in London Getauften und Bestatteten auf, ab 1629 jeweils getrennt nach Geschlecht und bei den Verstorbenen auch nach Todesursache, jedoch ohne Altersangabe. Den an Kinderkrankheiten Gestorbenen ordnet GRAUNT willkürlich das 6. Lebensjahr zu. Dann teilt er das Lebensalter in Dekaden ein und nimmt ebenso willkürlich an, dass das Absterben konstant erfolgt, so dass also die Anzahl der Überlebenden eine geometrische Folge ergibt, deren Faktor $q = \frac{64}{100}$ ist. Und, »*for men do not die in exact Proportion, nor in Fractions*«, nimmt er immer nur den ganzzahligen Anteil, es ist also x_{i+1} = Größte ganze Zahl aus $0{,}64 \cdot x_i$.

[142]   Der auf französisch geführte Briefwechsel der Gebrüder wurde erst 1895 veröffentlicht, und zwar in Huygens (1888), Band VI. Die Briefnummern beziehen sich auf diese Edition. LODEWIJK schreibt aus Den Haag, CHRISTIAAN aus Paris.

mittlere Lebenserwartung für jede Altersgruppe, d. h., er berechnet den Erwartungswert der Zufallsgröße »restliche Lebensjahre«. Wir fassen seine Rechnung in einer Tabelle zusammen und führen dazu die folgenden Bezeichnungen ein.

Mit x sei das Lebensalter in Jahren bezeichnet. GRAUNT hat die Lebensjahre in Intervalle aufgeteilt; das erste umfasst sechs Jahre, alle anderen zehn. Mit $\delta_0 = 6$ und $\delta_x = 10$ für $x > 0$ bezeichne dann l_x die Anzahl der im Intervall $[x; x + \delta_x[$ Lebenden, $d_x = l_x - l_{x+\delta_x}$ die im Alter $a_x = x + \frac{1}{2}\delta_x$ Gestorbenen. Ferner sei J_x die Anzahl der Lebensjahre aller x-Jährigen und $\bar{J}_x = \frac{J_x}{l_x}$ die mittlere Anzahl der Lebensjahre aller x-Jährigen; dann ist $e_x = \bar{J}_x - x$ die mittlere restliche Anzahl der Lebensjahre eines x-Jährigen. In den Spalten $\bar{J}_x \approx$ und $e_x \approx$ geben wir LODEWIJKs Werte wieder.

x	l_x	d_x	a_x	$a_x d_x$	J_x	$\bar{J}_x$	$\bar{J}_x \approx$	e_x	$e_x \approx$
0	100				1822	18,22	18 J 2 M	18,22	18 J 2 M
		36	3	108					
6	64				1714	26,78	26 J 10 M	20,78	20 J 10 M
		24	11	264					
16	40				1450	36,25		20,25	20 J 3 M
		15	21	315					
26	25				1135	45,40		19,40	19 J 4 M
		9	31	279					
36	16				856	53,50		17,50	17 J 6 M
		6	41	246					
46	10				610	61,00		15,00	15 J 0 M
		4	51	204					
56	6				406	67,67		11,67	11 J 8 M[143]
		3	61	183					
66	3				223	74,33		8,33	8 J 4 M
		2	71	142					
76	1				81	81,00		5,00	5 J 0 M
		1	81	81					
86	0				0	0,00		0,00	0

Summe: **1822**

Da CHRISTIAAN am 14.4.1629 und LODEWIJK am 13.3.1631 geboren sind, sind sie zur Zeit der Korrespondenz 40 bzw. 38 Jahre alt, fallen also in die Dekade $[36; 46[$. LODEWIJK interpoliert die restliche mittlere Lebenserwartung der Dekade linear und errechnet damit

$$e_{40} = e_{36} - \frac{4}{10}(e_{36} - e_{46}) = 17{,}5 - \frac{4}{10} \cdot 2{,}5 = 16{,}5;$$ also ist CHRISTIAANs Lebenserwartung 56,5 Jahre, und

$$e_{38} = e_{36} - \frac{2}{10}(e_{36} - e_{46}) = 17{,}5 - \frac{2}{10} \cdot 2{,}5 = 17;$$ also ist LODEWIJKs Lebenserwartung 55 Jahre.

LODEWIJK hat richtig gerechnet. In Wirklichkeit wurden CHRISTIAAN 66 ¼ und LODEWIJK 68 ¼ Jahre alt.

CHRISTIAAN stellt in seiner kurzen Antwort vom 28.8.1669 (Nr. 1756) fest, dass man »exakte« Ergebnisse nur mit einer Absterbeordnung erhält, die von Jahr zu Jahr fortschreitet. Er betrachtet offenbar die Frage eher als ein Problem des Glücksspiels und meint daher, er könne aus GRAUNTs Tabelle nur schließen:

---

[143] Hier gibt LODEWIJK fälschlicherweise 12 Jahre 8 Monate an.

Wenn jemand darauf wetten will, dass ein Neugeborenes mit 16 Jahren noch lebt, oder auch, dass ein 16-Jähriger mit 36 Jahren noch lebt, müssen sich die Einsätze wie 4 : 3 verhalten, damit er nicht im Nachteil ist.

Lösung nach CHRISTIAAN HUYGENS (1669/1895)

LODEWIJK gesteht (Nr. 1771), dass er CHRISTIAANs Rechnung nicht nachvollziehen kann. Am 21.11.1669 (Nr. 1776) gibt CHRISTIAAN die richtige Lösung:
Da von den 100 Neugeborenen l_{16} = 40 das 16. Lebensjahr erleben, stehen die Chancen für einen Neugeborenen, 16 Jahre alt zu werden, wie $l_{16} : (l_{100} - l_{16})$ = 40 : (100 – 40) = 40 : 60. Also müssen sich für eine faire Wette die Einsätze wie 2 : 3 verhalten. Von den 40 Sechzehn-jährigen erleben sechzehn das 36. Lebensjahr. Die Chancen für einen 16-Jährigen, 36 Jahre alt zu werden, stehen also wie $l_{36} : (l_{16} - l_{36})$ = 16 : (40 – 16) = 16 : 24 = 2 : 3.
Allgemein müssen sich die Einsätze wie $l_{x+t} : (l_x - l_{x+t})$ verhalten, wenn man fair darauf wet-ten will, dass ein x-Jähriger $(x + t)$ Jahre alt werden wird.
Der Brief vom 21. November 1669 (Nr. 1776) enthält aber mehr. CHRISTIAAN hat sich jetzt ausführlich mit GRAUNTs Tabelle befasst. Aus der beigefügten Rechnung (Nr. 1777) ersieht man, dass er auch die Werte l_x, d_x und a_x ermittelt, zieht daraus aber andere Schlüsse. Auf ei-nem zweiten Blatt (Nr. 1778) beschreibt er sein Verfahren.

CHRISTIAAN HUYGENS hat aus GRAUNTs Tabelle eine Kurve[144] gezeichnet, so dass er ohne Rechnung angeben könne, wie viele der 100 Neugeborenen mit x Jahren noch leben. Ferner könne er mit Hilfe des Zirkels die Lebensdauer jeder beliebigen Person ermitteln. So habe ein 20-Jähriger vernünftiger-weise ungefähr noch 16 Jahre Leben vor sich. Und sein 38-jähriger Bruder LODEWIJK könne noch mit ungefähr 19 Jahren und 4 Monaten rechnen. Wie könnte CHRISTIAAN HUYGENS vorgegangen sein?

Lösung nach CHRISTIAAN HUYGENS (1669/1895)

Auf der Horizontalen trägt CHRISTIAAN HUYGENS das Lebensalter x auf und über jedem x-Wert GRAUNTs senkrecht so viele Einheiten, wie es x-Jährige gibt, also l_x. Diese Punkte verbindet er durch eine Kurve. Wenn man wissen will, wie viele 20-Jährige es noch gibt, dann errichte man über dem Punkt A = 20 eine Senkrechte; diese trifft die Kurve in B. Die Länge der Strecke AB, nämlich 33 Einheiten, liefert die Anzahl der 20-Jährigen, die von den 100 Neugeborenen übrig geblieben sind. Wenn man nun wissen will, wie viele Jahre ver-nünftigerweise einem 20-Jährigen noch zu leben bleiben, nehme man die Hälfte CD der Strecke AB und passe diese senkrecht zwischen der Kurve und der Horizontalen ein. So fin-det man AC für die Anzahl der Jahre, die einem 20-Jährigen noch zu leben bleiben, also un-gefähr noch 16 Jahre. Die Hälfte von 33, also 16 ½ Menschen, werden innerhalb der nächsten 16 Jahre sterben. Daher kann man darauf 1 : 1 zu setzen, dass ein 20-Jähriger noch 16 Jahre leben wird. – Wendet man das Verfahren auf einen 38-Jährigen an, so erhält man, dass er et-was mehr als 53 Jahre alt werden wird, also noch etwas mehr als fünfzehn Jahre zu leben ha-ben wird. – Es ist unverständlich, wie CHRISTIAAN auf ungefähr 19 Jahre und 4 Monate kommt. Diese 19 Jahre und 4 Monate widersprechen dem Briefanfang. Denn dort schreibt

---

[144]   Diese Kurve ist die erste graphische Darstellung einer kumulativen Verteilungsfunktion, allerdings ihres Kom-plements. Fasst man d_x als Zufallsgröße auf, so ist $D(x)$ ihre kumulative Verteilungsfunktion. Die von HUYGENS gezeichnete Kurve ist der Graph der Funktion $x - 100 \cdot (1 - D(x))$.

CHRISTIAAN, er möchte, dass LODEWIJKs Rechnung zutreffe, da sie ihnen beiden eine ein wenig größere Lebensspanne zubillige.

>>Es bringt nichts, uns zu schmeicheln: *Scit nos Proserpina canos* – [Proserpina weiß, wann wir grau werden[145]]– aber sie kümmert sich nicht um unsere Rechnungen.<<

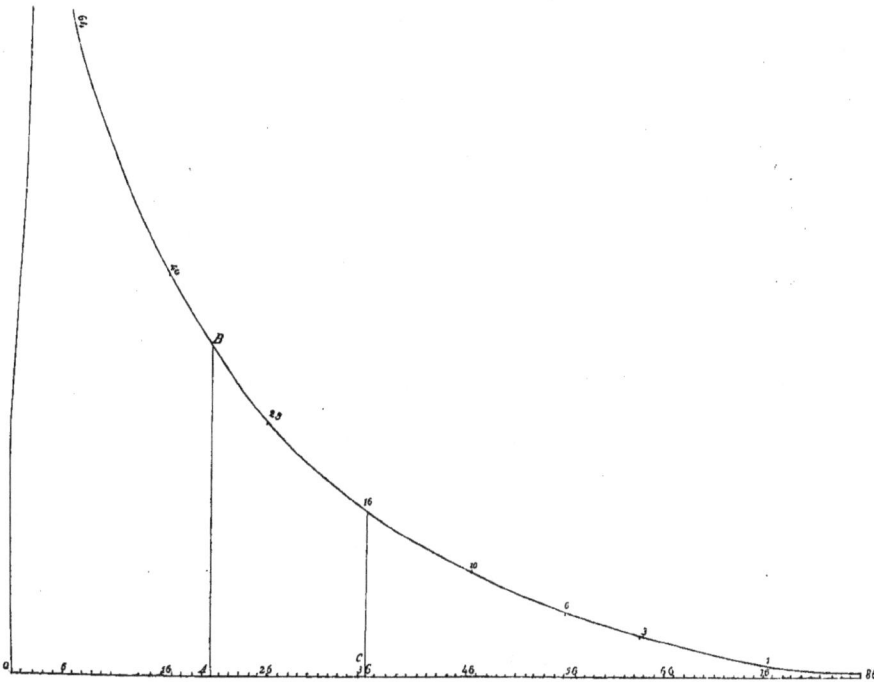

Die von CHRISTIAAN HUYGENS *gezeichnete Kurve zu* GRAUNTs *Absterbeordnung, aus* Huygens (1888), Bd. VI

CHRISTIAANs Werte für die Lebenserwartung sind geringer als die LODEWIJKs. – Was steckt dahinter?

Am 28.11.1669 schreibt CHRISTIAAN HUYGENS (Nr. 1781) an seinen Bruder LODEWIJK unter Beifügung einer Zeichnung, dass sie beide Recht hätten, da sie die Sache verschieden auffassten. LODEWIJK gäbe einem Neugeborenen 18 Jahre und 2 ½ Monate Lebensdauer,

>>und es ist richtig, dass seine Lebenserwartung genauso viel ausmacht. Es hat jedoch nicht den Anschein, dass es so lange leben wird, es wird eher vor diesem Zeitpunkt sterben. Es wäre also nachteilig, wollte man darauf wetten, dass es bis dahin lebte. Mit gleichen Aussichten kann man nur darauf setzen, dass es elf Jahre alt werde, so wie ich das auf meine Art finde. [...] Es handelt sich also um zwei verschiedene Dinge, nämlich um die Lebenserwartung oder den Wert des zukünftigen Alters einer Person bzw. um das Alter, für das in gleicher Weise spricht, dass man es erreichen oder nicht erreichen wird. Die erste dient zur Bestimmung der Leibrenten, das andere für die, die Wetten eingehen wollen. [...] Meine Kurve nützt nur den Wettern; man kann aber auch eine Kurve als Ersatz für Ihre Tabelle der Lebensreste für jedes Alter zeichnen.<<

---

[145] *Scit te Proserpina canum* heißt es bei MARTIAL (*Epigrammata* III, 43, 3). – PROSERPINA ist der römische Name der PERSEPHONE (*Περσεφόνη*), der Göttin der Unterwelt.

LODEWIJK hat für einen x-Jährigen die **restliche mittlere Lebenserwartung** e_x errechnet,

CHRISTIAAN hingegen die **restliche mediane Lebenserwartung**, die manchmal auch wahrscheinliche Lebenserwartung heißt; sie ist die Zeitspanne t, auf die man mit gleichen Chancen wetten kann, dass von l_x

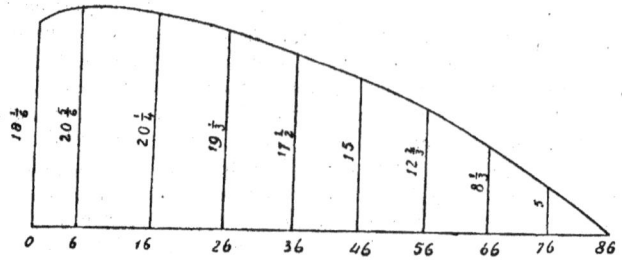

Die von CHRISTIAAN HUYGENS *gezeichnete Kurve der restlichen mittleren Lebenserwartung, aus Huygens (1888), Bd. VI.* CHRISTIAAN *übernimmt bei x = 56 den Fehler seines Bruders.*

Lebenden noch die Hälfte am Leben sein wird. Anders ausgedrückt: Mit 50 % Wahrscheinlichkeit kann ein x-Jähriger damit rechnen, dass er $x + t$ Jahre alt werden wird. t ist die Lösung der Gleichung $l_{x+t} = \frac{1}{2} l_x$.

1709 NIKOLAUS I BERNOULLI / *Dissertatio*: Lebenserwartung

NIKOLAUS I BERNOULLI widmet Kapitel II seiner *Dissertatio de Usu Artis Conjectandi in Jure* von 1709 der Abschätzung der Dauer menschlichen Lebens. Zunächst gibt er GRAUNTs Absterbeordnung wieder.[146] Dann bestimmt NIKOLAUS auf andere Art als LODEWIJK HUYGENS die restliche mittlere Lebenserwartung:

>»Das neugeborene Kind gehört entweder zu den 36, welche innerhalb der ersten sechs Jahre sterben werden, oder zu den 24, die zwischen dem sechsten und 16. Jahre sterben werden, oder zu den neun, die zwischen dem 16. und 26. Jahre sterben werden, oder […] es ist das einzige, das zwischen dem 76. und 86. Lebensjahr sterben wird. Es gibt also 36 Fälle, in denen das Kind während der ersten sechs Jahre sterben wird, d. h., dass es von jetzt an wahrscheinlich drei Jahre leben wird. (Man nimmt nämlich diesen Mittelwert, weil wegen Fehlens von Beobachtungen in den einzelnen Jahren angenommen werden muss, dass ein Mensch zu jedem Zeitpunkt dieser sechs Jahr gleich leicht sterben kann […]) Es gibt 24 Fälle, dass es zwischen dem sechsten und 16. Lebensjahr sterben wir, d. h., dass es von jetzt an wahrscheinlich elf Jahre leben wird. Es gibt 15 andere Fälle […] Daher beträgt nach der allgemeinen Regel […] die Erwartung des Kindes
>
>$$\frac{36\cdot3+24\cdot11+15\cdot21+9\cdot31+6\cdot41+4\cdot51+3\cdot61+2\cdot71+1\cdot1}{100} = \frac{1822}{100} = 18\frac{11}{50} \text{ Jahre.}$$
>
>Ebenso findet man, dass das Leben eines sechsjähriges Kindes wahrscheinlich
>
>$$\frac{24\cdot5+15\cdot15+9\cdot25+6\cdot35+4\cdot45+3\cdot55+2\cdot65+1\cdot75}{64} = \frac{1130}{64} = 20\frac{25}{32} \text{ Jahre sein wird.«}$$

---

[146] 1666 war im *Journal des Sçavans* eine Zusammenfassung von GRAUNTs Arbeit erschienen. Aus ihr übernimmt JAKOB BERNOULLI die Absterbeordnung in seine These Nr. 31, eine von 40 Thesen, die er am 12.2.1686 in Basel vortrug. Sie wurden im selben Jahr noch als *Theses logicae de conversione et oppositione enuntiationum* – »Logische Thesen über Konversion und Opposition von Aussagen« – gedruckt. NIKOLAUS wiederum zitiert aus dieser Arbeit seines Onkels. Weder JAKOB noch NIKOLAUS haben GRAUNTs Werk eingesehen, was ob dessen großer Verbreitung erstaunt.

Auf diese umständliche Art fährt NIKOLAUS BERNOULLI fort. Dann erkennt er aber:

> Die restliche mittlere Lebenserwartung e_x eines x-Jährigen kann leichter vom Ende her rekursiv berechnet werden. Implizit verwendet NIKOLAUS I BERNOULLI zur Berechnung den Ausdruck
>
> $$e_x = \frac{1}{l_x}\left[\left(l_x - l_{x+\delta}\right)\cdot\frac{\delta}{2} + l_{x+\delta}\left(\delta + e_{x+\delta}\right)\right].$$
>
> Zeige, dass NIKOLAUS I BERNOULLIs Vorgehen richtig ist. Berechne auf diese Art die Werte von e_x.

NIKOLAUS BERNOULLI gibt keine Begründung für sein Vorgehen. Wir überlegen:
Die l_x x-Jährigen haben zusammen noch $l_x \cdot e_x$ Jahre zu leben. Interpoliert man linear, dann sterben davon $l_x - l_{x+\delta}$ in der Mitte des Intervalls $[x; x + \delta[$, d. h., sie leben zusammen noch $\frac{\delta}{2}(l_x - l_{x+\delta})$ Jahre. Die $l_{x+\delta}$ Überlebenden erleben aber die δ Jahre voll und haben dann noch die restliche mittlere Lebenserwartung $e_{x+\delta}$. Zusammen leben sie also noch

$l_{x+\delta} \cdot (\delta + e_{x+\delta})$ Jahre. Somit gilt: $l_x \cdot e_x = \frac{\delta}{2}(l_x - l_{x+\delta}) + l_{x+\delta} \cdot (\delta + e_{x+\delta})$, woraus sich die Formel ergibt.

NIKOLAUS I BERNOULLI gibt im Gegensatz zu LODEWIJK HUYGENS Brüche an:[147]

$e_{86} = 0$

$e_{66} = \frac{1}{3}\cdot[(3-1)\cdot 5 + 1\cdot(10+5)] = 8\frac{1}{3}$

$e_{46} = \frac{1}{10}\cdot[(10-6)\cdot 5 + 6\cdot(10+11\frac{2}{3})] = 15$

$e_{26} = \frac{1}{25}\cdot[(25-16)\cdot 5 + 16\cdot(10+17,5)] = 19\frac{2}{5}$

$e_6 = \frac{1}{64}\cdot[(64-40)\cdot 5 + 40\cdot(10+20,25)] = 20\frac{25}{32}$

$e_{76} = \frac{1}{1}\cdot[(1-0)\cdot 5 + 0\cdot(10+0)] = 5$

$e_{56} = \frac{1}{6}\cdot[(6-3)\cdot 5 + 3\cdot(10+8\frac{1}{3})] = 11\frac{2}{3}$

$e_{36} = \frac{1}{16}\cdot[(16-10)\cdot 5 + 10\cdot(10+15)] = 17\frac{1}{2}$

$e_{16} = \frac{1}{40}\cdot[(40-25)\cdot 5 + 25\cdot(10+19,4)] = 20\frac{1}{4}$

$\overset{\circ}{e} = \frac{1}{100}\cdot[(100-64)\cdot 3 + 64\cdot(6+20\frac{25}{32})] = 18\frac{11}{50}$

NIKOLAUS I BERNOULLI unterscheidet klar zwischen der restlichen mittleren und der restlichen medianen Lebenserwartung.

»Wenn wir sagen, dass die Erwartung eines Neugeborenen [...] $18\frac{11}{50}$ Jahre betrage, so darf man das nicht so verstehen, dass es wahrscheinlich $18\frac{11}{50}$ Jahre alt werden wird, dass es also gleich wahrscheinlich sei, vor diesem Alter als danach zu sterben. [...] Das längste Leben gleicht sich aus mit einem verfrühten Tod. [...] So kann ein Neugeborenes $18\frac{11}{50}$ Jahre erwarten. Es ist aber zweimal wahrscheinlicher, dass es nicht so alt werden wird; denn von 100 Neugeborenen leben nach $18\frac{11}{50}$ Jahren kaum noch 37. [...] Wenn wir aber die Zeit bestimmen wollen, nach der ein Neugeborenes am wahrscheinlichsten sterben wird, muss man nur die Zeit bestimmen, innerhalb derer die Hälfte [also 50 der 100] Kinder sterben wird. Das geht so: Von den hundert sterben in 6 Jahren 36, in der folgenden Dekade 24. Das überschreitet aber die 50.

---

[147] e_{56} hat NIKOLAUS I BERNOULLI richtig zu $11\frac{2}{3}$ berechnet. Statt e_0 schreibt man üblicherweise $\overset{\circ}{e}$.

Die [zu 36] fehlenden 14 sterben innerhalb der nächsten $5\frac{5}{6}$ Jahre; also beträgt die gesuchte Zeit [d. h. die restliche mediane Lebenserwartung] $11\frac{5}{6}$ Jahre.«[148]

Im Kapitel III behandelt NIKOLAUS I BERNOULLI das Problem der

> **Todeserklärung**: Nach wie vielen Jahren der Abwesenheit kann ein Verschollener von Staats wegen für tot erklärt werden?

Lösung nach NIKOLAUS I BERNOULLI (1709)

NIKOLAUS I BERNOULLI zitiert viele juristische Abhandlungen zu diesem Thema. Einige Autoren glauben, dass fünf Jahre reichen, andere plädieren für hundert Jahre, wieder andere für zwanzig bzw. dreißig. NIKOLAUS I BERNOULLI ist der Auffassung, dass man die Jahre aus den Beobachtungen an Hand der Totenzettel [gemeint ist GRAUNTs Tabelle] bestimmen solle; denn aus ihnen könne man ermitteln, nach welcher Zeit es zwei-, drei-, viermal usw. wahrscheinlicher sei, dass einer tot sei, als dass er noch lebe. Da man üblicherweise das wahrscheinlich nenne, was die Hälfte der Sicherheit deutlich übersteigt, so halte er es für hinreichend wahrscheinlich, dass jemand tot sei, wenn es doppelt so wahrscheinlich ist, dass er tot ist, als dass er noch lebe, weil nämlich diese Wahrscheinlichkeit die Hälfte der Sicherheit um ein Sechstel, also deutlich übersteige. Die Wahrscheinlichkeit $\frac{2}{3}$ ist ja um $\frac{1}{6}$ größer also die Wahrscheinlichkeit $\frac{1}{2}$.[149]

> »Wenn man also fragt, nach welcher Zeit T_0 es doppelt so wahrscheinlich ist, dass ein Neugeborenes tot ist als dass es noch lebt, so suche ich [in GRAUNTs Tabelle], nach welcher Zeit von den 100 Neugeborenen 67 gestorben und 33 am Leben sein werden, weil 67 recht gut das Doppelte von 33 ist. Ich finde $20\frac{2}{3}$ Jahre so: Da von den 100 Neugeborenen innerhalb von 16 Jahren 60 und im folgenden Dezennium weitere 15 sterben werden, ergibt sich mit Hilfe des Dreisatzes für die fehlenden Sieben: Wenn 15 in 10 Jahren sterben, dann sterben 7 in $4\frac{2}{3}$ Jahren. Addiert man diese $4\frac{2}{3}$ Jahre zu den 16 Jahren, so hat man die $20\frac{2}{3}$ Jahre.«

Auf diese Weise fährt NIKOLAUS I BERNOULLI fort, wobei er T_x durch Rundung aus $l_{x+T_x} = \left[\frac{1}{3}l_x\right]$ ermittelt. Seine Werte geben wir in der folgenden Tabelle wieder.

x	0	6	16	26	36	46	56	66	76
T_x	$20\frac{2}{3}$	$24\frac{4}{9}$	25	25	$23\frac{1}{3}$	20	15	10	$6\frac{2}{3}$

NIKOLAUS I BERNOULLI endet seine Überlegungen mit dem Satz:

> »Wenn also jemand mit 20 oder 30 Jahren verschwunden ist und man seit 25 Jahren nichts mehr von ihm gehört hat, dann wird ein Richter ihn für tot erklären und sein Hab und Gut bedenkenlos seinen nächsten Verwandten übergeben können.«

---

[148] NIKOLAUS I BERNOULLI interpoliert linear: $14 : 24 = x : 10 \Rightarrow x = 5\frac{5}{6}$.

[149] Die Wartezeit T_x, nach der jemand für tot erklärt werden kann, bestimmt sich also aus der Beziehung $l_{x+T_x} = \frac{1}{3}l_x$, weil nach dieser Zeit T_x nur noch $\frac{1}{3}$ der l_x x-Jährigen am Leben sind.

1736 'S GRAVESANDE / *Introductio*: Lebenserwartungen

WILLEM JACOB STORM VAN 'S GRAVESANDE beschäftigt sich in Kapitel XVIII (*De Probabilitate composita*) im ersten Teil des zweiten Buchs seiner *Introductio ad Philosophiam* mit der Berechnung der Wahrscheinlichkeit mehrerer Ereignisse. Er weist aber darauf hin, dass dieses Kapitel von denjenigen überschlagen werden könne, die in der Arithmetik nicht ausreichend versiert seien. Er illustriert sein Vorgehen u. a. an einer Aufgabe, die er auf die Nummern 633, 637, 642, 643 und 658 seines Textes verteilt.[150] Wir fassen die Fragen zusammen.

Maevius ist 28 Jahre alt, Sempronius 47. Von zwanzig Leuten im Alter des Maevius sind nach zehn Jahren noch siebzehn am Leben, von neun Leuten im Alter des Sempronius noch sieben.

a) Titius verspricht, 1000 Gulden zu zahlen, wenn nach zehn Jahren Maevius oder Sempronius noch am Leben sind. Er fragt sich hinterher, ob es für ihn nicht günstiger gewesen wäre, ohne Bedingung 960 Gulden zu zahlen.

b) Mit welcher Wahrscheinlichkeit werden beide nach zehn Jahren verstorben sein?

c) Mit welcher Wahrscheinlichkeit werden beide nach zehn Jahren noch am Leben sein?

d) Mit welcher Wahrscheinlichkeit wird nur noch Maevius nach zehn Jahren am Leben sein?

e) Mit welcher Wahrscheinlichkeit wird nur noch Sempronius nach zehn Jahren am Leben sein?

Lösung nach 'S GRAVESANDE (1736)

'S GRAVESANDE nimmt stillschweigend die Unabhängigkeit aller Ereignisse an und stellt in Nr. 636 folgende Regel auf: Die Wahrscheinlichkeit eines ODER-Ereignisses ist die Ergänzung des Produkts der Wahrscheinlichkeiten der Komplemente der Einzelereignisse auf 1, d. h., $P(\cup A_i) = 1 - \prod P(\overline{A_i})$. Die Richtigkeit dieser Regel lässt sich leicht unter Verwendung der DE MORGAN'schen Formel beweisen:

$$P(\cup A_i) = 1 - P(\overline{\cup A_i}) = 1 - P(\cap \overline{A_i}) = 1 - \prod P(\overline{A_i}).$$

Damit erhält 'S GRAVESANDE mit M = »Maevius lebt noch nach 10 Jahren« und S = »Sempronius lebt noch nach 10 Jahren« die Antworten:

a) P(»Maevius oder Sempronius leben noch nach 10 Jahren«)

$$= P(M \cup S) = 1 - P(\overline{M}) \cdot P(\overline{S}) = 1 - \frac{3}{20} \cdot \frac{2}{9} = 1 - \frac{6}{180} = \frac{29}{30}.$$ Die zu erwartende Ausgabe beträgt also $\frac{29}{30} \cdot 1000$ fl. = $966 \frac{2}{3}$ fl., also etwas mehr, als er ohne jede weitere Bedingung zu zahlen versprochen hatte.

b) Diese Aufgabe löst 'S GRAVESANDE auf zwei Arten.

  1) Verwendet man das Ergebnis aus **a**, so gilt:
  P(»Sowohl Maevius als auch Sempronius sterben innerhalb der nächsten 10 Jahre«)
  = $1 - P$(»Maevius oder Sempronius leben noch in 10 Jahren«) = $1 - \frac{29}{30} = \frac{1}{30} = 3{,}3\,\%$.

  2) $P(\overline{M} \cap \overline{S}) = P(\overline{M}) \cdot P(\overline{S}) = \frac{3}{20} \cdot \frac{2}{9} = \frac{1}{30} = 3{,}3\,\%$

---

[150] 'S GRAVESANDE verwendet für sein einschließendes ODER an Stelle des korrekten lateinischen *vel* das ausschließende *aut*.

c) $P(\text{»Maevius und Sempronius leben noch nach 10 Jahren«})$

$\quad = P(M \cap S) = P(M) \cdot P(S) = \frac{17}{20} \cdot \frac{7}{9} = \frac{119}{180} = 66{,}1\ \%.$

d) $P(\text{»Nur Maevius lebt noch nach 10 Jahren«})$

$\quad = P\!\left(M \cap \overline{S}\right) = P(M) \cdot P\!\left(\overline{S}\right) = \frac{17}{20} \cdot \frac{2}{9} = \frac{17}{90} = 18{,}9\ \%.$

e) $P(\text{»Nur Sempronius lebt noch in 10 Jahren«})$

$\quad = P\!\left(\overline{M} \cap S\right) = P\!\left(\overline{M}\right) \cdot P(S) = \frac{3}{20} \cdot \frac{7}{9} = \frac{7}{60} = 11{,}7\ \%.$

1670 CARAMUEL / *Mathesis biceps*: Zwei vor eins

JUAN CARAMUEL Y LOBKOWITZ behandelt im Kapitel *Kybeia* – »Über das Würfelspiel« – in Band 2 seiner *Mathesis biceps vetus et nova* – »Mathematik zweigeteilt, alt und neu« – das Aufteilungsproblem, ohne LUCA PACIOLI zu erwähnen. Für das erste Beispiel »Es soll auf drei Partien gespielt werden; beim Spielstand 2 : 1 wird aber abgebrochen« findet CARAMU-EL die richtige Aufteilung des Einsatzes im Verhältnis 3 : 1. Als *Folgerung* aus seinen Über-legungen bringt CARAMUEL auf Seite 976 das Aufteilungsproblem in einer anderen Ein-kleidung:

> Zwei Spieler spielen ein Spiel mit gleicher Gewinnwahrscheinlichkeit. Der eine, A, sagt: »Ich werde in zwei Partien obsiegen, ehe du bei einer siegst.« Nur in diesem Fall wird er den Einsatz erhalten, ansonsten bekommt ihn der andere, B. Damit das Spiel fair ist, müssen sich die Einsätze von A und B wie 1 : 3 verhalten. Hat CARAMUEL Recht?

Lösung nach CARAMUEL (1670)[151]

Beide setzen eine Münze gleichen Werts ein. A sagt: »Wenn ich die erste Partie verliere, ver-liere ich meine Münze. Wenn ich aber dabei siege, dann setze ich für die zweite Partie meine und die gewonnene Münze ein; du, B, musst jetzt zwei Münzen einsetzen. Wenn ich dann in der zweiten Partie obsiege, habe ich vier Münzen in Händen, also drei Münzen gewonnen. Wenn ich aber die zweite Partie verliere, dann verliere ich trotzdem nur eine Münze; denn jene, die ich bei der ersten Partie gewonnen habe, stammt ja von dir, B.« – Es gilt also: Wenn A siegt, gewinnt er drei Münzen; wenn B siegt, gewinnt er nur eine Münze. Da der Gewinn des einen der Einsatz des anderen ist, müssen sich die Einsätze von A und B wie 1 : 3 verhalten.

Moderne Lösung

$P(\text{»A siegt«}) = \frac{1}{2} \cdot \frac{1}{2} = \frac{1}{4}$, $P(\text{»B siegt«}) = \frac{1}{2} + \frac{1}{2} \cdot \frac{1}{2} = \frac{3}{4}$. Also ist $P(\text{»A siegt«}) : P(\text{»B siegt«}) = 1 : 3$. Somit müssen sich die Einsätze von A und B wie 1 : 3 verhalten, damit das Spiel fair ist.

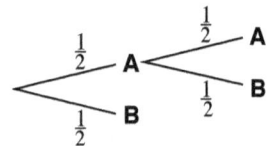

---

151   Wir stützen uns, auch bei anderen Aufgaben CARAMUELs, auf die Untersuchungen in Ineichen (1998).

Erweiterung

Wir erweitern die Einkleidung CARAMUELs durch zusätzliche Fragen:

> **1)** A sagt: »Ich werde in m Partien obsiegen, ehe du bei einer siegst.«
> **2)** A sagt: »Ich werde in m Partien obsiegen, ehe du n-mal siegst.« $(m > n)$
> Wie müssen sich die Einsätze jetzt verhalten, damit das Spiel fair ist?

Lösung

1) Die Fortsetzung des obigen Baumes ergibt

$$P(\text{»A siegt«}) : P(\text{»B siegt«}) = \left(\tfrac{1}{2}\right)^m : \left(1 - \left(\tfrac{1}{2}\right)^m\right) = 1 : (2^m - 1).$$

2) Nach höchstens $m + n - 1$ Partien ist das Spiel zu Ende. Lassen wir wie FERMAT bei der Lösung des Aufteilungsproblems alle Partien fiktiv bis zum Ende spielen (siehe Seite 36). A wird siegen, wenn er von diesen $m + n - 1$ Partien alle bis auf höchstens $n - 1$ gewinnt. Andernfalls siegt B. Somit gilt

$P(\text{»A siegt«}) : P(\text{»B siegt«})$

$$= \left[\sum_{k=0}^{n-1}\binom{m+n-1}{k}\right] \cdot \left(\tfrac{1}{2}\right)^{m+n-1} : \left[\sum_{k=n}^{m+n-1}\binom{m+n-1}{k}\right] \cdot \left(\tfrac{1}{2}\right)^{m+n-1} = \sum_{k=0}^{n-1}\binom{m+n-1}{k} : \sum_{k=n}^{m+n-1}\binom{m+n-1}{k}.$$

1670 CARAMUEL / *Mathesis biceps*: De ludo ultra decem

JUAN CARAMUEL Y LOBKOWITZ behandelt im Kapitel *Kybeia* in Band 2, Seite 983, seiner *Mathesis biceps* eine Variante des sehr alten Würfelspiels – man muss mit drei Würfeln eine Augensumme größer als zehn erzielen –, für das er neben dem obigen lateinischen Namen auch das griechische META ΔΕΚΑΔΑ [metà dékada] und das spanische *Pasa-diez* aufführt.[152] Heute ist das Spiel unter dem französischen ***Passe-dix*** [sprich pasdis] oder dem englischen *passage* bekannt, CARAMUELs Variante dagegen unter dem Namen ***Passe monégasse***.

> A wettet gegen B, dass er beim Wurf dreier Würfel eine Augensumme größer als zehn erzielen wird. Dabei gelten nur Würfe, bei denen mindestens zwei Würfel gleiche Augen, d. h. einen *Pasch*[153], zeigen. Wie groß ist seine Chance, zu gewinnen?

---

[152] Nachgewiesen ist das Spiel seit dem 15. Jh. Als *Zehen pass* bringt es 1575 JOHANN FISCHART im Spieleverzeichnis seiner *Affenteurliche vnd Vngeheurliche Geschichtschrift vom Leben*. CARAMUELs Variante wird 1674 von CHARLES COTTON in seinem *The Compleat Gamster* beschrieben.

[153] Über das Niederländische ist aus dem *passe* des *Passe-dix* der *Pasch* geworden. Seit dem 15. Jh. bedeutet in Bayern und Österreich *paschen* so viel wie *würfeln* und wird auch später in den anderen Teilen Deutschlands in diesem Sinne verwendet.

Lösung nach CARAMUEL (1670)

CARAMUEL folgert aus seiner Tabelle aller möglichen Kombinationen eines Paschs mit der Augenzahl des dritten Würfels, dass von den 36 »brauchbaren« Würfen 18 für A und 18 für B günstig sind, dass das Spiel also fair ist.

	1	2	3	4	5	6
11	III	IV	V	VI	VII	VIII
22	V	VI	VII	VIII	IX	X
33	VII	VIII	IX	X	11	12
44	IX	X	11	12	13	14
55	11	12	13	14	15	16
66	13	14	15	16	17	18

Kritik: Das Ergebnis – A gewinnt mit der Wahrscheinlichkeit 50 % – ist richtig, die Herleitung aber falsch. Die Kombinationen *xxx* treten jeweils nur einmal auf, wogegen die *xxy* auf drei Arten entstehen können. Es gibt also 96 mögliche Fälle, von denen 48 für A günstig sind. Beide Spieler haben tatsächlich gleiche Chancen. CARAMUEL hatte Glück, weil von den zusätzlichen 60 Möglichkeiten bei den Würfen *xxy* 30 für A günstig und 30 ungünstig sind.

1708 MONTMORT / *Essay*: Passe-dix

»*Pour l'utilité des Joueurs*« gibt 1708 PIERRE RÉMOND DE MONTMORT in *Proposition XXXI* seines *Essay d'Analyse sur les Jeux de Hazard* tabellarisch an, wie oft die möglichen Augensummen beim Wurf von zwei, drei, …, neun Würfeln auftreten, ohne zu sagen, wie er dies gefunden hat. Im daran anschließenden *Corollaire*[154] behauptet er, ohne es zu beweisen:

1) Auch wenn *alle* Würfe dreier Würfel gelten, wenn man also auf die Nebenbedingung des Eintretens eines Paschs verzichtet, ist das Passe-dix fair.
2) Mit fünf Würfeln kann man ein faires *Passe-dix-sept*, mit sieben Würfeln ein faires *Passe-vingt-quatre* dieser Art spielen. Für je zwei weitere Würfel erhöht sich die kritische Zahl um 7.
3) Bei einer geraden Zahl von Würfeln gibt es für keine Augensumme ein faires Spiel dieser Art.
Zeige, dass die Behauptungen richtig sind.

Moderne Lösung

Behauptung 1. Die geistloseste und mühsamste Art ist, alle 216 Tripel aufzuschreiben und diejenigen mit Augensumme $s > 10$ zu suchen. MONTMORT gibt sein Verfahren 1713 in der 2. Auflage seines *Essay* als *Proposition XVI* an, die wir später besprechen werden (Seite 227). Wir stellen im Folgenden zwei Abzählverfahren vor.

1. Verfahren

Man sortiert die günstigen Tripel so, dass $i \leq j \leq k$. Die Vielfachheit ihres Auftretens markieren wir folgendermaßen: 6-mal ≙ normal, 3-mal ≙ kursiv, 1-mal ≙ halbfett.

---

[154] *corollarium* (lat.) = ein Kränzchen aus Blumen für einen guten Schauspieler etc. Daraus wurde dann *Geschenk, Zulage*. In der Logik versteht man unter *Korollar* einen Satz, der sich wie selbstverständlich aus einem soeben bewiesenen Satz ergibt.

s	Tripel		Anzahl
11	146	155	
	236	245	
	335	344	27
12	156		
	236	255	
	336	345	
	444		25

s	Tripel		Anzahl
13	166		
	256		
	346	355	
	445		21
14	266		
	356		
	446	455	15

s	Tripel		Anzahl
15	366		
	456		
	555		10
16	466		
	556		6
17	566		3
18	**666**		1

108 der 216 gleichwahrscheinlichen Fälle sind günstig, das Spiel ist also fair.

2. Verfahren

Fällt die Augensumme $s > 10$ und sei i die Augenzahl des »ersten« Würfels, dann gilt für die Augenzahlen j, k der andern Würfel $j + k = s - i$. Damit erhält man die nachstehende Tabelle, der man als Ergebnis entnimmt:
108 der 216 gleichwahrscheinlichen Fälle sind günstig, das Spiel ist also fair.

s	i	j + k	wie oft?	Anzahl
11	1	10	3	
	2	9	4	
	3	8	5	
	4	7	6	
	5	6	5	
	6	5	4	27
12	1	11	2	
	2	10	3	
	3	9	4	
	4	8	5	
	5	7	6	
	6	6	5	25
13	1	12	1	
	2	11	2	
	3	10	3	
	4	9	4	
	5	8	5	
	6	7	6	21

s	i	j + k	wie oft?	Anzahl
14	2	12	1	
	3	11	2	
	4	10	3	
	5	9	4	
	6	8	5	15
15	3	12	1	
	4	11	2	
	5	10	3	
	6	9	4	10
16	4	12	1	
	5	11	2	
	6	10	3	6
17	5	12	1	
	6	11	2	3
18	6	12	1	1

Lösung nach POISSON (1837)

SIMÉON-DENIS POISSON hat 1837 in seinen *Recherches* (S. 59) gezeigt, dass das Abzählen wesentlich schneller geht, wenn man zusätzlich voraussetzt, dass mit üblichen Würfeln gespielt wird, bei denen bekanntlich die Augensummen zweier Gegenflächen stets sieben ergeben. Hier haben die nicht sichtbaren Flächen die Augensumme $s^* = (7 - i) + (7 - j) + (7 - k) = 21 - (i + j + k)$. Somit ist jeder sichtbaren Augensumme $s = i + j + k > 10$ eineindeutig eine Augensumme $s^* \leq 10$ zugeordnet, und zwar wegen $s^* = 21 - s$ mit jeweils gleicher Wahrscheinlichkeit. Also ist das Spiel fair.

Ergänzung: Die letzte Überlegung ist *unabhängig* von der speziellen Anordnung der Augen. Denn jeder Augensumme $s = i + j + k > 10$ ist eineindeutig eine Augensumme $s^* = (7 - i) +

$(7 - j) + (7 - k) = 21 - (i + j + k) = 21 - s \leq 10$ zugeordnet, und zwar mit jeweils gleicher Wahrscheinlichkeit.

Behauptung 2 und 3. Bei n Würfeln gibt es die Augensummen $n, n + 1, \ldots, 6n$. Das arithmetische Mittel dieser Zahlen ist $\frac{6n + n}{2} = \frac{7n}{2}$. Ist nun n ungerade, dann kann man die Augensummen symmetrisch in zwei Teile gleicher Wahrscheinlichkeit aufteilen, nämlich von n bis $\frac{7n - 1}{2}$ und von $\frac{7n + 1}{2}$ bis $6n$. Ist $n = 2k + 1$, $k \geq 0$, dann ist die kritische Zahl $\frac{7n - 1}{2} = \frac{7(2k + 1) - 1}{2} = 7k + 3$, d. h. zur ersten kritischen Zahl 3 bei einem Würfel wird immer ein Vielfaches von 7 addiert. – Ist n gerade, dann ist $\frac{7n}{2}$ der Wert einer Augensumme. Alle Augensummen kleiner als $\frac{7n}{2}$ treten zusammen mit der gleichen Wahrscheinlichkeit ein wie alle größer als $\frac{7n}{2}$. Die Augensumme $\frac{7n}{2}$ bleibt übrig. Würde man sie nicht werten, wäre das Spiel in diesem Fall auch fair.

1827 LEBRUN / *Manuel*: **Passe-dix mit Bankhalter**

M. LEBRUN beschreibt 1827 in seinem *Manuel des Jeux de Calcul et de Hasard* eine weitere Variante des *Passe-dix*.

Beliebig viele Spieler und ein Bankhalter spielen das *Passe-dix* nach folgender Regel: Jeder Spieler setzt beim Wurf dreier Würfel entweder auf »Augensumme > 10« oder auf »Augensumme ≤ 10« und leistet einen Einsatz, den der Bankhalter kassiert. Ist die Augensumme nicht 4 oder 17, dann erhält jeder Spieler das Doppelte seines Einsatzes ausbezahlt, wenn das Ereignis eintritt, auf das er gesetzt hat; alle anderen Spieler erhalten nichts. Erscheint die Augensumme 4 oder 17, dann erhalten die Gewinner nur ihren Einsatz ausbezahlt, die Verlierer wiederum nichts. – Wie groß ist der Erwartungswert der Zufallsgröße G = »Gewinn des Bankhalters«. Wie viel Prozent des Gesamteinsatzes ist dies?

Lösung

Für die Augensumme 4 bzw. 17 gibt es jeweils drei günstige Fälle unter den 216 möglichen, nämlich die drei Permutationen von 112 bzw. von 556. Sei E die Summe aller Einsätze der Spieler, die auf »Augensumme > 10« gesetzt haben, e die Summe aller Einsätze der anderen Spieler. Dann gilt:

Augensumme s	$3, 5 - 10$	4	17	$11 - 16, 18$
Gewinn g	$E - e$	E	e	$e - E$
$216 \cdot W(g)$	105	3	3	105

$E(G) = \frac{105}{216}(E - e) + \frac{3}{216} \cdot E + \frac{3}{216} \cdot e + \frac{105}{216}(e - E) = \frac{3}{216}(E + e) = \frac{1}{72}(E + e) = 1{,}4\%$ des gesamten Einsatzes.

1670 CARAMUEL / *Mathesis biceps*: Lotto in Cosmopolis

JUAN CARAMUEL Y LOBKOWITZ wurde durch das *Lotto di Genova* zu mathematischen Betrachtungen über das Zahlenlotto angeregt.[155] Die in seiner *Mathesis biceps vetus et nova*[156] dazu behandelten Probleme sind die ersten veröffentlichten Aufgaben zum Zahlenlotto.[157]

In einer gewissen Stadt, die bildungshalber Cosmopolis genannt sei,[158] waren fünf Konsuln zu wählen, und weil es hundert fähige Männer gab [...], wurde die Wahl dem Los anvertraut. [...] Franciscinus, ein reicher Kaufmann, bietet dazu ein öffentliches Spiel mit folgenden Regeln an:
Der Einsatz ist beliebig und fünf der hundert Namen müssen angegeben werden. Wenn von denen ein einziger unter den ausgelosten Namen ist, erhält der Spieler den Einsatz zurück. Wenn zwei darunter sind, erhält er den 10fachen Einsatz, wenn drei, den 300fachen, wenn vier, den 1500fachen, und wenn fünf, sogar den 10 000fachen. Wer aber nicht nur die fünf Namen, sondern auch noch die Reihenfolge der Auslosungen richtig vorhersagt, der erhält das 20 000fache seines Einsatzes ausbezahlt.

---

[155] Das italienische *lotto = Glücksspiel* wird vom germanischen *lot* = Los abgeleitet. Heute versteht man unter Lotto das Zahlenlotto. Im Gegensatz zur Lotterie bestimmen beim Lotto Anzahl und Art der abgeschlossenen Wetten erst den Gewinn. – Über die Entstehung des Zahlenlottos gibt es keine gesicherten Quellen. In Rom war es üblich, so berichtet ANDREA ALCIATI, dass auf die Wahl eines Papstes oder auf die von Kardinälen Wetten abgeschlossen wurden; ersteres verbot 1562 Papst PIUS IV. durch eine Bulle. In Genua kam es nach dem Staatsstreich des FIESCO von 1547 schließlich zur endgültigen Verfassung von 1576: Halbjährlich mussten jeweils fünf der auf zwei Jahre gewählten 20 Ratgeber des Dogen durch Losentscheid – Namenszettel in der Lostrommel – aus den mindestens 40-jährigen Mitgliedern des 120-köpfigen Kleinen Rats ersetzt werden. Dabei soll angeblich – die einzige Nachricht hierüber findet man sehr spät und ohne Quellenangabe in JOHANN JACOB VOLKMANNs *Historisch-kritische Nachrichten von Italien* (Band 3, S. 839 f., Leipzig 1771) – dem Ratsherrn BENEDETTO GENTILE 1620 die Idee gekommen sein, dass jedermann bei ihm auf einen oder gar zwei Namen der (etwa 110 bis 120) Wahlfähigen Geld setzen konnte. Belegt hingegen ist, dass in Genua am 22.9.1643 ein solches Wettspiel unter dem Namen *Seminario* (= Baumschule, Pflanzstätte, weil im übertragenen Sinne daraus die Senatoren erstanden) erstmalig offiziell erlaubt wurde. Da sich ein solches Lotto wesentlich schneller abwickeln ließ als eine Lotterie – die Ziehung der 400 000 Lose der ersten belegten englischen Lotterie unter ELISABETH I. beispielsweise dauerte vom 11. Januar bis zum 6. Mai 1569, wobei Tag und Nacht gezogen wurde – verbreitete es sich rasch in Italien, wobei man irgendwann dazu überging, statt der Namen nur Zahlen zu ziehen, die einer Namensliste zugeordnet waren: 1665 Mailand (5 von 100 Aktionären der Ambrosiusbank), 1670 Rom, 1674 Turin (5 aus 100 Mädchennamen, die dann eine Aussteuer gewannen), 1682 Neapel, wo zum ersten Mal eine Liste mit 90 Mädchennamen verwandt wird. Genua stellte erst 1735 auf »5 aus 90« um, und in dieser Form verbreitete sich das Spiel unter dem Namen *Lotto di Genova* in Europa: Bayern machte 1735 den Anfang, 1751 folgte Österreich, 1757 Frankreich und 1763 Preußen, wo es bereits 1810 wieder verboten wurde. Mit dem Verbot von 1861 in Bayern war es aus allen deutschen Ländern verschwunden, nur Österreich konnte sich nie zu einer Aufhebung durchringen. 1953 führte man in Berlin das Genueser Zahlenlotto »5 aus 90« ein. 1955 erfanden LOTHAR LAMMERS (*1926) und PETER WEIAND († 1990) das Lotto »6 aus 49«, das mit der ersten Ziehung am 9.10.1955 in Nordrhein-Westfalen, Bayern, Schleswig-Holstein und Hamburg startete. 1959 schlossen sich alle damaligen Bundesländer und Berlin zum Deutschen Lottoblock »6 aus 49« zusammen. Für das Lotto in der DDR siehe Seite 154.

[156] in Band 2, der *Mathematica nova*, im umfangreichen Kapitel *Arithmomantica, per Combinationem Numerorum divinans* – »Wissenschaft, die durch Kombination von Zahlen weissagt« (42 Folioseiten, 995–1036).

[157] Als Erster analysierte 1668 BERNARD FRENICLE DE BESSY eine Zahlenlotterie »5 aus 100«. Sein *Abrégé des combinaisons* wurde aber erst postum 1693 in *Divers Ouvrages de Mathématique et de Physique. Par Messieurs de l'Académie Royale des Sciences* (Paris) veröffentlicht.

[158] Am Ende schreibt CARAMUEL, dass er Genua meint.

CARAMUEL geht auf dieses Spiel des Franciscinus überhaupt nicht ein, sondern beschäftigt sich mit anderen Spielen, die wir unten besprechen werden. Statt seiner fragen wir:

Wie groß sind im Spiel des Franciscinus jeweils die Gewinnwahrscheinlichkeiten? Wie groß ist der mittlere Gewinn des Anbieters Franciscinus?

Lösung

Es handelt sich um Ziehen ohne Zurücklegen aus einer Urne, die 100 Namen enthält. Die Wahrscheinlichkeit, genau n Treffer zu erzielen, $1 \leq n \leq 5$, ist $\dfrac{\binom{5}{n}\binom{95}{5-n}}{\binom{100}{5}}$. Im Einzelnen gilt:

n	1	2	3	4	5
$75\,287\,520 \cdot P(n)$	$15\,917\,725$	$1\,384\,150$	$44\,650$	475	1
$P(n)$ in %	$21{,}1$	$1{,}8$	$0{,}06$	$6 \cdot 10^{-4}$	$1{,}3 \cdot 10^{-6}$

Für das Erraten der Reihenfolge gilt: Von den $100 \cdot 99 \cdot 98 \cdot 97 \cdot 96$ möglichen Quintupeln ohne Wiederholungen ist genau eines richtig. Also wird die Reihenfolge mit der Wahrscheinlichkeit $\frac{1}{9\,034\,502\,400}$ richtig erraten.

Bei der Berechnung des Erwartungswerts der Auszahlung A bei einem Einsatz e ist zu berücksichtigen, dass im Falle der fünf Richtigen unterschieden werden muss, ob auch noch die Reihenfolge stimmt. Falls ja, erhält der Spieler das 20fache seines Einsatzes ausbezahlt, aber nicht zusätzlich noch das 10fache, das er nur erhält, wenn die Reihenfolge nicht stimmt.

$$E(A) = \tfrac{e}{75\,287\,520} \cdot (15\,917\,725 \cdot 1 + 1\,384\,150 \cdot 10 + 44\,650 \cdot 300 + 475 \cdot 1\,500 + 1 \cdot 10\,000)$$

$$+ \tfrac{1}{9\,034\,502\,400} \cdot (20\,000 - 10\,000)e = \frac{43\,876\,725}{75\,287\,520}\,e + \frac{10\,000}{9\,034\,502\,400}\,e = \frac{26\,326\,085}{45\,172\,512}\,e\,.$$

Der mittlere Gewinn des Franciscinus ist $e - \dfrac{26\,326\,085}{45\,172\,512}\,e = \dfrac{18\,846\,427}{45\,172\,512}\,e = 41{,}7\,\%$ vom Einsatz des Spielers, ein satter Gewinn!

Statt sich mit diesem an das *Lotto di Genova* anlehnende Spiel zu beschäftigen, behandelt CARAMUEL eine Reihe von anderen Spielen:

Spiel 1

Der verwegene Johannes bietet dem Franciscinus fünf verschiedene Verträge an. Sie lassen sich allgemein zusammenfassen: Aus 100 Kandidaten werden n Konsuln ausgelost, $1 \leq n \leq 5$. Johannes gibt n Namen an und gewinnt, wenn er alle n Gewählten richtig erraten hat.

Spiel 2

Der vorsichtigere Petrus gibt bei der Auslosung von fünf Konsuln aus 100 Kandidaten n Namen an und gewinnt, wenn er genau n von den fünf Gewählten richtig vorhergesagt hat, $1 \leq n \leq 5$.

Spiel 3

Aufridus möchte bei der Auslosung von n Konsuln aus 100 Kandidaten einen »sichereren Weg gehen«. Er benennt fünf der Kandidaten und gewinnt, wenn sich alle n Gewählten unter seinen fünf Namen befinden.

Spiel 4

Florianus schließlich benennt bei der Auslosung von fünf Konsuln aus 100 Kandidaten fünf Kandidaten und gewinnt, wenn sich darunter mindestens n Gewählte befinden.

Alle Wetten sollen fair sein. Wie müssen sich dann die Einsätze verhalten?

Lösung nach CARAMUEL (1670) und unsere Lösung

CARAMUEL berechnet für jeden Wert von n, also schrittweise von 1 bis 5, die Einsätze bis auf Flüchtigkeitsfehler richtig. Sein Vorgehen für die Spiele 1 und 2 lässt sich wie folgt modern zusammenfassen.

Spiel 1

Johannes gewinnt mit der Wahrscheinlichkeit

$$w = \frac{\binom{n}{n}\binom{100-n}{0}}{\binom{100}{n}},$$

sein Einsatz verhält sich zu dem des Franciscinus wie

$$\binom{n}{n}\binom{100-n}{0} \text{ zu } \binom{100}{n} - 1.$$

n	w	Verhältnis der Einsätze
1	$\frac{1}{100} = 1{,}0\,\%$	$1 : 99$
2	$\frac{1}{4950} = 2{,}0 \cdot 10^{-2}\,\%$	$1 : 4949$
3	$\frac{1}{161700} = 6{,}2 \cdot 10^{-4}\,\%$	$1 : 161699$
4	$\frac{1}{3921225} = 2{,}6 \cdot 10^{-5}\,\%$	$1 : 3921224$
5	$\frac{1}{75287520} = 1{,}3 \cdot 10^{-6}\,\%$	$1 : 75287519$

Spiel 2

Petrus muss n Namen aus den 100 auswählen. Dafür gibt es $\binom{100}{n}$ Möglichkeiten. Er gewinnt nur, wenn diese n Namen unter denen der fünf Gewählten sind; dafür gibt es $\binom{5}{n}$ Möglichkeiten. Seine Gewinnwahrscheinlichkeit ist also

n	w	Verhältnis der Einsätze
1	$\frac{1}{20} = 5{,}0\,\%$	$1 : 19$
2	$\frac{1}{495} = 2{,}0 \cdot 10^{-1}\,\%$	$1 : 494$
3	$\frac{1}{16170} = 6{,}2 \cdot 10^{-3}\,\%$	$1 : 16169$
4	$\frac{1}{784245} = 1{,}3 \cdot 10^{-4}\,\%$	$1 : 784244$
5	$\frac{1}{75287520} = 1{,}3 \cdot 10^{-6}\,\%$	$1 : 75287519$

$$w = \frac{\binom{5}{n}\binom{95}{0}}{\binom{100}{n}},$$ sein Einsatz verhält sich zu dem des Franciscinus wie $\binom{5}{n}$ zu $\binom{100}{n} - \binom{5}{n}$.

Spiel 3

Aufridus hat $\binom{100}{5}$ Möglichkeiten, fünf Namen auszuwählen. Günstig ist für ihn, wenn er alle n Gewählten errät, sich also genau $5-n$ Nichtgewählte auf seiner Namensliste befinden.

Damit ist die Wahrscheinlichkeit zu gewinnen gleich
$$w = \frac{\binom{n}{n}\binom{100-n}{5-n}}{\binom{100}{5}},$$ sein Einsatz verhält sich zu dem des Franciscinus wie $\binom{n}{n}\binom{100-n}{5-n}$ zu $\binom{100}{5} - \binom{n}{n}\binom{100-n}{5-n}$.

n	w	Verhältnis der Einsätze
1	$\frac{1}{20} = 5{,}0\,\%$	1 : 19
2	$\frac{1}{495} = 2{,}0\cdot10^{-1}$	1 : 494
3	$\frac{1}{16170} = 6{,}2\cdot10^{-3}\,\%$	1 : 16169
4	$\frac{1}{784245} = 1{,}3\cdot10^{-4}\,\%$	1 : 784244
5	$\frac{1}{75287520} = 1{,}3\cdot10^{-6}\,\%$	1 : 75287519

Es ergibt sich dieselbe Tabelle wie bei Petrus. Tatsächlich haben beide gleiche Chancen:
$$\frac{\binom{5}{n}\binom{95}{0}}{\binom{100}{n}} = \frac{5!n!(100-n)!}{n!(5-n)!100!} = \frac{5!(100-n)!}{(5-n)!100!}, \quad \frac{\binom{n}{n}\binom{100-n}{5-n}}{\binom{100}{5}} = \frac{(100-n)!95!5!}{(5-n)!95!100!} = \frac{5!(100-n)!}{(5-n)!100!}$$

Spiel 4

Florianus gewinnt mit der Wahrscheinlichkeit
$$w = \frac{\sum_{i=n}^{5}\binom{5}{i}\binom{95}{5-i}}{\binom{100}{5}},$$ sein Einsatz verhält sich zu dem des Franciscinus wie
$$\sum_{i=n}^{5}\binom{5}{i}\binom{95}{5-i} \text{ zu } \binom{100}{5} - \sum_{i=n}^{5}\binom{5}{i}\binom{95}{5-i}.$$

Abschließend stellt CARAMUEL fest: Für $n=5$ haben alle vier Wetter die gleichen Chancen!

n	w	Verhältnis der Einsätze
1	$\frac{2478143}{10755360} = 23{,}0\,\%$	2478143 : 8277217
2	$\frac{357319}{18821880} = 1{,}9\,\%$	357319 : 18464561
3	$\frac{2507}{4182640} = 6{,}0\cdot10^{-2}\,\%$	2507 : 4180133
4	$\frac{17}{2688840} = 6{,}3\cdot10^{-4}\,\%$	17 : 2688823
5	$\frac{1}{75287520} = 1{,}3\cdot10^{-6}\,\%$	1 : 75287519

1670 CARAMUEL / *Mathesis biceps*: Sichere Wette

Als Abschluss seiner Betrachtungen zum *Lotto in Cosmopolis* beantwortet CARAMUEL die beiden folgenden Fragen:

> Aus 100 Kandidaten sind fünf Konsuln zu wählen. Jeder Lottospieler schreibt auf einen Zettel fünf der 100 Namen, von denen er meint, dass sie gewählt werden. Wie viele Zettel muss er ausfüllen, damit er sicher mindestens einen bzw. mindestens zwei der Gewählten richtig angegeben hat?

Lösung nach CARAMUEL (1670)

Man teilt die 100 Namen in Portionen zu je fünf auf, die jeweils auf einen Zettel geschrieben werden. Diese zwanzig Zettel enthalten alle 100 Namen; mindestens ein Zettel enthält mindestens einen Treffer.

Wesentlich schwieriger ist die zweite Frage. CARAMUEL geht sie mit einem genialen Einfall schrittweise an. Er beginnt mit einem Lotto mit nur fünf Kandidaten. Dann reicht offenbar ein Zettel mit diesen fünf Namen, um mindestens zwei Richtige zu haben. Für jedes neue Lotto vergrößert er die Anzahl der Kandidaten um vier und bestimmt die Anzahl der nun nötigen Zettel. Seine richtigen Werte gibt er in einer sechsspaltigen Tabelle an, deren Konstruktion er nicht mitteilt, so dass seine Berechnungen nicht nachvollziehbar sind.

Wir entwickeln nun induktiv, ausgehend von CARAMUELS Idee, angeregt durch ROBERT INEICHEN (1998), eine Formel für die gesuchte Anzahl z_n der Zettel, wenn fünf Konsuln aus n Kandidaten auszuwählen sind.

Induktionsanfang: $z_5 = 1$.

Induktionsschritt: Für n Kandidaten $A_1, A_2, \ldots, A_n$ braucht man z_n Zettel. Für die $n + 4$ Kandidaten $A_1, A_2, \ldots, A_n, N_1, \ldots, N_4$ erzeugt man die nötigen z_{n+4} Zettel folgendermaßen. Zunächst nimmt man die schon vorhandenen z_n Zettel und deckt damit alle Fälle der Form A_iA_j ($i, j = 1, \ldots, n$; $i \neq j$), ab. Dann füllt man n neue Zettel so aus: An der ersten Stelle steht A_i ($i = 1, \ldots, n$), gefolgt von $N_1, \ldots, N_4$. Damit deckt man alle Fälle der Form A_iN_k ($i = 1, \ldots, n$; $k = 1, \ldots, 4$) und N_kN_l ($k, l = 1, \ldots, 4$; $k \neq l$) ab. Also gilt für $n \in \mathbb{N}$:

$$z_{n+4} = z_n + n$$

Das liefert der Reihe nach die Werte

$z_5 = 1$; $z_9 = z_{5+4} = z_5 + 5 = 1 + 5 = 6$; $z_{13} = z_{9+4} = z_9 + 9 = 1 + 5 + 9 = 15$;

$z_{17} = z_{13+4} = z_{13} + 13 = 1 + 5 + 9 + 13 = 28$; ...

$z_n = z_{1+4k} = z_{1+4(k-1)} + [1 + 4(k-1)] = 1 + 5 + 9 + 13 + \ldots + [1 + 4(k-2)] + [1 + 4(k-1)]$.

Man erkennt: z_{1+4k} ist der Wert der endlichen arithmetischen Reihe mit der Differenz 4, dem Anfangsglied 1 und dem Endglied $[1 + 4(k-1)]$. Damit erhält man

$$z_{1+4k} = \tfrac{1}{2}\big(1 + [1 + 4(k-1)]\big) \cdot k = (2k - 1) \cdot k.$$

Für $n = 4k + 1$ Kandidaten ist $k = \frac{n-1}{4}$, also $z_n = \tfrac{1}{8}(n - 1)(n - 3)$.

Damit ist die Aufgabe gelöst für alle Lotti, bei denen $n = 4k + 1$ Kandidaten zur Auswahl stehen, $k \in \mathbb{N}$. Für solche n von 5 bis 105 findet man die Werte von z_n in der sechsten Spalte von CARAMUELS Tabelle.

Für $n \neq 4k + 1$ Kandidaten, $k \in \mathbb{N}$, gibt CARAMUEL für z_n wieder eine undurchsichtige Interpolationstabelle mit richtigen Werten an, die er, ausgehend vom nächst niedrigeren Wert z_{1+4k} aus der sechsten Spalte seiner Tabelle berechnet. Für z_{100} ist der nächst niedrigere Wert $z_{97} = 1128$. Ineichen (1998) zufolge geht CARAMUEL wie folgt vor: Die 97 A_i ($i = 1, \ldots, 97$) werden in 24 Viererpakete $A_1, \ldots, A_4$; $A_5, \ldots, A_9$; ...; $A_{93}, \ldots, A_{96}$ eingeteilt. Übrig bleibt A_{97}. Nun schreibt man jedes Viererpaket mit einem der drei neuen Namen N_1, N_2, N_3 auf einen Zettel. Dafür braucht man 72 Zettel. Auf einen weiteren Zettel schreibt man A_{97}, N_1, N_2 und N_3 sowie einen beliebigen Namen A_i, $i \neq 97$. Damit sind alle Treffer A_iA_j ($i, j = 1, \ldots, 96$,

$i \neq j$), $A_i N_k$ ($i = 1, \ldots, 96, k = 1, \ldots, 3$), $A_{97} N_k$ ($k = 1, \ldots, 3$) und $N_k N_l$ ($k, l = 1, \ldots, 3, k \neq l$) abgedeckt. Man benötigt also bei 100 Kandidaten $1128 + 72 + 1 = 1201$ Zettel.

CARAMUEL folgend entwickeln wir, ebenfalls ausgehend von den bekannten Werten $z_{1 + 4k}$, allgemeine Ausdrücke für z_{4k}, $z_{2 + 4k}$ und $z_{3 + 4k}$.

$\underline{n = 2 + 4k}$. Man beginnt mit z_6, d. h., zu den fünf Namen $A_1, \ldots, A_5$ kommt der Name N_1 hinzu. Man beschriftet die Zettel nun folgendermaßen:

1. Zettel: $A_1, \ldots, A_5$. Deckt alle Treffer $A_i A_j$ ($i, j = 1, \ldots, 5; i \neq j$) ab.

2. Zettel: $A_1, \ldots, A_4, N_1$. Deckt alle Treffer $A_i N_1$ ($i = 1, \ldots, 4$) ab.

3. Zettel: A_5, N_1, X_1, X_2, X_3 mit $X_k \in \{A_1, \ldots, A_4\}$. Deckt den Treffer $A_5 N_1$ ab.

Also ist $z_6 = 3$. Mit Hilfe der allgemein gültigen Beziehung $z_{n+4} = z_n + n$ berechnen wir nun

$z_6 = 3 = 1 + 2$; $z_{10} = z_6 + 6 = 3 + 6 = 1 + (2 + 6)$;
$z_{14} = z_{10} + 10 = 3 + 6 + 10 = 1 + (2 + 6 + 10)$;
$z_{18} = z_{14} + 14 = 3 + 6 + 10 + 14 = 1 + (2 + 6 + 10 + 14)$; ...
$z_{2 + 4k} = 1 + \{2 + 6 + 10 + 14 + \ldots + [2 + 4(k - 1)]\} = 1 + \frac{1}{2}k\{2 + [2 + 4(k - 1)]\} = 2k^2 + 1$.

$\underline{n = 3 + 4k}$. Man beginnt mit z_7, d. h., zu den fünf Namen $A_1, \ldots, A_5$ kommen die Namen N_1 und N_2 hinzu. Man beschriftet die Zettel nun folgendermaßen:

1. Zettel: $A_1, \ldots, A_5$. Deckt alle Treffer $A_i A_j$ ($i, j = 1, \ldots, 5; i \neq j$) ab.

2. Zettel: $A_1, \ldots, A_4, N_1$. Deckt alle Treffer $A_i N_1$ ($i = 1, \ldots, 4$) ab.

3. Zettel: $A_1, \ldots, A_4, N_2$. Deckt alle Treffer $A_i N_2$ ($i = 1, \ldots, 4$) ab.

4. Zettel: A_5, N_1, N_2, X_1, X_2 mit $X_k \in \{A_1, \ldots, A_4\}$. Deckt den Treffer $N_1 N_2$ und alle Treffer $A_5 N_k$ ($k = 1, 2$) ab.

Also ist $z_7 = 4$. Mit Hilfe der allgemein gültigen Beziehung $z_{n+4} = z_n + n$ berechnen wir nun

$z_7 = 4 = 1 + 3$; $z_{11} = z_7 + 7 = 4 + 7 = 1 + (3 + 7)$;
$z_{15} = z_{11} + 11 = 4 + 7 + 11 = 1 + (3 + 7 + 11)$;
$z_{19} = z_{15} + 15 = 4 + 7 + 11 + 15 = 1 + (3 + 7 + 11 + 15)$; ...
$z_{3 + 4k} = 1 + \{3 + 7 + 11 + 15 + \ldots + [3 + 4(k - 1)]\} = 1 + \frac{1}{2}k\{3 + [3 + 4(k - 1)]\}$
$\quad = 2k^2 + k + 1$.

$\underline{n = 4k}$. Man beginnt mit z_8, d. h., zu den fünf Namen $A_1, \ldots, A_5$ kommen die Namen N_1, N_2 und N_3 hinzu. Man beschriftet die Zettel nun folgendermaßen:

1. Zettel: $A_1, \ldots, A_5$. Deckt alle Treffer $A_i A_j$ ($i, j = 1, \ldots, 5; i \neq j$) ab.

2. Zettel: $A_1, \ldots, A_4, N_1$. Deckt alle Treffer $A_i N_1$ ($i = 1, \ldots, 4$) ab.

3. Zettel: $A_1, \ldots, A_4, N_2$. Deckt alle Treffer $A_i N_2$ ($i = 1, \ldots, 4$) ab.

4. Zettel: $A_1, \ldots, A_4, N_3$. Deckt alle Treffer $A_i N_3$ ($i = 1, \ldots, 4$) ab.

5. Zettel: A_5, N_1, N_2, N_3, X_1 mit $X_1 \in \{A_1, \ldots, A_4\}$. Deckt die Treffer $N_k N_l$ ($k, l = 1, \ldots, 3$, $k \neq l$) und alle Treffer $A_5 N_k$ ($k = 1, 2, 3$) ab.

Also ist $z_8 = 5$. Mit Hilfe der allgemein gültigen Beziehung $z_{n+4} = z_n + n$ berechnen wir nun

$z_8 = 5 = 1 + 4$; $z_{12} = z_8 + 8 = 5 + 8 = 1 + (4 + 8)$;
$z_{16} = z_{12} + 12 = 5 + 8 + 12 = 1 + (4 + 8 + 12)$;
$z_{20} = z_{16} + 16 = 5 + 8 + 12 + 16 = 1 + (4 + 8 + 12 + 16)$; ...

$z_{4k} = 1 + \{4 + 8 + 12 + 16 + \ldots + [4 + 4(k - 2)]\} = 1 + \frac{1}{2}(k - 1)\{4 + [4 + 4(k - 2)]\}$

$= 1 + 2k(k - 1) = 2k^2 - 2k + 1.$

Drücken wir k durch n aus, dann ergibt sich nach einer einfachen Rechnung:

n	$4k + 1$	$4k + 2$	$4k + 3$	$4k$
z_n	$\frac{1}{8}(n - 1)(n - 3)$	$\frac{1}{8}(n^2 - 4n + 12)$	$\frac{1}{8}(n^2 - 4n + 11)$	$\frac{1}{8}(n^2 - 4n + 8)$

Damit können wir die zweite Frage beantworten und finden wie CARAMUEL:

$z_{100} = z_{4 \cdot 25} = \frac{1}{8}(100^2 - 4 \cdot 100 + 8) = 1201.$

Nach CARAMUELs Verfahren muss der Spieler 1201 Zettel nach dem angegeben Schema ausfüllen, um sicher mindestens zwei Richtige zu erzielen.

Erweiterung auf andere Trefferzahlen

Mit CARAMUELs Idee können wir auch die Frage der nötigen Zettel für mindestens drei Richtige beantworten. Wir beginnen wieder mit einem Lotto von fünf Kandidaten, für die offenbar ein Zettel mit diesen fünf Namen reicht, um mindestens drei Richtige zu haben. Für jedes neue Lotto vergrößern wir die Anzahl der Kandidaten um drei und bestimmen die Anzahl der »nötigen« Zettel.

Für die n Kandidaten $A_1, A_2, \ldots, A_n$ braucht man z_n Zettel. Für die $n + 3$ Kandidaten $A_1, A_2, \ldots, A_n, N_1, N_2, N_3$ erzeugt man die nötigen z_{n+3} Zettel folgendermaßen. Zunächst nimmt man die schon vorhandenen z_n Zettel und deckt damit alle Fälle der Form $A_iA_jA_k$ $(i, j, k = 1, \ldots, n;$ $i < j < k)$ ab. Es gibt $\binom{n}{2}$ verschiedene 2-Mengen aus der n-Menge der A_i. Dann füllt man $\binom{n}{2}$ neue Zettel so aus: An den ersten beiden Stellen stehen zwei der A_i $(i = 1, \ldots, n)$, gefolgt von N_1, N_2 und N_3. Damit deckt man alle Fälle der Form $A_iA_jN_k$ $(i, j = 1, \ldots, n;$ $i < j,$ und $k = 1, 2, 3)$, der Form $A_iN_kN_l$ $(i = 1, \ldots, n;$ $k, l = 1, 2, 3;$ $k < l)$ und der Form $N_1N_2N_3$ ab. Also gilt:

$$z_{n+3} = z_n + \binom{n}{2}, n \in \mathbb{N}$$

Damit hat man die entscheidende Rekursionsformel, mittels derer man die gesuchten Werte wie oben berechnen kann.

Für mindestens vier Richtige beginnt man wieder mit $z_5 = 1$ und vergrößert die Anzahl der Kandidaten um zwei. Analog wie oben erhält man dann $z_{n+2} = z_n + \binom{n}{3}, n \in \mathbb{N}$.

Für genau fünf Richtige gibt CARAMUEL die Zahl der nötigen Zettel richtig an, nämlich $\binom{100}{5}$ $= 75\,287\,520.$ Er liefert aber kein Verfahren, wie man diese Zettel ausfüllen muss. Ein Verfahren, das sich auch leicht programmieren lässt, verwendet ineinander geschachtelte Zählschleifen.

Seien $A_1, A_2, \ldots, A_{99}, A_{100}$ die zur Wahl stehenden Kandidaten. Auf den Zetteln werden sie nach steigendem Index angeordnet, nämlich als $A_iA_jA_kA_lA_m$ mit $i < j < k < l < m.$ Dann bilden wir die Schleifen mit der Schrittweite 1:

i läuft von 1 bis 96; j läuft von $i + 1$ bis 97;

k läuft von $j + 1$ bis 98; l läuft von $k + 1$ bis 99; m läuft von $l + 1$ bis 100.

Ein einfaches Beispiel möge diesen Algorithmus veranschaulichen. Aus sechs Kandidaten $A_1, \ldots, A_6$ werden drei ausgewählt. Um genau drei Richtige zu haben, müssen $N(6, 3, 3) = \binom{6}{3} = 20$ Zettel ausgefüllt werden. Dies geschehe folgendermaßen:

i läuft von 1 bis 4; j läuft von $i + 1$ bis 5; k läuft von $j + 1$ bis 6;   Schrittweite jeweils 1.

i	**1**				**2**		**3**		**4**	
j	2	3	4	5	3	4	5	4	5	5
k	3456	456	56	6	456	56	6	56	6	6

Anwendung von CARAMUELs Methode auf das Lotto 6 aus 49

Mindestens eine richtige Zahl. Man teilt die 49 Kugeln in Sechser-Pakete auf. Wegen 49 : 6 = 8 Rest 1 benötigt man neun Zettel (= Tippreihen), auf die jeweils eines dieser Sechser-Pakete geschrieben wird. Auf dem letzten Zettel ergänzt man die 49 durch fünf beliebige Nummern. Mindestens ein Zettel enthält mindestens einen Treffer.

Mindestens zwei Richtige. Für n Kugeln $A_1, A_2, \ldots, A_n$ braucht man z_n Zettel. Für die $n + 5$ Kugeln $A_1, A_2, \ldots, A_n, N_1, \ldots, N_5$ erzeugt man die nötigen z_{n+5} Zettel folgendermaßen. Zunächst nimmt man die schon vorhandenen z_n Zettel und deckt damit alle Fälle der Form A_iA_j $(i, j = 1, \ldots, n; i \neq j)$, ab. Dann füllt man n neue Zettel so aus: An der ersten Stelle steht A_i $(i = 1, \ldots, n)$, gefolgt von $N_1, \ldots, N_5$. Damit deckt man alle Fälle der Form A_iN_k $(i = 1, \ldots, n; k = 1, \ldots, 5)$ und N_kN_l $(k, l = 1, \ldots, 5; k \neq l)$ ab. Also gilt für $n \in \mathbb{N}$: $z_{n+5} = z_n + n$

Die Differenzen $z_{n+5} - z_n = n$ bilden die arithmetische Folge 1. Ordnung 6, 11, 16, 21, …; also sind die $z_6, z_{11}, z_{16}, z_{21}, \ldots$, d. h. 1, 7, 18, 34, … Glieder einer arithmetischen Folge 2. Ordnung. Das allgemeine Glied z_n einer arithmetischen Folge 2. Ordnung ist ein Polynom 2. Grades in n. Also gilt $z_n = an^2 + bn + c$. Die zur Bestimmung der Koeffizienten a, b und c nötigen drei Gleichungen gewinnen wir, wenn wir für n drei verschiedene Werte einsetzen:

$$\left.\begin{array}{l} an^2 + bn + c = z_n \\ a(n+5)^2 + b(n+5) + c = z_n + n \\ a(n+10)^2 + b(n+10) + c = (z_n + n) + (n+5) \end{array}\right\} \Rightarrow \left\{\begin{array}{l} a = \frac{1}{10} \\ b = -\frac{1}{2} \\ c = z_n + \frac{1}{10}\left(5n - n^2\right) \end{array}\right.$$

Die Koeffizienten a und b sind unabhängig von n. Nur c hängt von n, aber auch von z_n ab. Zur Untersuchung dieser letzteren Abhängigkeit vergleichen wir das zu z_n gehörende c_1 mit dem zu z_{n+5} gehörenden c_2. Es gilt:

$10c_1 = 10z_n + 5n - n^2$

$10c_2 = 10z_{n+5} + 5(n+5) - (n+5)^2 = 10(z_n + n) + 5n + 25 - n^2 - 10n - 25$

$\qquad\quad = 10z_n + 5n - n^2 = 10c_1$; d. h.

$c_1 = c_2$. Also ist c für alle z_n mit $n \equiv k \bmod 5$, $k = 0, \ldots, 4$, für jedes k gleich. Somit genügt es, die c-Werte für die Startwerte z_6 bis z_{10} zu berechnen.

Bekannt ist $z_6 = 1$. Zu ihm gehört $c = \frac{2}{5}$.

$\underline{n = 5k + 2.}$ Man beginnt mit z_7, d. h., zu den sechs Nummern $A_1, \ldots, A_6$ kommt die Nummer N_1 hinzu. Man beschriftet die Zettel nun folgendermaßen:

1. Zettel: $A_1, \ldots, A_6$. Deckt alle Treffer A_iA_j $(i, j = 1, \ldots, 6; i \neq j)$ ab.

2. Zettel: $A_1, \ldots, A_5, N_1$. Deckt alle Treffer A_iN_1 $(i = 1, \ldots, 5)$ ab.

3. Zettel: $A_6, N_1, X_1, X_2, X_3, X_4$ mit $X_k \in \{A_1, \ldots, A_5\}$. Deckt den Treffer A_6N_1 ab.

Also ist $z_7 = 3$, woraus sich das zugehörige c ergibt zu $c = \frac{8}{5}$.

$\underline{n = 5k + 3}$. Man beginnt mit z_8, d. h., zu den sechs Nummern $A_1, \ldots, A_6$ kommen die Nummern N_1 und N_2 hinzu. Man beschriftet die Zettel nun folgendermaßen:

1. Zettel: $A_1, \ldots, A_6$. Deckt alle Treffer A_iA_j $(i, j = 1, \ldots, 6; i \neq j)$ ab.

2. Zettel: $A_1, \ldots, A_5, N_1$. Deckt alle Treffer A_iN_1 $(i = 1, \ldots, 5)$ ab.

3. Zettel: $A_1, \ldots, A_5, N_2$. Deckt alle Treffer A_iN_2 $(i = 1, \ldots, 5)$ ab.

4. Zettel: A_6, N_1, N_2, X_1, X_2 mit $X_k \in \{A_1, \ldots, A_4\}$. Deckt den Treffer N_1N_2 und alle Treffer A_6N_k $(k = 1, 2)$ ab.

Also ist $z_8 = 4$, woraus sich das zugehörige c ergibt zu $c = \frac{8}{5}$.

Analog verfährt man für $n = 5k + 4$ und $n = 5k$. Man erhält $z_9 = 5$ mit $c = \frac{7}{5}$ und $z_{10} = 6$ mit $c = 1$. Tabellarisch lassen sich die gewonnenen Beziehungen zwischen n und z_n zusammenfassen:

Da $49 = 5 \cdot 9 + 4$ ist, muss man beim Lotto »6 aus 49« genau

$z_{49} = \frac{1}{10}(49^2 - 5 \cdot 49 + 14) = 217$-mal sechs Zahlen ankreuzen, um mindestens zwei Richtige zu haben. In Wirklichkeit genügen 19 Tippreihen (Bate 1998).

n	Startwert	c	z_n
$5k + 1$	$z_6 = 1$	0,4	$\frac{1}{10}(n-1)(n-4)$
$5k + 2$	$z_7 = 3$	1,6	$\frac{1}{10}(n^2 - 5n + 16)$
$5k + 3$	$z_8 = 4$	1,6	$\frac{1}{10}(n^2 - 5n + 16)$
$5k + 4$	$z_9 = 5$	1,4	$\frac{1}{10}(n^2 - 5n + 14)$
$5k$	$z_{10} = 6$	1	$\frac{1}{10}(n^2 - 5n + 10)$

Mit seinem Vorgehen hat CARAMUEL nicht nur die Anzahl der nötigen Zettel bestimmt, sondern darüber hinaus auch noch gezeigt, wie man diese Zettel ausfüllen muss. Er hat damit ein zusätzliches Problem gelöst, dessen Schwierigkeit man erkennt, wenn man danach fragt, wie viele Zettel man benötigt und wie man diese ausfüllen muss, um mit Sicherheit alle fünf Kandidaten erraten zu können. Die Antwort auf die erste Frage ist einfach: Man braucht $\binom{100}{5} = 75\,287\,520$ Zettel. Eine Antwort auf die zweite Frage konnten wir nicht finden.

Resümee und Kritik

1) Mit seinem Vorgehen hat CARAMUEL einen Weg aufgezeigt, wie man in Cosmopolis beim Lotto $\binom{100}{5}$ sicher zu zwei Treffern kommt. Dabei gibt er genau an, wie man diese Zettel ausfüllen kann. Offenbar war er aber auch der Überzeugung, dass die von ihm errechnete Anzahl z_n von Zetteln auch ausgefüllt werden muss, d. h., dass z_n die Minimalzahl $N(n, w, r)$ der auszufüllenden Zettel ist, wenn aus n Kandidaten w Konsuln auszuwählen und mindestens r der w Gewählten richtig angegeben werden sollen. Tatsächlich kann man aber viele Fälle finden, bei denen die von CARAMUEL angegebene Zahl z_n lediglich eine obere Schranke für die Anzahl der wirklich nötigen Zettel ist. So ergab sich oben für z_9 der Wert 6, wohingegen $N(9, 5, 2) = 2$ ist. Es reichen für die Kandidaten $1, 2, \ldots, 9$ nämlich die Zettel $(1, 2, 3, 4, 5)$ und $(6, 7, 8, 9, x)$ mit $x \in \{1, 2, 3, 4, 5\}$. – Im Allgemeinen gilt: Die von CARAMUEL mit Hilfe seines Induktionsverfahrens ermittelte obere Schranke ist viel zu hoch. So sind statt der oben beim

Lotto »6 aus 49« gefundenen z_{49} = 217 Tippreihen tatsächlich nur $N(49, 6, 2)$ = 19 Tippreihen auszufüllen, um mindestens zwei Richtige zu haben.

Eine nahezu triviale obere Schranke lässt sich leicht angeben: Man bildet alle $\binom{n}{r}$ möglichen r-Teilmengen der n-Menge der Kandidaten und schreibt jede auf einen Zettel, den man mit beliebigen $w - r$ Kandidaten ergänzt. Dann finden sich auf mindestens einem Zettel mindestes r Richtige. Für mindestens zwei Richtige beim Lotto in Cosmopolis wäre also $\binom{100}{2}$ = 4950 eine obere Schranke. CARAMUELs Wert z_{100} = 1201 ist wesentlich besser, aber immer noch sehr schlecht.

Über die von CARAMUEL aufgeworfenen Fragen wird heute weltweit noch immer geforscht.[159] Dabei finden auch Methoden der Graphentheorie und der endlichen Geometrie Verwendung. Bei der Suche nach optimalen Lottodesigns konnten zwar einige Fragen gelöst werden, aber viele harren noch ihrer Lösung. So weiß man z. B. heute nur, dass man beim Lotto »6 aus 49« für den sicheren Dreier mit weniger als 87 Tippreihen nicht auskommt, dass aber 163 Tippreihen auf alle Fälle ausreichen. Die genaue Zahl $N(49, 6, 3)$ der wirklich nötigen Tippreihen ist also auch in diesem vermeintlich einfachen Fall nicht bekannt (Van Rees).

2) Nach dem von DIRICHLET vermutlich 1834 erstmals verwendeten Schubfachprinzip lässt sich in Sonderfällen $N(n, w, 2)$ leicht ermitteln.[160] Man zerlegt die Menge der n Kandidaten in disjunkte Teilmengen der Mächtigkeit w. Man braucht dazu $\frac{n}{w}$ Teilmengen, wenn w Teiler von n ist. Andernfalls benötigt man $\left[\frac{n}{w}\right] + 1$ Teilmengen, wobei die letzte Teilmenge beliebig aufgefüllt wird; damit ist sie aber nicht mehr disjunkt mit allen vorhergehenden Mengen. Es gilt:

Ist w ein Teiler von n und $\frac{n}{w} < w$, dann benötigt man w Zettel.

Ist w kein Teiler von n und $\left[\frac{n}{w}\right] + 1 < w$, dann benötigt man $\left[\frac{n}{w}\right] + 1$ Zettel.

Beispiele

$N(6, 3, 2)$ = 2, da 3 Teiler von 6 und $\frac{6}{3}$ = 2 < 3. Es genügen die Zettel (1, 2, 3) und (4, 5, 6).

$N(7, 4, 2)$ = 2, da 4 kein Teiler von 7 und $\left[\frac{7}{4}\right] + 1$ = 2 < 4. Es genügen die Zettel (1, 2, 3, 4) und (5, 6, 7, x) mit x $\in$ {1, 2, 3, 4}.

Zusatzaufgaben

1) In der DDR gab es ab 1954 mehrere Lottosysteme, nämlich neben dem Sportfesttoto »6 aus 49« auch bis 1985 das Zahlenlotto »5 aus 90«, also das historische *Lotto di Genova*,[161] ferner das Lotto-Toto »5 aus 45« und ab 1972 das Tele-Lotto »5 aus 35«. Mit einer letzten Ziehung am 30.9.1992 endeten diese Systeme. Man berechne für sie die Anzahl der für mindestens zwei Richtige nötigen »Zettel«.

---

[159] Siehe dazu Bate / van Rees (1998), Füredi / Székely / Zubor, Zoltán (1996), Jans / Degraeve (2008), Li / van Rees (2002), Van Rees.

[160] *Schubfachprinzip*: Legt man w Objekte in weniger als w Schubfächer, dann liegen in mindestens einem Schubfach mindestens zwei der Objekte.

[161] Beim *Lotto di Genova* würde man nach CARAMUEL 969 Zettel benötigen. Tatsächlich braucht man aber nur $N(90, 5, 2)$ = 100 Zettel auszufüllen (Füredi 1996).

2) In der alten Bundesrepublik Deutschland gab es ein Lotto am Mittwoch »7 aus 38«, dessen erste Ziehung am 28.4.1982 stattfand. Wegen nachlassenden Interesses wurde es mit der letzten Ziehung am 28.5.1986 eingestellt. Man bestimme die Anzahl der für mindestens zwei Richtige nötigen »Zettel«.

1678 STRODE / *Treatise*: Entlohnung

THOMAS STRODE stellt 1678 in *A Short Treatise of the Combinations, Elections, Permutations & Composition of Quantities* (Seite 6, Nr. 12) die folgende Aufgabe:

> Ein alter Hauptmann, der den größten Teil seines Lebens und seines Besitzes in Kriegen verbraucht hatte, erbat am Ende von seinem König als Entlohnung für seine Dienste einen Farthing[162] für jede Rotte von sechs Soldaten, die er aus seiner Kompanie von 100 Soldaten bilden könne. Der König, Bitte und Größe seiner Verdienste bedenkend, gewährte die Entlohnung. Wie groß war sie?

Lösung nach STRODE (1678)

STRODE berechnet die Anzahl $\binom{100}{6}$ der

6-Mengen aus der 100-Menge als
$$\frac{100\times99\times98\times97\times96\times95}{6\times5\times4\times3\times2\times1}.$$

Den Bruch kürzt er – zur Kontrolle? – auf zwei Arten, nämlich zu

$10\times33\times98\times97\times4\times95$ und zu

$100\times33\times49\times97\times4\times19$, und erhält

11 952 052 400 *farthings*.

Durch Division mit 960, der Anzahl der *farthings* in einem Pfund, erhält er schließlich 1 241 721 £ 5 s.

12. An old Captain having spent most part of his Time and Estate in the Wars, at the end thereof, desired of the King whom he served, as a recompence of his Service, a Farthing for each several File, containing six Souldiers, that he could make in his Company, which consisted of 100 Souldiers: The King considering his Request, and the greatness of his Desert, granted it. How much did it come to? Ansr. 1241721 l. 5 s.

$6\times5\times4\times3\times2\times1)100\times99\times98\times97\times96\times95\left(\begin{smallmatrix}100\times33\times98\times97\times4\times95\\===11952052400;\end{smallmatrix}\right)$

or, 100×33×49×97×4×19=11952052400, the number of Files or several Combinations of 6 in 100 Quantities, which being divided by 960, the Farthings in a Pound; the Quotient l. is 1241721, 25.

1685 JAKOB BERNOULLI / *Journal des Sçavans*: Problème

1685 veröffentlichte JAKOB BERNOULLI, sicher angeregt durch HUYGENS' *Problem I* aus dessen *Tractatus*,[163] im *Journal des Sçavans* (Seite 314) zwei Aufgaben:

> A und B spielen mit einem Würfel unter der Bedingung, dass derjenige gewinnt, der [als Erster] die Eins wirft. A wirft einmal, dann B einmal; anschließend wirft A zweimal, dann B zweimal; dann A

---

[162] *farthing* (entstanden aus *fourthling* = ein Viertel) = ¼ penny, war bis 1.1.1961 die kleinste britische Münze, letzte Prägung 1956. (Beachte: 1 £ = 20 s[hillings], 1 s = 12 pence.) Ursprünglich in Silber geschlagen in Schottland von König ALEXANDER III. DEM FRIEDFERTIGEN (reg. 1249–1286) und in England von König EDUARD I. (reg. 1272–1307), dann in Kupfer unter JAKOB I. (reg. 1603–1625) und schließlich 1860 in Bronze unter Königin VIKTORIA (reg. 1837–1901).

[163] Siehe Seite 103.

dreimal, dann B dreimal. *Oder:* A wirft einmal, dann B zweimal, dann A dreimal, dann B viermal, usw., bis einer gewinnt. Gefragt wird nach dem Verhältnis ihrer Chancen.

Diese zwei Aufgaben unterscheiden sich vom *Problem I* darin, dass sich die Spielsituationen nicht wiederholen, oder, wie JAKOB BERNOULLI 1713 formuliert, die »Gewinnerwartungen nicht im Kreise wiederkehren«. Das hat zur Folge, dass die Gewinnerwartungen sich nicht als geometrische Reihen berechnen lassen. Eine geschlossene Darstellung für sie ist nicht bekannt.

Nachdem JAKOB BERNOULLI »vergeblich auf eine Lösung gewartet« hatte, veröffentlichte er sie ohne Herleitung im Mai 1690 in den *Acta Eruditorum* (Seite 222 f.).

Bei der ersten Aufgabe ist die Gewinnerwartung des A

$$1 + \left(\frac{5}{6}\right)^2 + \left(\frac{5}{6}\right)^6 + \left(\frac{5}{6}\right)^{12} + \left(\frac{5}{6}\right)^{20} \&\, c. - \frac{5}{6} - \left(\frac{5}{6}\right)^4 - \left(\frac{5}{6}\right)^9 - \left(\frac{5}{6}\right)^{16} \&\, c.$$

und bei der zweiten Aufgabe

$$1 + \left(\frac{5}{6}\right)^3 + \left(\frac{5}{6}\right)^{10} + \left(\frac{5}{6}\right)^{21} + \left(\frac{5}{6}\right)^{36} \&\, c. - \left(\frac{5}{6}\right) - \left(\frac{5}{6}\right)^6 - \left(\frac{5}{6}\right)^{15} - \left(\frac{5}{6}\right)^{28} \&\, c.$$

Daraufhin erschien im Juli 1690 eine Lösung von GOTTFRIED WILHELM LEIBNIZ (Seite 358 ff.), ebenfalls ohne Herleitung: Es sei $5 : 6 = n$, dann ist $1 : 6 = 1 - n$.

Fall I:

1	n	n^2	n^3	n^4	n^5	n^6	n^7	n^8	n^9	n^{10}	n^{11}	n^{12}...
A	B	A	A	B	B	A	A	A	B	B	B	A...

Die Chance von A ergibt sich zu

$$(1 + n^2 + n^3 + n^6 + n^7 + n^8 + n^{12} + n^{13} + n^{14} + n^{15} \ldots) \cdot (1 - n)$$
$$= 1 - n + n^2 - n^4 + n^6 - n^9 + n^{12} - n^{16} + \ldots$$

Fall II.

1	n	n^2	n^3	n^4	n^5	n^6	n^7	n^8	n^9	n^{10}...
A	B	B	A	A	A	B	B	B	B	A...

Chance von A

$$(1 + n^3 + n^4 + n^5 + n^{10} + n^{11} + n^{12} + n^{13} + n^{14} \ldots) \cdot (1 - n)$$
$$= 1 - n + n^3 - n^6 + n^{10} - n^{15} + \ldots$$

Zusätzlich gibt LEIBNIZ noch die Chancen von B an.

In seiner *Ars Conjectandi* (S. 52 ff.) betrachtet JAKOB BERNOULLI 1713 zunächst den allgemeinen Fall: Nachdem insgesamt s_k Würfe des A und B zu keinem Erfolg geführt haben, beginnt A seine k-te Serie mit n_k Würfen. Sei p die Wahrscheinlichkeit für einen Erfolg beim einzelnen Wurf und $q = 1 - p$, dann ist die Wahrscheinlichkeit, dass A bei diesen n_k Würfen mindestens einen Erfolg erzielt, gleich $1 - q^{n_k}$. Also ist die Wahrscheinlichkeit, dass A nach den s_k Misserfolgen bei der k-ten Serie gewinnt, gleich $q^{s_k}\left(1 - q^{n_k}\right) = q^{s_k} - q^{n_k + s_k}$.

Anschließend löst JAKOB BERNOULLI mehrere Aufgaben des obigen Typs. Wir beschränken uns auf die Aufgaben von 1685, geben bei der Lösung aber auch das allgemeine Glied der unendlichen Reihe an, was bei JAKOB BERNOULLI fehlt.

1. Aufgabe

A B   AA BB   AAA BBB   AAAA BBBB   ...   AA...A

$s_1 = 0$ $s_2 = 2$ $s_3 = 6$ $s_4 = 12$ ... $s_k = \displaystyle\sum_{i=1}^{k-1} 2i = k(k-1)$

$n_1 = 1$ $n_2 = 2$ $n_3 = 3$ $n_4 = 4$ ... $n_k = k$

Die Gewinnerwartung des A ist somit

$$\sum_{k=1}^{\infty}\left(q^{s_k} - q^{n_k + s_k}\right) = \sum_{k=1}^{\infty} q^{k(k-1)}\left(1 - q^k\right)$$

$$= q^0 - q^1 + q^2 - q^4 + q^6 - q^9 + \ldots$$

Der Computer errechnet daraus für die Gewinnerwartungen A und B des A und B:

k	A	B	$A:B$
2	0,37866	0,62114	0,6099 : 1
3	0,51995	0,48005	1,0831 : 1
4	0,57802	0,42198	1,3698 : 1
5	0,59362	0,40638	1,4607 :1
6	0,59642	0,40358	1,4778 : 1
7	0,59676	0,40324	1,4799 : 1
8	0,59679	0,40321	1,4801 : 1
9	0,59679	0,40321	1,4801 : 1

2. Aufgabe

A BB   AAA BBBB   AAAAA BBBBBB   A...A B...BB ...   AA...A

$s_1 = 0$ $s_2 = 3$ $s_3 = 10$ $s_4 = 21$ ... $s_k = \displaystyle\sum_{i=1}^{2(k-1)} i = (k-1)(2k-1)$

$n_1 = 1$ $n_2 = 3$ $n_3 = 5$ $n_4 = 7$ ... $n_k = 2k - 1$

Die Gewinnerwartung des A ist somit

$$\sum_{k=1}^{\infty}\left(q^{s_k} - q^{n_k + s_k}\right) = \sum_{k=1}^{\infty} q^{(k-1)(2k-1)}\left(1 - 2q^{2k-1}\right)$$

$$= q^0 - q^1 + q^3 - q^6 + q^{10} - q^{15} + \ldots$$

Der Computer errechnet daraus für die Gewinnerwartungen A und B des A und B:

k	A	B	$A:B$
2	0,41047	0,58953	0,6963 : 1
3	0,50707	0,49293	1,0287 : 1
4	0,52274	0,47726	1,0953 : 1
5	0,52388	0,47612	1,1003 :1
6	0,52392	0,447608	1,1005 : 1
7	0,52392	0,447608	1,1005 : 1

1708 MONTMORT / *Essay*: Zu HUYGENS' Problem I

1708 hat PIERRE RÉMOND DE MONTMORT in einer Bemerkung auf Seite 157 seines *Essay* HUYGENS' *Problem 1*, JAKOB BERNOULLI folgend, abgewandelt. Er wählte die Spielfolge

A BB   AA BBB   AAA BBBB ...

Die Berechnung der Gewinnerwartungen ist komplizierter als bei BERNOULLIs Problem von 1685, da A mit der Wahrscheinlichkeit $p_A = \frac{5}{36}$ und B mit der Wahrscheinlichkeit $p_B = \frac{6}{36}$ beim Wurf der beiden Würfel gewinnen. Seien q_A bzw. q_B die entsprechenden Gegenwahrscheinlichkeiten, dann findet MONTMORT, der im Gegensatz zu BERNOULLIs Veröffentlichung von 1690 (s. o.) das Problem allgemein angeht, für die Gewinnerwartung des A die unendliche Reihe – wir gliedern lediglich seinen Ausdruck etwas übersichtlicher –

$$p_A\left[1 + \left(q_A + q_A^2\right)q_B^2 + \left(q_A^3 + q_A^4 + q_A^5\right)q_B^5 + \ldots\right], \text{ was sich auch so schreiben lässt:}$$

$$p_A \left(1 + \sum_{k=2}^{\infty} \left(q_B^{\frac{k(k+1)-2}{2}} \sum_{i=\frac{k(k-1)}{2}}^{\frac{k(k+1)-2}{2}} q_A^i \right) \right).$$

Mit dem Computer erhält man für die Gewinnerwartung des A bei seinem n-ten Wurf:

n	Gewinnerwartung des A
1	0,13888888888888888889
2	0,14507184975613473556
3	0,14510153223522284934
4	0,14510155044733298518
5	0,14510155044883922595
6	0,14510155044883924314
7	0,14510155044883924314
...	...
90	0,14510155044883924314

Bereits ab der sechsten Wurfserie des A scheint sich der Wert bei 0,145 101 550 448 839 243 14... zu stabilisieren. Da aber weiterhin positive Glieder, wenn auch immer kleinere, addiert werden, ist letztlich eine Aussage über den Wert der Gewinnerwartung des A ist nicht möglich.

Anschließend bemerkt MONTMORT: Würde nur mit einem Würfel gespielt, wobei man eine Sechs erzielen müsste, dann ergäbe sich mit $p_A = 1 - q$ und $q_A = q_B = q$ für die Gewinnerwartung des A bei der obigen Spielfolge $q^0 - q^1 + q^3 - q^5 + q^8 - q^{11} + ...$

1685/86 JAKOB BERNOULLI / *Meditationes*: Schiffbruch

Im Winter 1685/86 notiert JAKOB BERNOULLI in sein Tagebuch, den *Meditationes*, als Artikel 77b auf Lateinisch ein Versicherungsproblem.

> Einem Kaufmann wird mitgeteilt, dass die drei Schiffe *Argo*, *Kentaurus* und *Bukephalos*[164] voll mit Waren ausgelaufen seien. Der *Kentaurus* habe hundert Kisten an Bord. Vier davon gehörten dem Kaufmann und seien mit A, B, C, und D bezeichnet worden. Sie enthielten Waren im Wert von 1200, 2000, 2400 bzw. 1700 Gulden. Später erfährt er, dass eines der drei Schiffe untergegangen sei, wobei nur zwanzig Kisten den Fluten entrissen werden konnten. Der ängstliche Kaufmann, nicht fähig, die Unsicherheit zu ertragen, von welchem der Schiffe die Ware über Bord geworfen wurde, will die Hoffnung, die ihm noch verblieben ist, lieber einem Beherzteren und Wagemutigerem verkaufen, als noch länger zwischen Furcht und Hoffnung hin- und hergerissen zu werden. Es wird gefragt, wie hoch der Wert einzuschätzen ist, den er nach Gesetz und Vernunft erwarten kann.

Lösung nach JAKOB BERNOULLI (1975)

In Artikel 87 versucht JAKOB BERNOULLI 1686, das Problem zu lösen. Er geht zunächst davon aus, dass der *Kentaurus* gesunken ist. Er berechnet dann nach der Regel von HÉRIGONE die Anzahl der Möglichkeiten, auf wie viele Arten zwanzig aus den hundert Kisten ausgewählt werden können. Dabei verrechnet er sich und erhält 535 983 370 299 393 407 820 statt des richtigen Werts 535 983 370 403 809 682 970. Dann sagt er, man müsse die Anzahl der Fälle bestimmen, bei denen unter den geretteten zwanzig Kisten vier, drei, zwei, eine oder keine der Kaufmannskisten sind. Das sind – in späterer Schreibweise – $\binom{96}{16}, \binom{96}{17}, ..., \binom{96}{20}$.

---

[164] Ἀργώ, Name des 50-ruderigen Schiffes der Argonauten. – Κένταυρος, Stammvater der Kentauren, wilden thessalischen Fabelwesen, mit menschlichem Oberleib und Pferdehinterleib. – Schlachtross ALEXANDERS III. DES GROẞEN, so benannt nach seinem Brandzeichen, einem Ochsenkopf (= βουκέφαλος).

Diese Werte müsse man von der obigen Zahl abziehen. Man müsse aber z. B. bei drei Kisten noch unterscheiden, welche aus den Kisten A, B, C, und D gerettet worden seien. Da die Rechnung aber sehr umfangreich werde, bricht JAKOB BERNOULLI hier ab.

Lösung nach NIKOLAUS I BERNOULLI (1709)

NIKOLAUS I BERNOULLI hatte Zugang zu den Tagebüchern seines Onkels und greift 1709 die Aufgabe in Kapitel VI seiner *Dissertatio de Usu Artis Conjectandi in Jure* auf. Er vereinfacht sie auf drei Kisten und wählt andere Beträge. Wir übertragen seinen Lösungsweg auf die Aufgabe seines Onkels: Unter der Annahme, dass alle Schiffe gleich stabil sind, sind mit der Wahrscheinlichkeit $\frac{2}{3}$ alle Kisten des Kaufmanns gerettet, die ja einen Wert von 7300 Gulden haben. Mit der Wahrscheinlichkeit $\frac{1}{3}$ befanden sie sich auf dem untergegangenen Schiff. Mit der Wahrscheinlichkeit $\frac{4}{20} = \frac{1}{5}$ befindet sich aber eine seiner Kisten unter den geretteten, also kann er noch auf $\frac{1}{5}$ von 7300 Gulden, d. h. auf 1460 Gulden hoffen. Also ist seine gesamte Hoffnung $\frac{2 \cdot 7300 + 1 \cdot 1460}{3} = \frac{16060}{3} = 5353 \frac{1}{3}$ Gulden.

Moderne Lösung

Hinter der Lösung NIKOLAUS I BERNOULLIs steckt der Additionssatz für Erwartungswerte, wie die folgende Überlegung zeigt.

Für jede der Kisten A, B, C und D gilt: $P(»\text{Kiste ist nicht verloren}«) = \frac{2}{3} + \frac{1}{3} \cdot \frac{1}{5} = \frac{11}{15}$.

Die Zufallsgröße X_A = »Verkaufswert der Kiste A« hat zwei Werte, nämlich 0 und 1200 Gulden, die sie mit den Wahrscheinlichkeiten $\frac{4}{15}$ bzw. $\frac{11}{15}$ annimmt.

Also ist $E(»\text{Verkaufswert der vier Kisten}«) =$

$$= E(X_A + X_B + X_C + X_D) = E(X_A) + E(X_B) + E(X_C) + E(X_D) =$$

$$= \frac{11}{15} \cdot (1200 + 2000 + 2400 + 1700) = 5353 \frac{1}{3}.$$

1692 ARBUTHNOT / *Laws of Chance*: Würfelpasche

JOHN ARBUTHNOT versteht in seinem 1692 anonym erschienenen *Of the Laws of Chance* unter einem Pasch einen Wurf, bei dem mindestens zwei Würfel die gleiche Augenzahl zeigen. Auf Seite 75 stellt er die Aufgabe

> Finde in Abhängigkeit von der Anzahl der Würfel die Chance, beim ersten Wurf einen Pasch zu erzielen.

Lösung nach ARBUTHNOT (1692)

Bei zwei Würfeln kann man die sechs verschiedenen Würfe des ersten Würfels nur mit fünf Würfen des zweiten Würfels kombinieren, wenn man einen Pasch vermeiden will, weil einer der sechs Würfe des zweiten Würfels von der gleichen Art ist und einen Pasch erzeugt. Aus demselben Grund kann man die 30 Nicht-Paschwürfe der ersten beiden Würfel nur mit vier Würfen des dritten Würfels kombinieren, um einen Pasch zu vermeiden. Usf. Man erhält die

Folgen $\frac{6\times5\times4\times3\times2\times1\times0,\ \text{etc.}}{6\times6\times6\times6\times6\times6\times6,\ \text{etc.}}$ Die untere gibt die Anzahl aller Fälle bei einer beliebigen Anzahl von Würfeln an, die obere die Anzahl der Nichtpasch-Fälle. Die Anzahl der Würfel be-
stimmt die Anzahl der Faktoren. So hat z. B. bei vier Würfeln derjenige, der auf Nicht-Pasch
setzt, die Chance $\frac{6\times5\times4\times3}{6\times6\times6\times6} = \frac{360}{1296} = \frac{5}{18}$, sodass derjenige, der auf Pasch setzt, die Chance
$\frac{13}{18}$ hat. Bei sieben Würfeln hat derjenige, der auf Nicht-Pasch setzt, die Chance 0, weil not-
wendigerweise ein Pasch entstehen muss.

Ergänzung. ARBUTHNOT gab nur den Wert für vier Würfel an. Für die anderen Fälle errechnen wir die Werte.

Anzahl der Würfel	2	3	4	5	6
Anzahl aller Fälle	36	216	1296	7776	46656
Anzahl der Nicht-Pasch-Fälle	30	120	360	720	720
Anzahl der Pasche	6	96	936	7056	45936
Chance des Spielers	$\frac{1}{6} = 16{,}7\ \%$	$\frac{4}{9} = 44{,}4\ \%$	$\frac{13}{18} = 72{,}2$	$\frac{49}{54} = 90{,}7\ \%$	$\frac{319}{324} = 98{,}5\ \%$

Hinweis. ARBUTHNOT verallgemeinert 1694 seine Fragestellung für f-flächige »Würfel«.
Heutzutage ist seine Frage nach den Paschen unter dem Namen **Geburtstagsproblem** bekannt: Man wähle $f = 365$ und stelle die Frage nach der Wahrscheinlichkeit, dass mindestens
zwei von n Personen am selben Tag Geburtstag haben.

1694 ARBUTHNOT / *Manuskript*: *f*-flächige Würfel –
markierte Seite

JOHN ARBUTHNOT verfasste um 1694 eine Abhandlung über Chancen, die als Manuskript erhalten ist. Er verallgemeinert darin die Aufgaben X, XI und XII aus CHRISTIAAN HUYGENS'
Traktat. Satz 1 löst die folgende Frage. ARBUTHNOTs Verallgemeinerung

> Bei einem f-flächigen [idealen] »Würfel« werde eine Seite markiert. Anschließend wird er n-mal ge-
> worfen. Fällt die markierte Seite, spricht man von einem Treffer. Wie groß ist die Chance, mindes-
> tens k Treffer zu erzielen?

Bemerkung: Der Begriff »f-flächiger Würfel«, den ARBUTHNOT und später auch PIERRE
RÉMOND DE MONTMORT, ABRAHAM DE MOIVRE und JAKOB BERNOULLI bedenkenlos verwenden, ist etwas problematisch, weil solche »Würfel« außer im Fall der fünf platonischen
Körper nicht zu realisieren sind. 1738 führt DE MOIVRE gewissermaßen als Ersatz einen »f-
flächigen regulären Zylinder« ein (De Moivre 1738, *Problem XL*), korrigiert dies jedoch in
der postum 1756 erschienen dritten Auflage seiner *The Doctrine of Chances* durch ein »f-
flächiges reguläres Prisma« (De Moivre 1756, *Problem XLI*). EMANUEL CZUBER[165] verwendet statt des Bildes eines »f-flächigen Würfels« eine Urne mit f Kugeln, die so beschriftet
sind wie die f Seitenflächen des »Würfels« (Czuber 1924, S. 67). ARBUTHNOTs Aufgabe lau-

---

[165] gesprochen ˈtʃuːbər

tet in CZUBERs Interpretation: »Eine Urne enthält f Kugeln, von denen genau eine markiert ist. Es wird n-mal eine Kugel mit Zurücklegen gezogen. Wie groß ist die Chance, mindestens k-mal die markierte Kugel zu ziehen?«

Lösung nach ARBUTHNOT (1694)[166]

JOHN ARBUTHNOT entwickelt den Subtrahenden von $f^n - (b + 1)^n$ unter Verwendung der Binomialformel:

$$f^n - (b + 1)^n = f^n - \binom{n}{0}b^n - \binom{n}{1}b^{n-1} - \binom{n}{2}b^{n-2} - \dots - \binom{n}{n}b^0 \ .$$

Division mit f^n liefert

$$1 - \left(\frac{b+1}{f}\right)^n = 1 - \binom{n}{0}\left(\frac{b}{f}\right)^n - \binom{n}{1}\left(\frac{b}{f}\right)^{n-1}\cdot\frac{1}{f} - \binom{n}{2}\left(\frac{b}{f}\right)^{n-2}\cdot\frac{1}{f^2} - \dots - \binom{n}{n}\left(\frac{b}{f}\right)^0\cdot\frac{1}{f^n}. \qquad (*)$$

Die Wahrscheinlichkeit, dass die markierte Seite fällt, ist $p = \frac{1}{f}$. Setzt man nun $b = f - 1$, dann ist $\frac{b}{f} = \frac{f-1}{f} = q$ die Wahrscheinlichkeit, dass die markierte Seite nicht fällt. Die ersten $k + 1$ Terme der rechten Seite von $(*)$ liefern so die Wahrscheinlichkeit dafür, dass bei n Würfen mindestens k-mal die markierte Seite fällt.

JOHN ARBUTHNOT fügt das **Korollar** an: Markiert man statt einer mehrere Seiten, z. B. i Seiten, dann gewinnt man aus $(*)$ die Wahrscheinlichkeit, dass mindestens eine dieser i markierten Seiten mindestens k-mal auftritt, indem man $b = f - i$ setzt. Denn dann ist $\frac{f-i}{f} = q$ die Wahrscheinlichkeit, dass keine markierte Seite fällt und $\frac{i}{f} = p$ die Wahrscheinlichkeit, dass eine markierte Seite fällt.

Im Anschluss daran behandelt JOHN ARBUTHNOT in Problem 1 eine Verallgemeinerung der Aufgaben X und XI. Es handelt sich um eine »Drei-mindestens-Aufgabe«.

> Wie oft muss man einen f-flächigen [idealen] »Würfel« mindestens werfen, um mit einer Mindestwahrscheinlichkeit von $\frac{1}{r}$ mindestens einmal eine markierte Fläche zu erzielen?

Die beiden ersten Terme der rechten Seite von $(*)$ liefern mit $b = f - 1$:

$P(\text{»Die markierte Fläche fällt bei } n \text{ Würfen mindestens einmal«}) \ge \frac{1}{r}$

$$1 - \binom{n}{0}\left(\frac{f-1}{f}\right)^n \ge \frac{1}{r} \ \Leftrightarrow \ \left(\frac{f-1}{f}\right)^n \le \frac{r-1}{r} \ \Leftrightarrow \ n \ge \frac{\log\frac{r-1}{r}}{\log\frac{f-1}{f}} \Leftrightarrow n \ge \frac{\log\frac{r}{r-1}}{\log\frac{f}{f-1}}.$$

An zwei Beispielen illustriert ARBUTHNOT sein Ergebnis.

1. Beispiel. Mit einem normalen idealen Würfel soll mit einer Wahrscheinlichkeit von mindestens 50 % mindestens einmal eine Sechs erzielt werden. Dazu sind mindestens n Würfe nötig. Mit $f = 6$ und $r = 2$ erhält man

---

[166] Wir folgen Bellhouse (1989), der ARBUTHNOTs Gedanken eine moderne Form gegeben hat.

$$n \geq \frac{\log \frac{2}{1}}{\log \frac{6}{5}} = 3{,}80\ldots \Rightarrow n_{\min} = 4.$$

2. Beispiel. Bei der *Royal Oak Lottery*[167], die er bereits 1692 beschrieben hat, wird ein 32-flächiger »Ball« geworfen. Man muss mindestens 22-mal werfen, um mit einer Wahrscheinlichkeit von mindestens 50 % mindestens einmal die gesetzte Fläche zu erzielen.[168]

$$f = 32, r = 2, \Rightarrow n \geq \frac{\log \frac{2}{1}}{\log \frac{32}{31}} = \frac{0{,}30103}{0{,}01379} = 21{,}82959 \Rightarrow n_{\min} \geq 22$$

1694 ARBUTHNOT / *Manuskript*: Wappen und Zahl gleich oft[169]

In Problem 4 des in der vorhergehenden Aufgabe erwähnten Manuskripts von 1694 versucht JOHN ARBUTHNOT die folgende Aufgabe zu lösen.

> Wie groß ist die Wahrscheinlichkeit, dass beim Wurf von zwei, von vier bzw. von einer Million Münzen gleich oft Wappen und Zahl fallen?

Lösung nach ARBUTHNOT (1694)

ARBUTHNOT berechnet zunächst allgemein die gesuchte Wahrscheinlichkeit

$$P(\text{»Genau } n \text{ Wappen beim Wurf von } 2n \text{ Münzen}) = \binom{2n}{n}\left(\frac{1}{2}\right)^{2n}.$$

Für zwei bzw. vier Münzen erhält er die richtigen Werte $\binom{2}{1}\left(\frac{1}{2}\right)^{2} = \frac{1}{2}$ bzw. $\binom{4}{2}\left(\frac{1}{2}\right)^{4} = \frac{3}{8}$. Bei 10^{6} Münzen verrechnet er sich unter Verwendung von Logarithmen erheblich und gibt statt der richtigen Größenordnung $8 \cdot 10^{-4}$ den Wert $10^{-251\,030}$ an.

---

[167] Das im 16. Jh. in Katalonien entstandene *auca*-Spiel gelangte über Italien (*occa*) und Frankreich (*Hoca*) nach Großbritannien: FRANCISCO CORBETTA, italienischer Kammerherr der englischen Königin, erhielt am 22.2.1661 von König KARL II. eine landesweite Lizenz. Sein Partner FRANCISCO FINOCHELLI gab ihm unter dem Namen *Royal Oak* eine neue Gestalt. In den folgenden Jahren wurden trotz der großen Verluste, die die Spieler erlitten, immer wieder Lizenzen für *Royal Oak*-Spiele vergeben – siehe auch Seite 49.

[168] Mit dieser Behauptung köderten die Veranstalter das Publikum. Sie zahlten nämlich im Gewinnfall nur den 28fachen statt den 32fachen Einsatz aus, was zu den erheblichen Verlusten führte, wie ABRAHAM DE MOIVRE 1718 im Vorwort seiner *The Doctrine of Chances* schrieb.

[169] ARBUTHNOT verwendet nicht für *Wappen oder Zahl* das heute im Englischen übliche *heads or tails*, sondern spricht von *crosses or piles*, das auf das französische *croix ou pile* zurückgeht, seit dem 14. Jh. nachweisbar, auch aufgeführt unter den 217 Spielen des Gargantua in Kapitel 22 von FRANÇOIS RABELAIS' *La vie très horrifique du Grand Gargantua* (1534), heute *pile ou face*. Die Herkunft der Bezeichnung ist unklar. SEXTUS AURELIUS VICTOR (4. Jh.; *Origo gentis Romanae* 3, 5) und MACROBIUS (um 400; *Saturnalia* 1, 7, 22) zufolge hieß das Spiel bei den Römern *capita aut navia*, da die ältesten Münzen (*aes grave*) auf der einen Seite einen Januskopf und auf der anderen einen Schiffsbug zeigen zur Erinnerung an den Beginn des »goldenen Zeitalters«: JANUS, der in Rom auf dem Janiculus residiert, nimmt SATURN, der von seinem Sohn JUPITER aus Griechenland vertrieben worden ist, freundlich auf. Dieser lässt sich auf dem Kapitol nieder; unter seiner Herrschaft erleben die Menschen das glückliche sorgen- und schuldfreie goldene Zeitalter. Der *Encyclopédie* **12** (Livorno 1774) zufolge ist *pile* ein altes Wort für *Schiff*; der Kopf sei von den Christen durch ein Kreuz ersetzt worden. – Die Griechen verwendeten statt Münzen schwarz-weiße Muscheln und riefen daher *Nacht oder Tag*, νύξ ἢ ἡμερα.

Mit Hilfe eines Rechenprogramms erhalten wir für 10^6 Münzen (mit $n = 5 \cdot 10^5$)

$$P = \binom{10^6}{5 \cdot 10^5}\left(\frac{1}{2}\right)^{10^6} = \frac{10^6!}{\left(\left(5 \cdot 10^5\right)!\right)^2} \cdot 2^{-10^6} = 7{,}9788448\ldots \cdot 10^{-4}.$$

Berechnet man den letzten Term mit der Stirling-Formel $x! \approx \sqrt{2\pi x} \cdot x^x \cdot e^{-x}$, so erhält man

aus $\dfrac{10^6!}{\left(\left(5 \cdot 10^5\right)!\right)^2} \cdot 2^{-10^6} = \dfrac{2^{10^6}}{500\sqrt{2\pi}}$ mit Hilfe von Logarithmen den Wert $7{,}9788456\ldots \cdot 10^{-4}$.

Beginn des 18. Jahrhunderts

1708 MONTMORT / *Essay*: Alle zehn

Im Anschluss an seine Lösung von HUYGENS' *Problem III* bringt PIERRE RÉMOND DE MON-TMORT 1708 in seinem *Essay d'Analyse sur les Jeux de Hazard* (S. 161; 1713: S. 221) ein *Corollaire*, in dem er behauptet:

> Man nehme von allen vier Farben das Ass, die Zwei, ..., die Zehn. Dann zieht Peter auf gut Glück zehn Karten. Wenn man [fair] darauf wetten will, dass Peter eine komplette Zehnerfolge zieht, dann müssen sich die Einsätze wie 104857 zu 846611952, d. h. nahezu wie 1 zu 808 verhalten.

Lösung

MONTMORT gibt keinen Lösungsweg an. Er geht offensichtlich so vor wie bei der Lösung von HUYGENS' *Problem III*. Die Aufgabe erlaubt aber drei Interpretationen: Soll eine vollständige Zehnerfolge ohne Berücksichtigung der Farbe, in Erwartung, dass alle zehn von gleicher Farbe oder gar von einer vorher festgelegten Farbe seien, gezogen werden?

Ohne Berücksichtigung der Farbe: $\dfrac{\binom{4}{1}^{10}}{\binom{40}{10}} = \dfrac{1048576}{847660528} = \dfrac{1}{808{,}392\ldots} = 1{,}2 \cdot 10^{-3}$. Das ist MONT-

MORTs Lösung.

Alle zehn von gleicher Farbe: $\dfrac{\binom{4}{1}}{\binom{40}{10}} = \dfrac{1}{211915132} = 4{,}7 \cdot 10^{-9}$.

Alle zehn von vorher festgelegter Farbe : $\dfrac{1}{\binom{40}{10}} = \dfrac{1}{847660528} = 1{,}2 \cdot 10^{-9}$.

1708 MONTMORT / *Essay*: Gleiche Werte

PIERRE RÉMOND DE MONTMORT berechnet 1708 in seinem *Essay d'Analyse sur les Jeux de Hazard* (*Proposition XIV*, S. 97) die Wahrscheinlichkeit dafür, dass jemand aus einem Kartenstapel eine bestimmte Anzahl von Karten zieht, unter denen aber gleiche Werte in vorgeschriebener Anzahl vorkommen müssen.[170]

---

[170] 1713 bringt MONTMORT diese Aufgabe auf S. 29 als *Proposition VIII*, fragt aber nicht mehr nach der Wahrscheinlichkeit, sondern nur mehr nach der Anzahl der Möglichkeiten für dieses Ereignis.

Proposition XIV

Soit un nombre des cartes quelconque composé d'un nombre égal d'as, de deux, de trois, de quatre etc. Pierre parie que tirant au hazard entre ces cartes un certain nombre de cartes à volonté, il en tirera tant de simples, tant de doubles, tant de triples, tant de quadruples, tant de quintuples, etc.

Aufgabe XIV

Ein Kartenstapel bestehe aus einer gleichen Anzahl von Assen, Zweien, Dreien, Vieren usw. Peter wettet, dass er, wenn er auf gut Glück eine beliebige Anzahl von Karten aus dem Stapel zieht, sich darunter so und so viele [= n_1] Singles, so und so viele [= n_2] Dubletten, [n_3] Tripletten, [n_4] Quadrupletten, [n_5] Quintupletten usw. befinden werden.

Lösung nach MONTMORT (1708, 1713)

Eine Dublette sind zwei Karten gleichen Werts, also z. B. zwei Damen, eine Triplette drei Karten gleichen Werts, also z. B. drei Asse, usw. Sei N die Anzahl aller Karten, f die Anzahl der Farben, d. h. der gleichen Karten im Stapel, und k die Anzahl der Werte jeder Farbe, dann ist $k \cdot f = N$. Die Lösung dieser Aufgabe bestehe in folgendem Vorgehen:

Es gibt $\binom{k}{n_1}$ Möglichkeiten, n_1 Singles aus den k Werten auszuwählen. Für jedes der n_1 Singles gibt es $\binom{f}{1}$ Möglichkeiten, die Farbe zu wählen, für n_1 Singles also insgesamt $\binom{f}{1}^{n_1}$ Möglichkeiten für die Farbauswahl. Somit können auf $\binom{k}{n_1}\binom{f}{1}^{n_1}$ Arten n_1 Singles bestimmt werden. Zur Verfügung stehen jetzt nur mehr $k - n_1$ Werte. Somit gibt es $\binom{k-n_1}{n_2}$ Möglichkeiten, n_2 Dubletten aus den verbliebenen $k - n_1$ Werten zu wählen. Für sie gibt es $\binom{f}{1}^{n_2}$ Möglichkeiten, ihre Farben aus den f Farben zu auszuwählen. Also gibt es $\binom{k-n_1}{n_2}\binom{f}{1}^{n_2}$ Auswahlmöglichkeiten für die Dubletten. Usw. All diese Ausdrücke müssen miteinander multipliziert und das Ergebnis schließlich durch die Anzahl aller Möglichkeiten, n aus N Karten zu ziehen, also durch $\binom{N}{n}$, dividiert werden.[171] Für den Zähler ergebe sich also folgender Ausdruck:

$$\binom{k}{n_1}\binom{f}{1}^{n_1} \cdot \binom{k-n_1}{n_2}\binom{f}{1}^{n_2} \cdot \ldots = \binom{k}{n_1} \cdot \binom{k-n_1}{n_2} \cdot \binom{k-n_1-n_2}{n_3} \cdot \ldots \times \binom{f}{1}^{n_1} \cdot \binom{f}{1}^{n_2} \cdot \binom{f}{1}^{n_3} \cdot \ldots$$

Da der Beweis sehr zeitaufwändig und mühsam sei, beschränke er sich zur Verdeutlichung auf einige Beispiele.[172] Bei der Lösung beginnt er immer mit der höchsten Vielfachheit.

Beispiel 1. Aus den 52 Karten eines üblichen Kartensatzes, ($N = 52, f = 4, k = 13$) zieht Peter sieben Karten. Mit welcher Wahrscheinlichkeit enthalten sie drei Dubletten und ein Single?

---

[171]　Bei dieser Gelegenheit führt MONTMORT 1708 das Symbol $\frac{n}{r}$ für den Binomialkoeffizienten ein, das aber niemand übernimmt.

[172]　MONTMORT schreibt: »Man kann den Beweis dieser Formel nicht ohne eine längere Abhandlung bringen, und man wird nicht viel mehr Mühe haben, ihn selbst zu finden, als man hätte, ihn zu verstehen. Deshalb lasse ich dem Leser die Freude, ihn zu finden, und beschränke mich darauf, diese Formel durch einige Beispiele zu verdeutlichen.«

Aus den 13 verschiedenen Werten wählt man drei Werte für die Dubletten aus; das geht auf $\binom{13}{3}$ Arten. Dann wählt man für jeden der drei Werte zwei Farben aus den vier Farben aus; das geht auf $\binom{4}{2}^3$ Arten. Für die noch zu ziehende Single-Karte wählt man zuerst einen Wert aus den zehn verbliebenen Werten, dann eine Farbe aus den vier Farben dieses Werts; das geht auf $\binom{10}{1}\binom{4}{1}$ Arten.[173] Also hat die gesuchte Wahrscheinlichkeit den Wert $\dfrac{\binom{13}{3}\binom{4}{2}^3\binom{10}{1}\binom{4}{1}}{\binom{52}{7}}$

$= \dfrac{2376}{128639} = 1,8\%.$

Beispiel 2. Aus den 52 Karten eines üblichen Kartensatzes, ($N = 52, f = 4, k = 13$) zieht Peter acht Karten. Mit welcher Wahrscheinlichkeit enthalten sie eine Triplette, zwei Dubletten und ein Single?

Aus den 13 verschiedenen Werten wählt man für die Triplette einen Wert aus. Dann wählt man drei Farben aus den vier Farben dieses Werts aus. Das geht auf insgesamt $\binom{13}{1}\binom{4}{3}$ Arten.

Aus den verbliebenen zwölf Werten wählt man für die Dubletten zwei Werte aus. Dann wählt man jeweils zwei Farben aus den vier Farben aus. Das geht auf insgesamt $\binom{12}{2}\binom{4}{2}^2$ Arten.

Für die noch zu ziehende Single-Karte wählt man zuerst einen Wert aus den zehn verbliebenen Werten, dann eine Farbe aus den vier Farben dieses Werts; das geht auf $\binom{10}{1}\binom{4}{1}$ Arten.

Also hat die gesuchte Wahrscheinlichkeit den Wert $\dfrac{\binom{13}{1}\binom{4}{3}\binom{12}{2}\binom{4}{2}^2\binom{10}{1}\binom{4}{1}}{\binom{52}{8}} = \dfrac{4224}{643195} = 0,66\%.$

Beispiel 3. Aus den 104 Karten eines doppelten üblichen Kartensatzes, ($N = 104, f = 8, k = 13$) zieht Peter dreizehn Karten. Mit welcher Wahrscheinlichkeit enthalten sie zwei Quadrupletten, zwei Dubletten und ein Single?

Die gleichen Überlegungen führen zu $\dfrac{\binom{13}{2}\binom{11}{2}\binom{9}{1}\times\binom{8}{4}^2\binom{8}{2}^2\binom{8}{1}}{\binom{104}{13}} = \dfrac{1\,059\,458\,400}{10\,922\,454\,465\,823} = 0,097\,\%.$

1708 MONTMORT / *Essay*: Carte blanche

PIERRE RÉMOND DE MONTMORT stellt 1708 in seinem *Essay d'Analyse sur les Jeux de Hazard* (*Proposition XLIV*, S. 180; 1713 *Proposition XXXIX*, S. 228) allgemein ein Problem, das er dann am Beispiel der *Carte blanche* illustriert.

---

[173] Man könnte für diese letzte Karte auch anders überlegen: Es bleiben noch 40 Karten, aus denen man eine zu wählen hat; das geht auf $\binom{40}{1}$ Arten.

Gegeben sei die Chance p, mit der Peter bei einem Versuch gegen Paul gewinnt. Man fragt nach der Chance S, die Peter gegen Paul hat, bei n Versuchen mindestens einmal zu gewinnen. Ab wie viel Versuchen kann man auf Peter setzen?

Lösung nach MONTMORT (1708)

MONTMORT geht zunächst so vor, wie HUYGENS 1657 bei der Lösung des Problems von DE MÉRÉ. Mit q sei die Chance für einen Misserfolg Peters bei einem Versuch bezeichnet, mit x_i seine Chan-

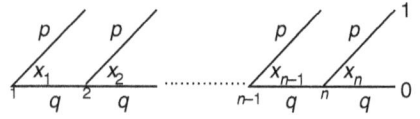

ce, nach $i-1$ Misserfolgen noch zu gewinnen. Damit gilt $x_1 = p + qx_2, x_2 = p + qx_3, \ldots, x_{n-1} = p + qx_n$. Ersetzt man sukzessiv die x_i, so erhält man für Peters Chance $S = p + qp + q^2p + q^3p + q^4p + \ldots + q^{n-1}x_n = p + qp + q^2p + q^3p + q^4p + \ldots + q^{n-1}p$. Zur Beantwortung der ersten Frage hat man die Summierung bis $q^{n-1}p$ auszuführen. Für die Lösung der zweiten Frage setzt man $S \geq \frac{1}{2}$ und berechnet das nötige n dadurch, dass man schrittweise Summanden q^jp hinzufügt, bis der Summenwert mindestens $\frac{1}{2}$ ist. MONTMORT bemerkt 1708:

> »Dieses Vorgehen erscheint mir absolut impraktikabel, wenn p eine kleine Zahl ist. Wenn man z. B. darauf wetten möchte, dass Peter im Piquet eine *Carte blanche* zieht, ist es offensichtlich, dass man mehr als tausend Terme in dieser Folge addieren muss, in der p den Wert $\frac{323}{578\,956}$ und q den Wert $\frac{578\,633}{578\,956}$ haben, und dass eine Arbeit von mehreren Jahren kaum ausreichte zur Bewältigung dieser langweiligen Rechnung.«[174]

Was ist nun das Problem der *Carte blanche*?

Für das Piquet[175] werden aus dem üblichen Kartensatz mit 52 Karten die Karten mit den Werten 2 bis 6 entfernt. Jeder der beiden Spieler erhält ein Blatt[176] von zwölf Karten, die restlichen acht werden abgelegt. Ein Blatt, das keine Hofkarten, d. h., weder König noch Dame noch Bube enthält, heißt *Carte blanche*.

Die Wahrscheinlichkeit, eine *Carte blanche* zu ziehen, ist $\dfrac{\binom{20}{12}}{\binom{32}{12}} = \dfrac{323}{578956}$, wie MONTMORT

richtig feststellt. Wie er aber die Anzahl der nötigen Versuche findet, gibt er zahlenmäßig nicht an. Er zeigt aber allgemein, wie man eine derart lange Rechnung verkürzen kann. Dazu geht er wie folgt vor:

Zunächst stellt er fest: Gewährt man Peter unendlich viele Versuche, dann gewinnt er mit der Wahrscheinlichkeit 1. Also gilt $p + qp + q^2p + q^3p + q^4p + \ldots = 1$.

---

[174] 1713 wird diese Passage sehr verkürzt, statt tausend Terme steht »un peu plus de douze mil termes«.

[175] Seit Mitte des 15. Jh.s unter den verschiedensten Namen bekannt, im Deutschen auch als »Rummel« oder »Feldwacht«. Bei FRANÇOIS RABELAIS kommt es noch als *cent* unter den 217 Spielen von Kapitel 22 in *La vie très horrifique du Grand Gargantua* (1534) vor. 1607 wird der Name *piquet* nachgewiesen. Für die Verbreitung der französischen Bezeichnungen dieses Spiels sorgte König KARL I. von England zu Ehren seiner französischen Frau HENRIETTE MARIA.

[176] Bezeichnung für die an einen Spieler ausgeteilten Karten

Dann setzt er $1 = \frac{p}{p} = \frac{p}{1-q}$ und berechnet $\frac{p}{1-q}$ mittels Polynomdivision $p : (1-q)$, also

$p : (1-q) = p + qp + q^2p + q^3p + \ldots + q^{n-1}p + R_n$

$\underline{p - qp}$

$\qquad qp$ $\qquad\qquad\qquad$ Rest $R_1 = \frac{qp}{1-q} = q$

$\qquad \underline{qp - q^2p}$

$\qquad\qquad q^2p$ $\qquad\qquad\quad$ Rest $R_2 = \frac{q^2p}{1-q} = q^2$

......

Nach n Versuchen bleibt der Rest $R_n = q^n$. Soll die Summe bis zum n-ten Versuch mindestens den Wert $\frac{1}{2}$ haben, dann muss $R_n \leq \frac{1}{2}$ sein. Also hat MONTMORT $q^n \leq \frac{1}{2}$ zu lösen. Wie aus späteren ähnlichen Aufgaben ersichtlich ist, löst er solche Ungleichungen logarithmisch. Schneller als mit der Polynomdivision kommt man auf diese Ungleichung, wenn man das Gegenereignis verwendet. Mit dem Schema der *Drei-mindestens-Aufgabe* erhält man

$P(\text{»Mindestens einmal } \textit{Carte blanche} \text{ bei } n \text{ Versuchen«}) \geq \frac{1}{2}$

$1 - P(\text{»Keinmal } \textit{Carte blanche} \text{ bei } n \text{ Versuchen«}) \geq \frac{1}{2}$

$1 - q^n \geq \frac{1}{2} \Leftrightarrow q^n \leq \frac{1}{2}$

$\left(\frac{578633}{578956}\right)^n \leq \frac{1}{2} \Leftrightarrow n \cdot \lg\frac{578633}{578956} \leq \lg\frac{1}{2} \Leftrightarrow n \geq \frac{\lg\frac{1}{2}}{\lg\frac{578633}{578956}} \Leftrightarrow n \geq 1242{,}07\ldots$

MONTMORT hat 1708 mit seiner Abschätzung Recht, 1713 wollte er wohl »*douze cent termes*« schreiben.

1713 MONTMORT / *Essay*: **Alle sechs**

Als weiteres Beispiel dafür, wie man mit Hilfe der Logarithmen die »Drei-mindestens-Aufgabe« lösen kann, bringt PIERRE RÉMOND DE MONTMORT 1713 in Nr. 186 der zweiten Auflage seines *Essay d'Analyse sur les Jeux de Hazard* das folgende Beispiel:

> Sechs Würfel sollen so lange geworfen werden, bis bei einem Wurf alle Augenzahlen fallen. Dann ist es günstig, ab 45 Würfen darauf zu wetten, bei 44 Würfen ist es noch ungünstig. Hat MONTMORT Recht?

Lösung nach MONTMORT (1713):

Es gibt 6^6 mögliche Wurfergebnisse, von denen 6! günstig sind. Also ist die Wahrscheinlichkeit dafür, dass bei einem Wurf alle sechs Augenzahlen fallen, $\frac{6!}{6^6} = \frac{5}{324}$.

Unter Verwendung des Gegenereignisses erhält man damit

$P(\text{»Bei } n \text{ Würfen fallen mindestens einmal die sechs Augenzahlen gleichzeitig«}) \geq 50\,\%$

$P(\text{»Bei } n \text{ Würfen fallen keinmal die sechs Augenzahlen gleichzeitig«}) \leq 50\,\%$

$\left(1 - \frac{5}{324}\right)^n \leq 0{,}5 \quad \Leftrightarrow \quad n \geq \frac{\log 0{,}5}{\log\frac{319}{324}} = 44{,}56\ldots \quad \Rightarrow \quad n_{\min} = 45.$

MONTMORT hat Recht.

Bemerkung: MONTMORTs Frage darf nicht verwechselt werden mit der Frage, wie oft im Mittel die sechs Würfel geworfen werden müssen, bis zum ersten Mal bei einem Wurf alle sechs

Augenzahlen auftreten. Die Zufallsgröße X = »Anzahl der Versuche bis zum ersten Treffer« hat den Erwartungswert p^{-1}, wenn p die Trefferwahrscheinlichkeit ist. In unserem Fall erhält man $E(X) = \frac{324}{5} = 64{,}8$. Man muss im Mittel also 65-mal sechs Würfel werfen, bis das Ereignis »Alle sechs« zum ersten Mal eintritt. Fragt man nun nach der Wahrscheinlichkeit, dass bei 65 Würfen »Alle sechs« mindestens einmal eintritt, dann erhält man $1 - \left(1 - \frac{5}{324}\right)^{65} = 63{,}6\,\%$.

1708 MONTMORT / *Essay*: Quinquenove

PIERRE RÉMOND DE MONTMORT behandelt 1708 in seinem *Essay d'Analyse sur les Jeux de Hazard* viele damals übliche Gesellschaftsspiele, u. a. das *Quinquenove*[177], das in vielerlei Varianten gespielt wurde. (S. 109–113; 1713: S. 173–177). Eine davon ist die folgende.

> Peter und Paul spielen mit zwei Würfeln Quinquenove. Jeder leistet den Einsatz *A*. Der Sieger erhält den gesamten Einsatz. Peter darf würfeln. Wirft Peter die Augensumme 5 oder 9 – daher der Name des Spiels – , verliert er, und das Spiel ist zu Ende. Wirft Peter 3, 11 oder ein Pasch, siegt er, und das Spiel ist auch zu Ende. In allen anderen Fällen wirft Peter so lange, bis entweder 5 oder 9 zugunsten von Paul fällt, oder bis die Augensumme fällt, auch als Pasch, auf Grund derer er weiterspielen musste; in diesem Falle siegt Peter. Welche Auszahlung und welchen Gewinn kann Peter erwarten?

Lösung nach MONTMORT (1708)

Aus dem nachstehenden Baum entnimmt man:
Peters Auszahlungserwartung S ist[178]
$$S = \frac{8}{36} \cdot 0 + \frac{10}{36} \cdot 2A + \frac{4}{36} z + \frac{8}{36} x + \frac{6}{36} y.$$
Die Werte von x, y und z, d. h. Peters Auszahlungserwartungen nach dem ersten Wurf, erhält man folgendermaßen:
Ist z. B. die Augensumme 4 gefallen, dann verliert Peter beim nächsten Wurf in 8 Fällen. Gewinnen kann er nur, wenn sich das Ereignis $\{13, 22, 31\}$ einstellt, also in drei Fällen. In den 25 noch verbleibenden Fällen muss Peter weiterspielen und steht vor derselben Situation. – Die gleichen Anzahlen ergeben sich, falls beim ersten Wurf 10 gefallen wäre. Also ist $z = \frac{3}{11} \cdot 2A + \frac{8}{11} \cdot 0$. Ebenso ergeben sich $x = \frac{5}{13} \cdot 2A + \frac{8}{13} \cdot 0$ und $y = \frac{6}{14} \cdot 2A + \frac{8}{14} \cdot 0$.
Damit erhält man
$$S = \left(\frac{10}{36} + \frac{4}{36} \cdot \frac{3}{11} + \frac{8}{36} \cdot \frac{5}{13} + \frac{6}{36} \cdot \frac{6}{14}\right) \cdot 2A = \frac{4189}{9009} \cdot 2A = \frac{8378}{9009} A,$$

---

[177] Italienisch *fünf-neun*. Der Dichter PAUL SCARRON erwähnt das Spiel in seinem 1648–1652 entstandenen Epos *Virgile travesti*. Verheiratet war er seit 1652 mit FRANÇOISE D'AUBIGNÉ, besser bekannt als (seit 1675) MARQUISE DE MAINTENON und zweite Gemahlin (1683) König LUDWIGs XIV. – *Quinquenove* ist der Urahn des Würfelspiels *Craps*.

[178] MONTMORT verbalisiert zwar das Nichtgewinnen, führt aber die entsprechenden Summanden mit Wert null in den Termen nicht auf. Sein Verfahren zur Berechnung von S, x, y und z entspricht dem Vorgehen, das heute unter dem Namen **Mittelwertsregel** bekannt ist.

was nur ein Bruchteil von Peters Einsatz ist. Peter verliert also im Mittel auf lange Sicht $\frac{631}{9009}$ seines Einsatzes A.

Lösung mit unendlichen Reihen

Im Baum sind an den Verzweigungen z, x und y jetzt die Fälle zu berücksichtigen, wo Peter weiterspielen muss. Das sind 25, 23 bzw. 22 von jeweils 36 Ausfällen. Damit gilt:

$P(\text{»Peter siegt«}) =$

$$\frac{10}{36} + \frac{4}{36}\left(\frac{3}{36} + \frac{25}{36}\cdot\frac{3}{36} + \left(\frac{25}{36}\right)^2\cdot\frac{3}{36} + \ldots\right) +$$

$$+ \frac{8}{36}\left(\frac{5}{36} + \frac{23}{36}\cdot\frac{5}{36} + \left(\frac{23}{36}\right)^2\cdot\frac{5}{36} + \ldots\right) +$$

$$+ \frac{6}{36}\left(\frac{6}{36} + \frac{22}{36}\cdot\frac{6}{36} + \left(\frac{22}{36}\right)^2\cdot\frac{6}{36} + \ldots\right) +$$

$$= \frac{10}{36} + \frac{4}{36}\cdot\frac{3}{36}\cdot\frac{36}{11} + \frac{8}{36}\cdot\frac{5}{36}\cdot\frac{36}{13} + \frac{6}{36}\cdot\frac{6}{36}\cdot\frac{36}{14}$$

$$= \frac{1}{36}\left(10 + \frac{12}{11} + \frac{40}{13} + \frac{18}{7}\right) = \frac{4189}{9009} = 46{,}5\,\%.$$

Aus

g	$-A$	A
$P(G)$	$\dfrac{4\,820}{9\,009}$	$\dfrac{4\,189}{9\,009}$

ergibt sich Peters Gewinnerwartung

$$E(G) = -\frac{631}{9009}.$$

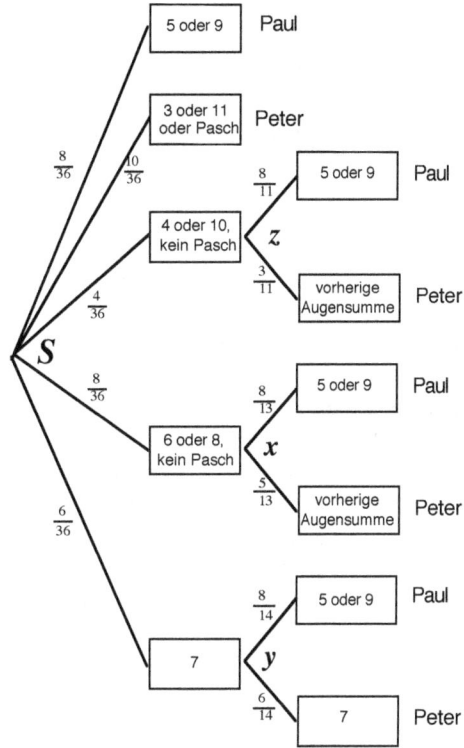

JAKOB BERNOULLI bringt 1713 im dritten Teil seiner *Ars Conjectandi* das Spiel unter dem Namen *Cinq et neuf* (Aufgabe XVI, Seite 167) und berichtet, dass es in Frankreich, Dänemark, Schweden, Belgien, Niederdeutschland und den angrenzenden Gebieten sehr üblich ist. Seine Lösung ist dieselbe wie die MONTMORTs. Im Gegensatz zu diesem führt er aber die Terme mit dem Wert null explizit auf.

1708 MONTMORT / *Essay*: Jeu du Treize: Rencontre I

PIERRE RÉMOND DE MONTMORT wurde von dem damals gern in vielen Varianten gespielten *Jeu du Treize* zu einem einfacheren Problem, dem sog. **Rencontre-Problem**[179], angeregt, das

---

[179] Der Name geht auf LEONHARD EULERs Arbeit *Calcul de la probabilité dans le jeu de rencontre* (1751) zurück. EULER kannte offensichtlich weder MONTMORTs noch DE MOIVREs Arbeiten. Das Problem heißt auch *Koinzidenzproblem* und *Problem der vertauschten Briefe*. Dieser Name geht auf ISAAC TODHUNTER zurück, der 1865 in *A History of the Mathematical Theory of Probability* (Seite 336) dem Problem die folgende Gestalt gab: »Unbesehen werden n Briefe in n adressierte Umschläge gesteckt. Mit welcher Wahrscheinlichkeit steckt mindestens ein Brief im richtigen Umschlag?« Die dieser Vorstellung zugrunde liegende Idee, n Dingen jeweils einen bestimmten Platz zuzuordnen, stammt von JOHANN HEINRICH LAMBERT, als er 1771 in *Examen d'une espece de Superstition ramenée au calcul des probabilités* modellmäßig nachwies, dass es ein dummer

er 1708 unter *Problême* als *Proposition VII* im Abschnitt *Problêmes divers sur le Jeu du Treize* in seinen *Essay d'Analyse sur les Jeux de Hazard* aufnahm (S. 54–64 und S. 185; 1713: S. 130–143, *Proposition V*, und S. 278).

> Peter hat *n* Karten, nämlich Ass, Zwei, Drei, ..., mischt sie gut und wettet mit Paul, dass, wenn er sie der Reihe nach aufdeckt, mindestens einmal ein Kartenwert erscheinen wird, der mit der Nummer beim Aufdecken übereinstimmt. So muss er zum Beispiel als dritte Karte die Drei aufdecken. Wie groß ist für *n* = 2, 3, ..., 13 die Wahrscheinlichkeit, dass Peter Erfolg hat?[180]

Lösung nach MONTMORT (1708)

Peters *n* Karten seien mit *a*, *b*, *c*, *d*, ... bezeichnet. Diese können auf *n*! Arten angeordnet sein. Wenn eine der Karten an ihrem Platz ist, dann sind unter den verbleibenden (*n* – 1)! Anordnungen nicht jede Peter von Nutzen. So liefert bei *n* = 3 die Anordnung *abc* nur eine Gewinnchance, obwohl die drei Karten an ihrem Platz sind, da das Spiel nach dem Aufdecken der ersten Karte bereits zu Ende ist. Ebenso liefert *bacd* bei *n* = 4 nur eine Chance für Peter. »Die Schwierigkeit des Problems besteht also darin, die Anzahl der für Peter nützlichen Fälle zu ermitteln, wenn eine Karte an ihrem Platz ist.« MONTMORT ermittelt die gesuchten Wahrscheinlichkeiten für *n* = 2 bis 5, aber ohne die von uns gelieferten Begründungen. – Präzisieren wir das Problem, dann führt MONTMORT *n* Zufallsexperimente (Ω_n; P_n) aus. Dabei ist Ω_n die Menge der *n*-Permutationen mit gleichmäßigen Wahrscheinlichkeitsverteilungen P_n. MONTMORT betrachtet jeweils die Zufallsgröße X_n = »Anzahl der *n* Karten, die an ihrem Platz sind«, und fragt nach der Wahrscheinlichkeit $P_n(X_n \geq 1)$ des Ereignisses, dass mindestens eine der *n* Karten an ihrem Platz ist.

1. Fall: *n* = 2. Für Peter ist *ab* günstig, *ba* hingegen ungünstig. Also $P_2(X_2 \geq 1) = \frac{1}{2}$.

2. Fall: *n* = 3. Für Peter sind von den 3! = 6 möglichen Anordnungen günstig *abc*, *acb*, *cba* und *bac*, die anderen hingegen ungünstig. Also $P_3(X_3 \geq 1) = \frac{2}{3}$.

3. Fall: *n* = 4. Für Peter sind von den 4! = 24 möglichen Anordnungen die folgenden günstig:
• *a* an erster Stelle: die sechs Permutationen von *bcd*.
• *a* nicht an erster Stelle, aber *b* an zweiter:
Es gibt nur die vier nebenstehenden Anordnungen.

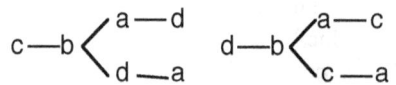

$$c{-}b \Big\langle {\begin{matrix} a{-}d \\ d{-}a \end{matrix}} \qquad d{-}b \Big\langle {\begin{matrix} a{-}c \\ c{-}a \end{matrix}}$$

• *a* nicht an erster, *b* nicht an zweiter Stelle, aber *c* an dritter: Es gibt nur die drei Anordnungen *bacd*, *dacb* und *bdca*.
• Nur *d* an seiner Stelle: Es gibt nur die zwei Anordnungen *bcad* und *cabd*.

Also ist $P_4(X_4 \geq 1) = \frac{6+4+3+2}{24} = \frac{5}{8}$.

4. Fall: *n* = 5. Es gibt 5! = 120 mögliche Anordnungen; davon sind für Peter günstig:
• *a* an erster Stelle: die 24 Permutationen von *bcde*.

• *a* nicht an erster Stelle, aber *b* an zweiter: Die erste Stelle kann auf drei Arten besetzt werden, die hinter *b* liegenden Stellen auf 3! Arten; also sind 3 · 3! = 18 Fälle günstig für Peter.

Aberglaube sei, aus Almanachen Wettervorhersagen entnehmen zu können. Unter den vielen modernen Einkleidungen des Problems ist besonders einprägsam die Vorstellung, dass *n* Personen ihre Geschenke tauschen.

[180] Da es um maximal dreizehn (französisch *treize*) Karten geht, erklärt sich der Name des Spiels von selbst. – In MONTMORTs Version gibt es noch den Gesamteinsatz *A*, und es wird nach Peters Hoffnung gefragt.

- a nicht an erster, b nicht an zweiter Stelle, aber c an dritter: 14 Fälle sind günstig für Peter.

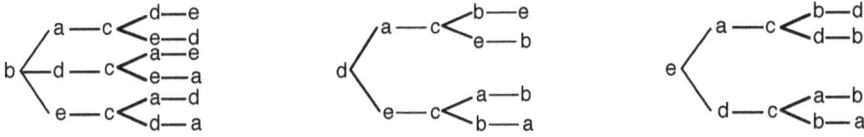

```
         a—c<d—e          a—c<b—e          a—c<b—d
             e—d              e—b              d—b
         a—e
 b<—d—c<e—a      d<         e<
         a—d          e—c<a—b          d—c<a—b
 e—c<d—a              b—a              b—a
```

- a nicht an erster, b nicht an zweiter, c nicht an dritter Stelle, aber d an vierter: 11 Fälle sind günstig für Peter.

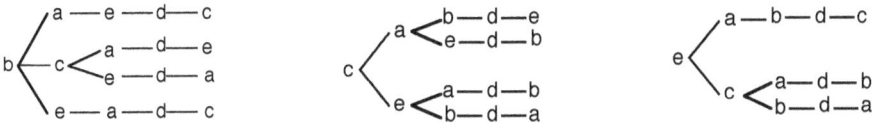

```
      a—e—d—c           a<b—d—e          a—b—d—c
          a—d—e             e—d—b
 b<—c<e—d—a      c<        e<
      e—a—d—c          e<a—d—b      c<a—d—b
                          b—d—a         b—d—a
```

- Schließlich gibt es noch den Fall, dass nur e an seinem Platz ist: 9 Fälle sind günstig für Peter.

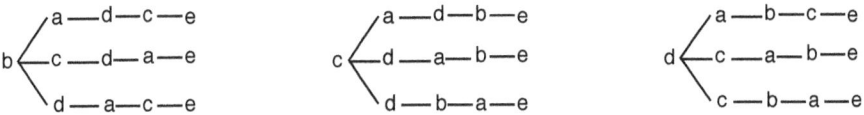

```
      a—d—c—e           a—d—b—e          a—b—c—e
 b<—c—d—a—e      c<d—a—b—e      d<c—a—b—e
      d—a—c—e           d—b—a—e          c—b—a—e
```

Somit ist $P_5(X_5 \geq 1) = \dfrac{24+18+14+11+9}{120} = \dfrac{19}{30}$.

Im Anschluss an die Betrachtung dieser fünf Fälle behauptet MONTMORT, dass sich $P_n(X_n \geq 1)$ mit Hilfe der folgenden Rekursionsformel berechnen lasse:

$$P_n(X_n \geq 1) = \tfrac{1}{n}\left((n-1)\,P_{n-1}(X_{n-1} \geq 1) + P_{n-2}(X_{n-2} \geq 1)\right)$$

Einen Beweis dafür bleibt er schuldig. Stattdessen gibt er die Werte von P_n für $n = 1$ bis 13 an.[181]

n	$P_n(X_n \geq 1)$	$P(X_n \geq 1)$	n	$P_n(X_n \geq 1)$	$P_n(X_n \geq 1)$
1	1	1,000000000	8	$\frac{3641}{5760} = \frac{1}{2}+\frac{761}{5760}$	0,632118055
2	$\frac{1}{2}$	0,500000000	9	$\frac{28673}{45360} = \frac{1}{2}+\frac{5993}{45360}$	0,632120811
3	$\frac{2}{3} = \frac{1}{2}+\frac{1}{6}$	0,666666666	10	$\frac{28319}{44800} = \frac{1}{2}+\frac{5919}{44800}$	0,632120536
4	$\frac{5}{8} = \frac{1}{2}+\frac{1}{8}$	0,625000000	11	$\frac{2523223}{3991680} = \frac{1}{2}+\frac{527383}{3991689}$	0,632120561
5	$\frac{19}{30} = \frac{1}{2}+\frac{2}{15}$	0,633333333	12	$\frac{302786759}{479001600} = \frac{1}{2}+\frac{63285959}{479001600}$	0,632120558
6	$\frac{91}{144} = \frac{1}{2}+\frac{19}{144}$	0,631944444	13	$\frac{109339663}{172972800} = \frac{1}{2}+\frac{22853263}{172972800}$	0,632120559
7	$\frac{531}{840} = \frac{1}{2}+\frac{111}{840}$	0,632142857			

Im Anschluss an diese Tabelle behauptet MONTMORT, dass die $P_n(X_n \geq 1)$-Werte als eine Summe mit alternierenden Vorzeichen dargestellt werden könnten. Die Zähler sind die Zahlen der n-ten Spalte des Arithmetischen Dreiecks[182], beginnend mit der Zahl n; die Nenner

---

[181] Die zweite Spalte stammt von MONTMORT, die dritte Spalte mit den Dezimalwerten aus EULERs *Calcul*.

[182] Sowohl die Spalten- wie auch die Zeilenzählung beginnt mit 0.

Beginn des 18. Jahrhunderts

sind Produkte der Form $n \cdot (n-1) \cdot \ldots$,

also $\prod_{j=1}^{k}\left[n-(j-1)\right]$. So erhält man z. B.

$P_5(X_5 \geq 1) = \dfrac{5}{5} - \dfrac{10}{5 \cdot 4} + \dfrac{10}{5 \cdot 4 \cdot 3}$

$- \dfrac{5}{5 \cdot 4 \cdot 3 \cdot 2} + \dfrac{1}{5 \cdot 4 \cdot 3 \cdot 2 \cdot 1} = \dfrac{1}{2} + \dfrac{2}{15}$.

1	1	1	1	1	1	1	1	1	1	1
	1	2	3	4	**5**	6	7	8	9	10
		1	3	6	**10**	15	21	28	36	45
			1	4	**10**	20	35	56	84	120
				1	**5**	15	35	70	126	210
					1	6	21	56	126	252
						1	7	28	84	210

Arithmetisches Dreieck nach MONTMORT.
Hervorgehoben ist die fünfte Spalte.

Nun wusste man seit PASCALs *Traité du Triangle arithméthique* (1665)[183], dass die Zahlen im Arithmetischen Dreieck die Anzahl der k-Kombinationen von n Elementen sind, und schon seit HÉRIGONE (1634),

dass sich diese als $\dfrac{\prod_{j=1}^{k}\left[n-(j-1)\right]}{k!}$ berechnen lassen. MONTMORT schreibt, dass sich die Produkte

$\prod_{j=1}^{k}\left[n-(j-1)\right]$ wegkürzen, sodass die folgende **Summenformel** gilt.

$$P(X_n \geq 1) \;=\; \frac{1}{1!} - \frac{1}{2!} + \frac{1}{3!} \mp \ldots \;=\; \sum_{k=1}^{k} \frac{(-1)^k}{k!}$$

Einen Beweis dafür bleibt er aber ebenso schuldig. In der 2. Auflage seines *Essay* (1713) verweist er im *Avertissement* auf die beiden Beweise von NIKOLAUS I BERNOULLI, die er auf Seite 301 f. abdruckt, »da ich keine besseren hätte liefern können« (Seite XXV).[184]

Durch Betrachtung des natürlichen Logarithmus kommt MONTMORT zur Erkenntnis, dass $\sum_{k=1}^{\infty} \dfrac{(-1)^{k-1}}{k!} = 1 - e^{-1}$ ist, natürlich nicht in dieser Form. EULER gibt 1751 für $1 - e^{-1}$ die Näherung 0,6321205588… an.[185]

NIKOLKAUS I BERNOULLIS erster Beweis der Summenformel (1710)

NIKOLKAUS berechnet die Mächtigkeiten der Ereignisse $E(n; m) = $ »Die m-te Karte ist die erste von n Karten, die an ihrem Platz liegt«. Die ersten vier Werte gibt er ohne Erklärungen an. Zum besseren Verständnis haben wir Begründungen angefügt.

$|E(n; 1)| = (n-1)!$, was offensichtlich ist.   ●◊……◊ $(n-1)!$

$|E(n; 2)| = (n-1)! - (n-2)!$ Von der Anzahl der Anordnungen, bei denen die zweite Karte an ihrem Platz ist, ist die Anzahl der unerwünschten Anordnungen abzuziehen, bei denen beide Karten an   ◊●◊…..◊ $(n-1)!$

---

[183] Der *Traité* entstand Ende 1654. Man fand ihn vollständig gedruckt in PASCALs Nachlass. Erschienen ist er 1665 – siehe auch Fußnote 41.

[184] JOHANN I BERNOULLI hat die lateinisch verfassten *Bemerkungen* seines Neffen seinem Brief an MONTMORT vom 17.3.1710 beigefügt. NIKOLAUS diskutiert auch 1711 noch mit MONTMORT über das *Jeu du Treize* (1713: S. 315 ff., 323 ff.)

[185] Die Wahrscheinlichkeit $P_n(X_n \geq 1)$ ist ab $n = 7$ praktisch konstant gleich 63 %, was der naiven Erwartung widerspricht, dass mit wachsender Kartenzahl n die Wahrscheinlichkeit für »Mindestens eine der n Karten liegt richtig« gegen 0 gehen müsste. Man verwechselt dabei das Ereignis »Mindestens eine der n Karten liegt richtig« mit dem Ereignis $A_i = $ »Die Karte i liegt richtig«, dessen Wahrscheinlichkeit $P_n(A_i) = \dfrac{(n-1)!}{n!} = \dfrac{1}{n}$ ist, die, wie erwartet, mit wachsendem n gegen 0 geht.

ihren Plätzen sind, also auch die erste Karte richtig liegt, was hier nicht erlaubt ist.

$\quad\blacklozenge\bullet\lozenge.....\lozenge\quad(n-2)!$

$|E(n; 3)| = (n-1)! - 2(n-2)! + (n-3)!$ Von der Anzahl der Anordnungen, bei denen die dritte Karte an ihrem Platz ist, sind die Anzahlen der unerwünschten Anordnungen abzuziehen, bei denen die dritte und erste Karte bzw. die dritte und zweite Karte an ihren Plätzen sind. Dabei wurde die Anzahl derjenigen Anordnungen doppelt abgezogen, bei denen alle drei Karten an ihren Plätzen sind. Also ist diese Anzahl einmal zu addieren.

$\lozenge\lozenge\bullet.....\lozenge\quad(n-1)!$
$\blacklozenge\lozenge\bullet.....\lozenge\quad(n-2)!$
$\lozenge\blacklozenge\bullet.....\lozenge\quad(n-2)!$
$\blacklozenge\blacklozenge\bullet.....\lozenge\quad(n-3)!$

$|E(n; 4)| = (n-1)! - 3(n-2)! + 3(n-3)! - (n-4)!$ Die Begründung verläuft wie oben.

Nach diesen vier Werten behauptet NIKOLAUS I BERNOULLI ohne Beweis, es gelte:

$$|E(n; m)| = \sum_{k=1}^{m}(-1)^k\binom{m-1}{k-1}(n-k)! \qquad (*)$$

Wir bringen einen Beweis für diese Behauptung. Analog zu dem Obigen verallgemeinern wir:

(0) Die m-te Karte liegt richtig:

$\quad\quad\lozenge......\lozenge\bullet\lozenge......\lozenge$ $\qquad$ Es gibt $(n-1)!$ Anordnungen.

(1) Die m-te Karte liegt richtig und davor noch eine weitere:

$\quad\quad\lozenge...\lozenge\blacklozenge\lozenge...\lozenge\bullet\lozenge......\lozenge$ $\qquad$ Es gibt $\binom{m-1}{1}(n-2)!$ Anordnungen.

(2) Die m-te Karte liegt richtig und davor noch zwei weitere:

$\quad\quad\lozenge...\lozenge\blacklozenge\lozenge...\lozenge\blacklozenge\lozenge...\lozenge\bullet\lozenge......\lozenge$ $\qquad$ Es gibt $\binom{m-1}{2}(n-3)!$ Anordnungen.

(3) Die m-te Karte liegt richtig und davor noch drei weitere:

$\quad\quad\lozenge\blacklozenge\lozenge...\lozenge...\lozenge\blacklozenge\lozenge...\lozenge\blacklozenge\lozenge...\lozenge\bullet\lozenge......\lozenge$ $\qquad$ Es gibt $\binom{m-1}{3}(n-4)!$ Anordnungen.

....

(k) Die m-te Karte liegt richtig und davor noch k weitere:

$\quad\quad\lozenge\blacklozenge\lozenge...\lozenge\blacklozenge\blacklozenge...\lozenge\blacklozenge\lozenge\blacklozenge...\lozenge\blacklozenge\lozenge...\lozenge\bullet\lozenge......\lozenge$ $\qquad$ Es gibt $\binom{m-1}{k}(n-(k+1))!$ Anordnungen.

....

(m − 1) Die m-te Karte liegt richtig und auch alle $(m-1)$ davor:

$\quad\quad\blacklozenge......\blacklozenge\bullet\lozenge......\lozenge$ $\qquad$ Es gibt $\binom{m-1}{m-1}(n-m)!$ Anordnungen.

Von der Anzahl $(n-1)!$ aus (0) müssen die unerwünschten Fälle (1) subtrahiert werden, was $(n-1)! - \binom{m-1}{1}(n-2)!$ ergibt. Dabei würden aber die Fälle (2) zu viel subtrahiert, also müssen sie wieder addiert werden, was $(n-1)! - \binom{m-1}{1}(n-2)! + \binom{m-1}{2}(n-3)!$ ergibt. Dabei hat man die Fälle (3) zu viel addiert, also müssen sie wieder subtrahiert werden, was $(n-1)! - \binom{m-1}{1}(n-2)! + \binom{m-1}{2}(n-3)! - \binom{m-1}{3}(n-4)!$ ergibt. Setzt man dieses Verfahren fort, dann kommt man zur Formel (*) von NIKOLAUS I BERNOULLI.

Wir fahren nun im Beweis von NIKOLAUS I BERNOULLI fort. Mittels der Formel (*) berechnet er nun $P(X_n \geq 1)$.

Da $P_n(E(n; m)) = \dfrac{|E(n;m)|}{n!}$

$= \dfrac{1}{n} - \dbinom{m-1}{1}\dfrac{1}{n(n-1)} + \dbinom{m-1}{2}\dfrac{1}{n(n-1)(n-2)} + (-1)^{m-1}\dbinom{m-1}{m-1}\dfrac{1}{n(n-1)(n-2)...(n-(m-1))}$

ist, erhält man für

P_n(»Mindestens eine der ersten m Karten steckt richtig«) =

$= \dfrac{1}{n}$

$+ \dfrac{1}{n} + \dbinom{1}{1}\dfrac{1}{n(n-1)}$

$+ \dfrac{1}{n} + \dbinom{2}{1}\dfrac{1}{n(n-1)} + \dbinom{2}{2}\dfrac{1}{n(n-1)(n-2)}$

....

$+ \dfrac{1}{n} + \dbinom{m}{1}\dfrac{1}{n(n-1)} + \dbinom{m}{2}\dfrac{1}{n(n-1)(n-2)} + ... + (-1)^{m-1}\dbinom{m-1}{m-1}\dfrac{1}{n(n-1)(n-2)...(n-(m-1))}$

Diese Summe vereinfacht NIKOLAUS, indem er die Summanden in der obigen Anordnung »spaltenweise« addiert. Er erhält damit für

P_n(»Mindestens eine der ersten m Karten steckt richtig«)

$= \dfrac{m}{n} + \dbinom{m}{2}\dfrac{1}{n(n-1)} + \dbinom{m}{3}\dfrac{1}{n(n-1)(n-2)} + ... + (-1)^{m-1}\dbinom{m-1}{m-1}\dfrac{1}{n(n-1)(n-2)...(n-(m-1))}$ (𝔍)

Setzt man $m = n$, dann ergibt sich

$P_n(X_n \geq 1) = 1 - \dfrac{1}{1\cdot 2} + \dfrac{1}{1\cdot 2\cdot 3} - + ... + \dfrac{(-1)^{n-1}}{1\cdot 2\cdot 3\cdot...\cdot n}$

also MONTMORTs Summenformel.

Bei der »spaltenweise« durchgeführten Summation (𝔍) verwendet NIKOLAUS die Erkenntnis,

dass $\displaystyle\sum_{k=s}^{t}\dbinom{k}{s} = \dbinom{t+1}{s+1}$.

Nach ARTHUR ENGEL (1987, S. 15 ff.) kann man den Beweis dafür folgendermaßen führen.

Die Anzahl der steigenden kürzesten Wege im Gitternetz von $(0 \mid 0)$ nach $(x \mid y)$ ist $\dbinom{x+y}{x}$ oder

$\dbinom{x+y}{y}$. Schreibt man nämlich 1 für jeden Schritt nach rechts und 0 für jeden Schritt nach oben,

dann ist jeder Weg ein $(x + y)$-Tupel aus x Einsen und y Nullen. Demnach ist $\dbinom{t+1}{s+1}$ die Anzahl der

Wege, die von $(0|0)$ nach $(s + 1 \mid t - s)$ führen. Wir teilen diese Wege in elementfremde Klassen ein, und zwar in alle Wege von $(0|0)$

– über $(s \mid 0)$ als höchsten Punkt, das sind $\dbinom{s}{s}$,

– über $(s \mid 1)$ als höchsten Punkt, das sind $\dbinom{s+1}{s}$,

– über $(s \mid 2)$ als höchsten Punkt, das sind $\dbinom{s+2}{s}$,

– ....

– über $(s \mid t - s)$ als höchsten Punkt, das sind $\dbinom{t}{s}$.

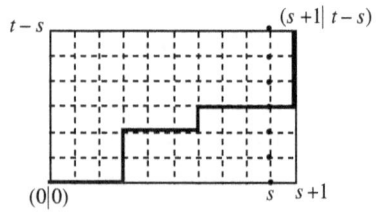

Ein Weg über (s|3)

Von den jeweiligen Zwischenstationen $(s \mid k)$ kann man nur auf eine Art weitergehen, um zu $(s + 1 \mid t - s)$ zu kommen. Damit ist die Summenformel $\sum_{k=s}^{t} \binom{k}{s} = \binom{t+1}{s+1}$ bewiesen.

NIKOLAUS I BERNOULLIS zweiter Beweis der Summenformel (1710)

Das Richtigliegen einer Karte kann man als Übereinstimmung zwischen dem Wert der Karte und ihrer Platznummer im Stapel auffassen. Eine solche Übereinstimmung ist ein Fixpunkt in der Anordnung der Karten. Mit $D(n)$ werde die Anzahl der n-Permutationen mit mindestens einem Fixpunkt bezeichnet. Dann ist offensichtlich $P_n(X_n \geq 1) = \dfrac{D(n)}{n!}$.

BERNOULLI zerlegt das Ereignis »Mindestens eine Karte liegt richtig« in die beiden disjunkten Ereignisse A = »Die Karte 1 liegt richtig« und B = »An der ersten Stelle liegt die Karte j $\neq 1$, und mindestens eine der n Karten liegt richtig«. Dann gilt

$$P_n(X_n \geq 1) = P_n(A) + P_n(B) = P_n(A) + P_n(\bar{A}) \cdot P_{n_{\bar{A}}}(X_n \geq 1) = \frac{1}{n} + \frac{n-1}{n} \cdot P_{n_{\bar{A}}}(X_n \geq 1)$$

Den Wert von $P_{n_{\bar{A}}}(X_n \geq 1)$ erhält man folgendermaßen:

<u>1. Fall:</u> m und 1 haben ihre Plätze getauscht. Dann muss es mindestens eine Übereinstimmung unter den noch vorhandenen $n - 2$ Karten geben; das kann auf $D(n - 2)$ Arten geschehen.

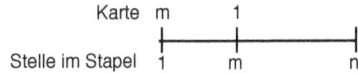

<u>2. Fall:</u> An der m-ten Stelle befindet sich nicht 1, sondern eine Karte $k \neq 1$. Man vertauscht die erste Karte

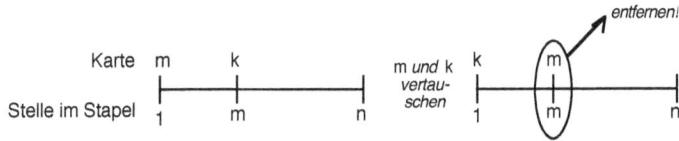

m mit k und entfernt anschließend die Karte m an der m-ten Stelle. Bei den noch verbliebenen $n - 1$ Karten gibt es insgesamt $D(n - 1)$ Möglichkeiten mit mindestens einer Übereinstimmung. Von dieser Anzahl sind aber noch die $(n - 2)!$ Fälle abzuziehen, wo 1 an erster Stelle stünde. Also gibt es für den 2. Fall $D(n - 1) - (n - 2)!$ Möglichkeiten.

Damit gilt

$$P_n(X_n \geq 1) = \frac{1}{n} + \frac{n-1}{n} \cdot \frac{D(n-2)+D(n-1)-(n-2)!}{(n-1)!}$$

$$P_n(X_n \geq 1) = \frac{1}{n} + \frac{(n-1)\left[D(n-2)+D(n-1)\right]}{n!} - \frac{(n-1)!}{n!}$$

$$P_n(X_n \geq 1) = \frac{n-1}{n} \cdot \frac{D(n-1)}{(n-1)!} + \frac{1}{n} \cdot \frac{D(n-2)}{(n-2)!} \qquad \| \cdot n$$

$$n \cdot P_n(X_n \geq 1) = (n-1)P_{n-1}(X_{n-1} \geq 1) + P_{n-2}(X_{n-2} \geq 1),$$

also die Rekursionsformel von MONTMORT.

NIKOLAUS I BERNOULLI hat beschrieben, wie man aus ihr die Summenformel durch Umformung gewinnt. Man subtrahiert auf beiden Seiten $n \cdot P_{n-1}(X_{n-1} \geq 1)$ und dividiert dann durch n.

$$P_n(X_n \geq 1) - P_{n-1}(X_{n-1} \geq 1) = -\frac{1}{n} \cdot \left[P_{n-1}(X_{n-1} \geq 1) - P_{n-2}(X_{n-2} \geq 1) \right]$$

$$= \frac{-1}{n} \cdot \frac{-1}{n-1} \cdot \left[P_{n-2}(X_{n-2} \geq 1) - P_{n-3}(X_{n-3} \geq 1) \right]$$

$$= \dots\dots\dots\dots\dots\dots\dots\dots\dots$$

$$= \frac{-1}{n} \cdot \frac{-1}{n-1} \cdot \dots \cdot \frac{-1}{2} \cdot \left[P_1(X_1 \geq 1) - P_0(X_0 \geq 1) \right]$$

$$= \frac{(-1)^{n-1}}{n!}, \text{ da } P_1(X_1 \geq 1) = 1 \text{ und } P_0(X_0 \geq 1) = 0 \text{ ist.}$$

Damit ist $P_n(X_n \geq 1) =$

$$= \left[P_n(X_n \geq 1) - P_{n-1}(X_{n-1} \geq 1) \right] + \left[P_{n-1}(X_{n-1} \geq 1) - P_{n-2}(X_{n-2} \geq 1) \right] + \dots +$$

$$+ \left[P_1(X_1 \geq 1) - P_0(X_0 \geq 1) \right]$$

$$= \frac{(-1)^{n-1}}{n!} + \frac{(-1)^{n-2}}{(n-1)!} + \frac{(-1)^{n-3}}{(n-2)!} + \dots + \frac{(-1)^0}{1!} = \sum_{k=1}^{n} \frac{(-1)^{k-1}}{k!}, \text{ also die Summenformel.}$$

Herleitung der Summenformel nach DE MOIVRE (1718)

ABRAHAM DE MOIVRE löst die 1708 und 1713 von MONTMORT gestellten Probleme des *Jeu du Treize* in einem größeren Zusammenhang. Wir werden daher seinen Weg in einer eigenen Aufgabe im Anschluss an die von MONTMORT 1713 gestellten Probleme bringen (Seite 182).

1713 MONTMORT / *Essay*: Jeu du Treize: Rencontre II

Durch den Brief NIKOLAUS I BERNOULLIs vom 17.3.1710 (siehe Fußnote 184) wurde PIERRE RÉMOND DE MONTMORT sicher dazu angeregt, 1713 in die 2. Auflage seines *Essay d'Analyse sur les Jeux de Hazard* auf Seite 136 *Bemerkung II* einzufügen, der zufolge es leichter sei, mit einem Ass zu gewinnen als mit einer Zwei, leichter mit einer Zwei als mit einer Drei, usw. Allgemein stellt sich also die Frage:

> Ein Deck von n Karten, nämlich Ass, Zwei, Drei, ..., gut gemischt, wird der Reihe nach aufgedeckt. Wie groß ist die Wahrscheinlichkeit, dass beim i-ten Aufdecken zum ersten Mal eine Übereinstimmung mit dem Kartenwert auftritt?

MONTMORT liefert zunächst die nachstehende Tabelle:

In der Tabelle stehen die Werte $r_n(i) = |E(n; i)|$, d. h. die Anzahl der Anordnungen von n Karten, bei denen die erste Übereinstimmung an der i-ten Stelle auftritt. MONTMORT hat Recht, die Werte nehmen mit zunehmenden i ab.

Ganz rechts gibt MONTMORT die Zeilensumme an; das ist nichts anderes als die Anzahl der Anordnungen von n Karten, bei denen mindestens eine Übereinstimmung auftritt, also die Mächtigkeit des Ereignisses $X_n \geq 1$. Dividiert man diese Zahl durch $n!$, dann erhält man $P_n(X_n \geq 1)$.

MONTMORT konstruiert die Tabelle von rechts nach links; er behauptet, dass man die Zahl einer Zelle dadurch erhält, dass man von der Zahl in der rechts stehenden Zelle die Zahl subtrahiert, die über dieser Zahl steht; so ist z. B. $362 = 426 - 64$. Formal gilt also rekursiv: $r_n(i + 1) = r_n(i) - r_{n-1}(i)$.

n	$i = 8$	$i = 7$	$i = 6$	$i = 5$	$i = 4$	$i = 3$	$i = 2$	$i = 1$	$|X_n \geq 1|$
1								1	1
2							0	1	1
3						1	1	2	4
4					2	3	4	6	15
5				9	11	14	18	24	76
6			44	53	**64**	78	96	120	455
7		265	309	362	**426**	504	600	720	3186
8	1854	2119	2428	2790	216	3720	4320	5040	25487

Einen Beweis dieser Rekursionsformel liefert ISAAC TODHUNTER 1865 (dort auf Seite 92). Er stellt zunächst fest, dass $r_n(i)$ nicht nur die Anzahl der Anordnungen von n Karten mit der ersten Übereinstimmung an der i-Stelle angibt, sondern auch die Anzahl der Anordnungen von n Karten, bei denen an der letzten von i aufeinander folgenden Stellen die erste Übereinstimmung auftritt, wobei über die $n - i$ restlichen Stellen keine Aussage gemacht wird. Es handelt sich also um Anordnungen vom Typ

$$\underbrace{\# \# \ldots \#}_{k} \underbrace{\div \div \ldots \div}_{i-1} [i+k] \underbrace{\# \# \ldots \#}_{n-i-k} .$$ Dabei bedeute # „keine Aussage", ÷ „keine Übereinstimmung", [i+k] „Übereinstimmung an der $(i + k)$-ten Stelle".

Die Menge der Anordnungen $\# \div \div \ldots \div [i+1] \# \ldots \#$, bei denen die erste Übereinstimmung nach $i - 1$ Nicht-Übereinstimmungen an der $(i + 1)$-ten Stelle stattfindet, hat die Mächtigkeit $r_n(i)$. Sie lässt sich zerlegen in die Menge der Anordnungen $[1] \div \div \ldots \div [i+1] \# \ldots \#$, bei denen an der Stelle 1 das Ass liegt – Mächtigkeit $r_{n-1}(i)$ –, und in die dazu disjunkte Menge der Anordnungen $\div \div \div \ldots \div [i+1] \# \ldots \# \div$, bei denen auch an der ersten Stelle keine Übereinstimmung stattfindet – Mächtigkeit $r_n(i + 1)$. Es gilt also $r_n(i) = r_{n-1}(i) + r_n(i + 1)$, q. e. d.

NIKOLAUS I BERNOULLI hat 1710 in seinem ersten Beweis (siehe oben) $r_n(i)$ direkt angegeben, nämlich als $r_n(i) = \sum_{k=1}^{i} (-1)^{k-1} \binom{i-1}{k-1} (n - k)!$

Für die gesuchte Wahrscheinlichkeit hat man damit:

$P(\text{»Beim Aufdecken von } n \text{ Karten tritt die erste Übereinstimmung mit dem Kartenwert an der } i\text{-ten Stelle auf«}) = \dfrac{r_n(i)}{n!} = \dfrac{r_n(i)}{r_{n+1}(1)} = \dfrac{1}{n!} \sum_{k=1}^{i} (-1)^{k-1} \binom{i-1}{k-1} (n - k)!$

1713 MONTMORT / *Essay*: **Jeu du Treize: Rencontre III**

1713 ergänzt PIERRE RÉMOND DE MONTMORT in der 2. Auflage seines *Essay d'Analyse sur les Jeux de Hazard* auf Seite 139 das Rencontre-Problem durch *Proposition VI*:

Peter hat n Karten, nämlich Ass, Zwei, Drei, ..., mischt sie gut und deckt sie der Reihe nach auf. Jedes Mal, wenn ein Kartenwert mit der Nummer beim Aufdecken übereinstimmt, erhält Peter von Paul eine Pistole[186]. Wie viele Fälle sind günstig dafür, dass Peter k Pistolen erhält? Anders gefragt: Mit welcher Wahrscheinlichkeit erzielt Peter bei n Karten genau k Übereinstimmungen?

Lösung nach MONTMORT (1713)

MONTMORT wählt zunächst die $n - k$ Stellen aus den n Stellen aus, an denen keine Überein-stimmung vorliegen soll. Das geht auf $\binom{n}{n-k}$ Arten. Diese $n - k$ Karten ohne Übereinstim-mung können gemäß der obigen Summenformel auf $(n - k)! \cdot \left(1 - \sum_{i=1}^{n-k} \frac{(-1)^{i-1}}{i!}\right)$ Arten ange-ordnet werden. Somit gibt es $A_n(k) = \binom{n}{n-k} \cdot (n - k)! \cdot \left(1 - \sum_{i=1}^{n-k} \frac{(-1)^{i-1}}{i!}\right) = \frac{n!}{k!} \cdot \sum_{i=0}^{n-k} \frac{(-1)^i}{i!}$ Anord-nungen von n Elementen mit genau k Übereinstimmungen. Für die gesuchte Wahrschein-lichkeit gilt dann:

$$P_n(X_n = k) = \frac{1}{k!} \sum_{i=0}^{n-k} \frac{(-1)^i}{i!}$$

Für 13 Karten gibt MONTMORT für $k = 1$ bis 13 die Anzahlen $A_{13}(k)$ der Anordnungen mit ge-nau k Übereinstimmungen an, wobei $13! = 6\,227\,020\,800$ ist. An Hand der folgenden Tabelle kann die Formel überprüft werden.

k	$A_{13}(k)$	k	$A_{13}(k)$	k	$A_{13}(k)$	k	$A_{13}(k)$
13	1	9	6435	5	19090071	1	2290792933
12	0	8	56628	4	95449640		
11	78	7	454740	3	3811798846	≥ 1	3936227868
10	572	6	3181464	2	1145396460		

Es fehlt der Wert $A_{13}(0) = 6\,227\,020\,800 - 3\,936\,227\,868 = 2\,290\,792\,932$.

In *Proposition VII* stellt PIERRE RÉMOND DE MONTMORT 1713 die Frage:

Wie groß ist bei dem Spiel von *Proposition VI* die Anzahl von Pistolen, die Pierre im Durchschnitt er-warten kann? Anders gefragt: Wie viele Übereinstimmungen kann man bei n Karten im Durchschnitt erwarten?

MONTMORT schreibt, dass Pierre im Durchschnitt mit einer Pistole rechnen könne, unabhän-gig von der Anzahl n der Karten des Decks.

»Das erscheint paradox, der Beweis ist jedoch leicht.«[187]

---

[186] Der Name *Pistole* für die nach 1500 entstandene kleine Handfeuerwaffe ist vermutlich ein Lehnwort aus dem Tschechischen *pišt'ala = Pfeife, Rohr*. Im Französischen sagte man dafür *pistolet*. So nannte man in Frank-reich aber auch den 1537 in Valladolid von Königin JOHANNA DER WAHNSINNIGEN von Kastilien und ihrem Sohn Kaiser KARL V. als Münzeinheit eingeführten *Escudo* (22-karätige Goldmünze von 3,375 g), und zwar vermutlich deswegen, weil dieser kleiner war als der ältere französische *Écu*. Den Namen *pistolet* übertrug man dann auf den *Doblón* (deutsch Dublone), d. h. den doppelten Escudo, den PHILIPP II. nach der Erneuerung des Münzdekrets am 23.11.1566 prägen ließ. Im 17. Jh. wandelte sich die Münzbezeichnung *pistolet* zu *pisto-le*, womit man, auch als Lehnwort in anderen Sprachen, neben dem Doblón schließlich auch seine zahlreichen Nachahmungen bezeichnete, deren erste der von LUDWIG XIII. von Frankreich am 31.3.1640 eingeführte *Louisdor* mit 7,28 g Goldgehalt ist.

[187] Noch paradoxer erscheint das Ergebnis der Abwandlung dieses Problems, die ABRAHAM DE MOIVRE 1718 als

Wir versuchen, MONTMORTs schwer verständlichen Beweis zu deuten. Der Kürze halber sagen wir, wenn eine Karte der n Karten an ihrem Platz liegt bzw. ihr Wert mit der Nummer beim Aufdecken übereinstimmt, dass die zugrunde liegende n-Permutation an dieser Stelle einen Fixpunkt hat.

Wie oben bedeute $A_n(k)$ die Anzahl der n-Permutationen mit genau k Fixpunkten. Dann errechnet man die Anzahl der im Mittel pro Spiel zu erwartenden Pistolen nach CHRISTIAAN HUYGENS' *Propositio III* seines *Tractatus* zu

$$\frac{1}{n!} \cdot [0 \cdot A_n(0) + 1 \cdot A_n(1) + 2 \cdot A_n(2) + \dots + k \cdot A_n(k) + \dots + n \cdot A_n(n)] = \frac{1}{n!} \cdot \sum_{k=1}^{n} k \cdot A_n(k)$$

$$= \frac{1}{n!} \cdot \sum_{k=1}^{n} k \left(\frac{n!}{k!} \cdot \sum_{i=0}^{n-k} \frac{(-1)^i}{i!} \right).$$

A_1	A_2	A_3	A_4	A_5
12345	12345	12345	12345	12345
12354	12354	12354	12543	12435
12435	12435	14325	13245	13245
12453	12453	14352	13542	13425
12534	12534	15324	15243	14235
12543	12543	15342	15342	14325
13245	32145	21345	21345	21345
13254	32154	21354	21543	21435
13425	32415	24315	23145	23145
13452	32451	24351	23541	23415
13524	32514	25314	25143	24135
13542	32541	25341	25341	24315
14235	42135	41325	31245	31245
14253	42153	41352	31542	31425
14325	42315	42315	32145	32145
14352	42521	42351	32541	32415
14523	42513	45312	35142	34125
14532	42531	45321	35241	34215
15234	52134	51324	51243	41235
15243	52143	51342	51342	41325
15324	52314	52314	52143	42135
15342	52341	52341	52341	42315
15423	52413	54312	53142	43125
15432	52431	54321	53241	43215

Die Summation ist sicher sehr mühsam. MONTMORTs geniale Idee scheint zu sein, jede n-Permutation mit genau k Fixpunkten k-mal zu nehmen und alle diese Permutationen in einer n-spaltigen Tabelle anzuordnen. Dann stehen in dieser Tabelle genau so viele Elemente wie oben in der eckigen Klammer, also $\sum_{k=1}^{n} k \cdot A_n(k)$. MONTMORT sagt, dies seien $2 \cdot (n-1)! + (n-1)! \cdot (n-2)$. Eine solche Tabelle könnte MONTMORT wie folgt konstruiert haben. Man schreibt in die mit A_i bezeichnete Spalte die Menge A_i aller n-Permutationen mit Fixpunkt i. Wir veranschaulichen diese Mengenbildung für $n = 5$.

Die Mengen A_i sind nicht disjunkt, weil die n-Permutationen mit genau k Fixpunkten in der Tabelle genau k-mal vorkommen, und zwar die mit den Fixpunkten $r, s, t, \dots$ nur jeweils einmal in der Menge $A_r, A_s, A_t,$ ... So kommt z. B. die Permutation 42315 mit den drei Fixpunkten **2, 3** und **5** nur jeweils einmal in den drei Mengen A_2, A_3 und A_5 vor.

Die Anzahl der Elemente der Tabelle erhält man leicht. Offensichtlich gilt im Beispiel für $n = 5$ $|A_i| = 4! = (5-1)!$ für $i = 1, \dots, 5$ und damit

$$\sum_{i=1}^{5} |A_i| = 5 \cdot (5-1)! = 5!,$$

allgemein also $|A_i| = (n-1)!$ und damit

$$\sum_{i=1}^{n} |A_i| = n \cdot (n-1)! = n!.$$

Corollar V zu *Problem XXVI* in seiner *The Doctrine of Chances* bringt (siehe Seite 263).

MONTMORTs oben angegebenen Ausdruck erhält man aus unserer Tabelle folgendermaßen.

Für A_1 erhalten wir $|A_i| = (n-1)!$. Dann betrachten wir alle Mengen A_i mit $i > 1$ und unterdrücken die n-Permutationen, bei denen auch **1** fix ist, also den weißen Teil von A_i; dessen Mächtigkeit ist $(n-2)!$ Es bleibt in A_i nur der dunkelgrau unterlegte Teil. In ihm gibt es $(n-1)! - (n-2)! = (n-2)!((n-1)-1) = (n-2) \cdot (n-2)!$ Elemente. Die Anzahl aller Elemente der Tabelle ergibt sich, wenn man die Elemente zusammenzählt, die sich in den drei verschiedenen Teilen befinden, also »weiß + hellgrau + dunkelgrau«:

$$\sum_{k=1}^{n} k \cdot A_n(k)$$

$$= (n-1)! + (n-1)! + (n-1) \cdot \left[(n-2) \cdot (n-2)!\right]$$
$$= 2 \cdot (n-1)! + (n-1)! \cdot (n-2)$$

Hier steht MONTMORTs Ausdruck!

$$= (n-1)!(2 + n - 2) = (n-1)! \cdot n = n!$$

Damit haben wir: Die Anzahl der im Mittel pro Spiel zu erwartenden Pistolen ist

$$\frac{1}{n!} \cdot \sum_{k=1}^{n} k \cdot A_n(k) = \frac{1}{n!} \cdot n! = 1, \text{q. e. d.}$$

Moderner Beweis

Die Zufallsgröße X_i = »Anzahl der Übereinstimmungen an der Stelle i« hat die nebenstehende Wahrscheinlichkeitsverteilung, woraus folgt:

x_i	0	1
$W(x_i)$	$\frac{n-1}{n}$	$\frac{1}{n}$

$E(X_i) = \frac{n-1}{n} \cdot 0 + \frac{1}{n} \cdot 1 = \frac{1}{n}$. Für die Zufallsgröße X = »Anzahl aller Übereinstimmungen«

gilt $X = \sum_{i=1}^{n} X_i$, und damit für ihren Erwartungswert

$$E(X) = E\left(\sum_{i=1}^{n} X_i\right) = \sum_{i=1}^{n} E(X_i) = \sum_{i=1}^{n} \frac{1}{n} = n \cdot \frac{1}{n} = 1. \text{q. e. d.}$$

1718 DE MOIVRE / *Doctrine*: Jeu du Treize: Rencontre IV

ABRAHAM DE MOIVRE erkannte, dass sich die Lösung der Koinzidenzprobleme des *Jeu du Treize* mittels eines allgemeinen Satzes über zusammengesetzte Ereignisse gewinnen lässt. Er schrieb am 3.3.1714 (alter Stil) an NIKOLAUS I BERNOULLI:

> »J'ay inventé pour ces Problemes une nouvelle espece d'algebre qui est fort courte et dont le mistere peut etre expliqué en deux ou trois lignes.«

In seiner *The Doctrine of Chances* behandelt er 1718 in *Problem XXV* das *Jeu du Treize* in der folgenden allgemeinen Form:[188]

---

[188] In Problem XXVI verallgemeinert er die Fragestellung. – DE MOIVRE schreibt mit Stolz über seine Entdeckung einer »neuen Art von Algebra«, die im Grunde eine Art BOOLE'sche Algebra ist, im Vorwort seiner *Doctrine* (S. XI): »*In the 24th and 25th Problems [sic!], I explain a new sort of Algebra, whereby some questions relating to Combinations are solved by so easy a Process, that their solution is made in some measure an immediate consequence of the Method of Notation. I will not pretend to say that this new Algebra is absolutely necessary to the Solving of those Questions which I make depend on it, since it appears by Mr. De Montmort's Book, that both he and Mr. Nicholas Bernoully have solved by another Method, many of the cases therein proposed : But I hope I shall not be thought guilty of too much Confidence, if I assure the Reader, that the Me-*

Eine beliebige Anzahl von Buchstaben a, b, c, d, e, f, etc., alle untereinander verschieden, seien [der Reihe nach] wahllos ausgewählt. Gesucht ist die Wahrscheinlichkeit, dass gewisse von ihnen an den Plätzen gefunden werden, der ihrem Rang in [einem beliebig großen] Alphabet entspricht, und dass andere von ihnen zur gleichen Zeit sich an einem falschen Platz befinden.

DE MOIVRE sucht also im Sinne MONTMORTs die Wahrscheinlichkeit des Ereignisses, dass genau k von $k + r$ Karten an ihrem Platz sind, r dagegen nicht, und dass über die restlichen $n - (k + r)$ Karten keine Aussage gemacht wird. Unter diesen Ereignissen findet sich auch der besonders interessierende Sonderfall $X_n = $»Genau k der n Karten sind an ihrem Platz« mit der gesuchten Wahrscheinlichkeit $P_n(X_n = k)$.

Lösung nach DE MOIVRE (1718)

Auf Grund der alphabetischen Anordnung wird jedem Buchstaben eine Zahl zugeordnet, die wir auch mit a, b, ... benennen werden.

DE MOIVRE bezeichnet mit $+x$ bzw. $-x$ die Wahrscheinlichkeiten, dass der Buchstabe x [bzw. die Zahl x] an seinem Platz bzw. nicht an seinem Platz ist. DE MOIVRE beginnt folgendermaßen:

$$P(\text{»}b \text{ liegt richtig«}) = +b = \frac{(n-1)!}{n!}$$

$$P(\text{»}b \text{ und } a \text{ liegen richtig«}) = +b \ +a = \frac{(n-2)!}{n!}$$

$$P(\text{»}b \text{ liegt richtig, } a \text{ liegt nicht richtig«}) = +b \ -a = \frac{(n-1)!}{n!} - \frac{(n-2)!}{n!} \qquad (1)$$

Wie man sieht, ist diese Schreibweise sehr gewöhnungsbedürftig. Um die DE MOIVRE'schen Plus- und Minussymbole von den üblichen Operationszeichen $+$ und $-$ zu unterscheiden, verwenden wir für die DE MOIVRE'schen Plus- und Minussymbole die Zeichen $\oplus$ und $\ominus$. Damit können wir nun DE MOIVREs Herleitung nachvollziehen. Er entwickelt der Reihe nach zunächst Formeln für bestimmte aus $\oplus$ und $\ominus$ zusammengesetzte Ereignisse. Dabei benützt er implizit die **Austauschbarkeit** der Ereignisse, die folgendermaßen definiert ist:

Gegebenen seien die Ereignisse A_1, A_2, ..., A_n. Wählt man aus ihnen r Ereignisse beliebig aus, dann sind die Wahrscheinlichkeiten der zugehörigen UND-Ereignisse immer gleich, d. h.,

$$P(A_{i_1} \cap A_{i_2} \cap \ ... \cap A_{i_r}) = P(A_1 \cap A_2 \cap ... \cap A_r) \text{ für } i_j \in \{1, 2, ..., n\}, \ j = 1, 2, ... \ r.$$

Außerdem verwendet DE MOIVRE die Beziehung

$P(A \cap \bar{B}) = P(A) - P(A \cap B)$ in folgender Form:

$\lbrace$ [$\oplus$ –$\ominus$-Ereignis] $= x$

$\lbrace$ [$\oplus$ –$\ominus$-Ereignis] $\oplus = x + y$

$\lbrace$ [$\oplus$ –$\ominus$-Ereignis] $\ominus = x - y$

	B	$\bar{B}$	
A	$P(A \cap B)$	$P(A \cap \bar{B})$	$P(A)$
$\bar{A}$			

$$P(A \cap \bar{B}) = P(A) - P(A \cap B)$$

DE MOIVRE beginnt seine Überlegungen damit, dass er die offensichtlich richtigen Wahrscheinlichkeiten aufführt:

$$\oplus a = \frac{(n-1)!}{n!}, \quad \oplus a \oplus b = \frac{(n-2)!}{n!}, \quad \oplus a \oplus b \oplus c = \frac{(n-3)!}{n!}, \text{ usw.}$$

Damit kann wegen der Austauschbarkeit der Ereignisse geschlossen werden:

$$\oplus a = \frac{(n-1)!}{n!}$$

$$\oplus b \oplus a = \frac{(n-2)!}{n!}$$

$$\oplus b \ominus a = \frac{(n-1)!}{n!} - \frac{(n-2)!}{n!} \tag{1}$$

$$\oplus c \oplus b = \frac{(n-2)!}{n!}$$

$$\oplus c \oplus b \oplus a = \frac{(n-3)!}{n!}$$

$$\oplus c \oplus b \ominus a = \frac{(n-2)!}{n!} - \frac{(n-3)!}{n!} \tag{2}$$

Nach (1): $\oplus c \ominus a = \frac{(n-1)!}{n!} - \frac{(n-2)!}{n!}$

Nach (2): $\oplus c \ominus a \oplus b = \frac{(n-2)!}{n!} - \frac{(n-3)!}{n!}$

$$\oplus c \ominus a \ominus b = \frac{(n-1)!}{n!} - 2 \cdot \frac{(n-2)!}{n!} + \frac{(n-3)!}{n!} \tag{3}$$

$$\oplus d \oplus c \oplus b = \frac{(n-3)!}{n!}$$

$$\oplus d \oplus c \oplus b \oplus a = \frac{(n-4)!}{n!}$$

$$\oplus d \oplus c \oplus b \ominus a = \frac{(n-3)!}{n!} - \frac{(n-4)!}{n!} \tag{4}$$

Nach (2): $\oplus d \oplus c \ominus a = \frac{(n-2)!}{n!} - \frac{(n-3)!}{n!}$

Nach (4): $\oplus d \oplus c \ominus a \oplus b = \frac{(n-3)!}{n!} - \frac{(n-4)!}{n!}$

$$\oplus d \oplus c \ominus a \ominus b = \frac{(n-2)!}{n!} - 2 \cdot \frac{(n-3)!}{n!} + \frac{(n-4)!}{n!} \tag{5}$$

Nach (3): $\oplus d \ominus a \ominus b = \dfrac{(n-1)!}{n!} - 2 \cdot \dfrac{(n-2)!}{n!} + \dfrac{(n-3)!}{n!}$

Nach (5): $\oplus d \ominus a \ominus b \oplus c = \dfrac{(n-2)!}{n!} - 2 \cdot \dfrac{(n-3)!}{n!} + \dfrac{(n-4)!}{n!}$

$$\oplus d \ominus a \ominus b \ominus c = \dfrac{(n-1)!}{n!} - 3 \cdot \dfrac{(n-2)!}{n!} + 3 \cdot \dfrac{(n-3)!}{n!} - \dfrac{(n-4)!}{n!} \tag{6}$$

d. h., $\quad \oplus d \ominus a \ominus b \ominus c = \dfrac{1}{n!} \displaystyle\sum_{k=1}^{4} \binom{4-1}{k-1} (-1)^{k-1} (n-k)!.$

Damit haben wir die Wahrscheinlichkeit, dass der Buchstabe d, der im Alphabet die Nummer 4 hat, als erster richtig liegt.

Nun behandelt DE MOIVRE die Fälle, bei denen die ersten Buchstaben nicht richtig liegen. Zunächst stellt er fest:

$\ominus a = 1 - \dfrac{(n-1)!}{n!}$, da $\oplus a$ und $\ominus a$ zusammen 1 ergeben.

Dann wendet er wieder sein Schlussverfahren an.

$\ominus a = 1 - \dfrac{(n-1)!}{n!}$

Nach (1): $\ominus a \oplus b = \dfrac{(n-1)!}{n!} - \dfrac{(n-2)!}{n!}$

$$\ominus a \ominus b = 1 - 2 \cdot \dfrac{(n-1)!}{n!} + \dfrac{(n-2)!}{n!} \tag{7}$$

Nach (7): $\ominus a \ominus b = 1 - 2 \cdot \dfrac{(n-1)!}{n!} + \dfrac{(n-2)!}{n!}$

Nach (3): $\ominus a \ominus b \oplus c = \dfrac{(n-1)!}{n!} - 2 \cdot \dfrac{(n-2)!}{n!} + \dfrac{(n-3)!}{n!}$

$$\ominus a \ominus b \ominus c = 1 - 3 \cdot \dfrac{(n-1)!}{n!} + 3 \cdot \dfrac{(n-2)!}{n!} - \dfrac{(n-3)!}{n!} \tag{8}$$

Aus (1) bis (8) folgert DE MOIVRE ohne Beweis durch unvollständige Induktion zwei allgemeine Beziehungen, die er aber nur *in Worten* ausdrückt. Sinngemäß lauten sie:

(I) Die Wahrscheinlichkeit, dass die ersten k Buchstaben richtig und die folgenden r Buchstaben falsch liegen, ist eine alternierende Summe aus $r + 1$ Summanden. Diese Summanden sind Produkte. Der eine Faktor ist die Wahrscheinlichkeit dafür, dass die ersten $k + i$ Buchstaben richtig liegen, $i = 0, 1, \ldots, r$, also $\dfrac{(n-(k+i))!}{n!}$. Der andere Faktor ist der Biomialkoeffizient des i-ten Terms $\binom{r}{i}$, der in der Entwicklung der r-ten Potenz eines Binoms auftritt. Übersetzt in die Formelsprache lautet (I) für $k \geq 1$, $r \geq 1$, $k + r \leq n$, wenn wir die Buchstaben durch ihre Platznummer ausdrücken:

(I)
$$\oplus 1 \oplus 2 \ldots \oplus k \ominus (k+1) \ldots \ominus (k+r) = \sum_{i=0}^{r} (-1)^i \binom{r}{i} \oplus 1 \oplus 2 \ldots \oplus k \ldots \oplus (k+i) =$$
$$= \sum_{i=0}^{r} (-1)^i \binom{r}{i} \dfrac{n-(k+i))!}{n!}.$$

Damit ist für $k \geq 1$ DE MOIVRES Frage fast beantwortet. Die vollständige Antwort ergibt sich, wenn man noch bedenkt, dass sich die k richtig liegenden Karten auf $\binom{n}{k}$ Arten aus den n Karten und die r falsch liegenden auf $\binom{n-k}{r}$ Arten aus den restlichen $n-k$ Karten auswählen lassen.

Damit haben wir

$$P(\text{»Genau } k \text{ der } n \text{ Karten liegen richtig und genau } r \text{ falsch«}) = \binom{n}{k}\binom{n-k}{r}\sum_{i=0}^{r}(-1)^i\binom{r}{i}\frac{n-(k+i))!}{n!}.$$

Für den interessierenden Sonderfall, dass $r = n - k$ ist, erhält man daraus die Wahrscheinlichkeit, dass von n Karten genau k richtig liegen, also

$$P_n(X_n = k) = \binom{n}{k}\binom{n-k}{n-k}\sum_{i=0}^{n-k}(-1)^i\binom{n-k}{i}\frac{(n-(k+i))!}{n!} = \sum_{i=0}^{n-k}\left((-1)^i\cdot\frac{n!}{k!(n-k)!}\cdot\frac{(n-k)!}{i!(n-(k+i))!}\cdot\frac{(n-(k+i))!}{n!}\right)$$

$$= \frac{1}{k!}\sum_{i=0}^{n-k}\frac{(-1)^i}{i!}.$$

Damit hat DE MOIVRE die oben von MONTMORT 1713 in *Proposition VI* gestellte Frage gelöst.

(II) Nun gibt es ja auch noch den Sonderfall $k = 0$, d. h., dass die ersten r Buchstaben falsch liegen. Die Wahrscheinlichkeit hierfür ist eine entsprechende alternierende Summe. Sie beginnt mit 1; die sich anschließenden Summanden sind wie in (I) gebaut. Formelmäßig erhalten wir für $1 \leq r \leq n$

(II) $\ominus 1 \ominus 2 \ldots \ominus r = 1 + \sum_{i=1}^{r}(-1)^i\binom{r}{i}\oplus 1 \oplus 2 \ldots \oplus i.$

Betrachten wir nun den Fall, dass alle n Buchstaben falsch liegen, dann haben wir, modern geschrieben, $P_n(X_n = 0) = 1 + \sum_{i=1}^{n}(-1)^i\binom{n}{i}\frac{(n-i)!}{n!} = 1 + \sum_{i=1}^{n}\frac{(-1)^i}{i!} = \sum_{i=0}^{n}\frac{(-1)^i}{i!}.$

Aus (II) ergibt sich unmittelbar die **Summenformel** von MONTMORT (siehe Seite 174). Die dort gesuchte Wahrscheinlichkeit $P_n(X_n \geq 1)$, dass mindestens einer der n Buchstaben bzw. eine der n Karten richtig liegt, ist nach (II)

$$1 - \left[\ominus 1 \ominus 2 \ldots \ominus n\right] = 1 - 1 - \sum_{i=1}^{n}(-1)^i\binom{n}{i}\oplus 1 \oplus 2 \ldots \oplus i$$

$$= -\sum_{i=1}^{n}(-1)^i\binom{n}{i}\frac{(n-i)!}{n!} = \sum_{i=1}^{n}\left((-1)^{i+1}\cdot\frac{n!}{i!(n-i)!}\cdot\frac{(n-i)!}{n!}\right) = \sum_{i=1}^{n}\frac{(-1)^{i+1}}{i!} = \frac{1}{1!} - \frac{1}{2!} + \frac{1}{3!} - \frac{1}{4!} \pm \ldots$$

Ehe wir die Richtigkeit von (I) und (II) durch vollständige Induktion beweisen, wollen wir die Summenformel und den Ausdruck für $P_n(X_n = k)$ für $n = 1, 2, 3$ und 4 und für $k = 0, 1, \ldots, 4$ dadurch illustrieren, dass wir die gesuchten Wahrscheinlichkeiten durch Abzählen ermitteln. Dabei sind unter Π die möglichen Permutationen aufgeführt; die richtig liegenden Zahlen sind durch schwarze Kreisflächen hervorgehoben. Unter A ist die Anzahl der richtig liegenden Zahlen der betreffenden Permutation aufgeführt.

n = 1		n = 2		n = 3		n = 4							
Π	A	Π	A	Π	A	Π	A	Π	A	Π	A	Π	A
❶	1	❶❷	2	❶❷❸	3	❶❷❸❹	4	21❸❹	2	3124	1	4123	0
		21	0	❶32	1	❶❷43	2	2143	0	3142	0	41❸2	1
				21❸	1	❶32❹	2	2314	1	3❷1❹	2	4❷13	1
				231	0	❶342	1	2341	0	3❷41	1	4❷❸1	2
				312	0	❶423	1	2413	0	3412	0	4312	0
				3❶1	1	❶4❸2	2	24❸1	1	3421	0	4321	0

Den aus der Tabelle ermittelten Wahrscheinlichkeiten stellen wir die Ausdrücke gegenüber, die sich aus den obigen Formeln ergeben.

k	n = 1	n = 2	n = 3	n = 4
0	$0 = \frac{1}{0!} - \frac{1}{1!}$	$\frac{1}{2} = \frac{1}{0!} - \frac{1}{1!} + \frac{1}{2!}$	$\frac{2}{6} = \frac{1}{0!} - \frac{1}{1!} + \frac{1}{2!} - \frac{1}{3!}$	$\frac{9}{24} = \frac{1}{0!} - \frac{1}{1!} + \frac{1}{2!} - \frac{1}{3!} + \frac{1}{4!}$
1	$1 = \frac{1}{1!} \cdot \frac{1}{0!}$	$0 = \frac{1}{1!} \cdot (\frac{1}{0!} - \frac{1}{1!})$	$\frac{3}{6} = \frac{1}{1!} \cdot (\frac{1}{0!} - \frac{1}{1!} + \frac{1}{2!})$	$\frac{8}{24} = \frac{1}{1!} \cdot (\frac{1}{0!} - \frac{1}{1!} + \frac{1}{2!} - \frac{1}{3!})$
2		$\frac{1}{2} = \frac{1}{2!} \cdot \frac{1}{0!}$	$0 = \frac{1}{2!} \cdot (\frac{1}{0!} - \frac{1}{1!})$	$\frac{6}{24} = \frac{1}{2!} \cdot (\frac{1}{0!} - \frac{1}{1!} + \frac{1}{2!})$
3			$\frac{1}{6} = \frac{1}{3!} \cdot \frac{1}{0!}$	$0 = \frac{1}{3!} \cdot (\frac{1}{0!} - \frac{1}{1!})$
4				$\frac{1}{24} = \frac{1}{4!} \cdot \frac{1}{0!}$

Aus der Zeile für $k = 0$ gewinnt man die Werte

$$P_1(X_1 \geq 1) = 1 = \frac{1}{1!}, \quad P_2(X_2 \geq 1) = 1 - \frac{1}{2} = \frac{1}{1!} - \frac{1}{2!} = 0,5,$$

$$P_3(X_3 \geq 1) = 1 - \frac{2}{6} = \frac{1}{1!} - \frac{1}{2!} + \frac{1}{3!} = 0,666\ldots,$$

$$P_4(X_4 \geq 1) = 1 - \frac{9}{24} = \frac{1}{1!} - \frac{1}{2!} + \frac{1}{3!} - \frac{1}{4!} = 0,625.$$

Dies sind genau die ersten vier der 13 Werte, die MONTMORT mit seiner Rekursionformel ermittelt hat (siehe die Tabelle auf Seite 173).

Beweis der Richtigkeit von (I) und (II) durch vollständige Induktion nach r.

Formel (I)

$r = 0$: $\oplus 1 \oplus 2 \ldots \oplus k = \sum_{i=0}^{0} (-1)^i \binom{r}{i} \oplus 1 \oplus 2 \ldots \oplus k \ldots \oplus (k + i)$, q. e. d.

Schluss von r auf $r + 1$:

$\oplus 1 \oplus 2 \ldots \oplus k \ominus (k + 1) \ldots \ominus (k + r + 1)$

$= \oplus 1 \oplus 2 \ldots \oplus k \ominus (k + 1) \ldots \ominus (k + r) - \oplus 1 \oplus 2 \ldots \oplus k \ominus (k + 1) \ldots \ominus (k + r) \oplus (k + r + 1) =$ [189]

$= \oplus 1 \oplus 2 \ldots \oplus k \ominus (k + 1) \ldots \ominus (k + r) - \oplus 1 \oplus 2 \ldots \oplus k \oplus (k + r + 1) \ominus (k + 1) \ldots \ominus (k + r)$

---

[189]   Wir halten nach etwas Eingewöhnung die Schreibweise DE MOIVRES für leichter lesbar als die heute übliche. Zum Vergleich: Mit A_i = »Buchstabe i liegt richtig«, läse sich diese Zeile in heutiger Schreibweise so:

$$P(A_1 A_2 \ldots A_k \overline{A}_{k+1} \ldots \overline{A}_{k+r} \overline{A}_{k+r+1}) = P(A_1 A_2 \ldots A_k \overline{A}_{k+1} \ldots \overline{A}_{k+r}) - P(A_1 A_2 \ldots A_k \overline{A}_{k+1} \ldots \overline{A}_{k+r} A_{k+r+1})$$

$$= (-1)^0 \binom{r}{0} \oplus 1 \oplus 2 \ldots \oplus k + \sum_{i=1}^{r} (-1)^i \binom{r}{i} \oplus 1 \oplus 2 \ldots \oplus k \ldots \oplus (k+i) -$$

$$- \sum_{i=0}^{r-1} (-1)^i \binom{r}{i} \oplus 1 \oplus 2 \ldots \oplus k \ldots \oplus (k+1+i) - (-1)^r \binom{r}{r} \oplus 1 \oplus 2 \ldots \oplus k \ldots \oplus (k+r+1)$$

$$= (-1)^0 \binom{r}{0} \oplus 1 \oplus 2 \ldots \oplus k + \sum_{i=1}^{r} (-1)^i \left[\binom{r}{i} + \binom{r}{i-1} \right] \oplus 1 \oplus 2 \ldots \oplus k \ldots \oplus (k+i) \; +$$

$$+ (-1)^{r+1} \binom{r+1}{r+1} \oplus 1 \oplus 2 \ldots \oplus k \ldots \oplus (k+r+1)$$

$$= (-1)^0 \binom{r+1}{0} \oplus 1 \oplus 2 \ldots \oplus k + \sum_{i=1}^{r} (-1)^i \binom{r+1}{i} \oplus 1 \oplus 2 \ldots \oplus k \ldots \oplus (k+i) \; +$$

$$+ (-1)^{r+1} \binom{r+1}{r+1} \oplus 1 \oplus 2 \ldots \oplus k \ldots \oplus (k+r+1)$$

$$= \sum_{i=0}^{r+1} (-1)^i \binom{r+1}{i} \oplus 1 \oplus 2 \ldots \oplus k \ldots \oplus (k+i), \text{q. e. d.}$$

Formel (II)

$$r = 1: \ominus 1 = 1 + \sum_{i=1}^{1} (-1)^i \binom{1}{i} \oplus 1 \oplus 2 \ldots \oplus i = 1 - \oplus 1 \text{ ist richtig.}$$

Schluss von r auf $r + 1$:

$$\ominus 1 \ominus 2 \ldots \ominus (r+1) = \ominus 1 \ominus 2 \ldots \ominus r - \ominus 1 \ominus 2 \ldots \ominus r \oplus (r+1)$$

$$= 1 + \sum_{i=1}^{r} (-1)^i \binom{r}{i} \oplus 1 \oplus 2 \ldots \oplus i - \oplus 1 \ominus (1+1) \ominus (1+2) \ldots \ominus (1+r) \overset{\text{Austauschbarkeit}}{=}$$

$$= 1 + \sum_{i=1}^{r} (-1)^i \binom{r}{i} \oplus 1 \oplus 2 \ldots \oplus i - \sum_{i=0}^{r} (-1)^i \binom{r}{i} \oplus 1 \oplus 2 \ldots \oplus (1+i) \overset{\text{nach (I)}}{=}$$

$$= 1 + \sum_{i=1}^{r} (-1)^i \binom{r}{i} \oplus 1 \oplus 2 \ldots \oplus i - \sum_{i=1}^{r} (-1)^i \binom{r}{i} \oplus 1 \oplus 2 \ldots \oplus (i+1) - (-1)^r \binom{r}{r} \oplus 1 \oplus 2 \ldots \oplus (1+r)$$

$$= 1 + \sum_{i=1}^{r} (-1)^i \binom{r}{i} \oplus 1 \oplus 2 \ldots \oplus i + \sum_{i=1}^{r} (-1)^i \binom{r}{i-1} \oplus 1 \oplus 2 \ldots \oplus i + (-1)^{r+1} \binom{r+1}{r+1} \oplus 1 \oplus 2 \ldots \oplus (r+1)$$

$$= 1 + \sum_{i=1}^{r} (-1)^i \left[\binom{r}{i} + \binom{r}{i-1} \right] \oplus 1 \oplus 2 \ldots \oplus i + (-1)^{r+1} \binom{r+1}{r+1} \oplus 1 \oplus 2 \ldots \oplus (r+1)$$

$$= 1 + \sum_{i=1}^{r} (-1)^i \binom{r+1}{i} \oplus 1 \oplus 2 \ldots \oplus i + (-1)^{r+1} \binom{r+1}{r+1} \oplus 1 \oplus 2 \ldots \oplus (r+1)$$

$$= 1 + \sum_{i=1}^{r+1} (-1)^i \binom{r+1}{i} \oplus 1 \oplus 2 \ldots \oplus i, \text{q. e. d.}$$

In der 3. Auflage seiner *The Doctrine of Chances* (1756) fügt DE MOIVRE auf Seite 116 noch eine Bemerkung hinzu, in der er auf ähnliche Art wie MONTMORT 1708 nachweist, dass $\sum_{i=1}^{\infty} \frac{(-1)^{i-1}}{i!} = 0{,}63212\ldots$ ist, was wir heute als $1 - e^{-1}$ schreiben.

Zusatz: Es ginge einfacher!

Führt man DE MOIVRES geniale Idee einer *nouvelle espece d'algebre* konsequent weiter, dann kann man Ausdrücke der Form $\oplus 1 \oplus 2 \ldots \oplus k \ominus(k+1) \ldots \ominus(k+r)$ als formales Produkt betrachten. Durch Ausmultiplizieren eines solchen Produkts erhält man dann sofort Formel II. Zunächst gilt

$$\ominus 1 \ominus 2 \ldots \ominus r = (1 - \oplus 1)(1 - \oplus 2) \ldots (1 - \oplus r).$$

Multipliziert man das rechts stehende Produkt aus, dann entstehen z. B. die $\binom{r}{2}$ Ausdrücke $\oplus 1 \oplus 2$, $\oplus 1 \oplus 3, \ldots \oplus 1 \oplus r, \oplus 2 \oplus 3, \ldots \oplus 2 \oplus r, \ldots, \oplus(r-1)\oplus r$. Wegen der Austauschbarkeit der Ereignisse lassen sie sich alle als $\oplus 1 \oplus 2$ schreiben. Analog verfährt man mit Produkten aus mehr als zwei Faktoren. Damit gewinnt man

$$\ominus 1 \ominus 2 \ldots \ominus r = 1 + \sum_{i=1}^{r}(-1)^i \binom{r}{i} \oplus 1 \oplus 2 \ldots \oplus i, \text{q. e. d.}$$

Formel I erhält man analog unter Verwendung von Formel II, wobei

$$\oplus 1 \oplus 2 \ldots \oplus k \ominus(k+1) \ldots \ominus(k+r) = [\oplus 1 \oplus 2 \ldots \oplus k][\ominus(k+1) \ldots \ominus(k+r)].$$

Wir wenden auf die zweite eckige Klammer Formel II an, benötigen dabei aber wieder die Austauschbarkeit der Ereignisse. Formel II wurde für die Ereignisse $\ominus 1, \ominus 2, \ldots, \ominus r$ bewiesen, wir wenden sie aber jetzt auf die Ereignisse $\ominus(k+1), \ldots, \ominus(k+r)$ an. Damit gilt

$$\oplus 1 \oplus 2 \ldots \oplus k \ominus(k+1) \ldots \ominus(k+r) = [\oplus 1 \oplus 2 \ldots \oplus k][1 + \sum_{i=1}^{r}(-1)^i \binom{r}{i} \oplus(k+1) \ldots \oplus(k+i)]$$

$$= \oplus 1 \oplus 2 \ldots \oplus k + \sum_{i=1}^{r}(-1)^i \binom{r}{i} \oplus 1 \oplus 2 \ldots \oplus k \oplus(k+1) \ldots \oplus(k+i)$$

$$= \sum_{i=0}^{r}(-1)^i \binom{r}{i} \oplus 1 \oplus 2 \ldots \oplus k \ldots \oplus(k+i), \text{q. e. d.}$$

1710 HARRIS / *Lexicon*: Sechs Sechser

JOHN HARRIS druckt 1710 im Artikel PLAY seines *Lexicon Technicum* (Band 2) im Wesentlichen JOHN ARBUTHNOTs *Laws of Chance* ab. Bei der Behandlung der »Drei-mindestens-Aufgabe« (*Proposition IV*) sagt er, dass Aufgaben dieses Typs sehr schnell durch Verwendung von Logarithmen gelöst werden können, und bringt hierfür ein eigenes Beispiel:

> Wie oft muss man mIt sechs Würfeln mindestens werfen, um auf das Erscheinen von sechs Sechsern wetten zu können? »*A Man's Life would scarce serve*«, würde man diese Frage ohne Logarithmen lösen wollen; denn die zu bestimmende Zahl ist fast eine Viertel-Meile lang.

Lösung nach HARRIS (1710)

Da sechs Würfel auf $6^6 = 46\,656$ Arten fallen können, ist die Ungleichung $\left(\frac{46\,656}{46\,655}\right)^n > 2$ zu lösen. HARRIS unterdrückt die folgende Überlegung:

$P(\text{»Bei } n \text{ Würfen zeigen mindestens einmal alle sechs Würfel Sechs«}) > \frac{1}{2}$, d. h.,

$1 - P(\text{»Keinmal zeigen bei } n \text{ Würfen alle sechs Würfel Sechs«}) > \frac{1}{2}$,

$\left(\dfrac{46655}{46656}\right)^n < \dfrac{1}{2}$ bzw. $\left(\dfrac{46656}{46655}\right)^n > 2$, also die Behauptung von HARRIS.

Die letzte Ungleichung logarithmiert HARRIS auf beiden Seiten und erhält aus $0,00000931n > 0,30103000$ schließlich $n_{min} = 32\,335$.

Rechnete man genauer, so erhielte man $9,308550536 \cdot 10^{-6}n > 0,3010299957$ und daraus $n > 32\,339,08378\ldots$, also $n_{min} = 32\,340$.

»Eines Menschen Leben würde nicht ausreichen, um diese Zahl zu finden«; denn er müsste – so meint wohl HARRIS – $\dfrac{46656}{46655}$ so lange potenzieren und jedes Mal prüfen, ob sich ein Wert größer als 2 einstellt, bis er schließlich auf den Exponenten 32 335 käme.

HARRIS erklärt nicht, wie er auf die Länge der Zahl kommt. – Wir überlegen: $\left(\dfrac{46656}{46655}\right)^{10}$ ergibt ja bereits den Bruch $\dfrac{48\,873\,677\,980\,689\,257\,489\,322\,752\,273\,774\,603\,865\,660\,850\,176}{48\,863\,203\,665\,627\,165\,567\,617\,586\,107\,594\,857\,751\,962\,890\,625}$; wir schätzen daher die Anzahl der Ziffern ab, die $z = 46\,656^{32\,335}$ in etwa hat. Dazu bilden wir

$\log z = 32\,335 \cdot \log 46\,656 = 150\,961,1\ldots \approx 151\,000$.

Wenn jede dieser 151 000 Ziffern 2,5 mm Platz beansprucht, dann ergibt dies eine Länge von 375 m, was einer Viertel Meile $(= \dfrac{1609}{4}$ m$)$ recht gut nahe kommt.

1712 DE MOIVRE / *De Mensura Sortis*: ROBARTES' 3. Problem

Im Anschluss an seine Lektüre von MONTMORTs *Essay d'Analyse sur les Jeux de Hazard* von 1708 stellt FRANCIS ROBARTES, späterer EARL OF RADNOR, ABRAHAM DE MOIVRE drei Probleme, die mit MONTMORTs Verfahren nicht lösbar sind. Nachdem DE MOIVRE sie gelöst hatte, ermunterte ihn ROBARTES, sich fürderhin mit solchen Problem zu beschäftigen.[190] Das dritte der gestellten Probleme ist eine Verallgemeinerung von MONTMORTs *Proposition XIV* aus dem *Essay* (1708), siehe Seite 166. DE MOIVRE übernimmt es in seine *The Doctrine of Chances*, und zwar 1718 als *Problem 29*, 1738 als *Problem 38*, 1756 als *Problem 39*.

> ## P R O B. XVIII.
>
> *Certet* A *cum* B, *fore ut ipfe, dato tentaminum numero, teffera dato facierum numero conftante, facies quafcunque datas jecerit : Quæritur. expectatio ipfius* A.
>
> A wettet mit B, dass er bei n Würfen eines f-flächigen Würfels genau k vorgegebene Augenzahlen mindestens einmal werfen wird. Gesucht ist die Chance des A.

Problem XVIII lässt sich als ein spezielles *Besetzungsproblem*[191] deuten: n Kugeln werden auf f nummerierte Urnen verteilt. Mit welcher Wahrscheinlichkeit bleiben $n - k$ Urnen leer?

---

[190] So schreibt DE MOIVRE in der ROBARTES gewidmeten *De Mensura Sortis* und 1717 im Vorwort zur *The Doctrine of Chances* (1718). Er bezeichnet ROBARTES als *Mathematicarum Scientiarum fautor summus*, als erhabensten Förderer der mathematischen Wissenschaften.

[191] auf Englisch *occupancy problem*

Lösung nach DE MOIVRE (1712)

Die f Flächen des Würfels zeigen die Augenzahlen ①, ②, ..., ⑦. Das Ergebnis der n Würfe werde als n-tupel mit Wiederholungen notiert. Insgesamt gibt es $N_f^n = f^n$ solcher n-tupel.[192]

Nun sei $N_f^n(1)$ die Anzahl dieser n-tupel mit mindestens einer ①. Offensichtlich gilt

$$N_f^n(1) = f^n - (f-1)^n . \qquad (*)$$

DE MOIVRE interpretiert den Subtrahenden $(f-1)^n$ auf originale Art: Er betrachtet einen $(f-1)$-flächigen Würfel mit den Augenzahlen ②, ③, ..., ⑦. Dieser Würfel erzeugt bei n Würfen $(f-1)^n$ n-tupel, die aber alle keine ① enthalten. Also lässt sich (*) schreiben als

$$N_f^n(1) = N_f^n - N_f^n(\bar{1}) = N_f^n - N_{f-1}^n .$$

Nun sucht DE MOIVRE die Anzahl $N_f^n(1, 2)$ aller n-tupel, die mindestens eine ① und mindestens eine ② enthalten. Wir bezeichnen mit $N_f^n(1, \bar{2})$ die Anzahl aller n-tupel mit mindestens einer ①, aber keiner ②. DE MOIVRE betrachtet zu ihrer Bestimmung einen $(f-1)$-flächigen Würfel, bei dem die ② fehlt. Damit hat er $N_f^n(1, \bar{2}) = N_{f-1}^n(1)$.

Unter Verwendung der obigen Ergebnisse erhält er dann

Zur Veranschaulichung betrachten wir einen dreiflächigen Würfel mit den Augenzahlen ①, ② und ③ und werfen ihn dreimal. Das Ergebnis der drei Würfe werde als Tripel mit Wiederholungen notiert. Es gibt $N_3^3 = 3^3 = 27$ Tripel, wie die folgende Aufstellung zeigt. Die Augenzahlen ① und ② sollen mindestens einmal erscheinen. Die Tripel mit mindestens einer ① stehen in den grau unterlegten Feldern; es ist $N_3^3(1) = 3^3 - 2^3 =$

111	**121**	**131**
112	**122**	**132**
113	**123**	133
211	**221**	**231**
212	222	232
213	223	233
311	**321**	**331**
312	322	332
313	323	333

$N_3^3 - N_2^3 = 19$. Die Tripel ohne die ① findet man in den weißen Feldern; $N_3^3(\bar{1}) = 2^3 = N_2^3 = 8$.

Die Tripel mit mindestens einer ①, aber keiner ② werden durch die mager gedruckten Tripel in den grauen Feldern dargestellt; $N_3^3(1, \bar{2}) = 2^3 - 1^3 = N_2^3 - N_1^3 = 7$.

Die gewünschten Tripel, mindestens einmal die ① und ②, sind fett gedruckt. Es ist

$$N_3^3(1, 2) = \binom{2}{0}3^3 - \binom{2}{1}2^3 + \binom{2}{2}1^3 = 12.$$

$$N_f^n(1, 2) = N_f^n(1) - N_f^n(1, \bar{2}) = N_f^n(1) - N_{f-1}^n(1)$$

$$= \left[f^n - (f-1)^n \right] - \left[(f-1)^n - (f-2)^n \right] = f^n - 2(f-1)^n + (f-2)^n .$$

Nun sucht DE MOIVRE die Anzahl $N_f^n(1, 2, 3)$ aller n-tupel, die mindestens eine ①, mindestens eine ② und mindestens eine ③ enthalten. Wir bezeichnen mit $N_f^n(1, 2, \bar{3})$ die Anzahl aller n-tupel mit mindestens einer ①, mindestens einer ②, aber keiner ③. DE MOIVRE betrachtet zu ihrer Bestimmung einen $(f-1)$-flächigen Würfel, bei dem die ③ fehlt. Damit hat er $N_f^n(1, 2, \bar{3}) = N_{f-1}^n(1, 2)$. Unter Verwendung der obigen Ergebnisse erhält er dann

$$N_f^n(1, 2, 3) = N_f^n(1, 2) - N_f^n(1, 2, \bar{3}) = N_f^n(1, 2) - N_{f-1}^n(1, 2)$$

---

[192] Wir verwenden zum Teil andere Bezeichnungen als DE MOIVRE, bei dem der Würfel $p + 1$ Flächen hat und f die vorgegebene Anzahl von Augenzahlen ist. Das Symbol N_f^n und seine Weiterungen stammen von uns.

$$= [f^n - 2(f - 1)^n + (f - 2)^n] - [(f - 1)^n - 2(f - 2)^n + (f - 3)^n]$$

$$= f^n - 3(f - 1)^n + 3(f - 2)^n - (f - 3)^n.$$

Aus diesen drei Ergebnissen schließt DE MOIVRE , dass allgemein gilt:

$$N_f^n(1, 2, \ldots, k) = \binom{k}{0}f^n - \binom{k}{1}(f - 1)^n + \binom{k}{2}(f - 2)^n \mp \ldots + (-1)^k\binom{k}{k}(f - k)^n, \text{ kurz}$$

$$N_f^n(1, 2, \ldots, k) = \sum_{i=0}^{k}\binom{k}{i}(-1)^i(f - i)^n.$$

Die Chance des A erhält DE MOIVRE, indem er diese Summe durch f^n dividiert. – Statt eines Beweises bringt DE MOIVRE zur Veranschaulichung der Formel drei Beispiele:[193]

Beispiel 1. A wirft einen sechsflächigen Würfel achtmal, die zwei vorgegebenen Augenzahlen sollen je mindestens einmal erscheinen.

Bezeichnet man ohne Beschränkung der Allgemeinheit die vorgegebenen Augenzahlen mit ① und ②, dann hat A die Chance

$$\frac{N_6^8(1,2)}{6^8} = \frac{1}{6^8}\left[\binom{2}{0}6^8 - \binom{2}{1}(6 - 1)^8 + \binom{2}{2}(6 - 2)^8\right] = \frac{1}{6^8}\left[\binom{2}{0}6^8 - \binom{2}{1}5^8 + \binom{2}{2}4^8\right] =$$

$$= \frac{1}{1679616}[1\,679\,616 - 2 \cdot 781\,250 + 65\,536] = \frac{481951}{839808} = 57,4\,\%.$$

Beispiel 2. A wirft einen sechsflächigen Würfel zwölfmal, alle sechs Augenzahlen sollen je mindestens einmal erscheinen. Wie oben ergibt sich für die Chance von A der Wert

$$\frac{N_6^8(1,2,3,4,5,6)}{6^{12}} = \frac{1}{6^{12}}\left[\binom{6}{0}6^{12} - \binom{6}{1}5^{12} + \binom{6}{2}4^{12} - \binom{6}{3}3^{12} + \binom{6}{4}2^{12} - \binom{6}{1}1^{12} + \binom{6}{0}0^{12}\right]$$

$$= \frac{1654565}{3779136} = 43,8\,\%.$$

Beispiel 3. A wirft einen 36-flächigen Würfel 43-mal, die zwei vorgegebenen Augenzahlen sollen je mindestens einmal erscheinen. Wie in Beispiel 1 ergibt sich für die Chance von A

$$\frac{N_{36}^{43}(1,2)}{36^{43}} = \frac{1}{36^{43}}\left[\binom{2}{0}36^{43} - \binom{2}{1}35^{43} + \binom{2}{2}34^{43}\right]$$

$$= \frac{25218303\,705328000825\,787262432\,993124925\,567097548\,374800573\,774771605}{51462694\,150852911\,705052553\,459358085\,889746302\,624461302\,024516927488} = 49,0\,\%.$$

Wir bringen nun den **Beweis**, den DE MOIVRE uns schuldig blieb.

Es sei $N_f^n = f^n$ die Anzahl aller n-tupel, die aus den f Augenzahlen ①, ②, …, ⓕ gebildet werden können. Ohne Beschränkung der Allgemeinheit seien die k vorgegebenen Augenzahlen mit ①, ②, …, ⓚ bezeichnet. Dann sei $N_f^n(1, 2, \ldots, h)$ die Anzahl der n-tupel, bei denen

die Augenzahlen ①, ②,…, ⓗ jeweils mindestens einmal auftreten, und $N_f^n(1, 2, \ldots, h, \overline{m})$

die Anzahl der n-tupel, bei denen die Augenzahlen ①, ②,…, ⓗ jeweils mindestens einmal auftreten, aber ⓜ nicht.

Dann erhält man die Anzahl $N_f^n(1, 2, \ldots, h + 1)$ aller n-tupel, bei denen die Augenzahlen ①,

②,…, ⓗ⁺¹ jeweils mindestens einmal auftreten, wenn man von der Anzahl $N_f^n(1, 2, \ldots, h)$

---

[193] DE MOIVRE begnügt sich damit, nur jeweils den Lösungsterm anzugeben, ohne ihn auszurechnen.

aller n-tupel, bei denen die Augenzahlen ①, ②,..., ⓗ jeweils mindestens einmal auftreten, die Anzahl $N_f^n(1, 2, ..., \text{h}, \overline{\text{h}+1})$ aller n-tupel subtrahiert, bei denen die Augenzahlen ①, ②,..., ⓗ jeweils mindestens einmal auftreten, ⓗ⁺¹ aber nicht; es gilt also

$$N_f^n(1, 2, ..., \text{h} + 1) = N_f^n(1, 2, ..., \text{h}) - N_f^n(1, 2, ..., \text{h}, \overline{\text{h}+1}) \qquad (*)$$

DE MOIVRES Erkenntnis war, dass $N_f^n(1, 2, ..., \text{h}, \overline{\text{h}+1}) = N_{f-1}^n(1, 2, ..., \text{h})$ ist. Dazu hat er den f-flächigen Würfel durch einen $(f - 1)$-flächigen Würfel ersetzt, bei dem die Augenzahl ⓗ⁺¹ fehlt. Mit dieser Erkenntnis wird $(*)$ zur Rekursionformel

$$N_f^n(1, 2, ..., \text{h} + 1) = N_f^n(1, 2, ..., \text{h}) - N_{f-1}^n(1, 2, ..., \text{h}).$$

DE MOIVRE führt für $k = 1, 2$ und 3 die Rekursion vor, nämlich

$k = 1$: $N_f^n(1) = N_f^n - N_{f-1}^n = f^n - (f-1)^n$,

$k = 2$: $N_f^n(1, 2) = N_f^n(1) - N_{f-1}^n(1)$

$$= [f^n - (f-1)^n] - [(f-1)^n - (f-2)^n] = f^n - 2(f-1)^n + (f-2)^n.$$

$k = 3$: $N_f^n(1, 2, 3) = N_f^n(1, 2) - N_{f-1}^n(1, 2)$

$$= [f^n - 2(f-1)^n + (f-2)^n] - [(f-1)^n - 2(f-2)^n + (f-3)^n]$$

$$= f^n - 3(f-1)^n + 3(f-2)^n - (f-3)^n.$$

Offensichtlich gilt mit geeigneten Koeffizienten a_i

$$N_f^n(1, 2, ..., k) = a_0 f^n - a_1(f-1)^n + a_2(f-2)^n \mp ... + (-1)^k a_n(f-k)^n.$$

Bemerkung. Die Koeffizienten a_i kann man bei Anwendung der schrittweisen Rekursion nach folgendem Schema bestimmen:

$k = 1$	$1 - 1$	$N_f^n(1) = \mathbf{1} f^n - \mathbf{1}(f-1)^n$
	$-1 + 1$	$- N_{f-1}^n(1) = -\mathbf{1}(f-1)^n + \mathbf{1}(f-2)^n$
$k = 2$	$1 - 2 + 1$	$N_f^n(1, 2) = \mathbf{1} N_{f-1}^n - \mathbf{2}(f-1)^n + \mathbf{1}(f-2)^n$
	$-1 + 2 - 1$	$- N_{f-1}^n(1, 2) = -\mathbf{1}(f-1)^n + \mathbf{2}(f-2)^n - \mathbf{1}(f-3)^n$
$k = 3$	$1 - 3 + 3 - 1$	$N_f^n(1, 2, 3) = \mathbf{1} N_{f-1}^n - \mathbf{3}(f-1)^n + \mathbf{3}(f-2)^n - \mathbf{1}$
	$-1 + 3 - 3 + 1$	$- N_{f-1}^n(1, 2, 3) = -\mathbf{1}(f-1)^n + \mathbf{3}(f-2)^n - \mathbf{3}(f-3)^n + \mathbf{1}(f-4)^n$
$k = 4$	$1 - 4 + 6 - 4 + 1$	$N_f^n(1, 2, 3, 4) = \mathbf{1} N_{f-1}^n - \mathbf{4}(f-1)^n + \mathbf{6}(f-2)^n - \mathbf{4}(f-3)^n + \mathbf{1}(f-4)^n$

DE MOIVRE hat erkannt, dass die a_i nichts anderes sind als die Binomialkoeffizienten $\binom{k}{i}$, was sich leicht durch vollständige Induktion beweisen lässt.

Behauptung: $N_f^n(1, 2, ..., k) = \sum_{i=0}^{k} \binom{k}{i}(-1)^i (f - i)^n$.

Induktionsanfang: $N_f^n(1) = \sum\limits_{i=0}^{1} \binom{1}{i}(-1)^i (f - i)^n = f^n - (f - 1)^n$, richtig.

Induktionsschritt: $N_f^n(1, 2, ..., k)$ sei richtig. Dann gilt

$N_f^n(1, 2, ..., k + 1) = N_f^n(1, 2, ..., k) - N_{f-1}^n(1, 2, ..., k)$

$$= \sum_{i=0}^{k} \binom{k}{i}(-1)^i (f - i)^n - \sum_{i=0}^{k} \binom{k}{i}(-1)^i (f - 1 - i)^n$$

$$= \sum_{i=0}^{k} \binom{k}{i}(-1)^i (f - i)^n - \sum_{j=1}^{k+1} \binom{k}{j-1}(-1)^{j-1} (f - j)^n$$

$$= \sum_{i=0}^{k} \binom{k}{i}(-1)^i (f - i)^n - \sum_{i=1}^{k+1} \binom{k}{i-1}(-1)^{i-1} (f - i)^n$$

$$= \binom{k}{0} f^n + \sum_{i=1}^{k} (-1)^i \left[\binom{k}{i} + \binom{k}{i-1}\right](f - i)^n - \binom{k+1}{k+1}(-1)^k (f - (k + 1))^n$$

$$= \binom{k+1}{0} f^n + \sum_{i=1}^{k} (-1)^i \binom{k+1}{i}(f - i)^n + \binom{k+1}{k+1}(-1)^{k+1} (f - (k + 1))^n$$

$$= \sum_{i=0}^{k+1} (-1)^i \binom{k+1}{i}(f - i)^n, \text{ richtig.}$$

Ergänzung. DE MOIVRE behandelt den Fall, dass k bestimmte Augenzahlen je mindestens einmal auftreten müssen. Wenn man sich aber nicht festlegt, welche Augenzahlen es sein sollen, dann muss die Anzahl $N_f^n(1, 2, ..., k)$ noch mit $\binom{f}{k}$ multipliziert werden.

DE MOIVRE ist in *Slaughter's Coffee-house*, dessen Anschrift er auch als seine Briefadresse benutzte, neben vielen französischen Flüchtlingen auch Glücksspielern begegnet, für die das nächste Problem von Interesse war.

P R O B. XIX.

Invenire quotenis tentaminibus futurum fit probabile ut colluforum alter A facies quafcunque datas jaciat, teffera conftante dato-facierum numero.

Man bestimme, ab wie vielen Versuchen es günstig ist, dass A, der eine der beiden Spieler, mit einem f-flächigen Würfel k vorgegebene Augenzahlen [mindestens einmal] wirft.

Lösung nach DE MOIVRE (1712)

Gesucht ist die Anzahl n von Würfen, für die

$P(\text{»A wirft } k \text{ vorgegebene Augenzahlen mindestens einmal bei } n \text{ Würfen«}) \geq 0{,}5$ wird. Also

$$N_f^n(1, 2, ..., k) / f^n = \sum_{i=0}^{k} \binom{k}{i}(-1)^i \left(\frac{f - i}{f}\right)^n \geq 0{,}5.$$

DE MOIVRE führt seinen »Beweis« nur für $k = 6$, sucht also die Lösung von

$$\sum_{i=0}^{6} \binom{6}{i}(-1)^i \left(\frac{f - i}{f}\right)^n$$

$$= \binom{6}{0} - \binom{6}{1}\left(1 - \frac{1}{f}\right)^n + \binom{6}{2}\left(1 - \frac{2}{f}\right)^n - \binom{6}{3}\left(1 - \frac{3}{f}\right)^n + \binom{6}{4}\left(1 - \frac{4}{f}\right)^n - \binom{6}{5}\left(1 - \frac{5}{f}\right)^n + \binom{6}{6}\left(1 - \frac{6}{f}\right)^n$$

$$\geq 0,5.$$

Eine exakte Bestimmung von n ist nicht möglich, also muss eine Näherungslösung gesucht werden. Dazu verwendet DE MOIVRE die nach JAKOB BERNOULLI benannte Ungleichung, nämlich $(1 + x)^n \geq 1 + nx$. Damit wird aus der alternierenden Summe der Ausdruck

$$\binom{6}{0} - \binom{6}{1}\left(1 - \frac{1}{f}\right)^n + \binom{6}{2}\left(1 - \frac{1}{f}\right)^{2n} - \binom{6}{3}\left(1 - \frac{1}{f}\right)^{3n} + \binom{6}{4}\left(1 - \frac{1}{f}\right)^{4n} - \binom{6}{5}\left(1 - \frac{1}{f}\right)^{5n} + \binom{6}{6}\left(1 - \frac{1}{f}\right)^{6n}$$

$$= \binom{6}{0} - \binom{6}{1}\left[1 - \frac{1}{f}\right]^n + \binom{6}{2}\left[\left(1 - \frac{1}{f}\right)^n\right]^2 - \binom{6}{3}\left[\left(1 - \frac{1}{f}\right)^n\right]^3 + \binom{6}{4}\left[\left(1 - \frac{1}{f}\right)^n\right]^4 - \binom{6}{5}\left[\left(1 - \frac{1}{f}\right)^n\right]^5$$

$$+ \binom{6}{6}\left[\left(1 - \frac{1}{f}\right)^n\right]^6$$

$$= \left[1 - \left(1 - \frac{1}{f}\right)^n\right]^6, \text{ über den nur ausgesagt werden kann, dass er ungefähr 0,5 sein soll.}$$

Aus $\left[1 - \left(1 - \frac{1}{f}\right)^n\right]^6 \approx \frac{1}{2}$ erhält man

$$6 \cdot \lg\left[1 - \left(1 - \frac{1}{f}\right)^n\right] \approx \lg\frac{1}{2} \Leftrightarrow \lg\left[1 - \left(1 - \frac{1}{f}\right)^n\right] \approx \frac{1}{6}\lg\frac{1}{2} \Leftrightarrow \lg\left[1 - \left(1 - \frac{1}{f}\right)^n\right] \approx \lg\left(\frac{1}{2}\right)^{\frac{1}{6}}$$

$$\Leftrightarrow \left[1 - \left(1 - \frac{1}{f}\right)^n\right] \approx \left(\frac{1}{2}\right)^{\frac{1}{6}} \Leftrightarrow \left(1 - \frac{1}{f}\right)^n \approx 1 - \left(\frac{1}{2}\right)^{\frac{1}{6}} \Leftrightarrow n\lg\left(1 - \frac{1}{f}\right) \approx \lg\left[1 - \left(\frac{1}{2}\right)^{\frac{1}{6}}\right]$$

$$\Leftrightarrow n \approx \frac{\lg\left[1 - \left(\frac{1}{2}\right)^{\frac{1}{6}}\right]}{\lg\left(1 - \frac{1}{f}\right)}.$$

DE MOIVRE endet seinen »Beweis« mit der Aussage, dass er allgemein ebenso verlaufe. Wir werden dies unten vorführen. Er berechnet n dann noch in zwei Beispielen.

Beispiel 1. Ab wie vielen Versuchen ist es günstig, dass A mit einem sechsflächigen Würfel alle Augenzahlen [mindestens einmal] wirft? Der letzte Ausdruck liefert[194]

$$n \approx \frac{\lg\left[1 - \left(\frac{1}{2}\right)^{\frac{1}{6}}\right]}{\lg\left(1 - \frac{1}{6}\right)} = \frac{\lg 0,1091013}{\lg 0,166666} = \frac{-0,9621701}{-0,07918512} = 12,15...$$

Die Anzahl der Würfe ist also ungefähr 12. Diesen Wert muss man in $N_6^n(1, 2, ..., 6) / 6^n$ einsetzen. Man erhält $N_6^{12}(1, 2, ..., 6) / 6^{12} =$

---

[194] DE MOIVRES Logarithmus-Werte unterscheiden sich geringfügig von unseren.

$$= \binom{6}{0} - \binom{6}{1}\left(1 - \frac{1}{6}\right)^{12} + \binom{6}{2}\left(1 - \frac{2}{6}\right)^{12} - \binom{6}{3}\left(1 - \frac{3}{6}\right)^{12} + \binom{6}{4}\left(1 - \frac{4}{6}\right)^{12} - \binom{6}{5}\left(1 - \frac{5}{6}\right)^{12} + \binom{6}{6}\left(1 - \frac{6}{6}\right)^{12}$$

$$= 1 - 6\cdot\left(\frac{5}{6}\right)^{12} + 15\cdot\left(\frac{4}{6}\right)^{12} - 20\cdot\left(\frac{3}{6}\right)^{12} + 15\cdot\left(\frac{2}{6}\right)^{12} - 6\cdot\left(\frac{1}{6}\right)^{12} = \frac{1654565}{3779136} = 0{,}4378156806, \text{ al-}$$

so zu klein. Setzt man für $n = 13$, so ergibt sich $N_6^{13}(1, 2, \ldots, 6) / 6^{13}$

$$= 1 - 6\cdot\left(\frac{5}{6}\right)^{13} + 15\cdot\left(\frac{4}{6}\right)^{13} - 20\cdot\left(\frac{3}{6}\right)^{13} + 15\cdot\left(\frac{2}{6}\right)^{13} - 6\cdot\left(\frac{1}{6}\right)^{13} = \frac{485485}{944784} = 0{,}5138581940.$$

Also ist es günstig, ab dreizehn Würfen auf einen Erfolg des A zu setzen.

Beispiel 2. Ab wie vielen Versuchen ist es günstig, dass A mit einem 216-flächigen Würfel sechs vorgegebene Augenzahlen [mindestens einmal] wirft? Oder: Dass er mit drei [unterscheidbaren] üblichen Würfeln alle Dreierpasche wirft?[195]

Der letzte Ausdruck liefert $n \approx \dfrac{\lg\left[1 - \left(\frac{1}{2}\right)^{\frac{1}{6}}\right]}{\lg\left(1 - \frac{1}{216}\right)} = \dfrac{\lg 0{,}1091013}{\lg 0{,}9953704} = \dfrac{-0{,}9621701}{-0{,}002015278} = 477{,}43\ldots$

DE MOIVRE verzichtet hier auf die Probe. Sie ergibt $N_6^{477}(1, 2, \ldots, 6) / 216^{477}$

$$= 1 - 6\cdot\left(\frac{215}{216}\right)^{477} + 15\cdot\left(\frac{214}{216}\right)^{477} - 20\cdot\left(\frac{213}{216}\right)^{477} + 15\cdot\left(\frac{212}{216}\right)^{477} - 6\cdot\left(\frac{211}{216}\right)^{477} = 0{,}4980952282.$$

Also ist 477 zu klein! Erst $n = 479$ liefert einen Wert größer als 0,5, nämlich 0,5015128660; denn $n = 478$ liefert auch einen zu kleinen Wert, nämlich 0,4998055914.

Die allgemeine Herleitung der Näherungsformel verläuft wie oben, indem man die 6 im Beweis von DE MOIVRE durch k ersetzt. Man erhält schließlich

$$n \approx \frac{\lg\left[1 - \left(\frac{1}{2}\right)^{\frac{1}{k}}\right]}{\lg\left(1 - \frac{1}{f}\right)}.$$

---

[195] Die beiden unterschiedlichen Fragestellungen sind Einkleidungen der Aufgabe: Ein Zufallsexperiment hat 216 gleichwahrscheinliche Ergebnisse. Wie oft muss man es ausführen, damit die Wahrscheinlichkeit, dass sechs vorgegebene Ergebnisse mindestens einmal eintreten, mindestens 50 % beträgt?

1738 DE MOIVRE / *Doctrine of Chances*: s-seitiges Prisma

1738 ergänzt ABRAHAM DE MOIVRE in der zweiten Auflage seiner *The Doctrine of Chances* die Fragestellung durch ein weiteres Problem:[196]

PROBLEM XL.

Suppoſing a regular Cylinder having a *Faces marked* i, b *Faces marked* ii, c *Faces marked* iii, d *Faces marked* iv, &c. *what is the Probability that in a certain number of throws* n, *ſome of the Faces marked* i *will be thrown, as alſo ſome of the Faces marked* ii.

Problem XL. Bei einem s-seitigen regulären Prisma werden a_1 Seiten mit der Augenzahl ①, a_2 Seiten mit der Augenzahl ②, ..., a_m Seiten mit der Augenzahl ⑩ beschriftet, und es gelte $\sum_{i=1}^{m} a_i = s$.

Gesucht ist die Wahrscheinlichkeit, dass bei n Würfen die Augenzahlen ① und ② [allgemein, dass k vorgegebene Augenzahlen] mindestens einmal erscheinen.

Lösung nach DE MOIVRE (1738)

DE MOIVRE gibt sofort die Lösung an, nämlich

$$\frac{1}{s^n}\left(s^n - (s - a_1)^n - (s - a_2)^n + (s - a_1 - a_2)^n\right),$$

und sagt, man finde sie nach dem Verfahren von *Problem XXXVIII*, also *Problem XVIII* von 1712 (s. S. 190). Wir führen dies nun aus. Dabei muss angenommen werden, dass die Prismenseiten unterscheidbar sind, z. B. dadurch, dass gleiche Augenzahlen durch Farben unterschieden werden können. Ein Wurf hat also s verschiedene Ausfälle, n Würfe erzeugen somit ein n-tupel mit Wiederholungen mit s^n verschiedenen Ergebnissen. Die Würfe ohne eine Augenzahl ① kann man dadurch erhalten, dass man ein $(s - a_1)$-seitiges Prisma n-mal wirft; dieses kann auf $(s - a_1)^n$ Arten fallen. Analog gibt es $(s - a_2)^n$ Möglichkeiten für ein Prisma, das keine Augenzahl ② aufweist. Bildet man $s^n - (s - a_1)^n - (s - a_2)^n$, dann hat man die Fälle, bei denen ① und ② zugleich fehlen, doppelt abgezogen. Also muss man diese Anzahl wieder addieren. Zu ihrer Bestimmung wirft man ein Prisma mit $s - a_1 - a_2$ Seiten n-mal. Damit ergibt sich für die gesuchte Anzahl der Wert $s^n - (s - a_1)^n - (s - a_2)^n + (s - a_1 - a_2)^n$. Division mit s^n liefert die gesuchte Wahrscheinlichkeit.

Im Anschluss an seinen Hinweis, wie man die Formel findet, bringt DE MOIVRE für sie ein **Beispiel**, wählt aber eine andere Einkleidung:

Zwei übliche Würfel werden achtmal geworfen. Mit welcher Wahrscheinlichkeit erhält man je mindestens einmal die Augensumme 5 und die Augensumme 6?

DE MOIVRE überträgt die Fragestellung wie folgt auf die Prismenaufgabe. Er wählt ein Prisma mit $s = 36$ Seiten. Auf dessen Seitenflächen werden die möglichen Augensummen der beiden Würfel jeweils so oft aufgetragen, wie sie entstehen können. Weil die Augensumme 5

---

[196] Er spricht darin von einem Zylinder, meint jedoch ein Prisma, wie aus der Formulierung in der dritten Auflage hervorgeht (de Moivre 1756, *Problem XLI*).

auf vier Arten entstehen kann $(1 + 4, 2 + 3, 3 + 2$ und $4 + 1)$, werden $a_1 = 4$ Flächen mit ⑤ gekennzeichnet, und weil die Augensumme 6 auf fünf Arten entstehen kann, werden $a_2 = 5$ Flächen mit ⑥ gekennzeichnet. Für die gesuchte Wahrscheinlichkeit ergibt sich also der Wert $\frac{1}{36^8}[36^8 - (36 - 4)^8 - (36 - 5)^8 + (36 - 4 - 5)^8] = \frac{1}{36^8}(36^8 - 32^8 - 31^8 + 27^8) = 0{,}40804$.

DE MOIVRE erhält logarithmisch den Wert $0{,}40861$ und behauptet, die Wette gegen dieses Ereignis steht ungefähr wie $13 : 9$, was sich auch mit unseren Werten ergibt.

Im Anschluss an dieses Beispiel erweitert DE MOIVRE die Fragestellung auf drei vorgegebene Augenzahlen und gibt die Lösungsformel an, nämlich

$$\frac{1}{s^n}\left(s^n - \sum_{i=1}^{3}(s - a_i)^n + \sum_{1 \le i < j \le 3}(s - a_i - a_j)^n - \left(s - (a_1 + a_2 + a_3)\right)^n\right).$$

Den Klammerausdruck gewinnt man folgendermaßen: Von s^n zieht man all die Fälle ab, wo genau eine Augenzahl fehlt, dann addiert man all die Fälle, bei denen genau zwei Augenzahlen fehlen, und subtrahiert schließlich die Fälle, wo alle drei Augenzahlen fehlen.

Schließlich gibt DE MOIVRE noch die Formel für $k = 4$ an und schreibt, dass man »durch bloßes Hinsehen« erkennen könne, wie man im allgemeinen Fall vorzugehen habe. Wir führen es aus:

$$\frac{1}{s^n}\left(s^n - \sum_{i=1}^{k}(s - a_i)^n + \sum_{\substack{i,j=1 \\ i<j}}^{k}(s - a_i - a_j)^n - \sum_{\substack{i,j,l=1 \\ i<j<l}}^{k}(s - a_i - a_j - a_l)^n + \ldots + (-1)^k\left(s - \sum_{i=1}^{k}a_i\right)^n\right)$$

In der Klammer erkennt man die Formel von SYLVESTER, auch Ein-Ausschaltformel genannt.[197]

---

[197] Diese Formel wird JAMES JOSEPH SYLVESTER wohl deswegen zugeschrieben, weil er sie mehrmals benützt, so 1883 in *Note sur le théorème de Legendre* […] in: *Comptes rendus hebdomadaires des séances de l'Académie des Sciences* **96**, wo er schreibt: »[Ce] théorème […] est une conséquence immédiate d'un théorème logique bien connu, lequel, *mis sous forme sensible*, équivaut à dire, que si A, B, C, … sont des corps avec la faculté de s'entrecouper, contenus dans un vase d'eau, et si *a*, *ab*, *abc*, … représentent symboliquement les volumes de A, de la partie commune à A et à B, de la partie commune à A, B, C, … , alors le volume du liquide déplacé par la totalité des corps sera $\Sigma a - \Sigma ab + \Sigma abc - \ldots$ 1890 benützt er sie in *On a funicular solution of Buffon's "Problem of the needle" in its most general form* in: Acta Mathematica **14** (189–1891). Auch hier schreibt er wieder, dass sie sich ergebe »by a universal theorem of *logic*«. Einen Beweis lieferte HENRI POINCARÉ in seinen Vorlesungen 1893/94, die 1896 als *Calcul des Probabilités* in Paris erschienen. Daher heißt die Formel in der Literatur gelegentlich auch Formel von POINCARÉ-SYLVESTER. – In einer speziell dem *Treize*-Spiel angepassten Form bringt sie PIERRE RÉMOND DE MONTMORT bereits 1708 in seinem *Essay*, allerdings ohne Beweis. Den lieferte ihm 1710 NIKOLAUS I BERNOULLI. (Siehe Seite 174)

JAKOB BERNOULLIS Ars Conjectandi von 1713

1713 JAKOB BERNOULLI / *Ars Conjectandi*:
Kombination ohne Wiederholungen

GERONIMO CARDANO und später CHRISTOPHORUS CLAVIUS haben nach der Gesamtzahl *aller* Kombinationen gefragt, die man aus n Elementen bilden kann, und die richtige Antwort gefunden. Die Frage nach der Anzahl – wir bezeichnen sie heute mit $\binom{n}{k}$ – aller Auswahlmöglichkeiten von genau k aus n Elementen führt GERONIMO CARDANO 1560 exemplarisch für $n = 20$ vor.[198] Genauso verfährt er 1570.[199] Gewünscht hätte man sich aber einen geschlossenen Ausdruck, der diese Anzahl sofort aus n und k berechnen lässt. Ihn hätte man, sogar mit Begründung, schon 1321 bei LEVI BEN GERSON in dessen *Werk des denkenden Rechners* finden können. Ins mathematische Bewusstsein drang er aber erst 1634 durch PIERRE HÉRIGONE. An Beispielen zeigt dieser:[200]

> Die Anzahl $\binom{n}{k}$ aller k-Kombinationen ($0 < k \leq n$) ohne Wiederholungen aus einer n-Menge ist ein Bruch, dessen Zähler und Nenner Produkte aus jeweils k aufeinander folgenden natürlichen Zahlen sind, und zwar der Zähler von n an abwärts, der Nenner von 1 an aufwärts. Formal:
>
> $$\binom{n}{k} = \frac{n \cdot (n-1) \cdot \ldots \cdot (n-(k-1))}{1 \cdot 2 \cdot \ldots \cdot k}.$$

Diese nach HÉRIGONE statt nach LEVI BEN GERSON benannte Formel heißt auch multiplikatives Bildungsgesetz der Binomialkoeffizienten.

Beweis nach Jakob Bernoulli (1713)

JAKOB BERNOULLI betrachtet dazu in seiner *Ars Conjectandi* auf Seite 83 die Menge $\{a, b, c,$

---

[198] In der verbesserten Neuauflage von 1560 seiner *De Subtilitate libri XXI*, Buch 15, Seite 935, benutzt er dazu die Symmetrie $\binom{n}{k} = \binom{n}{n-k}$ und bestimmt, von $\binom{20}{1}$ und $\binom{20}{19}$ ausgehend, schrittweise alle Werte $\binom{20}{k}$ für $1 \leq k \leq 20$.

[199] In Korollar 1 zu Satz 170 seines *Opus novum de proportionibus* gibt er zunächst in Worten die Rekursionsformel $\binom{n}{k} = \frac{n-(k-1)}{k}\binom{n}{k-1}$ an, die er bereits 1560 stillschweigend verwendet hatte, und errechnet alle Werte $\binom{11}{k}$ für $1 \leq k \leq 11$. Zur Veranschaulichung der Symmetrie $\binom{n}{k} = \binom{n}{n-k}$ konstruiert er das Arithmetische Dreieck nahezu so, wie PASCAL es machen wird.

[200] *Cursus mathematicus nova*, Band 2, Teil *Algèbre*, S. 119. – Um 1150 hätte man sie jedoch schon bei BHĀSKARA II in *Līlāvatī*– »Die Schöne« – lesen können (siehe Seite 22).

$d, e, \ldots\}$ und ordnet die möglichen Kombinationen genauso an, wie FRANS VAN SCHOOTEN 1657 (s. S. 44). Für die i-te Zeile gilt: Am Anfang steht der i-te Buchstabe allein. Dann folgen alle 2-Tupel, die aus den 1-Tupeln, d. h. den vorhergehenden $i - 1$ Buchstaben und einem hinzugefügten i-ten Buchstaben bestehen. Dann folgen alle 3-Tupel, die aus den 2-Tupeln der vorhergehenden $i - 1$ Zeilen und einem hinzugefügten i-ten Buchstaben bestehen. Usw. Der Übersichtlichkeit halber haben wir die 2- und 4-Tupel von den 1-, 3- und 5-Tupeln durch graue Unterlegung optisch getrennt.

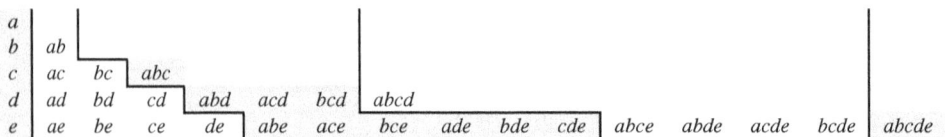

```
a
b  ab
c  ac  bc   abc
d  ad  bd   cd   abd  acd  bcd   abcd
e  ae  be   ce   de   abe  ace   bce  ade  bde  cde   abce  abde  acde  bcde   abcde
```

Auf Grund der Konstruktion dieser Aufstellung ergibt sich folgende Regel (S. 86): Die Anzahl a_n^k der k-Tupel ($k \geq 2$) in der n-ten Zeile ist gleich der Summe der Anzahlen der $(k-1)$-Tupel aus den ersten $n - 1$ Zeilen, d. h., $a_n^k = \sum_{i=1}^{n-1} a_i^{k-1}$. So ergeben sich die sechs Tripel in der fünften Zeile, indem man an die sechs Paare aus den ersten vier Zeilen – null Paare in der ersten Zeile, ein Paar in der zweiten Zeile, zwei Paare in der dritten Zeile und drei Paare in der vierten Zeile – den Buchstaben e anfügt. Aus dieser Aufstellung ermittelt BERNOULLI die Anzahl aller Unionen[201] (= 1-Tupel), aller Binionen (= 2-Tupel) usw. in Abhängigkeit von der Zeilennummer i. Er erhält damit auf S. 87 die folgende Tabelle, die die Anzahl der k-Kombinationen zeigt, die in der i-ten Zeile der obigen Aufstellung stehen.

	k-te Spalte = Anzahl k der Elemente im k-Tupel											
	1	*2*	*3*	*4*	*5*	*6*	*7*	*8*	*9*	*10*	*11*	*12*
1	1	0	0	0	0	0	0	0	0	0	0	0
2	1	1	0	0	0	0	0	0	0	0	0	0
3	1	2	1	0	0	0	0	0	0	0	0	0
4	1	3	3	1	0	0	0	0	0	0	0	0
5	1	4	6	4	1	0	0	0	0	0	0	0
6	1	5	10	10	5	1	0	0	0	0	0	0
7	1	6	15	20	15	6	1	0	0	0	0	0
8	1	7	21	35	35	21	7	1	0	0	0	0
9	1	8	28	56	70	56	28	8	1	0	0	0
10	1	9	36	84	126	126	84	36	9	1	0	0
11	1	10	45	120	210	252	210	120	45	10	1	0
12	1	11	55	165	330	462	462	330	165	55	11	1

(Zeile: *Zeilennummer i*)

Der Inhalt dieser Tabelle ist nichts anderes als das Arithmetische Dreieck in unüblicher Darstellung, ergänzt durch Nullen, wie die folgende Umgestaltung bis $i = 10$ zeigt.

```
                                        1     0     0     0     0   0   0
                                  1     1     0     0     0     0   0
                            1     2     1     0     0     0     0   0
                      1     3     6     3     1     0     0     0   0
                1     4     10    6     4     1     0     0     0   0
          1     5     15    10    20    10    15    5     6    1   0    0    0
      1   6     21    35    56    70    56    35    21    7    1    0    0
   1  7  8  28  36  84  126  126  84  28  8  1  0  0
 1  8  9  36       120   210   126   210   36      9     1    0    0
1  10  45       120   210   252   210   120   45   10   1   0
```

[201] Der Ausdruck findet sich bereits 1666 in GOTTFRIED WILHELM LEIBNIZens *De Arte Combinatoria*.

Aus seiner Tabelle leitet JAKOB BERNOULLI mehrere Hilfssätze her. Sein Bruder JOHANN fasst diese, wie JAKOB auf Seite 93 schreibt, zu folgendem Hilfssatz, auch *Lemma*[202] genannt, zusammen:

Lemma von JOHANN I BERNOULLI

Wenn sich die Summe der ersten l Zahlen der k-ten Spalte zum l-fachen des l-ten Summanden wie $1 : r$ verhält, dann verhält sich die Summe der ersten m Zahlen der $(k + 1)$-ten Spalte zum m-fachen des m-ten Summanden wie $1 : (r + 1)$.

Formal lässt sich dies wie folgt ausdrücken:

		$k-1$	k	$k+1$
1		a_1^{k-1}	a_1^k	a_1^{k+1}
		$\dots$	$\dots$	$\dots$
		$\dots$	$\dots$	$\dots$
l		$\dots$	a_l^k	$\dots$
		$\dots$		$\dots$
m		$\dots$		a_m^{k+1}
		$\dots$		
$n-1$		a_{n-1}^{k-1}		
n			a_n^k	

Die grau unterlegten Felder zeigen das Konstruktionsprinzip, die Spalten k und k + 1 den Inhalt des Lemmas.

Aus $\left(\displaystyle\sum_{i=1}^{l} a_i^k\right) : \left(l \cdot a_l^k\right) = 1 : r$ folgt

$$\left(\sum_{i=1}^{m} a_i^{k+1}\right) : \left(m \cdot a_m^{k+1}\right) = 1 : (r + 1)$$

Beweis. JAKOB BERNOULLI führt den Beweis nur beispielhaft für den Fall $m = l + 1$ und wählt dazu $m = 6$. Wir übertragen seinen Gedanken ins Allgemeine, wodurch sein Vorgehen durchsichtiger wird.

$$\sum_{i=1}^{m} a_i^{k+1} = a_m^{k+1} + a_{m-1}^{k+1} + a_{m-2}^{k+1} + \dots + a_2^{k+1} + a_1^{k+1}$$

$$\overset{\text{Konstr.}}{=} \sum_{i=1}^{m-1} a_i^k + \sum_{i=1}^{m-2} a_i^k + \sum_{i=1}^{m-3} a_i^k + \dots + \sum_{i=1}^{1} a_i^k + 0$$

$$\overset{\text{Vor.}}{=} \frac{(m-1)\cdot a_{m-1}^k}{r} + \frac{(m-2)\cdot a_{m-2}^k}{r} + \frac{(m-3)\cdot a_{m-3}^k}{r} + \dots + \frac{[(m-1)-(m-2)]\cdot a_1^k}{r} + 0$$

$$= \frac{m-1}{r}\left(a_{m-1}^k + a_{m-2}^k + a_{m-3}^k + \dots + a_1^k\right) - \frac{1}{r}\left(a_{m-2}^k + 2a_{m-3}^k + \dots + (m-2)a_1^k + 0\right).$$

Man zerlegt nun die Summe im Subtrahenden in lauter einzelne Summen, deren Summanden a_i^k alle den Koeffizienten 1 haben. Damit erhält man für die letzte Zeile auf Grund des Konstruktionsprinzips der Tabelle den Ausdruck

$$\frac{m-1}{r}a_m^{k+1} - \frac{1}{r}\left(a_{m-1}^{k+1} + a_{m-2}^{k+1} + \dots + a_2^{k+1} + a_1^{k+1}\right).$$

Somit findet man für das gesuchte $\displaystyle\sum_{i=1}^{m} a_i^{k+1}$ die Gleichung

$$r \cdot a_m^{k+1} + r \cdot \sum_{i=1}^{m-1} a_i^{k+1} = (m-1)a_m^{k+1} - \sum_{i=1}^{m-1} a_i^{k+1}$$

$$(r + 1) \cdot \sum_{i=1}^{m-1} a_i^{k+1} = (m - 1 - r)a_m^{k+1}$$

---

[202] Das Wort $\lambda\tilde{\eta}\mu\mu\alpha$ im Sinne von Hilfssatz wurde erstmals von ARCHIMEDES in seiner *Quadratur der Parabel* verwendet.

$$\sum_{i=1}^{m-1} a_i^{k+1} = \frac{(m-1-r)}{r+1} a_m^{k+1}.$$ (*)

Addiert man auf beiden Seiten a_m^{k+1}, so erhält man

$$\sum_{i=1}^{m} a_i^{k+1} = \frac{(m-1-r+r+1)}{r+1} a_m^{k+1} = \frac{m}{r+1} a_m^{k+1},$$ woraus folgt

$$\left(\sum_{i=1}^{m} a_i^{k+1}\right) : \left(m \cdot a_m^{k+1}\right) = 1 : (r+1),$$ q. e. d.

Nun folgt auf S. 93 die *propositio principalis*, der Hauptsatz:

Für die k-te Spalte der Tabelle gilt:

I) Die Summe der ersten s Zahlen verhält sich zum s-fachen des letzten Summanden wie $1 : k$.

II) Die Summe der ersten t von 0 verschiedenen Zahlen verhält sich zum t-fachen der $(t+1)$-ten von 0 verschiedenen Zahl wie $1 : k$.

	k
1	0
	...
$k-1$	0
k	1
	...
$s = t+k-1$	a_s^k
$t+k$	a_{s+1}^k

D. h.: $$\left(\sum_{i=1}^{s} a_i^k\right) : \left(s \cdot a_s^k\right) = 1 : k \quad \text{bzw.} \quad \left(\sum_{i=k}^{t+k-1} a_i^k\right) : \left(t \cdot a_{t+k}^k\right) = 1 : k$$

Wir bringen zwei *Beispiele* für $k = 4$:

    1) $s = 8$: $(0+0+0+1+4+10+20+35) : (8 \cdot 35) = 70 : 280 = 1 : 4.$

    2) $t = 3$; dann ist $s = t+k-1 = 6, s+1 = t+k = 7$, und es gilt

    $(1+4+10) : (3 \cdot 20) = 15 : 60 = 1 : 4$

Wir führen den Beweis von JAKOB BERNOULLI ausführlich aus.

Induktionsbeweis für I:

$$k = 1: \left(\sum_{i=1}^{s} a_i^1\right) : \left(s \cdot a_s^1\right) = \left(\sum_{i=1}^{s} 1\right) : (s \cdot 1) = s : s = 1 : 1 = 1 : k$$

Induktionsvoraussetzung: Die Behauptung sei richtig für die k-te Spalte, d. h., es gilt

$$\left(\sum_{i=1}^{s} a_i^k\right) : \left(s \cdot a_s^k\right) = 1 : k.$$ Dann erhält man nach dem Lemma von JOHANN I BERNOULLI, wenn

man dort $l = m = s$ setzt: $$\left(\sum_{i=1}^{s} a_i^{k+1}\right) : \left(s \cdot a_s^{k+1}\right) = 1 : (k+1).$$ Die Behauptung ist also auch rich-

tig für die $(k+1)$-te Spalte.

Beweis für II: Wir nehmen in der obigen Zeile (*), d. h. in $\sum_{i=1}^{m-1} a_i^{k+1} = \frac{(m-1-r)}{r+1} a_m^{k+1}$, die fol-

genden Substitutionen vor: $m-1 =: s$ und $k+1 =: k$, was $\sum_{i=1}^{s} a_i^k = \frac{(s-r)}{r+1} a_{s+1}^k$ liefert. Für

$k \geq 2$ enthält die k-te Spalte $k-1$ Nullen. Wählt man $r = k-1$, dann wird die letzte Gleichung zu

$$\sum_{i=1}^{s} a_i^k = \frac{(s-k+1)}{k} a_{s+1}^k \quad \Leftrightarrow \quad \sum_{i=1}^{s} a_i^k : (s-k+1)\cdot a_{s+1}^k = 1:k \quad \Leftrightarrow$$

$$\Leftrightarrow \quad \left(\sum_{i=k}^{t+k-1} a_i^k\right) : (t+k-1-k+1)\cdot a_{t+k}^k = 1:k \quad \Leftrightarrow \quad \left(\sum_{i=k}^{t+k-1} a_i^k\right) : \left(t\cdot a_{t+k}^k\right) = 1:k, \text{ q. e. d.}$$

Für den Sonderfall $k = 1$ ist $t = s$. Man erhält also die oben bewiesene Gleichung von I.

BERNOULLIs Ziel ist es, mittels dieses Hauptsatzes einen geschlossenen Ausdruck für a_i^k zu finden. Dazu betrachtet er die j-te Zeile seiner Tabelle.

1. Schritt. In der 1. Spalte sind alle Zahlen von null verschieden. Die Summe der ersten j Zahlen dieser Spalte ist auf Grund der Konstruktion der Tabelle gleich der $(j + 1)$-ten Zahl der 2. Spalte. Also gilt $a_{j+1}^2 = j = \frac{j}{1}$.

2. Schritt. In der 2. Spalte stehen $j - 1$ von null verschiedene Zahlen.
Nach dem 2. Teil des Hauptsatzes gilt mit $t = j - 1$:

$$\left(\sum_{i=2}^{j-1+2-1} a_i^2\right) : \left((j-1)\cdot a_{j-1+2}^2\right) = \left(1 + \dots + a_j^2\right) : \left[(j-1)\cdot a_{j+1}^2\right] = 1:2, \text{ also}$$

$$\left(1 + \dots + a_j^2\right) = \frac{j\cdot(j-1)}{1\cdot 2} \text{ oder nach dem Konstruktionsprinzip } a_{j+1}^3 = \frac{j\cdot(j-1)}{1\cdot 2}.$$

3. Schritt. In der 3. Spalte stehen $j - 2$ von null verschiedene Zahlen. Nach dem 2. Teil des Hauptsatzes gilt mit $t = j - 2$:

$$\left(\sum_{i=3}^{j-2+3-1} a_i^3\right) : \left((j-2)\cdot a_{j-2+3}^3\right) = \left(1 + \dots + a_j^3\right) : \left[(j-2)\cdot a_{j+1}^3\right] = 1:3, \text{ also}$$

$$\left(1 + \dots + a_j^3\right) = \frac{j\cdot(j-1)\cdot(j-2)}{1\cdot 2\cdot 3}$$

oder nach dem Konstruktionsprinzip $a_{j+1}^4 = \dfrac{j\cdot(j-1)\cdot(j-2)}{1\cdot 2\cdot 3}$.

Wie man leicht sieht, lässt sich dieses Verfahren fortsetzen, und man erhält

$$a_i^k = \frac{(i-1)\cdot(i-2)\cdot\dots\cdot(i-(k-1))}{1\cdot 2\cdot\dots\cdot(k-1)} = \binom{i-1}{k-1}.$$

Gemäß Konstruktion der Tabelle ist a_i^k die Anzahl der $(k-1)$-Kombinationen aus einer $(i-1)$-Menge. Setzt man im letzten Ausdruck $i - 1 =: n$ und $k - 1 =: k$, so erhält man die Formel von HÉRIGONE.

Moderner Beweis

Die Anzahl der k-Kombinationen aus einer n-Menge erhält man durch die Auswahl ohne Wiederholung von k Elementen aus einer n-Menge, ohne die Reihenfolge zu berücksichtigen. Man wählt die Elemente nacheinander aus. Beim ersten Zug hat man n Möglichkeiten, beim zweiten Zug $n - 1$ Möglichkeiten, ..., beim k-ten Zug $n - (k - 1)$ Möglichkeiten, insgesamt also $n \cdot (n - 1) \cdot \dots \cdot (n - (k - 1))$ Möglichkeiten. Da jeweils $k!$ dieser entstandenen k-Tupel dieselbe k-Menge ergeben, ist das gefundene Produkt noch durch $k!$ zu teilen, wodurch sich der Bruch HÉRIGONEs ergibt.

Würdigung. BLAISE PASCAL gebührt das Verdienst, als Erster erkannt zu haben, dass diese aus der Algebra stammenden »Binomialkoeffizienten« die oben angegebene kombinatorische Bedeutung haben.

1713 JAKOB BERNOULLI / *Ars Conjectandi*:
Kombination mit Wiederholungen

Das Problem der Kombinationen mit Wiederholungen wurde in Gestalt der Augenzahlkombinationen von *n* Würfeln von NICCOLÒ TARTAGLIA 1556 und von IOANNES BUTEO 1559 angegangen (siehe Seite 54) und so weit gelöst, dass man bei 10 000 Würfeln sich eben schrittweise bis zur Zahl 10 000 vorarbeiten muss. MARIN MERSENNE greift das Problem auf, indem er, ohne jede Begründung, schrittweise die Anzahl aller aus einem 22-buchstabigen Alphabet bildbaren ein-, zwei-, …, zehnbuchstabigen »Wörter« berechnet, falls Buchstaben nicht verschieden sein müssen und ihre Anordnung keine Rolle spielt.[203] Seine Art der Berechnung bleibt unverständlich. Dasselbe gilt für BERNARD FRENICLE DE BESSYs ansprechende Beispiele für die Anzahl der *k*-Kombinationen mit Wiederholungen aus einer *n*-Menge.[204] Beider Verfahren läuft auf die unten dargestellte Regel von JAKOB BERNOULLI hinaus. Der spanische Jesuit SEBASTIAN IZQUIERDO ist der Erste, der 1659 in seinem *Pharus Scientiarum* – »Leuchtturm der Wissenschaften« – kombinatorische Fragestellungen ganz abstrakt einer systematischen Klassifikation unterwirft, losgelöst von Würfel, Buchstaben- und Melodieproblemen. Dabei stößt er natürlich auch auf die *k*-Kombinationen mit Wiederholungen aus einer *n*-Menge. Zur Bestimmung ihrer Anzahl konstruiert er eine Tabelle der Binomialkoeffizienten mit *k* und *n* als Eingängen.[205] Ohne Beweis gibt er an, wie man die Tabelle konstruiert und wie man in ihr die gesuchte Anzahl findet. JUAN CARAMUEL Y LOBKOWITZ übernimmt 1670 IZQUIERDOs Vorgehen in seine *Mathesis biceps vetus et nova* und zitiert ihn auch. Nahezu dieselbe Tabelle samt Regel findet man 1689, ebenso ohne Beweis, in den *Nouveaux Elemens des Mathematiques* des Oratorianers[206] und Universitätsprofessors JEAN PRESTET. Den letzten, aber entscheidenden Schritt, aus der schrittweisen Erzeugung der einzelnen Tabellenwerte den allgemeinen Ausdruck für einen bestimmten Tabellenwert, d. h., die gewünschte Formel in Abhängigkeit von *k* und *n* herzuleiten, hat aber keiner von ihnen getan. Die Leistung JAKOB BERNOULLIs, der JEAN PRESTET als einen seiner Vorgänger lobt, besteht darin, IZQUIERDOs Tabelle so gestaltet zu haben, dass er daraus die allgemeine Formel herleiten konnte, worauf er auch mit Stolz hinweist.

Die Anzahl aller *k*-Kombinationen mit Wiederholungen aus einer *n*-Menge ist ein Bruch, dessen Zähler und Nenner Produkte aus jeweils *k* aufeinander folgenden natürlichen Zahlen sind, und zwar der Zähler von *n* an aufwärts, der Nenner von 1 an aufwärts. Formal:

$$\binom{k+n-1}{k} = \binom{k+n-1}{n-1} = \frac{n \cdot (n+1) \cdot \ldots \cdot (n+(k-1))}{1 \cdot 2 \cdot \ldots \cdot k} \ .$$

---

[203] *Novarum observationum physico-mathematicarum* III, Abschnitt *Reflectiones physico-mathematicae*, Kap. XXIV *De Combinationibus, et earum utilitate* (Paris, 1647). MERSENNE beklagt darin auch, dass seine beiden Werke von 1635 und 1636, die *Harmonicorum libri*, vor allem aber die *Harmonie universelle*, so wenige Leser gefunden haben.

[204] Sein 1668 verfasster *Abrégé des combinaisons* wurde aber erst postum 1693 in *Divers Ouvrages de Mathématique et de Physique. Par Messieurs de l'Académie Royale des Sciences* (Paris) veröffentlicht.

[205] Sie entsteht aus der Tabelle TARTAGLIAs durch Spiegelung an der Hauptdiagonalen.

[206] Gemeinschaft katholischer Weltpriester, 1552 von dem hl. FILIPPO NERI (†1595) gegründet. Die straffer organisierte französische Form gründete 1611 Kardinal PIERRE DE BÉRULLE (†1629).

Beweis nach JAKOB BERNOULLI (1713)

Weil bei den k-Kombinationen mit Wiederholungen aus einer n-Menge die Reihenfolge keine Rolle spielt, kann man sie auch als n-Tupel schreiben und diese auch auf verschiedene Arten anordnen. JAKOB BERNOULLI betrachtet dazu in seiner *Ars Conjectandi* auf Seite 112 die n-Menge der Buchstaben $\{a, b, c, d, \ldots\}$ und ordnet die k-Tupel zeilenweise so an, dass jede Zeile mit einem neuen Buchstaben beginnt. Für die n-te Zeile gilt: Am Anfang steht der n-te Buchstabe allein. Dann folgen alle 2-Tupel, die aus den 1-Tupeln, d. h. den n Buchstaben und einem hinzugefügten n-ten Buchstaben bestehen. Dann folgen alle 3-Tupel, die aus den 2-Tupeln der n Zeilen und einem hinzugefügten n-ten Buchstaben bestehen. Usw.

a	aa	aaa									
b	ab	bb	aab	abb	bbb						
c	ac	bc	cc	aac	abc	bbc	acc	bcc	ccc		
d	ad	bd	cd	dd	aad	abd	bbd	acd	bcd	ccd	add	bdd	cdd	ddd

Der Übersichtlichkeit halber haben wir die 2-Tupel von den 1- und 3-Tupeln optisch getrennt.[207] Auf Grund der Konstruktion des obigen Anordnungsschemas ergibt sich, dass die Anzahl der k-Tupel in der n-ten Zeile gleich der Summe der Anzahlen der $(k-1)$-Tupel aller Zeilen von 1 bis n ist. Diese Erkenntnis fasst BERNOULLI in der folgenden Tabelle zusammen.

<table>
<tr><th></th><th colspan="12" style="text-align:center">Anzahl k der Elemente im k-Tupel</th></tr>
<tr><th></th><th>1</th><th>2</th><th>3</th><th>4</th><th>5</th><th>6</th><th>7</th><th>8</th><th>9</th><th>10</th><th>11</th><th>12</th></tr>
<tr><td>1</td><td>1</td><td>1</td><td>1</td><td>1</td><td>1</td><td>1</td><td>1</td><td>1</td><td>1</td><td>1</td><td>1</td><td>1</td></tr>
<tr><td>2</td><td>1</td><td>2</td><td>3</td><td>4</td><td>5</td><td>6</td><td>7</td><td>8</td><td>9</td><td>10</td><td>11</td><td>12</td></tr>
<tr><td>3</td><td>1</td><td>3</td><td>6</td><td>10</td><td>15</td><td>21</td><td>28</td><td>36</td><td>45</td><td>55</td><td>66</td><td>78</td></tr>
<tr><td>4</td><td>1</td><td>4</td><td>10</td><td>20</td><td>35</td><td>56</td><td>84</td><td>120</td><td>165</td><td>220</td><td>286</td><td>364</td></tr>
<tr><td>5</td><td>1</td><td>5</td><td>15</td><td>35</td><td>70</td><td>126</td><td>210</td><td>330</td><td>495</td><td>715</td><td>1001</td><td>1365</td></tr>
<tr><td>6</td><td>1</td><td>6</td><td>21</td><td>56</td><td>126</td><td>252</td><td>462</td><td>792</td><td>1287</td><td>2002</td><td>3003</td><td>4368</td></tr>
<tr><td>7</td><td>1</td><td>7</td><td>28</td><td>84</td><td>210</td><td>462</td><td>924</td><td>1716</td><td>3003</td><td>5005</td><td>8008</td><td>12376</td></tr>
<tr><td>8</td><td>1</td><td>8</td><td>36</td><td>120</td><td>330</td><td>792</td><td>1716</td><td>3432</td><td>6435</td><td>11440</td><td>19448</td><td>31824</td></tr>
<tr><td>9</td><td>1</td><td>9</td><td>45</td><td>165</td><td>495</td><td>1287</td><td>3003</td><td>6435</td><td>12870</td><td>24310</td><td>43758</td><td>75582</td></tr>
<tr><td>10</td><td>1</td><td>10</td><td>55</td><td>220</td><td>715</td><td>2002</td><td>5005</td><td>11440</td><td>24310</td><td>48620</td><td>92378</td><td>167960</td></tr>
</table>

(Zeilennummer)

Diese Tabelle lässt sich beliebig fortsetzen. Bei genauerem Hinsehen stellt man fest, dass sie nichts anderes ist als das Arithmetische Dreieck, dessen Zeilen hier die Nebendiagonalen sind. BERNOULLI entwickelt aus ihr eine Formel, nach der das k-te Element der n-ten Zeile direkt aus k und n berechnet werden kann. Um Eigenschaft I der *propositio principalis* aus der Herleitung der Kombinationen ohne Wiederholungen anwenden zu können, baut er die obige Tabelle um, indem er die k-te Spalte mit $k-1$ Nullen beginnen lässt (siehe Seite 206).

Betrachten wir in dieser ergänzten Tabelle die z-te Zeile. Dort ist $a_z^1 = 1$. Der Wert a_z^2 ist nach Konstruktion der Tabelle gleich der Summe der ersten z Glieder der ersten Spalte, d. h. gleich der Summe aller Unionen, also $a_z^2 = z = \frac{z}{1}$. Entsprechend ist a_z^3 ist gleich der Summe $\sum_{i=1}^{z} a_i^2$ der ersten z Glieder der zweiten Spalte, d. h. gleich der Summe aller Binionen.

---

[207] Hätte man nicht, wie BERNOULLI, den neuen Buchstaben ans Ende der schon vorhandenen Tupel, sondern an deren Anfang gesetzt, dann hätte sich genau die Anordnung der Tupel ergeben, wie wir sie oben (Seite 53) bei TARTAGLIA vorgenommen haben.

Betrachtet man diese Summe in der ergänzten Tabelle, so steht a_z^2 in der $(z + 1)$-ten Zeile; nennen wir es daher α_{z+1}^2. Nach Eigenschaft I der *propositio principalis* ist dann $\sum_{i=1}^{z} a_i^2 = \sum_{i=1}^{z+1} \alpha_i^2$ gleich dem $(z + 1)$-fachen von α_{z+1}^2, dividiert durch die Spaltennummer 2, also $a_z^3 = \dfrac{(z + 1)\alpha_{z+1}^2}{2} = \dfrac{(z + 1)a_z^2}{2} = \dfrac{z(z + 1)}{1 \cdot 2}$. Analog ist a_z^4 ist gleich der Summe $\sum_{i=1}^{z} a_i^3$ der ersten z Glieder der dritten Spalte, d. h. gleich

	1	*2*	*3*	*4*	*5*
					0
				0	0
			0	0	0
		0	0	0	0
1	1	1	1	1	1
2	1	2	3	4	5
3	1	3	6	10	15
4	1	4	10	20	35
5	1	5	15	35	70
6	1	6	21	56	126

(links: Zeilennummer z)

Wie JAKOB BERNOULLI sich seine letzte Tabelle ergänzt denkt.

der Summe aller Ternionen. Diese Summe ist gleich $\sum_{i=1}^{z+2} \alpha_i^3$ und damit nach Eigenschaft I der *propositio principalis* gleich dem $(z + 2)$-fachen von $\alpha_{z+2}^3 = a_z^3$, dividiert durch die Spaltennummer 3, also $a_z^4 = \dfrac{(z + 2)\alpha_{z+2}^3}{3} = \dfrac{(z + 2)a_z^3}{3} = \dfrac{z(z + 1)(z + 2)}{1 \cdot 2 \cdot 3}$. Setzt man dieses Verfahren fort, so erhält man für das in der z-ten Zeile und l-ten Spalte stehende a_z^l den Ausdruck $\dfrac{z(z + 1)(z + 2)...(z + (l - 2))}{1 \cdot 2 \cdot 3 \cdot ... \cdot (l - 1)}$. Das ist die Summe aller l-nionen.

Gesucht war die Summe aller k-Tupel mit Wiederholungen aus einer n-Menge. Nach Konstruktion ist das die Summe aller k-Tupel bis zur n-ten Zeile der ursprünglichen Tabelle. Ihr Wert steht in der n-ten Zeile in der $(k + 1)$-ten Spalte, ist also das Element a_n^{k+1}, das nach dem soeben Hergeleiteten den Wert $\dfrac{n(n + 1)(n + 2)...(n + (k - 1))}{1 \cdot 2 \cdot 3 \cdot ... \cdot k} = \binom{k + n - 1}{k} = \binom{k + n - 1}{n - 1}$ hat, q. e. d.

Moderner Beweis

Man legt für jedes Element der n-Menge ein Feld fest, wozu man $n - 1$ Trennstriche benötigt. Aus der n-Menge zieht man k-mal mit Zurücklegen jeweils ein Element und setzt jeweils ein Kreuz in das zu diesem Element gehörende Feld, z. B. ×× | | × | ... | ××× | ×. Die Anzahl dieser $(k + n - 1)$-Tupel ist gleich der Anzahl der Möglichkeiten, die k Stellen für die k Kreuze aus den $(k + n - 1)$ Stellen auszuwählen. Nach der Formel für die Anzahl der k-Kombinationen ohne Wiederholungen ist sie gleich $\binom{k + n - 1}{k}$, q. e. d.

1713 JAKOB BERNOULLI / *Ars Conjectandi*: **Kartenprobleme**

Im dritten Teil seiner *Ars Conjectandi* wendet JAKOB BERNOULLI die im zweiten Teil erarbeiteten kombinatorischen Erkenntnisse auf verschiedene Glücks- und Würfelspiele an. So auch auf Seite 147 in *Aufgabe VII*.

> Beliebig viele Spieler A, B, C, ... heben in dieser Reihenfolge von einem Stapel Karten, von denen eine eine Bildkarte ist, während die anderen bilderlos sind (sog. *cartes blanches*), je eine Karte ab. Gewonnen hat, wer die Bildkarte zieht. Wie verhalten sich die Chancen der Spieler? Welche Werte ergeben sich bei zehn Spielern und 64 Karten?

Lösung nach JAKOB BERNOULLI (1713)

Man muss unterscheiden, ob die Anzahl k der Karten ein Vielfaches der Anzahl s der Spieler ist oder nicht.

1. Fall. k ist ein Vielfaches von s, also $k = m \cdot s$. Dann erhält jeder Spieler m Karten. Also ist die Chance für jeden Spieler, dass sich unter seinen m Karten die Bildkarte befindet, $\frac{m}{k} = \frac{m}{ms} = \frac{1}{s}$. Jeder Spieler hat die gleiche Chance.

2. Fall. Ist k ist kein Vielfaches von s, dann ist $k = m \cdot s + r$ mit $0 < r < s$. Nun kann jeder der ersten r Spieler $m + 1$ Karten ziehen, jeder der restlichen $s - r$ Spieler nur m Karten. Es verhalten sich also die Chancen der ersteren zu den Chancen der letzteren wie $\frac{m+1}{k} : \frac{m}{k} = (m + 1) : m$.

In *Aufgabe VIII* auf Seite 148 erschwert JAKOB BERNOULLI die Fragestellung:

> Es sei wie bei der vorigen Aufgabe, aber jetzt liegen im Stapel mehrere Bildkarten. Gewonnen hat, wer als erster eine Bildkarte zieht. Wie verhalten sich jetzt die Chancen der Spieler, wenn drei Spieler mit zwölf Karten spielen, von denen vier Bildkarten sind?

Lösung nach JAKOB BERNOULLI (1713)

Unabhängig davon, ob die Anzahl k der Karten ein Vielfaches der Anzahl s der Spieler ist oder nicht, hat jeder Spieler eine andere Chance zu gewinnen, weil die erste Bildkarte, die zum Sieg führt, leichter an erster als an zweiter Stelle, und wieder leichter an zweiter als an dritter Stelle usw. liegen kann. Denn je weiter vorn diese erste Karte liegt, desto mehr Plätze sind für die anderen Bildkarten übrig. JAKOB BERNOULLI begründet seine Behauptung nicht, was wir hier einschieben wollen.

Angenommen, b der k Karten seien Bildkarten. Liegt die erste Bildkarte an i-ter Stelle, dann bleiben für die restlichen $b - 1$ Bildkarten nur noch die $k - i$ Stellen hinter der i-ten Stelle. Also ist $P(\text{»Die erste Bildkarte liegt an } i\text{-ter Stelle«}) = P(F_i) = \dfrac{\binom{k-i}{b-1}}{k!}$. Weil die Zähler bezüglich i eine echt monoton fallende Folge bilden, ist die Aussage JAKOB BERNOULLIs richtig.

JAKOB BERNOULLI fährt nun fort:

> »Da das Vorgehen immer das gleiche bleibt, so wollen wir annehmen, dass sich vier Bildkarten unter zwölf Karten befinden. Liegt die erste Bildkarte an erster Stelle, so bleiben für die anderen drei Bildkarten elf Plätze. Aus elf Plätzen können drei Plätze auf $\binom{11}{3} = 165$ Arten ausgewählt werden. Liegt die erste Bildkarte an zweiter Stelle, so nehmen die drei anderen Bildkarten drei der zehn übrigen Plätze ein; dafür gibt es $\binom{10}{3} = 120$ Möglichkeiten. [...]«.

JAKOB BERNOULLI nimmt nun zusätzlich an, dass es nur drei Spieler A, B und C gibt, und stellt dann folgende Tabelle auf.

Reihenfolge der Spieler	A	B	C	A	B	C	A	B	C
Platz der ersten Bildkarte	1	2	3	4	5	6	7	8	9
$\|E_i\|$ = Anzahl der günstigen Fälle	$\binom{11}{3}$	$\binom{10}{3}$	$\binom{9}{3}$	$\binom{8}{3}$	$\binom{7}{3}$	$\binom{6}{3}$	$\binom{5}{3}$	$\binom{4}{3}$	$\binom{3}{3}$
	165	120	84	56	35	20	10	4	1

Es gibt insgesamt $\binom{12}{4}$ = 495 gleichwahrscheinliche Fälle. Wollte man die Bildkarten und die bilderlosen Karten allerdings voneinander unterscheiden, so müsste man 495 noch mit 4! · 8! = 967 680 multiplizieren. Eine solche Unterscheidung ist aber für die Aufgabe belanglos, was dadurch zum Ausdruck kommt, dass das Produkt 4! · 8! sowohl im Zähler als auch im Nenner auftritt und somit wieder weggekürzt werden kann.

Die Chancen der Spieler erhält man durch Addition der für sie günstigen Fälle. Da die Ereignisse E_i disjunkt sind, erhält man

$$P(\text{»A siegt«}) = P(E_1) + P(E_4) + P(E_7) = \frac{\binom{11}{3}+\binom{8}{3}+\binom{5}{3}}{\binom{12}{4}} = \frac{165+56+10}{495} = \frac{231}{495} = 46,7\ \%.$$

Analog berechnet man

$$P(\text{»B siegt«}) = P(E_2) + P(E_5) + P(E_8) = \frac{\binom{10}{3}+\binom{7}{3}+\binom{4}{3}}{\binom{12}{4}} = \frac{120+35+4}{495} = \frac{159}{495} = 32,1\ \%,$$

$$P(\text{»C siegt«}) = P(E_3) + P(E_6) + P(E_9) = \frac{\binom{9}{3}+\binom{6}{3}+\binom{3}{3}}{\binom{12}{4}} = \frac{84+20+1}{495} = \frac{105}{495} = 21,2\ \%.$$

Also verhalten sich die Chancen wie 231 : 159 : 105 = 77 : 53 : 35.

Zum Abschluss verweist JAKOB BERNOULLI darauf, dass diese Aufgabe identisch ist mit *Problem II* aus CHRISTIAAN HUYGENS' *Tractatus de ratiociniis in aleae ludo* von 1657. Statt der Karten werde dort mit Steinen gerechnet. – Das trifft aber nur zu, wenn man beim HUYGENS'schen Problem ohne Zurücklegen zieht. Siehe Seite 106.

In *Aufgabe IX* variiert JAKOB BERNOULLI nochmals die Problemstellung:

Es sei wie bei der vorigen Aufgabe. Die Spieler kommen aber überein, [dass jeder den Einsatz 1 leistet und] dass derjenige gewinnt, der die meisten Bildkarten gezogen hat. Wenn aber zwei oder mehr Spieler die gleiche Anzahl von Spielkarten gezogen haben, dann werde der Einsatz gleichmäßig unter diesen aufgeteilt, während alle übrigen Spieler, die eine kleinere Anzahl von Bildkarten gezogen haben, leer ausgehen. [Dabei werde so lange abgehoben, bis keine Karte mehr übrig ist.] Wie verhalten sich die Hoffnungen zu gewinnen? [Wie verhalten sich die Gewinnerwartungen?] Da der Lösungsweg immer der gleiche ist, möge die Aufgabe für drei Spieler mit zehn Bildkarten und zehn bilderlosen Karten gelöst werden, damit die Rechnung weniger ermüde und nicht zum völligen Überdruss führe.

Lösung nach JAKOB BERNOULLI (1713)

Für eine allgemeine Behandlung der Aufgabe muss man unterscheiden, ob die Anzahl k der Karten ein Vielfaches der Anzahl s der Spieler ist oder nicht.

1. Fall. Die Anzahl k der Karten ist ein Vielfaches der Anzahl s der Spieler. Dann ist, da jede Verteilung der Bildkarten gleich wahrscheinlich ist und jeder Spieler gleich viel Spielkarten abhebt, die Wahrscheinlichkeit zu siegen für jeden Spieler gleich, nämlich $\frac{1}{s}$.

2. Fall: Die Anzahl k der Karten ist kein Vielfaches der Anzahl s der Spieler. Die spezielle Aufgabe $k = 20$ und $s = 3$ ist ein Beispiel für diesen Fall.

JAKOB BERNOULLI betrachtet die 20-Tupel, die aus den zehn Bildkarten und den zehn bildlosen Karten gebildet werden können. Werden die Karten voneinander nicht unterschieden, dann gibt es $\binom{20}{10} = 184\,756$ solcher 20-Tupel. Beim fortlaufenden Abheben erhalten die Spieler A und B je sieben Karten, der Spieler C sechs. Weil alle 20-Tupel gleichwahrscheinlich auftreten, kann man ohne Beschränkung der Allgemeinheit annehmen, dass A die ersten sieben Karten, B die nächsten sieben und C die restlichen sechs erhält. Die Verteilung der Bildkarten auf die drei Spieler sei durch Tripel abc dargestellt. A muss unbedingt verlieren, wenn $a \le 3$. Falls $a = 4$, kann A nur Sieger sein, wenn $b, c \le 4$. Das liefert die Tripel 442, 424, 433. Falls $a = 5$, gehört A zu den Siegern, wenn sich die Tripel 5xy mit $x + y = 5$ einstellen. Dabei muss aber unterschieden werden zwischen 550, 505 oder 5xy mit $xy \ne 0$, weil in den beiden ersten Fällen A sich den Einsatz mit B oder C teilen muss, in den anderen Fällen ihn aber zur Gänze bekommt. Die Anzahl der Möglichkeiten, dass B und C zusammen 5 Bildkarten erhalten, errechnet sich leicht, wenn man B und C durch einen Spieler ersetzt, der unter seinen 13 Karten 5 Bildkarten hat. So fortfahrend, kann man die Fälle, in denen A zu den Siegern gehört, wie folgt tabellarisch wiedergeben.

$a\,b\,c$	Anzahl der günstigen Fälle		Auszahlung	Gewinn
4 4 2	$\binom{7}{4}\binom{7}{4}\binom{6}{2}$ =	18375	$\frac{3}{2}$	$\frac{1}{2}$
4 2 4	$\binom{7}{4}\binom{7}{2}\binom{6}{4}$ =	11025	$\frac{3}{2}$	$\frac{1}{2}$
4 3 3	$\binom{7}{4}\binom{7}{3}\binom{6}{3}$ =	24500	3	2
5 5 0	$\binom{7}{5}\binom{7}{5}\binom{6}{0}$ =	441	$\frac{3}{2}$	$\frac{1}{2}$
5 0 5	$\binom{7}{5}\binom{7}{0}\binom{6}{5}$ =	126	$\frac{3}{2}$	$\frac{1}{2}$
5 x y mit x + y = 5, xy ≠ 0	$\binom{7}{5}\binom{13}{5}$ $-\binom{7}{5}\binom{7}{5}\binom{6}{0}$ $-\binom{7}{5}\binom{7}{0}\binom{6}{5}$ =	27027 – 441 – 126 = 26460	3	2
6 x y mit x + y = 4	$\binom{7}{6}\binom{13}{4}$ =	5005	3	2
7 x y mit x + y = 3	$\binom{7}{7}\binom{13}{3}$ =	286	3	2

JAKOB BERNOULLI addiert die Anzahl der Fälle, in denen A den ganzen Einsatz gewinnt, und zählt die Fälle, in denen er den halben Einsatz gewinnt, nur zur Hälfte. Dieses Ergebnis setzt er ins Verhältnis zur Anzahl aller Fälle und hat damit die Hoffnung des A zu gewinnen:

$$[(18\,375 + 11\,025 + 441 + 126) \cdot \tfrac{1}{2} + 24\,500 + 26\,460 + 5\,005 + 286] : 18\,4756 = \frac{142\,469}{369\,512} = $$

$0,38\ldots$

B hat dieselbe Hoffnung, C die restliche $\frac{84\,574}{369\,512} = 0,22\ldots$

Die Hoffnungen zu gewinnen verhalten sich für A, B und C wie $142469:142469:84574$.

JAKOB BERNOULLI schließt mit der Feststellung, dass die Hoffnung von A bzw. B sich zu der von C wie $142\,469:84\,574$ [$= 1,68\ldots$] verhält, dass aber dieses Verhältnis viel größer ist als das Verhältnis $7:6$ [$= 1,16\ldots$] der Anzahlen der den Spielern zufallenden Karten.

Den Erwartungswert des Gewinns berechnet JAKOB BERNOULLI nicht. Wir tun es:
In 98 538 Fällen verliert A seinen Einsatz. Damit errechnet sich der Erwartungswert des Gewinns von A zu

$$[(18\,375 + 11\,025 + 441 + 126) \cdot \tfrac{1}{2} + (24\,500 + 26\,460 + 5\,005 + 286) \cdot 2 + 98\,538 \cdot (-1)] :$$

$$184756 = [29\,967 \cdot \tfrac{1}{2} + 56\,251 \cdot 2 - 98\,538] : 184\,756 = \frac{57\,895}{369\,512} = 0,156\ldots$$

Der Erwartungswert des Gewinns von B ist derselbe. Für die Bestimmung des Erwartungswerts des Gewinns von C müssen wir wieder eine Tabelle erstellen.

$a\,b\,c$	Anzahl der günstigen Fälle			Auszahlung	Gewinn
4 2 4	$\binom{7}{4}\binom{7}{2}\binom{6}{4}$	$=$	11025	$\frac{3}{2}$	$\frac{1}{2}$
2 4 4	$\binom{7}{2}\binom{7}{4}\binom{6}{4}$	$=$	11025	$\frac{3}{2}$	$\frac{1}{2}$
3 3 4	$\binom{7}{3}\binom{7}{3}\binom{6}{4}$	$=$	18375	3	2
0 5 5	$\binom{7}{0}\binom{7}{5}\binom{6}{5}$	$=$	126	$\frac{3}{2}$	$\frac{1}{2}$
5 0 5	$\binom{7}{5}\binom{7}{0}\binom{6}{5}$	$=$	126	$\frac{3}{2}$	$\frac{1}{2}$
x y 5 mit x + y = 5, xy $\neq$ 0	$\binom{14}{5}\binom{6}{5}$ $-\binom{7}{0}\binom{7}{5}\binom{6}{5}$ $-\binom{7}{5}\binom{7}{0}\binom{6}{5}$	$=$	12012 -126 -126 $=11760$	3	2
x y 6 mit x + y = 4	$\binom{14}{4}\binom{6}{6}$	$=$	1001	3	2

Damit erhält man für den Erwartungswert des Gewinns von C

$$[(11\,025 + 11\,025 + 126 + 126) \cdot \tfrac{1}{2} + (18\,375 + 1\,001 + 11\,760) \cdot 2 + 131\,318 \cdot (-1)] : 184$$

$$756 = -\frac{115\,790}{369\,512} = -0,313\ldots$$

In *Aufgabe X* untersucht JAKOB BERNOULLI einen Spielabbruch:

> Vier Spieler A, B, C und D spielen unter denselben Bedingungen wie in der vorigen Aufgabe, indem sie aus 36 Karten, von denen 16 Bildkarten sind, jeweils eine Karte ziehen.[208] Nachdem 23 Karten gezogen sind, hat A vier, B drei, C zwei und D eine Bildkarte, sodass noch 13 Karten, unter ihnen sechs Bildkarten, übrig sind. D, der jetzt am Zug ist, sieht, dass er kaum noch Hoffnung hat zu gewinnen, und will einem Anderen sein Anrecht verkaufen. Welcher Preis ist angemessen?

Lösung nach JAKOB BERNOULLI (1713)

Da D am Zug ist, kann er noch vier Karten ziehen, die anderen Spieler aber nur drei. In der folgenden Tabelle, die sich an BERNOULLIs Tabelle anlehnt, stellen wir zusammen, wie sich die sechs verbliebenen Bildkarten auf die vier Spieler verteilen könnten, wenn D nicht aufhörte. Dabei werden nur die Fälle betrachtet, bei denen D einen Gewinnanteil erwirbt. Die Quadrupel $abcd$ geben jeweils an, wie viele Bildkarten A, B, C bzw. D besitzen.

Spielstand $a\,b\,c\,d$	Anzahl der von A, B, C, D gezogenen Bildkarten	Endstand $a\,b\,c\,d$	Anzahl der Fälle	Gewinnanteil von D
4 3 2 1	0 1 2 3	4 4 4 4	$\binom{3}{0}\binom{3}{1}\binom{3}{2}\binom{4}{3} = 36$	$\frac{1}{4}$
4 3 2 1	0 1 1 4	4 4 3 5	$\binom{3}{0}\binom{3}{1}\binom{3}{1}\binom{4}{4} = 9$	1
4 3 2 1	0 0 2 4	4 3 4 5	$\binom{3}{0}\binom{3}{0}\binom{3}{2}\binom{4}{4} = 3$	1
4 3 2 1	0 2 0 4	4 5 2 5	$\binom{3}{0}\binom{3}{2}\binom{3}{0}\binom{4}{4} = 3$	$\frac{1}{2}$
4 3 2 1	1 1 0 4	5 4 2 5	$\binom{3}{1}\binom{3}{1}\binom{3}{0}\binom{4}{4} = 9$	$\frac{1}{2}$
4 3 2 1	1 0 1 4	5 3 3 5	$\binom{3}{1}\binom{3}{0}\binom{3}{1}\binom{4}{4} = 9$	$\frac{1}{2}$

Unter Berücksichtigung der Anteile am Gewinn ergeben sich für D $\frac{36}{4} + 9 + 3 + \frac{3}{2} + \frac{9}{2} + \frac{9}{2} = \frac{63}{2}$ günstige unter den $\binom{13}{6} = 1716$ möglichen Fällen. Der von D für sein Anrecht zu fordernde Preis ist daher $\frac{\frac{63}{2}}{1716} = \frac{21}{1144}$ des gesamten Einsatzes.

JAKOB BERNOULLI hat mit einer wesentlich umfangreicheren Tabelle noch ermittelt, wie sich die Hoffnungen von A, B und C in diesem Moment verhalten. Er erhält 2493 : 742 : 134.

1713 JAKOB BERNOULLI / *Ars Conjectandi*: Jahrmarkt

In *Aufgabe XVII* erinnert sich JAKOB BERNOULLI, vor langer Zeit auf einem Jahrmarkt einen Marktschreier gesehen zu haben, der das folgende Glücksspiel angeboten hat (Seite 169):

---

[208] Das Piquet wurde mit 36 Karten, gelegentlich auch mit 32 Karten gespielt. Die Bildkarten bestanden aus den Hofkarten und dem Ass.

Eine zur Mitte hin leicht ansteigende Kreisscheibe war mit einer Wasserwaage genau horizontal aufgestellt. An ihrem Rande befanden sich 32 Vertiefungen, die in vier Gruppen geteilt und mit den Nummern I bis VIII der Reihe nach in jeder Gruppe bezeichnet waren. Über der Mitte der Scheibe befand sich senkrecht ein [trichterförmiger] Becher. Wer sein Glück versuchen wollte, warf vier Kügelchen in den Becher, die dann auf der Scheibe in genauso viele Vertiefungen rollten. Die dort angegebenen Zahlen wurden addiert. Ausbezahlt bekam der Spieler dann den zu dieser Summe auf dem Gewinnplan angegebenen Betrag. Für jeden Wurf musste der Spieler vier Geldstücke[209] bezahlen. Gefragt wird nach der Hoffnung des Spielers?

Lösung nach JAKOB BERNOULLI (1713)

Wir geben zunächst den Spielplan an, den JAKOB BERNOULLI erst später auf Seite 173 bringt:

Summe	4	5	6	7	8	9	10	11	12	13	14	15	16	17	18
Münzen	120	100	30	24	18	10	6	6	6	5	3	3	3	2	2

Summe	19	20	21	22	23	24	25	26	27	28	29	30	31	32
Münzen	3	3	3	3	4	4	6	8	12	16	24	25	32	180

Zur Ermittlung der Hoffnung des Spielers, d. h. des Erwartungswerts der Auszahlung, muss für jede Summe die Anzahl der Partitionen[210] ermittelt werden, die aus vier Summanden mit den Werten 1 bis 8 gebildet werden können. Zunächst stellt JAKOB BERNOULLI ohne Begründung fest, dass es für je zwei Summenwerte, die von 18 nach beiden Seiten gleich weit entfernt sind, gleich viele Partitionen gibt.

Begründung. Ersetzt man in $s = a + b + c + d$ jeden Summanden x durch $9 - x$, dann erhält man $36 - (a + b + c + d) = 36 - s$. Es gibt also eine eineindeutige Zuordnung zwischen s und $36 - s$. Aus $s = 36 - s$ erhält man $s = 18$, d. h. die Summe 18 wird auf sich selbst abgebildet. Die anderen Summen liegen symmetrisch zu 18. So wird z. B. $s = 11 = 2 + 2 + 3 + 4$ auf $36 - 11 = 25 = 7 + 7 + 6 + 5$ abgebildet.

Als nächstes gibt JAKOB BERNOULLI die möglichen Typen von Partitionen an und bestimmt deren Anzahlen. Für die Summe 19 z. B. kann die Partition $6 + 6 + 5 + 2$ auf folgende Arten entstehen: Es gibt $\binom{4}{2}$ Möglichkeiten, dass zwei Kügelchen in Vertiefungen VI fallen; auf $\binom{4}{1}$ Weisen kann ein Kügelchen in eine Vertiefung V bzw. II fallen. Tabellarisch erhält man dann die angegebene Übersicht.

	Typ	Anzahl der Möglichkeiten
α	4 gleiche Summanden: *xxxx*	$\binom{4}{4} = 1$
β	genau 3 gleiche Summanden: *xxxy*	$\binom{4}{3}\binom{4}{1} = 16$
γ	2-mal 2 gleiche Summanden: *xxyy*	$\binom{4}{2}\binom{4}{2} = 36$
δ	2 gleiche und 2 unterschiedliche Summanden: *xxyz*	$\binom{4}{2}\binom{4}{1}\binom{4}{1} = 96$
ε	4 verschiedene Summanden: *xyzu*	$\binom{4}{1}\binom{4}{1}\binom{4}{1}\binom{4}{1} = 256$

---

209   Gemeint sind damit Münzen geringen Werts wie Pfennige, Kreuzer oder Groschen.

210   siehe Seite 11.

Da bei den Partitionen die Reihenfolge der Summanden keine Rolle spielt, kann man beim Abzählen die Summanden der Größe nach ordnen. Für die Summe 12 ergeben sich beispielsweise die folgenden Partitionen und deren Anzahlen:

Partition	Typ	Partition	Typ	Partition	Typ	Partition	Typ
8211	δ	6321	ε	5331	δ	4332	δ
7311	δ	6222	β	5322	δ	3333	α
7221	δ	5511	γ	4431	δ		
6411	δ	5421	ε	4422	γ		

Es gibt genau eine Partition vom Typ α und vom Typ β, zwei vom Typ γ und ε und acht vom Typ δ, also $1 + 16 + 2 \cdot 36 + 8 \cdot 96 + 2 \cdot 256 = 1369$ Partitionen. Diese sicher zeitaufwändige Art von Abzählung müsste nun für alle Summen von 4 bis 18 durchgeführt werden. JAKOB BERNOULLI schlägt einen »kürzeren« Weg ein, indem er die folgende Tabelle erstellt, die wir auf der nachfolgenden Seite im Faksimile wiedergeben. Zum besseren Verständnis muss man sich vorstellen, dass z. B. in der zweiten Zeile der ersten Spalte nicht 1112, sondern $111x$ stehen sollte; denn auf diese Weise erhält er Partitionen vom Typ β für die Summen 5, 6, ..., 11, wenn er für x der Reihe nach die Werte 2, 3, ..., 8 setzt. In der Zeile 1122 erhält er mit $11xx$ die γ-Partitionen 1122, 1133, 1144, 1155, 1166, 1177, 1188 und damit die Summen 6, 8, 10, 12, 14, 16, 18.

BERNOULLI addiert in dieser Tabelle die Ergebnisse der Spalten I–XVII, verdoppelt wegen der oben festgestellten Symmetrie das Resultat und addiert dazu den Wert der Spalte XVIII. Damit hat er, dass die Summe aller Fälle $\binom{32}{4} = 35\,960$ beträgt. Für den Erwartungswert der Auszahlung A gibt BERNOULLI den Weg und das Ergebnis an, ohne die Rechnung vorzuführen, die sicher sehr mühsam ist.

$$E(A) = \frac{1}{35\,960} \left(1 \cdot 120 + 16 \cdot 100 + 52 \cdot 30 + \ldots + 2 \cdot 3088 + 2 \cdot 3184 + 3 \cdot 3088 + \ldots + 1 \cdot 180 \right)$$

$$= 4\,\frac{349}{35\,960} \text{ [Münzen].}$$

JAKOB BERNOULLI stellt fest:

»Wenn der Spieler also seinen Wurf durch vier Münzen erkauft hat, so hat er offenbar günstigere Aussichten auf einen Gewinn als der Marktschreier. Dieser kann mit dem Glücksspiel nichts gewinnen, es sei denn, er setzt die auszuzahlenden Geldbeträge herab.«

BERNOULLI meint wohl, dass der Marktschreier auf lange Sicht einen Verlust erleidet, es sei denn, er ändert seinen Gewinnplan.

Zusatz. Wir vereinfachen die Anordnung des Marktschreiers, sodass BERNOULLIS Verfahren leicht nachvollzogen werden kann. Die Scheibe trage 18 Vertiefungen, die in drei Gruppen mit den Nummern I bis VI versehen seien. Geworfen werden drei Kügelchen. Die obige Tabelle erhält dann die nebenstehende Form.

	Typ	Anzahl der Möglichkeiten
α	3 gleiche Summanden: xxx	$\binom{3}{3} = 1$
β	genau 2 gleiche Summanden: xxy	$\binom{3}{2}\binom{3}{1} = 9$
γ	3 verschiedene Summanden: xyz	$\binom{3}{1}\binom{3}{1}\binom{3}{1} = 27$

Puncta: *Ad pag.* 172.

Combinat.	IV.	V.	VI.	VII.	VIII.	IX.	X.	XI.	XII.	XIII.	XIV.	XV.	XVI.	XVII.	XVIII.
1.1.1.1	1				1				1				1		
1.1.1.2		16	16	16	16	16	16	16							
2.2.2.1				16		16	16	16	16	16	16				
3.3.3.1							16	16		16	16	16	16	16	
4.4.4.1										16	16	16		16	16
5.5.5.1													16	16	16
1.1.2.2			36		36		36		36		36		36		36
2.2.3.3							36		36		36		36		36
3.3.4.4									36		36		36		36
4.4.5.5															36
1.1.2.3				96	96	96	96	96	96						
1.1.3.4						96	96	96	96	96					
1.1.4.5								96	96	96	96				
1.1.5.6										96	96	96			
1.1.6.7												96	96		
1.1.7.8														96	
2.2.1.3					96	96	96	96	96	96					
2.2.3.4							96	96	96	96	96				
2.2.4.5									96	96	96	96			
2.2.5.6											96	96	96		
2.2.6.7													96	96	
3.3.1.2						96		96	96	96	96				
3.3.2.4								96	96	96	96	96			
3.3.4.5										96	96	96	96		
3.3.5.6												96	96	96	96
4.4.1.2									96	96	96	96			
4.4.2.3											96	96	96	96	
4.4.3.5													96	96	96
5.5.1.2									96	96	96		96	96	
5.5.2.3												96	96	96	
5.5.3.4													96		
6.6.1.2													96	96	96
6.6.2.3														96	96
7.7.1.2														96	96
1.2.3.4							256	256	256	256	256				
1.2.4.5								256	256	256	256	256			
1.2.5.6									256	256	256	256			
1.2.6.7											256	256	256		
1.2.7.8															256
1.3.4.5									256	256	256	256			
1.3.5.6											256	256	256		
1.3.6.7													256	256	256
1.4.5.6													256	256	
1.4.6.7														256	256
2.3.4.5										256	256	256	256		
2.3.5.6												256	256	256	
2.3.6.7														256	256
2.4.5.6														256	256
3.4.5.6															256
Summa Casuum	1	16	52	128	245	416	664	976	1369	1776	2204	2560	2893	3088	3184

Summa omnium Casuum — — 35960.

Die Symmetrie ergibt sich durch Ersetzen $x \to 7 - x$. Es genügt also, die Summen von 3 bis 10 zu betrachten. BERNOULLIS Tabelle nimmt dann das rechts stehende Aussehen an.

Die doppelte Addition der Spaltensummen ergibt die Anzahl aller Fälle, nämlich $\binom{18}{3} = 816$. Nun lässt sich für jeden Gewinnplan der Erwartungswert der Auszahlung leicht bestimmen.

Partitionen	Summe							
	18	17	16	15	14	13	12	11
	3	4	5	6	7	8	9	10
xxx	1			1			1	
11x		9	9	9	9	9		
22x			9		9	9	9	9
33x						9	9	9
44x							9	9
12x				27	27	27	27	27
13x						27	27	27
14x								27
23x							27	27
Summe	1	9	18	37	54	81	100	108

1713 JAKOB BERNOULLI / *Ars Conjectandi*: Wer wird gehängt?

Bei der Wiedergabe der Lösung von Aufgabe IV aus dem *Tractatus de Ratiociniis in alea ludo* des CHRISTIAAN HUYGENS warnt JAKOB BERNOULLI in Bemerkung C (*Ars Conjectandi*, Seite 12), die von HUYGENS verwendete Beziehung $P(B) = P(A \cup B) - P(A)$ unreflektiert zu benützen. Es müsse vielmehr immer geprüft werden, ob die Ereignisse A und B wirklich disjunkt sind. Zur Verdeutlichung bringt er das folgende Problem:

> Zwei, die die Schlinge verdient haben, dürfen um ihr Leben würfeln. Dabei gelte: Derjenige, der weniger Augen wirft als der andere, wird gehängt werden, der andere aber bleibt am Leben; bei gleicher Augenzahl wird beiden das Leben geschenkt. Wie groß sind die Hoffnungen der beiden zu überleben?

Lösung nach JAKOB BERNOULLI (1713)

Mit A = »A wird überleben« und B = »B wird überleben« gilt für $A \cup B$ = »Mindestens einer wird überleben« $P(A \cup B) = 1$. Werden die 36 möglichen Wurfergebnisse »Wurf des A | Wurf des B« mit ab bezeichnet, dann gibt es sechs Fälle für $a = b$. Von den restlichen 30 Fällen erfüllen 15 Fälle die Bedingung $a > b$. Also ist $P(A) = \frac{21}{36} = \frac{7}{12}$. Analog erhält man $P(B) = \frac{7}{12}$. Es gilt also nicht $P(B) = P(A \cup B) - P(A) = 1 - \frac{7}{12} = \frac{5}{12}$. Als Begründung gibt JAKOB BERNOULLI an, dass »es einige Fälle gibt, in denen beide am Leben bleiben«, d. h. aber, dass $A \cap B \neq \{\}$.

1713 JAKOB BERNOULLI / *Ars Conjectandi*: Potenz eines Multinoms

Am 16.5.1695 schrieb GOTTFRIED WILHELM LEIBNIZ an JOHANN I BERNOULLI, dass er *olim* – vor langer Zeit – eine Regel ersonnen habe, die ihm ohne Hilfe einer Tabelle für eine beliebige Potenz eines beliebigen Multinoms den Koeffizienten eines beliebigen Glieds liefere, so z. B. den Koeffizienten von $x^5y^3z^2$ in der Entwicklung von $(x + y + z)^{10}$. JOHANN fühlte sich herausgefordert, fand die Formel und teilte sie ihm am 18.6.1695 mit. Als Beleg gab er den Koeffizienten von $x^5y^3z^2$ und zusätzlich den von $s^8x^6y^4z^2$ aus $(s + x + y + z)^{20}$ an.[211] JAKOB BERNOULLI bringt in seiner *Ars Conjectandi* das Problem als Anwendung seiner Sätze zur Kombinatorik in Kapitel VIII auf Seite 132. Wir fassen die verschiedenen Fragen zu folgender Aufgabe zusammen, wobei die erste Frage von uns stammt.

Gegeben ist die *n*-te Potenz eines Multinoms aus *s* Termen, also $\left(a_1 + a_2 + \ldots + a_s\right)^n$.

1) Wie viele Glieder erhält man beim Auspotenzieren, ehe man zusammenfasst?

2) Wie viele Glieder ergeben sich nach dem Zusammenfassen?

3) Wie lautet der Koeffizient des Terms $a_1^{n_1} a_2^{n_2} \ldots a_s^{n_s}$ mit $n_1 + n_2 + \ldots + n_s = n$?

4) JOHANN I BERNOULLI behauptet, der Term $s^a x^b y^c z^e \ldots$ in der Entwicklung von $(s + x + y + z + \ldots)^r$ habe den Koeffizienten $\dfrac{r(r - 1)\ldots(a + 1)}{1 \cdot 2 \cdot 3 \cdot \ldots \cdot b \times 1 \cdot 2 \cdot 3 \cdot \ldots \cdot c \times 1 \cdot 2 \cdot 3 \cdot \ldots \cdot e}$. Für $x^5y^3z^2$ ergebe sich der Wert 2520, für $s^8x^6y^4z^2$ der Wert 1 745 944 200. Hat er Recht?

5) JAKOB BERNOULLI gibt beispielhaft die Anzahl der Glieder von $(a + b + c)^{10}$ und den Koeffizienten von $a^5b^3c^2$ an, ebenso von $(a + b + c + d)^3$ und a^2b und abc. Welche Werte ergeben sich?

Lösung nach JAKOB BERNOULLI (1713)

JAKOB BERNOULLI bezieht sich in seiner Lösung auf die Formeln, die er in den vorausgegangenen Kapiteln des 2. Teils seiner *Ars Conjectandi* entwickelt hat. In heutiger Sprechweise erhält man damit die folgenden Antworten auf die oben gestellten Fragen.

1) $\left(a_1 + a_2 + \ldots + a_s\right)^n$

$= \underbrace{\left(a_1 + a_2 + \ldots + a_s\right)\left(a_1 + a_2 + \ldots + a_s\right)\ldots\left(a_1 + a_2 + \ldots + a_s\right)}_{n \text{ Faktoren}}$

$= \underbrace{a_1 a_1 \ldots a_1}_{n \text{ Faktoren } a_1} + \underbrace{a_1 a_1 \ldots a_1}_{n-1 \text{ Faktoren } a_1} a_2 + \ldots + \underbrace{a_s a_s \ldots a_s}_{n-n \text{ Faktoren } a_1} \ .$

---

[211] Unabhängig von diesen beiden fand im gleichen Jahr ABRAHAM DE MOIVRE einen weitergehenden Satz, das allgemeine **Multinomialtheorem**, das er 1697 unter dem Titel *A Method of raising an infinite Multinomial to any given Power, or Extracting any given Root of the same* in den *Philosophical Transactions* 19, Nr. 230, Juli 1697 veröffentlichte. DE MOIVRE legt seiner Abhandlung statt eines endlichen Multinoms $a_1 + a_2 + \ldots + a_s$ eine unendliche Potenzreihe $az + bz^2 + cz^3 + \ldots$ zugrunde. Als Exponenten lässt er jede beliebige rationale Zahl zu.

Beim Ausmultiplizieren wählt man aus jeder Klammer ein Element aus und multipliziert diese n Elemente miteinander. Das ergibt $\binom{s}{1}\binom{s}{1}\ldots\binom{s}{1} = s^n$ Summanden.

2) Fasst man jeweils gleichartige Summanden, z. B. $a_1 a_1 \ldots a_1 a_2$, $a_1 a_1 \ldots a_1 a_2 a_1$, ... , $a_2 a_1 \ldots a_1$ zu $n \cdot a_1^{n-1} a_2$ zusammen, dann reduziert sich die Anzahl der Summanden auf die Anzahl der möglichen n-Kombinationen mit Wiederholung aus einer s-Menge, also auf $\binom{s+n-1}{n}$.

3) Für die Bestimmung des Koeffizienten von $a_1^{n_1} a_2^{n_2} \ldots a_s^{n_s}$ mit $n_1 + n_2 + \ldots + n_s = n$ gibt es zwei Wege.

1. Möglichkeit. Nimmt man die Auswahl der jeweiligen a_i der Reihe nach vor, d. h., wählt man zuerst n_1 Klammern aus den n Klammern, dann n_2 Klammern aus den verbliebenen $(n - n_1)$ Klammern usw., dann ergibt sich $\binom{n}{n_1}\binom{n-n_1}{n_2}\binom{n-n_1-n_2}{n_3}\ldots\binom{n-n_1-\ldots n_{s-1}}{n_s}$

$$= \frac{n!}{n_1!(n-n_1)!} \cdot \frac{(n-n_1)!}{n_2!(n-n_1-n_2)!} \cdot \frac{(n-n_1-n_2)!}{n_3!(n-n_1-n_2-n_3)!} \cdot \ldots \cdot \frac{(n-n_1-\ldots-n_{s-1})!}{n_s!(n-n_1-n_2-\ldots-n_s)!} = \frac{n!}{n_1!\ldots n_s!}.$$

2. Möglichkeit. Der Term $a_1^{n_1} a_2^{n_2} \ldots a_s^{n_s}$ mit $n_1 + n_2 + \ldots + n_s = n$ entsteht beim Summieren der $n!$ n-Permutationen mit festen Wiederholungen, bei denen a_i genau n_i-mal vorkommt. Dafür gibt es $\frac{n!}{n_1!\ldots n_s!}$ Möglichkeiten. Der Term $\frac{n!}{n_1!\ldots n_s!}$ heißt Multinomialkoeffizient in Anlehnung an »Binomialkoeffizient«, da er bei der Berechnung der n-ten Potenz von Multinomen auftritt. Unsere Überlegungen lassen sich zusammenfassen zum sog. **Multinomialtheorem** für natürliche Exponenten:

$$\left(a_1 + a_2 + \ldots a_s\right)^n = \sum_{\substack{s \\ \sum_{i=1}^{s} n_i = n}} \frac{n!}{n_1! n_2! \ldots n_s!} a_1^{n_1} a_2^{n_2} \ldots a_s^{n_s}$$

4) Erweitert man den Bruch $\frac{r(r-1)\ldots(a+1)}{1\cdot 2\cdot 3\cdot \ldots \cdot b \times 1\cdot 2\cdot 3\cdot \ldots \cdot c \times 1\cdot 2\cdot 3\cdot \ldots \cdot e} = \frac{r(r-1)\ldots(a+1)}{b! \cdot c! \cdot e!}$ mit $a!$, dann ergibt sich $\frac{r!}{a! \cdot b! \cdot c! \cdot e!}$, also sinngemäß der obige Ausdruck für den Multinomialkoeffizienten. Für $x^5 y^3 z^2$ ergibt sich damit $\frac{10!}{5! \cdot 3! \cdot 2!} = 2520$, für $s^8 x^6 y^4 z^2$ der Wert $\frac{20!}{8! \cdot 6! \cdot 4! \cdot 2!} = 1\,745\,944\,200$. JOHANN I BERNOULLI hat Recht.

5) Beim Ausmultiplizieren von $(a + b + c)^{10}$ ergeben sich vor dem Zusammenfassen $3^{10} = 59\,049$ Glieder, nach dem Zusammenfassen $\binom{3+10-1}{10} = \binom{12}{10} = \binom{12}{2} = 66$. Der Koeffizient von $a^5 b^3 c^2$ – JAKOB BERNOULLI greift offenbar LEIBNIZens Beispiel auf – ist $\frac{10!}{5! \cdot 3! \cdot 2!} = 2520$. Beim Ausmultiplizieren von $(a + b + c + d)^3$ ergeben sich vor dem Zusammenfassen $4^3 = 64$ Glieder, nach dem Zusammenfassen $\binom{4+3-1}{3} = \binom{6}{3} = 20$ Glieder. Der Koeffizient von $a^2 b$ ist $\frac{3!}{2! \cdot 1! \cdot 0! \cdot 0!} = 3$ und der von abc gleich $\frac{3!}{1! \cdot 1! \cdot 1! \cdot 0!} = 6$.

Ein Arithmetisches Dreieck aus dem Jahre 1303

Das Arithmetische Dreieck aus dem *Sì yuán yù jiàn* – »Jadespiegel der vier Unbekannten«, das ZHŪ SHÌJIÉ an den Anfang seines 1303 geschriebenen Werks stellt. Die erste Zeile der Abbildung lautet, von rechts nach links gelesen, *gǔ fǎ qī chéng fāng tú*, zu Deutsch »Altes Schema der Regel des siebenmaligen Multiplizierens«, was zur achten Potenz führt. Siebenmal $a + x$ mit $a + x$ multipliziert ergibt ja $(a + x)^8$. Das Dreieck liefert die Koeffizienten aller Potenzen des Binoms $(1 + x)$ von der nullten bis zur achten Potenz. Dabei werden Zah-

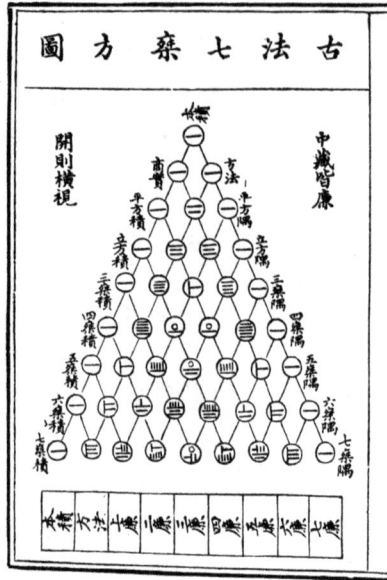

len im Text mit den seit dem 3. Jh. v. Chr. gebräuchlichen chinesischen Zahlzeichen geschrieben. Die Binomialkoeffizienten in den Kreisen sind dagegen in der Form geschrieben, wie Zahlen seit 500 v. Chr. beim praktischen Rechnen mit Rechenstäbchen gelegt wurden. Um dies zu erkennen, muss man das Arithmetische Dreieck so drehen, dass die Spitze des Dreiecks rechts, die Basis links zu liegen kommen. Dann stehen die Potenzen so unter-

einander, wie sie auf dem Rechenbrett angeordnet wurden. Für die Ziffern an den 10^{2n}-Stellen ($n \geq 0$) einer Dezimalzahl werden die Stäbchen vertikal gelegt, also I für 1 bis IIIII für 5. Ab 6 wird gebündelt: T für 6 IIII bis 9. An den 10^{2n+1}-Stellen werden die Stäbchen horizontal gelegt: —, =, ..., ≡ und dann ⊥ bis ≝. In diesem Dreieck wird dies nicht konsequent durchgeführt. So findet man II⊢ für 21 und III≡ für 35. Außerdem enthält die vorletzte Zeile einen Druckfehler: Die vierte Zahl von links muß 35 und nicht 34 lauten. Für die Zehn wird I O geschrieben. Der Kreis für die Null wurde für China erstmals nachgewiesen in der *Mathematischen Abhandlung in neun Büchern (Shù shū jiǔ zhāng)* des QÍN JIŬSHÁO von 1247. Die vier rechts stehenden Zeichen sagen, was das Dreieck darstellt: »Im Inneren sind angehäuft alle [von 1 verschiedenen] Koeffizienten.« Und die vier links stehenden Zeichen lehren, wie man das Dreieck benützen soll: »Beim Öffnen horizontal blicken«, d. h., beim Benützen sind die Koeffizienten für die jeweilige Potenz zeilenweise zu lesen. Die an den Dreieckszeilen links und rechts stehenden Zeichen und die der unteren Querleiste bedeuten:

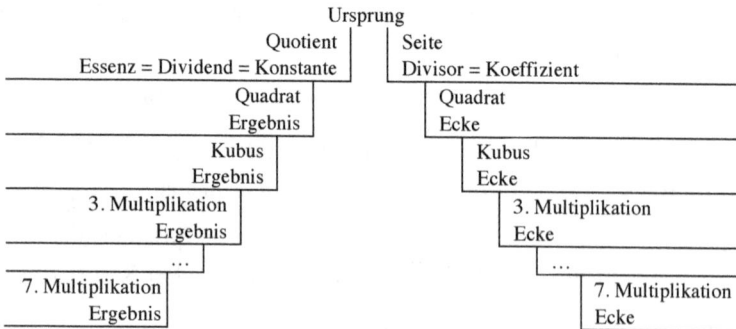

```
                              Ursprung
                  Quotient   │ Seite
  Essenz = Dividend = Konstante │ Divisor = Koeffizient
              Quadrat          │ Quadrat
              Ergebnis         │ Ecke
              Kubus            │ Kubus
              Ergebnis         │ Ecke
        3. Multiplikation      │ 3. Multiplikation
              Ergebnis         │ Ecke
                 …             │ …
    7. Multiplikation          │         7. Multiplikation
              Ergebnis         │ Ecke
```

Ursprung	Koeffizient	1. Winkel	2. Winkel	3. Winkel	4. Winkel	5. Winkel	6. Winkel	7. Winkel

MONTMORTs Essay d'Analyse sur les Jeux de Hazard von 1713

1713 MONTMORT / *Essay*: ƒ-flächige Würfel

PIERRE RÉMOND DE MONTMORT bringt 1713 in der 2. Auflage seines *Essay d'Analyse sur les Jeux de Hazard* (S. 34 ff.) zwei nahezu textgleiche Aufgaben, deren Unterschiede sich erst aus den Lösungen erschließen. In unserer freien Übersetzung haben wir diese Unterschiede durch unterstrichene eingefügte Wörter deutlich gemacht.

PROPOSITION X.

Trouver combien on peut amener de coups avec un nombre quelconque p de dés, dont le nombre de faces f soit aussi quelconque.

PROPOSITION XI.

Trouver combien on peut amener de coups differens avec un nombre quelconque p de dés, dont le nombre des faces f soit aussi quelconque.

AUFGABE X. Man finde, auf wie viele Arten *n* <u>unterscheidbare</u> Würfel fallen können, wenn jeder von ihnen *f* <u>unterscheidbare</u> Seitenflächen hat.
AUFGABE XI. Man finde, auf wie viele Arten *n* <u>nicht unterscheidbare</u> Würfel fallen können, wenn jeder von ihnen *f* <u>unterscheidbare</u> Seitenflächen hat.[212]

Lösung nach MONTMORT (1713)

Proposition X. Zu den *f* möglichen Ergebnissen des ersten Würfels gesellen sich die *f* möglichen Ergebnisse des zweiten Würfels, dazu wiederum die *f* möglichen des dritten, usw. Also ergeben sich nach dem Produktsatz f^n Möglichkeiten. Das ist die Anzahl der *n*-Permutationen mit Wiederholungen von *f* Elementen oder die Anzahl der *n*-Tupel mit Wiederholungen aus einer *f*-Menge.

Proposition XI. Aus dem Text MONTMORTs geht hervor, dass er die Würfel bei dieser Aufgabe nicht unterscheidet, dass er also nach der Anzahl der Augenkombinationen fragt. Zunächst betrachtet er zwei übliche Würfel (*f* = 6) und stellt fest, dass es nach *Proposition X* 36 verschiedene Würfe gibt, wenn man die Würfel unterscheidet, dass sich diese Anzahl aber

---

[212] 1708 gab er in *Proposition XXXII*, Seite 144, die Formel nur für den üblichen 6-flächigen Würfel an.

auf 21 reduziert, wenn man die Unterscheidung der Würfel aufgibt. Als Begründung gibt er an, dass Ergebnisse vom Typ xx nur auf eine Weise, vom Typ xy aber auf zwei Weisen zustande kommen können. Auf ähnliche Weise zeigt er, dass es bei drei Würfeln nicht 216 Augenkombinationen gibt, sondern dass es »viel weniger« sein müssen. Zur ihrer Bestimmung gibt er für $n = 1$ bis 5 f-flächige Würfel die jeweilige Anzahl an und wendet den Ausdruck dann auf $f = 6$ an. Wir ergänzen die Tabelle durch den Ausdruck, der sich für beliebiges n ergibt.

n	1	2	3	4	5	...	n
Anzahl	f	$\dfrac{f(f+1)}{1\cdot2}$	$\dfrac{f(f+1)(f+2)}{1\cdot2\cdot3}$	$\dfrac{f(f+1)(f+2)(f+3)}{1\cdot2\cdot3\cdot4}$	$\dfrac{f(f+1)(f+2)(f+3)(f+4)}{1\cdot2\cdot3\cdot4\cdot5}$		$\binom{f+n-1}{n}$
$f = 6$	6	21	56	126	252		$\binom{6+n-1}{n}$

MONTMORT stellt fest, dass die in der Zeile für $f = 6$ aufgeführten Zahlen sich in der sechsten, von links oben nach rechts unten verlaufenden Diagonale des Arithmetischen Dreiecks finden. Solche Diagonalen wollen wir Hauptdiagonalen nennen, die von rechts oben nach links unten verlaufenden Diagonalen Nebendiagonalen.

Für die Fälle $n = 1$ bis 4 führt MONTMORT einen Beweis.

Ein 6-flächiger Würfel liefert die Eins einmal, die Zwei einmal, ..., die Sechs einmal. Diese sechs Einser bilden die ersten sechs Zahlen der ersten Nebendiagonalen. Deren Summe ist die schräg rechts unter dem letzten Einser stehende Sechs. – Bei zwei 6-flächigen Würfeln erhält MONTMORT die Augenzahlkombinationen folgendermaßen: Die Eins des zweiten Würfels lässt sich mit den Augen 1 bis 6 des ersten Würfels kombinieren; das sind sechs Möglichkeiten. Die Zwei des zweiten Würfels lässt sich nur mehr mit den Augen 2 bis 6 des ersten Würfels kombinieren; das sind fünf Möglichkeiten. Die Drei des zweiten Würfels lässt sich nur mehr mit den Augen 3 bis 6 des ersten Würfels kombinieren; das sind vier Möglichkeiten. Usw. Die Summe all dieser Möglichkeiten ist $6 + 5 + 4 + 3 + 2 + 1 = 21$. Die Summanden bilden offensichtlich die ersten sechs Zahlen der zweiten Nebendiagonalen, die Summe 21 steht wieder schräg rechts unter dem letzten Summanden, nämlich Sechs.

```
                      1
                    1   1
                  1   2   1
                1   3   3   1
              1   4   6   4   1
            1   5  10  10   5   1
          1   6  15  20  15   6   1
        1   7  21  35  35  21   7   1
      1   8  28  56  70  56  28   8   1
    1   9  36  84 126 126  84  36   9   1
  1  10  45 120 210 252 210 120  45  10   1
1  11  55 165 330 462 462 330 165  55  11   1
```

2. Würfel	Augen des 1. Würfels						Anzahl
1	1	2	3	4	5	6	6
2		2	3	4	5	6	5
3			3	4	5	6	4
4				4	5	6	3
5					5	6	2
6						6	1
					Summe		21

Dieses Vorgehen liefert ihm auch die Anzahl der Augenzahlkombinationen für zwei 5-flächige, 4-flächige, ..., 1-flächige Würfel, nämlich 15, 10, 6, 3 und 1. – Analog verfährt MONTMORT bei drei 6-flächigen Würfeln, was wir durch die folgende Übersicht veranschaulichen (siehe Seite 221).

Die Anzahlen der jeweiligen Möglichkeiten bilden offensichtlich die ersten sechs Zahlen der dritten Nebendiagonalen, die Gesamtanzahl 56 steht schräg rechts unter dem letzten Summanden 21. – Dasselbe Verfahren liefert bei vier 6-flächigen Würfeln die Summe $56 + 35 + 20 + 10 + 4 + 1 = 126$.

3. Würfel		Augenzahlkombinationen der ersten beiden Würfel							Anzahl
1	alle	11 12 … 16	22 23 … 26			…	55 56	66	21
2	ohne 1		22 23 … 26			…	55 56	66	15
3	ohne 1, 2			33 34 …		…	55 56	66	10
4	ohne 1, 2, 3				44 45 …	…	55 56	66	6
5	ohne 1, …, 4					…	55 56	66	3
6	ohne 1, …, 5							66	1
								Summe	56

MONTMORT schließt mit der Bemerkung, dass die Anzahl der möglichen Augenzahlkombinationen bei n f-flächigen Würfeln im Arithmetischen Dreieck auf dem Kreuzungspunkt der f-ten Hauptdiagonalen mit der $(n + 1)$-ten Nebendiagonalen steht. Einen allgemeinen Beweis bleibt er schuldig. Mit unseren Schreibweisen lässt er sich wie folgt führen, ausgehend vom Bildungsgesetz des Arithmetischen Dreiecks:[213]

$$\binom{f+n-1}{n} = \binom{f+n-2}{n-1} + \binom{f+n-2}{n} = \binom{f+n-2}{n-1} + \binom{f+n-3}{n-1} + \binom{f+n-3}{n} = \ldots \ldots$$

$$= \binom{f+n-2}{n-1} + \binom{f+n-3}{n-1} + \ldots + \binom{n-1}{n-1}.$$

Die Summanden sind offensichtlich die ersten f Zahlen der n-ten Nebendiagonalen.

Im angefügten *Korollar* stellt MONTMORT fest, dass die Anzahl der Glieder der n-ten Potenz eines f-gliedrigen Multinoms $(a_1 + a_2 + \ldots + a_f)^n$ nach dem Ausmultiplizieren und Zusammenfassen gleich $\binom{f+n-1}{n}$ ist. Beschriftet man nämlich die f Flächen der n Würfel jeweils mit a_1, $a_2, \ldots, a_f$, dann entspricht z. B. der Summand $a_1^3 a_2^1 \ldots a_f^5$ der Augenzahlkombination, bei der die Seite a_1 dreimal, die Seite a_2 einmal, … und die Seite a_f fünfmal auftritt.

Im Anschluss an diese Aufgaben behandelt MONTMORT mehrere Probleme, die ein gewisses Interesse beanspruchen und zeigen, welche Fragen damals der Erörterung für wert befunden wurden. Es darf uns nicht wundern, dass sie aus dem Bereich der Glücksspiele stammen; denn Spielen war eine der großen Leidenschaften des 18. Jahrhunderts.

1713 MONTMORT / *Essay*: f-flächige Würfel – bestimmte Augenzahl

PROPOSITION XII.

Jettant au hazard un nombre quelconque p de dés dont le nombre des faces f soit aussi quelconque; trouver combien il y a de coups pour amener un certain nombre fixé & déterminé q, d'as.

Aufgabe XII. Auf gut Glück werden n [unterscheidbare] f-flächige Würfel geworfen. [Diese sind mit den Zahlen 1, 2, …, f beschriftet.] Man finde die Anzahl der Würfe mit genau k Einsen.

---

[213] Einen anderen Beweis von ARTHUR ENGEL findet man auf Seite 176.

PROPOSITION XIII.

Jettant au hazard un nombre quelconque p *de dés, dont le nombre de faces* f *soit auſſi quelconque, trouver combien il y a de façons d'amener un certain nombre* q *d'as au moins.*

Aufgabe XIII. Auf gut Glück werden n [unterscheidbare] f-flächige Würfel geworfen. [Diese sind mit den Zahlen 1, 2, ..., f beschriftet.] Man finde die Anzahl der Würfe mit mindestens k Einsen.

Zusatz: MONTMORT behauptet: Bei fünf üblichen Würfeln ($f = 6$) gibt es 23255 Fälle mit mindestens einer Eins und 7630 Fälle mit mindestens zwei Einsen. Hat er Recht?

Lösungen nach MONTMORT (1713)

Aus MONTMORTs Text von *Proposition XII* geht nicht eindeutig hervor, ob er nach *genau k* Einsen fragt. Aus seiner Lösung und aus der nachfolgenden *Proposition XIII*, in der er nach *mindestens k* Einsen fragt, erkennt man aber, dass dies seine Absicht war. Seine Antwort auf die Frage von *Proposition XII* lässt wie folgt zusammenfassen.

Ein Wurfergebnis werde als n-Tupel aufgefasst, bei dem k Stellen mit dem »Treffer« Eins belegt sind. Es gibt $\binom{n}{k}$ solcher n-Tupel. Jede der restlichen $n - k$ Stellen eines solchen Tupels kann man mit $f - 1$ von Eins verschiedenen Augen belegen. Dafür gibt es also $(f-1)^{n-k}$ Möglichkeiten. Somit gibt es insgesamt $\binom{n}{k}(f-1)^{n-k}$ Würfe mit genau k Einsen.

Bemerkung: Teilt man diesen Ausdruck durch f^n, nach *Proposition X* also durch die Gesamtzahl aller Würfe, dann erhält man die Wahrscheinlichkeit für genau k Treffer mit der Trefferwahrscheinlichkeit $\frac{1}{f}$ bei n Versuchen, nämlich $\binom{n}{k}\left(\frac{1}{f}\right)^k\left(\frac{f-1}{f}\right)^{n-k}$.

Zu *Proposition XIII*. MONTMORT geht den nahe liegenden Weg: Man addiere die Anzahl der Fälle mit *genau k* Einsen, *genau k + 1* Einsen, ... *genau k + n* Einsen nach *Proposition XII*, bilde also $\sum_{i=k}^{n}\binom{n}{i}(f-1)^{n-i}$. – Die im *Zusatz* angegebenen Zahlen sind um den Faktor 5 zu groß; die richtigen Werte lauten 4651 bzw. 1526.

Bemerkung: Es erstaunt, dass MONTMORT ebenso wenig wie so manche seiner Zeitgenossen den einfacheren Weg über das **Gegenereignis** geht.[214] In seinem Beispiel würde man bei $k = 1$ statt der Summe $\sum_{i=1}^{5}\binom{5}{i}\cdot 5^{5-i} = \binom{5}{1}\cdot 5^4 + \binom{5}{2}\cdot 5^3 + \binom{5}{3}\cdot 5^2 + \binom{5}{4}\cdot 5^1 + \binom{5}{5}\cdot 5^0 = 3125 + 1250 + 250 + 25 + 1 =$ 4651 den Ausdruck $6^5 - 5^5 = 7776 - 3125 = 4651$ berechnen, im Falle $k = 2$ statt $\binom{5}{2}\cdot 5^3 + \binom{5}{3}\cdot 5^2 +$ $\binom{5}{4}\cdot 5^1 + \binom{5}{5}\cdot 5^0 = 1250 + 250 + 25 + 1 = 1526$ den Ausdruck $6^5 - 5^5 - \binom{5}{1}\cdot 5^4 = 7776 - 3125 - 3125$ $= 1526$. Die Rechnung mit dem Gegenereignis bringt für die Fälle $k < \frac{n}{2}$ eine Erleichterung; in den anderen Fällen ist MONTMORTs Weg günstiger.

---

[214]   Konsequent verwendet es ABRAHAM DE MOIVRE 1718 (siehe Seite 260 f.).

1713 MONTMORT / *Essay: f*-flächige Würfel – ein bestimmter Wert

PROPOSITION XIV.

Soit un nombre quelconque p *de dés, dont le nombre de faces* f *soit auſſi quelconque, on demande combien il y a de hazards pour que les jettant à volonté, il ſe trouve enſemble tant d'as, tant de deux, tant de trois, &c.*

Aufgabe XIV: Gegeben sei eine bestimmte Anzahl von n [unterscheidbaren] Würfeln mit jeweils f Flächen. [Diese sind mit den Zahlen 1, 2, ..., f beschriftet.] Man fragt nach der Anzahl der Fälle mit so und so vielen [= n_1] Einsen, mit so und so vielen [= n_2] Zweien, mit so und so vielen [= n_3] Dreien, usw.

Lösung nach MONTMORT (1713)

Für die n_i muss gelten $\sum_{i=1}^{f} n_i = n$ und $0 \le n_i \le n$, was MONTMORT stillschweigend voraussetzt.

Aus den n Würfeln wählt er zuerst n_1 Würfel für die Einsen aus, von den restlichen $n - n_1$ Würfeln n_2 Würfel für die Zweien, von den nun restlichen $n - n_1 - n_2$ Würfeln n_3 Würfel für die Dreien, usw. Das geht auf $\binom{n}{n_1}\binom{n-n_1}{n_2}\binom{n-n_1-n_2}{n_3}...\binom{n - \sum_{i=1}^{f-1} n_i}{n_f}$ Arten.

Würde man die Binomialkoeffizienten ausschreiben und kürzen, dann erhielte man $\frac{n!}{n_1!n_2!n_3!...n_f!}$. Dies ist die Lösung, die JOHANN I BERNOULLI am 17.3.1710 MONTMORT mitteilt.[215]

MONTMORT gibt folgendes Beispiel an: Mit neun üblichen Würfeln will man drei Einsen, zwei Zweien, zwei Dreien, eine Vier und eine Fünf werfen. Das geht auf $\binom{9}{3}\binom{9-3}{2}\binom{9-5}{2}\binom{9-7}{1}\binom{9-8}{1} = 15120$ Arten. Am Ende des Ausdrucks müsste der Faktor $\binom{9-9}{0}$ stehen, da keine Sechs fallen kann. 15120 ergibt sich auch als Ergebnis von $\frac{9!}{3!\cdot2!\cdot2!\cdot1!\cdot1!\cdot0!}$.

JOHANN I BERNOULLI erwähnt in seinem Brief, dass er den Ausdruck $\frac{n!}{n_1!n_2!n_3!...n_f!}$ als Koeffizienten des Terms $a_1^{n_1}a_2^{n_2}...a_f^{n_f}$ gefunden habe, der entsteht, wenn man die Potenz $(a_1 + a_2 + ... + a_f)^n$ des Multinoms ausmultipliziert und dann zusammenfasst, worauf ihn GOTTFRIED WILHELM LEIBNIZ 1695 brachte.[216] In Korollar I weist MONTMORT ausdrücklich auf diesen Zusammenhang hin. In Korollar II macht er darauf aufmerksam, dass $\frac{n!}{n_1!n_2!n_3!...n_f!}$ die Anzahl der n-Permutationen mit festen Wiederholungen angibt. Die Wurfergebnisse sind also n-Tupel, bei denen n_1, n_2, n_3 ... Wiederholungen auftreten können.

---

[215] *Proposition XIV* ist nämlich ein Sonderfall von *Proposition XXX* aus der ersten Auflage des *Essay* (1708, Seite 136). Diesen Sonderfall bringt MONTMORT 1713 als *Proposition XXVI* auf Seite 199.

[216] Näheres dazu auf Seite 216.

1713 MONTMORT / *Essay:* *f*-flächige Würfel – Wurfstruktur

PROPOSITION XV.

Soit un nombre quelconque p *de dés, dont le nombre des faces* ſ
*ſoit auſſi quelconque. On demande combien il y a de hazards
pour qu'il ſe trouve tant de ſimples, tant de doubles, tant
de triples &c. indéterminés. J'appelle dés ſimples, les dés de
differente eſpece, ou qui marquent differens points, dé double
deux dés de mème eſpece, ou qui marquent les mèmes points ;
par exemple, double deux ou ternes, &c. dé triple, trois
dés de mème eſpece, par exemple, trois* as *ou trois deux, &c.
& ainſi dé quadruple, quintuple, ſextuple, &c. quatre, ou
cinq, ou ſix dés de mème eſpece.*

Aufgabe XV: Gegeben sei eine bestimmte Anzahl von *n* [unterscheidbaren] Würfeln mit jeweils *f*
Flächen. [Diese sind mit den Zahlen 1, 2, ..., *f* beschriftet.] Man fragt nach der Anzahl der Fälle, die
so und so viele Singles, so und so viele Dubletten, so und so viele Tripletten, usw. enthalten. Ich ver-
stehe unter einem Single eine Augenzahl, die genau einmal auftritt, unter einer Dublette eine Augenzahl, die genau zweimal auftritt, unter einer Triplette eine Augenzahl, die genau dreimal auftritt,
z. B. drei Einsen oder drei Zweien usw., und ebenso erklären sich Quadruplette, Quintuplette, Sex-
tuplette usw. als eine Augenzahl, die genau vier-, genau fünf-, genau sechsmal usw. auftritt.

Lösung nach MONTMORT (1713)

Zunächst leitet MONTMORT, ohne auf Würfel Bezug zu nehmen, eine allgemeine Formel her,
indem er seinen Überlegungen eine beliebige Menge von Buchstaben zu Grunde legt, illustriert aber das Ergebnis an einem Würfel-Beispiel. Wir beginnen damit:

Neun sechsflächige Würfel werden geworfen. Wie viele Fälle gibt es mit einem Single, zwei
Dubletten und einer Quadruplette? [Ein solcher Wurf ist z. B. 214334244.] Fasst man die Ergebnisse als Neuntupel auf, dann kann man auf $\binom{9}{1}$ Arten die Single-Stelle auswählen. Aus
den noch verbliebenen acht Plätzen kann man auf $\binom{8}{2}$ Arten die Stellen für die erste Dublette auswählen. Für die zweite Dublette kann man auf $\binom{6}{2}$ Arten die Stellen aus den sechs verbliebenen Plätzen auswählen. Für die Quadruplette bleiben nur mehr vier Plätze übrig. Die nötigen
vier Stellen kann man auf $\binom{4}{4}$ Arten auswählen. Man hat also insgesamt $\binom{9}{1}\binom{8}{2}\binom{6}{2}\binom{4}{4}$
Möglichkeiten. Damit ist jedoch noch nicht berücksichtigt, welche Augenzahl die Flächen
zeigen. Für das Single gibt es $\binom{6}{1}$ Möglichkeiten, für die Dubletten nur mehr $\binom{5}{2}$ Möglichkeiten, für die Quadruplette schließlich $\binom{3}{1}$ Möglichkeiten. Das ergibt zusätzlich insgesamt
$\binom{6}{1}\binom{5}{2}\binom{3}{1}$ Möglichkeiten, so dass die Antwort auf die gestellte Frage lautet: Es gibt
$\binom{9}{1}\binom{8}{2}\binom{6}{2}\binom{4}{4} \cdot \binom{6}{1}\binom{5}{2}\binom{3}{1} = 680\,400$ Fälle.

Nach diesem Vorgehen hat MONTMORT eine allgemeine Formel für n f-flächige Würfel gefunden. Es sei m_1 die Anzahl der k_1-tupletten, m_2 die Anzahl der k_2-tupletten, ..., und schließlich m_s die Anzahl der k_s-tupletten; dabei gilt $\sum\limits_{i=1}^{s} m_i k_i = n$. HENNY (1973) führte zusätzlich m_0 ein als die Anzahl der auf den Würfelseitenflächen stehenden Zahlen $1, 2, ..., f$, die *nicht* auftreten; damit gilt $\sum\limits_{i=0}^{s} m_i = f$. In MONTMORTs Beispiel ist $n = 9, f = 6$ und $s = 3$, da nur Singles, Dubletten und Quadrupletten vorkommen. Ferner ist $m_1 = 1$, $k_1 = 1$; $m_2 = 2$, $k_2 = 2$; $m_3 = 1$, $k_3 = 4$, und $m_0 = 2$. Wie man sieht, gilt $\sum\limits_{i=0}^{3} m_i = 2 + 1 + 2 + 1 = 6 = f$ und $\sum\limits_{i=1}^{3} m_i k_i$ $= 1 \cdot 1 + 2 \cdot 2 + 1 \cdot 4 = 9 = n$.

Damit können wir nun MONTMORTs allgemeine Formel angeben. Die Anzahl der Möglichkeiten, mit n f-flächigen Würfeln m_i k_i-tupletten ($i = 1, ..., s$) zu erzeugen, ist

$$\left[\binom{n}{k_1}\binom{n-k_1}{k_1}\binom{n-2k_1}{k_1}\cdots\binom{n-(m_1-1)k_1}{k_1}\right]\cdot\left[\binom{n}{k_1}\binom{n-m_1k_1}{k_1}\binom{n-m_1k_1-k_2}{k_1}\cdots\binom{n-m_1k-(m_2-1)k_2}{k_1}\right]\cdot\cdots$$

$$\cdots\cdot\left[\binom{n-\sum\limits_{i=1}^{s-1}m_ik_i}{k_s}\binom{n-\sum\limits_{i=1}^{s-1}m_ik_i-k_s}{k_s}\cdots\binom{n-\sum\limits_{i=1}^{s-1}m_ik_i-(m_s-1)k_s}{k_s}\right] \times \binom{f}{m_1}\binom{f-m_1}{m_2}\binom{f-m_1-m_2}{m_3}\cdots\binom{f-\sum\limits_{i=1}^{s-1}m_i}{m_s}.$$

Die Formel wird durch das $\times$ in zwei Teile geteilt. MONTMORT bemerkt, dass der erste Teil n Faktoren, der zweite Teil s Faktoren enthalten muss.

Wir veranschaulichen diese recht unübersichtliche Formel noch mal an MONTMORTs Beispiel.

Mit $n = 9, f = 6, s = 3; m_1 = 1, k_1 = 1; m_2 = 2, k_2 = 2; m_3 = 1, k_3 = 4; m_0 = 2$ ergibt sich

$$\binom{9}{1}\binom{9-1}{2}\binom{9-1-2}{2}\binom{9-1\cdot1-2\cdot2}{4} \times \binom{6}{1}\binom{6-1}{2}\binom{6-1-2}{1} = \binom{9}{1}\binom{8}{2}\binom{6}{2}\binom{6}{4} \times \binom{6}{1}\binom{5}{2}\binom{3}{1}$$ wie oben.

MONTMORT vereinfacht den ersten Teil der Formel, indem er die Binomialkoeffizienten als Brüche schreibt und kürzt:

$$\frac{n!}{k_1!(n-k_1)!}\cdot\frac{(n-k_1)!}{k_1!(n-2k_1)!}\cdot\frac{(n-2k_1)!}{k_1!(n-3k_1)!}\cdot\cdots\cdot\frac{(n-(m_1-1)k_1)!}{k_1!(n-m_1k_1)!}\cdot$$

$$\cdot\frac{(n-m_1k_1)!}{k_2!(n-m_1k_1-k_2)!}\cdot\frac{(n-m_1k_1-k_2)!}{k_2!(n-m_1k_1-2k_2)!}\cdot\frac{(n-m_1k_1-2k_2)!}{k_2!(n-m_1k_1-3k_2)!}\cdot\cdots\cdot\frac{(n-m_1k_1-(m_2-1)k_2)!}{k_2!(n-m_1k_1-m_2k_2)!}\cdot\cdots$$

$$\cdots\cdot\frac{\left(n-\sum\limits_{i=1}^{s-1}m_ik_i\right)!}{k_s!\left(n-\sum\limits_{i=1}^{s-1}m_ik_i-k_s\right)!}\cdot\frac{\left(n-\sum\limits_{i=1}^{s-1}m_ik_i-k_s\right)!}{k_s!\left(n-\sum\limits_{i=1}^{s-1}m_ik_i-2k_s\right)!}\cdot\frac{\left(n-\sum\limits_{i=1}^{s-1}m_ik_i-2k_s\right)!}{k_s!\left(n-\sum\limits_{i=1}^{s-1}m_ik_i-3k_s\right)!}\cdot\cdots\cdot\frac{\left(n-\sum\limits_{i=1}^{s-1}m_ik_i-(m_s-1)k_s\right)!}{k_s!\underbrace{\left(n-\sum\limits_{i=1}^{s}m_ik_i\right)!}_{0!}}$$

$$= \frac{n!}{(k_1!)^{m_1}\,(k_2!)^{m_2}\ldots(k_s!)^{m_s}}$$

Dieses Ergebnis ergibt sich direkt als Anzahl der n-Permutation mit festen Wiederholungen.

In ähnlicher Weise lässt sich auch der zweite Teil der Formel vereinfachen:

$$\frac{f!}{m_1!(f-m_1)!} \cdot \frac{(f-m_1)!}{m_2!(f-m_1-m_2)!} \cdot \frac{(f-m_1-m_2)!}{m_3!(f-m_1-m_2-m_3)!} \cdot \ldots \cdot \frac{\left(f-\sum_{i=1}^{s-1} m_i\right)!}{\underbrace{m_s!\left(f-\sum_{i=1}^{s} m_i\right)!}_{m_0!}} = \frac{f!}{m_0!m_1!m_2!\ldots m_s!}.$$

Damit ergibt sich schließlich als Antwort auf MONTMORTs Frage nach der Anzahl der Möglichkeiten die wesentlich einfachere Formel[217]

$$\frac{n!}{(k_1!)^{m_1}(k_2!)^{m_2}\ldots(k_s!)^{m_s}} \cdot \frac{f!}{m_0!m_1!m_2!\ldots m_s!}.$$

1708 fragte MONTMORT noch nach der Wahrscheinlichkeit für einen solchen Wurf. Man erhält sie, wenn man die obige Anzahl durch f^n dividiert.

1713 MONTMORT / *Essay*: Augensummen *f*-flächiger Würfel

Die Frage nach der Häufigkeit von Augensummen bei zwei bzw. drei Würfeln wurde 971 von WIBOLD, 1222/1268 vom Verfasser der *De Vetula*, 1556 von CARDANO und 1613/23 von GALILEI richtig beantwortet. Auch CHRISTIAAN HUYGENS bietet 1657 im Anschluss an Aufgabe IX seines *Tractatus* eine tabellarische Übersicht über die Häufigkeit des Auftretens der Augensummenwerte bei zwei und drei Würfeln. 1556 lieferte NICOLÒ TARTAGLIA ohne Begründung ein Verfahren, wie man sukzessive für eine *beliebige* Anzahl von Würfeln die Gesamtzahlen *aller* möglichen Augensummen ermitteln kann; IOANNES BUTEO gibt 1559 auch an, wie man vorgehen kann (siehe Seite 54). 1708 fragt PIERRE RÉMOND DE MONTMORT in seinem *Essay d'Analyse sur les Jeux de Hazard* in *Proposition XXXI* (S. 141–143; 1713 als *Proposition XXVII* S. 203 f.) allgemein nach der Anzahl der Möglichkeiten, einc beliebige Augensumme mit einer beliebigen Anzahl von Würfeln zu erzeugen.[218] Als Antwort gibt er die Anzahlen tabellarisch an für zwei, drei, …, neun Würfel. Die Formel, nach der er verfahren ist, teilt er JOHANN I BERNOULLI am 15.11.1710 brieflich mit, aber ohne Beweis (Montmort 1713, S. 307). Ersetzt man in ihr die Zahl 6 durch den Buchstaben *f*, so hat man die allgemeine Formel für *f*-flächige Würfel, die MONTMORT 1713 in der 2. Auflage seines *Essay* als *Proposition XVI* bringt und auch beweist. Bereits 1712 erschien aber ABRAHAM DE MOIVREs *De Mensura Sortis*, in der er dieselbe Formel als Lösung eines *Lemma* bringt (Seite 220).[219] Den Beweis lieferte er erst 1730 in den *Miscellanea Analytica* nach (S. 191–197). Nun also zu MONTMORTs *Proposition XVI*.

---

[217] 1708 stellte MONTMORT das Problem als *Proposition XXX* (Seite 136) für übliche Würfel und gibt eine allgemeine, allerdings falsche Formel als Lösung an. Für zwei bis neun Würfel errechnete er für alle möglichen Fälle aber doch die richtigen Anzahlen. Er sagte auch, dass man seine Formel auf Würfel mit *R* Seitenflächen übertragen könne. JOHANN I BERNOULLI hat am 17.3.1710 MONTMORT die allgemeine Lösung mitgeteilt, die der oben angegebenen Formel entspricht. Hinsichtlich des Beweises schreibt MONTMORT auf Seite 137 ähnlich wie 1708 bei *Proposition XIV* (siehe Fußnote 172): »*Je ne donnerai point la demonstration de cette formule, car elle ne pourroit être qu'extrêmement longue & abstraite, & ne seroit entendue que de ceux qui seront eux-mêmes capables de la trouver.*«

[218] *On demande en combien de façons on peut amener un certain nombre ou point déterminé, avec un certain nombre de dez.*

[219] LEMMA: *Invenire numerum casuum quibus datus punctorum numerus dato tesserarum numero, jaci possit.* (S. 220 ff.)

PROPOSITION XVI.

Jettant au hazard un nombre quelconque d *de dés, dont le nombre des faces,* f, *soit auſſi quelconque, trouver combien il y a de hazards pour amener tel ou tel point,* p, *à volonté.*

Auf gut Glück werden w [unterscheidbare] Würfel geworfen, von denen jeder f Flächen hat. [Diese sind mit den Zahlen 1, 2, ..., f beschriftet.] Man finde, auf wie viele Arten eine Augensumme a entstehen kann.

Mit den heute üblichen Symbolen lautet die Antwort auf die gestellte Frage wie folgt.[220]
Die w Würfel mit je f Flächen erzeugen die Augensumme a auf $N(a, w, f)$ Arten. Es gilt

$$N(a, w, f) = \sum_{i=0}^{\left[\frac{a-w}{f}\right]} (-1)^i \binom{w}{i} \binom{a-if-1}{w-1}$$

$$= \binom{a-1}{w-1} - \binom{w}{1}\binom{a-f-1}{w-1} + \binom{w}{2}\binom{a-2f-1}{w-1} - \dots + (-1)^s \binom{w}{s}\binom{a-sf-1}{w-1}$$

mit den Nebenbedingungen $a - sf \geq w$ und $a - (s+1)f < w$, d. h., $s = \left[\frac{a-w}{f}\right]$.

Beweis nach MONTMORT (1713)

Eine additive Zerlegung einer natürlichen Zahl a nennt man heute *Komposition*, wenn die Reihenfolge der Summanden wesentlich ist, d. h. z. B., die Komposition 1 + 3 von 4 ist verschieden von der Komposition 3 + 1. Spielt die Reihenfolge keine Rolle, dann heißt die additive Zerlegung *Partition*. Jede Augensumme a von w Würfeln ist die Summe von w natürlichen Zahlen x_i mit der Einschränkung $1 \leq x_i \leq f$, $i = 1, \dots w$, d. h., $a = x_1 + x_2 + \dots + x_w$. Gesucht ist die Anzahl $N_f(a, w)$ solcher Kompositionen.

In einem ersten Schritt bestimmt Montmort die Anzahl $k(a, w, f)$ aller Kompositionen von a aus w Summanden, ohne dass für diese die Einschränkung $x_i \leq f$ gilt. Er ermittelt $k(a, w, f)$ für einen, zwei bzw. drei übliche Würfel an Hand einer unvollständigen Tabelle und schließt daraus mit Hilfe des arithmetischen Dreiecks induktiv auf die allgemeine Formel für $k(a, w, f)$. Die von ihm angegebene Formel ist richtig.

Wir zeigen sein Vorgehen für n dreiflächige »Würfel«, $n = 1, 2, 3, 4$, an vollständigen Tabellen. Unter der Augensumme a stehen die zugehörigen Partitionen. Den Wert $k(a, w, f)$ erhält man als Summe der Anzahlen der zu diesen Partitionen gehörenden Kompositionen. Man beachte dabei: Zur Partition 114 in der dritten Tabelle gehören drei Kompositionen, nämlich 114, 141 und 411, zur Partition 123 hingegen sechs Kompositionen, nämlich 123, 132, 213, 231, 312 und 321. Allgemein gilt: Die Anzahl der zu einer Partition gehörenden Kompositionen ist gleich der Anzahl der Permutationen mit Wiederholungen. Wir veranschaulichen dies am Beispiel $k(10, 4, 3) = 84$ aus der vierten Tabelle.

---

[220] Wir verwenden dabei die »Gaußklammer« [x]. CARL FRIEDRICH GAUß führte sie 1808 in *Theorematis arithmetici demonstratio nova* als Abkürzung für »größte ganze Zahl kleiner oder gleich x« ein.

Partitionen	1117	1126	1135	1144	1225	1234	1333	2224	2233	
Anzahl der Permutationen mit Wiederholungen	$\frac{4!}{3!\cdot1!}$ $=4$	$\frac{4!}{2!\cdot1!\cdot1!}$ $=12$	$\frac{4!}{2!\cdot1!\cdot1!}$ $=12$	$\frac{4!}{2!\cdot2!}$ $=6$	$\frac{4!}{2!\cdot1!\cdot1!}$ $=12$	$\frac{4!}{1!\cdot1!\cdot1!\cdot1!}$ $=24$	$\frac{4!}{3!\cdot1!}$ $=4$	$\frac{4!}{3!\cdot1!}$ $=4$	$\frac{4!}{2!\cdot2!}$ $=6$	$\Sigma =$ 84

Nun folgen die vier angekündigten Tabellen.

Ein dreiflächiger Würfel

a	1	2	3
	1	2	3
$k(a,1,3)$	1	1	1
$N(a,1,3)$	1	1	1

Zwei dreiflächige Würfel

a	2	3	4	5	6
	11	12	13	14	15
			22	23	24
					33
$k(a,2,3)$	1	2	3	4	5
$\binom{2}{1}k(a-3,2,3)$				$2\cdot1$	$2\cdot2$
$N(a,2,3)$	1	2	3	2	1

Drei dreiflächige Würfel

a	3	4	5	6	7	8	9
	111	112	113	114	115	116	117
			122	123	124	125	126
				133	134	135
							144
				222	223	224	225
						233	234
							333
$k(a,3,3)$	1	3	6	10	15	21	28
$\binom{3}{1}k(a-3,3,3)$				$3\cdot1$	$3\cdot3$	$3\cdot6$	$3\cdot10$
$\binom{3}{2}k(a-2,3,3)$							$3\cdot1$
$N(a,3,3)$	1	3	6	7	6	3	1

Vier dreiflächige Würfel

a	4	5	6	7	8	9	10	11	12
	1111	1112	1113	1114	1115	1116	1117	1118	1119
			1122	1123	1124	1125	1126	1127	1128
					1133	1134	1135	1136	1137
							1144	*1145*	*1146*
									1155
				1222	1223	1224	1225	1226	1227
						1233	1234	1235	1236
								1244	*1245*
							1333	1334	1335
									1344
					2222	2223	2224	2225	2226
							2233	2234	2235
									2244
								2333	2334
									3333
$k(a,4,3)$	1	4	10	20	35	56	84	120	165
$\binom{4}{1}k(a-3,4,3)$				4·1	4·4	4·10	4·20	4·35	4·56
$\binom{4}{2}k(a-2\cdot3,4,3)$							6·1	6·4	6·10
$N(a,4,3)$	1	4	10	16	19	16	10	4	1

Table de M. Paſcal pour les combinaiſons.

```
1.1.1.1.1.1.1.1.1. 1.  1.  1.  1.    1
1.2.3.4. 5. 6.7. 8.  9. 10. 11. 12.  13
1.3.6.10.15.21.28. 36. 45. 55. 66.   78
1.4.10.20.35.56. 84.120.165.220.   286
 1.5.15.35.70.126.210.330.495.  715
 1.6.21.56.126.252.462.792.1287
 1.7.28.84.210.462.924.1716
 1.8.36.120.330.792.1716
 1.9.45.165.495.1287
 1.10.55.220. 715
 1.11.66. 286
 1.12. 78
 1. 13
 1
```

```
                           1
                         1   1
                       1   2   1
                     1   3   3   1
                   1   4   6   4   1
                 1   5  10  10   5   1
               1   6  15  20  15   6   1
             1   7  21  35  35  21   7   1
           1   8  28  56  70  56  28   8   1
         1   9  36  84 126 126  84  36   9   1
       1  10  45 120 210 252 210 120  45  10   1
     1  11  55 165 330 462 462 330 165  55  11   1
   1  12  66 100 495 792 924 792 495 100  66  12   1
 1  13  78 166 595 1287 1716 1716 1278 595 166  78  13  1
```

Das Arithmetische Dreieck aus MONTMORTs Essay (links) und in der heute üblichen Form (rechts). Umrahmt sind die Werte k(a, 4, 3).

MONTMORT erkennt, dass die Werte $k(a, w, f)$ im Arithmetischen Dreieck in der von ihm benützten, an PASCAL angelehnten Form für $w = 1, 2, 3$ in der nullten, ersten, zweiten Zeile stehen. Den zu einer bestimmten Augensumme a gehörenden Wert $k(a, w, f)$ findet er in der

Spalte $(a-1)$, wenn die Spaltenzählung auch wieder mit null beginnt. So ist z. B. $k(7, 4, 3) = \binom{7-1}{4-1} = \binom{6}{3} = 20$. Wir schreiben heute kurz $k(a, w, f) = \binom{a-1}{w-1}$.

Schreibt man die Zahlen in MONTMORTs Darstellung des Arithmetischen Dreiecks als Binomialkoeffizienten, dann ergibt sich folgendes Bild.

Spalte	0	1	2	3				13		$k+t$	$k+t+1$	Zeile
	$\binom{0}{0}$	$\binom{1}{0}$	$\binom{2}{0}$	$\binom{3}{0}$	...	...	...	$\binom{13}{0}$	...	$\binom{k+t}{0}$	$\binom{k+t+1}{0}$	0
		$\binom{1}{1}$	$\binom{2}{1}$	$\binom{3}{1}$	...	...	...	$\binom{13}{1}$	...	$\binom{k+t}{1}$	$\binom{k+t+1}{1}$	1
			$\binom{2}{2}$	$\binom{3}{2}$	...	...	...	$\binom{13}{2}$	...	$\binom{k+t}{2}$	$\binom{k+t+1}{2}$	2
				$\binom{3}{3}$	...	...	...	$\binom{13}{3}$	...	$\binom{k+t}{3}$	$\binom{k+t+1}{3}$	3
					...	...	...	...	...	...	...	...
			$\binom{k}{k}$	$\binom{k+1}{k}$	...			$\binom{13}{k}$	...	$\binom{k+t}{k}$	$\binom{k+t+1}{k}$	k
				$\binom{k+1}{k+1}$	...			$\binom{13}{k+1}$	...	$\binom{k+t}{k+t}$	$\binom{k+t+1}{k+t}$	$k+1$

MONTMORTs Arithmetisches Dreieck, mit Binomialkoeffizienten geschrieben. Schwach umrandet ist MONTMORTts Zeile Nr. 3. Stark umrandet ist die Formel $\sum_{j=0}^{t} \binom{k+j}{k} = \binom{k+t+1}{k+1}$, die wir unten benötigen.

Beweis für die in der Bildunterschrift angegebene Formel: Nach dem additiven Bildungsgesetz der Binomialkoeffizienten gilt $\binom{n+1}{k+1} = \binom{n}{k} + \binom{n}{k+1}$. Wendet man dies auf den letzten Summanden an, so erhält man $\binom{n+1}{k+1} = \binom{n}{k} + \binom{n-1}{k} + \binom{n-1}{k+1}$. Fährt man so fort, so ergibt sich $\binom{n+1}{k+1} = \binom{n}{k} + \binom{n-1}{k} + \binom{n-2}{k}$ ⊦ $\binom{n-2}{k+1}$, und schließlich $\binom{n+1}{k+1} = \binom{n}{k} + \binom{n-1}{k} + \binom{n-2}{k} + \ldots + \binom{k}{k}$. Mit $n = k + t$ ist die Behauptung bewiesen.

Nun führen wir, in Anlehnung an MONTMORT, den Beweis von $k(a, w, f) = \binom{a-1}{w-1}$ mittels vollständiger Induktion.

Bei *einem* Würfel ist offensichtlich $k(a, 1, f) = 1$, was mit $\binom{a-1}{1-1} = 1$ übereinstimmt. Die Formel sei bereits bewiesen für w Würfel. Dann überlegt MONTMORT für $w + 1$ Würfel, deren Augensumme den Wert a hat, wie folgt.

Wenn der $(w + 1)$-te Würfel die Augenzahl 1 zeigt, dann wird allen möglichen Kompositionen einer Augensumme der w Würfel der Summand 1 angefügt. Also muss die Augensumme der w Würfel $a - 1$ gewesen sein. Somit gibt es $k(a - 1, w, f) = \binom{a-2}{w-1}$ Kompositionen der $w + 1$ Würfel, bei denen der letzte die Augenzahl 1 zeigt.

Nun zeige der $(w + 1)$-te Würfel die Augenzahl 2. Da die Augensumme wieder a ist, ist die der ursprünglichen w Würfel $a - 2$. Es gibt also $k(a - 2, w, f) = \binom{a-3}{w-1}$ Kompositionen der $w + 1$ Würfel, bei denen der letzte die Augenzahl 2 zeigt.

Zeigt der $(w + 1)$-te Würfel die Augenzahl i, dann ist die Augensumme der ursprünglichen w Würfel $a - i$. Es gibt also $k(a - i, w, f) = \binom{a-i-1}{w-1}$ Kompositionen der $w + 1$ Würfel, bei denen der letzte die Augenzahl i zeigt. Wenn alle w Würfel die Augenzahl 1 zeigen, dann wird i maximal und hat den Wert $i_{\max} = a - w$.

Damit gilt: $k(a, w + 1, f) = \sum\limits_{i=1}^{a-w} k(a-i, w, f) = \sum\limits_{i=1}^{a-w} \binom{a-i-1}{w-1} = \sum\limits_{i=1}^{a-w} \binom{(a-1)-i}{w-1}$.

Die Berechnung der letzten Summe verläuft folgendermaßen: Man beginnt mit dem letzten Glied, also mit $i = a - w$, und schreitet bis $i = 1$ fort:

$$\sum\limits_{i=1}^{a-w} \binom{(a-1)-i}{w-1} = \binom{w-1}{w-1} + \binom{w}{w-1} + \binom{w+1}{w-1} + \ldots + \binom{a-2}{w-1}$$

$$= \binom{w-1}{w-1} + \binom{(w-1)+1}{w-1} + \binom{(w-1)+2}{w-1} + \ldots + \binom{a-2}{w-1}.$$

Setzt man $k := w - 1$, dann ist mit $k + t = a - 2$ die letzte Summe darstellbar als $\sum\limits_{j=0}^{t} \binom{k+j}{k}$.

Für sie gilt $\sum\limits_{j=0}^{t} \binom{k+j}{k} = \binom{k+t+1}{k+1}$, wie wir oben gezeigt haben. Somit erhalten wir

$$k(a, w + 1, f) = \sum\limits_{i=1}^{a-w} \binom{(a-1)-i}{w-1} = \sum\limits_{j=0}^{t} \binom{k+j}{k} = \binom{k+t+1}{k+1} = \binom{a-2+1}{w-1+1} = \binom{a-1}{w}, \text{q. e. d.}$$

Bemerkung. Mit einem Trick gelingt ein wesentlich kürzerer Beweis für $k(a, w, f) = \binom{a-1}{w-1}$. Man schreibt die Augensumme a als Summe von a Einsen: $a = 1 + 1 + \ldots + 1$. Da aber a aus nur genau w Summanden besteht, müssen mehr oder weniger viele Einsen zu einer natürlichen Zahl zusammengefasst werden. Man erhält diese w Summanden, indem man $w - 1$ der $a - 1$ Pluszeichen durch Trennstriche ersetzt, was auf $\binom{a-1}{w-1}$ Arten möglich ist, q. e. d.

Beispiel. Sei $a = 7 = 1 + 1 + 1 + 1 + 1 + 1 + 1$. Soll 7 nur aus genau vier Summanden bestehen, dann müssen drei Trennstriche gesetzt werden, z. B. $1 + 1 \mid 1 + 1 + 1 \mid 1 \mid 1$. Also hat man $7 = 2 + 3 + 1 + 1$.

Nun geht es darum, die Terme zu bestimmen, die alternierend subtrahiert bzw. addiert werden müssen. In $k(a, w, f)$ werden nämlich auch Summanden gezählt, bei denen mindestens eine Würfelfläche eine Augenzahl aufweist, die größer als f ist. Diese Kompositionen haben wir in den Tabellen grau unterlegt. Ihre Anzahlen müssen also von $k(a, w, f)$ abgezogen werden. Nehmen wir an, dass der w-te Würfel eine Augenzahl $x_w > f$ zeigt. Die Augenzahlen x_i aller anderen Würfel können jedoch beliebig sein. Dann ist $x_1 + x_2 + \ldots + (x_w - f) = a - f$. Wir suchen jetzt die Anzahl aller Kompositionen von $a - f$ aus w Summanden, die *keinerlei* Einschränkung unterliegen, also die Zahl $k(a - f, w, f)$. Sie ist gleich $\binom{a-f-1}{w-1}$. So zählt bei drei dreiflächigen Würfeln $k(8 - 3, 3, 3) = 6$ die »unbrauchbaren« Kompositionen 116, 125, 215, 134, 314 und 224, bei denen die Augenzahl des dritten Würfels also größer als 3 ist. Dass mindestens eine Fläche einen Wert größer als f zeigt, kann aber bei jedem der w Würfel auftreten, also ist insgesamt $\binom{w}{1} k(a - f, w, f) = \binom{w}{1}\binom{a-f-1}{w-1}$ von $k(a, w, f)$ abzuziehen; diesen Subtrahenden geben wir in der Tabelle an; die entsprechende Zeile haben wir grau unterlegt. Bei dieser Subtraktion werden jedoch die Anzahlen aller Kompositionen, bei denen mindestens zwei Summanden größer als f sind, mindestens zweimal subtrahiert. Diese haben wir durch halbfettkursiv hervorgehoben. Zur Bestimmung ihrer Anzahl betrachtet man die Kompositionen, bei denen $x_{w-1} > f$ und $x_w > f$ sind, alle anderen x_i jedoch beliebig gewählt werden können. Deren Augensumme ist $x_1 + x_2 + \ldots + (x_{w-1} - f) + (x_w - f) = a - 2f$. Da diese Kompositionen wiederum keinerlei Einschränkungen unterliegen, ist ihre Anzahl $k(a - 2f, w, f) = \binom{a-2f-1}{w-1}$.

Dass mindestens zwei Flächen einen Wert größer als f zeigen, kann aber bei zwei der w Würfel auftreten. Also ist $\binom{w}{2} k(a - 2f, w, f) = \binom{w}{2}\binom{a-2f-1}{w-1}$ zu addieren. Auch diese Werte findet man in den obigen Tabellen. So fährt MONTMORT fort. Allgemein ist die Anzahl der Kompositionen, bei denen an mindestens i Flächen Augenzahlen größer als f auftreten, $\binom{w}{i}\binom{a-if-1}{w-1}$. Das für jedes a verschiedene maximale i ergibt sich daraus, dass der zweite Binomialkoeffizient nur existiert, wenn $w - 1 \le a - if - 1 \Leftrightarrow i \le \frac{a-w}{f}$, d. h., $i_{max}(a) = s = \left[\frac{a-w}{f}\right]$. Für diese i existiert aber auch der erste Binomialkoeffizient $\binom{w}{i}$; denn offensichtlich ist $a \le wf$. Damit ist $i_{max}(a) = \left[\frac{a-w}{f}\right] \le \left[\frac{wf-w}{f}\right] = w\left[\frac{f-1}{f}\right] < w$.

Sei nun angenommen, in einer Komposition sind genau m Summanden größer als f. Dann wird ihre Anzahl im ersten Schritt $\binom{m}{1}$-mal subtrahiert, beim zweiten Schritt $\binom{m}{2}$-mal addiert, beim dritten Schritt $\binom{m}{3}$-mal subtrahiert usw. Das ergibt $-\binom{m}{1} + \binom{m}{2} - \binom{m}{3} + \ldots + (-1)^m\binom{m}{m} = (1-1)^m - 1 = -1$; d. h., bei diesem Verfahren wird diese Komposition genau einmal subtrahiert, wie es sein muss.

Damit ist der Beweis für MONTMORTs Formel abgeschlossen. Zur Illustration berechnen wir die von MONTMORT angegebene Häufigkeit der Augensumme 32 bei neun regulären Würfeln. Mit $w = 9, f = 6$ und $a = 32$ ist $s = \left[\frac{a-w}{f}\right] = \left[\frac{32-9}{6}\right] = \left[\frac{23}{6}\right] = 3$, und man erhält:

$$\sum_{i=0}^{\left[\frac{a-w}{f}\right]} (-1)^i \binom{w}{i}\binom{a-if-1}{w-1} = \sum_{i=0}^{3} (-1)^i \binom{9}{i}\binom{32-6i-1}{9-1} = \sum_{i=0}^{3} (-1)^i \binom{9}{i}\binom{31-6i}{8}$$

$$= \binom{31}{8} - \binom{9}{1}\binom{25}{8} + \binom{9}{2}\binom{19}{8} - \binom{9}{3}\binom{13}{8} = 7\,888\,725 - 9 \cdot 1\,081\,575 + 36 \cdot 75\,582 - 84 \cdot 1\,287 =$$

$$= 7\,888\,725 - 9\,734\,175 + 272\,0952 - 108\,108 = 767\,394.$$

Algorithmus zum Auffinden von $N(a, w, 6)$ nach JAKOB BERNOULLI (1713)

Im Gegensatz zu MONTMORT liefert JAKOB BERNOULLI keine Formel, sondern gibt in seiner *Ars Conjectandi* nur einen Algorithmus dafür an, wie man die Anzahl $N(a, w, 6)$ der Kompositionen der Augensummen a schrittweise findet, die von w sechsflächigen Würfeln erzeugt werden (S. 23–25). Wir zeigen sein tabellarisches Vorgehen vereinfachend, indem wir es an Hand von drei vierflächigen Würfeln vorführen.

Zunächst werden für einen, zwei und drei Würfel die möglichen Augensummen a angegeben. In der Zeile 1: $N(a, 1, 4)$ ist dann für *einen* Würfel die Anzahl der Kompositionen zu jeder Augensumme a angegeben, die hier natürlich jeweils 1 ist. Nun schreibt BERNOULLI diese vier Einsen, jeweils um eine Spalte versetzt, noch dreimal an. Werden nun diese vier Zeilen spaltenweise addiert, dann entsteht die Zeile 2: $N(a, 2, 4)$, die für zwei vierflächige

Anzahl w der Würfel	Augensumme a												
1	1	2	3	4									
2	2	3	4	5	6	7	8						
3	3	4	5	6	7	8	9	10	11	12		8	a
	Anzahl der Kompositionen für a												
1: $N(a, 1, 4)$	1	1	1	1									
	1	1	1	1									
	1	1	1	1									
	1	1	1	1									
2: $N(a, 2, 4)$	1	2	3	4	3	2	1					$N(7, 2, 4)$	$N(a-1, w-1, f)$
		1	2	3	4	3	2	1				$N(6, 2, 4)$	$N(a-2, w-1, f)$
			1	2	3	4	3	2	1			$N(5, 2, 4)$	...
				1	2	3	4	3	2	1		$N(4, 2, 4)$	$N(a-f, w-1, f)$
3: $N(a, 3, 4)$	1	3	6	10	12	12	10	6	3	1		$N(8, 3, 4)$	$N(a, w, f)$

Würfel die Anzahl $N(a, 2, 4)$ der zu a gehörenden Kompositionen liefert. Wendet man erneut dieses Verfahren an, dann gewinnt man Zeile **3**: $N(a, 3, 4)$ mit der Anzahl $N(a, 3, 4)$ der zu a gehörenden Kompositionen bei drei Würfeln. Dass jede Zeile insgesamt viermal auftreten muss, folgt daraus, dass jeder neu hinzukommende Würfel die Anzahl der Kompositionen der Augensummen der bereits vorhandenen Würfel vervierfacht.

Was steckt hinter diesem Algorithmus? Offensichtlich gilt die Rekursionsformel

$$N(a, w, f) = N(a - 1, w - 1, f) + N(a - 2, w - 1, f) + \ldots + N(a - f, w - 1, f),$$

da die Augensumme a bei w Würfeln dadurch zustande kommt, dass $w - 1$ Würfel die Augensummen $a - 1, a - 2, \ldots, a - f$ erzeugen müssen, wenn der w-te Würfel die Augenzahl 1, 2, ..., f zeigt. Zur Verdeutlichung haben wir die grau unterlegten Zellen rechts außen wiederholt, einmal konkret, daneben steht die allgemeine Formel, also

$$N(8, 3, 4) = N(7, 2, 4) + N(6, 2, 4) + N(5, 2, 4) + N(4, 2, 4) = 2 + 3 + 4 + 3 = 12.$$

BERNOULLIs Algorithmus führt zum Ziel, ist aber sehr mühsam. Dass er leicht auf f-flächige Würfel erweitert werden kann, hat BERNOULLI jedoch nicht erwähnt.

EMANUEL CZUBER (1902) gibt eine andere Deutung des BERNOULLI'schen Verfahrens. Wir übertragen CZUBERS Idee auf unser Beispiel von drei vierflächigen Würfeln. Im Polynom $x^1 + x^2 + x^3 + x^4$ werden die Exponenten als die vier Augenzahlen 1, 2, 3 und 4 auf den Flächen eines vierflächigen Würfels gedeutet. Multipliziert man das Polynom mit sich selbst, so erhält man schließlich $1 \cdot x^2 + 2 \cdot x^3 + 3 \cdot x^4 + 4 \cdot x^5 + 3 \cdot x^6 + 2 \cdot x^7 + 1 \cdot x^8$. Da beim Multiplizieren von Potenzen die Exponenten addiert werden, bedeuten die Exponenten der letzten Summe die Augensummen beim Wurf zweier vierflächiger Würfel; die Koeffizienten geben an, wie oft die jeweilige Augensumme zustande kommt.

Die Multiplikation des Polynoms $x^1 + x^2 + x^3 + x^4$ mit sich selbst geht schrittweise wie folgt vor sich:

$$(x^1 + x^2 + x^3 + x^4)(x^1 + x^2 + x^3 + x^4) =$$

$$= (x^1 + x^2 + x^3 + x^4) \cdot x^1 + (x^1 + x^2 + x^3 + x^4) \cdot x^2 + (x^1 + x^2 + x^3 + x^4) \cdot x^3 + (x^1 + x^2 + x^3 + x^4) \cdot x^4.$$

Die vier Summanden, die sich beim Ausmultiplizieren ergeben, schreibt man so untereinander, dass Potenzen mit gleichen Exponenten untereinander stehen.

$x^1 + x^2 + x^3 + x^4$

$(x^1 + x^2 + x^3 + x^4)^2$	$1 \cdot x^2 + 1 \cdot x^3 + 1 \cdot x^4 + 1 \cdot x^5$	1 1 1 1
	$1 \cdot x^3 + 1 \cdot x^4 + 1 \cdot x^5 + 1 \cdot x^6$	1 1 1 1
	$1 \cdot x^4 + 1 \cdot x^5 + 1 \cdot x^6 + 1 \cdot x^7$	1 1 1 1
	$1 \cdot x^5 + 1 \cdot x^6 + 1 \cdot x^7 + 1 \cdot x^8$	1 1 1 1

$$1 \cdot x^2 + 2 \cdot x^3 + 3 \cdot x^4 + 4 \cdot x^5 + 3 \cdot x^6 + 2 \cdot x^7 + 1 \cdot x^8 \qquad 1\ 2\ 3\ 4\ 3\ 2\ 1$$

Man erkennt: Rechts steht das Schema JAKOB BERNOULLIs.

Bei drei Würfeln muss man das erhaltene Polynom wieder mit $x^1 + x^2 + x^3 + x^4$ multiplizieren; also

$$(x^1 + x^2 + x^3 + x^4)^3 = (x^1 + x^2 + x^3 + x^4)^2 \cdot (x^1 + x^2 + x^3 + x^4)$$

$1 \cdot x^3 + 2 \cdot x^4 + 3 \cdot x^5 + 4 \cdot x^6 + 3 \cdot x^7 + 2 \cdot x^8 + 1 \cdot x^9$	1 2 3 4 3 2 1
$1 \cdot x^4 + 2 \cdot x^5 + 3 \cdot x^6 + 4 \cdot x^7 + 3 \cdot x^8 + 2 \cdot x^9 + 1 \cdot x^{10}$	1 2 3 4 3 2 1
$1 \cdot x^5 + 2 \cdot x^6 + 3 \cdot x^7 + 4 \cdot x^8 + 3 \cdot x^9 + 2 \cdot x^{10} + 1 \cdot x^{11}$	1 2 3 4 3 2 1
$1 \cdot x^6 + 2 \cdot x^7 + 3 \cdot x^8 + 4 \cdot x^9 + 3 \cdot x^{10} + 2 \cdot x^{11} + 1 \cdot x^{12}$	1 2 3 4 3 2 1

$$1 \cdot x^3 + 3 \cdot x^4 + 6 \cdot x^5 + 10 \cdot x^6 + 12 \cdot x^7 + \mathbf{12 \cdot x^8} + 10 \cdot x^9 + 6 \cdot x^{10} + 3 \cdot x^{11} + 1 \cdot x^{12} \quad 1\ 3\ 6\ 10\ 12\ 12\ 10\ 6\ 3\ 1$$

Man sieht: Die Augensumme 8 entsteht auf zwölf Arten.

So wie JAKOB BERNOULLI behauptet, lässt sich dieses Verfahren beliebig fortsetzen.

Beweis nach DE MOIVRE (1730)

ABRAHAM DE MOIVRE gibt, wie erwähnt, in seiner *De Mensura Sortis* 1712 (S. 220–222) die Formel für $N(a, w, f)$ an und bringt sie auch 1718 in der ersten Auflage seiner *The Doctrine of Chances* (S. 17–19). Den Beweis liefert er aber erst 1730 in den *Miscellanea Analytica* (S. 191–197).

Darin führt er einen Würfel ein – wir wollen ihn »Superwürfel« taufen – , bei dem t (unterscheidbare) Flächen die Augenzahl 1, t^2 die Augenzahl 2, …, und schließlich t^f Flächen die Augenzahl f haben. Die Menge $\Omega = \left\{ 1_1, \ldots, 1_t, 2_1, \ldots, 2_{t^2}, \ldots, f_1, \ldots, f_{t^f} \right\}$ ist dann der Ergebnisraum, wenn dieser Superwürfel einmal geworfen wird; die Summe $F = t^1 + t^2 + \ldots + t^f$ gibt seine Mächtigkeit an, nämlich die Anzahl aller »Superseiten«. Werden nun w dieser (unterscheidbaren) Superwürfel einmal geworfen, dann sind die Ergebnisse w-Tupel mit Wiederholung aus der Menge Ω. Die Zahl $F^w = \left(t^1 + t^2 + \ldots + t^f \right)^w$ gibt die Anzahl aller möglichen Ergebnisse an, also die Mächtigkeit von Ω^w. Potenziert man die Klammer in F^w aus und fasst man alle Summanden mit gleichem Exponenten zusammen, dann gibt der Term $C \cdot t^a$ die Anzahl aller möglichen Kompositionen der Augensumme a an. Für $t = 1$ wird der Superwürfel zu einem f-flächigen Würfel, bei dem jede Augenzahl genau einmal vorkommt. Also muss $C = N(a, w, f)$ sein.

Wir illustrieren DE MOIVRES Vorgehen an zwei Beispielen.

1) Bei vier regulären Würfeln ist $F^4 = (t^1 + t^2 + \ldots + t^6)^4$ auszupotenzieren. Zur Augensumme 15 gehört auch die Komposition $2 + 2 + 5 + 6$. Für sie braucht man vom ersten Würfel einen

der t^2 Zweier, vom zweiten Würfel ebenfalls einen der t^2 Zweier, vom dritten Würfel einen der t^5 Fünfer und vom vierten Würfel einen der t^6 Sechser. Man hat also $t^2 \cdot t^2 \cdot t^5 \cdot t^6 = t^{15}$ Möglichkeiten für die Komposition $2 + 2 + 5 + 6$.

2) Noch deutlicher wird es mit zwei dreiflächigen Würfeln, wie wir sie oben schon bei MONT-MORT verwendet haben, also $w = 2$ und $f = 3$. Zusätzlich setzen wir $t = 2$. Dann ist $\Omega = \{1_1, 1_2, 2_1, 2_2, 2_3, 2_4, 3_1, ..., 3_8\}$ und $F = 2^1 + 2^2 + 2^3 = 14$, also $F^2 = (2^1 + 2^2 + 2^3)^2 = 196$. Die Augensumme 4 kann dabei auf drei Arten entstehen, und zwar aus $2_i + 2_k$, $i, k = 1,$ ..., 4, wofür es $t^2 \cdot t^2 = (4 \cdot 4)$ Möglichkeiten gibt, aus $1_i + 3_k$, $i = 1, 2$ und $k = 1, ..., 8$, wofür es $t^1 \cdot t^3 = (2 \cdot 8)$ Möglichkeiten gibt, und schließlich aus $3_i + 1_k$, wofür es analog $t^3 \cdot t^1 = (8 \cdot 2)$ Möglichkeiten gibt. Insgesamt gibt es $3 \cdot t^4 = 3 \cdot 16 = 48$ Möglichkeiten für das Entstehen der Augensumme 4. Bei einem Würfel mit $t = 1$ gibt es also $3 \cdot 1^4 = 3 = N(4, 2, 3)$ Möglichkeiten für die Augensumme 4.

Kehren wir zu $F^w = \left(t^1 + t^2 + ... + t^f\right)^w$ zurück, um $N(a, w, f)$ zu berechnen. Zur Bestimmung des Terms $N(a, w, f) \cdot t^a$ formen wir $\left(t + t^2 + ... t^f\right)^w$ um und benützen, dass der Klammerinhalt eine geometrische Reihe ist.

$$\left(t + t^2 + ... t^f\right)^w = t^w \left(\frac{1 - t^f}{1 - t}\right)^w = t^w \left(1 - t^f\right)^w (1 - t)^{-w}. \tag{*}$$

Der letzte Ausdruck erinnert an den binomischen Lehrsatz; der Exponent ist aber negativ. ISAAC NEWTON sandte am 13.6.1676 an HEINRICH OLDENBURG, den Sekretär der Royal Society, einen Brief zur Weiterleitung an LEIBNIZ, dem er mitteilte, dass er den Ausdruck $(a + b)^r$ für beliebige reelle r mit Hilfe von unendlichen Reihen berechnen könne.[221] Der Nachweis für dieses allgemeine Binomialtheorem erfordert allerdings Kenntnisse aus der höheren Mathematik, sodass wir auf ihn verzichten.

Mit Hilfe dieses allgemeinen Binomialtheorems erhält man

$$t^w \left(1 - t^f\right)^w (1 - t)^{-w} = t^w \sum_{i=0}^{w} (-1)^i \binom{w}{i} t^{if} \cdot \sum_{j=0}^{\infty} \binom{w+j-1}{j} t^j.$$

Gesucht ist in dieser unendlichen Reihe der Summand $N(a, w, f) \cdot t^a$. Er kommt zustande, wenn $w + if + j = a$ ist, also für $j = a - if - w$, mit $i = 0, 1, 2, ..., i_{max} = s$. Damit hat man

$$N(a, w, f) = \sum_{\substack{i, j \\ if + j = a - w \\ 0 \le i \le s}} (-1)^i \binom{w}{i} \binom{w + j - 1}{j}.$$

Setzt man darin $j = a - if - w$, so erhält man schließlich unter Verwendung des Symmetriegesetzes für Binomialkoeffizienten

$$N(a, w, f) = \sum_{i=0}^{s} (-1)^i \binom{w}{i} \binom{a - if - 1}{a - if - w} = \sum_{i=0}^{s} (-1)^i \binom{w}{i} \binom{a - if - 1}{w - 1}, \text{q. e. d.}$$

---

[221] Entdeckt hatte es NEWTON bereits 1664/1665 und unabhängig von ihm JAMES GREGORY um 1668. Für den Fall $r = 0,5$ findet sich die Berechnung bereits 1624 bei HENRY BRIGGS in dessen *Arithmetica logarithmica*. Bekannt wurde dieser allgemeine binomische Lehrsatz dadurch, dass ihn JOHN WALLIS 1685 in seinen *Treatise of Algebra* aufnahm.

Zur Illustration berechnen wir $N(11, 4, 3)$, was wir oben schon in der MONTMORT-Tabelle vorgeführt haben. Aus $t^4 \sum_{i=0}^{4} (-1)^i \binom{4}{i} t^{3i} \cdot \sum_{j=0}^{\infty} \binom{4+j-1}{j} t^j$ erhält man für den Koeffizienten von t^{11}

den Term $\sum_{\substack{i,j \\ 3i+j=11-4 \\ 0 \leq i \leq s}} (-1)^i \binom{4}{i} \binom{4+j-1}{j}$.

Mit $s = i_{\max} = \left[\dfrac{11-4}{3}\right] = 2$ und $j = 7 - 3i$ wird daraus

$$N(11, 4, 3) = \sum_{i=0}^{2} (-1)^i \binom{w}{i} \binom{10-3i}{7-3i} = 1 \cdot \binom{4}{0} \cdot \binom{10}{7} - \binom{4}{1} \cdot \binom{7}{4} + \binom{4}{2} \cdot \binom{4}{1} = 120 - 4 \cdot 35 + 6 \cdot 4 = 4.$$

Bemerkung. Folgt man der Idee von EMANUEL CZUBER (1902), dass $N(a, w, f)$ die Koeffizienten von $(x^1 + x^2 + \ldots + x^f)^w$ sind, und formt man $(x^1 + x^2 + \ldots + x^f)^w$ wie F^w um, dann erhält man $x^w \left(1 - x^f\right)^w (1 - x)^{-w}$, also den Ausdruck (*) mit x statt t. Die weitere Behandlung würde analog verlaufen. Die Einführung des Superwürfels ist bei diesem Vorgehen nicht nötig.

Fazit: Die Anzahlen $N(a, w, f)$ erhält man als Koeffizienten der ausmultiplizierten Potenz $\left(x^1 + x^2 + \ldots x^f\right)^w$.

Moderne Gestaltung des Beweises

Statt des Superwürfels führen wir Zufallsgrößen ein, mit denen DE MOIVREs Beweis die folgende Gestalt gewinnt. Beim Wurf von w Würfeln mit je f Flächen, bei dem jede Augenzahl genau einmal vorkommt, sei X_i die Augenzahl des i-ten Würfels, $i = 1, 2, \ldots, w$; dann ist $A = X_1 + X_2 + \ldots + X_w$ die Augensumme der w Würfel. Ferner sei $Y_i = t^{X_i}$ mit der Wertemenge $\left\{t^1, t^2, \ldots t^f\right\}$. Y_i ist gleichmäßig verteilt, da jeder Wert $t^j, j = 1,2\ldots,f$, mit der Wahrscheinlichkeit $\frac{1}{f}$ angenommen wird. Für die Erwartungswerte $E(Y_i)$ ergibt sich dann $E(Y_i)$

$$= E\left(t^{X_i}\right) = \frac{1}{f}\left(t^1 + t^2 + \ldots + t^f\right).$$

Die Zufallsgröße t^A hat wegen der stochastischen Unabhängigkeit der X_i den Erwartungswert

$$E\left(t^A\right) = E\left(t^{X_1+X_2+\ldots+X_w}\right) = E\left(t^{X_1} \cdot t^{X_2} \cdot \ldots \cdot t^{X_w}\right) = E\left(t^{X_1}\right) \cdot E\left(t^{X_2}\right) \cdot \ldots \cdot E\left(t^{X_w}\right)$$

$$= \left[\frac{1}{f}\left(t^1 + t^2 + \ldots + t^f\right)\right]^w = \frac{1}{f^w}\left(t^1 + t^2 + \ldots + t^f\right)^w$$

$$= \frac{1}{f^w}\left(1 \cdot t^1 + w \cdot t^2 + \ldots + N(a, w, f) \cdot t^a + \ldots + t^f\right),$$

wobei $N(a, w, f)$ die Anzahl der Möglichkeiten dafür angibt, dass $A = a$ ist. Ab hier verläuft der Beweis wie oben bei DE MOIVRE durch Umformen des Terms $\left(t^1 + t^2 + \ldots + t^f\right)^w$.

Wir illustrieren diese Gedanken an unserem obigen Beispiel der drei vierseitigen Würfel:

$$E\left(t^A\right) = \tfrac{1}{4^3}(t^1 + t^2 + t^3 + t^4)^3 = \tfrac{1}{4^3}(t^3 + 3t^4 + 6t^5 + 10t^6 + 12t^7 + 12t^8 + 10t^9 + 6t^{10} + 3t^{11} + t^{12})$$

Man erkennt in den Koeffizienten die Zahlen aus Zeile **3**: $N(a, 3, 4)$ der obigen Tabelle, also auch $N(8, 3, 4) = 12$ als Koeffizienten des Terms t^8 für die Augensumme 8.

Abschließend führen wir jetzt noch den Beweis für die oben von BERNOULLI heuristisch gefundene Rekursionsformel. Aus

$$\left(t^1 + t^2 + \ldots + t^f\right)^w = \left(t^1 + t^2 + \ldots + t^f\right)^{w-1} \cdot \left(t^1 + t^2 + \ldots + t^f\right)$$

erkennt man: Der Term $N(a, w, f) \cdot t^a$ entsteht dadurch, dass man die passenden Summanden aus der auspotenzierten ersten Klammer jeweils mit einem Summanden der zweiten Klammer multipliziert, was die folgende Summe liefert.

$$N(a-1, w-1, f) \cdot t^{a-1} \cdot t^1 + N(a-2, w-1, f) \cdot t^{a-2} \cdot t^2 + \ldots + N(a-f, w-1, f) \cdot t^{a-f} \cdot t^f$$

$$= t^a \cdot \sum_{i=1}^{f} N(a-i, w-1, f), \text{ also muss sein } N(a,w,f) = \sum_{i=1}^{f} N(a-i, w-1, f), \text{ q.e.d.}$$

17?? CASANOVA / *Manuskript*: Augensummen von sechs Würfeln

GIACOMO CASANOVA hat ein vierseitiges undatiertes, in italienischer Sprache geschriebenes Manuskript hinterlassen, in dem er eine Tabelle für die Anzahlen der möglichen Augensummen von sechs Würfeln entwickelt. Dabei benützt er die Tatsache, dass die Augensumme a genauso oft auftritt wie die Augensumme $42 - a$. Aus dem Manuskript ist nicht ersichtlich, wie er zu den Anzahlen gekommen ist. Ob er, der sehr belesen war, MONTMORTs oder DE MOIVREs Formel kannte, wissen wir nicht. Für sechs sechsflächige Würfel hätte er

$$N(a, 6, 6) = \sum_{i=0}^{\left[\frac{a-6}{6}\right]} (-1)^i \binom{6}{i}\binom{a-6i-1}{5}$$

benützen müssen. Im Wesentlichen beschäftigt er sich in seiner Abhandlung damit, die ganzzahligen Einsätze zu finden, die ein Spieler leisten muss, der darauf setzt, dass eine bestimmte Augensumme *nicht* erscheint, falls der andere Spieler eine Münze einsetzt. Da z. B. die Augensumme $a = 10$ auf 126 Arten entstehen kann, muss der Spieler, der auf ihr Nichterscheinen setzt, $46\,656 : 126 = [370,2\ldots] = 370$ Münzen setzen. Dasselbe ergibt sich für die Augensumme $a = 32$. Die von CASANOVA angegebenen Werte

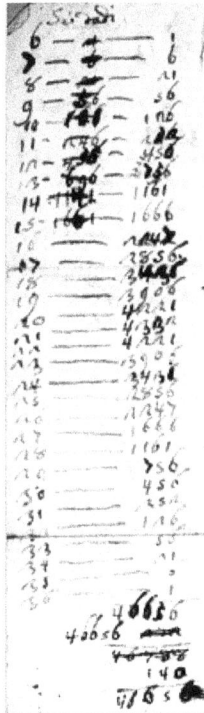

	a	$N(a)$
6	36	1
7	35	6
8	34	21
9	33	56
10	32	126
11	31	252
12	30	456
13	29	756
14	28	1161
15	27	1666
16	26	2247
17	25	2856
18	24	3431
19	23	3906
20	22	4221
21		4332

sind nicht immer völlig korrekt. CASANOVA betrachtet aber auch noch komplizierte Fälle. So betrachtet er das Ereignis E = »Augensumme 21 und alle Augenzahlen verschieden«. Will jemand auf das Nichteintreffen von E setzen, so müssen sich die Einsätze verhalten wie $46\,656 : 720 = [64,8\ldots] : 1 = 64 : 1$.

NIKOLAUS BERNOULLIs Petersburger Problem von 1713

1713 NIKOLAUS I BERNOULLI / *Brief*: Petersburger Problem

NIKOLAUS I BERNOULLI teilt am 9.9.1713 PIERRE RÉMOND DE MONTMORT mit, dass die *Ars Conjectandi* seines Onkels JAKOB soeben erschienen sei, und stellt ihm fünf Probleme. MONTMORT nimmt diesen Brief noch auszugsweise in die 2. Auflage seines *Essay d'Analyse sur les jeux de hazard* auf (Montmort 1713, Seite 401 f.) Die beiden letzten dieser fünf Probleme hängen zusammen, berühmt wurde der Anfang des fünften als ***Petersburger Problem***[222] oder als ***Petersburger Paradoxon***. NIKOLAUS I BERNOULLI schreibt:[223]

> »*Viertes Problem.* Ein Bankhalter B verspricht einem Spieler S, ihm einen *écu*[224] zu geben, wenn er mit einem normalen Würfel sechs Augen beim ersten Wurf erzielt, zwei *écus*, wenn er die Sechs beim zweiten Wurf erzielt, drei *écus*, wenn er diese Augenzahl beim dritten Wurf erzielt, vier *écus*, wenn er diese Augenzahl beim vierten Wurf erzielt, usw.; man fragt, was ist die Hoffnung des S? [Anders gefragt: Welchen Einsatz müsste S im Fall eines fairen Spiels leisten?]
> *Fünftes Problem.* Dieselbe Frage, wenn B verspricht, statt wie vorher 1, 2, 3, 4, 5, ... *écus* nun 1, 2, 4, 8, 16, ... *écus* oder 1, 3, 9, 27, ... *écus* oder 1, 4, 9, 16, 25, ... *écus* zu geben.
> Obwohl all diese Probleme kaum Schwierigkeiten bieten, werden Sie dennoch darin etwas recht Sonderbares finden.«

Lösung des vierten Problems nach MONTMORT (1713)

PIERRE RÉMOND DE MONTMORT antwortet nicht brieflich, sondern setzt seinen »Antwortbrief« unter dem Datum des 15.11.1713 gleich in seinen *Essay* (Seite 403 ff.). Auf Seite 407 liest man:

---

[222] DANIEL I BERNOULLI veröffentlicht seine Lösung *Specimen theoriae novae de mensura sortis* – »Versuch einer neuen Theorie der Wertbestimmung von Glücksfällen« – in dem erst 1738 erschienenen, die Beiträge der Jahre 1730/31 enthaltenden Band 5 der *Commentarii Academiae Scientiarum Imperialis Petropolitanae* – »Petersburger Commentarien«. JEAN LE ROND D'ALEMBERT, der sich seit 1754 mit diesem Problem befasst, nennt es anfangs *problème de Mémoirs de Petersbourg*, 1768 auf Seite 78 seiner *Opuscules Mathématiques* IV kurz »*problème de Petersbourg*«, und so kam es zu seinem Namen.

[223] NIKOLAUS I BERNOULLI und alle späteren sprechen von zwei Personen A und B bzw. Pierre und Paul. Des besseren Verständnisses wegen bezeichnen wir die erste Person durchgehend als Bankhalter, die zweite als Spieler.

[224] Vom Münzbild, einem Schild, genommener Name zahlreicher französischer Münzen. Der *écu blanc*, auch *écu d'argent* oder *Louis blanc*, wurde am 23.12.1641 von LUDWIG XIII. eingeführt. Er war die erste französische Talermünze. Münzfuß: 23,73 g Silber auf 25,98 g Münzgewicht. Der *écu* erfuhr mehrmalige Abwertungen. 1 *écu* hatte den Wert von 3 *livres* à 20 *sols* (später sous), der *sous* zu 12 *deniers*. 1726 wurde er 6 *livres* gleichgesetzt.

»Die beiden letzten Ihrer fünf Probleme sind ohne jede Schwierigkeit; es geht nur darum, die Summen von Reihen zu finden, deren Zähler eine Folge von Quadrat-, Kubikzahlen usw. sind, und deren Nenner eine geometrische Folge bilden. Ihr verstorbener Onkel [JAKOB] hat die Methode dafür geliefert.«

MONTMORT hat also nichts gemerkt.

Sein Verfahren verliefe für das vierte Problem wie folgt, wenn wir uns der heutigen Sprechweise bedienen. Mit $p = \frac{1}{6}$ und $q = \frac{5}{6}$ gilt für die Auszahlung A des B an den Spieler S:

Auszahlung a	1	2	3	4	5	...	n
$W_A(a)$	p	qp	q^2p	q^3p	q^4p	...	$q^{n-1}p$

Die Hoffnung des S bzw. sein zu leistender Einsatz ist der Erwartungswert der Auszahlung A, nämlich

$$E(A) = 1 \cdot p + 2qp + 3q^2p + 4q^3p + 5q^4p + \dots + nq^{n-1}p + \dots =$$
$$= p(1 + 2q + 3q^2 + 4q^3 + 5q^4 + \dots + nq^{n-1} + \dots) = pR.$$

Den Wert der in der Klammer stehenden unendlichen Reihe R erhält man folgendermaßen:

$$R = 1 + 2\,q + 3q^2 + 4q^3 + 5q^4 + \dots + nq^{n-1} + \dots$$
$$qR = \quad\ q + 2q^2 + 3q^3 + 4q^4 + \dots + (n-1)q^{n-1} + \dots$$

$$R - qR = 1 + q + q^2 + q^3 + q^4 + \dots + q^{n-1} + \dots = \frac{1}{1-q}, \text{ weil } 0 < q < 1 \text{ ist.}$$

$$R = \frac{1}{(1-q)^2} = \frac{1}{p^2}, \text{ also } E(A) = \frac{1}{p}, \text{ d. h., } E(A) = 6.$$

Die Hoffnung des S bzw. sein Einsatz beträgt 6 *écus*.

Lösung des vierten Problems nach NIKOLAUS I BERNOULLI (1714)

NIKOLAUS I BERNOULLI hat um die Jahreswende MONTMORTs Buch erhalten und schickt am 20.2.1714 seine Lösung an MONTMORT, die dem Vorgehen von CHRISTIAAN HUYGENS entspricht. Wir veranschaulichen sie mittels eines Baums. Sei x die Hoffnung des S zu Beginn des Würfelns und y seine Hoffnung, nachdem er beim ersten Wurf keine Sechs geworfen hat, dann gilt $x = \frac{1}{6} \cdot 1 + \frac{5}{6}y = \frac{1}{6}(1 + 5y)$. Da S nach dem ersten fehlgeschlagenen Wurf 2, 3, 4, 5, ... *écus* erwarten darf, ist $y = x + 1$. Man erhält also $x = \frac{1}{6}(1 + 5x + 5)$ oder $x = 6$.

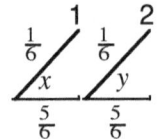

Lösung des fünften Problems nach NIKOLAUS I BERNOULLI (1714)

NIKOLAUS I BERNOULLI löst in seinem Brief vom 20.2.1714 anschließend die erste Vorgabe des fünften Problems. Da S nach dem ersten fehlgeschlagenen Wurf nun 2, 4, 8, ... *écus* erwarten darf, ist $y = 2x$, sodass man aus $x = \frac{1}{6}(1 + 5y)$ jetzt $x = \frac{1}{6}(1 + 10x)$ oder $x = -\frac{1}{4}$ erhält, was »ein Widerspruch« ist; denn als Summe positiver Zahlen kann der Erwartungswert x nicht negativ sein.

Der Versuch, die Aufgabe mit einer unendlichen Reihe zu lösen, führt zu einem besseren Verständnis. Im jetzigen Fall erhält man für $E(A)$ die Reihe

$$E(A) = 1 \cdot p + 2qp + 2^2q^2p + 2^3q^3p + 2^4q^4p + \dots + 2^nq^np + \dots$$
$$= p(1 + 2q + (2q)^2 + (2q)^3 + (2q)^4 + \dots + (2q)^n + \dots). \tag{$*$}$$

Die geometrische Reihe in der Klammer konvergiert für $|q| < \frac{1}{2}$ und liefert damit für $|p| > \frac{1}{2}$ den Erwartungswert $E(A) = p\frac{1}{1-2q} = \frac{p}{2p-1}$. Für $\frac{1}{2} \le |q| < 1$ divergiert die Reihe in der Klammer; ihr Wert strebt gegen Unendlich. NIKOLAUS I BERNOULLI schließt daraus, dass, da ja $q = \frac{5}{6}$ ist, der Einsatz von S unendlich groß sein müsste; S würde also stets einen Verlust erleiden, da es »moralement impossible«,[225] also faktisch unmöglich sei, dass S nicht bereits nach einer endlichen Anzahl von Würfen eine Sechs würfe. Zur Lösung schlägt er vor, dass man die Fälle vernachlässigt, d. h. für null und nichtig erklären soll, deren Wahrscheinlichkeit sehr klein ist, obwohl sie einen erheblichen Beitrag zum Erwartungswert leisten.

»Dieser Gedanke verdient es, vertieft zu werden.«

NIKOLAUS I BERNOULLI hat diesen Gedanken, der sich als Spielabbruch fassen lässt, später wieder aufgegriffen. Wir werden weiter unten darauf zurückkommen und ihn präzisieren.

Zunächst widmen wir uns den noch nicht behandelten Auszahlungsangeboten des 5. Problems, für die man keine Lösung bei NIKOLAUS I BERNOULLI oder MONTMORT findet.

Lösung des fünften Problems für die Dreierpotenzen

Der Ansatz von NIKOLAUS I BERNOULLI führt unter Verwendung von p und q anstelle von $\frac{1}{6}$ bzw. $\frac{5}{6}$ über $x = p + qy$ mit $y = 3x$ zu $x = p + 3qx$ und schließlich zu $x = \frac{p}{1-3q}$, im konkreten Fall zu $x = -\frac{1}{9}$, also wieder zu einem Widerspruch. Allgemein ergibt sich ein Widerspruch für $q > \frac{1}{3}$. Für den entsprechenden Ansatz einer unendlichen Reihe erhält man statt (✱) den Ausdruck

$E(A) = p(1 + 3q + (3q)^3 + (3q)^3 + (3q)^4 + \dots + (3q)^n + \dots)$. Der Wert der Klammer strebt hier ebenfalls nach Unendlich für $q \ge \frac{1}{3}$. Wegen $q = \frac{5}{6} > \frac{1}{3}$ ergibt sich also der Widerspruch.

Lösung des fünften Problems für die Quadratzahlen

Obwohl NIKOLAUS I BERNOULLI sagt, dass die Berechnung kaum Schwierigkeiten bereitet, ist es uns nicht gelungen, sein Vorgehen auf diesen Fall zu übertragen, weil zwischen x und y kein einfacher Zusammenhang ersichtlich ist. Die Methode der unendlichen Reihe führt aber zum Ziel.

$$E(A) = 1^2 \cdot p + 2^2 qp + 3^2 q^2 p + 4^2 q^3 p + \dots + (n+1)^2 q^n p + \dots$$
$$= p(1^2 + 2^2 q + 3^2 q^2 + 4^2 q^3 + \dots + (n+1)^2 q^n + \dots) = pQ.$$

Den Wert von Q bestimmen wir nun folgendermaßen.

---

[225] Der Terminus *moralisch* hatte zu jener Zeit eine gänzlich andere Bedeutung als heute. So definiert z. B. JAKOB BERNOULLI in seiner *Ars Conjectandi* (S. 211):
»Moralisch gewiss ist, dessen Wahrscheinlichkeit der vollen Gewissheit nahezu gleichkommt, sodass ein Unterschied nicht festgestellt werden kann.«
Man kann also sagen, moralische Gewissheit ist diejenige Wahrscheinlichkeit, die man für groß genug hält, um im täglichen Leben und vor Gericht eine Entscheidung für vernünftig zu halten. Wir werden in diesem Sinne von »praktischer Sicherheit« sprechen oder ähnliche Redewendungen benützen.

$$Q = 1^2 + 2^2 q + 3^2 q^2 + 4^2 q^3 + \ldots + (n+1)^2 q^n + \ldots$$
$$qQ = \quad\; 1^2 q + 2^2 q^2 + 3^2 q^3 + \ldots + n^2 q^n + \ldots$$

$$Q - qQ = 1^2 + (2^2 - 1^2)q + (3^2 - 2^2)q^2 + \ldots + [(n+1)^2 - n^2]q^n + \ldots$$
$$Q - qQ = 1 + 3q + 5q^2 + \ldots + (2n+1)q^n + \ldots$$
$$q(Q - qQ) = \quad q + 3q^2 + \ldots + (2n-1)q^n + \ldots$$

$$(1-q)(Q-qQ) = 1 + 2q + 2q^2 + \ldots + 2q^n + \ldots$$
$$(1-q)^2 Q = 2(1 + q + q^2 + \ldots + q^n + \ldots) - 1 = \frac{2}{1-q} - 1 = \frac{1+q}{1-q} \text{ für } |q| < 1; \text{ also}$$
$$Q = \frac{1+q}{(1-q)^3} = \frac{2-p}{p^3} \text{ und damit } E(A) = \frac{2-p}{p^2}.$$

Eine andere Methode zur Bestimmung von Q ist, in Anlehnung an das Vorgehen bei Problem 4, die folgende.

$$Q = \sum_{k=1}^{\infty} k^2 q^{k-1} = \sum_{k=1}^{\infty} k^2 q^{k-1} + \sum_{k=1}^{\infty} kq^{k-1} - \sum_{k=1}^{\infty} kq^{k-1} = \sum_{k=1}^{\infty} kq^{k-1} + \sum_{k=1}^{\infty} (k^2 - k)q^{k-1}$$
$$= \sum_{k=1}^{\infty} kq^{k-1} + q \cdot \sum_{k=1}^{\infty} k(k-1)q^{k-2} = \frac{d}{dq}\left(q + q^2 + \ldots\right) + \frac{d^2}{dq^2}\left(q^2 + q^3 + \ldots\right)$$
$$= \frac{d}{dq}\left(\frac{q}{1-q}\right) + q \cdot \frac{d^2}{dq^2}\left(\frac{q^2}{1-q}\right) = \frac{1+q}{(1-q)^3} = \frac{2-p}{p^3} \text{ und damit wie oben } E(A) = \frac{2-p}{p^2}.$$

Im konkreten Fall des Würfels liefert $p = \frac{1}{6}$ den Wert $E(A) = 66$, allgemein $p = \frac{1}{k}$ den Wert $E(A) = (2k-1)k$, also keinen Widerspruch. Ob NIKOLAUS I BERNOULLI das gewusst hat?

1728 CRAMER / *Brief*: Petersburger Problem

PIERRE RÉMOND DE MONTMORT hat zwar noch dreimal an NIKOLAUS I BERNOULLI geschrieben, aber keinen Beitrag mehr geleistet. Erst als im Frühjahr 1727 der 23-jährige GABRIEL CRAMER[226], frisch gebackener Professor für Mathematik aus Genf, nach Basel kam, griff NIKOLAUS das Problem wieder auf. CRAMER schrieb ihm am 21.5.1728 aus London:

> »Ich weiß nicht, ob ich mich täusche, aber ich glaube die Lösung jenes sonderbaren Falles zu haben, den Sie Montmort am 9.9.1713 vorgelegt haben. Zur Vereinfachung nehme ich an:[227]«

Ein Spieler S wirft eine Münze in die Luft. Der Bankhalter B verpflichtet sich, ihm einen *écu* zu geben, wenn Wappen beim ersten Wurf fällt, zwei *écus*, wenn Wappen erst beim zweiten Wurf fällt, vier, wenn dies erst beim dritten Wurf geschieht, acht, wenn dies erst beim vierten Wurf geschieht, usw.« [Gefragt ist der Einsatz des S bei einem fairen Spiel.]

Lösung nach CRAMER (1728)

GABRIEL CRAMER unterdrückt die Rechnung, die wohl folgendermaßen aussieht. Die Auszahlung A des B hat die Wahrscheinlichkeitsverteilung

---

[226] gesprochen kramär, das ä lang und betont
[227] CRAMER hat die ursprünglichen Namen A und B vertauscht, wir behalten weiterhin unsere Formulierung bei.

Auszahlung a	1	2	4	8	16	32	64	...	2^{n-1}
$W_A(a)$	$\frac{1}{2}$	$\frac{1}{4}$	$\frac{1}{8}$	$\frac{1}{16}$	$\frac{1}{32}$	$\frac{1}{64}$	$\frac{1}{128}$	...	$\frac{1}{2^n}$

Der Einsatz des Spielers S ist der Erwartungswert $E(A)$ der Auszahlung A, nämlich

$$E(A) = 1 \cdot \frac{1}{2} + 2 \cdot \frac{1}{4} + 4 \cdot \frac{1}{8} + \dots + 2^{n-1} \cdot \frac{1}{2^n} + \dots = \frac{1}{2} + \frac{1}{2} + \frac{1}{2} + \dots$$

Der Wert der Reihe strebt nach Unendlich. CRAMER schreibt weiter:

»Das Paradoxe[228] besteht darin, dass die Rechnung für den Einsatz des S einen unendlich großen Wert liefert, was absurd erscheint, da kein halbwegs vernünftiger Mensch gewillt ist, zwanzig *écus* einzusetzen.[229] Man fragt sich, was der Grund für diesen Unterschied zwischen der mathematischen Berechnung und der landläufigen Einschätzung (*Estime vulgaire*) ist. Ich glaube, das kommt daher, dass die Mathematiker das Geld nur hinsichtlich seiner Menge schätzen, vernünftige Leute hingegen hinsichtlich seines Nutzens. Was die mathematische Erwartung unendlich macht, ist der ungeheuer große Betrag, den ich erhalte, wenn Wappen sehr spät, z. B. beim hundertsten oder tausendsten Wurf fällt. Aber diese Summe [...] macht mir, wenn ich als vernünftiger Mensch urteile, nicht mehr Freude [...], als wenn sie nur 10 oder 20 Millionen betrüge. Nehmen wir also an, dass alle Beträge über 20 Millionen oder der Einfachheit halber über $2^{24} = 16\,777\,216$ *écus* alle gleichwertig seien, d. h., dass ich stets 2^{24} *écus* erhalte, wie spät auch Wappen fällt. Dann ist meine Hoffnung

$$E(A) = (1 \cdot \frac{1}{2} + 2 \cdot \frac{1}{4} + 4 \cdot \frac{1}{8} + \dots + 2^{23} \cdot \frac{1}{2^{24}}) + (2^{24} \cdot \frac{1}{2^{25}} + 2^{24} \cdot \frac{1}{2^{26}} + 2^{24} \cdot \frac{1}{2^{27}} + \dots)$$

$$= \sum_{i=1}^{24} \frac{1}{2} + \sum_{i=1}^{\infty} \frac{1}{2^i} = 12 + 1 = 13.$$

So ist *moralement parlant* – praktisch gesprochen – meine Erwartung auf 13 *écus* reduziert, also mein Einsatz ebenso, was weit vernünftiger erscheint, als wenn man beide unendlich groß macht.« Im Anschluss räsoniert er darüber, dass sein Ansatz nicht exakt zutreffend ist, denn natürlich freue man sich über 100 Millionen mehr als über 10 Millionen, wenngleich nicht zehnmal so stark. Deshalb schlägt er vor, dass der *moralische Wert* der Güter, also ihr praktischer Wert, mit der Quadratwurzel aus ihrem Geldwert wachse. Den so gewonnenen Erwartungswert nannte er *Espérance Morale*, moralische Erwartung.[230]

CRAMERs erste Lösung lässt sich als Spielabbruch nach dem 23. Wurf deuten: Ist bis dahin Wappen nicht gefallen, so ist das Spiel zu Ende und S erhält 2^{24} *écus* ausbezahlt.

Interpretation. Der Erwartungswert $E(A)$ ist eine unendliche Summe von Produkten der Form $G_k p_k$, wobei G_k die Werte 2^{k-1} und p_k die Werte 2^{-k} durchlaufen. CRAMERs Lösung besteht nach OTTO SPIESS darin, dass der gemeine Mann (*vulgaire*), d. h. der Nichtmathematiker, wachsenden Werten von G_k psychologisch eine geringere Bedeutung zumisst als sie rein mathematisch haben. (Spiess 1975)

---

[228] Auf diese Briefstelle gründet sich, dass man auch vom »Petersburger Paradoxon« spricht. Das griechische παράδοξος (parádoxos) bedeutet *entgegen der Lehrmeinung,* dann auch *unerwartet, unglaublich.*

[229] »Obwohl, so meinen wir, er bei einem Einsatz von 20 *écus* rein rechnerisch sehr im Vorteil wäre, da ja der Erwartungswert der Auszahlung unendlich groß ist.«
NIKOLAUS I BERNOULLI liefert einen mathematischen Grund in seiner Antwort vom 3.7.1728 – siehe unten.

[230] Wir werden diesen Ausdruck beibehalten, da er zu einem Fachwort wurde. So griff PIERRE SIMON DE LAPLACE diesen Begriff am 10.3.1773 in *Recherches sur l'intégration des équations différentielles aux différences finies, et sur leur usage dans la théorie des hasards* auf. (Veröffentlicht 1776 in *Mémoires présentés par divers savants étrangers à l'Académie Royale des Inscriptions et Belles Lettres de l'Institut de France,* VII.)

Lösung nach NIKOLAUS I BERNOULLI (1728)

NIKOLAUS I BERNOULLI meint in seiner Antwort vom 3.7.1728, dass CRAMERs Theorie dem Problem nur zum Teil gerecht werde, da sie nicht den wahren Grund für den Unterschied zwischen mathematischer Erwartung und landläufiger Einschätzung aufzeigt. Der Grund, dass kein vernünftiger Mensch 20 *écus* einsetzen wolle, liege nicht darin, dass die Freude auf einen unendlichen Gewinn kaum größer ist als die auf 10, 20 oder 100 Millionen, sondern darin, dass bei einem Einsatz von 20 *écus* die Wahrscheinlichkeit, überhaupt etwas ausbezahlt zu bekommen, sehr klein ist, dass man den Verlust also für faktisch sicher (*moralement certaine*) einschätze. [Die Wahrscheinlichkeit, dass Wappen erst beim fünften Wurf fällt, beträgt ja nur 2^{-5} = 3,125 %.] Beim gewöhnlichen Manne gleiche eine sehr kleine Wahrscheinlichkeit, eine große Summe zu gewinnen, eine sehr große Wahrscheinlichkeit, eine kleine Summe zu verlieren, nicht aus; er halte den ersten Fall für unmöglich, den zweiten für sicher. Man müsse daher, um einen gerechten Einsatz zu finden, bestimmen, ab welchem Wert die Wahrscheinlichkeit für null erachtet werde. Nach unserer Annahme, dass man 20 *écus* nicht erhalten könne, kann man erst recht keine 32 *écus* oder 64, 128 usw. erhalten. Die Wahrscheinlichkeit, einen dieser Werte zu erhalten, ist aber $\sum_{i=6}^{\infty} \frac{1}{2^i} = \frac{1}{32}$. Der halbwegs vernünftige Mensch werde also eine Wahrscheinlichkeit, die nicht größer als $\frac{1}{32}$ ist, für null erachten, so dass er $1 \cdot \frac{1}{2} + 2 \cdot \frac{1}{4} + 4 \cdot \frac{1}{8} + 8 \cdot \frac{1}{16} + 16 \cdot 0 + 32 \cdot 0 + \dots = 2$ [*écus*] einzusetzen bereit sei. Es gäbe noch viel darüber zu sagen, aber da er nicht die Muße habe, seine Gedanken zu ordnen und zu entwickeln, wolle er lieber schweigen.

NIKOLAUS I BERNOULLI hat SPIESS zufolge im Produkt $G_k p_k$ den zweiten Faktor p_k verkleinert, da er der Ansicht ist, dass der gemeine Mann, psychologisch gesehen, ab einem gewissen Grad kleine Wahrscheinlichkeiten für null hält. – Sowohl der Lösungsvorschlag NIKOLAUSens wie auch der CRAMERs ziehen sich durch die gesamte Geschichte des Petersburger Problems, wie wir sehen werden.

Bemerkungen

1) Zum Wert 2 gelangt man aber auch durch eine gänzlich andere Überlegung. Der Erwartungswert für die Anzahl der Würfe pro Spiel bis zum Eintreten des ersten Treffers ist bekanntlich $p^{-1} = 2$, d. h., im Mittel wird Wappen erstmals beim zweiten Wurf eintreten.[231] Man kann also damit rechnen, dass man im Mittel 2 *écus* erhält; also sind 2 *écus* der faire Einsatz. Problematisch bei dieser Überlegung ist allerdings, dass die Auszahlungen mit jedem Wurf exponentiell ansteigen. Beim ersten Wurf erhält man nur einen *écu*, bei mehr als zwei nötigen Würfen erhält man aber beim k-ten Wurf 2^{k-1} *écus*. Das spricht dafür, dass der Einsatz höher als 2 *écus* sein sollte. – Wir überprüfen unsere Überlegungen an den Experimenten, die BUFFON und DE MORGAN durchgeführt haben. Aus der Tabelle auf Seite 252 errechnen wir für die mittlere Anzahl der Würfe pro Spiel bei BUFFON

$$1 \cdot \frac{1061}{2048} + 2 \cdot \frac{494}{2048} + 3 \cdot \frac{232}{2048} + 4 \cdot \frac{137}{2048} + 5 \cdot \frac{56}{2048} + 6 \cdot \frac{29}{2048} + 7 \cdot \frac{25}{2048} + 8 \cdot \frac{8}{2048} + 9 \cdot \frac{6}{2048}$$

$$= \frac{4040}{2048} = 1,972\dots$$

Entsprechend ergeben sich bei den drei Versuchen DE MORGANs die Mittelwerte

(1): $\frac{4092}{2048} = 1,998\dots$,   (2): $\frac{4068}{2048} = 1,986\dots$ und   (3): $\frac{4117}{2048} = 2,010\dots$

---

[231]   Die Zufallsgröße »Anzahl der Würfe pro Spiel« ist geometrisch verteilt und hat den Erwartungswert p^{-1}, wobei p die Wahrscheinlichkeit für einen Treffer bei einem Wurf ist. In unserem Fall ist $p = 0,5$, also die mittlere Anzahl der Würfe pro Spiel gleich 2.

Alle Werte liegen also sehr genau bei 2, die mittlere Auszahlung pro Spiel ergibt sich aber zu rund 5 *écus*, wie wir dort sehen werden.

2) Wann soll man eine Wahrscheinlichkeit für vernachlässigbar halten?

Auch darauf gab es im Verlauf der Entwicklungen verschiedene Meinungen. EMILE BOREL nannte 1937 Wahrscheinlichkeiten der Größenordnung 10^{-6} »vernachlässigbar auf einer menschlichen Skala«, der Größenordnung 10^{-15} »vernachlässigbar auf einer irdischen Skala« und Wahrscheinlichkeiten der Größenordnung 10^{-50} »vernachlässigbar auf einer kosmischen Skala« (Borel 1937). BOREL macht seine Werte durch Beispiele plausibel, weist zugleich aber darauf hin, dass in den obigen Grenzen natürlich auch eine gewisse Willkür stecke. Wir greifen das Beispiel auf, das zu unserem Problem passt. Zunächst aber ermitteln wir beim Petersburger Problem den Erfolgswurf, bei dem die nach BOREL zu vernachlässigende Wahrscheinlichkeit 10^{-n} beträgt. Tritt erstmals Wappen beim k-ten Wurf auf, dann ist $2^{-k} \leq 10^{-n}$, also $k \geq \frac{n}{\lg 2}$.

BOREL wählt als Beispiel (Borel 1950, S. 43)[232] für seine Betrachtungen beim k-maligen Münzwurf den Treffer »Erstmals Wappen beim k-ten Wurf« und überlegt, wie

Wahrscheinlichkeit	10^{-6}	10^{-15}	10^{-50}
k	20	50	167

oft man das Spiel spielen müsse, um dieses Ereignis erleben zu können. Im Mittel muss man bis zum Eintreten des ersten Treffers $\bar{n} = p^{-1}$ Spiele spielen. Das Ereignis »Erstmals Wappen beim 20sten Wurf« tritt mit der Wahrscheinlichkeit 10^{-6} ein, also ist $\bar{n} = 10^6$. Falls ein Mensch am Tag tausend Spiele macht, muss er im Mittel also 10^3 Tage spielen, also rund drei Jahre, bis er das Ereignis »Erstmals Wappen beim 20sten Wurf« beobachten kann. Daher könne man eine Wahrscheinlichkeit von 10^{-6}, bezogen auf den Menschen, für vernachlässigbar halten. – Will man das Ereignis »Erstmals Wappen beim 50sten Wurf« ($p = 10^{-15}$) beobachten, so muss man im Mittel 10^{15} Spiele spielen. BOREL geht von einer Weltbevölkerung von 10^9 Menschen aus. Falls wieder jeder Mensch am Tag tausend Spiele macht, dann dauert es im Mittel $\frac{10^{15}}{10^9 \cdot 10^3} = 10^3$ Tage, also wieder rund drei Jahre, bis das Ereignis »Erstmals Wappen beim 50sten Wurf« eintritt. Daher könne man eine Wahrscheinlichkeit von 10^{-15}, bezogen auf die gesamte Menschheit, für vernachlässigbar halten. – Wir übertragen BORELs Beispiel nun auf seine kosmische Skala mit der zu vernachlässigenden Wahrscheinlichkeit 10^{-50}, zu der das Ereignis »Erstmals Wappen beim 167sten Wurf« passt. Um es zu beobachten, müsste man im Mittel 10^{50} Spiele spielen. Man schätzt heute, dass es im Universum 10^{20} Sterne gibt. Wenn jeder dieser Sterne eine Erde besitzt und jede dieser Erden von 10^9 Menschen bevölkert wird und jeder dieser Menschen pro Tag tausend Spiele spielt, dann werden am Tag $10^{20} \cdot 10^9 \cdot 10^3 = 10^{32}$ Spiele gespielt. Wenn man also das Ereignis »Erstmals Wappen beim 167sten Wurf« beobachten will, dann dauert es im Weltall im Mittel also 10^{18} = 1 Trillion Tage. Da das Weltall aber erst rund 10^{13} Tage alt ist, muss man wohl noch lange auf dieses Ereignis warten. – Würde man eine Wartezeit von drei Jahren zugrundelegen, würde man $p = 10^{-35}$ statt 10^{-50} erhalten. Der von BOREL angenommene Wert 10^{-50}, für den eine Wahrscheinlichkeit im Kosmos vernachlässigbar sei, fällt wirklich vom Himmel!

Kehren wir aber zurück zu NIKOLAUS I BERNOULLI, der mit seiner eigenen Lösung unzufrieden ist und daher am 27.8.1728 sein Problem 5 in der CRAMER'schen Fassung seinem in Petersburg lebenden Vetter DANIEL I BERNOULLI vorlegt. Dieser erkennt, so wie seinerzeit MONTMORT, die Schwierigkeit nicht (Brief vom 5.11.1728), sodass ihn NIKOLAUS am 5.2.1729 auf das Problem des unendlichen Einsatzes hinweist. Innerhalb von neun Monaten bringt DANIEL eine Lösung im Sinne GABRIEL CRAMERS, dessen Vorstellungen er aber nicht kannte, indem er im Produkt $G_k p_k$ den Faktor G_k drückt, aber »auf weniger willkürliche Art und psychologisch besser begründet« (SPIESS 1975), indem er die Vermögen von B und S in

---

[232]   1943 vertieft BOREL in *Les Probabilités et la Vie* seine Vorstellungen. Wir benützten die 3. Auflage von 1950.

die Betrachtung einbezieht. Im Spätherbst 1729 schickt er seine Lösung seinem Vater JO-
HANN I BERNOULLI zur Weiterleitung an NIKOLAUS – der Brief ist verloren. Wir wissen aber:
NIKOLAUS ist nicht zufrieden. Als Juristen ist ihm klar, dass das Versprechen des B, dem S
Gewinne in unbegrenzter Höhe auszuzahlen, eine finanzielle Obligation darstellt, so SPIESS.
Man könne das Problem nicht auf DANIELs Art lösen; er möchte genau wissen, was S bezah-
len müsse, wenn er sich verpflichtet habe, genau einmal zu werfen, aber seiner Verpflichtung
ledig werden wolle. (Brief vom 4.2.1730). Darauf weiß DANIEL keine Antwort (Brief Januar
1731), ist aber von der Richtigkeit seines Ansatzes überzeugt und trägt seine überarbeitete
Abhandlung in der Petersburger Akademie vor. Eine Kopie davon geht am 4.7.1731 an NI-
KOLAUS. Er meine, so schreibt er, dass seine Überlegungen einiger Aufmerksamkeit wert
seien, wobei er einräume, dass sie, obwohl sie mathematisch exakt seien, nicht *à la rigueur* –
in aller Strenge – genommen werden müssen.

1731/1738 DANIEL I BERNOULLI / *Specimen*: Petersburger Problem

DANIEL I BERNOULLI nimmt in seinem *Specimen theoriae novae de mensura sortis* einleitend
an, dass einem armen Teufel ein Los geschenkt worden sei, das ihm mit gleicher Wahrscheinlichkeit nichts oder zwanzigtausend Dukaten[233] bescheren werde. Nach der üblichen Definition des Erwartungswerts müsse er seine Erwartung ebenso hoch einschätzen, wie wenn
er zehntausend Dukaten sicher erhielte, würde er also töricht handeln, wenn er dieses Los
für 9000 Dukaten verkaufte? DANIELs Meinung nach nicht, ein Reicher jedoch, der es nicht
für diesen Preis kaufte, würde hingegen töricht handeln. Man müsse nämlich zwischen dem
Wert (*valor*), der für alle gleich ist, und dem Vorteil oder Nutzen y (*emolumentum*) unterscheiden, den jeder einzelne daraus zieht und der von dessen Lebensumständen abhängt.
DANIEL lässt das vorhandene Vermögen x (*summa bonorum*, bei LAPLACE *fortune physique*) um dx (*lucrulum*) wachsen; dadurch erfährt der Nutzen y einen Zuwachs dy. Er
nimmt nun an – hierin steckt natürliche eine gewisse Willkür –, dass der Zuwachs dy des
Nutzens dem Vermögenszuwachs dx direkt proportional, dem vorhandenen Vermögen x
aber indirekt proportional ist. Es gelte also dy $= b\frac{dx}{x}$. Die Integration dieser Differentialgleichung liefert das *emolumentum* bzw. *fortune morale* y $= b \cdot \ln x + C$. Die Konstan-
te C erhält man, wenn man beachtet, dass, falls kein Zuwachs erfolgt ist, auch kein Nutzen y
entstehen kann, das Vermögen also seinen ursprünglichen Wert x_0 behält; es muss also gelten 0 $= b \cdot \ln x_0 + C$, und somit ist C $= - b \cdot \ln x_0$. Der Vorteil y errechnet sich also gemäß
y $= b \cdot \ln \frac{x}{x_0}$. Dabei ist $x_0 > 0$; denn man kann »von niemandem sagen, er besitze gar nichts,
außer er stürbe vor Hunger«. Der mittlere Nutzen (*emolumentum medium*) $\bar{y}$ ergibt sich als
Erwartungswert des Nutzens y aus den mit der Wahrscheinlichkeit p_i eintretenden Nutzen y_i,

---

[233]   Der venezianische Dukaten wurde erstmals 1284 vom Dogen GIOVANNI DANDOLO (reg. 1280–1289) geprägt.
Sein Name geht auf die Umschrift *Sit tibi Christe datus quem tu regis iste ducatus* – »Dir Christus sei dieses
Herzogtum gegeben, das Du regierst« – zurück. Unter FRANCESCO DONÀ (reg. 1545–1553) kam auch der Name Zechine auf (ital. *zecchino*, von *zecca* = Münzstätte, aus dem arabischen *sekkah*). Der Dukaten war die
meistverbreitete Goldmünze Europas: Mit der Reichsmünzordnung von 1559 wurde er die Hauptgoldmünze
des Hl. Röm. Reiches Dt. Nation (3,49 g, Feingehalt 3,44 g; 67 Dukaten $= 23\frac{2}{3}$ karätige Mark). Sein Wert war
erheblich: Von 1780 bis 1782 erhielt GIACOMO CASANOVA als *Confidente* (Spitzel) der Staatsinquisition in
Venedig unter dem Decknamen ANTONIO PRATOLINI monatlich 15 Dukaten, von denen er gut leben konnte.
1872 letzte Ausprägung in Hamburg, 1915 in Österreich.

$i = 1, 2, \ldots n$ und $\sum_{i=1}^{n} p_i = 1$. Also $\bar{y} = \sum_{i=1}^{n} y_i p_i$. Sei $x_i = x_0 + z_i$ der Wert, den das Vermögen durch den Zuwachs z_i annimmt, dann erhält man

$$\bar{y} = \sum_{i=1}^{n} y_i p_i = \sum_{i=1}^{n} p_i \cdot b \ln \frac{x_i}{x_0} = b \cdot \sum_{i=1}^{n} \ln \left(\frac{x_i}{x_0} \right)^{p_i} = b \cdot \ln \left(\prod_{i=1}^{n} \left(\frac{x_i}{x_0} \right)^{p_i} \right).$$

Dieser Nutzen entspricht einem neuen Vermögensstand x (*lucrum*), der sich aus $\bar{y} = b \cdot \ln \frac{x}{x_0}$

errechnet. Es gilt also $b \cdot \ln \frac{x}{x_0} = b \cdot \ln \left(\prod_{i=1}^{n} \left(\frac{x_i}{x_0} \right)^{p_i} \right)$. Daraus ergibt sich

$$\frac{x}{x_0} = \prod_{i=1}^{n} \left(\frac{x_i}{x_0} \right)^{p_i} = \prod_{i=1}^{n} x_i^{p_i} \prod_{i=1}^{n} \left(\frac{1}{x_0} \right)^{p_i} = \prod_{i=1}^{n} x_i^{p_i} \cdot \left(\frac{1}{x_0} \right)^{\sum_{i=1}^{n} p_i} = \frac{1}{x_0} \cdot \prod_{i=1}^{n} x_i^{p_i} \text{ , und somit}$$

$$x = \prod_{i=1}^{n} x_i^{p_i} = \prod_{i=1}^{n} (x_0 + z_i)^{p_i}.$$

Zieht man davon das ursprüngliche Vermögen x_0 ab, so erhält man die »Gewinnhoffnung«, die CRAMER und später vor allem LAPLACE *espérance morale* nennen werden, nämlich $H(x_0) = x - x_0$.

In §§ 17 ff. wendet DANIEL seine Überlegungen auf das Petersburger Problem an. Die z_i sind die Auszahlungen 2^{i-1}, die S mit der jeweiligen Wahrscheinlichkeit $p_i = 2^{-i}$ erhält, so dass sich als seine Gewinnhoffnung ergibt

$$H(x_0) = \prod_{i=1}^{\infty} \left(x_0 + 2^{i-1} \right)^{\frac{1}{2^i}} - x_0 = \prod_{i=1}^{\infty} \sqrt[2^i]{x_0 + 2^{i-1}} - x_0.$$

DANIEL bemerkt, dass $H(x_0)$ mit x_0 wächst, aber bei endlichem x_0 niemals unendlich groß wird.

PRINGSHEIM beweist dies folgendermaßen. Für $x_0 = 0$ ist

$$H(0) = \prod_{i=1}^{\infty} \left(2^{i-1} \right)^{\frac{1}{2^i}} = \prod_{i=1}^{\infty} 2^{\frac{i-1}{2^i}} \text{ , also } \ln H(0) = \ln 2 \cdot \sum_{i=1}^{\infty} \frac{i-1}{2^i} = \frac{\ln 2}{2^2} \left(1 + \frac{2}{2^1} + \frac{3}{2^2} + \frac{4}{2^3} + \ldots \right). \text{ Den Wert}$$

der Klammer gewinnt man folgendermaßen.

Für $|t| < 1$ ist $\frac{1}{(1-t)^2} = 1 + 2t + 3t^2 + 4t^3 + \ldots$ [234]

Setzt man hierin $t = \frac{1}{2}$, so erhält man den obigen Klammerausdruck und damit

$\ln H(0) = \frac{\ln 2}{2^2} \cdot \frac{1}{\left(1 - \frac{1}{2} \right)^2} = \ln 2$. Also ist $H(0) = 2$. Betrachtet man in $H(x_0)$ nur das Produkt

$$P(x_0) := \prod_{i=1}^{\infty} \left(x_0 + 2^{i-1} \right)^{\frac{1}{2^i}} \text{ , dann ist } P(0) = \prod_{i=1}^{\infty} \left(2^{i-1} \right)^{\frac{1}{2^i}} = H(0) = 2. \text{ Damit kann man abschätzen}$$

$$\frac{P(x_0)}{P(0)} = \frac{P(x_0)}{2} = \frac{1}{2} \cdot \prod_{i=1}^{\infty} \left(x_0 + 2^{i-1} \right)^{\frac{1}{2^i}} = \frac{1}{2} \cdot \prod_{i=1}^{\infty} \left(2^{i-1} \right)^{\frac{1}{2^i}} \left(1 + \frac{x_0}{2^{i-1}} \right)^{\frac{1}{2^i}}$$

---

[234] Für $|t| < 1$ ist $\frac{t}{1-t} = t(1 + t + t^2 + t^3 + \ldots) = t + t^2 + t^3 + t^4 + \ldots$ Leitet man beide Seiten nach t ab, so ergibt sich die Behauptung.

$$= \frac{1}{2} \cdot \prod_{i=1}^{\infty} \left(2^{i-1}\right)^{\frac{1}{2^i}} \cdot \prod_{i=1}^{\infty} \left(1 + \frac{x_0}{2^{i-1}}\right)^{\frac{1}{2^i}} = \prod_{i=1}^{\infty} \left(1 + \frac{x_0}{2^{i-1}}\right)^{\frac{1}{2^i}} < \prod_{i=1}^{\infty} \left(1 + x_0\right)^{\frac{1}{2^i}} = 1 + x_0. \,^{235}$$

Wenn der Spieler S also »gar nichts besitzt«[236], so ist seine Gewinnhoffnung, wie PRINGS-

HEIM gezeigt hat, $H(0) = \prod_{i=1}^{\infty} \left(2^{i-1}\right)^{\frac{1}{2^i}} = \sqrt{1} \cdot \sqrt[4]{2} \cdot \sqrt[8]{4} \cdot \sqrt[16]{8} \cdot \ldots = 2.$

Besitzt S 10 Dukaten, so ist $H(10) = \prod_{i=1}^{\infty} \left(10 + 2^{i-1}\right)^{\frac{1}{2^i}} - 10 = \sqrt{11} \cdot \sqrt[4]{12} \cdot \sqrt[8]{14} \cdot \sqrt[16]{18} \cdot \ldots - 10$

≈ 3 Dukaten. Bei 100 Dukaten Besitz wird $H(100) = \sqrt{101} \cdot \sqrt[4]{102} \cdot \sqrt[8]{104} \cdot \sqrt[16]{108} \cdot \ldots - 100 \approx$
$4\frac{1}{3}$ Dukaten und bei 1000 Dukaten $H(1000) = \sqrt{1001} \cdot \sqrt[4]{1002} \cdot \sqrt[8]{1004} \cdot \sqrt[16]{1008} \cdot \ldots - 1000 \approx$
6 Dukaten.

NIKOLAUS I BERNOULLI, der 1731 den Lehrstuhl für Codex und Lehensrecht in Basel erhalten hat, schreibt am 5.4.1732 an DANIEL, er habe die Arbeit mit Vergnügen gelesen und finde sie geistreich, aber sie löse den Kern des Problems nicht. Es gehe nicht darum, den Nutzen oder das Vergnügen zu messen, das man von einem Gewinn habe, noch den Kummer, den der Verlust bereite; es handelt sich allein darum herauszufinden, wie viel ein Spieler rechtlich oder nach Billigkeit geben müsse für den Vorteil, den ihm das besagte Spiel bietet, oder allgemein alle Arten von Spielen, wenn sie fair sein sollen. Das ist der Fall, wenn beide Parteien unter gleichen Bedingungen die gleiche Summe einsetzen, was nach DANIELs Theorie nicht zutreffe, da das Vergnügen den Kummer nicht ausgleiche. Mr. CRAMER habe zur Lösung des Problems auch über Nutzen und Vergnügen nachgedacht, ohne jedoch die Vermögen ins Spiel zu bringen – er zitiert dann CRAMERs Brief von 1728 – kommt dann zu einem vernünftigen Einsatz von 2½ *écus*, indem er diesmal – im Gegensatz zu seiner letzten Überlegung – noch eine Wahrscheinlichkeit von $\frac{1}{32}$ zulässt. Aber auch dieses Ergebnis sei nicht besonders gut. Er glaube aber, dass die Verknüpfung aller drei Ideen zu einer besseren Bestimmung des gerechten Einsatzes führe.

Der juristische Standpunkt der mathematischen Fairness bei NIKOLAUS I BERNOULLI steht im Gegensatz zur Vorstellung des wirtschaftlich vernünftig Denkenden bei CRAMER und DANIEL I BERNOULLI.

1764 FONTAINE / *Solution*: Petersburger Problem

Der Mathematiker ALEXIS FONTAINE DES BERTINS gibt in seiner *Solution d'un Problème sur les Jeux de Hasard*, die erst 1764 erschien, zu Bedenken, dass man bei einem Spiel höchstens den gesamten Einsatz ausbezahlt bekommen kann. Er nimmt nun an, dass der Bankhalter B sein ganzes Vermögen b – das offensichtlich endlich ist – einsetzt, und dass der Spieler S einen Betrag s einsetzt, damit das Spiel fair ist. Der Gesamteinsatz hat also den Wert $b + s$. FONTAINE bringt in seinem Artikel ohne Beweise eine Beziehung zwischen b und s und einer

---

[235] Die Richtigkeit der letzten Gleichheit ergibt sich folgendermaßen. Wir setzen $1 + x_0 = z$ und betrachten statt $\prod_{i=1}^{\infty} z^{\frac{1}{2^i}}$ den Logarithmus. Damit ist $\ln \prod_{i=1}^{\infty} z^{\frac{1}{2^i}} = \sum_{i=1}^{\infty} \ln z^{\frac{1}{2^i}} = \sum_{i=1}^{\infty} \frac{1}{2^i} \ln z = \ln z \cdot \sum_{i=1}^{\infty} \frac{1}{2^i} = \ln z$; also ist $\prod_{i=1}^{\infty} z^{\frac{1}{2^i}} = z.$

[236] DANIEL lässt jetzt $x_0 = 0$ zu, da $H(x_0)$ auch für $x_0 = 0$ definiert ist.

natürlichen Zahl n, über deren Bedeutung er sich ausschweigt.[237] Seine Ergebnisse illustriert er durch Beispiele. – Wir deuten n als die Anzahl von Würfen, bis zu der der Bankhalter seiner Verpflichtung nachkommen kann. Mit FONTAINES Prämissen nimmt das Petersburger Problem dann die folgende Gestalt an.

> Der Bankhalter B setzt sein Vermögen von b écus ein, der Spieler S leistet einen Einsatz von s écus. Es gelte die Regel des Petersburger Problems mit folgender Modifikation: Fällt Wappen beim i-ten Wurf ($i \leq n$), dann erhält S 2^{i-1} écus und B den restlichen Einsatz. Fällt Wappen bei keinem der n Würfe, so endet das Spiel und S erhält den Gesamteinsatz von $b + s$ écus. Welchen Einsatz s muss S leisten, damit das Spiel fair ist?

Lösung nach FONTAINE (1764)

Auf Grund der Auszahlungsregel erhält man sofort eine Bedingung für die Anzahl n der maximal möglichen Würfe, nämlich $2^{n-1} \leq b + s < 2^n$. $\qquad$ (1)

Da das Spiel fair sein soll, muss gelten

$$E(\text{Gewinn von S}) = \sum_{i=1}^{n} \frac{1}{2^i}\left(2^{i-1} - s\right) + \frac{1}{2^n}\left[(b + s) - s\right] = \frac{1}{2}n - s\left(1 - \frac{1}{2^n}\right) + \frac{1}{2^n}b = 0,$$

woraus sofort folgt $\quad s = \dfrac{2^{n-1}\cdot n + b}{2^n - 1},$ $\qquad$ (2)

was FONTAINE in der Form $b = \left(2^n - 1\right)s - 2^{n-1}\cdot n$ angibt.

Damit wird $b + s = b + \dfrac{2^{n-1}\cdot n + b}{2^n - 1} = \dfrac{2^{n-1}\cdot n + 2^n b}{2^n - 1} = \dfrac{2^{n-1}(n + 2b)}{2^n - 1}.$

Setzt man diesen Ausdruck an Stelle von $b + s$ in (1) ein, dann erhält man eine Beziehung zwischen b und n.

$2^{n-1} \leq \dfrac{2^{n-1}(n + 2b)}{2^n - 1} < 2^n \Leftrightarrow 1 \leq \dfrac{n + 2b}{2^n - 1} < 2$, woraus man eine Ungleichung für b gewinnt:

$$2^n - 1 - n \leq 2b < 2^{n+1} - 2 - n \quad \Leftrightarrow \quad \frac{2^n - n - 1}{2} \leq b < \frac{2^{n+1} - n - 2}{2} \qquad (3)$$

Löst man (2) nach b auf und setzt diesen Wert in (3) ein, dann ergibt sich

$$\frac{2^n - n - 1}{2} \leq (2^n - 1)s - 2^{n-1}\cdot n < \frac{2^{n+1} - n - 2}{2}$$

$$\frac{2^n - 1 + n(2^n - 1)}{2} \leq (2^n - 1)s < \frac{n(2^n - 1) + 2(2^n - 1)}{2}$$

$$\frac{1 + n}{2} \leq s < \frac{n + 2}{2} \quad \Leftrightarrow \quad n + 1 \leq 2s < n + 2 \qquad (4)$$

Bei FONTAINE steht die äquivalente Ungleichung $2s - 2 < n \leq 2s - 1$.

Aus den gewonnenen Beziehungen kann man, wenn einer der Werte b, s oder n gegeben ist, die beiden anderen Werte so bestimmen, dass die Ausgangsbedingungen erfüllt sind, näm-

---

[237] JEAN LE ROND D'ALEMBERT berichtet in seinen *Opuscules Mathématiques* II, Seite 5 (Paris 1761), ein berühmter Mathematiker der *Académie des Sciences* habe ihm eine Lösung des Petersburger Problems gegeben. Offensichtlich handelt es sich um FONTAINE und dessen Artikel. Aus D'ALEMBERTs Darstellung geht hervor, dass das Vermögen des Bankhalters 2^n écus betragen soll, dass also maximal $n + 1$ Würfe getätigt werden könnten, womit die Bedeutung von n geklärt zu sein scheint. Es ist es aber komplizierter. Da nämlich der Einsatz s des Spielers dem Vermögen b des Bankhalters zugeschlagen wird, kann maximal $b + s$ ausbezahlt werden. Genau dies nimmt FONTAINE stillschweigend an. – FONTAINES Formeln werden einfacher, wenn die Maximalzahl der Spiele mit n bezeichnet werde, wie wir es halten wollen.

lich, dass die Auszahlung immer möglich ist, und dass das Spiel fair ist.

FONTAINEs erstes Beispiel ist eigenartig und mit Druckfehlern behaftet.

Das Vermögen des Bankhalters sei $b = \frac{1}{3} \cdot 10^6$. Probieren in (3) $2b \geq 2^n - n - 1$, also $\frac{2}{3} \cdot 10^6$

$\geq 2^n - n - 1$, liefert $n = 19$. Damit erhält man aus (1) für den Einsatz des Spielers den Wert s

$= \frac{2^{n-1} \cdot n + b}{2^n - 1} = \frac{2^{19-1} \cdot 19 + \frac{1000000}{3}}{2^{19} - 1} = 10{,}135$. Beziehung (4) ist damit erfüllt.[238]

In seinem zweiten Beispiel leistet der Spieler S den Einsatz $s = 10$. Damit wird (4) zu
$n + 1 \leq 20 < n + 2$, woraus man $n = 19$ erhält. Auflösung von (1) nach b ergibt
$b = (2^n - 1)s - 2^{n-1} \cdot n$, also $b = (2^{19} - 1) \cdot 10 - 2^{18} \cdot 19 = 262\,134$. Beziehung (3) ist damit erfüllt.

In einem dritten Beispiel ist $s = 11$, woraus FONTAINE analog $b = 1\,048\,565$ erhält.

Interessant ist, was sich für $s = 20$ ergibt, was ja nach CRAMER kein vernünftiger Mensch setzen würde. Man erhält analog $n = 39$ und $b = 549\,755\,813\,888$.[239]

Wir bringen noch ein Beispiel für den Fall, dass man von Beginn an die Höchstzahl n der Würfe festlegt. Sei also $n = 10$: Aus (4) $10 + 1 \leq 2s < 10 + 2$ erhält man $s = 5{,}5$. (1) in der Form FONTAINEs ergibt $b = (2^{10} - 1) \cdot 5{,}5 - 2^9 \cdot 10 = 506{,}5$. Beziehung (4) ist damit erfüllt.

D'ALEMBERT, dem FONTAINE seine Lösung gesprächsweise mitteilte, hält sie 1761, so geistreich und einfach sie auch sei, für unzulänglich. Denn bei einem Vermögen des Bankhalters von 2^{99} écus müsse S einen Einsatz von 50,5 écus leisten, den er für viel zu hoch halte, da S einen Gewinn erst dann erzielen könne, wenn beim siebten Wurf Wappen erscheine. Die Wahrscheinlichkeit dafür sei aber mit $\frac{1}{128}$ zu gering. Außerdem müsse man auch das Vermögen des Spielers berücksichtigen; denn der Einsatz könne ein erhebliches Loch in dessen Vermögen reißen.

1777 BUFFON / *Essai*: **Petersburger Problem**

GEORGES LOUIS LE CLERC DE BUFFON, der 1730 bei seinem Besuch in Genf von GABRIEL CRAMER auf das Petersburger Problem aufmerksam gemacht wurde und diesem am 3.10.1730 noch in Genf einen Brief dazu schickte,[240] in dem er die Gedanken DANIEL I BERNOULLIs über den Wert des Geldes gewissermaßen vorwegnahm,[241] beschäftigt sich in den Abschnitten XV bis XX seines 1777 erschienenen, wohl um 1760 verfassten *Essai d'Arithmétique morale*[242] ausführlich mit diesem Problem. Aus vier Gründen, die er mehrmals wiederholt, folgert er, dass der Einsatz des Spielers S nicht unendlich groß, sondern nur rund 5 *écus* betragen könne.

1) **Die Geldmenge dieser Welt ist begrenzt.** In Abschnitt XVII sucht er, da die Rechnung für das praktische Leben nicht weiter führt, nach einer Lösung, die den gesunden Menschen-

---

238   Den exakten Wert $\frac{15942208}{1572861}$ *écus* rechnet FONTAINE richtig zu 30 *livres*, 8 *sous*, 2 *deniers* um.

239   Man beachte die Ausführungen von GEORGES LOUIS LE CLERC DE BUFFON 1777 in seinem *Essai d'Arithmétique morale* zu solch großen Werten in dem ihm gewidmeten Abschnitt.

240   abgedruckt in Abschnitt XV des *Essai d'Arithmétique Morale* von 1777

241   So schreibt er: »Der Mathematiker bewertet das Geld in seiner Rechnung nur nach seinem numerischen Wert: aber der gewöhnliche Mensch (*l'homme moral*) muss es anders bewerten, und zwar einzig nach den Vorteilen oder dem Genuss, den es verschaffen kann.«

242   MAURICE FRÉCHET meint, der Titel sollte besser *Essai d'Arithmétique sociale* lauten (Fréchet 1954, S. 441).

verstand nicht verletzt und die zugleich mit der Erfahrung übereinstimmt. Als erstes bemerkt er, dass der unendlich große Einsatz, den S der Mathematik zufolge leisten müsste, eine Summe von unendlich vielen Summanden ist, deren jeder den Wert ½ *écu* hat. Er meint, dass diese mathematisch unendliche Reihe de facto aber nicht mehr als 30 Summanden enthalten dürfe; denn wenn Wappen erst nach dem 29. Wurf fällt, dann stünden dem Spieler S 2^{29} = 536 870 912 *écus* zu,[243] ein Betrag, der

> »vermutlich im ganzen Königreich Frankreich nicht aufzutreiben wäre«,

und alle über den 30. Term hinausgehenden Erwartungen existierten noch weniger.

> »Die praktische Unmöglichkeit zerstört die mathematische Möglichkeit«;

es sei natürlich mathematisch und auch physisch möglich, 30-, 50-, 100-mal zu werfen, ohne dass sich Wappen zeigt,

> »aber es ist unmöglich, die Spielregel zu erfüllen«.[244]

Denn das gesamte Vermögen der Welt würde ja schon beim 40. Wurf nicht ausreichen, da man dann 1024 Länder bräuchte, die so reich wie Frankreich sind. Bis zum 40. Wurf muss S aber erst 20 *écus* einsetzen, also wesentlich weniger als die mathematisch unendlich große Erwartung. Aber auch diesen Wert könne man noch reduzieren, denn bereits der 30. Wurf bringe tausend Millionen *écus* [2^{30} = 1 073 741 824], also mehr als das reichste Land Europas besitze. Somit sind alle Werte zwischen dem 30. und vierzigsten Wurf nur eingebildet und die Erwartungen sind als null zu bewerten; S kann daher seinen Einsatz auf 15 *écus* reduzieren. Man werde den Einsatz noch stärker reduzieren, wenn man in Betracht zieht, dass der Wert des Geldes nicht nur hinsichtlich seiner Quantität einzuschätzen ist (siehe dazu unten **3**).

Wie aber solle man nun vorgehen, fragt er in Abschnitt XVIII. Da jeder dazu seine eigene Meinung habe, sei es das Beste, die Rechung mit dem Experiment zu vergleichen. BUFFON lässt nun ein Kind 2048-mal, also 2^{11}-mal, das Spiel spielen und bestimmt so den Einsatz von S experimentell; sein Ergebnis vergleicht er mit der theoretischen Verteilung. Wir geben BUFFONs Text tabellarisch in etwa in der Form wieder, wie man sie bei AUGUSTUS DE MORGAN in seinem 1872 postum erschienenen *A Budget of Paradoxes* findet, erweitert um die Ergebnisse dreier von ihm beauftragter Personen, die ebenfalls 2048 Spiele spielten.[245] Die beiden letzten Zeilen haben wir angefügt.

BUFFON schließt aus seinem Experiment: Bei den [2^{11} =] 2048 Spielen hat S eine Auszahlung von 10 057 *écus* erhalten, sein gerechter Einsatz pro Spiel beträgt also 4,91 *écus*. Ungefähr diesen Wert liefere auch die theoretische Verteilung. Man kann nämlich erwarten, dass von 2048 Spielen 1024 Spiele bereits beim ersten Wurf Wappen zeigen und einen *écu* liefern, 512 Spiele, die erst beim zweiten Wurf Wappen zeigen und zwei *écus* liefern, …, ein Spiel, das erst beim 11. Wurf Wappen zeigt und 1024 *écus* einbringt. Allgemein kann man sagen: Bei 2^N Spielen kann man bei $2^N \cdot 2^{-k} = 2^{N-k}$ Spielen erwarten, dass erst beim k-ten Wurf Wappen fällt und 2^{k-1} *écus* ausbezahlt werden. BUFFON fährt dann fort:

---

[243] Bei BUFFON steht fälschlicherweise 520870912.

[244] Hier weist BUFFON darauf hin, dass FONTAINE, »einer unserer fähigsten Mathematiker«, 1764 auf die Bedeutung des Vermögens des Bankhalters B hingewiesen hat.

[245] Neben BUFFONS Werten findet man DE MORGANs erste Spalte bereits 1847 in dessen *Formal Logic* auf Seite 185. Sein jugendlicher Schüler, ein Mr. H., habe sie zum eigenen Vergnügen erstellt.

Wurffolge[246]	Auszahlung an S	theoretische Verteilung bei 2048 Spielen[247]	BUFFONS Kind	DE MORGAN (1)	DE MORGAN (2)	DE MORGAN (3)	theoretische Verteilung bei 2^N Spielen
W	1	1024	1061	1048	1017	1039	$2^N \cdot 2^{-1} = 2^{N-1}$
ZW	2	512	494	507	547	480	$2^N \cdot 2^{-2} = 2^{N-2}$
Z^2W	4	256	232	248	235	267	$2^N \cdot 2^{-3} = 2^{N-3}$
Z^3W	8	128	137	99	118	126	$2^N \cdot 2^{-4} = 2^{N-4}$
Z^4W	16	64	56	71	72	67	$2^N \cdot 2^{-5} = 2^{N-5}$
Z^5W	32	32	29	38	32	33	$2^N \cdot 2^{-6} = 2^{N-6}$
Z^6W	64	16	25	17	10	19	$2^N \cdot 2^{-7} = 2^{N-7}$
Z^7W	128	8	8	9	9	10	$2^N \cdot 2^{-8} = 2^{N-8}$
Z^8W	256	4	6	5	3	3	$2^N \cdot 2^{-9} = 2^{N-9}$
Z^9W	512	2		3	2	4	$2^N \cdot 2^{-10} = 2^{N-10}$
Z^{10}W	1024	1		1	1		$2^N \cdot 2^{-11} = 2^{N-11}$
Z^{11}W	*2048*	...		0	1		...
Z^{12}W	*4096*	...		0	0		...
Z^{13}W	*8192*	...		1	0		...
Z^{14}W	*16384*	...		0	0		...
Z^{15}W	*32768*	...		1	1		...
...	...	...					...
Z^{2^N-1}W	...	...					$2^N \cdot 2^{-N} = 1$
Z^{2^N}	0						$2^N \cdot 2^{-N} = 1$
totale Auszahlung		11264	10057	53238	45595	11515	$\frac{N}{2} \cdot 2^N$
Auszahlung pro Spiel		5,5	4,91	26,0	22,26	5,62	$\frac{N}{2}$

»Und schließlich bleibt ein Spiel, das man nicht einschätzen kann [wir haben die Auszahlungen, die für ein solches Spiel zutreffen, in Spalte 2 kursiv wiedergegeben], das man aber, ohne einen großen Fehler zu begehen, vernachlässigen kann, sodass ich nur unter leichter Verletzung des Zufalls annehmen kann, dass es 1025 statt 1024 Spiele sind, die einen *écu* liefern, […] sodass die gesamte Auszahlung 11 265 *écus* beträgt, pro Spiel also recht genau 5,5 *écus*.«

BUFFON stellt dann fest, dass der Einsatz von S pro Spiel mit der Anzahl der Spiele zunimmt. Er zeigt dies, indem er die Anzahl der Spiele reduziert: Bei 1024 Spielen ist der Einsatz nahezu 5 *écus*, bei 512 Spielen nicht mehr als 4½ *écus*, bei 256 Spielen nicht mehr als 4 *écus*, was daran liege, dass das nicht einschätzbare Spiel einen immer größeren Anteil gewinnt. Wenn man umgekehrt 1 048 576 [= 2^{20}] Spiele spielt, dann ist der Einsatz 10 *écus*.

Ergänzung. Wir lassen in der letzten Spalte das Petersburger Spiel 2^N-mal spielen und erhalten für die totale Auszahlung

$$1 \cdot 2^{N-1} + 2 \cdot 2^{N-2} + 2^2 \cdot 2^{N-3} + \dots + 2^{N-1} \cdot 2^{N-N} = N \cdot 2^{N-1} = \frac{N}{2} \cdot 2^N.$$

---

[246] Z^iW bedeute, dass Wappen zum ersten Mal beim $(i + 1)$-ten Wurf gefallen ist. Die Spieldauer ist damit $i + 1$, $0 \le i \le N - 1$.

[247] In dieser Spalte ist angegeben, wie viele von 2048 Spielen beim $(i + 1)$-ten Wurf enden.

Unter diesen 2^N Spielen ist eines, bei dem 2^N-mal Zahl erscheint. Für diesen Fall muss eine eigene Verabredung getroffen werden. In der letzten Spalte sind wir davon ausgegangen, dass dieses Spiel ignoriert wird, die Auszahlung also 0 ist, wie in der zweiten Spalte eingetragen. Die totale Auszahlung ist dann $\frac{N}{2}\left(2^N - 1\right) + 0$, die Auszahlung pro gewertetem Spiel also $\frac{\frac{N}{2}\left(2^N - 1\right) + 0}{2^N - 1} = \frac{N}{2}$. Dies ist also der faire Einsatz, den S pro Spiel zu leisten hat, abhängig von der Anzahl 2^N der Spiele, die er zu spielen gedenkt. Für $N = 11$ ergibt sich der Wert $\frac{11}{2} = 5,5$.

Legt man hingegen die Annahme BUFFONS zugrunde, dann ist die totale Auszahlung
$$1 \cdot 2^{N-1} + 2 \cdot 2^{N-2} + 2^2 \cdot 2^{N-3} + \dots + 2^{N-1} \cdot 2^{N-N} + 1 = N \cdot 2^{N-1} + 1 = \frac{N}{2} \cdot 2^N + 1 \text{ und damit}$$
die Auszahlung pro Spiel gleich $\frac{\frac{N}{2} \cdot 2^N + 1}{2^N} = \frac{N}{2} + \frac{1}{2^N}$. Für $N = 11$ ergibt sich der Wert $\frac{11}{2} + \frac{1}{2^{11}} = 5,500488\dots$

Wenden wir auf DE MORGANS Spiele die Verabredung an, dass alle Werte ignoriert werden, bei denen Wappen später als beim 11. Wurf auftritt, dann müssen von seinen totalen Auszahlungen die kursiv angegebenen Werte abgezogen werden. Man erhält so als totale Auszahlung

bei (1): $53\,238 - 1 \cdot 8\,192 - 1 \cdot 32\,768 = 12\,278$, im Mittel somit $\frac{12\,278}{2046} = 6,0$,

bei (2): $45\,595 - 1 \cdot 2\,048 - 1 \cdot 32\,768 = 10\,779$, im Mittel somit $\frac{10\,779}{2046} = 5,27$,

also in etwa BUFFONS Ergebnis.

BUFFON hat als Anzahl der Spiele sicher bewusst eine Zweierpotenz gewählt, da sich dadurch die Rechnung vereinfacht. Spielt man stattdessen allgemein k Spiele mit $2^N < k < 2^{N+1}$, also $N < \operatorname{ld} k < N + 1$, dann hat die totale Auszahlung für großes k näherungsweise den Wert $\frac{\operatorname{ld} k}{2} \cdot k$; der Einsatz pro Spiel ist also in etwa $\frac{\operatorname{ld} k}{2}$.

2) Die Lebensdauer eines Menschen ist begrenzt. »Man muss das aber auch vom praktischen Standpunkt aus betrachten. Man wird nämlich erkennen, dass man 1048576 Spiele gar nicht spielen kann. Setzt man nämlich zwei Minuten pro Spiel an, so müsste man, wenn man täglich sechs Stunden spielte, mehr als 13 Jahre damit zubringen,[248] was praktisch nicht zu vertreten ist. Somit könne man nur als gerechten Einsatz rund 5 *écus* verlangen.

3) »Nur der Geizige und der Mathematiker schätzen den Wert des Geldes nach seiner Quantität.«[249] Man kann den Einsatz noch stärker reduzieren, denn der Wert des Geldes besteht nicht nur in seiner Quantität, da dem S tausend Millionen *écus* nicht doppelt so viel wert sind wie 500 Millionen usw. Daher ist der Erwartungswert des 30. Wurfs nicht ½ *écu*, auch nicht der des 29., des 28. usw. Also sind die Einsätze ab dem 2. Wurf zu verkleinern, weil der Wert des Geldes nicht seinem numerischen Wert entspricht.

---

[248] Es sind sogar mehr als 15,96 Jahre.

[249] Abschnitt XIX

In Abschnitt XIX geht BUFFON von seinem experimentell gewonnenen Einsatz E von 5 *écus* aus und verändert die Spielregel dadurch, dass er den auszuzahlenden Betrag anders festlegt.[250] Unter der Voraussetzung, dass die Auszahlungen an S weiterhin eine geometrische Folge mit dem Anfangsglied 1 bilden sollen und das Spiel weiterhin fair sein soll, bestimmt BUFFON den Quotienten q dieser Folge. Allgemein ergibt sich so aus $\sum\limits_{i=1}^{\infty} \frac{1}{2^i} q^{i-1} = E$, dass $q = 2 - \frac{1}{E}$, in BUFFONs konkretem Fall also $q = \frac{9}{5}$.[251] S erhält also der Reihe nach nicht 1, 2, 4, 8, ... *écus*, sondern 1, $\frac{9}{5}$, $\frac{81}{25}$, $\frac{729}{125}$, ... *écus* ausbezahlt.

4) Kleine Wahrscheinlichkeiten sind als null zu betrachten. In Abschnitt VIII räsonierte BUFFON über die Bedeutung von Wahrscheinlichkeiten und kam zu dem Schluss, dass die Wahrscheinlichkeit, die den Menschen am stärksten berühre, die seines Todes sei. Aus den Sterbetafeln habe er ermittelt, dass die Wahrscheinlichkeit, dass ein gesunder 56-Jähriger, der den Tod also nicht fürchten müsse, innerhalb der nächsten 24 Stunden sterbe werde, 1 : 10 189 betrage. Und da kein Mensch dieses Alters diese Furcht hege, schließe er daraus, alle Wahrscheinlichkeiten kleiner oder gleich $\frac{1}{10000}$ für null und nichtig zu halten, sodass jede Furcht oder Hoffnung mit einer Wahrscheinlichkeit unter $\frac{1}{10000}$ uns nicht zu berühren brauche, weder Herz noch Verstand.[252] In Abschnitt XX meint er ohne jegliche Begründung sogar, dass ein Gesunder nicht einmal eine Todeswahrscheinlichkeit von $\frac{1}{1000}$ zu fürchten habe, d. h., dass man beim Petersburger Problem alle Wahrscheinlichkeiten ab dem 10. Term als null betrachten könne, als fairer Einsatz sich somit $\sum\limits_{i=1}^{10} \frac{1}{2^i} 2^{i-1} = 5$ ergebe.

Die bisherigen Ideen, die Spieldauer irgendwie zu begrenzen, veranlassten 1781 JEAN ANTOINE NICOLAS CARITAT, MARQUIS DE CONDORCET in seinem *Mémoire sur le Calcul des Probabilités* die Spielregel des Petersburger Problems zu verändern und einen Spielabbruch vorzusehen, so dass das »Spiel zu einem wirklichen Spiel wird« (Condorcet 1781, Seite 712 ff.)

---

[250]   Während BUFFON einen Grund für diese Änderung hatte, schlug D'ALEMBERT bereits 1768 in seinen *Opuscules Mathématiques* IV ohne Begründung eine andere Änderung vor: Die Wahrscheinlichkeit 2^{-i} für erstmals Wappen beim i-ten Wurf soll durch $2^{-(1+\alpha)i}$ oder durch [...] ersetzt werden. Das löst jedoch nicht das eigentliche Petersburger Problem, sondern ist eben eine andere Aufgabe, so wie NIKOLAUS I BERNOULLI ja anfangs auch verschiedene Aufgaben dieses Typs vorgestellt hatte.

[251]   Mit diesem Faktor glaubt BUFFON auch den Wert des Geldes einschätzen zu können. So sind für einen Reichen demnach 20 000 *livres* nicht doppelt so viel wert wie 10 000 *livres*, sondern haben nur einen moralischen Wert von 18 000 *livres*, und 40 000 *livres* dementsprechend nur einen moralischen Wert von 32 000 *livres*. Wir können nur mit MAURICE FRÉCHET sagen (Fréchet 1954, S. 446): »Man versteht nicht recht, wie sich der moralische Wert des Geldes durch Geld ausdrücken lässt, und welchen Sinn es hat zu sagen, dass 2 000 *livres* in Wirklichkeit nur 1800 *livres* sind.«

[252]   BUFFON teilt diese Idee DANIEL BERNOULLI mit, der ihm am 19.3.1762 aus Basel schreibt, dass seine Überlegungen nicht auf Kranke zuträfen, er deshalb für einen Wert von 10^{-5} plädiere. BUFFON kommentiert dies 1777 mit der Feststellung, dass die Sterbetafeln nur den *homme moyen*, also die Menschen im Allgemeinen beschrieben, der Vorschlag DANIELs prinzipiell an seinen Gedanken nichts ändere. – Den Begriff des *homme moyen* übernimmt ADOLPHE QUETELET als Begriff des statistischen Idealtyps.

1781 CONDORCET / *Mémoire*: Petersburger Problem

> Das berühmte Petersburger Problem: Der Bankhalter B gibt einem Spieler S eine Münze, wenn Wappen beim ersten Wurf fällt, zwei Münzen, wenn Wappen erst beim zweiten Wurf fällt, ..., allgemein 2^{n-1} Münzen, wenn Wappen erst beim n-ten Wurf fällt, und schließlich 2^n Münzen, wenn Wappen überhaupt nicht fällt. Nach dem n-ten Wurf ist das Spiel zu Ende. Gefragt ist nach dem fairen Einsatz, den der Spieler S leisten muss.

Lösung nach CONDORCET (1781)

Die Auszahlung, die S nach dieser Regel zu erwarten hat, ist

$$E(A) = 1 \cdot \frac{1}{2} + 2 \cdot \frac{1}{4} + 4 \cdot \frac{1}{8} + \ldots + 2^{n-1} \cdot \frac{1}{2^n} + 2^n \cdot \frac{1}{2^n} = \sum_{i=1}^{n} \frac{1}{2} + 1 = \frac{1}{2}n + 1.$$ Diesen Betrag

hat also S als fairen Einsatz zu leisten.

CONDORCET fügt an diese Lösung weitere Überlegungen an, die wir vertiefen und verallgemeinern. S beginnt einen Gewinn zu erzielen, wenn die Auszahlung größer als sein Einsatz ist, d. h., wenn Wappen zum ersten Mal beim k-ten Wurf fällt, für den $2^{k-1} > \frac{1}{2}n + 1$ oder $n < 2^k - 2$ bzw. $k > \frac{\ln(n+2)}{\ln 2}$ ist. Für alle $n = 2^k - 2$, d. h., wenn $k = \frac{\ln(n+2)}{\ln 2}$ eine natürliche Zahl ist, gibt es einen Fall, bei dem weder B noch S einen Verlust oder Gewinn haben. Die Wahrscheinlichkeit, dass S einen Verlust erleidet, ist $\frac{1}{2} + \frac{1}{4} + \ldots + \frac{1}{2^{k-1}} = 1 - \frac{1}{2^{k-1}}$. Daraus ergibt sich: B erzielt einen Gewinn mit der Wahrscheinlichkeit $1 - \frac{1}{2^{k-1}}$. Die Wahrscheinlichkeit, dass S einen Gewinn erzielt, hängt davon ab, ob sich n in der Form $2^k - 2$ schreiben lässt oder nicht.

1. Fall. Es gibt kein $k \in \mathbb{N}$, sodass $n = 2^k - 2$ wird. Dann ist die Wahrscheinlichkeit, dass S überhaupt einen Gewinn erzielt, $1 - \left(1 - \frac{1}{2^{k-1}}\right) = \frac{1}{2^{k-1}}$.

2. Fall. Es gibt ein $k \in \mathbb{N}$, sodass $n = 2^k - 2$ wird. Dann gibt es den Fall, dass keiner einen Gewinn erzielt; er tritt mit der Wahrscheinlichkeit $\frac{1}{2^k}$ ein. Somit erzielt S einen Gewinn mit der Wahrscheinlichkeit $1 - \left(1 - \frac{1}{2^{k-1}}\right) - \frac{1}{2^k} = \frac{1}{2^{k-1}} - \frac{1}{2^k} = \frac{1}{2^k}$.

CONDORCET betrachtet den Fall $k = 4$ und erhält dazu $n = 14$. S erzielt einen Gewinn mit der Wahrscheinlichkeit $\frac{1}{16}$, B mit $\frac{14}{16}$, und keiner mit $\frac{1}{16}$. Wir betrachten noch $n = 15$ und erhalten aus $k > \frac{\ln 17}{\ln 2} = 4{,}08$, dass das kritische $k = 5$ ist. S erzielt einen Gewinn mit der Wahrscheinlichkeit $\frac{1}{2^4} = \frac{1}{16}$ und B mit der Wahrscheinlichkeit $1 - \frac{1}{2^4} = \frac{15}{16}$.

CONDORCET überlegt dann konkret weiter, was wir zunächst verallgemeinern: Im günstigsten Fall kann S $2^n - (\frac{1}{2}n + 1)$ Münzen gewinnen, allerdings mit der kleinen Wahrscheinlichkeit $\frac{1}{2^n}$. B gewinnt im günstigsten Fall $(\frac{1}{2}n + 1) - 1 = \frac{1}{2}n$ Münzen, nämlich, wenn Wappen beim ersten Wurf fällt, dies aber mit der Wahrscheinlichkeit $\frac{1}{2}$.

Für $n = 14$, $k = 4$ gilt: S gewinnt höchstens $2^{14} - 8 = 16\,376$ Münzen mit der Wahrscheinlichkeit $\frac{1}{2^{14}} = \frac{1}{16\,384}$, B höchstens 7 Münzen mit der Wahrscheinlichkeit $\frac{1}{2}$.

Für $n = 15$, $k = 5$ gilt: S gewinnt höchstens $2^{15} - 8,5 = 32\,759,5$ Münzen mit der Wahrscheinlichkeit $\frac{1}{2^{15}} = \frac{1}{32\,768}$, B höchstens 7,5 Münzen mit der Wahrscheinlichkeit $\frac{1}{2}$.

Man sieht, dass sich B und S in sehr unterschiedlicher Lage befinden, wenn nur ein einziges Spiel gespielt wird. Ihre Situationen gleichen sich jedoch an, wenn viele Spiele gespielt werden, weil dann der Erwartungswert maßgebend ist und sich Gewinn und Verlust ausgleichen. Das setzt allerdings voraus, dass beide über genügend Geld verfügen.

50 Jahre später trägt dem SIMÉON-DENIS POISSON Rechnung, indem er eine etwas veränderte Abbruchregel vorschlägt, dabei aber auch noch den Besitz der Spieler berücksichtigt.

1837 POISSON / *Recherches*: Petersburger Problem

In seinen *Recherches sur la probabilité des jugements en matière criminelle et en matière civile* kommt SIMÉON-DENIS POISSON 1837 auf die Schwierigkeiten zu sprechen, die die Definition des Erwartungswerts in sich birgt. (§ 25, Seite 73 ff.) Er geht ihnen aus dem Weg, indem er zulässt, dass das Spiel nach einer bestimmten Anzahl von Spielen abgebrochen wird.[253]

B und S spielen mit einer Münze »Wappen – Zahl« nach folgender Regel:
1) Das Spiel ist zu Ende, wenn Wappen fällt.
2) B zahlt S einen Franken, wenn Wappen beim ersten Wurf fällt, zwei Franken, wenn Wappen erst beim zweiten Wurf fällt, ..., allgemein 2^{k-1} Franken, wenn Wappen erst beim k-ten Wurf fällt.
3) Das Spiel werde nicht gewertet, wenn Wappen nicht bei den ersten n Versuchen fällt.
Gefragt ist nach dem fairen Einsatz, den S leisten muss. Dabei ist auch der Fall zu betrachten, dass das Vermögen K des B kleiner als 2^{n-1} Franken ist.[254]

Unter der Voraussetzung, dass $K \geq 2^{n-1}$ Franken ist, muss S als fairen Einsatz leisten

$$E(A) = 1 \cdot \frac{1}{2} + 2 \cdot \frac{1}{4} + 4 \cdot \frac{1}{8} + \ldots + 2^{k-1} \cdot \frac{1}{2^k} + \ldots + 2^{n-1} \cdot \frac{1}{2^n} = \sum_{i=1}^{n} \frac{1}{2} = \frac{1}{2} n.$$

Das bedeutet, hätte man sich auf $n = 100$ Millionen geeinigt, so müsste S 50 Millionen Franken als Einsatz leisten. Da stellt sich nach POISSON die Frage, ob B überhaupt in der Lage ist, falls Wappen erstmals bei diesem Wurf fällt, $2^{50 \cdot 10^6}$ Franken zu zahlen! POISSON nimmt im Folgenden an, das Vermögen K des B sei kleiner als 2^{n-1} Franken, es betrage $2^{k-1}(1 + h)$

---

[253]   Ein Petersburger Problem mit Spielabbruch behandelt GERONIMO CARDANO 1539 in seiner *Practica Arithmetice*. Siehe hierzu Seite 46.

[254]   Wir haben an Stelle von A und B wieder den Bankhalter B und den Spieler S eingeführt. Ferner haben wir, um den Vergleich mit den früheren Problemen zu erleichtern, Spielregel 2 verändert. (POISSON beginnt mit 2 *francs*.) Aber aus dem *écu* ist, der Zeit angepasst, der *franc* geworden, eine junge Münzeinheit. Am 15.8.1795 beschloss der Nationalkonvent im Zuge der Einführung des metrischen Systems die Umstellung der Währung auf den *franc*. Aber erst 1803 wurden durch den Ersten Konsul NAPOLÉON BONAPARTE der Wert auf 290 mg Feingold festgesetzt, die ersten Geldscheine gedruckt und die ersten Münzen geprägt.

Franken, mit $0 \le h < 1$, und $k < n$. In diesem Fall kann B seiner Verpflichtung bis zum k-ten Wurf nachkommen; für alle folgenden Würfe zahlt er im Erfolgsfall an S nur den Wert $K = 2^{k-1}(1 + h)$ Franken. Der faire Einsatz des S errechnet sich in diesem Fall so:

Wurf Nr.	1	2	3	4	...	k	$k+1$	...	n
Auszahlung a	1	2	4	8	...	2^{k-1}	K	...	K
$W_A(a)$	$\frac{1}{2}$	$\frac{1}{4}$	$\frac{1}{8}$	$\frac{1}{16}$	...	$\frac{1}{2^k}$	$\frac{1}{2^{k+1}}$	...	$\frac{1}{2^n}$

$$E(A) = \sum_{i=1}^{k} 2^{i-1} \cdot 2^{-i} + K \cdot \sum_{i=1}^{k} 2^{-i} = \frac{k}{2} + K \cdot \frac{1}{2^{k+1}} \cdot \frac{1 - \left(\frac{1}{2}\right)^{n-(k+1)}}{1 - \frac{1}{2}}$$

$$= \frac{k}{2} + K \cdot \frac{1}{2^k} \cdot \left(1 - \frac{1}{2^{n-k-1}}\right) = \frac{k}{2} + 2^{k-1}(1 + h) \cdot \frac{1}{2^k} \cdot \left(1 - \frac{1}{2^{n-k-1}}\right)$$

$$= \frac{k}{2} + \frac{1}{2}(1 + h)\left(1 - \frac{1}{2^{n-k-1}}\right) \approx \frac{k}{2} + \frac{1}{2}(1 + h), \text{ ist also, wenn } n \text{ groß ist, von } n \text{ nahezu unab-}$$

hängig. Der Einsatz von S liegt somit zwischen $\frac{k+1}{2}$ und $\frac{k+2}{2}$ Franken.

POISSON nimmt nun an, dass B ein Vermögen von 100 Millionen Franken besitzt; d. h., $K = 2^{26}(1 + h) = 2^{26} \cdot 1{,}49$. In diesem Fall beträgt der faire Einsatz von S $\frac{26+1}{2} + \frac{1}{2} \cdot 1{,}49 \approx 14{,}25$ Franken.

Lostrommel der Schiffer- und Fischerzunft von Regensburg aus dem Jahre 1799

Frühklassizistischer Louis XVI-Stil. Auf den dreieckigen Seitenfeldern bunte Malerei, von hinten rot unterlegt: Fischerei-Embleme, Reichsadler mit Stadtwappen. Auf den rechteckigen Scheiben neptunische Symbole und die Inschrift *Glück auf! Gott geb uns Glück! Dies wünscht ein jeder sich, Der hier sein Loos erwart. Ich aber freue mich wann's jeden Meister trifft, Daß er damit zufrieden. Mit dem, was ihm durch Glück und Zufall wird beschieden.* Zwischen Gestell und Zarge zwei gravierte Silberplatten: 1) E. E. Fischer und Schiffer Handwerk verehrt zum jährlichen Gebrauch und steten Andenken dieses Glücks Rad nebst 16 Nummern und einer stellen Johann Christoph Naimer derzeit Viermeister 1799. – 2) Und dessen Ehewirtin Anna Justina Naimerin geborene Clostermeyerinn den 13. Febr. 1799. Birnbaum, Messing und bemaltes Glas; Höhe 55 cm, Breite 35 cm. Zugehörig sechzehn silberne nummerierte Zylinder in roten Saffianlederetuis.

Die Jahre nach 1713 bis 1750

1714 LEIBNIZ / *Brief an BOURGUET*: Augensummen

In den Jahren 1709 bis 1716 korrespondierte GOTTFRIED WILHELM LEIBNIZ mit LOUIS BOUR-GUET, dem Naturforscher, Philosophen und späteren Professor für Mathematik. Am 22. März 1714 schrieb er ihm aus Wien (Leibniz 1868, Seite 569 f.) u. a., dass sich

> »die Kunst des Vermutens gründet auf das, was mehr oder weniger leicht ist, oder mehr oder weniger machbar, zum Beispiel:

Avec deux dés, il est aussi faisable de jetter douze points que d'en jetter onze, car l'un et l'autre ne se peut faire que d'une seule maniere; mais il est trois fois plus faisable d'en jetter sept, parce que cela se peut faire en jettant 6 et 1, 5 et 2, et 4 et 3; et une combinaison icy aussi faisable que l'autre. Mit zwei Würfeln ist es genauso machbar, 12 Augen zu werfen wie 11 Augen zu werfen; denn beide Augensummen kann man nur auf eine einzige Art erhalten. Aber es ist dreimal leichter machbar, sieben Augen zu werfen, weil man das erreichen kann, wenn man 6 und 1, 5 und 2 oder 4 und 3 wirft; und jede dieser Kombinationen ist genauso machbar.« – Hat Leibniz Recht?

Lösung

Auch große Leute können irren! LEIBNIZ hat nicht Recht. Er vergleicht nämlich Fälle, die nicht gleichwahrscheinlich sind. Man erkennt dies, wenn man die Würfel unterscheidet und die Ergebnisse als Paare notiert. Dann gibt es für die Augensumme 12 genau einen Fall, nämlich das Paar $(6 \mid 6)$, für die Augensumme 11 aber zwei Fälle, nämlich die Paare $(6 \mid 5)$ und $(5 \mid 6)$. Also ist die Augensumme 11 doppelt so leicht machbar wie die Augensumme 12. Für die Augensumme 7 gibt es sogar sechs Paare, nämlich $(6 \mid 1)$, $(1 \mid 6)$, $(5 \mid 2)$, $(2 \mid 5)$, $(3 \mid 4)$ und $(4 \mid 3)$. Also ist die Augensumme 7 dreimal leichter machbar als die Augensumme 11, aber sogar sechsmal leichter als die Augensumme 12.

1718 DE MOIVRE / *Doctrine of Chances*: Lotterie

In *Problem V* seiner *The Doctrine of Chances* von 1718 fragt DE MOIVRE, ab wie vielen Versuchen es günstig ist, darauf zu setzen, dass ein bestimmtes Ereignis mindestens einmal eintreten wird, in *Problem VI* danach, dass es mindestens zweimal eintreten wird. Dabei setzt er stillschweigend voraus, dass die Wahrscheinlichkeit für das Eintreten des Ereignisses immer gleich ist. Er illustriert seine Lösung bei *Problem V* bzw. *Problem VI* u. a. jeweils durch ein *Beispiel III* aus der Welt der Lotterien (Seite 15 bzw. Seite 20). Wir fassen beide Probleme zusammen.

> **I**N a Lottery whereof the number of Blanks is to the num-
> ber of Prizes as 39 to 1, (such as was the Lottery of 1710;)
> To find how many Tickets one must take, to make it an
> equal Chance for one or more Prizes.
>
> **I**N a Lottery whereof the number of Blanks is to the num-
> ber of Prizes as 39 to 1: To find how many Tickets
> must be taken, to make it as Probable that two or more Be-
> nefits will be taken as not.
>
> In einer Lotterie[255] verhält sich der die Anzahl der Nieten zur Anzahl der Gewinnlose wie 39 zu 1 (so
> war es in der Lotterie von 1710). Man finde, wie viele Lose man kaufen muss, damit man gleiche
> Chancen hat, mindestens ein bzw. mindestens zwei Gewinnlose zu besitzen.
> DE MOIVRE behauptet, man müsse 27, höchstens 28 Lose kaufen bzw., dass es im zweiten Fall nicht
> weniger als 65 sein dürfen. – Hat DE MOIVRE Recht?

Lösung nach DE MOIVRE (1718)

DE MOIVRE geht zunächst davon, dass die Lotterie sehr viele Lose enthält, sodass er mit der Binomialverteilung statt mit der hypergeometrischen Verteilung rechnen kann. Für die »Mindestens-ein«-Aufgabe fügt er aber eine diesbezügliche Bemerkung an, auf die wir unten zurückkommen.

Mindestens ein Gewinnlos. Problem V ist die »Drei-mindestens«-Aufgabe, die DE MOIVRE mittels des Gegenereignisses allgemein löst. Auf das Lotterieproblem übertragen lautet seine Lösung, wenn a die Anzahl der Gewinnlose und b die der Nieten bezeichnet:

$P($»Mindestens ein Treffer beim Kauf von n Losen«$) = 0{,}50$

$1 - P($»Kein Treffer beim Kauf von n Losen«$) = 0{,}50$

$$1 - \left(\frac{b}{a+b}\right)^n = \frac{1}{2} \; \Leftrightarrow \; \left(\frac{b}{a+b}\right)^n = \frac{1}{2} \; \Leftrightarrow \; \left(\frac{a+b}{b}\right)^n = 2 \; \Leftrightarrow \; n = \frac{\log 2}{\log(a+b) - \log b}$$

DE MOIVRE löst diese Gleichung nicht, sondern gibt die obigen Werte auf Grund seiner unter *Problem V* abgeleiteten Faustregel an, die wir unten angeben wollen.

Mit $a = 1$ und $b = 39$ erhält man $n = \dfrac{\log 2}{\log 40 - \log 39} = 27{,}3\dots$, also $n_{\min} = 28$. DE MOIVRE hat näherungsweise recht.

Mindestens zwei Gewinnlose. Auch hier gelangt DE MOIVRE in *Problem VI* mittels des Gegenereignisses zu einer allgemeinen Formel, die er aber wiederum nicht anwendet, sondern stattdessen auf eine Faustregel reduziert.

---

[255] Wir erinnern daran, welchen Zeitaufwand das Ziehen von Losen erforderte (siehe Fußnote 155). Darum ist das in Venedig durch Proklamation vom 18.5.1714 eingeführte Verfahren erwähnenswert. Verkauft werden sollen 250 000 Lose zu je 2 Dukaten. Aufgelegt werden Bücher mit insgesamt 1250 Blättern, jedes Blatt zu 8 Spalten und 25 Zeilen. Der Käufer eines Loses muss sich bis spätestens 26.1.1715 in eines dieser Felder eintragen. Am 1.2.1715 werden dann vier Knaben im Saal des Großen Rates durch Ziehen aus vier Urnen die Gewinner ermitteln. Aus Urne 0 werden die 1441 Gewinne gezogen: je ein Gewinn zu 30 000, 20 000, 10 000 Dukaten, zwei Gewinne zu 5 000, sechs zu 3 000, zehn zu 2 000, zwanzig zu 1 000, fünfzig zu 500, hundert zu 300, zweihundertfünfzig zu 200 und tausend zu 100. Urne I enthält 1250 nummerierte Kugeln, Urne II acht nummerierte Kugeln und Urne III 25 nummerierte Kugeln. Aus jeder dieser Urnen wird eine Kugel gezogen und auf diese Weise das Blatt, die Spalte und die Zeile des gewinnenden Feldes ermittelt. Die aus I, II und III gezogenen Kugeln werden anschließend wieder zurückgelegt. Die Zeitersparnis ist enorm. Statt der 250 000 Lose müssen nur mehr die 1441 Gewinner gezogen werden.

$P(\text{»Mindestens zwei Treffer beim Kauf von } n \text{ Losen«}) = 0{,}50$

$1 - P(\text{»Kein oder genau ein Treffer beim Kauf von } n \text{ Losen«}) = 0{,}50$

$$1 - \left(\frac{b}{a+b}\right)^n - \binom{n}{1}\frac{a}{a+b}\left(\frac{b}{a+b}\right)^{n-1} = \frac{1}{2} \quad\Leftrightarrow\quad \left(\frac{b}{a+b}\right)^n + \binom{n}{1}\frac{a}{a+b}\left(\frac{b}{a+b}\right)^{n-1} = \frac{1}{2} \quad\Leftrightarrow$$

$$\left(\frac{b}{a+b}\right)^n\left(1 + \frac{na}{b}\right) = \frac{1}{2}.$$

Mit $a = 1$ und $b = 39$ wird daraus $\left(\frac{39}{40}\right)^n\left(1 + \frac{n}{39}\right) = \frac{1}{2}$. $\qquad(\star)$

Mit dem von DE MOIVRE auf Grund seiner Faustregel gefundenen Wert 65 berechnen wir für weitere nahe gelegene n die linke Seite und erhalten
für $n = 65$ den Wert $0{,}514\ldots$, für $n = 66$ den Wert $0{,}506\ldots$, und
für $n = 67$ den Wert $0{,}498\ldots$, also ist $n_{\min} = 67$. DE MOIVRES Wert ist zu klein.

Wir haben beim Probieren stillschweigend vorausgesetzt, dass der links stehende Term mit wachsendem n monoton fällt. Dies müssen wir noch zeigen. Dazu leiten wir die linke Seite von $(\star)$ nach n ab:

$$\left(1 + \frac{n}{39}\right)\left(\frac{39}{40}\right)^n \ln\frac{39}{40} + \left(\frac{39}{40}\right)^n \cdot \frac{1}{39} = \left(\frac{39}{40}\right)^n\left[\frac{n}{39}\ln\frac{39}{40} + \ln\frac{39}{40} + \frac{1}{39}\right].$$

Der Graph des in der eckigen Klammer stehenden Funktionsterms ist eine fallende Gerade – die Steigung $\frac{1}{39}\ln\frac{39}{40}$ ist ja negativ. Ihre Nullstelle liegt bei $n = -\dfrac{1}{\ln\frac{39}{40}} - 39 = 0{,}497\ldots$ Also

ist der Term in der eckigen Klammer für alle natürlichen Zahlen n negativ. Somit ist der gesamte Ausdruck negativ, die Funktion also tatsächlich monoton fallend.

Die Gleichung $(\star)$ lässt sich auch graphisch lösen. Dazu bringt man sie auf die Form $\frac{2}{39}n + 2 = \left(\frac{40}{39}\right)^n$ und bestimmt den Schnittpunkt der Graphen mit den Gleichungen $y = \left(\frac{40}{39}\right)^x$ und $y = \frac{2}{39}x + 2$. Man erkennt recht gut $n_{\min} = 67$.

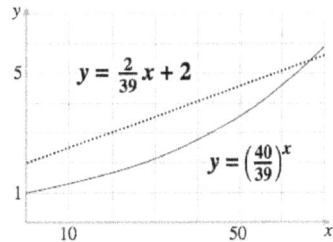

DE MOIVRES Faustregeln

DE MOIVRE geht stillschweigend davon aus, dass es in einer Lotterie höchstens so viele Gewinnlose a wie Nieten b gibt, dass also $b \geq a$ gilt. Ferner setzt er $\frac{a}{b} = \frac{1}{q}$.

Mindestens ein Gewinnlos. Aus der Gleichung $\left(\frac{a+b}{b}\right)^n = 2$ wird $\left(1 + \frac{1}{q}\right)^n = 2$.

Für $q = 1$, d. h. gleich viele Nieten wie Gewinnlose, ist $n = 1$, was offensichtlich stimmt. Mit wachsendem q muss auch n zunehmen, denn offensichtlich erfordert $q \to \infty$ auch $n \to \infty$.

Nach dem NEWTON'schen Binomialsatz wird die letzte Gleichung zu

$$1 + \binom{n}{1}\frac{1}{q} + \binom{n}{2}\frac{1}{q^2} + \binom{n}{3}\frac{1}{q^3} + \ldots = 2 \quad\Leftrightarrow\quad 1 + \frac{n}{q} + \frac{n(n-1)}{2q^2} + \frac{n(n-1)(n-2)}{6q^3} + \ldots = 2.$$

Für großes q und damit auch für großes n kann man die linke Seite vereinfachen und erhält

$$1 + \frac{n}{q} + \frac{n^2}{2q^2} + \frac{n^3}{6q^3} + \ldots \approx 2 \quad\Leftrightarrow\quad e^{\frac{n}{q}} \approx 2 \quad\Leftrightarrow\quad \frac{n}{q} \approx \ln 2 \approx 0{,}693 \approx 0{,}7.$$

Im obigen Beispiel der englischen Lotterie war $q = 39$, also liefert die Faustregel $n \approx 0{,}7 \cdot 39 = 27{,}3$.

Mindestens zwei Gewinnlose. Aus der Gleichung $\left(\frac{b}{a+b}\right)^n \left(1 + \frac{na}{b}\right) = \frac{1}{2}$ gewinnt man

$$\left(1 + \frac{1}{q}\right)^n = 2 + 2 \cdot \frac{n}{q}. \quad (\maltese)$$

Für $q = 1$ erhält man daraus $2^n = 2 + 2n$, was $n = 3$ liefert. Die Aussage $q \to \infty \Rightarrow n \to \infty$ gilt auch hier. Wie oben gewinnt DE MOIVRE durch Umformung der linken Seite aus ($\maltese$) unter Verwendung von $z := \frac{n}{q}$ die Beziehung

$$e^z \approx 2 + 2z \quad \Leftrightarrow z \approx \ln 2(1 + z) = \ln 2 + \ln(1 + z) \Leftrightarrow z - \ln(1 + z) \approx \ln 2.$$

DE MOIVRE verrät nicht, wie er die Lösung $z = 1{,}678$ gefunden hat. Sicher durch Probieren unter Verwendung einer Logarithmentafel. Seine Faustregel lautet nun:

Die Anzahl n der Versuche, um mindestens zwei Treffer zu erzielen, liegt zwischen $1{,}678q$ und $3q$. Im Fall der englischen Lotterie findet er somit $n \approx 1{,}678 \cdot 39 = 65{,}4$.

In *Problem VII* erweitert DE MOIVRE seine Faustregel auf drei, vier, fünf, usw. Treffer. Für mindestens drei Treffer führt die Forderung $P(\text{»Mindestens drei Treffer beim Kauf von } n \text{ Losen«}) = 0{,}50$ mit Hilfe des Gegenereignisses auf

$$1 - \left(\frac{b}{a+b}\right)^n - \binom{n}{1}\frac{a}{a+b}\left(\frac{b}{a+b}\right)^{n-1} - \binom{n}{2}\left(\frac{a}{a+b}\right)^2\left(\frac{b}{a+b}\right)^{n-2} = \frac{1}{2}$$

$$\left(1 + \frac{1}{q}\right)^n = 2\left(1 + \frac{n}{q} + \frac{n(n-1)}{2q^2}\right). \quad (\maltese\maltese)$$

Für $q = 1$ erhält man daraus schließlich $2^n = 2\left(1 + \frac{n}{2} + \frac{n^2}{2}\right) \Leftrightarrow 2^n = 2 + n + n^2 \Rightarrow n = 5$.

Für großes q und damit auch für großes n kann man beide Seiten von ($\maltese\maltese$) vereinfachen und erhält unter Verwendung von z

$$e^z \approx 2\left(1 + z + \frac{1}{2}z^2\right) \quad \Leftrightarrow z \approx \ln 2 + \ln\left(1 + z + \frac{1}{2}z^2\right). \text{ Auch hier verrät DE MOIVRE nicht,}$$

wie er $z \approx 2{,}675$ findet. Seine Faustregel lautet nun: Die Anzahl n der Versuche, um mindestens drei Treffer zu erzielen, liegt zwischen $2{,}675q$ und $5q$.

Auf dieselbe Art findet er, wobei er die beiden letzten Spalten nur mitteilt:

mindestens	vier Treffer	fünf Treffer	sechs Treffer
n liegt zwischen	$3{,}672q$ und $7q$	$4{,}670q$ und $9q$	$5{,}668q$ und $11q$

DE MOIVRES »Bemerkung«

In seiner Lösung der »Mindestens-ein-Gewinnlos«-Aufgabe hat DE MOIVRE zunächst angenommen, dass die Lotterie »wie üblich« sehr viele Lose enthält. In seiner *Bemerkung* von Seite 16 behandelt er Lotterien mit wenigen Losen, bei denen aber weiterhin des Verhältnis Niete : Treffer = 39 : 1 ist.

1. Beispiel. Die Lotterie enthält genau 40 Lose, also 39 Nieten und einen Treffer. Dann genügt der Erwerb von 20 Losen, um mit der Wahrscheinlichkeit 0,5 das Trefferlos gekauft zu haben. Denn es ist evident, dass sich der Treffer mit der gleichen Wahrscheinlichkeit sowohl unter den 20 erworbenen Losen wie auch unter den 20 nicht erworbenen Losen befindet. – Wir weisen darauf hin, dass diese Überlegung nur statthaft ist, weil es sich um genau 40 Lose und um die Wahrscheinlichkeit 0,5 handelt. Wenden wir die kombinatorischen Überlegungen des Ziehens ohne Zurücklegen an, die DE MOIVRE im 2. Beispiel verwenden muss, so erhält man $P(\text{»Genau ein Treffer«}) = \dfrac{\binom{39}{n-1}\binom{1}{1}}{\binom{40}{n}} = \frac{1}{2}$, woraus man $n = 20$ gewinnt.

2. Beispiel. Die Lotterie enthält genau 80 Lose, also 78 Nieten und zwei Treffer. DE MOIVRE verweist lediglich auf die später behandelte Kombinatorik und sagt, dass 23 Lose zu wenig und 24 zu viel seien, dass es also vorteilhaft sei, 24 Lose zu erwerben. Wir führen die Rechnung vor:

$P(\text{»Mindestens ein Treffer«}) = \frac{1}{2} \Leftrightarrow P(\text{»Kein Treffer«}) = \frac{1}{2}$

also $\dfrac{\binom{78}{n}\binom{2}{0}}{\binom{80}{n}} = \dfrac{78!\cdot n!\cdot(80-n)!}{n!\cdot(78-n)!\cdot 80!} = \dfrac{(80-n)(79-n)}{80\cdot 79} = \frac{1}{2}$, wobei $n \le 78$ sein muss.

$n^2 - 159n + 3160 = 0 \Rightarrow n = 23,3\ldots$ (Die zweite Lösung $135,7\ldots$ ist zu groß.)

1718 DE MOIVRE / *Doctrine of Chances*: Koinzidenz

In *Problem XXVI* seiner *The Doctrine of Chances* behandelt ABRAHAM DE MOIVRE 1718 eine Variante von *Problem XXV* (siehe Seite 182) und stellt in *Corollary V* fest:

> *Corollary* V. If *A* and *B*, each holding a Pack of Cards, pull them out at the fame time one after another, on condition that every time two like Cards are pulled out, *A* fhall give *B* a Guinea; and it were required to find what confideration *B* ought to give *A* to Play on thofe terms: The Anfwer will be, One Guinea, let the number of Cards be what it will.

A und B decken von zwei gleichen Kartenstapeln gleichzeitig jeweils eine Karte nach der anderen auf. Wenn zwei gleiche Karten erscheinen, muss A jedes Mal dem B eine *Guinea*[256] geben. Es wird gefragt, welches Entgelt B dem A dieser Regel zufolge geben muss [damit das Spiel fair ist]. Die Antwort lautet: Eine *Guinea*, unabhängig von der Anzahl [*n*] der Karten in den Stapeln. – Wir fragen: Hat DE MOIVRE Recht?

Lösung

DE MOIVRE teilt nur die überraschende Antwort mit, ohne einen Lösungsweg anzugeben. Wir lösen die Aufgabe wie folgt. Nummeriert man der Einfachheit halber die Karten in beiden Stapeln von 1 bis *n*, so lässt sich jeder der beiden Stapel als *n*-tupel der *n* Zahlen 1, 2, ..., *n* auffassen. Wir betrachten die *i*-te Stelle im Tupel. Im ersten Tupel steht dort irgendeine der Zahlen. Die Wahrscheinlichkeit, dass sich im zweiten Tupel dieselbe Zahl an der *i*-ten Stelle befindet, ist $\frac{1}{n}$.

Die Zufallsgröße X_i = »Auszahlung an B beim *i*-ten Aufdecken« hat die Wahrscheinlichkeitsverteilung $W(x_j)$ und den

x_j	0	1
$W(x_j)$	$\frac{n-1}{n}$	$\frac{1}{n}$

$E(X_i) = \frac{n-1}{n}\cdot 0 + \frac{1}{n}\cdot 1 = \frac{1}{n}$

---

[256] Von 1663 bis 1816 Hauptgoldmünze Englands, aus dem Gold von Guinea geprägt, 8,387 g mit 7,688 g Feingold, 1717 auf 21 Schilling festgelegt. Inoffizielle Rechnungseinheit bis in die neueste Zeit.

Erwartungswert $E(X_i) = \frac{1}{n}$. Für die Zufallsgröße $X = $ »Gesamtauszahlung« gilt

$$X = \sum_{i=1}^{n} X_i \text{, und damit für Erwartungswert } E(X) = E\left(\sum_{i=1}^{n} X_i\right) = \sum_{i=1}^{n} E(X_i) = \sum_{i=1}^{n} \frac{1}{n} = n \cdot \frac{1}{n} = 1.$$

Bemerkung. In *Proposition VII* behandelte PIERRE RÉMOND DE MONTMORT 1713 ein ähnlich lautendes Problem (siehe Seite 172). Dort ist aber nur ein Kartenstapel gemischt, hier hingegen sind es zwei Stapel. Man hätte naiverweise erwarten können, dass die doppelte Unordnung seltener zu Koinzidenzen führt als die einfache. Ohne Rechnung würde so mancher nicht zu überzeugen sein.

1728 DE MAIRAN / *Histoire de l'Académie Royale*: Pair ou Non

1730 erschien unter dem Titel *Sur le Jeu du Pair ou Non* ein Aufsatz in *Histoire de l'Académie Royale des Sciences de Paris* für das Jahr 1728 (S. 53–57).[257] Er widmet sich dem Spiel »Gerade oder ungerade«, das seit urdenklichen Zeiten gespielt wurde:[258]

Nichts erscheint klarer und eindeutiger als das Spiel Pair ou Non, bei dem man erraten soll, ob die Anzahl von Jetons, die jemand aus einem Haufen von Jetons genommen hat, gerade oder ungerade ist. Es scheint gleichgültig zu sein, welche Antwort man gibt, denn es gibt gleich viele gerade wie ungerade Zahlen, eine Begründung, die alle Welt für zwingend hält. Bei genauerem Hinsehen wird man finden, dass dem nicht so ist; denn Fragen über Wahrscheinlichkeit sind sehr heikel. Jean Jacques d'Ortous de Mairan hat herausgefunden, dass es vorteilhaft sei, immer mit Ungerade zu antworten, und man hat ihm später gesagt, gewiefte Spieler hätten dies schon längst gewusst. – Hat DE MAIRAN Recht?

Lösung nach DE MAIRAN (1728)

DE MAIRAN setzt stillschweigend voraus, dass der Haufen n Jetons enthält, dass sich in der Hand mindestens ein Jeton befindet, und dass jede Anzahl z von Jetons ($1 \leq z \leq n$) aus dem Haufen mit gleicher Wahrscheinlichkeit gegriffen wird. Ist n gerade, also $n = 2k$, $k \in \mathbb{N}$, so kann man k gerade und k ungerade Anzahlen von Jetons entnehmen; es ist also gleichgültig, was man antwortet. Die Wahrscheinlichkeit, richtig zu raten, ist also $\frac{1}{2}$. – Ist n ungerade, dann zeigt DE MAIRAN an Beispielen, dass »Ungerade« günstiger ist: Aus einem Haufen von

---

[257] Die Bände der *Histoire* sind zweigeteilt. Im ersten Teil findet man allgemein verständliche Abhandlungen, im zweiten Teil fachwissenschaftliche. Bei den letzteren ist im Gegensatz zu den ersteren stets der Verfasser angegeben. – DENIS DIDEROT und JEAN LE ROND D'ALEMBERT druckten den Aufsatz fast wörtlich 1765 unter dem Stichwort »PAIR OU NON« in Band 11 der *Encyclopédie, ou Dictionnaire Raisonné des Sciences, des Arts et des Métiers* (Neufchâtel 1765) nach.

[258] Das Spiel heißt heute üblicherweise *pair ou impair*. Bei ARISTOPHANES erscheint es als ἀρτιασμός oder mit dem Verb ἀρτιάζειν (= gerade oder ungerade spielen) in *Plutos* 816, bei PLATON spielen es Kinder mit vielen Astragaloi in *Lysis* 206 e, und ARISTOTELES beschäftigt es in *Rhetorica* 1407 b 3 und in *De Divinatione per somnium* 463 b 20. Als *par – impar* erscheint es bei HORAZ in *Satiren* II, 3, 248, in der pseudo-ovidischen Elegie *Nux* – »Der Nussbaum« – in Zeile 79 f. und bei SUETON in seiner Kaiserbiographie *Augustus* (71, 6). *Pair ou non* heißt eines der 217 Spiele in Kapitel 22 von FRANÇOIS RABELAIS' *La vie très horrifique du Grand Gargantua* (1534). – Als »Grad – Ungrad« findet es sich auf der im Jahre 1904 veröffentlichten Liste verbotener Spiele des K. u. k. Justizministeriums gemäß Art. III des Gesetzes vom 15. VI. 1901, St.G.Bl. Nr. 286, mit Verordnung vom 30. VI. 1904.

$n = 3$ Jetons kann man 1, 2 oder 3 Jetons greifen, also zwei ungerade Anzahlen und eine gerade. Also müssten sich, falls das Spiel fair sein soll, die Einsätze wie 2 : 1 bzw. wie 1 : $\frac{1}{2}$ = 1 : $(1 - \frac{1}{2})$ verhalten. Nach DE MAIRAN hat also derjenige, der auf »Ungerade« setzt, einen »Vorteil« von $\frac{1}{2}$. Bei $n = 5$ sind es drei ungerade Anzahlen (1, 3 und 5) und zwei gerade (2 und 4). Also müssten sich die Einsätze wie 3 : 2 = 1 : $\frac{2}{3}$ = 1 : $(1 - \frac{1}{3})$ verhalten. Das ist ein Vorteil von $\frac{1}{3}$. Ist allgemein $n = 2k - 1$, so kann man k ungerade, aber nur $k - 1$ gerade Anzahlen entnehmen. Die Einsätze müssten sich dann wie $k : (k - 1) = 1 : (1 - \frac{1}{k})$ verhalten. Dies ist ein Vorteil von $\frac{1}{k}$.[259] Da man aber nicht weiß, ob der Haufen eine gerade oder ungerade Anzahl von Jetons enthält, reduziert sich der Vorteil auf die Hälfte, also auf $\frac{1}{2k}$. Der Vorteil dessen, der auf »Ungerade« setzt, wird jedoch mit zunehmendem n immer geringer. Wir stellen fest: Weil n und damit k unbekannt sind, kann man das Verhältnis der Einsätze für ein faires Spiel nicht angeben. Man kann aber sagen, es lohnt sich, immer »Ungerade« zu sagen.

DE MAIRAN illustriert seine Überlegungen mittels zweier *totons*, d. h. zweier n-flächiger Drehwürfel[260], von denen einer eine gerade, der andere eine ungerade Anzahl von gleich großen Seitenflächen hat, auf denen die Zahlen 1 bis n stehen.

Wir bemerken: DE MAIRAN hätte statt der Drehwürfel eine Urne mit n von 1 bis n beschrifteten Kugeln nehmen können, aus der eine Kugel gezogen wird.

Gegen DE MAIRANs Lösung, so lesen wir in dem Artikel, seien mehrere Einwände vorgebracht worden, einer der gewichtigeren ist der folgende: Was für den Drehwürfel stimmt, stimmt nicht für den Haufen. Sei $n = 3$, dann kann man einen Jeton auf drei Arten auswählen, so dass es für »Ungerade« *vier* Fälle gibt. Zwei Jetons kann man auf drei Arten aus den drei Jetons auswählen. Also müssten sich die Einsätze wie 4 : 3 verhalten und nicht wie 2 : 1. DE MAIRAN lehnt diese (richtige) Lösung ab, da die drei Auswahlmöglichkeiten für einen Jeton bzw. für die zwei Jetons keine drei verschiedenen Ereignisse seien, weil er die Jetons für ununterscheidbar hält. DE MAIRAN übersieht aber, dass dabei die Gleichwahrscheinlichkeit verloren geht.

Lösung nach LOUIS BERTRAND (1786)

PIERRE SIMON DE LAPLACE löst 1774 die Aufgabe als Problem V viel zu kompliziert (Laplace 1774a) und wiederholt 1776 diesen Lösungsweg (Laplace 1776). Vielleicht wurde LOUIS BERTRAND durch diese Arbeiten zu seiner leichter verständlichen Lösung angeregt

12-flächiger Drehwürfel

---

[259] Der hier von DE MAIRAN verwendete Begriff *avantage*, den wir mit »Vorteil« übersetzen, entspricht nicht dem von MONTMORT und anderen verwendeten Begriff *avantage*. Bei diesen Schriftstellern ist *avantage* der Erwartungswert des Gewinns, falls jeder der beiden Partner 1 Münze einsetzt. Im obigen Fall $n = 2k - 1$ hat dieser *avantage* für den, der auf Ungerade setzt, den Wert $\frac{k}{2k-1} \cdot 1 + \frac{k-1}{2k-1} \cdot (-1) = \frac{1}{2k-1}$.

[260] Ein n-seitiges gerades reguläres Prismenstück mit seiner Symmetrieachse als Drehachse. Der Dreidel (von jiddisch *dreyen* = drehen) ist ein vierseitiger Drehwürfel, der während des jüdischen Hanukkah-Festes als Spielgerät verwendet wird.

(Bertrand 1786), die er 1786 an die Akademie der Wissenschaften zu Paris sandte, die aber nicht gedruckt wurde. CONDORCET, damals *Secrétaire perpétuel* der Akademie, bringt unter Verweis auf BERTRAND dessen Lösung in seinen *Élémens du calcul des probabilités* (postum 1805, S. 150 f.).[261]

Ergebnisraum Ω sei die Menge aller nicht-leeren Teilmengen aus $\{1, 2, ..., n\}$. Im Gegensatz zu DE MAIRAN setzt BERTRAND voraus, dass jede nicht-leere Teilmenge mit gleicher Wahrscheinlichkeit gezogen wird. Sei G = »Anzahl der entnommenen Jetons ist gerade« und U = »Anzahl der entnommenen Jetons ist ungerade«, dann ist offenbar $\Omega = G \cup U$, und es gilt

$$|\Omega| = \sum_{i=1}^{n}\binom{n}{i} = \sum_{i=0}^{n}\binom{n}{i} - 1 = (1+1)^n - 1 = 2^n - 1 = |G| + |U|.$$ Ferner ist

$$|G| - |U| = -\binom{n}{1} + \binom{n}{2} - \binom{n}{3} + \binom{n}{4} - ... + (-1)^n\binom{n}{n} =$$

$$= \binom{n}{0} - \binom{n}{1} + \binom{n}{2} - \binom{n}{3} + \binom{n}{4} - ... + (-1)^n\binom{n}{n} - 1 = (1-1)^n - 1 = -1.$$

Die ungeraden Zahlen sind um 1 mehr als die geraden, was kein Wunder ist: Die leere Menge fehlt, und 0 ist eine gerade Zahl!

Die Addition von $|G| + |U| = 2^n - 1$ und $|G| - |U| = -1$ liefert $2 \cdot |G| = 2^n - 2$, also $|G| = 2^{n-1} - 1$, und damit $|U| = 2^{n-1}$.

Es ist also immer $P(U) > P(G)$, sodass im Gegensatz zur Lösung DE MAIRANs derjenige, der auf »Ungerade« setzt, immer im Vorteil ist, auch wenn n gerade ist! Ferner gilt $\frac{P(U)}{P(G)} = \frac{2^{n-1}}{2^{n-1} - 1} = 1 : \left(1 - \frac{1}{2^{n-1}}\right)$. DE MAIRANs »Vorteil« hat also für einen Haufen von n

Jetons den Wert $\frac{1}{2^n - 1}$. Außerdem zeigt sich, dass, wie DE MAIRAN behauptet, $\frac{P(U)}{P(G)} \to 1$

für $n \to \infty$.

Ist zusätzlich zum gestellten Problem die Anzahl n der Jetons im Haufen bekannt, dann erhält man mit $P(G) = \frac{2^{n-1} - 1}{2^n - 1}$ und $P(U) = \frac{2^{n-1}}{2^n - 1}$ die Wahrscheinlichkeiten dafür, dass eine gerade bzw. eine ungerade Anzahl von Jetons gezogen wird.

1728 DE MAIRAN / *Histoire*: Zusatz zu »Pair ou Non«

Im obigen Artikel findet sich eine weitere Frage zum Spiel *Pair ou Non*:

> DE MAIRAN stellt eine einschränkende Bedingung und fragt: Wie groß ist der »Vorteil« für denjenigen, der auf »Ungerade« setzt, wenn derjenige, der die Jetons dem Haufen entnimmt, sagt, dass der Haufen höchstens m Jetons enthält? – Wir fragen zusätzlich: Wie groß ist jetzt die Wahrscheinlichkeit für »Ungerade«?

---

[261] Ebenso verfährt sein Schüler SYLVESTRE-FRANÇOIS LACROIX 1816 (Lacroix 1816). Auch LAPLACE bringt 1812 in seiner *Théorie Analytique des Probabilités* BERTRANDs Lösung, verschweigt aber dessen Urheberschaft (S. 201).

Lösung nach DE MAIRAN (1728)

DE MAIRAN beantwortet seine Frage beispielhaft für $m = 7$ und $m = 12$, wobei er annimmt, dass jeder Haufen mit $n = 1, 2, …, m$ Jetons mit gleicher Wahrscheinlichkeit vorkommt, aus dem jede Anzahl z von Jetons mit gleicher Wahrscheinlichkeit entnommen wird. Der mittlere Vorteil, also der Erwartungswert der Zufallsgröße Vorteil V, für denjenigen, der auf »Ungerade« setzt, ergibt sich nach DE MAIRANs obigen Überlegungen aus den folgenden Tabellen

$$m = 7$$

n	1	2	3	4	5	6	7
v	$\frac{1}{1}$	0	$\frac{1}{2}$	0	$\frac{1}{3}$	0	$\frac{1}{4}$
$W_V(v)$	$\frac{1}{7}$	$\frac{1}{7}$	$\frac{1}{7}$	$\frac{1}{7}$	$\frac{1}{7}$	$\frac{1}{7}$	$\frac{1}{7}$

$$m = 12$$

n	1	2	3	4	5	6	7	8	9	10	11	12
v	$\frac{1}{1}$	0	$\frac{1}{2}$	0	$\frac{1}{3}$	0	$\frac{1}{4}$	0	$\frac{1}{5}$	0	$\frac{1}{6}$	0
$W_V(v)$	$\frac{1}{12}$	$\frac{1}{12}$	$\frac{1}{12}$	$\frac{1}{12}$	$\frac{1}{12}$	$\frac{1}{12}$	$\frac{1}{12}$	$\frac{1}{12}$	$\frac{1}{12}$	$\frac{1}{12}$	$\frac{1}{12}$	$\frac{1}{12}$

Als mittleren Vorteil $E_m(V)$ erhält man für $m = 7$ bzw. $m = 12$

$$E_7(V) = \frac{1}{7}\left(\frac{1}{1} + \frac{1}{2} + \frac{1}{3} + \frac{1}{4}\right) = \frac{25}{84}\ [= 0{,}297…] \approx \frac{1}{3}\ \text{bzw.}$$

$$E_{12}(V) = \frac{1}{12}\left(\frac{1}{1} + \frac{1}{2} + \frac{1}{3} + \frac{1}{4} + \frac{1}{5} + \frac{1}{6}\right) = \frac{147}{720}\ [= 0{,}204…] \approx \frac{1}{5}.$$

Diese von DE MAIRAN angegebenen Brüche sind aus denselben Gründen wie beim ursprünglichen Problem falsch. Interessanterweise ist es bei dieser Variante aber immer von Vorteil, auf »Ungerade« zu setzen.

DE MAIRAN bemerkt ferner, dass der Vorteil mit wachsendem m abnimmt, und zwar nicht nur, weil der Nenner größer wird, sondern weil auch die Anzahlen gerader und ungerader Haufen sich immer mehr angleichen.

Allgemein lässt sich DE MAIRANs Bemerkung wie folgt beweisen:

$$1)\ m = 2k:\ E_m(V) - E_{m-1}(V) = \frac{1}{2k}\sum_{i=1}^{k}\frac{1}{i} - \frac{1}{2k-1}\sum_{i=1}^{k}\frac{1}{i} = \frac{-1}{(2k-1)\cdot 2k}\sum_{i=1}^{k}\frac{1}{i} < 0$$

$$2)\ m = 2k+1:\ E_m(V) - E_{m-1}(V) = \frac{1}{2k+1}\sum_{i=1}^{k+1}\frac{1}{i} - \frac{1}{2k}\sum_{i=1}^{k}\frac{1}{i} = -\frac{1+k+2k^2}{2k(2k+1)(k+1)}\sum_{i=1}^{k}\frac{1}{i} < 0$$

$E_m(V)$ fällt also echt monoton.

Für großes m ist die Berechnung der in der Klammer stehenden Partialsumme der harmonischen Reihe mühsam. Eine sehr gute Näherung dafür ist $\sum_{i=1}^{k}\frac{1}{i} \approx \ln k + \gamma$ mit

$\gamma \approx 0{,}5772156649$ (EULER-MASCHERONI-Konstante). Für die doch sehr kleinen Werte $m = 7$ bzw. 12 erhält man $E_7(V) \approx \frac{1}{7}\left(\ln 4 + 0{,}57721\right) = 0{,}2087…$ bzw.

$E_{12}(V) \approx \frac{1}{12}\left(\ln 6 + 0{,}57721\right) = 0{,}1974…$

Verwenden wir den nach BERTRAND gefundenen Wert für den »Vorteil«, wobei aber vorausgesetzt wird, dass jede nicht-leere Teilmenge von Jetons mit gleicher Wahrscheinlichkeit gegriffen wird, dann erhält man für beliebiges m die nebenstehende Tabelle.

n	1	2	3	4	…	m
v	$\frac{1}{1}$	$\frac{1}{2}$	$\frac{1}{2^2}$	$\frac{1}{2^3}$	…	$\frac{1}{2^{m-1}}$
$W_V(v)$	$\frac{1}{m}$	$\frac{1}{m}$	$\frac{1}{m}$	$\frac{1}{m}$	…	$\frac{1}{m}$

Als mittlerer Vorteil im Sinne DE MAIRANs ergibt sich dann

$$E_m(V) = \frac{1}{m}\left(\frac{1}{1} + \frac{1}{2} + \frac{1}{2^2} + \frac{1}{2^3} + \dots + \frac{1}{2^{m-1}}\right) =$$

$$= \frac{1}{m} \cdot \frac{1 - \left(\frac{1}{2}\right)^{m+1}}{1 - \frac{1}{2}} = \frac{2^{m+1} - 1}{m \cdot \left(2^{m+1} - 2^m\right)} = \frac{2^{m+1} - 1}{2^m \cdot m}.$$

Für $m = 7$ erhält man $E_7(V) = \dfrac{2^8 - 1}{2^7 \cdot 7} = \dfrac{256 - 1}{128 \cdot 7} = \dfrac{255}{896} = 0{,}284\dots$,

und für $m = 12$ ergibt sich $E_{12}(V) = \dfrac{2^{13} - 1}{2^{12} \cdot 12} = \dfrac{8192 - 1}{4096 \cdot 12} = \dfrac{8191}{49152} = 0{,}166\dots$

Auch hier zeigt sich nach einfacher Rechnung, dass $E_m(V)$ mit wachsendem m monoton fällt:

$$E_m(V) - E_{m-1}(V) = \frac{2^{m+1} - 1}{2^m \cdot m} - \frac{2^m - 1}{2^{m-1} \cdot (m-1)} = \frac{m + 1 - 2^{m+1}}{2^m \cdot (m-1)m} < 0 \text{ für } m > 1.$$

Beantwortung unserer Zusatzfrage. Mit Hilfe der Ergebnisse von BERTRAND lässt sich die Wahrscheinlichkeit berechnen, mit der eine ungerade Anzahl von Jetons gegriffen wird. Mit der Formel von der totalen Wahrscheinlichkeit ergibt sich unter Verwendung der Abkürzung $H = n$ für das Ereignis »Der Haufen enthält n Jetons«

$$P(U) = \sum_{n=1}^{m} P(H = n) \cdot P_{H=n}(U) = \sum_{n=1}^{m} \frac{1}{m} \cdot \frac{2^{n-1}}{2^n - 1} = \frac{1}{m} \sum_{n=1}^{m} \frac{2^{n-1}}{2^n - 1} = \frac{1}{m} \sum_{n=1}^{m} \frac{1}{2 - \frac{1}{2^{n-1}}} > \frac{1}{m} \sum_{n=1}^{m} \frac{1}{2} = \frac{1}{2}.$$

Es lohnt sich also, auf »Ungerade« zu setzen.

Für $m = 7$ ergibt sich

$$P(U) = \frac{1}{7} \cdot \left(\frac{1}{1} + \frac{2}{3} + \frac{4}{7} + \frac{8}{16} + \frac{16}{31} + \frac{32}{63} + \frac{64}{127}\right) = \frac{5331961}{8681085} = 61{,}4\,\%.$$

Für $m = 12$ ergibt sich

$$P(U) = \frac{1}{12} \cdot \left(\frac{1}{1} + \frac{2}{3} + \frac{4}{7} + \frac{8}{16} + \frac{16}{31} + \frac{32}{63} + \frac{64}{127} + \frac{128}{255} + \frac{256}{511} + \frac{512}{1023} + \frac{1024}{2047} + \frac{2048}{4095}\right)$$

$$= \frac{1021633773572267}{1802028359951820} = 56{,}7\,\%.$$

Lösung nach LAPLACE (1812)

Im Anschluss an die Wiedergabe des Beweises von BERTRAND für das eigentliche *Pair ou Non* löst PIERRE SIMON DE LAPLACE in seiner *Théorie Analytique des Probabilités* die Zusatzfrage DE MAIRANs. Dabei verwendet er nicht die Formel von der totalen Wahrscheinlichkeit, sondern geht einen anderen Weg.

DE MAIRAN setzte voraus, dass alle Haufen gleichwahrscheinlich sind und dass innerhalb eines Haufens alle nicht-leeren Teilmengen von Jetons mit gleicher Wahrscheinlichkeit gegriffen werden können. Im Gegensatz dazu nimmt LAPLACE an, dass alle Teilmengen von Jetons mit gleicher Wahrscheinlichkeit gegriffen werden können, ohne die unterschiedlich großen Haufen ins Spiel zu bringen. Wie oben gezeigt, ist die Anzahl der ungeraden Teilmengen aus einer n-Menge gleich 2^{n-1}, die der nicht-leeren geraden Teilmengen gleich $2^{n-1} - 1$. Damit erhält LAPLACE für die Anzahl aller ungeraden Teilmengen, die allen m Haufen entnommen

werden können, $\displaystyle\sum_{n=1}^{m} 2^{n-1} = 2^m - 1$, für die Anzahl aller nicht-leeren geraden Teilmengen ent-

sprechend $\displaystyle\sum_{n=1}^{m} (2^{n-1} - 1) = \sum_{n=0}^{m} 2^{n-1} - 1 - \sum_{n=1}^{m} 1 = 2^m - 1 - m$. Damit ist die Anzahl aller mögliche Fälle $2^m - 1 + 2^m - 1 - m = 2^{m+1} - m - 2$, sodass $P(U) = \dfrac{2^m - 1}{2^{m+1} - m - 2}$ und $P(G) =$

$\dfrac{2^m - m - 1}{2^{m+1} - m - 2}$, also auch hier $P(U) > P(G)$.

Für $m = 7$ ergibt sich nach LAPLACE $P(U) = \dfrac{2^7 - 1}{2^8 - 7 - 2} = \dfrac{127}{247} = 51{,}4 \%$ und für $m = 12$ der

Wert $P(U) = \dfrac{2^{12} - 1}{2^{13} - 12 - 2} = \dfrac{4095}{8178} = 50{,}1 \%$. Die Werte sind von den oben gefundenen verschieden, was nicht überraschen sollte, weil die Zufallsexperimente verschieden sind.

Kritisch ist anzumerken, dass LAPLACEns Annahme nicht sehr realistisch ist. Ihr zufolge ist nämlich eine 1-Teilmenge genauso wahrscheinlich wie die m-Teilmenge, obwohl eine 1-Teilmenge aus jedem der m Haufen genommen werden kann, wohingegen die m-Teilmenge nur aus dem Haufen gegriffen werden kann, der m Jetons enthält.

Der Grund für die Diskrepanz liegt darin, dass die Zufallsexperimente nicht präzise beschrieben sind. Es fehlt nämlich die Angabe, wie der Haufen, in den man greift, entsteht. Bei DE MAIRAN wird die Größe des Haufens z. B. dadurch bestimmt, dass man aus einer Urne, die die Zahlen 1 bis m enthält, eine Zahl zieht. Alle Haufen sind damit gleichwahrscheinlich. Man könnte aber den Haufen auch auf eine andere Art erzeugen, z. B. dadurch, dass man aus einer Urne mit m Jetons der Reihe nach alle Jetons zieht und bei jedem Zug durch einen Münzwurf entscheidet, ob der Jeton zum Haufen gehören soll oder nicht. Das ergibt natürlich eine ganz andere Wahrscheinlichkeit für die einzelnen Haufen. Der Phantasie, die Haufen zu erzeugen, sind keine Grenzen gesetzt!

Ein zum Vorgehen von LAPLACE passendes Zufallsexperiment könnte folgendermaßen ablaufen: Zunächst ordnet man jeder der Zahlen $n \in \{1, 2, \dots , m\}$ eine Farbe zu. Dann bildet man von jedem der m Haufen die Menge aller nicht-leeren Teilmengen in der entsprechenden Farbe – das sind $2^n - 1$ Teilmengen pro Farbe n – und legt alle diese Teilmengen auf den Tisch. Dann greift man sich auf gut Glück eine Teilmenge und bestimmt deren Mächtigkeit. Jetzt hat jede Teilmenge die gleiche Wahrscheinlichkeit gegriffen zu werden, egal, aus welchem Haufen sie stammt.

Ausblick: *Pair ou Non* beim Morra

Die Frage »Gerade oder Ungerade« kann man bei so manch anderen Spielen stellen, bei denen Anzahlen eine Rolle spielen (Roulette, Würfelspiele). Beim uralten Morraspiel, das heute noch gespielt wird, (siehe Seite 7) wird für Kinder die Frage nach der Fingersumme auf *gerade – ungerade* reduziert. Jeder Spieler muss mindestens einen Finger ausstrecken, sodass die kleinste Summe den Wert 2 hat. Wir betrachten drei Varianten – ob diese gespielt werden, wissen wir nicht.

$$
\begin{array}{l}
\tfrac{2}{5}\, g \left\{ \begin{array}{l} \tfrac{2}{5}\, g\ G\ \tfrac{4}{25} \\[4pt] \tfrac{3}{5}\, u\ U\ \tfrac{6}{25} \end{array} \right. \\[16pt]
\tfrac{3}{5}\, u \left\{ \begin{array}{l} \tfrac{2}{5}\, g\ U\ \tfrac{6}{25} \\[4pt] \tfrac{3}{5}\, u\ G\ \tfrac{9}{25} \end{array} \right.
\end{array}
$$

1. Variante. Jeder Spieler schnellt eine Hand vor und streckt mindestens einen Finger aus, wobei jede Anzahl von Fingern mit gleicher Wahrscheinlichkeit ausgestreckt wird. Ist es dann günstiger, darauf zu setzen, dass die Summe der ausgestreckten Finger ungerade ist? Es gibt zwei Möglichkeiten, mit einer Hand eine gerade Anzahl von Fingern zu zeigen (g), und drei Möglichkeiten für eine ungerade Anzahl (u). Mit $G = $»Summe der ausgestreckten Finger ist gerade« und $U = $»Summe der aus-

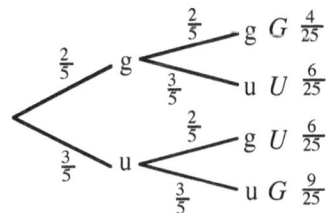

gestreckten Finger ist ungerade« liefert ein Baum die Antwort. Man zeichnet zuerst die Ergebnisse für die Hand des einen Spielers, dann die für die des anderen. So findet man $P(G) = \frac{13}{25} > \frac{1}{2}$. Es ist also günstiger, auf »Gerade« zu setzen.

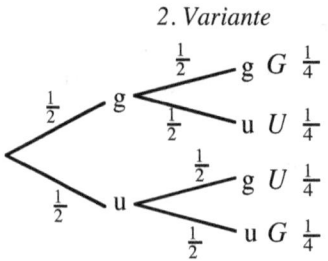

2. *Variante*

$$\frac{1}{2} \diagdown g \begin{cases} \frac{1}{2} & g\ G\ \frac{1}{4} \\ \frac{1}{2} & u\ U\ \frac{1}{4} \end{cases}$$

$$\frac{1}{2} \diagdown u \begin{cases} \frac{1}{2} & g\ U\ \frac{1}{4} \\ \frac{1}{2} & u\ G\ \frac{1}{4} \end{cases}$$

3. *Variante*

$$\frac{2}{5}\ g \begin{cases} \frac{2}{5}\ g \begin{cases} \frac{2}{5} & g\ G\ \frac{8}{125} \\ \frac{3}{5} & u\ U\ \frac{12}{125} \end{cases} \\ \frac{3}{5}\ u \begin{cases} \frac{2}{5} & g\ U\ \frac{12}{125} \\ \frac{3}{5} & u\ G\ \frac{18}{125} \end{cases} \end{cases}$$

$$\frac{3}{5}\ u \begin{cases} \frac{2}{5}\ g \begin{cases} \frac{2}{5} & g\ U\ \frac{12}{125} \\ \frac{3}{5} & u\ G\ \frac{18}{125} \end{cases} \\ \frac{3}{5}\ u \begin{cases} \frac{2}{5} & g\ G\ \frac{18}{125} \\ \frac{3}{5} & u\ U\ \frac{27}{125} \end{cases} \end{cases}$$

2. *Variante*. Jeder Spieler schnellt zwei Hände vor. Hier ergibt sich $P(G) = \frac{1}{2}$.
»Gerade« und »Ungerade« sind gleich günstig.

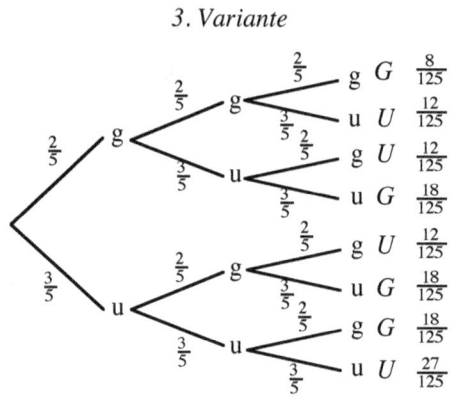

3. *Variante*. Es gibt drei Spieler, und jeder Spieler schnellt genau eine Hand vor. Hier liefert der Baum $P(U) = \frac{63}{125} > \frac{1}{2}$. Es ist somit günstiger, auf »Ungerade« zu setzen.

1736 'S GRAVESANDE / *Introductio*: Augensummen

WILLEM JACOB STORM VAN 'S GRAVESANDE widmet die Kapitel XVII und XVIII im ersten Teil des zweiten Buchs seiner *Introductio ad Philosophiam* der Behandlung der Wahrscheinlichkeit. Anhand von Fragen, die er in den Nummern 632 und 634 behandelt, erklärt er sein Vorgehen.

Mit welcher Wahrscheinlichkeit kann man mit zwei Würfeln
a) beim ersten Wurf die Augensumme 8,   **b)** beim zweiten Wurf die Augensumme 9,
c) beim ersten Wurf die Augensumme 8 oder beim zweiten Wurf die Augensumme 9 erzielen?[262]

Lösung nach 'S GRAVESANDE (1736)

a) $P(A) = P(»\text{Mit zwei Würfeln beim ersten Wurf } 8«) = \dfrac{5}{36}$

b) $P(B) = P(»\text{Mit zwei Würfeln beim zweiten Wurf } 9«) = \dfrac{4}{36} = \dfrac{1}{9}$

c) Hier ist $P(A \cup B)$ zu berechnen. Im Gegensatz zu dem heutzutage üblichen Vorgehen, die Formel von SYLVESTER anzuwenden, nämlich

$$P(A \cup B) = P(A) + P(B) - P(A \cap B) = \frac{5}{36} + \frac{4}{36} - \frac{5}{36} \cdot \frac{4}{36} = \frac{19}{81},$$

argumentiert 'S GRAVESANDE folgendermaßen:

---

[262] Hinsichtlich dieses Aufgabentyps bemerkt 'S GRAVESANDE: Diejenigen, die in der Arithmetik nicht ausreichend bewandert sind, können Kapitel XVIII (*De Probabilitate composita*) überspringen.

Die Wahrscheinlichkeit, beim ersten Wurf 8 oder beim zweiten Wurf 9 zu erzielen, ist gleich der Wahrscheinlichkeit, beim ersten Wurf 8 zu erzielen, vermehrt um die Wahrscheinlichkeit, beim ersten Wurf keine 8, aber beim zweiten Wurf eine 9 zu erzielen. 'S GRAVESANDE zerlegt also $A \cup B$ in die zwei disjunkten Teilmengen A und $\bar{A} \cap B$. Unter der stillschweigenden Annahme der Unabhängigkeit von A und B berechnet er die Wahrscheinlichkeit eines ODER-Ereignisses gemäß $P(A \cup B) = P(A) + P(\bar{A} \cap B) = P(A) + P(\bar{A}) \cdot P(B)$

Damit erhält er $P(A \cup B) = \dfrac{5}{36} + (1 - \dfrac{5}{36}) \cdot \dfrac{1}{9}$

$= \dfrac{5}{36} + \dfrac{31}{36} \cdot \dfrac{1}{9} = \dfrac{45 + 31}{324} = \dfrac{19}{81}$.

Die Richtigkeit von 'S GRAVESANDEs Formel lässt sich leicht anhand einer Vierfeldertafel zeigen.

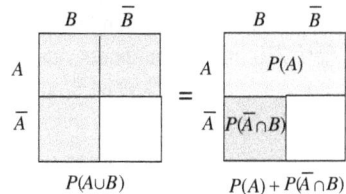

1736 'S GRAVESANDE / *Introductio*: Nationen

WILLEM JACOB STORM VAN 'S GRAVESANDE widmet die Kapitel XVII und XVIII im ersten Teil des zweiten Buchs seiner *Introductio ad Philosophiam* der Behandlung der Wahrscheinlichkeit. In den Nummern 592, 594, 631 und 640 behandelt er folgende Aufgaben.

> Auf einem Schiff befinden sich 84 Belgier, zwölf Engländer und vier Deutsche.
> **a)** Ein Mann verlässt das Schiff. Wie wahrscheinlich ist es, dass er
> **1)** Belgier,   **2)** Deutscher,   **3)** Belgier oder Deutscher ist.
> **b)** Zwei Mann verlassen das Schiff. Mit welcher Wahrscheinlichkeit ist der eine oder der andere Belgier?

Lösung nach 'S GRAVESANDE (1736)

a) B = »Mann ist Belgier«, D = »Mann ist Deutscher«

  1) $P(B) = \dfrac{21}{25}$ **2)** $P(D) = \dfrac{1}{25}$

  3) 1. Art: $P(B \cup D) = \dfrac{88}{100} = \dfrac{22}{25}$;   2. Art: $P(B \cup D) = P(B) + P(D) = \dfrac{21}{25} + \dfrac{1}{25} = \dfrac{22}{25}$.

b) A = »Der Erste ist Belgier«, B = »Der Zweite ist Belgier«

'S GRAVESANDE wendet zur Berechnung von $P(A \cup B)$ seine oben vorgestellte Formel an. Er überlegt: Die Wahrscheinlichkeit, dass mindestens einer Belgier ist, ist die Wahrscheinlichkeit, dass der Erste Belgier ist, vermehrt um die Wahrscheinlichkeit, dass der Erste kein Belgier, aber der Zweite Belgier ist, also

$\dfrac{84}{100} + (1 - \dfrac{84}{100}) \cdot \dfrac{84}{99} = \dfrac{84}{100} + \dfrac{16}{100} \cdot \dfrac{84}{99} = \dfrac{161}{165}$.

1736 'S GRAVESANDE / *Introductio*: Ist Sempronius tot?

WILLEM JACOB STORM VAN 'S GRAVESANDE lässt in Nummer 654 von Kapitel XVIII im ersten Teil des zweiten Buchs seiner *Introductio ad Philosophiam* Sempronius viel erleben:

> Sempronius gesellt sich zu neun Leuten, die anheuern wollen. Tatsächlich gehen aber nur sieben auf große Fahrt. Von den 200 Mann, die sich schließlich an Bord befinden, werden 150 abkommandiert, 250 andere bei einem Kampf zu unterstützen. Bis auf dreißig kommen dabei alle um. Mit welcher Wahrscheinlichkeit ist Sempronius unter den Toten?

Lösung nach 'S GRAVESANDE (1736)

'S GRAVESANDE betrachtet die Ereignisse
S = »Sempronius ist auf dem Schiff«,
K = »Sempronius nimmt am Kampf teil« und
T = »Sempronius ist unter den Getöteten«

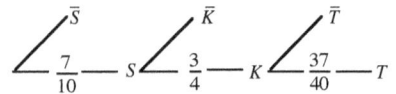

$$\overline{S} \quad\quad \overline{K} \quad\quad \overline{T}$$
$$\angle \frac{7}{10} - S \angle \frac{3}{4} - K \angle \frac{37}{40} - T$$

und bestimmt die Wahrscheinlichkeit von $P(S{\cap}K{\cap}T)$ mittels der 1. Pfadregel aus $P(S) = \frac{7}{10}$

und den bedingten Wahrscheinlichkeiten $P_S(K) = \frac{3}{4}$ und $P_{S{\cap}K}(T) = \frac{37}{40}$ zu $P(S{\cap}K{\cap}T) =$

$$P(S) \cdot P_S(K) \cdot P_{S{\cap}K}(T) = \frac{7}{10} \cdot \frac{3}{4} \cdot \frac{37}{40} = \frac{777}{1600} = 48{,}56 \ \%, \text{ was 'S GRAVESANDE sehr genau durch}$$

$\frac{17}{35}$ [= 48,57 %] abschätzt. Der Unterschied zum wahren Wert ist lediglich $\frac{1}{11\,200}$!

Begründung für $P(S) = \frac{7}{10}$

Für die insgesamt zehn Anheuernden liegen zehn Kugeln in einer Urne; eine davon ist mit S beschriftet. Es werden sieben Kugeln gezogen, von denen eine die S-Kugel ist. Für die Wahrscheinlichkeit $P(S)$ gilt dann

$$P(S) = \frac{\binom{9}{6}\binom{1}{1}}{\binom{10}{7}} = \frac{7}{10} \ .$$

Direkt erkennt man, dass $P(S) = \frac{7}{10}$ ist, folgendermaßen. Es gibt zehn Plätze, darunter sind sieben gute und drei schlechte. Sempronius muss auf einen der guten Plätze gelangen; die Wahrscheinlichkeit dafür ist $\frac{7}{10}$, weil er auf jeden Platz mit gleicher Wahrscheinlichkeit gelangen kann.

2. Hälfte des 18. Jahrhunderts

1756 DE MOIVRE / *Appendix*: Vorsicht bei ODER

Etwa ein Jahr vor seinem Tode plante der fast erblindete ABRAHAM DE MOIVRE die dritte Auflage seiner *The Doctrine of Chances*, an deren Ende in einem *Appendix* mehrere nützliche Artikel veröffentlicht werden sollten. So geschah es dann 1756. In N°. V, *Some Useful Cautions*, schreibt DE MOIVRE, zu den häufigsten Fehlern in der Wahrscheinlichkeitsrechnung zähle, dass man einem Ereignis weniger oder mehr Chancen gebe als es tatsächlich habe. Zur Illustration bringt er drei Beispiele, deren erstes wie folgt lautet.

> Gegeben sind zwei Kartenstapel mit je drei Karten, nämlich König, Dame und Bube. Beim ersten Stapel sind es Herzkarten, beim zweiten Karo. Man zieht aus jedem Stapel je eine Karte und erhält
> **a)** einen Geldbetrag S, wenn man mindestens einen König zieht,
> **b)** für jeden gezogenen König den Betrag S.
> Auf welchen Betrag kann man jeweils hoffen?

Lösung nach DE MOIVRE (1756)

Im Fall **a** könnte man, so schreibt DE MOIVRE, wie folgt argumentieren: Mit der Wahrscheinlichkeit $\frac{1}{3}$ zieht man den Herzkönig und erhält $\frac{1}{3}S$. Mit der gleichen Wahrscheinlichkeit $\frac{1}{3}$ zieht man den Karokönig und erhält wieder $\frac{1}{3}S$. Insgesamt kann man also auf $\frac{2}{3}S$ hoffen. Diese Überlegung ist aber falsch. Mir wurde nämlich nicht versprochen, dass ich $2S$ erhalte, wenn ich beide Könige ziehe, sondern auch nur S. Also müssen wir wie folgt überlegen: Die Wahrscheinlichkeit, den Herzkönig zu ziehen, ist $\frac{1}{3}$; die Wahrscheinlichkeit, den Karokönig nicht zu ziehen, ist $\frac{2}{3}$. Also ist die Wahrscheinlichkeit, den Herzkönig, aber nicht den Karokönig zu ziehen $\frac{1}{3} \cdot \frac{2}{3} = \frac{2}{9}$. (Hier setzt DE MOIVRE stillschweigend voraus, dass diese beiden Ereignisse unabhängig sind.) Analog ist die Wahrscheinlichkeit, den Karokönig, aber nicht den Herzkönig zu ziehen, wieder $\frac{2}{9}$. In jedem der beiden Fälle kann ich also $\frac{2}{9}S$ erwarten. Außerdem habe ich noch die Chance, beide Könige zu ziehen, und zwar mit der Wahrscheinlichkeit $\frac{1}{3} \cdot \frac{1}{3} = \frac{1}{9}$. Also kann ich im Fall **a** auf $\frac{2}{9}S + \frac{2}{9}S + \frac{1}{9}S = \frac{5}{9}S$ hoffen, was weniger als $\frac{2}{3}S$ ist.

Im Anschluss zeigt DE MOIVRE, dass dem Problem der Summensatz für Wahrscheinlichkeiten unabhängiger Ereignisse zugrunde liegt, nämlich

$$P(A \cup B) = P(A) + P(B) - P(A \cap B) = P(A) + P(B) - P(A) \cdot P(B).$$

Er liefert $\frac{1}{3} + \frac{1}{3} - \frac{1}{9} = \frac{5}{9}$, also den obigen Wert. DE MOIVRE bringt sogar noch die Formel für drei unabhängige Ereignisse, also

$$P(A \cup B \cup C) = P(A) + P(B) + P(C) - P(A \cap B) - P(A \cap C) - P(B \cap C) + P(A \cap B \cap C)$$
$$= P(A) + P(B) + P(C) - P(A) \cdot P(B) - P(A) \cdot P(C) - P(B) \cdot P(C) + P(A) \cdot P(B) \cdot P(C)$$

und sagt, man könne so beliebig lange fortfahren, was auf die Formel von SYLVESTER für unabhängige Ereignisse führt.

Im Fall **b** kann ich, so DE MOIVRE, auf $\frac{2}{9}S$ hoffen, wenn ich beide Könige ziehe, kann also insgesamt $\frac{2}{9}S + \frac{2}{9}S + \frac{2}{9}S = \frac{6}{9}S = \frac{2}{3}S$ erwarten.

Bemerkung. Heute würde man zur Lösung von Fall **b** den Erwartungswert der Auszahlung A bestimmen. Aus der nebenstehenden Tabelle ergibt sich $E(A) = \frac{4}{9} \cdot 1S + \frac{1}{9} \cdot 2S = \frac{2}{3}S$.

a	0	$1S$	$2S$
$W_A(a)$	$\frac{4}{9}$	$\frac{4}{9}$	$\frac{1}{9}$

Das **zweite Beispiel**, das DE MOIVRE bringt, ist anspruchsvoller.

> Ein Mann wirft einen Würfel sechsmal und erhält den Betrag S
> **a)** jedes Mal, wenn er eine Eins wirft,   **b)** wenn er mindestens einmal eine Eins wirft.
> Auf welchen Betrag kann er jeweils hoffen?

Lösung nach DE MOIVRE (1756)

Im Fall **a** kann er bei jedem Wurf unabhängig von den anderen Würfen den Betrag S mit der Wahrscheinlichkeit $\frac{1}{6}$ erhalten, insgesamt kann er also auf $6 \cdot \frac{1}{6}S = S$ hoffen.

Den Fall **b** löst DE MOIVRE auf zwei Arten. Bei der ersten Art zerlegt er das Ereignis »Mindestens einmal die Eins« in die disjunkten Teilereignisse »Die Eins fällt erstmals beim i-ten Wurf«, $i = 1, 2, \ldots, 6$; deren Wahrscheinlichkeit ist $\left(\frac{5}{6}\right)^{i-1} \cdot \frac{1}{6}$. Damit kann der Spieler den Betrag $\frac{1}{6}S + \frac{5}{6} \cdot \frac{1}{6}S + \left(\frac{5}{6}\right)^2 \cdot \frac{1}{6}S + \left(\frac{5}{6}\right)^3 \cdot \frac{1}{6}S + \left(\frac{5}{6}\right)^4 \cdot \frac{1}{6}S + \left(\frac{5}{6}\right)^5 \cdot \frac{1}{6}S = \frac{31031}{46656}S \approx \frac{2}{3}S$ erwarten.

Bei der zweiten Art betrachtet DE MOIVRE das Gegenereignis »Bei keinem Wurf eine Eins« mit der Wahrscheinlichkeit $\left(\frac{5}{6}\right)^6 = \frac{15625}{46656}$. Das gesuchte Ereignis hat dann die Wahrscheinlichkeit $1 - \frac{15625}{46656} = \frac{31031}{46656}$. Also kann der Spieler $\frac{31031}{46656}S \approx \frac{2}{3}S$ erwarten.

Bemerkung: DE MOIVRE kannte den Begriff der Zufallsgröße noch nicht. Im Fall **b** erhält man unter Verwendung der Zufallsgröße A = »Auszahlung« mit der nebenstehenden Wahrscheinlichkeitsverteilung den Erwartungswert $E(A) =$

a	0	S
$W_A(a)$	$\left(\frac{5}{6}\right)^6$	$1 - \left(\frac{5}{6}\right)^6$

$\left(\frac{5}{6}\right)^6 \cdot 0 + \left(1 - \left(\frac{5}{6}\right)^6\right) \cdot S \approx \frac{2}{3}S$, den auch DE MOIVRE angibt.

Im Fall **a** gestaltet sich die Lösung jedoch wesentlich umständlicher als bei DE MOIVRE, wenn man die Zufallsgröße A = »Auszahlung« verwendet, die in diesem Fall die folgende Wahrscheinlichkeitsverteilung besitzt:

a	0	S	$2S$	$3S$	$4S$	$5S$	$6S$
$W_A(a)$	$\binom{6}{0}\left(\frac{5}{6}\right)^6\left(\frac{1}{6}\right)^0$	$\binom{6}{1}\left(\frac{5}{6}\right)^5\left(\frac{1}{6}\right)^1$	$\binom{6}{2}\left(\frac{5}{6}\right)^4\left(\frac{1}{6}\right)^2$	$\binom{6}{3}\left(\frac{5}{6}\right)^3\left(\frac{1}{6}\right)^3$	$\binom{6}{4}\left(\frac{5}{6}\right)^2\left(\frac{1}{6}\right)^4$	$\binom{6}{5}\left(\frac{5}{6}\right)^1\left(\frac{1}{6}\right)^5$	$\binom{6}{6}\left(\frac{5}{6}\right)^0\left(\frac{1}{6}\right)^6$

Für den Erwartungswert $E(A)$ der Auszahlung A erhält man damit

$$E(A) = \sum_{i=0}^{6} iS \cdot \binom{6}{i} \cdot \left(\frac{5}{6}\right)^{6-i} \cdot \left(\frac{1}{6}\right)^i = \frac{1 \cdot 5^5 \cdot 6 + 2 \cdot 5^4 \cdot 15 + 3 \cdot 5^3 \cdot 20 + 4 \cdot 5^2 \cdot 15 + 6 \cdot 5 \cdot 5 + 6 \cdot 1}{6^6} S = S.$$

Bemerkung

• Fall **a** des zweiten Beispiels und Fall **b** des ersten Beispiels sind Konkretisierungen der allgemeinen Aufgabe:

Ein Mann führt ein Bernoulli-Experiment n-mal aus und erhält den Betrag S jedes Mal, wenn er einen Treffer erzielt, der mit der Wahrscheinlichkeit p eintritt.

Für diese Bernoullikette gilt: Die Zufallsgröße »Anzahl der Treffer« ist biomialverteilt. Ihr Erwartungswert ist np. Damit ist der Erwartungswert $E(A)$ der Auszahlung npS.

1. Beispiel, Fall **b**: $n = 2, p = \frac{1}{3}, E(A) = 2 \cdot E(A) \cdot S = \frac{2}{3}S$.

2. Beispiel, Fall **a**: $n = 6, p = \frac{1}{6}, E(A) = 6 \cdot \frac{1}{6} \cdot S = S$.

• Fall **b** des zweiten Beispiels und Fall **a** des ersten Beispiels sind Konkretisierungen der allgemeinen Aufgabe:

Ein Mann führt ein Bernoulli-Experiment n-mal aus und erhält den Betrag S, wenn er mindestens einen Treffer erzielt, der mit der Wahrscheinlichkeit p eintritt.

Mit Hilfe des Gegenereignisses erhält man für den Erwartungswert $E(A)$ der Auszahlung den Ausdruck $\left(1 - q^n\right)S$.

1. Beispiel, Fall **a**: $n = 2, p = E(A), E(A) = \left(1 - \left(\frac{2}{3}\right)^2\right)S = \frac{5}{9}S$.

2. Beispiel, Fall **b**: $n = 6, p = \frac{1}{6}, E(A) = \left(1 - \left(\frac{5}{6}\right)^6\right)S = \frac{2}{3}S$.

1764 PRICE / *An Essay*: Sonnenaufgang

1736 führt der anglikanische Bischof JOSEPH BUTLER in der *Introduction* seiner *The Analogy of Religion* auf Seite I aus, dass die Beobachtung eines Ereignisses über Tage, Monate, ja Jahrhunderte hinweg, wie es die Menschheit getan hat, uns volle Sicherheit liefert, dass es wieder eintreten wird. Auf Seite IV schließt er daraus, dass niemand in Frage stellen könne, ob die Sonne morgen wieder aufgehen werde, und zwar sogar dort, wo sie immer schon aufgegangen ist, und auch wieder als kreisförmige Scheibe und nicht als Quadrat. DAVID HUME, der BUTLER sehr geschätzt hat, greift das Beispiel des Sonnenaufgangs 1739 in seinem *A Treatise of Human Nature* auf, bringt dabei aber seine grundsätzliche Skepsis in Bezug auf die Erfahrung zum Ausdruck: »Derjenige würde lächerlich erscheinen, der etwa sagen würde, es sei nur wahrscheinlich, dass die Sonne morgen aufgehen werde, oder dass alle Menschen sterben müssen, obgleich einleuchtet, dass wir von diesen Tatsachen keine weitere Gewissheit haben als diejenige, die uns die Erfahrung gibt.« 1748 greift er dieses Bild vom Sonnenaufgang in seinen *Philosophical Essays concerning Human Understanding* nochmals auf: Im Gegensatz zu einem mathematischen Satz, der logisch sicher und damit sein Gegenteil falsch ist, ist

> »das Gegenteil eines jeden geschehenen Dinges allzeit möglich, weil es niemals einen Widerspruch in sich schließt [...]. Dass die Sonne morgens nicht aufgehen werde, ist ein nicht weniger verständlicher Satz und schließt nicht mehr Widerspruch in sich als die Bejahung, dass sie aufgehen werde. Wir würden also vergeblich versuchen, die Falschheit desselben zu beweisen.«[263]

HUME stellt klar,

> »dass die Annahme, *the future resembles the past*, sich durch keinerlei Argument begründen lässt, sondern gänzlich aus der Gewohnheit herrührt, aus der wir für die Zukunft den gleichen Lauf der Dinge erwarten, wie wir ihn gewöhnt sind.«[264]

HUMEs Skepsis lehrt uns also, dass wir keine sicheren Aussagen über die Zukunft treffen können, denn die Regelmäßigkeit und Gleichförmigkeit des bisherigen Geschehens beweist nicht, dass es auch in Zukunft stattfinden muss, selbst wenn wir es auch erwarten; es ist nicht logisch begründet. Alle Aussagen über die Zukunft sind somit mit einer Wahrscheinlichkeit behaftet. Diese Wahrscheinlichkeiten werden allerdings von der Erfahrung beeinflusst. Auch unsere Modelle des Naturgeschehens mit ihren Gesetzen sind ja nur aufgrund empirischer Forschung gefunden worden, können also keinen Absolutheitsanspruch erheben.

RICHARD PRICE schickt 1763 nach dem Tod seines Freundes THOMAS BAYES – beide sind presbyterianische Geistliche – dessen Arbeit *An Essay towards solving a Problem in the Doctrine of Chances* an die *Royal Society* und fügt einen *Appendix* an, in dem er meint, die von BAYES aufgestellten Regeln auch auf zukünftige Ereignisse anwenden zu können, darunter auf das Problem des Sonnenaufgangs, der dadurch seinen Eingang in die Literatur über Wahrscheinlichkeit findet. PRICE ist sich aber bewusst, wie er am Ende des Beispiels schreibt, dass seine

> »Folgerungen [bezüglich des Sonnenaufgangs] ein totales Unwissen über die Natur voraussetzen«.

Frei zusammengefasst liest sich das Beispiel von PRICE wie folgt:

> Lasst uns jemanden vorstellen, der neu in diese Welt kommt. Die Sonne wird sicher seine Aufmerksamkeit wecken. Nach ihrem ersten Untergang weiß er absolut nicht, ob er sie je wieder sehen wird. Nach ihrer Wiederkehr wird die Erwartung eines zweiten Aufgangs in ihm geweckt und er wird 3 zu 1 darauf setzen, dass sie wieder aufgehen wird. Je öfter sie aufgeht, desto größer wird er die Wahrscheinlichkeit für einen Aufgang am nächsten Tag einschätzen. Aber keine noch so große Anzahl von Aufgängen kann absolute Sicherheit erzeugen. Sei die Sonne eine Million Mal in regulären Abständen aufgegangen, dann lässt sich 2 hoch eine Million zu eins darauf setzen, dass sie am nächsten Ende eines solchen Intervalls wieder aufgehen wird. Und die Wahrscheinlichkeit, dass das Verhältnis dafür nicht größer sein wird als 1 600 000 zu eins ist 0,5352, und dass es nicht kleiner sein wird als 1 400 000 zu eins, ist 0,5105.

---

[263] in Nr. 21 von Section IV *Sceptical Doubts concerning the Operations of the Understanding*
[264] *A Treatise on Human Nature*, Book I, Part III, Section XII *Of the probability of causes*

Lösung nach PRICE (1764):

BAYES formuliert das Anliegen seines Artikels zu Beginn folgendermaßen:

>»Gegeben sei die Anzahl der Fälle, in denen ein unbekanntes Ereignis eingetreten ist oder nicht eingetreten ist. Gesucht ist die Wahrscheinlichkeit, dass die Wahrscheinlichkeit, mit der dieses Ereignis bei einem einzigen Versuch eintritt, zwischen zwei gegebenen Grenzen liegt.«

Die Lösung findet sich in Satz 10, der in heutiger Schreibweise lautet:

Sei p die Wahrscheinlichkeit dafür, dass A eintritt. Sei ferner $H_{na} := $»$A$ ist in n Versuchen a-mal eingetreten und b-mal nicht eingetreten, $n = a + b$, dann gilt

$$P_{H_{na}}(x_1 \leq p \leq x_2) = \frac{\int_{x_1}^{x_2} x^a (1 - x)^b \, dx}{\int_0^1 x^a (1 - x)^b \, dx}. \tag{1}$$

Eine mögliche Begründung für diese Formel sieht folgendermaßen aus. Gesucht ist die bedingte Wahrscheinlichkeit $P_{H_{na}}(x_1 \leq p \leq x_2) = \frac{P(a \text{ Treffer und } x_1 \leq p \leq x_2)}{P(a \text{ Treffer und } 0 \leq p \leq 1)}$. Man lässt zunächst nur eine endliche Anzahl k von Werten p_i mit $x_1 \leq p_i \leq x_2$ für die Wahrscheinlichkeit p zu. Die Ereignisse »$p = p_i$« sind disjunkt. Man gliedert den Versuch in zwei Stufen: Auf der ersten Stufe wird die Erfolgswahrscheinlichkeit p_i bestimmt. Auf der zweiten Stufe wird mit dieser Erfolgswahrscheinlichkeit $(a + b)$-mal (unabhängig) gezogen (Bernoulli-Kette mit p_i). Im Nenner fragt man nach der Wahrscheinlichkeit von a Treffern; diese ist nach dem Satz der totalen Wahrscheinlichkeit:

$$\sum_{i=1}^{k} P(p = p_i) \cdot \binom{a+b}{a} p_i^a (1 - p_i)^b.$$

Lässt man aber für p alle reellen Werte aus $[0; 1]$ zu, dann wird aus der Summe das Integral

$$\int_0^1 f(p) \binom{a+b}{a} p^a (1 - p)^b \, dp.$$

Dabei tritt die Dichtefunktion f der Wahrscheinlichkeit p an die Stelle der diskreten Wahrscheinlichkeitverteilung $P(p = p_i)$. Über diese Dichtefunktion ist in den meisten Fällen nichts bekannt. Um überhaupt eine Aussage machen zu können, nimmt BAYES an, dass die Wahrscheinlichkeit gleichmäßig über $[0; 1]$ verteilt ist; d. h., $f(p) = 1$.

Für den Zähler unterscheidet sich die Berechnung nur dadurch, dass die Werte von p auf das vorgegebene Intervall $[x_1; x_2]$ beschränkt sind, sodass man erhält:

$$\int_{x_1}^{x_2} \binom{a+b}{a} p^a (1 - p)^b \, dp.$$

Da die Binomialkoeffizienten $\binom{a+b}{a}$ unabhängig von p sind, kann man sie vor die Integrale ziehen und erhält nach dem Kürzen schließlich Formel (1).

PRICE behandelt in seinem *Appendix* auch den Sonderfall, dass $a = n$ und $b = 0$ ist, – wir schreiben dann statt H_{nn} kurz H_n.

Er erhält aus (1)

$$P_{H_n}(x_1 \leq p \leq x_2) = \frac{\int_{x_1}^{x_2} x^n dx}{\int_0^1 x^n dx} = \frac{\frac{1}{n+1}\left(x_2^{n+1} - x_1^{n+1}\right)}{\frac{1}{n+1}} = x_2^{n+1} - x_1^{n+1}. \tag{2}$$

Seinen weiteren Überlegungen legt PRICE die damals unter Nichtmathematikern verbreitete Vorstellung zugrunde, dass ein Ereignis als wahrscheinlich gilt, wenn die Wahrscheinlichkeit seines Eintretens größer als ½ ist (Hald 1998, S. 145). Er berechnet daher aus (2)

$$P_{H_n}(\tfrac{1}{2} \leq p \leq 1) = 1 - \left(\tfrac{1}{2}\right)^{n+1} = \frac{2^{n+1}-1}{2^{n+1}}. \tag{3}$$

Daraus folgt: Die Einsätze für eine faire Wette, dass ein Ereignis wieder eintritt, wenn es n-mal schon eingetreten ist, müssen sich wie $2^{n+1} - 1$ zu 1, also rund wie $2^{n+1} : 1$ verhalten.

Das bedeutet: Wenn ich darauf wetten will, dass der oben genannte Fall eintritt, muss ich z. B. $2^{n+1} - 1$ € einsetzen, der Gegner hingegen nur 1 €. Gewinne ich die Wette, so erhalte ich als Auszahlung die beiden Einsätze, also 2^{n+1} €. Mein (Netto-)Gewinn ist 1 €. Verliere ich die Wette, so erleide ich allerdings einen hohen (Netto-)Verlust von $2^{n+1} - 1$ €. Ich muss mir meiner Sache also sehr sicher sein, wenn ich diese Wette eingehe.

PRICE wendet seine Erkenntnisse nun auf das Problem des Sonnenaufgangs an und sagt, dass das erste Aufgehen der Sonne uns nur über das Phänomen informiert, sodass die Rechnung erst ab der ersten Wiederkehr beginnen dürfe.

So berechnet er als Erstes mit $n = a = 1$ und $b = 0$ aus (3) die Wahrscheinlichkeit, dass die Sonne wieder aufgeht, wenn sie schon einmal auf- und untergegangen ist:

$P_{H_1}(\tfrac{1}{2} \leq p \leq 1) = 1 - \left(\tfrac{1}{2}\right)^2 = \tfrac{3}{4}$. Man kann also 3 : 1 darauf setzen, dass die Sonne ein zweites Mal wahrscheinlich wieder aufgehen wird.

Ebenso berechnet man aus (3) die Wahrscheinlichkeit dafür, dass die Sonne wahrscheinlich, also mit der Wahrscheinlichkeit $p \geq ½$, wieder aufgehen wird, nachdem sie bereits eine Million Mal wiedergekehrt ist, zu $P_{H_{1000000}}(\tfrac{1}{2} \leq p \leq 1) = \frac{2^{1000001}-1}{2^{1000001}}$. Man kann also rund $2^{1\,000\,001}$ zu 1 darauf setzen, dass die Sonne am nächsten Tag wahrscheinlich wiederkehren wird.[265]

Sei umgekehrt bei einer fairen Wette ein Wettverhältnis $k : 1$ vorgegeben. Dann gilt $P(\text{»Gewinn«}) : P(\text{»Verlust«}) = P(\text{»Gewinn«}) : [1 - P(\text{»Gewinn«})] = k : 1$, woraus sich die Wahrscheinlichkeit $P(\text{»Gewinn«}) = \frac{k}{k+1}$ ergibt. Ist die Wahrscheinlichkeit des Ereignisses, auf das ich setze, größer als $\frac{k}{k+1}$, so bin ich sogar im Vorteil. Damit erhält man aus (3) die Beziehung $P_{H_n}\left(\frac{k}{k+1} \leq p \leq 1\right) = 1 - \left(\frac{k}{k+1}\right)^{n+1}$.

---

[265] Bei PRICE steht $2^{1\,\text{Million}} : 1$. Ist es nur eine stärkere Rundung oder, wie ZABELL vermutet, ein Fehler? Ihm zufolge spricht PRICE zwar davon, dass die Sonne eine Million Mal wiedergekehrt sei, legt seiner Rechnung aber die eine Million als beobachtete Sonnentage zugrunde, sodass die Sonne nur 999 999-mal wiedergekehrt sei.

So erhält PRICE tatsächlich $P_{H_{999\,999}}(\tfrac{1}{2} \leq p \leq 1) = \frac{2^{1000\,000}-1}{2^{1000\,000}}$, also den gerundeten Einsatz $2^{1\,\text{Million}} : 1$. Für

ZABELLLs Auffassung spricht, dass sich dieser Fehler bei BUFFON wieder findet (Zabell 1988).

Mit ihr errechnet PRICE für den Fall, dass die Sonne eine Million Mal aufgegangen ist,

$$P_{H_{999999}}\left(0 \le p \le \frac{1600000}{1600001}\right) = \left(\frac{1600000}{1600001}\right)^{1000000} = 0{,}5352 \text{ und}$$

$$P_{H_{999999}}\left(\frac{1400000}{1400001} \le p \le 1\right) = 1 - \left(\frac{1400000}{1400001}\right)^{1000000} = 0{,}5105.$$

Die dabei verwendeten Werte von k, nämlich $1{,}6 \cdot 10^6$ bzw. $1{,}4 \cdot 10^6$, hat PRICE so gewählt, dass es vorteilhaft ist, darauf zu wetten, dass p nicht größer ist als $\frac{1600000}{1600001} = 0{,}999\,999\,375$, und dass es vorteilhaft ist, darauf zu wetten, dass p nicht kleiner ist als $\frac{1400000}{1400001} = 0{,}999\,999\,286$.

PRICE unterscheidet in seinen Überlegungen nicht klar zwischen der von ihm vorgenommenen Intervallschätzung für eine Wahrscheinlichkeit und der gesuchten Wahrscheinlichkeit für die Vorhersage eines Ereignisses. Er hätte eigentlich $P_{H_n}(H_{n+1})$ bestimmen müssen. Das macht erst LAPLACE 1774, wie wir sehen werden.

GEORGES LOUIS LE CLERC DE BUFFON schmückt in Abschnitt VI seines um 1760 geschriebenen *Essai d'Arithmétique morale*, erschienen 1777, das PRICE'sche Beispiel des Sonnenaufgangs aus. Wie bei PRICE beginnt auch bei ihm das Experiment erst mit dem zweiten Tag.

»Wenn man dann das Alter der Welt und damit unsere Erfahrung auf 6000 Jahre oder 2 190 000 begrenzen will«,[266]

dann ist die Sonne in unseren Breiten – denn nördlich des Polarkreises trifft dies nicht zu – 2 190 000-mal aufgegangen. Die Wahrscheinlichkeiten für einen Aufgang am nächsten Morgen werden also wie die Folge $1, 2, 4, 8, \ldots 2^i, \ldots, 2^{2\,189\,999}$ zunehmen, eine Aussage, die keinen Sinn macht. Aus Abschnitt IX geht hervor, dass BUFFON ausdrücken will, dass die gerundeten – siehe oben im Anschluss an (3) – Wetteinsätze sich wie Zahlen dieser Folge zu 1 verhalten müssen, wenn man auf die Wiederkehr setzt. Eigentlich hätte am Schluss korrekt $2^{2\,190\,000}$ stehen müssen; BUFFON übernimmt also den PRICE'schen Fehler.

1774 LAPLACE / *Mémoire sur la probabilité*: Folgeregel bei beliebigen Wahrscheinlichkeiten

1774 erschien in den *Mémoires de Mathématique et Physique* das *Mémoire sur la probabilité des causes par les évènemens* von PIERRE SIMON LAPLACE, der die Arbeit von THOMAS BAYES nicht kannte (Laplace (1774b)). In Abschnitt III stellt er das uns interessierende *Problème I*:

---

[266] Die lange weit verbreitete Auffassung, dass die Welt rund 6000 Jahre alt sei, geht auf die 1650 erschienenen *Annales veteris testamenti, a prima mundi origine deducti* des anglikanischen Bischofs JAMES USSHER zurück. Dort gab dieser auf Grund seiner Berechnungen aus den im Alten Testament überlieferten Daten an, dass Gott die Welt in der Nacht vom 22. auf den 23. Oktober 4004 v. Chr. erschaffen habe. Dabei übernahm er das Tagesdatum der Berechnung JOHN LIGHTFOOTS von 1644. USSHERs Ergebnis weicht nur wenig vom 18. März 3952 v. Chr. ab, den BEDA VENERABILIS als Weltanfang ermittelt hatte. ISAAC NEWTON errechnete in seiner postum 1728 erschienenen *The Chronology of Ancient Kingdoms Amended*, dass die Welt 534 Jahre jünger sei als USSHER angibt.

Eine Urne enthalte eine unendliche Anzahl weißer und schwarzer Zettel von unbekanntem Mischungsverhältnis. Man ziehe daraus $w + s$ Zettel, von denen w weiß und s schwarz sind. Gesucht ist die Wahrscheinlichkeit dafür, dass beim nächsten Zug ein weißer Zettel gezogen wird.

Lösung nach LAPLACE (1774b)

Sei x das unbekannte Mischungsverhältnis,[267] dann ist mit den obigen Bezeichnungen die Wahrscheinlichkeit für das Ziehen eines weißen Zettels beim $(n + 1)$-ten Zug[268] unter der Annahme, dass bei den vorangegangenen n Zügen w weiße und s schwarze Zettel gezogen wurden,

$$P_{H_{nw}}(\text{»Zettel weiß beim nächsten Zug«}) = \frac{\int_0^1 \binom{n}{w}\binom{1}{1} x^{w+1}(1 - x)^s \, dx}{\int_0^1 \binom{n}{w} x^w (1 - x)^s \, dx} = \frac{\int_0^1 x^{w+1}(1 - x)^s \, dx}{\int_0^1 x^w (1 - x)^s \, dx}.$$

Die Begründung für diese Behauptung verläuft wie oben bei PRICE. Integrale im Zähler und Nenner sind vom gleich Typ – es handelt sich um die EULER'sche Betafunktion – , nämlich

$$I_{\alpha, \beta} = \int_0^1 x^\alpha (1 - x)^\beta \, dx.$$ Durch partielle Integration erhält man

$$I_{\alpha, \beta} = \left[\frac{1}{\alpha + 1} x^{\alpha+1}(1 - x)^\beta \right]_0^1 + \frac{\beta}{\alpha + 1} \int_0^1 x^{\alpha+1}(1 - x)^{\beta-1} dx = 0 + \frac{\beta}{\alpha + 1} I_{\alpha+1, \beta-1}.$$

Mit Hilfe dieser Rekursionsformel ergibt sich

$$I_{\alpha,\beta} = \frac{\beta}{\alpha + 1} \cdot \frac{\beta - 1}{\alpha + 2} \cdot \ldots \cdot \frac{1}{\alpha + \beta} \cdot I_{\alpha+\beta,0}.$$

Nun ist $I_{\alpha+\beta,0} = \int_0^1 x^{\alpha+\beta} dx = \frac{1}{\alpha + \beta + 1}$.

Setzt man diesen Wert oben ein und erweitert mit $\alpha!$, so ergibt sich

$$I_{\alpha,\beta} = \frac{\alpha! \beta!}{(\alpha + \beta + 1)!}.$$

Für den Zähler erhält man, wenn man die Parameter α und β durch $w + 1$ bzw. s ersetzt,

$$\int_0^1 x^{w+1}(1 - x)^s \, dx = \frac{(w + 1)! \cdot s!}{(w + s + 2)!},$$ und für den Nenner mit $\alpha = w$ und $\beta = s$

$$\int_0^1 x^w (1 - x)^s \, dx = \frac{w! \cdot s!}{(w + s + 1)!},$$ sodass sich schließlich ergibt:

$$P_{H_{nw}}(\text{»Zettel weiß beim nächsten Zug«}) = \frac{w + 1}{w + s + 2} = \frac{w + 1}{n + 2}$$

K. J. BOBEK deutet dieses Ergebnis durch folgendes Zufallsexperiment: Die gezogenen w weißen und s schwarzen Zettel werden in eine neue Urne gelegt. Dann legt man einen weiteren weißen und weiteren schwarzen Zettel dazu. Die Wahrscheinlichkeit, aus dieser Urne ei-

---

[267]   Das Mischungsverhältnis x kann eine beliebige reelle Zahl aus $[0; 1]$ sein. Daher sprachen wir in der Überschrift von »beliebiger Wahrscheinlichkeit«.

[268]   Da die Anzahl der Zettel unendlich groß ist, spielt es keine Rolle, ob man mit Zurücklegen oder ohne Zurücklegen zieht.

nen weißen Zettel zu ziehen, ist $\frac{w+1}{w+s+2} = \frac{w+1}{n+2}$. (Bobek 1891, S. 203 f.)

Von besonderem Interesse ist der Sonderfall, dass bei den ersten n Zügen kein schwarzer Zettel gezogen wurde, also $w = n$ und $s = 0$ ist. In diesem Fall gilt:

$$P_{H_n}(\text{»Zettel weiß beim nächsten Zug«}) = \frac{n+1}{n+2}$$

Diesen Ausdruck nannte 1866 JOHN VENN *rule of succession* in seiner *The Logic of Chance* (S. 152). In der englischsprachigen Literatur hat sich dieser Name durchgesetzt, im Deutschen findet sich keine entsprechende Formulierung. Wir prägen dafür den Terminus *Folgeregel*. Eine Erweiterung findet die Folgeregel in der folgenden Fragestellung.

> Eine Urne enthalte eine unendliche Anzahl weißer und schwarzer Zettel von unbekanntem Mischungsverhältnis. Man zieht daraus bei jedem von n Zügen einen weißen Zettel. Gesucht ist die Wahrscheinlichkeit dafür, dass bei den nächsten r Zügen auch jedes Mal ein weißer Zettel gezogen wird.

Lösung

Mit $H_n = $ »Es wird n-mal eine weiße Kugel gezogen«, $n \in \mathbb{N}$, ist gesucht die Wahrscheinlichkeit $P_{H_n}(H_{n+r})$. Man findet

$$P_{H_n}(H_{n+r}) = \frac{P(H_n \cap H_{n+r})}{P(H_n)} = \frac{P(H_{n+r})}{P(H_n)} =$$

$$= \frac{\int_0^1 x^{n+r}\,\mathrm{d}x}{\int_0^1 x^n\,\mathrm{d}x} = \frac{\frac{1}{n+r+1}\left[x^{n+r+1}\right]_0^1}{\frac{1}{n+1}\left[x^{n+1}\right]_0^1} = \frac{\frac{1}{n+r+1}}{\frac{1}{n+1}} = \frac{n+1}{n+r+1} = 1 - \frac{r}{n+r+1}.\,^{[269]}$$

K. J. BOBEK wendet diese Formel auf die folgende Frage an (Bobek 1891, S. 208)[270]:

Wie groß ist die Wahrscheinlichkeit, dass die Sonne in den nächsten 4000 Jahren täglich aufgehen wird, wenn sie in den letzten 6000 Jahren täglich aufgegangen ist?

Nach BOBEK ist $n = 6000 \cdot 365{,}25 = 2\,191\,500$ und $r = 4000 \cdot 365{,}25 = 1\,461\,000$ und damit die gesuchte Wahrscheinlichkeit $1 - \dfrac{1461000}{2191500 + 1461000 + 1} = 1 - \dfrac{1461000}{3652501} = 60{,}0\,\%$.

Ein überraschend geringer Wert! Man kann also – wenn man jedes Wissen über die zuständigen Naturgesetze außer Acht lässt und damit nur die Folgeregel für zutreffend hält – mit einer Wahrscheinlichkeit von etwas größer als $\frac{1}{3}$ damit rechnen, dass die Sonne in den nächsten 4000 Jahren mindestens einmal nicht aufgehen wird. Wäre man dieses Problem mit dem Maximum-Likelihood-Prinzip angegangen, dann hätte man aufgrund der n erfolgreichen Versuche mit Wahrscheinlichkeit 1 angenommen, dass die Sonne in den nächsten 4000 Jah-

---

[269] PREVOST und LHUILIER verwenden 1796 diese Formel, ohne sie herzuleiten (Prevost/Lhuilier 1799c, Nr. 19).

[270] Das Problem des Sonnenaufgangs findet Ende des 19. Jh.s schließlich Eingang in gängige Lehrbücher der Wahrscheinlichkeitsrechnung, auch in solche für das Selbststudium angezeigte, wie z. B. das 1891 erschienene *Lehrbuch der Wahrscheinlichkeitsrechnung* des Deutschen K. J. BOBEK. Dreißig Jahre später zitiert es sogar JOHN MAYNARD KEYNES in seinem *A Treatise on Probability* (Keynes 1921, S. 383). BOBEK stellt in seinem Lehrbuch eine amüsante Aufgabe. Um sie lösen zu können, müssen wir zuerst eine Erweiterung der Folgeregel herleiten.

ren täglich aufgehen wird. Damit wäre der Zufall eliminiert, was jedoch auch problematisch erscheint.

Kehren wir nun zur Folgeregel zurück, zu der man auch auf folgende Art und Weise gelangen kann.

1799 PREVOST und LHUILIER / *Sur l'art d'estimer*: Folgeregel bei endlichem Inhalt und Ziehen mit Zurücklegen

Am 6. November 1794 wurde in der Berliner Akademie das *Mémoire sur l'art d'estimer la probabilité des causes par les effets* der beiden Schweizer PIERRE PREVOST und SIMON ANTOINE JEAN LHUILIER vorgetragen, in dem sie die Gedanken LAPLACEns von 1774 u. a. auf das Ziehen aus einer Urne endlichen Inhalts mit Zurücklegen anwenden. Statt einer Urne bevorzugen sie in ihrer Darstellung dann aber einen m-flächigen Würfel, den sie n-mal werfen. Ihr zweites Problem (§ 20) lautet wie folgt.

> Gegeben sei ein [idealer] m-flächiger Würfel unbekannter Natur. Bei n Würfen fällt jedes Mal eine Eins. Mit welcher Wahrscheinlichkeit fällt beim nächsten Mal wieder Eins?

Lösung nach PREVOST und LHUILIER (1799a und 1799c)

Die beiden Schweizer leiten das Ergebnis sehr kurz aus ihren vorausgehenden allgemeinen Sätzen her. Ausführlicher gestalten sie ihren Lösungsweg in ihren am 26. November 1796 vorgetragenen *Remarques sur l'utilité & l'étendue du principe par lequel on estime la probabilité des causes* (Prevost/Lhuilier 1799c). In § 16 betrachten sie der Einfachheit halber zunächst einen zweiflächigen Würfel. Da eine Eins gefallen ist, muss er auf mindestens einer Fläche eine Eins tragen. Die beiden Möglichkeiten, dass er auf genau einer Fläche eine Eins zeigt – die andere sei dann mit 0 beschriftet – oder dass er auf beiden Flächen eine Eins zeigt, modellieren sie dadurch, dass sie annehmen, sie könnten zwischen zwei Würfeln A_1 und A_2 wählen. Man nimmt auf gut Glück einen der beiden Würfel und wirft ihn n-mal. Jedes Mal fällt die Eins. Mit welcher Wahrscheinlichkeit zeigt dieser Würfel beim $(n+1)$-ten Wurf wieder Eins? Für die folgenden Betrachtungen sei H_n = »Es wird n-mal eine Eins geworfen«. Da der Würfel auf gut Glück ausgewählt wird, gilt für den ersten Wurf der linke Baum, also $P(H_1) = \frac{1}{2} \cdot \frac{1}{2} + \frac{1}{2} \cdot 1 = \frac{3}{4}$. Die Wahrscheinlichkeit $P(H_2)$, dass beim zweiten Wurf eine Eins fällt, erhält man aus dem mittleren Baum zu $P(H_2) = \left(\frac{1}{2}\right)^3 + \frac{1}{2} \cdot 1^2 = \frac{5}{8}$. Falls beim ersten Wurf eine Eins gefallen ist, dann erhält man die Wahrscheinlichkeit für eine zweite Eins als bedingte Wahrscheinlichkeit $P_{H_1}(H_2) = \frac{5/8}{3/4} = \frac{5}{6}$. Die Wahrscheinlichkeit für eine Eins beim dritten Wurf ergibt sich aus dem rechten Baum zu $P(H_3) = \left(\frac{1}{2}\right)^4 + \frac{1}{2} \cdot 1^3 = \frac{9}{16}$.

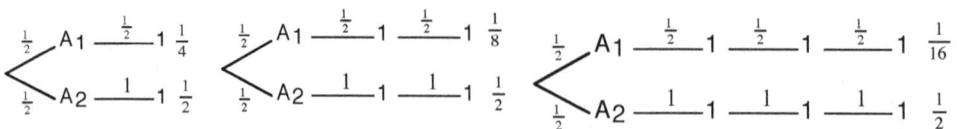

Damit erhält man für die Wahrscheinlichkeit für eine dritte Eins, falls bereits zwei Einsen gefallen sind, $P_{H_2}(H_3) = \frac{9/16}{5/8} = \frac{9}{10}$.

Allgemein gilt $P(H_n) = \left(\frac{1}{2}\right)^{n+1} + \frac{1}{2} \cdot 1^n = \frac{2^n + 1}{2^{n+1}} \xrightarrow{n \to \infty} \frac{1}{2}$ und schließlich damit

$P_{H_n}(H_{n+1}) = \frac{2^{n+1} + 1}{2^{n+2}} : \frac{2^n + 1}{2^{n+1}} = \frac{2^{n+1} + 1}{2^{n+1} + 2} \xrightarrow{n \to \infty} 1$.

Erklärung. Wenn dauernd die Eins erscheint, dann hat man offenbar am Anfang den Würfel A_2 gewählt. Das geschieht mit der Wahrscheinlichkeit ½. Wenn es aber A_2 ist, dann wirft man die Eins mit Sicherheit.

In § 26 gelangen PREVOST und LHUILIER zur Verallgemeinerung. Für einen m-flächigen [idealen] Würfel gibt es m Möglichkeiten, seine Flächen mit 1 und 0 zu beschriften, was sich auch dadurch modellieren lässt, dass man m [ideale] m-flächige[271] Würfel A_1, A_2, ..., A_m nimmt, wobei Würfel A_i auf i Seiten eine Eins und auf $m - i$ Seiten eine Null zeigt. Die Wahrscheinlichkeit für eine Eins beim i-ten Würfel ist $\frac{i}{m}$. Es sei A_i = »Würfel A_i wird ausgewählt«, $i = 1, \ldots, m$, und H_n = »Würfel A_i zeigt bei n Würfen jedes Mal eine Eins«, $n \in \mathbb{N}$. Mit welcher Wahrscheinlichkeit fällt dann beim nächsten Wurf wieder eine Eins? Gesucht ist also $P_{H_n}(H_{n+1}) = \frac{P(H_n \cap H_{n+1})}{P(H_n)} = \frac{P(H_{n+1})}{P(H_n)}$.

Unter der (problematischen) Annahme, dass die Auswahl auf gut Glück erfolgt, gilt $P(A_i) = \frac{1}{m}$ und $P_{A_i}(H_n) = \left(\frac{i}{m}\right)^n$. Mit der Formel für die totale Wahrscheinlichkeit erhält man

$P(H_n) = \sum_{i=1}^{m} P(A_i) \cdot P_{A_i}(H_n) = \frac{1}{m} \sum_{i=1}^{m} \left(\frac{i}{m}\right)^n = \frac{1}{m^{n+1}} \sum_{i=1}^{m} i^n$

und analog, indem man n durch $n + 1$ ersetzt, $P(H_{n+1}) = \frac{1}{m^{n+2}} \sum_{i=1}^{m} i^{n+1}$. Somit ist, und damit haben wir das in der ersten Arbeit von 1794 formulierte Ergebnis

$$P_{H_n}(H_{n+1}) = \frac{1}{m} \cdot \frac{\sum_{i=1}^{m} i^{n+1}}{\sum_{i=1}^{m} i^n} .$$

Statt eines Würfels kann man auch eine Urne betrachten, wie es PREVOST und LHUILIER 1795 (s. u.) selbst machen, wie wir sie aber auch bei CHARLES HUGHES TERROT, Bischof von Edinburgh, 1853 und bei GEORGE BOOLE 1854 in *An Investigation of the Laws of Thought* (Boole 1854, S. 368 ff.) gefunden haben.[272]

Mit dem Urnenmodell liest sich das zweite Problem von PREVOST und LHUILIER wie folgt.

---

[271] Tatsächlich haben die m Würfel aus noch allgemeineren Gründen dort r Flächen.

[272] TERROT behandelt in seiner Arbeit *Summation of a Compound Series, and its Application to a Problem in Probabilities* (Terrot 1853) vor allem das Ziehen ohne Zurücklegen, widmet sich aber auch dem Ziehen mit Zurücklegen.

Eine Urne enthalte m Kugeln, von denen mindestens eine weiß ist, alle anderen aber schwarz. Man zieht daraus in n Zügen mit Zurücklegen n weiße Kugeln. Gesucht ist die Wahrscheinlichkeit dafür, dass beim nächsten Zug wieder eine weiße Kugel gezogen wird.

Wir brauchen die obige Darstellung nur zu übertragen und erhalten dann H_n = »Es wird n-mal mit Zurücklegen eine weiße Kugel gezogen«, $n \in \mathbb{N}$, und statt des Ereignisses A_i das Ereignis U_i = »Die Mischung in der Urne enthält i weiße Kugeln«, $i = 1, \dots, m$. Gefragt ist nach der Wahrscheinlichkeit, beim nächsten Versuch wieder eine weiße Kugel zu ziehen. Die nachstehende Abbildung veranschaulicht die möglichen Mischungsverhältnisse in der Urne durch verschiedene Urnen.

Unter der (durchaus diskussionswürdigen) Annahme, dass die m Füllungen gleichwahrscheinlich sind, gilt $P(U_i) = \frac{1}{m}$

und $P_{U_i}(H_n) = \left(\frac{i}{m}\right)^n$. So wie oben erhält man damit die dort hergeleitete Formel für $P_{H_n}(H_{n+1})$.

PREVOST und LHUILIER berechnen 1794 zunächst die Fälle $n = 1$ bzw. $n = 2$:

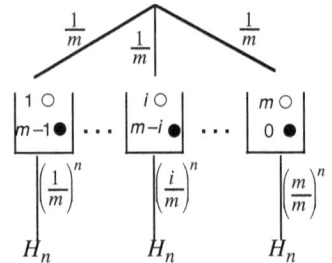

$$P_{H_1}(H_2) = \frac{1}{m} \cdot \frac{\sum\limits_{i=1}^{m} i^2}{\sum\limits_{i=1}^{m} i} = \frac{\frac{1}{6}m(m+1)(2m+1)}{m \cdot \frac{1}{2}m(m+1)} = \frac{2}{3} + \frac{1}{3m},^{273}$$

$$P_{H_2}(H_3) = \frac{1}{m} \cdot \frac{\sum\limits_{i=1}^{m} i^3}{\sum\limits_{i=1}^{m} i^2} = \frac{\frac{1}{4}m^2(m+1)^2}{m \cdot \frac{1}{6}(m+1)(2m+1)} = \frac{3}{4} + \frac{3}{4(2m+1)}.$$

Dann aber widmen sie sich der wesentlich interessanteren Frage, was sich für $m \to \infty$ ergibt. Die Forderung $m \to \infty$ bedeutet ja, dass es unendlich viele Mischungsverhältnisse gibt, so wie es LAPLACE in seiner Abhandlung angenommen hat. Es gilt:

$$\lim_{m \to \infty} \left(\frac{1}{m} \cdot \frac{\sum\limits_{i=1}^{m} i^{n+1}}{\sum\limits_{i=1}^{m} i^n} \right) = \frac{n+1}{n+2}. \qquad (\clubsuit)$$

Das ist die Folgeregel.

Zum Nachweis der Richtigkeit dieses Grenzwerts versucht man, für den Ausdruck in der Klammer eine Doppelungleichung der folgenden Art zu finden:

$$u_m \leq \frac{1}{m} \frac{\sum\limits_{i=1}^{m} i^{n+1}}{\sum\limits_{i=1}^{m} i^n} \leq o_m.$$

---

[273] Der von PREVOST und LHUILIER angegebene Wert $\frac{2}{3} - \frac{1}{3(m-1)}$ ist falsch.

Wenn die beiden Schranken u_m und o_m denselben Grenzwert für $m \to \infty$ haben, dann ist dies auch der Grenzwert des Ausdrucks. Da Zähler und Nenner des Bruchs von derselben Bauart sind, suchen wir dafür eine untere und eine obere Schranke. Dazu bedienen wir uns der Integralrechnung und betrachten den Graphen von $y = x^n$. Das Integral dieser Funktion ergibt sich zu

$$\int_0^m x^n \, dx = \left[\frac{1}{n+1} x^{n+1} \right]_0^m = \frac{1}{n+1} m^{n+1}.$$

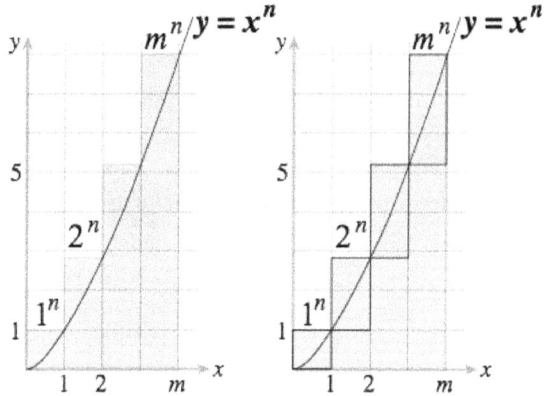

Der Nenner $\sum_{i=1}^{m} i^n$ des Bruchs in (✚) ist gleich dem Inhalt der grau schraffierten Fläche in der linken Figur; als Obersumme des Integrals ist er mindestens so groß wie das Integral.

Ferner liest man aus dieser Figur ab: Die Obersumme ist gleich dem Integral, vermehrt um den Inhalt der grau schraffierten Fläche, die über der Kurve $y = x^n$ liegt. Dieser ist wiederum kleiner als der Inhalt der stark umrandeten Rechtecke, die zusammen – wie man leicht aus der rechten Figur einsieht – den Wert m^n haben. Also gilt

$$\frac{1}{n+1} m^{n+1} \le \sum_{i=1}^{m} i^n \le \frac{1}{n+1} m^{n+1} + m^n. \tag{☆}$$

Analog gilt für den Zähler $\sum_{i=1}^{m} i^{n+1}$ mit $n+1$ an Stelle von n

$$\frac{1}{n+2} m^{n+2} \le \sum_{i=1}^{m} i^{n+1} \le \frac{1}{n+2} m^{n+2} + m^{n+1}. \tag{★}$$

Damit kann man für den Bruch $\dfrac{\sum_{i=1}^{m} i^{n+1}}{\sum_{i=1}^{m} i^n}$ eine untere und eine obere Schranke angeben. Für die

untere Schranke nimmt man den kleinstmöglichen Wert für den Zähler (linke Seite von (★)) und den größtmöglichen Wert für den Nenner (rechte Seite von (☆)) Für die obere Schranke geht man gegengleich vor. Somit gilt

$$\frac{1}{m} \cdot \frac{\frac{m^{n+2}}{n+2}}{\frac{m^{n+1}}{n+1} + m^n} \le \frac{1}{m} \cdot \frac{\sum_{i=1}^{m} i^{n+1}}{\sum_{i=1}^{m} i^n} \le \frac{1}{m} \cdot \frac{\frac{m^{n+2}}{n+2} + m^{n+1}}{\frac{m^{n+1}}{n+1}}$$

$$\frac{n+1}{n+2+\frac{(n+1)(n+2)}{m}} \le \frac{1}{m} \cdot \frac{\sum_{i=1}^{m} i^{n+1}}{\sum_{i=1}^{m} i^n} \le \frac{n+1+\frac{(n+1)(n+2)}{m}}{n+2}$$

und damit für $m \rightarrow \infty$

$$\frac{n+1}{n+2} \leq \lim_{m\to\infty}\left(\frac{1}{m}\cdot\frac{\sum\limits_{i=1}^{m}i^{n+1}}{\sum\limits_{i=1}^{m}i^{n}}\right) \leq \frac{n+1}{n+2}, \text{ also } \lim_{m\to\infty}\left(\frac{1}{m}\cdot\frac{\sum\limits_{i=1}^{m}i^{n+1}}{\sum\limits_{i=1}^{m}i^{n}}\right) = \frac{n+1}{n+2}.$$

Die folgende Tabelle soll eine Vorstellung von der Güte der Näherung $\frac{n+1}{n+2}$ vermitteln.

LAPLACE kommt 1783 in einem weiteren *Mémoire* auf seine Überlegungen zurück (Laplace 1786, S. 454) und berechnet die Wahrscheinlichkeit für $P_{H_1}(H_2)$, d. h., bei einem zweiten Versuch einen Erfolg zu haben, wenn man ihn beim ersten Versuch hatte, mit seiner Formel zu $\frac{2}{3}$,

– es ist nämlich $\dfrac{\int\limits_0^1 x^2 dx}{\int\limits_0^1 x\,dx} = \dfrac{\left[\frac{x^3}{3}\right]_0^1}{\left[\frac{x^2}{2}\right]_0^1} = \dfrac{2}{3}$ – und

schreibt, »man könne 2 : 1 wetten, beim zweiten Versuch eine gleiche Kugel ziehen wie beim ersten«, was zu mancher Kritik Anlass gab.

So schreibt ANTOINE AUGUSTIN COURNOT 1843, dass man bei einer frisch geprägten Münze nicht 2 : 1 wetten würde, beim zweiten Wurf wieder Wappen zu erzielen, wenn Wappen beim ersten Wurf gefallen ist. Und noch weniger wird man

n	m	$\frac{1}{m}\sum\limits_{i=1}^{m}i^{n+1}/\sum\limits_{i=1}^{m}i^{n}$	$\frac{n+1}{n+2}$
1	1	1,000 000	0,666 667
	2	0,833 333	
	10^2	0,670 000	
2	1	1,000 000	0,750 000
	2	0,900 000	
	10^2	0,753 731	
3	1	1,000 000	0,800 000
	2	0,944 444	
	10^2	0,803 973	
	10^3	0,800 400	
	10^6	0,800 000	
100	1	1,000 000	0,990 196
	2	1,000 000	
	10^2	0,994 330	
	10^3	0,990 683	
	10^6	0,990 197	
	10^9	0,990 196	

2 : 1 wetten, dass das zweite Kind ein Junge sein wird, wenn das erste ein Junge war (Cournot 1843, Nr. 93, S. 163 ff.). Man beachte den Unterschied zum Ergebnis 3 : 1 bei PRICE. Er berechnete nicht $P_{H_1}(H_2)$, dass die Sonne nach einem ersten Aufgang wieder aufgeht, sondern $P_{H_1}(\frac{1}{2} \leq p \leq 1)$, also die Wahrscheinlichkeit dafür, dass die Sonne nach dem ersten Aufgang *wahrscheinlich* wieder aufgehen wird.

LAPLACE übernimmt 1812 seine früheren Arbeiten in seine *Theorie Analytique des Probabilités*. 1814 kommt er in seinem *Essai philosophique sur les Probabilités* im VII. Prinzip darauf zurück und bringt auch den Sonderfall, dass nur weiße Kugeln gezogen wurden. Auch er illustriert ihn mit dem Sonnenaufgang.

> »Reiche die älteste Epoche der Geschichte auf 5000 Jahre oder 1 826 213 Tage zurück« – LAPLACE rechnet das Jahr mit 365,2426 Tagen – »und berücksichtigt man, dass die Sonne in diesem Zeitraum stets nach jeder Umdrehung von 24 Stunden aufgegangen ist, so ist 1 826 214 gegen eins zu wetten, dass sie auch morgen aufgehen wird. […] Buffon berechnet in seiner politischen Arithmetik diese Wahrscheinlichkeit auf andere Art. Er nimmt an, dass sie von der Einheit nur um einen Bruch abweicht, dessen Zähler gleich eins ist und dessen Nenner gleich 2, erhoben zur Zahl der verflossenen Tage des Zeitraums. Aber die richtige Art, wie man von den vergangenen Ereignissen zur Wahrscheinlichkeit der Ursachen und der künftigen Ereignisse aufsteigt, war diesem berühmten Schriftsteller unbekannt.«

Kritik. Bei der Anwendung der Folgeregel muss man Vorsicht walten lassen. So zutreffend sie beim Ziehen von Kugeln aus einer Urne sein mag, so wenig lässt sie sich auf Naturvorgänge, die Naturgesetzen, aber nicht Zufallsprozessen unterworfen sind, anwenden. Der Sonnenaufgang ist ein denkbar schlechtes Beispiel. Es nimmt wunder, dass der Himmelsmechaniker LAPLACE dazu nicht kritisch Stellung genommen hat.

JOHN MAYNARD KEYNES würdigt 1921 in seinem *A Treatise on Probability* die Folgeregel (S. 382 f.).

> »Die Folgeregel spielte in der Entwicklung der Wahrscheinlichkeitslehre eine äußerst wichtige Rolle. Es ist wahr, dass sie von BOOLE abgelehnt wurde, weil er die ihr zugrunde liegenden Voraussetzungen für willkürlich hielt, von VENN, weil sie nicht mit der Erfahrung übereinstimmt, von BERTRAND, weil sie lächerlich sei, und zweifellos auch noch von anderen.[274] Andererseits wurde sie auch von vielen akzeptiert – von DE MORGAN, JEVONS, LOTZE, CZUBER und von Professor [KARL] PEARSON – um nur einige Repräsentanten verschiedener Schulen und Epochen zu nennen.[275] Und auf alle Fälle ist die Folgeregel deswegen von Interesse, weil sie eines der charakteristischsten Ergebnisse der Auffassung von Wahrscheinlichkeit ist, wie sie LAPLACE eingeführt hatte, die bis heute keineswegs völlig verworfen wurde.«

1998 stellt ANDERS HALD fest (S. 268):

> »Die Folgeregel ist eine einfache Konsequenz aus der Annahme einer gleichmäßigen Verteilung des Binomialparameters« [im Falle des totalen Nichtwissens.]

Über die Rechtmäßigkeit dieser Annahme tobt der Streit zwischen Bayesianern und Nicht-Bayesianern. Die Folgeregel dient dazu, für die unbekannte Wahrscheinlichkeit eines Ereignisses im Falle des vollständigen Nichtwissens einen vernünftigen Schätzwert zu finden. Bereits PREVOST und LHUILIER diskutieren dieses Problem in ihren *Remarques*, die am 26. November 1796 vorgetragen werden (Prevost/Lhuilier 1799c). Wir greifen ihre Gedanken auf und führen sie weiter aus. Stellen wir uns eine Münze vor, die noch nie geworfen wurde, und von der man nur weiß, dass sie auf mindestens einer Seite eine »Eins« trägt. Man möchte einen Wert für die Wahrscheinlichkeit angeben, mit der die »Eins« fallen wird. Dazu kann man verschiedene Strategien verfolgen.

- Man vermutet eine ideale 1/0-Münze und nimmt $P(»1«) = ½$ an.

- Man vermutet eine ideale Münze mit mindestens einer Seite »1«, also entweder 1/0 oder 1/1. Man wird jeder dieser Möglichkeiten die gleiche Wahrscheinlichkeit ½ zuerkennen und damit für den ersten Wurf $P(»1«) = ¾$ annehmen, für den zweiten Wurf $P(»1«) = \frac{5}{8}$, und für den n-ten Wurf $P(»1«) = \frac{2^n + 1}{2^{n+1}}$, was für $n \to \infty$ gegen ½ konvergiert. Für die bedingte Wahrscheinlichkeit für einen erneuten Einswurf nach $(n-1)$ Einswürfen in Folge erhält man damit $\frac{2^n + 1}{2^n + 2}$, einen Wert, der nicht überraschenderweise gegen 1 konvergiert.

- Man vermutet, dass die Münze nicht ideal ist, und sucht einen Schätzwert für $P(»1«)$. Man wird einige Würfe beobachten und nach dem Maximum-Likelihood-Prinzip $P(»1«)$ durch die relative Häufigkeit abschätzen. Nach zehn aufeinander folgenden »Eins«-Würfen hätte man dann beispielsweise die Schätzung $P(»1«) = 1$.

---

[274] BOOLE 1854, S. 369 – VENN 1866, S. 197 – BERTRAND 1888, S. 174

[275] DE MORGAN: Artikel in *Cabinet Encyclopedia*, S. 64 – JEVONS: *Principle of Science* (1874), S. 297 – LOTZE: *Logic* (1884), S. 373 f. [Engl. Übersetzung von *Logik* (1874)] – CZUBER: *Wahrscheinlichkeitsrechnung* (1908), Bd. I, S. 199 – PEARSON: *Philosophical Magazine* (1907), S. 365–378

• Hat man den Verdacht, dass die Münze nicht ideal ist, hält aber die Maximum-Likelihood-Schätzung für zu radikal, dann bietet die Folgeregel einen Kompromiss an, nämlich $p = \frac{10+1}{10+2} = \frac{11}{12}$. Mit jedem weiteren Einswurf wird man die Vermutung für p in Richtung Maximum-Likelihood-Prinzip modifizieren. Sind nämlich sowohl die Anzahl w der Treffer als auch die Anzahl n der Versuche sehr groß, dann gilt für die LAPLACE'sche Formel $\frac{w+1}{n+2} \approx \frac{w}{n}$. Man erhält also den Wert, den das Maximum-Likelihood-Prinzip liefert. Deutliche Unterschiede zwischen den Werten der Folgeregel und dem Maximum-Likelihood-Wert ergeben sich nur bei kleinen Werten für w und n.

1799 PREVOST und LHUILIER / *Sur les Probabilités*: Folgeregel bei endlichem Inhalt und Ziehen ohne Zurücklegen

Am 12. November 1795 wurde in der Berliner Akademie die Arbeit *Sur les Probabilités* der beiden Schweizer Mathematiker PIERRE PREVOST und SIMON ANTOINE JEAN LHUILIER vorgetragen,[276] die mit folgendem Problem beginnt.

Problème. Soit une urne contenant des billets de deux espèces (que j'appellerai blancs & noirs), dans un rapport inconnu. Soit tiré successivement un certain nombre de ces billets, sans remettre dans l'urne, à chaque extraction, le billet tiré. Connoissant le nombre des billets de chaque espèce qui ont été tirés, on demande la probabilité que tirant de la même manière de nouveaux billets, en nombre donné, il y en aura des nombres donnés de ces deux espèces.

Problem. Gegeben sei eine Urne, die Zettel von zweierlei Art enthält (ich nenne sie weiße und schwarze), und zwar in unbekanntem Verhältnis. Es werde nacheinander eine gewisse Anzahl von Zetteln gezogen, ohne den gezogenen Zettel nach jedem Zug wieder in die Urne zurückzulegen. Kennt man die Anzahl der Zettel, die von jeder Art gezogen wurde, so fragt man nach der Wahrscheinlichkeit, eine vorgegebene Anzahl von Zetteln der beiden Sorten zu erhalten, wenn man auf dieselbe Art eine vorgegebene Anzahl weiterer Zettel zieht.

Nachdem bisher bei der Fragestellung des Sonnenaufgangs immer entweder von einer Urne unendlichen Inhalts, bei der es keine Rolle spielt, ob mit oder ohne Zurücklegen gezogen wird, oder endlichen Inhalts, aus der mit Zurücklegen gezogen wurde, ausgegangen wurde, stellen die beiden als Erste die Frage nach dem Ziehen *ohne* Zurücklegen aus einer Urne endlichen Inhalts sogar in sehr allgemeiner Form. (Prevost 1799b). Die Lösung dieses allgemeinen Problems gelingt nur unter erheblichem algebraischen Aufwand. Wir beschränken uns daher auf den einfachsten Fall.[277]

---

[276] Diese Abhandlung sollte eigentlich ein Teil des *Mémoire* von 1794 sein (Prevost 1799a), wurde aber wegen ihres umfangreichen mathematischen Teils abgetrennt und schließlich in der *Classe de Mathématique* vorgetragen statt, wie ursprünglich vorgesehen, in der *Classe de Philosophie spéculative*.

[277] EMANUEL CZUBER behandelt 1912 in seiner *Wahrscheinlichkeitsrechnung* in Beispiel XLIII ein einfaches Zahlenbeispiel dieses Problems. Siehe Seite 359.

Lösung nach PREVOST und LHUILIER (1799b)

Die Urne enthalte m Kugeln, die entweder weiß oder schwarz sind, darunter i weiße, $i = 0, 1,$ $\dots, m$. Es werde n-mal, $n \leq m$, eine weiße Kugel gezogen, die aber nicht mehr zurückgelegt wird. Mit welcher Wahrscheinlichkeit zieht man beim nächsten Zug wieder eine weiße Kugel?

Mit den Bezeichnungen von oben sei nun H_n = »Es wird n-mal *ohne* Zurücklegen eine weiße Kugel gezogen«, $n \in \mathbb{N}$, und U_i = »Die Mischung in der Urne enthält i weiße Kugeln« , $i = 0,$ $1, \dots , m$. Gesucht ist also

$$P_{H_n}(H_{n+1}) = \frac{P(H_n \cap H_{n+1})}{P(H_n)} = \frac{P(H_{n+1})}{P(H_n)}.$$

Unter der Annahme, dass die $m + 1$ Füllungen gleichwahrscheinlich sind, gilt $P(U_i) = \frac{1}{m+1}$ und

$$P_{U_i}(H_n) = \begin{cases} \dfrac{\binom{i}{n}\binom{m-i}{0}}{\binom{m}{n}} & \text{für } i \geq n, \\ 0 & \text{für } i < n. \end{cases}$$

Unter den Urnen gibt es also $n - 1$ Urnen, die zu wenig weiße Kugeln enthalten, um bei n Zügen n-mal eine weiße Kugel ziehen zu können. Es entsteht also die in der nebenstehenden Figur wiedergegebene Situation.

Mit der Formel für die totale Wahrscheinlichkeit erhält man dann

$$P(H_n) = \sum_{i=0}^{m} P(U_i) \cdot P_{U_i}(H_n) = \frac{1}{m+1} \sum_{i=0}^{m} \frac{\binom{i}{n}}{\binom{m}{n}}$$

$$= \frac{n!(m-n)!}{(m+1)!} \sum_{i=n}^{m} \binom{i}{n}.$$

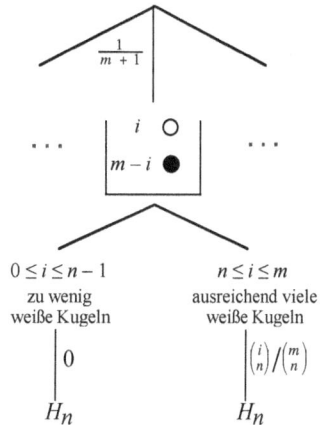

Für die Summe dieser Binomialkoeffizienten gilt $\sum_{i=n}^{m} \binom{i}{n} = \binom{m+1}{n+1}$. [278]

Damit wird

$$P(H_n) = \frac{n!(m-n)!}{(m+1)!}\binom{m+1}{n+1} = \frac{1}{n+1}, \text{ und analog, wenn man } n \text{ durch } n + 1 \text{ ersetzt,}$$

$$P(H_{n+1}) = \frac{1}{n+2}. \text{ Durch Division ergibt sich } P_{H_n}(H_{n+1}) = \frac{n+1}{n+2}.$$

Erstaunlicherweise ist beim Ziehen ohne Zurücklegen der Urneninhalt m wirklich ohne Bedeutung, und die Folgeregel gilt exakt. [279]

Nun zum **Beweis** von $\sum_{i=n}^{m} \binom{i}{n} = \binom{m+1}{n+1}$.

---

[278] Den Beweis hierfür führen wir weiter unten.

[279] Die Berechnung von $P_{H_n}(H_{n+1})$ bei der allgemeinen Fragestellung in den Arbeiten von PREVOST und LHUILIER bzw. TERROT ist mathematisch wesentlich anspruchsvoller..

Wir benützen $\binom{n}{n} = 1 = \binom{n+1}{n+1}$ und verwenden wiederholt das additive Bildungsgesetz $\binom{n}{k} + \binom{n}{k+1} = \binom{n+1}{k+1}$ der Binomialkoeffizienten.

$$\sum_{i=n}^{m}\binom{i}{n} = \binom{n}{n} + \binom{n+1}{n} + \binom{n+2}{n} + \binom{n+3}{n} + \ldots + \binom{m}{n} = \underbrace{\binom{n+1}{n+1} + \binom{n+1}{n}}_{\binom{n+2}{n+1}} + \binom{n+2}{n} + \binom{n+3}{n} + \ldots + \binom{m}{n}.$$

Die ersten beiden Summanden lassen sich auf Grund des additiven Bildungsgesetzes zusammenfassen zu $\binom{n+2}{n+1}$. Damit erhält man $\sum_{i=n}^{m}\binom{i}{n} = \underbrace{\binom{n+2}{n+1} + \binom{n+2}{n}} + \binom{n+3}{n} + \ldots + \binom{m}{n}$, worin sich die beiden ersten

Summanden wieder entsprechend zusammenfassen lassen zu $\binom{n+3}{n+1}$. Man fährt so fort und erhält

schließlich $\sum_{i=n}^{m}\binom{i}{n} = \binom{m}{n+1} + \binom{m}{n} = \binom{m+1}{n+1}$, q. e. d.

Formal sauber wird die Beziehung durch vollständige Induktion bewiesen.

Induktionsanfang: Wir verwenden wieder $\binom{n}{n} = 1 = \binom{n+1}{n+1}$ und $\binom{n}{k} + \binom{n}{k+1} = \binom{n+1}{k+1}$ und erhalten

$$\sum_{i=n}^{n+1}\binom{i}{n} = \binom{n}{n} + \binom{n+1}{n} = \binom{n+1}{n+1} + \binom{n+1}{n} = \binom{n+2}{n+1}.$$

Induktionsschluss: Unter Verwendung von $\binom{n}{k} + \binom{n}{k+1} = \binom{n+1}{k+1}$ ergibt sich damit

$$\sum_{i=n}^{m+1}\binom{i}{n} = \sum_{i=n}^{m}\binom{i}{n} + \binom{m+1}{n} = \binom{m+1}{n+1} + \binom{m+1}{n} = \binom{m+2}{n+1}.$$

Einen geometrischen Beweis findet man auf Seite 176, einen anderen rechnerischen Beweis auf Seite 221.

1768 D'ALEMBERT / *Opuscules*: Kaiser oder Tod

JEAN LE ROND D'ALEMBERT schreibt 1767 in Nr. 15 seines *Vingt-trois^{me} Mémoire, V. Sur le calcul des probabilités* (d'Alembert 1768):

»Ein Mensch, sagt Pascal, würde für verrückt gehalten, wenn er zögerte, sich auf Folgendes einzu-lassen: Man würde ihn töten, falls man mit drei Würfeln zwanzigmal hintereinander drei Sechsen würfe, andernfalls aber würde man ihn zum Kaiser machen. Ich denke absolut genauso wie Pascal. Aber warum hält man diesen Menschen für verrückt, wenn der Fall, um den es geht, nämlich sein Tod, wirklich möglich ist. Man muss sagen, er ist es zwar praktisch nicht, obgleich aber mathema-tisch.«

D'ALEMBERT begründet seine Auffassung nicht. Wie lässt sie sich begründen?

Lösung

Die Wahrscheinlichkeit, mit drei Würfeln zwanzigmal hintereinander drei Sechsen zu wer-fen, ist $\left(\frac{1}{216}\right)^{20} = 2{,}05 \cdot 10^{-47}$. Mit dieser Wahrscheinlichkeit muss der Mensch rechnen, getö-tet zu werden. Da nach EMILE BOREL ein Ereignis mit dieser Wahrscheinlichkeit aber nahezu unmöglich ist auf der kosmischen Skala (Borel (1937), s. S. 245), würde man einen Men-schen zu Recht für verrückt halten, wenn er zögerte, auf dieses Angebot einzugehen.

Bekanntlich ist p^{-1} der Erwartungswert der Wartezeit auf den ersten Treffer bei einer Bernoullikette mit der Wahrscheinlichkeit p. Im gegebenen Fall muss man also im Mittel $216^{20} = 4{,}89 \cdot 10^{46}$-mal spielen, bis zum ersten Mal drei Sechser zwanzigmal hintereinander fallen. Nehmen wir an, ein Spiel dauere eine Minute und das Jahr habe $365{,}25$ Tage, dann würde es also $9{,}29 \cdot 10^{40}$ Jahre dauern; das ist 10^{30}-mal das Alter unseres Universums.

Es ist also durchaus legitim zu sagen, dass der Fall, dass der Mensch zu Tode kommt, praktisch unmöglich ist, obwohl er mathematisch möglich ist.

Ein ähnliches Problem behandelt D'ALEMBERT in der vorangehenden Nr. 14:

> »Peter sagt zu Jakob: ›Lass uns eine Münze hundertmal werfen. Wenn Wappen zum ersten Mal beim hundertsten Wurf fällt, dann gebe ich dir 2^{100} écus. Wenn aber Wappen vorher fällt, dann gebe ich dir nichts.‹ Offenbar muss Jakob als fairen Einsatz dem Peter bei jedem Spiel einen écu geben. Auf diese Art und Weise wird Peter mit Sicherheit ein reicher Mann werden, wenn die beiden dieses Spiel Tag für Tag spielen. Niemand würde auf diesen Handel eingehen, weil keiner glaubt, dass es sich um ein faires Spiel handelt.«
> Auch hier fehlt D'ALEMBERTs Begründung. Wie könnte eine Begründung aussehen?

Lösung

Da D'ALEMBERT keine Aussage macht für den Fall, dass überhaupt kein Wappen fällt, gehen wir davon aus, dass in diesem Fall das Spiel ignoriert wird. Die Zufallsgröße A = »Auszahlung« hat die nebenstehende Wahrscheinlichkeitsverteilung, woraus sich ihr Erwartungswert ergibt zu $E(A) = 0 \cdot (1 - 2^{-100}) + 2^{100} \cdot 2^{-100} = 1$. D'ALEMBERT hat Recht, ein *écu* ist mathematisch gesehen der faire Einsatz.

a	0	2^{100}
$W_A(a)$	$1 - 2^{-100}$	2^{-100}

Nun ist aber die Wahrscheinlichkeit, dass Jakob die 2^{100} *écus* wirklich erhalten wird, nur $2^{-100} = 7{,}89 \cdot 10^{-31}$; nach EMILE BOREL muss man mit einem solchen Ereignis auf der Erde nicht rechnen. Die mittlere Wartezeit für diese Auszahlung ist $2^{-100} = 1{,}27 \cdot 10^{30}$ Spiele. Veranschlagt man für ein Spiel fünf Minuten, so würde es $1{,}21 \cdot 10^{25}$ Jahre dauern, bis zum ersten Mal Wappen erst beim hundertsten Wurf fällt.

Um 1770 CASANOVA / *Brief*: numero deus impare gaudet[280]

Erhalten ist der Entwurf eines Briefes GIACOMO CASANOVAs, ohne Orts- und Datumsangabe und ohne Nennung des Adressaten. Geschrieben wurde er höchstwahrscheinlich im Frühjahr 1770 in Rom, Adressat ist vermutlich der dalmatinische Jesuit ROGER JOSEPH BOSCOVICH, auch RUGJER JOSIP BOŠKOVIĆ, ein im 18. Jh. berühmter Universalgelehrter. CASANOVA schreibt darin, der Minorit FRANÇOIS JACQUIER habe ihm gegenüber behauptet:

> »Beim zufälligen Wurf zweier Würfel, die auf jeder Seite eine der Zahlen Eins bis Sechs tragen, komme öfter eine ungerade Summe heraus als eine gerade. [...] Dies sei eine von Monsieur de Mairan bewiesene Wahrheit.[281] Er könne mir den Beweis nicht führen, weil dieser mein Verständnis bzw. meine Fassungsgabe übersteige.«

---

[280]   Der Spruch findet sich bei VERGIL in *Eclogae = Bucolica* VIII, 75, die 42–37 v. Chr. verfasst wurden.
[281]   JACQUIER hat aus der Arbeit DE MAIRANs von 1728 falsche Schlüsse gezogen; siehe Seite 264.

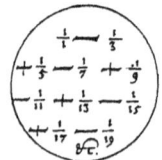

CASANOVA ist davon nicht überzeugt. Er bittet den Adressaten, »sein Beschützer und Advokat zu sein.« Hätte aber Jacquier Recht, dann würde er jetzt »das verteufelte Axiom« *numero deus impare gaudet* – Gott freut sich über ungerade Zahlen – verstehen.[282]

Lösung nach CASANOVA (1770)

CASANOVA, der als bekannter Spieler eine reiche Erfahrung hat, führt in seinem Brief aus,

> »dass es in der Mathematik keine Wahrheit gibt, die der Erfahrung widersprechen darf, wenn diese Erfahrung das Gegenteil beweist. [...] Ich nehme mir die Freiheit, ihm [JACQUIER] zu sagen, dass die Summe eines beliebigen Wurfes zweier Würfel sechsunddreißig verschiedene Ergebnisse zeigen kann, und weil nie mehr als zwei Flächen der Würfel erscheinen können und alle diese Flächen gleich sind, ergeben sich mit gleicher Wahrscheinlichkeit achtzehn Würfe mit gerader Summe und achtzehn Würfe mit ungerader; somit ist bewiesen, dass es keine größere Wahrscheinlichkeit für ungerade gibt als für gerade, und auch nicht umgekehrt.«

CASANOVA hat also alle Wurfergebnisse notiert und die jeweilige Augensumme gebildet. In seinem Nachlass fand man eine lange, leider auch undatierte, auf Italienisch verfasste Abhandlung zum Problem der Augensummen. Er fährt dann fort:

> »Lassen Sie mich zwei gute Würfel nehmen und sie hundertmal [...] werfen und notieren, wie viele der Würfe ungerade und wie viele gerade Summen ergeben; und diesen Versuch will ich zehnmal wiederholen. Ich gebe zu, dass das nicht unbedingt schlüssig ist, aber wenn die Überlegung von Monsieur de Mairan richtig ist, glaube ich, dass man annehmen darf, ein Ergebnis zu sehen.«

Das Experiment CASANOVAs lässt sich leicht nachvollziehen. Wir warfen zwei Würfel 100-mal und erhielten 46 gerade und 54 ungerade Augensummen.

Ergänzungen. Einfacher als durch Abzählen erhält man die Richtigkeit von CASANOVAs Behauptung so:

1. Methode. Die Summe zweier natürlicher Zahlen ist genau dann ungerade, wenn genau eine dieser Zahlen ungerade ist. Für Summanden aus $\{1, 2, 3, 4, 5, 6\}$ erhält man: $u + g$ liefert $3 \cdot 3 = 9$ Fälle, ebenso $g + u$. Also hat man 18 ungerade Augensummen und daher 18 gerade Augensummen. CASANOVA hat Recht.

---

[282] VERGIL schrieb aus metrischen Gründen *impare*. CASANOVA aber schreibt *Impari numero Deus gaudet* und verwendet damit den korrekten Ablativ *impari*. Er habe diesen Spruch zum ersten Mal als Zwölfjähriger (!) gehört, und zwar von Marchese GIOVANNI POLENI (1685–1761), der seit 1719 Professor für Mathematik an der Universität Padua war und bei dem CASANOVA vielleicht auch Vorlesungen hörte. – Die vorpythagoreische Überzeugung, dass das Ungerade vollkommen, fruchtbar und männlich sei, erklärt IOANNES STOBAIOS in seinen *Eclogae physicae et ethicae* I, 1, 10 damit, dass das Ungerade durch Hinzufügen von Ungeradem das Gerade erzeugen kann, was umgekehrt nicht möglich ist. – Nachdem GOTTFRIED WILL-HELM LEIBNIZ entdeckt hatte, dass der Flächeninhalt des Kreises, der dem Einheitsquadrat einbeschrieben werden kann, nämlich $\frac{\pi}{4}$, durch

$\frac{1}{1} - \frac{1}{3} + \frac{1}{5} - \frac{1}{7} + \frac{1}{9} - \frac{1}{11} + \frac{1}{13} - \frac{1}{15} + \frac{1}{17} - \frac{1}{19}$ etc. also durch eine unendliche alternierende Summe aller Stammbrüche mit ungeradem Nenner ausgedrückt werden kann, schrieb er VERGILs Vers in dieses Quadrat (Leibniz 1682). Die römische III in der Mitte gibt an, dass es sich um die 3. Abbildung des Artikels handelt. Die römische I im Quadrat hingegen ist dessen Flächeninhalt, so wie die Reihe im Kreis den Flächeninhalt des Kreises wiedergibt.

2. *Methode*. Mit a = Augenzahl von Würfel A und b = Augenzahl von Würfel B gilt

$P(a + b$ ist ungerade$) = P((a$ ungerade $\cap\ b$ gerade$) \cup (a$ gerade $\cap\ b$ ungerade$))$

$\overset{\text{unvereinbar}}{=} P(a$ ungerade $\cap\ b$ gerade$) + P(a$ gerade $\cap\ b$ ungerade$)$

$\overset{\text{unabhängig}}{=} P(a$ ungerade$)\cdot P(b$ gerade$) + P(a$ gerade$)\cdot P(b$ ungerade$) = \frac{1}{2}\cdot\frac{1}{2} + \frac{1}{2}\cdot\frac{1}{2} = \frac{1}{2}$.

CASANOVA untersucht in seiner italienischen Abhandlung ausführlich auch die Augensummen bei sechs Würfeln, also 6^6 = 46656 Ausfälle (siehe Seite 237), jedoch nicht im Zusammenhang mit der Fragestellung bei zwei Würfeln. Wir verallgemeinern nun diese Fragestellung und behaupten:

Es werden n L-Würfel geworfen, deren f Flächen die Augenzahlen 1, 2, ... f tragen. Für die Augensumme s_n des Wurfs gilt:

Ist **f gerade**, dann ist $P(s_n$ ungerade$) = P(s_n$ gerade$) = \frac{1}{2}$, d. h., es gibt genauso viele gerade wie ungerade Augensummen.

Ist **f ungerade**, dann ist $P(s_n$ ungerade$) = \frac{1}{2}\left(1 + \frac{(-1)^{n+1}}{f^n}\right)$ und $P(s_n$ gerade$) = \frac{1}{2}\left(1 - \frac{(-1)^{n+1}}{f^n}\right)$,

d. h., bei geradem n gibt es mehr gerade Augensummen als ungerade, und bei ungeradem n gibt es mehr ungerade Augensummen als gerade.

Zur Realisierung kann man z. B. eine Urne mit f Zetteln füllen, die von 1 bis f nummeriert sind. Man zieht n-mal mit Zurücklegen und bestimmt die Summe der gezogenen Zettel.

Beweis

Zunächst überlegen wir für zwei Würfel:

1) Ist f gerade, dann lässt sich die obige Überlegung nach der 2. Methode problemlos übertragen, und es ist für zwei Würfel $P(s_2$ ungerade$) = P(s_2$ gerade$) = \frac{1}{2}$. Dies sei die Induktionsvoraussetzung für einen Induktionsbeweis nach n.

Es gelte nun $P(s_n$ ungerade$) = \frac{1}{2}$. Wegen Unvereinbarkeit und Unabhängigkeit erhält man, wenn a_{n+1} die Augenzahl des $(n + 1)$-ten Würfels ist,

$P(s_{n+1}$ ungerade$) = P((s_n$ ungerade $\cap\ a_{n+1}$ gerade$) \cup (s_n$ gerade $\cap\ a_{n+1}$ ungerade$))$

$= P(s_n$ ungerade$)\cdot P(a_{n+1}$ gerade$) + P(s_n$ gerade$)\cdot P(a_{n+1}$ ungerade$)$

$= \frac{1}{2}\cdot\frac{1}{2} + \frac{1}{2}\cdot\frac{1}{2} = \frac{1}{2}$, q. e. d.

2) Ist f ungerade, dann gibt es $\frac{f+1}{2}$ Flächen mit ungeraden Augenzahlen und $\frac{f-1}{2}$ Flächen mit geraden Augenzahlen. Also erhält man wie oben wegen Unvereinbarkeit und Unabhängigkeit $P(s_2$ ungerade$) = P(a_1$ ungerade$)\cdot P(a_2$ gerade$) + P(a_1$ gerade$)\cdot P(a_2$ ungerade$) =$

$= 2\cdot\frac{f+1}{2f}\cdot\frac{f-1}{2f} = \frac{f^2-1}{2f^2} = \frac{1}{2}\left(1 - \frac{1}{f^2}\right)$ und damit für $P(s_2$ gerade$) = \frac{1}{2}\left(1 + \frac{1}{f^2}\right)$.

Damit ist die Behauptung richtig für $n = 2$, was wir als Induktionsvoraussetzung nehmen. Es gelte nun $P(s_n$ ungerade$) = \frac{1}{2}\left(1 + \frac{(-1)^{n+1}}{f^n}\right)$. Dann erhält man wie oben

$P(s_{n+1}$ ungerade$) = P(s_n$ ungerade$)\cdot P(a_{n+1}$ gerade$) + P(s_n$ gerade$)\cdot P(a_{n+1}$ ungerade$)$

$$= \frac{1}{2}\left(1 + \frac{(-1)^{n+1}}{f^n}\right) \cdot \frac{f-1}{2f} + \frac{1}{2}\left(1 - \frac{(-1)^{n+1}}{f^n}\right) \cdot \frac{f+1}{2f}$$

$$= \frac{1}{2}\left(\frac{f-1}{2f} + \frac{f+1}{2f} + \frac{(-1)^{n+1}(f-1) - (-1)^{n+1}(f+1)}{2f^{n+1}}\right) = \frac{1}{2}\left(1 + \frac{(-1)^{n+2}}{f^{n+1}}\right). \text{ Damit ergibt sich}$$

noch $P(s_{n+1}\text{ist gerade}) = 1 - \frac{1}{2}\left(1 + \frac{(-1)^{n+2}}{f^{n+1}}\right) = \frac{1}{2}\left(1 - \frac{(-1)^{n+2}}{f^{n+1}}\right)$, q. e. d.

Insgesamt gesehen sind also weder gerade noch ungerade Augensummen bevorzugt. Gott freut sich offenbar über jede Zahl – *numero deus omni gaudet.*

1774 LAPLACE / *Mémoire*: Welche Urne war's?

PIERRE SIMON LAPLACE stellt in seinem *Mémoire sur la Probabilité des causes par les évè-nemens* (Laplace 1774b) das folgende Prinzip auf:

> *Prinzip.* Falls ein Ereignis n verschiedenen Ursachen haben kann, dann verhalten sich die Wahrscheinlichkeiten dieser Ursachen, nachdem das Ereignis eingetreten ist, wie die Wahrscheinlichkeiten des Ereignisses, bedingt durch die Ursachen, und die Wahrschein-lichkeit des Vorhandenseins einer jeder von ihnen ist gleich der Wahrscheinlichkeit des Ereignisses auf Grund dieser Ursache, dividiert durch die Summe all dieser Wahrschein-lichkeiten des Ereignisses, bedingt durch jede dieser Ursachen.

LAPLACE liefert keinen Beweis für dieses Prinzip, sondern bringt das folgende Problem, das dieses Prinzip erhellen soll und das sich gleichzeitig seiner bedient.

> Ich nehme an, dass man mir zwei Urnen U_1 und U_2 vorstellt, deren erste w_1 weiße und s_1 schwarze Kugeln enthält; die zweite enthalte w_2 weiße und s_2 schwarze Kugeln. Ich ziehe [ohne Zurücklegen] aus einer dieser Urnen (ich weiß nicht aus welcher) $w + s$ Kugeln, von denen w weiß und s schwarz sind. Gefragt ist, mit welcher Wahrscheinlichkeit ist die Urne, aus der ich gezogen habe, U_1 oder U_2.

Lösung nach LAPLACE (1774b)

Ziehe ich aus U_1, dann ist die Wahrscheinlichkeit, dass ich w weiße und s schwarze Kugeln ziehe, gleich[283] $K_1 = \dfrac{\binom{w_1}{w}\binom{s_1}{s}}{\binom{w_1+s_1}{w+s}}$. Ziehe ich aber aus U_2, dann ergibt sich analog $K_2 = \dfrac{\binom{w_2}{w}\binom{s_2}{s}}{\binom{w_2+s_2}{w+s}}$.

Damit verhalten sich die Wahrscheinlichkeiten, dass ich aus U_1 oder U_2 gezogen habe, wie K_1 zu K_2. Und die Wahrscheinlichkeit, dass es sich um Urne U_1 handelt, ist $\dfrac{K_1}{K_1+K_2}$, dass es aber U_2 war, ist $\dfrac{K_2}{K_1+K_2}$.

Wir bringen zur Veranschaulichung das folgende Zahlenbeispiel. Bei der Wahl der verschie-denen Werte ist darauf zu achten, dass $n \le \min(w_1 + s_1, w_2 + s_2)$ und $w \le w_1 + w_2$ sein müssen.

---

[283] LAPLACE verwendet keine Binomialkoeffizienten, sondern schreibt statt dessen die entsprechenden Produkte.

Es sei $w_1 = 8$, $s_1 = 7$, $w_2 = 5$, $s_2 = 15$, $w = 4$ und $s = 2$. Dann ist $K_1 = \dfrac{\binom{8}{4}\binom{7}{2}}{\binom{15}{6}} = \dfrac{70 \cdot 21}{5005} = \dfrac{294}{1001}$

und $K_2 = \dfrac{\binom{5}{4}\binom{15}{2}}{\binom{20}{6}} = \dfrac{5 \cdot 105}{38\,760} = \dfrac{35}{2584}$. Also wurde mit der Wahrscheinlichkeit $\dfrac{\frac{294}{1001}}{\frac{294}{1001} + \frac{35}{2584}} =$

$\dfrac{15\,504}{16\,219} = 95{,}6\,\%$ aus Urne U_1 gezogen. Für die Wahrscheinlichkeit, dass man aus Urne U_2 gezogen hat, erhält entweder direkt oder über die Wahrscheinlichkeit des Gegenereignisses den Wert $\dfrac{715}{16\,219} = 4{,}4\,\%$.

Ergänzung. Die zweite Behauptung des Prinzips ist nichts anderes als die folgende Formel, die man bei THOMAS BAYES nicht findet, die aber zu Beginn des 20. Jh.s den Namen **BAYES'sche Regel** erhielt, nämlich

Bilden die Ereignisse $A_1, A_2, \ldots, A_n$ mit $P(A_i) \neq 0$ (für alle i) eine Zerlegung des Ergebnisraums Ω, und ist B ein Ereignis mit $P(B) \neq 0$, so gilt für jedes i:

$$P_B(A_i) = \frac{P(A_i) \cdot P_{A_i}(B)}{\sum\limits_{j=1}^{n} P(A_j) \cdot P_{A_j}(B)}.$$

Für $n = 2$ vereinfacht sich die BAYES'sche Regel zu:

Mit $A_1 = A$ und $A_2 = \overline{A}$ gilt $P_B(A) = \dfrac{P(A) \cdot P_A(B)}{P(A) \cdot P_A(B) + P(\overline{A}) \cdot P_{\overline{A}}(B)}$.

Im obigen Beispiel wendet LAPLACE diese vereinfachte Formel an. Um dies zu erkennen, identifizieren wir die Variablen von LAPLACE mit A und B:

Mit $A = $»Es wird aus U_1 gezogen«, $\overline{A} = $»Es wird aus U_2 gezogen« und $B = $»Es werden w weiße und s schwarze Kugeln gezogen« erhält man $P_A(B) = K_1$, $P_{\overline{A}}(B) = K_2$ und schließlich

$$P_B(A) = \frac{P(A) \cdot P_A(B)}{P(A) \cdot P_A(B) + P(\overline{A}) \cdot P_{\overline{A}}(B)} = \frac{\frac{1}{2} K_1}{\frac{1}{2} K_1 + \frac{1}{2} K_2} = \frac{K_1}{K_1 + K_2}.$$

1786 veröffentlicht LAPLACE nochmals ein Beispiel für die BAYES'sche Regel. Siehe S. 301.

1784 BORDA / *Histoire de l'Académie Royale*: Borda-Paradoxon

»*In electionibus ad hoc laboratur, ut plurimorum iudicio melior perficiatur*« – »Durch Wahlen soll erreicht werden, dass mittels Mehrheitsentscheidung der Beste an die Spitze gestellt wird«.

So NICOLAUS CUSANUS in seiner *De concordantia catholica* – »Allumfassende Eintracht« – (n. 245a), die er 1433/34 auf dem Konzil zu Basel verfasste. Stehen nur zwei Kandidaten zur

Verfügung, so gibt es keine Probleme.[284] Der Beste ist derjenige, der die Mehrheit der Stimmen erhält. Ganz anders ist aber die Situation, wenn aus drei oder noch mehr Kandidaten der Beste bestimmt werden soll. Schon NICOLAUS CUSANUS fährt im obigen Zitat fort:

> »et ad finem huius variae formae sunt inventae« – »und zu diesem Zweck sind verschiedene Verfahren entworfen worden.«

Ein von ihm selbst entworfenes Verfahren ist ebenso vergessen worden wie das von RAMON LLULL gegen Ende des 13. Jh.s aufgestellte. Erst die Zeit der Aufklärung weckte wieder das Interesse an diesem Problem. Und so trug JEAN-CHARLES CHEVALIER DE BORDA seine Ideen am 16. Juni 1770 in der *Académie Royale des Sciences* vor. Publiziert wurden sie als *Mémoire sur les élections au scrutin* im Band für 1781 der *Histoire de l'Académie Royale des Sciences* im Jahre 1784 (Seite 657–665).

Zur Verdeutlichung beschreiben wir zunächst für drei Kandidaten A, B und C zwei der möglichen Verfahren, bei denen vorausgesetzt wird, dass die individuelle Entscheidung jedes Wählers transitiv ist, d. h., wenn ein Wähler den Kandidaten A besser findet als den Kandidaten B und B besser als C, dann findet er auch A besser als C. Diese Situation beschreiben wir durch das Tripel ABC. Die verschiedenen Vorlieben lassen sich also als die sechs Permutationen aus A, B und C anschreiben. Bei einer Wahl muss jeder Wähler genau eine dieser Permutationen ankreuzen. Stellen wir uns nun vor, dass n Wähler folgende Entscheidung getroffen haben:

$$\text{ABC } n_1 \qquad \text{BAC } n_3 \qquad \text{CAB } n_5$$
$$\text{ACB } n_2 \qquad \text{BCA } n_4 \qquad \text{CBA } n_6 \qquad \text{mit } n_1 + n_2 + n_3 + n_4 + n_5 + n_6 = n.$$

Beim *ersten Verfahren* zählt man nur die Erststimmen. In diesem Fall gilt:

A liegt vor B genau dann, wenn $n_1 + n_2 > n_3 + n_4$. Gewählt ist, wer die meisten Erststimmen erzielt. – Bei diesem, meist üblichen Verfahren geht allerdings die Information verloren, wie die Zweit- und Drittstimmen verteilt sind. Es hätte also auch genügt, auf dem Wahlzettel statt der Tripel nur die Kandidaten A, B und C aufzuführen.

Beim *zweiten* Verfahren vergleicht man die Kandidaten paarweise so miteinander, dass auch die Zweit- und Drittstimmen gewertet werden. In diesem Fall gilt:

A liegt vor B genau dann, wenn $n_1 + n_2 + n_5 > n_3 + n_4 + n_6$. Gewählt ist derjenige, der seine *beiden* Konkurrenten übertrifft. Genau dieses Vorgehen hat LLULL als richtig vorgeschlagen.[285]

Damit können wir das Problem angehen, das BORDA in seinem *Mémoire* behandelt. Wir fassen seine Darstellung zusammen.

---

[284] Statt der Wahl von Kandidaten kann man natürlich allgemeiner von einer Entscheidung zwischen verschiedenen Möglichkeiten sprechen.

[285] LLULL verfasste vor 1283 sein *Artifitium electionis personarum*. Dieser für verschollen gehaltene Traktat wurde 2000 von GÜNTER HÄGELE und FRIEDRICH PUKELSHEIM in der Biblioteca Apostolica Vaticana, *Codex Vaticanus latinus 9332*, identifiziert. Um 1283 schrieb LLULL seinen Entwicklungsroman *Blaquerna*. In dessen 24. Kapitel *En qual manera Natana fo eleta a abadesa* entwickelt er für die Wahl seiner Romanheldin Natanne zur Äbtissin sein Wahlverfahren. 1299 verfasste er seinen auch für verschollen gehaltenen Traktat *De Arte eleccionis*, von dem man annimmt, dass ihn CUSANUS 1428 während seines Studiums in Paris gelesen hat. 1937 entdeckte MARTIN HONECKER im *Codex Cusanus 83* eine während oder nach dem Basler Konzil angefertigte Abschrift dieses LLULL'schen Traktats.

21 Personen sollen aus den drei Kandidaten A, B und C einen auswählen. Dazu kreuzt jeder Wähler genau eine der sechs Permutationen aus A, B und C an. Die Auswertung der 21 Stimmzettel ergab:

| ABC 1 | BAC 0 | CAB 0 |
| ACB 7 | BCA 7 | CBA 6 |

Welcher Kandidat wird als Bester gewählt?

Lösung nach BORDA (1784)

Wird das 1. Verfahren zur Auszählung der Stimmen angewandt, dann entfallen auf A 8 Stimmen, auf B 7 und auf C 6. Somit ist A gewählt. B ist Zweiter und C Dritter. Das Wahlergebnis kann man symbolisch als A→B→C schreiben.

Man würde erwarten, dass dieses scheinbar eindeutige Ergebnis sich auch beim 2. Verfahren, dem paarweisen Vergleich, ergeben würde, da man ja annehmen darf, dass bei der paarweisen Wahl die Stimmabgabe gemäß den obigen Präferenzen erfolgt. Es zeigt sich aber, dass A mit 1 + 7 = 8 Stimmen vor B liegt und somit B mit 13 Stimmen vor A. Ebenso ergibt sich, dass A mit 8 Stimmen vor C und somit C mit 13 Stimmen vor A liegt, und schließlich, dass B mit 8 Stimmen vor C und somit C mit 13 Stimmen vor B. Da C sowohl gegen B als auch gegen A siegt, ist er der Gewinner der Wahl. Insgesamt ergibt sich jetzt C→B→A, also die Umkehrung des obigen Ergebnisses. Dieses Phänomen heißt Borda-Paradoxon.

Bereits im *Neuen Testament* fand dieser Effekt seinen sprachlichen Niederschlag. Denn bei Mt. 20,16 liest man:

»Es werden die Letzten Erste sein und die Ersten Letzte.«

BORDA bemerkt auf Seite 663, dass eine paarweise Abstimmung bei einer größeren Anzahl von Kandidaten wegen der vielen Paarungen lästig wäre.

Um diesen Schwierigkeiten aus dem Wege zu gehen, schlägt BORDA, der die Berücksichtigung der Zweit- und Drittstimmen für richtig hält, folgendes Wahlverfahren vor. Er nennt es *élection par ordre de mérite*, was sich als *Wahl per Rangfolge* übersetzten lässt. Jeder Wähler bewertet die Kandidaten gemäß seiner Präferenz mit Punkten. Allgemein erhält der Letztplatzierte a Punkte, der Vorletzte $a + b$ Punkte, der Drittletzte $a + 2b$ Punkte, usw. Mit $a = b = 1$ ergibt sich für obige Wahl gemäß der sechs Tripel

A erhält $8 \cdot 3 + 13 \cdot 1 = 37$ Punkte,
B erhält $7 \cdot 3 + 7 \cdot 2 + 7 \cdot 1 = 42$ Punkte,
C erhält $6 \cdot 3 + 14 \cdot 2 + 1 \cdot 1 = 47$ Punkte.

Wie beim 2. Verfahren ergibt sich in diesem Fall auch C→B→A.

Genau dieses Verfahren hat NICOLAUS CUSANUS 1433/34 für die Wahl des deutschen Königs im *Liber tres* seiner *De concordantia catholica* vorgeschlagen.[286]

Anmerkung. Bei Sportwettkämpfen werden üblicherweise nur die Erstresultate gezählt. Im Fall der Gleichheit zweier Ergebnisse werden auch die Zweit- und Drittresultate gewertet. Bei Olympia wird der Medaillenspiegel auf Grund der Anzahl der gewonnenen Goldmedaillen erstellt. Bei Gleichstand werden die gewonnenen Silber- und ggf. auch die Bronzemedaillen für die Wertung herangezogen. Analog entscheidet man bei den Wurf- und Sprungwettbewerben. Bei gleicher maximaler Weite zieht man zur Entscheidung auch die Zweit- und ggf. die Drittweiten heran.

---

[286] Siehe hierzu Hägele/Pukelsheim (2004)

1785 CONDORCET / Essai: Condorcet-Paradoxon

MARIE JEAN ANTOINE NICOLAS CARITAT, Marquis de CONDORCET, handelt 1785 in der 9. Hypothese seines *Essai sur l'Application de l'Analyse à la Probabilité des Décisions rendues à la Pluralité des Voix* über Probleme im Zusammenhang mit Gerichtsentscheidungen. Im 4. Beispiel hierzu (Seite lvj) geht es um die Wahl von Kandidaten. Die Entscheidung kann nach einem der Verfahren vorgenommen werden, die wir oben in **1784 BORDA** beschrieben haben. Wir fassen zusammen.

---

60 Personen sollen aus den drei Kandidaten A, B und C einen auswählen. Auf dem Wahlzettel stehen die sechs Permutationen, die man aus A, B und C bilden kann. Jeder Wähler kreuzt genau eine dieser Möglichkeiten an. Die Auswertung der 60 Stimmzettel ergab (Seite lviij):

ABC 0	BAC 0	CAB 2
ACB 23	BCA 19	CBA 16

Welcher Kandidat wird gewählt werden?

Lösung nach CONDORCET (1785):

Nach dem 1. Verfahren, bei dem nur die Erststimmen gewertet werden, ergibt sich A→B→C; denn A liegt mit 23 Stimmen vorne, und zwar vor B, der 19 Stimmen erhielt, und vor C mit 18 Stimmen. Also ist A gewählt, B ist Zweitplatzierter und C Letzter.

Beim 2. Verfahren, dem paarweisen Vergleich, liegt B mit 35 Stimmen vor A, C mit 37 Stimmen vor A und C mit 41 Stimmen vor B. Weil dies jeweils die Mehrheitsentscheidung der 60 Wähler ist, liegt also C vor B und B vor A. Also ist C gewählt, B ist weiterhin Zweitplatzierter, aber der Sieger A bei der Dreierwahl hat jetzt das schlechteste Ergebnis erzielt. Es gilt C→B→A, also die Umkehrung des obigen Ergebnisses. Das Borda-Paradoxon hat sich wieder eingestellt.[287] CONDORCET hält das 2. Verfahren für das angemessene und kämpft dafür gegen seinen Rivalen BORDA, obwohl er erkennt, dass es zu einem erheblichen Problem führt.

Auf Seite lxj nämlich sagt CONDORCET, dass sich das obige Dreierwahl-Ergebnis A→B→C mit der Stimmverteilung 23 : 19 : 18 auch bei einer anderen Präferenzsituation ergeben kann, so z. B. bei ABC: 23 ACB: 0 BAC: 2 BCA: 17 CAB: 10 CBA: 8.

Das 2. Verfahren führt bei diesem Ergebnis zu der paradoxen Situation, dass A mit 33 Stimmen vor B liegt, B mit 42 Stimmen vor C, aber C mit 35 Stimmen vor A. Hier ergibt das 2. Verfahren keinen Sieger!

Der Grund hierfür ist, dass die Relation »A liegt vor B« jetzt nicht-transitiv, sondern zyklisch ist. Da CONDORCET wohl als Erster auf dieses paradoxe Verhalten einer Relation hingewiesen hat, heißt es ihm zu Ehren

---

[287]   Obwohl CONDORCET 1784 in der *Histoire de l'Académie für 1781* (S. 31–34) als ihr *secrétaire perpetuel* den BORDA-Artikel ankündigt, erwähnt er BORDA in seinem *Essai* mit keinem Wort. Auf Seite clxxix behauptet er sogar in einer Fußnote, er habe von dem Wahlverfahren eines »berühmten Mathematikers« vor der Drucklegung seines eigenen Werks nichts gewusst.

Condorcet-Paradoxon

$$A \rightarrow B \wedge B \rightarrow C \not\Rightarrow A \rightarrow C$$
Es kann nämlich gelten
$$A \rightarrow B \rightarrow C$$

Das so genannte Paradoxe ist das Folgende: Die individuelle Entscheidung bei der Dreier-wahl ist in jedem Fall transitiv; denn wenn sich ein Wähler für $A \rightarrow B \rightarrow C$ entscheidet, dann entscheidet er sich auch für $A \rightarrow B \wedge B \rightarrow C$, aber natürlich auch für $A \rightarrow C$. Aus der Gesamt-heit aller 60 Entscheidungen, also aus der kollektiven Entscheidung, kann man auch paar-weise Präferenzen erschließen. Diese können aber unter Umständen die Reihenfolge auf den Kopf stellen oder sogar zyklisch sein.

BORDAs Verfahren hätte in diesem Fall zu $B \rightarrow A \rightarrow C$ mit $A : B : C = 118 : 129 : 113$ geführt.

SYLVESTRE-FRANÇOIS LACROIX geht 1816 in seinem *Traité élémentaire du Calcul des Pro-babilités* auf Seite 247 ff. auf das Wahlproblem unter Bezugnahme auf BORDA und CON-DORCET ein, ohne jedoch das Paradoxon zu erwähnen. Damit scheint es in Vergessenheit ge-raten zu sein, bis es für kurze Zeit CHARLES LUTWIDGE DODGSON wieder zum Leben er-weckte.[288] Erst in den 1940ern erlangte es in der Sozialwahltheorie wieder Bedeutung.

1950 ARROW / *Journal of Political Economy*: Condorcet-Paradoxon

KENNETH ARROW behandelt in seinem Aufsatz *The Concept of Social Welfare*, erschienen 1950 im *Journal of Political Economy* **58**, 4, auf Seite 329 eine Grenzsituation des Condor-cet-Paradoxons.

Drei Personen 1, 2 und 3 haben die Wahl zwischen A, B und C. 1 entscheidet sich für $A \rightarrow B \rightarrow C$, 2 für $B \rightarrow C \rightarrow A$ und 3 für $C \rightarrow A \rightarrow B$, d. h. jede Präferenzfolge wird von einem Drittel der Wähler gewählt. Daraus ergibt sich eine Zweidrittelmehrheit für $A \rightarrow B$ und eine Zweidrittelmehrheit für $B \rightarrow C$. Man möchte nun meinen, dass sich damit auch eine Mehrheit für $A \rightarrow C$ ergibt. Dem ist aber nicht so; denn nach dem Obigen ergibt sich auch eine Zwei-drittelmehrheit für $C \rightarrow A$. Weder A noch B noch C gehen als Beste hervor.

Eine amüsante Interpretation dieser Situation stammt von dem ungarischen Mathematiker PAUL RICHARD HALMOS: In einem Café werden täglich nur zwei von den drei »Kuchen« Ap-felkuchen (A), Bananentorte (B) und Cocosschnitten (C) angeboten. HALMOS hat bezüglich dreier für ihn gleichwertiger Merkmale folgende Vorlieben: Geschmack: $A \rightarrow B \rightarrow C$, Frische $B \rightarrow C \rightarrow A$, Größe $C \rightarrow A \rightarrow B$. D. h., HALMOS isst lieber Apfelkuchen als Bananentorte, lieber Bananentorte als Cocosschnitten und lieber Cocosschnitten als Apfelkuchen. Wehe ihm, wenn eines Tages einmal alle drei »Kuchen« vorhanden sein sollten!

---

[288] Dodgson (1876) und Dodgson (1885).

1970 EFRON / *Scientific American*: **Nicht-transitive Würfel**

Auf einer Autotour durch British Columbia (Kanada) entwarf BRADLEY EFRON »*purely for fun*« drei Sätze von jeweils vier Würfeln für ein nicht-transitives Spiel[289]: In jedem Satz gibt es zu jedem Würfel einen anderen Würfel, der gemäß den Spielregeln besser ist als der zuerst gewählte Würfel. EFRON veröffentlichte seine Idee nicht, sondern sandte eine kurze Nachricht an MARTIN GARDNER,[290] der seit vielen Jahren im *Scientific American* unter dem Titel *Mathematical Games* allerlei interessante mathematische Probleme behandelte.

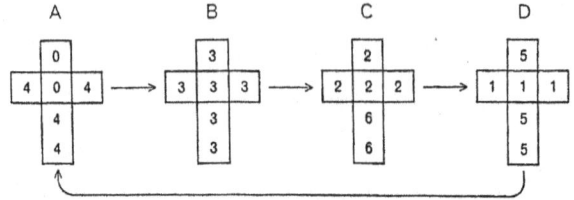

EFRONs erster Würfelsatz

Im Dezember 1970 berichtete GARDNER dann in Nr. **223**, 6, Seite 110 von einem »überraschend neuen Paradoxon« zur Nichttransitivität von Relationen. De facto ist es kein überraschend neues Paradoxon, sondern das altbekannte Condorcet-Paradoxon, hier für vier Alternativen. Zu EFRONs erstem Würfelsatz schreibt GARDNER:

> »Mit ihnen kann man ein Spiel veranstalten, das so sehr der Intuition widerspricht, dass sogar erfahrene Spieler es nahezu unmöglich finden, zu einer Erklärung zu kommen, selbst nach vollständiger Analyse.«

EFRON-Würfel. Man spielt mit den vier abgebildeten Würfeln. Spieler S überlasst Spieler T die Wahl eines Würfels aus den vieren. Jeder wirft einmal. Gewonnen hat, wer die höhere Augenzahl wirft. Zeige: Unabhängig von der Wahl des T kann S immer einen Würfel aus den drei verbliebenen wählen, mit dem er mit 2 : 1 im Vorteil gegenüber T ist.

Lösung[291]

Wir bezeichnen mit $X \to Y$ die Relation »*X ist im Vorteil gegenüber Y*« und zeigen, dass die in der Abbildung angegebene »Überraschung« $A \to B \to C \to D \to A$ zutrifft. Zu jedem Würfel gibt es also einen besseren.

$$P(A \to B) = P(A = 4 \wedge B = 3) = P(A = 4) \cdot P(B = 3) = \tfrac{2}{3} \cdot 1 = \tfrac{2}{3},$$

$$P(B \to C) = P(B = 3 \wedge C = 2) = P(B = 3) \cdot P(C = 2) = 1 \cdot \tfrac{2}{3} = \tfrac{2}{3},$$

$$P(C \to D) = P(C = 6 \vee (C = 2 \wedge D = 1)) = P(C = 6) + P(C = 2) \cdot P(D = 1) = \tfrac{1}{3} + \tfrac{2}{3} \cdot \tfrac{1}{2} = \tfrac{2}{3},$$

$$P(D \to A) = P(D = 5 \vee (D = 1 \wedge A = 0)) = P(D = 5) + P(D = 1) \cdot P(A = 0) = \tfrac{1}{2} + \cdot \tfrac{1}{3} = \tfrac{2}{3}.$$

Entgegen der Intuition ist also der Spieler im Nachteil, der frei unter den vier Würfeln wählen darf.

---

[289]   Ein weit verbreitetes nicht-transitives Knobel-Spiel ist das alte »Papier–Stein–Schere«-Spiel,

[290]   Diese Details verdanken wir einer E-Mail-Korrespondenz mit BRADLEY EFRON vom 30. Juni/1. Juli 2012.

[291]   GARDNER bringt keinen Lösungsweg.

Man könnte die Auffassung vertreten, dass der Erwartungswert der Augenzahlen eines Würfels ein Maß für die »Güte« des Würfels ist. Für die EFRON-Würfel ergibt sich

$$E(A) = \frac{1}{3} \cdot 0 + \frac{2}{3} \cdot 4 = \frac{8}{3} = 2\frac{2}{3}, E(B) = 3 \cdot 1 = 3, \quad E(C) = 2 \cdot \frac{2}{3} + 6 \cdot \frac{1}{3} = \frac{10}{3} = 3\frac{1}{3} \text{ und}$$

$$E(D) = 1 \cdot \frac{1}{2} + 5 \cdot \frac{1}{2} = 3.$$

Entgegen der oben gewonnen Ergebnisse gibt es nun einen besten Würfel, nämlich C, und einen schlechtesten, nämlich A, wohingegen B und D gleich gut sind. Offensichtlich ist die Verwendung des Erwartungswerts bei der obigen Spielregel nicht zielführend. Hätte man aber nach der Regel gespielt, dass S und T ihren Würfel sehr oft, z. B. 60-mal werfen, und dass derjenige gewonnen hat, der die größere Augensumme erzielt, dann ergäbe sich

$C \rightarrow {\displaystyle{B \atop D}} \rightarrow A$. Denn die zu erwartenden Augensummen sind bei A $60 \cdot \frac{8}{3} = 160$, bei B $60 \cdot 3 =$

180, bei C $60 \cdot \frac{10}{3} = 200$ und bei D $60 \cdot 3 = 180$. C ist jetzt wirklich die beste Wahl. Bei einer Vielzahl von Versuchen ist also der Erwartungswert entscheidend, bei einem Einzelspiel hingegen die Gewinnwahrscheinlichkeit.

1786 LAPLACE / *Mémoire*: Welche Mischung war's?

1783 bringt PIERRE SIMON LAPLACE im Abschnitt XXXIV des zweiten Teils seines *Mémoire sur les approximations des formules qui sont fonctions de très-grands nombres*, veröffentlicht 1786, nochmals ein Beispiel für die BAYES'sche Regel. Dabei nennt er die Wahrscheinlichkeiten der Ursachen, also die $P(A_i)$, *a-priori-Wahrscheinlichkeiten*; die Wahrscheinlichkeiten $P_B(A_i)$ sind dementsprechend *a-posteriori-Wahrscheinlichkeiten*.[292]

> Eine Urne enthält drei Kugeln; jede ist entweder schwarz oder weiß. Das Mischungsverhältnis ist unbekannt. Es werde *n*-mal eine Kugel mit Zurücklegen gezogen; jedes Mal ist die Kugel weiß. Gefragt ist nach den Wahrscheinlichkeiten für ein bestimmtes Mischungsverhältnis.

Lösung nach LAPLACE (1786)

Offensichtlich kann man *a priori* nur vier Hypothesen aufstellen, nämlich A_i = »Die Urne enthält *i* weiße Kugeln«, $i = 0, 1, 2, 3$. Da es keinen Grund gibt, eine dieser Hypothesen zu bevorzugen, sind die a-priori-Wahrscheinlichkeiten $P(A_i)$ gleich, nämlich ¼. Sei H_n = »Es wird *n*-mal eine weiße Kugel gezogen«, dann gilt offenbar $P_{A_i}(H_n) = \left(\frac{i}{3}\right)^n$. Damit erhält man nach der BAYES'schen Regel für die gesuchten a-posteriori-Wahrscheinlichkeiten

$$P_{H_n}(A_i) = \frac{P(A_i) \cdot P_{A_i}(H_n)}{\sum\limits_{j=0}^{3} P(A_j) \cdot P_{A_j}(H_n)} = \frac{\frac{1}{4} \cdot \left(\frac{i}{3}\right)^n}{\sum\limits_{j=0}^{3} \frac{1}{4} \cdot \left(\frac{j}{3}\right)^n} = \frac{i^n}{1^n + 2^n + 3^n}.$$

---

[292] *a priori* (lat.) = von vornherein, aus Vernunftgründen, unabhängig von der Erfahrung; *a posteriori* (lat.) = im Nachhinein, aus der Erfahrung gewonnen. Beide Ausdrücke gehen auf JAKOB BERNOULLI zurück (Teil IV der *Ars conjectandi*).

Zur Illustration der Formel bringen wir drei Beispiele:

$\underline{n = 1}$. Dann ist $P_{H_1}(A_0) = 0$, $P_{H_1}(A_1) = \frac{1}{6} = 16{,}7\%$, $P_{H_1}(A_2) = \frac{2}{6} = 33{,}3\%$, $P_{H_1}(A_3) = \frac{3}{6}$ $= 50{,}0\%$.

$\underline{n = 2}$. Dann ist $P_{H_2}(A_0) = 0$, $P_{H_2}(A_1) = \frac{1}{14} = 7{,}1\%$, $P_{H_2}(A_2) = \frac{4}{14} = 28{,}6\%$, $P_{H_2}(A_3) = \frac{9}{14}$ $= 64{,}3\%$. Die Wahrscheinlichkeit, dass man aus der rein-weißen Urne gezogen hat, nimmt zu.

Für $\underline{n \to \infty}$ ergibt sich $\lim\limits_{n\to\infty} P_{H_n}(A_i) = \lim\limits_{n\to\infty} \dfrac{\left(\frac{i}{3}\right)^n}{\left(\frac{1}{3}\right)^n + \left(\frac{2}{3}\right)^n + 1^n} = \begin{cases} 0 & \text{für } i = 0,\,1,\,2 \\ 1 & \text{für } i = 3 \end{cases}$, wie zu erwarten.

Zusatz. Auf Seite 282 haben PREVOST und LHUILIER in Zusammenhang mit dem Problem des Sonnenaufgangs die allgemeine Antwort auf die Frage nach der Wahrscheinlichkeit gegeben, dass beim nächsten Zug wieder eine weiße Kugel gezogen wird, nachdem bisher nur weiße Kugeln gezogen wurden. Am konkreten Beispiel der Aufgabe von LAPLACE gewinnt man die Antwort wie folgt:

Mit Hilfe der Formel von der totalen Wahrscheinlichkeit erhält man

$$P(H_n) = \sum_{i=0}^{3} P(A_i)\cdot P_{A_i}(H_n) = \frac{1}{4}\left(\left(\frac{0}{3}\right)^n + \left(\frac{1}{3}\right)^n + \left(\frac{2}{3}\right)^n + \left(\frac{3}{3}\right)^n\right) = \frac{1}{4}\sum_{i=0}^{3}\left(\frac{i}{3}\right)^n \text{ und damit}$$

$$P_{H_n}(H_{n+1}) = \frac{P(H_n \cap H_{n+1})}{P(H_n)} = \frac{P(H_{n+1})}{P(H_n)} = \frac{\frac{1}{4}\sum\limits_{i=0}^{3}\left(\frac{i}{3}\right)^{n+1}}{\frac{1}{4}\sum\limits_{i=0}^{3}\left(\frac{i}{3}\right)^n} = \frac{\sum\limits_{i=0}^{3}i^{n+1}}{3\sum\limits_{i=0}^{3}i^n}, \text{ also genau das Ergebnis von}$$

PREVOST und LHUILIER.

1. Hälfte des 19. Jahrhunderts

1805 CONDORCET / *Élémens*:
Neue a-priori-Wahrscheinlichkeiten

BAYES' *Essay* wurde zwar nach 1780 bekannt, aber erst um die Wende zum 20 Jh. wissenschaftlich gewürdigt. Umso stärker war bis dahin der Einfluss von LAPLACEns *Mémoire* von 1774, das die BAYES'sche Regel zur Grundlage eines immer noch umstrittenen statistischen Schließens machte: Man fasst die Ereignisse A_i als nicht unbedingt kausale »Ursachen«, sondern besser als »Hypothesen«[293] auf, die das Eintreten eines Ereignisses B ermöglichen. $P_{A_i}(B)$ ist dann die Wahrscheinlichkeit dafür, dass B eintritt, wenn A_i vorliegt. Die Wahrscheinlichkeiten $P_{A_i}(B)$ seien bekannt. Aus bestimmten Gründen werden vor Ausführung des Experiments den Hypothesen A_i bestimmte Wahrscheinlichkeiten $P(A_i)$ zugeordnet, die LAPLACE a-priori-Wahrscheinlichkeiten nannte. Weiß man über die Hypothesen A_i nichts, dann kann man sie als gleichwahrscheinlich annehmen, wie BAYES im *Scholium*[294] seines *Essay*s und LAPLACE in seinen beiden Artikeln. Diese Annahme der Gleichwahrscheinlichkeit nannte 1921 JOHN MAYNARD KEYNES *principle of indifference*[295] in seinem *A Treatise on Probability* (S. 52 f.). Sie ist willkürlich und müsste daher in jedem Fall begründet werden.

Nun trete bei einem Versuch das Ereignis B ein. Dann ist $P_B(A_i)$ für jedes i die a-posteriori-Wahrscheinlichkeit dafür, dass A_i »Ursache« von B war, oder dass B unter der »Hypothese« A_i eingetreten ist. Diese Information kann man dazu verwenden, die a-priori-Wahrscheinlichkeiten $P(A_i)$ zu modifizieren. Zur Veranschaulichung diene das folgende

Beispiel. Eine Urne enthalte entweder vier weiße und zwei schwarze Kugeln (Hypothese A_1) oder drei weiße und drei schwarze Kugeln (Hypothese A_2). Da man nicht weiß, mit welcher Wahrscheinlichkeit welcher Urneninhalt vorliegt, nehmen wir an, dass jeder Inhalt mit der a-priori-Wahrscheinlichkeit $P(A_1) = P(A_2) = \frac{1}{2}$ vorliegt. Man zieht eine Kugel mit Zurücklegen; sie ist weiß (Ereignis B). Wie sollte man daraufhin die a-priori-Wahrscheinlichkeiten modifizieren? Mit der BAYES'schen Regel erhält man

$$P_B(A_1) = \frac{\frac{1}{2} \cdot \frac{2}{3}}{\frac{1}{2} \cdot \frac{2}{3} + \frac{1}{2} \cdot \frac{1}{2}} = \frac{\frac{1}{3}}{\frac{7}{12}} = \frac{4}{7} \text{ und } P_B(A_2) = \frac{\frac{1}{2} \cdot \frac{1}{2}}{\frac{1}{2} \cdot \frac{2}{3} + \frac{1}{2} \cdot \frac{1}{2}} = \frac{\frac{1}{4}}{\frac{7}{12}} = \frac{3}{7}.$$

Man wird künftig also davon ausgehen, dass mit der neuen a-priori-Wahrscheinlichkeit $\frac{4}{7}$ die Hypothese A_1, mit der neuen a-priori-Wahrscheinlichkeit $\frac{3}{7}$ die Hypothese A_2 vorliegt.

---

[293] ὑπόθεσις (hypóthesis) = das Untergelegte, die Annahme

[294] σχόλιον (s-cholion) = kurze Erklärung, Erläuterung

[295] Frühere Autoren sprachen vom *principle of insufficient reason*.

Zieht man unter dieser Vorstellung erneut eine weiße Kugel (Ereignis C), dann kann man die Wahrscheinlichkeiten für die Hypothesen weiter modifizieren, in der Hoffnung, der Wahrheit immer näher zu kommen:

$$P_C(A_1) = \frac{\frac{4}{7}\cdot\frac{2}{3}}{\frac{4}{7}\cdot\frac{2}{3} + \frac{3}{7}\cdot\frac{1}{2}} = \frac{\frac{8}{21}}{\frac{25}{42}} = \frac{16}{25} \text{ und } P_C(A_2) = \frac{\frac{3}{7}\cdot\frac{1}{2}}{\frac{4}{7}\cdot\frac{2}{3} + \frac{3}{7}\cdot\frac{1}{2}} = \frac{\frac{3}{14}}{\frac{25}{42}} = \frac{9}{25}.$$

Diese Gedanken illustriert MARIE JEAN ANTOINE NICOLAS CARITAT, Marquis de CONDORCET, auf Seite 65 ff. seiner *Élémens du calcul des probabilités*, die postum erst 1805 erschienen, an einem »etwas komplizierterem« **Beispiel**.

Ich nehme an, dass in einer Urne eine bestimmte Anzahl von weißen und schwarzen Kugeln liegen, z. B. insgesamt vier. Ich ziehe eine dieser Kugeln und lege sie wieder zurück. Dann ziehe ich ein zweites Mal und verfahre wieder so. Usw. Jedesmal notiere ich die Farbe der gezogenen Kugel. Stellen wir uns nun vor, ich habe drei weiße und eine schwarze Kugel gezogen. Man kann mich nun nach der Wahrscheinlichkeit fragen, dass in der Urne vier weiße Kugeln oder drei weiße und eine schwarze, oder zwei weiße und zwei schwarze oder eine weiße und drei schwarze Kugeln sind oder vier schwarze. [...] Jetzt frage ich nach der Wahrscheinlichkeit dafür, dass ich beim nächsten Zug wieder eine weiße Kugel ziehe. – Welche Antworten ergeben sich auf CONDORCETs Fragen?

Lösung nach CONDORCET (1805)

Das Ereignis B = »Drei weiße und eine schwarze Kugel« ist unter einer der Hypothesen A_i = »Es handelt sich um Füllung i« eingetreten, wobei $i = 0, 1, 2, 3, 4$ die Anzahl der schwarzen Kugeln in der Urne ist. Da man nicht weiß, wie die Urne gefüllt wurde, nimmt man an, dass alle Hypothesen A_i mit gleicher a-priori-Wahrscheinlichkeit $P(A_i) = \frac{1}{5}$ zutreffen. B wird unter der Hypothese A_i mit der Wahrscheinlichkeit $P_{A_i}(B) = \binom{4}{3}\left(\frac{4-i}{4}\right)^3\left(\frac{i}{4}\right)^1$ eintreten. Es gilt also die nebenstehende Tabelle.

Für den fünften Zug werden den Hypothesen A_i die neuen, nämlich die auf Grund

i	0	1	2	3	4
$P_{A_i}(B)$	$\frac{0}{64}$	$\frac{27}{64}$	$\frac{16}{64}$	$\frac{3}{64}$	$\frac{0}{64}$

des eingetretenen Ereignisses B mittels der BAYES'schen Regel berechneten a-posteriori-Wahrscheinlichkeiten $P_B(A_i)$ zugrunde gelegt. Aus

$$P_B(A_i) = \frac{P(A_i)\cdot P_{A_i}(B)}{\sum_{k=0}^{4} P(A_k)\cdot P_{A_k}(B)} = \frac{P(A_i)\cdot P_{A_i}(B)}{\frac{1}{5}\cdot\frac{0}{64}+\frac{1}{5}\cdot\frac{27}{64}+\frac{1}{5}\cdot\frac{16}{64}+\frac{1}{5}\cdot\frac{3}{64}+\frac{1}{5}\cdot\frac{0}{64}} = \frac{5\cdot 64}{46}\cdot P(A_i)\cdot P_{A_i}(B)$$

erhält man die nebenstehende Tabelle.

i	0	1	2	3	4
$P_{A_i}(B)$	$\frac{0}{46}$	$\frac{27}{46}$	$\frac{16}{46}$	$\frac{3}{46}$	$\frac{0}{46}$

Man wird also für den fünften Zug davon ausgehen, dass mit der Wahrscheinlichkeit $P_B(A_0) = 0$ die Hypothese A_0, mit $P_B(A_1) = \frac{27}{46}$ die Hypothese A_1, mit $P_B(A_2) = \frac{16}{46}$ die Hypothese A_2, mit $P_B(A_3) = \frac{3}{46}$ die Hypothese A_3 und mit $P_B(A_4) = 0$ die Hypothese A_4 vorliegt.

Mit diesen Wahrscheinlichkeiten gilt für das Ereignis C = »Beim 5. Zug weiß«:

$$P(C) = \sum_{k=0}^{4} P_B(A_k)\cdot P_{A_k}(C) = 0\cdot 1 + \frac{27}{46}\cdot\frac{3}{4} + \frac{16}{46}\cdot\frac{2}{4} + \frac{3}{46}\cdot\frac{1}{4} + 0\cdot 0 = \frac{29}{46}.$$

1812 LAPLACE *Théorie Analytique*: Immer schwärzer

PIERRE SIMON DE LAPLACE behandelt 1812 in seiner *Théorie Analytique des Probabilités* (S. 284) die folgende Aufgabe:

> 17. **Considérons une urne *A* renfermant un très-grand nombre *n* de boules blanches et noires, et supposons qu'à chaque tirage, on tire une boule de l'urne, et qu'on la remplace par une boule noire. On demande la probabilité qu'après *r* tirages, le nombre des boules blanches sera *x*.**

Betrachten wir eine Urne A, die eine sehr große Anzahl n von weißen und schwarzen Kugeln enthält, und nehmen wir an, dass man jedes Mal, wenn man eine Kugel aus der Urne zieht, sie durch eine schwarze ersetzt. Gesucht ist die Wahrscheinlichkeit, dass nach r Zügen die Anzahl der weißen Kugeln gleich x sei.

Lösung nach LAPLACE (1812)

LAPLACE macht erstaunlicherweise keine Aussage über das Mischungsverhältnis in der Urne. Er bezeichnet die gesuchte Wahrscheinlichkeit mit $p_{x,r}$. Nach dem nächsten Zug wird sie zu $p_{x,r+1}$. Damit aber nach dem $(r+1)$-ten Zug x weiße Kugeln in der Urne sind, müssen entweder nach dem r-ten Zug $x+1$ weiße Kugeln in der Urne gewesen sein – die Wahrscheinlichkeit hierfür ist $p_{x+1,r}$ –, und beim $(r+1)$-ten Zug wurde weiß gezogen – die Wahrscheinlichkeit hierfür ist $\frac{x+1}{n}$ –, oder es waren x weiße Kugeln in der Urne und es wurde schwarz gezogen mit der Wahrscheinlichkeit $\frac{n-x}{n}$. Damit erhält man $p_{x,r+1} = \frac{x+1}{n} p_{x+1,r} + \frac{n-x}{n} p_{x,r}$. Ohne weitere genauere Angaben zu machen gelangt LAPLACE mit mathematischen Methoden, die bei weitem unsere Möglichkeiten übersteigen, zu einer Differentialgleichung.

Im Folgenden präzisiert LAPLACE die Aufgabe und macht nun eine Aussage über den Urneninhalt. Er füllt die Urne nach folgendem Zufallsprozess: Ein gerades reguläres Prisma mit p weißen und q schwarzen Seiten werde n-mal geworfen, $p, q \geq 1$. Fällt das Prisma auf eine weiße Seite, wird eine weiße Kugel in die Urne gelegt und vice versa. Dabei können $n+1$ mögliche Urnenfüllungen entstehen. Die Urnenfüllung kann man beschreiben durch eine Zufallsgröße A = »Anzahl der weißen Kugeln in der Urne«; sie nimmt die Werte $0, 1, ..., n$ mit der Wahrscheinlichkeit $P(A = i) = \binom{n}{i}\left(\frac{p}{p+q}\right)^i\left(\frac{q}{p+q}\right)^{n-i}$ an. Bei diesem Zufallsprozess lässt sich offenbar nicht erreichen, dass die a-priori-Wahrscheinlichkeiten für die Urnenfüllungen gleich groß sind.

Wir verlassen jetzt die Welt von LAPLACE und reduzieren sein Problem auf die folgende Fragestellung. Es sei $n = 3$. Das ergibt vier mögliche Urnenfüllungen. Gesucht ist die Wahrscheinlichkeit, welche Anzahl x weißer Kugeln nach $r = 2$ Zügen die wahrscheinlichste ist. Für die a-priori-Wahrscheinlichkeiten $P(A = i)$ untersuchen wir drei Fälle:
a) Gleichverteilung, obwohl sie nicht mit dem Prisma erzeugt werden kann,
b) $p = q$ und   **c)** $p = 2q$.

Wir beschreiben nun die Möglichkeiten, wie sich die Anfangsurne mit $A = i$ nach zwei Zügen zu einer Endurne mit $B = x$ verändern kann. Dabei ist B die Zufallsgröße »Anzahl der weißen Kugeln in der Urne nach zwei Zügen«.

Start	Zwei Züge	$A = i \rightarrow B = x$	Übergangswahrscheinlichkeit $P_{A=i}(B=x)$
$A = 0$	1	$A = 0 \rightarrow B = 0$	1
$A = 1$	$\frac{2}{3}$ 1 $\frac{1}{3}$	$A = 1 \rightarrow B = 1$ $A = 1 \rightarrow B = 0$	$\left(\frac{2}{3}\right)^2 = \frac{4}{9}$ $\frac{2}{3}\cdot\frac{1}{3} + \frac{1}{3}\cdot 1 = \frac{5}{9}$
$A = 2$	$\frac{1}{3}$ $\frac{2}{3}$ $\frac{2}{3}$ $\frac{1}{3}$	$A = 2 \rightarrow B = 2$ $A = 2 \rightarrow B = 1$ $A = 2 \rightarrow B = 0$	$\left(\frac{1}{3}\right)^2 = \frac{1}{9}$ $\frac{1}{3}\cdot\frac{2}{3} + \frac{2}{3}\cdot\frac{2}{3} = \frac{6}{9}$ $\frac{2}{3}\cdot\frac{1}{3} = \frac{2}{9}$
$A = 3$	$\frac{1}{3}$ $\frac{2}{3}$ 1 $\frac{2}{3}$	$A = 3 \rightarrow B = 2$ $A = 3 \rightarrow B = 1$	$1\cdot\frac{1}{3} = \frac{1}{3}$ $1\cdot\frac{2}{3} = \frac{2}{3}$

Die Übergänge $A = i \rightarrow B = x$ finden mit den folgenden Wahrscheinlichkeiten statt.

i	0	1	1	2	2	2	3	3
x	0	0	1	0	1	2	1	2
$9 \cdot P_{A=i}(B=x)$	9	5	4	2	6	1	6	3

Die Formel von der totalen Wahrscheinlichkeit liefert schließlich die gesuchten Werte

$$p_{x,2} = P(B = x) = \sum_{i=0}^{3} P(A=i) \cdot P_{A=i}(B=x).$$

Nun betrachten wir die Fälle **a**, **b** und **c**.

a) Jede Urne liegt mit gleicher Wahrscheinlichkeit vor. Die oben gefundenen Wahrscheinlichkeiten sind daher mit ¼ zu multiplizieren.

x	0	1	2	3
$p_{x,2}$	$\frac{1}{4} + \frac{5}{36} + \frac{2}{36} = \frac{4}{9}$	$\frac{4}{36} + \frac{6}{36} + \frac{6}{36} = \frac{4}{9}$	$\frac{1}{36} + \frac{3}{36} = \frac{1}{9}$	0

Am wahrscheinlichsten, und zwar gleichwahrscheinlich, sind nach zwei Zügen null oder eine weiße Kugel.

b) $P(A = i) = \binom{3}{i}\left(\frac{p}{p+p}\right)^i\left(\frac{p}{p+p}\right)^{3-i} = \binom{3}{i}\left(\frac{1}{2}\right)^3$, $i = 0, 1, 2, 3$. Also ist $P(A = 0) = P(A = 3) = \frac{1}{8}$ und $P(A = 1) = P(A = 2) = \frac{3}{8}$. Die oben gefundenen Übergangswahrscheinlichkeiten $P_{A=i}(B=x)$ sind mit diesen Werten zu multiplizieren. Das ergibt

x	0	1	2	3
$p_{x,2}$	$\frac{1}{8} + \frac{15}{72} + \frac{6}{72} = \frac{5}{12}$	$\frac{12}{72} + \frac{18}{72} + \frac{6}{72} = \frac{6}{12}$	$\frac{3}{72} + \frac{3}{72} = \frac{1}{12}$	0

Am wahrscheinlichsten ist nach zwei Zügen eine weiße Kugel. /

c) $P(A = i) = \binom{3}{i}\left(\frac{2q}{2q+q}\right)^i\left(\frac{q}{2q+q}\right)^{3-i} = \binom{3}{i}\left(\frac{2}{3}\right)^i\left(\frac{1}{3}\right)^{3-i}$, $i = 0, 1, 2, 3$. Also ist $P(A = 0) = \frac{1}{27}$,

$P(A = 1) = \frac{6}{27}$, $P(A = 2) = \frac{12}{27}$ und $P(A = 3) = \frac{8}{27}$. Die oben gefundenen Übergangswahrscheinlichkeiten $P_{A=i}(B=x)$ sind mit diesen Werten zu multiplizieren. Das ergibt

x	0	1	2	3
$p_{x,2}$	$\frac{1}{27} + \frac{5}{9}\cdot\frac{6}{27} + \frac{2}{9}\cdot\frac{12}{27} = \frac{63}{243}$	$\frac{4}{9}\cdot\frac{6}{27} + \frac{6}{9}\cdot\frac{12}{27} + \frac{2}{3}\cdot\frac{8}{27} = \frac{144}{243}$	$\frac{1}{9}\cdot\frac{12}{27} + \frac{1}{3}\cdot\frac{8}{27} = \frac{36}{243}$	0

Am wahrscheinlichsten ist nach zwei Zügen eine weiße Kugel.

1812 LAPLACE / *Théorie Analytique*: Gleich viele

In Nummer 5 auf Seite 201 seiner *Théorie Analytique des Probabilités* (1812) behandelt PIERRE SIMON DE LAPLACE die Aufgabe des *Pair ou Non*, ohne sie so zu nennen, indem er die Lösung LOUIS BERTRANDs bringt, ohne diesen zu nennen. Im Anschluss daran löst er die folgende Aufgabe auf Seite 202.

> Nehmen wir an, eine Urne enthalte n weiße und n schwarze Kugeln. Man entnimmt ihr eine gerade Anzahl von Kugeln, [und zwar mindestens zwei,] wobei jede solche Teilmenge mit gleicher Wahrscheinlichkeit gegriffen werden könne. Gefragt ist die Wahrscheinlichkeit, dass man dabei genauso viele weiße wie schwarze Kugeln entnimmt.

Lösung nach LAPLACE (1812):

Das Zufallsexperiment kann durch den Ergebnisraum mit der Mächtigkeit

$$|\Omega| = \binom{2n}{2} + \binom{2n}{4} + \ldots + \binom{2n}{2n} = \sum_{i=1}^{n}\binom{2n}{2i}$$

beschrieben werden. Den Wert der obigen Summe gewinnt LAPLACE folgendermaßen.

$$(1+1)^{2n} = \sum_{m=0}^{2n}\binom{2n}{m} = \binom{2n}{0} + \binom{2n}{1} + \binom{2n}{2} + \ldots + \binom{2n}{2n}$$

$$(1-1)^{2n} = \sum_{m=0}^{2n}(-1)^m\binom{2n}{m} = \binom{2n}{0} - \binom{2n}{1} + \binom{2n}{2} - \ldots + \binom{2n}{2n}$$

Addition der beiden Gleichungen liefert:

$$(1+1)^{2n} + (1-1)^{2n} = 2\cdot\sum_{\substack{m=0 \\ m\,\text{gerade}}}^{2n}\binom{2n}{m} = 2\cdot\sum_{i=0}^{n}\binom{2n}{2i}$$

$$2^{2n} + 0^{2n} = 2\cdot\sum_{i=0}^{n}\binom{2n}{2i} = 2\cdot\left(\sum_{i=1}^{n}\binom{2n}{2i} + 1\right) = 2|\Omega| + 2,\text{ und damit }|\Omega| = 2^{2n-1} - 1.$$

Für die Anzahl der günstigen Ergebnisse gilt: i weiße Kugeln können zusammen mit i schwarzen Kugeln auf $\binom{n}{i}\binom{n}{i} = \binom{n}{i}^2$ Arten gezogen werden. Somit ist die Anzahl der günstigen Fälle $\binom{n}{1}^2 + \binom{n}{2}^2 + \ldots + \binom{n}{n}^2 = \sum_{i=1}^{n}\binom{n}{i}^2$.

Den Wert dieser Summe ermittelt LAPLACE mit einem genialen Einfall. Zunächst bildet er

$$\left(1 + a\right)^n\left(1 + \tfrac{1}{a}\right)^n = \frac{(1+a)^{2n}}{a^n}.$$ Durch Auspotenzieren erhält er

$$\sum_{j=0}^{n}\binom{n}{j}a^j \cdot \sum_{k=0}^{n}\binom{n}{k}\left(\tfrac{1}{a}\right)^k = \frac{1}{a^n}\sum_{l}\binom{2n}{l}a^l \Leftrightarrow \sum_{j=0}^{n}\sum_{k=0}^{n}\binom{n}{j}\binom{n}{k}a^{j-k} = \sum_{l=0}^{2n}\binom{2n}{l}a^{l-n}$$

Nun führt LAPLACE einen Koeffizientenvergleich durch und betrachtet dabei auf beiden Seiten die a-freien Glieder. Auf der linken Seite erhält er sie für $k = j$, auf der rechten Seite für $l = n$. Das ergibt

$$\sum_{j=0}^{n}\binom{n}{j}^2 = \binom{2n}{n},$$ und somit das gesuchte $$\sum_{i=1}^{n}\binom{n}{i}^2 = \binom{2n}{n}- 1.$$

Damit ist die gesuchte Wahrscheinlichkeit für gleich viele weiße und schwarze Kugeln

$$\frac{\binom{2n}{n} - 1}{2^{2n-1} - 1},$$ oder, wie LAPLACE schrieb, $$\frac{\frac{(2n)!}{(n!)^2} - 1}{2^{2n-1} - 1}.$$

Zum Abschluss gibt LAPLACE noch an, dass für sehr großes n diese Wahrscheinlichkeit angenähert gleich $\frac{2}{\sqrt{n\pi}}$ ist. Der Beweis hierfür lässt sich mit der Formel von STIRLING führen, der zufolge $n! \approx \left(\tfrac{n}{e}\right)^n \sqrt{2\pi n}$ ist. Setzen wir dies ein, so erhält man, da man 1 gegenüber 2^{2n-1} und $\sqrt{\pi n}$ gegenüber 2^{2n} vernachlässigen darf,

$$\frac{\binom{2n}{n} - 1}{2^{2n-1} - 1} = \frac{(2n)! - (n!)^2}{(2^{2n-1} - 1)(n!)^2} \approx \frac{\left(\tfrac{2n}{e}\right)^{2n}\sqrt{4\pi n} - \left(\left(\tfrac{n}{e}\right)^n\sqrt{2\pi n}\right)^2}{\left(2^{2n-1} - 1\right)\left(\left(\tfrac{n}{e}\right)^n\sqrt{2\pi n}\right)^2} = \frac{\left(\tfrac{2n}{e}\right)^{2n}\sqrt{4\pi n} - \left(\tfrac{n}{e}\right)^{2n}2\pi n}{\left(2^{2n-1} - 1\right)\left(\tfrac{n}{e}\right)^{2n}2\pi n}$$

$$= \frac{(2n)^{2n}\sqrt{4\pi n} - n^{2n}\cdot 2\pi n}{\left(2^{2n-1} - 1\right)n^{2n}\cdot 2\pi n} = \frac{2^{2n} - \sqrt{\pi n}}{\left(2^{2n-1} - 1\right)\sqrt{\pi n}} \approx \frac{2^{2n}}{2^{2n-1}\sqrt{\pi n}} = \frac{2}{\sqrt{\pi n}}.$$

Wir liefern nun für die interessante Beziehung $\sum_{i=0}^{n}\binom{n}{i}^2 = \binom{2n}{n}$ noch zwei andere Beweise.

1. Beweis. Wir betrachten im ganzzahligen Gitternetz Wege, die aus Einheitsschritten nach rechts bzw. nach oben bestehen. Die von $(x|y)$ nach $(x + a \mid y + b)$ möglichen Wege lassen sich eineindeutig den $(a + b)$-Tupeln mit genau a Nullen und b Einsen zuordnen, wenn 0 einen Schritt nach rechts und 1 einen Schritt nach oben bedeuten. Damit erhält man

1) Von $(0|0)$ nach $(n|n)$ gibt es $\binom{n + n}{n} = \binom{2n}{n}$ Wege.

2) Von $(0|0)$ nach $(i|n - i)$ gibt es $\binom{n-i+i}{i} = \binom{n}{n-i} = \binom{n}{i}$

Wege; von $(i|n - i)$ nach $(n|n)$ gibt es $\binom{(n-i) + (n-(n-i))}{n - i} =$

$\binom{n}{n-i} = \binom{n}{i}$ Wege, also zusammen $\binom{n}{i}\cdot\binom{n}{i} = \binom{n}{i}^2$ Wege.

Da i von 0 bis n läuft, erhält man $\sum_{i=0}^{n}\binom{n}{i}^2 = \binom{2n}{n}.$

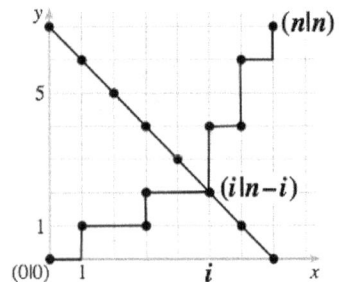

2. Beweis. Die Wege von $(0|0)$ nach $(n|n)$ durch $(i|n-i)$ können als $2n$-Tupel aus n Nullen und n Einsen dargestellt werden. Weil die n Nullen auf $2n$ Stellen verteilt werden, gibt es $\binom{2n}{n}$ solcher Tupel. Jedes dieser Tupel zeigt auf den ersten n

Stellen genau i Nullen und auf den darauf folgenden n Stellen die noch fehlenden $n-i$ Nullen. Diese n Stellen können auf $\binom{n}{i}$ bzw. $\binom{n}{n-i}$ Arten ausgewählt werden; also gibt es $\binom{n}{i} \cdot \binom{n}{n-i}$

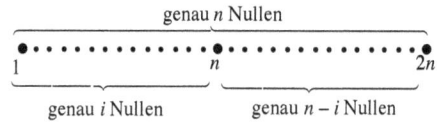

$$= \binom{n}{i} \cdot \binom{n}{i} = \binom{n}{i}^2 \text{ Möglichkeiten. Und da } i \text{ von 0 bis } n \text{ läuft, ist die Summe } \sum_{i=0}^{n}\binom{n}{i}^2 \text{ zu bilden.}$$

Somit ist $\sum_{i=0}^{n}\binom{n}{i}^2 = \binom{2n}{n}$.

Zur Veranschaulichung des von LAPLACE gestellten Problems bieten wir zwei Zahlenbeispiele.

1) $n=4$. Dann ist $\dfrac{\binom{2n}{n}-1}{2^{2n-1}-1} = \dfrac{\binom{8}{4}-1}{2^{8-1}-1} = \dfrac{69}{127} = 54,3\,\%$ und $\dfrac{2}{\sqrt{n\pi}} = \dfrac{2}{\sqrt{4\pi}} = \dfrac{1}{\sqrt{\pi}} \approx 56,4\,\%$,

also erstaunlich gut für dieses kleine n.

2) $n=25$. Dann ist $\dfrac{\binom{2n}{n}-1}{2^{2n-1}-1} = \dfrac{\binom{50}{25}-1}{2^{50-1}-1} = \dfrac{126\,410\,606\,437\,752-1}{562\,949\,953\,421\,312-1} = 22,46\,\%$ und

$\dfrac{2}{\sqrt{n\pi}} = \dfrac{2}{\sqrt{25\pi}} = \dfrac{2}{5\sqrt{\pi}} = 22,57\,\%$.

1831 GRUNERT / *Klügels Mathematisches Wörterbuch*: Gleich viele

JOHANN AUGUST GRUNERT gab 1831 Band 5, Teil 2 von *Klügels Mathematischem Wörterbuch* heraus. Darin wird auf Seite 959 LAPLACEns Aufgabenstellung von 1812 realistischer gefasst, die wir wie folgt wiedergeben.

> Eine Urne enthalte n weiße und n schwarze Kugeln. Man entnimmt ihr ganz willkürlich eine beliebige Anzahl von Kugeln, [und zwar mindestens eine,] wobei jede solche Teilmenge mit gleicher Wahrscheinlichkeit gegriffen werden könne. Gefragt ist die Wahrscheinlichkeit, dass man dabei genauso viele weiße wie schwarze Kugeln entnimmt.

Lösung nach GRUNERT (1831)

Dieses Zufallsexperiment kann durch den Ergebnisraum mit der Mächtigkeit

$$|\Omega| = \binom{2n}{1} + \binom{2n}{2} + \dots + \binom{2n}{2n} = \sum_{i=1}^{n}\binom{2n}{i} = (1+1)^{2n} - 1 = 2^{2n} - 1$$

beschrieben werden. Die Anzahl der günstigen Ereignisse ist dieselbe wie bei LAPLACE, so dass sich für die gesuchte Wahrscheinlichkeit der Ausdruck $\dfrac{\binom{2n}{n}-1}{2^{2n}-1}$ ergibt. Sie ist natürlich kleiner als diejenige, die sich bei der einschränkenden Bedingung von LAPLACE ergeben hat. Zum Vergleich bilden wir ihre Quotienten:

$$\frac{\binom{2n}{n}-1}{2^{2n-1}-1} : \frac{\binom{2n}{n}-1}{2^{2n}-1} = 2 \cdot \frac{\binom{2n}{n}-1}{2^{2n}-2} \cdot \frac{2^{2n}-1}{\binom{2n}{n}-1} = 2 \cdot \frac{2^{2n}-2+1}{2^{2n}-2} = 2 + \frac{1}{2^{2n-1}-1}$$

und erkennen, dass der GRUNERT'sche Wert etwas mehr als doppelt so groß ist wie der LA-PLACEns, was nicht überraschen sollte.

In den obigen Beispielen ergibt sich jetzt für $n = 4$ die Wahrscheinlichkeit $\dfrac{\binom{8}{4}-1}{2^8-1} = \dfrac{69}{255} =$

27,1 %, und für $n = 25$ die Wahrscheinlichkeit $\dfrac{\binom{50}{25}-1}{2^{50}-1} = \dfrac{126\,410\,606\,437\,752 - 1}{1\,125\,899\,906\,842\,624 - 1} = 11{,}23\ \%$.

1814 LAPLACE / *Essai philosophique*: VIII. Prinzip

PIERRE SIMON DE LAPLACE begründet in seinem *Essai philosophique*, der gleichzeitig Einleitung zur zweiten Auflage seiner *Théorie Analytique des Probabilités* von 1814 ist, die Wahrscheinlichkeitsrechnung durch zehn allgemeine Prinzipien. Das achte Prinzip lautet:

Lorsque l'avantage [ou l'espérance mathematique] dépend de plusieurs événemens; on l'obtient, en prenant la somme des produits de la probabilité de chaque événement, par le bien attaché à son arrivée.
Wenn der Vorteil [d. h. die mathematische Erwartung] von mehreren Ereignissen abhängt, so erhält man denselben, indem man die Summe der Produkte bildet aus der Wahrscheinlichkeit jedes Ereignisses mit dem Gute, das an sein Eintreten geknüpft ist.

LAPLACE wendet dieses Prinzip an zwei Beispielen beim Spiel *croix ou pile* an, die wir zu einer Aufgabe zusammenfassen.

Nehmen wir an, Paul erhält beim Spiel *croix ou pile*
a) zwei Francs[296], wenn er bereits beim ersten Wurf »Wappen« erzielt, oder 5 Francs, wenn er erst beim zweiten Wurf »Wappen« erzielt, oder

b) zwei Francs, wenn er beim ersten Wurf »Wappen« erzielt, und 5 Francs, wenn er beim zweiten Wurf »Wappen« erzielt.
Welches der Angebote ist günstiger? Welchen Einsatz muss Paul jeweils leisten, wenn die Spiele fair sein sollen?

---

[296]   Am 15.8.1795 beschloss der Nationalkonvent im Zuge der Einführung des metrischen Systems die Umstellung der Währung auf den *Franc*. Aber erst 1803 wurden durch den Ersten Konsul NAPOLÉON BONAPARTE der Wert auf 290 mg Feingold festgesetzt, die ersten Geldscheine gedruckt und die ersten Münzen geprägt.

Lösung nach LAPLACE (1814)

LAPLACE gibt für **a** die Summe der zu erwartenden Beträge an, indem er die Auszahlungen mit der zugehörigen Wahrscheinlichkeit multipliziert und die Produkte addiert:

$$\frac{1}{2}\cdot 2 + \frac{1}{4}\cdot 5 = 2\frac{1}{4}.$$

Heute würde man die Zufallsgröße Auszahlung A betrachten und ihren Erwartungswert berechnen (siehe die nebenstehende Abbildung):

$$E(A) = \frac{1}{4}\cdot 0 + \frac{1}{2}\cdot 2 + \frac{1}{4}\cdot 5 = 2\frac{1}{4}.$$

Im Fall **b** geht LAPLACE davon aus, dass die Wahrscheinlichkeit, Wappen zu werfen, bei beiden Würfen ½ ist. Damit ist der zu erwartende Betrag gleich $\frac{1}{2}\cdot 2 + \frac{1}{2}\cdot 5 = 3\frac{1}{2}$.

a	0	2	5
$W(a)$	$\frac{1}{4}$	$\frac{1}{2}$	$\frac{1}{4}$

Hinter dieser Überlegung steckt der Satz, dass der Erwartungswert der Summe zweier Zufallsgrößen gleich der Summe der Erwartungswerte dieser Zufallsgrößen ist. Mit A_i = »Auszahlung beim i-ten Wurf ist $E(A_1) = \frac{1}{2}\cdot 0 + \frac{1}{2}\cdot 2 = 1$ und $E(A_2) = \frac{1}{2}\cdot 0 + \frac{1}{2}\cdot 5 = 2\frac{1}{2}$.

Die gesamte Auszahlung ist die Summe der beiden Auszahlungen A_1 und A_2, also ist

$$E(A) = E(A_1 + A_2) = E(A_1) + E(A_2) = 1 + 2\frac{1}{2} = 3\frac{1}{2}.$$

Wenn kein Einsatz zu leisten ist, ist das zweite Angebot günstiger. Mit den Einsätzen $2\frac{1}{4}$ und $3\frac{1}{2}$ sind die Angebote natürlich gleich günstig.

Naheliegender ist eine direkte Berechnung des Erwartungswerts $E(A)$ der Zufallsgröße A. Man erhält ihn leicht auf Grund des nebenstehenden Baums:

a	0	2	5	7
$W(a)$	$\frac{1}{4}$	$\frac{1}{4}$	$\frac{1}{4}$	$\frac{1}{4}$

$$E(A) = \frac{1}{4}\cdot 0 + \frac{1}{4}\cdot 2 + \frac{1}{4}\cdot 5 + \frac{1}{4}\cdot 7 = 3\frac{1}{2}$$

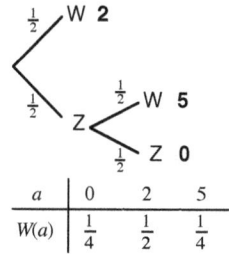

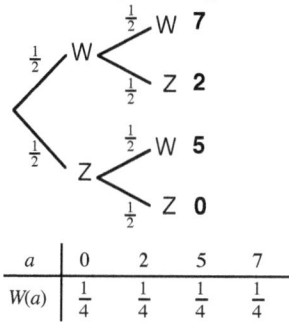

1814 LAPLACE / *Essai philosophique*: IV. Prinzip

PIERRE SIMON DE LAPLACE begründet in seinem *Essai philosophique*, der gleichzeitig Einleitung zur zweiten Auflage seiner *Théorie Analytique des Probabilités* von 1814 ist, die Wahrscheinlichkeitsrechnung durch zehn allgemeine Prinzipien. Das vierte Prinzip lautet:

Quand deux événemens dépendent l'un de l'autre; la probabilité de l'événement composé est le produit de la probabilité du premier l'événement, par la probabilité de cet événement étant arrivé, l'autre aura lieu.

Wenn zwei Ereignisse voneinander abhängen, so ist die Wahrscheinlichkeit des zusammengesetzten Ereignisses das Produkt aus der Wahrscheinlichkeit des ersten Ereignisses und der Wahrscheinlichkeit, welche das zweite Ereignis nach Eintritt des ersten besitzt.

Offenbar handelt es sich beim *IV*. *Prinzip* um den allgemeinen Produktsatz, also um die Aussage $P(A \cap B) = P(A) \cdot P_A(B)$. LAPLACE illustriert sein *IV*. *Prinzip* wie folgt:

> Von den drei Urnen A, B und C enthält nur eine lauter schwarze, die beiden anderen lauter weiße Kugeln. Man zieht aus C eine weiße Kugel. Mit welcher Wahrscheinlichkeit ist B die andere »weiße« Urne?

Lösung nach LAPLACE (1814)

Wir formalisieren die Antwort, die LAPLACE in Worten gibt, indem wir die drei Möglichkeiten für die schwarze Urne durch Tripel angeben. So bedeute *sww*, dass A die schwarze und B und C die weißen Urnen sind, ferner sei A = »A ist eine weiße Urne«, usw. Da über die Urnen weiter nichts bekannt ist, setzt man $P(sww) = P(wsw) = P(wws) = \frac{1}{3}$. Damit ist

$P(C) = P(xxw) = P(sww) = P(wsw) = \frac{2}{3}$. Gesucht ist

$$P_C(B) = \frac{P(B \cap C)}{P(C)} = \frac{P(sww)}{P(C)} = \frac{P(\overline{A})}{P(C)} = \frac{\frac{1}{3}}{\frac{2}{3}} = \frac{1}{2}.$$

LAPLACE schreibt dazu:

> »Man erkennt an diesem Beispiel den Einfluss der vergangenen Ereignisse auf die Wahrscheinlichkeit der künftigen. Denn die ursprünglich $\frac{2}{3}$ betragende Wahrscheinlichkeit, eine weiße Kugel aus der Urne B zu ziehen, wird $\frac{1}{2}$, sobald man eine weiße Kugel aus der Urne C gezogen hat; sie würde sich in Gewissheit verwandeln, wenn man eine schwarze Kugel aus derselben Urne gezogen hätte.«

Denn dann gälte nämlich $P_{\overline{C}}(B) = \frac{P(B \cap \overline{C})}{P(\overline{C})} = \frac{P(wws)}{P(\overline{C})} = \frac{P(\overline{C})}{P(\overline{C})} = 1$.

1837 HEIS / *Sammlung*: **Kugeln in Fächer**

EDUARD HEIS veröffentlichte 1837 seine *Sammlung von Beispielen und Aufgaben aus der allgemeinen Arithmetik und Algebra. Für Gymnasien, höhere Bürgerschulen und Gewerbschulen.* Sie erfreute sich großer Beliebtheit und erfuhr bis 1880 fünfzig Auflagen und wurde in mehrere Sprachen übersetzt. Auf Seite 309 fanden wir diese Aufgaben:

> **21)** Es seien zwölf Kugeln in drei Fächer so zu verteilen, dass hiervon drei in das erste Fach, vier in das zweite und fünf Kugeln in das dritte kommen. Auf wie vielerlei Arten kann dieses geschehen?
>
> **22)** Befinden sich unter diesen Kugeln zwei rote, drei gelbe, drei grüne und vier blaue, und sollen von den drei Kugeln im ersten Fache stets eine rot und zwei blau, ferner von den vier Kugeln im zweiten Fache eine rot, eine gelb, eine grün und eine blau, endlich von den fünf Kugeln im dritten Fache: zwei gelb, zwei grün und eine blau sein, auf wie viel Arten kann alsdann die Verteilung vor sich gehen?

Lösung

HEIS setzt stillschweigend voraus, dass die Kugeln unterscheidbar sein sollen; andernfalls ist die Aufgabe trivial, da es dann nur eine Möglichkeit gibt. HEIS gibt bei beiden Aufgaben als Antwort den richtigen Zahlenwert an, ohne einen Lösungsweg aufzuzeigen.

21) Die Fächer werden der Reihe nach gefüllt. Die Bestimmung der Anzahl der Möglichkeiten für eine Füllung hat dabei die jeweils noch vorhandenen Kugeln zu berücksichtigen. Der Produktsatz liefert dann die Antwort $\binom{12}{3}\binom{9}{4}\binom{5}{5} = 220 \cdot 126 \cdot 1 = 27\,720$.

Man könnte natürlich die Fächer auch in einer anderen Reihenfolge füllen, z. B.

$$\binom{12}{4}\binom{8}{3}\binom{5}{5} = 495 \cdot 56 \cdot 1 = 27\,720 \text{ oder } \binom{12}{5}\binom{7}{4}\binom{3}{3} = 792 \cdot 35 \cdot 1 = 27\,720.$$

22) So wie in Nr. 21 geht man auch hier vor, wobei man vor der Füllung eine Auswahl aus den jeweiligen Farben treffen muss.

$$\binom{2}{1}\binom{4}{2} \cdot \binom{1}{1}\binom{3}{1}\binom{3}{1}\binom{2}{1} \cdot \binom{2}{2}\binom{2}{2}\binom{1}{1} = (2 \cdot 6) \cdot (1 \cdot 3 \cdot 3 \cdot 2) \cdot (1 \cdot 1 \cdot 1) = 216$$

1837 HEIS / *Sammlung*: **Viele Wege führen nach Rom**[297]

Auf Seite 317 der *Sammlung von Beispielen und Aufgaben aus der allgemeinen Arithmetik und Algebra* von EDUARD HEIS fanden wir die Aufgabe Nr. 15:

Lösung

HEIS gibt keine Lösung an. Seine Nebenbedingung bedeutet, dass die Schritte von *a* nach *c* nur nach rechts (R) und nach unten (U) verlaufen dürfen. Dabei besteht ein zugelassener Weg aus sechs Schritten nach rechts und vier Schritten nach unten in beliebiger Reihenfolge. Ein Weg ist also ein 10-Tupel aus sechs Elementen R und vier Elementen U. Damit gibt es $\binom{10}{4} = \binom{10}{6} = 210$ solche Wege.

---

[297] Diese Redewendung wurde vermutlich aus *oratio VI* des römischen Kaisers JULIAN APOSTATA abgeleitet, der dort meint,

»es dürfe nicht wundernehmen, dass wir zu der, gleich der Wahrheit, einen und einzigen Philosophie auf den verschiedensten Wegen gelangen. Denn auch wenn einer nach Athen reisen wolle, so könne er dahin segeln oder gehen, und zwar könne er als Wanderer die Heerstraßen benutzen oder die Fußsteige und Richtwege und als Schiffer könne er die Küsten entlang fahren oder wie Nestor das Meer durchschneiden.«

Athen als Zentrum der Gebildeten wurde später durch Rom abgelöst.

1837 HEIS / *Sammlung*: Stadterkundung

Auf Seite 317 der *Sammlung von Beispielen und Aufgaben aus der allgemeinen Arithmetik und Algebra* von EDUARD HEIS fanden wir die Aufgabe Nr. 16:

> Eine, in Form eines Rechtecks, regelmäßig gebaute Stadt ist der Länge nach durch neunzehn, der Breite nach durch dreizehn Straßen durchschnitten. Jemand, der an dem einen äußersten Ende der Stadt wohnt, hat täglich viermal den Weg nach der diagonal gegenüberstehenden Ecke zu machen und nimmt sich vor, jeden Tag einen anderen Weg einzuschlagen. In wie viel Tagen würde er sein Vorhaben ausführen können, vorausgesetzt, dass er keine Umwege macht?

Lösung

HEIS gibt keine Lösung an. Seine Aufgabenstellung ist in mehrfacher Hinsicht nicht eindeutig.

1) Der Vorsatz, jeden »Tag« einen anderen Weg einzuschlagen, soll wohl richtig lauten, jedes »Mal« einen anderen Weg einzuschlagen.

2) Was heißt viermal? Geht er viermal von a nach c und damit viermal von c nach a oder geht er zweimal von a nach c und damit zweimal zurück?

3) Sollen die Rückwege als eigene Wege gezählt werden, oder werden sie ignoriert?

4) Die Aufgabe macht nur Sinn, wenn auch die Begrenzungen der Stadt begehbare Straßen sind, sodass es insgesamt 21 Straßen der Länge nach und fünfzehn Straßen der Breite nach gibt. Ein Weg besteht dann aus $20 + 14 = 34$ Abschnitten. Da keine Umwege gemacht werden dürfen, bestehen die Hinwege nur aus Abschnitten nach rechts (R) und nach unten (U), die Rückwege aus Abschnitten nach links (L) und nach oben (O).

Damit ergeben sich die folgenden möglichen Antworten.

1. Fall: Er geht viermal von *a* nach *c*, die Rückwege werden ignoriert. Ein Weg ist also ein 34-Tupel aus 14 Elementen R und 20 Elementen U. Das ergibt $\binom{34}{14} = \binom{34}{20} = 1\,391\,975\,640$ mögliche zulässige Wege. Da er vier Wege pro Tag zurücklegt, kann er sein Vorhaben in $347\,993\,910$ Tagen ausführen, das sind $953\,407$ Jahre und 355 Tage, wenn man Schaltjahre vernachlässigt.

2. Fall: Die vier Rückwege werden gezählt. Das ergibt acht Wege pro Tag, was sich in $173\,996\,955$ Tagen oder $476\,703$ Jahren und 360 Tagen ausführen lässt.

3. Fall: Er geht zweimal hin und zweimal zurück, und alle Wege werden gezählt. Dann erhält man die Werte des 1. Falles.

1837 HEIS / *Sammlung*: Verbindungen

Auf Seite 308 der *Sammlung von Beispielen und Aufgaben aus der allgemeinen Arithmetik und Algebra* von EDUARD HEIS fanden wir die Aufgabe Nr. 19:

> Wie viele Verbindungslinien können zwischen den Durchschnittspunkten von *n* Linien gezogen werden? Antwort: $\frac{1}{8}(n + 1)n(n - 1)(n - 2)$

Lösung

Da HEIS keinen Lösungsweg angibt, präzisieren wir die Aufgabe in der Hoffnung, die angegebene Lösung dabei zu erhalten.

Die n Linien sind *Geraden*. Je zwei von ihnen dürfen nicht parallel sein; außerdem gehen nie mehr als zwei durch einen gemeinsamen Punkt. Die n Geraden erzeugen also die maximale Anzahl von Schnittpunkten, nämlich $\binom{n}{2}$. Gesucht ist die Anzahl der Verbindungslinien – gemeint ist offenbar die Anzahl der *Strecken*, die durch je zwei dieser $\binom{n}{2}$ Punkte gebildet werden können. Die Antwort lautet: Es gibt $\left(\!\binom{n}{2}\!\right)$ Verbindungsstrecken. Die Rechnung liefert

$$\left(\!\binom{n}{2}\!\right) = \binom{\frac{n(n-1)}{1\cdot 2}}{2} = \frac{\frac{n(n-1)}{2}\left(\frac{n(n-1)}{2} - 1\right)}{1\cdot 2} = \frac{n(n-1)[n(n-1)-2]}{8} = \frac{n(n-1)(n^2-n-2)}{8}$$

$$= \frac{n}{8}(n+1)(n-1)(n-2),$$

also die von HEIS angegebene Lösung.

Zur Veranschaulichung wählen wir $n = 4$ und erhalten die sechs Schnittpunkte A, B, C, D, E und F. Das ergibt die $\frac{1}{8}(4+1)\cdot 4 \cdot (4-1)(4-2) = 15$ Verbindungsstrecken

[AB], [AC], [AD], [AE], [AF],

[BC], [BD], [BE], [BF],

[CD], [CE], [CF],

[DE], [DF],

[EF].

Interpretiert man *Verbindungslinien* als *Verbindungsgeraden*, dann ergibt sich ein anderes Ergebnis:

Weil auf jeder der ursprünglichen Geraden $(n - 1)$ Schnittpunkte liegen, die $\binom{n-1}{2}$ Strecken erzeugen, muss man von der oben errechneten Anzahl der Strecken $n\left[\binom{n-1}{2} - 1\right]$ abziehen, weil diese Strecken keine neue Gerade erzeugen. Man erhält also für die Anzahl der Verbindungsgeraden den Wert

$$\frac{(n+1)n(n-1)(n-2)}{8} - n\left[\binom{n-1}{2} - 1\right] = \frac{n}{8}\left[(n-1)(n-2)(n-3) + 8\right].$$

Für $n = 4$ ergeben sich demnach sieben Verbindungsgeraden, wie die Zeichnung zeigt.

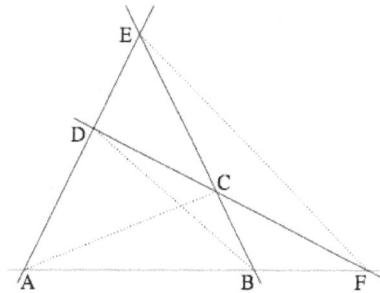

1837 OETTINGER / *Vom Werthe*: Nacheinander I

In der 1837 erschienenen Abhandlung *Von dem Werthe der Erwartung* berechnet LUDWIG OETTINGER die Siegeswahrscheinlichkeiten für verschiedene Spiele. Die Aufgabe in § 1, ein recht einfaches Spiel, erinnert an *Aufgabe XIV* aus dem *Tractatus* von CHRISTAAN HUYGENS. Im Gegensatz zu OETTINGER spielen dort aber A und B jeder um ein anderes Ereignis; außer-

dem ist dort die Anzahl der Spiele nicht begrenzt – siehe Seite 101. Im Verlaufe seiner Lösung stellt OETTINGER Zusatzfragen, die wir aber an seine Aufgabenstellung anschließen, so
wie wir statt seiner Symbole die heute üblichen verwenden.

> Zwei Personen A und B unternehmen, irgendein Ereignis, dessen Eintreffen im einzelnen Falle
> durch die Wahrscheinlichkeit p, und dessen Nichteintreffen durch $1 - p = q$ bestimmt ist, herbei zu
> führen. A beginnt, B folgt; diese Reihenfolge bleibt unverändert. So oft eine Person an die Reihe
> kommt, darf sie nur einen Versuch machen. Welches ist für A und B der Wert der Erwartung, das
> Eintreffen des fraglichen Ereignisses in n Versuchen herbeizuführen.
> *Zusatzfragen:*
> 1) Was ergibt sich, wenn n unendlich groß wird, d. h., wenn bis zur Entscheidung gespielt wird?
> 2) Wie verhalten sich die Werte der Erwartungen zueinander?
> 3) Wie viele Versuche muss jemand machen, um mit irgendeinem Grade der Wahrscheinlichkeit p^*
> wetten zu können, dass er ein Ereignis, dessen Eintreffen im einzelnen Fall durch die Wahrschein-
> lichkeit p bedingt ist, herbeiführen werde?

Lösung nach OETTINGER (1837)

Aus OETTINGERs Lösung ersieht man, dass das Ereignis in höchstens n Versuchen herbeige-
führt werden soll, dass er unter der Zahl n einerseits die Gesamtzahl dieser Versuche versteht, unabhängig davon, wer den Versuch gerade ausführt, dass er aber andererseits unter n
auch die Nummer des Versuchs versteht, bei dem das Ereignis eintritt. In der von uns im
Folgenden gebotenen Lösung sei n die Maximalzahl der zugelassenen Versuche. Das führt
dazu, dass unterschieden werden muss, ob n gerade oder ungerade ist; denn im letzteren Fall
hat A einen Versuch mehr. Sieger ist, wer als Erster das Ereignis herbeiführt. Das Spiel endet, sobald das Ereignis einmal eingetreten ist. Unter »Erwartung« versteht OETTINGER die
Wahrscheinlichkeit für einen Sieg.

1. Fall: n ist gerade; es sei $n = 2k, k \in \mathbb{N}$.
Mit $A = $ »A siegt spätestens beim $(n-1)$-ten Versuch« und $B = $ »B siegt spätestens beim n-
ten Versuch« gilt

$$P(A) = p + q^2 p + q^4 p + \ldots + q^{2k-2}p = p(1 + q^2 + (q^2)^2 + \ldots + (q^2)^{k-1}) = p\frac{1-(q^2)^k}{1-q^2} = p\frac{1-q^n}{1-q^2},$$

$$P(B) = qp + q^3 p + \ldots + q^{2k-1}p = qp(1 + q^2 + (q^2)^2 + \ldots + (q^2)^{k-1}) = qp\frac{1-(q^2)^k}{1-q^2} = qp\frac{1-q^n}{1-q^2}.$$

OETTINGER bestimmt auch noch die Wahrscheinlichkeit, dass das Ereignis bei n
Versuchen nicht eintrifft, d. h., dass das Spiel Unentschieden (Ereignis U) endet. Es gilt
$P(U) = q^n$. Wir kontrollieren damit die bisherigen Ergebnisse:

$$P(U) + P(A) + P(B) = q^n + p\frac{1-q^n}{1-q^2} + qp\frac{1-q^n}{1-q^2} = (1-q^n)\frac{p+qp}{1-q^2} + q^n = (1-q^n)\frac{p}{1-q} + q^n$$

$$= \frac{(1-q^n)p + q^n(1-q)}{1-q} = \frac{p + q^n(1-p) - q^{n+1}}{1-q} = \frac{p}{1-q} = 1, \text{ wie es sein muss.}$$

2. Fall: n ist ungerade; es sei $n = 2k + 1, k \in \mathbb{N}_0$.
Mit $A = $ »A siegt spätestens beim n-ten Versuch« und $B = $ »B siegt spätestens beim $(n-1)$-
ten Versuch« gilt

$$P(A) = p + q^2 p + q^4 p + \ldots + q^{2k} p = p(1 + q^2 + (q^2)^2 + \ldots + (q^2)^k) = p\frac{1 - (q^2)^{k+1}}{1 - q^2} = p\frac{1 - q^{2k+2}}{1 - q^2}$$

$$= p\frac{1 - q^{n+1}}{1 - q^2},$$

$$P(B) = qp + q^3 p + \ldots + q^{2k-1}p = qp(1 + q^2 + (q^2)^2 + \ldots + (q^2)^{k-1}) = qp\frac{1 - (q^2)^k}{1 - q^2} = qp\frac{1 - q^{n-1}}{1 - q^2}.$$

Auch hier ist $P(U) = q^n$ und $P(U) + P(A) + P(B) = 1$, wie man leicht nachrechnet.

Zusatzfrage 1. Für gerades n ergibt sich $\lim\limits_{n\to\infty} P(A) = \lim\limits_{n\to\infty} p\frac{1 - q^n}{1 - q^2} = \frac{1}{1+q}$ und $\lim\limits_{n\to\infty} P(B) = $

$\lim\limits_{n\to\infty} qp\frac{1 - q^n}{1 - q^2} = \frac{q}{1+q}$; ebenso ist auch für ungerades n $\lim\limits_{n\to\infty} P(A) = \lim\limits_{n\to\infty} p\frac{1 - q^{n+1}}{1 - q^2} = \frac{1}{1+q}$

und $\lim\limits_{n\to\infty} P(B) = \lim\limits_{n\to\infty} qp\frac{1 - q^{n-1}}{1 - q^2} = \frac{q}{1+q}$.

Zusatzfrage 2. Für das Verhältnis $P(A) : P(B)$ erhält man

für gerades n: $\dfrac{p\left(1 - q^n\right)}{1 - q^2} \cdot \dfrac{1 - q^2}{qp\left(1 - q^n\right)} = \dfrac{1}{q}$,

für ungerades n: $\dfrac{p\left(1 - q^{n+1}\right)}{1 - q^2} \cdot \dfrac{1 - q^2}{qp\left(1 - q^{n-1}\right)} = \dfrac{1}{q} \cdot \dfrac{1 - q^{n+1}}{1 - q^{n-1}}$

und für $n \to \infty$ den Wert $\frac{1}{q}$.

Die Siegeschance von A ist größer als die von B, schließlich beginnt ja A das Spiel. Für gerades n ist das Verhältnis der Siegeschancen von A und B unabhängig von n; es ist genauso groß, als würde bis zur Entscheidung gespielt.

Für ungerades n vergrößert sich das Verhältnis der Chancen für A um den Faktor $\dfrac{1 - q^{n+1}}{1 - q^{n-1}}$

gegenüber geradem n, was auch nicht erstaunen sollte; steht A doch ein zusätzlicher Versuch zu. Die Verschiebung zugunsten von A ist umso größer, je kleiner n ist.

OETTINGER illustriert diese Ergebnisse am Beispiel des Wurfs mit einem Würfel und dem Ereignis »Es fällt eine Sechs«. Für gerades n ist dann $P(A) : P(B) = 6 : 5$, unabhängig davon, wie groß n gewählt wird. Für den Fall n ungerade wählt OETTINGER $n = 3$. Dann ist

$$P(A) : P(B) = \frac{6}{5} \cdot \frac{1 - \left(\frac{5}{6}\right)^4}{1 - \left(\frac{5}{6}\right)^2} = \frac{6}{5} \cdot \frac{1296 - 625}{1296 - 900} = \frac{61}{30}.$$

Zusatzfrage 3. Die Wahrscheinlichkeit, dass das Ereignis in n Versuchen wirklich eintreffen wird, ist $1 - q^n$. Also muss gelten $p^* = 1 - q^n \Leftrightarrow n = \dfrac{\ln(1 - p^*)}{\ln(1 - p)}$. OETTINGER gibt dazu zwei Beispiele, ohne die Ergebnisse durch Rechnung zu belegen.

1) Will jemand $1 : 1$ wetten, dass er die Sechs mit einem Würfel werfen wird, so muss er vier Versuche machen, wobei ein kleiner Vorteil auf seiner Seite wäre. – Begründung: Mit $p^* = $ ½ ist $n = \dfrac{\ln\frac{1}{2}}{\ln\frac{5}{6}} = 3,8\ldots$, also $n_{min} = 4$. Den kleinen Vorteil ersieht man, wenn man die Wahrscheinlichkeit berechnet, mit der das Ereignis spätestens beim vierten Versuch eintreten wird; man erhält dafür den Wert $1 - \left(\frac{5}{6}\right)^4 = \dfrac{1296 - 625}{1296} = \dfrac{671}{1296} = 51{,}7\,\%$.

Wir bemerken hierzu: Im Mittel wird die erste Sechs aber erst nach $\frac{1}{p}$ = 6 Versuchen kommen. Dieser scheinbare Widerspruch löst sich auf, wenn man die Verteilung $W_Z(Z = n) = q^{n-1}p$ der Zufallsgröße $Z = $ »Anzahl n der Versuche bis zum ersten Treffer« betrachtet. Sie ist schief – siehe das nebenstehende Stabdiagramm für W_Z –, weil sie echt monoton fallend ist.

Damit ist der Erwartungswert von Z größer, als man vermutet, weil er wegen der möglichen großen Ausreißer zu größeren Werten hin verschoben wird. Das hat zur Folge, dass kleinere Werte als 6 mit deutlich mehr als 50 % Wahrscheinlichkeit auftreten:

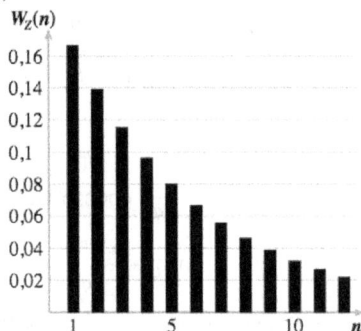

$$P(Z < 6) = p + qp + q^2p + q^3p + q^4p + q^5p = 1 - \left(\frac{5}{6}\right)^5$$

$$= \frac{7776 - 3125}{7776} = \frac{4651}{7776} = 59{,}8 \text{ \%}.$$

2) Will jemand 5 : 1 wetten, dass er die Sechs mit einem Würfel werfen wird, so muss er sich zehn Versuche ausbedingen, wobei ein kleiner Nachteil auf seiner Seite wäre. – Analog wie oben erhält man aus $p^* = \frac{5}{6}$ den Wert $n = \frac{\ln\frac{1}{6}}{\ln\frac{5}{6}} = 9{,}8\ldots$, also

$n_{\min} = 10$.

OETTINGER hat sich geirrt; denn auch hier hat der Spieler einen kleinen Vorteil: $1 - \left(\frac{5}{6}\right)^{10} =$

$\frac{60\,466\,176 - 9\,765\,625}{60\,466\,176} = \frac{50\,700\,551}{60\,466\,176} = 83{,}84\ldots \text{ \%}$, und das ist größer als $p^* = \frac{5}{6} = 83{,}33\ldots \text{ \%}$.

1837 OETTINGER / *Vom Werthe*: Nacheinander II

In der 1837 erschienenen Abhandlung *Von dem Werthe der Erwartung* berechnet LUDWIG OETTINGER die Siegeswahrscheinlichkeiten für verschiedene Spiele. Die Aufgabe in § 2 erinnert an *Problem I* aus dem *Tractatus* von CHRISTAAN HUYGENS von 1657. Im Gegensatz zu OETTINGER spielen dort aber A und B jeder um ein anderes Ereignis; außerdem ist dort die Anzahl der Spiele nicht begrenzt – siehe Seite 103.

> Unternehmen zwei Personen A und B unter den nämlichen Bedingungen wie in der vorigen Aufgabe, ein Ereignis herbeizuführen, jedoch so, dass A beginnt, B folgt, dann B fortfährt und A folgt u. s. f. in abwechselnder Reihenfolge, so fragt man auch hier nach dem Wert der Erwartung beider.

Lösung nach OETTINGER (1837)

Man sieht, dass A den ersten, vierten und fünften, achten und neunten[298] usw., B die dazwischen liegenden Versuche machen darf. Man hat zu unterscheiden, ob A oder B den letzten Versuch macht. Dabei ist noch darauf zu achten, ob der letzte Versuch der erste oder der zweite des »Doppelversuchs« ist. Es gibt für die vorgegebene Anzahl n der Versuche also vier Möglichkeiten, nämlich $n_i = i + 4k$, $i = 1, 2, 3, 4$ und $k \in \mathbb{N}_0$, wie das Wurf-Schema zeigt:

---

[298] OETTINGER schreibt »den siebenten und achten«, was falsch ist.

$\text{ABBAABB...A} \underset{n_1}{\overset{4k+1}{A}} \underset{4k+1}{\overset{n_2}{B}} \underset{n_3}{\overset{4k+3}{B}} \overset{n_4}{A}$. Es sei $P_{n_i}(A)$ die Wahrscheinlichkeit, dass A beim n_i-ten

Versuch siegt. Wir berechnen nun für $n = n_i = i + 4k$ der Reihe nach die Wahrscheinlichkeiten. Zunächst betrachten wir die beiden Fälle, dass A dabei mit dem n-ten Versuch das Ereignis zum ersten Mal herbeiführt.

$$P_{n_1}(A) = p + q^4p + q^8p + \dots + q^{4k}p + q^3p + q^7p + \dots + q^{4k-1}p$$

$$= p(1 + q^4 + q^8 + \dots + q^{4k}) + q^3p(1 + q^4 + q^8 + \dots + q^{4k-4})$$

$$= p\frac{1 - q^{4k+4}}{1 - q^4} + q^3p\frac{1 - q^{4k}}{1 - q^4} = p\frac{1 - q^{n+3}}{1 - q^4} + q^3p\frac{1 - q^{n-1}}{1 - q^4} = \frac{p}{1 - q^4}\left(1 + q^3 - q^{n+2} - q^{n+3}\right)$$

$$P_{n_4}(A) = p + q^4p + q^8p + \dots + q^{4k}p + q^3p + q^7p + \dots + q^{4k+3}p$$

$$= p\frac{1 - q^{4k+4}}{1 - q^4} + q^3p\frac{1 - q^{4k+4}}{1 - q^4} = p\frac{1 - q^n}{1 - q^4}(1 + q^3).$$

Nun folgen die zwei Fälle, dass der letzte Versuch dem B zustünde.

$$P_{n_2}(A) = p + q^4p + q^8p + \dots + q^{4k}p + q^3p + q^7p + \dots + q^{4k-1}p$$

$$= p\frac{1 - q^{4k+4}}{1 - q^4} + q^3p\frac{1 - q^{4k}}{1 - q^4} = p\frac{1 - q^{n+2}}{1 - q^4} + q^3p\frac{1 - q^{n-2}}{1 - q^4}$$

$$= \frac{p}{1 - q^4}\left(1 + q^3 - q^{n+1} - q^{n+2}\right).$$

$$P_{n_3}(A) = p + q^4p + q^8p + \dots + q^{4k}p + q^3p + q^7p + \dots + q^{4k-1}p$$

$$= p\frac{1 - q^{4k+4}}{1 - q^4} + q^3p\frac{1 - q^{4k}}{1 - q^4} = p\frac{1 - q^{n+1}}{1 - q^4} + q^3p\frac{1 - q^{n-3}}{1 - q^4} = \frac{p}{1 - q^4}\left(1 + q^3 - q^n - q^{n+1}\right).$$

OETTINGER berechnet nur $P_{n_4}(A)$ und $P_{n_2}(A)$, dafür aber ebenso ausführlich $P_{n_4}(B)$ und $P_{n_2}(B)$. Diese Werte erhält man aber leichter, wenn man bedenkt, dass für Unentschieden $P_{n_i}(U) = q^{n_i}$ gilt. Damit gewinnen wir $P_{n_i}(B) = 1 - P_{n_i}(U) - P_{n_i}(A)$. Also

$$P_{n_4}(B) = 1 - q^n - p\frac{1 - q^n}{1 - q^4}(1 + q^3) = (1 - q^n)\left(1 - \frac{(1 - q)(1 + q^3)}{1 - q^4}\right) = \frac{1 - q^n}{1 - q^4}\left(q - q^3\right)$$

$$= \frac{q(1 - q^n)}{1 + q^2} \text{ und}$$

$$P_{n_2}(B) = 1 - q^n - \frac{p}{1 - q^4}\left(1 + q^3 - q^{n+1} - q^{n+2}\right) =$$

$$= \frac{1}{1 - q^4}\left(1 - q^4 - q^n + q^{n+4} - p - pq^3 + pq^{n+1} + pq^{n+2}\right)$$

$$= \frac{1}{1 - q^4}\left(- q^n + q^{n+4} + q - q^3 + q^{n+1} - q^{n+3}\right)$$

$$= \frac{1}{1 - q^4}\left(q^n(q - 1) + q(1 + q)(1 - q) + q^{n+3}(q - 1)\right)$$

$$= \frac{pq}{1 - q^4}\left(1 + q - q^{n-1} - q^{n+2}\right).$$

OETTINGER bildet dann das Verhältnis

$$P_{n_4}(A) : P_{n_4}(B) = p\frac{1-q^n}{1-q^4}(1+q^3) \cdot \frac{1+q^2}{q(1-q^n)} = \frac{(1-q)(1+q^3)}{q(1-q^2)} = \frac{1+q^3}{q(1+q)}.$$

Das Verhältnis ist unabhängig von n und gilt somit in diesem Fall auch für $n \rightarrow \infty$.

Lassen wir für n_1 nun n gegen Unendlich streben, so erhalten wir mit

$$\lim_{n\to\infty}\frac{P_{n_1}(A)}{P_{n_1}(B)} = \lim_{n\to\infty}\frac{P_{n_1}(A)}{1-q^n-P_{n_1}(A)} = \frac{\lim_{n\to\infty}P_{n_1}(A)}{1-\lim_{n\to\infty}P_{n_1}(A)} = \frac{p(1+q^3)}{(1-q^4)\left(1-\frac{p(1+q^3)}{1-q^4}\right)}$$

$$= \frac{p(1+q^3)(1-q^4)}{(1-q^4)\left(1-q^4-p(1+q^3)\right)} = \frac{1+q^3}{q(1+q)}, \text{ also denselben Wert wie im Fall } n_4.$$

Offensichtlich müssen $P_{n_1}(A)$, $P_{n_2}(A)$ und $P_{n_3}(A)$, die zum gleichen k gehören, gleich sein.

Tatsächlich ergab sich der Reihe nach immer der Wert $p\dfrac{1-q^{4k+4}}{1-q^4} + q^3p\dfrac{1-q^{4k}}{1-q^4}$, der aber,

wenn man ihn in n ausdrückte, ein anderes Aussehen annahm.

OETTINGER bringt kein Beispiel für seine Ergebnisse. Wir berechnen $P_n(A)$, $P_n(B)$ und $P_n(U)$ für das Ereignis »Sechs« beim Wurf eines Würfels für die ersten Werte von n.

n	1	2	3	4	5	6	7
$P_n(A)$	16,7 %	16,7 %	16,7 %	26,3 %	34,3 %	34,3 %	34,3 %
$P_n(B)$	0 %	13,9 %	25,5 %	25,5 %	25,5 %	32,2 %	37,8 %
$P_n(U)$	83,3 %	69,4 %	57,9 %	48,2 %	40,2 %	33,5 %	27,9 %
Vorteil für	A	A	B	A	A	A	B

1837 OETTINGER / *Vom Werthe*: Nacheinander III

In der 1837 erschienenen Abhandlung *Von dem Werthe der Erwartung* berechnet LUDWIG OETTINGER die Siegeswahrscheinlichkeiten für verschiedene Spiele. Die Aufgabe in § 3 erweitert die bisherige Fragestellung. Im Verlaufe seiner Lösung stellt OETTINGER Zusatzfragen, die wir wieder an seine Aufgabenstellung anschließen.

Unter den nämlichen Bedingungen wie bisher unternimmt A, das fragliche Ereignis in den ersten *a* Versuchen, B in den darauf folgenden *b* Versuchen herbeizuführen. Die nämliche Reihenfolge für A und B wird beibehalten. Beide setzen *n*-mal ihre Versuche fort [d. h., sie spielen *n* Partien zu je *a* + *b* Versuchen]. Es fragt sich, welches ist die Erwartung für A, welche für B?

Zusatzfragen:

1) In welchem Verhältnis stehen die Chancen von A und B für einen Sieg nach spätestens *n* Partien?

2) Welche Wahrscheinlichkeiten ergeben sich, wenn so lange gespielt wird, bis einer siegt? In welchem Verhältnis stehen jetzt die Siegeschancen von A und B?

3) Wie viele Versuche muss man B in Abhängigkeit von *a* gewähren, damit A und B gleiche Chancen haben, das Spiel zu gewinnen?

4) Wie viele Versuche *a* darf man dem A höchstens zugestehen, wenn A und B gleiche Chancen haben sollen und B nach A's Versuchen beliebig viele Versuche machen darf?

Lösung nach OETTINGER (1837)

Im Gegensatz zu den beiden vorigen Aufgaben ist n die Maximalzahl der Partien und nicht die Maximalzahl der A und B insgesamt zugestandenen Versuche.

Es bedeuten

A_i = »A siegt bei der i-ten Partie«, $A^{(n)}$ = »A siegt spätestens bei der n-ten Partie«; analog B_i und $B^{(n)}$. Dann gilt

$$P(A_1) = 1 - q^a \qquad\qquad\qquad P(B_1) = q^a(1 - q^b)$$

$$P(A_2) = q^{a+b}(1 - q^a) \qquad\qquad P(B_2) = q^{2a+b}(1 - q^b)$$

....

$$P(A_n) = q^{(n-1)(a+b)}(1 - q^a) \qquad P(B_n) = q^{na + (n-1)b}(1 - q^b)$$

Da die A_i bzw. B_i paarweise disjunkt sind, ergibt sich für die gesuchten »Erwartungen«

$$P(A^{(n)}) = P(A_1 \cup A_2 \cup ... \cup A_n) = \sum_{i=1}^{n} P(A_i) = \frac{1 - q^{n(a+b)}}{1 - q^{a+b}}\left(1 - q^a\right) \quad \text{und}$$

$$P(B^{(n)}) = P(B_1 \cup B_2 \cup ... \cup B_n) = \sum_{i=1}^{n} P(B_i) = \frac{1 - q^{n(a+b)}}{1 - q^{a+b}}\left(1 - q^b\right)q^a.$$

Wir berechnen noch:

$P(»\text{Das Spiel ist nach spätestens } n \text{ Partien zu Ende«}) = P(»\text{A siegt oder B siegt«}) =$
$P(A^{(n)}) + P(B^{(n)}) = 1 - q^{n(a+b)}$, anders gesagt, $P(U^{(n)}) = q^{n(a+b)}$.

Zusatzfrage 1. $P(A^{(n)}) : P(B^{(n)}) = \dfrac{1 - q^a}{\left(1 - q^b\right)q^a}$. Das Verhältnis ist unabhängig von der Anzahl n der Partien!

Zusatzfrage 2. $P(A^{(\infty)}) = \dfrac{1 - q^a}{1 - q^{a+b}}$ und $P(B^{(\infty)}) = \dfrac{\left(1 - q^b\right)q^a}{1 - q^{a+b}}$, also $P(A^{(\infty)}) : P(B^{(\infty)}) = \dfrac{1 - q^a}{\left(1 - q^b\right)q^a}$, was nicht verwundert, da ja das Verhältnis der Siegeschancen von n unabhängig war.

OETTINGER bringt nun ein Beispiel für die bisherigen Ergebnisse. E sei »Sechs« beim Werfen eines L-Würfels. Dann ist das Verhältnis der Siegeschancen von A und B, wenn A zweimal und B dreimal werfen darf, gleich $\dfrac{1 - \left(\frac{5}{6}\right)^2}{\left(1 - \left(\frac{5}{6}\right)^3\right)\left(\frac{5}{6}\right)^2} = \dfrac{2376}{2275}$.[299]

Zusatzfrage 3. Wegen $P(A^{(n)}) = P(B^{(n)})$ muss gelten:

$1 - q^a = (1 - q^b)q^a \Leftrightarrow q^b = 2 - q^{-a} \Leftrightarrow b = \dfrac{\ln(2 - q^{-a})}{\ln q}$. Dabei muss $q^{-a} < 2$, also $a < \dfrac{-\ln 2}{\ln q}$ bzw. $q < 2^{-\frac{1}{a}}$ sein.

OETTINGER lässt nun A zwei Würfe machen. Dann müssen dem B wenigstens drei zugestanden werden, wobei jedoch ein kleiner Nachteil auf seiner Seite ist; denn es ergibt sich

---

[299]   Das ist der von OETTINGER angegebene Wert, der nicht zu seinem Beispiel passt. Denn er lässt A und B jeweils zweimal werfen, wofür sich als Antwort 36/25 ergäbe.

$$b = \frac{\ln\left(2 - \left(\frac{5}{6}\right)^{-2}\right)}{\ln\frac{5}{6}} = 3,18\ldots$$ Wären dem A aber drei Würfe zugestanden, so müsste man dem B

acht Würfe zugestehen, da $b = \dfrac{\ln\left(2 - \left(\frac{5}{6}\right)^{-3}\right)}{\ln\frac{5}{6}} = 7,14\ldots$, wobei sich jetzt ein Vorteil für B er-

gibt.

Zusatzfrage 4. Wegen $P(A^{(n)}) = P(B^{(n)})$ muss gelten: $1 - q^a = \frac{1}{2}$, also $a = \frac{-\ln 2}{\ln q}$. Die Zahl a

wird umso größer, je kleiner $P(E)$ ist. So dürfen bei unserem Ereignis $E =$ »Sechs« beim

Wurf mit einem Würfel dem A höchstens vier Versuche zugestanden werden, da $a = \dfrac{-\ln 2}{\ln\frac{5}{6}} =$

3,8 ist. Für $a = 3$ hat A einen großen Nachteil, für $a = 4$ einen kleinen Vorteil. B würfelt anschließend beliebig oft.

1837 POISSON / *Recherches*: **Kartenfarben**

SIMÉON-DENIS POISSON betrachtet 1837 in seinen *Recherches sur la probabilité des jugements en matière criminelle et civile, précédées des règles générales du calcul des probabilités* unter Nr. 35 auf Seite 96 ff. das folgende Problem als Beispiel für die BAYES'sche
Regel.

Auf einem Tisch liegen verdeckt zwei Spielkarten, die entweder rot (Herz ♥, Karo ♦) oder schwarz
(Kreuz ♣, Pik ♠) sind. Für die Hypothesen $R =$ »Beide Karten sind rot«, $G =$ »Eine Karte ist rot, die
andere ist schwarz« und $S =$ »Beide Karten sind schwarz«[300] werden a-priori-Wahrscheinlichkeiten
festgelegt.
a) Ohne weitere Begründung wird angenommen, dass diese drei Hypothesen vor dem Aufdecken
der zweiten Karte gleichwahrscheinlich sind, also jede die Wahrscheinlichkeit 1/3 hat.
b) Die Karten werden dem *Piquet*, einem Spiel mit 16 roten und 16 schwarzen Karten entnommen.
Man deckt eine Karte auf: Sie ist rot (Ereignis B). Mit welcher Wahrscheinlichkeit ist auch die zweite
Karte rot?

Lösung nach POISSON (1837):

a) Offensichtlich ist $P_R(B) = 1$, da die aufgedeckte Karte rot sein muss, wenn beide Karten

rot sind. Damit ergibt sich nach der BAYES'schen Regel

$$P_B(R) = \frac{P(R)\cdot P_R(B)}{P(R)\cdot P_R(B) + P(G)\cdot P_G(B) + P(S)\cdot P_S(B)} = \frac{\frac{1}{3}\cdot 1}{\frac{1}{3}\cdot 1 + \frac{1}{3}\cdot\frac{1}{2} + \frac{1}{3}\cdot 0} = \frac{2}{3}.$$

Da $P_B(S) = 0$ ist, ist $P_B(G) = \frac{1}{3}$.

Kritik. POISSONs Annahme, dass R, S und G a priori gleichwahrscheinlich sind, ist unbegründet, da man ja nicht weiß, »woher die Karten kommen«, wie er selbst sagt. So hätte er auch
die naheliegende Annahme machen können, dass jede Karte mit gleicher Wahrscheinlichkeit

---

[300]   Diese Hypothese führt POISSON nicht auf, setzt sie aber bei seinen Überlegungen voraus.

rot oder schwarz ist. Dann erhielte man mit $P(R) = P(S) = \frac{1}{4}$, $P(G) = \frac{1}{2}$ für die gesuchten Wahrscheinlichkeiten die Werte

$$P_B(R) = \frac{\frac{1}{4} \cdot 1}{\frac{1}{4} \cdot 1 + \frac{1}{2} \cdot \frac{1}{2} + \frac{1}{4} \cdot 0} = \frac{1}{2}, \text{ und da } P_B(S) = 0 \text{ ist, } P_B(G) = \frac{1}{2}.$$

Damit wäre die Wahrscheinlichkeit, dass die noch nicht aufgedeckte Karte rot ist oder schwarz ist, weiterhin $\frac{1}{2}$. Die Information über die aufgedeckte Karte hätte keinen Einfluss, da die Ereignisse B und R unabhängig sind.

b) Auf Grund der Auswahl aus dem *Piquet* sind die a-priori-Wahrscheinlichkeiten $P(R) = P(S) = \dfrac{\binom{16}{2}\binom{16}{0}}{\binom{32}{2}} = \dfrac{15}{62}$ und $P(G) = \dfrac{\binom{16}{1}\binom{16}{1}}{\binom{32}{2}} = \dfrac{16}{31}$. Damit erhält man mit der BAYES'schen Regel

$$P_B(R) = \frac{\frac{15}{62} \cdot 1}{\frac{15}{62} \cdot 1 + \frac{16}{31} \cdot \frac{1}{2} + \frac{15}{62} \cdot 0} = \frac{15}{31}, \text{ und da } P_B(S) = 0 \text{ ist, } P_B(G) = \frac{16}{31}.$$

Die Wahrscheinlichkeit, dass die noch nicht aufgedeckte Karte schwarz ist, ist größer, als dass sie rot ist, was nicht verwundern sollte, da im *Piquet* gleich viele rote und schwarze Karten vorhanden sind und eine rote Karte aufgedeckt wurde.

Im Anschluss an diese Aufgabe verallgemeinert POISSON die Fragestellung:

Gegeben ist ein Stapel von m Karten, von denen a rot und der Rest schwarz sind. Man zieht n Karten und deckt alle bis auf eine auf. Unter den aufgedeckten Karten sind a' rot. Mit welcher Wahrscheinlichkeit ist die noch nicht aufgedeckte Karte auch rot?

Lösung nach POISSON (1837)

POISSON gibt lediglich das Ergebnis seiner Überlegungen an, das er auf demselben Weg wie vorher gefunden haben will. Eine Möglichkeit, das Ergebnis mit der BAYES'schen Regel zu finden, sieht wie folgt aus.

Das beobachtete Ereignis A lässt sich auf zwei Weisen formulieren:

$A =$ »Von $n-1$ aufgedeckten der n Karten sind a' rot« = »Von $n-1$ aufgedeckten der m Karten sind a' rot«. Es wird gefragt, ob die noch nicht aufgedeckte n-te Karte auch rot ist, d. h., ob das Ereignis $B =$ »Unter den n Karten, die aus den m Karten ausgewählt wurden, sind $a'+1$ rot« gilt. Die Wahrscheinlichkeiten dieser beiden Ereignisse sind

$$P(A) = \frac{\binom{a}{a'}\binom{m-a}{n-1-a'}}{\binom{m}{n-1}} \text{ und } P(B) = \frac{\binom{a}{a'+1}\binom{m-a}{n-(a'+1)}}{\binom{m}{n}}.$$

Die Wahrscheinlichkeit, dass unter den $n-1$ aufgedeckten der n Karten sich a' rote Karten befinden unter der Bedingung, dass sich $a'+1$ rote Karten unter den n Karten befinden, ist

$$P_B(A) = \frac{\binom{a'+1}{a'}\binom{n-a'-1}{n-1-a'}}{\binom{n}{n-1}} = \frac{\binom{a'+1}{a'}}{\binom{n}{n-1}} = \frac{(a'+1)! \cdot (n-1)! \cdot (n-(n+1))!}{a'! \cdot (a'+1-a')! \cdot n!} = \frac{a'+1}{n}.$$

Damit ist die gesuchte Wahrscheinlichkeit, dass nach dem Aufdecken von $n-1$ Karten (mit a' roten Karten) auch noch die n-te Karte als rot erweist, gleich

$$P_A(B) = \frac{P(A \cap B)}{P(A)} = \frac{P_B(A) \cdot P(B)}{P(A)} = \left[\frac{a'+1}{n} \cdot \frac{\binom{a}{a'+1}\binom{m-a}{n-a'-1}}{\binom{m}{n}} \right] \cdot \frac{\binom{m}{n-1}}{\binom{a}{a'}\binom{m-a}{n-a'-1}}$$

$$= \frac{a'+1}{n} \cdot \frac{a! \cdot n! \cdot (m-n)!}{(a'+1)! \cdot (a-a'-1)! \cdot m!} \cdot \frac{m! \cdot a'! \cdot (a-a')!}{(n-1)! \cdot (m-(n-1))! \cdot a!} = \frac{a-a'}{m-n+1} .$$

Im Anschluss an dieses Ergebnis bemerkt POISSON, dass man es auch einfacher erhalten könne: Man zieht zunächst aus den m Karten $n-1$ Karten, von denen a' rot sind. Anschließend zieht man eine Karte aus den verbliebenen $m-(n-1)$ Karten, von denen $a-a'$ rot sind. Die Wahrscheinlichkeit, dass die gezogene Karte rot ist, ist dann $\frac{a-a'}{m-n+1}$.

1838 DE MORGAN / *An Essay on Probabilities*: Nur Erfolge

AUGUSTUS DE MORGAN behandelt 1838 in seinem *An Essay on Probabilities, and on Their Application to Life Contingencies and Insurance Offices*, einem Werk, das lange Zeit erheblichen Einfluss auf die Entwicklung der Wahrscheinlichkeitsrechnung hatte, auf Seite 61 ff. einen Aufgabentyp, den er mit verschiedenen Zahlen vorführt. Es handelt sich um eine Erweiterung des Problems, das PREVOST und LHUILIER 1794 gelöst haben (Prevost/Lhuilier 1799a), – siehe Seite 288. Verallgemeinern wir diesen Typ, so lautet die Aufgabe:

> Eine Urne enthält m Kugeln, von denen mindestens eine weiß ist, alle anderen schwarz. Man zieht aus ihr mit Zurücklegen n-mal eine Kugel. Sie ist jedes Mal weiß. Mit welcher Wahrscheinlichkeit erhält man bei den nächsten j Zügen wieder nur weiße Kugeln?

Lösung nach DE MORGAN (1838)

DE Morgan betrachtet die Ereignisse H_n = »Bei den ersten n Zügen wird weiß gezogen« und H_{n+j} = »Bei den ersten $n+j$ Zügen wird weiß gezogen«. Für U_i = »Die Urne enthält i weiße Kugeln«, $1 \leq i \leq m$, gilt $P(U_i) = \frac{1}{m}$ unter der Annahme, dass jede Mischung U_i gleichwahrscheinlich ist. Mit dem Satz von der totalen Wahrscheinlichkeit ergibt sich

$$P(H_n) = \sum_{i=1}^{m} P(U_i) \cdot P_{U_i}(H_n) = \frac{1}{m} \sum_{i=1}^{m} \left(\frac{i}{m} \right)^n = \frac{1}{m^{n+1}} \sum_{i=1}^{m} i^n ,$$ und analog, indem man n durch

$n+j$ ersetzt, $P(H_{n+j}) = \frac{1}{m^{n+j+1}} \sum_{i=1}^{m} i^{n+j}$. Damit wird

$$P_{H_n}(H_{n+j}) = \frac{P(H_n \cap H_{n+j})}{P(H_n)} = \frac{P(H_{n+j})}{P(H_n)} = \frac{1}{m^j} \cdot \frac{\sum_{i=1}^{m} i^{n+j}}{\sum_{i=1}^{m} i^n} .$$ Im ersten Beispiel wählt DE MORGAN

$m=10, n=5$ und $j=2$ und hätte damit $\frac{1}{10^2} \cdot \frac{\sum_{i=1}^{10} i^7}{\sum_{i=1}^{10} i^5}$ zu berechnen. Er führt die Rechnung selbst

nicht aus. Sie lautet

$$\frac{1}{100} \cdot \frac{1 + 128 + 2187 + 16384 + 78125 + 279936 + 823543 + 2\,097\,152 + 4\,782\,969 + 10\,000\,000}{1 + 32 + 243 + 1024 + 3125 + 7776 + 16807 + 32768 + 59049 + 100000}$$

$$= \frac{18\,080\,425}{22\,082\,500} = 81{,}9\%.$$

Als nächstes Beispiel wählt DE MORGAN $m = 1000$, $n = 157$ und $j = 27$ und hätte damit zu

berechnen $\dfrac{1}{1000^{27}} \cdot \dfrac{\sum\limits_{i=1}^{1000} i^{184}}{\sum\limits_{i=1}^{1000} i^{157}}$, wofür er Näherungen entwickelt. Der Computer liefert

$0{,}8653265276\ldots = 86{,}5\,\%.$

1838 DE MORGAN / *An Essay on Probabilities*: Auch Misserfolge

AUGUSTUS DE MORGAN verändert die vorherige Aufgabe in seinem *An Essay on Probabilities* (1838) auf Seite 65 und stellt eine Frage, die das Problem verallgemeinert, das PIERRE SIMON DE LAPLACE 1774 gelöst hat – siehe Seite 279.

> Eine Urne enthält unendlich viele weiße und schwarze Kugeln, deren Mischungsverhältnis unbekannt ist. Bei n Zügen erhielt man w weiße und s schwarze Kugeln. Mit welcher Wahrscheinlichkeit liefern die nächsten z Züge u weiße und v schwarze Kugeln?

Lösung nach DE MORGAN (1838)

DE Morgan gibt ohne Herleitung eine allgemeine Formel an und illustriert sie an einem Beispiel. Zum Beweis verallgemeinern wir die Betrachtungen von Seite 280.

Sei x das unbekannte Mischungsverhältnis, dann ist mit den obigen Bezeichnungen die Wahrscheinlichkeit für das Ziehen von u weißen und v schwarze Kugeln bei den nächsten z Zügen unter der Annahme, dass bei den vorangegangenen n Zügen w weiße und s schwarze Kugeln gezogen wurden,

$P_{H_{nw}}$(»u weiße und v schwarze Kugeln bei den nächsten z Zügen«)

$$= P_{H_{nw}}(H_{n+z,w+u}) = \frac{\int_0^1 \binom{n}{w}\binom{z}{u} x^{w+u} (1-x)^{s+v}\,dx}{\int_0^1 \binom{n}{w} x^{w}(1-x)^{s}\,dx} = \frac{\int_0^1 \binom{z}{u} x^{w+u}(1-x)^{s+v}\,dx}{\int_0^1 x^{w}(1-x)^{s}\,dx}.$$

Die Integrale im Zähler und Nenner sind vom gleich Typ, nämlich

$I_{\alpha,\beta} = \int_0^1 x^{\alpha}(1-x)^{\beta}\,dx$. Wie auf Seite 280 gezeigt, ist $I_{\alpha,\beta} = \dfrac{\alpha! \cdot \beta!}{(\alpha+\beta+1)!}$. Damit erhalten wir für den Zähler

$\dbinom{z}{u} \dfrac{(w+u)! \cdot (s+v)!}{(w+u+s+v+1)!} = \dbinom{z}{u} \dfrac{(w+u)! \cdot (s+v)!}{(n+z+1)!}$ und für den Nenner $\dfrac{w! \cdot s!}{(w+s+1)!} = \dfrac{w! \cdot s!}{(n+1)!}$.

Somit ergibt sich

$$P_{H_{nw}}(H_{n+z,w+u}) = \binom{z}{u} \frac{(w+u)! \cdot (s+v)! \cdot (n+1)!}{w! \cdot s! \cdot (n+z+1)!}.$$

DE MORGANs Beispiel: $n = 6$ mit $w = 4$ und $s = 2$. Für $z = 4$ werden alle Kombinationen (u, v) mit $u = 0, 1, 2, 3$ und 4 und $v = 4 - u$ berechnet. Man erhält der Reihe nach die Werte $\frac{1}{22}, \frac{5}{33}, \frac{3}{11}, \frac{7}{22}$ und $\frac{7}{33}$, die zusammen 1 ergeben, wie es auch sein muss.

1843 COURNOT / *Exposition*: Aushebung

ANTOINE AUGUSTIN COURNOT modelliert 1843 in Nr. 25 seiner *Exposition de la Théorie des Chances et des Probabilités* (Seite 43) den Vorgang der jährlichen Aushebung von Rekruten durch Auslosen.

> Sei N die Anzahl aller Wehrpflichtigen aus dem Kanton, d. h. dem Rekrutierungsbezirk, N' die Anzahl derjenigen, die per Gesetz Freistellung beantragen können, und c die Anzahl der Rekruten, die der Kanton stellen muss. Es werden n Namen aus den N Namen auf gut Glück gezogen. Mit welcher Wahrscheinlichkeit erhält man damit die c geforderten Rekruten? – Wir stellen die Zusatzfrage: Wie viele Züge sind im Mittel nötig sind, um das Kontingent c aufstellen zu können.

Lösung nach COURNOT (1843)

An Hand zweier Modelle gibt COURNOT lediglich an, wie die Aufgabe im Prinzip gelöst werden kann. Wir betrachten zunächst das zweite Modell. Eine Urne enthalte N Kugeln, davon N' schwarze; der Rest ist weiß. Es wird so lange ohne Zurücklegen gezogen, bis man schließlich genau c weiße Kugeln gezogen hat ($c \leq N - N'$). Der günstigste Fall ist, dass man mit c Zügen auskommt; im ungünstigsten Fall braucht man $c + N'$ Züge. Für die Anzahl n der Züge gilt also $c \leq n \leq c + N'$. [301] Wir bieten zwei Wege zur Lösung der Aufgabe an.

1. Weg. Sei X_n die Anzahl der weißen Kugeln, die man bei n Zügen erhält, und p_n die Wahrscheinlichkeit, dass man erst beim n-ten Zug die c-te weiße Kugel zieht. Das ist der Fall, wenn man bei den ersten $n - 1$ Zügen $c - 1$ weiße Kugeln gezogen hat und beim n-ten Zug die c-te weiße Kugel zieht. Also gilt

$$p_n = P(X_{n-1} = c - 1) \cdot \frac{(N - N') - (c - 1)}{N - (n - 1)} = \frac{\binom{N - N'}{c - 1}\binom{N'}{n - c}}{\binom{N}{n - 1}} \cdot \frac{(N - N') - (c - 1)}{N - (n - 1)}.$$

2. Weg. Man bestimmt zunächst $X_n \geq c$. Um sicherzustellen, dass wirklich n Züge nötig sind, muss man davon all die Fälle abziehen, die bereits bei $n - 1$ Zügen mindestens c weiße Kugeln geliefert haben, also $X_{n-1} \geq c$. Damit erhält man für p_n die rekursive Beziehung

$$p_n = P(X_n \geq c) - P(X_{n-1} \geq c).$$

Zur Veranschaulichung wählen wir $N = 10$, $N' = 3$ und $c = 6$. Dann ist $N - N' = 7$, $c - 1 = 5$ und $(N - N') - (c - 1) = 2$.

1. Weg. $p_6 = \dfrac{\binom{7}{5}\binom{3}{0}}{\binom{10}{5}} \cdot \dfrac{2}{10 - 5} = \dfrac{1}{30}$, $p_7 = \dfrac{\binom{7}{5}\binom{3}{1}}{\binom{10}{6}} \cdot \dfrac{2}{10 - 6} = \dfrac{3}{20}$,

---

[301]   Warum COURNOT $c < n < c + N'$ verlangt, erschließt sich uns nicht.

$$p_8 = \frac{\binom{7}{5}\binom{3}{2}}{\binom{10}{7}} \cdot \frac{2}{10-7} = \frac{7}{20}, \qquad p_9 = \frac{\binom{7}{5}\binom{3}{3}}{\binom{10}{8}} \cdot \frac{2}{10-8} = \frac{7}{15}.$$

NB: Die Eckwerte p_6 und p_9 hätte man aber auch einfacher berechnen können, nämlich: p_6 ist die Wahrscheinlichkeit, dass bei sechs Zügen keine schwarze Kugel gezogen wird. Und p_9 ist die Wahrscheinlichkeit, dass bei acht Zügen alle schwarzen Kugeln gezogen werden. Also

$$p_6 = \frac{\binom{7}{6}\binom{3}{0}}{\binom{10}{6}} = \frac{1}{30} \quad \text{und} \quad p_9 = \frac{\binom{7}{5}\binom{3}{3}}{\binom{10}{8}} = \frac{7}{15}.$$

2. Weg. $\quad p_6 = P(X_6 \geq 6) - P(X_5 \geq 6) = P(X_6 = 6) = \dfrac{\binom{7}{6}\binom{3}{0}}{\binom{10}{6}} = \dfrac{1}{30},$

$$p_7 = P(X_7 \geq 6) - P(X_6 \geq 6) = \frac{\binom{7}{6}\binom{3}{1} + \binom{7}{7}\binom{3}{0}}{\binom{10}{7}} - \frac{1}{30} = \frac{11}{60} - \frac{1}{30} = \frac{3}{20},$$

$$p_8 = P(X_8 \geq 6) - P(X_7 \geq 6) = \frac{\binom{7}{6}\binom{3}{2} + \binom{7}{7}\binom{3}{1}}{\binom{10}{8}} - \frac{11}{60} = \frac{8}{15} - \frac{11}{60} = \frac{7}{20},$$

$$p_9 = P(X_9 \geq 6) - P(X_8 \geq 6) = \frac{\binom{7}{6}\binom{3}{3} + \binom{7}{7}\binom{3}{2}}{\binom{10}{9}} - \frac{11}{60} = 1 - \frac{8}{15} = \frac{7}{15}.$$

Zusatzfrage. Im Beispiel hat die Zufallsgröße X = »Anzahl der Züge, bis genau sechs weiße Kugeln gezogen sind« die folgende Wertetabelle. Damit ist

$E(X) = \dfrac{6\cdot 2 + 7\cdot 9 + 8\cdot 21 + 9\cdot 28}{60} = 8{,}25.$ Im Mittel sind 8,25 Züge

nötig, bis man genau sechs weiße Kugeln gezogen hat.

x	6	7	8	9
$W_x(x)$	$\frac{1}{30}$	$\frac{3}{20}$	$\frac{7}{20}$	$\frac{7}{15}$

Nun wenden wir uns dem ersten Modell zu. COURNOT betrachtet N nebeneinander liegende Fächer. In jedes Fach wird genau eine der N unterscheidbaren Kugeln gelegt. Es gibt $N!$ mögliche Anordnungen. Gesucht ist die Wahrscheinlichkeit p_n, dass die c-te weiße Kugel in das n-te Fach kommt, wenn man die Fächer von links her auffüllt. Nach COURNOT gilt dann $p_n = \frac{S}{N!}$, wenn S die Anzahl der dafür günstigen Anordnungen ist. Wir bestimmen nun S. In die ersten $n-1$ Fächer werden zunächst $c-1$ weiße Kugeln gelegt, die wir aus den $N-N'$ weißen Kugeln auswählen. Dies ist auf $\binom{N-N'}{c-1}$ Arten möglich. Dann füllen wir mit $n-c$ schwarzen Kugeln auf, die aus den N' schwarzen Kugeln ausgewählt werden, was auf $\binom{N'}{n-c}$ Arten möglich ist. Diese insgesamt $n-1$ Kugeln lassen sich auf $(n-1)!$ Arten in den ersten $n-1$ Fächern anordnen. Die c-te weiße Kugel für das n-te Fach wählen wir aus den restlichen $(N-N')-(c-1)$ weißen Kugeln aus, was auf $\binom{(N-N')-(c-1)}{1}$ Arten möglich ist. Die in den noch verbliebenen $N-n$ Fächern liegenden Kugeln können schließlich noch auf $(N-n)!$ Arten permutiert werden. Damit gilt

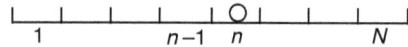

$$p_n = \frac{1}{N!}\binom{N-N'}{c-1}\binom{N'}{n-c} \cdot (n-1)! \cdot \binom{(N-N')-(c-1)}{1} \cdot 1! \cdot (N-n)! \quad \text{oder vereinfacht}$$

$$p_n = \frac{(N-N')-(c-1)}{n} \cdot \frac{\binom{N-N'}{c-1}\binom{N'}{n-c}}{\binom{N}{N-n}}.$$

Ersetzt man hierin $\binom{N}{N-n}$ durch $\binom{N}{n-1} \cdot \frac{N-(n-1)}{n}$ und kürzt mit n, dann erhält man den oben beim zweiten Modell angegebenen Ausdruck für p_n.

1843 COURNOT / *Exposition*: Majorität

ANTOINE AUGUSTIN COURNOT bringt 1843 in Nr. 37 seiner *Exposition de la Théorie des Chances et des Probabilités* für das Ziehen ohne Zurücklegen zwei Beispiele aus dem Alltag seiner Zeit. Hier das erste Beispiel von Seite 68.

> Von den 459 Abgeordneten der *Chambre des Députés* entfallen 240 Abgeordnete auf Partei A und 219 auf Partei B. Partei A hat also die Majorität, Partei B die Minorität der Sitze.
> Durch Losentscheid ist ein Ausschuss aus zwanzig Abgeordneten zu bilden. Mit welcher Wahrscheinlichkeit stellt Partei A bzw. Partei B die Majorität im Ausschuss? [Mit welcher Wahrscheinlichkeit entsteht ein Patt?]
> Bei einer Abstimmung in der *Chambre des Députés* fehlen durch zufällige Ursachen wie z. B. durch Krankheit dreißig Abgeordnete. Mit welcher Wahrscheinlichkeit behält Partei A die Majorität bzw. mit welcher Wahrscheinlichkeit erringt sie durch dieses Fehlen Partei B? [Mit welcher Wahrscheinlichkeit entsteht ein Patt?][302]

Lösung nach COURNOT (1843)

COURNOT gibt keine Lösung für den ersten Fragenkomplex. Vom zweiten gibt er an Hand einer Urne, die 240 weiße und 219 schwarze Kugeln enthält, allerdings nur für die zweite Frage an, wie man zu einer Lösung kommt. Mit Hilfe von Logarithmen ergebe sich für die gesuchte Wahrscheinlichkeit der Wert 0,000 049 547, was sich kaum von $\frac{1}{20000}$ unterscheide.

Mit Hilfe des Computers lassen sich die Fragen leicht beantworten.

Erster Fragenkomplex.

$$P(\text{»A stellt die Ausschussmajorität«}) = \frac{\sum_{i=11}^{20}\binom{240}{i}\binom{219}{20-i}}{\binom{459}{20}} = 0{,}493\,572\,876\,3,$$

$$P(\text{»B stellt die Ausschussmajorität«}) = \frac{\sum_{i=11}^{20}\binom{219}{i}\binom{240}{20-i}}{\binom{459}{20}} = 0{,}330\,152\,815\,6,$$

$$P(\text{»Patt im Ausschuss«}) = \frac{\binom{240}{10}\binom{219}{10}}{\binom{459}{20}} = 0{,}176\,274\,308\,1.$$

Zusammen ergeben die drei Wahrscheinlichkeiten den Wert 1, wie es sein muss.

Zweiter Fragenkomplex.

Wenn dreißig Abgeordnete fehlen, sind noch 429 anwesend. Es gibt kein Patt.

Zur Majorität sind mindestens 215 Abgeordnete nötig. A behält also die Majorität, wenn höchstens 25 A-Parteimitglieder fehlen; somit

---

[302] Die Frage nach dem Patt stammt nicht von COURNOT, sondern von uns.

$$P(\text{»A behält die Majorität«}) = \frac{\sum\limits_{i=0}^{25} \binom{240}{i}\binom{219}{30-i}}{\binom{459}{30}} = 0{,}999\,950\,452\,6,$$

B wird zur Majorität, wenn mindestens 26 A-Parteimitglieder fehlen, also

$$P(\text{»B wird zur Majorität«}) = \frac{\sum\limits_{i=26}^{30} \binom{240}{i}\binom{219}{30-i}}{\binom{459}{30}} = 0{,}000\,049\,547\,405\,95. \text{ Das ist COURNOTs Wert.}$$

Zusatz. Ohne Computer kann man den Lösungsweg leicht verfolgen, wenn man kleinere Zahlen wählt. Dazu betrachten wir statt der *Chambre des Députés* einen Gemeinderat mit zwanzig Sitzen, elf für A und neun für B. Der Ausschuss ist aus sechs Räten zu bilden. Bei der Abstimmung fehlen zufälligerweise acht Räte. Damit gilt für den ersten Fragenkomplex

$P(\text{»A stellt die Ausschussmajorität«}) = \frac{275}{646} = 42{,}6\,\%$, $P(\text{»B stellt die Ausschussmajorität«}) = \frac{70}{323} = 21{,}7\,\%$ und $P(\text{»Patt im Ausschuss«}) = \frac{231}{646} = 35{,}8\,\%$.

Für den zweiten Fragenkomplex gilt: Ein Patt entsteht, wenn fünf der A-Räte und drei der B-Räte abwesend sind. Die Wahrscheinlichkeit hierfür ist $\frac{6468}{20995} = 30{,}8\,\%$. Für die Majorität sind mindestens sieben Räte nötig. A behält also die Majorität, wenn höchstens vier A-Räte fehlen, die Wahrscheinlichkeit hierfür ist $\frac{4493}{8398} = 53{,}5\,\%$. B wird zur Majorität, wenn mindestens sechs A-Räte fehlen, Wahrscheinlichkeit hierfür ist $= \frac{6589}{41990} = 15{,}7\,\%$.

Bei beiden Fragestellungen ergibt die Summe der drei Wahrscheinlichkeiten 1.

1843 COURNOT / *Exposition*: Schwurgericht

ANTOINE AUGUSTIN COURNOT bringt 1843 in Nr. 37 seiner *Exposition de la Théorie des Chances et des Probabilités* für das Ziehen ohne Zurücklegen zwei Beispiele aus dem Alltag seiner Zeit. Hier das zweite Beispiel von Seite 69.

Sowohl das Ministerium als auch der Angeklagte haben im Strafprozess das Recht, rechtsverbindlich eine gewisse Anzahl von Richtern oder Geschworenen abzulehnen. Dafür ein Beispiel: Auf einer Liste stehen die Namen von 36 Geschworenen, aus denen durch Los zwölf bestimmt werden, die das Gericht vervollständigen. Sowohl das Ministerium als auch der Angeklagte können jeweils zwölf aus den 36 Geschworenen ablehnen, sobald der Name aus der Urne gezogen wird; zur Vervollständigung des Gerichts benötigt man zwölf Geschworene. Betrachten wir nun den einfachsten Fall: Das Ministerium sieht keinen Grund, von seinem Recht Gebrauch zu machen. Der Angeklagte möchte jedoch sechs der Geschworenen ablehnen. Wie groß ist bei der Ziehung die Wahrscheinlichkeit, dass er von seinem Recht keinen Gebrauch machen muss?

Lösung nach Cournot (1843)

Cournot modelliert die Aufgabe durch Ziehen ohne Zurücklegen aus einer Urne, die dreißig weiße und sechs schwarze Kugeln enthält; letztere stehen für die vom Angeklagten nicht gewünschten Geschworenen. Gesucht ist die Wahrscheinlichkeit, dass bereits zwölf Züge genügen, um zwölf weiße Kugeln zu ziehen. Ihr Wert ist

$$\frac{\binom{6}{0}\binom{30}{12}}{\binom{36}{12}} = \frac{437}{6324} = 0,069\,102 = 6,9\,\%.$$

Bemerkung. Die Aufgabe ist zwar für die Stochastik interessant, *in praxi* könnte man aber doch viel einfacher nur aus den nicht abgelehnten Namen zwölf Geschworene auslosen. Die Urne enthielte dann nur weiße Kugeln; die Aufgabe wäre stochastisch unergiebig!

Ergänzung. Es ist zwar nicht der *einfachste* Fall, aber Cournot hat sich tatsächlich auf einen recht einfachen Fall beschränkt. Es ließen sich nämlich wesentlich interessantere Fragen stellen, wie z. B.:

1) Mit welcher Wahrscheinlichkeit müssen fünfzehn Namen gezogen werden?

2) Wie viele Namen müssen im ungünstigsten Fall gezogen werden, und wie wahrscheinlich ist dieser Fall?

3) Wie viele Züge hat man im Mittel zu erwarten?

Lösungen

1) Bei den ersten vierzehn Zügen werden elf weiße Kugeln gezogen und beim fünfzehnten Zug die zwölfte weiße Kugel. Das ist aber genau das Problem der »Aushebung«, das Cournot auf Seite 34 behandelt hat. In der dort aufgestellten Formel für p_n ist zu setzen $N = 36$, $N' = 6, c = 12$ und $n = 15$, sodass gilt: $p_{15} = \frac{\binom{30}{11}\binom{6}{3}}{\binom{36}{14}} \cdot \frac{19}{22} = \frac{8645}{34\,782} = 24,9\,\%.$

2) Der ungünstigste Fall liegt vor, wenn die zwölfte weiße Kugel erst gezogen wird, nachdem vorher alle sechs schwarzen Kugeln gezogen wurden. Man braucht also achtzehn Züge. In diesem Fall ist $N = 36$, $N' = 6, c = 12$ und $n = 18$, sodass $p_{18} = \frac{\binom{30}{11}\binom{6}{6}}{\binom{36}{17}} \cdot \frac{19}{19} = \frac{13}{2046} = 0,6\,\%.$

3) Im Mittel sind $\sum_{n=12}^{18} \frac{\binom{30}{11}\binom{6}{n-12}}{\binom{36}{n-1}} \cdot \frac{19}{37-n} \cdot n = \frac{444}{31} = 14,3$ Züge nötig.

2. Hälfte des 19. Jahrhunderts

1860 DEDEKIND / *Mittheilungen III*: Urnenparadoxon

RICHARD DEDEKIND behandelt 1860 in der dritten seiner *Mathematischen Mittheilungen* die BAYES'sche Regel und bringt dazu das folgende Beispiel (Seite 72 ff.):

> Es seien 16 Urnen in quadratischer Anordnung aufgestellt, so dass sie 4 Verticalreihen (x = 1, 2, 3, 4) und 4 Horizontalreihen (y = 1, 2, 3, 4) bilden; die einzelnen Urnen können durch die Angabe der Verticalreihe x und der Horizontalreihe y, in denen sie sich finden, von einander unterschieden werden [U_{xy}]. In jeder Urne seien 10 Kugeln enthalten, von denen so viele weiss sind, wie die in Klammern gesetzte Zahl angiebt (also enthält z. B. die Urne (x = 1, y = 1) [also U_{11}] nur weisse Kugeln, die Urne (x = 4, y = 3) [also U_{43}] enthält eine weisse und neun schwarze Kugeln. [Es wird eine Urne auf gut Glück ausgewählt und aus ihr eine Kugel gezogen.] Wir nehmen an, dass der Zug ebensowohl aus der einen wie aus jeder andern Urne geschehen kann.
> **1)** Mit welcher Wahrscheinlichkeit wird eine weisse Kugel gezogen?
> **2)** Nun sei umgekehrt eine weisse Kugel gezogen, ohne dass man die Urne kennt, aus welcher sie gezogen ist. Wie groß ist die Wahrscheinlichkeit a posteriori, dass dieser Zug aus der Urne U_{xy} geschehen ist? [Gib alle Werte an.]
> **3)** Mit welcher Wahrscheinlichkeit wird die weisse Kugel aus einer Urne der x-ten Verticalreihe bzw. der y-ten Horizontalreihe gezogen?

Lösung nach DEDEKIND (1860)[303]

1) Mit W = »Die gezogene Kugel ist weiß« und U_{xy} = »Es wird aus Urne U_{xy} gezogen« gilt

$$P(W) = \sum_{x,y=1}^{4} P(U_{xy}) \cdot P_{U_{xy}}(W) = \frac{1}{16} \sum_{x,y=1}^{4} P_{U_{xy}}(W)$$

$$= \frac{1}{16} \cdot \frac{1}{10} \cdot 70 = \frac{7}{16}.$$

	1	2	3	4	x
1	(10)	(8)	(1)	(1)	
2	(8)	(9)	(7)	(6)	
3	(1)	(7)	(1)	(1)	
4	(1)	(6)	(1)	(2)	
y					

2) $P_W(U_{xy}) = \dfrac{P(U_{xy}) \cdot P_{U_{xy}}(W)}{P(W)} = \dfrac{\frac{1}{16} \cdot P_{U_{xy}}(W)}{\frac{7}{16}}$

$= \frac{1}{7} \cdot P_{U_{xy}}(W)$. Sind in der Urne U_{xy} w weiße Kugeln, wie in der Tabelle angegeben, dann ist

$$P_W(U_{xy}) = \frac{1}{7} \cdot \frac{w}{10} = \frac{w}{70}.$$

---

[303] In der Originalarbeit ist die Tabelle nicht frei von Druckfehlern. Die nebenstehend wiedergegebene Tabelle stammt aus Dedekind (1930), S. 92.

Wir nützen u. a. die Symmetrie der Anordnung aus und errechnen

$$P_W(U_{11}) = \frac{1}{7}, P_W(U_{22}) = \frac{9}{70}, P_W(U_{33}) = \frac{1}{70}, P_W(U_{44}) = \frac{2}{70},$$

$$P_W(U_{12}) = P_W(U_{21}) = \frac{8}{70},$$

$$P_W(U_{13}) = P_W(U_{31}) = P_W(U_{34}) = P_W(U_{43}) = P_W(U_{14}) = P_W(U_{41}) = \frac{1}{70},$$

$$P_W(U_{23}) = P_W(U_{32}) = \frac{7}{70}, P_W(U_{24}) = P_W(U_{42}) = \frac{6}{70}.$$

3) Für die Wahrscheinlichkeit, dass die Urne aus der ersten Vertikalreihe bzw. wegen der Symmetrie aus der ersten Horizontalreihe stammt, ergibt sich wegen $P_W(U_{xy}) = \frac{w}{70}$

$$P_W(U_{1y}) = P_W(U_{x1}) = \frac{1}{70}(10 + 8 + 1 + 1) = \frac{20}{70}.$$ Analog errechnet man

$$P_W(U_{2y}) = P_W(U_{x2}) = \frac{30}{70}, P_W(U_{3y}) = P_W(U_{x3}) = \frac{10}{70}, P_W(U_{4y}) = P_W(U_{x4}) = \frac{10}{70}.$$

DEDEKIND weist dann auf das folgende Paradoxon hin:

> »Am wahrscheinlichsten ist es daher, das der Zug aus der Urne U_{11} geschehen ist; d. h. also, das wahrscheinlichste System der beiden Unbekannten x, y ist das System $x = 1, y = 1$. Man findet nun häufig die ganz unrichtige Ansicht, dass der Wert einer unbekannten Grösse, der ihr in dem wahrscheinlichsten System von mehreren Unbekannten zukommt, gleich auch ihr wahrscheinlichster Wert sein müsse. Dass dem nicht so ist, lehrt recht augenfällig das vorliegende Beispiel, denn wir finden für die Wahrscheinlichkeit, dass der Zug aus der ersten, zweiten, dritten, vierten Verticalreihe geschehen ist, d. h. dass x den Werth 1, 2, 3, 4 hat, resp. den Werth $\frac{2}{7}, \frac{3}{7}, \frac{1}{7}, \frac{1}{7}$; und dieselben Zahlen drücken auch (in Folge der Symmetrie des obigen Schema) die Wahrscheinlichkeiten aus, dass die Unbekannte y den Werth 1, 2, 3, 4 hat. Wir finden also, dass der wahrscheinlichste Werth von x gleich 2, der von y gleich 2 ist; und doch haben wir vorher gesehen, dass das wahrscheinlichste Werthsystem der beiden Unbekannten das System $x = 1, y = 1$ ist.«

Bemerkung. Frage **2** lässt sich auch ohne das schwere Geschütz der BAYES'schen Regel lösen: Da jede Urne gleich viele Kugeln enthält, nämlich zehn, und da außerdem jede Urne mit der gleichen Wahrscheinlichkeit, nämlich $\frac{1}{16}$, ausgewählt wird, ist die Wahrscheinlichkeit, dass die gezogene Kugel aus einer Urne mit w weißen Kugeln stammt, gleich $\frac{w}{70}$, weil es insgesamt 70 weiße Kugeln gibt.

1873 LAURENT / *Traité du Calcul des Probabilités*: Immer schwärzer

MATTHIEU PAUL HERMANN LAURENT stellt 1873 in seinem *Traité du Calcul des Probabilités* (S. 69) das folgende Problem:

> Problem V. – Jemand zieht [mit Zurücklegen] zweimal eine Kugel aus einer Urne, die eine schwarze und eine weiße Kugel enthält. Sind die beiden gezogenen Kugeln weiß, erhält er 1 Franken. Andernfalls darf er [mit Zurücklegen] zweimal aus einer Urne ziehen, die zwei schwarze und eine weiße Kugel enthält. Man fährt so fort, indem man jedes Mal eine Urne wählt, in der die schwarzen Kugeln jeweils um eine zunehmen. Mit welcher Wahrscheinlichkeit wird die Person ihren Franken erhalten?

Lösung nach LAURENT (1873)

Wir betrachten zunächst den einfacheren Fall, dass die Person spätestens beim Ziehen aus der fünften Urne Erfolg hat und ihren Franken erhält.

Direkte Berechnung: Die Urne U_i enthält i schwarze und eine weiße Kugel. Die Wahrscheinlichkeit, daraus mit Zurücklegen zweimal eine weiße Kugel zu ziehen, ist $\dfrac{1}{(i+1)^2}$. Die Wahrscheinlichkeit p_n, aus der Urne U_n zum ersten Mal zwei weiße Kugeln zu ziehen, also erst beim Ziehen aus Urne U_n den Franken zu bekommen, ist dann

$$\frac{1}{2^2} + \frac{2^2-1}{2^2}\cdot\frac{1}{3^2} + \frac{(2^2-1)(3^2-1)\cdot 1}{2^2\cdot 3^2\cdot 4^2} + \ldots + \frac{(2^2-1)(3^2-1)\cdot\ldots\cdot(n^2-1)\cdot 1}{2^2\cdot 3^2\cdot 4^2\cdot\ldots\cdot(n+1)^2}$$

$$= \frac{1}{4} + \sum_{i=2}^{n} \frac{(2^2-1)(3^2-1)\cdot\ldots\cdot(i^2-1)}{2^2\cdot 3^2\cdot 4^2\cdot\ldots\cdot(i+1)^2}.$$

Für $n = 5$ ergibt sich der Wert $\dfrac{1}{4} + \dfrac{3}{4}\cdot\dfrac{1}{9} + \dfrac{3\cdot 8\cdot 1}{4\cdot 9\cdot 16} + \dfrac{3\cdot 8\cdot 15\cdot 1}{4\cdot 9\cdot 16\cdot 25} + \dfrac{3\cdot 8\cdot 15\cdot 24\cdot 1}{4\cdot 9\cdot 16\cdot 25\cdot 36} = \dfrac{5}{12} = 41{,}7\%$.

Die Wahrscheinlichkeiten p_n bilden eine monoton steigende, mit 1 beschränkte Folge. Sie konvergiert also. Wogegen?

LAURENT sagt, die Berechnung gestalte sich viel bequemer, wenn man zum Gegenereignis übergeht. Also

$p_n = P(\text{»Man erhält den Franken erst beim Zug aus Urne } U_n\text{«}) =$

$= 1 - P(\text{»Man erhält keinen Franken beim Zug aus den Urnen } U_i\text{«}, i = 1, 2, \ldots, n) =$

$= 1 - \left(1 - \dfrac{1}{2^2}\right)\left(1 - \dfrac{1}{3^2}\right)\cdot\ldots\cdot\left(1 - \dfrac{1}{(n+1)^2}\right).$

Für $n = 5$ gilt $p_5 = 1 - \left(1 - \dfrac{1}{4}\right)\left(1 - \dfrac{1}{9}\right)\left(1 - \dfrac{1}{16}\right)\left(1 - \dfrac{1}{25}\right)\left(1 - \dfrac{1}{36}\right) = \dfrac{5}{12} = 41{,}7\%$.

Gesucht ist die Wahrscheinlichkeit, überhaupt einen Franken zu erhalten, also

$$p_\infty = 1 - \prod_{i=1}^{\infty}\left(1 - \frac{1}{(i+1)^2}\right) = \prod_{i=1}^{\infty}\left(1 - \left(\frac{1}{i+1}\right)^2\right) = \prod_{k=2}^{\infty}\left(1 - \frac{1}{k^2}\right).$$

Nun gilt bekanntlich: $\sin x = x\left(1 - \dfrac{x^2}{\pi^2}\right)\left(1 - \dfrac{x^2}{2^2\pi^2}\right)\cdot\ldots\cdot\left(1 - \dfrac{x^2}{n^2\pi^2}\right)\cdot\ldots = x\prod_{k=1}^{\infty}\left(1 - \left(\frac{x}{k\pi}\right)^2\right).$

$$\frac{\sin x}{x\left(1 - \dfrac{x^2}{\pi^2}\right)} = \prod_{k=2}^{\infty}\left(1 - \left(\frac{x}{k\pi}\right)^2\right)$$

$$\lim_{x\to\pi}\frac{\sin x}{x\cdot\left(1 + \dfrac{x}{\pi}\right)\left(1 - \dfrac{x}{\pi}\right)} = \lim_{x\to\pi}\prod_{k=2}^{\infty}\left(1 - \left(\frac{x}{k\pi}\right)^2\right)$$

$$\lim_{x\to\pi}\frac{\sin x}{1 - \dfrac{x}{\pi}} \cdot \lim_{x\to\pi}\frac{1}{x\cdot\left(1 + \dfrac{x}{\pi}\right)} = \lim_{x\to\pi}\prod_{k=2}^{\infty}\left(1 - \left(\frac{x}{k\pi}\right)^2\right)$$

$$\frac{1}{2\pi}\cdot\lim_{x\to\pi}\frac{\sin x}{1 - \dfrac{x}{\pi}} = \lim_{x\to\pi}\prod_{k=2}^{\infty}\left(1 - \left(\frac{x}{k\pi}\right)^2\right).$$

Nach der Regel von L'HOSPITAL gilt $\lim\limits_{x\to\pi}\dfrac{\sin x}{1-\frac{x}{\pi}} = \lim\limits_{x\to\pi}\dfrac{\cos x}{-\frac{1}{\pi}} = \pi$. Damit ergibt sich

$$\frac{1}{2} = \prod_{k=2}^{\infty}\left(1 - \frac{1}{k^2}\right) = p_\infty.$$

Mit Wahrscheinlichkeit 50 % erhält die Person also ihren Franken.

1882 REICHSGERICHT / *Entscheidungen*: Unter Hundert

Der 1. Strafsenat des Reichsgerichts verurteilte am 9.2.1882 (Rep. 116/82) den Südfrüchte-händler G. wegen Verstoßes gegen § 286 StGB[304], weil er ohne obrigkeitliche Erlaubnis eine öffentliche Ausspielung veranstaltet hatte. Als Sachverhalt erklärte das Landgericht Gleiwitz als erwiesen:

»Angeklagter, einen Korb mit Südfrüchten und Aalen, sowie einen Beutel führend, worin sich 99, mit den fortlaufenden Zahlen 1–99 bezeichnete Holzplättchen befinden, tritt, im Garten [einer stark be-suchten Restauration] umhergehend, an die besetzten Tische und bietet den Gästen seine Waren zum Kaufe an. Zugleich beabsichtigt er, an diejenigen einzelnen Personen, „welche es wünschen und ihn dazu auch auffordern", seine Waren, statt Verkaufes, durch ein Spiel zu veräußern. Das Ver-fahren ist dabei folgendes: Der Spieler macht einen „bestimmten Einsatz" und äußerst sich dann, ob er „gerade oder ungerade", oder „unter Hundert" ziehen will. Im ersten Falle erhält der gewinnende Spieler Waren im Betrage des doppelten Einsatzes.[305] Bei der anderen Spielweise nimmt der Betei-ligte drei Holzplättchen aus dem Beutel heraus. Die auf diesen verzeichneten Zahlen werden zu-sammengerechnet und gewonnen sind, falls die Summe 100 nicht erreicht, Waren für den fünffa-chen Betrag des Einsatzes, während sonst der Einsatz als Gewinn dem Warenhändler verbleibt. «
Das Reichsgericht interessiert nicht, ob das Spiel fair ist, oder welchen Gewinn der Spieler erhoffen kann. Wir aber fragen bezüglich des Spiels „unter Hundert" danach.
a) Als Einstieg zur Bearbeitung vereinfachen wir das Spiel:
Der Beutel enthält 19, mit den fortlaufenden Zahlen 1 bis 19 versehene Holzplättchen, der Spieler entnimmt zwei davon und gewinnt, falls die Summe 20 nicht erreicht, Waren für den doppelten Be-trag des Einsatzes. Welchen Gewinn kann der Spieler erhoffen?
b) Beantworte die Frage für das Spiel, das dem Strafverfahren zugrunde gelegt war.

Lösung

a) Es gibt $\binom{19}{2} = 171$ gleichwahrscheinliche Möglichkeiten, zwei Holzplättchen zu ziehen.

Wir ordnen die beiden gezogenen Holzplättchen der Größe der auf ihnen aufgetragenen Zah-len nach. Für das Ereignis »Unter 20« sind günstig

---

[304] § 286 Unerlaubte Veranstaltung einer Lotterie und einer Ausspielung
       (1) Wer ohne behördliche Erlaubnis öffentliche Lotterien veranstaltet, wird mit Freiheitsstrafe bis zu zwei Jahren oder mit Geldstrafe bestraft.
       (2) Den Lotterien sind öffentlich veranstaltete Ausspielungen beweglicher oder unbeweglicher Sachen gleichzuachten.

[305] Leider werden zu diesem Spiel keine näheren Angaben gemacht. Da es aber 49 gerade und 50 ungerade Plätt-chen gibt, verliert der Südfrüchtehändler auf lange Sicht. Wir können uns nicht vorstellen, dass er ein solches Spiel wirklich angeboten hat.

– beim Ziehen einer 1 noch die Plättchen von 2 bis 18, also 17 Fälle,
– beim Ziehen einer 2 noch die Plättchen von 3 bis 17, also 15 Fälle,
– beim Ziehen einer 3 noch die Plättchen von 4 bis 16, also 13 Fälle,
– ....
– beim Ziehen einer 9 noch das Plättchen 10, also 1 Fall.

Diese neun Fallanzahlen bilden eine fallende arithmetische Reihe mit dem Anfangsglied 17 und dem Endglied 1; der Summenwert ist $\frac{9}{2}(17 + 1) = 81$.

Falls der Spieler den Einsatz e leistet, hat seine Auszahlung den Wert $E(A) = \frac{81}{171} \cdot 2e$. Er kann somit den Gewinn $E(G) = \frac{81}{171}e + \frac{90}{171}(-e) = -\frac{1}{19}e$ erhoffen. Auf lange Sicht verliert er pro Spiel also etwa 5,3 % seines Einsatzes.

b) Es gibt $\binom{99}{3} = 156\,849$ gleichwahrscheinliche Möglichkeiten, drei Holzplättchen zu ziehen. Wir ordnen die gezogenen Holzplättchen der Größe der auf ihnen aufgetragenen Zahlen nach, bilden also die Tripel $a\,|\,b\,|\,c$ mit $a < b < c$. Die niedrigste Zugmöglichkeit für das Ereignis »Unter 100« ist $1\,|\,2\,|\,3$. Für die höchste Möglichkeit überlegen wir: $99 : 3 = 33$. Da es aber nur ein Plättchen mit 33 gibt, muss a den Wert 32 und c den Wert 34 haben. Also ist die höchste Zugmöglichkeit $32\,|\,33\,|\,34$.

Wenn a gegeben ist, dann gilt für die zweite Komponente b des Tripels $b_i = a + i, i \in \mathbb{N}$. Aber wie groß darf i werden? Offensichtlich muss gelten

$$a + (a + i_{max}) + (a + i_{max} + 1) \leq 99 \Leftrightarrow i_{max} \leq 49 - \left[\frac{3a}{2}\right].$$

Zu jedem a und jedem b_i gibt es ein $c_{ij} = a + i + j, j \in \mathbb{N}$. Gesucht sind diejenigen j, für die $a + b_i + c_{ij} = a + a + i + a + i + j \leq 99$ gilt. Es ergibt sich $j \leq 99 - 3a - 2i$. Damit gewinnt man die Anzahl der günstigen Fälle für »Unter 100« durch Summation all dieser j in Abhängigkeit von i und a. Zunächst berechnen wir $\displaystyle\sum_{i=1}^{49-\left[\frac{3a}{2}\right]}(99 - 3a - 2i)$. Wegen der Gaußklammer muss man unterscheiden, ob a ungerade oder gerade ist.

1. Fall: a ist ungerade, also $a = 2k + 1$. Dann ist $1 \leq a \leq 31$ mit $0 \leq k \leq 15$. Ferner ist dann $\left[\frac{3a}{2}\right] = \left[\frac{6k + 3}{2}\right] = 3k + 1$ und $99 - 3a - 2i = 96 - 6k - 2i$. Damit wird

$$\sum_{i=1}^{49-\left[\frac{3a}{2}\right]}(99 - 3a - 2i) = \sum_{i=1}^{48-3k}(96 - 6k - 2i) = (96 - 6k)(48 - 3k) - 2 \cdot \frac{(48 - 3k)(49 - 3k)}{2}$$
$$= (48 - 3k)(47 - 3k).$$

Damit gilt: Ist die kleinste gezogene Zahl ungerade, dann gibt es für »Unter 100«

$$\sum_{k=0}^{15}(48 - 3k)(47 - 3k)$$ günstige Fälle.

2. Fall: a ist gerade, also $a = 2k$. Dann ist $1 \leq a \leq 32$ mit $1 \leq k \leq 16$. Ferner ist dann $\left[\frac{3a}{2}\right] = 3k$ und $99 - 3a - 2i = 99 - 6k - 2i$. Damit wird

$$\sum_{i=1}^{49-\left[\frac{3a}{2}\right]}(99 - 3a - 2i) = \sum_{i=1}^{49-3k}(99 - 6k - 2i) = (99 - 6k)(49 - 3k) - 2 \cdot \frac{(49 - 3k)(50 - 3k)}{2} =$$
$$= (49 - 3k)^2.$$

Damit gilt: Ist die kleinste gezogene Zahl gerade, dann gibt es für »Unter 100«

$\sum_{k=1}^{16}(49 - 3k)^2$ günstige Fälle.

Also ist die Mächtigkeit des Ereignisses »Unter 100« gleich

$$\sum_{k=0}^{15}(48 - 3k)(47 - 3k) + \sum_{k=1}^{16}(49 - 3k)^2 = \sum_{k=0}^{15}(48 - 3k)(47 - 3k) + \sum_{k=0}^{15}(46 - 3k)^2$$

$$= \sum_{k=0}^{15}\left(2256 - 285k + 9k^2\right) + \sum_{k=0}^{15}\left(2116 - 276k + 9k^2\right) = \sum_{k=0}^{15}\left(4372 - 561k + 18k^2\right)$$

$$= 4372 \cdot 16 - 561 \cdot \tfrac{15}{2}(1 + 15) + 18 \cdot \tfrac{15 \cdot 16 \cdot 31}{6} = 69\,952 - 67\,320 + 22\,320 = 24\,952.$$

Falls der Spieler den Einsatz e leistet, hat seine Auszahlung den Wert $E(A) = \frac{24\,952}{156\,849} \cdot 5e$. Er

kann den Gewinn $E(G) = \frac{24\,952}{156\,849} \cdot 4e + \frac{131\,897}{156\,849} \cdot (-e) = -\frac{32\,089}{156\,849}e = -\,0{,}2045853e$ erhoffen.

Auf lange Sicht verliert er pro Spiel also etwa 20,5 % seines Einsatzes.

1888 JOSEPH BERTRAND / *Calcul*: Drei-Kästchen-Problem

JOSEPH LOUIS FRANÇOIS BERTRAND behandelt 1888 gleich zu Beginn seines *Calcul des Probabilités* auf Seite 2 in Nr. 2 das folgende Problem:

Drei Kästchen haben gleiches Aussehen. Jedes hat zwei Schubladen, jede Schublade enthält eine Münze. Die Münzen im ersten Kästchen sind alle aus Gold, die des zweiten aus Silber; das dritte Kästchen enthält eine Gold- und eine Silbermünze.

1. Versuch: Man wählt auf gut Glück ein Kästchen. Die Wahrscheinlichkeit, dass man das dritte Kästchen wählt, ist offensichtlich $\frac{1}{3}$.

2. Versuch: Man wählt auf gut Glück ein Kästchen, öffnet eine der Schubladen und sieht eine Münze. Welche Münze man auch immer sieht, es gibt nur zwei mögliche Fälle. Die noch verschlossene Schublade [des gewählten Kästchens] kann nur eine Münze aus anderem Metall oder aus dem gleichen Metall wie die der geöffneten Schublade enthalten. Von diesen beiden Fällen ist nur ein Fall dafür günstig, dass das dritte Kästchen gewählt wurde. Die Wahrscheinlichkeit, dieses Kästchen gewählt zu haben, ist also $\frac{1}{2}$.

Wie kann es möglich sein, dass es genügt, eine Schublade zu öffnen, um die Wahrscheinlichkeit von $\frac{1}{3}$ auf $\frac{1}{2}$ steigen zu lassen?

Lösung nach BERTRAND (1888)

BERTRAND deckt den Irrtum auf und argumentiert folgendermaßen: Die Überlegung nach dem Öffnen der Schublade kann nicht richtig sein, und sie ist in der Tat nicht richtig. Es stimmt zwar, dass es nach dem Öffnen der Schublade nur zwei mögliche Fälle gibt, und es ist wahr, dass genau einer davon günstig ist. Aber die beiden Fälle sind nicht gleichwahrscheinlich. Denn wenn man eine Goldmünze gesehen hat, ist es vorteilhaft zu wetten, dass die andere auch aus Gold ist. BERTRAND begründet diese Behauptung nicht, sondern verändert die Situation, die wir weiter unten behandeln.

Wir begründen BERTRANDs Behauptung:

Die Wahrscheinlichkeit, dass man eine Goldmünze aus dem ersten Kästchen sieht, nämlich G_1
oder G_2, ist doppelt so groß wie die Wahrschein-
lichkeit, dass man G_3 sieht, d. h., dass man eine Schublade des dritten Kästchens geöffnet
hat. Analoges gilt, wenn man eine Silbermünze sieht.

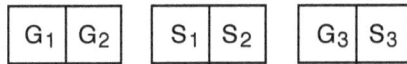

Auf Grund des zweistufigen Zufallsexperiments bietet sich ein rein
rechnerischer Nachweis mittels bedingter Wahrscheinlichkeit an.

1. Stufe: Wahl eines Kästchens; 2. Stufe: Wahl einer Schublade.

Wir betrachten das Ereignis $G \cup S := $ »In der gewählten Schublade
sieht man eine Gold- oder eine Silbermünze«

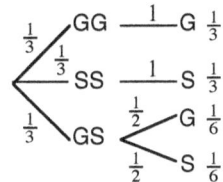

und berechnen

$$P_{G \cup S}(GS) = \frac{P((G \cup S) \cap GS)}{P(G \cup S)} = \frac{P(GS) \cdot P_{GS}(G \cup S)}{1} = \frac{1}{3} \cdot 1 = \frac{1}{3}.$$

Wie erwartet, ändert das Öffnen der Schublade die Wahrscheinlichkeit für GS nicht.

Diese Aussage bleibt richtig, wenn man in der geöffneten Schublade eine Goldmünze sieht:

$$P_G(GS) = \frac{P(G \cap GS)}{P(G)} = \frac{P(GS) \cdot P_{GS}(G)}{P(G)} = \frac{\frac{1}{3} \cdot \frac{1}{2}}{\frac{1}{2}} = \frac{1}{3}.$$

Dasselbe Ergebnis erhält man, wenn man statt der Goldmünze eine Silbermünze sieht, wie
man leicht überprüfen kann.

BERTRANDs neue Situation

Es gibt jeweils einhundert Kästchen der Art GG, SS und GS. Man öffnet in jedem Kästchen
auf gut Glück eine Schublade. Was sieht man? Hundert Münzen aus Gold und hundert aus
Silber, das ist sicher. Die restlichen hundert können aus Gold oder Silber sein; sie stammen
aus den GS-Kästchen. Damit ist klar: Sieht man weniger als 200 Goldmünzen, dann ist die
Wahrscheinlichkeit dafür, dass ein Kästchen, dessen geöffnete Schublade eine Goldmünze
enthält, das GG-Kästchen ist, größer als $\frac{1}{2}$.

Wir präzisieren BERTRANDs Argumentation. Man sieht $100 + g$ Goldmünzen, $0 \leq g \leq 100$.
Dann wählt man auf gut Glück ein Kästchen aus denjenigen, in denen man eine Goldmünze
gefunden hat. Wie groß ist die Wahrscheinlichkeit, dass auch in der zweiten Schublade eine
Goldmünze liegt, dass es sich also um Kästchen der Art GG handelt? Es gibt $100 + g$ Möglichkeiten für eine Goldmünze; davon sind 100 günstig für GG, also $P_G(GG) = \frac{100}{100 + g}$.

Die Wahrscheinlichkeit für GS bzw. GG hängt also von g ab. Dabei ist $\frac{g}{100}$ die Wahrscheinlichkeit dafür, dass man bei einem GS-Kästchen die G-Schublade öffnet.

Die nebenstehende Tabelle zeigt drei Grenzfälle auf. Dabei
beschreibt $g = 50$ den Fall, dass man bei den GS-Kästchen mit
gleicher Wahrscheinlichkeit die G- bzw. die S-Schublade öffnet. Das ist genau die Situation der ursprünglichen Aufgabe,
und man sieht wieder, dass für GS die Wahrscheinlichkeit $\frac{1}{3}$

g	0	100	50
$P_G(GG)$	1	$\frac{1}{2}$	$\frac{2}{3}$
$P_G(GS)$	0	$\frac{1}{2}$	$\frac{1}{3}$

bleibt, unabhängig davon, ob man die Schublade geöffnet hat oder nicht.

Lösung nach CZUBER[306] (1902)

EMANUEL CZUBER hält 1899 BERTRANDs Behauptung irrtümlicherweise für falsch und argumentiert folgendermaßen (Czuber (1899), S. 9):

> »Die einzig richtige Antwort [für die Wahrscheinlichkeit, das Gold-Silber-Kästchen gewählt zu haben,] ist $\frac{1}{2}$; denn jetzt [nachdem man eine Goldmünze im ausgewählten Kästchen gesehen hat,] liegen nur zwei gleichberechtigte Disjunctionsglieder vor [...] Bertrand giebt diese Lösung zunächst auch, verwirft sie aber gleich als falsch, nachdem er die merkwürdige Frage gestellt: Wie sollte das Öffnen einer Lade genügen, um die Wahrscheinlichkeit zu ändern und von $\frac{1}{3}$ auf $\frac{1}{2}$ zu heben? Nicht das Öffnen der Lade, wohl aber die Wahrnehmung ihres Inhalts übt Einfluss, weil es unser Wissen vermehrt und die Zahl der Disjunctionsglieder vermindert.«

1902 bringt EMANUEL CZUBER in seiner *Wahrscheinlichkeitsrechnung* BERTRANDs Aufgabe in Nr. 15 als Beispiel IV (Czuber (1902), S. 25) – die Kästchen bezeichnet er mit A, B und C –, berichtigt ausdrücklich seinen Fehlschluss von 1899 und löst BERTRANDs Problem wie folgt:

> »Enthält das geöffnete Lädchen eine Goldmünze, so kann man es nur mit dem Kästchen A oder mit C zu thun haben; diese beiden Kästchen enthalten drei Lädchen mit Goldmünzen, A deren zwei, C nur eins; die Frage nach der Wahrscheinlichkeit, daß man das Kästchen C vor sich habe, ist gleichbedeutend mit der Frage, dass man von den drei Lädchen mit Goldmünzen dasjenige geöffnet habe, welches sich in C befindet, und diese Wahrscheinlichkeit ist, weil unter den drei Fällen ein günstiger vorkommt, $\frac{1}{3}$, dieselbe wie im ersten Falle. Zu dem gleichen Resultat wird man geführt, wenn das geöffnete Lädchen eine Silbermünze enthält.«

CZUBER fährt dann fort:

> »Es liegt nur in der eigenthümlichen Konstruktion des Beispiels, daß das durch das Öffnen eines Lädchens erworbene, gegenüber der ersten Fragestellung vermehrte Wissen an der Wahrscheinlichkeit des erwarteten Ereignisses nichts ändert.«

Um diese Eigentümlichkeit zu zeigen, behandelt er die folgende Variante, das wir das Drei-Kästchen-Problem von CZUBER nennen wollen.

1902 CZUBER / *Wahrscheinlichkeitsrechnung*: Drei-Kästchen-Problem

> Jedes der drei Kästchen A, B, C enthält drei Schubladen mit je einer Münze. A enthält nur Goldmünzen, B nur Silbermünzen, wohingegen C zwei Goldmünzen und eine Silbermünze enthält. Man wählt auf gut Glück ein Kästchen. Die Wahrscheinlichkeit, dass man dabei das Kästchen C wählt, ist $\frac{1}{3}$.
> Nun öffnet man im ausgewählten Kästchen eine Schublade und sieht eine Goldmünze. Ist die Wahrscheinlichkeit dafür, das dritte Kästchen C gewählt zu haben, immer noch $\frac{1}{3}$? – CZUBER behauptet, dass die Wahrscheinlichkeit auf $\frac{2}{5}$ gestiegen sei. Ferner sagt er, hätte man eine Silbermünze gesehen, so wäre die Wahrscheinlichkeit auf $\frac{1}{4}$ gefallen. – Hat CZUBER recht?

---

[306] gesprochen ˈtsuːbər

Lösung

Mit der obigen Beweisführung CZUBERs findet man leicht: Von den fünf Goldmünzen sind zwei für C günstig, also ist die Wahrscheinlichkeit, C gewählt zu haben, tatsächlich auf $\frac{2}{5}$ gestiegen. Von den vier Silbermünzen ist genau eine für C günstig, also ist die Wahrscheinlichkeit, C gewählt zu haben, tatsächlich auf $\frac{1}{4}$ gefallen.

Bemerkung. CZUBER zeigt die »eigenthümliche Konstruktion« dadurch, dass er Kästchen C nicht mehr symmetrisch besetzt. Die bei BERTRAND paradox erscheinende Situation, dass sich durch das Öffnen der Schublade und damit durch eine zusätzliche Information die Wahrscheinlichkeit nicht ändert, wäre nicht aufgetreten, hätte BERTRAND nicht nach dem Kästchen C, sondern z. B. nach dem Kästchen A gefragt. Denn jetzt wären zwei der drei Goldmünzen für A günstig gewesen, also die Wahrscheinlichkeit, A gewählt zu haben, von $\frac{1}{3}$ auf $\frac{2}{3}$ gestiegen.

1950 WEAVER / *Scientific American*: Drei-Karten-Problem

WARREN WEAVER bringt 1950 in seinem Artikel *Probabiltiy* in der Zeitschrift *Scientific American* **182**, 4 mit dem Drei-Karten-Problem eine sehr anschauliche Variante des BERT-RAND'schen Drei-Kästchen-Problems, die den Vorteil hat, dass sie sich sehr leicht vorführen lässt. Die darin vorgebrachte Argumentation dient zur Irreführung des Publikums. – Wir verändern die originale Farbbelegung der Karten, um eine genaue Entsprechung zu BERTRAND herstellen zu können.

> Von drei Karten ist eine beidseitig weiß, die andere rot und die dritte auf einer Seite weiß und auf der anderen rot. Ihr Besitzer B legt die Karten in einen Hut, mischt gut, zieht auf gut Glück eine Karte aus dem Hut und legt sie flach auf den Tisch. Die oben liegende Fläche ist rot. B sagt: »Offensichtlich handelt es sich nicht um die weiße Karte. Es muss also die rote oder die rot-weiße sein. Weil keine Karte bevorzugt wurde, wette ich eins zu eins, dass es die rote ist.« Warum ist das für jedermann, außer für B, eine armselige Wette?

Lösung

Die Karten entsprechen den Kästchen, die Farben den Münzen und die sichtbare Seite der geöffneten Schublade. Also ist die Wahrscheinlichkeit, dass die Rückseite ebenfalls rot ist, demnach $\frac{2}{3}$ und nicht, wie behauptet, $\frac{1}{2}$. B gewinnt in zwei von drei Fällen.

1888 JOSEPH BERTRAND / *Calcul*: BERTRANDS Irrtum

JOSEPH LOUIS FRANÇOIS BERTRAND löst 1888 in seinem *Calcul des Probabilités* auf Seite 52 in Nr. 40 das Problem XLIV wie folgt:

> Eine Urne enthalte schwarze und weiße Kugeln; die Wahrscheinlichkeit, eine weiße Kugel zu ziehen ist *p*, die für eine schwarze Kugel *q*. Man zieht *n*-mal je eine Kugel mit Zurücklegen. Peter erhält jedesmal dann einen Franc, wenn vor und nach dem Zug einer weißen Kugel eine schwarze Kugel gezogen wird. Wie groß ist nach insgesamt *n* Zügen die mathematische Erwartung von Peter?

Lösung nach BERTRAND (1888):

Die Wahrscheinlichkeit, und damit auch die mathematische Erwartung, dass der i-te Zug Peter einen Franc beschert, ist pq^2, weil es dazu der Abfolge dreier Ereignisse der Wahrscheinlichkeiten q, p und q bedarf. Weil diese Erwartung bei jedem Zug gleich ist, hat sie für n Züge den Wert npq^2. Diese Lösung ist falsch!

Lösung nach CZUBER (1899)

EMANUEL CZUBER schreibt in *Die Entwicklung der Wahrscheinlichkeitstheorie* (Czuber (1899) S. 116), die Behauptung, dass *jede* Ziehung mit der Wahrscheinlichkeit pq^2 den Gewinn erwarten lasse, ist unzutreffend, das Resultat muss vielmehr in $(n - 2)pq^2$ umgewandelt werden, weil die erste und letzte Ziehung für sich einen Gewinn nicht einbringen können. – Leider irrt auch hier CZUBER; die letzte Ziehung entscheidet nämlich darüber, ob die vorletzte einen Gewinn einbringt. Nichts bringen die erste und zweite Ziehung, da man ja drei Ziehungen benötigt, um über eine erfolgreiche Farbfolge entscheiden zu können.

Formal kommt man folgendermaßen zu CZUBERs Wert: Mit K_i = »Auszahlung beim i-ten Zug« ist $K = \sum_{i=1}^{n} K_i$. Offensichtlich ist $K_1 = K_2 = 0$. Für $i \geq 3$ gilt die folgende Tabelle; daraus

$$E(K) = E\left(\sum_{i=1}^{n} K_i\right) = \sum_{i=1}^{n} E(K_i) = \sum_{i=3}^{n} E(K_i)$$

k	0	1
$W_{K_i}(k)$	$1 - pq^2$	pq^2

$\quad E(K_i) = pq^2$

$$= (n - 2)pq^2 \, , n \geq 3.$$

Zusatzfrage. Für welchen Wert von p ist der Erwartungswert der Auszahlung maximal?

Wir legen unserer Überlegung die richtige Antwort von CZUBER zugrunde und betrachten für $n \geq 2$ die Funktion f mit $f(p) = (n - 2)p(1 - p)^2$, $D_f = \,]0; 1[$.

$f'(p) = (n - 2)(1 - 4p + 3p^2) = 0 \Rightarrow p = \frac{1}{3}$, und es ist $f\left(\frac{1}{3}\right) = \frac{4}{27}(n - 2)$.

Für $p = \frac{1}{3}$ erhält Peter als maximale Auszahlung bei n Ziehungen $\frac{4}{27}(n - 2)$ Francs.

BERTRAND fährt auf Seite 52 fort:

> »Die mathematische Erwartung bei Problem XLIV ist dieselbe wie die, wenn man die n Züge aus einer Urne tätigt, bei der eine weiße Kugel mit der Wahrscheinlichkeit pq^2 gezogen wird und Peter einen Franc erhält, wenn eine weiße Kugel gezogen wird. In beiden Spielen hat Peter dieselbe mathematische Erwartung; dennoch sind die Spiele nicht identisch, weil der Höchstbetrag, den Peter erhalten kann, im ursprünglichen Spiel $\frac{1}{2}n$ ist, während er im zweiten Spiel gleich n ist.« – Hat BERTRAND Recht?

Lösung

BERTRAND hat nur insoweit recht, als Peter im zweiten Spiel tatsächlich maximal n Francs erhalten kann. Für das erste Spiel aus Problem XLIV gilt nämlich, wenn man den Zug einer schwarzen Kugel durch eine 1 und den einer weißen durch eine 0 wiedergibt:

1. Fall. n ungerade und $n \geq 3$: Die Auszahlung ist offensichtlich maximal für die Folge 10101...101, bei der stets auf eine 1 eine 0 folgt, weil man dann beim 3., 5., ..., n-ten Zug jeweils einen Franc erhält. Diese Folge enthält $\frac{n-1}{2}$ Nullen, die von zwei Einsen eingerahmt sind. Insgesamt erhält man also maximal $\frac{n-1}{2}$ Francs.

2. Fall. n gerade und $n \geq 4$: Die Auszahlung ist maximal bei den Folgen 10101…1011 und 10101…1010, bei denen stets eine 0 auf eine 1 folgt, ausgenommen die letzte Stelle, die offensichtlich nicht zählt. Auch hier erhält man beim 3., 5., …, $(n - 1)$-ten Zug jeweils einen Franc. Diese Folgen enthalten $\frac{n-2}{2}$ Nullen, die von zwei Einsen eingerahmt sind. Insgesamt erhält man also maximal $\frac{n-2}{2}$ Francs.

Zusatz. Ist $n = 2k - 1$, $k \in \mathbb{N}$, dann ist die maximal mögliche Auszahlung für n-maliges und $(n + 1)$-maliges Ziehen gleich. Wie oft sollte Peter ziehen, wenn er die Wahl zwischen diesen beiden Möglichkeiten hat?

Antwort

$n = 2k - 1$: maximale Auszahlung = $\frac{n-1}{2} = \frac{2k-1-1}{2} = (k - 1)$ Francs.

$n = 2k$: maximale Auszahlung = $\frac{n-2}{2} = \frac{2k-2}{2} = (k - 1)$ Francs.

Bei ungeradem n gibt es genau eine Folge, mit der man die maximale Auszahlung $\frac{n-1}{2}$ Francs erreichen kann.

Bei geradem n gibt es mehr als eine günstige Folge:

Verschiebt man nämlich bei der Folge 10101…1011 die 1 der letzten Stelle irgendwohin, dann bleiben es weiterhin $\frac{n-2}{2}$ Nullen, die von Einsen eingerahmt sind. Die zusätzlich auftretende 1 ist nicht schädlich. Also erhält man auch für solche Folgen $\frac{n-2}{2}$ Francs. Es gibt insgesamt $\frac{n}{2}$ Folgen mit einer Doppel-Eins.

Bei der Folge 10101…1010 kann man die letzte 0 an den Anfang verschieben, ohne dass sich an der maximalauszahlungsträchtigen 101-Anordnung etwas ändert. Verschiebt man sie aber an eine innere Stelle, dann entsteht dort ein 1001-Gebilde. Die Auszahlung für solche Folgen ist um 1 Franc geringer als die maximal mögliche. Insgesamt gibt es somit $\frac{n}{2} + 2$ günstige Maximalauszahlungs-Folgen.

Peter sollte sich auf alle Fälle für die $n + 1$ Züge, also für eine gerade Anzahl von Zügen entscheiden.

Wir veranschaulichen die Antwort für die Fälle $n = 7$ und $n = 8$.

$n = 7$: $\frac{n-1}{2} = 3$. Man erhält drei Francs mit der Wahrscheinlichkeit $\frac{1}{128}$ beim Zug 1010101.

$n = 8$: $\frac{n-2}{2} = 3$. Man erhält drei Francs mit der Wahrscheinlichkeit $\frac{6}{256} = \frac{3}{128}$, weil die $\frac{n}{2} + 2 = 6$ Folgen 10101011, 10101101, 10110101, 11010101, 10101010 und 01010101 günstig sind.

1888 Joseph Bertrand / *Calcul*: Extrema

Joseph Louis François Bertrand behandelt 1888 in seinem *Calcul des Probabilités* auf Seite 53 in Nr. 41 das Problem XLV:

Eine Urne enthält eine große Anzahl *N* von Kugeln, die die Nummern 1, 2, 3, …, *N* tragen. Man zieht *n*-mal nacheinander eine Kugel mit Zurücklegen. Peter erhält jedesmal einen Franc, wenn die Folge der Nummern, aufgeschrieben in der Reihenfolge ihrer Ziehung, ein Maximum oder ein Minimum zeigt. Wie groß ist Peters mathematische Erwartung?

Aus der Aufgabenstellung geht nicht hervor, welche Art von Extremum BERTRAND meint.
• Sind nur echte oder auch unechte Extrema zugelassen?
• Handelt es sich um ein lokales Extremum, bei dem die gezogene Nummer nur mit ihren
Nachbarnummern verglichen wird, oder handelt es sich um ein absolutes Extremum, bei dem
die gezogene Nummer mit allen vorher gezogenen Nummern verglichen wird?

Lösung nach BERTRAND (1888):

Aus der von BERTRAND gebotenen Lösung geht hervor, dass er nur lokale echte Extrema im
Auge hat. Er schreibt: »Wenn man einen bestimmten Zug betrachtet, dann ist die Wahrscheinlichkeit $\frac{2}{3}$, dass die gezogene Nummer ein Maximum oder ein Minimum ist. Vergleicht man nämlich die gezogene Nummer mit der vorausgegangenen und der nachfolgenden, dann ist sie Maximum, wenn sie die größte der dreien ist: die Wahrscheinlichkeit dafür
ist $\frac{1}{3}$ – [Grund: von drei verschiedenen Zahlen ist eine die größte; die Wahrscheinlichkeit,
dass sie in der Mitte steht, ist $\frac{1}{3}$.] – , und sie ist Minimum, wenn sie die kleinste ist: die Wahrscheinlichkeit ist ebenfalls $\frac{1}{3}$. Wenn N sehr groß ist, ist die Wahrscheinlichkeit, dass zwei
aufeinander folgende Nummern gleich sind, vernachlässigbar. Schließt man diesen Fall aus,
dann ist die Wahrscheinlichkeit, dass die gezogene Nummer ein Maximum oder Minimum ist,
$\frac{2}{3}$. Somit ist die mathematische Erwartung bei jedem Zug $\frac{2}{3}$, für die n Züge also $\frac{2}{3}n$.

Dieser Wert ist falsch! BERTRAND begeht wieder den Fehler wie in der vorherigen Aufgabe,
die beiden ersten Züge mitzuzählen, die keine Entscheidung bringen. Unter der angegebenen
Vernachlässigung gleicher Nummern ist der richtige Erwartungswert $\frac{2}{3}(n-2)$.

Wir lösen nun Problem XLV für die oben angegebenen verschiedenen Deutungen.

1. Deutung. **In Betracht gezogen werden nur echte lokale Extrema.**

Ab dem dritten Zug ist eine Entscheidung möglich. *Beispiel:* In der Folge 1534 ist 5 ein echtes lokales Maximum und 3 ein echtes lokales Minimum; Peter erhält 2 Francs.

Bei jedem Zug kann jede Nummer m mit der Wahrscheinlichkeit $\frac{1}{N}$ gezogen werden. m ist
dann echtes lokales Maximum, wenn sowohl vorher wie auch nachher jeweils eine der Num-
mern $1, 2, ..., m-1$ gezogen wird. Die Wahrscheinlichkeit dafür ist $\frac{m-1}{N} \cdot \frac{m-1}{N}$. Für $i \geq 3$
erhält man also beim i-ten Zug ein lokales Maximum an der Stelle $i-1$ mit der Wahrscheinlichkeit

$$\sum_{m=1}^{N} \frac{1}{N}\left(\frac{m-1}{N}\right)^2 = \frac{1}{N^3} \sum_{m=1}^{N} (m-1)^2 = \frac{1}{N^3} \sum_{i=1}^{N-1} i^2 .$$

Analog gilt: m ist echtes lokales Minimum, wenn sowohl vorher wie auch nachher jeweils
eine der Nummern $m+1, m+2, ..., N$ gezogen wird. Die Wahrscheinlichkeit dafür ist
$\left(\frac{N-m}{N}\right)^2$. Man erzielt also beim i-ten Zug ($i \geq 3$) ein lokales Minimum an der Stelle $i-1$
mit der Wahrscheinlichkeit

$$\sum_{m=1}^{N} \frac{1}{N}\left(\frac{N-m}{N}\right)^2 = \frac{1}{N^3} \sum_{m=1}^{N} (N-m)^2 = \frac{1}{N^3} \sum_{i=1}^{N-1} i^2 .$$

Damit ist beim i-ten Zug die Wahrscheinlichkeit für ein vorhergehendes echtes lokales Extremum $\frac{2}{N^3} \sum_{i=1}^{N-1} i^2 = \frac{2}{N^3} \cdot \frac{(N-1) \cdot N \cdot (2(N-1)+1)}{6} = \frac{2N^2 - 3N + 1}{3N^2}$.

Für großes N ergibt sich tatsächlich BERTRANDs Wert $\frac{2}{3}$.

Für Peters Auszahlung A_i beim i-ten Zug gilt zunächst $A_1 = A_2 = 0$, für $i \geq 3$ gilt aber:

a_i	0	1
$W(a_i)$	$\frac{N^2 + 3N - 1}{3N^2}$	$\frac{2N^2 - 3N + 1}{3N^2}$

Peters gesuchte mathematische Erwartung, auch Wert des Spiels genannt, ist der Erwartungswert seiner Auszahlung A, also

$$E(A) = \sum_{i=1}^{n} E(A_i) = \sum_{i=3}^{n} 1 \cdot \frac{2N^2 - 3N + 1}{3N^2} = (n-2) \cdot \frac{2N^2 - 3N + 1}{3N^2}.$$

Für großes N ergibt sich *nicht* BERTRANDs Wert $\frac{2}{3} n$, sondern nur $\frac{2}{3}(n-2)$.

2. Deutung. In Betracht gezogen werden lokale Extrema, echt oder unecht.

Ab dem dritten Zug ist eine Entscheidung möglich. *Beispiel:* In der Folge 1332 ist die erste 3 ein unechtes lokales Maximum; Peter erhält 1 Franc. Allgemein gilt: m ist unechtes lokales Extremum, wenn mit $x \neq m$ eine der folgenden Dreiersequenzen auftritt: mmx, xmm oder mmm. Die Wahrscheinlichkeit dafür ist jeweils $\frac{1}{N} \cdot \frac{N-1}{N}$, $\frac{N-1}{N} \cdot \frac{1}{N}$ bzw. $\frac{1}{N^2}$. Insgesamt ist also die Wahrscheinlichkeit für ein unechtes lokales Extremum beim i-ten Zug $\frac{1}{N^2} + \frac{2(N-1)}{N^2} = \frac{2N-1}{N^2}$, $i \geq 3$. Zu dem oben errechneten Erwartungswert kommt also noch hinzu

$$\sum_{i=3}^{n} \frac{2N-1}{N^2} = (n-2) \cdot \frac{2N-1}{N^2}, \text{ was}$$

$$(n-2) \cdot \frac{2N^2 - 3N + 1}{3N^2} + (n-2) \cdot \frac{2N-1}{N^2} = (n-2) \cdot \frac{2N^2 + 3N - 2}{3N^2} \text{ ergibt. Für } N \to \infty \text{ erhält}$$
man wieder $\frac{2}{3}(n-2)$.

3. Deutung. In Betracht gezogen werden nur echte absolute Extrema.

Die gezogene Nummer ist ein echtes absolutes Extremum bezüglich der Folge aller bis dahin gezogener Nummern. Bereits ab dem ersten Zug kann ein solches Extremum auftreten. *Beispiel:* In der Folge 1534 ist 1 ein echtes absolutes Maximum und zugleich ein echtes absolutes Minimum, 5 ist echtes absolutes Maximum nach dem zweiten Zug; Peter erhält 2 Francs.

Bei jedem Zug kann jede Nummer m mit der Wahrscheinlichkeit $\frac{1}{N}$ gezogen werden. m ist dann echtes absolutes Maximum, wenn bei jedem der vorausgegangenen $i-1$ Züge, $i \geq 1$, eine der Nummern $1, 2, ..., m-1$ gezogen wurde. Die Wahrscheinlichkeit dafür ist $\left(\frac{m-1}{N}\right)^{i-1}$. Die Wahrscheinlichkeit, dass beim i-ten Zug ein absolutes Maximum auftritt, ist also

$$\sum_{m=1}^{N} \frac{1}{N} \left(\frac{m-1}{N}\right)^{i-1} = \frac{1}{N^i} \sum_{m=1}^{N} (m-1)^{i-1} = \frac{1}{N^i} \sum_{j=1}^{N-1} j^{i-1}.$$

Analog gilt: m ist dann echtes absolutes Minimum, wenn bei jedem der vorausgegangenen $i-1$ Züge, $i \geq 1$, eine der Nummern $m+1, ..., N$ gezogen wurde. Die Wahrscheinlichkeit dafür ist $\left(\dfrac{N-m}{N}\right)^{i-1}$. Die Wahrscheinlichkeit, dass beim i-ten Zug ein absolutes Minimum auftritt, ist also

$$\sum_{m=1}^{N}\frac{1}{N}\left(\frac{N-m}{N}\right)^{i-1} = \frac{1}{N^i}\sum_{m=1}^{N}(N-m)^{i-1} = \frac{1}{N^i}\sum_{j=1}^{N-1}j^{i-1}.$$

Die Wahrscheinlichkeit, dass beim i-ten Zug ein absolutes Extremum auftritt, ist somit

$$\frac{2}{N^i}\sum_{j=1}^{N-1}j^{i-1}.$$

Für Peters Auszahlung A_i beim i-ten Zug gilt zunächst $A_1 = 1$, für $i \geq 2$ aber:

Damit ist Peters mathematische Erwartung

a_i	0	1
$W(a_i)$	$1 - \dfrac{2}{N^i}\sum_{j=1}^{N-1}j^{i-1}$	$\dfrac{2}{N^i}\sum_{j=1}^{N-1}j^{i-1}$

$$E(A) = \sum_{i=1}^{n}E(A_i) = 1 + \sum_{i=2}^{n}\left(\frac{2}{N^i}\sum_{j=1}^{N-1}j^{i-1}\right).$$

Die Auswertung dieses Ausdrucks für konkrete Zahlen erfordert einen hohen Rechenaufwand. Beschränken wir uns zur Veranschaulichung auf $N = 6$ und $n = 5$, was sich gut durch fünf Würfe eines L-Würfels realisieren lässt.

Die Wahrscheinlichkeit des Ereignisses E_i = »Augenzahl des i-ten Wurfs ist ein echtes absolutes Extremum« ist für $i \geq 2$

$$\frac{2}{6^i}\sum_{j=1}^{5}j^{i-1} = \frac{2}{6^i}\left(1^{i-1} + 2^{i-1} + 3^{i-1} + 4^{i-1} + 5^{i-1}\right).$$

Für $2 \leq i \leq 5$ errechnet man daraus

Peters mathematische Erwartung ist in

i	2	3	4	5
$P(E_i)$	$\dfrac{30}{36} = $ 83,3%	$\dfrac{110}{216} = $ 50,9%	$\dfrac{450}{1296} = $ 34,7%	$\dfrac{1958}{7776} = $ 25,2%

diesem Fall $E(A) = 1 + \displaystyle\sum_{i=2}^{5}1\cdot P(E_i) = $

$$= 1 + \frac{30\cdot216 + 110\cdot36 + 450\cdot6 + 1958}{7776} = 1 + \frac{15098}{7776} = 2,94 \text{ [Francs]}.$$

4. *Deutung*. In Betracht gezogen werden absolute Extrema, echt oder unecht.

Bereits ab dem ersten Zug kann ein solches Extremum auftreten. *Beispiel*: In der Folge 1332 ist 1 ein echtes absolutes Maximum und zugleich ein echtes absolutes Minimum, die beiden Zahlen 3 sind jeweils ein unechtes absolutes Maximum; Peter erhält 3 Francs.

In Analogie zu **3** können wir sagen: m ist dann unechtes oder echtes absolutes Maximum, wenn bei jedem der vorausgegangenen $i - 1$ Züge ($i \geq 1$) eine der Nummern $1, 2, \ldots, m$ gezogen wurde. Die Wahrscheinlichkeit dafür ist $\left(\dfrac{m}{N}\right)^{i-1}$.

Die Wahrscheinlichkeit, dass beim i-ten Zug ein unechtes oder echtes absolutes Maximum auftritt, ist also

$$\sum_{m=1}^{N}\frac{1}{N}\left(\frac{m}{N}\right)^{i-1} = \frac{1}{N^i}\sum_{m=1}^{N}m^{i-1} = \frac{1}{N^i}\sum_{j=1}^{N}j^{i-1}.$$

Analog gilt: m ist dann unechtes absolutes Minimum, wenn bei jedem der vorausgegangenen $i - 1$ Züge ($i \geq 1$) eine der Nummern $m, \ldots, N$ gezogen wurde. Die Wahrscheinlichkeit dafür ist $\left(\frac{N - m + 1}{N}\right)^{i-1}$.

Die Wahrscheinlichkeit, dass beim i-ten Zug ein unechtes oder echtes absolutes Minimum auftritt, ist also

$$\sum_{m=1}^{N} \frac{1}{N}\left(\frac{N - m + 1}{N}\right)^{i-1} = \frac{1}{N^i}\sum_{m=1}^{N}(N - m + 1)^{i-1} = \frac{1}{N^i}\sum_{j=1}^{N} j^{i-1}$$

Ist an allen Stellen $1, 2, \ldots, i$ die Nummer m gezogen worden, dann ist m sowohl unechtes Maximum als auch unechtes Minimum. Die Wahrscheinlichkeit dafür ist $N\cdot\left(\frac{1}{N}\right)^{i}$. Dieser Fall wird sowohl bei den Maxima als auch bei den Minima gezählt. Wenn man also nach der Wahrscheinlichkeit für ein unechtes oder echtes absolutes Extremum fragt, muss bei der Summenbildung dieser Fall einmal abgezogen werden. Damit gilt:
Die Wahrscheinlichkeit, dass beim i-ten Zug ein unechtes oder echtes absolutes Extremum auftritt, ist $\frac{2}{N^i}\sum_{j=1}^{N} j^{i-1} - N\cdot\left(\frac{1}{N}\right)^{i} = \frac{1}{N^i}\left(2\sum_{j=1}^{N} j^{i-1} - N\right)$.

Für Peters Auszahlung A_i beim i-ten Zug gilt zunächst $A_1 = 1$, für $i \geq 2$ aber:

a_i	0	1
$W(a_i)$	$1 - \frac{1}{N^i}\left(2\sum_{j=1}^{N} j^{i-1} - N\right)$	$\frac{1}{N^i}\left(2\sum_{j=1}^{N} j^{i-1} - N\right)$

Damit ist Peters mathematische Erwartung

$$E(A) = \sum_{i=1}^{n} E(A_i)$$

$$= 1 + \sum_{i=2}^{n}\left(\frac{1}{N^i}\left(2\sum_{j=1}^{N} j^{i-1} - N\right)\right).$$

Auch hier erfordert eine Auswertung für größere Werte von N einen erheblichen Rechenaufwand. Für $N = 3$ und den dritten Zug, d. h. $i = 3$, lässt sich die Formel aber leicht durch Aufzählen aller Ergebnisse überprüfen. Es gibt insgesamt 27 Zugfolgen:

111*	*121*	*131*	*211*	**221**	**231**	311	**321**	**331**
112	122	132	212	222*	232	312	*322*	*332*
113	123	*133*	**213**	**223**	233	313	323	333*

Dabei gilt folgende Kennzeichnung:
fett = echtes absolutes Maximum, z. B. **112**   *fett kursiv* = echtes absolutes Minimum, z. B. **221**
normal = unechtes absolutes Maximum, z. B. 122   *kursiv* = unechtes absolutes Minimum, z. B. *121*
* = unechtes absolutes Maximum und Minimum, z. B. 111*   abc = kein Extremum

In 25 der 27 gleichwahrscheinlichen Folgen erhält man beim dritten Zug ein Extremum. Lediglich bei den Zugfolgen 132 und 312 entsteht beim dritten Zug kein Extremum. Die Wahrscheinlichkeit, dass der dritte Zug ein Extremum liefert, ist also $\frac{25}{27}$. Diesen Wert liefert auch die oben hergeleitete Formel:

$$\frac{1}{3^3}\left(2\sum_{j=1}^{3} j^{3-1} - 3\right) = \frac{1}{3^3}\left[2\left(1^2 + 2^2 + 3^2\right) - 3\right] = \frac{1}{3^3}\left[28 - 3\right] = \frac{25}{27}.$$

1976 ENGEL / *Wahrscheinlichkeitsrechnung 2*: Rekorde

Ein echtes absolutes Maximum kann man als Rekord deuten. Das tat ARTHUR ENGEL 1976 in Band 2 seiner *Wahrscheinlichkeitsrechnung und Statistik* auf Seite 88:

X_j sei der Messwert beim Versuch mit der Nummer j. Alle Messwerte seien verschieden und treten unabhängig voneinander auf. X_k ist ein Rekord, wenn $X_j < X_k$ für alle $j < k$. Mit wie vielen Rekorden kann man im Verlauf von i Versuchen rechnen?

Lösung nach ENGEL (1976)

ENGEL führt die charakteristische Zufallsgröße R_j ein: $R_j = \begin{cases} 1, & \text{wenn } X_j \quad \text{Rekord} \\ 0 & \text{sonst} \end{cases}$

Dann ist $R = \sum\limits_{j=1}^{i} R_j$ die Anzahl der Rekorde im Verlauf von i Versuchen.

Es gilt $R_j = 1$, wenn X_j das Maximum der Werte $X_1, X_2, \ldots, X_j$ ist. Die Wahrscheinlichkeit dafür ist $\frac{1}{j}$. Begründung: In einer endlichen Menge von j verschiedenen Zahlen, die zufällig angeordnet sind, gibt es immer genau ein Maximum. Die Wahrscheinlichkeit, dass es an einer bestimmten Stelle auftritt, ist für jede Stelle $\frac{1}{j}$. Damit ist $E(R_j) = 1 \cdot P(R_j = 1) = \frac{1}{j}$ und

$$E(R) = \sum\limits_{j=1}^{i} E(R_j) = 1 + \frac{1}{2} + \frac{1}{3} + \ldots + \frac{1}{i}.$$

Für $i = 100$ ergibt sich $E(R) \approx 5{,}187$. Anschaulich bedeutet dies z. B., dass in einem Jahrhundert etwa 5 Rekordjahre zum Beispiel bezüglich der Niederschlagsmenge oder bezüglich der Höchsttemperatur im August auftreten.

Das Problem von ENGEL erhält man aus der 3. Deutung des Problems XLV von BERTRAND für $N \to \infty$, wenn man dabei nur Maxima betrachtet. Damit ergibt sich die interessante Beziehung $\lim\limits_{N \to \infty} \frac{1}{N^i} \sum\limits_{n=1}^{N-1} n^{i-1} = \frac{1}{i}$, die wir aber hier nicht beweisen können. Die Übereinstimmung der beiden Seiten kann man jedoch leicht für $i = 1, 2, \ldots, 5$ zeigen. Wir führen sie für $i = 5$ exemplarisch vor.

$$\frac{1}{N^5} \sum\limits_{n=1}^{N-1} n^4 = \frac{1}{N^5} \cdot \frac{1}{30} \Big((N-1)N(2N-1)(3(N-1)^2 + 3(N-1) - 1) \Big)$$

$$= \frac{1}{30} \left(\left(1 - \frac{1}{N}\right)\left(2 - \frac{1}{N}\right)\left(3 - \frac{3}{N} - \frac{1}{N^2}\right) \right) \xrightarrow{N \to \infty} \frac{1}{5} = \frac{1}{i}.$$

1889 GALTON / *Natural Inheritance*: Partnerwahl

FRANCIS GALTON veröffentlichte 1889 in seiner *Natural Inheritance* die Ergebnisse seiner Untersuchungen von 1884, in wie weit der Charakter bzw. das Naturell der beteiligten Personen einen Einfluss auf die Partnerwahl bei der Eheschließung hat.[307] Er schreibt dazu auf Seite 232:

> »*The importance assigned in marriage-selection to good and bad temper is an interesting question, not only from its bearing on domestic happiness, but also from the influence it may have in promoting or retarding the natural good temper of our race, assuming, as we may do for the moment, that temper is hereditary. I cannot deal with the question directly, but will give some curious facts in Table II. that throw indirect light upon it.*«

Auf Seite 72 ff. und in Appendix D, Tabelle 2, findet man die genaueren Angaben.

GALTON teilt die Ehepartner von 111 Paaren in zwei Klassen auf, die er *good-tempered* und *bad-tempered* nannte, was wir mit *angenehm* und *unangenehm* wiedergeben.[308] Seine Ergebnisse stellt er in einer Vierfeldertafel dar, in deren Felder die Anteile in Prozenten, auf ganze Zahlen gerundet, wiedergegeben sind. Kann man aus diesen Werten erschließen, dass der Charakter eine Rolle bei der Partnerwahl spielt?

Lösung

Wir geben GALTONs Vierfeldertafel wieder, fügen aber noch die Randwerte hinzu. Dabei bedeute M = »Mann hat angenehmen Charakter«, F = »Frau hat angenehmen Charakter«. Aus ihr rekonstruieren wir absolute Zahlenwerte, die dieser Tafel zugrunde liegen könnten.

	F	$\overline{F}$	
M	22	24	46
$\overline{M}$	31	23	54
	53	47	**100**

$0{,}22 \cdot 111 = 24{,}42 \approx 24$
$0{,}24 \cdot 111 = 26{,}64 \approx 27$
$0{,}31 \cdot 111 = 34{,}41 \approx 34$
$0{,}23 \cdot 111 = 25{,}53 \approx 26$

	F	$\overline{F}$	
M	24	27	51
$\overline{M}$	34	26	54
	58	53	**111**

Um einen möglichen Einfluss des Charakters auf die Partnerwahl feststellen zu können, erstellt GALTON eine Vierfeldertafel mit den Randwahrscheinlichkeiten der empirisch gewonnenen Tafel, aber unter der Annahme, dass der Charakter keinen Einfluss hat, d. h., dass die Ereignisse M und F stochastisch unabhängig sind. Wir erhalten auf diese Weise die linke Tafel, der wir die Tafel gegenüberstellen, die GALTON als Resultat seiner Rechnung angibt:

---

[307] Um Antworten auf seine Fragen zu erhalten, stellte er 500 £ zur Verfügung und lobte damit Preise für diejenigen aus, die bis zum 15. Mai 1884 aus ihren Familiendaten Antworten lieferten (S. 72 f.)

[308] GALTON gibt auf Seite 227 an, was seine Mitarbeiter unter diesen beiden Begriffen subsumierten:
good-tempered: amiable, buoyant, calm, cool, equable, forbearing, gentle, good, mild, placid, self-controlled, submissive, sunny, timid, yielding.
bad-tempered: acrimonious, aggressive, arbitrary, bickering, capricious, captious, choleric, contentious, crotchety, decisive, despotic, domineering, easily offended, fiery, fits of anger, gloomy, grumpy, harsh, hasty, headstrong, huffy, impatient, imperative, impetuous, insane temper, irritable, morose, nagging, obstinate, odd-tempered, passionate, peevish, peppery, proud, pugnacious, quarrelsome, quick-tempered, scolding, short, sharp, sulky, sullen, surly, uncertain, vicious, vindicating.

	F	$\overline{F}$	
M	0,244	0,216	46
$\overline{M}$	0,286	0,254	54
	53	47	**100**

gerundet ergibt dies

	F	$\overline{F}$	
M	24	22	46
$\overline{M}$	29	25	54
	53	47	**100**

GALTONS Tabelle:

	F	$\overline{F}$	
M	25	21	46
$\overline{M}$	30	24	54
	53	47	**100**

Sowohl GALTONs als auch unsere Tabelle unterscheiden sich von der empirischen nur unwesentlich. Falls man diese kleinen Abweichungen dem Zufall zuschreibt, kann man wie GALTON der Auffassung sein, dass die Partnerwahl weitgehend unabhängig vom Charakter erfolgt. Er schreibt nämlich in *Natural Inheritance*, Seite 85:

> *I was certainly surprised to find how imperceptible was the influence that even good and bad Temper seemed to exert on marriage selection. I calculated what would have been the relative frequency of intermarriages between persons of the various classes, if the same number of males and females had been paired at random. The result showed that the observed list agreed closely with the calculated list, and therefore that these observations gave no evidence of discriminative selection in respect to Temper.*

Es würde also keines der gängigen widersprüchlichen Sprichwörter zutreffen, weder »Gleich und gleich gesellt sich gern« noch »Gegensätze ziehen sich an«. Andererseits stellt man fest, dass in den »Gleich-und-gleich«-Feldern der empirischen Tabelle weniger Paare stehen, nämlich 45, als im Falle der Unabhängigkeit, nämlich 49, in den »Gegensatz«-Feldern dagegen mehr Paare, und zwar 55, als im Falle der Unabhängigkeit, nämlich 51. Man könnte daher eher vermuten, dass Gegensätze sich anziehen.

1893 DODGSON[309] / *Curiosa Mathematica*: **Pillow-Problems**

CHARLES LUTWIDGE DODGSON, besser bekannt unter seinem Dichternamen LEWIS CARROLL, veröffentlichte 1893 unter dem Titel *Pillow-Problems thought out during sleepless nights*[310] 72 mathematische Probleme samt Lösungen. Er schreibt dazu:

> *Nearly all [...] having been solved in the head, while laying awake at night.*

Wir haben drei der Probleme ausgewählt, die zunehmend komplexer werden.

Problem 5: Ein Beutel enthält einen Spielstein, der entweder weiß oder schwarz ist. Ein weißer Spielstein wird nun zusätzlich in den Beutel gelegt. Nach kräftigem Schütteln wird ein Stein gezogen, der sich als weiß erweist. Mit welcher Wahrscheinlichkeit ist der Stein, der sich noch im Beutel befindet, auch weiß?

---

[309] gesprochen dɔdʒsn

[310] In der 2. Auflage von 1893 änderte DODGSON die *sleepless nights* in *wakeful hours*, da viele seiner Leser meinten, er leide an chronischer Schlaflosigkeit. Wir zitieren nach der kaum veränderten 4. Auflage von 1895.

Lösung nach Dodgson (1893)

DODGSON geht davon aus, dass der anfänglich im Beutel liegende Spielstein mit gleicher Wahrscheinlichkeit weiß oder schwarz ist. In seiner Lösung weist DODGSON zunächst auf einen nahe liegenden Fehlschluss hin. Weil man einen weißen Stein hineinlegt und wieder einen weißen Stein zieht, könnte man meinen, dass sich der ursprüngliche Zustand eingestellt hat und deshalb die Wahrscheinlichkeit, dass der Stein im Beutel nach dem Herausnehmen des einen Steins weiß ist, immer noch ½ beträgt. Dieser Schluss ist nach DODGSON falsch. Die richtige Lösung findet er folgendermaßen.

Nach dem Hinzufügen des weißen Steins enthält der Beutel mit gleicher Wahrscheinlichkeit entweder zwei weiße Steine oder einen weißen und einen schwarzen. Im ersten Fall zieht man mit Wahrscheinlichkeit 1 einen weißen Stein, im zweiten mit Wahrscheinlichkeit ½. Die Wahrscheinlichkeit, dass im Beutel ein weißer Stein war ist, ist also doppelt so groß wie die Wahrscheinlichkeit, dass es ein schwarzer war. Somit ist die Wahrscheinlichkeit, dass schließlich im Beutel ein weißer Stein liegt, $\frac{2}{3}$.

Betrachten wir den allgemeinen Fall, dass für die Wahrscheinlichkeit x des Ereignisses $W_1 = $»Der Stein im Beutel ist weiß« $0 \le x \le 1$ gilt. Mit $W_2 = $»Der gezogene Stein ist weiß« gilt dann

$$P_{W_1}(W_2) = x \cdot 1 = x \text{ und}$$

$$P_{\overline{W_1}}(W_2) = (1 - x) \cdot \frac{1}{2}.$$

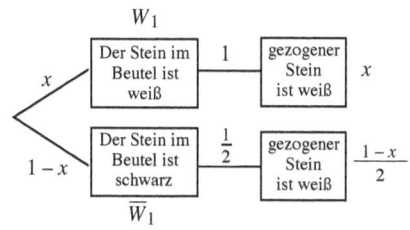

Daraus erhält man $P(W_2) = x + (1 - x) \cdot \frac{1}{2} = \frac{1 + x}{2}$ und schließlich $P_{W_2}(W_1) = \frac{P(W_1 \cap W_2)}{P(W_2)} = \frac{x}{\frac{1+x}{2}} = \frac{2x}{1 + x}$. Für $x = \frac{1}{2}$ erhält man den Wert von DODGSON.

Problem 16. Von zwei gleichartigen Beuteln enthält der eine einen Spielstein, der [mit gleicher Wahrscheinlichkeit] weiß oder schwarz ist. Der andere enthält einen weißen und zwei schwarze Spielsteine. In den ersten legt man nun einen weißen Stein, mischt und entnimmt einen Stein. Er ist weiß. Bei welchem der folgenden Verfahren ist die Wahrscheinlichkeit, nochmals einen weißen Stein zu ziehen, größer?
a) Man wählt auf gut Glück einen Beutel und zieht aus ihm einen Stein.
b) Man leert einen Beutel in den anderen und zieht aus diesem einen Stein.

Lösung nach Dodgson (1893)

Wir übernehmen aus Problem 5, dass der erste Beutel auf Grund des Versuchs mit Wahrscheinlichkeit $\frac{2}{3}$ einen weißen Stein enthält (Ereignis B_{1w}), mit Wahrscheinlichkeit $\frac{1}{3}$ einen schwarzen (Ereignis B_{1s}). Der zweite Beutel enthält auf Grund der Angaben mit Wahrscheinlichkeit $\frac{1}{3}$ einen weißen Stein. Bei Verfahren **a** wählt man mit Wahrscheinlichkeit ½ einen Beutel, aus dem man dann den Stein zieht. Er ist weiß (Ereignis W) mit Wahrscheinlichkeit $\frac{1}{2} \cdot \frac{2}{3} + \frac{1}{2} \cdot \frac{1}{3} = \frac{1}{2}$. Bei Verfahren **b** liegen schließlich im Beutel mit Wahrscheinlichkeit $\frac{2}{3}$ zwei weiße und zwei schwarze Steine oder mit Wahrscheinlichkeit $\frac{1}{3}$ ein weißer und drei schwarze Steine. Die Wahrscheinlichkeit, einen weißen Stein zu ziehen, ist also $\frac{2}{3} \cdot \frac{2}{4} + \frac{1}{3} \cdot \frac{1}{4} = \frac{5}{12}$. Verfahren **a** ist günstiger.

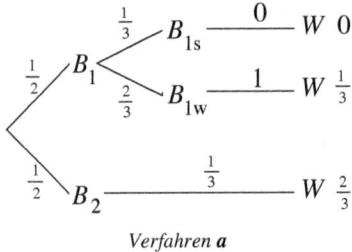

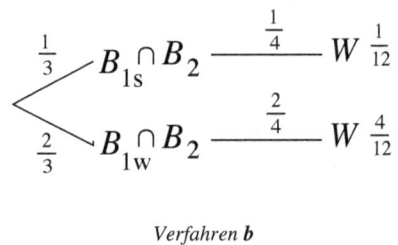

Verfahren a   *Verfahren b*

Problem 19. Von drei gleichartigen Beuteln enthält der eine [A] einen weißen und einen schwarzen Spielstein, der andere [B] zwei weiße und einen schwarzen, und der dritte [C] drei weiße und einen schwarzen. Man entnimmt auf gut Glück aus zwei Beuteln je einen Stein; der eine ist weiß, der andere schwarz. Mit welcher Wahrscheinlichkeit zieht man einen weißen Stein aus dem verbliebenen Beutel?

Lösung nach Dodgson (1893)

Man zieht der Reihe nach aus jedem Beutel einen Stein. Es gibt a priori sechs gleichwahrscheinliche Reihenfolgen für die Auswahl der Beutel, ABC, BAC, ..., CBA. Jede Reihenfolge hat die Wahrscheinlichkeit $\frac{1}{6}$. Die Wahrscheinlichkeit, zuerst einen weißen und dann einen schwarzen Stein aus den beiden gewählten Beuteln zu ziehen, ist bei den obigen Reihenfolgen jeweils

ABC: $\frac{1}{2} \cdot \frac{1}{3} = \frac{1}{6} = \frac{4}{24}$,   BAC: $\frac{2}{3} \cdot \frac{1}{2} = \frac{1}{3} = \frac{8}{24}$,   CAB: $\frac{3}{4} \cdot \frac{1}{2} = \frac{3}{8} = \frac{9}{24}$,

ACB: $\frac{1}{2} \cdot \frac{1}{4} = \frac{1}{8} = \frac{3}{24}$,   BCA: $\frac{2}{3} \cdot \frac{1}{4} = \frac{1}{6} = \frac{4}{24}$,   CBA: $\frac{3}{4} \cdot \frac{1}{3} = \frac{1}{4} = \frac{6}{24}$.

Wegen der Gleichwahrscheinlichkeit beim Auswahlverfahren verhalten sich diese Wahrscheinlichkeiten wie $4 : 3 : 8 : 4 : 9 : 6$.

Nun wechselt DODGSON den Ergebnisraum und nimmt das Ereignis »Zuerst weiß, dann schwarz« als sicher an. Dieses Ereignis hat 34 gleichwahrscheinliche Fälle. Damit ändern sich die (jetzt bedingten) Wahrscheinlichkeiten so, dass sie in der Summe 1 ergeben, wobei die Verhältnisse gleich bleiben. Vier dieser 34 Fälle treten bei der Reihenfolge ABC auf – man kann sie explizit bestimmen, indem man die Steine als unterscheidbar auffasst. Die Wahrscheinlichkeit für ABC ist jetzt also $\frac{4}{34}$. Die Wahrscheinlichkeit, bei dieser Reihenfolge aus C auch einen weißen Stein zu ziehen, ist somit $\frac{4}{34} \cdot \frac{3}{4}$. Damit ergibt sich für die Wahrscheinlichkeit, aus dem dritten Beutel einen weißen Stein zu ziehen, der Wert

$$\frac{4}{34} \cdot \frac{3}{4} + \frac{3}{34} \cdot \frac{2}{3} + \frac{8}{34} \cdot \frac{3}{4} + \frac{4}{34} \cdot \frac{1}{2} + \frac{9}{34} \cdot \frac{2}{3} + \frac{6}{34} \cdot \frac{1}{2} = \frac{11}{17}.$$

Moderne Lösung

Der besseren Übersichtlichkeit halber zerlegen wir das Experiment in zwei Stufen. In der ersten Stufe bestimmen wir die Wahrscheinlichkeiten, aus den zwei gewählten Beuteln einen weißen und einen schwarzen Stein zu ziehen. Dabei sei

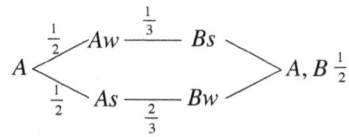

A, B = »Man wählt die Beutel A und B aus und zieht weiß und schwarz«,

Aw = »weiß aus A«, *As* = »schwarz aus A«, usw.

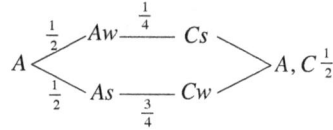

In der zweiten Stufe bestimmen wir die Wahrscheinlichkeiten, nach der Wahl der zwei Beutel aus dem noch verbliebenen Beutel einen weißen Stein zu ziehen. Auch hier hilft uns ein Baum weiter. Dabei sei

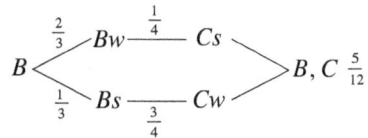

WS = »Aus einem Beutel wird weiß und aus dem anderen schwarz gezogen«,

W_3 = »Aus dem dritten Beutel wird weiß gezogen«.

1. Stufe

Damit erhält man

$$P(WS) = \frac{1}{6} + \frac{1}{6} + \frac{5}{36} = \frac{17}{36} \text{ und}$$

$$P(WS \cap W_3) = \frac{1}{8} + \frac{1}{9} + \frac{5}{72} = \frac{11}{36}.$$

Somit ist $P_{WS}(W_3) = \dfrac{\frac{11}{36}}{\frac{17}{36}} = \dfrac{11}{17}$.

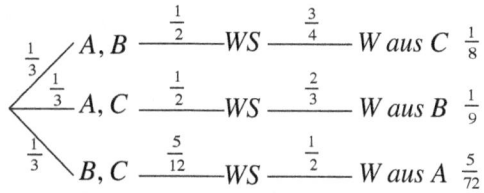

2. Stufe

Bemerkung. Die Schwierigkeit bei der Lösung der Aufgabe besteht darin zu erkennen, dass DODGSON nach der bedingten Wahrscheinlichkeit fragt, einen weißen Stein aus dem dritten Beutel zu ziehen, und zwar unter der Bedingung, dass man vorher weiß und schwarz aus zwei Beuteln gezogen hat; er fragt nicht nach der UND-Wahrscheinlichkeit, zuerst weiß und schwarz zu ziehen und dann weiß. Entscheidend für die richtige Lösung ist der Ausdruck »verbliebener Beutel«.

Wohl ältester bekannter Würfelautomat, um 1870 hergestellt, 13 cm × 11 cm × 11 cm
Sammlung Gauselmann, Espelkamp

Das wohl älteste bekannte Geldspielgerät ist der mechanische Würfelautomat. Meist wurden solche Automaten von Musikgerätefirmen hergestellt. Nach Einwurf eines Reichspfennigs in den Münzschlitz unterhalb des Knopfes wurde dieser heruntergedrückt. Damit wurde die grüne Filzplatte unterhalb der Glashaube in Bewegung versetzt, wodurch die darauf liegenden vier bis fünf (Elfenbein-)Würfel ins Rollen gerieten und schließlich in veränderter Lage zu liegen kamen. Anhand einer Gewinntabelle erhielt der Spieler, abhängig von der erzielten Augensumme, einen Warengewinn, selten eine Geldprämie. – Nur noch drei Geräte dieser Art sollen existieren.

Am 22. September 1896 entschied der IV. Strafsenat des Reichsgerichts, dass die Aufstellung von sog. Würfelautomaten in einem Schanklokale zur Benützung der Gäste nach § 286 Abs. 2 St.G.B. unter den Begriff einer öffentlichen Ausspielung fällt und daher von der örtlichen Behörde genehmigt werden muss. (Nach Haberbosch (1993))

Das 20. Jahrhundert

1901 WHITWORTH / *Choice and Chance*: Unabhängigkeit

WILLIAM ALLEN WHITWORTH veranschaulicht 1901 die Rolle der Unabhängigkeit zweier Zufallsgrößen X und Y für die Richtigkeit der Formel $E(X{\cdot}Y) = E(X) \cdot E(Y)$ ($\ast$) in seinem Werk *Choice and Chance* auf Seite 206 an Rechtecken.

> X und Y seien die Seiten eines Rechtecks. X nehme jeden Wert aus [0; a] mit gleicher Wahrscheinlichkeit an, Y entsprechend aus [0; b]. Können X und Y unabhängig voneinander gewählt werden, dann gilt $E(X{\cdot}Y) = E(X) \cdot E(Y)$. Sind X und Y miteinander verknüpft, z. B. durch die Beziehung $X : Y = a : b$, dann gilt diese Gleichung nicht mehr, weil durch die Verknüpfung die Unabhängigkeit der Zufallsgrößen nicht mehr gegeben ist.

Lösung

WHITWORTH bietet keine Lösung für seine Behauptungen an. Da die beiden Zufallsgrößen stetig verteilt sind, sind die Erwartungswerte gemäß $E(X) = \int\limits_{-\infty}^{+\infty} x \cdot f_X \mathrm{d}x$ zu berechnen, wobei f_X die Dichtefunktion der Zufallsgröße X ist. Wir erhalten im ersten Fall

$$E(X) = \int\limits_0^a x \cdot \tfrac{1}{a} \mathrm{d}x = \tfrac{1}{2} a \text{ und analog } E(Y) = \tfrac{1}{2} b,$$

$$E(XY) = \int\limits_0^a \int\limits_0^b xy \cdot \tfrac{1}{b} \mathrm{d}y \tfrac{1}{a} \mathrm{d}x = \tfrac{1}{ab} \int\limits_0^a \int\limits_0^b xy \mathrm{d}y \mathrm{d}x = \tfrac{1}{ab} \int\limits_0^a x \tfrac{b^2}{2} \mathrm{d}x = \tfrac{b}{2a} \int\limits_0^a x \mathrm{d}x = \tfrac{b}{2a} \cdot \tfrac{a^2}{2} = \tfrac{1}{4} ab, \text{ also wie behauptet } E(X) \cdot E(Y).$$

Für den Fall $X : Y = a : b$ ergibt sich wieder $E(X) = \tfrac{1}{2} a$ und $E(Y) = \tfrac{1}{2} b$, jedoch erhält man wegen $Y = \tfrac{b}{a} X$ den Wert

$$E(XY) = E\left(\tfrac{b}{a} X^2\right) = \tfrac{b}{a} E\left(X^2\right) = \tfrac{b}{a} \int\limits_0^a x^2 \cdot \tfrac{1}{a} \mathrm{d}x = \tfrac{b}{a^2} \cdot \tfrac{a^3}{3} = \tfrac{1}{3} ab \neq E(X)\, E(Y).$$

Für $a = b$ werden nur Quadrate betrachtet und es gilt $E(X) = E(Y) = \tfrac{1}{2} a$, $E(X) \cdot E(Y) = \tfrac{1}{4} a^2$, aber $E(XY) = E\left(X^2\right) = \tfrac{1}{3} a^2$.

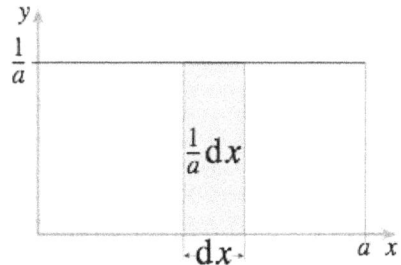

Zusatz. Für diskrete Zufallsgrößen lässt sich die Behauptung von WHITWORTH leichter verifizieren. Wir führen dazu folgendes Beispiel vor.

X nehme mit gleicher Wahrscheinlichkeit die Werte $1, 2, 3, 4$ und 5 an, Y $1, 2, 4$ und 8.

a) Überprüfe die Richtigkeit von ($\bigstar$).

b) Überprüfe die Richtigkeit von ($\bigstar$), wenn man nur Rechtecke betrachtet,

    1) die Quadrate sind,   **2)** bei denen X doppelt so groß ist wie Y,   **3)** deren Seitenlängen
im Verhältnis $2:1$ stehen.

Lösung

a) Aus der Produkttafel erhält man

Y \ X	1	2	4	8
1	1	2	4	8
2	2	4	8	16
3	3	6	12	24
4	4	8	16	32
5	5	10	20	40

$E(X) = \frac{1}{5}(1+2+3+4+5) = 3$, $E(Y) = \frac{1}{4}(1+2+4+8) = 3{,}75$

und damit $E(X) \cdot E(Y) = 11{,}25$.

Für XY erhält man die Wahrscheinlichkeitsverteilung

xy	1	2	3	4	5	6	8	10	12	16	20	24	32	40
$20W(xy)$	1	2	1	3	1	1	3	1	1	2	1	1	1	1

und daraus $E(XY) = \frac{225}{20} = 11{,}25$. Somit gilt ($\bigstar$).

b) 1) Es ist $E(XY) = \frac{1}{3}(1+4+16) = \frac{21}{3} = 7 \neq E(X) \cdot E(Y)$. Somit gilt ($\bigstar$) nicht.

    2) Nur zwei Paare erfüllen die Bedingung. Damit ist

    $E(XY) = \frac{1}{2}(2+8) = \frac{10}{2} = 5 \neq E(X) \cdot E(Y)$. Somit gilt ($\bigstar$) nicht.

    3) Es gilt sowohl $X:Y = 2:1$ als auch $X:Y = 1:2$. Vier Paare erfüllen die Bedingung.
    Damit ist $E(XY) = \frac{1}{5}(2+2+8+8+32) = \frac{52}{5} = 10{,}4 \neq E(X) \cdot E(Y)$. Somit gilt ($\bigstar$)
    nicht.

1902 CZUBER / *Wahrscheinlichkeitsrechnung*: Urnen

EMANUEL CZUBER bringt 1902 in seiner *Wahrscheinlichkeitsrechnung* auf Seite 164 das folgende Beispiel zur Berechnung einer aposteriorischen Wahrscheinlichkeit.

> Aus einer Urne, die nur weiße und schwarze Kugeln enthält, im ganzen vier, sind vier Ziehungen
> (mit Zurücklegen der Kugel) gemacht worden; dreimal erschien eine weiße, einmal eine schwarze
> Kugel. Welche empirische Wahrscheinlichkeit folgt aus diesen Tatsachen für das Ziehen einer wei-
> ßen Kugel aus der Urne?

Lösung nach CZUBER (1902)

CZUBER sagt, dem beobachteten Ereignis $A = $ »Es werden drei weiße und eine schwarze Kugel entnommen«, können drei Ursachen zugrunde gelegt werden, nämlich $U_i = $ »Die Urne
enthält i weiße Kugeln«, $i = 1, \ldots, 3$, die er als gleichwahrscheinlich annimmt. Ferner sagt er
ganz allgemein zu Beginn von Nr. 100, dass beim Eintreffen des Ereignisses A die weißen
und schwarzen Kugeln in einer bestimmten Reihenfolge gezogen wurden; also ist die Wahr-
scheinlichkeit für A bei Vorliegen von U_i bei CZUBER $P_{U_i}(A) = \left(\frac{i}{4}\right)^3 \cdot \frac{4-i}{4}$. Im Einzelnen

erhält er die Werte $P_{U_1}(A) = \frac{3}{256}$, $P_{U_2}(A) = \frac{16}{256}$ und $P_{U_3}(A) = \frac{27}{256}$. Daraus errechnet er

nach der BAYES'schen Regel aus $P_A(U_i) = \dfrac{P(U_i) \cdot P_{U_i}(A)}{\sum\limits_{j=1}^{3} P(U_j) \cdot P_{U_j}(A)} = \dfrac{P_{U_i}(A)}{\sum\limits_{j=1}^{3} P_{U_j}(A)}$ für $P_A(U_1) = \dfrac{\frac{3}{246}}{\frac{46}{246}} =$

$\frac{3}{46}$, $P_A(U_2) = \frac{16}{46}$ und $P_A(U_3) = \frac{27}{46}$ und erhält nach dem Satz von der totalen Wahrschein-

lichkeit für das Ereignis B = »Es wird eine weiße Kugel entnommen« die a-posteriori-Wahr-

scheinlichkeit $P_A(B) = \sum\limits_{i=1}^{3} P_A(U_i) \cdot P_{U_i \cap A}(B) = \frac{3}{46} \cdot \frac{1}{4} + \frac{16}{46} \cdot \frac{2}{4} + \frac{27}{46} \cdot \frac{3}{4} = \frac{29}{46}$.

Moderne Lösung

Die Angabe über den Urneninhalt bedarf der Präzisierung dahingehend, dass die Kugeln in der Urne entweder weiß oder schwarz sein können. Damit sind a priori auch die Fälle zugelassen, dass sich nur weiße oder nur schwarze Kugeln in der Urne befinden. Demnach nehmen wir an, dass fünf verschiedene Füllungen möglich sind, nämlich U_i = »Die Urne enthält i weiße Kugeln«, $i = 0, 1, \ldots, 4$; da nichts gegen die Gleichwahrscheinlichkeit der Füllungen spricht, ist $P(U_i) = \frac{1}{5}$.

Da in der Aufgabenstellung keine Aussage über die Bedeutung der Reihenfolge gemacht wird, gehen wir davon aus, dass sie keine Rolle spielt. Damit erhalten wir für die Wahr-

scheinlichkeit für A bei Vorliegen von U_i den Wert $P_{U_i}(A) = \binom{4}{3} \cdot \left(\frac{i}{4}\right)^3 \cdot \frac{4-i}{4}$ und für die des

sich anschließenden Ereignisses B die Werte $P_{U_i \cap A}(B) = \frac{i}{4}$.

Damit lässt sich die folgende Tabelle erstellen.

i	0	1	2	3	4	
$64 \cdot P_{U_i}(A)$	0	3	16	27	0	$\Rightarrow P(A) = \sum P(U_i) \cdot P_{U_i}(A) = \frac{46}{5 \cdot 64}$
$4 \cdot P_{U_i \cap A}(B)$	0	1	2	3	4	
$256 \cdot P_{U_i}(A) \cdot P_{U_i \cap A}(B)$	0	3	32	81	0	

Wie bei Problem 16 aus den *Pillow-Problems* von DODGSON (siehe Seite 349) ist auch hier nicht nach der UND-Wahrscheinlichkeit von A und B gefragt, sondern nach der bedingten Wahrscheinlichkeit $P_A(B)$, dass B eintritt, nachdem man A beobachtet hat. Also

$$P_A(B) = \frac{P(A \cap B)}{P(A)} = \frac{1}{P(A)} \sum\limits_{i=0}^{4} P(U_i) \cdot P_{U_i}(A) \cdot P_{U_i \cap A}(B) = \frac{5 \cdot 64}{46} \cdot \frac{1}{5} \cdot \left(\frac{3}{256} + \frac{32}{256} + \frac{81}{256}\right) = \frac{29}{46}.$$

Eine Lösung mit Bäumen wie bei Problem 16 wäre hier ziemlich aufwändig. – Da CZUBERs und die moderne Lösung zum gleichen Ergebnis führen, spielt die Reihenfolge für das Ereignis A offenbar keine Rolle.[311]

---

[311] In einer Fußnote verweist CZUBER auf TODHUNTERs *History of the mathematical theory of probability*, S. 454 ff. TODHUNTER behandelt dort die Arbeit von PREVOST und LHUILIER *Sur les Probabilités* (1799b). CZUBER will damit wohl zum Ausdruck bringen, dass sein Beispiel L ein einfaches Zahlenbeispiel für das von PREVOST und LHUILIER behandelte Problem ist. (Siehe Seite 288.)

1904 LAßWITZ / *Ostdeutsche Allgemeine Zeitung*: Universalbibliothek

Unter diesem Titel verfasste KURD CARL THEODOR VICTOR LAßWITZ, der Stammvater der deutschen utopischen Literatur, für die Einführungsnummer der *Ostdeutschen Allgemeinen Zeitung* (Breslau 18.12.1904) eine Erzählung. In ihr will ein Professor Wallhausen seinen Gästen zeigen, dass

> »alles in Lettern darstellbar ist, was der Menschheit jemals gegeben werden kann an geschichtlichem Erlebnis, an wissenschaftlicher Erkenntnis, an poetischer Kraft, an Lehren der Weisheit. Wenigstens, so weit es sich in der Sprache ausdrücken lässt. Denn unsere Bücher vermitteln doch tatsächlich das Wissen der Menschheit und bewahren den Schatz, den die Arbeit des Denkens gehäuft hat. Die Zahl der möglichen Kombinationen gegebener Buchstaben ist aber begrenzt. Also muss alle überhaupt mögliche Literatur sich in einer endlichen Anzahl von Bänden niederlegen lassen.«

Er fährt dann fort:

»Beschränken wir uns auf die großen und kleinen Buchstaben des Alphabets, die gebräuchlichen Interpunktionszeichen, die Ziffern, und – nicht zu vergessen, das Spatium – und schließlich die Masse der Symbole der Mathematiker, dann haben wir nicht mehr als hundert verschiedene Zeichen nötig. Und da man schon recht erschöpfend über ein Thema schreiben kann, wenn man einen Band von fünfhundert Seiten anfüllt, auf der Seite vierzig Zeilen mit 50 Buchstaben. Wenn man also unsere hundert Zeichen, beliebig oft wiederholt, in irgendeiner Ordnung so oft zusammenstellt, dass sie einen dieser Bände füllen, so wird man irgendein Schriftwerk bekommen. Und wenn man *alle möglichen* Zusammenstellungen sich denkt, die überhaupt in dieser Weise rein mechanisch gemacht werden können, so hat man genau sämtliche Werke, die jemals in der Literatur geschrieben worden sind oder in Zukunft geschrieben werden können.«

Nun stellen die Teilnehmer der Runde Fragen an Professor Wallhausen.

1) Wie viele Buchstaben, d. h. Zeichen, hat ein solcher Band?

2) Wie viele solcher Bände gibt es?

3) Wie lang ist die in **2** gefundene Zahl, wenn man sie Ziffer für Ziffer ausschreibt? Professor Wallhausen meint, diese Zahl würde im Druck etwa eine Länge von 4 km erreichen, und zur Niederschrift würde er zwei Wochen lang ohne Pause Tag und Nacht daran schreiben müssen. Wie breit wäre dann eine Ziffer und wie viele Ziffern müsste er pro Sekunde schreiben? Ist dies realistisch?

4) Wie spricht man diese Zahl aus? Kann man sie in Trillionen angeben?

5) Jeder Band sei 2 cm dick. Wie lang ist die Reihe, wenn man alle Bände nebeneinander stellt?

6) Wie lange braucht ein Bibliothekar, um eine Trillion Bände zu sehen, wenn er mit Lichtgeschwindigkeit an dieser Reihe vorbeiläuft?

7) Wie viele Jahre dauert es, bis er am Ende der Reihe angekommen ist?

8) Hat die Bibliothek im Universum Platz, wenn 1000 Bände auf einen Kubikmeter kommen? Professor Wallhausen meint, die Zahl, mit der man das Volumen des Universums multiplizieren müsste, um den Raum zu gewinnen, den die Bibliothek einnimmt, hätte nur einige 60 Nullen weniger als die Anzahl der Bände. Welchen Radius hätte dann ein kugelförmiges Universum? Vergleiche diesen Wert mit der heutigen Annahme, dass der Radius des kugelförmigen Universums 10^{27} m sei.

Lösung nach LAßWITZ (1904)

1) 500 Seiten · 40 Zeilen / Seite · 50 Buchstaben / Zeile = 1 000 000 = 10^6 Buchstaben.[312]

2) Wir erstellen die Bibliothek folgendermaßen: Wir setzen zuerst jedes der hundert Zeichen einmal hin. Dann fügen wir zu jedem wieder jedes der hundert Zeichen, sodass hundertmal hundert Gruppen zu zwei Zeichen entstehen. Indem wir zum dritten Mal jedes Zeichen hinzusetzen, bekommen wir $100 \cdot 100 \cdot 100$ Gruppen von je drei Zeichen, und so fort. Und da wir eine Million Stellen im Bande zur Verfügung haben, so entstehen so viel Bände als eine Zahl angibt, die man erhält, wenn man 100 ein Million Mal als Faktor setzt. Das ergibt $100^{10^6} = 10^{2 \cdot 10^6} = 10^{2\,\text{Mio.}}$. Das ist eine Zahl, die mit 1 beginnt, der dann 2 Millionen Nullen folgen.

3) $4\,\text{km} : 10^{2 \cdot 10^6} = 4 \cdot 10^6\,\text{mm} : 10^{2 \cdot 10^6}$. Damit kämen auf einen Buchstaben $4 \cdot 10^{6 - 2 \cdot 10^6}$ mm. Eine solche Ziffer ist unlesbar! – Wenn Wallhausen $2 \cdot 7 \cdot 24 \cdot 3600\,\text{sec} = 1\,209\,000$ sec lang schreibt, dann schreibt er $10^{2 \cdot 10^6}$ Ziffern : $1\,209\,000$ sec $\approx 10^{2 \cdot 10^6 - 6}$ Ziffern/sec = $10^{1\,999\,994}$ Ziffern/sec, was unmöglich ist. Prof. Wallhausen und damit LAßWITZ hat sich schwer verschätzt. – Nehmen wir an, dass eine Ziffer im Druck 1 mm beansprucht, dann wäre die Zahl $10^{2 \cdot 10^6}$ m = $10^{1\,999\,997}$ km lang. Für den Radius nimmt man heute die Länge von 10^{24} km an. Dann würde die Zahl $10^{1\,999\,973}$-mal so lang sein wie der Radius des Weltalls. Nehmen wir ferner an, dass man zum Schreiben einer Ziffer 1 Sekunde benötigt, dann dauerte die Niederschrift $10^{2 \cdot 10^6}$ Ziffern : $31\,536\,000$ Ziffern/a $\approx 10^{1\,999\,992}$ a. Das Weltall schätzt man heute auf rund 10^{10} Jahre, also dauerte die Niederschrift $10^{1\,999\,982}$-mal so lang, wie das Weltall alt ist.

4) Es gibt keinen Ausdruck für die Zahl. Eine Trillion ist eine Eins mit 18 Nullen. Wenn man die Bändeanzahl dadurch dividierte, kann man gerade 18 Nullen streichen. Es bleiben also noch 1 999 982 Nullen.

5) Doppelt so viele Zentimeter als die Universalbibliothek Bände hat, also $2 \cdot 10^{2\,\text{Mio.}}$ cm.

6) Wallhausen überschlägt: 300 000 km/s $\approx$ 10 Billionen km/a = 1 Trillion cm/a. Also braucht der Bibliothekar rund 2 Jahre. Genauer erhält man: $2 \cdot 10^{18}$ cm : (300 000 km/s $\cdot 10^5$ cm/km) = $\frac{2}{3} \cdot 10^8$ s = $\frac{2}{3} \cdot 10^8 \cdot \frac{1}{60 \cdot 60 \cdot 24 \cdot 365}$ a = $\frac{10^8}{47\,304\,000}$ a = 2,1 a.

7) Um bis ans Ende der Bibliothek zu kommen, sind demnach doppelt so viele Jahre nötig, als eine Trillion in der Gesamtzahl der Bände enthalten ist. Das ist aber genau die in Frage 3 gefundene Zahl, die Eins mit den 1 999 982 Nullen. Genauer erhalten wir $2 \cdot 10^{2 \cdot 10^6}$ cm $\cdot \frac{1}{3 \cdot 60 \cdot 60 \cdot 24 \cdot 365 \cdot 10^{10}}$ a/cm = $2 \cdot 10^{2 \cdot 10^6} \cdot \frac{1}{94\,608\,000 \cdot 10^{10}}$ a = $2,1 \cdot 10^{1\,999\,982}$ a.

8) Die Universalbibliothek benötigt $10^{2 \cdot 10^6} : 10^3$ m^{-3} = $10^{1\,999\,997}$ m^3. Nach Professor Wallhausen wäre $10^{1\,999\,997}$ m^3 : $\frac{4}{3} \cdot r^3 \pi = 10^{1\,999\,937}$ m^3, also $r = 6,20 \cdot 10^{19}$ m. Dieser Radius ist rund ein Zehmillionstel des heute angenommenen Radius.

---

[312] In einem solchen Band hätte der Koran vermutlich dreimal Platz; denn wenn man SCHEHERAZADE in ihrer Erzählung in der 445. von *Tausend und einer Nacht* glauben darf, besteht der Koran aus 323 670 Schriftzeichen. Sicher hat sie aber die Spatia nicht gezählt.

Nach der Klärung dieser Fragen wirft der Redakteur Bürkel ein:

> »In der Universalbibliothek können wir auch die längsten Werke darin haben, denn wenn sie in *einem* Band nicht Platz finden, dann suchen wir einfach die Fortsetzung in einem anderen Band.«

Das bringt aber verschiedene Probleme mit sich: Zuerst muss man wissen, wie der Folgeband aussieht, und dann muss man ihn unter den $10^{2\,\text{Mio.}}$ Bänden auch finden.

Ein ganz anderes Problem, auf das LAßWITZ nicht eingeht, entsteht, wenn man die Dezimaldarstellung einer Irrationalzahl, z. B. von π, sucht. Die erste Million Stellen stehen in einem Band. Jeweils eine Million der folgenden Ziffern stehen in anderen Bänden. Weil π aber unendlich viele Dezimalstellen hat, müssen diese Bände unendlich oft vorliegen, was aber nicht geht, weil die Universalbibliothek nur endlich viele Bände enthält. Oder man muss diese Ziffernbände unendlich oft verwenden. Dies gilt für jede Irrationalzahl. Die Vorstellung von LAßWITZ, dass all unser Wissen in Lettern darstellbar sei, gilt also nur eingeschränkt: Die Bände sind zwar alle vorhanden, müssen aber bei π z. B. unendlich oft verwendet werden, oder jeder Band muss unendlich oft vorhanden sein, also müsste die Universalbibliothek unendlich groß sein.

Verallgemeinernd enthalte jeder Band k Zeichen. Dann umfasst die Universalbibliothek 10^{2k} Bände. Verkleinert man k, so verkleinert sich auch die Universalbibliothek. Man muss dann allerdings längere Werke auf immer mehr Bände aufteilen, wobei auch diese Bände eventuell öfter verwendet werden müssen. Wenn jeder Band nur mehr eine Seite mit 2000 Zeichen enthielte, so würde man nur noch 10^{4000} Bände brauchen. Im Extremfall wird $k = 1$, d. h., jeder Band enthält nur ein Zeichen, und die Universalbibliothek enthielte dann nur mehr $10^{2\cdot 1} = 100$ Bände. Mit diesen Bänden kann man jedes Werk darstellen, allerdings nur, wenn man es schon kennt.

Eine andere Möglichkeit, die Anzahl der Bände zu verringern, besteht darin, den Zeichenvorrat zu verkleinern. Da man alle Zahlen mit den zehn Ziffern von 0 bis 9 schreiben kann, würde diese Zahlen-Universalbibliothek nur 10 Bände umfassen. Die entstehenden Probleme sind aber dieselben wie oben.

LAßWITZ hatte Vorgänger. CICERO hält es für unmöglich,[313] dass man,

> »wenn unzählige Exemplare der einundzwanzig Buchstaben [des lateinischen Alphabets] aus Gold oder aus irgendeinem anderen Material zusammengeworfen und auf den Boden ausgeschüttet würden, die *Annalen* des ENNIUS entstünden, sodass man sie ohne weiteres lesen könnte. Ich weiß nicht, ob der Zufall dies auch nur für einen einzigen Vers zustande zu bringen vermöchte.«

CHRISTIAAN HUYGENS legte in dem Manuskript *De Combinationum Mirandis*, 1668/1669 verfasst (Huygens (1940)), seinen Überlegungen einen Zeichensatz von 22 Buchstaben[314] zugrunde und betrachtete Verse mit 60 Buchstaben. Dann ließen sich $v = 22^{60}$ Verse bilden. Sie enthielten sicher alle Verse VERGILs, OVIDs und HORAZens sowie alle anderen, die schon

---

[313] *De natura deorum* 2, 93: »Non intellego [...], si innumerabiles unius et viginti formae litterarum vel aureae vel qualeslibet aliquo coiciantur, posse ex is in terram excussis annales Enni, ut deinceps legi possint, effici; quod nescio an ne in uno quidem versu possit tantum valere fortuna.« CICERO verwendet hier eine uns nicht bekannte griechische Stelle, die mit den 24 Buchstaben des griechischen Alphabets HOMERs Werke entstehen lassen will.

[314] Siehe Seite 44 f.

gemacht sind oder die noch gemacht werden können, sei es auf Französisch, auf Niederländisch oder in einer Sprache, die sich mit 22 Zeichen schreiben lässt. In dieser Zahl sind aber auch alle unnützen Variationen enthalten. Er berechnet diese Zahl sogar mit Hilfe des Zehnerlogarithmus: $\log v = \log 22^{60} = 60 \cdot 1{,}3424227 = 80{,}5453620$, woraus sich ergibt: $v = 10^{80{,}5433620} = 3510 \cdot 10^{77}$.

Nach 1690 beschäftige sich GOTTFRIED WILHELM LEIBNIZ mit diesem Problem, wie aus erhaltenen Manuskripten hervorgeht. LEIBNIZ schrieb darüber am 26.2.1701 an BERNARD LE BOVIER DE FONTENELLE, den Sekretär der Akademie der Wissenschaften in Paris,

> »que si le genre humain duroit assez, il y auroit un temps ou il seroit vray à la lettre NIHIL DICI QUOD NON DICTUM SIT PRIUS.«

Literarisch gestaltet hat 1941 dies Problem der Argentinier JORGE LUIS BORGES in der Erzählung *Die Bibliothek von Babel*.

Die Verkleinerung des Zeichenvorrats auf die Buchstaben des Alphabets findet sich bereits 1665 bei JOHANN MICHAEL MOSCHEROSCH in *Wunderliche und wahrhafftige Gesichte Philanders von Sittewald*, wo er den schlauen Geschwbbt sagen lässt (II, 672):

> »Wann ich Morgens auffstehe / so spreche ich ein gantz A. B. C. darin sind alle Gebett begriffen / vnser HErr Gott mag sich darnach die Buchstaben selbst zusammen lesen / vnd Gebette drauß machen / wie er will / ich könts so wol nicht / er kan es noch besser«.

Alle möglichen Texte der Universalbibliothek kann man statt in Büchern auf eine ganz andere Art darstellen, nämlich durch die Ziffernfolge einer beliebigen Irrationalzahl ρ. Codiert man jedes der hundert Zeichen des LAßWITZ'schen Zeichenvorrats durch zwei Ziffern, dann stellt jedes Ziffernpaar von 00 bis 99 eines dieser Zeichen dar. Die Ziffernfolge von ρ kann man damit als Zeichenfolge interpretieren. Ein beliebiger Text aus n Zeichen benötigt $2n$ Ziffern. Die Wahrscheinlichkeit, dass genau diese Ziffernfolge z in der Dezimaldarstellung von ρ an einer bestimmten Stelle auftritt, ist 10^{-2n}. Weil die Ziffernfolge der Dezimaldarstellung von ρ aber unendlich lang ist, ist die Wahrscheinlichkeit, dass z an keiner Stelle auftritt, gleich $\lim_{m \to \infty}\left(1 - 10^{-2n}\right)^m = 0$. Also wird z mit Sicherheit an irgendeiner Stelle auftreten; sogar unendlich oft! Somit wird jeder Text aus der Universalbibliothek in der Dezimaldarstellung von ρ unendlich oft auftreten.

Die LAßWITZ'sche Universalbibliothek enthält bei geeigneter Anordnung, wie oben gezeigt, alle Irrationalzahlen. Umgekehrt enthält jede Irrationalzahl die gesamte LAßWITZ'sche Universalbibliothek unendlich oft.

1912 CZUBER / *Wahrscheinlichkeitsrechnung*: Urne

In der 3. Auflage seiner *Wahrscheinlichkeitsrechnung* bringt EMANUEL CZUBER 1912 auf Seite 195 als Beispiel XLIII die folgende Aufgabe zur Berechnung von *a posteriori*-Wahrscheinlichkeiten.

In einer Urne befinden sich n Kugeln; in k Ziehungen, wobei die gezogene Kugel jedes Mal zurückgelegt wurde, erschienen nur weiße Kugeln. Wie groß ist die Wahrscheinlichkeit, dass sich in der Urne [genau] m weiße Kugeln befinden? – In seiner *Lösung* behandelt CZUBER zwei Fälle:
1) Über die Art, wie der Inhalt der Urne zustande kam, ist nichts bekannt.

2) Die Urne ist durch Losung mit einer Münze gefüllt worden, indem jedes Mal, wenn Wappen fiel, eine weiße Kugel eingelegt wurde.

Lösung nach CZUBER (1912)

1) Es sei A = »Bei den ersten k Zügen wird weiß gezogen« und B = »Die Urne enthält genau m weiße Kugeln«. Auf Grund von A muss die Urne mindestens eine weiße Kugel enthalten. Sei die Zufallsgröße I = »Anzahl i der weißen Kugeln in der Urne, $1 \le i \le n$«, dann ist $P(A)$ = $\left(\frac{i}{n}\right)^k$. Da nicht bekannt ist, nach welchem Verfahren die Urne gefüllt wurde, wird jede Füllung als gleichwahrscheinlich angenommen, d. h., $P(»I = i«) = \frac{1}{n}$ für alle i. Nun ist $P(A \cap B)$

$$= P(B) \cdot P_B(A) = \frac{1}{n} \cdot \left(\frac{m}{n}\right)^k . \text{ Damit erhält man für den ersten Fall } P_A^{(1)}(B) = \frac{\frac{1}{n}\left(\frac{m}{n}\right)^k}{\sum\limits_{i=1}^{n}\frac{1}{n}\left(\frac{i}{n}\right)^k} = \frac{m^k}{\sum\limits_{i=1}^{n}i^k} .$$

Im Nenner steht die allgemein schwer summierbare Potenzsumme. Für $k = 1, 2$ und 3 ist aber die Auswertung leicht möglich, was CZUBER auch macht. Man findet:

$$k = 1: \frac{m}{\sum\limits_{i=1}^{n}i} = \frac{2m}{n(n+1)} , \qquad k = 2: \frac{m^2}{\sum\limits_{i=1}^{n}i^2} = \frac{6m^2}{n(n+1)(2n+1)} , \qquad k = 3: \frac{m^3}{\sum\limits_{i=1}^{n}i^3} = \frac{4m^3}{n^2(n+1)^2} .$$

2) CZUBER nimmt stillschweigend an, dass jedes Mal, wenn Zahl fällt, eine nicht-weiße Kugel in die Urne gelegt wird. Damit gilt für $P(I_i) = \binom{n}{i}\left(\frac{1}{2}\right)^n$ und somit $P(A) = \sum\limits_{i=1}^{n} P(I_i) \cdot P_{I_i}(A)$

$$= \sum\limits_{i=1}^{n} \binom{n}{i}\left(\frac{1}{2}\right)^n\left(\frac{i}{n}\right)^k . \text{ Dann ist } P(A \cap B) = P(B) \cdot P_B(A) = \binom{n}{m}\left(\frac{1}{2}\right)^n\left(\frac{m}{n}\right)^k , \text{ sodass wir für den zwei-}$$

ten Fall erhalten $P_A^{(2)}(B) = \dfrac{\binom{n}{m}\left(\frac{1}{2}\right)^n\left(\frac{m}{n}\right)^k}{\sum\limits_{i=1}^{n}\binom{n}{i}\left(\frac{1}{2}\right)^n\left(\frac{i}{n}\right)^k} = \dfrac{\binom{n}{m}\cdot m^k}{\sum\limits_{i=1}^{n}\binom{n}{i}i^k} .$

Die Berechnung des Nenners ist mühsam. CZUBER gibt zur Herleitung einer Summenformel folgendes Verfahren an:

Aus $\left(1 + e^x\right)^m = \sum\limits_{i=0}^{m}\binom{m}{i}e^{ix}$ gewinnt man durch sukzessives Differenzieren

$$\sum\limits_{i=0}^{m}\binom{m}{i}ie^{ix} = m\left(1 + e^x\right)^{m-1}e^x ,$$

$$\sum\limits_{i=0}^{m}\binom{m}{i}i^2e^{ix} = m(m-1)\left(1 + e^x\right)^{m-2}e^{2x} + m\left(1 + e^x\right)^{m-1}e^x$$

$$\sum\limits_{i=0}^{m}\binom{m}{i}i^3e^{ix} = m(m-1)(m-2)\left(1 + e^x\right)^{m-3}e^{3x} + 3m(m-1)\left(1 + e^x\right)^{m-2}e^{2x} +$$

$$+ m\left(1 + e^x\right)^{m-1}e^x$$

usw.

Setzt man in diesen Ausdrücken $x = 0$, so ergibt sich

$$\sum_{i=0}^{m} \binom{m}{i} i = 2^{m-1} \cdot m,$$

$$\sum_{i=0}^{m} \binom{m}{i} i^2 = 2^{m-2} \cdot m(m + 1),$$

$$\sum_{i=0}^{m} \binom{m}{i} i^3 = 2^{m-3} \cdot m^2(m + 3),$$

usw.

Daraus gibt CZUBER dann die Ausdrücke für $k = 1, 2$ und 3 an.

$$k = 1: \frac{(n - 1)!}{m!(n - m)!} \cdot \frac{m}{2^{n-1}}, \, k = 2: \frac{(n - 1)!}{m!(n - m)!} \cdot \frac{m^2}{(n + 1) \cdot 2^{n-2}}, \, k = 3: \frac{(n - 1)!}{m!(n - m)!} \cdot \frac{m^2}{(n + 3) \cdot 2^{n-3}}.$$

Nun veranschaulicht CZUBER seine Ergebnisse für den Fall $n = 10$ und $k = 2$. Es gilt

$$P_A^{(1)}(B) = \frac{6m^2}{10(10 + 1)(2 \cdot 10 + 1)} = \frac{m^2}{385} \quad \text{und}$$

$$P_A^{(2)}(B) = \frac{(10 - 1)!}{m!(10 - m)!} \cdot \frac{m^2}{(10 + 1) \cdot 2^{10-2}} = \frac{9!}{m!(10 - m)!} \cdot \frac{m^2}{11 \cdot 2^8},$$

woraus CZUBER folgende Tabellen errechnet:

m	$385 \cdot P_A^{(1)}(B)$	$2816 \cdot P_A^{(2)}(B)$		m	$P_A^{(1)}(B)$ in %	$P_A^{(2)}(B)$ in %
1	1	1		1	0,26	0,036
2	4	18		2	1,04	0,639
3	9	108		3	2,34	3,835
4	16	336		4	4,16	11,931
5	25	630	daraus	5	6,49	22,372
6	36	756		6	9,35	26,847
7	49	588		7	12,73	20,881
8	64	288		8	16,62	10,227
9	81	81		9	21,04	2,876
10	100	10		10	25,97	0,355

Bei *a priori* gleichwahrscheinlichen Inhalten ist *a posteriori* am wahrscheinlichsten, dass die Urne zehn weiße Kugeln enthält. Bei *a priori*-Füllung durch Münzwurf ist *a posteriori* am wahrscheinlichsten, dass die Urne sechs weiße Kugeln enthält.

1923 EGGENBERGER und PÓLYA / *ZAMM*: Pólya-Urne

1923 veröffentlichten FLORIAN EGGENBERGER und GEORG PÓLYA in der *Zeitschrift für Angewandte Mathematik und Mechanik (ZAMM)* eine Arbeit unter dem Titel *Über die Statistik verketteter Vorgänge*. Darin schreiben sie, dass in den meisten Anwendungen der Wahrscheinlichkeitsrechnung unabhängige Ereignisse betrachtet werden, dass aber viele auftretende Ereignisse miteinander verkettet sind. Eine theoretische Behandlung abhängiger Ereignisse wäre wohl für alle Anwendungsgebiete sehr wichtig, sei aber tatsächlich sehr schwierig. In ihrer Arbeit untersuchen sie eine Art der Verkettung, die z. B. die Epidemiesterblichkeit und die gewerblichen und Verkehrsunfälle darzustellen erlaubt. Die ausgeführten theoretischen Überlegungen stammen dabei von PÓLYA, die praktische Durchführung der Anwendung von EGGENBERGER. Die Arbeit beginnt mit folgendem Problem.

In einer Urne befinden sich zu Beginn des Spiels R rote und S schwarze, insgesamt $R + S = N$ Kugeln. Man zieht aus der Urne eine Kugel, und man legt an Stelle der gezogenen Kugel $1 + \Delta$ Kugeln $[\Delta \geq 0]$ derselben Farbe in die Urne. Nun zieht man wieder eine Kugel und wiederholt die gleiche Operation. Nach der n-ten Ziehung befinden sich also in der Urne $N + n\Delta$ Kugeln. Sind in den ersten n Zügen r rote und s schwarze ($r + s = n$) Kugeln gezogen worden, so befinden sich in der Urne $R + r\Delta$ rote und $S + s\Delta$ schwarze Kugeln, und die Wahrscheinlichkeiten, beim $(n + 1)$-ten Zug eine rote beziehungsweise eine schwarze Kugel zu ziehen, sind $\frac{R + r\Delta}{N + n\Delta}$ bzw. $\frac{S + s\Delta}{N + n\Delta}$. Gesucht ist die Wahrscheinlichkeit, dass bei n Zügen genau r rote Kugeln gezogen werden.

Lösung nach PÓLYA (1923)

PÓLYA führt zunächst die folgenden Abkürzungen ein:

$\rho = \frac{R}{N}$ = Anteil der roten Kugeln zu Beginn des Spiels,

$\sigma = \frac{S}{N}$ = Anteil der schwarzen Kugeln zu Beginn des Spiels,

$\delta = \frac{\Delta}{N}$ = prozentualer Zuwachs der Anzahl der Kugeln pro Zug, bezogen auf die Anzahl N der Kugeln zu Beginn des Spiels.

Damit schreiben sich die Wahrscheinlichkeiten, beim $(n + 1)$-ten Zug eine rote bzw. eine schwarze Kugel zu ziehen, nachdem in n Zügen r rote und s schwarze Kugeln gezogen worden sind, als $\frac{\rho + r\delta}{1 + n\delta}$ bzw. $\frac{\sigma + s\delta}{1 + n\delta}$.

Nun sei X_i die Zufallsgröße »Anzahl der gezogenen roten Kugeln beim i-ten Zug«. X_i kann nur die Werte 1 und 0 annehmen. Wir erhalten schrittweise

$P(X_1 = 1) = \rho$ und $P(X_1 = 0) = \sigma$,

$P(X_2 = 1) = \frac{\rho + X_1\delta}{1 + 1\cdot\delta}$ und $P(X_2 = 0) = \frac{\sigma + (1 - X_1)\delta}{1 + 1\cdot\delta}$,

$P(X_3 = 1) = \frac{\rho + (X_1 + X_2)\delta}{1 + 2\delta}$ und $P(X_3 = 0) = \frac{\sigma + (1 - X_1 + 1 - X_2)\delta}{1 + 2\delta} = \frac{\sigma + (2 - X_1 - X_2)\delta}{1 + 2\delta}$,

und schließlich

$P(X_{n+1} = 1) = \dfrac{\rho + \delta\sum\limits_{i=1}^{n} X_i}{1 + n\delta}$ und $P(X_{n+1} = 0) = \dfrac{\sigma + \delta\left(n - \sum\limits_{i=1}^{n} X_i\right)}{1 + n\delta}$.

Sind in n Zügen r rote Kugeln gezogen worden, dann ist $\sum\limits_{i=1}^{n} X_i = r$ und wir erhalten für die Wahrscheinlichkeiten, beim $(n + 1)$-ten Zug eine rote bzw. eine schwarze Kugel zu ziehen, nachdem in n Zügen r rote und s schwarze Kugeln gezogen worden sind, die Werte $\frac{\rho + r\delta}{1 + n\delta}$ bzw. $\frac{\sigma + \delta(n - r)}{1 + n\delta} = \frac{\sigma + s\delta}{1 + n\delta}$, also die oben angegebenen Ausdrücke.

PÓLYA interpretiert nun diese Formeln: $\delta = 0$ ergibt den klassischen, einfachsten Fall unabhängiger Ereignisse (siehe unten). Ist $\delta > 0$, so hat man Chancenvermehrung durch Erfolg und Chancenverminderung durch Misserfolg. Es sind also sowohl Erfolg wie Misserfolg »ansteckend«.

Wir interpretieren das Urnen-Experiment als Modell einer Infektionskrankheit. Das Ziehen einer Kugel symbolisiert die Ansteckung einer Person mit einem Krankheitserreger. Eine rote Kugel bedeute, dass die Krankheit ausbricht, eine schwarze, dass die Krankheit trotz Ansteckung nicht ausbricht, d. h., die betreffende Person ist immun gegen diesen Erreger.

Nun bestimmen wir die Wahrscheinlichkeit, dass in n Zügen genau r rote Kugeln gezogen werden. Mit X_i = »Anzahl der beim i-ten Zug gezogenen roten Kugeln« und X = »Anzahl der in n Zügen gezogenen roten Kugeln«, ist also $P^{(n)}(X = r) = P^{(n)}\left(\sum_{i=1}^{n} X_i = r\right)$ zu ermitteln.

Für den besonderen Fall, dass die ersten r Züge eine rote Kugel liefern und die restlichen $n - r$ Züge eine schwarze, erhalten wir, falls $1 \leq r \leq n - 1$,

$$P^{(n)}(X_1 = 1 \cap X_2 = 1 \cap \ldots \cap X_r = 1 \cap X_{r+1} = 0 \cap \ldots \cap X_n = 0) =$$

$$= P^{(n)}(X_1 = 1) \cdot P^{(n)}_{X_1=1}(X_2 = 1) \cdot \ldots \cdot P^{(n)}_{X_1=1 \cap \ldots \cap X_{r-1}=1}(X_r = 1) \cdot P^{(n)}_{X_1=1 \cap \ldots \cap X_r=1}(X_{r+1} = 0) \cdot$$

$$\cdot P^{(n)}_{X_1=1 \cap \ldots \cap X_{n-1}=0}(X_n = 0)$$

$$= \frac{\rho}{1} \cdot \frac{\rho + 1 \cdot \delta}{1 + 1 \cdot \delta} \cdot \frac{\rho + 2\delta}{1 + 2\delta} \cdot \ldots \cdot \frac{\rho + (r-1)\delta}{1 + (r-1)\delta} \cdot \frac{\sigma}{1 + r\delta} \cdot \frac{\sigma + 1 \cdot \delta}{1 + (r+1)\delta} \cdot \ldots \cdot \frac{\sigma + (s-1)\delta}{1 + (n-1)\delta}.$$

Die Wahrscheinlichkeit, dass beliebige r unter den n Zügen eine rote Kugel liefern, hat denselben Wert: Die Nenner im obigen Produkt bleiben gleich, die Zähler tauschen nur die Reihenfolge. Da die r roten Kugeln auf $\binom{n}{r}$ Arten auf die n Zellen der n Züge verteilt werden können, gilt schließlich

$$P^{(n)}(X = r) = \binom{n}{r} \prod_{i=0}^{r-1} \frac{\rho + i\delta}{1 + i\delta} \cdot \prod_{j=0}^{s-1} \frac{\sigma + j\delta}{1 + (r+j)\delta} \quad \text{für } 1 \leq r \leq n - 1.$$

Für die Grenzfälle $r = 0$ und $r = n$ gilt jedoch:[315]

Ist $r = 0 \Leftrightarrow s = n$, dann ist $P^{(n)}(X = 0) = \prod_{j=0}^{n-1} \frac{\sigma + j\delta}{1 + j\delta}$,

ist $r = n \Leftrightarrow s = 0$, dann ist $P^{(n)}(X = n) = \prod_{i=0}^{n-1} \frac{\rho + i\delta}{1 + i\delta}$.

Man sagt heute, die Zufallsgröße X ist *pólyaverteilt*.

Nach einer ziemlich trickreichen und schwierigen Rechnung zeigt PÓLYA, dass sich für den Erwartungswert der Zufallsgröße X ein verblüffend einfacher Wert ergibt, nämlich $E(X) = n\rho$. Überraschenderweise ist er unabhängig von Δ.

PÓLYA weist dann noch auf die beiden Sonderfälle hin, die wir ausführlich betrachten.

---

[315] Diese beiden Grenzfälle werden in der Arbeit von EGGENBERGER und PÓLYA nicht aufgeführt.

1) $\Delta = 0$ bzw. $\delta = 0$ ist der klassische Fall des Ziehens mit Zurücklegen. Die Pólyaverteilung wird zur Binomialverteilung:

$$P^{(n)}(X = r) = \binom{n}{r}\prod_{i=0}^{r-1}\frac{\rho}{1}\cdot\prod_{j=0}^{s-1}\frac{\sigma}{1} = \binom{n}{r}\rho^r\sigma^s = \binom{n}{r}\left(\frac{R}{N}\right)^r\left(\frac{S}{N}\right)^{n-r}.$$

2) Lässt man auch $\Delta < 0$ und damit $\delta < 0$ zu, was einer Wegnahme von Δ Kugeln entspricht, so kann man die Zufallsgrößen X_i nur so lange bilden, bis der Urneninhalt 1 geworden ist, d. h., bis $N + n\Delta = 1$ bzw. $1 + n\delta = \frac{1}{N}$ ist.

Für $\Delta = -1$ bzw. $\delta = -\frac{1}{N}$ erhält man den klassischen Fall des Ziehens ohne Zurücklegen. Die Pólyaverteilung wird zur hypergeometrischen Verteilung:

$$P^{(n)}(X = r) = \binom{n}{r}\prod_{i=0}^{r-1}\frac{\frac{R}{N}-\frac{i}{N}}{1-\frac{i}{N}}\cdot\prod_{j=0}^{s-1}\frac{\frac{S}{N}-\frac{j}{N}}{1-(r+j)\frac{1}{N}} = \binom{n}{r}\prod_{i=0}^{r-1}\frac{R-i}{N-i}\cdot\prod_{j=0}^{s-1}\frac{S-j}{N-(r+j)} =$$

$$= \binom{n}{r}\frac{R(R-1)...(R-r+1)}{N(N-1)...(N-r+1)}\cdot\frac{S(S-1)...(S-s+1)}{(N-r)(N-r-1)...(N-n+1)} =$$

$$= \frac{n!}{r!(n-r)!}\cdot\frac{R!(N-r)!}{(R-r)!N!}\cdot\frac{S!(N-n)!}{(S-s)!(N-r)!} = \frac{R!}{(R-r)!r!}\cdot\frac{S!}{(S-s)!s!}\cdot\frac{n!(N-n)!}{N!} = \frac{\binom{R}{r}\binom{S}{s}}{\binom{N}{n}}.$$

Zur Illustration rechnen wir ein konkretes *Beispiel* vor.

Die Urne enthalte zwei rote und drei schwarze Kugeln und es werde jedes Mal eine Kugel der gleichen Farbe hinzugefügt. Es ist also $R = 2$, $S = 3$, $N = 5$ und $\Delta = 1$. Man bestimme die Wahrscheinlichkeiten, dass

a) bei drei Zügen genau eine rote, **b)** bei zwei Zügen jeweils eine rote,
c) bei drei Zügen jeweils eine rote, **d)** bei drei Zügen jeweils eine schwarze
Kugel gezogen wird.

Lösung

a) $P^{(3)}(X = 1)$

$$= \binom{3}{1}\prod_{i=0}^{0}\frac{\rho+i\delta}{1+i\delta}\cdot\prod_{j=0}^{1}\frac{\sigma+j\delta}{1+(1+j)\delta} = 3\cdot\rho\cdot\frac{\sigma}{1+\delta}\cdot\frac{\sigma+\delta}{1+2\delta}$$

$$= 3\cdot\frac{2}{5}\cdot\frac{\frac{3}{5}}{1+\frac{1}{5}}\cdot\frac{\frac{3}{5}+\frac{1}{5}}{1+\frac{2}{5}} = 3\cdot\frac{2}{5}\cdot\frac{3}{6}\cdot\frac{4}{7} = \frac{12}{35},$$

b) $P^{(2)}(X = 2) = \prod_{i=0}^{1}\frac{\rho+i\delta}{1+i\delta} = \rho\cdot\frac{\rho+\delta}{1+\delta} = \frac{2}{5}\cdot\frac{\frac{2}{5}+\frac{1}{5}}{1+\frac{1}{5}}$

$$= \frac{2}{5}\cdot\frac{3}{6} = \frac{1}{5},$$

c) $P^{(3)}(X = 3) = \prod_{i=0}^{2}\frac{\rho+i\delta}{1+i\delta} = \rho\cdot\frac{\rho+\delta}{1+\delta}\cdot\frac{\rho+2\delta}{1+2\delta}$

$$= \frac{2}{5}\cdot\frac{\frac{2}{5}+\frac{1}{5}}{1+\frac{1}{5}}\cdot\frac{\frac{2}{5}+\frac{2}{5}}{1+\frac{2}{5}} = \frac{2}{5}\cdot\frac{3}{6}\cdot\frac{4}{7} = \frac{4}{35},$$

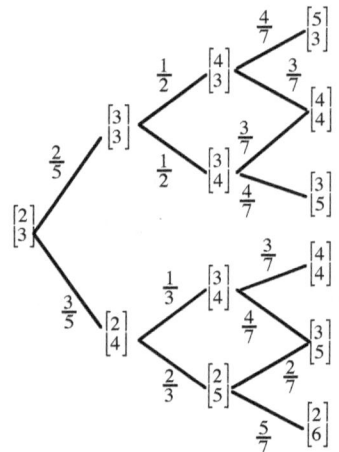

d) $P^{(3)}(X=0) = \prod_{j=0}^{2} \frac{\sigma + j\delta}{1 + j\delta} = \sigma \cdot \frac{\sigma + \delta}{1 + \delta} \cdot \frac{\sigma + 2\delta}{1 + 2\delta}$

$= \frac{3}{5} \cdot \frac{\frac{3}{5} + \frac{1}{5}}{1 + \frac{1}{5}} \cdot \frac{\frac{3}{5} + \frac{2}{5}}{1 + \frac{2}{5}} = \frac{3}{5} \cdot \frac{2}{3} \cdot \frac{5}{7} = \frac{2}{7}.$

Dies einfache Beispiel hätte sich auch ohne die Formel der Pólya-Verteilung mit Hilfe eines Baums lösen lassen. Dabei bedeute in der vorstehendenden Abbildung das Symbol $\begin{bmatrix} R \\ S \end{bmatrix}$, dass R rote und S schwarze Kugeln in der Urne liegen. Zug einer roten Kugel ergibt einen Ast nach oben, bei einer schwarzen Kugel nach unten.

a) $P^{(3)}(X=1) = \frac{2}{5} \cdot \frac{1}{2} \cdot \frac{4}{7} + \frac{3}{5} \cdot \frac{1}{3} \cdot \frac{4}{7} + \frac{3}{5} \cdot \frac{2}{3} \cdot \frac{2}{7}$

$= \frac{4}{35} + \frac{4}{35} + \frac{4}{35} = \frac{12}{35} = 34{,}3\,\%,$

b) $P^{(2)}(X=2) = \frac{2}{5} \cdot \frac{1}{2} = \frac{1}{5} = 20{,}0\,\%,$

c) $P^{(3)}(X=3) = \frac{2}{5} \cdot \frac{1}{2} \cdot \frac{4}{7} = \frac{4}{35} = 11{,}4\,\%,$

d) $P^{(3)}(X=0) = \frac{3}{5} \cdot \frac{2}{3} \cdot \frac{5}{7} = \frac{2}{7} = 28{,}6\,\%.$

Bei **b** und erst recht bei **c** breitet sich die Krankheit stärker aus als bei **a**; die Ansteckungsgefahr wächst. Bei **d** gilt dies für die Immunität.

Aus dem Baum können wir auch leicht $E(X)$ ermitteln.
Für $n = 2$ erhalten wir $E(X) = 2 \cdot \frac{1}{5} + 1 \cdot \frac{1}{5} + 1 \cdot \frac{1}{5} = \frac{4}{5} = 2 \cdot \frac{2}{5} = n\rho.$

Für $n = 3$ erhalten wir

$E(X) = 3 \cdot \frac{4}{35} + 2 \cdot \frac{3}{35} + 2 \cdot \frac{3}{35} + 2 \cdot \frac{3}{35} + 1 \cdot \frac{4}{35} + 1 \cdot \frac{4}{35} + 1 \cdot \frac{4}{35} = \frac{42}{35} = \frac{6}{5} = 3 \cdot \frac{2}{5} = n\rho.$

Zieht man aber öfter aus der Urne, so ist die Lösung mittels Baum sehr aufwändig. Bereits bei $n = 5$ und $r = 2$ hat man zehn Äste zu zeichnen!

1927 BERNSCHTEIN[316] / *Wahrscheinlichkeitsrechnung*: Tetraeder

SERGEJ NATANOVIČ BERNSCHTEIN lieferte 1927 ein schönes Beispiel dafür, dass aus der paarweisen Unabhängigkeit von je zwei von drei Ereignissen nicht die stochastische Unabhängigkeit aller drei Ereignisse folgt:[317]

> Von den vier Flächen eines Tetraeders ist eine rot, die zweite grün und die dritte blau gefärbt. Die vierte Fläche zeigt alle drei Farben. Es sei R = »Das Tetraeder fällt auf eine Fläche, die rote Farbe trägt«; analog sind die Ereignisse G und B definiert. Zeige, dass R, G und B paarweise stochastisch unabhängig sind, insgesamt aber abhängig.

---

[316] In der Literatur auch als BERNSTEIN zitiert.

[317] BERNSCHTEIN formulierte – unserer Erkenntnis nach – die Aufgabe abstrakt in Теория беортностей – »Wahrscheinlichkeitsrechnung«; ob er die Einkleidung in späteren Auflagen vornahm, konnten wir nicht eruieren. Wir fanden sie bei BORIS WLADIMIROWIČ GNEDENKO: *Lehrbuch der Wahrscheinlichkeitsrechnung* S. 51 f., der von einem Beispiel BERNSCHTEINs spricht.

Lösung:

Offensichtlich ist $P(R) = P(G) = P(B) = 0{,}5$.

$P(R \cap G) = 0{,}25 = P(R) \cdot P(G)$, $P(R \cap B) = 0{,}25 = P(R) \cdot P(B)$, $P(G \cap B) = 0{,}25 = P(G) \cdot P(B)$, also sind die Ereignisse R, G und B paarweise unabhängig.

Die Ereignisse R, G und B sind insgesamt stochastisch abhängig, weil gilt: $P(R \cap G \cap B) = 0{,}25$ aber $P(R) \cdot P(G) \cdot P(B) = 0{,}125$.

1939 VON MISES / *Revue d'Istanbul*: Besetzungsproblem

RICHARD EDLER VON MISES verfasste 1937 eine Arbeit, die 1939 unter dem Titel *Über Aufteilungs- und Besetzungs-Wahrscheinlichkeiten* in der *Revue de la Faculté des Sciences de l'Université d'Istanbul*, **4**, veröffentlicht wurde. Einleitend berichtet er darin:

> »In dem mathematischen Bureau einer Versicherungsgesellschaft stellte sich gelegentlich einer Umfrage heraus, dass von den 60 Angestellten drei den gleichen Kalendertag zum Geburtstag hatten. Dies erschien als ein sehr ungewöhnliches, seltenes Zusammentreffen, und man versuchte auf verschiedene Weise zahlenmäßig die geringe Wahrscheinlichkeit eines solchen Ereignisses zu bestimmen. Es wurden mir Berechnungen vorgelegt, die eine Wahrscheinlichkeit von wenigen Tausendsteln ergaben! Als Grundannahme galt selbstverständlich die, dass für jede der $n = 60$ Personen die gleiche Wahrscheinlichkeit z^{-1} besteht, an einem der $z = 365$ Kalendertage des Jahres geboren zu sein.«[318]

Stillschweigend schließt VON MISES Schaltjahre und Mehrlingsgeburten aus.

Es handelt sich also um die Frage, wie groß die Wahrscheinlichkeit ist, dass unter n Personen mindestens einmal mindestens drei am selben Kalendertag Geburtstag haben. VON MISES geht auf diese spezielle Frage nicht näher ein. Stattdessen widmet er sich, wie aus dem Titel seiner Arbeit hervorgeht, anderen mit dieser Fragestellung zusammenhängenden Problemen. Sie ergeben sich, wenn man n unterscheidbare Elemente auf z Zellen verteilen will. Mit Hilfe der dabei gewonnenen Ergebnisse lassen sich dann auch Fragestellungen wie die der Dreifachgeburtstage lösen.

Seiner Arbeit legt VON MISES das Zufallsexperiment zugrunde, dass n unterscheidbare Elemente auf z nummerierte Zellen per Zufall verteilt werden. Jede der z^n möglichen Verteilungen hat somit gleiche Wahrscheinlichkeit. In § 4 betrachtet er zwei mögliche Fragestellungen, von denen er aber nur die zweite weiter behandelt.

1. Frage:

Gesucht ist die Wahrscheinlichkeit einer Verteilung, bei der per Zufall n unterscheidbare Elemente auf z nummerierte Zellen so verteilt werden, dass genau e_j Elemente in der j-ten Zelle liegen, $1 \le j \le z$. Diese Wahrscheinlichkeit nennt VON MISES *Aufteilungswahrscheinlichkeit*, »deren Untersuchung ein klassisches, für grosse Teile der physikalischen Statistik grundlegendes Problem bildet«,[319] heute unter dem Namen *Maxwell-Boltzmann-Statistik* bekannt.

---

[318] VON MISES verwendet anstelle von n den Buchstaben k und anstelle von z den Buchstaben n. Wo wir im Folgenden von *Zelle* sprechen werden, verwendet VON MISES das Wort *Platz*.

[319] VON MISES verweist auf seine *Vorlesungen aus dem Gebiet der angewandten Mathematik*, Bd. 1 Wahrscheinlichkeitsrechnung, S. 409–452.

2. Frage:

> Gesucht ist die Wahrscheinlichkeit einer Verteilung, bei der per Zufall n unterscheidbare Elemente auf z nummerierte Zellen so verteilt werden, dass genau a_i Zellen mit genau i Elementen besetzt sind, $0 \leq i \leq n$.

Diese Wahrscheinlichkeit nennt VON MISES *Besetzungswahrscheinlichkeit*; sie ist das eigentliche Thema seiner Arbeit. Man beachte, dass es bei dieser Fragestellung keine Rolle spielt, *welche* der z Zellen mit jeweils genau i Elementen besetzt sind, sondern nur, *wie viele* Zellen mit genau i Elementen besetzt sind. Außerdem spielt die Reihenfolge der Elemente in einer Zelle keine Rolle.

Lösung nach VON MISES (1939)

Wir bezeichnen mit $N(n;\, z \parallel a_0 \mid a_1 \mid a_2 \mid \ldots \mid a_n)$ die Anzahl der Besetzungen, bei denen genau a_i Zellen mit genau i der n Elemente besetzt sind, $0 \leq i \leq n$. Dabei unterliegen die $a_i \in \mathbb{N}_0$ den folgenden Einschränkungen

$$(1)\ 0 \leq a_i \leq z, \qquad (2)\ \sum_{i=0}^{n} a_i = z\,, \qquad (3)\ \sum_{i=0}^{n} a_i \cdot i = n\,. \qquad (4)\ a_i \leq \left[\frac{n}{i}\right] \text{ für } 1 \leq i \leq n.$$

(1) besagt, dass höchstens z Zellen belegt werden können, (2) drückt aus, dass genau z Zellen zur Verfügung stehen, (3) bedeutet, dass insgesamt n Elemente verteilt werden, und (4) folgt aus der Tatsache, dass bei n gegebenen Elementen höchstens $\frac{n}{i}$ Zellen mit i Elementen besetzt werden können. Da die $a_i \in \mathbb{N}_0$ sind, muss man ggf. die größte Ganze von $\frac{n}{i}$ nehmen.

Die gesuchte Wahrscheinlichkeit erhält man mittels Division von N mit z^n.

Die Abzählung für N nehmen wir, angelehnt an VON MISES, statt in drei in nur zwei Schritten vor.

1. Schritt. Wir besetzen die a_i Zellen mit jeweils i Elementen der Reihe nach. Zunächst bleiben a_0 Zellen leer, dann werden a_1 Zellen mit genau einem Element besetzt, die folgenden a_2 Zellen mit jeweils genau zwei Elementen, usw. bis hin zu den a_k Zellen, die mit jeweils genau k Elementen zu besetzen sind. Damit sind alle n Elemente

$$\underbrace{\underbrace{00 \ldots 0}_{a_0}\ \underbrace{11 \ldots 1}_{a_1}\ \underbrace{22 \ldots 2}_{a_2} \ldots \underbrace{kk \ldots k}_{a_k}}_{z}$$

untergebracht, und man erhält das nebenstehende spezielle z-Tupel der Besetzungszahlen der Zellen.

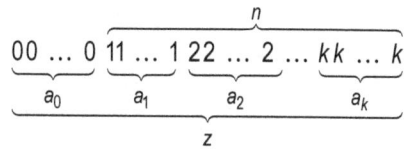

Wie viele solcher z-Tupel gibt es? Permutiert man die Elemente dieses speziellen z-Tupels, dann erhält man Permutationen mit Wiederholungen. Jede dieser Permutationen beschreibt aber dieselbe Anzahl von Zellen mit 0, 1, …, k Elementen. Die Anzahl dieser z-Tupel ist $\frac{z!}{a_0! \cdot a_1! \cdot \ldots \cdot a_k!}$. Da $a_i! = 0! = 1$ ist, falls $k < n$ ist und i die Ungleichung $k + 1 \leq i \leq n$ erfüllt, kann man $\frac{z!}{a_0! \cdot a_1! \cdot \ldots \cdot a_k!}$ auch als $\frac{z!}{a_0! \cdot a_1! \cdot \ldots \cdot a_n!}$ schreiben.

2. Schritt. Nachdem festgelegt wurde, wie viele Elemente in den Zellen zu liegen kommen, müssen nun die zugehörigen Elemente aus den n unterscheidbaren Elementen dafür ausgewählt werden. Dazu ordnen wir die n Elemente als n-Tupel an, von denen es $n!$ gibt. Um das spezielle z-Tupel des 1. Schritts zu füllen, gliedern wir jedes dieser n-Tupel nun folgendermaßen. Die ersten a_1 Elemente werden jedes für sich genommen und der Reihe nach auf die Zellen verteilt, die nach den a_0 leeren Zellen kommen; die folgenden $2a_2$ Elemente werden zu a_2 Paaren zusammengefasst und auf die folgenden a_2 Zellen verteilt; die folgenden $3a_3$ Elemente werden zu a_3 Tripeln zusammengefasst und auf die folgenden a_3 Zellen verteilt, usw. Eine Permutation der Elemente, die in der gleichen Zelle liegen, ändert die Besetzung nicht. Somit gibt es $\dfrac{n!}{1!^{a_1}\cdot 2!^{a_2}\cdot\ldots\cdot k!^{a_k}}$ Möglichkeiten für die Verteilung der n Elemente auf die Zellen des z-Tupels des 1. Schritts. Formal lässt sich dieser Ausdruck auch schreiben als $\dfrac{n!}{0!^{a_0}\cdot 1!^{a_1}\cdot 2!^{a_2}\cdot\ldots\cdot n!^{a_n}}$, da ja einerseits $0!^{a_0}=1$ ist, und außerdem $i!^{a_i}=i!^0=1$ ist, falls $k<n$ ist und i die Ungleichung $k+1\le i\le n$ erfüllt.

Die Anzahl aller Besetzungen, also den Wert für N, erhält man demnach, wenn man die in den beiden Schritten gefundenen Ausdrücke miteinander multipliziert, weil jeder Fall des 1. Schritts mit jedem Fall aus dem 2. Schritt kombiniert werden kann. Dies ergibt die **Besetzungszahl** dafür, dass n Elemente auf z Zellen so verteilt werden, dass genau a_i Zellen mit genau i Elementen besetzt sind:

$$N(n; z \,\|\, a_0 \,|\, a_1 \,|\, a_2 \,|\, \ldots \,|\, a_n)$$

$$= \frac{n!}{0!^{a_0}\cdot 1!^{a_1}\cdot 2!^{a_2}\cdot 3!^{a_3}\cdot\ldots\cdot n!^{a_n}} \cdot \frac{z!}{a_0!\,a_1!\,a_2!\,a_3!\cdot\ldots\cdot a_n!} = n!\cdot z!\cdot\left(\prod_{i=0}^{n} a_i!\cdot i!^{a_i}\right)^{-1}$$

$$\text{mit}\quad \sum_{i=0}^{n} a_i = z \quad\text{und}\quad \sum_{i=0}^{n} a_i\cdot i = n$$

Bemerkung. Liegen höchstens k Elemente in einer Zelle, dann ist $a_{k+1}=\ldots=a_n=0$. Damit kann man $N(n; z \,\|\, a_0 \,|\, a_1 \,|\, a_2 \,|\, \ldots \,|\, a_k \,|\, 0 \,|\, \ldots \,|\, 0)$ verkürzt als $N(n; z \,\|\, a_0 \,|\, a_1 \,|\, a_2 \,|\, \ldots \,|\, a_k)$ schreiben. Entsprechend kann man in der Formel dann Faktoren weglassen, die den Wert 1 haben, wie $a_i!\cdot i!^{a_i}$ für $k+1\le i\le n$.

An kleinen Zahlen wollen wir das obige Abzählverfahren beispielhaft erläutern.

Acht Elemente sollen auf sechs Zellen so verteilt werden, dass eine Zelle einfach, zwei Zellen doppelt und eine Zelle dreifach besetzt sind; zwei Zellen bleiben also leer, d. h., $a_0=2, a_1=1, a_2=2, a_3=1, a_4=\ldots a_8=0$.

$n=8$

$\underline{0\,0\ 1\ 2\,2\ 3}$
$\ \ 2\ \ 1\ \ 2\ \ 1$

$z=6$

1. Schritt. Die Besetzung der sechs Zellen in aufsteigender Reihenfolge erzeugt ein Sextupel (siehe das nebenstehende Bild). Insgesamt gibt es $\frac{6!}{2!\cdot 1!\cdot 2!\cdot 1!}=180$ solcher Sextupel. Eines davon ist z. B. das Sextupel **2 0 1 0 3 2**.

2. Schritt. Ein mögliches Oktupel der acht Elemente ist $a\,b\,c\,d\,e\,f\,g\,h$. Jedes dieser 8! Oktupel wird folgendermaßen eingeteilt: Das erste Element steht allein ($a_1=1$), dann folgen zwei Paare ($a_2=2$) und schließlich ein Tripel ($a_3=1$), z. B. $a\,(b\,c)\,(d\,e)\,(f\,g\,h)$. Permutationen innerhalb der Zellen liefern dieselbe Besetzung; so beschreibt z. B. $a\,(c\,b)\,(e\,d)\,(h\,g\,f)$ dieselbe Besetzung wie $a\,(b\,c)\,(d\,e)\,(f\,g\,h)$. Daher gibt es nur $\frac{8!}{1!^1\cdot 2!^2\cdot 3!^1}=1680$ Möglichkeiten für die Verteilung der acht Elemente auf die Zellen des Sextupels des 1. Schritts.

Somit ergeben sich für die gestellte Aufgabe insgesamt $180 \cdot 1680 = 302\,400$ mögliche Besetzungen. Diese Zahl ergibt sich auch als

$$N(8; 6 \parallel 2 \mid 1 \mid 2 \mid 1) = \frac{8!}{0!^2 \cdot 1!^1 \cdot 2!^2 \cdot 3!^1 \cdot 4!^0 \cdot 5!^0 \cdot 6!^0 \cdot 7!^0 \cdot 8!^0} \cdot \frac{6!}{2! \cdot 1! \cdot 2! \cdot 1! \cdot 0! \cdot 0! \cdot 0! \cdot 0!}.$$

Mit Hilfe der Formel für $N(n; z \parallel a_0 \mid a_1 \mid a_2 \mid \dots \mid a_k)$ findet man die

Lösung von Geburtstagsproblemen

Üblicherweise werden dabei folgende vereinfachende Annahmen gemacht.
• Schaltjahre werden nicht berücksichtigt.
• Mehrlingsgeburten wie Zwillinge, Drillinge usw. werden ausgeschlossen.
• Die Verteilung der Geburtstage auf die 365 Tage eines Jahres wird als gleichmäßig angenommen.

Das Doppelgeburtstagsproblem

Unter dem Namen »Geburtstagsproblem« findet man heute in der gängigen Literatur eine spezielle Fragestellung, als deren Ursprung sehr oft der VON MISES'sche Aufsatz von 1939 angesehen wird.[320] DONALD ERVIN KNUTH hingegen vertritt die Ansicht, dass diese Fragestellung 1930 informell unter Mathematikern diskutiert wurde, ohne dass man weiß, wie es dazu kam (Knuth 1998, S. 513). Sie dürfte wohl in den Vierzigerjahren des letzten Jahrhunderts Eingang in amerikanische Lehrbücher gefunden haben. Als frühestes Beispiel ist uns das 1950 erschienene Lehrbuch *An Introduction to Probability Theory and its Applications* von WILLIAM FELLER bekannt. Es handelt sich um die folgende als Problem 1 bezeichnete Aufgabe.

Am Beispiel der Frage nach Doppelgeburtstagen zeigen wir außerdem, wie ähnlich klingende Formulierungen eines Problems zu verschiedenen Lösungen führen können.

Problem 1. Wie wahrscheinlich ist es, dass unter n Personen mindestens zwei Personen am gleichen Kalendertag Geburtstag haben?
Problem 2. Wie wahrscheinlich ist es, dass unter n Personen genau zwei Personen am gleichen Kalendertag Geburtstag haben, die anderen an paarweise verschiedenen Kalendertagen?
Problem 3. Wie wahrscheinlich ist es, dass unter n Personen mindestens eine Person ist, die mit mir am selben Kalendertag Geburtstag hat?
Problem 4. Wie viele Personen muss man im Mittel nach ihrem Geburtstag fragen, bis man einen Doppelgeburtstag erhält?[321]
Problem 5. Wie groß muss eine Gruppe von Personen sein, damit im Mittel mindestens ein Doppelgeburtstag auftritt?

Wie üblich setzen wir voraus, dass die Geburtstage gleichmäßig über 365 Tage verteilt sind, wodurch Schaltjahre auch ausgeschlossen werden. Auch Mehrlingsgeburten wie Zwillinge, Drillinge usw. werden ausgeschlossen, weil in einer Bevölkerung mit vielen Mehrlingsgeburten die Wahrscheinlichkeiten für Mehrfachgeburtstage anwachsen.

---

[320] So z. B im Aufsatz von PERSI DIACONIS und FREDERICK MOSTELLER von 1989, Seite 857
[321] Klamkin / Newman (1967)

Lösung von Problem 1

Dieses auch als *Geburtstagsparadoxon* benannte Problem ist das bekannteste Geburtstags-problem. Zur Lösung bestimmen wir die Mächtigkeit des Gegenereignisses $\overline{A}$ = »Keine zwei Geburtstage fallen zusammen« = »Alle Geburtstage liegen einzeln«. Wir geben zwei ver-schiedene Wege zur Lösung an.

1. Weg. Die Wahrscheinlichkeit, dass der Geburtstag der zweiten Person von dem der ersten Person verschieden ist, ist $\frac{364}{365}$. Die Wahrscheinlichkeit, dass der Geburtstag der dritten Per-son von denen der ersten beiden Personen verschieden ist, ist $\frac{363}{365}$. Für $n \leq 365$ ist die Wahr-scheinlichkeit, dass der Geburtstag der n-ten Person von allen Geburtstagen der vorherge-henden $n - 1$ Personen verschieden ist, gleich $\frac{365 - (n - 1)}{365}$. Also ist für $n \leq 365$

$$P(A) = 1 - \frac{364}{365} \cdot \frac{363}{365} \cdot \ldots \cdot \frac{365 - (n - 1)}{365} = 1 - \frac{(365 - 1)!}{365^{n-1} \cdot (365 - n)!} = 1 - \frac{365!}{365^n \cdot (365 - n)!}.$$

Für $n \geq 366$ ist $P(A) = 1$, weil ja spätestens bei der 366. Person ein Doppelgeburtstag auftre-ten muss (DIRICHLET'sches Schubfachprinzip).

2. Weg. Es handelt es sich um die Besetzung von 365 Zellen durch n Personen und zwar so, dass keine Zelle mehrfach besetzt ist. Unter Verwendung der VON MISES'schen Besetzungs-zahlen erhält man

$$P(A) = 1 - \frac{1}{365^n} \cdot N(n \parallel 365 - n \mid n) = 1 - \frac{1}{365^n} \cdot \frac{n! \cdot 365!}{(365 - n)! \cdot n!} = 1 - \frac{365 \cdot 364 \cdot \ldots \cdot (365 - (n - 1))}{365^n}$$

$$= 1 - \frac{365!}{365^n \cdot (365 - n)!} \text{ für } n \leq 365$$

und $P(A) = 1$ für $n \geq 366$ nach dem DIRICHLET'schen Schubfachprinzip.

Einen Überblick für die Werte von $P(A)$ bietet die folgende Tabelle.

n	$P(A)$	n	$P(A)$	n	$P(A)$	n	$P(A)$
0	0	20	0,411	40	0,891	60	0,994
5	0,027	25	0,569	45	0,941	65	0,998
10	0,117	30	0,706	50	0,970	70	0,999
15	0,253	35	0,814	55	0,986	75	1,000

Genauer ergibt sich: $P(A) > 50\,\%$ bereits für $n = 23$, nämlich 50,7 %. Es ist also ab einer An-zahl von 23 Personen günstig, darauf zu setzen, dass mindestens zwei aus diesen 23 Perso-nen denselben Kalendertag zum Geburtstag haben. Weil diese Zahl 23 überraschend klein ist, heißt dieses Problem oft auch *Geburstagsparadoxon*. Ab $n = 47$ ist die Wahrscheinlich-keit größer als 95 %, nämlich 95,5 %, anders ausgedrückt: Ab dieser Anzahl von Personen ist die Wahrscheinlichkeit, dass es keinen Kalendertag gibt, an dem zwei Personen einen ge-meinsamen Geburtstag feiern, geringer als 4,5 %.

Lösung von Problem 2

Auch hier bieten wir zwei Lösungswege an:

1. Weg. Es gibt 365 Möglichkeiten für den Tag des Doppelgeburtstags. Die zwei Personen lassen sich auf $\binom{n}{2}$ Arten auswählen. Die restlichen $n - 2$ Personen werden einzeln auf die restlichen 364 Tage verteilt. Dafür gibt es $364 \cdot 363 \cdot \ldots \cdot (365 - (n - 2))$ Möglichkeiten. Man hat also insgesamt

$$365 \cdot \binom{n}{2} \cdot 364 \cdot 363 \cdot \ldots \cdot (367 - n) = \binom{n}{2} \cdot \frac{365!}{(366-n)!}$$

günstige Fälle, woraus man für die gesuchte Wahrscheinlichkeit $\binom{n}{2} \cdot \dfrac{365!}{365^n (366-n)!}$ erhält.

2. Weg. Bei diesem Problem handelt es sich um die Besetzung von 365 Zellen durch n Personen und zwar so, dass eine Zelle doppelt besetzt ist, die restlichen $n - 2$ Personen jeweils eine Zelle einnehmen, sodass $365 - [(n - 2) + 1] = 366 - n$ Zellen leer bleiben. Man erhält für die gesuchte Wahrscheinlichkeit den Wert $\dfrac{1}{365^n} \cdot N(n; 365 \,\|\, 366 - n \,|\, n - 2 \,|\, 1) =$

$$\frac{n! \cdot 365!}{365^n} \cdot \frac{1}{(366 - n)! \cdot (n - 2)! \cdot 1! \cdot 0!^{366-n} \cdot 1!^{n-2} \cdot 2!} = \frac{n! \cdot 365!}{365^n} \cdot \frac{1}{(366 - n)! \cdot (n - 2)! \cdot 2!} = \binom{n}{2} \cdot \frac{365!}{365^n (366 - n)!}.$$

Diese Wahrscheinlichkeit wächst echt monoton mit n bis $n = 28$, wo sie den Wert 38,64... % erreicht, und fällt dann wieder echt monoton auf 0 bei $n = 367$. Ab 367 hat sie immer den Wert 0, weil dann mindestens ein Dreifachgeburtstag oder zwei Doppelgeburtstage auftreten. Es gibt also kein n, bei dem es sich lohnt, auf genau einen Doppelgeburtstag zu wetten.

Bemerkung. Die Lösung der beiden vorstehenden einfachen Probleme ist ohne Verwendung der VON MISES'schen Besetzungszahl N einfacher.

Lösung von Problem 3

Wir betrachten das Gegenereignis $\overline{B}$ = »Keine der n Personen hat mit mir am selben Kalendertag Geburtstag«. Da für jede dieser n Personen die restlichen 364 Tage zur Verfügung stehen, erhält man $P(B) = 1 - \dfrac{364^n}{365^n}$. $P(B)$ wächst echt monoton mit n von $\dfrac{1}{365}$ bis 1. Es gibt keine Beschränkung für die Gruppengröße n.

Für $n = 23$ ergibt sich 6,1 %, also ein erheblich kleinerer Wert als oben. Soll es vorteilhaft sein, auf das Eintreten des Ereignisses B zu setzen, dann muss die Gruppe sehr viel größer sein: Aus

$$P(B) = 1 - \frac{364^n}{365^n} \geq 50\,\% \text{ erhält man } n \geq \frac{\ln 0{,}5}{\ln \frac{364}{365}} = 252{,}6\ldots, \text{ also } n_{\min} = 253.$$

Bemerkung: Man könnte sich darüber wundern, dass man beim eigentlichen Geburtstagsproblem nur 23 Personen brauchte, um die 50 %-Schwelle zu überschreiten, aber bei diesem ähnlich klingenden Problem 253 Personen. Dies ist jedoch nur auf den ersten Blick erstaunlich. Man muss nämlich zur Feststellung eines *gemeinsamen* Geburtstages der 23 Personen $\binom{23}{2} = 253$ Vergleiche vornehmen, und genau diese 253 Vergleiche mit *meinem* Geburtstag sind nötig zur Lösung der gestellten Frage.

Lösung von Problem 4

Sei A_k = »Die k-te befragte Person ist die erste, deren Geburtstag mit einem Geburtstag der $k - 1$ zuvor befragten Personen übereinstimmt«. Zur Berechnung der Wahrscheinlichkeit $P(A_k)$ überlegen wir:
Die Wahrscheinlichkeit, dass der Geburtstag der zweiten Person von dem der ersten Person verschieden ist, ist $\frac{364}{365}$. Die Wahrscheinlichkeit, dass der Geburtstag der dritten Person von denen der ersten zwei befragten Personen verschieden ist, ist $\frac{363}{365}$. Für $k \leq 366$ ist die Wahrscheinlichkeit, dass der Geburtstag der $(k - 1)$-ten Person von allen Geburtstagen der vorhergehenden $k - 2$ befragten Personen verschieden ist, gleich $\frac{365 - (k - 2)}{365}$.

Die Wahrscheinlichkeit, dass der Geburtstag der k-ten Person mit dem Geburtstag einer der vorhergehenden $k - 1$ befragten Personen übereinstimmt, ist $\frac{k-1}{365}$. Also ist für $k \leq 366$

$$P(A_k) = \frac{364}{365} \cdot \frac{363}{365} \cdot \ldots \cdot \frac{365-(k-2)}{365} \cdot \frac{k-1}{365}.$$

Für $k \geq 367$ ist $P(A_k) = 0$, weil ja spätestens bei der 366. Befragung ein Doppelgeburtstag auftreten muss.

Für den Erwartungswert $E(Z)$ der Zufallsgröße Z = »Anzahl der nötigen Befragungen bis zum ersten Doppelgeburtstag« erhält man demzufolge

$$\sum_{k=2}^{366} k \cdot P(A_k) = \sum_{k=2}^{366} \left(\frac{k(k-1)}{365} \cdot \prod_{m=3}^{k} \frac{365-(m-2)}{365} \right).$$

Der Computer liefert $E(Z) = 24{,}6\ldots$ Man muss also im Mittel etwa 25 Personen befragen, bis man auf einen Doppelgeburtstag stößt.

Lösung von Problem 5

RICHARD VON MISES hat 1939 gezeigt, dass eine Gruppe mindestens 29 Personen umfassen muss, damit man im Mittel einen Tag mit genau einem Doppelgeburtstag bei ihr erwarten kann. Zur Begründung verweisen wir auf die folgende Aufgabe (Seite 380).

Die vorstehenden Ergebnisse zeigen (wieder einmal), wie genau man eine Fragestellung formulieren und lesen muss. Geringfügige Unterschiede in der Fragestellung führen zu unterschiedlichen Ergebnissen, wie der Vergleich zeigt. Dies sollte auch zur Vorsicht bei Interpretationen mahnen!

Das Problem dreier gemeinsamer Geburtstage

Nun wollen wir uns dem Problem der Versicherungsgesellschaft zuwenden, das VON MISES veranlasste, seinen Artikel zu schreiben. Wir verallgemeinern dieses Problem geringfügig und fragen nach der Wahrscheinlichkeit, dass mindestens eine Zelle mindestens dreifach besetzt ist.

> Gesucht ist die Wahrscheinlichkeit des Ereignisses A, dass n Elemente per Zufall auf z Zellen so verteilt werden, dass in mindestens einer Zelle mindestens drei Elemente zu liegen kommen.

Lösung

Wir betrachten das Gegenereignis $\overline{A}$ = »In jeder Zelle liegen höchstens zwei Elemente«. Das ist nur möglich für $n \leq 2z$. Zur Abzählung der für $\overline{A}$ günstigen Fälle gehen wir schrittweise vor und ermitteln die Besetzungszahlen:

1. Schritt. Genau $n = a_1$ Zellen sind einfach belegt und keine Zelle mehrfach.

$N(n; z \, \| \, z - n \mid n) = \frac{n!}{(z-n)!}$ für $n \leq z$.

2. Schritt. Genau a_2 Zellen sind doppelt belegt, die anderen mit keinem bzw. genau einem Element.

$N(n; z \, \| \, z - (n - a_2) \mid n - 2a_2 \mid a_2) = \frac{n! \cdot z!}{2!^{a_2} \, (z-(n-a_2))! \cdot (n-2a_2)! \cdot a_2!}$ für $1 \leq a_2 \leq \left[\frac{n}{2} \right]$.

Damit erhält man für $n \leq 2z$ den Ausdruck

$$P(A) = 1 - \frac{1}{z^n} \sum_{a_2=0}^{\left[\frac{n}{2}\right]} N(n; z \| z - (n - a_2) | n - 2a_2 | a_2) .$$ (*)

Für $n > 2z$ ist $P(A) = 1$, weil dann in mindestens einer Zelle mindestens drei Elemente liegen müssen.

Die Berechnung von $P(A)$ ist sehr aufwändig, wie auch eine Aufgabe zeigt, die GEORG SCHRAGE 1990 in seinem Aufsatz *Ein Geburtstagsproblem* behandelt: An einem Institut der Universität Dortmund haben drei der fünfzehn Institutsmitglieder am 28. Juli Geburtstag. Die Wahrscheinlichkeit, dass unter 15 Personen mindestens einmal mindestens drei einen gemeinsamen Geburtstag feiern können, errechnet sich gemäß der obigen Formel wie folgt, wobei wir zuerst die Besetzungszahlen ermitteln.

$$\sum_{a_2=0}^{7} N(15; 365 \| 350 + a_2 | 15 - 2a_2 | a_2)$$

$= N(15; 365 \| 350 | 15 | 0) + N(15; 365 \| 351 | 13 | 1) + N(15; 365 \| 352 | 11 | 2) +$
$\quad + N(15; 365 \| 353 | 9 | 3) + N(15; 365 \| 354 | 7 | 4) + N(15; 365 \| 355 | 5 | 5) +$
$\quad + N(15; 365 \| 356 | 3 | 6) + N(15; 365 \| 357 | 1 | 7)$

$=\quad 2031285348831709048500718996523212800\,0$
$\quad + 6076494633257249290386742007506944000\,0$
$\quad + 6732479849347520520598947110590080000$
$\quad + 3496566493995407258101436176416000000$
$\quad + 88895758321917133680544987536000000$
$\quad + 1051724464653667497065602669440000$
$\quad + 4923803673472226109857690400000$
$\quad\quad\quad + 5910928779678542748928800000$
$=\quad 27098461295574057630565582708821571200\,0$

Damit ist $P(\overline{A}) =$
$29\,696\,943\,885\,560\,611\,101\,989\,679\,680\,900\,352 : 29\,796\,146\,005\,797\,507\,000\,413\,918\,212\,890\,625$
und schließlich
$P(A) = 99\,202\,120\,236\,895\,898\,424\,238\,531\,990\,273 : 29\,796\,146\,005\,797\,507\,000\,413\,918\,212\,890\,625$
$= 0{,}003\,329\,360\,791.$

Wesentlich aufwändiger wird die Rechnung, wenn man die Frage lösen will, die RICHARD VON MISES in seinem Artikel aufwirft. BERNHARD BERCHTOLD hat unter www.mathematik.ch ein Programm zur Lösung dieses Dreiergeburtstagsproblems veröffentlicht.

Mit $z = 365$ und $n = 60$ liefert dieses Programm $P(A) = 0{,}20723 \approx 20{,}7\,\%$, also keineswegs die »Wahrscheinlichkeit von wenigen Tausendsteln«, wie VON MISES berichtete. Vermutlich hat VON MISES die Wahrscheinlichkeit $P(A)$ gar nicht berechnet, da er ja der Auffassung war, dass nicht irgendeine Wahrscheinlichkeit mit dem Beobachtungsergebnis zu vergleichen ist, sondern der Erwartungswert der Zufallsgröße »Anzahl der genau dreifach besetzten Zellen«. (Diesem Erwartungswert widmen wir uns unten auf Seite 380.) in Bei $n = 88$ Personen ist die Wahrscheinlichkeit zum ersten Mal größer als 50 %, nämlich 51,1 %. Ab dieser Anzahl von Personen lohnt es sich, darauf zu wetten, dass mindestens drei Personen am gleichen Tag Geburtstag feiern. Ab $n = 145$ ist die Wahrscheinlichkeit größer als 95 %, nämlich 95,2 %, anders ausgedrückt: Ab dieser Anzahl von Personen ist die Wahrscheinlichkeit, dass es keinen Kalendertag gibt, an dem drei Personen einen gemeinsamen Geburtstag feiern, geringer als 4,8 %.

Bemerkung. Die tatsächlichen Geburten sind nicht gleichmäßig über das Jahr verteilt. Das hat zur Folge, dass die Wahrscheinlichkeit für das Zusammentreffen zweier Geburtstage noch größer ist. Berücksichtigt man auch noch Schaltjahre, dann würde sich diese Wahrscheinlichkeit nun geringfügig vermindern. Enthält die betrachtete Personengruppe Zwillinge, Drillinge, usw., dann springt die Wahrscheinlichkeit für einen Doppelgeburtstag auf 1. In Abhängigkeit von der Häufigkeit von Mehrlingsgeburten ist also diese Wahrscheinlichkeit etwas größer als der Wert nach der obigen Formel. Zählt man in einer gegebenen Personengruppe Mehrlingsgeburten jeweils als eine Person, dann reduziert sich n bei jeder k-fach-Geburt um $k - 1$ und man kann auf das reduzierte n die Formel anwenden.

Wie das Beispiel von SCHRAGE zeigt, ist die Berechnung der Geburtstagskoinzidenzen sehr aufwändig. Bei kleinen Werten von z und n ist eine direkte Berechnung durch Bestimmung aller Fälle möglich, sodass man ohne die komplizierten Besetzungszahlen auskommt. Dies zeigen wir für $z = 7$ und $n = 5$, indem wir alle $7^5 = 16807$ möglichen Besetzungen explizit darstellen. Die Zahlen 7 und 5 passen übrigens zur Frage, wie viele von fünf Personen denselben Wochentag als Tag ihrer Geburt haben.

• Alle fünf Elemente belegen verschiedene Zellen:

$$\left.\begin{matrix}1111100\\ \cdots\\ 0011111\end{matrix}\right\} 7 \cdot 6 \cdot 5 \cdot 4 \cdot 3 = 2520$$

$$= N(5; 7 \,\|\, 2 \,|\, 5 \,|\, 0 \,|\, 0 \,|\, 0 \,|\, 0)$$

Für das erste Element gibt es 7 Zellen, für das zweite 6, …, für das fünfte $(7 - 4) = 3$ Zellen.

• Genau eine Zelle ist doppelt belegt:

$$\left.\begin{matrix}2111000\\ \cdots\\ 0001112\end{matrix}\right\} \binom{5}{2} \cdot 7 \cdot 6 \cdot 5 \cdot 4 = 8400$$

$$= N(5; 7 \,\|\, 3 \,|\, 3 \,|\, 1 \,|\, 0 \,|\, 0 \,|\, 0)$$

Man wählt die beiden Elemente aus den fünf Elementen aus, die eine Zelle doppelt belegen sollen, und verteilt dann die vier »neuen« Elemente *Paar*, drei *Einer* auf die sieben Zellen; das geht auf $7 \cdot 6 \cdot 5 \cdot 4$ Arten.

• Genau zwei Zellen sind doppelt belegt:

$$\left.\begin{matrix}2210000\\ \cdots\\ 0000122\end{matrix}\right\} \binom{5}{2} \cdot \binom{3}{2} \cdot \frac{1}{2!} \cdot 7 \cdot 6 \cdot 5 = 3150$$

$$= N(5; 7 \,\|\, 4 \,|\, 1 \,|\, 2 \,|\, 0 \,|\, 0 \,|\, 0)$$

Man wählt zuerst das erste Paar, dann aus den restlichen drei Elementen das zweite Paar. Dabei kommt jede Aufteilung doppelt vor, also ist durch 2! Zu teilen. Die drei »neuen« Elemente *Paar*, *Paar, Einer* sind dann auf die sieben Zellen zu verteilen.

• Genau eine Zelle ist dreifach, keine Zelle doppelt belegt:

$$\left.\begin{matrix}3110000\\ \cdots\\ 0000113\end{matrix}\right\} \binom{5}{3} \cdot 7 \cdot 6 \cdot 5 = 2100$$

$$= N(5; 7 \,\|\, 4 \,|\, 2 \,|\, 0 \,|\, 1 \,|\, 0 \,|\, 0)$$

Man wählt zuerst das Tripel aus und verteilt dann die drei »neuen« Elemente *Tripel, Einer, Einer* auf die sieben Zellen.

• Eine Zelle ist dreifach, eine Zelle doppelt belegt:

$$\left.\begin{matrix}3200000\\ \cdots\\ 0000023\end{matrix}\right\} \binom{5}{3} \cdot \binom{2}{2} \cdot 7 \cdot 6 = 420$$

$$= N(5; 7 \,\|\, 5 \,|\, 0 \,|\, 1 \,|\, 1 \,|\, 0 \,|\, 0)$$

Man wählt das Tripel aus; das Paar bleibt übrig. Die beiden »neuen« Elemente *Tripel, Paar* sind auf die sieben Zellen zu verteilen.

• Eine Zelle ist vierfach belegt:

$$\left.\begin{matrix}4100000\\ \cdots\\ 0000014\end{matrix}\right\} \binom{5}{4} \cdot 7 \cdot 6 = 210$$

$$= N(5; 7 \,\|\, 5 \,|\, 1 \,|\, 0 \,|\, 0 \,|\, 1 \,|\, 0)$$

Man wählt das Quadrupel aus; der Einer bleibt übrig. Die beiden »neuen« Elemente *Quadrupel, Einer* sind auf die sieben Zellen zu verteilen.

• Eine Zelle ist fünffach belegt:

$$\left.\begin{matrix}5000000\\ \cdots\\ 0000005\end{matrix}\right\} 7 = N(5; 7 \,\|\, 6 \,|\, 0 \,|\, 0 \,|\, 0 \,|\, 0 \,|\, 1)$$

Man wählt für das Quintupel eine der sieben Zellen aus.

Daraus ermittelt man z. B.

P(»Mindestens eine Zelle ist mindestens dreifach belegt«) =

= P(»An mindestens einem Wochentag sind mindestens drei der fünf Personen geboren«) =

= $\frac{1}{16807}(2100 + 420 + 210 + 7) = \frac{2737}{16807} = 16{,}3\ \%$.

Mittels des Gegenereignisses ergibt sich für diese Wahrscheinlichkeit der Wert

$1 - \frac{1}{16807}(2520 + 8400 + 3150)$, was dem oben hergeleiteten Ausdruck (*)

$$1 - \frac{1}{7^5} \sum_{a_2=0}^{\left[\frac{5}{2}\right]} N(5;\ 7\ \|\ 7 - (5 - a_2)\ |\ 5 - 2a_2\ |\ a_2) =$$

$= 1 - \frac{1}{7^5}(\ N(5; 7 \| 2 \mid 5 \mid 0) + N(5; 7 \| 3 \mid 3 \mid 1) + N(5; 7 \| 4 \mid 1 \mid 2 \mid 0))$ entspricht.

Das Allgemeine Geburtstagsproblem

> Gesucht ist die Wahrscheinlichkeit des Ereignisses A_k, dass n Elemente per Zufall auf z Zellen so verteilt werden, dass in mindestens einer Zelle mindestens k Elemente zu liegen kommen.

Lösung

Man betrachtet das Gegenereignis $\overline{A}_k$ = »Keine der z Zellen ist mit mehr als $k - 1$ Elementen besetzt. Für $\overline{A}_k$ gilt

$$P(\overline{A}_k) = \frac{1}{z^n} \sum_{\forall a_i} N(n;\ z \| a_0 \mid a_1 \mid ... \mid a_{k-1} \mid 0 \mid ... \mid 0).$$

Dabei ist über alle a_i zu summieren, die Lösungen des Diophantischen Gleichungs-

systems (I) $\displaystyle\sum_{i=0}^{k-1} a_i = z$,   (II) $\displaystyle\sum_{i=0}^{k-1} a_i \cdot i = n$ sind.

Von diesen Lösungen sind all diejenigen auszuschließen, die die folgenden Bedingungen *nicht* erfüllen:

(1) $0 \le a_0 \le z - 1$, da mindestens eine Zelle Elemente enthalten muss.

(2) $0 \le a_{k-1} \le \min\left\{z, \left[\frac{n}{k-1}\right]\right\}$, da es höchstens $\left[\frac{n}{k-1}\right]$ Zellen mit jeweils $k - 1$ Elementen geben kann.

(3) $0 \le a_i \le \min\left\{z, \left[\dfrac{n - \sum\limits_{\substack{j \ne i}}^{k-1} a_j \cdot j}{i}\right]\right\}$ für $1 \le i \le k - 2$.

Die Anzahl a_i der Zellen mit genau i Elementen erhält man, wenn man die in allen anderen Zellen liegenden $\displaystyle\sum_{\substack{j=1 \\ j \ne i}}^{k-1} a_j \cdot j$ Elemente von n wegnimmt und den Rest durch i teilt. Da es sich um eine tatsächliche Besetzung handelt, muss diese Division aufgehen.

Bemerkung. Bedingung (3) ist in der Praxis unbrauchbar, weil man ja schon alle a_j mit Ausnahme des einzuschränkenden a_i kennen müsste. Dies kann man vermeiden, indem man (3) abschwächt zu

$$(3^*) \quad 0 \le a_i \le \min\left\{z, \left[\frac{n - \sum_{j=i+1}^{k-1} a_j \cdot j}{i}\right]\right\} \text{ für } 1 \le i \le k-2.$$

Man betrachtet dazu nur die Zellen, die mehr als i Elemente enthalten, d. h., man muss nur die a_j kennen, für die $j > i$ ist. Da die Division nicht aufgehen muss, muss man die Größte Ganze aus dem Quotienten nehmen. Diese ist dann nur eine obere Schranke für a_i.

Eine weitere Abschwächung von (3^*) führt auf eine Bedingung, die man mit (2) verbinden kann zu

$$(3^{**}) \quad 0 \le a_i \le \min\left\{z, \left[\frac{n}{i}\right]\right\} \text{ für } 1 \le i \le k-1.$$

Dabei braucht man über die a_j mit $j \ne i$ keinerlei Information. Dafür muss man aber all die a_i, die keine Lösung des Diophantischen Gleichungssystems sind, durch mühsames Probieren ausschließen.

Die Lösung des Diophantischen Gleichungssystems wird mit zunehmendem k immer aufwändiger. Wir zeigen das Vorgehen für $n = 5$, $z = 3$ und $k = 4$.

(I) $a_0 + a_1 + a_2 + a_3 = 3$		(I) $a_0 = 3 - a_1 - a_2 - a_3$
(II) $a_1 + 2a_2 + 3a_3 = 5$	liefert	(II) $a_1 + 2a_2 + 3a_3 = 5$

Zunächst suchen wir alle Tripel (a_1, a_2, a_3), die die Gleichung II erfüllen. Systematisches Probieren lässt sie finden. Wegen Bedingung (3^{**}) ist $a_3 \le \min\left\{3, \left[\frac{5}{3}\right]\right\} = 1$, also kann a_3 nur 0 oder 1 sein. Ebenso ergibt sich, dass a_2 nur 0, 1 oder 2 sein kann und a_1 nur 0, 1, 2 oder 3. Die verschärfte Bedingung (3^*) fordert für $1 \le i \le 2$

$$0 \le a_i \le \min\left\{3, \left[\frac{n - \sum_{j=i+1}^{3} a_j \cdot j}{i}\right]\right\}, \text{ woraus man erhält:}$$

$$0 \le a_2 \le \min\left\{3, \left[\frac{5 - 3a_3}{2}\right]\right\} = \begin{cases} 2 & \text{für } a_3 = 0 \\ 1 & \text{für } a_3 = 1 \end{cases} \quad \text{und}$$

$$0 \le a_1 \le \min\left\{3, \left[\frac{5 - 3a_3 - 2a_2}{1}\right]\right\} = \begin{cases} 1 & \text{für } a_3 = 0 \wedge a_2 = 2 \\ 3 & \text{für } a_3 = 0 \wedge a_2 = 1 \\ 3 & \text{für } a_3 = 0 \wedge a_2 = 0 \\ 0 & \text{für } a_3 = 1 \wedge a_2 = 1 \\ 2 & \text{für } a_3 = 1 \wedge a_2 = 0 \end{cases}$$

Damit ergeben sich fünf mögliche Lösungstripel und aus (I) das zugehörige a_0:
$(0, 1, 1), a_0 = 1$; $(1, 2, 0), a_0 = 0$; $(2, 0, 1), a_0 = 0$; $(3, 0, 0), a_0 = 0$; $(3, 1, 0), a_0 = -1$.

Da $a_0 = -1$ nicht möglich ist, verbleiben vier Tripel, die aber Gleichung II erfüllen müssen. Bei $(3, 0, 0)$ trifft dies nicht zu, sodass das Diophantische Gleichungssystem die folgenden drei Lösungsquadrupel besitzt: $(0, 1, 2, 0), (0, 2, 0, 1)$ und $(1, 0, 1, 1)$.

Damit erhält man schließlich

$$P(\overline{A}_4) = \frac{1}{3^5}\left(N(5; 3 \parallel 0 \mid 1 \mid 2 \mid 0) + N(5; 3 \parallel 0 \mid 2 \mid 0 \mid 1) + N(5; 3 \parallel 1 \mid 0 \mid 1 \mid 1)\right) =$$

$$= \frac{1}{243}\left(\frac{5! \cdot 3!}{2!^2 \cdot 2!} + \frac{5! \cdot 3!}{3! \cdot 2!} + \frac{5! \cdot 3!}{2! \cdot 3!}\right) = \frac{1}{243}(90 + 60 + 60) = \frac{70}{81} \text{ und damit } P(A_4) = \frac{11}{81} = 13,6\,\%.$$

Anwendung auf das Geburtstagsproblem

Fragt man nach der Wahrscheinlichkeit, dass unter n Personen mindestens k Personen gemeinsam Geburtstag feiern können, so muss man $z = 365$ setzen. Der Rechenaufwand wird gewaltig! Auch der Weg, das Gegenereignis in disjunkte Teilereignisse zu zerlegen, wird immer schwieriger, da man zu leicht den Überblick beim Zerlegen verliert.

Mit Hilfe eines Computerprogramms kann man errechnen, dass für $n = 187$ die Wahrscheinlichkeit, dass an einem Kalendertag mindestens vier Personen Geburtstag feiern, zum ersten Mal größer als 50 % ist, nämlich 50,3 %.

Ein anderer Weg zur Lösung des Allgemeinen Geburtstagsproblems

Statt das Diophantische Gleichungssystem zu lösen, zerlegt man das Gegenereignis $\overline{A}_k$ in disjunkte Ereignisse. Wir zeigen dieses Vorgehen für den Fall $k = 4$.

Zur Abzählung der für das Gegenereignis $\overline{A}_4 =$ »In jeder Zelle liegen höchstens drei Elemente« günstigen Fälle zerlegen wir $\overline{A}_4$ in die disjunkten Ereignisse

» Genau a_1 Zellen sind einfach belegt und keine Zelle mehrfach«,

»Genau a_2 Zellen sind doppelt belegt und $n - 2a_2$ Zellen einfach und keine Zelle öfter«,

$$a_2 = 1, ..., \left[\frac{n}{2}\right],$$

»Genau a_3 Zellen sind dreifach belegt, $n - 3a_3$ Zellen einfach und keine Zelle öfter«,

$$a_3 = 1, ..., \left[\frac{n}{3}\right], \text{ und schließlich}$$

»Genau a_3 Zellen sind dreifach belegt, genau a_2 Zellen doppelt, und die restlichen $n - 3a_3 - 2a_2$ einfach.«

Mit den zugehörigen Besetzungszahlen erhält man für die Mächtigkeiten dieser Ereignisse

$$N(n; z \parallel z - n \mid n) = \frac{n! \cdot z!}{(z-n)! \cdot n!} = \frac{z!}{(z-n)!} \quad \text{für } z \geq n.$$

$$N(n; z \parallel z - (n - a_2) \mid n - 2a_2 \mid a_2) = \frac{n! \cdot z!}{2!^{a_2} \cdot (z-(n-a_2))! \cdot (n - 2a_2)! \cdot a_2!}$$

$$\text{für } a_2 = 1, ..., \left[\frac{n}{2}\right] \text{ und } z - (n - a_2) \geq 0.$$

$$N(n; z \parallel z - (n - 2a_3) \mid n - 3a_3 \mid 0 \mid i) = \frac{n! \cdot z!}{3!^{a_3} \cdot (z-(n-2a_3))! \cdot (n - 3a_3)! \cdot a_3!}$$

$$\text{für } i = 1, ..., \left[\frac{n}{3}\right] \text{ und } z - (n - 2a_3) \geq 0.$$

$$N(n; z \parallel z - (n - 2a_3 - a_2) \mid n - 3a_3 - 2a_2 \mid a_2 \mid a_3) = \frac{n! \cdot z!}{2!^{a_2} \cdot 3!^{a_3} \cdot (z-(n-2a_3-a_2))! \cdot (n-3a_3-2a_2)! \cdot a_2! \cdot a_3!}$$

für $a_3 = 1, \ldots, \left[\frac{n}{3}\right]$, für $a_2 = 1, \ldots, \left[\frac{n-3a_3}{2}\right]$ und $3a_3 + 2a_2 \le n$.

Sind die angegebenen Bedingungen nicht erfüllt, dann gibt es keine Besetzungen und die zugehörigen N sind null.

Damit ergibt sich schließlich

$$P(A_4) = 1 - \frac{1}{z^n} \sum_{a_3=0}^{\left[\frac{n}{3}\right]} \sum_{a_2=0}^{\left[\frac{n-3a_3}{2}\right]} N(n; z \parallel z - (n - 2a_3 - a_2) \mid n - 3a_3 - 2a_2 \mid a_2 \mid a_3).$$

Wie mühsam auch hier die Berechnung ist, zeigen wir wieder anhand von $n = 5$ und $z = 3$.

$$P(A_4) = 1 - \frac{1}{3^5} \sum_{a_3=0}^{\left[\frac{3}{3}\right]} \sum_{a_2=0}^{\left[\frac{5-3a_3}{2}\right]} N(5; 3 \parallel 3 - (5 - 2a_3 - a_2) \mid 5 - 3a_3 - 2a_2 \mid a_2 \mid a_3)$$

$$= 1 - \frac{1}{3^5} \sum_{a_3=0}^{1} \sum_{a_2=0}^{\left[\frac{5-3a_3}{2}\right]} N(5; 3 \parallel 3 - (5 - 2a_3 - a_2) \mid 5 - 3a_3 - 2a_2 \mid a_2 \mid a_3) =$$

$$= 1 - \frac{1}{243} \left(\sum_{a_2=0}^{2} N(5; 3 \parallel a_2 - 2 \mid 5 - 2a_2 \mid a_2 \mid 0) + \sum_{a_2=0}^{1} N(5; 3 \parallel a_2 \mid 2 - 2a_2 \mid a_2 \mid 1) \right) =$$

$$= 1 - \frac{1}{243} (N(5; 3 \parallel 0 \mid 1 \mid 2 \mid 0) + N(5; 3 \parallel 0 \mid 2 \mid 0 \mid 1) + N(5; 3 \parallel 1 \mid 0 \mid 1 \mid 1)) =$$

$$= 1 - \frac{1}{243} \left(\frac{5!}{2!^2 \cdot 1! \cdot 2!} \cdot 3 \cdot 2 \cdot 1 + \frac{5!}{3! \cdot 2! \cdot 1!} \cdot 3 \cdot 2 \cdot 1 + \frac{5!}{3! \cdot 2! \cdot 0! \cdot 1! \cdot 1!} \cdot 3 \cdot 2 \cdot 1 \right) =$$

$$= 1 - \frac{1}{243} (90 + 60 + 60) = 1 - \frac{210}{243} = \frac{11}{81} = 13{,}6\ \%.$$

Für $k > 4$ wird der Aufwand erheblich, da es immer schwieriger wird, $\overline{A}_k$ in disjunkte Ereignisse zu zerlegen.

BRUCE LEVIN veröffentlichte für $k \le 15$ eine Tabelle der Werte von n, bei der die Wahrscheinlichkeit für mindestens einen k-fachen Geburtstag den Wert von 50 % überschreitet. Wir bringen sie hier in verkürzter Form; die Werte in der Spalte $P(A_k)$ sind Prozentangaben.

k	n	$P(A_k)$	k	n	$P(A_k)$	k	n	$P(A_k)$	k	n	$P(A_k)$
2	22	47,6	6	459	49,9	10	1180	49,90	14	2034	49,88
	23	50,7		460	50,3		1181	50,09		2035	50,03
3	87	49,9	7	622	49,97	11	1384	49,90	15	2262	49,98
	88	51,1		623	50,29		1385	50,10		2263	50,12
4	186	49,6	8	797	49,76	12	1595	49,94			
	187	50,3		798	50,03		1596	50,11			
5	312	49,6	9	984	49,86	13	1812	49,94			
	313	50,1		985	50,09		1813	50,11			

Zum Problem der Gleichverteilung

An zwei einfachen Beispielen legen wir dar, wie sich die vereinfachende Modellannahme der Gleichverteilung der Geburtstage übers Jahr auf die Ergebnisse auswirken kann.

> **1. Beispiel.** Mit welcher Wahrscheinlichkeit fallen die Geburtstage von zwölf verschiedenen Personen in die zwölf Monate?

Lösung

1) Statt der Gleichverteilung der Geburtstage über das Jahr nehmen wir zunächst an, dass die Wahrscheinlichkeit, in einem bestimmten Monat geboren zu werden, für alle Monate gleich groß ist. Die Wahrscheinlichkeit, dass die i-te Person im i-ten Monat geboren ist, ist somit für jedes i gleich $\frac{1}{12}$. Dann ist die Wahrscheinlichkeit, dass alle zwölf Personen in verschiedenen Monaten geboren sind, $\frac{1}{12^{12}}$. Da man die Personen aber noch permutieren kann, ergibt sich schließlich als Antwort auf die gestellte Frage der Wert $\frac{12!}{12^{12}} = \frac{1925}{35831808} = 5{,}372 \cdot 10^{-5}$.

2) Berücksichtigen wir hingegen die Anzahl a_i der Tage eines Monats unter Vernachlässigung von Schaltjahren und nehmen wir außerdem an, dass die Geburtstage gleichmäßig über die Kalendertage verteilt sind, dann ist die Wahrscheinlichkeit, dass die i-te Person im i-ten Monat geboren ist, gleich $\frac{a_i}{365}$. Die Wahrscheinlichkeit, dass alle zwölf Personen in verschiedenen Monaten geboren sind, ist wegen der noch möglichen Permutation der Personen dann

$$\frac{12!}{365^{12}} \prod_{i=1}^{12} a_i = \frac{12!}{365^{12}} \cdot 28 \cdot 31^7 \cdot 30^4 = 5{,}346 \cdot 10^{-5}.$$

3) Will man die Wahrscheinlichkeitsrechnung auf die Wirklichkeit anwenden und kennt man die Wahrscheinlichkeit eines Ereignisses nicht, so ist es üblich, die relative Häufigkeit als Schätzwert für die unbekannte Wahrscheinlichkeit zu verwenden. In diesem Sinne legen wir eine empirische Verteilung von 11 088 533 Geburtstagen nebenstehender Tabelle auf die zwölf Monate zu Grunde und bezeichnen die relative Häufigkeit gleich mit p_i.[322] Sei also p_i die Wahrscheinlichkeit, im Monat i geboren zu sein, dann ergibt sich für die Wahrscheinlichkeit, dass alle zwölf Personen in verschiedenen Monaten geboren sind, der Wert $p = 12! \cdot p_1 \cdot p_2 \cdot \ldots \cdot p_{12} = 5{,}30253 \cdot 10^{-5}$.

Geburts-monat i	Anzahl	p_i	p_i in Prozent
Januar	953 891	0,0860249	8,6
Februar	905 613	0,0816711	8,2
März	1 002 073	0,0903702	9,0
April	949 413	0,0856211	8,6
Mai	977 686	0,0881709	8,8
Juni	934 572	0,0842831	8,4
Juli	934 531	0,0842790	8,4
August	908 572	0,0819379	8,2
September	923 252	0,0832618	8,3
Oktober	879 099	0,0792800	7,9
November	841 728	0,0759097	7,6
Dezember	878 103	0,0791901	7,9
	11 088 533		

Fazit: Erwartungsgemäß ist die Wahrscheinlichkeit umso kleiner, je mehr die Verteilung von der Gleichverteilung abweicht. Allerdings sind die Unterschiede minimal.

---

[322] Die Daten wurden freundlicherweise vom Aktuariat Leben/Kranken der Allianz Deutschland AG zur Verfügung gestellt.

> **2. Beispiel.** Mit welcher Wahrscheinlichkeit haben zwei Personen im gleichen Monat Geburtstag?

Lösung:

1) Die Geburtstage seien gleichmäßig auf die Monate verteilt. Dann ist die Wahrscheinlichkeit, dass die zweite Person im selben Monat wie die erste geboren ist,

$$p = \frac{1}{12} = 0{,}08333 = 8{,}33\,\%\,.$$

2) Die Geburtstage seien gleichmäßig auf die Tage verteilt. Dann ist die Wahrscheinlichkeit, dass beide Personen in einem Monat mit a_i Tagen geboren sind, gleich $\left(\frac{a_i}{365}\right)^2$. Für die gesuchte Wahrscheinlichkeit ergibt sich damit

$$p = \left(\frac{28}{365}\right)^2 + 4 \cdot \left(\frac{30}{365}\right)^2 + 7 \cdot \left(\frac{31}{365}\right)^2 = 0{,}0834002 = 8{,}34\,\%\,.$$

3) Man legt die empirische Verteilung der 11 088 533 Geburtstage auf die zwölf Monate von oben zu Grunde. Dann erhält man mit den dortigen Bezeichnungen

$$p = p_1^2 + p_2^2 + \ldots + p_{12}^2 = 0{,}0835139 = 8{,}35\,\%\,.$$

Fazit: Erwartungsgemäß ist die Wahrscheinlichkeit umso kleiner, je stärker die Verteilung einer gleichmäßigen Verteilung ähnelt. Allerdings sind auch hier die Unterschiede minimal.

Abschließend können wir feststellen: Die Annahme der Gleichverteilung verfälscht das Ergebnis nur unwesentlich.

1939 VON MISES / *Revue d'Istanbul*: Erwartungswert der Anzahl *s*-fach besetzter Zellen

RICHARD EDLER VON MISES berechnet in § 1 seiner 1939 unter dem Titel *Über Aufteilungs- und Besetzungs-Wahrscheinlichkeiten* in der *Revue de la Faculté des Sciences de l'Université d'Istanbul*, **4**, erschienenen Arbeit den Erwartungswert der Anzahl genau *s*-fach besetzter Zellen.[323]

> Auf z nummerierte Zellen sollen n unterscheidbare Elemente per Zufall verteilt werden. X_s sei die Zufallsgröße »Anzahl der genau *s*-fach besetzten Zellen«, $0 \le s \le n$. Gesucht ist die mittlere Anzahl genau *s*-fach besetzter Zellen, also der Erwartungswert $E(X_s)$.

Ehe wir uns der VON MISES'schen Lösung zuwenden, betrachten wir zum besseren Verständnis ein einfaches Beispiel.

Für $z = 3$ und $n = 5$ gibt es $z^n = 3^5 = 243$ Besetzungen. Diese zerfallen in fünf Gruppen.

1) Alle fünf Elemente werden in eine Zelle gelegt; Typ: $\boxed{abcde\,|\quad|\quad}$.

---

[323] VON MISES hat eine andere Sprechweise in der Wahrscheinlichkeitstheorie als heute üblich. Wir formulieren seine Gedanken sinngemäß unter Verwendung des Begriffs der Zufallsgröße.

Anzahl der Besetzungen: Da man die Zelle auf $\binom{3}{1}$ Arten auswählen kann, gibt es 3 Besetzungen. Das ist (siehe Seite 368) die Besetzungszahl $N(5; 3 \parallel 0 \mid 0 \mid 0 \mid 0 \mid 0 \mid 1)$.

2) Eine Zelle wird vierfach, eine andere einfach besetzt; Typ: $\boxed{abcd \mid e \mid}$.

Anzahl der Besetzungen: Man wählt zunächst die Zelle, die vierfach besetzt wird, das geht auf $\binom{3}{1}$ Arten. Dann wählt man die Zelle, die einfach besetzt wird, das geht auf $\binom{2}{1}$ Arten. Nun bestimmt man die vier Elemente für die erste Zelle, das geht auf $\binom{5}{4}$ Arten. Für das Einzelelement gibt es noch $\binom{1}{1}$ Möglichkeiten. Also besteht Typ 2 aus $\binom{3}{1} \cdot \binom{2}{1} \cdot \binom{5}{4} \cdot \binom{1}{1} = 30$ Besetzungen. Das ist die Besetzungszahl $N(5; 3 \parallel 1 \mid 1 \mid 0 \mid 0 \mid 1)$.

3) Eine Zelle wird dreifach, eine andere doppelt besetzt; Typ: $\boxed{abc \mid de \mid}$.

Anzahl der Besetzungen: *Mutatis mutandis* erhält man analog zu 2: Typ 3 besteht aus $\binom{3}{1} \cdot \binom{2}{1} \cdot \binom{5}{3} \cdot \binom{2}{2}$ $= 60 = N(5; 3 \parallel 1 \mid 0 \mid 1 \mid 1)$ Besetzungen.

4) Eine Zelle wird dreifach, die beiden anderen einfach besetzt; Typ: $\boxed{abc \mid d \mid e}$.

Anzahl der Besetzungen: Man wählt zunächst die Zelle, die dreifach besetzt wird, das geht auf $\binom{3}{1}$ Arten. Dann bestimmt man die drei Elemente für diese Zelle, das geht auf $\binom{5}{3}$ Arten. Die beiden übrigen Elemente kann man auf 2! Arten permutieren. Also besteht Typ 4 aus $\binom{3}{1} \cdot \binom{5}{3} \cdot 2! = 60 =$ $N(5; 3 \parallel 0 \mid 2 \mid 0 \mid 1)$ Besetzungen.

5) Zwei Zellen werden doppelt, eine einfach besetzt; Typ: $\boxed{ab \mid cd \mid e}$.

Anzahl der Besetzungen: Man wählt zunächst die Zelle, die einfach besetzt wird, das geht auf $\binom{3}{1}$ Arten. Dann bestimmt man das Element für diese Zelle, das geht auf $\binom{5}{1}$ Arten. Dann wählt man zwei Elemente für die eine doppelt besetzte Zelle aus, das geht auf $\binom{4}{2}$ Arten. Also besteht Typ 4 aus $\binom{3}{1} \cdot \binom{5}{1} \cdot \binom{4}{2} = 90 = N(5; 3 \parallel 0 \mid 1 \mid 2)$ Besetzungen.

Es gibt also sechs Zufallsgrößen X_s, nämlich $X_0, X_1,$ X_2 X_3, X_4 und X_5. Ihre Wahrscheinlichkeitsverteilungen $P(X_s = x)$ erhält man – ggf. durch Addition – aus den obigen fünf Typen.

Damit lassen sich die Erwartungswerte $E(X_s)$ berechnen.

x	0	1	2	3
$3^5 \cdot P(X_0 = x)$	150	90	3	0
$3^5 \cdot P(X_1 = x)$	63	120	60	0
$3^5 \cdot P(X_2 = x)$	93	60	90	0
$3^5 \cdot P(X_3 = x)$	123	120	0	0
$3^5 \cdot P(X_4 = x)$	213	30	0	0
$3^5 \cdot P(X_5 = x)$	240	3	0	0

$$E(X_0) = \frac{1}{3^5}(0 \cdot 150 + 1 \cdot 90 + 2 \cdot 3 + 3 \cdot 0) = \frac{96}{243} = \frac{32}{81} = 0{,}40.$$

Analog errechnet man

$$E(X_1) = \frac{240}{243} = \frac{80}{81} = 0{,}99, \quad E(X_2) = \frac{240}{243} = \frac{80}{81} = 0{,}99, \quad E(X_3) = \frac{120}{243} = \frac{40}{81} = 0{,}49,$$

$$E(X_4) = \frac{30}{243} = \frac{10}{81} = 0{,}12 \text{ und } E(X_5) = \frac{3}{243} = \frac{1}{81} = 0{,}01.$$

Nun widmen wir uns der

Lösung nach VON MISES (1939)[324]

Sei $P(X_s = x)$ die Wahrscheinlichkeit, dass genau x Zellen genau s-fach besetzt sind, dann gilt definitionsgemäß $E(X_s) = \sum xP(X_s = x)$, wobei über alle Werte der Zufallsgröße X_s summiert wird.

VON MISES hat bei seinen Betrachtungen stillschweigend angenommen, dass $z \geq n$ ist, was jedoch nicht sein muss, wie unser obiges kleines Beispiel zeigt. Tatsächlich hängt die Wertemenge W_{X_s} von X_s von n, z und s ab, wobei grundsätzlich gilt: X_s kann nur Werte annehmen, die nicht größer als $\left[\frac{n}{s}\right]$ sind. Sind nämlich genau x Zellen s-fach besetzt, dann sind $x \cdot s$ Elemente verbraucht. Weil es aber nur n Elemente gibt, muss $x \cdot s \leq n$ oder $x \leq \frac{n}{s}$ gelten. Da schließlich x nicht-negativ ganzzahlig ist, erhält man $x \leq \left[\frac{n}{s}\right]$.

Im Einzelnen ergibt sich die folgende Fallunterscheidung:

I. $s = 0$.

- $z \geq n$: $W_{X_0} = \{z - n, \ldots, z - 1\}$.

Begründung: Es können höchstens $z - 1$ Zellen leer sein, weil ja mindestens *eine* Zelle besetzt sein muss. Andererseits müssen mindestens $z - n$ Zellen leer bleiben, wenn man n Zellen mit jeweils genau einem Element besetzt.

- $z < n$: $W_{X_0} = \{0, \ldots, z - 1\}$.

Begründung: Für den Wert $z - 1$ gilt das oben Gesagte. Es kann jetzt aber auch der Fall eintreten, dass *keine* Zelle leer bleibt, wenn man $z - 1$ Zellen jeweils einfach und die verbleibende Zelle mit $n - (z - 1)$ Elementen besetzt.

II. $1 \leq s \leq n$.

- $z \geq n$: $W_{X_s} = \left\{0, 1, \ldots, \left[\frac{n}{s}\right]\right\}$.

Begründung: Für $\left[\frac{n}{s}\right]$ siehe oben. Es stehen auch genügend Zellen zur Verfügung, weil $\left[\frac{n}{s}\right] \leq \frac{n}{s} \leq n \leq z$. Es kann aber auch sein, dass *keine* Zelle s-fach besetzt ist.

- $z < n$.

Hier müssen drei Fälle unterschieden werden.

1) $n = z \cdot s$: $W_{X_s} = \{0, 1, \ldots, z\}$.

Begründung. Alle z Zellen können s-fach besetzt werden. Es kann aber auch sein, dass *keine* Zelle s-fach besetzt ist.

2) $n < z \cdot s$: $W_{X_s} = \left\{0, 1, \ldots, \left[\frac{n}{s}\right]\right\}$.

Begründung: Für $\left[\frac{n}{s}\right]$ siehe oben. Es stehen auch genügend Zellen zur Verfügung, weil $\left[\frac{n}{s}\right] < \left[\frac{z \cdot s}{s}\right] = z$. Es kann aber auch sein, dass *keine* Zelle s-fach besetzt ist.

3) $n > z \cdot s$: $W_{X_s} = \{0, \ldots, z - 1\}$.

Begründung. Es können nicht alle z Zellen s-fach besetzt sein, weil $z \cdot s < n$ ist, und somit Elemente übrig bleiben. Andererseits können $z - 1$ Zellen s-fach besetzt werden,

---

[324] VON MISES hat eine andere Sprechweise für die Wahrscheinlichkeitstheorie. Wir formulieren seine Lösung unter Verwendung des Begriffs der Zufallsgröße.

wenn man die restlichen $n - z \cdot s$ Elemente in die verbleibende Zelle legt. Es kann aber auch sein, dass *keine* Zelle s-fach besetzt ist.

Nun können wir uns der Berechnung von $E(X_s) = \sum x P(X_s = x)$ zuwenden, wobei wir wieder zu unterscheiden haben.

- $z \geq n$: Für diesen von VON MISES betrachteten Fall gilt:

Ist $s = 0$, dann ist $E(X_0) = \sum_{x=z-n}^{z-1} x P(X_0 = x) = \sum_{x=1}^{z-1} x P(X_0 = x)$,

weil $P(X_0 = x) = 0$ ist für alle $x < z - n$, da nicht weniger als $z - n$ Zellen leer sein können.

Ist $s > 0$, dann ist $E(X_s) = \sum_{x=0}^{\left[\frac{n}{s}\right]} x P(X_s = x) = \sum_{x=1}^{\left[\frac{n}{s}\right]} x P(X_s = x)$.

- $z < n$: Für diesen von VON MISES nicht betrachteten Fall gilt:

Ist $s = 0$, dann ist $E(X_0) = \sum_{x=0}^{z-1} x P(X_0 = x) = \sum_{x=1}^{z-1} x P(X_0 = x)$.

Ist $s > 0$, dann gilt:

Für $n = z \cdot s$ ist $E(X_s) = \sum_{x=0}^{z} x P(X_0 = x) = \sum_{x=1}^{\left[\frac{n}{s}\right]} x P(X_s = x)$.

Für $n < z \cdot s$ ist $E(X_s) = \sum_{x=0}^{\left[\frac{n}{s}\right]} x P(X_s = x) = \sum_{x=1}^{\left[\frac{n}{s}\right]} x P(X_s = x)$.

Für $n > z \cdot s$ ist $E(X_s) = \sum_{x=0}^{z-1} x P(X_0 = x) = \sum_{x=1}^{\left[\frac{n}{s}\right]} x P(X_s = x)$,

weil $P(X_s = x) = 0$ für alle $x > \left[\frac{n}{s}\right]$, da X_s ja nur Werte bis $\left[\frac{n}{s}\right]$ annehmen kann.

In allen Fällen ergeben sich erfreulicherweise dieselben Summen, wie sie VON MISES für seinen Fall errechnet hat.

Zur Berechnung dieser Summen schlägt VON MISES den folgenden Weg ein.

Sei p_i die Wahrscheinlichkeit, dass die i-te Zelle genau s-fach besetzt ist, die Besetzung der anderen Zellen hingegen beliebig, also gleich oder verschieden von s. Man kann auf $\binom{n}{s}$ Arten die s Elemente auswählen, die die i-te Zelle besetzen. Die restlichen $n - s$ Elemente kann man auf $(z - 1)^{n-s}$ Arten auf die übrigen $z - 1$ Zellen verteilen. Weil es insgesamt z^n Besetzungen gibt, erhält man $p_i = \frac{1}{z^n} \binom{n}{s}(z - 1)^{n-s} = \frac{1}{z^s}\binom{n}{s}\left(1 - \frac{1}{z}\right)^{n-s}$. Man beachte: p_i ist unabhängig von i, also sind alle p_i gleich, z. B. gleich p_1.

Zur Illustration berechnen wir p_3 für $z = 5$, $n = 3$ und $s = 2$. Die Besetzungen sind also vom Typ

	2	

. Wir zählen sie ab: Man wählt zwei Elemente aus den drei Elementen für die Doppelbesetzung aus, das geht auf $\binom{3}{2}$ Arten. Für das verbleibende Element gibt es 4^1 Möglichkeiten. Also ist $p_3 = \frac{1}{125}\binom{3}{2} \cdot 4^1$. Das ist genau der VON MISES'sche Ausdruck für p_3, nämlich $\frac{1}{5^3}\binom{3}{2} \cdot (5 - 1)^{3-2}$.

Nun berechnet VON MISES die Summe der Wahrscheinlichkeiten derjenigen Besetzungen, bei denen *mindestens* eine Zelle genau s-fach besetzt ist, also $p_1 + p_2 + \ldots + p_z = z p_1$.

In der Summe $p_1 + p_2 + \ldots + p_z$ wird eine Besetzung, bei der genau t Zellen genau s-fach besetzt sind, genau t-mal gezählt. Also gilt

$$p_1 + p_2 + \ldots + p_z = 1 \cdot P(X_s = 1) + 2 \cdot P(X_s = 2) + \ldots + z \cdot P(X_s = z) = \sum_{x=1}^{z} xP(X_s = x) = E(X_s).$$

Weil $P(X_s = x) = 0$ ist für alle $x > \left[\frac{n}{s}\right]$, kann man die letzte Summe auch als $\sum_{x=1}^{\left[\frac{n}{s}\right]} xP(X_s = x)$

schreiben.

Damit hat VON MISES für $s = 0, 1, \ldots, n$

$$E(X_s) = z\, p_1 = z \cdot \frac{1}{z^s}\binom{n}{s}\left(1 - \frac{1}{z}\right)^{n-s} \text{oder } E(X_s) = \frac{1}{z^{s-1}}\binom{n}{s}\left(1 - \frac{1}{z}\right)^{n-s}.$$

Die VON MISES'sche Formel liefert erfreulicherweise genau die Werte, die wir in unserem obigen einfachen Beispiel explizit berechnet haben. Es gilt nämlich

$$E(X_0) = \frac{1}{3^{-1}}\binom{5}{0}\left(1 - \frac{1}{3}\right)^{5} = 3 \cdot \left(\frac{2}{3}\right)^{5} = \frac{32}{81}.$$

Analog zeigt man für $s = 1, \ldots 5$ die Übereinstimmung der beiden Berechnungen von $E(X_s)$.

Ergänzend zu RICHARD VON MISES zeigen wir, dass $\sum_{s=0}^{n} E(X_s) = z$.

Das bedeutet: Die Summe der mittleren Anzahlen der genau s-fach besetzten Zellen ergibt die Gesamtzahl der Zellen. Das ist nicht erstaunlich, weil bei dieser Summe alle Besetzungsmöglichkeiten von 0 bis n berücksichtigt werden. Also muss diese Summe alle z Zellen erfassen.

Beweis. $\sum_{s=0}^{n} E(X_s) = \sum_{s=0}^{n} z \cdot \frac{1}{z^s}\binom{n}{s}\left(1 - \frac{1}{z}\right)^{n-s}$

$$= z \cdot \left[\binom{n}{0}\left(\frac{1}{z}\right)^{0}\left(1 - \frac{1}{z}\right)^{n-0} + \binom{n}{1}\left(\frac{1}{z}\right)^{1}\left(1 - \frac{1}{z}\right)^{n-1} + \ldots + \binom{n}{n}\left(\frac{1}{z}\right)^{n}\left(1 - \frac{1}{z}\right)^{n-n}\right]$$

$$= z \cdot \left[\left(\frac{1}{z} + \left(1 - \frac{1}{z}\right)\right)^{n}\right] = z \cdot 1^{n} = z.$$

In unserem einfachen Beispiel erhält man $\sum_{s=0}^{5} E(X_s) = \frac{32}{81} + \frac{80}{81} + \frac{80}{81} + \frac{40}{81} + \frac{10}{81} + \frac{1}{81} = \frac{243}{81} = 3$.

Bei den üblichen Behandlungen des Geburtstagsproblems betrachtet man *eine* Gruppe von n Personen und berechnet die *Wahrscheinlichkeit* dafür, dass in *dieser* Gruppe ein s-facher Geburtstag auftritt. Interessant ist dann, ab welchem Wert von n diese Wahrscheinlichkeit 50 % überschreitet, weil man dann mit Erfolgsaussicht auf dieses Ereignis wetten kann. VON MISES hingegen betrachtet das Geburtstagsproblem von einer anderen Seite. Er geht von *vielen* Gruppen von n Personen aus und bestimmt den Erwartungswert der Zufallsgröße der Anzahl genau s-fach besetzter Tage. Jetzt ist es interessant zu wissen, *wie viele* Gruppen von n Personen man betrachten muss, damit dieser *Erwartungswert* mindestens 1 ist. In diesem Sinne wendet VON MISES die gefundene Formel für $E(X_s)$ auf das Problem der Istanbuler Versicherungsgesellschaft an, dass von den 60 Angestellten drei den gleichen Kalendertag zum Geburtstag haben (siehe Seite 366); denn, so schreibt er in der Einleitung zu seinem Aufsatz:

»Der *Erwartungswert der Zufallsgröße* X_3 (und nicht irgend eine Wahrscheinlichkeit) ist mit dem Beobachtungsergebnis: 1 dreifach besetzter Platz zu vergleichen.«[325]

Auf die dort erwähnte Wahrscheinlichkeit von »wenigen Tausendsteln« geht er nicht ein.

Mit $z = 365$ und $n = 60$ erhält VON MISES $E(X_3) = \frac{1}{365^2}\binom{60}{3}\left(1 - \frac{1}{365}\right)^{57} = 0,22,$

woraus er schließt, dass bei vier bis fünf Gruppen von je 60 Personen im Mittel in einer dieser Gruppen doch ein dreifach besetzter Tag zu erwarten ist,[326] weil die Summe der entsprechenden Erwartungswerte dann den Wert 1 übersteigt. Ausdrücklich bemerkt VON MISES noch:

»Auf die Veränderlichkeit der Geburtendichte mit der Jahreszeit ist dabei nicht Rücksicht genommen.«

D. h.: Die Verteilung der Geburtstage auf die 365 Tage eines Jahres wird als gleichmäßig angenommen. Damit werden Schaltjahre nicht berücksichtigt. Auch Mehrlingsgeburten wie Zwillinge, Drillinge usw. werden ausgeschlossen, weil in einer Bevölkerung mit vielen Mehrlingsgeburten die Wahrscheinlichkeiten für Mehrfachgeburtstage anwachsen.

Wir berechnen zusätzlich

$$E(X_0) = \frac{1}{365^{-1}}\binom{60}{0}\left(1 - \frac{1}{365}\right)^{60-0} = 309,60 \qquad E(X_1) = \frac{1}{365^0}\binom{60}{1}\left(1 - \frac{1}{365}\right)^{59} = 51,03$$

$$E(X_2) = \frac{1}{365}\binom{60}{2}\left(1 - \frac{1}{365}\right)^{58} = 4,14 \qquad E(X_4) = \frac{1}{365^3}\binom{60}{4}\left(1 - \frac{1}{365}\right)^{56} = 0,0086$$

und schließen daraus: Es ist im Mittel bei 60 Personen zu erwarten, dass an etwa 310 Kalendertagen keine Person Geburtstag hat, an ca. 51 Tagen genau eine Person und an ca. vier Tagen genau zwei Personen; mehr als zwei Geburtstage am gleichen Tag sind im Mittel nicht zu erwarten, weil die zugehörigen Erwartungswerte kleiner als 0,5 sind.

Beim Geburtstagsproblem fragt man aber nicht nach *genau* dreifach besetzten Zellen, sondern nach *mindestens* dreifach besetzten Zellen. Man muss also alle Erwartungswerte ab $s = 3$ addieren. Mit der obigen Erkenntnis, dass $\sum_{s=0}^{n} E(X_s) = z$, erhalten wir

$$\sum_{s=3}^{60} E(X_s) = 365 - E(X_0) - E(X_1) - E(X_2) = 0,23,$$

einen Wert, der nur geringfügig größer als 0,22 ist, sodass die VON MISES'sche Folgerung auch für die Fragestellung nach mindestens einem Dreifachgeburtstag zutrifft.

Weiterhin stellt VON MISES fest, dass der Erwartungswert $E(X_3)$ für $n = 103$ schon annähernd 1 ist,

»d. h., es ist im Durchschnitt anzunehmen, dass in einer Gesamtheit von 103 Personen einmal drei das gleiche Geburtsdatum haben.«

Die Rechnung bestätigt seine Zahl: $E(X_3) = \frac{1}{365^2}\binom{103}{3}\left(1 - \frac{1}{365}\right)^{100} = 1,009.$

Abschließend behauptet VON MISES, dass $E(X_2)$ ungefähr gleich 1 wird für 29 Personen, d. h., »wer in seinem Bekanntenkreis rund 29 Geburtstage kennt, wird im Durchschnitt *einen*

---

[325]   Bei VON MISES heißt es »Besetzungszahl« statt »Zufallsgröße«.

[326]   Diese und die folgenden zitierten Feststellungen finden sich auch in der Einleitung seines Aufsatzes.

doppelt besetzten Tag finden«. Auch hier bestätigt die Rechnung für $n = 28$ und $n = 29$ seine Behauptung:

$$E(X_2) = \frac{1}{365^1}\binom{28}{2}\left(1 - \frac{1}{365}\right)^{26} = 0,96 \text{ und } E(X_2) = \frac{1}{365}\binom{29}{2}\left(1 - \frac{1}{365}\right)^{27} = 1,03.$$

Anwendung auf das Problem des Doppelgeburtstags

Auf Seite 369 f. wurde berechnet, dass es in einer Gruppe von 23 Personen günstig ist, darauf zu wetten, dass an mindestens einem Kalendertag mindestens zwei der 23 Personen einen gemeinsamen Geburtstag feiern können. Wir fragen: Wie viele solcher Doppelgeburtstage wird es im Mittel bei Gruppen von 23 Personen geben?

Aus $E(X_s) = \frac{1}{z^{s-1}}\binom{n}{s}\left(1 - \frac{1}{z}\right)^{n-s}$ erhalten wir für $n = 23, z = 365$ und $s = 2$ den Wert

$$E(X_2) = \frac{1}{365^{2-1}}\binom{23}{2}\left(1 - \frac{1}{365}\right)^{23-2} = 0,65.$$

Berechnen wir analog zu oben

$$\sum_{s=2}^{23} E(X_s) = 365 - E(X_0) - E(X_1) = 365 - 342,68 - 21,65 = 0,67,$$

so ergibt sich auch nur ein geringfügig größerer Wert als 0,65. Wir stellen damit fest:

Ab einer Gruppengröße von $n = 23$ ist es zwar günstig, auf mindestens zwei Personen mit gemeinsamen Geburtstag zu *setzen*. Für $n = 23$ ist der Erwartungswert 0,65 für die Anzahl der Doppelgeburtstage aber immer noch kleiner als 1, d. h., man kann erwarten, dass man mindestens eines dieser Gruppenpaare mit einem Doppelgeburtstag in einer davon findet, wenn man sehr oft zwei Gruppen mit je 23 Personen untersucht. Das ist im Einklang zur Wahrscheinlichkeit ½ dafür, dass das Ereignis »Doppelgeburtstag« bei 23 Personen eintreten wird.

Wie VON MISES gezeigt hat, muss eine einzelne Gruppe mindestens 29 Personen umfassen, damit man im Mittel mindestens einen Tag mit genau einem Doppelgeburtstag bei ihr erwarten kann.

Bemerkung. In Wirklichkeit sind die Erwartungswerte größer als die berechneten und die Anzahlen der Personen, ab denen es sich lohnt, auf das Eintreten von *A* zu wetten, noch geringer als 23 beim Doppelgeburtstag, 88 beim Dreifachgeburtstag und 187 beim Vierfachgeburtstag. Die angegebenen Werte gelten nur für den ungünstigsten Fall, dass die Geburtstage übers Jahr gleichverteilt sind, was nicht zutrifft.

1942 CHUNG / *Annals*: Begünstigen

Zwei Ereignisse heißen bekanntlich stochastisch unabhängig, wenn $P(A \cap B) = P(A) \cdot P(B)$ gilt. Im Falle der stochastischen Abhängigkeit muss also entweder $P(A \cap B) < P(A) \cdot P(B)$ oder $P(A \cap B) > P(A) \cdot P(B)$ sein. Dividiert man durch $P(A)$, dann erhält eine gleichwertige Aussage über bedingte Wahrscheinlichkeiten, nämlich $P_A(B) < P(B)$ bzw. $P_A(B) > P(B)$. Diese Ungleichungen können in beiden Formen nur gelten, wenn weder A noch B das sichere Ereignis oder das unmögliche Ereignis sind, wenn also weder $P(A) \cdot P(B) = 0$ noch $P(A) = 1$ noch $P(B) = 1$ ist.

Was besagen diese Ungleichungen für die Ereignisse A und B? Im Fall $P(A \cap B) < P(A) \cdot P(B)$ treten die Ereignisse A und B gemeinsam seltener ein als im Fall ihrer Unabhängigkeit, im Fall $P(A \cap B) > P(A) \cdot P(B)$ hingegen häufiger als im Fall ihrer Unabhängigkeit. Man kann sagen »Die Ereignisse A und B benachteiligen einander« bzw. »Die Ereignisse A und B begünstigen einander«, wenn man den von KAI LAI CHUNG 1942 in seiner Arbeit *On mutually favorable events* eingeführten Formulierungen folgt. Er definierte nämlich:[327]

Es seien weder A noch B das sichere oder das unmögliche Ereignis. Man sagt,

A **begünstigt** B, in Zeichen $A \vdash B$, wenn $P_A(B) > P(B)$, und

A **benachteiligt** B, in Zeichen, $A \dashv B$, wenn $P_A(B) < P(B)$.

CHUNG bemerkt: Aus der Definition erschließt sich unmittelbar, dass die drei Aussagen »A begünstigt B«, »A benachteiligt B«, und »A und B sind stochastisch unabhängig« einerseits einander ausschließen, andererseits genau eine dieser drei Aussagen immer zutrifft.

Die drei klassischen Eigenschaften einer Relation sind Reflexivität, Symmetrie und Transitivität. CHUNG zeigt, dass die ersten beiden Eigenschaften für die Relation »begünstigen« gelten, die dritte jedoch nicht.

Zeige: Die Relation »begünstigen« ist
I) reflexiv, d. h.: »A begünstigt A«, kurz $A \vdash A$,
II) symmetrisch, d. h.: »A begünstigt B« ist gleichwertig mit B begünstigt A«,
kurz $A \vdash B \Leftrightarrow B \vdash A$,
III) nicht transitiv, d. h.: Aus »A begünstigt B« und »B begünstigt C« folgt nicht »A begünstigt C«,
kurz $A \vdash B \wedge B \vdash C \not\Rightarrow A \vdash C$.

Warnung. Aus der Tatsache I, dass die Relation »begünstigen« reflexiv ist, erkennt man, dass das Zeichen $\vdash$ nur von links nach rechts gelesen werden darf, weil A sich nicht gleichzeitig begünstigen und benachteiligen kann. Genauso lässt sich dies auf Grund der Symmetrie sagen; läse man nämlich $A \vdash B$ von links nach rechts als »A begünstigt B« und von rechts nach links als »B benachteiligt A«, dann wäre dies ein Widerspruch zur Symmetrie.

Beweis nach CHUNG (1942)

I) Da $P_A(A) = 1$ und, weil A nicht das sichere Ereignis ist, $1 > P(A)$ ist, gilt $P_A(A) > P(A)$, also

$A \vdash A$.

II) $A \vdash B \Leftrightarrow P_A(B) > P(B) \Leftrightarrow \dfrac{P(A \cap B)}{P(A)} > P(B) \Leftrightarrow P(A \cap B) > P(A) \cdot P(B) \Leftrightarrow \dfrac{P(A \cap B)}{P(B)} > P(A)$

$\Leftrightarrow P_B(A) > P(A) \Leftrightarrow B \vdash A$

III) CHUNG zeigt die Nichttransitivität anhand eines Gegenbeispiels. Dazu zieht er eine Kugel aus einer Urne mit elf Kugeln, die nur durch die auf ihnen angebrachten Zahlen – 11, – 10, – 3, – 2, – 1, 2, 4, 6, 11, 13 und 16 unterscheidbar sind, und betrachtet die Ereignisse POS = »Zahl ist positiv«, GER = »Zahl ist gerade«, EZI = »Zahl ist einziffrig«. Es gilt

$POS = \{2, 4, 6, 11, 13, 16\}, GER = \{- 10, - 2, 2, 4, 6, 16\}, EZI = \{- 3, - 2, - 1, 2, 4, 6\}$.

---

[327] CHUNG verwendet statt unseres Zeichens $\vdash$ den Schrägstrich / und hat kein Symbol für $\dashv$.

Mit $A := POS, B := GER$ und $C := EZI$ ergibt sich

$A \cap B = \{2, 4, 6, 16\}$, $B \cap C = \{-2, 2, 4, 6\}$, $A \cap C = \{2, 4, 6\}$
und damit

$P_A(B) > P(B)$, weil $\frac{4}{6} > \frac{6}{11}$ und $P_B(C) > P(C)$, weil $\frac{4}{6} > \frac{6}{11}$,

aber $P_A(C) < P(C)$, weil $\frac{3}{6} < \frac{6}{11}$.

Stellt man die Mächtigkeiten der Ereignisse POS, GER und EZI
in einer Achtfeldertafel dar, so lassen sich diese Ungleichungen
sofort ablesen.

	POS		$\overline{POS}$	
GER	1	3	1	1
$\overline{GER}$	2	0	2	1

EZI / $\overline{EZI}$

CHUNG zeigt dann die Gültigkeit folgender Aussagen bezüglich der Gegenereignisse:

IV) »A begünstigt B« ist äquivalent mit »$\overline{A}$ benachteiligt B«, kurz $A \vdash B \Leftrightarrow \overline{A} \dashv B$.
V) »A begünstigt B« ist äquivalent mit »A benachteiligt $\overline{B}$«, kurz $A \vdash B \Leftrightarrow A \dashv \overline{B}$.
VI) »A begünstigt B« ist äquivalent mit »$\overline{A}$ begünstigt $\overline{B}$«, kurz $A \vdash B \Leftrightarrow \overline{A} \vdash \overline{B}$.

Beweis nach CHUNG (1942)

IV) Nach dem Satz von der totalen Wahrscheinlichkeit ist

$P(B) = P_A(B) \cdot P(A) + P_{\overline{A}}(B) \cdot P(\overline{A}) = P(A \cap B) + P(\overline{A} \cap B)$, also

$P_{\overline{A}}(B) \cdot P(\overline{A}) = P(B) - P_A(B) \cdot P(A)$.   (*)

Andererseits gilt

$P(\overline{A}) \cdot P(B) = [1 - P(A)] \cdot P(B)$ oder $P(\overline{A}) \cdot P(B) = P(B) - P(A) \cdot P(B)$.   (**)

Da $P(\overline{A}) \cdot P(B) \neq 0$, kann man (*) durch (**) dividieren und erhält

$\frac{P_{\overline{A}}(B) \cdot P(\overline{A})}{P(\overline{A}) \cdot P(B)} = \frac{P(B) - P_A(B) \cdot P(A)}{P(B) - P(A) \cdot P(B)}$ oder $\frac{P_{\overline{A}}(B)}{P(B)} = \frac{P(B) - P_A(B) \cdot P(A)}{P(B) - P(A) \cdot P(B)}$.

Auf Grund der Voraussetzung »A begünstigt B« ist $P_A(B) > P(B)$, sodass man die folgende
Abschätzung erhält:

$\frac{P_{\overline{A}}(B)}{P(B)} = \frac{P(B) - P_A(B) \cdot P(A)}{P(B) - P(A) \cdot P(B)} < \frac{P(B) - P(B) \cdot P(A)}{P(B) - P(A) \cdot P(B)} = 1$, woraus folgt

$P_{\overline{A}}(B) < P(B)$.

Da man die Rechenschritte auch von unten nach oben ausführen kann,
gilt die Äquivalenz.

Unter Verwendung der nebenstehenden Vierfeldertafel kann man den
Beweis folgendermaßen führen:

	A	$\overline{A}$
B	$A \cap B$	$\overline{A} \cap B$
$\overline{B}$	$A \cap \overline{B}$	$\overline{A} \cap \overline{B}$

$A \vdash B \Leftrightarrow P(A \cap B) > P(A) \cdot P(B) \Leftrightarrow P(B) - P(\overline{A} \cap B) > [1 - P(\overline{A})] \cdot P(B) \Leftrightarrow$

$\Leftrightarrow P(B) - P(\overline{A} \cap B) > P(B) - P(\overline{A}) \cdot P(B) \Leftrightarrow P(\overline{A} \cap B) < P(\overline{A}) \cdot P(B) \Leftrightarrow \overline{A} \dashv B$.

V) Unter Verwendung der Symmetrie und der soeben bewiesenen Eigenschaft IV erhält man

$A \vdash B \Leftrightarrow B \vdash A \Leftrightarrow \overline{B} \dashv A \Leftrightarrow A \dashv \overline{B}$.

VI) Unter Verwendung der Symmetrie und von IV und V erhält man

$A \vdash B \Leftrightarrow A \dashv \overline{B} \Leftrightarrow \overline{B} \dashv A \Leftrightarrow \overline{B} \dashv \overline{\overline{A}} \Leftrightarrow \overline{B} \vdash \overline{A} \Leftrightarrow \overline{A} \vdash \overline{B}$.

Ähnlich wie oben lassen sich V und VI auch mit der Vierfeldertafel beweisen.

Interessanterweise hat die Relation »benachteiligen« nicht dieselben Eigenschaften wie die Relation »begünstigen«. Es gilt nämlich:

Die Relation »benachteiligen« ist

a) nicht reflexiv, d. h.: »A benachteiligt A« ist falsch,

b) symmetrisch, d. h.: »A benachteiligt B« ist gleichwertig mit »B benachteiligt A«,

    kurz $A \dashv B \Leftrightarrow B \dashv A$,

c) nicht transitiv, d. h.:

    Aus »A benachteiligt B« und »B benachteiligt C« folgt nicht »A benachteiligt C«,

    kurz $A \dashv B \wedge B \dashv C \nRightarrow A \dashv C$.

Beweis:

a) Ersetzt man in $P(A \cap B) < P(A) \cdot P(B)$ das Ereignis B durch A, so erhält man

$P(A \cap A) < P(A) \cdot P(A)$ oder $1 < P(A)$, was nicht sein kann.

b) Aus $A \dashv B \Leftrightarrow P_A(B) < P(B) \Leftrightarrow \dfrac{P(A \cap B)}{P(A)} < P(B) \Leftrightarrow P(A \cap B) < P(A) \cdot P(B)$ erhält man

$\dfrac{P(A \cap B)}{P(B)} < P(A) \Leftrightarrow P_B(A) < P(A) \Leftrightarrow B \dashv A$.

c) Nach b ist »benachteiligen« symmetrisch; es gilt also $A \dashv B \wedge B \dashv A$. Wäre die Relation transitiv, dann müsste gelten $A \dashv B \wedge B \dashv A \Rightarrow A \dashv A$, d. h., die Relation »benachteiligen« wäre reflexiv, was aber dem soeben bewiesenem a widerspricht.

Vom Sprachgefühl her hätte man erwarten dürfen, dass die Relation »begünstigen« transitiv wäre. Dass dem nicht so ist, haben wir oben in III gezeigt. Neben dieser Überraschung gibt es für drei Ereignisse noch weitere. CHUNG zeigt nämlich:

VII) Begünstigen sowohl A als auch B das Ereignis C, so kann das gleichzeitige Eintreten von A und B das Ereignis C benachteiligen, kurz: $A \vdash C \wedge B \vdash C \nRightarrow (A \cap B) \vdash C$.

VIII) Begünstigen sowohl A als auch B das Ereignis C, und trifft mindestens eines von ihnen zu, ohne dass man weiß, welches, dann kann C benachteiligt werden,

kurz: $A \vdash C \wedge B \vdash C \nRightarrow (A \cup B) \vdash C$.

IX) Begünstigt A sowohl B als auch C, so kann dennoch A deren gleichzeitiges Eintreten benachteiligen, kurz: $A \vdash B \wedge A \vdash C \nRightarrow A \vdash (B \cap C)$.

X) Begünstigt A sowohl B als auch C, so kann dennoch A benachteiligen, dass mindestens eines von ihnen eintritt, kurz: $A \vdash B \wedge A \vdash C \nRightarrow A \vdash (B \cup C)$.

Beweis nach Chung (1942)

CHUNG zeigt die Richtigkeit der Behauptungen, indem er mit Hilfe seiner Urne jeweils ein Gegenbeispiel angibt. Die Mächtigkeit der gewählten Ereignisse lesen wir wieder aus unserer obigen Achtfeldertafel ab.

VII) Wähle: $A = GER, B = \overline{EZI}$ und $C = POS$. Dann gilt

$P_A(C) = \frac{4}{6} > P(C) = \frac{6}{11}$ und $P_B(C) = \frac{3}{5} > P(C) = \frac{6}{11}$, aber $P_{A \cap B}(C) = \frac{1}{2} < P(C) = \frac{6}{11}$.

VIII) Wähle: $A = \overline{GER}, B = EZI$ und $C = \overline{POS}$. Dann gilt

$P_A(C) = \frac{3}{5} > P(C) = \frac{5}{11}$ und $P_B(C) = \frac{3}{6} > P(C) = \frac{5}{11}$, aber $P_{A \cup B}(C) = \frac{4}{9} < P(C) = \frac{5}{11}$.

IX) Wähle: $A = POS, B = GER$ und $C = \overline{EZI}$. Dann gilt

$P_A(B) = \frac{4}{6} > P(B) = \frac{6}{11}$ und $P_A(C) = \frac{3}{6} > P(C) = \frac{5}{11}$, aber $P_A(B \cap C) = \frac{1}{6} < P(B \cap C) = \frac{2}{11}$.

X) Wähle: $A = \overline{POS}, B = \overline{GER}$ und $C = EZI$. Dann gilt

$P_A(B) = \frac{3}{5} > P(B) = \frac{5}{11}$ und $P_A(C) = \frac{3}{5} > P(C) = \frac{6}{11}$, aber $P_A(B \cup C) = \frac{4}{5} < P(B \cup C) = \frac{9}{11}$.

1943 BOREL / *Les Probabilités*: Wiederholungen von Ziffern

EMILE BOREL verdeutlicht 1943 in *Les Probabilités et la Vie* seine Betrachtungen über Zufallszahlen, ohne diesen Begriff zu nennen, an Hand einer Lotterie.[328] Als Einstieg wählt er in Kapitel 1, Nr. 5 (S. 16) einen weit verbreiteten Irrtum:

> »Viele Leute weigern sich ein Los zu kaufen, bei dem die Ziffern ihrer Meinung nach Besonderheiten aufweisen, so z. B. Lose mit den Nummern 272727 oder gar 222222.«

Obwohl jede Losnummer mit gleicher Wahrscheinlichkeit als Hauptgewinn gezogen werden kann, muss man im Mittel natürlich lange warten, bis eine bestimmte Nummer gezogen wird. Dazu bringt BOREL folgendes Beispiel.[329]

Die 10^6 Lose einer Lotterie sind von 000 000 bis 999 999 nummeriert. Es finden jährlich 25 Ziehungen statt. Wie lange muss man im Mittel warten, bis eine Losnummer mit sechs gleichen Ziffern als Hauptgewinn gezogen wird?

Lösung nach BOREL (1943)

Es gibt zehn sechsstellige gleichziffrige Zahlen; jede wird mit der Wahrscheinlichkeit 10^{-6} gezogen. Also ist die Wahrscheinlichkeit für eine Zahl mit sechs gleichen Ziffern $10 \cdot 10^{-6} = 10^{-5}$. Im Mittel muss man $1/p$ Versuche unternehmen, bis ein Ereignis mit der Wahrscheinlichkeit p eintritt, unserem Fall also 10^5 Ziehungen. Weil jedes Jahr 25 Ziehungen stattfinden, dauert es im Mittel $\frac{10^5}{25} = 4000$ Jahre. Diese Aussage gilt natürlich für jedes Los!

Als zweites Beispiel behandelt BOREL die folgende Aufgabe.

Die 10^6 Lose einer Lotterie sind von 000 000 bis 999 999 nummeriert. Es werden jährlich 360 Gewinnlose gezogen, z. B. durch 30 Ziehungen mit je 12 Gewinnlosen oder durch 18 Ziehungen mit je 20 Gewinnlosen. Mit welcher Wahrscheinlichkeit wird in einem Jahr [mit 360 Tagen] mindestens ein

---

[328] Wir zitieren nach der 3. Auflage 1950

[329] Wir gliedern BORELs Ausführungen, indem wir seinen durchgehenden Text in Form von Aufgaben formulieren.

Gewinnlos mit höchstens zwei verschiedenen Ziffern gezogen? Wie viele solcher Gewinnlose werden im Mittel im Jahr auftreten?

Lösung nach BOREL (1943)

Es gibt zehn Lose mit lauter gleichen Ziffern. Die Anzahl der Lose mit genau zwei verschiedenen Ziffern bestimmt BOREL wie folgt.

• Eine Ziffer tritt fünfmal auf; für sie gibt es zehn Möglichkeiten. Die andere Ziffer tritt einmal auf, für sie gibt es 9 Möglichkeiten. Diese Ziffer kann an sechs verschiedenen Stellen stehen. Also gibt es $10 \cdot 9 \cdot 6 = 540$ solcher Zahlen.

• Eine Ziffer tritt viermal auf; für sie gibt es zehn Möglichkeiten. Die andere Ziffer tritt zweimal auf, für sie gibt es 9 Möglichkeiten. Für ihre zwei Stellen gibt es $\binom{6}{2} = 15$ Auswahlmöglichkeiten. Also gibt es $10 \cdot 9 \cdot 15 = 1350$ solcher Zahlen.

• Beide Ziffern treten je dreimal auf. Sie können auf $\binom{10}{2} = 45$ Arten aus den zehn Ziffern ausgewählt werden. Für die drei Stellen der einen Ziffer gibt es $\binom{6}{3} = 20$ Auswahlmöglichkeiten. Also gibt es $45 \cdot 20 = 900$ solcher Zahlen.

Insgesamt gibt es also $540 + 1350 + 900 = 2790$ Zahlen mit genau zwei verschiedenen Ziffern. Mit den zehn gleichziffrigen Losen hat man also 2800 Lose mit höchstens zwei verschiedenen Ziffern.

Als erstes Beispiel betrachten wir zusätzlich zu BORELs zwei Beispielen die folgende Situation. Es finde täglich eine Ziehung statt, bei der genau ein Gewinnlos gezogen wird. Die Wahrscheinlichkeit, dass das Gewinnlos höchstens zwei verschiedene Ziffern hat, ist $2800 \cdot 10^{-6} = 0,0028$.[330] Die Wahrscheinlichkeit, dass im Laufe eines Jahres mindestens ein solches Gewinnlos gezogen wird, ist dann $1 - \left(\dfrac{997\,200}{10^6}\right)^{360} = 0,635567\ldots = 63,56\,\%$.

Der Erwartungswert μ für die Anzahl solcher Gewinnlose in einem Jahr ist $np = 360 \cdot 0,0028 = 1,008$. Also wird in einem Jahr im Mittel ein solches Gewinnlos gezogen.

Betrachten wir nun BORELs erstes Beispiel, dass 30-mal im Jahr jeweils 12 Gewinnlose gezogen werden. Die Wahrscheinlichkeit, dass bei einer dieser Ziehungen kein Gewinnlos mit höchstens zwei verschiedenen Ziffern gezogen wird, ist $\binom{997\,200}{12} / \binom{10^6}{12} = 0,966912\ldots = 96,69\,\%$. Dann ist die Wahrscheinlichkeit, dass bei mindestens einer dieser 30 Ziehungen mindestens ein Gewinnlos mit höchstens zwei verschiedenen Ziffern gezogen wird,

$$1 - \left[\binom{997\,200}{12} / \binom{10^6}{12}\right]^{30} = 0,635569\ldots = 63,56\,\%.$$

Analog ergeben sich im zweiten Beispiel BORELs die Wahrscheinlichkeiten zu $\binom{997\,200}{18} / \binom{10^6}{18} = 0,950781\ldots = 95,08\,\%$ bzw. zu $1 - \left[\binom{997\,200}{18} / \binom{10^6}{18}\right]^{20} = 0,635570\ldots = 63,56\,\%$.

---

[330] BOREL rechnet dann mit dem Näherungswert 1/357 weiter.

Abschließend betrachten wir noch den anderen Extremfall, dass pro Jahr nur eine einzige Ziehung mit 360 Gewinnlosen stattfindet. Hier erhält man die folgenden Werte:

$$\binom{997\,200}{360}\Big/\binom{10^6}{360} = 0{,}997200\ldots = 99{,}72\ \% \quad \text{bzw.} \quad 1 - \left[\binom{997\,200}{360}\Big/\binom{10^6}{360}\right]^1 = 0{,}635567\ldots = 63{,}56\ \%.$$

Praktisch gibt es keinen Unterschied, sodass es also gleichgültig ist, wie viele Ziehungen pro Jahr stattfinden, wenn nur insgesamt 360 Gewinnlose gezogen werden.

Für die Anzahl i der Gewinnlose pro Jahr mit höchstens zwei verschiedenen Ziffern liefert die Poissonverteilung $P(\mu; i) = e^{-\mu} \cdot \dfrac{\mu^i}{i!}$ mit $\mu = np = \dfrac{360 \cdot 2800}{10^6} = 1{,}008$ die folgenden Wahrscheinlichkeiten:

i	0	1	2	3	4	5
$P(\mu; i)$	0,3649	0,3678	0,1854	0,0622	0,0156	0,0031

Im Mittel werden dann in 100 Jahren $100 \cdot P(\mu; i)$ Jahre mit i Gewinnlosen auftreten.

BOREL teilt in einer Fußnote mit: Mittels der Poissonverteilung ergibt sich, dass innerhalb von 100 Jahren 36 Jahre auftreten, in denen keine solche Zahl gezogen wird, 36 Jahre, in denen genau eine solche Zahl gezogen wird, 18 Jahre mit je genau zwei solcher Zahlen, sechs Jahre mit je genau drei solcher Zahlen, ein oder zwei Jahre mit je genau vier solcher Zahlen.[331]

In *Note 1*, Nr. 35 (Seite 95 ff.) erweitert BOREL dann seine Untersuchungen, indem er folgendes Problem betrachtet.

> Die 10^6 Lose einer Lotterie sind von 000 000 bis 999 999 nummeriert. Wie viele Losnummern gibt es mit 6, 5, 4, 3 bzw. 2 verschiedenen Ziffern und wie viele mit lauter gleichen Ziffern?
> [Zusatzfrage: Wie wahrscheinlich sind Losnummern dieser Art jeweils?]

Lösung nach BOREL (1943)

BOREL wählt jeweils zunächst aus den zehn Ziffern 0 bis 9 die gewünschten Ziffern aus und bestimmt dann die Anzahl der möglichen Anordnungen auf den sechs Stellen.

- Alle sechs Ziffern sind verschieden. Lostyp *abcdef*.

  Die sechs Ziffern können auf $\binom{10}{6}$ Arten ausgewählt werden. Sie können auf 6! Arten angeordnet werden. – Anzahl dieses Typs $= \binom{10}{6} \cdot 6! = 151\,200$.

- Fünf Ziffern sind verschieden. Lostyp *XXabcd*.

  Auswahl von X: $\binom{10}{1}$ Möglichkeiten. Auswahl von a, b, c, d: $\binom{9}{4}$ Möglichkeiten.

  Verteilung der X: $\binom{6}{2}$ Arten. Mögliche Anordnungen von a, b, c, d: 4!.

  Anzahl dieses Typs $= \binom{10}{1} \cdot \binom{9}{4} \cdot \binom{6}{2} \cdot 4! = 453\,600$.

- Vier Ziffern sind verschieden. Hier gibt es zwei unterschiedliche Lostypen.
  - Lostyp *XXXabc*.

    Auswahl von X: $\binom{10}{1}$ Möglichkeiten. Auswahl von a, b, c: $\binom{9}{3}$ Möglichkeiten.

---

[331] Nach unserer Tabelle ergäben sich jedoch 37 Jahre bei $i = 1$ und 19 Jahre bei $i = 2$.

Verteilung der X: $\binom{6}{3}$ Arten. Mögliche Anordnungen von a, b, c: $3!$.

Anzahl dieses Typs $= \binom{10}{1} \cdot \binom{9}{3} \cdot \binom{6}{3} \cdot 3! = 100\,800$.

– Lostyp $XXYYab$.

Auswahl von X und Y: $\binom{10}{2}$ Möglichkeiten. Auswahl von a, b: $\binom{8}{2}$ Möglichkeiten. Verteilung der X: $\binom{6}{2}$ Arten. Verteilung der Y: $\binom{4}{2}$ Arten. Mögliche Anordnungen von a, b: $2!$. – Anzahl dieses Typs $= \binom{10}{2} \cdot \binom{8}{2} \cdot \binom{6}{2} \cdot \binom{4}{2} \cdot 2! = 226\,800$.

• Drei Ziffern sind verschieden. Hier gibt es drei unterschiedliche Lostypen.

– Lostyp $XXXXab$. Auswahl von X: $\binom{10}{1}$ Möglichkeiten. Auswahl von a, b: $\binom{9}{2}$ Möglichkeiten. Verteilung der X: $\binom{6}{4}$ Arten. Mögliche Anordnungen von a, b: $2!$. – Anzahl dieses Typs $= \binom{10}{1} \cdot \binom{9}{2} \cdot \binom{6}{4} \cdot 2! = 10\,800$.

– Lostyp $XXXYYa$. Auswahl von X: $\binom{10}{1}$ Möglichkeiten. Auswahl von Y: $\binom{9}{1}$ Möglichkeiten. Auswahl von a: $\binom{8}{1}$ Möglichkeiten. Verteilung der X: $\binom{6}{3}$ Arten. Verteilung der Y: $\binom{3}{2}$ Arten. Mögliche Anordnungen von a: $1!$. – Anzahl dieses Typs $=$

$\binom{10}{1} \cdot \binom{9}{1} \cdot \binom{8}{1} \cdot \binom{6}{3} \cdot \binom{3}{2} \cdot 1! = 43\,200$.

– Lostyp $XXYYZZ$. Auswahl von X, Y und Z: $\binom{10}{3}$ Möglichkeiten. Verteilung der X: $\binom{6}{2}$ Arten. Verteilung der Y: $\binom{4}{2}$ Arten. Verteilung der Z: $\binom{2}{2}$ Arten. – Anzahl dieses Typs $=$

$\binom{10}{3} \cdot \binom{6}{2} \cdot \binom{4}{2} \cdot \binom{2}{2} = 10\,800$.

• Zwei Ziffern sind verschieden. Hier gibt es drei unterschiedliche Lostypen.

– Lostyp $XXXXXa$. Auswahl von X: $\binom{10}{1}$ Möglichkeiten. Auswahl von a: $\binom{9}{1}$ Möglichkeiten. Verteilung der X: $\binom{6}{5}$ Arten. Verteilung des a: $\binom{1}{1}$ Arten. – Anzahl dieses Typs $=$

$\binom{10}{1} \cdot \binom{9}{1} \cdot \binom{6}{5} \cdot \binom{1}{1} = 540$.

– Lostyp $XXXXYY$. Auswahl von X: $\binom{10}{1}$ Möglichkeiten. Auswahl von Y: $\binom{9}{1}$ Möglichkeiten. Verteilung der X: $\binom{6}{4}$ Arten. Verteilung der Y: $\binom{2}{2}$ Arten. – Anzahl dieses Typs $=$

$\binom{10}{1} \cdot \binom{9}{1} \cdot \binom{6}{4} \cdot \binom{2}{2} = 1350$.

– Lostyp $XXXYYY$. Auswahl von X und Y: $\binom{10}{2}$ Möglichkeiten. Verteilung der X: $\binom{6}{3}$ Arten. Verteilung der Y: $\binom{3}{3}$ Arten. – Anzahl dieses Typs $= \binom{10}{2} \cdot \binom{6}{3} \cdot \binom{3}{3} = 900$.

• Lauter gleiche Ziffern.

Lostyp *XXXXXX*. Auswahl von *X*: $\binom{10}{1}$ Möglichkeiten. – Anzahl dieses Typs = $\binom{10}{1} = 10$.

Anzahl der verschiedenen Ziffern	Beispiel für den möglichen Typ	Anzahl der Möglichkeiten für jeden Typ	Gesamtanzahl	Wahrscheinlichkeit für ein solches Gewinnlos
6	327689	151 200	151 200	15,12 %
5	327683	453 600	453 600	45,36 %
4	327376 327336	226 800 100 800	327 600	32, 76 %
3	071701 007017 723777	10 800 43 200 10 800	64 800	6,48 %
2	556555 556565 556566	540 1350 900	2790	0,28 %
1	333333	10	10	1 ‰

Diese Ergebnisse stellt BOREL übersichtlich in der oben wiedergegebenen Tabelle I dar.[332] Sie zeigt, dass bei mehrziffrigen Zahlen das wiederholte Auftreten einer Ziffer weitaus häufiger ist als der Fall, dass alle Ziffern verschieden sind, was Viele wohl nicht erwartet hätten.

In Nr. 36 widmet sich BOREL dann Fragen bezüglich der Wiederholungen *einer* Ziffer.

> Die 10^6 Lose einer Lotterie sind von 000 000 bis 999 999 nummeriert. Wie viele Losnummern gibt es, die die Ziffer 7 genau *k*-mal enthalten, *k* = 0, ..., 6?

Lösung nach BOREL (1943):

BOREL bestimmt die gesuchte Anzahl $N(k)$ durch Abzählen. Wir zeigen sein Vorgehen beispielhaft für den Fall $k = 2$. Die 7 kann auf $\binom{6}{2} = 15$ Arten auf zwei Stellen stehen. Auf jeder der vier anderen Stellen kann eine der restlichen neun Ziffern stehen; dafür gibt es 9^4 Möglichkeiten. Also gibt es $15 \cdot 9^4 = 98\,415$ Losnummern mit genau zwei Ziffern 7. Auf diese Art erhält BOREL Tabelle II:

k	0	1	2	3	4	5	6	total
N(k)	531 441	354 294	98 415	14 580	1 215	54	1	1 000 000

Abschließend bemerkt BOREL, dass diese Werte die Summanden sind, die man erhält, wenn man das Binom $(9 + 1)^6$ entwickelt, d. h.,

$$(9 + 1)^6 = 9^6 + 6 \cdot 9^5 + 15 \cdot 9^4 + 20 \cdot 9^3 + 15 \cdot 9^2 + 6 \cdot 9 + 1.$$

Wir geben die Begründung für diese Bemerkung. Eine Losnummer ist eine Bernoullikette der Länge 6 mit der Trefferwahrscheinlichkeit 0,1. Die Wahrscheinlichkeit für genau k Treffer ist $B(6; 0,1; k) = \binom{6}{k} \cdot 0,1^k \cdot 0,9^{6-k} = \binom{6}{k} \cdot 1^k \cdot 9^{6-k} \cdot 10^{-6}$. Andererseits ist $B(6; 0,1; k) =$

---

[332] Die letzte Spalte haben wir hinzugefügt.

$\frac{N(k)}{10^6}$, und damit $N(k) = \mathrm{B}(6;\,0,1;\,k) \cdot 10^6$, was eine andere Darstellung der obigen Sum-

manden ist. Es gilt nämlich $(0,1 + 0,9)^6 = \sum\limits_{k=0}^{6} \mathrm{B}(6;\,0,1;\,k) = 1$.

BOREL stellt fest: Mehr als die Hälfte aller Losnummern enthält die 7 nicht. Wir ergänzen: Man könnte daraus schließen, dass man durch den Kauf eines Loses, dessen Nummer keine 7 enthält, seine Gewinnchance verbessern kann. Leider gilt diese Überlegung für jede Ziffer. Also sollte man überhaupt kein Los kaufen.

Anschließend betrachtet BOREL folgendes Spiel.

> Aus den 10^6 Losen einer Lotterie, die von 000 000 bis 999 999 nummeriert sind, wird ein Los gezogen. Ein Spieler setzt auf eine Ziffer und erhält jedes Mal, wenn seine Ziffer gezogen wird, 10 Franken. Welchen Einsatz e muss er leisten, wenn das Spiel fair sein soll?

Lösung nach BOREL (1943)

Im Mittel werden bei 10^6 Spielen bei n erfolgreich gezogenen Ziffern nach Tabelle II folgende Summen in Franken ausbezahlt:[333]

n	0	1	2	3	4	5	6
Auszahlung	0	$354294 \cdot 10$	$98415 \cdot 20$	$14580 \cdot 30$	$1215 \cdot 40$	$54 \cdot 50$	$1 \cdot 60$

Addiert man diese Auszahlungen, so erhält man 6 000 000 Franken als mittlere Auszahlung bei diesen 10^6 Spielen, bei denen der Spieler $10^6 e$ eingesetzt hat. Also ist sein Einsatz pro Spiel 6 Franken. – Es geht aber auch einfacher: Sei X_i der Gewinn des Spielers beim i-ten

Zug, $i = 1, \ldots, 6$, dann ist $E\left(\sum\limits_{i=1}^{6} X_i\right) = \sum\limits_{i=1}^{6} E(X_i) = \sum\limits_{i=1}^{6} 10 \cdot \frac{1}{10} = \sum\limits_{i=1}^{6} 1 = 6$.

Im Folgenden löst sich BOREL von der speziellen Ziffer 7 und stellt die folgenden Fragen.

> Die 10^6 Lose einer Lotterie sind von 000 000 bis 999 999 nummeriert.
> Wie viele Losnummern enthalten mindestens einmal eine Ziffer genau zweimal?
> Wie oft kommen diese Ziffern in diesen Losnummern vor?

---

[333] BOREL führt seine Überlegungen statt für 10^6 Spiele nur für 100 Spiele durch und rechnet mit gerundeten Werten.

Lösung nach BOREL (1943)

Bei seinen Überlegungen greift BOREL auf die verschiedenen Lostypen zurück, die er zur Erstellung seiner Tabelle I betrachtet hatte. Wir fassen zusammen:

Typ	Anzahl der Losnummern des Typs	Anzahl der in ihnen doppelt vorkommenden Ziffern
xxabcd	453 600	$1 \cdot 453\,600 = 453\,600$
xxyyab	226 800	$2 \cdot 226\,800 = 453\,600$
xxyyzz	10 800	$3 \cdot 10\,800 = 32\,400$
xxyyya	43 200	$1 \cdot 43\,200 = 43\,200$
xxyyyy	1 350	$1 \cdot 1\,350 = 1\,350$
	735 750	984 150

735 750 Losnummern enthalten mindestens einmal eine Ziffer genau zweimal. Diese Ziffern kommen 984 150-mal in diesen Losnummern vor.

Als »*une conséquence curieuse*« betrachtet BOREL anschließend (S. 103) das folgende Spiel.

Ein Spieler setzt zehn Franken ein. Dann wird ein Los der obigen Lotterie gezogen. Der Spieler erhält für jede genau zweimal auftretende Ziffer in der Losnummer zehn Franken. Tritt aber eine Ziffer genau *i*-mal auf ($i = 3, 4, 5, 6$), dann erhält er für jede solche Ziffer einen Franken. BOREL zeigt, dass das Spiel fair ist. Überprüfe seine Behauptung.

Lösung nach BOREL (1943)

Zunächst stellt BOREL fest, dass bei 1 Million Spiele mit einem Gesamteinsatz von 10 Millionen Franken der Spieler 984 150-mal eine Ziffer genau zweimal auftritt. Das ergibt eine Auszahlung von 9 841 500 Franken. Die fehlenden 158 500 Franken muss er durch die Mehrfachziffern hereinbekommen. Aus Tabelle II entnimmt BOREL, dass die Ziffer 7 genau 14 580-mal genau dreimal, 1 215-mal genau viermal, 54-mal genau fünfmal und einmal genau sechsmal auftritt. Die Ziffer 7 bringt also zusätzlich 15 850 Franken. Weil es zehn Ziffern gibt, bringen diese insgesamt die fehlenden 158 500 Franken.

Eine **moderne Lösung** würde den Erwartungswert der Zufallsgröße A = »Auszahlung« bestimmen. Dazu erstellen wir die folgende Tabelle:

Typ	abcdef	xxxxxx xxxxxa xxxxab xxxabc	xxxyyy	xxabcd	xxxxyy xxxyya	xxyyab	xxyyzz
A	0	1	2	10	11	20	30
10^3 mal P(Typ)	151,2	0,01 0,54 10,8 100,8	0,9	453,6	1,35 43,2	226,8	10,8
$10^3 \cdot P(A)$	151,2	112,15	0,9	453,6	44,55	226,8	10,8

Damit erhält man
$$10^3 \cdot E(A) = 112,15 + 2 \cdot 0,9 + 10 \cdot 453,6 + 11 \cdot 44,55 + 20 \cdot 226,8 + 30 \cdot 10,8$$
$$= 112,15 + 1,8 + 4536 + 490,05 + 4536 + 324 = 10\,000, \text{ also}$$
$E(A) = 10$.
Der Erwartungswert der Auszahlung ist gleich dem Einsatz, das Spiel ist tatsächlich fair.

1947 WHITEHEAD und SCHRÖDINGER / *Irish Academy*: Ass oder Pik-Ass

Am 24.6.1946 sprach der Nobelpreisträger ERWIN SCHRÖDINGER in der *Royal Irish Academy* in Dublin über *The Foundation of the Theory of Probability*. Er berichtete dabei, dass er das folgende Problem, das er *The ace of spades* nannte, einer mündlichen Mitteilung von JOHN HENRY CONSTANTINE WHITEHEAD verdanke, die Lösung aber von ihm stamme. Im folgenden Jahr wurde sein Vortrag in Band 51 der *Proceedings of the Royal Irish Academy* veröffentlicht. Dieses Problem beschäftigt sich mit der Frage, welchen Einfluss eine scheinbar unwesentliche Information auf die Lösung eines Problems haben kann.

> Beim Whist erhält jeder der vier Spieler dreizehn der 52 Karten. Nur der Spieler S betrachtet seine Karten. Er wird gefragt, ob er mindestens ein Ass habe, und er bejaht diese Frage wahrheitsgemäß. Mit welcher Wahrscheinlichkeit hat er dann mehr als ein Ass? – Daraufhin wird er gefragt, ob er das Pik-Ass habe. Auch diesmal bejaht er diese Frage wahrheitsgemäß. Wie groß ist jetzt die Wahrscheinlichkeit, dass er mehr als ein Ass hat?

Lösung nach SCHRÖDINGER (1947)

SCHRÖDINGER betrachtet die Ereignisse A = »S hat mindestens ein Ass«, B = »S hat mindestens zwei Asse«, C = »S hat das Pik-Ass« und beantwortet zunächst die zweite Frage, nämlich nach dem Wert von $P_C(B)$. Hat S lediglich das Pik-Ass, dann heißt dies, dass die drei anderen Asse bei den drei anderen Spielern sind. Die Wahrscheinlichkeit hierfür ist

$$\binom{39}{3}\Big/\binom{51}{3} = \frac{39\cdot38\cdot37}{51\cdot50\cdot49} = \frac{13\cdot19\cdot37}{17\cdot25\cdot49} = \frac{9139}{20825} = 43,88\ \%. \text{ Damit erhält man}$$

$$P_C(B) = 1 - \frac{54834}{124950} = \frac{70116}{124950} = 56,12\ \%.$$

Nun wendet er sich der ersten Frage zu, der Bestimmung von $P_A(B)$. Dazu benützt er $P_A(B) = \frac{P(A\cap B)}{P(A)} = \frac{P(B)}{P(A)}$ (∗). Offensichtlich ist $P(\overline{A}) = \binom{39}{4}\Big/\binom{52}{4} = \frac{39\cdot38\cdot37\cdot36}{52\cdot51\cdot50\cdot49} = \frac{19\cdot37\cdot9}{17\cdot25\cdot49} = \frac{6327}{20825}$

$= 30,38\ \%$, womit man den Wert von $P(A) = 1 - P(\overline{A})$ hat. Zur Bestimmung der Wahrscheinlichkeit, dass S höchstens ein Ass hat, also des Werts von $1 - P(B)$, betrachtet SCHRÖDINGER die folgenden vier Ereignisse.

ⓅＰ = »S hat Pik-Ass oder kein Ass«,   Ⓗ = »S hat Herz-Ass oder kein Ass«,

Ⓣ = »S hat Treff-Ass oder kein Ass«,   Ⓚ = »S hat Karo-Ass oder kein Ass«.

Jedes dieser vier Ereignisse hat die Wahrscheinlichkeit $\binom{39}{3}\Big/\binom{52}{3} = \frac{39\cdot38\cdot37}{52\cdot51\cdot50} = \frac{19\cdot37}{4\cdot17\cdot25} = \frac{703}{1700} = 41,35\ \%$. Die UND-Ereignisse, die man aus diesen Ereignissen bilden kann, sind jeweils $\overline{A}$, da z. B. Ⓟ $\cap$ Ⓗ aussagt, »S hat (Pik-Ass oder kein Ass)« und gleichzeitig »S hat (Herz-Ass oder kein Ass)«; also hat S kein Ass. Unter Verwendung der Formel von SYLVESTER erhält man

$$1 - P(B) = P(Ⓟ \cup Ⓗ \cup Ⓣ \cup Ⓚ)$$

$$= P(Ⓟ) + P(Ⓗ) + P(Ⓣ) + P(Ⓚ) - [P(Ⓟ \cap Ⓗ) + P(Ⓟ \cap Ⓣ) + P(Ⓟ \cap Ⓚ) + P(Ⓗ \cap Ⓣ)$$

$$+ P(Ⓗ \cap Ⓚ) + P(Ⓣ \cap Ⓚ)] + P(Ⓟ \cap Ⓗ \cap Ⓣ) + P(Ⓟ \cap Ⓗ \cap Ⓚ) + P(Ⓟ \cap Ⓣ \cap Ⓚ)$$

$$+ P(\text{H} \cap \text{T} \cap \text{K}) - P(\text{P} \cap \text{H} \cap \text{T} \cap \text{K})$$

$$= 4 \cdot \binom{39}{3} \Big/ \binom{52}{3} - 6 \cdot P(\overline{A}) + 4 \cdot P(\overline{A}) - P(\overline{A}) = 4 \cdot \binom{39}{3} \Big/ \binom{52}{3} - 3 \cdot P(\overline{A}).$$

Aus (∗) ergibt sich nun

$$P_A(B) = \frac{P(B)}{P(A)} = 1 - \frac{4\left[\binom{39}{3} \Big/ \binom{52}{3} - P(\overline{A})\right]}{1 - P(\overline{A})} = 1 - \frac{4\left[\frac{39 \cdot 38 \cdot 37}{52 \cdot 51 \cdot 50} - \frac{39 \cdot 38 \cdot 37 \cdot 36}{52 \cdot 51 \cdot 50 \cdot 49}\right]}{1 - \frac{39 \cdot 38 \cdot 37 \cdot 36}{52 \cdot 51 \cdot 50 \cdot 49}}$$

$$= 1 - \frac{4[39 \cdot 38 \cdot 37 \cdot 49 - 39 \cdot 38 \cdot 37 \cdot 36]}{52 \cdot 51 \cdot 50 \cdot 49 - 39 \cdot 38 \cdot 37 \cdot 36} = 1 - \frac{4 \cdot (49 - 36) \cdot 39 \cdot 38 \cdot 37}{52 \cdot 51 \cdot 50 \cdot 49 - 39 \cdot 38 \cdot 37 \cdot 36} = 1 - \frac{13 \cdot 19 \cdot 37}{17 \cdot 25 \cdot 49 - 9 \cdot 19 \cdot 37}$$

$$= 1 - \frac{9139}{14\,498} = \frac{5359}{14\,498} = 36{,}96\ \%.$$

Bemerkung. SCHRÖDINGERs Lösung ist sehr trickreich. Die Antworten lassen sich aber auch einfacher finden. So ist die Wahrscheinlichkeit von B = »S hat mindestens zwei Asse«

$$P(B) = 1 - \frac{\binom{48}{13}}{\binom{52}{13}} - \frac{\binom{4}{1}\binom{48}{12}}{\binom{52}{13}} = \frac{5359}{20\,825} = 25{,}73\ \%.$$

• 1. Frage wird bejaht: A = »S hat mindestens ein Ass«. $P(A) = 1 - \dfrac{\binom{48}{13}}{\binom{52}{13}} = \dfrac{14\,498}{20\,825} = 69{,}62\ \%.$

Wegen $P(A \cap B) = P(B)$ ist $P_A(B) = \dfrac{P(A \cap B)}{P(A)} = \dfrac{P(B)}{P(A)} = \dfrac{5359}{14\,498} = 36{,}96\ \%.$

Die Information A erhöht die Wahrscheinlichkeit für das Ereignis B um mehr als 11%.

• 2. Frage wird bejaht: C = »S hat das Pik-Ass«. Da jeder der vier Spieler das Pik-Ass mit gleicher Wahrscheinlichkeit hat, ist $P(C) = \frac{1}{4} = 25\%$. Damit erhält man

$$P_C(B) = \frac{P(C \cap B)}{P(C)} = 4 \cdot \frac{\binom{1}{1}\binom{3}{1}\binom{48}{11} + \binom{1}{1}\binom{3}{2}\binom{48}{10} + \binom{1}{1}\binom{3}{3}\binom{48}{9}}{\binom{52}{13}} = 4 \cdot \frac{5843}{41\,650} = \frac{11\,686}{20\,825} = 56{,}12\ \%.$$

Die Information C erhöht die Wahrscheinlichkeit für das Ereignis B um fast 31%.

Abschließend nimmt SCHRÖDINGER zur Bedeutung der Information »Pik-Ass« Stellung.

> »Hätten wir«, so schreibt er, »den Spieler S, statt ihm die zweite Frage zu stellen, gebeten, uns die Farbe eines seiner Asse zu nennen, und hätte er Pik gesagt [Ereignis D], dann hätte diese Information keinen Einfluss auf die Wahrscheinlichkeit eines weiteren Asses gehabt. Im Gegensatz dazu veränderte die Frage nach dem Pik-Ass sehr wohl diese Wahrscheinlichkeit; denn die Wahrscheinlichkeit einer bejahenden Antwort wächst mit der Anzahl der Asse, die der Spieler S hat.«

SCHRÖDINGER zeigt nicht explizit, dass das Ereignis D keinen Einfluss auf die Wahrscheinlichkeit eines weiteren Asses hat. Wir führen die Rechnung aus. Zu zeigen ist, dass $P_D(B) = P_A(B)$ ist. Dazu betrachten wir die Ereignisse

⓪ = »S hat das Pik-Ass und kein weiteres Ass«

① = »S hat das Pik-Ass und genau ein weiteres Ass«

② = »S hat das Pik-Ass und genau zwei weitere Asse«

③ = »S hat das Pik-Ass und genau drei weitere Asse«.

Es gilt

$$P_{\textcircled{0}}(D) = 1, P_{\textcircled{1}}(D) = \tfrac{1}{2}, P_{\textcircled{2}}(D) = \tfrac{1}{3}, P_{\textcircled{3}}(D) = \tfrac{1}{4} \text{ und}$$

$$P(\textcircled{0}) = \frac{\binom{1}{1}\binom{3}{0}\binom{48}{12}}{\binom{52}{13}}, \quad P(\textcircled{1}) = \frac{\binom{1}{1}\binom{3}{1}\binom{48}{11}}{\binom{52}{13}}, \quad P(\textcircled{2}) = \frac{\binom{1}{1}\binom{3}{2}\binom{48}{10}}{\binom{52}{13}}, \quad P(\textcircled{3}) = \frac{\binom{1}{1}\binom{3}{3}\binom{48}{9}}{\binom{52}{13}}.$$

Damit erhalten wir mit dem Satz von der totalen Wahrscheinlichkeit

$$P(D) = P(\textcircled{0}) \cdot P_{\textcircled{0}}(D) + P(\textcircled{1}) \cdot P_{\textcircled{1}}(D) + P(\textcircled{2}) \cdot P_{\textcircled{2}}(D) + P(\textcircled{3}) \cdot P_{\textcircled{3}}(D)$$

$$= \frac{\binom{1}{1}\binom{3}{0}\binom{48}{12}}{\binom{52}{13}} \cdot 1 + \frac{\binom{1}{1}\binom{3}{1}\binom{48}{11}}{\binom{52}{13}} \cdot \frac{1}{2} + \frac{\binom{1}{1}\binom{3}{2}\binom{48}{10}}{\binom{52}{13}} \cdot \frac{1}{3} + \frac{\binom{1}{1}\binom{3}{3}\binom{48}{9}}{\binom{52}{13}} \cdot \frac{1}{4}$$

$$= \frac{13! \cdot 39!}{52!} \cdot \left[\frac{48!}{12! \cdot 36!} + \frac{3 \cdot 48!}{11! \cdot 37! \cdot 2} + \frac{3 \cdot 48!}{10! \cdot 38! \cdot 3} + \frac{48!}{9! \cdot 39! \cdot 4} \right] = \frac{7249}{41650}$$

und schließlich

$$P_D(B) = \frac{P(D \cap B)}{P(D)} = \frac{1}{P(D)} \left[P(D) - P(\textcircled{0}) \right] = 1 - \frac{1}{P(D)} \cdot P(\textcircled{0}) = 1 - \frac{41650}{7249} \cdot \frac{\binom{1}{1}\binom{3}{0}\binom{48}{12}}{\binom{52}{13}} = \frac{5359}{14498}$$

$$= P_A(B), \text{ q. e. d.}$$

1957 GARDNER / *Mathematical Games*: **Schrödinger reduziert**

MARTIN GARDNER referiert in seinem Artikel *Mathematical Games* in der Zeitschrift *Scientific American* **196**/4 die Ergebnisse von SCHRÖDINGERs Artikel, ohne ihn zu erwähnen. Zur Vereinfachung der Berechnung schlägt er ein Spiel mit zwei Spielern und vier Karten vor, von denen genau zwei Asse sind, nämlich Pik-Ass P und Herz-Ass H. Die beiden anderen Karten, die keine Asse sind, bezeichnen wir mit x und y. Jeder Spieler erhält zwei Karten.

Im Folgenden geben wir einen eigenen Lösungsweg zur Berechnung der gesuchten Wahrscheinlichkeiten an, daran anschließend GARDNERs Weg.

Für das Blatt des Spielers S gibt es die folgenden sechs gleichwahrscheinlichen Möglichkeiten: PH, Px, Py, Hx, Hy, xy. Dabei bedeutet z. B. PH, dass der Spieler S Pik-Ass und Herz-Ass hat, wobei die Reihenfolge keine Rolle spielt. Wir hätten also auch HP schreiben können. Um aber auch das Ereignis D betrachten zu können, müssen wir PH in zwei Fälle zerlegen, nämlich ob S Pik oder Herz als Farbe eines seiner Asse nennt. Den ersten Fall schreiben wir als Ph, den zweiten als pH. Beide betrachten wir als gleichwahrscheinlich. Geben wir für jedes Blatt seine Wahrscheinlichkeit an und außerdem, welches der Ereignisse A, B, C oder D eintritt, so erhalten wir die nebenstehende Übersicht: Daraus liest man unmittelbar ab:

Ph	pH	Px	Py	Hx	Hy	xy
$\frac{1}{12}$	$\frac{1}{12}$	$\frac{1}{6}$	$\frac{1}{6}$	$\frac{1}{6}$	$\frac{1}{6}$	$\frac{1}{6}$
A	A	A	A	A	A	
B	B					
C	C	C	C			
D		D	D			

$$P(A \cap B) = \tfrac{1}{6} \text{ und } P_A(B) = \frac{\tfrac{1}{6}}{\tfrac{5}{6}} = \tfrac{1}{5}, \quad P(C \cap B) = \tfrac{1}{6} \text{ und } P_C(B) = \frac{\tfrac{1}{6}}{\tfrac{3}{6}} = \tfrac{1}{3}, \quad P(D \cap B) = \tfrac{1}{12} \text{ und}$$

$$P_D(B) = \frac{\tfrac{1}{12}}{\tfrac{5}{12}} = \tfrac{1}{5}.$$

GARDNERS Weg. GARDNER betrachtet nur die Fälle, die nach der jeweiligen Information noch übrig bleiben. Er wechselt also den Ergebnisraum.

Information A				
PH	Px	Py	Hx	Hy
$\frac{1}{5}$	$\frac{1}{5}$	$\frac{1}{5}$	$\frac{1}{5}$	$\frac{1}{5}$
B				

$$P_A(B) = \tfrac{1}{5}$$

Information C		
PH	Px	Py
$\frac{1}{3}$	$\frac{1}{3}$	$\frac{1}{3}$
B		

$$P_C(B) = \tfrac{1}{3}$$

Information D		
Ph	Px	Py
$\frac{1}{5}$	$\frac{2}{5}$	$\frac{2}{5}$
B		

$$P_D(B) = \tfrac{1}{5}$$

Erklärung für die Tabelle »Information D«: Aus unserer obigen vollständigen Übersicht entnimmt man, dass das Blatt Px und das Blatt Py jeweils doppelt so wahrscheinlich sind wie das Blatt Ph, und da die Summe dieser Wahrscheinlichkeiten 1 sein muss, ergibt sich die obige Tabelle.

Man erkennt also auch in diesem reduzierten Beispiel, dass die scheinbar unwichtige Information C die Wahrscheinlichkeit für zwei Asse drastisch erhöht, wohingegen die ähnlich klingende Information D keinen Einfluss auf die Wahrscheinlichkeit für zwei Asse hat.

1965 FREUND / *Puzzle or Paradox*: Schrödinger reduziert

JOHN E. FREUND greift in seinem Artikel *Puzzle or Paradox?* in der Zeitschrift *The American Statistician* **19**/4 das vereinfachte Kartenspiel MARTIN GARDNERs auf und zeigt, wie das Zustandekommen der Information die Wahrscheinlichkeit des Ereignisses B beeinflusst. Aus der Fülle der Möglichkeiten greift er ein Beispiel heraus, das er *Case II* nennt im Gegensatz zu *Case I*, den SCHRÖDINGER und GARDNER betrachten. Diese gehen davon aus, dass Spieler S sein vollständiges Blatt in Augenschein nimmt, ehe er antwortet. FREUND hingegen nimmt an, dass S nur die erste Karte seines Blatts aufdeckt und dann antwortet.[334] FREUNDs Text ist sehr kurz. Die Karten seien wieder Pik-Ass = P, Herz-Ass = H und x und y, die keine Asse sind.

Zum besseren Verständnis seiner Argumentation überlegen wir: Weil nun die Reihenfolge der vier Karten eine Rolle spielt, betrachten wir die 24 Quadrupel ihrer Anordnungsmöglichkeiten. Die ersten beiden Karten eines Quadrupels bilden das Blatt von S, der nur die erste Karte aufdeckt.

Information A besagt jetzt »Die erste Karte ist ein Ass X«. Das ist möglich bei den Quadrupeln $X \bullet \bullet \bullet$. Für X gibt es zwei Möglichkeiten. Die restlichen drei Karten können auf 3! Arten angeordnet werden, sodass es $2 \cdot 3! = 12$ Quadrupel dieser Art gibt. Günstig für das Ereignis B sind die Quadrupel $X_1 X_2 \bullet \bullet$. Die beiden ersten Karten und die beiden letzten können noch permutiert werden, sodass es $2! \cdot 2! = 4$ günstige Quadrupel gibt. Also ist $P_A(B) = \frac{4}{12} = \frac{1}{3}$.

---

[334] FREUND zitiert weder SCHRÖDINGER noch GARDNER, sondern *Puzzle-Math* von GEORGE GAMOW und MARVIN STERN (Viking Press 1958), die GARDNERs Beispiel bringen, aber mit Treff an Stelle von Herz, und ihn auch nicht zitieren. Wir wandeln im Folgenden FREUNDs Betrachtungen ab, der nicht den Spieler S direkt befragt, sondern einen Spion ins Spiel bringt, der das Blatt von S einsehen kann. FREUNDs Artikel hat zu vielen Leserzuschriften geführt, die in den Nummern **20**/1, **20**/2, **20**/5, **21**/2 und **21**/3 von *The American Statistician* abgedruckt wurden.

Information C besagt jetzt »Die erste Karte ist das Pik-Ass P«. Das trifft bei den 3! Quadrupeln $P\bullet\bullet$ zu. Von denen sind günstig für B die 2! Quadrupel $PH\bullet\bullet$. Also ist die Wahrscheinlichkeit $P_C(B) = \frac{2}{6} = \frac{1}{3}$.

Fazit: Wenn die Informationen A und C auf die oben genannte Art zustande kommen, tritt das Paradoxon nicht auf. Die Frage nach der Information D hat dann keinen Sinn mehr.

Leichter wäre FREUND zu seinem Ergebnis gekommen, wenn er GARDNERs Weg gegangen wäre. Aber jetzt bedeutet PH, dass der Spieler S Pik-Ass und Herz-Ass erhalten hat, aber dass die erste Karte, die er aufdeckt, Pik-Ass ist. Damit unterscheidet sich PH von HP.

Information A

PH	Px	Py	HP	Hx	Hy
$\frac{1}{6}$	$\frac{1}{6}$	$\frac{1}{6}$	$\frac{1}{6}$	$\frac{1}{6}$	$\frac{1}{6}$
B					

$$P_A(B) = \frac{1}{6} + \frac{1}{6} = \frac{1}{3}$$

Information C

PH	Px	Py
$\frac{1}{3}$	$\frac{1}{3}$	$\frac{1}{3}$
B		

$$P_C(B) = \frac{1}{6}$$

1951 SIMPSON / *Royal Statistical Society*: Simpson-Paradoxon

MAURICE STEVENSON BARTLETT betrachtete 1935 in seiner Arbeit *Contingency Table Interactions* Achtfeldertafeln zu drei Ereignissen A, B und C und untersuchte Zusammenhänge von Vierfeldertafeln, die man mit je zweien dieser Ereignisse bilden kann. Er regte EDWARD HUGH SIMPSON zu weiteren Untersuchungen dazu an. Dieser veröffentlichte seine Erkenntnisse 1951 im *Journal of the Royal Statistical Society, Series B, XIII* (Seite 238–241) unter dem Titel *The Interpretation of Interaction in Contingency Tables*. An Hand des folgenden Beispiels beschreibt er einen überraschenden Zusammenhang zwischen einer Achtfeldertafel und einer Vierfeldertafel.

Ein Baby spielt gerne mit einem Kartenspiel. Dieses besteht aus 26 roten Karten (Herz, Karo) und 26 schwarzen (Pik, Kreuz). Zwölf der Karten sind Figurenkarten (Bube, Dame, König), die restlichen 40 Karten heißen Zahlenkarten. Einige von all diesen Karten sind recht schmutzig, wie in Tafel 2 angegeben. Es soll untersucht werden, ob das Baby beim Spielen Zahlenkarten bevorzugt, d. h., ob unter den schmutzigen Karten im Verhältnis mehr Zahlenkarten sind als unter den sauberen Karten.

SIMPSON betrachtet die Ereignisse R = »Die Karte ist rot«, F = »Die Karte ist eine Figurenkarte« und S = »Die Karte ist schmutzig«, deren Mächtigkeiten er in die Tafeln 2 und 3 einträgt. Aus ihnen ermittelt er die folgenden bedingten Wahrscheinlichkeiten.

① $P_R(\overline{F}) = \frac{20}{26}$, $P_{\overline{R}}(\overline{F}) = \frac{20}{26}$,

d. h., der Anteil der Zahlenkarten unter den roten Karten ist gleich dem Anteil der Zahlenkarten unter den schwarzen Karten.

	S		$\overline{S}$	
R	4	8	2	12
$\overline{R}$	3	5	3	15
	F	$\overline{F}$	F	$\overline{F}$

Tafel 2

	F	$\overline{F}$
R	6	20
$\overline{R}$	6	20

Tafel 3

② $P_{R\cap\overline{S}}(\overline{F}) = \frac{P(R\cap\overline{S}\cap\overline{F})}{P(R\cap\overline{S})} = \frac{12}{14} = \frac{36}{42}$, $P_{\overline{R}\cap\overline{S}}(\overline{F}) = \frac{15}{18} = \frac{35}{42}$, also $P_{R\cap\overline{S}}(\overline{F}) > P_{\overline{R}\cap\overline{S}}(\overline{F})$,

d. h., teilt man die Menge der Karten in saubere und schmutzige auf, so gilt: Bei den sauberen Karten ist der Anteil der Zahlenkarten unter den roten Karten größer als bei den schwarzen Karten.

③ $P_{R \cap S}(\overline{F}) = \frac{8}{12} = \frac{16}{24}$, $P_{\overline{R} \cap S}(\overline{F}) = \frac{5}{8} = \frac{15}{24}$, also $P_{R \cap S}(\overline{F}) > P_{\overline{R} \cap S}(\overline{F})$,

d. h., teilt man die Menge der Karten in saubere und schmutzige auf, so gilt: Bei den schmutzigen Karten ist der Anteil der Zahlenkarten unter den roten Karten größer als bei den
schwarzen Karten.

Es gilt ①, was keine Überraschung ist. Aber überraschenderweise gilt auch ② und ③.

Aus ③ könnte man schließen, dass das Baby Zahlenkarten bevorzugt, ② zeigt aber, dass
dem nicht so ist.

Bemerkung: Man kann aus Tafel 2 noch zwei weitere Vierfeldertafeln bilden, nämlich mit
den Ereignissen R und S bzw. F und S. Allerdings tritt dabei keine Überraschung auf.

Den obigen überraschenden Sachverhalt verschärfte COLIN ROSS BLYTH 1972 in seinem Artikel *On Simpson's Paradox and the Sure-Thing Principle*. Laut MARTIN GARDNER (1976)
prägte BLYTH darin den Terminus *Simpson-Paradoxon*.[335] Es besagt:

Das Simpson-Paradoxon. Fasst man in einer Achtfeldertafel Felder so zusammen, dass man auf
die Einwirkung eines dritten Ereignisses verzichtet, oder verwandelt man eine Vierfeldertafel durch
ein drittes Ereignis in einen Achtfeldertafel, dann können paradox erscheinende Beziehungen entstehen, wie z. B. die folgende:
Es kann sein, dass einerseits sowohl $P_{B \cap C}(A) \geq P_{\overline{B} \cap C}(A)$ als auch $P_{B \cap \overline{C}}(A) \geq P_{\overline{B} \cap \overline{C}}(A)$ zutrifft,

aber andererseits $P_B(A) < P_{\overline{B}}(A)$ gilt.

In SIMPSONs Originalarbeit tritt dieses Paradoxon nur in abgeschwächter Form auf, nämlich:
Es kann sein, dass einerseits sowohl $P_{B \cap C}(A) > P_{\overline{B} \cap C}(A)$ als auch $P_{B \cap \overline{C}}(A) > P_{\overline{B} \cap \overline{C}}(A)$,

aber andererseits $P_B(A) = P_{\overline{B}}(A)$ gilt.

Die Möglichkeit dieser Verschärfung zeigte
MARTIN GARDNER 1976 (*Scientific American*
234, 3) an einem einfachen Beispiel[336]:

Auf Tisch I stehen eine große Urne mit fünf
schwarzen und sechs weißen Kugeln und eine
kleine Urne mit drei schwarzen und vier weißen Kugeln. Auf Tisch II stehen eine große Ur-

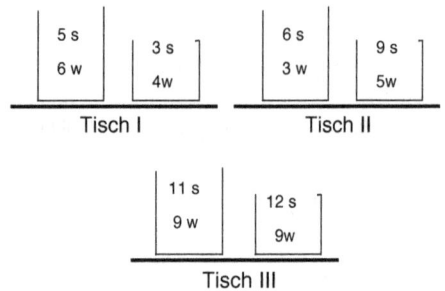

Tisch I		Tisch II	
5 s	3 s	6 s	9 s
6 w	4 w	3 w	5 w

Tisch III	
11 s	12 s
9 w	9 w

[335] Das Paradoxon war den Statistikern des frühen 20. Jahrhunderts bekannt, so KARL PEARSON (1899) und
GEORGE UDNY YULE (1903 und 1911), vor allem aber das interessante Zahlenbeispiel von COHEN und NAGEL
von 1934 (siehe unten). Das Paradoxon trage aber nach Ansicht der *Stanford Encyclopedia of Philosophy* zu
Recht SIMPSONs Namen, und zwar wegen seiner »witzigen und überraschenden Deutungen«, die er diesem
mathematischen Sachverhalt gegeben habe.
KARL PEARSON, L. BRAMLEY-MOORE: *Genetic (reproductive) selection: Inheritance of fertility in man.* In:
Philosophical Transactions of the Royal Statistical Society, Ser. A. **173**, 1899, S. 534–539
GEORGE UDNY YULE: *Notes on the Theory of Association of Attributes in Statistics.* In: *Biometrika.* **2**, 1903,
S. 121–134. – *An Introduction to the Theory of Statistics* (London, Griffin, 1911)
[336] GARDNER nimmt statt der Urnen Hüte und statt der Kugeln Jetons.

ne mit sechs schwarzen und drei weißen Kugeln und eine kleine Urne mit neun schwarzen und fünf weißen Kugeln. Will man eine schwarze Kugel ziehen, dann ist es günstiger, jeweils aus der großen Urne zu ziehen. – Auf Tisch III stehen eine große und eine kleine Urne. Die Inhalte der großen Urnen von I und II werden in die große Urne von III und die Inhalte der kleinen Urnen von I und II in die kleine Urne von III geschüttet. Will man jetzt eine schwarze Kugel ziehen, dann ist es günstiger, aus der kleinen Urne zu ziehen.

Zur Begründung betrachten wir die Ereignisse A = »Zug einer schwarzen Kugel«, B = »Zug aus einer großen Urne« und C = »Zug aus einer Urne von Tisch I« und zeichnen eine zugehörige Achtfeldertafel. Man erhält

	B		$\bar{B}$	
A	6	5	3	9
$\bar{A}$	3	6	4	5
	$\bar{C}$	C		$\bar{C}$

$$P_{B \cap C}(A) = \frac{5}{11} = \frac{35}{77} > P_{\bar{B} \cap C}(A) = \frac{3}{7} = \frac{33}{77} \quad \text{und}$$

$$P_{B \cap \bar{C}}(A) = \frac{6}{9} = \frac{84}{126} > P_{\bar{B} \cap \bar{C}}(A) = \frac{9}{14} = \frac{81}{126} \text{, aber}$$

$$P_B(A) = \frac{11}{20} = \frac{231}{420} < P_{\bar{B}}(A) = \frac{12}{21} = \frac{240}{420} .$$

Zum besseren Verständnis des *Simpson-Paradoxons* diene die folgende Überlegung.

Das Bruchmittel

Wir definieren eine besondere Art, positive Brüche zu »addieren«, und nennen den entstehenden Bruch μ das »Bruchmittel« der gegebenen Brüche.[337] Es gelte also:

Seien $\alpha = \frac{a}{b}$ und $\beta = \frac{c}{d}$ mit $0 < \alpha < \beta$, dann heiße $\mu_{\alpha\beta} := \alpha \oplus \beta = \frac{a+c}{b+d}$ Bruchmittel der Brüche $\frac{a}{b}$ und $\frac{c}{d}$, d. h.: Man addiert die Brüche, indem man die Zähler für sich und die Nenner für sich addiert und dann den Bruch dieser Summen bildet.

Beachte: Die Brüche α und β dürfen vor der Bruchmittelbildung nicht gekürzt werden, da die gekürzten Brüche ein anderes Bruchmittel ergeben, wie das folgende Beispiel zeigt:

$\frac{2}{4} \oplus \frac{6}{18} = \frac{4}{11}$ ist verschieden von $\frac{1}{2} \oplus \frac{1}{3} = \frac{2}{5}$.

Bei genauerer Betrachtung erkennt man:

$$\mu_{\alpha\beta} = \frac{a+c}{b+d} = \frac{b \cdot \frac{a}{b} + d \cdot \frac{c}{d}}{b+d} = \frac{b}{b+d} \cdot \frac{a}{b} + \frac{d}{b+d} \cdot \frac{c}{d} \text{, d. h.,}$$

das Bruchmittel $\mu_{\alpha\beta}$ ist das mit $\frac{b}{b+d}$ bzw. $\frac{d}{b+d}$ gewichtete arithmetische Mittel der Brüche α und β. Die Gewichte hängen von den ursprünglichen Nennern b und d ab.

Dabei gilt

1) $\mu_{\alpha\beta} \in \,]\alpha;\beta[\,$.

2) Abhängig von der Gewichtung kann $\mu_{\alpha\beta}$ den Rändern α oder β beliebig nahe kommen.

---

[337] NICOLAS CHUQUET († 1488) bildet diesen Mittelwert in seinem *Le Triparty en la science des nombres* 1484. Er schreibt dazu: *la rigle des nombres moyennes, de laquelle jadiz je fuz inventeur* (die Regel der mittleren Zahlen, deren Erfinder ich einst war) und benützt sie zur Berechnung von $\sqrt{2}$ bis $\sqrt{14}$. Ihr Vorteil ist, dass man den neuen Näherungswert schneller erhält als beim richtigen Addieren von Brüchen.

Beweis

1) Wir nehmen an, dass $\mu_{\alpha\beta} \leq \alpha$, d. h.,

$\frac{a+c}{b+d} \leq \frac{a}{b} \Leftrightarrow ab + bc \leq ab + ad \Leftrightarrow \frac{c}{d} \leq \frac{a}{b} \Leftrightarrow \beta \leq \alpha$, Widerspruch!

2) 1. Fall: $b = d$, d. h., α und β haben gleiche Nenner. Dann ist

$\mu_{\alpha\beta} = \frac{b}{2b} \cdot \alpha + \frac{d}{2d} \cdot \beta = \frac{\alpha}{2} + \frac{\beta}{2} = \frac{\alpha + \beta}{2}$.

$\mu_{\alpha\beta}$ ist in diesem Fall das arithmetische Mittel von α und β und liegt daher genau in der Mitte von $]\alpha; \beta[$.

2. Fall: $b \gg d$, d. h., der Nenner von α ist wesentlich größer als der von β. Dann gilt $\mu_{\alpha\beta} \approx 1 \cdot \alpha + 0 \cdot \beta = \alpha$. Somit liegt $\mu_{\alpha\beta}$ nahe bei α.

3. Fall: $b \ll d$, d. h., der Nenner von β ist wesentlich größer als der von α. Dann gilt $\mu_{\alpha\beta} \approx 0 \cdot \alpha + 1 \cdot \beta = \beta$. Somit liegt $\mu_{\alpha\beta}$ nahe bei β.

Kehren wir nun zum *Simpson-Paradoxon* zurück. In der Formulierung von BLYTH entsteht $P_B(A)$ als Bruchmittel μ_{rs} von $r = P_{B\cap C}(A)$ und $s = P_{B\cap \bar{C}}(A)$ und $P_{\bar{B}}(A)$ als Bruchmittel $\mu_{\rho\sigma}$ von $\rho = P_{\bar{B}\cap C}(A)$ und $\sigma = P_{\bar{B}\cap\bar{C}}(A)$. Zur Begründung zeichnen wir eine Achtfeldertafel. Ihr entnehmen wir

$r = P_{B\cap C}(A) = \frac{b}{b+f}$, $s = P_{B\cap\bar{C}}(A) = \frac{a}{a+e}$,

$\mu_{rs} = P_B(A) = \frac{a+b}{a+e+b+f} = \frac{a}{a+e} \oplus \frac{b}{b+f} = r \oplus s;$

$\rho = P_{\bar{B}\cap C}(A) = \frac{c}{c+g}$, $\sigma = P_{\bar{B}\cap\bar{C}}(A) = \frac{d}{d+h}$,

$\mu_{\rho\sigma} = P_{\bar{B}}(A) = \frac{c+d}{c+g+d+h} = \frac{c}{c+g} \oplus \frac{d}{d+h} = \rho \oplus \sigma.$

	B		$\bar{B}$	
A	a	b	c	a
$\bar{A}$	e	f	g	h
	$\bar{C}$	C		$\bar{C}$

Ist der Nenner $b + f$ von r größer als der Nenner $a + e$ von s, dann liegt μ_{rs} näher bei r.

Ist der Nenner $c + g$ von ρ kleiner als der Nenner $d + h$ von σ, dann liegt $\mu_{\rho\sigma}$ näher bei σ.

Durch geeignete Wahl der Nenner kann man das *Simpson-Paradoxon* erzeugen. Bei diesem liegt nämlich die folgende Situation vor.

$r < s$ und $\rho < \sigma$, außerdem $\rho < r$ und $\sigma < s$. Ferner sind die Nenner von r, s, ρ und σ so beschaffen, dass μ_{rs} näher bei r und $\mu_{\rho\sigma}$ näher bei σ liegt. Dann kann die Situation eintreten, dass $\mu_{rs} < \mu_{\rho\sigma}$ ist, obwohl $r > \rho$ und $s > \sigma$ ist. Auf dem Zahlenstrahl ergibt das dieses Bild.

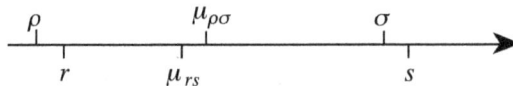

Für das obige Beispiel von MARTIN GARDNER ergeben sich die folgenden Werte:

$P_{B\cap C}(A) = \frac{5}{11}$, $s = P_{B\cap\bar{C}}(A) = \frac{6}{9}$,

$P_B(A) = \frac{5+6}{11+9} = \frac{11}{20} = \mu_{rs};$

$\rho = P_{\bar{B}\cap C}(A) = \frac{3}{7}$, $\sigma = P_{\bar{B}\cap\bar{C}}(A) = \frac{9}{14}$,

$P_{\bar{B}}(A) = \frac{3+9}{7+14} = \frac{12}{21} = \mu_{\rho\sigma}.$

Es ist also $\rho < r$ und $\sigma < s$, aber $\mu_{\rho\sigma} > \mu_{rs}$.

Eine gute Veranschaulichung der Bruchmittelbildung findet man im Parallelogramm. Die Steigung der Diagonale ist nämlich das Bruchmittel der Steigungen der beiden Seiten des Parallelogramms.

Sei $A(a_1 \mid a_2)$ und $B(b_1 \mid b_2)$, dann ist $C(a_1 + b_1 \mid a_2 + b_2)$, und für die Steigungen ergibt sich $m_{\mathrm{OA}} = \dfrac{a_2}{a_1}$, $m_{\mathrm{OB}} = \dfrac{b_2}{b_1}$ und m_{OC}

$= \dfrac{a_2 + b_2}{a_1 + b_1} = m_{\mathrm{OA}} \oplus m_{\mathrm{OB}}$. Verlängert man eine Seite des Parallelogramms und behält die andere bei, dann nähert sich die Steigung der Diagonale $[OC_1]$ (also das Bruchmittel) immer mehr der Steigung der verlängerten Seite $[OA_1]$.

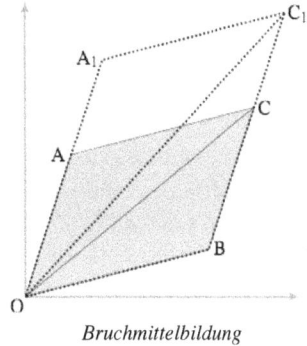

Bruchmittelbildung

Das *Simpson-Paradoxon* lässt sich durch geeignete Parallelogramme veranschaulichen. Zwei Parallelogramme haben die gemeinsame Ecke O. Die Steigungen der Seiten [OA] bzw. [OB] des Parallelogramms OACB sind größer als die Steigungen der Seiten [OE] bzw. [OD] des Parallelogramms OEFD. Beim Parallelogramm OACB ist die untere Seite [OB] länger als die obere Seite [OA], also ist die Diagonale [OC] näher an der unteren Seite [OB]. Beim Parallelogramm OEFD ist die obere Seite [OE] länger als die untere Seite [OD]; damit liegt die Diagonale [OF] näher bei [OE]. Durch geeignete Wahl der Seitenlängen kann man erreichen, dass die Diagonale des Parallelogramms OACB *unter* der Diagonale des Parallelogramms OEFD zu liegen kommt, wie die Abbildung zeigt.

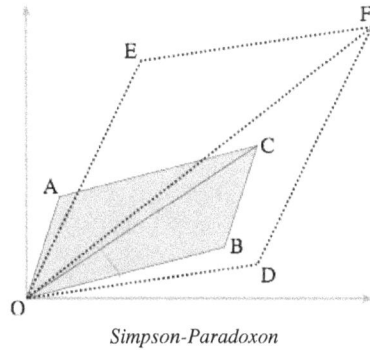

Simpson-Paradoxon

Um die Bedeutung seines Paradoxons bei realistischen Situationen aufzuzeigen, gab SIMPSON den Ereignissen R, S und F andere Namen und damit auch eine andere Interpretation. Davon ausgehend, dass gewisse Kranke mit einem Medikament behandelt werden, soll sein R = »Der Kranke überlebt«, S = »Der Kranke ist männlich« und F = »Dem Kranken wurde kein Medikament verabreicht«. Dann gilt, wie oben gezeigt:

① $P_R(\overline{F}) = P_{\overline{R}}(\overline{F})$,   ② $P_{R \cap \overline{S}}(\overline{F}) > P_{\overline{R} \cap \overline{S}}(\overline{F})$,   ③ $P_{R \cap S}(\overline{F}) > P_{\overline{R} \cap S}(\overline{F})$.

Daraus ergibt sich:

Teilt man wie in ② die Patienten in Frauen ($\overline{S}$) und Männer (S) auf, dann stellt man fest: Bei den Frauen ist der Anteil der Behandelten unter den Überlebenden größer als unter den Gestorbenen, die Behandlung schlägt also bei den Frauen an.

Aus ③ ergibt sich: Bei den Männern ist der Anteil der Behandelten unter den Überlebenden größer als unter den Gestorbenen, die Behandlung schlägt also bei den Männern an.

Aus ② und ③ könnte man schließen, dass die Behandlung unabhängig vom Geschlecht anschlägt, wenn man nach dem *Sure-Thing Principle* vorginge, das LEONARD JIMMIE SAVAGE 1954 formulierte.

① besagt jedoch: Der Anteil der Behandelten unter allen Überlebenden ist gleich dem Anteil der Behandelten unter allen Gestorbenen, die Behandlung zeigt sich als wirkungslos, wenn

die Gesamtheit der Erkrankten unabhängig vom Geschlecht betrachtet wird. Jetzt fragt sich
ein Kranker oder eine Kranke: Soll ich mich überhaupt behandeln lassen?

Wie leicht lassen sich also Ergebnisse manipulieren! Je nachdem, welchen Eindruck man er-
wecken will, veröffentlicht man das Resultat ① oder nur die Resultate ② und ③.

Dass das *Simpson-Paradoxon* keineswegs eine mathematische Kuriosität ist, zeigen die Daten, die MORRIS RAPHAEL COHEN und ERNEST NAGEL bereits 1934 in ihrer *An Introduction
to Logic and Scientific Method* veröffentlicht hatten. In der folgenden Tabelle ist für das Jahr
1910 sowohl die Zusammensetzung der Bevölkerung wie auch die der an Tuberkulose Verstorbenen nach Weißen und Farbigen aufgegliedert für die Städte New York und Rich-
mond/Virginia wiedergegeben.

	Gesamtbevölkerung		Todesfälle	
	New York	Richmond	New York	Richmond
Weiße	4 675 174	80 895	8 365	131
Farbige	91 709	46 733	513	155

Betrachtet man bezüglich eines beliebig ausgewählten Menschen die Ereignisse N = »Der
Mensch lebt in New York«, W = »Der Mensch ist Weißer« und T = Todesursache war Tuber-
kulose«, so erhält man das überraschende Ergebnis:
Die Tbc-Todesraten waren sowohl für Weiße als auch für Farbige in Richmond niedriger als
in New York, aber die Gesamt-Tbc-Todesrate war in Richmond höher als in New York.
Aus der Tabelle erhält man nämlich:

$$P_{N \cap W}(T) = \frac{8365}{4675174} = 1,79\,\%_o, \quad P_{\overline{N} \cap W}(T) = \frac{131}{80895} = 1,62\,\%_o,$$

$$P_{N \cap \overline{W}}(T) = \frac{513}{91709} = 5,59\,\%_o, \quad P_{\overline{N} \cap \overline{W}}(T) = \frac{155}{46733} = 3,32\,\%_o,$$

$$P_N(T) = \frac{8878}{4766883} = 1,86\,\%_o, \quad P_{\overline{N}}(T) = \frac{286}{127628} = 2,24\,\%_o,$$

d. h., $P_{N \cap W}(T) > P_{\overline{N} \cap W}(T)$ und $P_{N \cap \overline{W}}(T) > P_{\overline{N} \cap \overline{W}}(T)$, aber $P_N(T) < P_{\overline{N}}(T)$.

1969 PENNEY / *Journal of Recreational Mathematics*: Mustererkennung

1969 erschien im *Journal of Recreational Mathematics*, **2**, auf Seite 241, Nummer 95 ein unter dem Namen *Penney-Ante*[338] von WALTER PENNEY einge-
sandtes Problem. Lösungen wurden, wie üblich, nicht angeboten.

95. Penney-Ante *by Walter Penney; Greenbelt, Maryland*

Although in a sequence of coin flips, any given consecutive set of, say, three flips
is equally likely to be one of the eight possible, i.e., HHH, HHT, HTH, HTT,
THH, THT, TTH, or TTT, it is rather peculiar that one sequence of three is not
necessarily equally likely to appear *first* as another set of three. This fact can be
illustrated by the following game: you and your opponent each ante a penny. Each
selects a pattern of three, and the umpire tosses a coin until one of the two patterns
appears, awarding the antes to the player who chose that pattern. Your opponent
picks HHH; you pick HTH. The odds, you will find, are in your favor. By
how much?

---

[338] *ante* (engl.) = Einsatz

Penney-Ante. Obwohl beim dreifachen Wurf einer L-Münze jedes der acht möglichen Dreiermuster mit gleicher Wahrscheinlichkeit erscheint, so ist es doch sehr sonderbar, dass in einer Abfolge von Münzwürfen nicht jedes dieser Dreiermuster die gleiche Wahrscheinlichkeit besitzt, als erstes zu erscheinen. Dies lässt sich folgendermaßen zeigen: Spieler A und Spieler B setzen jeweils einen *penny* ein. A wählt das Muster 101, B das Muster 111, und C wirft eine L-Münze so oft, bis eines der Muster erscheint.[339] Es ist zu zeigen, dass A im Vorteil ist.

Lösung

Sei $P(A) = x$ die Wahrscheinlichkeit, mit der ab Spielbeginn A das Spiel gewinnt. Mit Hilfe der Mittelwertsregel erhält man aus dem nachstehenden Baum das folgende Gleichungssystem, das wir von unten her aufstellen:

I $w = \frac{1}{2} \cdot 1 + \frac{1}{2} x$ II $z = \frac{1}{2} \cdot 0 + \frac{1}{2} w$

III $y = \frac{1}{2} \cdot z + \frac{1}{2} w$ IV $x = \frac{1}{2} \cdot y + \frac{1}{2} x$

Aus ihm gewinnt man $x = \frac{3}{5} = 0{,}6$. A ist also mit $3:2$ im Vorteil.

Dieses paradox erscheinende Ergebnis wird verständlicher, wenn man die Anzahl k der Würfe begrenzt und die für A bzw. B günstigen Würfe bestimmt. Dabei werden nur die k-Würfe gezählt, bei denen eine Entscheidung fällt. Für die Ereignisse $A_k = $»101 erscheint bei k Würfen« und $B_k = $»111 erscheint bei k Würfen« und $A = $»A gewinnt das Spiel« ergibt sich:

$\underline{k = 3}$
für A: 101; für B: 111, also $P(A_3) = P(B_3) = \frac{1}{8}$. Damit ist $P(A_3):P(B_3) = 1:1$, und $P_3(A) = 0{,}5$.

$\underline{k = 4}$
für A: $\underline{101}0, \underline{101}1, 0\underline{101}, 1\underline{101}$; für B: $0\underline{111}, \underline{111}0, \underline{111}1$,
also $P(A_4) = \frac{4}{16}$, $P(B_4) = \frac{3}{16}$. Damit ist $P(A_4):P(B_4) = 4:3$, und $P_4(A) = \frac{4}{7} = 0{,}571$.

$\underline{k = 5}$
Für A sind günstig alle Würfe aus A_4, gefolgt von 0 oder 1, also 8 Wurffolgen, ferner noch die Fünferfolgen, bei denen das Muster 101 erst bei den letzten drei Würfen auftritt, aber auch nicht das Muster 111 erscheint; das sind die Würfe $00\underline{101}$ und $01\underline{101}$.

Analog erhält man für B die sechs Würfe, die aus B_4 entstehen und den Wurf $00\underline{111}$.

Also $P(A_5) = \frac{10}{32}$, $P(B_5) = \frac{7}{32}$. Damit ist $P(A_5):P(B_5) = 10:7$, und $P_5(A) = \frac{10}{17} = 0{,}588$.

$\underline{k = 6}$
Wie bei $k = 5$ ermittelt man für A: Günstig sind alle 20 Würfe, die aus A_5 entstehen, ferner $000\underline{101}$ und $001\underline{101}$, und $100\underline{101}$.

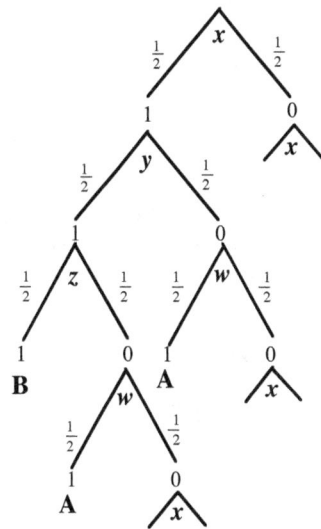

---

[339] Wir verwenden 0 und 1 statt des H und T, die für *head* bzw. *tail* stehen.

Analog erhält man für B die 14 Würfe, die aus B_5 entstehen, und die Würfe 000<u>111</u> und 100<u>111</u>.

Also $P(A_6) = \frac{23}{64}$, $P(B_6) = \frac{16}{64}$. Damit ist $P(A_6) : P(B_6) = 23 : 16$, und $P_6(A) = \frac{23}{39} = 0{,}590$.

Man kann vermuten, dass mit zunehmender Wurfzahl k die Möglichkeiten für A stärker wachsen als die für B. $P_k(A)$ konvergiert sehr schnell gegen 0,6.

In PENNEYs Problem sind aber noch weitere verblüffende Effekte verborgen. Ein erster ist:

> Ist die Anzahl der Würfe nicht begrenzt, so gibt es zu jedem der acht Tripel aus den restlichen sieben Tripeln mindestens ein besseres. D. h., überlässt A dem B die Wahl seines Tripel-Musters, so kann A stets ein Muster aus den restlichen sieben Tripeln finden, mit dem er B besiegen wird. Zeige: Die Erstwahl ist nur ein Scheinvorteil.

Nachweis

BARRY WOLK hat eine Tabelle für die Relation »Tripel X ist im Vorteil gegenüber Tripel Y«, symbolisch $X \rightarrow Y$, aufgestellt. MARTIN GARDNER bringt sie 1988 in seinem Buch *Time Travel* auf Seite 63.[340] Wir verändern die Darstellung. B wählt das Tripel X, A das Tripel Y. In den Feldern steht der Vorteil von X gegenüber Y. Die Felder mit einer für A günstigen Wahl sind grau unterlegt, halbfette Schrift gibt die beste Wahl für A an.

X \ Y	000	001	010	011	100	101	110	111	Warte-zeit
000		1 : 1	2 : 3	2 : 3	**1 : 7**	5 : 7	3 : 7	1 : 1	14
001	1 : 1		2 : 1	2 : 1	**1 : 3**	5 : 3	1 : 1	7 : 3	8
010	3 : 2	**1 : 2**		1 : 1	1 : 1	1 : 1	3 : 5	7 : 5	10
011	3 : 2	**1 : 2**	1 : 1		1 : 1	1 : 1	3 : 1	7 : 1	8
100	7 : 1	3 : 1	1 : 1	1 : 1		1 : 1	**1 : 2**	3 : 2	8
101	7 : 5	3 : 5	1 : 1	1 : 1	1 : 1		**1 : 2**	3 : 2	10
110	7 : 3	1 : 1	5 : 3	**1 : 3**	2 : 1	2 : 1		1 : 1	8
111	1 : 1	3 : 7	5 : 7	**1 : 7**	2 : 3	2 : 3	1 : 1		14
Warte-zeit	14	8	10	8	8	10	8	14	

So wie oben beim *Penney-Ante* kann man die Richtigkeit der Angaben verifizieren.

Ein weiterer Effekt wird in dem *Penney-Ante* folgenden Problem 96 aufgezeigt:

> Die Relation »Tripel X ist im Vorteil gegenüber Tripel Y« ist nicht transitiv.

Nachweis

Zur Verifikation genügt ein Beispiel.[341] Aus der obigen Tabelle entnimmt man: 001 ist im Vorteil gegenüber 011 mit 2 : 1; 011 ist im Vorteil gegenüber 110 mit 3 : 1; 110 ist im Vorteil gegenüber

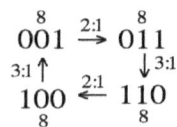

$$
\begin{array}{ccc}
001 & \overset{2:1}{\rightarrow} & 011 \\
{\scriptstyle 3:1}\uparrow & & \downarrow{\scriptstyle 3:1} \\
100 & \underset{2:1}{\leftarrow} & 110
\end{array}
$$

---

[340] GARDNER bringt nur die Ergebnisse, zeigt aber nicht, wie man zu ihnen gelangt.

[341] Das in Problem 96 angegebene Beispiel ist fehlerhaft.

100 mit $2:1$, 100 schließlich ist mit $3:1$ im Vorteil gegenüber 001 ist. Wäre die Relation transitiv, müsste aber »001 ist im Vorteil gegenüber 100« gelten.

Im Problem der Mustererkennung steckt aber noch eine weitere Paradoxie, nämlich:

Die Paradoxie der Wartezeiten

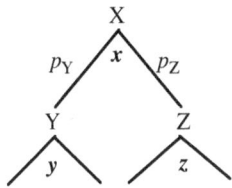

Unter **Wartezeit** verstehen wir die mittlere Anzahl der Würfe bis zum ersten Erscheinen des Musters.

Die Wartezeit für ein Ergebnis erhält man folgendermaßen. Seien x, y bzw. z die Anzahl der Schritte, die man von X, Y bzw. Z aus braucht, bis sich das Ergebnis einstellt. Mit der Wahrscheinlichkeit p_Y macht man entweder *einen* Schritt nach Y und dann weitere y Schritte oder mit der Wahrscheinlichkeit p_Z *einen* Schritt nach Z und dann weitere z Schritte.

Also gilt $x = p_Y(1 + y) + p_Z(1 + z) = (p_Y + p_Z) + p_Y y + p_Z z = 1 + p_Y y + p_Z z$.

Aus Symmetriegründen genügt es, die Wartezeiten für die Typen aaa, aab, aba und abb zu ermitteln. Wir führen beispielhaft den Nachweis für den Typ aaa.

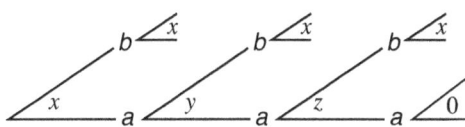

$$\text{I} \quad x = 1 + \tfrac{1}{2}y + \tfrac{1}{2}x$$
$$\text{II} \quad y = 1 + \tfrac{1}{2}z + \tfrac{1}{2}x \quad \Rightarrow \quad x = 14.$$
$$\text{III} \quad z = 1 + \tfrac{1}{2}\cdot 0 + \tfrac{1}{2}x$$

Erstaunlicherweise sind die Wartezeiten recht unterschiedlich, obwohl alle Muster mit gleicher Wahrscheinlichkeit $\tfrac{1}{8}$ erscheinen. Wir haben die obige Tabelle von WOLK durch die Angabe der Wartezeiten ergänzt.

Typ	Tripel	Wartezeit
aaa	000, 111	14
aab	001, 110	8
aba	010, 101	10
abb	011, 100	8

Noch Erstaunlicheres findet man aber, wenn man das obige Beispiel für die Nichttransitivität der Relation »X ist im Vorteil gegenüber Y« betrachtet:

Alle vier Tripel haben die gleiche Wartezeit 8 Würfe – siehe das obige Schema – , obwohl immer eines vorteilhafter als das andere ist.

Betrachtet man die Tabelle genauer, so erkennt man:

Fazit. Das schlechtere Muster hat eine mindestens so lange Wartezeit wie das bessere, so wie man es sich vorstellt. Etwas verwirrend ist, dass es Muster gibt, die gleiche Gewinnwahrscheinlichkeiten, aber verschiedene Wartezeiten haben; so hat z. B. 101 die Wartezeit 10, 011 die Wartezeit 8, aber keines ist gegenüber dem anderen im Vorteil.

BARRY WOLK untersuchte aber nicht nur die Wartezeiten bei Tripeln, sondern auch bei Quadrupeln und entdeckte dabei eine weitere Paradoxie, wie MARTIN GARDNER berichtet. Er lässt das Muster 1010 gegen das Muster 0100 antreten.

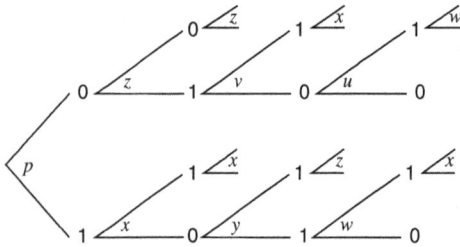

I $\quad w = \frac{1}{2} \cdot 1 + \frac{1}{2}x$ $\qquad$ II $\quad y = \frac{1}{2}z + \frac{1}{2}w$

III $\quad x = \frac{1}{2}y + \frac{1}{2}x$ $\qquad$ IV $\quad p = \frac{1}{2}x + \frac{1}{2}z$

V $\quad z = \frac{1}{2}v + \frac{1}{2}z$ $\qquad$ VI $\quad v = \frac{1}{2}u + \frac{1}{2}x$

VII $\quad u = \frac{1}{2} \cdot 0 + \frac{1}{2}w$

Daraus erhält man $p = \frac{9}{14}$. Also gewinnt 1010 mit 9 : 5 gegen 0100.

Die jeweiligen Wartezeiten e für Muster 1010 und 0100 ermitteln wir aus

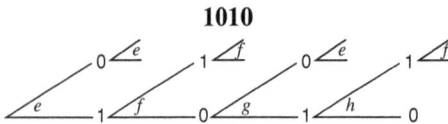

1010 $\qquad\qquad\qquad\qquad\qquad$ **0100**

I $\quad e = 1 + \frac{1}{2}f + \frac{1}{2}e$ $\qquad\qquad$ I $\quad e = 1 + \frac{1}{2}f + \frac{1}{2}e$

II $\quad f = 1 + \frac{1}{2}f + \frac{1}{2}g$ $\qquad\qquad$ II $\quad f = 1 + \frac{1}{2}f + \frac{1}{2}g$

III $\quad g = 1 + \frac{1}{2}e + \frac{1}{2}h$ $\qquad\qquad$ III $\quad g = 1 + \frac{1}{2}e + \frac{1}{2}h$

IV $\quad h = 1 + \frac{1}{2}f + \frac{1}{2} \cdot 0$ $\qquad\qquad$ IV $\quad h = 1 + \frac{1}{2}g + \frac{1}{2} \cdot 0$

Daraus gewinnt man $e = 20$. $\qquad\qquad$ Daraus gewinnt man $e = 18$.

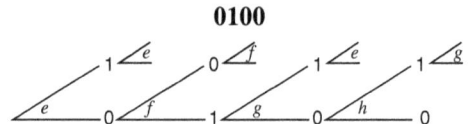

Fazit. Das Muster 01000 erscheint zwar öfter im Mittel früher als das Muster 1010, aber seltener **vor** diesem Muster. Damit haben wir eine

Paradoxie der Wartezeiten. Das bessere Muster ist nicht immer das Muster mit der kürzeren Wartezeit.

1969 LAWRANCE / *Mathematical Gazette*:
Erste schwarze Kugel

Als warnendes Beispiel dafür, dass vorschnelle Vermutungen leicht in die Irre führen können, behandelt A. E. LAWRANCE in *The Mathematical Gazette*, Volume LIII, No. 386 (Dezember 1969) in seinem Artikel *Playing with Probabilities* auf Seite 347 folgende Aufgabe.

Erste schwarze Kugel: Ein Beutel enthält acht weiße und zwei schwarze Kugeln. Man zieht der Reihe nach immer wieder eine Kugel ohne Zurücklegen und notiert die Nummer r des Zugs, bei dem zum ersten Mal eine schwarze Kugel gezogen wird. Was ist der wahrscheinlichste Wert für r?

Lösung nach LAWRANCE

Offensichtlich ist $r \in \{1, 2, \ldots, 9\}$. LAWRANCE berichtet, dass in Schulklassen als wahrscheinlichster Wert, d. h. als Modus die Zahl 4 geschätzt wurde. Er ließ daraufhin jeden Schüler das Experiment 45-mal ausführen. Bei den meisten Schülern ergab sich $r = 1$ in neun der 45 Fälle.

r	Wahrscheinlichkeit
1	$\frac{2}{10} = \frac{9}{45}$
2	$\frac{8 \cdot 2}{10 \cdot 9} = \frac{8}{45}$
3	$\frac{8 \cdot 7 \cdot 2}{10 \cdot 9 \cdot 8} = \frac{7}{45}$
4	$\frac{8 \cdot 7 \cdot 6 \cdot 2}{10 \cdot 9 \cdot 8 \cdot 7} = \frac{6}{45}$
5	$\frac{5}{45}$
6	$\frac{4}{45}$
7	$\frac{3}{45}$
8	$\frac{2}{45}$
9	$\frac{1}{45}$

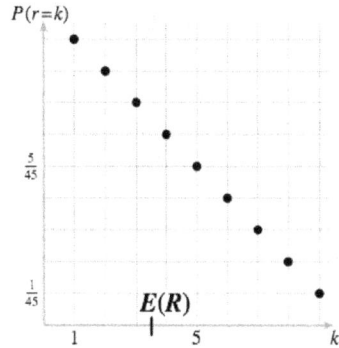

Das würde bedeuten, dass es am wahrscheinlichsten ist, dass bereits beim ersten Zug eine schwarze Kugel gezogen würde. Die Theorie zu diesem Zufallsexperiment liefere die vorstehende Tabelle. Ergänzend dazu zeichnen wir den Graphen dieser Wahrscheinlichkeitsverteilung.

Wir lösen die Aufgabe allgemein für einen Beutel mit $n - 2$ weißen und zwei schwarzen Kugeln, aus dem n-mal jeweils eine Kugel ohne Zurücklegen gezogen wird. Das Ergebnis kann als n-tupel dargestellt werden:

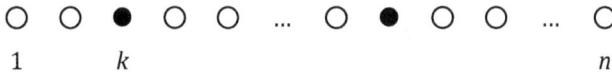

Für die Lage der zwei schwarzen Kugeln gibt es $\binom{n}{2}$ Möglichkeiten. Liegt die erste davon an der Stelle k, dann gibt es für die Lage der zweiten nur noch $n - k$ Möglichkeiten. Damit ist die gesuchte Wahrscheinlichkeit $P(r = k) = \dfrac{n - k}{\binom{n}{2}} = \dfrac{2(n - k)}{n(n - 1)}$. Sie nimmt echt monoton ab; der Modus liegt also bei $k = 1$, und die zugehörige Wahrscheinlichkeit hat den Wert $\frac{2}{n}$. Für $n = 10$ ergibt sich $P(r = k) = \dfrac{10 - k}{45}$ mit der zugehörigen Wahrscheinlichkeit $\frac{2}{10}$ in Übereinstimmung mit obiger Tabelle.

Am wahrscheinlichsten wird die erste schwarze Kugel also gleich beim ersten Zug gezogen.

Als Erwartungswert $E(R)$ der Zufallsgröße $R = $ »Zugnummer der ersten schwarzen Kugel« ergibt sich im allgemeinen Fall

$$E(R) = \sum_{k=1}^{n-1} \frac{2(n - k)}{n(n - 1)} \cdot k = \frac{2}{n - 1} \sum_{k=1}^{n-1} k - \frac{2}{n(n - 1)} \sum_{k=1}^{n-1} k^2 =$$

$$= \frac{2}{n - 1} \cdot \frac{n(n - 1)}{2} - \frac{2}{n(n - 1)} \cdot \frac{n(n - 1)(2n - 1)}{6} = n - \frac{1}{3}(2n - 1) = \frac{1}{3}(n + 1).$$

Für $n = 10$ ergibt sich $E(R) = \frac{11}{3} = 3\frac{2}{3}$

Als Rechtfertigung für die vorschnelle Schätzung könnte man anführen: Verteilt man die beiden schwarzen Kugeln gleichmäßig auf das 10-tupel, dann würde jeweils nach einem Drittel der Plätze eine schwarze Kugel zu liegen kommen. Da $\frac{10}{3} = 3{,}3$ ist, liegt die Vermutung $r = 3$ oder $r = 4$ nahe. Auch der Wert $3\frac{2}{3}$ von $E(R)$ spricht für die Schätzung $r = 4$.

Im November 1970 bringt MARTIN GARDNER im *Scientific American* **223**, 5 (Seite 116) eine andere Fassung des Problems von LAWRANCE.

Von einem Stapel gut gemischter Karten eines Bridgespiels wird eine Karte nach der anderen aufgedeckt. Sei S die Zufallsgröße = »Nummer des Zugs des ersten schwarzen Asses«, dann gilt $P(s = k) = \frac{2(52 - k)}{52 \cdot 51}$, und als Modus erhält man wieder $s = 1$ mit der Wahrscheinlichkeit $\frac{1}{26}$, d. h., das erste schwarze Ass liegt mit größter Wahrscheinlichkeit auf dem Stapel ganz oben; ferner ist $E(S) = \frac{53}{3} = 17\frac{2}{3}$.

Dasselbe Ergebnis gilt natürlich auch für die erste schwarze Dame, für das erste rote Ass usw. An der oberen Stelle herrscht offenbar ein gewaltiges Gedränge!

GARDNER zufolge ergänzte DAVID L. SILVERMAN das Problem durch die Lösung der Frage, was sich ergibt, wenn man das erste schwarze Ass durch das zweite schwarze Ass ersetzt.

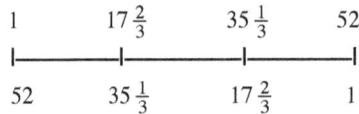

$$
\begin{array}{cccc}
1 & 17\frac{2}{3} & 35\frac{1}{3} & 52 \\
\vdash\!\!\!-\!\!\!-\!\!\!-\!\!\!-\!\!\!-\!\!\!\dashv\!\!\!-\!\!\!-\!\!\!-\!\!\!-\!\!\!-\!\!\!\dashv\!\!\!-\!\!\!-\!\!\!-\!\!\!-\!\!\!-\!\!\!\dashv & & \\
52 & 35\frac{1}{3} & 17\frac{2}{3} & 1
\end{array}
$$

Für die Antwort braucht man nicht mehr zu rechnen: Die wahrscheinlichste Stelle ist die unterste Karte! Man braucht ja den Kartenstapel nur umzudrehen, dann wird das zweite schwarze Ass nämlich zum ersten und liegt mit größter Wahrscheinlichkeit ganz oben. Aus demselben Grund ist der Erwartungswert der Zufallsgröße »Nummer des Zugs des zweiten schwarzen Asses« gleich $35\frac{1}{3}$, wie aus dem vorstehenden Bild hervorgeht.

1972 BLYTH / *American Statistical Association*: The pairwise-worst-best Paradox

COLIN ROSS BLYTH betrachtet 1972 in seinem Aufsatz *Some Probability Paradoxes in Choice from Among Random Alternatives*, erschienen im *Journal of the Amercian Statistical Association* **67** (338) auf Seite 369 ff. drei reellwertige Zufallsgrößen, die einerseits paarweise verglichen werden, andererseits alle drei miteinander. Zum Vergleich realisiert man die Zufallsgrößen; als beste gilt diejenige, die jeweils die größte Zahl liefert. Dabei kann sich eine paradoxe Situation ergeben, die dem Condorcet-Paradoxon ähnelt.[342] BLYTH nannte es

> **The pairwise-worst-best Paradox**. Die drei reellwertigen Zufallsgrößen *A*, *B* und *C* besitzen die Eigenschaft, dass $P(A > B) > ½$, $P(A > C) > ½$ und $P(B > C) > ½$. Dennoch ist es möglich, dass
> $$P(C > \max\{A, B\}) > P(B > \max\{A, C\}) > P(A > \max\{B, C\}).$$

In Worten: *A* ist besser als *B* und *A* ist besser als *C*, aber auch *B* ist besser als *C*. Die Relation »besser als« ist somit transitiv. Dennoch ist es möglich, dass die Wahrscheinlichkeit, dass *C* besser ist als *A* und *B* zusammen, größer ist als die Wahrscheinlichkeit, dass *B* besser ist als *A* und *C* zusammen, und wiederum, dass diese Wahrscheinlichkeit größer ist als die Wahrscheinlichkeit, dass *A* besser ist als *B* und *C* zusammen. Beim paarweisen Vergleich ist *A* die

---

[342] Die im Kasten stehende Situation entspricht der Behauptung (4) in BLYTHs Aufsatz.

beste Zufallsgröße und C die schlechteste, beim Vergleich aller drei Zufallsgrößen ist C die beste und A die schlechteste.

BLYTH bringt auf Seite 371 als Beispiel für das pairwise-worst-best Paradoxon drei nicht-Laplace-Würfel,
die MARTIN GARDNER 1976 im *Sci-*
entific American **234**, 3 (März 1976)
auf den Seiten 120 und 122 in an-
schaulichere Glücksräder verwandelt.[343] Mit den dort angegebenen Werten ergibt sich

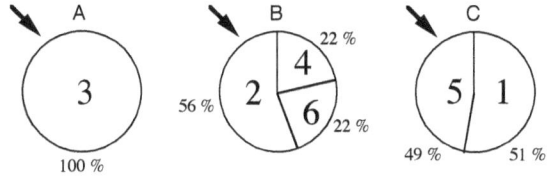

$$P(A > B) = P(A = 3 \wedge B = 2) = 1 \cdot 0,56 = 0,56 > \tfrac{1}{2},$$

$$P(A > C) = P(A = 3 \wedge C = 1) = 1 \cdot 0,51 = 0,51 > \tfrac{1}{2},$$

$$P(B > C) = P(B = 6 \vee [(B = 2 \vee B = 4) \wedge C = 1]) = P(B = 6) + P(B = 2 \vee B = 4) \cdot P(C = 1)$$
$$= 0,22 + 078 \cdot 0,51 = 0,22 + 0,3978 = 0,6178 > \tfrac{1}{2}.$$

Man sieht: A ist sowohl besser als B, aber auch als C. Im paarweisen Vergleich ist A das beste Glücksrad. BLYTH stellt fest, dass seine Würfel, und damit auch die Glücksräder, im Gegen-satz zu EFRONs Würfel transitiv sind. Nun lässt BLYTH einen weiteren Spieler zu. Jeder wählt einen Würfel bzw. ein Glücksrad. Gewonnen hat, wer die größte Zahl erzielt. Man errechnet

$$P(A > \max\{B, C\}) = P(A = 3 \wedge (B = 2 \wedge C = 1)) = 1 \cdot 0,56 \cdot 0,51 = 0,2856,$$

$$P(B > \max\{A, C\}) = P(B = 6 \vee (B = 4 \wedge C = 1)) = 0,22 + 0,22 \cdot 0,51 = 0,3322,$$

$$P(C > \max\{A, B\}) = P(C = 5 \wedge B \neq 6) = 0,49 \cdot 0,78 = 0,3822.$$

Jetzt ist A das schlechteste Glücksrad und C das beste.

Das Paradoxe dieser Situation erläutert auch BLYTH so wie einst PAUL HALMOS beim Con-dorcet-Paradoxon (siehe Seite 299) durch einen Besuch in einem Café. Dort werden Apfel-, Blaubeer- und Kirschkuchen angeboten. Die Zufallsgrößen A, B und C geben den Genuss an, den ein gewisser Gast beim Verzehr eines dieser Kuchen jeweils hat. Die Skala reicht dabei von *1 = ungenießbar* bis *6 = hervorragend*. Im Normalfall bietet das Café nur Apfel- und Kirschkuchen an. Der Gast wählt stets den Apfelkuchen mit der Begründung, dass er dabei mit größerer Wahrscheinlichkeit den größeren Genuss verspürt. Eines Tages bietet das Café aber zusätzlich auch den Blaubeerkuchen an. Nun sagt der Gast: »Da ich sehe, dass Sie auch Blaubeerkuchen haben, nehme ich heute den Kirschkuchen statt des Apfelkuchens«. Er be-gründet seine Entscheidung damit, dass bei einer Auswahl aus den drei Kuchen ihm der Kirschkuchen mit größter Wahrscheinlichkeit den größten Genuss bereiten wird. – Verblüff-fenderweise hat der Blaubeerkuchen, obwohl er gar nicht gewählt wird, den Effekt, dass der Gast seine Wahl verändert, obwohl weiterhin das übliche Angebot Apfelkuchen/Kirsch-kuchen zur Verfügung steht. Das Verhalten des Gastes erscheint irrational, obwohl es ma-thematisch begründet ist.

---

[343] *Mathematical Games. On the fabric of inductive logic, and some probability paradoxes.* In: *Scientific Ameri-*
can **234**, 3 (März 1976), S. 119–124

Nachtrag

1708 MONTMORT / *Essay*: Das Spiel der Wilden

Die im November 1702 erschienenen beiden Bände *Nouveaux Voyages de M^r. Le Baron de Lahontan dans l'Amérique Septentrionale* und *Mémoires de l'Amérique Septentrionale ou La Suite des Voyages* (Den Haag 1703) des LOUIS-ARMAND DE LOM D'ARCE, BARON DE LAHONTAN »zerreißen den dichten und schweren Schleier, hinter dem die Bücher der Missionare die Welt verborgen haben.«[344] Auf Seite 111 der *Mémoires* berichtet LAHONTAN von einem Glücksspiel der Indianer. Dieses nimmt der Pariser Kanoniker PIERRE RÉMOND DE MONTMORT als *Problême sur le Jeu des Sauvages, appellé Jeu des Noyaux* in seinen 1708 anonym erscheinenden *Essay d'Analyse sur les Jeux de Hazard* (1708, S. 153 ff., ^{2}1713, S. 213 ff.) auf und hängt dann *Proposition XXXVI* als Aufgabe an.[345]

> Man spielt dort mit acht Kernen, die auf einer Seite schwarz und auf der anderen weiß sind. Man wirft die Kerne in die Höhe. Wenn dann die schwarzen in ungerader Zahl fallen, dann gewinnt derjenige, der die Kerne geworfen hat, das, was der andere Spieler eingesetzt hat. Fallen nur schwarze oder nur weiße, dann gewinnt er das Doppelte dieses Einsatzes.[346] In allen anderen Fällen verliert er seinen Einsatz.[347]
>
> *Proposition XXXVI.* Welcher der beiden Spieler hat einen Vorteil, falls beide den gleichen Einsatz leisten?«[348]

Lösung nach MONTMORT (1708)

MONTMORT führt das Problem auf ein Spiel mit acht zweiflächigen »Würfeln« zurück,

---

[344] JULES MICHELET: *Histoire de France au dix-huitième siècle. La Régence.* Paris 1863, S. 178.

[345] Der folgende von MONTMORT gebotene, angeblich auf Seite 113 stehende Text stimmt nicht mit LAHONTANs Text von Seite 111 überein. Vermutlich zitiert MONTMORT die auch textlich veränderte Auflage von 1705 (Amsterdam), die LAHONTAN in *Histoire des Ouvrages des Savans* (September 1705) missbilligt. 1709 erscheint in Hamburg eine deutsche Übersetzung von M. VISCHER: *Des Berühmten Herrn Baron de Lahontan Neueste Reisen nach Nord-Indien.*

[346] Ungewöhnlich ist, dass der Nichtwerfende nach geleistetem Einsatz in zwei Fällen denselben Betrag nachschießen muss.

[347] Es gibt viele Beschreibungen dieses sehr häufig und leidenschaftlich gespielten Spiels. Eine sehr genaue gibt 1724 der Jesuit JOSEPH-FRANÇOIS LAFITAU auf Seite 339 f. des 2. Bands seiner *Mœurs des sauvages Ameriquains*, die 1752 in der Übersetzung von JOHANN FRIEDRICH SCHRÖTER unter dem Titel *Die Sitten der amerikanischen Wilden im Vergleich zu den Sitten der Frühzeit* erschienen sind (Gebauer, Halle 1752 und 1753; Nachdruck 1987). Übersetzung der Stelle bei LAFITAU in Haller (1998).

[348] Unter »Vorteil« [*avantage*] versteht MONTMORT einen positiven Erwartungswert des Gewinns. MONTMORT gibt ihn als Anteil am Gesamteinsatz an.

nimmt also die Gleichwahrscheinlichkeit von schwarz und weiß an,[349] und bestimmt die Anzahl z der Treffer mit Hilfe des Arithmetischen Dreiecks – von ihm *Table de M. Pascal pour les combinaisons* genannt (siehe Seite 229) – ; denn die Anzahl der Treffer ist binomial nach B(8; ½) verteilt.

Nennen wir den Werfenden im Vorgriff auf das nachfolgende Problem Peter, den anderen Spieler Paul, sei ferner α der Einsatz von Peter, β der Einsatz von Paul, $\alpha + \beta = A$ der Gesamteinsatz, und sei schließlich die Zufallsgröße X := »Peters Gewinn«, dann erhält man

Anzahl z der schwarzen Kerne	0	1	2	3	4	5	6	7	8
Anzahl der Fälle	1	8	28	56	70	56	28	8	1
Peters Gewinn $X(z)$	2β	β	$-\alpha$	β	$-\alpha$	β	$-\alpha$	β	2β

$$E(X) = \frac{2}{256} \cdot 2\beta + \frac{128}{256} \cdot \beta + \frac{126}{256} \cdot (-\alpha) = \frac{132\beta - 126\alpha}{256} \ .$$

Aus der Annahme $\alpha = \beta$ erhält MONTMORT $E(X) = \frac{6}{256} \alpha = \frac{3}{256} A$, d. h., Peter, der Werfende, ist im Vorteil. Außerdem stellt er noch fest: Das Spiel wird fair, wenn $\alpha : \beta = 22 : 21$, was sich aus $E(X) = 0 \Leftrightarrow 132\beta - 126\alpha = 0$ ergibt.

Diese Aussage ist richtig für das von MONTMORT behandelte Spiel. Ob das »Spiel der Wilden« fair oder nicht fair ist, lässt sich nur entscheiden, wenn man die wirklichen Wahrscheinlichkeiten für weiß bzw. schwarz bei den jeweils verwendeten Kernen kennt. Dann gibt MONTMORT seine Quelle preis, fährt aber ziemlich rüde fort:

> »Ich glaube hinzufügen zu müssen, dass mir dieses Problem von einer Dame gestellt wurde, die mir nahezu aus dem Stegreif eine überaus genaue Lösung geboten hat, indem sie sich der Tafel [des Herrn *Pascal*] bediente.[350] Aber diese ist hier nur zufällig von Nutzen. Würden die Kerne nämlich statt zweier Flächen mehr Flächen haben, z. B. vier, dann käme man mit dieser Tafel nicht weiter, und das Problem wäre wesentlich schwieriger als das vorhergehende, wie man aus der folgenden Aufgabe ersehen kann.«

Man nehme an, dass jeder der acht Kerne vier Flächen besitzt, z. B. eine weiße, eine schwarze, eine grüne und eine rote. Peter wirft die Kerne, der andere Spieler sei Paul. Die Kerne werden auf gut Glück geworfen. Wenn vier Farben fallen, dann gibt Paul β dem Peter. Wenn nur drei Farben fallen, dann gibt Paul 3β dem Peter, und wenn nur eine Farbe fällt, [...] dann gibt ihm Paul 4β; schließlich, wenn zwei Farben fallen, gibt Peter 2α dem Paul. Das angenommen, fragt man, auf welcher Seite der Vorteil und wie groß dieser Vorteil ist, wobei α und β in einem beliebigen Verhältnis stehen können.[351]

Übersichtlich lautet MONTMORTs Spielregel: Es fallen

alle 4 Farben: Paul zahlt β an Peter;   genau 3 Farben: Paul zahlt 3β an Peter;
genau 2 Farben: Peter zahlt 2α an Paul;   genau 1 Farbe: Paul zahlt 4β an Peter.

---

[349] Diese Annahme ist durch nichts gerechtfertigt, weil die Form der geworfenen Kerne nicht bekannt ist.

[350] ISAAC TODHUNTER bemerkt dazu 1865 in seiner *A History of the Mathematical Theory of Probability* (S. 95): »Montmort hätte den Namen der einzigen Dame, die einen Beitrag zur Wahrscheinlichkeitstheorie geleistet hat, überliefern sollen.«

[351] MONTMORT verwendet an Stelle von α und β die Buchstaben *A* bzw. *B*, was zu Verwechslungen Anlass gibt; denn beim »Spiel der Wilden« bedeutete *A* den Gesamteinsatz.

Lösung nach MONTMORT (1708 und 1713)

MONTMORT behauptet, ohne die Rechnung auszuführen, dass man mit Hilfe von Satz 30 (1708) bzw. den Artikeln 29 und 42 (1713) findet:[352]

1) Falls $\beta = \alpha$ ist, hat Paul einen Vorteil, und zwar von $\frac{233}{16384}\,A$. Peter, der Werfende, ist also im Nachteil.

2) Für ein faires Spiel muss $\beta = \frac{11592}{11359}\,\alpha$ sein, d. h., »Peter müsste 11 552 [sic!][353] einsetzen gegen Paul 11 359.«

Die letzte Aussage ist ein erster Widerspruch! Wenn nämlich Paul bei gleichen Einsätzen im Vorteil ist, dann kann das Spiel nur fair werden, wenn er mehr einsetzt als Peter. Offensichtlich muss Paul an Stelle von Peter stehen.

Die Überprüfung der Behauptungen MONTMORTs, der wir uns nun zuwenden, ist aufwändig. Für das zugrundeliegende Zufallsexperiment (Ω, P) eignet sich als Ergebnisraum Ω die Menge der 8-Tupel mit Wiederholungen aus der 4-Menge $\{w, s, g, r\}$, wobei die Buchstaben die Anfangsbuchstaben der vier Farben weiß, schwarz, grün und rot sind. Es ist $|\Omega| = 4^8 = 65\,536$, und P ist eine Multinomialverteilung. Die Mächtigkeiten der vier auf Grund der Spielregel interessierenden Ereignisse erhält man mit Hilfe des Multinomialtheorems

$$(w + s + g + r)^8 = \sum_{\substack{0 \le i,\,j,\,k,\,l \le 8 \\ i + j + k + l = 8}} \frac{8!}{i!\,j!\,k!\,l!}\, w^i s^j g^k r^l \,.$$

Dabei gibt z. B. der Koeffizient von $w^3 s^0 g^4 r^1$ an, auf wie viele Arten drei weiße, keine schwarze, vier grüne und eine rote Fläche fallen können. Der Rechenaufwand ist erheblich. Hat doch die rechte Seite insgesamt $\binom{8 + 4 - 1}{4 - 1} = \binom{11}{3} = 165$ Glieder. Auf Grund der nachstehend ausgeführten Rechnungen ergeben sich die Mächtigkeiten für

alle 4 Farben: 40 824; genau 3 Farben: 23 184; genau 2 Farben: 1524; genau 1 Farbe: 4.

Die Summe liefert $65\,536 = |\Omega|$. Den Erwartungswert von Pauls Gewinn Y erhält man aus

Anzahl z der Farben	4	3	2	1
Pauls Gewinn $Y(z) = y$	$-\beta$	-3β	2α	-4β
$65536 \cdot W(y)$	40824	23184	1524	4

$65\,536 \cdot E(Y) = -\beta \cdot (40\,824 + 3 \cdot 23\,184 + 4 \cdot 4) + 2\alpha \cdot 1524$

$= -\beta \cdot (40\,824 + 69\,552 + 16) + 3048\alpha$

$= -110\,392\beta + 3048\alpha$. Für $\alpha = \beta$ ergibt sich daraus: $65\,536 \cdot E(Y) = -107\,344\alpha$.

Das wäre ein *desavantage* für Paul, und somit Paul bestimmt nicht im Vorteil. Damit haben wir einen zweiten Widerspruch zu MONTMORTs Behauptungen. Irgendetwas muss beim Druck schiefgelaufen sein. Wir vermuten, dass in den Fällen von drei und von zwei Farben die Rollen von Peter und Paul vertauscht worden sind. Setzen wir also

---

[352] Artikel 29 von 1713 ist ein Hinweis auf das Multinomialtheorem, »ein neuer und sehr wichtiger Satz«, der MONTMORT also 1708 noch nicht bekannt war. Artikel 42 stimmt im Wesentlichen mit Satz 30 von 1708 überein, dessen Formel jedoch fehlerhaft ist.

[353] MONTMORT schreibt sogar in Worten *onze mil cinq cens cinquante-deux*.

alle 4 Farben: Paul zahlt β an Peter;   genau 3 Farben: Peter zahlt 2α an Paul ;
genau 2 Farben: Paul zahlt 3β an Peter;   genau 1 Farbe: Paul zahlt 4β an Peter,

dann verändert sich die obige Tabelle zu

Anzahl z der Farben	4	3	2	1
Pauls Gewinn $Y(z) = y$	$-\beta$	2α	-3β	-4β
$65536 \cdot W(y)$	40824	23184	1524	4

und man erhält

$$65\,536 \cdot E(Y) = -\beta \cdot (40\,824 + 3 \cdot 1524 + 4 \cdot 4) + 2\alpha \cdot 23\,184$$
$$= -\beta \cdot (40\,824 + 4562 + 16) + 46\,368\alpha = -45\,412\beta + 46\,368\alpha.$$

Für $\alpha = \beta$ ergibt sich daraus $E(Y) = \frac{956}{65536}\alpha = \frac{239}{16384}\alpha = \frac{239}{32768}A$. Das ist Pauls Vorteil. Paul ist also, wie MONTMORT behauptet, im Vorteil, und Peter, der Werfende, im Nachteil. Mit dieser korrigierten Spielregel wird das Spiel fair, wenn

$$E(Y) = 0 \Leftrightarrow \beta = \frac{46368}{45412}\alpha = \frac{11592}{11353}\alpha \text{, d. h., } \alpha : \beta = 11\,353 : 11\,592.$$

Peter, der im Nachteil ist, muss – wie es richtig ist –, weniger einsetzen als Paul, der im Vorteil ist.

Fazit: Mit dieser veränderten Spielregel treffen die Behauptungen MONTMORTs zu; außerdem kommen wir seinen Zahlen sehr nahe. Statt MONTMORTs 11 359 beim fairen Spiel erhalten wir 11 353 und statt MONTMORTs 233 in $E(Y)$ erhalten wir 239. Die Abweichungen sind offensichtlich Druckfehler. MONTMORTs Nenner 16 384 in $E(Y)$ ist außerdem auf 32 768 zu verdoppeln, da sich der Vorteil auf den Gesamteinsatz bezieht. Man darf also annehmen, dass wie vorgeschlagen, Peter und Paul bei drei bzw. zwei Farben ihre Rollen tauschen müssen, also auch hier Fehler des Druckers oder der Vorlage vorliegen.

Nun wenden wir uns der oben angekündigten Berechnungen der Mächtigkeiten der Ereignisse zu. MONTMORT scheute offenbar die Wiedergabe der umfangreichen Berechnungen. Schrieb er doch schon 1708 bei *Proposition 30*:[354]

> »Ich liefere bewusst keinen Beweis dieser Formel; denn er würde nur außerordentlich lang und abstrakt ausfallen und er würde nur von denjenigen verstanden werden, die fähig sind, ihn selbst zu finden.«

Die Anzahl der Fälle, in denen von den 8 Flächen genau i weiße, genau j schwarze, genau k grüne und genau l rote Flächen fallen, ist gleich der Anzahl der 8-Permutationen mit festen Wiederholungen, also $\frac{8!}{i!\,j!\,k!\,l!}$. Es handelt sich nun darum, mit Hilfe dieses Ausdrucks die Anzahl der für die vier Ereignisse günstigen Fälle zu bestimmen.

I. »Es fällt genau eine Farbe«: Offensichtlich gibt es genau 4 Möglichkeiten.

II. »Es fallen genau zwei Farben«

1. Schritt: Zwei der vier möglichen Farben werden ausgewählt; das geht auf $\binom{4}{2} = 6$ Arten.

2. Schritt: i Kerne ($1 \le i \le 7$) zeigen die eine Farbe, $8 - i$ die andere. Dafür gibt es $\binom{8}{i}$ Möglichkeiten.

---

[354]   1713 lieferte er ihn.

Für i von 1 bis 7 erhält man $\displaystyle\sum_{i=1}^{7}\binom{8}{i} = \sum_{i=0}^{8}\binom{8}{i} - \binom{8}{0} - \binom{8}{8} = 2^8 - 1 - 1 = 254$ Möglichkeiten.

Insgesamt gibt es für genau zwei Farben also $6 \cdot 254 = 1524$ Möglichkeiten.

III. »Es fallen genau drei Farben«

1. Schritt: Drei der vier möglichen Farben werden ausgewählt; das geht auf $\binom{4}{3} = 4$ Arten.

2. Schritt: i Kerne zeigen die erste Farbe, j Kerne die zweite und k Kerne die dritte. Dabei muss gelten

$i + j + k = 8 \wedge ijk \neq 0$. Das ergibt $\displaystyle\sum_{\substack{ijk\neq 0 \\ i+j+k=8}} \frac{8!}{i!\,j!\,k!}$ Fälle.

Die drei Farben werden durch 3-Tupel ijk beschrieben: Die Zahl an der ersten Stelle gibt an, wie oft Farbe 1 auftritt, usw. Ferner gilt $1 \leq i, j, k \leq 6 \wedge i + j + k = 8$.

maximales Fallen einer Farbe	Typ	Anzahl der Möglichkeiten dieses Typs	Anzahl der 8-Permutationen	Gesamt-anzahl
6	6 1 1	$\frac{3!}{2!1!} = 3$	$\frac{8!}{6!1!1!} = 56$	168
5	5 2 1	$3! = 6$	$\frac{8!}{5!2!1!} = 168$	1008
4	4 3 1	$3! = 6$	$\frac{8!}{4!3!1!} = 280$	1680
	4 2 2	$\frac{3!}{2!1!} = 3$	$\frac{8!}{4!2!2!} = 420$	1260
3	3 3 2	$\frac{3!}{2!1!} = 3$	$\frac{8!}{3!3!2!} = 560$	1680
				5796

Also gibt es für genau drei Farben $4 \cdot 5796 = 23184$ Möglichkeiten.

IV. »Es fallen genau vier Farben«

i Kerne zeigen die erste Farbe, j Kerne die zweite, k Kerne die dritte und l Kerne die vierte. Dabei muss gelten $i + j + k + l = 8 \wedge ijkl \neq 0$. Das ergibt $\displaystyle\sum_{\substack{ijkl\neq 0 \\ i+j+k+l=8}} \frac{8!}{i!\,j!\,k!\,l!}$ Fälle. Analog zu **III**

maximales Fallen einer Farbe	Typ	Anzahl der Möglichkeiten dieses Typs	Anzahl der 8-Permutationen	Gesamt-anzahl
5	5 1 1 1	$\frac{4!}{3!} = 4$	$\frac{8!}{5!1!1!1!} = 336$	1344
4	4 2 1 1	$\frac{4!}{4!2!1!} = 12$	$\frac{8!}{4!2!1!1!} = 840$	10080
3	3 3 1 1	$\frac{4!}{2!2!} = 6$	$\frac{8!}{3!3!1!1!} = 1120$	6720
	3 2 2 1	$\frac{4!}{4!2!1!} = 12$	$\frac{8!}{3!2!2!1!} = 1680$	20160
2	2 2 2 2	$\frac{4!}{4!} = 1$	$\frac{8!}{2!2!2!2!} = 2520$	2520
				40824

werden die vier Farben durch 4-Tupel *ijkl* beschrieben: Die Zahl an der ersten Stelle gibt an, wie oft Farbe 1 auftritt, usw. Ferner gilt $1 \le i, j, k, l \le 5 \wedge i + j + k + l = 8$. Aus der obigen Tabelle ergibt sich: Es gibt für genau vier Farben 40 824 Möglichkeiten.

1733 BUFFON / *Histoire de l'Académie*: Nadelproblem

BERNARD DE BOUVIER DE FONTENELLE, *sécrétaire perpétuel* der Akademie, berichtet in der 1735 erschienenen *Histoire de l'Académie* für das Jahr 1733 auf den Seiten 43–45, dass GEORGES LOUIS LE CLERC DE BUFFON Lösungen von Fragestellungen vorstellte, die sich auf das zu jener Zeit sehr beliebte Spiel *franc Carreau* bezogen. Bei diesem Spiel wirft man in einem Zimmer, dessen Boden mit gleichen, regelmäßig angeordneten Kacheln gekachelt ist, einen *Écu* oder einen *Louis*, und man fragt, mit wie viel man darauf wetten kann, dass die Münze auf nur eine Kachel fällt. FONTENELLE gibt aber nicht die Probleme mit ihren sehr komplexen Lösungen BUFFONs wieder, sondern beschränkt sich auf ein in diesen Zusammenhang passendes anderes Problem.

> *Sur un plancher qui n'est formé que de planches égales & paralleles, on jette une Baguette d'une certaine longueur, & et qu'on suppose sans largeur. Quand tombera-t-elle franchement sur une seule planche?*
>
> Auf einen Fußboden, der nur aus gleichen und parallelen Brettern besteht, wirft man ein Stöckchen einer bestimmten Länge und nimmt an, dass es keine Breite habe. Wann wird es nur auf ein Brett fallen?

BUFFON skizziert den Lösungsweg, ohne eine Formel zu verwenden; er weist auch darauf hin, dass die Antwort vom Verhältnis Brettbreite zu Stöckchenlänge abhängt. Schließlich zeigt er »mit viel Eleganz«, wann daraus ein faires Spiel entstehen kann. BUFFON greift die Probleme in Abschnitt XXIII seines 1777 erschienenen *Essai d'Arithmetique morale* auf und formuliert das obige wie folgt.

> *Je suppose que dans une chambre dont le parquet est simplement divisé par de joints parallèles, on jette en l'air une baguette, & que l'un de joueurs parie que la baguette ne croisera aucune des parallèles du parquet, & l'autre au contraire parie que la baguette croisera quelques-unes de ces parallèles; on demande le sort de ces deux joueurs. On peut jouer ce jeu sur un damier avec une aiguille à coudre ou une épingle sans tête.*
>
> Ich stelle mir ein Zimmer vor, dessen Parkett nur durch parallele Fugen geteilt wird. Man wirft ein Stöckchen hoch, und einer der Spieler wettet, dass das Stöckchen auf keine der Parallelen fallen wird, und der andere Spieler wettet im Gegenteil, dass das Stöckchen auf eine der Parallelen fallen wird. Welche Chancen haben die beiden Spieler? Man kann das Spiel auch auf einem Schachbrett mit einer Nähnadel oder einer kopflosen Stecknadel spielen.

Lösung nach Buffon (1777)

Die von BUFFON gewählten Bezeichnungen verwirren, da er mehrmals, auch im Text, denselben Buchstaben für verschiedene Objekte wählt.[355] Seinen Gedanken folgend bezeichnen wir den Abstand der Fugen mit $2a$, die Länge der Nadel – BUFFON spricht nur vom Stöckchen – mit $2b$, und es gelte $2b \leq 2a$. BUFFON betrachtet einen Mittelstreifen der Breite $2a - 2b$. Fällt die Nadelmitte M in diesen Mittelstreifen, dann kann die Nadel keine Fuge treffen. Fällt M hingegen in einen der beiden Randstreifen der Breite b, dann kann die Nadel eine Fuge treffen oder auch nicht. Ohne Beschränkung der Allgemeinheit falle M in den oberen Randstreifen. M habe den Abstand x von der oberen Fuge. Fällt die

Nadel so, dass sie die Fuge gerade noch trifft, dann bildet diese Richtung mit dem von M auf die Fuge gefällten Lot den Winkel α. Die Wahrscheinlichkeit, dass die Nadel die obere Fuge trifft, ist

$\frac{2\alpha}{\pi}$. Aus $\cos\alpha = x : b$ erhält man $\alpha = \arccos\frac{x}{b}$ und damit für Wahrscheinlichkeit eines Treffers, falls M den Abstand x hat, den Wert $\frac{2}{\pi}\arccos\frac{x}{b}$. Da x alle Werte von 0 bis b annehmen kann, muss über alle möglichen Werte von x gemittelt werden. Damit ergibt sich für die Wahrscheinlichkeit eines Treffers, falls M im oberen Randstreifen liegt:

$$\frac{1}{b} \cdot \frac{2}{\pi}\int_0^b \arccos\frac{x}{b}\,\mathrm{d}x = \frac{2}{\pi b}\int_0^1 b \cdot \arccos t\,\mathrm{d}t = \frac{2}{\pi}\left[t \cdot \arccos t - \sqrt{1 - t^2}\right]_0^1 = \frac{2}{\pi}.$$

Denselben Wert erhält man, wenn M in den unteren Randstreifen fällt. Da die Wahrscheinlichkeit, dass M in einen der Randstreifen fällt, den Wert $\frac{2b}{2a}$ hat, ist die Wahrscheinlichkeit, dass die Nadel eine Fuge trifft, $\frac{2b}{2a} \cdot \frac{2}{\pi} = \frac{2b}{a\pi}$. Damit verhält sich die Chance des 1. Spielers zu der des 2. Spielers wie $\left(1 - \frac{2b}{a\pi}\right) : \frac{2b}{a\pi}$. Soll das Spiel fair sein, dann muss $1 - \frac{2b}{a\pi} = \frac{2b}{a\pi}$ sein, also $4b = a\pi$. Entscheidend ist also das Verhältnis der Nadellänge $2b$ zum Fugenabstand $2a$. Damit das Spiel fair ist, muss also $2b : 2a = \frac{\pi}{4} \approx \frac{3}{4}$ sein, wie BUFFON bemerkt.

Den Fall, dass die Nadel mindestens so lang wie der Fugenabstand ist, behandelt BUFFON nicht, ebenso wenig PIERRE SIMON DE LAPLACE,[356] der 1812 in seiner *Théorie Analytique des Probabilités* auf Seite 359 f. das Nadelproblem bringt, ohne jedoch, wie bei ihm üblich, BUFFON zu erwähnen. LAPLACEns Beweis ähnelt dem BUFFONs. Es geht LAPLACE um die

---

[355] BUFFON verwendet für die Kreiszahl den damals verbreiteten Buchstaben c, wohl als Abkürzung für *circumferentia*. Der Buchstabe π taucht zum ersten Mal 1648 in WILLIAM OUGHTREDs *Clavis mathematica* auf Seite 69 für den Kreisumfang auf, wohl als Abkürzung für περίμετρος. Explizit als Kreiszahl und als Abkürzung für 3,14159... führt 1706 WILLIAM JONES den Buchstaben π in seiner *Synopsis palmariorum matheseos* ein. Nachdem LEONHARD EULER π ab 1736 in Abhandlungen und Briefen verwendet, beginnt sich dessen Gebrauch einzubürgern.

[356] Die früheste uns bekannte Lösung für diesen Fall stammt von RUDOLF MERIAN, die wir weiter unten bringen.

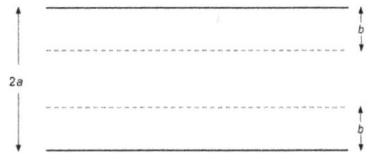

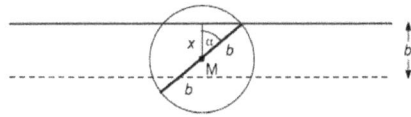

Berechnung des Werts $\frac{2b}{a\pi}$ der Wahrscheinlichkeit p, dass die Nadel[357] eine Fuge trifft, aber nicht darum, die Bedingung für ein faires Spiel zu bestimmen. Der Geist der Französischen Revolution hat die Spielleidenschaft des Adels ausgelöscht. LAPLACE sieht diese Wahrscheinlichkeit sogar noch unter einem ganz anderen Aspekt; denn er schreibt auf Seite 360:

> »Wenn man sehr oft diese Nadel wirft, dann ist das Verhältnis der Anzahl [k] der Würfe, bei denen die Nadel eine der Fugen trifft, zur Anzahl [n] aller Würfe ungefähr gleich $\frac{2b}{a\pi}$, woraus man den Wert 2π des Kreisumfangs bestimmen kann.«

Es ist also $p = \frac{2b}{a\pi}$ oder $\pi = \frac{2b}{ap}$. Ersetzt man hier p durch die relative Häufigkeit $\frac{k}{n}$, dann gilt $\pi \approx \frac{2b}{a} \cdot \frac{n}{k}$. LAPLACE hat mit dieser Idee den Grundstein gelegt für die sog. *Monte-Carlo-Methode*, die erst in der zweiten Hälfte des 20. Jahrhunderts Bedeutung erlangte, als leistungsfähige Computer zur Verfügung standen.

In JEAN AICARDS *Un million de faits* von 1842 wird in Spalte 262 auf ein »einzigartiges Vorgehen hingewiesen, mit dem man durch Versuchsreihen die Kreiszahl bestimmen könne«.[358] Dieser Artikel regt 1850 den Schweizer Astronomen und Mathematiker RUDOLF WOLF zu umfangreichen Messreihen an.[359] 1855 führt AMBROSE SMITH aus Aberdeen entsprechende Versuche durch.[360] 1864 bittet der Astronom ASAPH HALL[361] seinen Freund Captain (Hauptmann) C. O. FOX, der seine im Amerikanischen Bürgerkrieg (1861–1865) empfangene schwere Verwundung ausheilen muss, entsprechende Versuche durchzuführen. Um alle Winkel gleichmäßig zu erreichen, lässt FOX den Boden leicht rotieren.[362] Schließlich baut 1901 MARIO LAZZARINI für seine Versuche eine Wurfmaschine. Die Schwierigkeit bei all diesen Versuchen liegt darin, dass alle Richtungen, in der die Nadel geworfen wird, gleichwahrscheinlich sein müssen. Sicher gibt es noch sehr viel mehr Experimente als die hier erwähnten. Deren Ergebnisse lassen sich wie folgt zusammenfassen.

Jahr	Name	Verhältnis $b : a$	Anzahl der Treffer	Anzahl der Versuche	Näherungswert für π
1850	WOLF	0,8	2532	5000	3,1596
1855	SMITH[363]	0,6	1218,5	3204	3,1554
1864	FOX	0,75	253	530	3,1423
1901	LAZZARINI	5/6	?	3408	3,14152929

Dem Wert von LAZZARINI wird in der Wissenschaft misstraut. Die *krumme* Wurfzahl lässt

---

[357] LAPLACE spricht nicht von einer Nadel, sondern von einem sehr schlanken Zylinder, der außerdem orientiert ist.

[358] Ohne BUFFON zu erwähnen, wird hier das Nadelproblem behandelt.

[359] WOLF hat 1850 in den *Mittheilungen der naturforschenden Gesellschaft in Bern*, Seite 85 ff. und 209 ff. darüber berichtet. In seinem *Handbuch der Astronomie* kommt er 1890 darauf zurück und bringt auch sehr klar den Beweis von LAPLACE.

[360] Hierüber berichtet AUGUSTUS DE MORGAN in seinem *A Budget of Paradoxes* 1872 auf Seite 170 f.

[361] Er entdeckte 1877 die Marsmonde Phobos und Deimos. – Asaph ist ein schottischer Heiliger († 596).

[362] siehe HALL 1873, wo er genauere Daten mitteilt.

[363] SMITH erzielte 1213 deutliche Treffer. Bei 11 Würfen war die Situation nicht klar, darum zählte er die Hälfte als Treffer, die andere Hälfte als Nieten.

vermuten, dass LAZZARINI genau dann aufhörte zu werfen, als er einen sehr guten Näherungswert für π erworben hatte. Den Verdacht erhärtet die folgende Abschätzung. Nehmen wir an, LAZZARINI hätte ein weiteres Mal geworfen. Er hätte dabei einen Treffer oder eine Niete erzielen können. Im Fall einer Niete erhält man als neuen Näherungswert $\frac{2b}{a} \cdot \frac{n+1}{k} =$

$\frac{2b}{a} \cdot \frac{n}{k} + \frac{2b}{a} \cdot \frac{1}{k} = \frac{2bn}{ak} + \frac{2bn}{ak} \cdot \frac{1}{n}$. Setzt man für $\frac{2bn}{ak}$ den Näherungswert von LAZZARINI

ein, so erhält man als Näherungswert für die $n + 1$ Versuche $3{,}1415929 + \frac{3{,}1415929}{3408} =$

$3{,}1415929 + 0{,}0009\ldots$ Der gute 7-stellige Wert LAZZARINIs würde bereits an der 4. Stelle zerstört.

Lösung nach MERIAN (1850)

RUDOLF WOLF schickte seine Ergebnisse an den Baseler Kollegen RUDOLF MERIAN. Dieser lieferte ihm einen Beweis für die von WOLF verwendeten Formeln, d. h. für das BUFFON'sche Nadelproblem, und zwar offensichtlich als Erster auch für den Fall, dass die Nadel mindestens so lang ist wie der Abstand der Fugen.[364]

1. Fall. Die Nadel ist kürzer als der Fugenabstand, d. h., $2b < 2a$, und falle so, dass sie um den Winkel φ von der zu den Fugen Senkrechten abweicht, $0 \le \varphi \le \frac{1}{2}\pi$.

Die Nadel muss so geworfen werden, dass jeder Winkel φ gleichwahrscheinlich ist. Sie trifft eine der Fugen, wenn entweder der untere Endpunkt der Nadel weniger als x von der oberen Fuge entfernt ist, oder wenn der obere Endpunkt der Nadel weniger als x von der unteren Fuge entfernt ist. Die Wahrscheinlichkeit dafür ist $\frac{x}{2a} = \frac{2b\cos\varphi}{2a} = \frac{b\cos\varphi}{a}$.

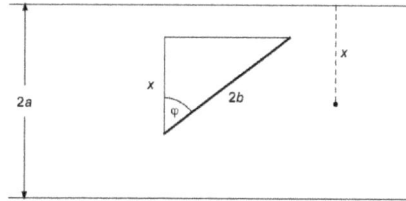

Die Wahrscheinlichkeit dafür, dass der Abweichungswinkel zwischen φ und $\varphi + \mathrm{d}\varphi$ liegt, ist somit $\frac{\mathrm{d}\varphi}{\frac{1}{2}\pi} = \frac{2\mathrm{d}\varphi}{\pi}$. Liegt dieser Fall vor, dann ist die Wahrscheinlichkeit für einen Treffer

$\frac{b\cos\varphi}{a} \cdot \frac{2}{\pi}\mathrm{d}\varphi$. Die Mittelung über alle φ liefert die Wahrscheinlichkeit dafür, dass die Nadel eine Fuge trifft:

$$\frac{2b}{a\pi} \int_0^{\frac{\pi}{2}} \cos\varphi\, \mathrm{d}\varphi = \frac{2b}{a\pi}\big[\sin\varphi\big]_0^{\frac{\pi}{2}} = \frac{2b}{a\pi}\,.$$

2. Fall. Die Nadel ist mindestens so lang wie der Fugenabstand, d. h., $2b \ge 2a$. Liegen die beiden Endpunkte der Nadel auf benachbarten Fugen, dann bildet sie mit der Senkrechten zu den Fugen einen Winkel α. Ist $\varphi \le \alpha$, dann ist die Wahrscheinlichkeit für einen Treffer 1. Dabei wird nur darauf geachtet, ob die Nadel eine der Fugen trifft. Falls sie mehr als eine Fuge trifft, wird auch dies nur als ein Treffer gezählt. Ist $\varphi > \alpha$,

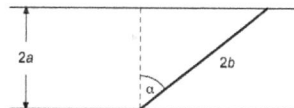

---

[364] Hierüber berichtet WOLF 1850 in den *Mittheilungen* auf Seite 209 f.

dann liegt der obige 1. Fall vor. Für die Wahrscheinlichkeit eines Treffers, falls die Nadel mindestens so lang wie der Fugenabstand ist, erhält man also

$$\int_0^{\alpha} 1 \cdot \frac{2}{\pi} d\varphi + \frac{2b}{a\pi} \int_{\alpha}^{\frac{\pi}{2}} \cos\varphi \, d\varphi = \frac{2\alpha}{\pi} + \frac{2b}{a\pi} \left[\sin\varphi\right]_{\alpha}^{\frac{\pi}{2}} = \frac{2\alpha}{\pi} + \frac{2b}{a\pi}(1 - \sin\alpha).$$

Ist $2b = 2a$, dann ist $\alpha = 0$, und die beiden Fälle stimmen überein. Mit zunehmender Nadellänge wächst auch α und erreicht schließlich bei unendlicher Nadellänge den Wert $\frac{1}{2}\pi$. In diesem Fall ist die Wahrscheinlichkeit für einen Treffer 1.

Foxs lange Nadel

Captain FOX führte auch Versuche mit einer »langen« Nadel durch; er wählte $2b = 5$ *inches* und $2a = 2$ *inches*. HALL teilt mit, FOX habe bei 590 Versuchen 939 Treffer erzielt, was $\pi \approx$ 3,14164 ergibt. Wie ist es möglich, dass die Anzahl der Treffer die der Würfe übersteigt?

FOX hat offensichtlich bei dieser Versuchsreihe alle Treffer der Nadel mit den Fugen gezählt. Trifft also seine Nadel bei einem Wurf z. B. drei Fugen, dann sind das für ihn drei Treffer. Um auch für diesen Fall eine Näherungsformel für π zu gewinnen, gehen wir wie folgt vor:

Wir teilen $2b$ in m Teile b_i, $\sum_{i=1}^{m} b_i = 2b$ und $b_i < a$ für alle i. Damit liegt für jedes i der 1.

Fall vor. Sei k_i die Anzahl der Treffer von b_i bei n Würfen, dann gilt $\frac{k_i}{n} \approx \frac{2b_i}{a\pi}$ (*). Die Ge-

samtzahl k aller Fälle, in denen die Nadel eine der Fugen trifft, ist $k = \sum_{i=1}^{m} k_i$. Addiert man al-

le Näherungen (*), dann erhält man $\frac{k}{n} = \sum_{i=1}^{m} \frac{k_i}{n} \approx \sum_{i=1}^{m} \frac{2b_i}{a\pi} = \frac{2b}{a\pi}$ und damit $\pi \approx \frac{2bn}{ak}$. Setzt

man hier die Werte von FOX ein, so erhält man $\pi \approx \frac{2 \cdot 2{,}5 \cdot 590}{1 \cdot 939} \approx 3{,}14164$.

Wir bringen noch eine eigene Lösungsvariante

Die Nadel sei kürzer als der Fugenabstand, d. h., $2b < 2a$, und x sei der Abstand des tiefsten Punktes der Nadel von der oberen Fuge. Der Winkel, um den man eine Fuge drehen müsste,

damit sie parallel zur Nadel zu liegen kommt, sei α. Offensichtlich ist $0 \leq \alpha < \pi$. Man erkennt, dass die Nadel eine der Fugen genau dann trifft, wenn $x \leq 2b \cdot \sin\alpha$ ist. Jede mögliche Lage der Nadel zur Fugenschar ist durch die Angabe der Werte x und α eindeutig bestimmt. In einem rechtwinkligen α-x-Koordinatensystem lassen sich die möglichen Lagen als Punktmenge $\{(\alpha \mid x) \mid 0 \leq \alpha < \pi \wedge 0 \leq x < 2a\}$ darstellen. Diese Punktmenge erfüllt ein Rechteck mit den Seiten π und $2a$. Genau diese Punktmenge wollen wir nun als unendli-

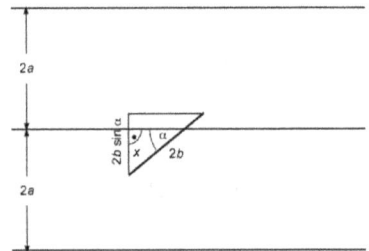

chen Ergebnisraum Ω für das Werfen der Nadel verwenden. Das uns interessierende Ereignis $T :=$ »Die Nadel trifft auf eine Fuge« wird dann durch die Menge der *günstigen* Punkte dieses Rechtecks gebildet. Das sind aber die Punkte, die der Bedingung $x \leq 2b \cdot \sin\alpha$ genügen. Sie liegen im Rechteck auf und unterhalb des Graphen der Funktion mit der Gleichung $x = 2b \cdot \sin\alpha$, bilden also die Fläche A. Die Laplace-Annahme bedeutet hier, dass sich die Wahrscheinlichkeiten der Ereignisse wie die Flächenmaßzahlen der Figuren verhalten, die von den jeweils günstigen Punkten gebildet werden. Man spricht von geometrischer Wahrscheinlichkeit. Damit erhalten wir $P(T) = \frac{\text{Flächeninhalt von } A}{\text{Flächeninhalt von } \Omega}$. Der Flächeninhalt von Ω ergibt sich als Inhalt des Rechtecks zu $2\pi a$. Der Flächeninhalt von A ist

$$\int_0^\pi 2b \sin\alpha\, d\alpha = \left[-2b\cos\alpha\right]_0^\pi = 4b.$$

Damit erhalten wir $P(T) = \frac{4b}{2a\pi} = \frac{2b}{a\pi}$ wie oben.

1866 CLIFFORD / *Educational Times*: A broken line

Der 20-Jährige WILLIAM KINGDON CLIFFORD reicht bei der Zeitschrift *Educational Times* eine Aufgabenstellung ein, die in Band XVIII, New Series, Nr. 58 auf Seite 236 unter der Nummer 1878 im Januar 1866 dort erscheint. Die erste gestellte Aufgabe, die später als »**Problem des zerbrochenen Stabes**« oder auch als *bâton brisé* bekannt wurde, lautet:

A line of length a is broken up into n pieces at random; prove that the chance that they cannot be made into a polygon of n sides is n $\cdot 2^{1-n}$.
Eine Strecke der Länge a ist zufällig in n Stücke zerbrochen. Zeige, dass die Wahrscheinlichkeit dafür, dass man mit diesen Stücken kein n-seitiges Polygon bilden kann, den Wert $n \cdot 2^{1-n}$ hat.

CLIFFORDs Lösung erscheint in der November-Nummer desselben Jahres. Aufgabe und Lösung werden auch noch 1866 in Band 6 von *Mathematical questions and solutions* auf den Seiten 83 bis 87 nachgedruckt.

Lösungen nach CLIFFORD (1866)

CLIFFORD bietet insgesamt drei verschiedene Lösungswege an. Wir führen hier zunächst seine erste Lösung vor.

1. Lösung
Der Mittelpunkt der Strecke [AB] der Länge a sei C, die Länge des i-ten Stücks sei a_i, $1 \leq i \leq n$. Ist eines der n Stücke länger als die Hälfte der Strecke [AB], dann lässt sich kein Polygonzug aus diesen n Stücken bilden. Ist nämlich ein Teilstück, z. B. [AT], länger als $\frac{1}{2}a$, dann bleibt für die Summe der restlichen $n-1$ Stücke weniger als $\frac{1}{2}a$. Weil die Strecke die

kürzeste Verbindung zweier Punkte ist, lassen sich
die Punkte A und T nicht durch einen Polygonzug
aus den restlichen Stücken verbinden.

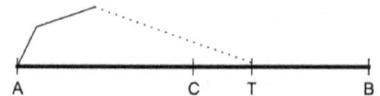

Sei nun $E_i := $»$a_i > \frac{1}{2} a$« und $p_i := P(E_i)$.

1. Fall. Alle Teilpunkte liegen in [CB], d. h. $a_1 > \frac{1}{2} a$. Also kann kein Polygonzug gebildet

werden. Die Wahrscheinlichkeit, dass ein Teilpunkt in [CB] fällt, ist $\frac{1}{2}$. Damit ist $\left(\frac{1}{2}\right)^{n-1} =$

2^{1-n} die Wahrscheinlichkeit, dass alle $n - 1$ Teilpunkte in [CB] fallen. Also ist $p_1 = 2^{1-n}$.

2. Fall. Der erste Teilpunkt liegt in [AC]; also gilt $a_1 < \frac{1}{2} a$. Damit auch in diesem Fall kein

Polygonzug gebildet werden kann, muss mindestens eines der folgen-

den $n - 1$ Stücke länger als $\frac{1}{2} a$ sein. Das treffe entweder für a_r oder

$a_{r+1}, 2 \le r \le n - 1$, zu. Ist das letzte Stück a_n länger als $\frac{1}{2} a$, dann liegen

alle vorhergehenden Stücke in [AC]. Die Wahrscheinlichkeit p_n ist analog zum 1. Fall gleich

2^{1-n}. CLIFFORD zeigt nun, dass $p_r = p_{r+1}$ ist. Dazu bildet er die Strecke [PQ] mit $\overline{PQ} =$

$a_r + a_{r+1} > \frac{1}{2} a$. Dann bestimmt er die Punkte R und S so, dass $\overline{PR} = \overline{QS} = \frac{1}{2} a$. Liegt

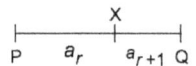

der Teilpunkt X in [RQ], dann ist $a_r > \frac{1}{2} a$.

Liegt aber X in [PS], dann ist $a_{r+1} > \frac{1}{2} a$.

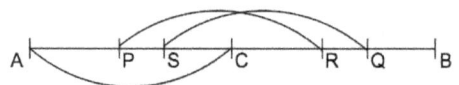

Nun gilt $\overline{RQ} = \overline{PS}$, und damit $p_r = p_{r+1}$.

Wegen $p_n = 2^{1-n}$ gilt $p_i = 2^{1-n}$ für $i \ge 2$ und nach dem Ergebnis des 1. Falles für alle i,
$1 \le i \le n$. Damit erhalten wir:

Weil die Ereignisse E_i, $1 \le i \le n$, unvereinbar sind – es kann ja nur immer ein Stück größer
als $\frac{1}{2} a$ sein –, gilt

$$P\left(E_1 \cup E_2 \cup \ldots \cup E_n\right) = \sum_{i=1}^{n} P(E_i) = \sum_{i=1}^{n} p_i = n \cdot 2^{1-n} \quad \text{q. e. d.}$$

Im Anschluss an Fall 1 könnte man auch argumentieren: Weil das erste Stück durch nichts
vor den anderen ausgezeichnet ist, gilt die Wahrscheinlichkeit 2^{1-n} dafür, dass das Stück
zu lang ist, auch für die übrigen $n - 1$ Stücke. Insgesamt ist dann die gesuchte Wahrscheinlichkeit gleich $n \cdot 2^{1-n}$.

Zum besseren Verständnis des allgemeinen Beweises führen wir ihn für $n = 3$ vor.
T_1 und T_2 seien die beiden Bruchstellen. Sie zerlegen [AB] in
drei Stücke der a_1, a_2 und a_3. Der Mittelpunkt von [AB] sei
C.

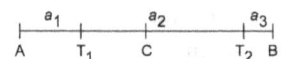

1. Fall. T_1 und T_2 liegen in [CB]. In diesem Fall gilt $a_1 > \frac{1}{2} a$, und somit kann kein Dreieck

gebildet werden. T_1 kann nur dann in [CB] liegen, wenn auch T_2 dort liegt. Also ist $p_1 = \frac{1}{2} \cdot \frac{1}{2} = \frac{1}{4}$.

2. Fall. T_1 und T_2 liegen in [AC]. Dann gilt $a_3 > \frac{1}{2}a$, und somit kann kein Dreieck gebildet werden. Also ist $p_3 = \frac{1}{2} \cdot \frac{1}{2} = \frac{1}{4}$.

3. Fall. T_2 liegt in [CB]. Ferner gilt $\overline{AT_2} = a_1 + a_2$. Man wähle die Punkte P und Q so, dass $\overline{AQ} = \overline{PT_2} = \frac{1}{2}a$ ist. Also ist Q = C. Liegt T_1 in [CT$_2$], dann liegt der 1. Fall vor. Liegt aber T_1 in

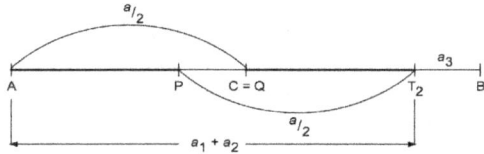

[AP], dann ist $\overline{T_1T_2} = a_2 > \frac{1}{2}a$, und es kann somit kein Dreieck gebildet werden. Wegen

$\overline{CT_2} = \overline{AP}$ gilt $p_2 = p_1 = \frac{1}{4}$.

Da die drei Ereignisse E_i, $1 \le i \le 3$, einander ausschließen, ist die Wahrscheinlichkeit, dass aus den drei Bruchstücken kein Dreieck gebildet werden kann, gleich $\frac{1}{4} + \frac{1}{4} + \frac{1}{4} = 3 \cdot \frac{1}{4} = 3 \cdot 2^{1-3}$.

Im Anschluss an diese Lösung schreibt CLIFFORD: »Ich bin überzeugt, dass im Vorstehenden ein Trugschluss steckt; daher habe ich versucht, einen strengen Beweis zu liefern.« Dann folgen seine zweite und seine dritte Lösung. Wir beschränken uns auf die letztere.

3. Lösung

Aus n Stücken lässt sich ein Polygon bilden, es sei denn, eines von ihnen ist länger als die Summe der restlichen Stücke, wie oben bei der 1. Lösung gezeigt. Ein solcher Fall tritt genau dann ein, wenn ein Stück länger ist als die Hälfte der Strecke a.

Beschränken wir uns ab jetzt auf $n = 3$. In diesem Fall entstehen zufällig drei Stücke, deren Längen x, y und z seien. Deutet man x, y und z als Koordinaten eines Punktes P im dreidimensionalen Raum, dann ist $x + y + z = a$ die Gleichung einer Ebene. Weil x, y und z positive Zahlen sind, liegt P irgendwo auf dem gleichseitigen Dreieck UVW, das der erste Oktant aus dieser Ebene herausschneidet. Suchen wir nun die Punkte von ΔUVW, für die $x > \frac{1}{2}a$ gilt. Sie liegen links von der Strecke, die die Ebene $x = \frac{1}{2}a$ aus ΔUVW ausschneidet und bilden zusammen ein zu ΔUVW ähnliches Dreieck $UV'W'$ mit halber Seitenlänge. Die Flä-

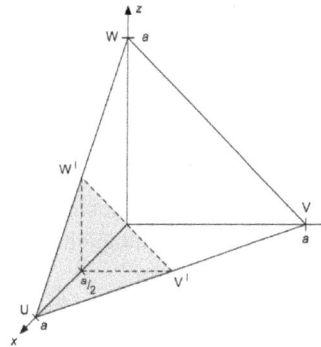

che von $\Delta UV'W'$ ist somit $\frac{1}{4}$ der Fläche von ΔUVW. – Was für x gilt, gilt auch für y und z.

Also werden drei kleine Dreiecke abgeschnitten, deren gemeinsamer Flächeninhalt $\frac{3}{4}$ des Flächeninhalts von ΔUVW ist. Somit ist die gefragte Wahrscheinlichkeit, dass man kein Dreieck aus den drei Bruchstücken bilden kann, $\frac{3}{4}$. Anders ausgedrückt: Aus den drei Bruchstücken lässt sich mit der Wahrscheinlichkeit $\frac{1}{4}$ ein Dreieck bilden.

1873 LEMOINE / *Bulletin*: La tige brisé

Das von CLIFFORD gestellte und gelöste Problem des zerbrochenen Stabes wurde außerhalb Großbritanniens nicht wahrgenommen; vielleicht auch deshalb, weil es nur in einer Zeitschrift erschienen war, die eng mit dem 1846 gegründeten *College of Preceptors* verbunden war, das sich die Vereinheitlichung des Unterrichts zum Ziel gesetzt hatte. Ins Bewusstsein der Mathematiker gelangte es erst durch ÉMILE MICHEL HYACINTE LEMOINE. Dieser stellte am 8. Januar 1873 in der Sitzung der *Société Mathématique de France* das »Problem des zerbrochenen Stabes« für den Fall $n = 3$ vor, das im selben Jahr im *Bulletin de la Société* unter dem Titel *Sur une question de probabilités* veröffentlicht wurde.

Une tige se brise en trois morceaux; quelle est la probabilité pour que, avec ces trois morceaux, on puisse former un triangle?

Ein Stab zerbricht in drei Stücke; wie groß ist die Wahrscheinlichkeit dafür, dass man aus diesen drei Stücken ein Dreieck bilden kann?

Lösung nach LEMOINE (1873)

LEMOINE teilt den Stab in $2m$ gleich lange Teile. Dabei entstehen, die Randpunkte mitgezählt, $2m + 1$ Punkte, an denen der Stab zerbrechen kann. Die drei Stücke enthalten der Reihe nach x, y und z dieser Teile. Dann gilt

$$x + y + z = 2m. \qquad (1)$$

Aus den drei Stücken kann man genau dann ein Dreieck bilden, wenn für sie die Dreiecksungleichungen gelten:

$$x \leq y + z, \quad y \leq x + z, \quad z \leq x + y.$$

LEMOINE lässt wegen der Gleichheitszeichen auch entartete Dreiecke zu, d. h., die drei Eckpunkte des »Dreiecks« können auch auf einer Gerade liegen. – Mit Hilfe von (1) eliminiert LEMOINE die Größe z aus den Dreiecksungleichungen und erhält

$$x \leq m, \quad y \leq m, \quad x + y \geq m. \quad \text{Das bedeutet, dass kein Teilstück länger als } m \text{ sein darf.}$$

Mittels dieser Beziehungen sucht LEMOINE alle für die Bildung eines Dreiecks günstigen sowie auch alle möglichen Fälle.

x	günstige Werte für y	Anzahl der günstigen Werte	mögliche Werte für y	Anzahl der möglichen Werte
0	m	1	$2m, 2m-1, ..., 2, 1, 0$	$2m+1$
1	$m, m-1$	2	$2m-1, 2m-2, ..., 2, 1, 0$	$2m$
2	$m, m-1, m-2$	3	$2m-2, 2m-3, ..., 2, 1, 0$	$2m-1$
...	...	...	...	...
m	$m, m-1, m-2, ..., 1, 0$	$m+1$	0	1

Die Anzahl der günstigen Fälle ist $1 + 2 + 3 + ... + (m + 1) = \frac{1}{2}(m + 1)(m + 2)$

und die der möglichen Fälle gleich $1 + 2 + 3 + ... + (2m + 1) = \frac{1}{2} 2(m + 1)(2m + 2)$.

LEMOINE nimmt stillschweigend an, dass der Stab mit gleicher Wahrscheinlichkeit an jeder der $2m + 1$ Stellen brechen kann. Damit erhält er für die Wahrscheinlichkeit, dass sich aus den drei Bruchstücken ein Dreieck bilden lässt, den Wert

$$\frac{(m + 1)(m + 2)}{(2m + 1)(2m + 2)} = \frac{m + 2}{2(2m + 1)}.$$

Weil der Stab aber überall brechen kann, müssen die $2m$ Teile beliebig klein gewählt werden, d. h., m muss gegen Unendlich gehen: Somit ergibt sich die gesuchte Wahrscheinlichkeit zu

$$\lim_{m \to \infty} \frac{m + 2}{2(2m + 1)} = \frac{1}{4}.$$

Weitere Entwicklung

LEMOINE löst mit seinem Problem eine Welle von Veröffentlichungen aus. Noch im selben Jahr bringt MATTHIEU PAUL HERMANN LAURENT genau LEMOINES Aufgabe und Lösung auf Seite 62 seines *Traité du Calcul des Probabilités*. Ob er beide unabhängig von LEMOINE gefunden hat, können wir nicht entscheiden.

Am 30. April 1873 stellt und löst GEORGES HENRI HALPHÉN in der Sitzung der *Société Mathématique de* France die Frage LEMOINES für n Bruchstücke, landet also bei der bereits 1866 von CLIFFORD gestellten und gelösten Aufgabe. Veröffentlicht wurde sein schwieriger Beweis im selben Band wie das Problem von LEMOINE, und zwar auf den Seiten 221 bis 224.

Ein Ingenieur namens CHEMIN macht LÉON LOUIS LALANNE auf die Arbeit von LEMOINE aufmerksam. LALANNE löst daraufhin das Problem so, wie es bereits CLIFFORD in seiner dritten Lösung vorgemacht hat. Außerdem vermerkt er, Herr CHEMIN habe ihn darauf hingewiesen, dass sich diese Methode auf Polygone übertragen lasse. Erschienen ist LALANNES Lösung aber erst 1879 im Rahmen einer umfangreichen Arbeit im *Journal des Mathématiques*. Denn bereits im Jahre 1878 erscheint von ihm in den *Comptes rendus de l'Académie des Sciences* ein kurzer Artikel mit derselben Lösung. In etwas veränderter Form druckt ein gewisser P. M. diesen Artikel LALANNES in der in Liège bei E. DECQ erscheinenden *Nouvelle Correspondance mathématique*, Band 4, Dezember 1878, Seite 385, ab. Einen neuen Lösungsweg für das Problem des zerbrochenen Stabes beschreitet schließlich ERNESTO CESÀRO 1882.

Lösung nach CESÀRO (1882)

Der Stab der Länge a sei zufällig in drei Stücke x, y und z zerbrochen, d. h., $x + y + z = a$. CESÀRO wendet einen Satz der Elementargeometrie an, den VINCENZO VIVIANI 1659 in Band 2 seines Werks *De Maximis, et Minimis* auf Seite 146 aufgestellt und bewiesen hat.

Satz von VIVIANI

Esto polygonum regulare ABCDE, & duo quælibet puncta F, G, vel intra, vel ipsius perimetro, à quibus super eius latera eductæ sint perpendiculares FN, FH, FI, FL, FM; &GO, GP, GQ, GR, GS. Dico talium perpendicularum aggregata inter se æqualia esse.

ABCDE sei ein reguläres Polygon, und F und G zwei beliebige Punkte im Inneren oder auf dem Rand. Von ihnen werden die Lote [FN], [FH], [FI], [FL], [FM]; [GO], [GP], [GQ], [GR] und [GS] auf die Polygonseiten gefällt. Ich behaupte, die jeweiligen Summen der Längen dieser Lote sind gleich.

In unserem Zusammenhang können wir uns auf das reguläre dreiseitige Polygon, also auf ein gleichseitiges Dreieck beschränken. Wir beweisen daher den Satz nur für diesen Fall. Für die Fläche $A_{\Delta P_1 P_2 P_3}$ des gleichseitigen Dreiecks $P_1\,P_2\,P_3$ gilt

$$A_{\Delta P_1 P_2 P_3} = A_{\Delta P_1 PP_2} + A_{\Delta P_2 PP_3} + A_{\Delta P_3 PP_1}$$

$$\tfrac{1}{2}sh = \tfrac{1}{2}sa_3 + \tfrac{1}{2}sa_1 + \tfrac{1}{2}sa_2$$

$$h = a_1 + a_2 + a_3\,.$$

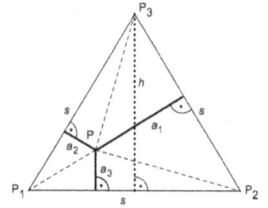

CESÀRO erwähnt den Namen VIVIANI nicht. Er zeichnet ein gleichseitiges Dreieck mit der Höhe a und fasst die drei Stücke x, y und z als Lote auf, die von einem inneren Punkt P aus auf die Seiten dieses gleichseitigen Dreiecks gefällt werden können. Dann zerlegt er dieses Dreieck in vier kongruente Teildreiecke durch Konstruktion des Mittendreiecks $\Delta M_1 M_2 M_3$. Da jedes Stücketripel $(x,\ y,\ z)$ gleichwahrscheinlich ist, liegt P mit gleicher Wahrscheinlichkeit in einem dieser vier Teildreiecke. Aus den Stücken x, y und z lässt sich genau dann ein nicht entartetes Dreieck bilden, wenn die Dreiecksungleichungen erfüllt sind. Wie wir oben bei 1873 LEMOINE gezeigt haben, ist dies genau der Fall, wenn $x < \tfrac{1}{2}\,a$, $y < \tfrac{1}{2}\,a$ und $z < \tfrac{1}{2}\,a$. In diesem Fall kann der Punkt P nur im Mittendreieck $\Delta M_1 M_2 M_3$ liegen. Somit hat die gesuchte Wahrscheinlichkeit den Wert $\tfrac{1}{4}$.

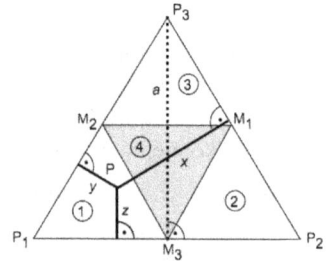

Andere Modellierung des Problems

Bei allen bisherigen Lösungen wurde angenommen, dass die beiden Punkte, an denen der Stab zerbricht, per Zufall gleichzeitig entstehen. Man kann sich aber auch ein zweistufiges Zufallsexperiment vorstellen.

> Ein Stab der Länge a werde wie folgt zerbrochen. Zuerst werde er an einem zufällig bestimmten Punkt T_1 auseinander gebrochen. Dann wählt man eines der beiden Stücke durch Werfen einer Münze und zerbricht dieses Stück, indem man auf gut Glück die Bruchstelle T_2 setzt. Mit welcher Wahrscheinlichkeit kann man aus den drei entstandenen Stücken ein Dreieck bilden?

Wir bezeichnen das kleinere Stück $[T_1 B]$ mit x. Dann gilt $x < \tfrac{1}{2}\,a$. In der Hälfte aller Fälle wird T_2 auf dieses kleinere Stück fallen. Dann gibt es kein Dreieck. Wir betrachten daher nur die Fälle, in denen T_2 auf das größere Stück $[AT_1]$ fällt. y sei das kleinere Teilstück $[AT_2]$, das beim Zerbrechen an der Stelle T_2 entsteht, d. h., $y \le \tfrac{1}{2}\,(a - x)$. Damit man ein Dreieck aus den drei Stücken x, y und $a - x - y$ bilden kann, muss, wie schon mehrmals ge-

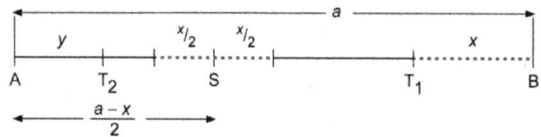

zeigt, $a - x - y < \frac{1}{2} a$, d. h., $x + y > \frac{1}{2} a$ sein. Daraus folgt $y > \frac{1}{2} a - x$ oder $y > \frac{1}{2}(a - x) - \frac{1}{2} x$. Dies bedeutet: T_2 muss von der Mitte S des größeren Stücks $[AT_1]$ weniger als $\frac{1}{2} x$ entfernt sein. Günstig sind also alle Fälle, bei denen T_2 auf die symmetrisch um S gelegene Strecke der Länge x fällt. Nehmen wir an, dass alle Punkte des längeren Stücks $[AT_1]$ als Bruchstelle T_2 gleichwahrscheinlich sind, dann erhalten wir für die bedingte Wahrscheinlichkeit, ein Dreieck bilden zu können, in Abhängigkeit von x den Wert $p(x) = \frac{x}{a - x}$.

Da aber auch alle x-Werte aus $\left]0; \frac{1}{2} a\right[$ als gleich möglich angenommen werden dürfen, müssen wir noch über alle möglichen x-Werte mitteln, um die gesuchte Wahrscheinlichkeit zu erhalten.

$$\frac{1}{\frac{1}{2} a} \int\limits_{0}^{\frac{1}{2} a} \frac{x}{a - x}\, \mathrm{d}x = \frac{2}{a}\left[- x - a \cdot \ln|a - x|\right]_0^{\frac{1}{2} a} = \frac{2}{a}\left(- \frac{1}{2} a - a \cdot \ln\frac{1}{2} a + a \cdot \ln a\right) = - 1 + 2 \cdot \ln 2.$$

Berücksichtigen wir noch, dass T_2 nur in der Hälfte aller gleichwahrscheinlichen Fälle auf das größere Stücks $[AT_1]$ fällt, so erhält man für die Gesamtwahrscheinlichkeit den Wert

$\ln 2 - \frac{1}{2} \approx 0{,}193 = 19{,}3\ \%$.

Das Ergebnis stimmt nicht mit dem von CLIFFORD überein, weil die Zufälligkeit der Bruchstellen hier anders modelliert wurde. Die beiden Zufallsexperimente sind also unterschiedlich.

1888 JOSEPH BERTRAND / *Calcul*: Sehne im Kreis

JOSEPH LOUIS FRANÇOIS BERTRAND beginnt 1888 seinen *Calcul des Probabilités* mit dem Kapitel »Abzählen der Chancen«. Damit berechnet er Laplace-Wahrscheinlichkeiten. Bereits auf Seite 4 findet sich als Nummer 5 die folgende Aufgabe.

> *On trace au hasard une corde dans un cercle. Quelle est la probabilité pour qu'elle soit plus petite que le côté du triangle équilatéral inscrit?*
> In einem Kreis werde *auf gut Glück* eine Sehne gezogen. Wie groß ist die Wahrscheinlichkeit dafür, dass sie kürzer ist als die Seite des dem Kreis einbeschriebenen gleichseitigen Dreiecks?

Lösung nach BERTRAND (1888)

BERTRAND führt seine Überlegungen für das Ereignis, dass die Sehne länger ist als die Dreiecksseite. Er gibt drei Antworten auf seine Frage, die sich jedoch widersprechen.

A »*On peut dire* – Man kann sagen:« Wenn z. B. die Lage eines Endpunkts A der Sehne bekannt ist, ändert dies nichts an der gesuchten Wahrscheinlichkeit; denn der Kreis ist symmetrisch und alle seine Punkte gleichberechtigt. – A sei dann die Spitze eines dem Kreis einbeschriebenen gleichseitigen Dreiecks. Die Kreistangente in A bildet mit den von A ausgehenden Dreiecksseiten drei 60°-Winkel. Damit die Sehne länger als die Dreiecksseite ist, muss sie im mittleren der drei Winkelfelder liegen. Da jede Richtung der Sehne gleichwahrscheinlich ist, ist die Wahrscheinlichkeit, dass die Sehne länger als die Dreiecksseite ist, $\frac{1}{3}$.

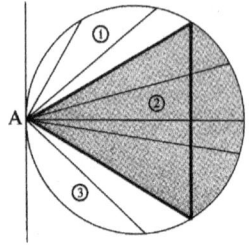

B »*On peut dire aussi* – Man kann auch sagen:« Wenn man die Richtung der Sehne kennt, ändert dies wegen der Symmetrie des Kreises nichts an der gesuchten Wahrscheinlichkeit. Man betrachtet nun den zur Sehne senkrechten Durchmesser – er habe die Länge 2*r* – und die beiden gleichseitigen Dreiecke, bei denen eine Höhe auf dem Durchmesser liegt. Sie schneiden den Durchmesser in den Punkten A und B, und es gilt $\overline{AB} = r$.[365] Die Sehne ist genau dann länger als die Dreiecksseite, wenn sie den Durchmesser zwischen A und B schneidet. Nimmt man an, dass alle Sehnen gleicher Richtung gleichwahrscheinlich sind, dann ist die gesuchte Wahrscheinlichkeit $\frac{r}{2r} = \frac{1}{2}$.

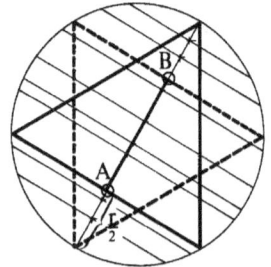

Anders als BERTRAND kann man auch folgendermaßen sagen: Wähle willkürlich zwei Punkte A und B im Kreisinneren und ziehe durch sie die Sehne; damit ist die Sehnenrichtung festgelegt. Wähle dann mit dem Kreismittelpunkt M als Ursprung ein Koordinatensystem so, dass die *y*-Achse auf AB senkrecht steht und die dann gemeinsame *y*-Koordinate *h* der Punkte A und B nicht negativ ist, also $0 \le h \le r$ gilt. Die Sehne durch A und B ist genau dann länger als die Seite des einbeschriebenen Dreiecks, wenn $0 \le h < \frac{1}{2} r$ gilt. Sind alle Werte für *h* gleichwahrscheinlich, dann ist die gesuchte Wahrscheinlichkeit gleich $\frac{1}{2}$.

C »*On peut dire encore* – Man kann aber auch sagen:« Eine Sehne auf gut Glück zu wählen ist nichts anderes, als ihren Mittelpunkt auf gut Glück zu wählen. Damit die Sehne länger als die Dreiecksseite ist, muss ihr Mittelpunkt im Inneren des konzentrischen Kreises mit Radius $\frac{r}{2}$ liegen. Da jeder Punkt des Kreisinneren mit gleicher Wahrscheinlichkeit gewählt werden kann, ergibt sich für die gesuchte Wahrscheinlichkeit der Wert $\frac{\left(\frac{1}{2}r\right)^2 \pi}{r^2 \pi} = \frac{1}{4}$.

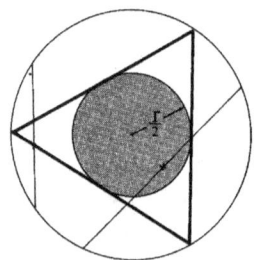

BERTRAND schließt seine Überlegungen mit den Worten:

---

[365] Dabei verwendet man einen Satz der Elementargeometrie: Im gleichseitigen Dreieck sind die Höhen auch Seitenhalbierende, und diese teilen einander im Verhältnis 2 : 1, von der Ecke aus gesehen.

»Entre ces trois réponses, quelle est la véritable? Aucune des trois n'est fausse, aucune n'est exacte, la question est mal posée. – Welche der drei Antworten ist nun die wahre? Keine der drei ist falsch, keine ist richtig, die Frage ist schlecht gestellt.«

Eine andere Lösung. Neben den von BERTRAND gebotenen drei Antworten gibt es sicher noch andere. Man könnte z. B. folgendermaßen überlegen.

D Ein Punkt P im Inneren des Kreises und eine Richtung α werden auf gut Glück gewählt. Durch P werde dann in Richtung α die Sehne gezogen. Es gibt zwei dem Kreis einbeschriebene gleichseitige Dreiecke, bei denen jeweils eine Seite parallel zu dieser Sehne ist. Diese Seiten erzeugen zwei Kreissegmente. Damit die Sehne länger wird als die Dreiecksseite, muss P zwischen diesen beiden Segmenten liegen. Da alle Punkte der Kreisfläche mit gleicher Wahrscheinlichkeit gewählt werden können, erhält man für die Wahrscheinlichkeit, dass eine Sehne in der Richtung α länger als die Dreiecksseite ist, den

Wert $p = \dfrac{r^2\pi - 2\cdot \text{Segmentfläche}}{r^2\pi}$. Da andererseits alle Richtungen gleichwahrscheinlich sind, ist p schließlich der Wert der gesuchten Wahrscheinlichkeit. Die Segmente haben den Mittelpunktswinkel 120° oder $\frac{2\pi}{3}$. Damit ergibt sich für den Inhalt einer Segmentfläche der

Wert $\frac{1}{2}r^2\left(\frac{2\pi}{3} - \sin\left(\frac{2\pi}{3}\right)\right) = \frac{1}{2}r^2\left(\frac{2\pi}{3} - \frac{1}{2}\sqrt{3}\right)$, und somit für die gesuchte Wahrscheinlichkeit

der Wert $p = 1 - \frac{1}{\pi}\left(\frac{2\pi}{3} - \frac{1}{2}\sqrt{3}\right) = \frac{2\pi+3\sqrt{3}}{6\pi} \approx 0{,}609 = 60{,}9\,\%$.

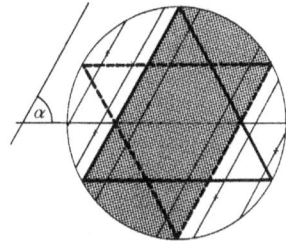

Résumé. Die verschiedenen Werte, die wir für die gesuchte Wahrscheinlichkeit erhalten haben, entstehen dadurch, dass in jedem der vier Fälle durch die genauere Anweisung eine andere Wahrscheinlichkeitsbelegung vorgenommen wurde. Bei **A** waren alle Winkel gleichwahrscheinlich, bei **B** alle Punkte auf einem Durchmesser, bei **C** und **D** alle Punkte des Kreisinneren; bei **C** ist durch die Wahl des Punktes als Mittelpunkt der Sehne die Richtung der Sehne festgelegt, bei **D** sind hingegen alle Richtungen gleichwahrscheinlich.

1888 JOSEPH BERTRAND / *Calcul*: Bogen auf der Kugel

JOSEPH LOUIS FRANÇOIS BERTRAND bringt 1888 in seinem *Calcul des Probabilités* auf Seite 6 als Nummer 7 zur Berechnung von Laplace-Wahrscheinlichkeiten die folgende Aufgabe. Er ließ sich dabei auch, wie er schreibt, anregen von der Frage: Wie wahrscheinlich ist es unter der Voraussetzung, dass die Sterne auf der Himmelskugel zufällig verteilt sind, dass in der Nähe eines Sterns sich ein weiterer Stern befindet?

Dazu passt auch eine andere Frage: Wie wahrscheinlich ist es, dass in der Nähe eines Meteoriteneinschlags auf der Erde sich ein weiterer Einschlag befindet?

On fixe au hasard deux points sur la surface d'une sphère; quelle est la probabilité pour que leur distance soit inférieure à 10'?

Man wählt auf gut Glück zwei Punkte auf einer Kugeloberfläche; wie groß ist die Wahrscheinlichkeit dafür, dass der sphärische Abstand dieser Punkte kleiner als 10' ist?

Lösung nach BERTRAND (1888)

Auch für diese Aufgabe gibt BERTRAND zwei Lösungen an. In beiden lässt sich der erste Punkt A wegen der Kugelsymmetrie beliebig wählen.

A Man betrachtet einen Großkreis durch A. Alle diese Großkreise sind gleichwahrscheinlich. Ebenso sind alle Lagen des zweiten Punktes auf dem Großkreis gleichwahrscheinlich. Auf einem Großkreis gibt es $6 \cdot 360 = 2160$ Bögen der Länge $10'$. Zwei dieser Bögen haben als Endpunkt den Punkt A. Wenn der zweite Punkt in einem dieser Bögen liegt, dann ist der Bogen $\overset{\frown}{AB}$ kürzer als $10'$. Die Wahrscheinlichkeit hierfür ist $\frac{2}{2160} = \frac{1}{1080} = 0{,}93\ \text{‰}$.

B »*On peut dire aussi* – Man kann aber auch sagen:« Alle Punkte, die von A den sphärischen Abstand $10'$ haben, liegen auf einem Kleinkreis. Der Punkt A und der Kleinkreis bestimmen eine Kugelkalotte (Kugelhaube). Auf dieser muss der Punkt B liegen, damit sein sphärischer Abstand von A kleiner als $10'$ ist. Die Wahrscheinlichkeit für dieses Ereignis ist $\frac{\text{Oberfläche der Kalotte}}{\text{Kugeloberfläche}}$.

Die Oberfläche der Kalotte errechnet sich gemäß $O = 2R\pi h$. Zur Bestimmung von h betrachten wir ΔAHB. Dort ist $\sin\alpha = \frac{h}{\overline{AB}}$. Im ΔABC liefert der Kathetensatz $\overline{AB}^2 = h \cdot 2R$.

Damit erhält man $(\sin\alpha)^2 = \left(\frac{h}{\overline{AB}}\right)^2 = \frac{h^2}{h \cdot 2R} = \frac{h}{2R}$, und somit ist $h = 2R(\sin\alpha)^2$. Somit lässt sich die Kalottenoberfläche schreiben als $2R\pi \cdot 2R(\sin\alpha)^2 = 4R^2\pi(\sin\alpha)^2$. Für die gesuchte Wahrscheinlichkeit ergibt sich schließlich der Wert

$$\frac{4R^2\pi(\sin 5')^2}{4R^2\pi} = (\sin 5')^2 = \left(\sin\frac{\pi}{2160}\right)^2.$$ Da für kleine Winkel $\sin\alpha \approx \alpha$ gilt, kann man den

letzten Wert annähern zu $\left(\sin\frac{\pi}{2160}\right)^2 \approx \left(\frac{\pi}{2160}\right)^2 \approx \frac{1}{472\,724} \approx 2{,}1 \cdot 10^{-6} = 2{,}1 \cdot 10^{-3}\ \text{‰}.$[366]

Bemerkung. BERTRAND hat den sphärischen Abstand sehr klein gewählt, weil er sich offenbar für benachbarte Objekte interessierte. – Wählt man als sphärischen Abstand $\frac{1}{2}\pi$, sind die beiden Wahrscheinlichkeiten gleich, nämlich $\frac{1}{2}$. In diesem Fall ist die Kalotte die Halbkugel und der Bogen auf dem Großkreis ein Halbkreis.

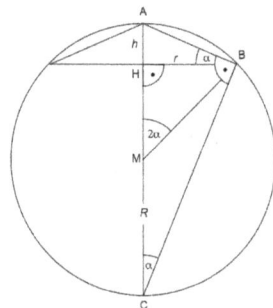

---

[366] BERTRAND gibt einen doppelt so großen Wert an.

1930 Landau und Kraitchik / *La Mathématique des Jeux*: Das Geldbeutelspiel

Der aus Minsk stammende Elektroingenieur, in Belgien als Versicherungsmathematiker arbeitende Maurice Borissowitsch Kraitchik bringt 1930 in seinem voluminösen Buch *La Mathématique des Jeux* auf Seite 253, Nr. 19, »*Le Paradoxe des Cravates*.[367] Dieses Paradoxon – so wurde ihm von dem belgischen Physikochemiker Jacques Errera mitgeteilt – hat Edmund Landau 1912 im Rahmen einer Lehrveranstaltung in Göttingen erörtert.

B und S behaupteten von sich, die schönste Krawatte zu besitzen. Sie baten Z, als Schiedsrichter zu fungieren gemäß folgender Spielregel: Da kein Unentschieden zugelassen war, musste Z ein Urteil fällen, und der Gewinner musste seine Krawatte – das Streitobjekt – dem Verlierer zum Trost übergeben.

Wenn man der Überlieferung glauben darf, sind B, S und Z die Initialen der drei berühmten Mathematiker F. Bernstein, E. Schmidt und Zermelo.[368]

S überlegt: »Ich weiß, was meine Krawatte wert ist. Kann sein, dass ich sie verliere, es kann aber auch sein, dass ich eine schönere gewinne; also ist das Spiel günstig für mich.« B kann aber genauso überlegen, da das Spiel symmetrisch ist. Man fragt sich: Wie kann das Spiel für beide Spieler günstig sein?

Lösung von Kraitchik (1930)

»Die Frage kann arithmetisiert werden. B und S vergleichen den Inhalt ihrer Geldbeutel, die Markstücke und Pfennige enthalten; derjenige, der mehr davon hat, gibt alles seinem Gegner. Vorausgesetzt sei, dass B und S verschiedene Beträge bei sich führen. Jeder weiß, wie viel er verlieren wird oder, wenn er gewinnt, dass es mehr sein wird. Wegen der Symmetrie des Problems ist jedoch die Wahrscheinlichkeit zu gewinnen, ½. In der Wirklichkeit ist die Wahrscheinlichkeit, wie John Maynard Keynes gezeigt hat, keine objektive Größe; sie hängt von unserer Kenntnis des Sachverhalts ab. In unserem Fall ist es nicht möglich, sie abzuschätzen, und um zu zeigen, dass sie keinesfalls zwangsläufig ½ ist, genügt es anzunehmen, dass einer der beiden in seinem Geldbeutel gerade mal einen Pfennig hat. Er wird nahezu unweigerlich gewinnen.

Wir werden zeigen, dass das Spiel für beide Spieler gleich günstig ist. Zu diesem Zweck zeigen wir, dass der Erwartungswert des Gewinns für jeden der beiden null ist. Zur Vereinfachung nehmen wir an, dass die Anzahl der Markstücke, die B bzw. S haben, ganzzahlig ist und dass deren Anzahl den Wert x (z. B. 10^6 oder 10^9) nicht übersteigt. B besitze b und S besitze s. S verliert s, wenn $1 \le b \le s - 1$, [also in $s - 1$ Fällen,] und S gewinnt, wenn $s + 1 \le b \le x$. Seien alle diese Fälle gleichwahrscheinlich, dann ist der Erwartungswert des Gewinns von S für festes s gleich

$$\frac{1}{x}\left[- s(s - 1) + \sum_{b=s+1}^{x} b\right] = \frac{1}{x}\left[- s(s - 1) + \sum_{i=1}^{x} i - \sum_{i=1}^{s} i\right]$$

---

[367] Kraitchik stellt sein Vorwort unter den Spruch Fénelons: *Heureux ceux qui se divertissent en s'instruisant.* Diese Idee liegt der seit der Spätrenaissance verbreiteten mathematischen Unterhaltungsliteratur zugrunde.

[368] Es handelt sich um die in Göttingen lehrenden Felix Bernstein und Ernst Zermelo und den in Breslau lehrenden Erhard Schmidt.

$$= \frac{1}{x}\left[- s(s-1) + \frac{x(x+1)}{2} - \frac{s(s+1)}{2} \right] = \frac{x(x+1) - 3s^2 + s}{2x} = \frac{x+1}{2} - \frac{3s^2 - s}{2x}.$$

Dieser Wert ist positiv bei kleinem s und negativ bei großem s.

Da s alle Werte von 1 bis x annehmen kann, ist schließlich der Erwartungswert von S gleich

$$\frac{1}{x}\left[\sum_{s=1}^{x}\left(\frac{x+1}{2} - \frac{3s^2 - s}{2x} \right) \right] = \frac{x+1}{2} - \frac{1}{x}\sum_{s=1}^{x}\frac{3s^2 - s}{2x}$$

$$= \frac{x+1}{2} - \frac{1}{2x^2}\left[3 \cdot \frac{1}{6}x(x+1)(2x+1) - \frac{x(x+1)}{2} \right] = \frac{x+1}{2} - \frac{x+1}{2} = 0.«$$

Lösung nach KRAITCHIK (1942)

1942 veröffentlicht KRAITCHIK in seinem amerikanischen Exil die *Mathematical Recreations*, in denen er auf Seite 133, Nr. 16 in verkürzter Form »*The Paradox of the Neckties*« bringt.[369] Zur Lösung gibt er eine Gewinnmatrix an, aus der man ersehen kann, dass die Gewinne für die zwei Spieler A und B symmetrisch verteilt, also gleich sind.

A habe *a pennies*, B *b pennies*, wobei $a \le x$ und $b \le x$. Die Eingänge geben die jeweiligen Inhalte der Geldbeutel an, die Werte in der Matrix die Differenzen $|a - b|$. A verliert bei allen Fällen oberhalb der Hauptdiagonale, die aus lauter Nullen besteht. Unterhalb gewinnt B. Weil die Matrix symmetrisch zur Hauptdiagonale ist, ist weder A noch B im Vorteil. KRAITCHIK bemerkt noch:

a \ b	1	2	3	4	$\cdots$	x
1	0	1	2	3		
2	1	0	1	2	A loses, B gains.	
3	2	1	0	1		
4	3	2	1	0		
$\cdots$		A gains, B loses.			0	
x						0

> »Weil man über die näheren Umstände nichts weiß, ist es nicht ratsam, Wahrscheinlichkeiten zu berechnen.«

Die LANDAU'sche Fassung des Paradoxons hängt zu stark davon ab, ob es einen objektiven Wert für die Krawatten gibt. Durchgesetzt hat sich daher KRAITCHIKs Interpretation durch Geldwerte

MARTIN GARDNER greift sie 1982 in seinem Buch *aha! Gotcha* als »*Wallet-Game*«, zu Deutsch **Geldbeutelspiel**, auf.[370] Seine Bearbeitung macht das Problem bekannt.

1982 GARDNER / *aha! Gotcha*: The Wallet-Game

> Jede von zwei Personen legt ihren Geldbeutel auf den Tisch. Wer auch immer den kleineren Geldbetrag in seinem Geldbeutel hat, gewinnt das gesamte Geld aus dem anderen Geldbeutel. Jeder der Spieler argumentiert wie folgt: »Ich kann das verlieren, was ich habe, aber ich kann ebenso gut mehr gewinnen, als ich habe. Somit ist das Spiel für mich vorteilhaft.« Wie kann das Spiel für beide vorteilhaft sein?

---

[369]   Hier fehlen die historischen Bezüge der französischen Ausgabe.

[370]   S. L. ZABELL prägte die Bezeichnung *Exchange Paradox*, zu Deutsch **Umtauschproblem**, in SKYRMS, B. / HARPER, W. L. (Hg): *Symmetry and Empiricism*, Kluwer Academic Publishers, Dordrecht 1988.

Lösung nach GARDNER (1982)

Stillschweigend nimmt MARTIN GARDNER an, dass die beiden Personen gleich wohlhabend sind und dass die beiden Geldbeutel verschieden gefüllt sind. Andernfalls erhält ja jeder wieder sein Geld. Nehmen wir nun an, Person A besitze a und Person B besitze b. Dann sind die beiden Fälle »$a < b$« und »$b < a$« gleichwahrscheinlich, weil beide gleich wohlhabend sind. A verliert mit der Wahrscheinlichkeit ½ sein Geld a und gewinnt mit der Wahrscheinlichkeit ½ das Geld b von B. Also ist der Erwartungswert seines Gewinns G_A gleich $E(G_A) = \frac{1}{2}(-a) + \frac{1}{2}b = \frac{1}{2}(b-a)$, was mit gleicher Wahrscheinlichkeit positiv oder negativ ist. Analog überlegend erhält man für den Erwartungswert des Gewinns G_B von B den Ausdruck $E(G_B) = \frac{1}{2}(-b) + \frac{1}{2}a = \frac{1}{2}(a-b)$. Das Spiel ist also, wie zu erwarten, symmetrisch.

Dies erkennt man auch, wenn man sich überlegt, was A an Geld auf lange Sicht zum Spielende erwarten kann, nämlich $a + \frac{1}{2}(b-a) = \frac{1}{2}(a+b)$. Das ist aber genau die Hälfte des Gesamtbetrags. Da für B das gleiche gilt, hat keiner einen Vorteil. – Da der Begriff des fairen Spiels sich nicht auf ein Spiel, sondern auf die Wiederholung vieler Spiele bezieht, ist das Spiel nicht fair, wenn eine der Personen notorisch weniger Geld als die andere Person bei sich hat.

Am Ende seiner Überlegungen schreibt MARTIN GARDNER:

> » Leider gibt uns dies keinerlei Aufschluss darüber, was an den Überlegungen der beiden Spieler falsch ist. Es ist uns nicht gelungen, eine Möglichkeit zu finden, dies auf einfache Weise zu verdeutlichen. Kraitchick ist keine Hilfe, und, soweit wir wissen, gibt es keinen anderen Hinweis auf dieses Spiel.«

Einen neuen Blick auf das Geldbeutelspiel wirft

1989 NALEBUFF / *Journal of Economic Perspectives*: Problem der zwei Umschläge

BARRY J. NALEBUFF ersetzt 1989 in seinem Aufsatz »*Puzzles. The Other Person's Envelope is Always Greener*«, erschienen im *Journal of Economic Perspectives* **3**, 1, S. 171–181, die Geldbeutel durch zwei Umschlage, die er nach einem vorher festgelegten Verfahren füllt und dann erst den zwei Spielern aushändigt.

> Jemand hat zwei Umschläge. In einen steckt er verdeckt eine gewisse Summe Geldes und gibt ihn Ali. Dann wirft er eine Münze. Falls Wappen fällt, steckt er das Doppelte der ursprünglichen Summe Geldes in den anderen Umschlag. Falls Zahl fällt, steckt er nur die Hälfte der ursprünglichen Summe Geldes in den anderen Umschlag. Diesen gibt er Baba. Sowohl die Inhalte der Umschläge als auch das Ergebnis des Münzwurfs sind bislang verborgen. Nun aber dürfen Ali und Baba in ihren Umschlag sehen. Dann wird ihnen die Möglichkeit geboten, die Umschläge zu tauschen, falls sie wollen.

Lösung nach NALEBUFF (1989)

Nehmen wir zum besseren Verständnis an, dass Ali in ihrem [sic!] Umschlag 10 $ findet. Ali überlegt, dass Baba mit gleicher Wahrscheinlichkeit entweder 5 $ oder 20 $ in seinem Umschlag hat. Falls sie tauscht, ist ihr zu erwartender Gewinn $\frac{1}{2}(-5\,\$) + \frac{1}{2} \cdot 10\,\$ = 2{,}5\,\$$, d. h.

sie gewinnt 25 % ihres Betrags. – Was auch immer Baba in seinem Umschlag findet (entweder 5 \$ oder 20 \$) – nennen wir es b – , so überlegt er, dass Ali mit gleicher Wahrscheinlichkeit entweder die Hälfte, also $\frac{1}{2}b$, oder das Doppelte, also $2b$, seines Besitzes b haben wird.

Also ist, falls er tauscht, sein zu erwartender neuer Betrag $\frac{1}{2}(\frac{1}{2}b) + \frac{1}{2}(2b) = \frac{5}{4}b$, er gewinnt also ebenfalls 25 % seines ursprünglichen Besitzes. – NALEBUFF resümiert:

> »But this is paradoxical. The sum of the amount in both envelopes is whatever it is. Trading envelopes cannot make both participants better off. Yet, they both expect to make a 25 percent gain. Where did they go wrong?«

Erweiterung

Wir fragen zusätzlich: Was haben Ali und Baba zu erwarten, wenn sie sehr oft diesen Tausch vornehmen? Für Ali entnehmen wir dem Baum: Mit gleicher Wahrscheinlichkeit hat sie entweder x oder $2x$ in ihrem Umschlag. Mit der Wahrscheinlichkeit α entscheidet sie sich zu tauschen. Dann ist der Erwartungswert für den Inhalt ihres Umschlags nach dem Spiel

$$2x(\tfrac{1}{2}\alpha + \tfrac{1}{2}(1-\alpha)) + x(\tfrac{1}{2}(1-\alpha) + \tfrac{1}{2}\alpha) = \tfrac{3}{2}x.$$

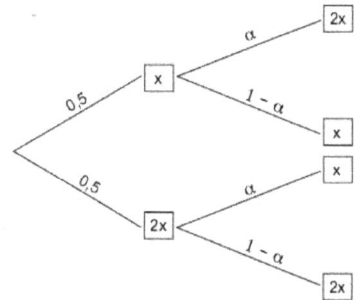

Spielt Ali das Spiel sehr oft, dann hat sie unabhängig von der Tausch-Wahrscheinlichkeit α als Besitz $\frac{3}{2}x$, also die Hälfte des Gesamtbetrags zu erwarten. Dasselbe gilt für Baba; also ist das Spiel symmetrisch. Ein Tausch ist unnötig. Da aber jeder meint, der Umschlag des anderen sei *always greener*, d. h. besser, müsste dauernd getauscht werden, bis einer auf die Idee kommt, die Umschläge zu öffnen.

Zum besseren Verständnis betrachte man folgende Szenarien:

1. Ein Spielleiter füllt zwei Umschläge mit x bzw. mit $2x$. Ali weiß das und darf einen Umschlag wählen. Baba erhält den anderen Umschlag. Anschließend darf Ali tauschen, was sie mit der Wahrscheinlichkeit α tut.

Was haben Ali und Baba zu erwarten?

Erwartung von Ali: $x\left[\tfrac{1}{2}(1-\alpha) + \tfrac{1}{2}\alpha\right] + 2x\left[\tfrac{1}{2}\alpha + \tfrac{1}{2}(1-\alpha)\right] = \tfrac{3}{2}x$, unabhängig von α.

Baba hat dann den Rest von den $3x$, die insgesamt verteilt wurden, und damit auch $\frac{3}{2}x$; das Spiel ist fair!

2. Ein Spielleiter füllt einen Umschlag mit x und gibt ihn Ali. Anschließend wirft er unbeobachtet von Ali eine Münze und füllt einen zweiten Umschlag mit $0{,}5x$, wenn Zahl fällt, sonst mit $2x$. Baba erhält den anderen Umschlag. Anschließend darf Ali tauschen, was sie mit der Wahrscheinlichkeit α tut.

Was haben Ali und Baba zu erwarten?

Erwartung von Ali: $x(1-\alpha) + \tfrac{1}{2} \cdot \tfrac{1}{2}x\alpha + \tfrac{1}{2} \cdot 2x\alpha = x\left(1 + \tfrac{1}{4}\alpha\right)$

Baba hat dann den Rest, der von der mittleren Gesamtsumme $x + \tfrac{1}{2}\left(\tfrac{1}{2}x + 2x\right) = \tfrac{9}{4}x$ bleibt.

$$\tfrac{9}{4}x - \left(1 + \tfrac{1}{4}\alpha\right)x = \left(\tfrac{5}{4} - \tfrac{1}{4}\alpha\right)x.$$

Für $\alpha = 1$ (sicherer Tausch) hat Ali $\frac{5}{4}x$ und Baba x. Baba ist im Nachteil!

Für $\alpha = 0$ (kein Tausch) haben Ali x und B $\frac{5}{4}x$. Baba ist im Vorteil!

2002 CHALMERS / *Analysis*:
Das St. Petersburg Zwei-Umschläge-Paradoxon

Außer BARRY NALEBUFF haben sich viele Mathematiker in den 80er und 90er Jahren des letzten Jahrhunderts mit den zwei Umschlägen beschäftigt. Dabei ging es auch darum, auf welche Art die Umschläge gefüllt werden. Ein Füll-Verfahren, das an das Petersburger Problem[371] erinnert, veröffentlichte der australische Philosoph DAVID JOHN CHALMERS 2002 in der Zeitschrift *Analysis* **62**, Seite 155–157, unter dem Titel *The St. Petersburg Two-Envelope-Paradox*.

> Man zeigt mir zwei Umschläge U und V und sagt mir, dass jeder Umschlag eine bestimmte Geldsumme enthält, die für jeden Umschlag getrennt gemäß folgendem Verfahren bestimmt wurde. Es wurde eine Münze so lange geworfen, bis Wappen zum ersten Mal erschien. Geschah dies beim n-ten Wurf, dann wurden 2^n \$ in den Umschlag gelegt. Man gibt mir Umschlag U und bietet mir an, dass ich U behalten kann oder U gegen V eintauschen kann. Was soll ich machen?

Lösung nach CHALMERS (2002)

Ich überlege: Ehe ich die Umschläge öffne, ist der Erwartungswert für den Inhalt der Umschläge U und V jeweils gleich $\sum_{i=1}^{\infty}\left(\frac{1}{2}\right)^i 2^i = \infty$. Öffne ich U, dann ist für jeden möglichen Inhalt u von U der erwartete Inhalt von V größer, da er unendlich ist. Also erziele ich einen Gewinn, wenn ich tausche. Das ist aber offenbar falsch, da meine Informationen hinsichtlich U und V symmetrisch sind.

Wie oben überlegen wir: Enthalten die Umschläge 2^u bzw. 2^v, dann habe ich bei vielen dieser Spiele $\frac{1}{2}\left(2^u + 2^v\right)$ zu erwarten. Das Spiel ist also symmetrisch, ein Tausch unnötig.

Praktische Variante. Wahrscheinlichkeiten kleiner als 10^{-6} sind nach EMILE BOREL auf einer menschlichen Skala vernachlässigbar.[372] Wegen $10^{-6} \approx 2^{-20}$ hat man als Erwartungswert für die Inhalte $\sum_{i=1}^{20}\left(\frac{1}{2}\right)^i 2^i = 20$. Habe ich z. B. in meinem Umschlag 2^4 \$ = 16 \$, dann sollte ich tauschen, da 20 \$ zu erwarten sind. Habe ich aber 2^5 \$ = 32 \$, dann sollte ich nicht tauschen, um auf lange Sicht nicht zu verlieren.

---

[371]   siehe Seite 239 ff.
[372]   siehe Seite 245

1959 GARDNER / *Scientific American*:
Das Drei-Gefangenen-Problem

In seiner Kolumne *Mathematical Games* spricht 1959 MARTIN GARDNER im *Scientific American*, **201**, 4, S. 180 f., von einem »herrlich verwirrenden kleinen Problem, das zur Zeit im Umlauf sei«.

Drei zum Tode verurteilte Männer – A, B und C – befinden sich in voneinander getrennten Zellen. Der Gouverneur beschließt, einen von ihnen zu begnadigen. Er schreibt jeweils einen Namen auf einen Zettel, wirft die drei Zettel in einen Hut, schüttelt diesen und entnimmt einen Zettel. Dann ruft er den Wärter an, bittet ihn aber, den Namen noch für einige Tage geheim zu halten. Gerüchteweise erfährt A davon; vergebens versucht er den Wärter zu überreden, ihm den Namen des Begnadigten mitzuteilen. »Dann sage mir wenigstens den Namen von einem der beiden, die hingerichtet werden werden. Ist B der Begnadigte, dann nenne mir C's Namen. Ist C der Begnadigte, dann nenne mir B's Namen. Bin ich der Begnadigte, dann wirf eine Münze, um zu entscheiden, ob Du mir B's oder C's Namen nennst.«

»Siehst du mich eine Münze werfen,« antwortete der Wärter, »dann weißt du, dass du begnadigt wurdest. Und wenn du siehst, dass ich keine Münze werfe, dann weißt du, dass entweder du oder der, den ich nicht nenne, begnadigt ist.«

»Dann sag mir jetzt gar nichts,« sagt A, »dafür aber am morgigen Morgen.«

Der Wärter, der nichts von Wahrscheinlichkeitsrechnung verstand, denkt nachts darüber nach und kommt zu dem Schluss, dass A keine Möglichkeit hätte, seine Überlebenschance auszurechnen, wenn er dem Vorschlag des A Folge leisten würde. So teilt er ihm am nächsten Morgen mit, dass B hingerichtet werden würde.

Nach dem Abgang des Wärters lächelt A im Stillen über die Dummheit des Wärters. Denn es gibt jetzt nur mehr zwei gleichwahrscheinliche Elemente im, wie Mathematiker sagen, »Ergebnisraum« des Problems. Entweder C wurde begnadigt oder er selbst, so dass nach allen Gesetzen der bedingten Wahrscheinlichkeit seine Überlebenschance von 1/3 auf 1/2 gestiegen ist.

Der Wärter weiß nicht, dass sich A mit C, der in der Nachbarzelle einsitzt, durch Klopfzeichen an einem Wasserrohr verständigen kann. A berichtet dem C haargenau, was geschehen war. C ist außer sich vor Freude; denn wie A überlegt auch er, dass damit seine eigene Überlebenschance auch auf 1/2 gestiegen ist.

Ist die Schlussweise der beiden Männer korrekt? Wenn nicht, wie müsste jeder seine Chance berechnen, begnadigt zu werden?

Lösung von GARDNER (1959b)

Wir zitieren GARDNERs Lösung aus der Novembernummer des *Scientific American*, **201**, 5, S. 186.

> »Die Antwort ist: A's Chance, begnadigt worden zu sein, beträgt 1/3, C's Chance hingegen 2/3.
>
> Unabhängig davon, wer begnadigt wurde, kann der Wärter A den Namen eines der anderen beiden Männer als Hinzurichtenden nennen. Die Mitteilung des Wärters hat also keinen Einfluss auf A's Überlebenschance; sie liegt also weiterhin bei 1/3. Die Situation entspricht einem Kartenspiel mit zwei schwarzen Karten (Tod) und einer roten (Begnadigung); diese werden, gut gemischt, an die drei verteilt. Wenn der Wärter für sich alle drei Karten ansieht und dann eine schwarze aufdeckt, die entweder B oder C gehört, wie groß ist dann A's Chance, dass seine

Karte rot ist? Man ist versucht, 1/2 zu sagen, da ja nur noch zwei verdeckte Karten auf dem Tisch liegen, von denen eine rot sein muss. Da aber in jedem Fall eine schwarze Karte für B oder C gezeigt wird, liefert das Aufdecken einer schwarzen Karte keine Information, aus der man auf A's Karte schließen kann.

Das lässt sich leicht verstehen, wenn wir die Situation übertreiben und den Tod durch Pik-Ass aus einem 52 Blatt umfassendem Bridgekartenstapel repräsentieren. A zieht eine Karte; seine Chance, den Tod zu vermeiden, ist 51/52. Nehmen wir an, dass jemand sich alle Karten ansieht und 50 davon aufdeckt, unter denen aber nicht das Pik-Ass ist. Eine der beiden noch verdeckt liegenden Karten ist das Pik-Ass. Dennoch verringert sich A's Chance nicht auf 1/2. Die Chance ändert sich nicht, da man stets, wenn man sich 51 Karten ansieht, 50 auswählen kann, sodass unter denen nicht das Pik-Ass ist. Das Auswählen dieser 50 Karten und ihr Aufdecken hat also keinen Einfluss auf A's Chancen. Werden jedoch 50 Karten auf gut Glück aufgedeckt, und ist keine von ihnen das Pik-Ass, dann beträgt die Wahrscheinlichkeit, dass A die Todeskarte zieht, 1/2.[373]

Wie steht es nun mit dem Gefangenen C? Da entweder A oder C sterben muss, müssen sich ihre beiden Überlebenswahrscheinlichkeiten zu 1 addieren. A's Chance ist 1/3; also muss C's Chance 2/3 sein. Dies lässt sich bestätigen durch Betrachtung des 4-elementigen Ergebnisraums samt den zugehörigen Wahrscheinlichkeiten.

1. C wurde begnadigt, Wächter nennt B: Wahrscheinlichkeit 1/3

2. B wurde begnadigt, Wächter nennt C: Wahrscheinlichkeit 1/3

3. A wurde begnadigt, Wächter nennt B: Wahrscheinlichkeit 1/6

4. A wurde begnadigt, Wächter nennt C: Wahrscheinlichkeit 1/6

In den Fällen 3 und 4 würde A überleben, seine Überlebenswahrscheinlichkeit ist 1/3. Die Fälle 1 und 3 treten ein, wenn bekannt wird, dass B sterben muss. Die Chance, dass Fall 1 zutrifft, ist 1/3, d. h. das Doppelte von 1/6, dass Fall 3 zutrifft; also sind C's Überlebenschancen 2 : 1 oder 2/3. Im Modell des Kartenstapels bedeutete dies, dass die Wahrscheinlichkeit 2/3 beträgt, dass C's Karte rot ist.«

1961 schreibt MARTIN GARDNER in seinen *Mathematical Puzzles and Diversions*, 2, dass er eine Flut von Post bekommen habe, pro und contra. »Glücklicherweise waren alle Einwände unbegründet.« Dann wurde es wieder ruhig um dieses Problem.

Eine mathematisch äquivalente Fassung dieses *Drei-Gefangenen-Problems* taucht 1975 in einem Leserbrief des Mathematikers STEVE SELVIN auf.

1975 SELVIN / *American Statistician*: **Das Monty-Hall-Problem**

STEVE SELVIN schreibt einen Leserbrief an die Zeitschrift *The American Statistician*, der 1975 in der Februarnummer **29**, 1, S. 67, unter dem Titel *A Problem in Probability* erscheint. Darin stellt er frei eine Spielsituation aus der beliebten Fernsehshow »*Let's Make a Deal*« des berühmten Showmasters MONTY HALL dar.[374]

---

[373]   Diesen Absatz hat GARDNER erst 1961 in der Behandlung des Problems in Band 2 seiner *Mathematical puzzles* angefügt.

[374]   Irrtümlich schreibt SELVIN Monte statt Monty. – MONTY HALL hat diese Sendung zwischen 1963 bis 1990 etwa 4500-mal moderiert. In Deutschland wurde sie unter dem Namen »Geh aufs Ganze!« bei SAT 1 vom 2.1.1992 bis zum 30.5.1997 produziert.

MONTY HALL lässt einen Kandidaten eine von drei Schachteln A, B oder C auswählen. Eine davon enthält die Schlüssel für ein Auto, einen 1975 Lincoln Continental. Die beiden anderen Schachteln sind leer. Wenn er die Schachtel mit den Schlüsseln wählt, gehört ihm der Lincoln. Der Kandidat wählt Schachtel B. MONTY bietet dem Kandidaten daraufhin immer höhere Geldsummen für die Rückgabe der Schachtel; der Kandidat lehnt alle Angebote ab. Daraufhin sagt MONTY HALL: »Bedenken Sie doch: Die Wahrscheinlichkeit, dass Ihre Schachtel die Schlüssel enthält, ist 1/3, dass sie leer ist, 2/3. Wollen Sie nicht auf mein nochmal erhöhtes Angebot eingehen?« Als der Kandidat wieder ablehnt, tut MONTY dem Kandidaten einen Gefallen, wie er sagt, und öffnet eine der beiden anderen Schachteln, es sei A. Sie ist leer! Daraufhin sagt er: »Die Autoschlüssel liegen also entweder in Ihrer Schachtel B oder in der Schachtel C. Weil nur diese zwei Schachteln übrig sind, ist die Wahrscheinlichkeit, dass Ihre Schachtel den Schlüssel enthält, jetzt 1/2. Ich biete Ihnen das Doppelte des letzten Angebots.« – Nach einigem Zögern überrascht der Kandidat MONTY HALL mit dem Angebot »Ich tausche meine Schachtel gegen Schachtel C«, was MONTY ausrufen lässt: »Das ist ja verrückt!«

Lösung nach SELVIN (1975)

SELVIN fragt in seinem Brief, ob MONTY HALL recht hat. Der Kandidat weiß von Beginn an, dass mindestens eine der Schachteln A oder C leer ist. Jetzt weiß er, dass A leer ist. Ändert dieses Wissen die Wahrscheinlichkeit, dass seine Schachtel B die Schlüssel enthält, von 1/3 auf 1/2? Hat MONTY HALL dem Kandidaten einen Gefallen getan? SELVIN nimmt nun an, dass MONTY HALL weiß, in welcher Schachtel die Schlüssel liegen, und deshalb diese auf keinen Fall öffnen wird. Alle möglichen neun Fälle fasst er tabellarisch zusammen:

Schlüssel in Schachtel	Kandidat wählt Schachtel	MONTY öffnet Schachtel	Kandidat tauscht	Kandidat
A	A	B oder C	A gegen C oder B	verliert
A	B	C	B gegen A	gewinnt
A	C	B	C gegen A	gewinnt
B	A	C	A gegen B	gewinnt
B	B	A oder C	B gegen C oder A	verliert
B	C	A	C gegen B	gewinnt
C	A	B	A gegen C	gewinnt
C	B	A	B gegen C	gewinnt
C	C	A oder B	C gegen B oder A	verliert

Durch Abzählen findet er: Die Wahrscheinlichkeit, nach dem Öffnen einer Schachtel durch Tauschen die Schlüssel zu gewinnen, ist 6/9 = 2/3. Tauscht der Kandidat nicht, bleibt es bei seiner Anfangswahrscheinlichkeit 1/3.

Einfacher hätte man überlegen können:
Der Kandidat wählt mit 2/3-Wahrscheinlichkeit eine Schachtel ohne Schlüssel. Wenn das Verfahren – eine Schachtel ohne Schlüssel wird geöffnet und der Kandidat kann seine Schachtel mit der anderen tauschen – bekannt ist, dann hat der Kandidat durch den Tausch mit Sicherheit die Schachtel mit den Schlüsseln. Der Tausch führt also mit 2/3-Wahrscheinlichkeit zum Auto.

In der Augustnummer **29**, 3 berichtet SELVIN von zahlreichen Briefen von Lesern, von denen mehrere seine Lösung für falsch hielten. Er antwortet, dass die Grundlage seiner Lösung sei, dass einerseits MONTY HALL die Schachtel mit den Schlüsseln kenne, dass er andererseits, wenn er eine der schlüssellosen Schachteln öffne, dies auf gut Glück mache. Als Alternative zum Abzählen der einander ausschließenden und gleichwahrscheinlichen Ereignisse bietet er an:

Mit $E :=$ »Schlüssel liegt in B«, $F :=$ »Kandidat wählt B« und $G :=$ »MONTY HALL öffnet A« erhält man

$$P_{F \cap G}(E) = \frac{P(E \cap F \cap G)}{P(F \cap G)} = \frac{P_{E \cap F}(G) \cdot P(E \cap F)}{P_F(G) \cdot P(F)} = \frac{P_{E \cap F}(G) \cdot P_E(F) \cdot P(E)}{P_F(G) \cdot P(F)} = \frac{\frac{1}{2} \cdot \frac{1}{3} \cdot \frac{1}{3}}{\frac{1}{2} \cdot \frac{1}{3}} = \frac{1}{3}.$$

Damit ist die Wahrscheinlichkeit, dass der Schlüssel in C liegt, gleich $\frac{2}{3}$.

1982 GARDNER / *aha! Gotcha*: **Three-Shell Game**

Auf Seite 100 seines Buchs *aha! Gotcha* bringt MARTIN GARDNER 1982 die Idee des *Drei-Gefangenen-Problems* sehr knapp in der Form eines *Drei-Muschel-Spiels*.

> Unter genau einer von drei Muscheln ist eine Erbse versteckt. A wählt eine Muschel. Da der Muschelspieler weiß, wo die Erbse ist, kann er jederzeit eine leere Muschel umdrehen, ohne dass dabei A eine für ihn nützliche Information erhält. Die Wahrscheinlichkeit, dass A die Erbsenmuschel gewählt hat, bleibt 1/3 und steigt nicht auf 1/2, wie man vermuten könnte.

Statt mit Muscheln könne man auch mit Karten spielen, die man verdeckt auf den Tisch legt. Dabei wähle man z. B. Pik-Ass für die Erbse und die roten Asse, also Herz- und Karo-Ass, für leer. Dann schlägt GARDNER eine Variante vor:

> A legt seinen Finger auf die mittlere der verdeckten Karten. Es wird ihm nun erlaubt, eine der beiden anderen Karten umzudrehen. Erscheint dabei das Pik-Ass, so wird das Spiel nicht gewertet. Man mischt und beginnt das Spiel von Neuem und spielt so lange, bis ein rotes Ass erscheint. Dadurch erhöht sich die Wahrscheinlichkeit, dass A's Finger auf dem Pik-Ass liegt, auf 1/2.

Lösung nach GARDNER (1982)

Es gibt sechs Möglichkeiten, die Karten auf den Tisch zu legen. Falls A die dritte Karte aufdeckt, gelten von diesen sechs Varianten die Varianten 4 und 6 nicht, der Ergebnisraum besteht also nur aus den vier restlichen Varianten 1, 2, 3 und 5. A's Finger liegt auf der Pik-Ass Karte bei den Varianten 3 und 5. Also ist jetzt die Wahrscheinlichkeit, dass A's Finger auf der Pik-Ass Karte liegt, ½.

Unsere Lösung

Wir zeichnen einen Baum für die Ereignisse $A :=$ »Mittlere Karte ist das Pik-Ass« und $B :=$ »Pik-Ass wird aufgedeckt«.
Damit ergibt sich für die Wahrscheinlichkeit, dass der Finger des Spielers auf dem Pik-Ass liegt, nachdem er ein rotes Ass aufgedeckt hat, zu

$$P_{\overline{B}}(A) = \frac{P(A \cap \overline{B})}{P(\overline{B})}$$

$$= \frac{\frac{1}{3}}{\frac{1}{3} + \frac{1}{3}} = \frac{1}{2}.$$

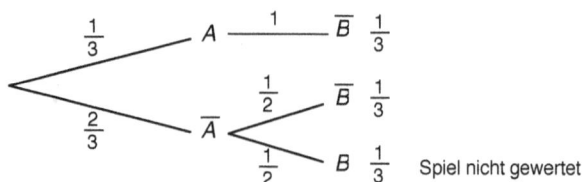

Es vergingen acht Jahre, bis das Problem erneut zur Diskussion stand. Aber diesmal wurde es einer breiten Öffentlichkeit bekannt und erzeugte gehörigen Aufruhr.

1990 VOS SAVANT / *Parade Magazine*: Das Drei-Türen- oder Ziegenproblem

CRAIG F. WHITAKER aus Columbia, Maryland fragt MARYLIN VOS SAVANT, Verfasserin der Kolumne »*Ask Marilyn*« in der Sonntagsbeilage *Parade Magazine* vieler amerikanischer Zeitungen, um ihre Meinung.

> Stellen Sie sich vor, Sie müssten in einer Fernsehshow eine von drei Türen auswählen. Hinter einer [von drei mit 1, 2 bzw. 3 gekennzeichneten] verschlossenen Tür steht als Preis ein Auto, hinter den beiden anderen Türen Ziegen. Sie wählen Nr. 1. Daraufhin öffnet der Showmaster, der weiß, was sich hinter den jeweiligen Türen befindet, eine andere Tür, z. B. Nr. 3, hinter der eine Ziege steht. Nun fragt er Sie, ob Sie bei Tür Nr. 1 bleiben oder stattdessen Tür Nr. 2 wählen wollen. Sollte man besser wechseln?

Lösung nach VOS SAVANT (1990)

MARILYN VOS SAVANT antwortet am 9. September 1990 im *Parade Magazine*:

> »Ja, Sie sollten wechseln. Die zuerst gewählte Tür hat die Gewinnchance 1/3, aber die zweite Tür hat eine Gewinnchance 2/3. Dies lässt sich folgendermaßen gut veranschaulichen: Stellen Sie sich vor, von einer Million Türen öffnen Sie Tür Nr. 1. Daraufhin öffnet der Showmaster, der weiß, was hinter den Türen ist, und der stets vermeidet, die Tür mit dem Preis zu öffnen, alle Türen außer Tür 777.777. Sie würden schnellstens zu dieser Tür wechseln, oder?«

Daraufhin erhält sie etwa 10 000 Zuschriften; 65% der aus Universitäten stammenden lehnen ihre Lösung ab, von den »normalen« Briefeschreibern sind es sogar 92%. Zu ihren heftigsten Kritikern gehören vor allem Mathematiker.[375] VOS SAVANT bleibt bei ihrer Meinung und schreibt am 2. Dezember 1990 in ihrer Kolumne:

> »Um Himmels willen! Bei so viel gelehrtem Widerspruch wette ich, dass diese Zeilen den Mathematikunterricht am Montag beschäftigen werden. [...] Meine ursprüngliche Antwort ist richtig. Um dies zu illustrieren, lassen Sie uns ein Muschelspiel spielen.[376] [...] Der Vorteil des Wechselns wird deutlich, wenn man alle sechs möglichen Situationen durchspielt. Bei den ersten drei wählen Sie Tür 1 und wechseln jedes Mal, bei den anderen drei wählen Sie ebenfalls Tür 1 und wechseln nicht. Das ergibt folgende Tabellen [, in denen angegeben wird, was hinter den Türen steht]:

---

[375] Eine ähnliche Kampagne gab es in Deutschland, als *DIE ZEIT* am 19. Juli 1991 die Aufgabe veröffentlichte.

[376] Hier bringt VOS SAVANT genau das Drei-Muschel-Spiel von MARTIN GARDNER (1982) – siehe oben.

Wechsel				kein Wechsel			
Tür 1	Tür 2	Tür 3	Gewinn	Tür 1	Tür 2	Tür 3	Gewinn
A	Z	Z	**Z**	A	Z	Z	**A**
Z	A	Z	**A**	Z	A	Z	**Z**
Z	Z	A	**A**	Z	Z	A	**Z**

Wenn Sie wechseln, gewinnen Sie in zwei von drei Fällen das Auto, also mit der Wahrscheinlichkeit 2/3. Wenn Sie nicht wechseln, gewinnen Sie in einem von drei Fällen, also mit der Wahrscheinlichkeit 1/3, und verlieren mit der Wahrscheinlichkeit 2/3. Probieren Sie's aus.«

In ihrer dritten Kolumne am 17. Februar 1991 lädt sie ihre Leser dazu ein, das Spiel in der Rolle des Showmasters mit einer andern Person mittels drei Spielkarten nachzuspielen; zwei Joker stehen für die Ziege und ein Ass für das Auto.[377] Spiele man dies einige hundert Male, dann bekomme man relevante Ergebnisse, auch

»wenn es sehr ermüdend ist – aber vielleicht kann man die Ausführung als Strafe verhängen!«.

In ihrer vierten und letzten Kolumne zu diesem Problem am 7. Juli 1991, schreibt sie, dass viele das Spiel gespielt hätten und nun von ihrer Ansicht überzeugt seien, dass man doppelt so oft gewinnt, wenn man wechselt. Vor Bewunderung meint dazu LAWRENCE BRYAN aus San Jose, California:

»Gestehen Sie! Haben Sie sich das alles ausgedacht, oder hat Ihnen ein Mathematiker geholfen?«[378]

Aber ein DON EDWARDS aus Sunriver, Oregon ist anderer Meinung:

»I still think, you're wrong. There is such a thing as female logic.«

Was VOS SAVANT mit »Oh hush, now« – »Nun schweigen Sie aber« quittiert.[379]

Unsere Lösung

Für den Fall, dass der Kandidat wechselt, unterscheiden wir bezüglich des Showmasters zwei Fälle, die wir durch Bäume veranschaulichen.

1. Fall. Der Showmaster S weiß, hinter welcher Tür die Ziegen stehen, und der Kandidat K wechselt.

2. Fall. Der Showmaster S weiß nicht, hinter welcher Tür die Ziegen stehen, und der Kandidat K wechselt.

In beiden Fällen hat Kandidat K die Wahl der Tür, womit das Spiel beginnt.

---

[377] Der Vorschlag, statt mit Muscheln mit drei Karten das Spiel zu spielen, stammt auch von MARTIN GARDNER (1982) – siehe oben.

[378] MARILYN VOS SAVANT wurde zu jener Zeit der höchste IQ zugeschrieben. – Der Intelligenzquotient IQ wurde 1912 von dem Deutschen WILLIAM (WILHELM LOUIS) STERN (1871–1938) eingeführt.

[379] Viele der Zitate sind http://marylinvossavant.com/game-show-problem und https://de.wikipedia.org/wiki/Marilyn_vos_Savant entnommen.

1. Fall

$\frac{2}{3}$ — K wählt Z ——1—— S öffnet Z ——1—— K erhält A

$\frac{1}{3}$ — K wählt A ——1—— S öffnet Z ——1—— K erhält Z

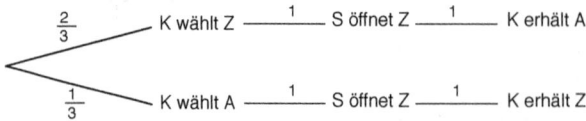

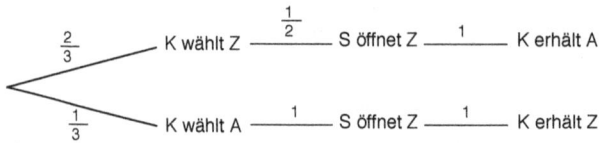

Die Wahrscheinlichkeit, dass K nach dem Wechsel das Auto gewinnt, ist $\frac{2}{3} \cdot 1 \cdot 1 = \frac{2}{3}$. Falls er nicht wechselt, bleibt ihm für das Auto die Wahrscheinlichkeit $\frac{1}{3}$.

2. Fall

$\frac{2}{3}$ — K wählt Z ——$\frac{1}{2}$—— S öffnet Z ——1—— K erhält A

$\frac{1}{3}$ — K wählt A ——1—— S öffnet Z ——1—— K erhält Z

Die Wahrscheinlichkeit, dass K nach dem Wechsel das Auto gewinnt, ist $\frac{2}{3} \cdot \frac{1}{2} \cdot 1 = \frac{1}{3}$. Durch den Wechsel ändert sich nichts an der Wahrscheinlichkeit, das Auto zu gewinnen.

Wenn der Kandidat nichts über das Vorwissen des Showmasters weiß, lohnt sich ein Wechsel trotzdem, weil K schlimmstenfalls bei seiner Wahrscheinlichkeit bleibt, der Wechsel aber seine Wahrscheinlichkeit verdoppeln kann.

Die beiden unteren Zweige in den vorstehenden Bäumen kann man wie folgt beschreiben:

K wählt A mit Wahrscheinlichkeit $\frac{1}{3}$. Dann geschieht etwas mit Wahrscheinlichkeit 1, nämlich »S öffnet eine Z-Tür«. Weil das sicher ist, ist diese Information belanglos und kann die Wahrscheinlichkeit für »K wählt A« nicht ändern; sie bleibt bei $\frac{1}{3}$.

Lebensdaten

ABRAHAM IBN EZRA (Tudela/Spanien um 1092–23. oder 28.1.1167, Sterbeort umstritten)

ACERBI, FABIO (Livorno 8.3.1965–)

ALCIATI, ANDREA (Alzate Brianza 8.5.1492–12.1.1550 Pavia)

ALEMBERT, JEAN LE ROND DE (Paris 16.11.1717–29.10.1783 ebd.)

ALEXANDER III. DER GROßE / Ἀλέξανδρος ὁ Μέγας (Pella 20.7.356–10.6.323 v. Chr. Babylon)

ALFONS X. DER WEISE / ALFONSO EL SABIO (Toledo 23.11.1221–4.4.1284 Sevilla)

APOLLONIOS VON PERGE / Ἀπολλώνιος (Perge um 262–um 190 v. Chr. Alexandria)

ARBUTHNOT, JOHN (Kincardineshire getauft 29.4.1667–27.2.1735 London)

ARISTOPHANES / Ἀριστοφάνης (Athen um 445–um 386 v. Chr. ebd.)

ARISTOTELES / Ἀριστοτέλες (Stageira 384–322 v. Chr. Chalkis)

ARTEMIDOROS / Ἀρτεμίδωρος (Ephesos 1. Hälfte des 2. Jh.s n. Chr.).

ARROW, KENNETH JOSEPH (New York 23.8.1921–)

ASKLEPIADES / Ἀσκληπιάδης (Samos *um 320 v. Chr.)

AUBIGNÉ, FRANÇOISE D', seit 1675 MARQUISE DE MAINTENON (Niort 27.11.1635–15.4.1692 Saint-Cyr-l'École)

AUGUSTUS (Rom 23.9.63 v. Chr.–19.8.14 n. Chr. Nola bei Neapel)

BACHELIER, LOUIS (Le Havre 11.3.1870–26.4.1946 St-Servan-sur-Mer)

BACON, FRANCIS (London 22.1.1561–9.4.1626 Highgate)

BARTLETT, MAURICE STEVENSON (Chiswick/London 18.6.1910–8.1.2002 Exmouth/Devon)

BAYES, THOMAS (London um 1701?–7.4.1761 Royal Tunbridge Wells/Kent)

BEDA VENERABILIS (bei Wearmouth in Northumbria 672/3–26.5.735 Kloster Jarrow)

BELLEAU, REMY (Nogent-le Rotrou 1528–6.3.1577 Paris)

BERCHTOLD, BERNHARD (Langenthal, Kanton Bern 30.11.1950–)

BERNOULLI, DANIEL (Groningen 8.2.1700 [n. St.]–17.3.1782 Basel)

BERNOULLI, JAKOB (Basel 6.1.1655 [n. St.]–16.8.1705 Basel)

BERNOULLI, JOHANN I (Basel 6.8.1667 [n. St.]–1.1.1748 Basel)

BERNOULLI, NIKOLAUS I (Basel 20.10.1687 [n. St.]–29.11.1759 Basel)

BERNSCHTEIN, SERGEJ NATANOVIČ / Бернштейн, Сергей Натанович (Odessa 5.3.1880–26.10.1968 Moskau)

BERNSTEIN, FELIX (Halle / Saale 14.2.1878–3.12.1956 Zürich)

BERTRAND, LOUIS (Genf 3.10.1731–15.5.1812 ebd.)

BERTRAND, LOUIS FRANÇOIS JOSEPH (Paris 3.1.1822–3.4.1900 ebd.)

BHĀSKARA II (Bijjada Bida bei Bijapur / Karnataka 1114–1185)

BLYTH, COLIN ROSS (Guelph, Ontario/Kanada 24.10.1922–)

BOETHIUS (um 480–524? Pavia?)

BOOLE, GEORGE (Lincoln/England 2.11.1815–8.12.1864 Ballintemple/ Cork, Irland)

BORDA, JEAN-CHARLES DE (Dax 4.5.1733–20.2.1799 Paris)

BOREL EMILE FÉLIX ÉDOUARD JUSTIN (Saint-Affrique/Aveyron 7.1.1871–3.2.1956 Paris)

BORGES, JORGE LUIS (Buenos Aires 24.8.1899–14.6.1986 Genf)

BORREL, JEAN (Charpey/Dauphiné 1492–1564/72 Cenar, nahe Romans-sur-Isère)

BOSCOVICH, ROGER JOSEPH, auch BOŠKOVIĆ, RUGJER JOSIP (Ragusa 18.11.1711–12.2.1787 Mailand)

BOURGUET, LOUIS (Nîmes 23.4.1678–31.12.1742 Neuchâtel)

BRIGGS, HENRY (Warleywood/Halifax, West Yorkshire Februar 1561–5.2.1631 [n. St.])

BUFFON, GEORGES LOUIS LE CLERC DE (Montbard 7.9.1707–16.4.1788 Paris)

BUTEO, IOANNES: siehe BORREL

BUTLER, JOSEPH (Wantage 18.5.1692–16.6.1752 Bath)

CAESAR, GAIUS IULIUS (Rom 12.7.100–15.3.44 v. Chr. ebd.)

CARAMUEL Y LOBKOWITZ, JUAN (Madrid 23.5.1606–8.9.1682 Vigevano)

CARCAVI, PIERRE DE (Lyon 1603 [wahrscheinlich]–April 1684 Paris)

CARDANO GERONIMO, auch GIROLAMO (Pavia 24.9.1501–20.9.1576 Rom)

CASANOVA, GIROLAMO GIACOMO, seit 1760 auch CHEVALIER DE SEINGALT (Venedig 2.4.1725–4.6.1798 Schloss Dux/Böhmen, heute Duchcov/Tschechien)

CASSINI, GIOVANNI DOMENICO (Perinaldo/Nizza 8.6.1625–14.9.1712 Paris)

CESÀRO, ERNESTO (Neapel 12.3.1859–12.9.1906 Torre Annunziata)

CHALMERS, DAVID JOHN (Sydney 20.4.1966–

CHRYSIPPOS / Χρύσιππος (Soloi/Kilikien 281/276–208/4 v. Chr. Athen?)

CHUNG, KAI LAI (Shanghai 19.9.1917–1.6.2009 Philippinen)

CICERO, MARCUS TULLIUS (Arpinum 3.1.106–7.12.43 v. Chr. bei Formiae)

CLAUDIUS (Lugdunum [= Lyon] 1.8.10 v. Chr.–13.10.54 n. Chr. Rom)

CLAVIUS, CHRISTOPHORUS (in oder bei Bamberg 1537 oder 1538–6.2.1612 Rom)

CLIFFORD, WILLIAM KINGDON (Exeter, Devon, England 4.5.1845–3.3.1879 Madeira)

COHEN, MORRIS RAPHAEL (Minsk 25.7.1880–28.1.1947 New York)

CONDORCET, JEAN ANTOINE NICOLAS CARITAT, MARQUIS DE (Ribemont 17.9.1743–28.3.1794 Bourg-la-Reine)

COSIMO II. DE' MEDICI (Florenz 12.5.1590–28.2.1621 ebd.)

COTTON, CHARLES (Alstonefield Staffordshire 28.4.1630–13.2.1687 London)

COURNOT, ANTOINE AUGUSTIN (Gray 28.8.1801–31.1.1877 Paris)

CRAMER GABRIEL (Genf 31.7.1704–4.1.1752 Bagnoles-sur-Cèze)

CZUBER[380], EMANUEL (Prag 19.1.1851–22.8.1925 Gnigl bei Salzburg)

DEDEKIND, RICHARD (Braunschweig 6.10.1831–12.2.1916 ebd.)

DE MORGAN, AUGUSTUS (Madura/Indien 27.6.1806–18.3.1871 London)

DIDEROT, DENIS (Langres 5.10.1713–31.7.1784 Paris)

DIRICHLET, GUSTAV PETER LEJEUNE (Düren 13.2.1805–5.5.1859 Göttingen)

---

[380] gesprchen ˈtʃuːbər

DODGSON[381], CHARLES LUTWIDGE, alias CARROLL, LEWIS (Daresbury/County Cheshire 27.1.1832 bis 14.1.1898 Guildford/County Surrey)

DONNOLO, SCHABBETAI BEN ABRAHAM (Oria/Italien 913–nach 982)

DOOB, JOSEPH LEO (Cincinnati, Ohio 27.2.1910–7.6.2004 Urbana, Illinois)

EFRON, BRADLEY (St. Paul/Minnesota 24. Mai 1938–)

EGGENBERGER, FLORIAN (Buchs/Kanton St. Gallen 19.5.1895–22.10 1960 Meilen/Kanton Zürich)

ELISABETH I. (Greenwich 7.9.1533–24.6.1603 Richmond)

ERRERA, JACQUES (Brüssel 25.9.1896–30.3.1977 ebd.)

ETTINGSHAUSEN, ANDREAS FREIHERR VON (Heidelberg 25.11.1796–25.5.1878 Wien)

EUKLID / Εὐκλείδης (Athen? etwa 340–280 v. Chr. Alexandria)

EULER, LEONHARD (Basel 15.4.1707–18.9.1783 St. Petersburg)

FÉNELON, FRANÇOIS DE SALIGNAC DE LA MOTHE- (Schloss Fénelon im Périgord 6.8.1651–7.1.1715 Cambrai)

FERMAT PIERRE DE (Beaumont-de-Lomagne 1607/8–12.1.1665 Castres)

FIESCO, GIOVANNI LUIGI DE, GRAF VON LAVAGNA (Genua 1522–2.1.1547 ebd.)

FISCHART, JOHANN DER TÄUFER FRIEDRICH (Straßburg 1546/47–1591 Forbach)

FONTAINE DES BERTINS, ALEXIS (Claveyson 13.8.1704–21.8.1771 Cuiseaux)

FONTENELLE, BERNARD LE BOVIER DE (Rouen 11.2.1657–9.1.1757 Paris)

FORSTER, JOACHIM (um 1500–1579)

FRÉCHET, MAURICE RENÉ (Maligny/Yonne 2.9.1878–4.6.1973 Paris)

FRENICLE DE BESSY, BERNARD (Paris um 1605–17.1.1675 ebd.)

FRIEDRICH II. DER GROßE (Berlin 24.1.1712–17.8.1786 Potsdam)

GALILEI, GALILEO (Pisa 15.2.1564–8.1.1642 Arcetri/Florenz)

GALTON, FRANCIS (Sparkbrook/Birmingham 16.2.1822–17.1.1911 Haslemere/Surrey)

GARDNER, MARTIN (Tulsa/ Oklahoma 21.10.1914–22.5.2010 Norman/Oklahoma)

GNEDENKO, BORIS WLADIMIROVIČ / ГНЕДЕНКО, БОРИС ВЛАДИМИРОВИЧ (Simbirsk [seit 1924 Uljanowsk] 1.1.1912–27.12.1995 Moskau)

GRAVESANDE, WILLEM JACOB STORM VAN S' (s'-Hertogenbosch 26.9.1688–28.2.1742 Leiden)

GREENWOOD MAJOR (Shoreditch/London 9.8.1880–5.10.1949 London)

GREGORY, JAMES (Drumoak, near Aberdeen November 1638–Oktober 1675 Edinburgh)

GRUNERT, JOHANN AUGUST (Halle/Saale 7.2.1797–7.6.1872 Greifswald)

GUALTIERI, LORENZO »SPIRITO« (Perugia 1426–Mai 1496 ebd.)

GULDIN, PAUL, urspr. HABAKUK (Mels 12.6.1577–3.11.1643 Graz)

HABSIEGER, LAURENT (Paris 20.5.1963–)

HÄGELE, GÜNTER (Augsburg 4.3.1954–)

HALL, ASAPH (Goschen / Connecticut 15.10.1829–22.11.1907 Annapolis / Maryland)

HALL, MONTY, eigentlich MAURICE HALPERIN (Winnipeg / Manitoba 25.8.1921–

---

[381] gesprochen dɔdʒsn

HALMOS, PAUL RICHARD (Budapest 3.3.1916–2.10.2006 Los Gatos/Kalifornien)

HALPHÉN, GEORGES HENRI (Rouen 30.10.1844–23.5.1889 Versailles)

HARRIS, JOHN (Shropshire 1666–7.9.1719 Norton Court)

HEIS, EDUARD (Köln 18.2.1806–30.6.1877 Münster)

HENRIETTE MARIA, Gemahlin KARLS I. von England (Paris 15.11.1609–10.9.1669 Schloss Colombes)

HÉRIGONE, PIERRE (1580–1643 Paris)

HINDENBURG, KARL FRIEDRICH (Dresden 13.7.1741–17.3.1808 Leipzig)

HIPPARCHOS / Ἵππαρχος (Nicäa um 190–um120 v. Chr. auf Rhodos?)

HORAZ, eigentlich QUINTUS HORATIUS FLACCUS (Venusia [Venosa/Apulien] 8.12.65–27.11.8 v. Chr.)

HOUGH, DAVID (1949–

HUDDE, JAN (Amsterdam 23.4.1628–15.4.1704 ebd.)

HUME, DAVID (Edinburgh 7.5.1711 [n. St.]–25.8.1776 ebd.)

HUTTEN, ULRICH VON (auf Burg Steckelberg 21.4.1488–29.8.1523 Ufenau/Zürichsee)

HUYGENS, CHRISTIAAN (Den Haag 14.4.1629–8.7.1695 ebd.)

HUYGENS, LODEWIJK (Den Haag 13.3.1631–30.6.1699 Rotterdam)

INEICHEN, ROBERT (Luzern 24.6.1925–)

IZQUIERDO, SEBASTIAN (Alcaraz, Albacete 1601–1681 Rom)

JACQUIER, FRANÇOIS OFM (Vitry-le-François 7.6.1711–3.7.1788 Rom)

JOHANNA DIE WAHNSINNIGE (Toledo 14.11.1479–12.4.1555 Tordesillas)

JULIAN APOSTATA (Konstantinopel 331–26.6.363 bei Maranga am Tigris)

KARL I., König von England (Dunfermline 19.11.1600–30.1.1649 London)

KARL II., König von England (London 29.5.1630–6.2.1685 ebd.)

KARL V. (Gent 24.2.1500–21.9.1558 Kloster San Jerónimo de Yuste/Extremadura)

KÄSTNER, ABRAHAM GOTTHELF (Leipzig 27.9.1719–20.6.1800 Göttingen)

KAZARIAN, MAXIM ÉDUARDOVIČ / Казарян, Максим Эдуардович (Moskau 11.5.1965–)

KEPLER, JOHANNES (Weil der Stadt 27.12.1571–15.11.1630 Regensburg)

KNUTH, DONALD ERVIN (Milwaukee/Wisconsin 10.1.1938–)

KRAITCHIK, Maurice Borissowitsch / Крайчик, Морис Борисович (Minsk 21.4.1882–19.8.1957 Brüssel)

KRAMP, CHRISTIAN (Straßburg 8.7.1760–13.5.1826 ebd.)

KEYNES, JOHN MAYNARD (Cambridge 5.6.1883–21.4.1946 Tilton, Firle, East Sussex)

KLÜGEL, GEORG SIMON (Hamburg 19.8.1739–4.8.1812 Halle)

LABLÉE, JACQUES (1751–4.8.1841 Halle)

LACROIX, SYLVESTRE-FRANÇOIS (Paris 28.4.1765–24.5.1843 ebd.)

LAFITAU, JOSEPH-FRANÇOIS (Bordeaux 31.5.1681–3.7.1746 ebd.)

LAHONTAN, LOUIS-ARMAND DE LOM D'ARCE, BARON DE (Lahontan / Béarn 9.6.1666 –21.4.1716 Hannover)

LALANNE, LÉON LOUIS, eigentlich CHRÉTIEN-LALANNE (Paris 3.7.1811–12.3.1892 ebd.)

LAMBERT, JOHANN HEINRICH (Mühlhausen/Elsass 26.8.1728–25.9.1777 Berlin)

LANDAU, EDMUND GEORG HERMANN (YECHEZKEL) (Berlin 14.2.1877–19.2.1938 ebd.)

LANDO, SERGEJ KONSTANTINOVIČ / Ландо, Сергей Константинович

LAPLACE, PIERRE SIMON, seit 1817 MARQUIS DE (Beaumont-en-Auge 23.3.1749–5.3.1827 Paris)

LAßWITZ, KURD CARL THEODOR VICTOR (Breslau 20.4.1848–17.10.1910 Gotha)

LAURENT, MATTHIEU PAUL HERMANN (Echternach 2.9.1841–19.2.1908 Paris)

LAWRANCE A. E.

LEBRUN, M.

LEIBNIZ, GOTTFRIED WILHELM (Leipzig 1.7.1646–14.11.1716 Hannover)

LEMOINE, ÉMILE MICHEL HYACINTHE (Quimper 22.11.1840–21.2.1912 Paris)

LEURECHON, JEAN (Bar le Duc 1591–17.1.1670 Pont-à-Mousson)

LEVI BEN GERSON (Bagnols-sur-Cèze 1288–20.4.(?)1344 Perpignan?)

LÉVY, PAUL PIERRE (Paris 15.9.1886–15.12.1971 ebd.)

LHUILIER, auch L'HUILIER, SIMON ANTOINE JEAN (Genf 25.4.1750–28.3.1840 ebd.)

LUDWIG XIII. (Fontaineblau 27.9.1601–14.5.1643 Saint-Germain-en-Laye)

LUDWIG XIV. (Saint-Germain-en-Laye 5.9.1638–1.9.1715 Versailles).

LYKOPHRON / Λυκόφρων (Chalkis um 320–nach 280 v. Chr.)

MACROBIUS, AMBROSIUS THEODOSIUS (um 385/390?– nach 430?)

MAINTENON, MARQUISE DE: siehe AUBIGNÉ

MAIRAN, JEAN JACQUES D'ORTOUS DE (Beziers 1678–20.2.1771 Paris)

MARIGNY DE MANDEVILLE, BERNARD XAVIER PHILIPPE DE (New Orleans 28.10.1785–3.2.1868 ebd.)

MARTIAL, eigentlich MARCUS VALERIUS MARTIALIS (Bilbilis 1.3.40–102/104 ebd.)

MENANDER / Μένανδρος (Kephisia 342/341–um 294 v. Chr.)

MÉRÉ, GEORGE BROSSIN ANTOINE GOMBAUD, CHEVALIER (MARQUIS) DE (Bouëx/Charente März/April 1607–29.12.1684 Château de Baussay bei Niort)

MERIAN, JOHANN RUDOLF (Basel 15.3.1797–25.10.1871 ebd.)

MERSENNE, MARIN (Sountière bei Bourg d'Oizé 8.9.1588–1.9.1648 Paris)

MISES, RICHARD EDLER VON (Lemberg 19.4.1883–14.7.1953 Boston/Mass.)

MOIVRE, ABRAHAM DE (Vitry-le-François 26.5.1667–27.11.1754 London)

MONTMORT, PIERRE RÉMOND DE (Paris 27.10.1678–7.10.1719 ebd.)

MOSCHEROSCH, JOHANN MICHAEL (Willstätt 7.3.1601–4.4.1669 Worms)

MYLON, CLAUDE (Paris um 1618–um 1660 ebd.)

NAGEL, ERNEST (Vágújhely/Ungarn 16.11.1901–20.9.1985 New York)

NALEBUFF, BARRY J. (11.7.1958–

NAPOLÉON BONAPARTE (Ajaccio 15.8.1769–5.5.1821 St. Helena)

NETTO, EUGEN (Halle 30.6.1846–13.5.1919 Gießen)

NEWTON, ISAAC (Woolsthorpe-by-Colsterworth in Lincolnshire 4.3.1643 [n. St.]–31.3.1727 [n. St.] Kensington)

OETTINGER, LUDWIG (Edelfingen 7.5.1797–10.10.1869 Freiburg im Breisgau)

OLDENBURG, HEINRICH (Bremen um 1618–5.9.1677 Charleton)

OTTO I. DER GROßE (23.11.912–7.5.973 Memleben)

OUGHTRED, WILLIAM (Eton 5.3.1574–30.6.1660 Albury/Surrey)

OVID, eigentlich PUBLIUS OVIDIUS NASO (Sulmo 20.3.43 v. Chr.–17 n. Chr.? Tomis [Constanţa / Rumänien])

PACIOLI, LUCA (Borgo San Sepolcro/Umbrien um 1445–1517 ebd.)

PAPPOS VON ALEXANDRIA / Πάππος (um 320 n. Chr.)

PASCAL, BLAISE (Clermont-Ferrand 19.7.1623–19.8.1662 Paris)

PAUSANIAS / Παυσανίας (Kleinasien um 115–um 180)

PEARSON, KARL (London 27.3.1857–27.4.1936 ebd.)

PENNEY, WALTER

PHILIPP II. (Valladolid 21.5.1527–13.9.1598 El Escorial bei Madrid)

PHOTIOS / Φώτιος (Konstantinopel um 820–6.2.891 Bordi)

PINE, ROBERT EDGE (London 1730–18.11.1780 Philadelphia)

PIUS IV. (Mailand 31.3.1499–9.12.1565 Rom)

PLATON / Πλάτων (Athen oder Aigina 428/427–348/347 Athen)

PLAUTUS, TITUS MACC(I)US (Sarsina/Umbrien um 254–184 Rom)

PLUTARCH / Πλούταρχος (Chaironeia um 46–125 Delphi)

POINCARÉ, HENRI (Nancy 29.5.1854–17.7.1912 Paris)

POISSON, SIMÉON-DENIS (Pithiviers 21.6.1781–25.4.1840 Sceaux)

POLENI, GIOVANNI (Venedig 23.8.1685–15.11.1761 Padua)

POLLACZEK-GEIRINGER, HILDA (Wien 28.9.1893–22.3.1973 Sta. Barbara?)

POLLUX, JULIUS / (Πολυδεύκης, Ἰούλιος (2. Jh. n. Chr.)

PÓLYA, GEORG (GYÖRGY) (Budapest 13.12.1887–7.9.1985 Palo Alto/Californien)

PRESTET, JEAN (Châlons-sur-Saône 1648– vor dem 30.5.1691 Marines)

PREVOST, PIERRE (Genf 3.3.1751–8.4.1839 ebd.)

PRICE, RICHARD (Tynton/Llangeinor/Glamorgan/Wales 23.2.1723–19.4.1791 Newington Green, London)

PTOLEMAIOS II. / Πτολεμαῖος (308–29.1.246)

PTOLEMAIOS CHENNOS / Πτολεμαῖος Χέννος (um 100 n. Chr.)[382]

PORPHYRIOS VON TYROS / Πορφύριος (Tyros um 233–301/305 Rom)[383]

PRINGSHEIM, ALFRED (Ohlau/Schlesien 2.9.1850–25.6.1941 Zürich)

PUKELSHEIM, FRIEDRICH (Solingen 8.9.1948–)

QÍN JIŬSHÁO (Anyue / Sichuan um 1202 – um 1261 Meixian / Guandong)

QUETELET, LAMBERT ADOLPHE JACQUES (Gent 22.2.1796–17.2.1874 Brüssel)

RABELAIS, FRANÇOIS (La Devinière bei Chinon/Touraine um 1494–9.4.1553 Paris)

ROBARTES, FRANCIS (1649/50–3.2.1718 Chelsea, London)

---

[382] Da er aus Alexandria stammte, erhielt er zur Unterscheidung von anderen Trägern seines Namens den Beinamen CHENNOS (Χέννος), womit man in Ägypten eine Wachtelart bezeichnete, die man einzusalzen pflegte. Als Sohn des HEPHAISTION (Ἡφαιστίων) nannte man ihn aber auch PTOLEMAIOS HEPHAISTION.

[383] Sein eigentlicher phönikischer Name MALKOS oder MALCHOS bedeutet »König« und wurde, wohl der Königsfarbe wegen, mit PORPHYRIOS = »Purpurner« ins Griechische übersetzt.

SAADJA BEN JOSEF GAON (oberes Ägypten 882–942 Sura/Babylonien)

SAVAGE, LEONARD JIMMIE (Detroit/Michigan 20.11.1917–1.11.1971 New Haven/Connecticut)

SCARRON, PAUL (Paris 4. oder 14.7.1610–7.10.1660 ebd.)

SCHMIDT, JOHANN OSWALD ERHARD (Dorpat, heute Tartu / Estland 13.1.1876–6.12.1959 Berlin)

SCHRÖDER, FRIEDRICH WILHELM KARL ERNST (Mannheim 25.11.1841–16.6.1902 Karlsruhe)

SCHRÖDINGER, ERWIN RUDOLF JOSEF ALEXANDER (Wien-Erdberg 12.8.1887–4.1.1961 Wien)

SILVERMAN, DAVID L.

SIMPSON, EDWARD HUGH (1922–)

SPIEß, auch SPIESS, LUDWIG OTTO (Basel 1.3.1878–14.2.1966 Riehen)

SPINOZA, BARUCH (Amsterdam 24.11.1636–21.2.1677 Den Haag)

STANLEY, RICHARD PETER (New York City 23.6.1944–)

STIFEL, MICHAEL (Esslingen 1487?–19.4.1567 Jena)

STOBAIOS, IOANNES / Στοβαῖος, Ἰωάννης (5. Jh. n. Chr.)

STRODE, THOMAS (um 1626–1688?)

STRUYCK, NICOLAAS (Amsterdam 19.5.1687–15.5.1769 ebd.)

SUETON, eigentlich GAIUS SUETONIUS TRANQUILLUS (Hippo Regius? um 70–140/150)

SYLVESTER, JAMES JOSEPH (London 3.9.1814–15.3.1897 ebd.)

TACQUET, ANDREAS (Antwerpen 23.6.1612–22.12.1660 ebd.)

TARTAGLIA, NICOLÒ (Brescia 1499–13.12.1557 Venedig)

TAYLOR, BROOK (Edmonton/Middlesex 18.8.1685–29.12.1731 London)

TERROT, CHARLES HUGHES (Cuddalore/India, 19.9.1790–2.4.1872 Edinburgh)

TIBERIUS (Rom 16.11.42 v. Chr.–16.3.37 n. Chr. Kap Misenum)

TODHUNTER, ISAAC (Rye/Sussex 23.11.1820–1.3.1884 Cambridge)

UNGER, EPHRAIM SALOMON (Coswig 9.3.1789–1.11.1870 Erfurt)

USSHER, JAMES (Dublin 4.1.1581–21.3.1656 Reigate/Surrey)

VAN SCHOOTEN, FRANS, DER JÜNGERE (Leiden 1615–29.5.1660 ebd.)

VENN, JOHN (Hull 4.8.1834–4.4.1923 Cambridge)

VERGIL, eigentlich PUBLIUS VERGILIUS MARO (Andes bei Mantua 15.10.70–21.9.19 v. Chr. Brindisi)

VICTOR, SEXTUS AURELIUS (vermutlich Nordafrika um 320–um 390 vermutlich Rom)

VIÈTE, FRANÇOIS (Fontenay-le-Comte 1540–13. oder 23.12.1603 Paris)

VIGENÈRE, BLAISE DE (Saint-Pourçain 15.4.1523–1596)

VILLE, JEAN(-ANDRÈ) (Marseille 24.6.1910–22.1.1989 Blois/Loir-et-Cher)

VIVIANI, VINCENZO (Florenz 5.4.1622–22.9.1703 ebd.)

VOLKMANN, JOHANN JACOB (Hamburg 17.3.1732–21.7.1803 Zschortau)

VOLLAND, SOPHIE, eigentlich LOUIS-HENRIETTE (27.11.1716–22.2.1784)

VOLTAIRE, eigentlich AROUET, FRANÇOIS-MARIE, LE JEUNE (Paris 21.11.1694–30.5.1778 ebd.)

VOS SAVANT, MAYRILYN, geb. MACH (St. Louis / Missouri 11.8.1946–

WEAVER, WARREN (Reedsburg/Wisconsin 17.7.1894–24.11.1978 New Milford/Connecticut)

WIBOLD († 972)

WHITEHEAD, JOHN HENRY CONSTANTINE (Madras/Indien 11.11.1904–8.5.1960 Princeton)
WHITWORTH, WILLIAM ALLEN (Runcorn 1.2.1840–12.3.1905 London)
WOLF, JOHANN RUDOLF (Fällandern bei Zürich 7.7.1816–6.12.1893 ebd.)
WOLK, BARRY (Winnipeg/Canada 14. Mai 1941–)

XENOKRATES / Ξενοκράτης (Chalkedon 396/395–314/313 v. Chr. Athen)

YULE, GEORGE UDNY (Morham/Schottland 18.2.1871–26.6.1951 Cambridge)

ZABELL, SANDY L.
ZERMELO, ERNST FRIEDRICH FERDINAND (Berlin 27.7.1871–21.5.1953 Freiburg im Breisgau)
ZHŪ SHÌJIÉ (Yanshang/Peking um 1260–um 1320)

Literatur

Entscheidungen des Reichsgerichts. **5. 1882** Herausgegeben von den Mitgliedern des Gerichtshofes und der Reichsanwaltschaft. Entscheidungen in Strafsachen. Leipzig: Veit & Comp, 1882

Histoire de l'Académie Royale des Sciences (1728): Histoire de l'Académie Royale des Sciences. Année M. DCCXXVIII. Avec les Mémoires de Mathematique & de Physique, pour la même Année. Tirés des Registres de cette Académie. Imprimerie Royale. Paris 1730

Histoire de l'Académie Royale des Sciences (1733): Histoire de l'Académie Royale des Sciences. Année M.DCCXXXIII. Avec les Mémoires de Mathematique & de Physique, pour la même Année. Tirés des Registres de cette Académie. Imprimerie Royale. Paris 1735

Acerbi, Fabio (2003): On the Shoulders of Hipparchus. A Reappraisal of Ancient Greek Combinatorics. In: Archive for History of Exact Sciences **57**.

Aicard, Jean / Desportes / Gervais, Paul / Lalanne, Léon / Lalanne, Ludovic / Le Pileur, A. / Myarint, Ch. / Vergé, Ch. / Young (1842): Un million de faits. Aide-mémoire universel des sciences, des arts et des lettres. Dubouchet. Paris 1842

Alembert, Jean Baptiste le Rond d' (1768): Opuscules Mathématiques. Tome quatriéme [sic!] mit dem Zusatztitel: Ou Mémoires sur différens Sujets de Géométrie, de Méchanique, d'Optique, d'Astronomie etc. Vingt-trois^me Mémoire. Extraits des plusieurs Lettres de l'Auteur sur différens sujets, écrites dans le courant de l'année 1767. Briasson, Paris 1768

Alfonso el Sabio (1283): Libros de Acedrex, Dados e Tablas. Faksimile nach der Handschrift der Biblioteca de el Escorial/Spanien, Sign. T.I.6). Ediciones Poniente. Madrid 1987

Arbuthnot, John (1692): Of the Laws of Chance, or, a Method of Calculation of the Hazards of Game, plainly demonstrated, and Applied to Games at present most in Use, which may be easily extended to the most intricate Cases of Chance imaginable. London: Printed by Benj. Motte, and sold by Randall Taylor near Stationers-Hall, 1692

–, – *(1694)*: Manuskript Dk.1.2 Fol. B [no. 19]. Library, University of Edinburgh. [Siehe Bellhouse (1989)]

Arrow, Kenneth Joseph (1950): The Concept of Social Welfare. In: Journal of Political Economy **58**, 4, Seite 328–346. New York 1950

Bartlett, Maurice Stevenson (1935): Contingency Table Interactions. In: Supplement to the Journal of the Royal Statistical Society, Vol. 2, No. 2, London. S. 248–252

Bate, J. A. / van Rees, G. J. H. (1998): Lotto designs. In: Journal of Combinatorial Mathematics and Combinatorial Computing **28**, 15–39.

Bayes, Thomas (1763): An Essay towards solving a Problem in the Doctrine of Chances. By the late Rev. Mr. Bayes, F. R. S. communicated by Mr. Price, in a Letter to John Canton, A. M. F. R. S. In: Philosophical Transactions (1763), **53**, Seite 370–418. London 1764

Beckby, Hermann (Hg.) (1966): Anthologia Graeca. Griechisch – deutsch. 4 Bände. 2. verbesserte Auflage. Ernst Heimeran Verlag, München 1966

Bellhouse, D. R. (1989): A Manuscript on Chance Written by John Arbuthnot. In: International Statistical Review (1989) **57**, 3, pp. 249–259

Bernoulli, Daniel (1738): Specimen theoriae novae de mensura sortis. In: Commentarii Academiae Scientiarum Imperialis Petropolitanae. Tomus V. Ad annos MDCCXXX et MDCCXXXI, Typis Academiae, Petropoli 1738 (»Petersburger Commentarien«) S. 175–192 – Deutsche Übersetzung: Versuch einer neuen Theorie der Wertbestimmung von Glücksfällen. Aus dem Lateinischen übersetzt und mit Erläuterungen versehen von Professor Dr. Alfred Pringsheim. Mit einer Einleitung von Dr. Ludwig Fick. Leipzig, Verlag von Duncker & Humblot 1896

Bernoulli, Jakob (1684): Meditationes. In: *Bernoulli, Jakob (1975)*

–, – *(1686)*: Theses logicae de conversione et oppositione enuntiationum. Bertsch, Basel 1686. Abgedruckt in: Die Werke von Jakob Bernoulli. Herausgegeben von der Naturforschenden Gesellschaft in Basel. Band 1. Basel, Birkhäuser 1969

–, – *(1713)*: Ars Conjectandi, opus posthumum. Accedit Tractatus de Seriebus infinitis, et Epistola Gallicè scripta de Ludo Pilæ Reticularis. Basileae Impensis Thurnisiorum, Fratrum M DCC XIII. – Auch in *Bernoulli, Jakob (1975)*

–, – *(1899)*: Wahrscheinlichkeitsrechnung (Ars Conjectandi) I., II., III. und IV. Theil (1713) mit dem Anhange: Brief an einen Freund über das Ballspiel (Jeu de Paume) von Jakob Bernoulli. Übersetzt und herausgegeben von R. Haussner. Ostwalds Klassiker der exakten Naturwissenschaften 107, 108; Leipzig 1899. Nachdruck Verlag Harri Deutsch Frankfurt am Main 1999

–, – *(1975)*: Die Werke von Jakob Bernoulli. Herausgegeben von der Naturforschenden Gesellschaft in Basel. Band 3. Basel, Birkhäuser 1975

Bernoulli, Nikolaus (1709): Dissertatio inauguralis de Usu Artis Conjectandi in Jure. Johannis Conradi a Mechel. Basel 1709. Abgedruckt in *Bernoulli, Jakob (1975)*

Bernschtein, Sergej Natanovič (1927): Теория бероятностей – (Wahrscheinlichkeitsrechnung) Moskau 1927

Bertrand, Louis (1786): Mémoire sur une question du Calcul des Probabilités – nicht gedruckt.

Bertrand, Louis François Joseph (1888): Calcul des Probabilités. Paris Gauthier Villars 1888

Blyth, Colin Ross (1972): On Simpson's Paradox and the Sure-Thing Principle. In: Journal of the American Statistical Association, **67** (338), S. 364–366

–, – *(1972)*: Some Probability Paradoxes in Choice from Among Random Alternatives. In: Journal of the Amercian Statistical Association, **67** (338), S. 366–373

Bobek, K. J. (1891): Lehrbuch der Wahrscheinlichkeitsrechnung. Mit 303 gelösten und ungelösten Aufgaben, mit den Ergebnissen der ungelösten Aufgaben, 68 Erklärungen und 27 in den Text gedruckten Figuren. Für das Selbststudium und zum Gebrauch an Lehranstalten bearbeitet nach dem System Kleyer von Dr. K. J. Bobek. Verlag von Julius Maier, Stuttgart 1891

Boole, George (1854): An Investigation of the Laws of Thought, on which are founded the Mathematical Theories of Logic and Probabilities. Macmillan and Co. London 1854

Borda, Jean-Charles de (1774): Mémoire sur les élections au scrutin. In: Histoire de l'Académie Royale des Sciences de Paris. Année 1771. Avec les Mémoires de Mathématique et de Physique pour la même année. Tirés de Registres de cette Académie. S. 657–665. Imprimerie Royale, Paris 1774

Borel, Emile (1937): Les Probabilités. In: Encyclopédie Française. Tome I. Société de Gestion de l'Encyclopédie Française. Paris 1937

–, – *(1950)*: Les Probabilités et la Vie. Schriftenreihe: Que sai-je? Nr. 91. Presses Universitaires de France, Paris 1943

Buffon, Georges Louis Le Clerc de (1777): Essai d'Arithmétique morale. In: Histoire naturelle, générale et particulière, Supplément 4, S. 46–148. Imprimérie Royale, Paris 1777

Buteo, Ioannes (1559): Logistica, quae & Arithmetica vulgò dicitur. Guilleaume Rouillé, Lyon 1559

Butler, Joseph (1736): The Analogy of Religion, Natural and Revealed, to the Constitution and Course of Nature. J. Jones, Dublin 1736

Caramuel y Lobkowitz, Juan (1663): Primus Calamus ob oculos ponens Metametricam, quae variis Currentium, Recurrentium, Adscendentium, Descendentium, nec-non Circumvolantium Versuum Ductibus, aut Aeri incisos, aut buxo insculptos, aut plumbo infusos, multiformes Labyrinthos exornat. Fabius Falconius, Roma 1663

–, – *(1665)*: Primus Calamus Tomus II ob oculos ponens Rhythmicam, quae Hispanicos, Italicos, Gallicos, Germanicos, &c. Versus metitur, eosdemque Concentu exornans, viam aperit, ut Orientales possint Populi (Hebraei, Arabes, Turcici, Persici, Indici, Sinenses, Iaponici, &c.) conformare, aut etiam reformare proprios Numeros. Editio secunda. Duplò auctior. Diversis, iisque necessariis Indicibus locupletata. St. Angelo dei Lombardi 1665

–, – *(1670)*: Mathesis biceps vetus, et nova. Campaniae, In Officinâ Episcopali, Anno M.DCC.LXX. Superiorum Permissu. Prostant Lugduni apud Laurentium Anisson.

Cardano, Geronimo (1539): Practica arithmetice & mensurandi singularis. Mailand Io. Antonins Castellioneus Mediolani Imprimebat Impensis Bernardini Calusci 1539. Nachdruck mit Fehlern in *Cardano 1663*, Band IV

–, – *(um 1556)*: Liber de ludo aleae. In *Cardano (1663)*, Band 1

–, – *(1560)*: De Subtilitate libri XXI. Ab authore plusquam mille locis illustrati, nonnullis etiam cum additionibus. Basel 1560. Nachdruck in *Cardano (1663)*, Band III

–, – *(1570)*: Opus novum de proportionibus numerorum, motuum, ponderum, sonorum, aliarumque rerum mensurandarum, non solùm Geometrico more stabilitum, sed etiam varijs experimentis & observationibus rerum in natura, solerti demonstratione illustratum, ad multiplices usus accommodatum, & in V libros digestum. Basel 1570. Nachdruck in *Cardano (1663)*, Band IV

–, – *(1663)*: Opera omnia. Jo. Ant. Huguetan et Marc Ant. Ravaud Lugduni [Lyon] 1663. (Faksimile-Nachdruck Frommann Stuttgart, Bad Cannstatt 1966)

Casanova, Giacomo (1770): Brief an Roger Joseph Boscovich (?) In: Casanova, Giacomo: Gesammelte Briefe, Ausgewählt, eingeleitet und mit Anmerkungen versehen von Enrico Straub. Neu und zum Teil erstmals nach den französischen und italienischen Manuskripten übersetzt von Heinz von Sauter. Hier Band II: Aus der gelehrten Korrespondenz. S. 72–76. Propyläen Verlag, Berlin 1970

–, – *(s. a.)*: Unbetitelte Abhandlung in italienischer Sprache. Státní oblastní archiv v Praze (Archives d'État de Prague), fond Casanova, U 16h-44

Cesàro, Ernesto (1882): Une question de probabilités. In: Mathesis. Recueil mathématique à l'usage des écoles spéciales et des établissements d'instruction moyenne **2**, S. 177–179. Gauthier-Villars, Paris 1882

Chulmers, David John (2002): The St. Petersburg Two-Envelope Paradox. In: Analysis N. S. **62**, S. 155–157. Oxford University press, Oxford 2002

Chung, Kai Lai (1942): On mutually favorable events. In: Annals of Mathematical Statistics **13**, 3.

Cicero, Marcus Tullius (45/44 v. Chr.): De natura – Vom Wesen der Götter Lateinisch – deutsch. Übersetzt von Olof Gigon. Artemis und Winkler, Zürich und Düsseldorf 1996

Clavius, Christophorus (1570): In sphaeram Ioannis de Sacro Bosco Commentarius. Victor Helianus. Rom 1570

Clifford, William Kingdon (1866): Problem 1878. In: The Educational Times and Journal of the College of Preceptors. Vol. XVIII New Series, Nr. 58, Januar 1866, S. 236. C. F. Hodgson & Sons, London 1866

–, – *(1866)*: Mathematical questions, with their solutions. From the „Educational Times". Vol. VI. From July to December, 1866. C. F. Hodgson & Sons, London 1866

Cohen, Morris Raphael / Nagel, Ernest (1934): An Introduction to Logic and Scientific Method. New York, Harcourt, Brace and Co., S. 449

Colebrooke, Henry Thomas (1817): Algebra, with Arithmetic and Mensuration from the Sanscrit of Brahmegupta and Bháscara. Murray, London 1817

Condorcet, Jean Antoine Nicolas Caritat, de (1781): Mémoire sur le Calcul des Probabilités. In: Histoire de l'Académie Royale des Sciences de Paris. Avec les Mémoires de Mathématique et de Physique pour la même année. (Année MDCCLXXXI) Tirés de Registres de cette Académie. Imprimerie Royale, Paris 1784

–, – *(1785)*: Essai sur l'Application de l'Analyse à la Probabilité des Décisions rendues à la Pluralité des Voix. Imprimerie Royale, Paris. 1785

–, – *(1805)*: Élémens du calcul des probabilités, et son application aux jeux de hasard, à la loterie, et aux jugemens des hommes. Royez, Paris An XIII – 1805

Cotton, Charles (1674): The Compleat Gamester: Or, Instructions, how to play at Billiards, Trucks, Bowls an Chess. Together with all manner of usual and most Gentile Games either on Cards or Dice. To which is added, The Arts and Mysteries of Riding, Racing, Archery, and Cock-Fighting. London: Printed by A. M. for R. Cutler, and to be sold by Henry Brome at the Gun at the West-end of St. Pauls. 1674

Coumet, Ernest (1972): Mersenne: Dénombrements, Répertoires, Numérotations de Permutations. In: Mathématiques et Sciences humaines, **10**, N° 38. Paris 1972

Cournot, Antoine Augustin (1843): Exposition de la Théorie des Chances et des Probabilités. Librairie de la Hachette, Paris 1843

Czuber, Emanuel (1899): Die Entwicklung der Wahrscheinlichkeitstheorie und ihrer Anwendungen. Bericht, erstattet der Deutschen Mathematiker-Vereinigung in: Jahresbericht der Deutschen Mathematiker-Vereinigung, **7**, Heft 2, Leipzig 1899

–, – *(1902)*: Wahrscheinlichkeitsrechnung und ihre Anwendung auf Fehlerrechnung, Statistik und Lebensversicherung Teubner, Leipzig 1902/1903

–, – *(1924)*: Wahrscheinlichkeitsrechnung und ihre Anwendung auf Fehlerrechnung Statistik und Lebensversicherung 1. Bd. Wahrscheinlichkeitstheorie Fehlerausgleichung Kollektive Maßlehre 4., sorgfältig durchgesehene mit Zusätzen versehene Auflage. Teubner, Leipzig Berlin 1924

Dedekind, Richard (1860): Mathematische Mittheilungen. III. Über die Elemente der Wahrscheinlichkeitsrechnung. In: Vierteljahrsschrift der Naturforschenden Gesellschaft in Zürich **5** (1860) – Korrigierter und ergänzter Nachdruck in *Dedekind, Richard (1930)*: Gesammelte mathematische Werke. Band 1, S. 88–94. Friedr. Vieweg & Sohn, Braunschweig 1930

De Morgan, Augustus (1838): An Essay on Probabilities, and on Their Application to Life Contingencies and Insurance Offices. Longman, Orme, Brown, Green & Longmans, London 1838

De Morgan, Augustus (1847): Formal Logic: Or The Calculus of Inference, Necessary and Probable. Taylor and Walton, London 1847

–, – *(1872)*: A Budget of Paradoxes. (Reprinted, with the author's additions, from the "Athenæeum"). Longmans, Green, and Co. London 1872

Diaconis, Persi / Mosteller, Frederick (1989): Methods für Studying Coincidences. In: Journal of the American Statistical Association, **84**, 4, S. 853–861

Dodgson, Charles Lutwidge (1876): Suggestions as to the best method of taking votes, where more than two issues are to be voted on. Privately printed, Oxford 1876. Nachdruck in Black, D. (1958): The theory of committees and elections. Cambridge University Press, Cambridge 1958, S. 222–234

–, – *(1885)*: The principles of parliamentary representation. Postscript to supplement. E. Baxter Publisher, Oxford 1885

–, – *(1893)*: Curiosa Mathematica, Part II, Pillow-Problems thought out during sleepless nights. Macmillan, London 1893

Dutka, Jacques (1988): On the St. Peterburg Paradox. In: Archive for History of Exact Sciences, **39**, 1, S. 13–39.

Edwards, A. W. F. (1987): Pascal's Arithmetical Triangle. Charles Griffin & Company Ltd., London 1987

Eggenberger, F. / Pólya, Georg (1923): Über die Statistik verketteter Vorgänge. In: Zeitschrift für Angewandte Mathematik und Mechanik **3**. Verlag des Vereines Deutscher Ingenieure Berlin 1923. Nachdruck in *Pólya, George:* Collected Papers, MIT-Press, Cambridge/Mass. 1984

Engel, Arthur (1976): Wahrscheinlichkeitsrechnung und Statistik, Band 2. Ernst Klett Verlag Stuttgart 1976

–, – *(1987)*: Stochastik. Ernst Klett Verlag Stuttgart 1987

Euler, Leonhard (1751): Calcul de la probabilité dans le jeu de rencontre. In: Histoire de l'Académie Royale des Sciences et Belles-Lettres de Berlin (1751) Berlin 1753

Feller, William (1950): An Introduction to Probability Theory and its Applications. Vol. 1. New York John Wiley & Sons Inc.

Fermat, Pierre de (1654): In *Fermat (1894)*

–, – *(1656)*: In *Huygens, Christiaan (1656)*, Seite 433

–, – *(1679)*: Varia Opera Mathematica D. Petri de Fermat, Senatoris Tolosani. Accesserunt selectae quaedam eijusdem Epistolae, vel ad ipsum à plerisque doctissimis viris Gallicè, Latinè, vel Italicè, de rebus ad Mathematicas disciplinas, aut Physicam pertinentibus. Tolosae, Apud Joannem Pech, Comitiorum Fuxensium Typographum, juxta Collegium PP. Societatis Jesu. M.DC.LXXIX

–, – *(1894)*: Œuvres de Fermat, publiées par les soins de MM. Paul Tannery et Charles Henry sous les auspices du Ministère de l'Instruction publique. Tome deuxième. Correspondance. Gauthiers-Villars et fils. Paris 1894.

Fischart, Johann der Täufer Friedrich (1575): Affenteurliche vnd Vngeheurliche Geschichtschrift vom Leben / rhaten und Thaten der for langen weilen Vollenwolbeschraiten Helden vnd Herrn Grangusier / Gargantoa vnd Pantagruel / Koenigen inn Vtopien vnd Ninenreich. Etwan von M. Francisco Rabelais Franzoesisch entworfen : Nun aber vberschrecklich lustig auf den Teutschen Meridian visirt / vnd vngefaerlich obenhin / wie man den Grindigen laußt / vertirt / durch Huldrich Elloposcleron Reznem. Si premas erumpit : Si laxes effugit Anno. 1.5.7.5. [Straßburg] 1575

Fontaine Des Bertins, Alexis (1764): Solution d'un Problème sur les Jeux de Hasard. In: Mémoires donnés à l'Académie Royale des Sciences, non imprimés dans leur temps. Par M. Fontaine, de cette Académie. Paris, Imprimérie Royale 1764

Fréchet, Maurice (1954): Buffon comme Philosophe des Mathématiques. In: Œuvres philosophiques de Buffon. Corpus général des philosophes français. Auteurs modernes. XLI, 1. Presses Universitaires de France. Paris 1954

Frenicle de Bessy, Bernard (1693): Divers ouvrages de Mathematique et de Physique. Par Messieurs de l'Academie Royale des Sciences. Imprimerie Royale, Paris 1693

Freund, John E. (1965): Puzzle or Paradox. In: The American Statistician **19**, 4 (Oktober 1965), S. 29–30.

Füredi, Zoltán / Székely, Gábor J. / Zubor, Zoltán (1996): On the lottery problem. In: Journal of Combinatorial Design **4**, S. 5–10.

Galilei, Galileo (1718): Opere. Giovanne Gaetano Tartini, Santi Franchi, Florenz 1718

Galton, Francis (1889): Natural Inheritance. Macmillan and Co., London, New York 1889

Gardner, Martin (1957): Mathematical Games. Paradoxes dealing with birthdays, playing cards, coins, crows and red-haired typists. In: Scientific American **196**, 4 (April 1957) S. 166–172

–, – *(1959a)*: Mathematical Games. Problems involving questions of probability and ambiguity. In: The Scientific American **201**, 4 (Oktober 1959) S. 180–182

–, – *(1959b)*: Mathematical Games. How three modern mathematicians disproved a celebrated conjecture of Leonhard Euler. In: The Scientific American **201**, 5 (November 1959) S. 188

–, – *(1961)*: The 2nd Scientific American book of mathematical puzzles and diversions. Simon and Schuster, New York 1961

–, – *(1970)*: Mathematical Games. A new collection of short problems and the answers to some of „life's". In: Scientific American **223**, 5 (November 1970) S. 116–118

–, – *(1970)*: Mathematical Games. The paradox of the nontransitive dice and the elusive principle of indifference. In: Scientific American **223**, 6 (December 1970) S. 110–114

–, – *(1976)*: Mathematical Games. On the fabric of inductive logic, and some probability paradoxes. In: Scientific American **234**, 3 (März 1976) S. 119–124

–, – *(1982)*: aha! Gotcha: Paradoxes to Puzzle and Delight. W. H. Freeman, New York 1982. Deutsche Übersetzung als »Gotcha. Paradoxien für den Homo Ludens«. Hugendubel, München 1985

–, – *(1988)*: Time Travel an other mathematical Bewilderments. W. H. Freeman, New York 1988

Gnedenko, Boris Wladimirovič (1968): Lehrbuch der Wahrscheinlichkeitsrechnung. Akademie-Verlag, Berlin ⁴1968

Gravesande, Willem Jacob Storm van 's (1736): Introductio ad Philosophiam; Metaphysicam et Logicam continens. Joh. et Herm. Verbeek, Leiden 1736

Guldin, Paul (1641): De centro gravitatis. Matthäus Cosmerovius, Wien 1641

Habsieger, Laurent / Kazarian, Maxim, / Lando Sergej (1998): On the Second Number of Plutarch. In: The American Mathematical Monthly **105** (1998) S. 446

Hägele, Günter / Pukelsheimer, Friedrich (2004): Die Wahlsysteme des Nicolaus Cusanus. In: Bayerische Akademie der Wissenschaften, Mathematisch-naturwissenschaftliche Klasse, Sitzungsberichte Jahrgang 2001–2003. Beck. München 2004, Seiten 103–144.

Hald, Anders (1990): A History of Probability and Statistics and Their Applications before 1750. John Wiley & Sons. New York 1990

Hall, Asaph (1873): On an Experimental determination of π. In: The Messenger of Mathematics N. S. **2**, S. 113 f. Macmillan, London [u. a.] 1873

Haller, Rudolf (1998): Das Spiel der Wilden. In: Praxis der Mathematik **40**, 2, S. 49–53, Aulis Deubner & Co. Köln 1998

Halphén, Georges Henri (1873): Sur un problème de probabilités. In: Bulletin de la Société Mathématique de France, publié par les secrétaires. Tome premier – Année 1872–73. S. 221–224. Paris 1873

Harris, John (1710): Lexicon Technicum: Or, An Universal English Dictionary of Arts and Sciences: Explaining not only the Terms of Art, but the Arts Themselves. Vol. II. Printed for Dan. Brown, Tim. Goodwin, J. Walthoe, Joh. Nicholson, Benj. Tooke, Dan. Midwinter, M. Aytkins, and T. Ward. London 1710

Heinevetter, Franz (1912): Würfel- und Buchstabenorakel in Griechenland und Kleinasien. Graß, Barth & Co. Breslau 1912

Heis Eduard (1837): Sammlung von Beispielen und Aufgaben aus der allgemeinen Arithmetik und Algebra. Für Gymnasien, höhere Bürgerschulen und Gewerbschulen in systematischer Folge bearbeitet von Eduard Heis, Lehrer der Mathematik u. Physik am K. Friedrich-Wilhelms-Gymnasium zu Köln. DuMont-Schauberg. Köln 1837

Henny, Julian (1973): Niklaus und Johann Bernoullis Forschungen auf dem Gebiet der Wahrscheinlichkeitsrechnung in ihrem Briefwechsel mit Pierre Rémond de Montmort. Inaugural-Dissertation (Universität Basel, 1973). In: *Bernoulli, Jakob (1975)*

Hérigone Pierre (1634): Cursus mathematicus, nova, brevi, et clara methodo demonstratus. Band 2, Teil *Algèbre*, S. 119. Simeon Piget. Paris 1634

Herwarth von Hohenburg, Johann Georg (1610): Joh. Georgii Herwart Tabulae arithmeticae universales quarum subsidio numerus quilibet ex multiplicatione producendus, per solam additionem, et quotiens quilibet e divisione eliciendus, per solam subtractionem, sine taediosa et lubrica multiplicationis, atque divisionis operatione exacte invenitur. Monachium Bauariarum, Nikolaus Henricus, 1610

Hudde, Jan (1665): In *Huygens (1888)*, Band 5

Hume, David (1739): A Treatise of Human Nature : Being An Attempt to introduce the experimental Method of Reasoning into Moral Subjects. Printed for John Noon, at White-Hart, near Mercer's Chapel, in Cheapside. London 1739 – Deutsche Übersetzung: Traktat über die menschliche Natur. Xenomos Verlag Berlin 2004

–, – *(1748)*: Philosophical Essays concerning Human Understanding. Printed for A. Millar. London 1748

Huygens, Christiaan (1656): In *Huygens (1888)*, Band 1

–, – *(1657)*: Tractatus, de ratiociniis in aleae ludo. In Frans van Schooten: Exercitationum mathematicarum Libri quinque. S. 521–534. Lugd. Batav. Ex Officina Johannis Elsevirii M DC LVII

–, – *(1660)*: Tractaet, handelende van Reeckening in Speelen van Geluck. In Frans van Schooten: Mathematische Oeffeningen, begrepen in vijf Boecken. S. 485–500. t'Amsterdam, By Gerrit van Goedesbergh Anno 1660

–, – *(1659)*: Systema Saturnium. Adrian Vlacq, Den Haag 1659

–, – *(1665)*: In *Huygens (1888)*, Band 14

–, – *(1676)*: In *Huygens (1888)*, Band 14

–, – *(1888)*: Œuvres complètes de Christiaan Huygens, publiées par la Société Hollandaise des Sciences, Band 1 (1888) bis Band 22 (1950), 1–14 La Haye: Martinus Nijhoff. Ab Band 15 Amsterdam, Zwets & Zeitlinger

–, – *(1899)*: Wiedergegeben in Teil I von *Bernoulli, Jakob (1899)*

–, – *(1940)*: In *Huygens (1888)*, Band 20, S. 413–416

Ineichen, Robert (1998): Über die KYBEIA und die ARITHMOMANTICA von Juan CARAMUEL Y LOBKOWITZ. In: Bulletin de la Société fribourgeoise des sciences naturelles **87** (1998) S. 5–55

–, – *(1999)*: Juan Caramuels Behandlung der Würfelspiele und des Zahlenlottos. In: NTM Zeitschrift für Geschichte der Wissenschaften, Technik und Medizin, N. S. **7**

Izquierdo, Sebastian (1659): Pharvs Scientiarvm. Clavdivs Bovrgeat, & Mich. Lietard. Lugduni 1659

Jans, Raf / Degraeve, Zeger (2008): A note on a symmetrical set covering problem: the lottery problem. In: European Journal of Operational Research **186**, 104–110

Jones, William (1706): Synopsis palmariorum matheseos: or, A new introduction to the mathematics. Printed by J. Matthews for Jeff. Wale at the Angel in St. Paul's Church-Yard. London 1706

Kepler, Johannes (1611): Dioptrice. David Franc, Augusta Vindelicorum 1611

–, – *(1611)*: Narratio De Observatis A Se quatuor Iouis satellitibus erronibus, Quos Galilaeus Galilaeus Mathematicus Florentinus iure inventionies Medicaea sidera nuncupauit. Zacharias Palthenius, Frankfurt 1611

–, – *(1954)*: Gesammelte Werke, Band XVI, herausgegeben von Max Caspar. C. H. Beck'sche Verlagsbuchhandlung, München 1954

Keynes, John Maynard (1921): A Treatise on Probability. Macmillan and Co., Ltd., London 1921

Klamkin, M. S. / Newman, D. J. (1967): Extensions of the Birthday Surprise. In: Journal of Combinatorial Theory, **3**, S. 279–282

Klügel, Georg Simon (1831): Mathematisches Wörterbuch oder Erklärung der Begriffe, Lehrsätze, Aufgaben und Methoden der Mathematik: mit den nöthigen Beweisen und literarischen Nachrichten begleitet; in alphabetischer Ordnung, angefangen von Georg Simon Klügel, fortgesetzt von Carl Brandan Mollweide, ehemals Professoren der Mathematik zu Halle und Leipzig und beendigt von Johann August Grunert, Dr. und Professor der Mathematik zu Brandenburg a. d. H. Ehrenmitgliede der Königlichen Preuß. Akademie der Wissenschaften zu Erfurt. Erste Abtheilung. Die reine Mathematik. Fünfter Theil von T bis Z. Schwickertscher Verlag, Leipzig 1831

Knuth, Donald Ervin (1998): The Art of Computer Programming. Vol. 3 Sorting and Searching. 2nd edition. Addison-Wesley. Upper Saddle River NJ u. a. 1998

Kraitchik, Maurice (1930): La Mathématique des Jeux ou Récréations Mathématiques. Stevens Frères, Brüssel 1930

–, – *(1942)*: Mathematical recreations. W. W. Norton, New York 1942,

Lacroix, Sylvestre-François (1816): Traité élémentaire du Calcul des Probabilités. Mme Ve Courcier, Paris 1816 – Deutsche Übersetzung von EPHRAIM SALOMON UNGER: Lehrbuch der Wahrscheinlichkeitsrechnung. G. A. Keysers Buchhandlung, Erfurt 1818

Lafitau, Joseph-Francois (1724): Mœurs des sauvages ameriquains, comparées aux moeurs des premiers temps. Par le P. Lafitau, de la Compagnie de Jesus. Ouvrage enrichi de Figures en taille-douce. A Paris, Chez Saugrain l'aîné, Quay des Augustins, prés la ruë Pavée, Fleur de Lys. Charles-Estienne Hocherau, à lentrèe du Quay des Augustins, au Phénix. MDCXXIV. Avec approbation et privilege du Roi. – Deutsche Übersetzung in *Schröter (1752/53)* – Neudruck: Die Sitten der amerikanischen Wilden im Vergleich zu den Sitten der Frühzeit. Herausgegeben und kommentiert von Helmut Reim. Acta humaniora VCH Leipzig1987.

Lahontan, Louis-Armand (1703): Nouveaux Voyages de M[r]. le Baron de Lahontan, dans l'Amérique Septentrionale, Qui contiennent une rélation des différens Peuples qui y habitent; la nature de leur Gouvernement; leur Commerce, leurs Coutumes, leur Religion, & leur manière de faire la Guerre. L'intérêt des François & des Anglois dans le Commerce qu'ils font avec ces Nations; l'avantage que l'Angleterre peut retirer de ce Païs, étant en Guerre avec la France. Le tout enrichi de Cartes & de Figures. Tome premier. A La Haye Chez les Fréres l'Honoré, Marchands Libraires. M. DCCIII. [Den Haag 1703] – Deutsche Übersetzung *Vischer (1709)*

–, – *(1703)*: Memoires de l'Amérique Septentrionale, Ou La Suite Des Voyages De M[r]. Le Baron De Lahontan. Qui contiennent La Description d'une grande étenduë de Païs de ce Continent, l'intérêt des François & des Anglois, leurs Commerces, leurs Navigations, les Mœurs & les Coutumes des Sauvages &c. Avec un petit Dictionaire de la Langue de Païs. Le tout enrichi de Cartes & de Figures. Tome second. A La Haye Chez les Fréres l'Honoré, Marchands Libraires. M. DCCIII. [Den Haag 1703] – Deutsche Übersetzung *Vischer (1709)*

–, – *(1705)*: Voyages du Baron de la Hontan dans L'Amerique septentrionale, Qui contiennent une Rélation des différens Peuples qui y habitent; la nature de leur Gouvernement; leur Commerce, leurs Coûtumes, leur Religion, & leur manière de faire la Guerre: L'Intérêt des *François* & des *Anglois* dans le Commerce qu'ils font avec ces Nations; l'avantage que l'Angleterre peut retirer de ce Païs, étant en Guerre avec la France. Le tout enrichi de Cartes & de Figures. Tome premier. Seconde Edition, revuë, corrigée & augmentée. A Amsterdam, Chez François l'Honoré, vis-à-vis de la Bourse MDCCV

–, – *(1990)*: Œuvres complètes (2 Bände) édition critique par Réal Ouellet. Université Laval avec la collaboration d'Alain Beaulieu. Les Presses de l'Université de Montreal, Montreal 1990

Lalanne, Léon Louis (1878): Géometrie appliquée. In: Comptes rendus hebdomadaires des séances de l'Académie des Sciences **87** (Juli–Dezember 1878), S. 355–358. Gauthiers Villars, Paris 1878

–, – *(1879)*: De l'emploi de la Géométrie pour resoudre certaines questions de moyennes et de probabilités. In: Journal de Mathématiques pures et appliquées ou recueil mensuel de Mémoires sur les diverses parties des Mathématiques. Troisième Série, Tome cinquième Année 1879 [April], S. 107 bis 130, hier S. 114. Gauthiers-Villars, Paris 1879

Lambert, Johann Heinrich (1771): Examen d'une espece de Superstition ramenée au calcul des probabilités. In: Nouveaux Mémoires de l'Académie Royale des Sciences et Belles-Lettres (1771). Berlin 1773

Laplace, Pierre Simon de (1774a): Mémoire sur les suites récurro-récurrentes et sur leurs usages dans la théorie des hasards [vorgelegt 5.2.1772]. In: Mémoires présentés par divers savants étrangers à l'Académie Royale des Sciences de Paris (1772), Band VI, S. 353–371, 1774

–, – *(1774b)*: Mémoire sur la Probabilité des causes par les évènemens. In: Mémoires présentés par divers savants étrangers à l'Académie Royale des Sciences de Paris (1772), Band VI, S. 621–656, 1774

–, – *(1776)*: Recherches sur l'integration des équations différentielles aux différences finies, et sur leur usage dans la théorie des hasards [vorgelegt 10.3.1773]. In: Mémoires présentés par divers savants étrangers à l'Académie Royale des Sciences de Paris (1773) Band VII, S. 37–232, 1776

–, – *(1786)*: Suite du Mémoire sur les approximations des Formules qui sont fonctions de très-grands Nombres. In: Histoire de l'Académie Royale des Sciences de Paris. Année 1783. Avec les Mémoires de Mathématique et de Physique pour la même année. Tirés de Registres de cette Académie. Imprimerie Royale, Paris 1786

–, – *(1812)*: Théorie Analytique des Probabilités. Mme Ve Courcier, Paris 1812

–, – *(1814)*: Essai philosophique sur les Probabilités. Mme Ve Courcier, Paris 1814

Laßwitz, Kurd Carl Theodor Victor (1904): Universalbibliothek. In: Ostdeutsche Allgemeine Zeitung, 18.12.1904, Breslau

Laurent, Matthieu Paul Hermann (1873): Traité du Calcul des Probabilités. Gauthier-Villars, Paris 1873

Lawrance, A. E. (1969): Playing with Probabilities. In: The Mathematical Gazette, Volume LIII, No. 386 (Dezember 1969), S. 347–354.

Lebrun, M. (1827): Manuel des Jeux de Calcul et de Hasard ou Nouvelle Académie des Jeux. Roret, Paris 1827

Leibniz, Gottfried Wilhelm (1666): Dissertatio de Arte Combinatoria. Johann Simon Fick und Johann Polycarp Seubold, Leipzig 1666

–, – *(1765)*: Nouveaux Essais. In: Œuvres philosophiques de feu M^R. de Leibnitz. Amsterdam, Leipzig 1765.

–. – *(1682)*: De vera proportione circuli ad Quadratum circumscriptum in Numeris rationalibus expressa. In: Acta Eruditorum I, S. 41–46. Grosse & Gleditsch, Leipzig 1682

–. – *(1887)*: Die philosophischen Schriften von Gottfried Wilhelm Leibniz. Herausgegeben von C[arl] I[manuel] Gerhardt. 3. Band. Weidmannsche Buchhandlung, Berlin 1887

Lemoine, Émile Michel Hyacinthe (1873): Sur une question de probabilités. In: Bulletin de la Société Mathématique de France, publié par les secrétaires. Tome premier – Année 1872–73. S. 39–40. Paris 1873

Leurechon, Jean (1622) [anonym]: Selectae propositiones in tota sparsim mathematica pulcherrima. Sebastian Cramoisy. Pont-à-Mousson 1622

Levi ben Gerson (1321): Sefer Maassei Choscheb / Die Praxis des Rechners Ein hebräisch-arithmetisches Werk des Levi ben Gerson aus dem Jahre 1321. Zum ersten Male herausgegeben und ins Deutsche übertragen von Dr. Gerson Lange Direktor der Realschule der israelitischen Religionsgesellschaft zu Frankfurt a. M. Buchdruckerei Louis Golde, Frankfurt am Main 1909

Levin, Bruce: Exact solutions of the Generalized Birthday Problem. http://oeis.org/A014088/a014088.txt. (Zugriff: 27.7.2011)

Li, P. C. / van Rees, G. J. H. (2002): Lotto Designs Tables. In: Journal of Combinatorial Design **10**, S. 335–359

Lüders, Heinrich (1940): Das Würfelspiel im alten Indien. In: Philologica India Ausgewählte kleine Schriften von Heinrich Lüders, Festgabe zum siebzigsten Geburtstage am 25. Juni 1939, S. 106 bis 175. Göttingen, Vandenhoeck & Ruprecht 1940

Mersenne, Marin (1625/1635): Manuscrit des chants de 8 notes. Fonds français, n° 24256; Bibliothèque Nationale, Paris

–, – *(1635)*: Harmonicorum Libri : In Quibus Agitur De Sonorum Natura, Causis & effectibus: De Consonantiis, Dissonantiis, Rationibus, Generibus, Modis, Cantibus, Compositione, orbísque totius Harmonicis Instrumentis. Paris, Guillaume Baudry 1635

–, – *(1648)*: Harmonicorum libri XII in quibus agitur de Sonorum natura, causis, et effectibus: de Consonantiis, Dissonantiis, Rationibus, Generibus, Modis, Cantibus, Compositione, orbísque totius Harmonicis Instrumentis. Paris, Guillaume Baudry 1648

–, – *(1983)*: Correspondance du P. Marin Mersenne Religieux minime. Publiée et annotée par Cornelis de Waard et Armand Beaulieu. XV 1647. Paris, Éditions du Centre National de la Recherche scientifique 1983

Mises, Richard von (1939): Dağıtma ve işgal ihtimalleri hakkında – Über Aufteilungs- und Besetzungs-Wahrscheinlichkeiten. In: İstanbul Üniversitesi Fen Fakültesi Mecmuası – Revue de la Faculté des Sciences de l'Université d'Istanbul, **4**, (1939), S. 145–163. [Fehlerhafter] Nachdruck in: Selected Papers of Richard von Mises. Vol. 2. Providence/Rhode Island, American Mathematical Society. 1964

Moivre, Abraham de (1712): De Mensura Sortis seu; de Probabilitate Eventuum in Ludis a Casu Fortuito Pendentibus. In: Philosophical Transactions **27** (Nr. 329) für die Monate Januar, Februar und März 1711. S. 213–264. London 1712

–, – *(1718)*: The Doctrine of Chances: or A Method of Calculating the Probability of Events in Play. London: Printed by W. Pearson, for the Author. MDCCXVIII.

–, – *(1730)*: Miscellanea Analytica de Seriebus et Quadraturis. London, J. Tonson & J. Watts 1730

–, – *(1738)*: The Doctrine of Chances: or A Method of Calculating the Probability of Events in Play. The Second Edition, Fuller, Clearer, and more Correct than the First. London: Printed for the Author by H. Woodfall, without Temple-Bar. MDCCXXXVIII.

–, – *(1756)*: The Doctrine of Chances: or A Method of Calculating the Probability of Events in Play. The Third Edition, Fuller, Clearer, and more Correct than the Former. London: Printed for A. Millar, in the Strand. MDCCLVI.

Montmort, Pierre Rémond de (1708) [anonym]: Essay d'Analyse sur les Jeux de Hazard. Paris: Jacque Quillau 1708

–, – *(1713)* [anonym]: Essay d'Analyse sur les Jeux de Hazard. Seconde Edition. Revûe et augmentée des plusieurs Lettres. Paris, Jacque Quillau 1713

Moscherosch, Johann Michael (1665): Gesichte Philanders von Sittewald. Das ist Straff-Schrifften. Hanß Michael Moscheroschen von Wilstädt. Anderer Theil. Straßburg. Verlegt und getruckt durch Josias Städeln. 1665

Nalebuff, Barry J. (1989): Puzzles. The Other Person's Envelope is Always Greener. In: Journal of Economic Perspectives **3**, 1, S. 171–181

Oettinger, Ludwig (1837): Von dem Werthe der Erwartung, welcher mit dem Eintreffen eines künftigen, günstigen oder ungünstigen Ereignisses verbunden ist. Eine Abhandlung aus der Wahrscheinlichkeitsrechnung. In: Abhandlungen der mathemtisch-physikalischen Classe der Königlich Bayer. Akademie der Wissenschaften. Zweiter Band, die Abhandlungen von den Jahren 1831 bis 1836 enthaltend. München, Mich. Lindauer'sche Hofbuchdruckerei 1837

Oughtred, William (1648): Clavis mathematica denuò limata, sive potius fabricata: cui accedit tractatus de resolutione æquationum qualitercunque adfectarum in numeris. Londini Excudebat Thomas Harper, sumptibus Thomae Whitakeri 1648

Pacioli, Luca (1494): Summa de Arithmetica Geometria Proportioni et Proportionalita. Venedig, Paganinus de Paganinis 1494

Pambst, Paul: Looßbůch zů ehren der Rŏmischen Vngerischen vnnd Bŏhemischen Künigin. Straßburg 1546.

Pascal, Blaise (1654): Lettre de Pascal à Fermat. In: Pascal, Œuvres complètes. Paris, Gallimard 1954

–, – *(1654/1665)*: In: Pascal, Œuvres complètes. Paris, Gallimard 1954

–, – *(1656)*: In: *Huygens, Christiaan* (1656), Seite 433

–, – *(1665)*: Traité du Triangle arithméthique, avec quelques autres petits traités sur la même matière. Paris, Guillaume Desprez 1665

–, – *(1779)*: Œuvres de Blaise Pascal IV, S. 441–442

Penney, Walter (1969): Penney-Ante. In: Journal of Recreational Mathematics, **2**, Baywood Publ. Co., Amityville, NY. Oktober 1969. Hier: S. 241.

Poisson, Siméon-Denis (1837): Recherches sur la probabilité des jugements en matière criminelle et en matière civile. Paris, Bachelier 1837 – Deutsche Übersetzung: Lehrbuch der Wahrscheinlichkeitsrechnung und deren wichtigsten Anwendungen, von S. D. Poisson, Mitgliede des französischen Nationalinstituts und Längenbureaus, der königl. Societäten zu London und Edinburg, der Academie zu Berlin, Stockholm, St. Petersburg etc. etc. Deutsch bearbeitet und mit den noethigen Zusätzen versehen von Dr. C. H. Schnuse. G. C. E. Meyer sen., Braunschweig 1841

Prestet, Jean [anonym] *(1675)*: Élémens des Mathématiques. Paris, André Pralard, 1675

Prevost, Pierre / Lhuilier, Simon Antoine Jean (1799a): Mémoire sur l'art d'estimer la probabilité des causes par les effets. (Lu le 6 nov. 1794). In: Mémoires de l'Académie Royale des Sciences et Belles-Lettres depuis l'avénement de Frédéric Guillaume II au trône. Classe de Philosophie Spéculative (1796). Berlin George Decker 1799

–, – / –, – *(1799b)*: Sur les Probabilités (Lu le 12 nov. 1795). In: Mémoires de l'Académie Royale des Sciences et Belles-Lettres depuis l'avénement de Frédéric Guillaume II au trône. Classe de Mathématique (1796). Berlin George Decker 1799

–, – / –, – *(1799c)*: Remarques sur l'utilité & l'étendue du principe par lequel on estime la probabilité des causes. (Lu le 26 nov. 1796). In: Mémoires de l'Académie Royale des Sciences et Belles-Lettres depuis l'avénement de Frédéric Guillaume II au trône. Classe de Philosophie Spéculative (1796). Berlin, George Decker 1799

Price, Richard (1763): siehe *Bayes, Thomas (1763)*

Rabelais, François (1534): [Gargantua] Lyon, François Juste um 1534. – Von RABELAIS letzte korrigierte Fassung von 1542: La vie treshorrifique du grand Gargantua, pere de Pantagruel iadis composee par M. Alcofribas abstracteur de quinte essence. Liure plein de Pantagruelisme. M. D. XLII. On les vend à Lyon chez Francoys Juste.

Savage, Leonard Jimmie (1954): The Foundations of Statistics. New York, John Wiley and Sons. S. 21–22.

Scarne, John (1974): Scarne's New Complete Guide of Gambling. Fully revised, expanded, updated Edition. Simon and Schuster, New York 1974

Schneider, Ivo [Hg.] (1989): Die Entwicklung der Wahrscheinlichkeitstheorie von den Anfängen bis 1933. Akademie-Verlag Berlin, Wissenschaftliche Buchgesellschaft Darmstadt 1988/1989

Schrage, Georg (1990): Ein Geburtstagsproblem. In: Mathematische Semesterberichte, 1990, **37**, S. 251–257

Schröder, Ernst (1870): Vier combinatorische Probleme. In: Zeitschrift für Mathematik und Physik. B. G. Teubner, Leipzig 1870

Schrödinger, Erwin (1947): The Foundation of the Theory of Probability – I. In: Proceedings of the Royal Irish Academy. Volume LI, Section A, No. 1. S. 51–66. Hodges, Figgins, & Co, Dublin; Williams & Norgate, London 1947

Schröter, Johann Friedrich (1752/53): Algemeine Geschichte der Länder und Völker von America. Nebst einer Vorrede von Siegmund Jacob Baumgarten. Erste Abteilung 1752 (Erster Theil) u. 1753 (Zweiter Theil). Johann Justinus Gebauer, Halle 1752 und 1753

Selvin, Steve (1975a): A Problem in Probability. In: The American Statistician **29**, 1, S. 67

–, – *(1975b)*: On the Monty Hall Problem. In: The American Statistician **29**, 3, S. 134

Simpson, Edward Hugh (1951): The Interpretation of Interaction in Contingency Tables. In: Journal of the Royal Statistical Society, Series B, XIII. London. S. 238–241

Spiess, Otto (1975): Zur Vorgeschichte des Petersburger Problems. In *Bernoulli, Jakob* (1975), S. 557–567

Spinoza, Baruch [Benedikt de] (1687): Reeckening van Kanssen. in s'Gravenhage, Ter Druckerye van Levyn van Dyck 1687

Stanley, Richard P. (1997): Hipparchus, Plutarch, Schröder and Hough. In: The American Mathematical Monthly **104** (1997), S. 344–350

Strode. Thomas (1678): A short Treatise of the Combinations, Elections, Permutations & Composition of Quantities. Illustrated by several Examples, with a new speculation of the Differences of the Powers of Numbers. By Thom. Strode, Gent. London, Printed by W. Godbid for Enoch Wyer at the White Hart in S. Paul's Church Yard 1678

Struyck, Nicolaas (1716): Uytreekening der Kansen in het speelen, door de Arithmetica en Algebra, beneevens eene Verhandeling van Looterijen en Interest door N. S. Amsterdam, Chez la veuve Paul Marret, Beursstraat, près de la place Dam. MDCCXVI. – Französische Übersetzung: Calcul des chances au jeu, au moyen de l'arithmétique et de l'algèbre; auquel est ajouté un traité des loteries et des intérêts, par N. S. in: Les Œuvres de Nicolaas Struyck. Amsterdam 1912

Tacquet, Andreas (1656): Arithmeticae theoria et praxis. Lovanii [Löwen] Apud Cyp. Coenestenium 1656

Tartaglia, Nicolò (1556): General trattato di numeri e misure di Nicolo Tartaglia, nella quale in diecisette libri si dichiara tutti gli atti operatiui, pratiche, et regole necessarie non solamente in tutta l'arte negotiaria, & mercantile, ma anchor in ogni altra arte, scientia, ouer disciplina, doue interuenghi il calculo. Venedig, Curtius Troianus 1556

Terrot, Charles Hughes (1853): Summation of a Compound Series, and its Application to a Problem in Probabilities. In: Transactions of the Royal Society of Edinburgh, **20**, 4, S. 541–545. 1853

Todhunter Isaac (1865): A History of the Mathematical Theory of Probability. Cambridge 1865

Vaganay, Hugues (1913): Pour l'Histoire du Français Moderne. In: Vollmöller, Karl (Hg.): Romanische Forschungen **32**, 1–184, 1913

Van Rees, G. J. H.: Lotto designs (Vortrag siehe http://www.cs.umanitoba.ca/~vanrees/jvr.html#links)

van Schooten, Frans (1657): Exercitationum mathematicarum Libri quinque. Lugd. Batav. Ex Officina Johannis Elsevirii M DC LVII

Venn, John (1866): The Logic of Chance. An Essay on the Foundations and Province of the Theory of Probability, with especial Reference to its Applications to moral und social Science. Macmillan and Co. London and Cambridge 1866

Vischer, Ludwig Friedrich (1709): Des Berühmten Herrn Baron de Lahontan Neueste Reisen nach Nord-Indien, oder dem Mitternächtischen America, Mit vielen besondern und bey keinem Scribenten befindlichen Curiositaeten. Aus dem Frantzösischen übersetzet von M. Vischer. Hamburg und Leipzig, Im Reumannischen Verlag, MDCCIX.

Viviani, Vincenzo (1659): De Maximis, et Minimis Geometrica Divinatio in qvintvm Conicorvm Apollonii Pergæi iamdiv desideratvm. Ad Serenissimvm Principem Leopoldvm ab Etrvria. Liber secvndvs. Avctore Vincentio Viviani. Florentiæ MDCLIX: Apud Ioseph Cocchini, Typis Nouis, sub Signo Stellæ. Svperiorvm permissv. – Joseph Cocchini. Florenz 1659

Wallis, John (1685): A Treatise of Algebra, Both Historical and Practical. Shewing, the Original, Progress, and Advancement thereof, From time to time; and by what Steps it hath attained to the Height at which now it is. [Anhang:] A Discourse of Combinations, Alternations, and Aliquot Parts. London, John Playford 1685.

Weaver, Warren (1950): Probability. In: Scientific American **183**, 4

–, – *(1962)*: Lady Luck. The Theory of Probability. Educational Services Inc. – Deutsche Ausgabe 1964: Die Glücksgöttin. Der Zufall und die Gesetze der Wahrscheinlichkeit. Kurt Desch, München

Wibold (971): De Alea regulari contra aleam secularem. In: Gesta Episcoporum Cameracensium I, S. 88–90 (1024 geschriebenen). Gedruckt in: Monumenta Germaniae historica, Scriptores 7

Whitworth, William Allen (1901): Choice and Chance with one thousand exercises. 5th edition enlarged. Deighton Bell, Cambridge 1901. Verwendeter Nachdruck: Hafner Publishing Company, New York, London 1965

Wolf, Rudolf (1850): Versuche zur Vergleichung der Erfahrungswahrscheinlichkeit mit der mathematischen Wirklichkeit. Vierte Versuchsreihe und Nachtrag. In: Mittheilungen der naturforschenden Gesellschaft in Bern aus dem Jahre 1850. Heft 177, S. 85 und Heft 193/194 S. 209

–, – *(1890)*: Handbuch der Astronomie ihrer Geschichte und Litteratur. In zwei Bänden. Erster Halbband F. Schulthess, Zürich 1890

Zabell, S. L. (1988): Buffon, Price, and Laplace: Scientific Attribution in the 18th Century. In: The Archive for History of Exact Sciences, **39**, 2, S. 173–181

Abbildungsverzeichnis

Personenregister

Kursiv gedruckte Seitenzahlen besagen, dass der betreffende Eintrag sich in einer Fußnote auf dieser Seite befindet.

Sachregister

Kursiv gedruckte Seitenzahlen besagen, dass der betreffende Eintrag sich in einer Fußnote auf dieser Seite befindet.

www.ingramcontent.com/pod-product-compliance
Lightning Source LLC
Chambersburg PA
CBHW080121220326
41598CB00032B/4915